U0235129

煤制低碳烯烃工艺与工程

吴秀章　主编

化学工业出版社

·北京·

本书主要论述了煤制低碳烯烃工业项目主要工艺过程的基础研究、技术开发及工业实践成果。包括了化学反应、催化剂、原料和产品、反应动力学、工艺过程、热平衡和能量平衡、主要操作变量及其影响、主要设备以及环境保护等内容。本书内容完整、实用性较强，反映了当代煤制低碳烯烃技术及工程化的最新成果，具有较高的理论水平和较强的实际应用价值。

本书可供从事煤炭转化、石油化工领域的工程技术人员及高校相关专业师生阅读和参考。

图书在版编目（CIP）数据

煤制低碳烯烃工艺与工程/吴秀章主编. —北京：化学工业出版社，2014.2（2015.7 重印）

ISBN 978-7-122-19635-4

Ⅰ.①煤…　Ⅱ.①吴…　Ⅲ.①烯烃-化工生产　Ⅳ.①TQ221.2

中国版本图书馆 CIP 数据核字（2014）第 016880 号

责任编辑：郑宇印　黄丽娟　　　文字编辑：丁建华

责任校对：宋　夏　　　装帧设计：尹琳琳

出版发行：化学工业出版社（北京市东城区青年湖南街 13 号　邮政编码 100011）

印　　装：北京虎彩文化传播有限公司

787mm×1092mm　1/16　印张 39¼　字数 979 千字　　2015 年 7 月北京第 1 版第 3 次印刷

购书咨询：010-64518888　　　售后服务：010-64518899

网　　址：http://www.cip.com.cn

凡购买本书，如有缺损质量问题，本社销售中心负责调换。

定　　价：198.00 元

《煤制低碳烯烃工艺与工程》编委会

主　　编　吴秀章

副 主 编　闫国春　胡先君　夏俊兵

编写人员　（按姓氏笔画排序）：

文尧顺　卢利飞　刘洪亮

闫国春　关丰忠　孙保全

纪贵臣　吴秀章　余建良

张延斌　林华东　周　鹏

胡先君　南海明　侯宝元

夏俊兵　唐　煜　薛振欣

序

随着经济的持续快速发展，我国的能源消费继续保持较快增长的趋势，对石油化工产品的需求旺盛，促使我国油气资源不足与需求快速增长之间的矛盾日益突出。2012 年我国石油对外依存度已经接近 58%，且我国的乙烯、丙烯等基础有机化工原料主要依赖于石油炼制生产的轻油，石油供应的不足直接限制了我国乙烯工业生产能力的进一步提高。

在此市场环境中，随着现代煤化工技术不断发展，推动了我国现代煤化工产业取得了举世瞩目的成绩，其中最引人注目的就是煤制低碳烯烃的工业化。

发展煤制低碳烯烃等现代煤化工，促进替代能源的发展，减少对国外石油的过度依赖，是保障我国能源安全和经济安全的主要举措之一。我国拥有相对丰富的煤炭资源，多年来提供了我国国民经济发展所需 2/3 以上的能源。以煤为原料，利用自主研发的新型、高效转化技术生产部分油品、化学品符合我国的国情，是能源替代战略的重要组成部分。通过科研机构、大学和企业界十多年的协作与努力，我国已经成功开发了煤炭直接液化、煤炭间接液化、煤制烯烃、煤制乙二醇等技术，并实现了相应的工业化示范工程的安全、稳定、长周期、满负荷、优化运行，成为全世界新型煤化工产业规模最大、门类最多、技术先进的国家。

在众多煤化工技术中，以煤为原料，通过煤气化制合成气、合成气制甲醇、甲醇转化制低碳烯烃的煤制低碳烯烃技术是一条全新的以煤为原料生产乙烯、丙烯基础有机化工原料的生产路线。神华集团通过六年多的艰苦努力，于 2010 年 8 月建成全世界首个煤制低碳烯烃示范工程并一次开车成功，使我国成为世界上唯一掌握煤制低碳烯烃工业化技术的国家。该示范工程近三年的运行经验表明，以煤为原料，采用先进的低碳技术，适度发展新型煤化工产业符合我国的国情，并能为国家产业转型升级、企业创新产业模式、地方提高经济发展水平做出积极贡献。神华煤制低碳烯烃示范工程建设和运营成功后，进一步催生和促进了我国煤制低碳烯烃或甲醇制低碳烯烃产业发展的热潮。为适应该形势的需要，帮助我国煤制低碳烯烃产业良性发展，基于已有技术产业化的实践经验来精炼有关煤制低碳烯烃工艺与工程的技术专著就显得恰逢其时，很有必要。

本书是第一部全面总结煤制低碳烯烃的著作，是以神华集团包头煤制低碳烯烃示范工程为主线，以国内外煤气化、合成气净化、甲醇合成、甲醇转化制低碳烯烃、烯烃分离技术等领域的研究成果和工业实践为基础，系统总结了煤制低碳烯烃全流程各个主要单元的化学理论、热力学、催化剂、动力学、工艺流程、操作参数、主要设备、环境保护等方面的技术与工程经验，并对包头煤制低碳烯烃示范工程进行了系统评价。全书内容丰富，体现了新颖性、完整性和实用性，具有很强的实践性和较高的学术水平。相信该书的出版对煤制低碳烯烃技术和产业的发展会有积极的推动作用。

神华集团公司总经理
中国工程院院士　张玉卓

二零一四年一月

前　言

能源是人类社会赖以生存和发展的基础，同时也是经济社会发展的重要制约因素，在国民经济中具有特别重要的战略地位，能源安全事关经济安全和国家安全。煤、石油、天然气是当今世界的主要能源，中国是仅次于美国的世界第二能源消费大国，我国的能源消费以煤炭为主；2013 年我国一次能源消费达 37.6 亿吨标准煤，其中煤炭约占 65.7%。

乙烯、丙烯是化学工业的基础原料，由于乙烯生产在石油化工基础原料生产中的地位，常将乙烯生产作为衡量一个国家石油化工生产水平的标志。最近 20 年我国乙烯工业飞速发展，2007 年乙烯生产能力达到了 998 万吨/年、产量达 1047.7 万吨/年，首次突破千万吨大关；到 2013 年底，我国的乙烯生产能力达到了 1823 万吨/年，产量为 1623 万吨/年，成为全球第二大乙烯生产大国；但我国的乙烯当量一直不能满足市场的需求，目前乙烯的对外依存度维持在 45%左右。我国生产乙烯的原料大多是原油蒸馏生产的石脑油、轻柴油和加氢尾油等，由于我国原油的对外依存度已接近 60%，原油的不足也严重制约着乙烯工业的发展。

神华集团包头煤制低碳烯烃示范项目于 2010 年 8 月竣工投产，在全世界开辟了一条全新的生产乙烯、丙烯等低碳烯烃的生产路线。神华集团包头煤制低碳烯烃示范项目是以煤炭为原料，通过水煤浆气化制备合成气，通过合成气 CO 变换和低温甲醇洗来净化合成气，合成气催化转化合成甲醇，甲醇催化转化制低碳烯烃，烯烃分离等工艺路线来生产聚合级的乙烯、丙烯，最后通过烯烃聚合生产聚乙烯、聚丙烯等合成树脂产品。神华集团包头煤制低碳烯烃示范项目的核心工艺——甲醇制烯烃工艺技术采用了中国科学院大连化学物理研究所与中国石化集团洛阳石油化工工程公司等联合开发的 DMTO 工艺技术。该示范工程投产以来，已平稳运行了近三年的时间，各工艺单元均达到或超过了设计能力，2011 年生产聚烯烃产品 50 万吨、2012 年生产聚烯烃产品 55 万吨，2013 年生产聚烯烃产品 55.5 万吨，并取得了良好的经济效益。

在神华集团包头煤制低碳烯烃示范工程平稳运行的基础上，参与该示范工程建设和运营的工程技术管理人员共同努力，完成了系统反映煤制低碳烯烃主要工艺过程的专业著作——《煤制低碳烯烃工艺与工程》，本书的编者力求使本书达到以下几个目标：

① 新颖性，本书是第一部系统阐述煤制低碳烯烃工程的图书，要包括最新的研究成果和运行数据；

② 先进性，要全面反映居世界领先地位的神华集团包头煤制低碳烯烃示范工程的技术水平；

③ 完整性，本书要包括煤气化、合成气净化、甲醇合成、甲醇制烯烃、烯烃分离等主要工艺单元，也要包括安全、环境保护等内容，由于煤气化、合成气净化、甲醇合成等均为成熟技术，图书较多，本书中仅对与示范工程相关的技术进行了重点介绍；

④ 实用性，本书要包括理论研究、催化剂开发、工程设计和生产运营等多个层面，也要包括工程建设的全过程管理，力求对科研开发、催化剂生产、工程设计、生产运营等领域的科研工程技术人员均具有很强的实用价值；

⑤ 学术性，本书要系统详细总结国内外科研、工程设计、生产运营的成果，理论与实践相结合，要具有较高的学术水平。

本书由参与神华集团包头煤制低碳烯烃示范项目的工程技术人员共同策划、设计撰写内容、拟定章节提纲，共同撰写、审查而成。吴秀章负责了总体策划、章节分工及稿件审定，并负责了第一章、第五章、第七章的编写工作，胡先君负责了第二章、第三章的编写工作，夏俊兵负责了第四章的编写工作，闫国春负责了第六章的编写工作。文尧顺、卢利飞、刘洪亮等 14 位同志也参加了编写工作。

在本书的编写过程中，得到了中国神华煤制油化工有限公司及中国神华煤制油化工有限公司包头煤化工公司、神木化工公司、榆林化工分公司、原北京研究院的领导、专家和工程技术人员的大力支持和帮助。

本书是以神华集团包头煤制低碳烯烃示范工程为背景编写的，感谢为该示范工程建设做出重大贡献的工程设计团队和技术支持单位，特别是中国化学工程集团公司的中国天辰工程有限公司、中国五环工程有限公司、中国成达工程有限公司，中国石化集团洛阳石油化工工程公司、上海工程有限公司以及中国科学院大连化学物理研究所等；也特别感谢为该示范工程建设和生产运营做出巨大贡献的张玉卓、岳国、赵金立、陆正平、朱平、张继明、武兴彬等领导和同事。

参加本书编写的各位作者尽了最大的努力，把自己的所知、所学、所用奉献了出来，但由于所涉及的工艺过程多、领域广、理论和实践的内容也很多，同时本书所有的作者全部工作在生产管理第一线，时间紧张，加之知识面、水平有限，肯定会存在很多疏漏和不足，恳请读者批评指正。

编者

2014 年 1 月

目　录

第七章　环境保护 …………………… 581

第一章　绪　论

第一节　中国的能源需求与供应

煤、石油、天然气是当今世界的主要能源。能源是人类社会赖以生存和发展的基础，同时能源也是经济社会发展的重要制约因素，能源在国民经济中具有特别重要的战略地位，能源安全事关经济安全和国家安全。中国是仅次于美国的世界第二能源消费大国，我国的能源消费以煤炭为主，影响我国能源消费总量的主要驱动因素是经济发展、人口增长、产业结构调整和城市化水平的提高[1]。

一、中国的能源消费与结构

1990 年以来历年的能源消费及结构如表 1-1 所示。表中数据表明伴随着经济的高速发展，我国的能源消费总量从 1990 年的 9.87 亿吨标准煤上升到 2000 年的 14.553 亿吨标准煤、再上升到 2010 年的 32.494 亿吨标准煤；我国能源消费结构特点是煤占的比例特别高，约占 70%。

表 1-1　中国能源消费及结构

年份	消费总量/亿吨标准煤	煤炭/%	石油/%	天然气/%	水电、核电、风电/%
1990	9.870	76.2	16.6	2.1	5.1
1991	10.378	76.1	17.1	2.0	4.8
1992	10.917	75.7	17.5	1.9	4.9
1993	11.599	74.7	18.2	1.9	5.2
1994	12.274	75.0	17.4	1.9	5.7
1995	13.118	74.6	17.5	1.8	6.1
1996	13.519	73.5	18.7	1.8	6.0
1997	13.591	71.4	20.4	1.8	6.4
1998	13.618	70.9	20.8	1.8	6.5
1999	14.060	70.6	21.5	2.0	5.9
2000	14.553	69.2	22.2	2.2	6.4
2001	15.041	68.3	21.8	2.4	7.5
2002	15.943	68.0	22.3	2.4	7.3
2003	18.379	69.8	21.2	2.5	6.5
2004	21.346	69.5	21.3	2.5	6.7
2005	23.600	70.8	19.8	2.6	6.8
2006	25.868	71.1	19.3	2.9	6.7
2007	28.051	71.1	18.8	3.3	6.8
2008	29.145	70.3	18.3	3.7	7.7
2009	30.665	70.4	17.9	3.9	7.8
2010	32.494	68.0	19.0	4.4	8.6

注：数据来源：《2011 中国统计年鉴》。

二、未来中国能源消费预测

陈正[2]预测未来几十年我国能源需求结构如表 1-2 所示。尽管预测煤炭、石油等化石能源在消费总量中的比例降低，但由于能源需求总量上升，因此对煤炭、石油等重要化石能源的消费量还是逐年上升。郭莉[3]预测，到2020年我国对煤炭的需求将达到26亿吨标准煤，平均年增长速度为2%，对石油的需求将达到12.25亿吨标准煤，平均年增长速度为7%。黄众[4]预测到2050年我国常规能源产量仅为30亿～35亿吨标准煤，缺口为15亿～20亿吨标准煤，其中石油将缺口2亿～3亿吨。

表1-2　中国能源需求结构预测　　单位：%

年份	煤炭	石油	天然气	水电、核电、风电
2015	64.12～66.27	17.41～20.30	3.85～6.79	9.58～11.68
2020	61.41～64.53	16.62～20.51	4.39～8.08	10.57～13.89
2025	58.40～62.75	15.79～20.69	4.96～9.37	11.60～16.44
2030	55.10～60.95	14.89～20.84	5.54～10.66	12.67～19.35
2035	51.50～59.11	13.91～20.96	6.15～11.95	13.78～22.64
2040	47.61～57.26	12.85～21.05	6.77～13.23	14.92～26.31

三、中国能源安全问题及应对措施

很大程度上可以说国家安全在于经济安全、经济安全在于能源安全。能源安全是最重要的战略目标。我国能源的供需形势和安全形势是严峻的，我国的能源需求量大，但供给（特别是石油）不足。我国资源禀赋的结构性缺陷凸显石油安全保障问题，我国能源消费存在的问题是石油对外依赖程度逐年加深，但对国际油价的影响力却较小[5]。张耀[6]研究认为我国能源安全面临如下六大问题：①能源供需不平衡问题；②能源利用效率低下的问题；③进口能源来源比较单一的问题；④能源运输安全问题；⑤地缘政治变化对我国能源安全造成的威胁；⑥国家战略能源储备体系建设滞后问题。陈柳钦[7]认为中国能源安全面临的挑战包括能源需求持续增长对能源供应形成很大压力，能源对外依存度不断增大、石油安全压力增大，能源结构不合理、以煤为主的能源结构导致能效低且污染严重。

中国应对能源安全的重要措施之一就是立足于丰富的煤炭资源的开发和利用，大力开展煤气化、液化，加快煤代油技术的产业化途径，使煤变成高效洁净能源，实施以煤代油，以煤代油是一项具有很大潜力的能源替代政策[6,8,9]。

我国能源可持续发展的战略包括：节约能源、提高能源效率，多元发展、加快可再生能源和核能发展、改善能源结构，大力推进煤的清洁化技术，加强国内资源勘探、利用国外资源作补充，加强生态环境保护、建设生态文明等[10]。应对中国能源安全的具体措施包括：①推进能源结构的战略性调整，将能源优质化作为中国能源发展战略的主攻方向；②全面落实能源资源节约优先，推动经济发展方式转变；③以多边合作为依托，以区域合作为基础，广泛开展能源国际合作。

综上所述，在未来的能源消费结构调整、降低石油对外依存度、保证国家能源安全等方面，煤炭还将会继续发挥主导作用，特别是以煤部分替代油气战略，可以充分发挥我国的资源禀赋特点、缓解石油日益升高的对外依赖、大幅度提高煤的附加值。

第二节　中国原油、低碳烯烃的需求与生产

石油作为工业的“血液”，已经成为我国经济发展的命脉。乙烯、丙烯作为最基础的石油化工基础原料，是衡量一个国家石油化工工业发展程度的标尺。

一、中国的石油需求与生产

改革开放以来，我国的石油生产取得了很大进展，但远远不能满足消费的需求，我国已经成为仅次于美国的全球第二大石油消费国，2010 年石油消费量达到了 4.423 亿吨。随着经济的快速发展，自 1993 年以来石油的进口量逐年提高，历年的石油消费总量、原油生产总量和石油净进口总量如表 1-3 所示[6]，2009 年以后我国的石油对外依存度就超过了 50%，预计 2020 年石油对外依存度将在 60%以上。

表 1-3 1993 年以来中国石油的供需情况 单位：亿吨

年份	石油消费总量	原油生产总量	石油净进口总量
1993	1.4721	1.4517	0.0982
1994	1.4956	1.4608	0.0290
1995	1.6065	1.5005	0.0850
1996	1.7436	1.5733	0.1388
1997	1.9692	1.6074	0.3384
1998	1.9818	1.6100	0.2913
1999	2.1073	1.6000	0.4381
2000	2.2439	1.6300	0.6974
2001	2.2838	1.6396	0.6490
2002	2.4780	1.6700	0.7141
2003	2.7126	1.6960	0.9741
2004	3.1260	1.7420	1.4365
2005	3.1104	1.8080	1.3617
2006	3.4876	1.84	1.45
2007	3.6659	1.86	1.75
2008	3.7570	1.9510	1.7880
2009	3.8820	1.8950	2.035
2010	4.423	2.03	2.393
2011	4.4931	2.04	2.54

我国 2011 年的石油储采比仅为 9.9，远低于全球平均储采比 46.2[6]；另外，我国的石油战略储备远远低于国际能源机构（IEA）对其成员国要求的不低于 90 天的要求。

另外，我国石油进口的地区集中度高，从中东和非洲进口的石油约占进口总量的 2/3，使得我国能源安全始终存在一定的隐患。

石油是世界各国的战略性资源，从某种意义上说，能源问题也就是石油问题，能源安全实质上就是石油安全。

研究机构预测我国 2020 年的石油对外依存度如表 1-4 所示[9]。

表 1-4 国内外机构对中国 2020 年石油对外依存度预测 单位：%

预测机构	中国能源研究所	国际能源机构(IEA)	美国能源信息署(EAI)
2020 年	55～62	76	65.5

根据我国目前的石油资源状况、勘探开发条件和水平，保障国内原油供应的措施有：一是东部主力油田采取三次采油、CO_2驱油（EOR）等新技术尽可能地稳产；二是加大西部地区的勘探开发力度；三是加强海上（特别是南海地区）的勘探开发力度，力争使我国的原油产量能够维持在 2 亿吨左右。

我国对石油的“高需求”、“高对外依存度”、“进口高度依赖某些地区和国家”、“低储备”、“低产量”的特点，使我国的石油安全面临重大威胁。

二、乙烯、丙烯等低碳烯烃的需求与生产

乙烯、丙烯是化学工业的基础原料，国外多以天然气或轻质石脑油馏分为原料通过蒸汽裂解工艺生产；由于我国轻质烃资源匮乏，生产乙烯的原料大多是原油蒸馏生产的石脑油、轻柴油和加氢尾油等。近20年来，蜡油或重油馏分的催化裂解或催化热裂解已经成为生产低碳烯烃的重要补充。蒸汽裂解生产乙烯的同时，还副产丙烯、丁二烯、芳烃等重要的有机化工原料。由于乙烯生产在石油化工基础原料生产中的地位，常将乙烯生产作为衡量一个国家石油化工生产水平的标志。

最近20年我国乙烯工业飞速发展，2007年乙烯生产能力达到了998万吨/年、产量达1047.7万吨/年，首次突破千万吨大关[11]。到2010年底我国的乙烯生产能力达到了1494.9万吨/年、产量为1418.8万吨/年，成为仅次于美国的（2755.4万吨/年）的第二大乙烯生产国；2008年我国乙烯当量消费量达到2130万吨，预计2015年、2020年的乙烯当量消费将分别达到4003万吨和4936万吨，乙烯当量的缺口将一直维持在44%左右[12]。

近10年来，世界乙烯原料继续向轻质化方向发展，乙烷占原料的比例从2000年的28%提高到35%、石脑油从2000年的55%降低到了2010年的47%；美国近年来发现的大量页岩气将对美国乙烯原料轻质化产生重要影响。我国的乙烯生产原料主要是石脑油，据预测，我国2015年、2020年对乙烯裂解原料的需求将分别达到6484万吨和8466万吨[12]。陈俊武等[13]研究指出，到2020年中国乙烯的生产能力将达到2300万吨，能够满足国内乙烯当量需求量的60%左右，但乙烯原料仍缺口达1400万吨/年。

丙烯也一直是非常重要的基础有机化工原料，我国主要用于聚丙烯、丙烯腈和丁辛醇的生产。世界大约57%的丙烯来自于乙烯生产的副产品、35%来自炼油厂的副产品。2005年我国的丙烯产量为803万吨，2010年就达到了1329万吨，2005～2010年均增长率为10.6%；尽管我国的丙烯产能迅速增长，但还是满足不了日益增长的需求，2010年我国丙烯的当量需求为2150万吨，对外依存度为38%左右。近年来，市场对丙烯的需求增速高于乙烯，2012年前我国丙烯需求年均增速在6%左右，2013～2015年均增速5%～7%，预计2015年中国丙烯表观消费量为2100万吨，当量消费接近2600万吨。预计到2020年我国的丙烯产能将达到2600万吨，但丙烯当量需求将高达3300万吨。

与石油类似，我国乙烯工业在快速发展的同时也面临着原料资源短缺的矛盾，以煤为原料生产甲醇、经甲醇制低碳烯烃是缓解乙烯原料短缺的重要措施。

三、石油替代

我国的油、气资源相对短缺，发展替代能源尤其具有重要意义，也是解决能源问题的根本途径。替代燃料的发展路线应与汽车发动机和汽车的发展趋势相适应，近期主要是解决汽、柴油和航空燃料的替代；煤制油的技术基本成熟，预计中远期的石油替代规模约相当于“一个大庆”[14]。

瞿国华[15]认为石油替代燃料的开发要具有普适性，具体地说即石油替代燃料要能够规模化生产，并能满足产品质量和数量方面的要求，石油替代燃料必须具有较高的热值，要充分考虑产业链和供应链方面的要求，另外车用石油替代燃料要满足燃料动力性能和驾驶性能。

顾宗勤[16]认为根据我国国情特点，需要采用多种途径实现石油替代目标；他认为石油替代的重点领域包括优先满足车用燃料不断增长的需求、要加大力度解决柴油与汽油的产需

矛盾（即优先替代柴油）、满足石化工业原料需求增长（即解决乙烯和芳烃生产所需要的原料），以煤为原料通过直接液化和间接液化方法生产液体燃料，以及通过生产甲醇、甲醇制烯烃是石油替代的重要途径。周颖等[17]认为，随着我国煤炭直接液化、间接液化、煤制烯烃、煤制丙烯等示范工程的成功，煤基替代燃料将在石油替代方面发挥重要作用。熊志建等[18]研究认为到2020年我国可以实现10%的石油替代，其中煤炭直接液化可以替代2.6%、煤炭间接液化可以替代2.8%、煤制烯烃可以替代1.6%。陈俊武等[13]研究指出适度发展煤制烯烃等煤化工产业用于补充石油资源的不足，对减少对国外原油的依存度，保障国家能源安全有积极意义。

第三节 中国煤炭资源与生产

煤炭一直是我国能源供应的绝对主要能源，煤炭一直占能源消费总量的70%左右，其主要原因包括我国国内资源禀赋状况是富煤、我国经济发展用煤的经济性最高、煤炭能够满足我国经济高速发展对能源的需求[5]。

我国的煤炭资源比较丰富，据第三次全国煤炭资源预测与评价显示：我国煤炭资源总量约55700亿吨，保有储量10032.6亿吨[19]，其中已利用储量3469.09亿吨、尚未利用储量6563.5亿吨；目前已探明储量占世界总量的12.6%，仅次于美国和俄罗斯。《2011中国统计年鉴》显示：2010年我国煤炭基础储量为2793.93亿吨，基础储量排在前六位的省（自治区）分别为山西省、内蒙古自治区、新疆维吾尔自治区、陕西省、贵州省、河南省，其基础储量分别为844.01亿吨、769.86亿吨、148.31亿吨、119.89亿吨、118.46亿吨和113.49亿吨。周晨等指出，我国已查证的煤炭储量达4241.16亿吨，在长时间内能够保证煤炭的自给自足[20]。

2000年以后，我国的煤炭开发进入了快速发展期，2000～2010年我国的煤炭产量及消费量如表1-5所示。2010年我国的煤炭产量是2000年的2.3倍，平均年增长速率为8.7%。

表1-5 2000～2010年我国煤炭产量及消费量 单位：亿吨标煤

项目＼年份	2000	2001	2002	2003	2004	2005	2006	2007	2008	2009	2010
产量	9.89	10.50	11.07	13.10	15.16	16.78	18.06	19.21	20.01	21.23	22.71
消费	10.07	10.27	10.84	12.83	14.84	16.71	18.39	19.94	20.49	21.59	22.10

注：数据来源：根据《2011中国统计年鉴》折算

我国煤炭资源开发潜力大的地区包括甘肃、云南、贵州、山西、宁夏、新疆、青海、陕西和内蒙古等10个省（自治区）[21]。黄忠等指出，到2015年我国对煤炭的需求将达到40亿吨[22]。

为了提高煤炭的使用效率、减少二氧化碳排放和对环境的污染，煤炭应用的创新方向是发展清洁的煤炭技术和煤炭液化、转化技术，生产运输用燃料和化工产品。

第四节 煤制低碳烯烃工艺过程综述

以煤为原料制低碳烯烃的主要工艺包括：空气分离装置生产煤气化装置所需的氧气和全厂各装置需要的氮气；煤气化装置将原料煤和氧气在气化炉中发生部分氧化反应，生成以

H_2、CO、CO_2为主要组分的粗合成气，并将煤中的灰以渣的形式排出；CO变换单元是将部分粗合成气通过CO变换反应器将CO与水蒸气发生反应，以便使合成气的H_2/CO分子比调整为2左右，满足甲醇合成对原料气的组成要求；合成气净化单元一般采用低温甲醇洗工艺技术，是将合成气中的H_2S和绝大部分CO_2脱除，以便使合成气的杂质含量满足甲醇合成的要求，富含H_2S的酸性气送到硫黄回收装置生产硫黄；甲醇合成装置是将净化合成气催化转化为甲醇目标产物，因甲醇制烯烃装置要求甲醇进料含有5%左右的水，因此甲醇合成装置可以不设置甲醇精馏单元；甲醇合成装置的弛放气通过变压吸附（PSA）单元生产高纯度的H_2，供硫黄回收单元尾气加氢、烯烃分离装置炔烃加氢饱和、聚乙烯和聚丙烯调节分子量等使用；甲醇制烯烃装置是在SAPO-34分子筛催化剂的催化作用下，将甲醇转化为以乙烯、丙烯、丁烯等为主要产物的混合反应气体，并回收反应放热和催化剂再生的放热；烯烃分离单元就是将甲醇制烯烃单元生产的混合反应气体进行增压、精馏等工序进行分离，生产聚合级乙烯、聚合级丙烯、混合C_4和混合C_5等产品；聚乙烯装置以烯烃分离单元生产的聚合级乙烯及1-丁烯为原料，生产聚乙烯（PE）合成树脂颗粒产品；聚丙烯装置以烯烃分离单元生产的聚合级丙烯及乙烯为原料，生产聚丙烯（PP）合成树脂颗粒产品。以神华集团包头煤制聚烯烃示范工程为例，主要方块工艺流程如图1-1所示。

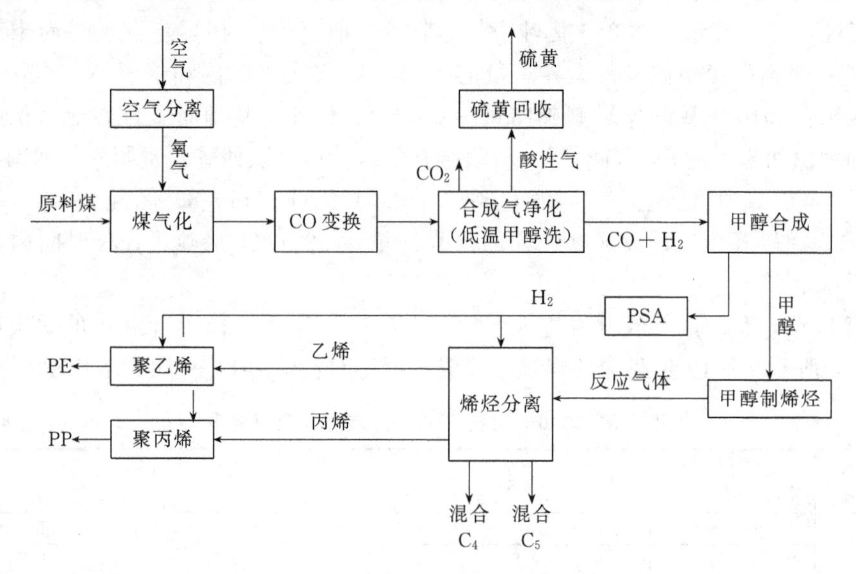

图1-1 神华集团包头煤制聚烯烃示范工程方块工艺流程

一、煤气化及合成气净化

（一）煤炭气化

煤气化是所有煤制油、煤化工的龙头和基础，煤炭气化过程属热化学加工过程，它是以煤炭为原料、以氧气为主要气化剂、蒸汽作为辅助气化剂，在气化炉内在高温、高压下通过化学反应将煤炭转化为气体的过程。煤炭的气化一般包括煤的干燥、热解、气化和燃烧4个阶段，生成以CO、H_2、CH_4、CO_2、H_2S为主的粗合成气，同时煤炭中的灰分以渣或灰渣的形式排出。

煤气化技术有几十种之多，按气化炉类型可分为3大类：固定床气化炉、流化床气化炉和气流床气化炉。固定床气化炉主要有间歇式固定床气化炉（UGI）、鲁奇炉和BGL炉，其技术参数如表1-6所示[23]。

表 1-6　固定床气化炉的技术参数

煤气化炉型	操作温度/℃	操作压力/MPa	$CO+H_2$含量/%	C转化率/%	冷煤气效率/%	有效气比氧耗/(m^3/km^3)	有效气比煤耗/(kg/km^3)	单台炉加煤量/(t/d)	排渣方式	专利商
鲁奇炉	900～1050	3.0	>65	90	93	220		1000	固态	德国
BGL炉	1400～1600	2.5～4.0	>88	99.5	89	190～230	460～480	1200	液态	英国
UGI炉	950～1250	常压	68～72	59～62	41		330	60	固态	

流化床气化炉主要有恩德炉、U-GAS炉和灰熔聚炉等，其技术参数如表1-7所示[24]。

表 1-7　流化床气化炉的技术参数

煤气化炉型	操作温度/℃	操作压力/MPa	$CO+H_2$含量/%	C转化率/%	冷煤气效率/%	有效气比氧耗/(m^3/km^3)	有效气比煤耗/(kg/km^3)	单台炉加煤量/(t/d)	排渣方式	专利商
恩德炉	1000～1050	常压	>68	92	76	190～210	580	500～600	固态	中国
U-GAS炉	950～1050	0.25～1.0	68～74	88～95	80	320～360	570～640	300～1200	固态	美国
灰熔聚炉	1050～1100	0.3,0.5,1.0	>70	86	73	367	553	100～500	固液	中国

气流床气化炉主要有美国GE公司水煤浆气化炉、荷兰Shell公司的粉煤气化炉、德国西门子公司的GSP粉煤气化炉、华东理工大学的多喷嘴对置气化炉、HT炉等，其技术参数如表1-8所示[23]。

表 1-8　流化床气化炉的技术参数

煤气化炉型	操作温度/℃	操作压力/MPa	$CO+H_2$含量/%	C转化率/%	冷煤气效率/%	有效气比氧耗/(m^3/km^3)	有效气比煤耗/(kg/km^3)	单台炉加煤量/(t/d)	排渣方式	专利商
GE水煤浆炉	1250～1600	4.0,6.5,8.7	>80	98	70～76	420	630	2000	液态	美国
Shell炉	1400～1600	4.0	>90	99	80～85	337	525	2000	液态	荷兰
GSP炉	1350～1750	4.0	>80	96～98	73	360	675	2000	液态	德国
华东理工大学四喷嘴炉	1250～1600	4.0 6.5	83～86	98	80	330～380	530～600	1150	液态	中国
多元料浆炉	1400	1.3～6.5	80～86	95～98	76	336～410	485～620	1800	液态	中国
四喷嘴干煤粉炉	1300～1600	3.0 4.0	89～93	98～99	84	300～320	530～540	1080	液态	中国
HT炉	1400～1600	2.0～4.0	>90	99	80～83	330～360	490～600	2000	液态	中国
二段干煤粉炉	1400～1700 1000～1200	3.0～4.0	>90	99	83	300～320	530～540	1080	液态	中国

不同的气化炉对原料煤也有不同的要求，各种气化炉对原料煤的要求和适合的煤种如表1-9所示[23]。

表 1-9　各种气化炉对原料煤的要求和适合的煤种

气化炉炉型	对原料煤的要求	适合的煤种
鲁奇炉	10～50mm 粒煤，灰分小于 25%，抗碎强度>65%，热稳定性>60%	褐煤、长焰煤和烟煤
BGL 炉	煤的灰熔点 1400～1600℃	泥煤、褐煤、烟煤、贫煤
UGI 炉	25～50mm 的块煤或煤球、煤棒	无烟煤、不黏结烟煤、焦炭
U-GAS 炉	外水小于 4%，灰分小于 40%，0～6mm 煤料	褐煤、长焰煤、不黏结烟煤
恩德炉	水分小于 12%，灰分小于 40%，0～10mm 煤料	褐煤、长焰煤、不黏结烟煤
灰熔聚炉	水分小于 7%	褐煤、长焰煤、烟煤、无烟煤
GE 水煤浆炉	灰分小于 8%，内水小于 4.5%，灰熔点一般小于 1350℃，哈氏可磨系数 50～65，黏度 800～1200mPa·s	大部分烟煤
Shell 炉	灰熔点一般小于 1450℃，硫含量小于 2%，灰分小于 15%	无烟煤、烟煤、褐煤、石油焦等
GSP 炉	灰熔点一般小于 1500℃	泥煤、褐煤、烟煤、贫煤、无烟煤等
华东理工大学四喷嘴炉	灰分小于 8%，内水小于 4.5%，灰熔点一般小于 1350℃，哈氏可磨系数 50～65，黏度 800～1200mPa·s，热值 250MJ/kg	大部分烟煤
多元料浆炉	灰分小于 8%	
四喷嘴干煤粉炉	灰分小于 25%	
HT 炉	煤粒度 20～90μm，灰分小于 25%	褐煤、烟煤、无烟煤
二段干煤粉炉	灰熔点小于 1350℃，挥发分不大于 25%，内水小于 15%	泥煤、褐煤、烟煤、贫煤、无烟煤等

为了提高煤的气化强度和效率，煤气化的发展方向是单炉处理能力向大型化发展、气化压力向中高压（8.5MPa）发展、气化温度向高温（1500～1600℃）发展、排渣向液态排渣发展。气流床的特点决定了其有提高温度、增加压力、强化混合的特点，是煤气化炉大型化的必选技术，目前单炉规模在 1000t/d 的气化炉均采用了高压气流床技术[24]。

在大型煤制油、煤化工项目中，气流床气化炉被广泛采用。气化炉出口的高温气体的后处理也分为激冷流程和废锅流程两种，被广泛采用的 GE 水煤浆气化大部分采用激冷流程、少量采用废锅流程，Shell 干煤粉气化基本采用废锅流程。韩启元等[25]认为，气化后工艺的选择应该视后续产品需要而定，对于甲醇合成而言，激冷流程是一种比较合适的工艺。陈家仁[26]认为，煤化工项目选择煤气化技术时要考虑如下 4 个“制宜”：①掌握原料煤的气化特性，因煤制宜；②根据产品种类、产品特性，因产品制宜；③因生产规模制宜；④因企业情况制宜。冯亮杰等[27]以年产 420 万吨的煤制甲醇项目为例，对分别采用四喷嘴水煤浆气化炉、BGL 熔渣煤气化炉和 Shell 干煤粉气化炉进行了整体项目的经济技术评价，评价结果表明 Shell 干煤粉气化方案具有效率高、煤耗低的优点，但装置投资高、经济性较差；从技术先进性和技术经济测算方面 BGL 块煤气化方案是不可行的；对喷嘴水煤浆气化技术的经济效益最好，在原料煤具有良好成浆性的条件下，煤制甲醇项目采用水煤浆气化方案最为合适。水煤浆气化压力对煤制甲醇也有很大的影响，于清[28]测算表明，对于甲醇生产能力为 180 万吨/年的甲醇项目，采用 8.7MPa 气化压力时，在投资成本和运行成本上均优于 6.5MPa 的气化压力，粗略估计运行成本每年可以节约 8505.9 万元。

（二）粗合成气 CO 变换

甲醇合成对合成气组成的要求是 H_2/CO 的摩尔比在 2 左右，水煤浆气化生产的粗合成气的 H_2/CO 摩尔比约为 0.75（CO 干基含量为 47%、H_2 干基含量为 35%体积分数，下同）、干煤粉气化生产的粗合成气的 H_2/CO 摩尔比约为 0.33（CO 干基含量为 69%、H_2 干基含量为 23%），因此均需要将粗合成气进行 CO 变换将合成气的 H_2/CO 比调整为 2 左右。

CO 水蒸气变换的化学反应为　$CO + H_2O \longrightarrow CO_2 + H_2$

CO变换反应的特点是反应放热、可逆，反应速度比较慢，因此需要催化剂来加快反应速度。目前使用的催化剂主要有铁铬系和钴钼系两大类，铁铬系催化剂机械强度好、耐热性能好、寿命长、成本低，但耐硫性能较差；钴钼系催化剂具有良好的耐硫性能，目前应用较多[29]。变换工艺主要分为常规变换和耐硫变换两种，常规变换即原料气先脱硫再变换，耐硫变换即含硫原料气不经脱硫而直接进行变换。

采用耐硫变换时，水煤浆气化粗水煤气经洗涤后含尘量为1～2mg/m^3（标准状态），温度为230～245℃，并被水蒸气饱和，水气比约为1.3～1.5，直接经过加热升温后即可进入变换炉，不需再补加蒸汽。由于流程短，能耗低，故水煤浆气化配耐硫变换是最佳选择。

将粗水煤气组分调整为用于甲醇合成的气体组成，CO变换有两种流程，即部分变换和全部变换。

部分变换的优点是由于部分气体进变换炉，气量少，气体中水/气比高（约1.38），变换反应推动力大，催化剂用量少，其中经变换气体中的有机硫约95%以上可转化为H_2S。H_2/CO的调整靠配气，容易调整，变换炉及粗煤气预热器设备小。缺点是有部分粗煤气不经变换，其中的有机硫未能转化为无机硫，但是如果采用低温甲醇洗净化，有机硫也能完全脱除。

全部变换时全部粗煤气经过变换，其中的灰尘会被催化剂截留，但变换率靠调整气体的水/气来实现，生产控制难度较大，且由于气体水气比小，变换反应推动力小，催化剂用量大，其中有机硫的转化会降低到60%左右，总的有机硫的转化与部分变换差不多。全部变换流程中粗煤气需先经废热锅炉换热产生低压蒸汽，将粗煤气中的水/气比降下来，粗煤气冷凝出来的工艺冷凝液含有一定的灰尘，用这部分高温冷凝液去气化碳洗塔洗涤粗煤气，洗涤效果差；变换前的低压废热锅炉也容易被灰尘堵塞。

根据粗水煤气量，神华包头煤制烯烃示范工程采用部分变换流程，变换气和未变换气分开，这样使得设备尺寸减小，变换炉直径约为ϕ3.1m，便于制造和运输。按照变换进气量核算，CO变换设置了两个系列。为了降低压力损失，示范工程变换采用了径向变换炉。

（三）粗合成气净化

甲醇合成的原料是CO和H_2，而经CO变换后的粗合成气中含有大量的CO_2，而且含有对甲醇合成铜催化剂有毒害作用的硫，因此需要将粗合成气进行净化处理，以脱除其中的酸性气，特别是要将其中的硫脱除到0.1μL/L（10^{-6}）以下。脱除酸性气的方法分为物理吸附法和化学吸附法，通常当酸性气组分的分压较低、气体量较小时采用化学吸附法的效果较好、也经济；而酸性气组分的分压较高，且气体量比较大的时候，则宜采用物理吸附法。

物理吸附法又分为热法和冷法两种，热法包括了UOP公司的Selexol工艺和南化研究院的NHD工艺，冷法即低温甲醇洗工艺，三种工艺优缺点对比如表1-10所示[30]。

表1-10 三种合成气净化工艺对比

项目	Selexol	NHD	低温甲醇洗
溶剂	聚乙二醇二甲醚	聚乙二醇二甲醚	甲醇
净化气体的净化度	总硫＜10^{-6}	总硫＜10^{-6}	总硫＜10^{-7}
	CO_2＜0.1%	CO_2＜0.1%	CO_2＜10^{-5}
工艺的局限性	对COS吸收能力差，需设水解装置	对COS吸收能力差，需设水解装置	溶剂有挥发性，需冷量
总费用比	1	0.91	0.80

顾英[31]对某中型化肥厂采用 Shell 粉煤气化工艺为例，对比了采用 MDEA（*N*-甲基二乙醇胺）和低温甲醇洗工艺进行酸性气脱除投资和操作费用，采用低温甲醇洗工艺的投资高一些，但操作费用仅为 MDEA 工艺的 47%，综合考虑低温甲醇洗工艺占优。王显炎[32]对420 万吨/年甲醇生产项目煤气化生产粗合成气净化采用 MDEA、NHD 和低温甲醇洗 3 种不同工艺进行了对比，建议大型煤气化项目的脱硫脱碳采用低温甲醇洗工艺技术。蒋保林[33]分析认为大型煤气化装置产生的合成气净化采用低温甲醇洗技术优于 NHD 技术，而且林德公司的低温甲醇洗技术适合于水煤浆气化工艺，鲁奇公司的低温甲醇洗技术适合于 Shell 粉煤气化技术。

低温甲醇洗法（Rectisol 法）属物理吸附法，采用甲醇为吸附剂，在加压、低温下操作，原料气中的酸性气（H_2S、COS、CO_2）在甲醇中的溶解度大、较易脱除，溶剂甲醇的损失量也很小。甲醇溶剂具有如下特点：①对 H_2S、COS、CO_2的溶解度大，溶剂的循环量低；②H_2S 和 COS 比 CO_2 的选择性高，可以得到富 H_2S 的物流，有利于硫黄回收；③对 H_2、CO 和 CH_4的溶解度低，有效气体损失小；④溶剂易回收，溶剂损失率低；⑤对水的溶解度高，可以脱除原料气中的水；⑥低温下黏度小，适宜于低温操作；⑦具有较好的化学稳定性和热稳定性；⑧对设备不产生腐蚀；⑨易得且价格低廉。

神华包头煤制烯烃示范工程的粗合成气净化采用了两系列低温甲醇洗工艺技术；由于工厂自产丙烯，低温甲醇洗采用了丙烯制冷。

二、甲醇合成

甲醇是煤制低碳烯烃工艺过程中的重要中间产品，低廉而稳定的甲醇是实现煤制低碳烯烃的关键。要实现中间产品甲醇的低成本，一是要生产出低成本的合成气（通过低煤价、煤气化及粗合成气净化技术先进及大型化等实现）；二是要实现甲醇合成的大型化。文献［34］指出同等条件下生产能力是 5000t/d 的甲醇项目的甲醇生产成本是 2500t/d 装置生产成本的73%；另外，合成气压力高也是“大甲醇”概念中的重要组成部分。张明辉[35]指出甲醇装置的生产能力由 30 万吨/年提高到 150 万吨/年之后，单位产品的投资可降低 28%、产品生产成本可降低 24%；如果生产能力进一步提高到 300 万吨/年，单位产品的投资可降低32%、产品生产成本可降低 27%。

甲醇合成反应体系包括 CO、CO_2、H_2、N_2、CH_4、CH_3OH、H_2O 等多种组分，主要的化学反应有：

$$CO+2H_2 = CH_3OH$$

$$CO_2+3H_2 = CH_3OH+H_2O$$

$$CO_2+H_2 = CO+H_2O$$

20 世纪 60 年代后，中低压合成都采用了铜基催化剂。该类型的催化剂具有活性高、副产物少、使用条件温和等优点，其缺点是催化剂的耐热性能差、对原料气中的杂质（硫、卤素等）极为敏感，需要较苛刻的净化条件。近年来国内外对催化剂的研究也比较活跃，研究的核心主要是进一步提高催化剂的活性、耐热稳定性和稳定性。

目前已经工业化生产的甲醇合成技术基本上都采用气相法，气相法甲醇合成的特点是：要求原料气的 H_2/CO 比为 2 左右，单程转化率低（一般为 10%～15%），循环比大（一般大于 5）。以固定床甲醇合成为例，一般采用铜系催化剂，合成压力一般为 7～10MPa、反应温度为 210～280℃，大型甲醇的合成流程有“串塔合成流程”和“双级合成流程”两大类。“串塔合成流程”如图 1-2 所示，两个合成塔串联的合成流程可提高单程转化率、减少循环量、减小设备尺寸。“双级合成流程”如图 1-3 所示，其特点是将第一级合成生成的甲醇分离后，再进入第二级合成塔，其在特大型甲醇装置的使用效果更好。

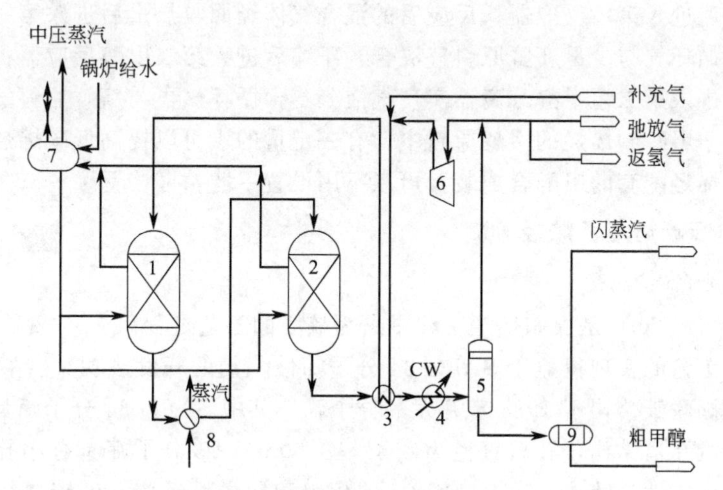

图 1-2 串塔合成工艺流程示意图

1，2—甲醇合成塔；3—换热器；4—水冷器；5—分离器；
6—循环机；7—汽包；8—废热回收器；9—闪蒸槽；CW—冷却水

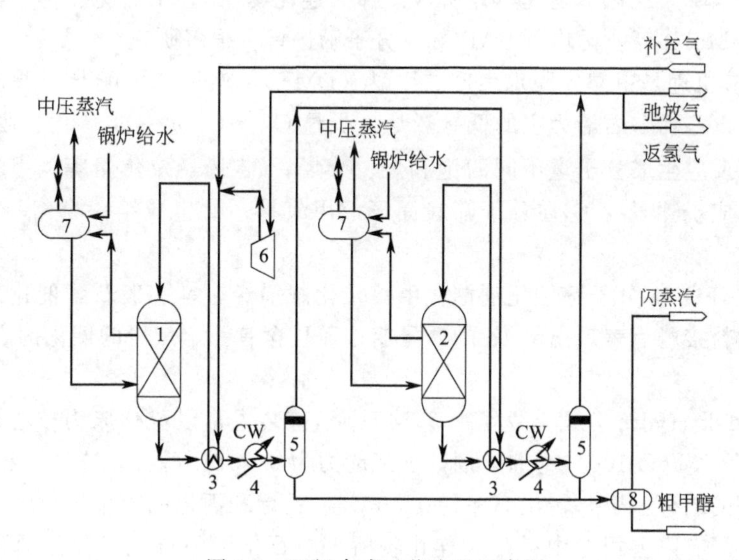

图 1-3 双级合成工艺流程示意图

1，2—甲醇合成塔；3—换热器；4—水冷器；5—分离器；
6—循环机；7—汽包；8—闪蒸槽；CW—冷却水

甲醇合成塔有激冷式合成塔、冷管式合成塔、水管式合成塔、固定管板列管合成塔、多床内换热式合成塔等几类，大型甲醇合成装置宜采用水管式合成塔、固定管板列管合成塔、多床内换热式合成塔等塔型[36]。为了适应“大甲醇”的需求，各专利商纷纷开发出新型的大型合成反应器和流程，例如 Lurgi 公司采用了将列管式反应器与冷管式反应器串联工艺，Davy 公司开发出了双反应器串/并联流程，Topsoe 公司采用了并联流程。

神华包头煤制烯烃示范工程的 180 万吨/年甲醇合成装置采用了 Davy 公司的串/并联工艺流程，与图 1-3 类似，甲醇反应器采用了副产蒸汽的合成塔，该合成塔的特点是[37]：催化剂装填在管外、进入合成塔内的原料气横向流动（即垂直于冷却管）、列管不对称排列、采用带膨胀圈的浮头式结构。在该流程中，绝大部分的新鲜原料气与第二粗甲醇分离器顶部来的循环气混合后进入第一反应器；反应后的混合气体经回收热量后进入第一粗甲醇分离器实现气液分离，循环气与少量新鲜原料气混合，压缩后进入第二甲醇反应器；反应后的气体经热量回收后，进入第二粗甲醇分离器实现气液分离，循环气再与新鲜原料气混合进入第一甲醇反应器。由于甲醇制烯烃的甲醇原料中含有一定量的水可以提高低碳烯烃的选择性，因此为甲醇制低碳烯烃配套的甲醇合成装置可以不用设置甲醇精馏装置。

三、甲醇制低碳烯烃及烯烃分离

（一）甲醇制低碳烯烃

甲醇制烯烃（MTO）是煤制烯烃工程中最为核心的工艺过程。

甲醇制烯烃工艺的实现得益于SAPO-34分子筛催化剂的开发成功。磷酸硅铝（SAPO）系列分子筛是美国联碳公司于1984年开发的分子筛，其中SAPO-34分子筛具有8元环构成的椭球形笼和三维孔道结构，孔口直径为0.43～0.50nm，该分子筛具有小孔结构、中等酸性、良好的水热稳定性的特点。以SAPO-34催化甲醇制烯烃反应，低碳烯烃的选择性高于90%，乙烯选择性可以达到50%以上，充分显示出SAPO-34分子筛催化MTO反应的优越性[38]。

国内中国科学院大连化学物理研究所（简称大连化物所）、中石化、神华集团等，国外的UOP、ExxonMobil等公司均对SAPO-34分子筛进行了很多研究。

MTO的反应机理是甲醇先脱水生产二甲醚（DME），然后二甲醚与甲醇的平衡混合物脱水继续转化为以乙烯、丙烯为主的低碳烯烃，少量$C_2^=$～$C_5^=$进一步环化、脱氢、氢转移、缩合、烷基化等反应生成分子量不同的饱和烃、芳烃、C_6^+烯烃及焦炭等。甲醇制烯烃反应包括如下三个反应步骤[39]：①在分子筛表面形成甲氧基；②生成第一个C—C键；③生成C_3、C_4。

研究表明SAPO-34分子筛催化剂催化甲醇转化制烯烃时，一般新鲜催化剂或再生后的催化剂与反应物料接触后表现出约1h的诱导期；而且含有一定焦炭的催化剂表现出对乙烯、丙烯的选择性高[40]。

UOP和Norsk Hydro公司建立了一套MTO示范装置，以流化床为核心设备，以改性SAPO-34分子筛（MTO-100）为催化剂，加工能力为0.75t甲醇/d，连续平稳运转了90多天，取得了良好的结果：甲醇转化率保持在100%、乙烯和丙烯的收率达80%以上。陕西新兴煤化工科技发展有限公司与中科院大连化物所、中石化洛阳石化工程公司合作，于2005年底在陕西省建设了每年加工甲醇1.67万吨的试验装置，该装置于2006年2月一次投料成功，并平稳运行了1150h，试验期间甲醇转化率近100%，低碳烯烃（乙烯、丙烯、丁烯）选择性达90%以上[41]。大连化物所与UOP公司的MTO中试装置（DMTO试验装置）评价结果如表1-11所示[42]。

表1-11 大连化物所与UOP公司的MTO中试装置评价结果

项　目	UOP公司	大连化物所
原料	甲醇	二甲醚
中试规模/(t/d)	0.75	0.08～0.15
分子筛类型	SAPO-34	SAPO-34
反应器类型	流化床	流化床

续表

项　　目	UOP 公司	大连化物所
烯烃选择性(碳基)(质量分数)/%		
乙烯	34～46	50
乙烯+丙烯	76～79	>80
乙烯+丙烯+丁烯	85～90	约 90
原料消耗/单位质量烯烃	2.659	2.567
催化剂再生次数	> 450	约 1500
催化剂牌号	MTO-100	DO123

1.67 万吨/年 DMTO 试验装置运行期间的考核标定结果如表 1-12 所示[43]。

表 1-12　DMTO 两次 72h 考核数据

项　　目	第一次考核	第二次考核
操作条件		
反应器顶压力/MPa(G)	0.111	0.12
再生器顶压力/MPa(G)	0.106	0.108
反应器温度/℃	495±2	495±2
再生器温度/℃	590～650	590～650
甲醇进料量/(kg/h)	2445	2444.44
甲醇转化率/%	99.42	99.18
烯烃产率/%		
乙烯+丙烯	33.74	33.73
乙烯+丙烯+丁烯	38.10	37.98
焦炭产率/%	1.35	1.30
选择性/%		
乙烯+丙烯	79.21	78.71
乙烯+丙烯+丁烯	89.43	89.15
甲醇消耗/(t/t)		
乙烯+丙烯	2.96	2.96
乙烯+丙烯+丁烯	2.62	2.63

依据 UOP 公司的 MTO 技术的试验结果，提出的甲醇进料量为 237 万吨/年的甲醇制烯烃大型装置的物料平衡及反应产物组成如表 1-13 所示[44]。

表 1-13　UOP 公司的 MTO 装置的物料平衡及反应产物组成（设计值）

物　　料	乙烯	丙烯	丁烯	戊烯	燃料气	CO_x	焦	水
出料量/(万吨/年)	50	34.5	10	2.5	3.7	0.5	3.0	132.8
产物组成(湿基)/%	21.10	14.56	4.20	1.05	1.56	0.21	1.30	56.02
产物组成(干基)/%	47.98	33.10	9.60	2.40	3.55	0.47	2.90	—

MTO 催化剂 SAPO-34 的理化性质决定了 MTO 的反应机理，由于生焦量大、催化剂单程寿命很短，因此需要频繁地再生，从而决定了 MTO 工艺不宜采用固定床反应器，而只能采用能够实现催化剂连续反应-再生类型的流化床反应器和再生器。循环快速流化床反应器

和湍流床反应器是能够实现MTO工艺的反应器。MTO反应是放热反应（$\Delta H=49kJ/mol$），MTO反应部分工程开发的重点是反应器床层温度的控制及取热、待生催化剂的再生等。MTO工艺流程如图1-4所示[42]，其前半部分包括反应再生、激冷分离、再生烟气能量利用和回收、反应取热、再生取热等部分，主要由MTO反应器、再生器、甲醇进料系统、主风系统、再生烟气热量利用系统、催化剂储存系统、原料预热系统、反应产物激冷塔、水洗塔、汽提塔等组成。

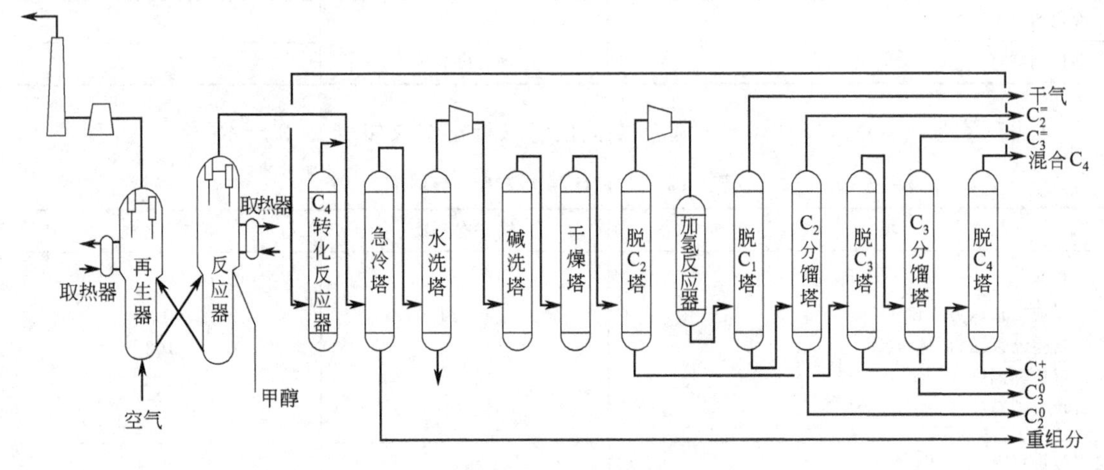

图1-4 MTO工艺流程示意图

由于反应产物离开反应器的温度最高可达500℃左右，且反应产物中含有大量的水蒸气，因此开发了两段急冷流程：出反应器的物料经过第一个换热器与反应器进料热交换降温后先进入第一急冷塔，利用来自第二急冷塔底部的水接触降温，一些杂质、夹带出来的催化剂和水在此分离，分离后再进入第二急冷塔（图1-4中的水洗塔）[45]。

神华包头煤制烯烃工业示范项目甲醇制烯烃装置加工甲醇180万吨/年，设计生产乙烯30万吨/年、丙烯30万吨/年，采用了中科院大连化物所开发的DMTO技术。与其在陕西建设并运行的1.67万吨/年试验装置相比，神华包头甲醇制烯烃装置放大了108倍，该装置于2010年8月8日一次投料试车成功。

据报道[46,47]新一代甲醇制烯烃技术（DMTO-Ⅱ）已由中科院大连化物所、中国石化洛阳工程公司、陕西煤化公司联合开发成功，其甲醇转化率达到了99.97%，乙烯+丙烯选择性达到了85.68%，每吨乙烯+丙烯消耗甲醇2.67t（与第一代MTO相比，甲醇消耗降低了10%）。

（二）烯烃分离

烯烃分离（或称为轻烯烃回收）是将甲醇制烯烃单元生产的混合产物中的乙烯、丙烯等低碳烯烃以经济、低能耗、最大回收率的方式生产能够满足下游加工装置进料规格的烯烃产品，最普通的就是生产聚合级乙烯和聚合级丙烯。甲醇制烯烃反应得到的反应产物的组成有其特有的特点，MTO反应产物组成与石脑油蒸汽裂解产物组成对比如表1-14所示[42]。表中数据表明MTO反应产物的组成有如下特点：①氢气和甲烷少，有利于乙烯分离；②乙烯、丙烯含量明显高于石脑油裂解气；③重组分（C_5^+）少；④炔烃含量少；⑤不含H_2S；⑥产物中含有含氧化合物（甲醇、二甲醚等）。MTO烯烃分离工艺的目标主要是：有效脱除杂质（未反应的甲醇、二甲醚、CO_2、CO、NO_x、N_2、O_2等）、简化分离流程、尽可能不采用深冷分离和冷箱设计。

表 1-14 MTO 工艺与石脑油裂解工艺产物组成对比

组成	石脑油蒸汽裂解(摩尔分数)/%	MTO(摩尔分数)/%	组成	石脑油蒸汽裂解(摩尔分数)/%	MTO(摩尔分数)/%
H_2	14.13	1.72	C_4H_4	0.46	0.00
N_2	0.00	0.27	n-C_4^0	0.09	0.68
O_2	0.00	0.01	i-C_4^0	0.00	0.00
CO	0.18	0.85	n-$C_4^=$	1.20	3.81
CO_2	0.05	0.38	i-$C_4^=$	1.03	0.00
H_2S	0.03	0.00	c-$C_{4-2}^=$	0.50	0.00
CH_4	23.68	8.09	t-$C_{4-2}^=$	0.50	0.00
C_2H_2	0.45	0.00	1,3-$C_4^=$	1.65	0.00
C_2H_6	6.41	1.64	n-C_5^0	0.50	0.32
C_2H_4	31.69	51.10	i-C_5^0	0.50	0.00
C_3H_8	0.23	2.06	n-$C_5^=$	0.10	0.00
C_3H_6	9.44	20.91	C_5～C_8非芳烃	0.69	0.00

对未反应甲醇一般采用水洗的方法脱除；对于二甲醚的脱除是难点，可以考虑采用溶剂吸收、精馏、吸附等方法脱除[48]。

UOP 公司的 MTO 及烯烃分离工艺流程的特点是：①采用前脱乙烷流程，减少了脱甲烷塔的进料量；②增加了脱甲烷塔塔顶气中的乙烯含量，从而提高了脱甲烷塔塔顶的温度(大于−45℃)，避免采用乙烯制冷；③为了回收脱甲烷塔塔顶气体中的乙烯，设置了变压吸附设施，分离甲烷、氢气、乙烯，并将乙烯返回压缩机入口；④乙烯的回收率 99.5%以上。该流程的缺点为：①脱甲烷塔塔顶气体中含进料乙烯的 15%，需要 PSA 进行回收并返回压缩机入口，增加了加工负荷；②PSA 操作复杂。

上海惠生工程公司开发出了 PROA 烯烃分离工艺，MTO 反应产物经压缩、杂质脱除、干燥后进入分离系统，PROA 工艺具有以下特点：①无传统的深冷分离单元、无冷箱设计；②采用专利分离技术，取代传统的深冷脱甲烷烯烃；③常规丙烯制冷、无乙烯制冷系统；④采用物理分离方法脱除氮气、氧气和 CO；⑤对进料组成变化的适应性强，能适应进料中二甲醚、氮气、氧、CO 等较大范围变化。

中石化洛阳石化工程公司开发出了前脱乙烷流程[49]，其主要特点为：①在五段压缩与脱乙烷塔回流罐之间设置加氢转化反应器，脱除乙炔及氧气；②对常规深冷前脱氢系统进行简化，脱乙烷塔回流罐气相进入深冷脱甲烷系统，经冷却冷凝后直接进入高压脱甲烷塔。该工艺流程的缺点是采用了深冷低温分离，需要乙烯制冷系统。

Exxon 公司提出了从 MTO 产物中分离乙烯和丙烯的方法[50]，反应产物先经脱丙烷塔分离出 C_4^+，塔顶 $C_3^=$ 组分进行 DME 脱除和水洗、干燥，然后进入脱甲烷塔或脱乙烷塔、乙烯塔等进行常规精馏分离。

Lummus 针对 MTO 反应产物中含有微量 NO_x 以及含有过氧化物的特点，在烯烃分离流程设计时在 3 个方面进行了重点考虑：①控制关键点的操作温度，尽量减少结垢的形成；②在一些关键部位注入阻聚剂，降低结垢的形成速率；③关键的换热器采用折流板换热器。另外，烯烃分离与反应区进行热量利用的整合，利用反应区的低品位废热作为回收工段的热源[51]。

四、低碳烯烃后加工

（一）乙烯的后加工

乙烯是全球消费量最大、最重要的基础有机化工原料，预计 2013 年和 2018 年，全球的乙烯产能将达到 16146 万吨/年和 17315 万吨/年。

2008 年世界乙烯消费结构中，聚乙烯消耗乙烯 6719 万吨，占消耗总量的 59%，环氧乙烷消耗乙烯 1672 万吨，占消耗总量的 15%，接下来依次是二氯乙烷、乙苯、氯乙烯、低聚物、乙醇、乙丙橡胶、乙醛、乙酸乙烯、丙烯等。中国乙烯的主要下游产品有聚乙烯、环氧乙烷和乙二醇、聚氯乙烯、苯乙烯、乙酸乙烯等（见表 1-15）。

表 1-15 中国乙烯下游产品消费量对比[52]

乙烯下游产品	消费量(折合乙烯)/万吨	占乙烯总消费量比例/%
聚乙烯	1130	53.7
环氧乙烷/乙二醇	427	20.3
苯乙烯	220	10.4
聚氯乙烯	160	7.6
乙酸乙烯、乙丙橡胶、乙醇、乙醛等	116	5.5

煤制烯烃企业的乙烯后加工以集中在聚乙烯、环氧乙烷和乙二醇、乙丙橡胶等产品消费量大、对外依存度高的产品为宜。

1. 聚乙烯

聚乙烯是我国消费量最大的合成树脂材料，2009 年我国聚乙烯消费总量为 1554 万吨，其中国内生产 813 万吨、进口 741 万吨。聚乙烯的合成工艺包括高压聚乙烯工艺、低压聚乙烯工艺，高压聚乙烯工艺生产低密度聚乙烯（LDPE），低压聚乙烯工艺生产高密度聚乙烯（HDPE）、线性低密度聚乙烯（LLDPE）、极低密度聚乙烯（VLDPE）、超低密度聚乙烯（ULDPE）和中密度聚乙烯（MDPE）。LDPE 包括了均聚物、乙烯-乙酸乙烯酯、乙烯-乙烯醇、乙烯-甲基丙烯酸、乙烯-丙烯酸甲酯、乙烯-丙烯酸乙酯、乙烯-丙烯酸等共聚物。不同类型的聚乙烯工艺采用不同的反应器、不同的操作条件和不同的催化剂体系。HDPE 广泛用于生产吹塑产品、注塑产品、膜及片材；LDPE 和 LLDPE 的最大用途是生产包装膜、塑料袋和桶内料等。聚乙烯的生产方法分为高压法、低压法、中压法三种。高压法用来生产低密度聚乙烯，这种方法开发得早，用此法生产的聚乙烯至今约占聚乙烯总产量的 2/3，中压法仅菲利浦公司至今仍在采用，生产的主要是高密度聚乙烯。低压法就其实施方法来说，有淤浆法、溶液法和气相法。淤浆法主要用于生产高密度聚乙烯，而溶液法和气相法不仅可以生产高密度聚乙烯，还可通过加共聚单体，生产中、低密度聚乙烯，也称为线型低密度聚乙烯。

有代表性的高压聚乙烯工艺包括 Exxon Mobil 的管式和釜式高压法聚乙烯工艺，可以生产均聚 LDPE 和乙烯-乙酸乙烯共聚物；低压聚乙烯工艺包括淤浆法、溶液法和气相法三种。在淤浆法、溶液法、气相法和高压法四种工艺中，由于气相法具有工艺流程短、操作压力低、无需使用溶剂、消耗低、牌号切换容易、过渡料少、适合于生产全密度 PE 等特点而逐渐备受青睐，目前气相法生产能力约占世界 PE 总能力的 34%，新建的 LLDPE 装置近 70%采用了气相法工艺。典型的气相法工艺有 Basell 公司的 Spherilene 工艺、BP 公司的 Innovene 工艺、Univation 公司的 Unipol 工艺，三者均为气相法工艺[53~55]。

聚乙烯工艺采用的催化包括铬基催化剂、齐格勒-纳塔（Z-N）催化剂（该催化剂是化学键结合在含镁载体上的钛等过渡金属的化合物，该类催化剂的催化效率高、催化剂成本低)、茂金属催化剂、非茂金属催化剂、双功能催化剂以及双峰或宽峰分子量分布聚烯烃复合催化剂等。

2. 乙二醇

乙二醇是一种重要的有机化工原料，主要用于生产聚酯纤维、防冻剂、不饱和聚酯树脂、非离子表面活性剂等，我国乙二醇的消费中约有95%用于生产聚酯。2008年全球和我国的乙二醇生产能力分别为2187万吨/年和272万吨/年。2008年我国乙二醇的表观消费量达775万吨，产量和进口量分别为256万吨和521万吨。目前国内外大型乙二醇生产大都采用了乙烯氧化制环氧乙烷（EO）、环氧乙烷直接水合的工艺路线，工艺技术包括英荷Shell、美国Halcon-SD和DOW（原UCC）工艺。乙烯生产乙二醇的工艺过程包括：采用乙烯、氧气为原料，在Ag催化剂、甲烷或氮气致稳剂、氯化物抑制剂存在下，乙烯直接氧化生产环氧乙烷，环氧乙烷在管式反应器内进行水合生产乙二醇溶液，乙二醇溶液经蒸发提浓、脱水、分馏得到乙二醇及其他副产品[56~59]。

3. 乙丙橡胶

乙丙橡胶（EPR）是由乙烯和丙烯共聚而得到的二元聚合物（EPM）或由乙烯、丙烯加非共轭二烯烃共聚而得到的三元共聚物（EPDM）。由于乙丙橡胶具有卓越的耐候性、耐热老化性、耐化学性和电绝缘性能等，广泛应用于汽车制造、涂料、建筑、聚合物改性和电线电缆等领域。乙丙橡胶的生产方法按聚合方式主要有溶液聚合法、悬浮聚合法和气相聚合法三种，其聚合过程采用齐格勒-纳塔催化剂或茂金属催化剂。2010年我国乙丙橡胶的消费量约为21万吨，但目前我国只有中石油吉化公司建设有一套生产能力为2万吨/年的乙丙橡胶生产装置[60,61]。

4. 乙酸乙烯

乙酸乙烯（VAc）是一种重要的有机化工原料，主要用于生产聚乙酸乙烯（PVAc）、聚乙烯醇（PVOH）、乙酸乙烯-乙烯共聚乳液（VAE）或共聚树脂（EVA）、乙酸乙烯-氯乙烯共聚物、聚丙烯腈共聚单体，在涂料、浆料、黏合剂、维尼纶（聚乙烯醇缩醛纤维）、薄膜、皮革加工、合成纤维等领域具有广泛的应用前景。乙烯法是目前主要生产乙酸乙烯的方法，约占总生产能力的70%，乙烯、氧气和乙酸蒸气在贵金属Pd-Au（Pt）催化剂及乙酸钾助催化剂的作用下，在100～200℃、0.6～0.8MPa的反应条件下，在固定床反应器中反应，反应产物经分离、分馏得到乙酸乙烯产品。乙烯合成乙酸乙烯方法也分为液相法（已被淘汰）和气相法两种，乙烯气相法工艺有Bayer法和USI法，最先进的工艺是BP-AMOCO公司的Leap工艺和赛拉尼斯的Vantage工艺。2008年全球乙酸乙烯生产能力为648万吨/年，2009年我国乙酸乙烯生产能力为158万吨/年，其中采用乙烯法的生产能力为53万吨/年[62,63]。

（二）丙烯的后加工

丙烯是全球消费量仅次于乙烯的另一种重要的基础有机化工原料，2010年底我国的丙烯产能达1351万吨/年，而丙烯当量消费则达1905万吨，预计到2015年我国的丙烯产能和消费当量将分别达到2200万吨/年和2800万吨/年。丙烯主要用于生产聚丙烯、丙烯腈、环氧丙烷、丙烯酸及丙烯酸酯、异丙苯及苯酚丙酮、羰基合成醇（丁辛醇）等基本有机原料。根据煤制低碳烯烃项目产品和合成气丰富的特性，宜重点考虑利用丙烯生产聚丙烯、丙烯酸及丙烯酸酯、环氧丙烷、丙二醇、丁辛醇、异丙醇等产品。

1. 聚丙烯

聚丙烯是消费量仅次于聚乙烯的五大通用树脂之一，在注塑、挤管、吹膜、涂覆、喷丝、改性工程塑料等方面都有广泛的应用。2009 年全世界的聚丙烯生产能力已达 5170 万吨/年，我国的聚丙烯生产能力也达到了 765 万吨/年。2008 年我国聚丙烯的表观消费量、产量、进口量分别是 1008 万吨、733 万吨和 279 万吨[64,65]。自 1957 年工业化以来，聚丙烯的生产工艺主要分为淤浆法、本体法、气相法和液相本体/气相相结合的工艺，淤浆法已逐步被淘汰、气相法和本体法是目前占主导地位的工艺方法。典型的气相法工艺有 Basell 公司的 Spherizone 工艺、DOW 化学公司的 Unipol 工艺、INEOS 公司的 INNOVENE 工艺、Japan Polypropylene 公司的 Horizone 工艺、Lummus 公司的 Novolen 工艺等。Basell 公司的 Spherizone 工艺包括一个气相、非茂金属催化剂的工艺，采用一个多区循环反应器，两个区的反应条件不同，因此可以在一个反应器内生产双峰或多峰聚丙烯；DOW 化学公司的 Unipol 气相法工艺采用立式气相流化床反应器（一个或两个），该工艺具有高效本体法的优点，不需脱灰、不存在溶剂回收和精制问题，该工艺生产的均聚物的熔融指数 0.6～40，等规度可达 93%～98%，无规共聚产品的乙烯含量可达 8%，高抗冲共聚产品的乙烯含量可达 15%～21%；INEOS 公司的 INNOVENE 工艺采用 2 个串联的卧式低轴向扩散反应器，可生产从高挠曲模量到低温应用的抗冲聚丙烯，其工艺特点是用一种催化剂就可以生产均聚、无规共聚和抗冲共聚产品，抗冲共聚产品的乙烯含量 5%～17%；Japan Polypropylene 公司的 Horizone 工艺与 INEOS 公司的 INNOVENE 工艺类似；Lummus 公司的 Novolen 工艺的主要特点是采用两个并联/串联的立式搅拌釜反应器，反应温度 70～80℃、压力 2.2～3.2MPa，可生产均聚、无规共聚和抗冲共聚产品，该工艺的特点是可以用共聚反应器生产均聚物[64,66]。典型的本体法聚丙烯工艺有 Basell 公司的 Spheripol 工艺、Prime Polumer 公司的 Hypol-Ⅱ工艺、Borealis 公司的 Borstar 工艺等，Basell 公司的 Spheripol 工艺的主要特点是两个串联的淤浆管式反应器，此工艺能用单环管反应器生产几乎所有范围内的产品，常用两个反应器串联生产双峰产品；Prime Polumer 公司的 Hypol-Ⅱ工艺采用一个或两个管式反应器再串联一个气相流化床反应器，气相反应器主要用于生产抗冲无规共聚物；Borealis 公司的 Borstar 工艺采用淤浆管式反应器生产均聚物，串联一个气相反应器生产共聚产品，再串联一台气相反应器可生产抗冲共聚物[64,67]。聚丙烯采用的催化剂包括齐格勒-纳塔（Z-N）催化剂、茂金属催化剂和非茂金属单活性中心催化剂三类，传统的齐格勒-纳塔催化剂一直在不断发展，其特点是活性及立构规整性高、产品结构的稳定性好，其最新发展是拓展 Z-N 催化剂体系的产品范围和开发给电子体系；将传统的 Z-N 催化剂与茂金属催化剂混合使用生产双峰分布或多峰分布的聚丙烯产品；茂金属是过渡金属与环戊二烯相连形成的有机金属配位化合物，茂金属催化剂有理想的单活性中心，能精确控制聚合产物的相对分子质量、相对分子质量分布、共聚单体含量及其在主链上的分布和结晶结构，使用茂金属催化剂得到的聚丙烯产品加工性能好、强度高、刚性和透明性好，耐温、耐化学性能强；近几年开发的非茂金属单活性中心催化剂，主要包括 Ni-Pd 和 Fe-Co 催化剂体系，具有合成相对简单、产率高且成本低、可生产多种产品的特点[64,67,68]。

2. 丙烯酸及丙烯酸酯

丙烯酸（AA）和丙烯酸酯（AE）是重要的化工基础原料之一，主要用于生产水溶性涂料与胶黏剂用的共聚单体丙烯酸丁酯和乙酯，以及生产高吸水性树脂等。2007 年全球丙烯酸产能约 539 万吨/年、到 2007 年底我国的丙烯酸生产能力达 92 万吨/年，其中用于生产丙烯酸酯约占52%、用于生产超吸水性聚合物（SAP）约占31%、其他用途占17%。目前世界上几乎所有的丙烯酸（酯）企业都采用丙烯两步氧化法技术，即丙烯在复合催化剂的作用下与空气发生氧化反应先生产丙烯醛、丙烯醛再进一步催化氧化成丙烯酸，主要的工艺技术包括日本NSKK、日本MCC、德国BASF的工艺技术。丙烯两步氧化法生产丙烯酸（酯）的技术水平主要取决于催化剂的性能，日本NSKK、MCC公司的催化剂活性良好、使用寿命长、机械强度高，目前丙烯氧化制丙烯醛的催化剂均以Mo-Bi系为主，添加了Fe、Ni、P、Co、W等元素来提高活性，也有的添加V、Sn等来提高选择性；丙烯醛氧化制丙烯酸是以Mo-V系催化剂为主[69~72]。

3. 环氧丙烷

环氧丙烷是除了聚丙烯和丙烯腈以外的第三大丙烯衍生物，也是重要的基本有机化工原料，主要用于聚醚多元醇、非离子表面活性剂、碳酸丙烯酯和丙二醇的生产，广泛应用于汽车、建筑、食品、烟草、医药及化妆品行业。2008年全球环氧丙烷的生产能力为784.5万吨/年，2009年我国环氧丙烷的生产能力为158.5万吨/年，2009年我国环氧丙烷自给率为80.5%；2008年世界环氧丙烷有65.8%用于聚醚多元醇的生产，有18.2%用于丙二醇的生产，有6.2%用于丙二醇醚生产，其他用途占9.8%[73]。目前国外环氧丙烷生产工艺技术主要有：氯醇法、乙苯共氧化法（PO/SM法）、异丁烷共氧化法（PO/TBA法）、异丙苯氧化法（CHP法）、过氧化氢直接氧化法（HPPO法）。已经工业化60多年的氯醇法分为采用石灰（氢氧化钙）的工艺和采用电解液（氢氧化钠）皂化氯丙醇法两类技术，石灰工艺包括丙烯氯醇化、石灰乳皂化和产品精制等工段，电解液工艺是丙烯次氯酸化方法采用传统工艺（丙烯和含氯的水在常压和30～45℃的温度下进行反应，得到90%的α-氯丙醇和10%的β-氯丙醇），但皂化用氢氧化钠的电解液代替石灰乳，反应生产的盐水再用于电解制氯，平衡次氯酸化耗氯需要，2008年美国已经淘汰了该工艺；乙苯共氧化法（PO/SM法）是将乙苯在130～160℃反应温度、0.3～0.5MPa反应压力下与纯氧反应得到乙苯有机氢过氧化物，含有乙苯氢过氧化物的乙苯溶液在钼基催化剂的作用下与丙烯发生环氧化反应，得到环氧丙烷和副产的2-甲基苯乙醇，再经精制得到环氧丙烷；异丁烷共氧化法（PO/TBA法）是将异丁烷在液相中与纯氧反应得到叔丁基氢过氧化物和叔丁醇（TBA），叔丁基氢过氧化物溶液在钼基催化剂的作用下在110℃、3.4MPa反应条件下与丙烯进行氧化反应，反应后环氧化溶液经蒸馏和精制得到环氧丙烷；异丙苯氧化法（CHP法）以钛-硅为催化剂，以过氧化氢异丙苯（CHP）为氧化剂，使丙烯环氧化得到环氧丙烷和二甲基苄醇，二甲基苄醇脱水后得到α-甲基苯乙烯，然后再加氢得到异丙苯，异丙苯氧化成CHP后循环使用；过氧化氢直接氧化法（HPPO）是使用过氧化氢（双氧水）催化环氧化丙烯制环氧丙烷的最新工艺技术，目前该技术有两种：一是DOW和BASF联合开发的技术，采用管式反应器，在中温、低压和液相条件下，在甲醇溶液中用过氧化氢催化丙烯环氧化生产环氧丙烷（采用钛硅催化剂），采用该工艺已经在比利时建设了30万吨/年生产装置；二是德国Evonik（原Degussa）与Uhde联合开发的技术，该工艺采用固定床反应器、以TiSi-1作催化剂、甲醇为溶剂，丙烯和过氧化氢发生氧化反应生产环氧丙烷，采用该工艺已经在韩国蔚山建设了10万吨/年生产装置。DOW/BASF工艺已经工业应用[73,74]。环氧丙烷绿色合成技术的发展方向是电化学氧化合成技术、光催化氧化技术、胶束催化技术、生物酶催化技术[75]。

4. 丁辛醇

丁辛醇是正丁醇、异丁醇和辛醇（或称2-乙基己醇）的统称，用正丁醇生产的邻苯二甲酸二丁酯和脂肪族二元酸酯增塑剂广泛应用于塑料和橡胶制品的生产，用正丁醇生产的丙烯酸丁酯可用于涂料和黏合剂，正丁醇也是生产丁醛、丁酸、丁胺、乙酸丁酯的原料；辛醇主要用于增塑剂邻苯二甲酸二辛酯（DOP）、对苯二甲酸二辛酯（DOTP）的原料，另外辛醇还可用作柴油和润滑油的添加剂等。2006年全球丁辛醇产能为663万吨/年，预计到2016年的产能为747.6万吨/年；2006年我国的丁辛醇产能为90.5万吨/年，2006年的产量为92.1万吨、进口量为49万吨[76]。丁辛醇的生产方法主要有乙醛缩合法、发酵法、齐格勒法和羰基合成法。乙醛缩合法是乙醛在碱性条件下进行缩合和脱水生产丁烯醛，丁烯醛加氢得到丁醇，丁醇选择性加氢得到丁醛，丁醛经醇醛缩合、选择性加氢得到2-乙基己醇（辛醇），该方法已基本被淘汰；发酵法是粮食或其他淀粉质农产品经水解得到发酵液，然后在丙酮-丁醇菌的作用下经发酵制得丁醇、丙酮及乙醇的混合物（通常的比例为6∶3∶1），然后经蒸馏、精馏得到相应产品，目前很少使用该方法；齐格勒丁辛醇法是使用乙烯为原料生产高级脂肪醇的同时副产丁醇的方法；羰基合成法已有70多年的历史，是当今最主要的丁辛醇合成技术，其工艺过程包括：丙烯氢甲酰化反应得到粗醛，粗醛精制得到正丁醛和异丁醛，正丁醛和异丁醛加氢得到产品正丁醇和异丁醇；正丁醛经缩合、加氢得到辛醇产品。丙烯羰基合成又分为高压法、中压法和低压法。高压羰基合成技术的反应温度高，反应压力20～30MPa，以乙酸钴为催化剂，反应产物的正丁醇/异丁醇比例为3～4，由于投资和设备腐蚀等原因已被低压羰基合成取代；中压羰基合成是20世纪60年代出现的，以德国鲁尔工艺为代表，80年代Ruhrchemic推出了成熟的中压羰基合成技术，采用水溶性铑基催化剂，但由于流程长、投资大、操作和维修不便等原因未得到广泛应用；低压羰基合成是丙烯、CO和H_2在100～120℃、1.6～2.0MPa条件下，在三苯基膦存在下，以羰基铑膦络合物为催化剂生成丁醛的方法，该法又分为Reppe法、BASF法、Eastman法、Davy法和MCC法，Reppe法是以丙烯、CO和水为原料，以五羰基铁为催化剂一步合成丁醇的方法，由于只生产丁醇因而未得到推广应用；BASF法羰基合成工艺采用铑混合物为催化剂、三苯基膦为配位体，产物丁醛的正异构比为（8～9）∶1，该方法具有催化剂活性高、丙烯转化率高、消耗低、反应压力低、投资低等特点；Davy法始于20世纪70年代，该法以丙烯、合成气为原料，羰基铑/三苯基膦络合物为催化剂，在1.76MPa的低压下反应生产丁醛，该方法具有流程短、投资低、反应条件缓和、产品正/异比高、无腐蚀、对设备材质要求低、催化剂活性高等特点，该方法是目前采用最多的羰基合成生产丁辛醇的方法；MCC技术采用铑基催化剂，以甲苯为溶剂，采用结晶、离心过滤的方法回收催化剂[77,78]。目前丁辛醇的研发热点集中在铑系催化剂的持续改进、非铑系催化剂的开发等方面；对铜-锌醛类加氢催化剂的改进主要集中在选择合适的助剂来抑制副反应的发生[79]。

5. 异丙醇

异丙醇（IPA）是一种重要的有机溶剂和医药中间体，2006年全球异丙醇产能约为246.3万吨/年，2006年我国的异丙醇产能为11.5万吨/年，2006年我国生产异丙醇11.4万吨，进口量为9.6万吨；目前我国异丙醇产能约14万吨/年[80,81]。生产异丙醇的方法有丙烯间接水合法和丙烯直接水合法，丙烯间接水合法又称为丙烯硫酸水合法，由于该方法流程复杂、选择性低、消耗大、设备腐蚀严重、污染大、成本高等原因而被逐渐淘汰。丙烯直接水合法是目前工业上生产异丙醇的主要方法，它是使丙烯在催化剂作用下直接发生水合反应生产异丙醇，丙烯直接水合法分为气相直接水合法（以德国维巴法为代表）、液相直接水合法（以日本德山曹达法为代表）和气-液混相水合法（以美国德士古德国分公司的离子交换树脂法为代表）。维巴气相直接水合法是生产异丙醇的主要方法，该方法以磷酸/硅藻土为催化剂（含磷酸 20%～30%），反应时催化剂表面的磷酸饱和蒸汽压起主要作用，该方法选择性好、副产物少，丙烯转化率达 97%、异丙醇的选择性达 98%～99%，设备腐蚀和环境污染轻；德山曹达公司开发的液相直接水合法采用钨系多阴离子的水溶液（如钨硅酸）为催化剂（pH＝2～3），该方法的特点是催化剂活性高、丙烯和多阴离子活性络合、反应速度增加、催化剂比较稳定、可循环使用，缺点是能耗较大；美国 Texaco 德国分公司（Deutch Texaco）开发的气-液混相法采用活性阳离子交换树脂为催化剂，由于催化剂具有良好的活性和耐水性，因此可在较低的温度下和较大的水/烯比条件下反应，与上述两种方法相比该方法反应条件缓和、丙烯转化率高、能耗低，缺点是催化剂成本高。

（三）混合 C_4 的后加工

在甲醇制烯烃（MTO）过程中同时副产 5.5%（对甲醇）左右的混合 C_4，与石脑油裂解制乙烯不同的是，该混合 C_4 不含丁二烯，异丁烯含量也极低，主要是 1-丁烯和 2-丁烯组分。通过加工过程再将其转化为乙烯、丙烯或其他高附加值产品可以进一步提高煤制烯烃项目的经济性。目前可以采用的技术有将 C_4、C_5 馏分回炼的 DMTO-Ⅱ代技术，烯烃歧化技术（OCT）、烯烃裂解技术（OCP）及生产 2-异丙基庚醇（2-PH）等。

神华包头 MTO 装置副产的 C_4 组成如表 1-16 所示[82]，表中数据表明工业 MTO 装置生产的 C_4 产品中的丁烯含量高达 91.85%。

表 1-16 MTO 混合 C_4 的主要组分（质量分数） 单位：%

组分	设计值	实际值	组分	设计值	实际值
丙炔	0.23	0.02	异丁烯	3.62	6.22
丙烷	0	0.01	顺-2-丁烯	64.52	28.24
丙烯	0	0.01	反-2-丁烯	2.07	35.27
正丁烷	4.05	4.43	1,3-丁二烯	0	1.26
异丁烷	0.20	0.16	C_5 以上组分	0	2.26
正丁烯	25.33	22.12			

歧化反应是在催化剂作用下将烯烃混合物转化为新的烯烃混合物，如乙烯、2-丁烯发生歧化反应生产 2 分子的丙烯，歧化反应工艺流程如图 1-5 所示[83]。以 Lummus 开发出的烯烃歧化技术（Olefins Conversion Technology，OCT）为代表，该技术采用固定床反应器，催化剂为载于硅藻土上的 WO_3 和 MgO，工艺中乙烯转化为丙烯的选择性近 100%，丁烯转

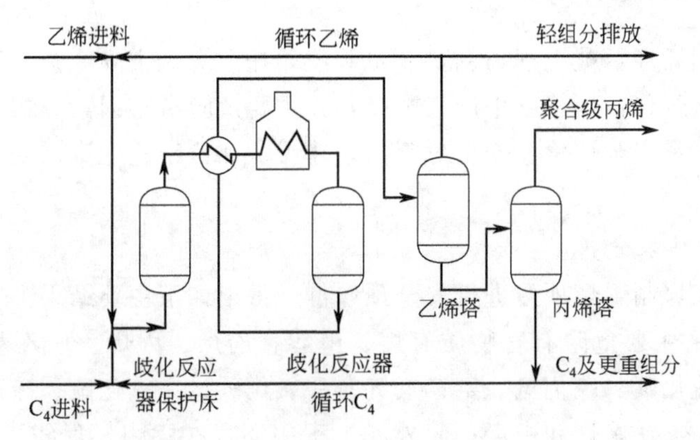

图 1-5 烯烃歧化反应工艺流程示意图

化为丙烯的选择性近97%，丁烯总转化率为85%～92%。

UOP和TOTAL联合开发的烯烃裂解技术（Olefin Cracking Process，OCP），在比利时Antwerp建设了工业示范装置，该技术采用专用的ZSM-5分子筛催化剂、在500～600℃、0.1～0.5MPa反应条件下，C_4～C_8原料在固定床反应器中与催化剂接触发生裂解反应，转化为以丙烯为主的轻烯烃。当将该工艺技术与甲醇制烯烃（MTO）技术相结合时，可以使乙烯和丙烯的总收率由80%提高到90%以上，丙烯收率由30%～50%提高到60%[84]。

随着西方发达国家对邻苯二甲酸二辛酯（DOP）增塑剂安全性的质疑，以2-丙基庚醇（2-PH）为原料生产的邻苯二甲酸二(2-丙基庚醇)酯(DPHP）增塑剂越来越受到人们的重视。以丁烯为原料采用羰基合成方法生产2-丙基庚醇是较为经济的方法，其合成方法与以丙烯为原料生产丁辛醇的方法类似：C_4烯烃在催化剂的作用下与CO发生羰基化或氢甲酰化反应生成戊醛混合物；正戊醛或异戊醛在担载金属（Pd、Ni）催化剂作用下与氢气反应生成正戊醇或异戊醇；正戊醛经缩合得到癸醛，癸醛经加氢、精馏得到以2-丙基庚醇为主的混合癸醇。日本三菱化学于20世纪90年代建设了以1-丁烯为原料的3万吨/年2-丙基庚醇装置，由于1-丁烯价格昂贵而停产；BASF公司于世纪之交投产了5万吨/年2-丙基庚醇装置，采用混合丁烯为原料；美国UCC公司（现归DOW）于20世纪80年代开发了铑-双亚磷酸酯型催化剂体系、以混合丁烯为原料生产2-丙基庚醇的工艺，并向LG公司许可了该技术，该技术的优点是催化剂具有氢甲酰化和异构化双重功能，可以采用廉价的混合丁烯做原料，正戊醛收率高（正戊醛、异戊醛之比达15∶1），1-丁烯和2-丁烯的总转化率在95%以上，采用该技术生产2-丙基庚醇的成本最低[85～87]。

第五节　煤制烯烃工程安全与环境保护

以煤为原料通过煤气化制甲醇、甲醇制烯烃、烯烃后加工为主要路线的煤制烯烃工程，集典型的煤化工、石油化工于一体，还包括了用于储存中间产品甲醇、烯烃等的罐区，以生产蒸汽为主、发电为辅的热电中心，用于生产装置事故状态时的安全排放设施及火炬系统，用于处理全厂工艺及生活污水的污水处理系统，因此煤制烯烃工程生产装置和辅助生产装置多、系统庞大而且复杂，因此确保煤制烯烃工程的安全以及环境保护达标十分关键。

一、安全评价

以神华包头煤制烯烃示范工程为例，业主单位委托上海天谱安全技术咨询有限公司进行了安全评价，评价报告包括概述、生产工艺简介、主要危险有害因素分析、安全评价单元和评价方法、定性和定量安全评价、安全对策措施建议、评价结论七章，安全评价报告的主要结论如下所述。

（一）安全评价结果分析

通过对神华包头煤制烯烃项目进行安全预评价，得出如下主要结果。

① 项目中存在的主要危险有害物质有煤、甲醇、乙烯、丙烯、三乙基铝、丙二烯、硫化氢、二甲醚、二硫化碳、硫化氢、氨、氢气、一氧化碳、二氧化硫、硫黄等。项目中存在的主要危险危害是火灾、爆炸和中毒；此外，工程中还存在噪声、射线、粉尘、高温烫伤、低温冻伤等危险有害因素。煤气化装置、甲醇装置、MTO装置、聚乙烯装置、聚丙烯装置

与硫黄回收装置6套装置和储运系统的烯烃球罐区、甲醇罐区的火灾危险性属于甲类；热电站锅炉房的火灾危险性属于丁类，煤粉厂房、出煤仓的火灾危险性属于乙类，汽轮机、变压器、配电室等的火灾危险性属于丙类。

② 通过火灾爆炸危险指数的评价得出：初评计算结果表明，6个单元的初始火灾爆炸危险等级为“非常大”、2个单元的初始火灾爆炸危险等级为“很大”，只有9个单元的初始火灾爆炸危险等级为“中等”及“中等”以下，这表明神华包头煤制烯烃项目的固有火灾爆炸危险性很大。但经过补偿后，所有单元的火灾爆炸危险等级都降为“较低”或“最低”。说明神华包头煤制烯烃项目在采取安全措施和预防手段的条件下，火灾爆炸危险等级降低，能达到可以接受的程度。因此，在生产过程中，必须加强安全管理，采取严格的安全防护措施，并确保各项安全措施有效实施，才能保证生产的安全运行。

③ 该项目选用的工艺技术可行，可行性研究报告中采取的安全技术措施可行，工程设计中还应进一步落实本评价报告提出的补充安全对策措施及建议，以保证总图布置，改扩建生产装置，设备选型、选材及公用工程与辅助生产设施能够满足安全生产的要求。

④ 通过进行重大危险源辨识得出：神华包头煤制烯烃项目中煤气化装置、甲醇装置、MTO装置、聚乙烯装置、聚丙烯装置、锅炉、烯烃球罐区和甲醇罐区均构成重大危险源。

（二）评价结论

该项目的可行性研究报告符合国家有关安全生产法律、法规和标准的要求。为了确保该工程的安全运行，防患于未然，神华包头煤化工有限公司和设计、施工单位在进行设计、施工和生产运行中，应切实落实可行性研究报告和本评价报告中所提出的各项安全对策措施，并加强安全管理，保持各项安全设施有效地运行。在此前提下，本评价报告认为神华包头煤制烯烃项目建成投产正常运行过程中能够满足安全生产的要求。

二、环境影响评价报告

以神华包头煤制烯烃示范工程为例，业主单位委托中国石油大学（华东）进行了环境影响报告的编制，报告包括了总论，环境质量现状调查与评价，工程分析，清洁生产分析与评价，污染物总量控制，环境风险分析，环保措施的可靠性和合理性分析，环境影响与预测评价，公众参与、环境影响经济损益分析，环境管理与管理监测制度建议，HSE管理体系的建立和运行，结论与建议共13章，环境影响报告的主要结论与建议如下所述。

（一）环境影响评价结论

根据收集的大量资料和实测数据，结合拟建工程特点，对本项目投产后可能造成的影响进行了预测和分析。

1. 工程分析

① 本项目是以神华万利煤矿的煤为原料，年产30万吨聚丙烯、30万吨聚乙烯的化工联合装置，同时副产硫黄、丁烯以及C_5等副产品。该联合装置主要包括180×10^4 t/a煤制甲醇装置、60×10^4 t/a MTO装置、30×10^4 t/a聚丙烯装置、30×10^4 t/a聚乙烯装置。本项目总投资为1173460万元人民币（含外汇43314万美元）。

② 本项目的主要生产装置拟选择最先进的技术，使建成的主要生产装置都能够接近或达到当今世界先进水平：甲醇装置的合成气制备拟采用世界上应用最广泛的Texaco水煤浆气化技术；脱硫脱碳拟采用国际公认的在煤化工项目中应用最成功、广泛的低温甲醇洗技术；甲醇合成拟采用Lurgi大型低压合成法；MTO装置采用世界上最先进的UOP/Hydro

公司的工艺技术；聚丙烯采用原料单耗最低的 Spheripol 工艺；聚乙烯采用 Phillips 环管聚合工艺技术。建设中充分贯彻清洁生产的原则，整体工艺属世界先进水平。

③ 本工程建成投产后，废气排放量为 2768238m^3/h，其中二氧化硫 4873.9t/a，烟尘 587.2t/a，氮氧化物 4728.1t/a，粉尘 17.9t/a，无组织烃类排放 2795.4t/a，无组织甲醇排放 2233.5t/a；废气经处理后达标高空排入大气；废渣产生量 398560t/a，综合利用或排往自建的灰场填埋处理，危险废物 254.3t/a，送往内蒙古自治区包头市危险废物处理处置中心掩埋或焚烧处理；外排废水 181m^3/h，清净下水 1749.86 m^3/h，废水中 COD 173.8t/a，氨氮 34.7t/a。废水经污水处理场处理达标后与清净下水一并排入昆河。

④ 热电站的建设符合国家计划委员会、国家经济贸易委员会、建设部、环保总局于 2000 年 8 月 22 日颁布的《关于发展热电联产的若干规定》（计基础［2000］1268 号）的相关规定，建设规模设计合理。

⑤ 本项目拟采取的环境保护措施技术可靠，切实可行，处理后的废气、废水、固体废物和噪声等都能达到所要求的排放标准。

⑥ 本项目依据包头市环境功能区划进行了厂址和灰场的选址，项目选址可行，供排水方案及总图布置从环境方面来讲是可行的。

2. 清洁生产分析

本工程选用煤为主要原料，符合我国能源分布的特点，煤中硫含量平均低于 0.9%，为含碳高、含硫低的优质原料煤，采用先进的循环流化床技术（炉内加钙，具有脱硫脱硝的特点），燃料在燃烧过程中对外环境的影响较小。因此本项目使用的燃料煤符合清洁生产的要求。本项目工艺路线较为合理，最终产品是市场上的适销产品，属无毒产品。原料、产品的储存和运输设施较为完善，在物流流动过程中不会对环境产生不利影响。其最终产品均为其他化学工业等的原材料，对它们的工业利用不会直接导致环境影响。本项目的设计中采用了多种节能措施，提高能量的利用率、交换率和回收率，与其他世界先进工艺相比，本工程所选工艺能耗处于国际先进水平。另外本工程进行了废水、废渣的回收利用，变污染物为可用物料。本工程单位原料的新鲜水用量为 10.7 t 水/t 煤，单位原料的废水排放量为 4.48 t 水/t 煤；水的重复利用率为 97.6%；污水回用率为 86.96%；凝结水回收率为 60.2%。

综合分析可以看出，本工程在能耗、物耗指标、污染物排放量控制、废物循环利用等方面整体达到了较高水平，因此本工程的设计较好地符合了清洁生产要求。

3. 环境现状与预测

（1）大气环境

① 现状评价　大气环境现状评价结果表明：采暖期所有监测因子在所有监测点的小时浓度均未超标；二氧化氮（NO_2）日均浓度在各评价点均未超标，其余各监测因子在部分评价点有超标现象；非甲烷烃、甲醇、氨厂界浓度均未超过标准。评价区主要污染物为可吸入颗粒物、总悬浮颗粒物和二氧化硫，等标污染负荷指数百分比分别为 19.0%、19.0%和 18.8%，污染指数排在前三位的监测点依次为打拉亥、麻池和包百。由非采暖期的类比调查可知，非采暖期评价区内各监测因子在所有评价点均未超标。污染物排序依次为二氧化硫、可吸入颗粒物和总悬浮颗粒物，等标污染负荷指数百分比分别为 31.8%、33.6%和 34.6%，污染指数排在前三位的监测点依次为打拉亥、尔甲亥、西厂汗。

② 大气环境影响预测　该地区年平均风速为 3.0m/s，全年静风频率为 21.3%，全年以 D 类稳定度出现频率最高，为 29.9%，其次是 E 类、F 类，分别为 19.7%和 27%。A～C

类的出现频率占23.4%。夏季D类稳定度明显高于E类、F类，为37.4%，而冬季D类稳定度为24.7%，小于E类、F类的出现频率。各类稳定度分布有明显的日变化，夜晚和清晨一般为稳定或中性天气，而午后则均为不稳定或中性天气。

由预测结果可知，在有风及静风条件下，各污染物的小时浓度最大值对各评价点贡献值很小；叠加背景值以后，日均浓度采暖期烟尘在打拉亥评价点、二氧化硫在花屹台评价点略有超标，其余预测因子在各评价点均未超标，非采暖期各预测因子在各评价点均未超标，无论采暖期还是非采暖期，典型日条件下对重点保护目标包头市区影响很小；各评价点SO_2、NO_x、TSP（总悬浮颗粒物）和PM_{10}（可吸入颗粒物）的长期平均浓度贡献值很小。非甲烷烃及甲醇的无组织泄漏厂界浓度预测值叠加厂界监测值后均低于国家规定的标准。

（2）地下水现状与预测

厂址、拟建灰场上、下游3个测点氨氮、氟化物指数全部超标。该地区地下水具有区域性的氨氮、氟化物偏高现象。

昆河流域6个测点指数均小于1.0，指数范围在0.01～0.99之间，无超标现象，表明该地区地下水水质较好。

灰水下渗对地下水的影响很小；本工程所排污水中污染物浓度含量较低，排入昆河以后，对地下水水质影响较小。

（3）地表水现状与预测

由现状监测可知，黄河昭君坟断面COD_{Cr}、粪大肠菌群两项超标，分别超标0.12倍、0.32倍；黄河控制断面COD_{Cr}、铁、粪大肠菌群三项超标，分别超标0.09倍、0.03倍、0.24倍。黄河画匠营子断面铁、粪大肠菌群两项超标，分别超标0.03倍、0.12倍。

由预测结果可知，本工程建成后，对重点保护目标黄河影响很小，对昆河入黄口下游20km左右的画匠营子监测断面取水口没有影响。目前昆河主要接纳包钢、包头明天科技股份有限公司山泉化工厂的工业废水及包头市的部分生活污水，本工程建成后所排污水中污染物浓度含量较低，排入昆河以后，对黄河的影响很小。待包钢完全实现中水回用以后，昆河的水质会更优于目前预测的结果。

（4）厂界噪声现状

本项目建成后厂界噪声昼夜均不超标。

由噪声预测结果可知，本工程建成后，正常情况下产生的噪声不会对周围环境产生较大影响。但在事故状态下，火炬对厂界的噪声贡献值超过《城市区域环境噪声标准》2类区的限值，因此在事故状态下，应采取相应的措施降低噪声对周围环境的影响。

（5）生态环境

工程开工建设对厂址地区环境生态带来的不利影响主要体现在植被覆盖度的减少、水土流失加剧两个方面。工程运营后，建设期水土流失基本得到控制，各项措施的实施可有效防止因工程建设造成的水土流失，防止了土壤被雨水、径流冲刷，保护了水土资源，使工程占地区域内的水土流失得到了有效控制。区域内植被覆盖率得到明显提高，可以有效遏制建设区域内生态环境的恶化，有利于改善生态环境和局部小气候，减少风力，提高土壤需水保土能力，有利于自然植被恢复。

4. 污染物总量控制规划

本工程建成后固体废物无外排，废气排入大气，废水排入昆河，因此本工程建成后污染物排放总量为：二氧化硫4873.9t/a；烟粉尘605.1t/a；COD 1721t/a；氨氮292.8t/a。

5. 环境风险

① 本项目在生产过程中涉及的有毒有害、易燃易爆类物料主要为甲醇、烃类、H_2S、CO 等，具有一定的潜在危险性。

② 本项目的重大危险源为甲醇生产和储存罐区、乙烯罐区、丙烯罐区。具有最大潜在危害的装置为甲醇装置和储罐区。

③ 甲醇罐区发生泄漏下风向距离 1km 的地区，甲醇最大落地浓度为 10.69mg/m^3（*F* 稳定度），低于中国甲醇接触限值 50mg/m^3，低于甲醇的半数致死浓度 LD_{50} = 64000ppm（10^{-6}），下风向 5km 地区的甲醇最大落地浓度远远低于甲醇接触限值和半致死浓度，对厂区外和保护目标内的人员和动植物影响较小。

④ 通过沸腾液体扩展蒸气爆炸模型模拟预测可知，乙烯、丙烯罐区发生爆炸的死亡半径均小于 500m，重伤半径小于 600m，均未超过厂界范围，死亡区和重伤区都在厂区以内，厂外均是安全区，对厂外的人员和动植物无伤害危险，对厂外环境无重大影响。

⑤ MTO 装置发生的主要反应是甲醇在催化剂的作用下转变为烯烃，若 MTO 装置发生事故，则在反应器中会存在大量未反应的甲醇和生成烯烃及其他副反应产物，会从装置中泄漏到外环境，废水主要是中间冷凝罐和蒸汽伴热产生的废水，废气主要是大量的烯烃气体和催化剂再生时产生的废气，短时间内会在装置区附近产生很高浓度的烯烃气体，若遇到明火或高热容易发生爆炸，对周围环境产生一定的影响。

⑥ 灰场垮坝主要考虑 100 年一遇的洪水发生时垮坝对周围环境的影响，垮坝后大量灰水会从坝内倾泻而出，淹没周围的土地，待洪水下去以后，会产生大面积扬尘，对周围环境影响较大。

6. 环境经济损益分析

① 本项目的基建总投资为 1173460 万元，环保治理设施投资为 15117.5 万元，环保投资占工程基建总投资的比例为 1.40%。

② 拟建工程投产后，通过废物的回收利用，每年可以获得 2822.98 万元的经济效益，另外对加快集团产业结构升级、推动地方技术进步、促进地方经济发展起了非常重要的作用。本项目的建设具有良好的经济效益和社会效益。

综上所述，本工程的建设规模及技术均符合我国产业政策，厂址及灰场选择符合包头市经济发展规划和环境功能区划。评价区环境空气中各污染物浓度除 TSP 因地面扬尘所致、氟化物地区性特异污染物超标外，其余基本满足《环境空气质量标准》（GB 3095）中二级标准要求。本项目贯彻了清洁生产原则，所采用的工艺技术和设备在国内和国际处于领先水平，环保措施可靠，能够确保达标排放。同时通过采取污水回用措施，使生产废水排放总量减少。固体污染物也实现了零排放。从环境保护角度讲，本工程的设计和建设是可行的。

（二）环境保护对策与建议

1. 环境保护措施

在对工程分析、评价结果及拟采取的污染控制措施进行深入分析的基础上，为减少污染、保护环境，特提出如下对策：

① 切实落实本工程所提出的环保措施项目，将污水回用工程作为三同时项目落实执行；

② 定期检查环保设施和排污系统，保证处于正常运行和使用状态；

③ 定期检查和维修各生产设备主要可能发生泄漏的部位，以及原料和产品的存储系统，减少或杜绝无组织泄漏的发生。

2. 环境保护建议

① 建议建设单位和设计单位充分重视该工程装置的环保工作，预算中要落实并保证环保设施的投资比例，以保证环保设施比较齐全，建设单位要进一步建立健全环保管理机构和环境监测机构，按照部门文件要求配备人员、仪器、设备等，保证他们的正常工作。

② 建议设计单位在进行厂区及配套设施的设计时，充分重视非正常工况下的安全及环保措施，如生产装置的监控、报警、液位显示、水电保障等及事故一旦发生后，必要的应急措施，如何尽快地控制和消除事故对环境的影响等。

③ 建立健全环境管理制度，实行环保经济承包责任制。充分利用环保的一票否决权，维护国策的严肃性。认真抓好环保制度的贯彻执行，发动广大环境监测人员对废水实行全方位的监控和管理，坚决执行环保工作的硬指标，利用经济、法律、行政、宣传教育等手段加强环保工作。

④ 建立健全 HSE 管理体系，确保其在整个项目建设和投产的顺利进行。

第六节 煤制低碳烯烃的可行性简要分析

以神华集团包头年产 60 万吨乙烯、丙烯的煤制低碳烯烃工业示范项目为例，对煤制烯烃工业项目的可行性研究结论做一简要介绍。

一、可行性研究报告总论

2004 年 10 月，中国寰球工程公司和神华集团有限责任公司完成了神华包头煤制烯烃项目的可行性研究报告，其总论如下所述。

（一）项目基本情况

项目属新建项目，项目建设的投资构成为资本金占 35%、银行贷款占 65%。建设地点为内蒙古自治区包头市。

（二）可行性研究报告编制原则

贯彻执行国家的一系列基本建设的方针政策和有关法规，做到切合实际、技术先进、经济合理、安全可靠；项目采用世界上最先进的甲醇制烯烃工艺技术；装置布置一体化，生产装置露天化，建筑结构新型化，应用材料轻型化，公用设施社会化，设备材料国产化；认真总结国内外石油化工装置的建设经验和教训，做到设计技术先进、可靠，保证长周期稳定运转和安全生产；产品方案结合国内市场需求，可以灵活调整产品牌号；遵守环境保护法，生产的“三废”严格处理，符合规定的排放标准；贯彻“安全第一、预防为主”的方针，遵循现行防火、安全卫生和劳动保护等有关规范。

（三）项目建设的必要性和投资意义

建设煤化工项目符合我国能源结构特点，有利于缓解轻质石化资源紧张的局面；建设煤制烯烃项目是保障能源安全的一项措施；项目建设是煤炭企业调整产品结构、有效拓展发展空间的必然选择；煤制烯烃是现代煤化工的发展方向，产品有强劲的需求和竞争能力；项目建设和运营能够有利于带动区域经济发展，是促进西部大开发的具体举措。

（四）项目范围

本项目是以神华集团神东矿区生产的煤炭为原料，年生产 30 万吨聚乙烯、30 万吨聚丙烯的大型联合化工装置，同时副产混合 C_4、混合 C_5 及硫黄等副产品。包括空分装置、煤气化装置、合成气净化装置、甲醇装置、甲醇制烯烃及烯烃分离装置、聚乙烯装置、聚丙烯装置以及公用工程设施、辅助工程设施、生活设施、环保设施、全厂道路、厂内铁路、厂外供电等工程。

（五）可行性研究结论

本项目所需的煤炭产自于神华集团所属的煤矿，通过神华集团的自有铁路运输，神华集团能够总体协调煤炭的运输和供应，确保本工程的资源供应可靠、稳定。本项目的原料煤和燃料煤资源是落实、可靠的。

我国的石油资源和石油化工原料匮乏，利用我国丰富的煤炭资源、采用先进的煤制烯烃技术，生产以前只能利用石油或天然气作为原料生产的聚烯烃产品，是一项解决我国能源需求的有力措施，对我国能源结构调整有深远的影响。

我国的聚乙烯、聚丙烯长期以来供不应求，本项目产品为国内市场长期短缺的品种，本工程的建设可以减少聚烯烃产品的对外依存度。

为节省投资、提高项目的经济性，本工程的主要生产装置都是大型的经济规模，甲醇装置的能力为 180 万吨/年，甲醇制烯烃装置的能力为 60 万吨/年，聚烯烃装置的能力均为 30 万吨/年。

根据 2004 年的材料价格和基本建设价格体系，项目的总投资为 1173460 万元（含外汇 43314 万美元），其中建设投资 1082495 万元，建设期利息 66601 万元，流动资金 24364 万元。

按照 2004 年的煤价、人工成本、产品价格测算，本项目年均销售收入 442495 万元，年均利润 158603 万元，年均税后利润 110274 万元，投资利润率为 13.52%，投资利税率为 18.64%，项目具有一定的抗风险能力，项目的经济性较好，在财务上是可行的。从敏感性分析，在 10%的变化范围内，产品销售收入相对敏感，其他因素较为稳定，说明项目对市场风险具有一定的抵抗能力。

二、咨询单位的评估意见

中石化咨询公司于 2005 年 4 月对神华包头 60 万吨/年煤制烯烃项目进行了评估。评估认为：本项目采用大型水煤浆造气和甲醇制烯烃等先进技术，将内蒙古地区丰富的煤炭资源转化为国内市场需要的、附加值高的聚烯烃产品，符合国家相关产业政策；本项目的建设有利于促进中西部地区的资源优势向产业优势和经济优势转化，是贯彻国家西部大开发战略的有效举措；煤制烯烃工艺作为对石脑油制烯烃工艺的有效补充，本项目是该工艺在国内的首次产业化，为在一定程度上减少我国乙烯工业发展对石油资源的过度依赖、缓解我国石油资源紧张局面具有积极的意义。本项目的建设是必要的。

（一）项目建设条件

本项目在包头建设具有较好的煤炭资源优势、城市配套服务优势；建设单位具有较好的资源优势、资金优势、人才优势及项目管理优势；地方政府对项目的建设大力支持，为项目营造了良好的投资环境。项目实施的保障条件较好。

（二）项目方案及技术可靠性

本项目规模合理，体现了大型化的规模经济原则。项目的产品方案基本合理，目标产品聚乙烯和聚丙烯在国内有较大的市场容量。下一步建设单位要抓好 C_4、C_5 及以上副产品的利用，以进一步提高项目的资源综合利用率和经济效益。

本项目煤造气和甲醇合成暂按引进美国 Texaco 公司水煤浆造气技术和德国 Lurgi 公司的技术，MTO 装置拟引进 UOP/Hydro 的工艺技术，聚乙烯和聚丙烯暂按引进美国 Phillips 公司的环管法聚乙烯工艺和德国 Basell 公司的 Spheripol 工艺编制申请报告。评估认为除 MTO 工艺尚未实现工业化大型装置应用外，其他工艺均成熟可靠。建议建设单位在下一步工作中，对于可以实现国产化的技术和装备，在同等条件下优先选用国内技术。这将有利于降低工程投资，同时通过该项目带动国内自有技术的开发及装备制造业的发展。

评估认为：MTO 反应气的分离可借鉴蒸汽裂解工艺裂解气分离技术，反应-再生系统可借鉴催化裂化装置的设计和运行经验；国外已有两套更大规模 MTO 装置签订了技术转让合同，其中一套已经完成基础设计。MTO 首次工程放大不会有颠覆性的风险，但可能会面临一定的风险因素，如催化剂在工业装置上的性能能否再现中试水平以及反应器取热系统的工程设计问题。本项目申请报告的主要技术经济指标是 UOP 在已完成的大型 MTO 项目工艺包和基础设计资料的基础上，根据本项目询价要求提供的，一些技术经济指标有待正式签订技术转让协议时逐一确认。建议技术谈判时要特别注意催化剂消耗、烯烃收率及反应器取热系统工程设计等问题，并将重要的性能指标列入合同保证值。

（三）项目产品市场及竞争力

本项目目标产品聚乙烯和聚丙烯均为我国供需缺口较大的产品，2004 年净进口量分别为 478 万吨和 290 万吨，预计到 2010 年我国聚乙烯和聚丙烯的供应缺口仍有 506 万吨和 418 万吨。申请报告把产品的主要目标市场定为内蒙古自治区和周边的陕西省、山西省、宁夏回族自治区，一部分产品可辐射到内地及沿海经济发达地区销售。评估认为周边的甘肃、新疆及四川均有乙烯装置扩能或新建装置计划，将内蒙古、陕西、山西及宁夏作为本项目的主要目标市场是不合适的。按包含甘肃、新疆和四川在内的西部市场进行总体考虑，该范围内的聚烯烃产能将不能全部消化，将有部分产品转向内地及消费集中的东部沿海地区。总体上国内供需缺口较大，本项目产品具有一定竞争力，可转向内地及东部沿海地区销售。

如工艺、项目投资和技术经济指标能达到申请报告中的水平，煤价在 100 元/吨时测算出第二年正常开车情况下聚烯烃的含税完全成本约为 4468 元/吨，1996 年以来的九年间全国高密度聚乙烯和聚丙烯的市场最低价格为 1999 年的 6074 元/吨和 5428 元/吨（布伦特原油亚洲市场现货离岸价处于 17.8 美元/桶的低价位），和历史最低市场价格相比仍具有一定的盈利空间。但产品从包头销往东部地区，每吨产品将增加运费约 300 元。本项目在建设过程中一定要努力控制投资，以进一步提高产品的竞争力。

（四）煤炭及水资源利用

本项目用煤由神华万利煤矿供应，该煤矿的煤炭资源充足，能保证对本项目的长期稳定供应；该煤灰分含量低，含硫量少，适于气化用途；本项目通过水煤浆造气实现煤炭的就地转化，是国家节能中长期规划鼓励发展的技术；本项目为大型煤化工项目，煤炭的集中利用程度高。煤炭资源的利用是合理的。

项目需要的水资源是基本落实的。下一步工作中建设单位要根据水利部的 2002 年第 15 号文有关“建设项目水资源论证”管理的要求，落实地下水资源论证工作。

（五）热电及总图运输、土建

本项目配套建设配备 3 台 410t/h 高压燃煤循环流化床锅炉、2 台 50MW 抽汽凝汽式汽轮发电机组的热电站，在保证化工装置用汽的前提下，以汽定电，符合国家《关于发展热电联产的规定》产业政策要求。本项目总图方案基本合理，其铁路运输条件是落实的。

本项目工程地质资料暂缺，现依据“包头市哈林格尔乡总体规划阶段岩土工程地质勘察报告”进行设计，根据有关规定，下一步应补充拟建场地地震安全性评价内容，以确保项目安全。

（六）厂址及土地利用

项目拟选厂址位于内蒙古自治区包头市规划的九原区工业开发区南区内，距包头市约10km，距神华万利煤矿约87km，该地为黄河冲积平原，大部分为天然草地，地势平坦开阔，适合工业用地，交通条件较好。

本项目总占地面积297.45hm^2，其中厂区占地220.88hm^2，厂外工程占地76.57hm^2。根据内蒙古自治区国土资源厅《关于神华集团公司煤制烯烃工程建设项目用地预审的请示》（内国土资字［2004］815号），国土资源部办公厅《关于神华集团公司煤制烯烃工程建设用地预审意见的复函》（国土资厅函［2004］892号），该项目已经通过国土资源部用地预审。但评估认为，厂外工程中铁路专用线占地明显偏少，应在预审用地指标范围内予以调整。此外，内蒙古自治区国土资源厅《关于神华集团公司煤制烯烃工程建设项目用地预审的请示》、包头市国土资源局《关于神华集团公司煤制烯烃项目用地局部调整土地利用总体规划的情况说明》中，纳入建设用地面积为450.02hm^2，虽然可以满足本项目厂内外用地的需要，但未包括铁路专用线、渣场等厂外工程的总图位置，也未向国土资源部提供铁路专用线、渣场等的具体坐标，项目建设单位应做好与国土资源管理部门的协调工作。

（七）环境保护

本项目的环境影响报告书报批工作已经完成，国家环境保护总局已经出具环境影响报告书审查意见（环审［2005］270号）。根据环境影响报告及其审查意见，建设单位应重点落实节水工作、二氧化硫和烟尘的达标排放控制措施、灰渣的综合利用和规范灰场的建设等。

（八）项目投资估算及财务评价

项目申请报告上报筹资额为115.64亿元，评估认为该投资数额偏紧，但建设单位认为通过采用招投标、加大国产化力度等措施可以把投资控制在估算范围内。评估后调整了铺底流动资金和因银行贷款利率调整引起的建设期利息增加，本项目筹资额达到116.98亿元。经济效益测算按煤价100元/吨考虑，以申请报告的建设投资及技术经济指标数据为基准，聚烯烃产品价格按布伦特原油30美元/桶时对应的石化产品价格计取，初步测算项目全投资税前财务内部收益率为15.8%、税后财务内部收益率为13.7%，项目经济效益可行。按原油价格为25美元/桶时对应产品价格进行测算，项目税前财务内部收益率为12.1%，项目具有一定的抗产品价格风险的能力。

（九）国民经济评价及社会评价

与万利煤同等热值的煤在秦皇岛煤炭交易市场的当前交易价格为390元/吨，扣除包头到秦皇岛的运杂费及税费合计205元/吨，测算出本项目原、燃料煤的影子价格为185元/吨，产品价格按30美元/桶油价对应的石化产品价格进行测算，本项目中方投资国民经济内部收益率为14.0%，大于国家规定的社会折现率10%，计算期内国民经济净现值为27.9亿元，项目的国民经济评价是可行的。

本项目建设过程和建成投入运行后，将带动机械制造、维修服务、塑料加工及包装等一批相关产业的发展，有利于促进包头产业结构的调整，可为当地增加就业机会；包头是内蒙古自治区最大的工业城市和最重要的经济中心，具有较完善的配套服务设施，水、电及交通等基础设施能满足本项目的要求。包头政府部门营造了良好的投资环境，对本项目的建设给予了大力支持。本项目对包头地区的社会影响是正面的，社会环境对项目是适应的和可接受的。

（十）项目风险分析

评估认为，本项目的风险主要集中在技术和投资两方面。MTO工艺目前在国内外尚无工业化大型装置的应用，首次工程放大会面临一定的风险，如催化剂在大型工业化装置上应用时的性能状况、工业化装置的工程设计问题以及项目建成后是否能较快地正常开车的问题。建设单位对技术风险应予以重视，在对外合同谈判中要研究和制定规避风险的保护性条款。

由于本项目单位目标产品投资较大，其收益对项目投资的敏感度要大于一般石化项目，初步测算表明当建设投资增加10%时，项目的税后财务内部收益率将从13.8%下降到12.2%。由于本项目投资估算偏紧，而目前钢材、建材等价格上涨幅度明显，本项目实施时超投资的可能性是存在的。建设单位在项目建设时一定要控制好投资。

三、项目总体优化及技术经济评价

2006年12月11日，国家发展与改革委员会批复了神华包头60万吨/年煤制烯烃项目的核准报告，与可行性研究报告相比，批复意见明确了神华包头煤制烯烃项目要采用中国科学院大连化学物理研究所开发的甲醇制低碳烯烃（DMTO）技术。

项目申请获批后，神华集团对整个项目的工艺、设备、供热、供水、节水、三废处理、总图布置等方面进行了优化，并就全厂的工艺技术开展了招标工作，确定了空分、煤气化、合成气净化、甲醇合成、烯烃分离、聚丙烯、聚乙烯等主要生产装置的专利商和技术方案，于2008年完成了包头煤制烯烃工业示范项目的基础设计。神华包头煤制烯烃项目基础设计阶段确定的工艺技术及规模为：建设3台410t/h的燃煤锅炉、2台50MW的抽凝发电机组、4套产氧能力为6万立米/时（标准状态）的空分装置、7台处理干煤能力为1500t/d的水煤浆加压气化炉（设计为5开2备）、2套合成气变换及低温甲醇洗合成气净化装置、2万吨/年硫黄回收装置、180万吨/年甲醇合成装置、60万吨/年甲醇制烯烃DMTO装置、烯烃分离装置、30万吨/年高密度聚乙烯装置、30万吨/年聚丙烯装置等。

由于投资环境、建设材料和人工成本等均发生了巨大变化，神华包头煤制烯烃工业示范项目基础设计阶段的总投资调整为154亿元（不含空分装置），其中外汇3.07亿美元。

陈香生等[23]就对煤制低碳烯烃的经济性进行过研究，研究结果表明当原料煤价格为300元/吨、燃料煤价格为260元/吨时，煤制烯烃吨烯烃的完全制造成本为5409元。罗腾等[24]采用洁净煤技术评价模型（CCTM）对在内蒙古地区建设煤制聚烯烃项目进行了经济评价，假定煤炭价格为150元/吨、水价为2元/吨、电价为0.45元/度，项目的聚烯烃生产能力为60万吨/年，计算结果为当采用水煤浆气化技术时，吨烯烃生产成本为5098元，当采用干煤粉气化技术时，吨烯烃生产成本为5226元。

第七节　包头煤制低碳烯烃示范工程的建设及运行

神华集团包头煤制烯烃示范项目是世界首套、全球最大的煤制烯烃项目。也是“十一五”期间国家层面核准的唯一一个大型煤制烯烃工业化示范工程。该项目的成功建设和运营，标志着我国成为世界上第一个掌握具有自主知识产权的煤制烯烃技术并使之工业化的国家，对实现烯烃原料多元化具有革命性的意义，也为实施石油替代战略、保障国家能源安全作出了重要贡献。

该示范项目于2006年12月获得国家发展与改革委员会核准，并开工建设。该示范工程建设历时40个月，于2010年5月完成全部工程建设任务。期间经过了单元技术专利商选择、总体设计、基础设计和详细设计等工程设计工作；也经过了设备、仪表、电气、材料等采购工作；也经过了地质勘探、土建施工、设备安装等一系列工程施工工作；并圆满完成了各单元的吹扫、试压、单机试运、仪表调校等工作。

包头煤制烯烃示范工程2010年5月30日水煤浆气化装置投料试车生产出粗合成气，6月20日CO变换单元和低温甲醇洗单元开车，7月3日甲醇合成装置开车并生产出MTO级甲醇；8月8日甲醇制烯烃（MTO）装置投料试车，8月12日生产出聚合级丙烯、8月13日生产出聚合级乙烯、8月15日生产出合格的聚丙烯产品、8月21日生产出合格的聚乙烯产品。

包头煤制烯烃示范工程于2011年1月1日转入商业化运营，各生产装置均实现了安稳长满优运行，2011年生产聚烯烃产品50万吨，2012年生产聚烯烃产品55万吨，并获得了良好的经济效益。

参 考 文 献

[1] 刘嘉．中国能源需求预测的信息基础比较 [J]．中国信息界，2010 (5)：67-68.
[2] 陈正．中国能源需求结构预测分析 [J]．统计与信息论坛，2010，25 (11)：81-86.
[3] 郭莉．基于灰色模型的中国能源需求预测 [J]．西安科技大学学报，2011，31 (4)：398-402.
[4] 黄众．实施能源替代战略的基本构想 [J]．贵州财经学院学报，2005 (5)：45-48.
[5] 邓志茹，范德成．我国能源结构问题及解决对策研究 [J]．现代管理科学，2009 (6)：84-85.
[6] 张耀．中国能源安全环境辨析及发展战略选择 [J]．国际观察，2011 (5)：23-29.
[7] 陈柳钦．新世纪中国能源安全面临的挑战及其战略应付 [J]．决策咨询通讯，2011 (3)：15-22.
[8] 何琼．中国能源安全问题探讨及对策研究 [J]．中国安全科学学报，2009，19 (6)：52-57.
[9] 刁秀华．中国能源安全：现状、特点与对策 [J]．东北财经大学学报，2009，(3)：50-55.
[10] 晟南．中国能源需求前景 [J]．国土资源，2008 (4)：56-57.
[11] 张福琴，边钢月，边思颖．高油价背景下我国乙烯产业发展分析 [J]．中国石油和化工经济分析，2008 (9)：26-29.
[12] 钱伯章．中国乙烯工业市场和原料分析 [J]．中外能源，2011，16 (6)：62-73.
[13] 陈俊武，陈香生．与石油化工和热电联合是煤化工可持续发展之路 [J]．炼油技术与工程，2009，39 (1)：1-7.
[14] 陈俊武，李春年．石油替代途径的宏观经济评估 [J]．宏观经济研究，2009 (1)：3-9.
[15] 瞿国华．试论石油替代燃料产业开发的特征要求 [J]．中外能源，2009，14 (2)：30-36.
[16] 顾宗勤．我国实施石油替代战略途径和发展建议 [J]．化学工业，2007，25 (3)：1-7.
[17] 周颖，李晋平．煤的石油替代与补充：方向及挑战分析 [J]．煤化工，2011 (6)：10-12.
[18] 熊志建，邓蜀平，蒋云峰等．我国石油替代战略及实证分析 [J]．化工进展，2010，29 (增刊)：3-6.
[19] 马丽．我国煤炭中长期需求预测与供给能力分析 [J]．煤炭经济研究，2009 (12)：4-10.
[20] 周晨，徐建文，李振雷等．当前我国煤炭供需市场分析 [J]．煤炭科技，2010 (1)：13-14.
[21] 马蓓蓓，鲁春霞，张雷．中国煤炭资源开发的潜力评价与开发战略 [J]．资源科学，2009，31 (2)：224-230.
[22] 黄忠，李瑞峰．"十二五"期间我国煤炭供需分析与预测 [J]．中国煤炭，2010，36 (8)：27-29.
[23] 赵麦玲．煤气化技术及各种气化炉实际应用现状综述 [J]．化工设计通讯，2011，37 (1)：8-15.
[24] 王辅臣，于广锁，龚欣等．大型煤气化技术的研究与发展 [J]．化工进展，2009，28 (2)：173-180.
[25] 韩启元，许世森．大规模煤气化技术的开发与进展 [J]．热力发电，2008，37 (1)：4-8.
[26] 陈家仁．煤气化技术选择中一些问题的思考 [J]．煤化工，2011 (1)：1-5.

[27]　冯亮杰，郑明峰，尹晓辉等．煤制甲醇项目的煤气化技术选择［J］．洁净煤技术，2011，17（2）：34-38.
[28]　于清．水煤浆气化压力对甲醇市场影响的比较［J］．化工设计，2011，21（5）：14-17.
[29]　孙铭绪，赵黎明，林彬彬．水煤浆气化生产甲醇配套变换工艺［J］．化学工程，2011，39（11）：99-102.
[30]　王一中．“煤代油”改造工程净化工艺路线选择［J］．大氮肥，1995（6）：401-408.
[31]　顾英．粉煤气化工艺中酸性气体脱除方案的选择［J］．石化技术与应用，2004，22（6）：452-55.
[32]　王显炎．大型煤气化配套低温甲醇洗的优势［J］．化工设计，2008，18（5）：8-12.
[33]　蒋保林．煤制甲醇项目净化工业分析［J］．山西化工，2009，29（1）：47-49.
[34]　何永昌编译．“大甲醇”技术及其应用［J］．化肥设计，2003，41（1）：59-62.
[35]　张明辉．大型甲醇技术发展现状评述［J］．化学工业，2007，25（10）：8-12.
[36]　曾纪龙．大型煤制甲醇的气化和合成工艺选择［J］．煤化工，2005（5）：1-5.
[37]　孙高攀．Davy大甲醇技术初期运行中床层超温问题的浅析［J］．内蒙古石油化工，2011（17）：125-127.
[38]　谭涓，何长青，刘中民．SAPO-34分子筛研究进展［J］．天然气化工，1999，24（2）：47-52.
[39]　刘红星，谢在库，张成芳，陈庆龄．甲醇制烯烃（MTO）研究新进展［J］．天然气化工，2002，27（3）：49-56.
[40]　柯丽，冯静，张明森．甲醇转化制烯烃技术的新进展［J］．石油化工，2006，35（3）：205-211.
[41]　刘中民，齐越．甲醇制取低碳烯烃（DMTO）技术的研究开发及工业性试验［J］．中国科学院院刊，2006，21（5）：406-408.
[42]　陈香生，刘昱，陈俊武．煤基甲醇制烯烃（MTO）工艺生产低碳烯烃的工程技术及投资分析［J］．煤化工，2005（5）：6-11
[43]　贺永德．甲醇制烯烃的前景与建议［J］．应用化学，2006，35（增刊）：304-312.
[44]　李琼玖，申同贺，王树中等．煤基甲醇制烯烃替代石油路线的工艺技术剖析［J］．河南化工，2007，24（11）：5-8.
[45]　闫国春．MTO技术最新进展评述［J］．内蒙古石油化工，2007（7）：52-54.
[46]　马奉奇．国内煤化工的现状及发展［J］．河北化工，2011，34（1）：5-7.
[47]　陈予东，李永鑫，王静．煤制低碳烯烃技术及其工业化应用［J］．河南化工，2011，28（第7、8期下）：3-6.
[48]　李立新，倪方进，李延生．甲醇制烯烃分离技术进展及评述［J］．化工进展，2008，27（9）：1332-1335.
[49]　李网章，吴艳春．甲醇转化制取低碳烯烃气体的分离方法［P］．CN1847203A，2006-10-18.
[50]　范埃格蒙德C F，杜杭D J，阿斯普林J E. 从甲醇-烯烃反应转化系统回收乙烯和丙烯的方法［P］．CN1833017A，2006-09-13.
[51]　王皓，王建国．MTO烯烃分离回收技术与烯烃转化技术［J］．煤化工，2011（2）：5-8.
[52]　张敏，曹杰，何细藕，李广华．世界乙烯生产及技术进展［C］//第十六次全国乙烯年会论文集．天津，2010：12-22.
[53]　宁英男，姜涛，张丽．气相法聚乙烯工艺技术及催化剂进展［J］．石化技术与应用，2008，26（5）：480-485.
[54]　王红秋．世界聚乙烯技术的最新进展［J］．中外能源，2008，13（5）：83-86.
[55]　胡莹梅，罗爱国，李敏．乙烯项目下游产品分析［J］．2006，18（3）：3-6.
[56]　孟祥宇，马中义，王宏伟，赵振波，李正．乙二醇的生产方法与市场前景概述［J］．化工科技，2008，16（4）：70-74.
[57]　杨春辉．乙二醇合成技术研究进展［J］．中国石油和化工，2009（11）：47-48.
[58]　秋文．乙二醇的国内外市场分析［J］．精细化工原料及中间体，2009（8）：33-36.
[59]　汪家铭．乙二醇发展概况及市场前景［J］．化工管理，2009（11）：36-41.
[60]　崔小明．乙丙橡胶市场分析［J］．化学工业，2010，28（4）：26-31.
[61]　白东明．乙丙橡胶工艺进展［J］．化学工程师，2010（6）：46-48.
[62]　李玉芳，伍小明．醋酸乙烯生产技术进展及国内外市场分析［J］．维纶通讯，2010，30（2）：20-29.
[63]　程学杰．醋酸乙烯生产技术发展综述［J］．化工时刊，2008，22（6）：68-72.
[64]　沙裕．聚丙烯工艺技术进展［J］．化学工业与工程，2010，27（5）：465-470.
[65]　崔小明．我国聚丙烯的供需现状及发展前景［J］．化学工业，2010，28（1）：10-14.
[66]　王忠．当代聚丙烯技术及发展［J］．当代化工，2008，37（4）：399-402.
[67]　崔小明，王海瑛．聚丙烯生产技术研究开发进展［J］．石化技术，2009，16（3）：58-62.

[68] 宁英男，杜威，姜涛，王登飞．丙烯多相共聚催化剂及工艺技术研究进展 [J]．化工进展，2008，27 (7)：1022-1026.
[69] 薛祖源．丙烯酸（酯）生产工艺技术评价及今后发展意见（上）[J]．上海化工，2006，31 (3)：40-44.
[70] 薛祖源．丙烯酸（酯）生产工艺技术评价及今后发展意见（下）[J]．上海化工，2006，31 (4)：40-44.
[71] 景志刚，王学丽，南洋，刘肖飞．丙烯酸生产工艺发展趋势 [J]．当代化工，2008，37 (3)：312-315.
[72] 周锦，宋明信，袁宏．国内外丙烯酸酯的产能及市场 [J]．石化技术，2008，15 (3)：53-57.
[73] 张健，谢好，牛志蒙．环氧丙烷生产技术及市场综述 [J]．化工科技，2010，18 (3)：75-79.
[74] 张志丰，吴广铎，赵春梅．环氧丙烷生产技术分析 [J]．化学工业，2009，27 (12)：44-47.
[75] 杨林，蔡挺，张春玲，许晓东，吴晓云．环氧丙烷工业合成技术进展 [J]．广州化工，2010，38 (6)：28-29.
[76] 李雅丽．丁辛醇生成技术进展及市场分析 [J]．石油化工技术经济，2008，24 (3)：28-32.
[77] 李仕超，孔艳．丁辛醇工艺技术进展与选择 [J]．四川化工，2009，12 (3)：20-24.
[78] 史瑾燕，邹佩良，张俊先．低压羰基法生成丁辛醇工艺技术进展 [J]．化工中间体，2008 (8)：48-50.
[79] 朱燕．丁辛醇加氢催化剂技术进展 [J]．上海化工，2008，33 (1)：25-30.
[80] 崔小明．异丙醇的生产技术及国内外市场分析 [J]．上海化工，2008，33 (4)：31-34.
[81] 秦建军，陈慧勇，张居超，王清梅．气-液混相直接水合法生产异丙醇项目技术经济分析 [J]．化学工业，2009，27 (11)：31-35.
[82] 兰秀菊，李海宾，姜涛．煤基混合碳四深加工方案的探讨 [J]．乙烯工业，2011，23 (1)：12-16
[83] 王滨，高强，索继栓．C_4、C_5 烯烃制乙烯丙烯催化技术进展 [J]．分子催化，2006，20 (2)：188-192.
[84] 张惠明．C_4烯烃催化转化增产丙烯技术进展 [J]．石油化工，2008，37 (6)：637-642.
[85] 陈革新．丁烯羰基合成制戊醛联产戊醇和 2-丙基庚醇工艺研发 [J]．精细化工原料及中间体，2007 (12)：3-5.
[86] 郭浩然，朱丽琴．增塑剂醇的新选择——2-丙基庚醇 [J]．石油化工技术经济，2006，22 (6)：20-22.
[87] 郭浩然，朱丽琴．2-丙基庚醇及其邻苯二甲酸酯 [J]．增塑剂，2006 (1)：22-27.

第二章　煤炭气化

煤炭气化技术已有悠久的历史，尤其是20世纪70年代石油危机的出现，世界各国广泛开展了煤炭气化技术的研究。煤气化技术的发展已经有一百多年的历史，大致经历了三个发展阶段[1]：第一代是早期的多以块煤和小粒煤为原料的煤气化技术，包括各种常压固定床（移动床）、流化床（沸腾床）和气流床气化技术；第二代是目前已经实现工业应用或正处于小试、中试、示范阶段的各种加压气化技术，如Shell气化、Texaco气化等；第三代是仍处于实验室研究阶段的更先进的气化技术，如煤的催化气化技术、煤的等离子体气化技术、煤的太阳能气化技术等。

煤炭气化是煤炭转化的主要途径之一，气化技术是含碳固体物转化为有用产品过程中处于领先地位的清洁技术[2]，气化过程是煤炭的热化学加工过程。它是以煤或煤焦为原料，以氧气、水蒸气或氢气等作气化剂，在高温条件下通过化学反应将煤或煤焦中的可燃部分转化为可燃性气体的工艺过程。气化时所得的可燃气体称为煤气，进行气化的设备称为煤气发生炉。

煤的气化是煤化工最重要的单元技术，可生产工业或民用燃气、化工合成原料气、合成燃油原料气、合成天然气、氢燃料电池用气以及用于联合循环发电等，广泛应用于化工、冶金、机械、建材等行业。

第一节　煤炭气化概论

气化方式分为地面气化和地下气化两种。

一、地面气化

煤的地面气化是指原料煤预先开采出来，在地面气化炉内进行气化反应生成煤气的过程，目前开发应用的绝大多数属于地面气化。地面气化技术有数十种，较好的气化炉型有十多种，各有特色。根据煤气化炉的结构特点和燃料在气化炉中进行转化时的运动方式，将煤的气化分为4种：固定床、流化床、气流床和熔融床。地面气化技术工艺成熟，目前统领煤炭气化领域。

下文是对常用的三种地面气化工艺的简单介绍。

（一）固定床气化炉

固定床气化炉又分为常压和加压气化炉两种，在运行方式上有连续式和间歇式之分。固定床气化炉的主要技术特点如下：

① 在固定床气化炉中，气化剂与煤反向送入气化炉；

② 煤的碳转化率高，耗氧量低；

③ 一般为固态干灰排渣，也有的采用液态排渣方式；

④ 气化炉出口的煤气温度较低，通常无需煤气冷却器；

⑤ 煤为块状，一般不适合末煤和粉煤；

⑥ 固定床的容量一般较小。

1. 常压固定床气化炉

常压固定床煤气化工艺以空气和水蒸气为气化剂，用于生产工业用燃料气，具有投资费用低、建设周期短、电耗低及负荷调节方便等优点，是我国工业煤气生产的主要工艺方式，在机械、冶金、玻璃、纺织业中的大型煤气站普遍使用，不过在国外一般很少采用。

该工艺多以烟煤为原料，入炉煤粒度为3～30mm，单炉煤气产量为3000～5000m^3/h，煤气热值为5500～7000kJ/m^3。

这类气化炉间歇式生产水煤气，采用蒸汽和空气轮流鼓入发生炉的间歇运行方式，由蒸汽和赤热的无烟煤或焦炭接触作用而得到煤气，其主要可燃成分是H_2和CO。该类气化炉的显著特点是以无烟煤块或无烟煤粉制作的型煤作为气化原料，在我国应用较为广泛。

2. 加压固定床气化炉

该类气化炉是在高于大气压力条件下（1～2MPa或更高压力）进行煤气化操作，以氧气和水蒸气为气化介质，以褐煤、长焰煤或不黏煤为原料的气化炉，煤气热值高。其主要优点包括：

① 对煤的抗碎强度和热解性要求较低，可采用灰熔点稍低、粒度较小（6～25mm）的煤；

② 煤种适应性强，适用于水分较高、灰分较高的低品质煤及具有一定黏结性的煤；

③ 气化过程连续，运转稳定，有利于实现自动化；

④ 加压条件利于甲烷的生成，煤气中CH_4含量高，适于做城市煤气；

⑤ 氧耗低，气化能力大，同样气化炉尺寸下为常压固定床的4～8倍；

⑥ 粉尘带出量小，可直接远距离输送。

加压固定床的缺点：加压固定床气化炉操作温度一般<1100℃，气化中会产生酚类、焦油等有害物质，因此煤气净化处理工艺较复杂，易造成二次污染。另外，只能用块煤，不能用末煤或粉煤，设备的维护和运行费用较高。

（二）流化床气化炉

流化床气化炉是基于气固流态化原理的煤气化反应器。流化床气化炉具有以下主要优点[3]：

① 气化反应在中温（950℃左右）条件下进行，气化炉的操作温度控制在煤的灰熔融温度以下，既可以在常压，也可以在加压条件下进行。正由于气化炉反应器的温度不高，对炉体材料的要求不高。

② 可利用粉煤、细粒煤或水煤浆作为气化原料，为碎粉煤资源的合理利用提供了有效途径。

③ 采用空气、氧气或富氧空气及水蒸气作为气化剂，其中一部分经过布风板送入流化床中，气化剂与煤反向送入气化炉，所产生的煤气为低或中热值煤气。

④ 流化床工艺主要适合于活性较高的烟煤及褐煤的气化，但对煤中灰分多少不十分敏感，也可用于含灰较多的低品位煤的气化，但经济性较差。

⑤ 反应炉内气固两相之间处于湍流混合状态，煤气化过程中的各个反应在整个床层内交替进行，同时发生。

⑥ 由于反应温度较低，煤气中的焦油和酚类含量少，还可以在炉内添加石灰石进行固硫，因此煤气净化系统较简单。

流化床气化炉的缺点：

① 在气化工艺中，炉内必须维持一定的含碳量，而且在流化状态下灰渣不易从料层中分离出来，因此70%左右的灰及部分碳粒被煤气夹带离开气化炉，30%的灰以凝聚熔渣形式排出落入灰斗。排出的飞灰与灰渣中的含碳量均较高，热损失较大，需考虑有效的飞灰回收与循环。

② 因气化温度的限制，该气化炉气化强度受到一定程度的限制，碳转化率较低，而且不适于气化黏结性强的煤。

（三）气流床气化炉

气流床气化炉[4]采用氧气、过热蒸汽等作为气化介质，煤的气化过程在悬浮状态下进行，属于高温、加压或常压的煤气化工艺。它是一种并流气化，用气化剂将粒度为100μm以下的煤粉带入气化炉内，也可将煤粉先制成水煤浆，然后用泵打入气化炉内。煤料在高于其灰熔点的温度下与气化剂发生燃烧反应和气化反应，灰渣以液态形式排出气化炉。反应的时间和尺度同温度密切相关。通过对Texaco气化炉的数值计算[5,6]发现，气化炉内按温度可分为火焰区和非火焰区。氧气未消耗完毕的区域为火焰区，这一区域温度较高，约为2300K；氧气耗尽后，气化炉内温度迅速变得均匀，约为1700K，火焰区和非火焰区之间的过渡区所占范围很窄。

气流床气化炉在技术上具有优势，污染物近乎零排放、煤种适应性较强，是众多煤气化工艺中的主流[7]。其共同特点是加压、高温、细粒度，但在煤处理、进料形态与方式、实现混合、炉壳内衬、排渣、余热回收等技术单元上又形成了不同风格的技术流派。比较有代表性的是以水煤浆为原料的德士古、Destec气化炉等，以干粉煤为原料的壳牌炉、Prenflo气化炉、GSP气化炉等，大多处于商业化示范和应用阶段。

以上三种气化工艺的主要特点的综合对比如表2-1所示。

表2-1　固定床、流化床、气流床三种气化工艺的综合对比

项　目	固定床		流化床	
气化工艺	BGL/Lurgi	HTW	U-Gas	KRW
进料方式	干式	干式	干式	干式
气化剂	氧气/蒸汽	氧气/蒸汽	氧气/空气/蒸汽	氧气/蒸汽
适用煤种	烟煤	褐煤	烟煤	烟煤
粒度/mm	6～50	＜6	＜6	＜6
操作压力/MPa	2.5	1.0	0.35～2.5	2.0
操作温度/℃	＞1100	＜1000	950～1050	870～1090
耗氧率/(kg氧/kg煤)	0.52	0.54	0.6	0.64
耗气率/(kg汽/kg煤)	0.36	0.36	0.4	0.44
碳转化率/%	99.9	—	95.3	95
冷煤气效率/%	88	85	70	81
煤气高位热值/(MJ/m³)	13.2	11.5	5	12.1

项　目	气流床				
气化工艺	Texaco	Destec	Shell	Prenflo	GSP
进料方式	湿式	湿式	干式	干式	干式
气化剂	氧气	氧气	氧气/蒸汽	氧气/蒸汽	氧气/蒸汽
适用煤种	烟煤	烟/褐煤	烟/褐煤	烟/褐煤	烟/褐煤
粒度/mm	＜0.5	＜0.5	＜0.1	＜0.1	＜0.2

续表

项　　目	气流床				
操作压力/MPa	2.6～8.7	2.0～3.5	3.0～4.0	3.0	2.8～4.0
操作温度/℃	1260～1400	1320～1430	1400～1700	1350～1600	1400～1600
耗氧率/(kg 氧/kg 煤)	0.9	0.86	0.8	0.89	1.03
耗气率/(kg 汽/kg 煤)	0	0	0	0.14	0.06
碳转化率/%	97.3	98.9	98	99	99
冷煤气效率/%	74	77	85	81	80
煤气高位热值/(MJ/m^3)	10.1	9.8	10.8	11.2	11.8

二、地下气化

地下气化是指在地下煤层内直接进行的气化过程，煤炭不需要预先开采出来，而是通过地面向煤层打钻孔建立一定的通道后，直接将气化剂通入地下煤层并发生气化反应，产生的煤气经通道导出输送至地面上。相对于传统的开采及地面气化而言，地下气化技术的投入资金和操作成本较低，而且在地下不需要人力的投入。另外，地下气化技术还有一个潜能就是有助于发展地下碳捕捉及存储技术[8]。

煤炭地下气化是将处于地下的煤炭进行有控制的燃烧，通过对煤的热作用及化学作用产生煤气的过程。虽然历史较长，但技术工艺还不够成熟，一些重要的工艺和技术参数还有待研究完善。其气化过程如图 2-1 所示。

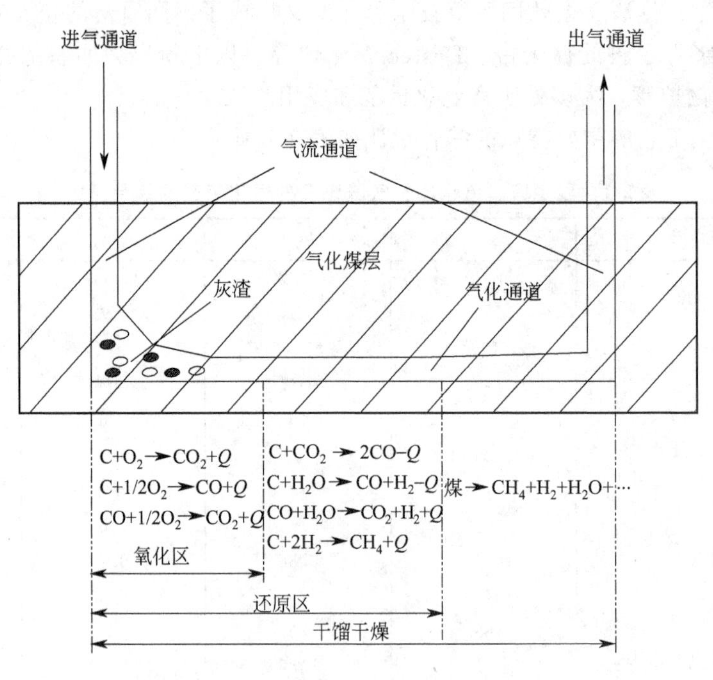

图 2-1　煤炭地下气化过程示意图

地下气化与地面气化相比，最大的技术瓶颈在于地下气化的不可视性和不可控性，因受煤层赋存条件复杂、测温技术难以实现、气化过程稳定性较差、气化强度低等多种因素的影响，目前地下气化还处于示范开发阶段。

为提高合成气的热值和延长地下气化时间，刘洪涛等[9]研究了富氧两段地下煤气化技术，结果表明，合成气热值随着空气中氧含量的增加而增加，当含量增加到80%时，合成气的热值最高且合成气生产时间最长。

刘淑琴等[10]就地下气化带来的水污染进行了研究分析，结果表明，水污染是由于气化造成的污染物在地层下的扩散与渗透，另外还有来自地下水的流动对气化过程中产生的有机、无机物质及微量矿物质的扩散推动作用。针对这种情况，刘淑琴等对地下气化带来的水污染问题提出了解决方案。

第二节 气流床气化技术

迄今为止，已开发及处于研究发展中的气化方法不下百种，按照生产装置化学工程特征分类，气化技术可分为四种，分别是固定床气化、流化床气化、熔融床气化和气流床气化。气流床是目前使用最为广泛的技术，尤其是加压气流床技术，以下是几个应用较广的气流床煤气化技术介绍。

一、Texaco 气化工艺

（一）Texaco 气化工艺特点

Texaco（德士古）气化工艺以水煤浆为原料，纯氧为气化剂，液态排渣，其加压气化过程属于气流床并流反应过程。Texaco 气化炉炉体为直立圆筒型钢制耐压容器，炉膛内衬高质量耐火砖，防止炽热炉渣和粗煤气热侵蚀[11]。耐火砖使用寿命一般为1～2年。在中国 Texaco 气化炉有20年的运行经验。

（二）Texaco 气化工艺流程

Texaco 水煤浆气化过程主要包括磨煤、煤浆的制备和输送、气化和废热回收、灰水处理和公用工程等工序[12]（见图2-2）。

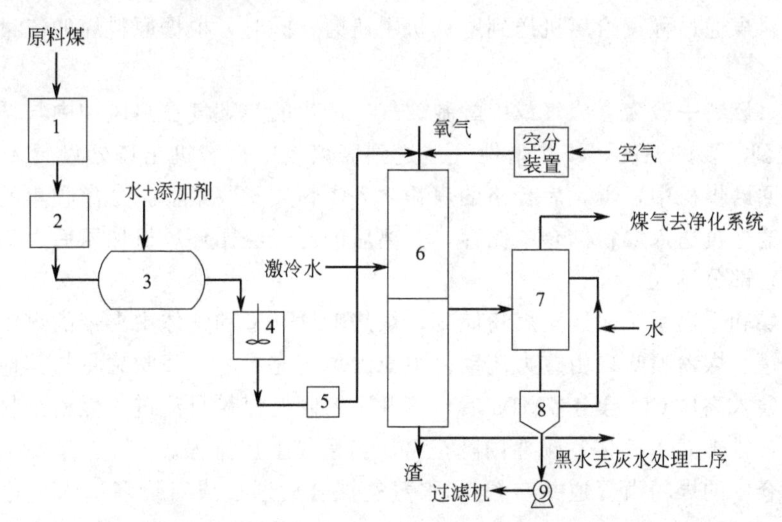

图2-2 Texaco 水煤浆气化工艺流程简图

1—输煤系统；2—煤储仓；3—磨煤机；4—煤浆槽；5—煤浆泵；6—气化炉；7—洗涤塔；8—沉降槽；9—沉降槽底流泵

原料煤块经碎煤机粉碎成直径小于10mm的碎煤，碎煤经计量后与一定量的水混合并进入磨煤机磨成细颗粒，将煤粉加水制成浓度约为60%～65%的水煤浆（若原料煤灰熔点高，需在进磨煤机前加一定比例的助熔剂、添加剂等)。

通过滚筒筛滤去大颗粒后，流入磨煤机出口槽，最后经磨煤机出口槽泵送进煤浆储槽中。煤浆储槽中的煤浆由高压煤浆给料泵输送至气化炉喷嘴，与空分装置来的O_2一起喷入气化炉。

水煤浆经烧嘴在高速O_2流的作用下破碎、雾化喷入气化炉膛。O_2和水煤浆在1350～1400℃高温的炉膛内，迅速发生预热、水分蒸发、煤干馏、挥发物裂解燃烧以及炭的气化等一系列复杂的物理、化学过程。生成CO、H_2、CO_2和水蒸气为主的粗煤气，经气化炉底部的激冷室激冷后，气体和固渣分开。粗煤气经喷嘴洗涤器进入碳洗塔，冷却除尘后，进入CO变换工序。气化炉出口灰水经灰水处理工段四级闪蒸处理后，部分灰水返回碳洗塔作洗涤水，经泵加压后进入气化炉，部分灰水送至废水处理。熔渣被激冷固化后排出气化炉。

二、Shell气化工艺

Shell气化工艺[13]以干煤粉为原料、纯氧作为气化剂，液态排渣，是荷兰壳牌公司开发的一种洁净煤气化工艺技术[14]。其工艺中从高级烟煤至褐煤、石油焦均可作为原料制成合成气，操作弹性大。

(一) Shell气化工艺特点

Shell气化炉采用膜式水冷壁技术，液态排渣。利用熔渣在水冷壁上冷却硬化形成一层薄渣层[15]保护炉壁不受高温磨损，气化炉壁利用水管产生中压蒸汽以调节温度，是煤气化炉和锅炉的结合，超过Texaco气化常规反应温度（1350℃左右），使气化炉能够在3.0～4.0MPa，1400～1700℃的温度范围内运行，形成渣包碳的反应模型，提高炭的转化率，同时，膜式水冷壁技术确保气化炉更易大型化。

(二) Shell气化炉工艺流程

原料煤粉经破碎到合格粒度（粒度≤30mm），由储运系统通过带式输送机送入碎煤仓。碎煤仓中的原料煤通过称重给煤机送到磨煤机中研磨，同时，根据原料煤的流量，按比例加入石灰石粉。

从热风炉（燃料一般为合成气或甲醇弛放气）产生的热烟气在热风炉中与循环气、低压N_2混合并调配到需要的温度，该热惰性气体送到磨煤机中。磨机出口处设置旋转分离器将粗颗粒煤粉返回磨煤机中，干燥后合格的煤粉吹入煤粉袋式收集器，分离收集的煤粉经旋转给料器、螺旋输送机送入煤粉储仓中储存。分离后的尾气经循环风机加压后大部分循环至热风炉循环使用，部分排入大气。

煤粉从磨煤和干燥系统输送至煤粉储罐，煤烧嘴循环管和气体中夹带的煤粉也把煤返回此罐。煤粉储罐、煤粉喷吹罐由重力流动来填充。填充完成后，喷吹罐将与其他所有的低压设备隔离，并通入高压CO_2至4.7MPa后，打开下料阀使煤粉自流进入煤粉给料罐中，卸完后关闭下料阀，排出CO_2气体，锁斗内降至常压再重复上述流程。

煤粉给料仓中的煤粉由管道并与O_2和水蒸气混合后通过成对烧嘴送入气化炉喷嘴。粉煤、O_2和水蒸气在气化炉内，4.0MPa(G)的压力下进行燃烧反应，反应后的高温合成气（1400～1700℃）在气化炉出口被约209℃、4.06MPa(G)的冷合成气激冷至约900℃，然后，经合成气冷却器冷却至340℃后进入除灰工序。

煤灰熔化并以液态形式排出。煤粉高温气化后，1600℃左右的熔融状炉渣和灰分向下流入气化炉底部的灰渣激冷工序，最终将排出的渣运到废渣场。Shell气化工艺流程见图2-3。

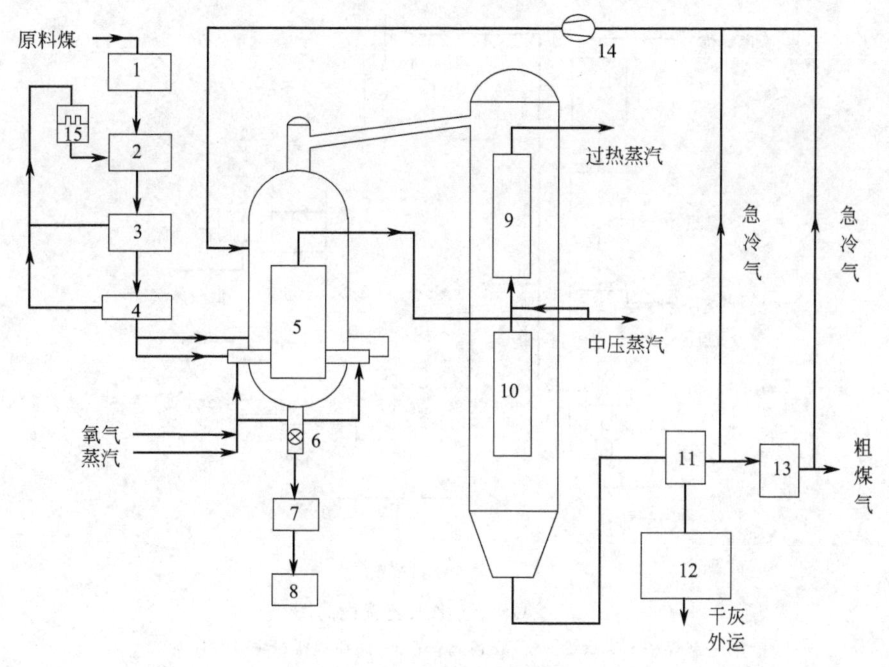

图 2-3　Shell 气化工艺流程简图[16]

1—磨煤和干燥系统；2—煤粉储罐；3—煤粉锁斗；4—给煤罐；5—气化炉；6—破渣机；7—灰渣罐；8—渣池；9—换热器；10—废热锅炉；11—除灰系统；12—干灰系统；13—湿洗；14—循环气压缩机；15—煤粉过滤器

三、GSP 气化工艺

GSP 气化炉与 Texaco、Shell 气化工艺一样，其工艺过程也主要由给料系统、烧嘴、冷壁气化室和激冷室、粗煤气洗涤系统组成，即由备煤、气化、除渣三部分组成，属于加压气流床[17]。

（一）GSP 气化工艺特点

GSP 气化技术采用以渣抗渣原理[18]，在气化过程水冷壁内形成的固态渣层可自动调节，始终保持在稳定的厚度。该技术直接向激冷室内喷入激冷水来冷却粗合成气。

（二）GSP 气化炉工艺流程

原料煤被磨煤机研磨成粒度在 250～500μm 范围内，经过热风炉干燥后，通过 N_2/CO_2 气流输送系统送至煤烧嘴。原料煤与 O_2、水蒸气经烧嘴混合后，同时喷入气化炉顶部的反应室，在 1400～1600℃、4.0MPa 条件下发生快速气化反应，产生以 CO 和 H_2 为主要成分的热粗煤气。气化原料中的灰分形成熔渣。热粗煤气和熔渣一起通过反应室底部的排渣口进入下部的激冷室。

激冷室是由上部圆形筒体和下部缩小组成的空腔。热粗煤气经过喇叭口形状的排渣口进入激冷室，激冷水由喇叭口的下端环行水管喷出。洗涤后的粗煤气被冷却至接近饱和，从激冷室中部排出去洗涤系统。向激冷室内喷入激冷水要求过量，以保证粗煤气均匀冷却，并能在激冷室底部形成水浴。渣粒固化成玻璃状颗粒，通过锁斗系统排出；溢流出的激冷水送污水处理系统。气化温度的选择是由原料煤的物理化学性质决定的，气化压力的确定主要取决于产品煤气的利用工艺。GSP 气化工艺流程见图 2-4。

四、多喷嘴对置式气化工艺

多喷嘴对置式气化技术是具有自主知识产权的大型煤气化技术，其作为洁净高效的煤制

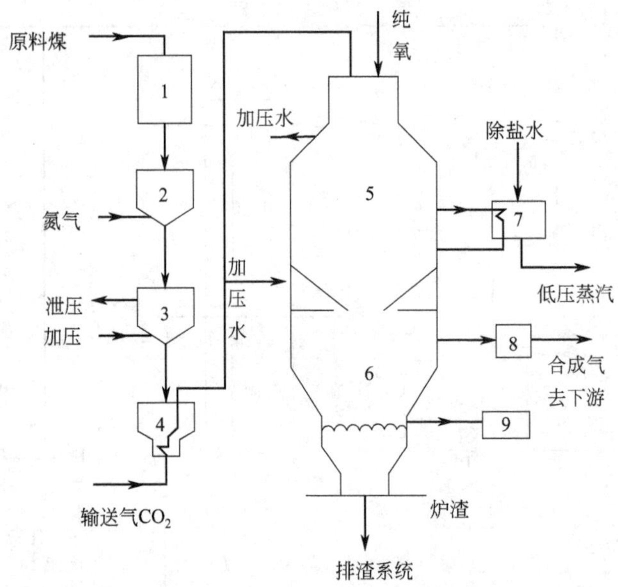

图 2-4　GSP气化工艺流程简图

1—磨煤和干燥系统；2—煤粉储仓；3—煤粉锁斗；4—加料斗；
5—气化炉；6—激冷室；7—汽包；8—气化洗涤系统；9—灰水处理系统

合成气产业化成套技术，可应用于以水煤浆或煤粉为原料制备合成气和燃料气，是发展煤基化学品、煤基液体燃料、先进的IGCC发电、多联产系统、制氢、燃料电池等工业化先进技术。这一具有明显优势的新技术必将扭转我国煤气化技术长期依赖进口的局面，为企业提供更先进、经济的技术选择。

（一）多喷嘴对置式水煤浆气化技术[19,20]

1. 多喷嘴气化技术发展现状

目前已投入生产运行的大型煤气化装置，采用水煤浆气化的装置普遍有较高的运转率，水煤浆气化的可靠性已无可争议。以GE水煤浆气化技术为代表的单喷嘴水煤浆气化得到了广泛的认同，而多喷嘴对置式水煤浆气化技术，也成功实现了在大型装置上的工业化运行。

华东理工大学联合兖矿鲁南化肥厂、中国天辰化学工程公司等单位在开发了具有完全自主知识产权、国际首创的多喷嘴对置式水煤浆气化技术，并成功实现了工业化，在国内外产生了重大影响。该技术第一套示范化装置于2005年10月在兖矿鲁南化肥厂正式投入运行，日投煤量1150t，年产甲醇24×10^4t并配套发电项目，运行正常。对置多喷嘴技术属于较新的煤气化技术，该技术气化压力3.0～6.5MPa，操作温度1200～1300℃，残渣含碳量≤5%，有效气含量≥83%，碳转化率≥98%，比氧耗（标准状态，下同）360～380m^3/1000m^3($CO+H_2$)，比煤耗540～570kg/1000m^3（$CO+H_2$）。

2. 气化技术特点

优点：多喷嘴对置式水煤浆气化技术的化学反应原理与单喷嘴水煤浆气化技术相同，但其过程机理与受限射流反应器的单喷嘴水煤浆气化炉又有很大的不同。

① 多喷嘴对置式水煤浆气化炉采用撞击流技术来强化和促进混合、传质、传热。位于气化炉顶部同一水平面的多个工艺喷嘴，相互垂直布置，通过多股射流的撞击可以使反应更充分并显著提高碳转化率；

② 烧嘴使用寿命长，喷嘴之间协同作用好、负荷调节灵活、气化炉整体调节负荷范围宽，负荷调节速度快，适应能力强，有利于装置大型化；

③ 气化效率高，技术指标先进，有效气成分和碳转化率均可提高2%～3%，相应的比氧耗降低约7.9%，比煤耗降低约2.2%；

④ 复合床洗涤冷却液位平稳，热质传递效果好，较好地解决了粗煤气带水带灰和设备管道结垢堵塞问题；

⑤ 分级式合成气初步净化工艺节能高效，表现为系统压降低、分离效果好、合成气中细灰含量低，通过在混合器与水洗塔之间增设的旋风分离器除去大部分灰渣，降低了进入水洗塔中液相的固含量，从而提高了水洗塔的洗涤效果；

⑥ 渣水处理系统采用直接换热，蒸发热水塔的设置克服了高压闪蒸换热器因结垢堵塞而降低设备效率的弊端，同时直接加热灰水，提高了热质传递的效率。

缺点：对于单台多喷嘴对置式水煤浆气化炉煤浆和氧气入炉管道阀门的控制仪表需要多套系统，增加了系统操作的协调难度和装置复杂性；另外，耐火砖寿命相对较短，对操作和维修要求更高；在投资方面，与单喷嘴气化炉同等能力比较，其投资增加14%～15%。

3. 工艺原理简图

多喷嘴对置式水煤浆气化工艺主要包括水煤浆制备工序、多喷嘴对置式水煤浆气化工序、分级净化的合成气初步净化工序、直接换热式含渣水处理工序。多喷嘴对置式水煤浆气化技术的工艺原理简图如图2-5所示。

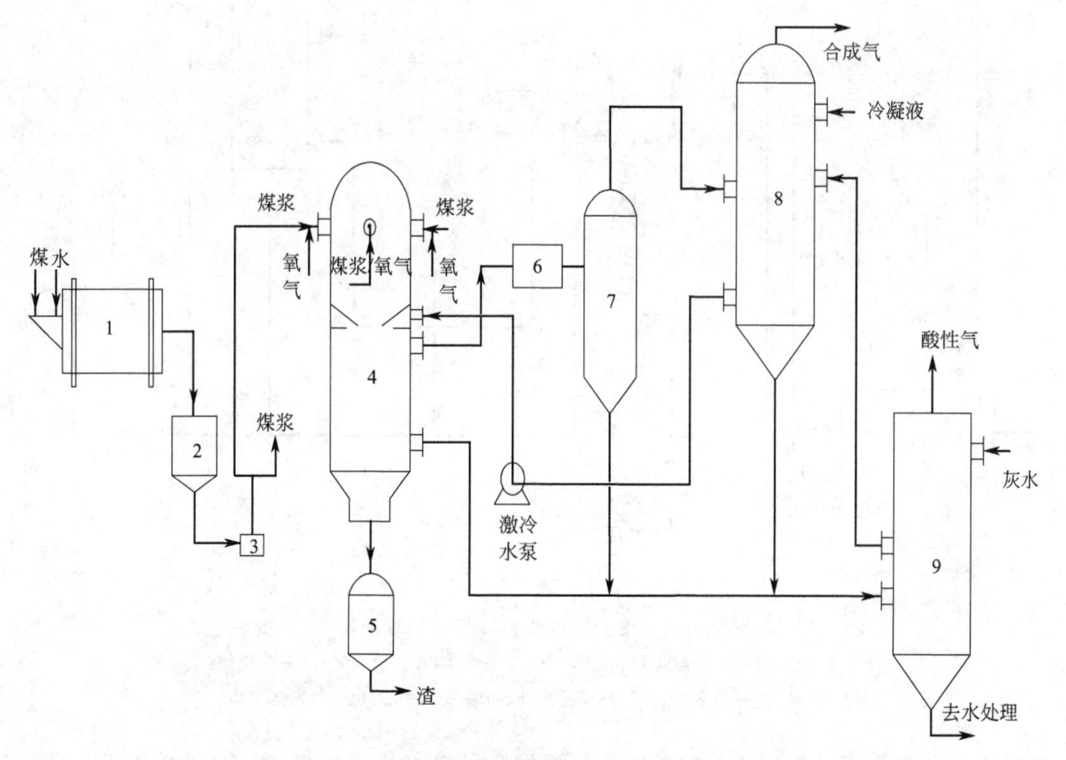

图2-5 多喷嘴对置式水煤浆气化技术工艺原理简图

1—磨煤机；2—煤浆槽；3—煤浆泵；4—气化炉；5—锁斗；6—混合器；7—旋风分离器；8—水洗塔；9—蒸发热水塔

4. 工艺指标对比[21]

对已运行的不同规模的装置生产指标进行分析，并与引进的技术进行对比，多喷嘴对置式水煤浆气化技术在碳转化率、有效气成分、渣中残炭含量、比氧耗、比煤耗等方面均有较大优势，运行情况对比见表 2-2。

表 2-2　多喷嘴对置式气化技术运行情况对比

技术类型	装置	碳转化率 /%	比氧耗 /$m^3\cdot[km^3(CO+H_2)]^{-1}$	比煤耗 /$kg\cdot[km^3(CO+H_2)]^{-1}$	有效气成分 /%	粗渣含碳 /%
多喷嘴水煤浆气化技术	华鲁恒升	98.8	360	600	81	1.2
	兖矿鲁化[22]	98.6	378.3	568.8	82.3	7.3
	宁波万华	99	301	479	81.7	3
	新能凤凰	99.07	365	568	82.4	1.6
	灵谷化工	98.7	352	568	83.4	2
引进技术	兖矿鲁化	96.3	404.7	652.3	81	15.4

（二）多喷嘴对置式粉煤气化技术

粉煤加压气化技术[23]：原煤除杂后送入磨煤机破碎，同时用加热的惰性气体[24]将其干燥，制备出符合湿含量与粒度要求的煤粉存于料仓中，如图 2-6。

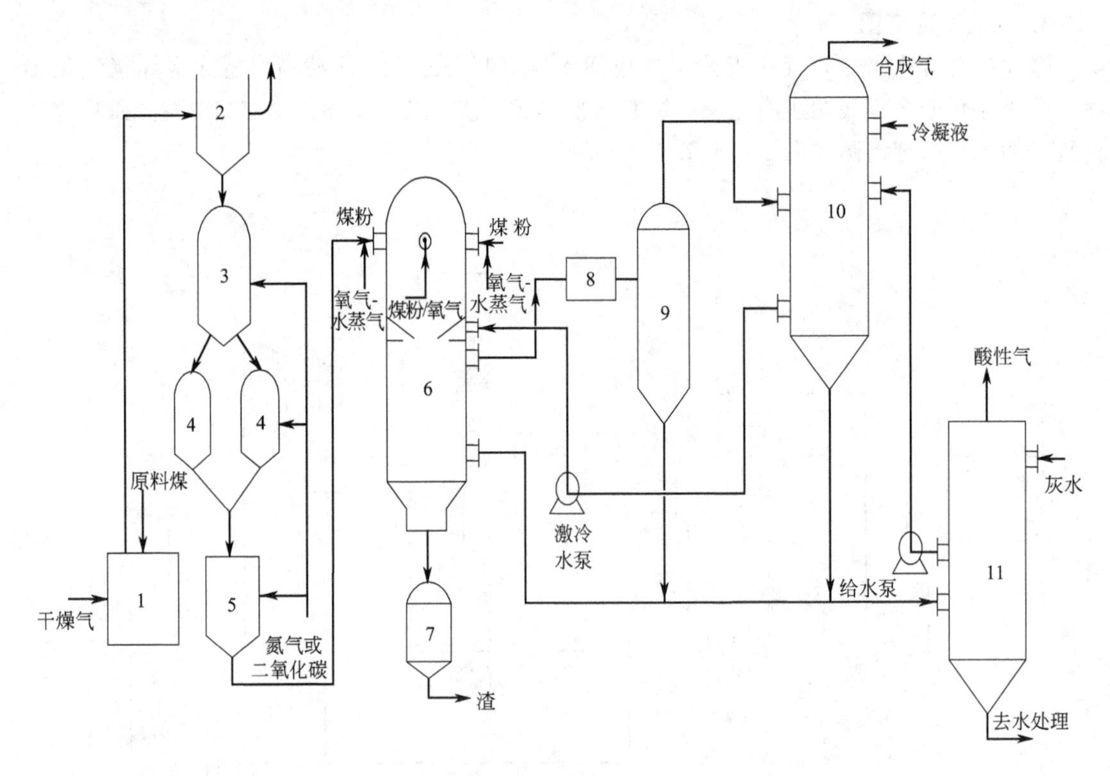

图 2-6　多喷嘴对置式粉煤气化流程简图

1—磨煤机；2—布袋除尘器；3—料仓；4—锁斗；5—给料罐；6—气化炉；7—锁斗；8—混合器；9—旋风分离器；10—水洗塔；11—蒸发热水塔

料仓中的粉煤经过粉煤锁斗向粉煤给料罐供料，粉煤给料罐经过气化喷嘴进入气化炉，该过程为高固气比密相输送，预热后的氧气与水蒸气一并通过喷嘴进入气化炉，在高温、高压下与煤粉进行气化反应。

气化炉为自主创新的多喷嘴对置式结构，形成的撞击流流动，有利于强化传递过程，提高气化效率。采用湿法分离工艺，通过激冷、旋风分离和洗涤的分级净化分离方式，既可确保合成气满足后续工段的工艺要求，又大大降低了设备的投资费用。

五、四种气化工艺对比情况

（一）气化炉结构的区别

Texaco 气化炉喷嘴是设在炉体顶部的下喷式单一喷嘴，其喷嘴中心线与排渣口中心线重合；Shell 煤气化炉有 4 个对列式微斜向上的喷嘴，设在气化炉体下部炉壁上；GSP 气化炉烧嘴是一种内冷式 6 层通道的组合式气化烧嘴，由喷嘴循环冷却系统来强制冷却；多喷嘴对置式气化炉喷嘴位于气化炉直筒段上部多个工艺喷嘴在同一水平面上，相互垂直布置，各喷嘴之间相互协同作用好，气化负荷可调范围广。

（二）进料方式不同

与 Shell 和 GSP 气化炉相比，Texaco 气化炉进料方式不同[25]。Texaco 采用水煤浆进料，Shell 和 GSP 煤气化工艺采用干粉加压进料，所以 Texaco 工艺中的原料煤制备工艺完全不同。而对于多喷嘴气化炉而言，其进料方式则多元化，既有水煤浆进料，也有干粉进料，其中以水煤浆湿式进料为主。

（三）冷却方式不同

Texaco 气化炉需要耐火砖衬里，并对向火面的耐火砖要求很高。气化炉热粗合成气先经过水淬冷，再用废热锅炉回收热量，热量利用率较低。Shell 气化炉设置膜式水冷壁，能够副产中压蒸汽，再经过合成气冷却器回收热量，热量利用合理。GSP 气化炉在底部设计了激冷室，激冷室中的环形管直接向热粗合成气中喷水，再经换热器回收热量，热效率介于 Texaco 和 Shell 之间。多喷嘴气化炉采用的复合床洗涤冷却技术，液位能较平稳地控制，很好地进行热质传递，达到冷却效果[26]。另外其分级式合成气净化工艺节能高效，分离效果好，合成气中细灰含量低，旋风分离器的设置大大降低了进入水洗塔的固含量，从而提高了水洗塔的洗涤效果。

（四）煤气化工艺参数一览表

四种煤气化工艺参数一览表见表 2-3。

表 2-3　四种煤气化工艺参数一览表

名称	Texaco	Shell	GSP	多喷嘴
原料要求	次烟煤、烟煤、无烟煤、油渣；水煤浆质量分数>60%；灰熔点温度<1320℃；灰分小于15%	褐煤到无烟煤全部煤种、石油焦、油渣、生物质；含水量<2%（褐煤8%）的干煤粉；灰熔点温度<1500℃；灰分8%～20%	褐煤到无烟煤全部煤种、石油焦、油渣、生物质；含水量<2%（褐煤8%）的干煤粉；灰熔点温度<1500℃；灰分10%～20%	褐煤、次烟煤、烟煤、石油焦等；水煤浆质量分数>60%；灰熔点温度<1320℃；灰分10%左右
气化温度	1260～1400℃	1400～1700℃	1400～1600℃	1200～1300℃
气化压力	6～8MPa	4.0MPa	4.0MPa	3.0～6.5MPa
耐火砖或水冷壁寿命	1a	25a	20a	1a
喷嘴寿命	60d	2a	0.5a	90d
60×10^4t 所需气化炉数量	4 台+1 台备用	1 台	2 台	2 台+1 台备用
出气化界区温度	210℃	160℃	220℃	200℃

续表

名称	Texaco	Shell	GSP	多喷嘴
C转化率	96%～98%	≥99%	≥99%	≥98%
有效气体含量	约80%	90%～94%	90%～94%	约83%
操作弹性	50%～105%	70%～110%	50%～110%	50%～110%
技术成熟性	高	中	中	中

（五）煤气化工艺技术对比

德士古气化工艺、Shell气化工艺、GSP气化工艺及多喷嘴气化工艺其工艺技术各有优劣[27]，各性能对比见表2-4。

表2-4　德士古气化、Shell气化与GSP气化工艺技术对比

性能	德士古气化工艺	Shell气化工艺	GSP气化工艺	多喷嘴气化工艺
原料煤种	烟煤、次烟煤、石油焦和煤液化残渣，对原料适应性较广	褐煤、次烟煤、烟煤等煤种以及石油焦，也可以使用两种煤混合的混煤	褐煤、次烟煤、烟煤、无烟煤到石油焦均可使用，也可以两种煤掺混使用	原料适应范围较广，如褐煤、次烟煤、烟煤、石油焦等，粉煤进料时可使用混煤
加煤方式与安全性	煤浆通过中间槽、低压煤浆泵、煤浆筛入煤浆槽，再由高压煤浆泵送至气化炉	煤粉用氮气输送至储仓，经煤储斗入加压粉煤仓，再由高压氮气将煤粉均匀送至气化炉喷嘴。操作可靠安全性有保证	干燥煤粉经用加压气（N_2或CO_2）加压，然后将煤粉依靠重力送至加料斗。再用输送气（N_2或CO_2）从加料斗中将煤粉送至气化炉的组合喷嘴中	煤浆进料方式与Texaco进料相似，粉煤进料方式与Shell进料相似
气化炉配置	多系统配置，设备用系列	采用单系统装置，不设备用系列	采用单系统装置，不设备用系列	多系统配置，设备用系列
工艺烧嘴	仅有一个装在气化炉顶部	使用多个喷嘴，采用成对对称布置	组合式喷嘴	多喷嘴对置排列
渣水分离	部分灰分激冷后经锁斗进入渣池，部分转入激冷室排出的黑水中，温度高（220℃）、水量大，通常设置2～4级减压闪蒸回收热量，再经絮凝澄清，灰浆经真空过滤以滤饼形式排出。而分离后的洗涤水返回气化，少量排放	大部分在干法除尘中分离，湿法洗涤排水含灰低，温度也不高，大部分循环使用。少量排水经一级减压放出溶解气后，经过气提、澄清、沉降后排放去生化处理，分离出灰浆返回至磨煤系统	高温气体与液态渣一起离开气化室向下流动直接进入激冷室，被喷射的高压激冷水冷却，液态渣在激冷室底部水浴中成为颗粒状，定期地从排渣锁斗中排入渣池，并通过捞渣机装车运出	部分固态渣经锁斗排出，部分灰分经气化炉的激冷水激冷后转入到黑水中，渣水处理系统采用直接换热，设置蒸发热水塔，克服了高压闪蒸换热器因结垢堵塞而降低设备效率的弊端，同时直接加热灰水，提高了热质传递的效率
热量回收	热利用率很高，但热回收效率低	热利用率高，热回收效率高	热利用率高，热回收率高	热利用率很高，热回收率不高
粗煤气除尘	湿法洗涤除尘	干法和湿法洗涤除尘	湿法洗涤除尘	激冷＋旋风分离＋洗涤分级除尘
开车灵活性	Texaco气化炉为耐火砖结构，开车时必须严格遵循升温曲线要求，以保证耐火砖安全，一般开车需要10天左右，费用高，时间长	Shell气化炉为水冷壁结构，开车时建立锅炉给水循环系统后经开工喷嘴点火很快就能达到煤气化要求的温度，一般仅2～3h就可投入正常运行	GSP气化炉为水冷壁结构，开车时建立起冷壁高压灰水循环系统后，经预热后很快就达到煤气化的要求温度，一般1h后就可投入正常运行	多喷嘴气化炉为耐火砖结构，开车时必须严格按照升温曲线要求烘炉，确保耐火砖安全使用寿命，一般开车需要10天左右
炉膛衬里材料	耐火砖	水冷壁结构	水冷壁结构	耐火砖

第三节 水煤浆气化及化学

神华包头煤化工分公司采用的是湿法气流床中的GE水煤浆加压技术，本章将对GE水煤浆加压气化技术进行详细地介绍。

一、水煤浆气化概述

水煤浆加压气化工艺发展至今已有60多年历史。鉴于在加压下连续输送煤粉的难度较大，1948年美国德士古发展公司受重油气化的启发，首先创建了水煤浆气化工艺，并在加利福尼亚州洛杉矶近郊的Montebello建设第一套中试装置，这在煤气化发展史上是一个重大的开端。

由于20世纪50～60年代油价较低，水煤浆气化无法发挥资源优势，再加上工程技术上的问题，水煤浆气化技术的发展停顿了10多年，直到20世纪70年代初期发生了第一次世界性石油危机才出现了新的转机。1973年德士古发展公司与联邦德国鲁尔公司开始合作，1978年在联邦德国建成了一套德士古水煤浆气化工业试验装置，该装置是将德士古中试成果推向工业化的关键性一步，通过试验获得了全套工程放大技术，并为以后各套工业化装置的建设奠定了良好的基础。

1993年山东鲁南化肥厂引进德士古发展公司专利技术，建成并投用中国第一套德士古水煤浆气化制氨示范装置。该装置选用激冷流程，气化炉一开一备，单炉投煤量为318t/d（干煤），操作压力2.6MPa，（$CO+H_2$）产量21900m^3/h。之后上海焦化、陕西渭河、安徽淮南相继建成不同规模的煤气化装置。

2004年美国通用电气公司正式收购德士古公司的气化业务，德士古水煤浆气化改名为GE水煤浆气化。2010年神华包头煤化工分公司建成并投用目前中国最大的GE水煤浆气化装置，气化炉五开两备，单炉投煤量1500 t/d（干煤），操作压力6.5MPa，满负荷（$CO+H_2$）产量530000m^3/h。

水煤浆气化反应是一个很复杂的物理和化学反应过程，水煤浆和氧气喷入气化炉后瞬间经历煤浆升温及水分蒸发、煤热解挥发、残炭气化和气体间的化学反应等过程，最终制得以$CO+H_2$为主要成分的粗煤气（或称合成气、工艺气），灰渣采用液态排渣，是目前先进的洁净煤气化技术之一。水煤浆气化工艺有以下的优缺点：

① 可用于气化的原料范围比较宽，从次烟煤到无烟煤的大部分煤种都可采用该项技术进行气化。

② 与干煤粉进料相比，更安全和容易控制。

③ 工艺技术成熟，流程简单，设备布置紧凑，运转率高。气化炉结构简单，炉内没有机械传动装置，操作性能好，可靠程度高。

④ 操作弹性大，碳转化率高[28]。碳转化率一般可达98%，负荷调整范围为50%～105%。

⑤ 粗煤气质量好，用途广。由于气化温度高，粗煤气中有效成分（$CO+H_2$）可达80%左右，除含有少量甲烷外不含有其他烃类、酚类和焦油等物质，后续净化工艺简单。产生的粗煤气可用于生产合成氨、甲醇、乙酸、醋酐及其他相关化学品，也可用于供应城市煤气和循环发电（IGCC）装置。

⑥ 可供选择的气化压力范围宽。气化压力可根据工艺需要进行选择，目前商业化装置

的操作压力等级在2.6～8.7MPa之间，为满足多种下游工艺气体压力的需求提供了基础。

⑦ 单体气化炉的投煤量选择范围大。根据气化压力等级及炉径的不同，单炉投煤量在400～2200t/d（干煤）。

⑧ 气化过程污染少，环保性能好。高温高压气化产生的废水所含有害物极少，少量废水经生化处理后可直接排放；排出的粗细渣既可做水泥掺料或建筑材料的原料，也可深埋于地下，对环境没有其他污染。

⑨ 气化炉内的耐火砖冲刷侵蚀严重，寿命短，更换耐火砖费用大，增加了生产运行成本。

⑩ 水煤浆含水量高，氧耗、煤耗均比干法气流床要高一些。

总之，水煤浆气化技术在一定条件下有其明显的优势，当前仍是广泛采用的新一代先进煤气化技术之一。

二、水煤浆气化化学

（一）水煤浆气化的化学反应

水煤浆气化技术的核心是气化炉，进入炉膛的氧气和水煤浆在高温高压下反应，生成以$CO+H_2$为主的粗煤气和液体熔渣。该过程的影响因素较多，如煤质条件、喷嘴状况、炉膛状况、连续运行周期及其他工艺条件等，要对其发生的过程进行准确描述十分困难，目前大多采用半理论半经验的方法进行研究，将理论分析、实验模拟以及操作经验有机地结合在一起。

煤是一种复杂的有机化合物，可通过C_mH_nO来表示它的分子式。水煤浆喷入炉膛后在短短的5～7s内就完成了煤浆水分的蒸发、煤的热解挥发、燃烧和一系列转化反应。炉膛内可能发生的化学反应有（式中Q为反应热，放热为正吸热为负）：

$$C_mH_nO+(m-1/2+n/4)O_2 \longrightarrow mCO_2+n/2H_2O+Q \tag{2-1}$$

$$C+O_2 \longrightarrow CO_2+Q \tag{2-2}$$

$$H_2+1/2O_2 \longrightarrow H_2O+Q \tag{2-3}$$

$$CO+1/2O_2 \longrightarrow CO_2+Q \tag{2-4}$$

$$C_mH_nO+(m-1)/2O_2 \longrightarrow mCO+n/2H_2+Q \tag{2-5}$$

$$C+1/2O_2 \longrightarrow CO+Q \tag{2-6}$$

$$C_mH_nO\text{（煤）} \longrightarrow \text{低链烃类(气态)+焦炭} \tag{2-7}$$

$$C_mH_nO+(m-1)H_2O \longrightarrow mCO+(m-1+n/2)H_2-Q \tag{2-8}$$

$$C_mH_nO+(2m-1)H_2O \longrightarrow mCO_2+(2m-1+n/2)H_2-Q \tag{2-9}$$

$$C_mH_nO+(m-1)CO_2 \longrightarrow (2m-1)CO+n/2H_2-Q \tag{2-10}$$

$$CH_4+2H_2O \rightleftharpoons CO_2+4H_2-Q \tag{2-11}$$

$$CH_4+H_2O \rightleftharpoons CO+3H_2-Q \tag{2-12}$$

$$CH_4+CO_2 \rightleftharpoons 2CO+2H_2-Q \tag{2-13}$$

$$C+H_2O \rightleftharpoons CO+H_2-Q \tag{2-14}$$

$$C+CO_2 \rightleftharpoons 2CO-Q \tag{2-15}$$

$$CO+H_2O \rightleftharpoons CO_2+H_2+Q \tag{2-16}$$

$$3H_2+N_2 \rightleftharpoons 2NH_3-Q \tag{2-17}$$

$$H_2+S \rightleftharpoons H_2S-Q \tag{2-18}$$

$$H_2S+CO \rightleftharpoons H_2+COS \tag{2-19}$$

$$CO+H_2O \rightleftharpoons HCOOH \tag{2-20}$$

反应式(2-1)～式(2-4) 为氧化充分时的完全燃烧反应，反应式(2-5) 和式(2-6) 为氧气不足时的部分氧化反应，反应式(2-7) 为煤的热解反应，反应式(2-8)～式(2-13) 为转化反应，经过这些反应最终生成了以 CO、H_2为主要成分，以 CH_4、CO_2为次要成分，以 H_2S、COS、NH_3、HCOOH、HCN 等为微量有害成分的产品气体。

以上气化炉中的气化反应，是一个十分复杂的体系。由于煤炭“分子”结构很复杂，其中含有碳、氢、氧和其他元素，因而在讨论气化反应时，总是以假定为基础的：即仅考虑煤炭中的主要元素碳，且气化反应前发生煤的干馏和热解。这样一来，气化反应主要是指煤中的碳与气化剂中的氧气、水蒸气和氢气的反应，也包括碳与反应产物以及反应产物之间进行的反应。

（二）水煤浆气化的反应机理

煤气化过程包括了加热、热解、气化和燃烧四部分[29]。煤加热时进行着一系列复杂的化学和物理变化。显然，这些变化主要取决于煤种，同时也受压力、温度、加热速度和气化炉型等影响。在实际气化过程中，水煤浆和粉煤的气化过程和原理基本一样，只是水煤浆的气化首先经历其外在水分和内在水分的蒸发阶段，常温水煤浆滴突然进入高温燃烧室，浆滴立即被加热，浆滴迅速上升到水分蒸发平衡温度，在蒸发平衡温度下水分蒸发，直至水分蒸发完毕，留下多孔结构的煤粒。

1. 水煤浆液滴的蒸发与结团

水煤浆是由分散相——粉煤、分散介质——水构成的，具有一定粒度分布的煤粒分散于水中形成的多级分散悬浮物系，为保证水煤浆的稳定性，通常还有少量添加剂。水煤浆液滴不论粒径大小都是由多颗小煤粒和水构成的煤水混合微团。微团中煤粒存在一定的粒度分布，有 60%～70%小于 75 目。目前工业大生产主要应用的是外混式的三流道烧嘴，工艺氧走最外和最内通道，水煤浆走中间通道、介于两股氧射流之间，工艺氧高速喷出冲击水煤浆，从而使得水煤浆破碎雾化，成为适宜燃烧的煤浆小液滴，其索太尔（Sauter）平均粒径约为 100 目。水煤浆液滴中的水存在于煤粒孔隙、煤粒表面及煤粒间隙。

岑可法等[30]认为，水煤浆液滴的气化燃烧过程在极短的时间内完成，当水煤浆液滴喷入高温炉膛后，煤浆液滴通过辐射换热和对流换热温度迅速升高。受到高温炉膛的强烈加热，液滴经过极短时间的不等温加热，瞬间达到蒸发平衡温度，煤浆液滴水分由外向内逐层进行蒸发，蒸发平衡温度大约为 120℃，但随着加热速率和煤浆粒径的不同会略有变化。当水分蒸发殆尽时，原在煤浆液滴中的煤颗粒团通常不会破碎，而是形成了多孔结构的干煤粒。干煤粒温度继续上升至 400℃左右，开始析出挥发分，多孔结构的干煤粒析出挥发分的速率非常快。在高温炉膛内，析出的挥发分和煤粒周围的氧气接触瞬间着火燃烧。挥发分析出结束前，氧气只是在煤粒外围参与燃烧，只有挥发分析出殆尽后，氧气才能到达煤粒表面，与残留下的固定碳粒即残碳燃烧，开始残碳燃烧阶段，此时残碳在高于炉温的稳定温度下燃烧直至燃尽，由于多孔结构，残碳与氧气的接触表面大大增加，从而加速了残碳的燃烧。残碳基本燃尽后，剩余灰分的煤粒温度缓慢降低至炉温。综上所述，水煤浆液滴的燃烧过程可概括为四个阶段，即：不等温加热、水分蒸发、挥发分的析出及燃烧、残碳燃烧[31]。表 2-5 列出了水煤浆液滴在 1000℃炉温下燃烧过程各阶段经历的时间及占燃尽时间比例。

表 2-5 水煤浆液滴燃烧过程各阶段经历的时间

水煤浆液滴燃烧经历过程	时间/s	占燃烧过程总时间的比例/%
不等温加热	0.2	0.35
水分蒸发	1.4	2.45
挥发分析出燃烧	6.0	10.5
残碳燃烧	49.4	86.7
总计	57.0	100

注：煤浆浓度 60%，水煤浆液滴粒径 d_p=2mm。

岑可法等研究表明，水煤浆液滴中的煤颗粒会存在结团的现象，对蒸发过程进行了大量的试验观察，得到对水煤浆液滴结团物的几个基本认识。结团物粒径与初始液滴粒径相同，在水分蒸发时水煤浆液滴粒径变化较小，煤浆液滴中挥发分析出速率略高于同类粉煤挥发分析出速率，同时析出的初始温度也较低。

虽然煤浆液滴中煤粒的结团以及煤浆液滴中的水分都使水煤浆液滴燃尽时间延长，但因水煤浆液滴中残碳的燃烧速率比粉煤中焦炭快，弥补了结团和水分造成的对燃烧的不利影响，最终的试验结果表明，水煤浆液滴总的燃烧速率、燃尽时间、燃尽率是接近单颗粒粉煤燃烧的。

Reginald Bunt[32]对固定床气化炉内反应区域进行了研究，结果表明位于干燥区域下方的热裂解空间为最大的反应区域为 2.86m，还原区域有 2.34m，燃烧氧化区域有 1.94m。他的研究为气化炉内气化反应的理论及机理研究提供了一定的依据。

2. 煤气化原理

水煤浆的水分蒸发完毕后，留下多孔结构的煤粒，进入了煤气化过程，煤气化往往需经历如下七个过程[33]。

① 反应气体由气相扩散到固体碳表面（外扩散）。

② 反应气体再通过颗粒内孔道进入小孔的内表面（内扩散）。

③ 反应气体分子被吸附在固体碳表面，形成中间络合物。

④ 吸附的中间络合物之间，或吸附的中间络合物和气相分子之间进行反应，其称为表面反应。

⑤ 吸附态产物从固体表面脱附。

⑥ 产物分子通过固体的内部孔道扩散出来（内扩散）。

⑦ 产物分子由颗粒表面扩散到气相中（外扩散）。

由此可见，在总的反应历程中包括了扩散过程①、②、⑥、⑦和化学过程③、④、⑤。扩散过程又分为外扩散和内扩散，化学过程包括了吸附、表面反应和脱附等过程。上述各步骤的阻力不同，反应过程的总速度取决于阻力最大的步骤，亦称速度最慢的步骤，该步骤就是速度控制步骤。

当总反应速度受化学过程控制时，称为化学动力学控制；反之，当总反应速度受扩散过程控制时，称为扩散控制。

在气化过程中，当温度很低时，气体反应剂与碳之间的化学反应速度很低，气体反应剂的消耗量很小，则碳表面上气体反应剂的浓度就增加，接近于周围介质中气体的浓度。在此情况下，单位时间内起反应的碳量是由气体反应剂与碳的化学反应速度来决定的，而与扩散速度无关，即总过程速度取决于化学反应速度。

随着温度的升高，在碳粒表面的化学反应速度增加，温度越高，化学反应速度越快。直至当气体反应剂扩散到碳粒表面就迅速被消耗，从而使碳粒表面气体反应剂的浓度逐渐下降而趋于零，此时扩散过程对总反应速度起了决定作用。气化反应的动力学控制区与扩散控制区是反应过程的两个极端情况，实际气化过程有可能是在中间过渡区或者邻近极端区进行。

气化反应按反应物的相态不同而划分为两种类型的反应，即非均相反应和均相反应。前者是气化剂或气化态反应产物与固体煤或煤焦的反应；后者是气态反应物之间相互反应或与气化剂的反应。在气化装置中，由于气化剂的不同而发生不同的气化反应，亦存在平行反应和连串反应。习惯上将气化反应分为三种类型：碳-氧间的反应、水蒸气分解反应和甲烷生成反应。

3. 碳-氧间的反应

也称为碳的氧化反应[34]。以空气为气化剂时，碳与氧气之间的化学反应有：

$$C+O_2 = CO_2 \tag{2-21}$$

$$2C+O_2 = 2CO \tag{2-22}$$

$$C+CO_2 = 2CO \tag{2-23}$$

$$2CO+O_2 = 2CO_2 \tag{2-24}$$

上述反应中，碳与二氧化碳间的反应 $C+CO_2 = 2CO$ 常称为二氧化碳还原反应[35]，该反应是一较强的吸热反应，需在高温条件下才能进行反应。除该反应外，其他三个反应均为放热反应。

在气化炉中，该反应是气化反应进行得最快的反应。一般情况下，该反应发生于焦粒的外表面反应速度受灰层扩散阻力的控制。然后，随着温度或粒径的增加，这个反应可以转向气膜扩散控制。反之，当温度降低或粒径减小，这个反应可以过渡到化学动力学控制区。

Field 曾指出：粉煤燃烧时，当粒度小于 50μm 时，燃烧受化学反应控制，而当粒度大于 100μm 时，则燃烧受气膜扩散控制；根据他们的研究，粒度为 90μm 左右、温度不高于 480℃，则燃烧速度属于化学动力学控制区，当粒度小于 20μm，则化学动力学控制区的范围可以扩展到温度为 1300℃。

Field 等提出了对于灰层和气膜扩散控制的焦-O_2反应的反应速率方程如下：

$$dx/dt = \frac{p_{O_2}}{1/k_{扩散} + 1/k_s} \tag{2-25}$$

式中 dx/dt——单位外表面的反应速率；

p_{O_2}——气流中 O_2 的分压；

$k_{扩散}$——扩散速率常数；

k_s——表面反应速率常数。

对于以小颗粒煤（焦）为原料的气流床，由于固体颗粒与气体之间的相对速率不大，则可以用下式来计算的近似值：

$$k_{扩散} = \frac{0.292\psi D'}{d_p T_m} \tag{2-26}$$

式中 ψ——机理系数；

d_p——粒径，cm；

T_m——气体与固体粒子间的膜界面的平均温度，$T_m=(T_s+T)/2$，K；

T_s——颗粒表面温度，K；

T——气体温度，K；

D'——氧气的扩散系数，$D'=4.26\left(\frac{T}{1800}\right)^{1.75}\frac{1}{P'}$，$cm^2/s$；

P'——总压，atm（1atm=101325Pa）。

由于焦-O_2反应是强的放热反应，反应速率特别快，因此要精确地测定颗粒的表面温度T_s是有困难的。在很多燃烧炉或气化炉中，这个温度可能比气流温度高400～600℃。不能精确地测定T_s，将导致计算时的严重误差。

机理系数ψ的取值根据焦-O_2反应的直接产物而定，当直接产物为CO时，ψ取值为2，当直接产物为CO_2时，则ψ取值为1。一些研究已确认ψ的数值是温度、粒子大小和碳类型的函数。通常当粒径较小、温度较高时，有利于CO的生成，反之，则有利于CO_2的生成。根据这些研究，提出用下列式子计算ψ值：

当$d_p \leqslant 0.005$cm时

$$\psi=\frac{2Z+2}{Z+2} \tag{2-27}$$

式中$Z=2500e^{-6249/T_m}$。

当$0.005\text{cm}<d_p \leqslant 0.1$cm时

$$\psi=\frac{1}{Z+2}\left[(2Z+2)-\frac{Z(d_p-0.005)}{0.095}\right] \tag{2-28}$$

当$d_p>0.1$cm时，$\psi=1.0$。

表面反应速率常数K_s可由下列方程计算。

$$K_s=K_{so}e^{-17967/T} \tag{2-29}$$

式中，$K_{so}=8710\text{g}/(\text{cm}^2\cdot\text{s})$。$K_{so}$的数值随碳或煤的类型而异，煤焦的近似值可取上述数值。

对于化学动力学控制区的情况，Dutta和Wen提出的反应速率方程式为：

$$dx/dt=a_v k_v p_{O_2}(1-x) \tag{2-30}$$

式中 dx/dt——单位质量的固体反应物的速率；

a_v——与转化率有关的活性因子，它表示相对的孔表面积；

k_v——反应速率常数。

在该方程中，假设反应速率与氧的分压成正比。因为大多数实验数据表明，此反应对氧浓度是一级反应。

对焦-CO_2反应的反应速率，Dutta等提出如下经验速率方程式

$$dx/dt=a_v k_v c_A^n(1-x) \tag{2-31}$$

式中 k_v——焦-气体反应的容积速率常数；

c_A——气体浓度，这里指的是CO_2的浓度；

n——反应级数；

x——碳转化率；

a_v——相对孔表面积。

4. 碳和水蒸气的反应

在一定温度下，碳与水蒸气之间发生下列反应：

$$C+H_2O=\!=\!=CO+H_2 \tag{2-32}$$

$$C+2H_2O=\!=\!=CO_2+2H_2 \tag{2-33}$$

这是制造水煤气的主要反应，也称为水蒸气分解反应，两个反应均为吸热反应。反应生成的一氧化碳可进一步和水蒸气发生如下反应：

$$CO+H_2O \longrightarrow CO_2+H_2 \tag{2-34}$$

该反应称为一氧化碳变换反应，也称为均相水煤气反应或水煤气平衡反应，是放热反应。在有关工艺过程中，为了把一氧化碳全部或部分转变为氢气，往往在气化炉外利用这个反应。现今所有的合成氨厂和煤气厂制氢装置均设有变换工序，采用变换反应催化剂。

一氧化碳变换反应在反应工程学的专著中有详尽的论述，而对于碳与水蒸气的反应，比较普遍的机理解释为水蒸气为高温碳层（C_f）所吸附，碳与水分子中的氧形成中间络合物，氢离解析出；碳氧络合物由于温度的不同会形成不同比例的 CO_2 和 CO。

Ergun 等则提出了下列机理和反应速率方程：

$$C_f+H_2O \underset{k_5}{\overset{k_4}{\rightleftharpoons}} H_2+C(O) \tag{2-35}$$

$$C(O) \xrightarrow{k_6} CO \qquad C(O)+CO \underset{k_8}{\overset{k_7}{\rightleftharpoons}} CO_2+C_f \tag{2-36}$$

$$W=\frac{k_4(H_2O)+k_7(CO_2)}{1+\frac{k_4}{k_6}(H_2O)+\frac{k_5}{k_6}(H_2)+\frac{k_8}{k_7}(CO)} \tag{2-37}$$

根据该速率方程，CO 与 H_2 都对反应起阻滞作用。

C. Y. Wen 根据反应速率数据，整理并提出了简单的经验方程式：

$$\frac{dx}{dt}=k_v\left(C_{H_2O}-\frac{C_{H_2}C_{CO}RT}{K_p}\right)(1-x) \tag{2-38}$$

式中　k_v——速率常数；

K_p——反应平衡常数；其余符号同前。

研究结果表明，对于较小的粒度（$d_p<500\mu m$）以及温度在 1000～1200℃，则焦-H_2O 反应属化学动力学控制。反应级数随水蒸气的分压而变化，当水蒸气分压较低时，反应级数为 1，当水蒸气分压明显增加时，反应级数趋于零。

5. 甲烷生成反应

煤气中的甲烷，一部分来自煤中挥发物的热分解，另一部分则是气化炉内的碳与煤气中的氢气反应以及气体产物之间反应的结果，而气化过程中的甲烷生成则主要是加氢反应的结果。其显著特征是缩聚态的碳与富氢气中的氢气反应。对氢气与碳反应的反应机理，普遍认为是：

① 氢在高温的煤焦表面参与芳化结构，形成不稳定的环系化合物，由于芳化分子巨大，该环系只是表面层上的氢饱和结构；

② 高温和氢气富余条件下，上述结构断环，显露出类似甲基的多种易解离的官能团；

③ 甲烷等小分子烃离解析出，且脱烷基步骤的阻力较其他步骤的阻力为小。

根据如上机理，Ziklke 和 Gorin 提出了如下反应速率方程式：

$$\frac{dx}{dt}=\frac{k_s\sigma p_{H_2}^2}{1+k_b p_{H_2}} \tag{2-39}$$

式中　dx/dt——以碳的消耗量或以 CH_4 生成量计的反应速率；

k_s——与氢饱和和断环相关的速率常数；

k_b——与断环相关的速率常数；

σ——碳的活性指标，相当于活性中心点的面密度；

p_{H_2}——氢气分压。

以多种煤焦所作的加氢气化试验表明，加氢气化反应有前期（第一阶段）和后期（第二阶段）的区别。在反应前期，气化速度很大，在短短的数秒或数十秒内即有20%～40%的碳被气化，而残留的碳在后期被缓慢气化。

6. 煤中其他元素与气化剂的反应

煤炭中还含有少量元素氮（N）和硫（S）。它们与气化剂O_2、H_2O、H_2以及反应中生成的气态反应产物之间可能进行的反应如下：

$$S+O_2 = SO_2 \tag{2-40}$$

$$SO_2+3H_2 = H_2S+2H_2O \tag{2-41}$$

$$SO_2+2CO = S+2CO_2 \tag{2-42}$$

$$2H_2S+SO_2 = 3S+2H_2O \tag{2-43}$$

$$C+2S = CS_2 \tag{2-44}$$

$$CO+S = COS \tag{2-45}$$

$$N_2+3H_2 = 2NH_3 \tag{2-46}$$

$$N_2+H_2O+2CO = 2HCN+3/2O_2 \tag{2-47}$$

$$N_2+xO_2 = 2NO_x \tag{2-48}$$

由此产生了煤气中的含硫和含氮产物。这些产物有可能产生腐蚀和污染，在气体净化时必须除去。其中含硫化合物主要是硫化氢，COS、CS_2和别的含硫化合物仅占次要地位。在含氮化合物中，氨是主要产物，NO_x（主要是NO以及微量的NO_2）和HCN为次要产物。上述反应对气化反应的平衡及能量平衡并不起重要作用。

需要进一步指出的是，前面所列诸气化反应为煤炭气化的基本化学反应，不同气化过程即由上述或其中部分反应以串联或平行的方式组合而成。上述反应方程式指出了反应的初终状态，能用来进行物料衡算和热量衡算，同时也能用来计算这些反应方程式所表示反应的平衡常数。但是这些反应方程式并不能说明反应本身的机理。

第四节　原料及反应产物

一、水煤浆气化的原料及特性

（一）原料煤的介绍

1. 中国煤的分类

中国煤炭分类首先按煤的挥发分，将所有煤分成褐煤、烟煤、无烟煤；对于褐煤和无烟煤，再分别按照其煤化程度和工业利用的特点分为2个和3个小类；烟煤部分按挥发分>10%～20%、>20%～28%、>28%～37%和>37%的四个阶段分为低、中、中高及高挥发分煤。关于烟煤黏结性，则按黏结性指数G区分：0～5为不黏结和微黏结；>5～20为弱黏结煤；>20～50为中等偏弱黏结煤；>50～65为中等偏强黏结煤；>65则为强黏结煤。对于强黏结煤，又把其中胶质层最大厚度Y>25mm或澳亚膨胀度b>150%（对于V_{daf}>28%的烟煤，b>220%）的煤分为特强黏结煤。在煤类的命名上，考虑到新旧分类的延续性，仍保留气煤、肥煤、焦煤、瘦煤、贫煤、弱黏煤、不黏煤和长焰煤8个煤类（见表2-6）[36]。

表 2-6　中国煤煤分类国家标准

类别	缩写	挥发分 V_{daf}/%	GRL 黏结指数	胶质层最大厚度 Y/mm
无烟煤	WY	≤10	—	—
贫煤	PM	＞10.0～20.0	≤5	—
贫瘦煤	PS	＞10.0～20.0	＞5～20	
瘦煤	SM	＞10.0～20.0	＞20～65	
		＞2.0～28.0	＞50～60	
焦煤	JM	＞10.0～20.0	＞65①	≤25.0
肥煤	FM	＞10.0～37.0	(＞85①)	＞25
1/3 焦煤	1/3JM	＞28.0～37.0	＞65①	＜25.0
气肥煤	QF	＞37.0	(＞85)	＞25.0
气煤	QM	＞28.0～37.0	＞56～65	
1/2 中黏煤	1/2ZN	＞37.0	＞35	≤25.0
弱黏煤	RN	＞20.0～37.0	＞5～30	
不黏煤	BN	＞20.0～37.0	＞5～30	
长焰煤	CY	＞20.0～37.0	≤5	
褐煤	HM	＞37.0	≤35	

① 用 Y 值来区分肥煤、气肥煤与其他煤炭，当 $Y>25.0$mm 时，应该划分为肥煤或气肥煤，如 $Y\leqslant 25.0$mm 则根据 V_{daf} 的大小而划分相应的其他煤类。

2. 煤的结构概述

煤的结构包括煤有机质的化学结构和煤的物理空间结构，研究煤的结构，不仅具有重要的理论意义，而且对于煤炭加工利用具有重要的指导意义。

(1) 煤的大分子结构

煤的有机质可以大体分为两部分：一部分是具有芳香结构的环状化合物，一般占煤有机质的90%以上，另一部分是具有非芳香结构的化合物，又称低分子化合物，一般含量较少，主要存在于低煤化程度的煤中。煤的大分子结构非常复杂[37]，一般认为它具有高分子聚合物的结构，但它没有统一的聚合单体。是由多个结构相似的“基本结构单元”通过桥键连接而成的。

基本结构单元由规则部分和不规则部分组成，规则部分由几个或十几个苯环、脂环、氢化芳香环及杂环（含氮、氧、硫等元素）缩聚而成，称为基本结构单元的核或芳香核；不规则部分则是连接在核周围的烷基侧链和各种官能团。随着煤化程度的提高，构成核的环数增多，连接在核周围的侧链和官能团数量则不断变短和减少。

① 煤的结构参数：为了便于描述煤的结构，采用了一些结构参数如芳碳率、芳氢率、芳环率等。

a. 芳碳率（$f_{C_{ar}}$）：是指煤的基本结构单元中属于芳香结构的碳原子数与总碳原子数之比，$f_{C_{ar}}=C_{ar}/C$。

b. 芳氢率（$f_{H_{ar}}$）：是指煤的基本结构单元中属于芳香族结构的氢原子数与总氢原子数之比，$f_{H_{ar}}=H_{ar}/H$。

c. 芳环率：是指煤的基本结构单元中芳香环数与总环数之比。

② 煤中官能团：煤分子上的含氧官能团有羟基（—OH）、羧基（—COOH）、羰基（$>$C=O）、甲氧基（—OCH_3）和醚键（—O—）等。

煤中含氧官能团随煤化程度的提高而减少，其中甲氧基消失得最快，其次是羧基，羧基是褐煤的典型特征，到了烟煤阶段羧基的数量大为减少，中等煤化程度的烟煤，羧基基本消失。羟基和羰基在整个烟煤阶段都存在，羰基在煤中的含量虽少，但随煤化程度的提高减少的幅度不大。煤中的氧有相当一部分是以非活性状态存在，主要是醚键和杂环中的氧。

煤中的含硫官能团包括硫醇、硫醚、二硫醚、硫醌及杂环硫等（有机硫）。煤中的氮含量一般在1%～2%之间，主要以六元杂环、吡啶环或喹啉环等形式存在，此外，还有氨基、亚胺基、氰基和五元杂环吡咯和咔唑等。

（2）煤中的低分子化合物

煤的低分子化合物是指分散在煤的缩聚芳香结构中独立存在的非芳香化合物，他们的相对分子质量在500左右，可用普通溶剂如苯、醇等萃取出来。它们的性质与煤主体有机质有很大不同。低分子化合物与煤大分子主要通过氢键力和范德华力结合。在褐煤和烟煤中，低分子化合物可占煤有机质的10%～23%，它们的存在对煤的黏结性能、液化性能等影响很大。煤中低分子化合物分为两类：烃类和含氧化合物。烃类主要指正构烷烃、少量环烷烃和长链烯烃；含氧化合物有长链脂肪酸、醇、酮等。

3. 气化用煤的质量要求

煤炭既是燃料也是工业原料，广泛地用于化工、城市煤气、冶金、电力、铁路等行业。不同行业、不同用煤设备对煤炭的质量均有不同的要求。了解气化用煤对煤炭质量的要求对于指导我国煤炭的合理、综合利用有着重要意义。

煤的气化是把固体燃料转化为煤气的过程。通常用氧气、空气或水蒸气等作为气化剂，使煤气中的有机物转化为含 H_2 和 CO 为主的可燃气体。目前气化炉的种类很多，以常压固定床气化炉为例，对用煤质量的要求见表2-7。

表2-7　常压固定床气化炉对煤质量的要求

项　目	技术要求
粒度分级/mm	烟煤:13～25,25～50,50～100,25～80 无烟煤:6～13,13～25,25～50
块煤限下率/%	50～100mm 粒度级≤15 25～50mm　粒度级≤18 25～80mm　粒度级≤18
含矸率/%	一级<2.0 二级 2.0～3.0
灰分 Ad/%	一级 Ad≤18 二级 Ad>18.0～24.0
全硫 St/%	≤2.0
煤灰软化温度 ST/℃	≥1250(但当 Ad≤18.0%时,ST≥1150)
热稳定性 TS/%	>60.0
抗碎强度(>25mm)/%	>60.0
胶质层厚度 Y/mm	发生炉无搅拌装置<12 发生炉有搅拌装置<16
发热量 Q/(MJ/kg)	无烟煤>23.0 烟煤>21.0

可用于水煤浆气化的原料种类比较广泛，但据国内外各用户的实际运行情况来看，并非所有的煤种都适用于水煤浆气化装置，要保证长周期稳定运行并获得较好的经济效益，必须认真细致地选好煤种。

在选择水煤浆气化工艺时，首先需要了解准备作为原料使用的煤炭的物理化学特性，包括工业分析、元素分析、水分、煤炭组成、发热量、灰熔点、可磨指数的测定、实验室煤浆特性试验，以评析所选用的煤在技术上和经济上是否可用作气化原料，这些分析和试验都是初步判定煤种特性的重要依据。

（二）煤的质量及其对气化过程的影响

煤的品种很多，按其在地下生成时间的长短，大体可分为泥煤、褐煤、烟煤和无烟煤等，煤化程度依次增加。随着气化工艺选取的不同，其对煤品质的要求也不尽相同，高活性、高挥发分的烟煤是水煤浆气化工艺的首选煤种。

1. 总水分

包括外水和内水。外水是煤粒表面附着的水分，来源于喷洒和露天放置中的雨水，通过自然风干即可失去。外水对水煤浆气化没有影响，但如果波动太大对煤浆浓度有一定影响，而且会增加运输成本，应尽量降低。

煤的内水是煤的结合水，以吸附态或化合态形式存在于煤中，煤的内水高同样会增加运输费用，但更重要的是内水是影响成浆性能的关键因素，内水越高成浆性能越差，制备的煤浆浓度越低，对气化有效气体含量、氧气消耗和高负荷运行都不利。

2. 挥发分及固定碳

煤化程度增加，则可挥发物减少，固定碳增加。固定碳与可挥发物之比称为燃料比，当煤化程度增加时，它也显著增加，因而作为显示煤炭分类及特性的一个参数。煤中挥发分高有利于煤的气化和碳转化率的提高，但是挥发分太高的煤种容易自燃，给储煤带来一定的安全风险。

3. 煤的灰分及灰熔点

（1）灰分　灰分是指煤中所有可燃物质完全反应后，其中的矿物质在高位下分解、化合所形成的惰性残渣，是金属和非金属的氧化物和盐类（碳酸盐、硅铝酸盐、硅酸盐、硫酸盐等）的混合体。燃烧后实际测得的是煤灰的产率，而并非煤中真正的灰含量，在高温氧化还原气氛中煤中矿物质的存在形式已经发生了一系列的物理和化学变化。灰分虽然不直接参加气化反应，但却要消耗煤在氧化反应中所产生的反应热，用于灰分的升温、熔化及转化。灰分含有率越高，煤的总发热量就越低，浆化特性也多半较低。根据运行经验，同样反应条件下，通过计算煤中的灰分含量每增加 1%，氧耗增加约 0.7%～0.8%，煤耗增加约 1.3%～1.5%[38]。

灰分含量的增高，不仅会增加废渣的外运量，而且会增加渣对耐火砖的侵蚀和磨损，还会使运行黑水中固含量增加，加重黑水对管道、阀门、设备的磨损，也容易造成结垢堵塞现象，因此应尽量选用低灰分的煤种，以保证气化运行的经济性。

（2）灰熔点　煤灰的熔融性是与煤灰化学组分密切相关的重要指标，习惯上以煤灰熔点来表示。

常用的测定煤灰熔融性的方法有角锥法和熔融曲线法。大多数国家以角锥法作为标准方法，即将煤灰和糊精混合，塑成一定大小的三角锥体，放在特殊的灰熔点测定炉内以一定的升温速率加热，观察灰锥变形情况，以确定灰分的熔点。如图 2-7 所示。

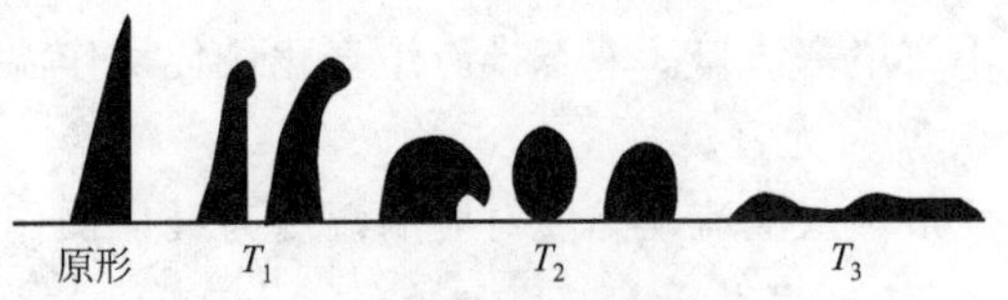

图 2-7　灰锥熔融特征

当灰锥体受热至锥尖稍微熔化开始弯曲或棱角变圆时，该温度即为最初变形温度 T_1。

继续加热，锥体弯曲至锥尖触及托板，锥体变成球形或高度≤底长的半球形时，此即为软化温度 T_2。

当灰锥形状变至半球形，即高约等于底长的一半时的温度为半球温度。

最后当灰锥体熔化展开成高度小于 1.5mm 的薄层时的温度为灰分的流动温度 T_3。

通常 $T_1 \sim T_2$ 这一温度范围即为煤灰的软化范围，将 $T_2 \sim T_3$ 这一温度范围称为煤灰的熔化范围，固定床和流化床气化炉一般以煤灰的软化温度 T_2 作为衡量其熔融的主要指标，而气流床气化炉则以 T_3 为主要指标。一般按照灰分的熔融温度 T_3 可分成四组。

易熔的灰分，熔点≤1100℃；

中等熔融灰分，熔点在 1100～1250℃；

难熔的灰分，熔点在 1250～1500℃；

耐熔的灰分，熔点在 1500℃以上。

通常，煤灰熔融性是在弱还原性气体介质中的测定结果。液态排渣炉要求煤灰熔融温度愈低愈好。

一般认为，灰分中氧化铁、氧化钙、氧化镁的含量越高，灰熔点越低；氧化硅、氧化铝含量越高，灰熔点愈高。但灰分不是以单独的物理混合物形式存在，而是结晶成不同结构的混合物，结晶结构不同灰熔点差异很大。通常用以下公式来粗略判断煤种灰分熔融的难易程度：

$$\text{酸碱比} = \frac{SiO_2 + Al_2O_3}{Fe_2O_3 + CaO + MgO}$$

当比值处于 1～5 之间易熔，大于 5 时难熔。

(3) 灰渣黏温特性　灰渣黏温特性是指熔融灰渣的黏度与温度的关系。熔融灰渣的黏度是熔渣的物理特性，一旦煤种确定，它只与实际操作温度有关。熔渣在气化炉内主要受自身的重力作用向下流动，同时流动的气流也向其施加一部分作用力，熔渣由于其流动特性可能是牛顿流体、也可能是非牛顿流体，这主要取决于煤种和操作温度的高低。为了顺畅排渣，熔渣应该处在牛顿流体范围内操作气化炉比较合适，一旦进入非牛顿流体范围区气化炉内容易结渣，并引入了临界温度的概念，即渣的黏度开始变为非牛顿流体特性时对应的温度，以此作为操作温度的下限。

煤种不同，渣的黏温特性差异很大，有的煤种在一定温度变化范围内其灰渣的黏度变化不大，也即对应的气化操作温度范围宽，当操作温度偏离不大时，对气化运行影响不大；有的煤种当温度稍有变化时其灰渣的黏度变化比较剧烈，操作中应予以特别注意，以防低温下渣流不畅发生堵塞。可见，熔渣黏度对温度变化不是十分敏感的煤种有利于气化操作。

水煤浆气化采用液态排渣，操作温度升高，灰渣黏度降低，有利于灰渣的流动，但灰渣黏度太低，炉砖侵蚀剥落较快。根据有些厂家的经验，当操作温度在 1400℃以上每增加 20℃，耐火砖溶蚀速率将增加一倍。温度偏低灰渣黏度升高，渣流动不畅，容易堵塞渣口。只有在最佳黏度范围内操作才能在炉砖表面形成一定厚度的灰渣保护层，既延长了炉砖寿命又不致堵塞渣口。液态排渣炉气化最佳操作温度视灰渣的黏温特性而定，一般推荐高于煤灰熔点 50℃为宜。

最佳灰渣流动黏度对应的温度为最佳操作温度，最佳黏度应控制在 15～40Pa・s之间。

(三) 发热量

发热量即热值，是煤的主要性能指标之一，其值与煤的可燃组分有关，热值越高每千克煤产有效气量就越大，要产相同数量的有效气煤耗量就越低。

（四）元素分析

煤中有机质主要由碳、氢、氧、氮、硫五种元素构成，碳是其中的主要元素。煤中的含碳量随煤化程度增加而增加。年轻的褐煤含碳量低，烟煤次之，无烟煤最高。氢和氧含量随煤化程度加深而减少，褐煤最高，无烟煤最低。氮在煤中的含量变化不大，硫则随成煤植物的品种和成煤条件的不同而有较大的变化，与煤化程度关系不大。

气化用煤希望有效元素碳和氢的含量越高越好，其他元素含量越低越好。

1. 氧含量

一般在10%左右，对气化过程没有副作用。

2. 硫含量

煤中硫组分除少量不可燃硫随渣排出外，大部分在气化反应中生成硫化氢和微量氧硫化碳，其中硫化氢会对设备和管道产生腐蚀。煤中含硫量的多少对后续的酸性气体脱除和硫回收装置影响较大，因此要求煤中的可燃硫含量要相对稳定，以便选择合适的脱硫方法。

3. 氮含量

煤中的氮含量决定着煤气中氨含量和冷凝液的pH值，冷凝液中氨含量高，pH值高，可减轻腐蚀作用，但生成过多的氨在低温下会与二氧化碳反应而形成堵塞，同时pH值的升高，极易引起碳酸钙结垢，因此应正确考虑氮含量的影响，以利于合理选择设备材质、平衡系统水量。

4. 砷含量

我国对188个煤样抽查结果显示煤中砷含量在$0.5\times10^{-6}\sim176\times10^{-6}$之间，虽然含量不高，但砷可以以挥发态单质转化到粗煤气中，进入催化剂床层后与活性组分Co、Mo形成比较稳定的化合物，进而使催化剂失去活性，造成不可恢复的慢性中毒。研究表明当变换催化剂中砷含量达到0.06%时，其反应活性即开始下降，达到0.1%时基本失去全部反应活性。因此煤中的砷含量越低越好。

5. 氯含量

气化反应后氯有一部分随固体渣排出装置，另一部分溶解于工艺循环水中。当氯含量过高时会对设备和管道造成腐蚀，特别是对于不锈钢材质，工艺运行中应予以适当控制。

（五）可磨指数

一般多用哈氏可磨指数（Hardgrove Index，简写HGI）表达煤的可磨性，它是指煤样与美国一种粉碎性为100的标准煤进行比较而得到的相对粉碎性数值，指数越高越容易粉碎。煤的可磨指数决定于煤的岩相组成、矿质含量、矿质分布及煤的变质程度。易于破碎的煤容易制成浆，节省磨机功耗，一般要求煤种的哈氏可磨指数在60以上。

（六）煤的化学活性

煤的化学活性指在一定温度下与二氧化碳、水蒸气或氧反应的能力。我国采用二氧化碳介质与煤进行反应，测定二氧化碳被还原成一氧化碳的能力。还原率越高，活性越大，煤的反应能力越强。它与煤的炭化程度、灰分组成、粒度大小以及反应温度等因素有关，反应活性高有利于气体质量、产气率和转化率的提高。

综上所述，水煤浆加压气化技术可以适用于大多数褐煤、烟煤及无烟煤的气化，但从经济运行角度来看，在筛选煤种时可将以下指标作为参照进行比较：煤种的内水以不大于8%为宜、灰分小于13%，灰熔点小于1300℃的煤种为佳。总结水煤浆对原料煤的要求就是：

较好的反应活性，较高的发热值，较好的可磨性，较低的灰熔点，较好的黏温特性，较低的灰分，合适的进料粒度。

二、水煤浆的性质及气化对其的要求

水煤浆是由煤、水、添加剂按一定比例通过加工处理而制成的类似油一样的新型液体燃料，作为一种新型的流态化低污染物料，它既保持了煤炭原有的物理特性，又具有像石油一样良好的流动性和稳定性，而且装储方便，可管道输送、喷嘴燃烧，有较高的燃烧效率。高质量的水煤浆要求浓度高、流变性好、稳定期长，具有合适的粒度分布和 pH 值。

（一）较高的浓度

水煤浆的浓度就是指水煤浆中的固含量。若水煤浆的浓度低，它的黏度也相对低，虽然有利煤浆泵的输送，但它的气化效率会降低，进入气化炉的水分大，炉温下降，为维持炉温，就须增加氧气用量，从而使比氧耗增高。神华包头煤制烯烃项目 GE 水煤浆运行数据统计，煤浆浓度升高 1%，水煤气中的有效气量约增加 0.71%。

（二）较好的流动性

水煤浆的流动性用表观黏度来表示。如黏度大，流动性就差，不易泵送，雾化效果也差。实验表明，如果煤浆浓度超过 50%质量分数时，黏度会突然增大，以致不能流动，这时加入表面活性剂，即加入合适的添加剂，来降低黏度。这样就可得到高浓度、低黏度的水煤浆。

（三）较好的稳定性

水煤浆的稳定性是指煤粒在水中的悬浮能力。水煤浆是一种分散的悬浮体系，它存在着因煤粒重力作用引起的沉降问题，特别是在水煤浆静止和低速下，会发生分层、沉降，影响装置的稳定运行。水煤浆的稳定性与煤粒粒度分布和煤的亲水性有关，煤粉粒度越小，煤粒的表面亲水性越强，其稳定性就越好，但黏度会增大，流动性差。就单对水煤浆稳定性而言，应选用年轻的亲水性好的煤。

（四）适宜的粒度分布

水煤浆中粒度分布是成浆的关键因素之一，若水煤浆中粗颗粒多，表观黏度下降，流动性好，但易分层、沉降。若细颗粒多，稳定性就好，但流动性变差。对气化反应而言，颗粒越小，反应越完全，效果越好。所以，合格的水煤浆中，大小颗粒互相填充，大小比例要协调。这就要求水煤浆要有适宜的粒度分布。表 2-8 所示为水煤浆适宜的粒度分布。

表 2-8　水煤浆适宜的粒度分布

粒度	8 目	14 目	40 目	200 目	大于 325 目
粒度要求	100%	≥98%	≥90%	≥30%	≥25%

（五）适宜的 pH 值

如水煤浆呈酸性，会对管道、设备等产生腐蚀，如呈强碱性，会在管道中结垢，引起堵塞。另外添加剂在碱性环境里使用效果好，所以通常将水煤浆 pH 值控制在 7～9 之间。

制得具有以上良好性质的水煤浆，需要注意煤炭的选择、磨矿粒度级配技术、添加剂的合理使用及水煤浆生产工艺。

1. 煤炭的选择

国内外大量的制浆实践表明，由于煤的结构极其复杂，煤中有机质不是以一定的分子形式存在，而是以多样的高分子化合物的混合形式存在，所以，不能客观地确定其化学结构。

煤种不同，即煤的体相、表面组成、表面体貌、内水含量、矿物质种类和含量等不同，制浆难易程度也有很大差异。其中煤的灰分、挥发分、固定碳、内在水、可磨性指数、氧碳比等因素对成浆浓度均有较大的影响，制浆浓度是水煤浆应用的一个重要指标，高浓度煤浆不仅热值高，而且其稳定性高。在这些因素中，内在水分与可磨性指数对制浆的效果有显著的影响。实际生产证明：内在水分低、可磨性指数高则成浆好。因此在选择煤炭制浆时尽可能选择煤化程度高、内在水分低、可磨性指数高的煤炭。

2. 磨矿粒度级配技术

在制浆过程中，煤的粒度分布是决定水煤浆浓度和流动性的重要因素。为了制备高浓度的水煤浆，要求煤浆颗粒各粒径的含量要有一定的分布，使大颗粒间的空隙为细颗粒所充填，细颗粒间的空隙又能为更细颗粒所充填，以减少空隙所消耗的水量，从而提高制浆浓度，好的粒度级配可以使添加剂与煤炭表面很好地吸附，从而提高煤浆稳定性。煤炭是由多种元素组成，由无数个不规则的多面体组成并随机变化，每一个颗粒又都是不均质的。不同的煤种由于结构不同，成分不同，再加上生产工艺不同，磨煤机的性能不同，最终所得到的实际粒度分布不同，同一煤种，在结构、成分、工艺相同的情况下，磨煤机不同则产生的粒度分布也不同。这就需要在实际生产中反复推算研究，通过工艺改造，球磨机和棒磨机配比调整等取得最佳粒度分布，从而取得最佳的堆积效率。

3. 添加剂的合理使用

水煤浆流变性是影响煤浆雾化和燃烧的重要性质。优质煤浆不仅有较高的浓度，还有良好的剪切稀化效应，以保证浆体具有良好的泵送和雾化特性，降低煤浆输送能耗，提高煤浆燃烧效率。煤是疏水性的，添加剂的主要作用是改善煤表面亲水性，降低煤表面张力，使煤颗粒充分湿润和均匀分散在少量水中，改善水煤浆的流动，降低水煤浆黏度，同时使煤粒在水中保持长期均匀分散。在水煤浆中，不同煤种使用的添加剂不相同，而且添加量，添加方式也不同。关于添加剂的性质及性能将在后面详细介绍。

4. 水煤浆生产工艺

在给定原料煤的粒度特性与可磨性条件下，如何使煤浆最终产品的粒度分布达到较高的“堆积效率”就需要合理选择磨矿设备和制浆工艺流程。

三、水煤浆气化中的三剂应用

（一）煤浆添加剂

添加剂是水煤浆制备的核心技术之一，研制原料丰富、价格低廉、生产清洁、性能优良的高效水煤浆添加剂能有效地推动水煤浆行业的快速发展。神华煤是我国产量最大、储存最丰富的煤种，研究神华煤的成浆性对于水煤浆技术在我国的应用有着非常重要的推进作用[39]。

由于水煤浆是一种粗颗粒悬浮体，且煤炭属于疏水性物质，因此，要使浆体具有良好的流变性和稳定性，即使是易成浆的煤种，若不加入化学添加剂，要制得所希望的水煤浆是不可能的。为了使水煤浆在正常使用中具有较低的黏度、较好的流动性；静止时又具有较高的黏度，不易产生沉淀，在制浆过程中，一般会添加少量的化学添加剂。水煤浆添加剂用来改善煤浆水界面的相容性，提高水煤浆的浓度，改善水煤浆的流动性和稳定性。

根据作用不同，水煤浆添加剂可分为分散剂、稳定剂和助剂三大类，其中分散剂和稳定剂较为重要。水煤浆添加剂是水煤浆生成过程中必需的重要助剂，特别是对高浓度、高稳定性水煤浆的制备，添加剂的作用尤为关键[40]。

1. 水煤浆分散剂

分散剂是制浆工艺过程中最重要的添加剂，其主要作用[41,42]是吸附在煤-水界面，改变煤-水界面亲水性，在颗粒表面形成水化膜，降低煤浆的黏度并使煤颗粒均匀分散在水中，使煤浆具有流动性。

（1）分散剂的重要性　煤炭的结构是十分复杂的大分子碳氢化合物，其表面具有强烈的疏水性，不易被水润湿，而水煤浆中的细煤粉又具有极大的比表面积，在水中极易自发聚集长大，这无形中增加了煤成浆的难度。所以，为改善煤的表面性质，从而使水煤浆具有良好的流变特性，在水煤浆制备过程中，分散剂的加入不可或缺。

（2）分散剂的分类　按照溶于水后的解离程度，水煤浆分散剂又可分为阴离子型、阳离子型、两性型和非离子型，其价格比为1∶3∶4∶2，出于对性价比的考虑，目前国内外研制及筛选出的水煤浆分散剂主要为阴离子型和非离子型，其中主要有萘系、腐殖酸系、木质素系、聚烯烃系、丙烯酸系以及相关的复配产品[43]。

① 阴离子型水煤浆分散剂　阴离子型水煤浆分散剂可分为天然高分子改性分散剂和合成有机高分子分散剂。天然高分子分散剂主要有木质素系分散剂和腐殖酸系分散剂；合成分散剂主要有：煤焦油系、三聚氰胺系、氨基磺酸系、聚烯烃磺酸系、聚羧酸盐系和脂肪族系分散剂。其中天然高分子分散剂系列中的木质素磺酸盐系[44]应用较为广泛。

此类添加剂中起分散作用和成浆稳定性的主要是木质素磺酸盐及其改性产品。因为木质素及其改性产品的分子链上既含了非极性的芳香基团，如烷基苯，又含有极性的磺酸基、甲氧基和羟基，有些还含有羧基基团。因此木质素磺酸盐及其改性产品兼具分散和稳定性等多种功能。此类分散剂的主要原料来自造纸废水，原料丰富，易于加工，价格便宜且所制得浆体的稳定性能相对好。缺点是杂质含量多，产品质量难于控制。随着世界石油资源的慢慢枯竭，以石油产品等为原料的分散剂如萘系分散剂将面临原料短缺，成本提高的困境。所以，以可再生资源木质素[45]为原料的添加剂的开发具有深远的意义。

② 非离子型水煤浆分散剂　非离子型水煤浆分散剂主要有聚氧乙烯系列和聚氧乙烷系列等。

聚氧乙烯系列主要由含活泼氢的憎水原料与环氧乙烷经加成反应得到，活泼氢指羟基、羧基、氨基和酰胺基等基团中的氢原子。当含有上述基团的憎水结构和煤大分子结构相似时分散性能最好。其特点可以通过控制环氧乙烷加和数 n 调节分散剂相对分子量及HLB值(Hydrophile-Lipophile Balance Number，亲水亲油平衡值)。常用的有山梨糖醇聚氧乙烯醚类和月桂醇聚氧乙烯醚等。此类分散剂不受水质及煤中可溶性物质的影响，性能稳定，但价格昂贵，一般用量在0.5%以上。

聚氧乙烷系列分散剂自20世纪30年代以来发展较快，它在水中并不电离，亲水基主要由分子结构中的含氧官能团提供。该类分散剂常以多元醇、多元胺或多元醇脂肪酸脂等为起始剂，适宜做高浓度水煤浆分散剂，其成浆性和稳定性均很好，一般以每单位活性氢相对分子质量为3000～6000为宜。水煤浆制备中此类添加剂通式为 $R—(OCH_2CH_2O)_n—H$，其中聚合度 n 随取代基R不同而有所变化，它不仅可用做分散剂，同时兼做稳定剂。该类非离子表面活性剂价格也比较贵，根据其特性可采取与其他阴离子型分散剂复配使用，从而节约成本。大量实验证明，这种经过复配的水煤浆分散剂具有良好的成浆性能，用量也较少，尤其是对于水煤浆稳定性能方面的作用阴离子型表面活性剂不可比拟。缺点是在使用该类复配添加剂的过程中都需要配用消泡剂。

(3) 典型水煤浆分散剂的生产工艺

在我国应用较多的是萘系水煤浆分散剂、三聚氰胺系分散剂、氨基磺酸盐系分散剂、聚烯烃磺酸盐系和脂肪族系分散剂。其中萘系分散剂是比较典型的水煤浆分散剂，其主要成分是萘磺酸甲醛缩合物，其疏水部分为萘，功能基团为磺酸基。

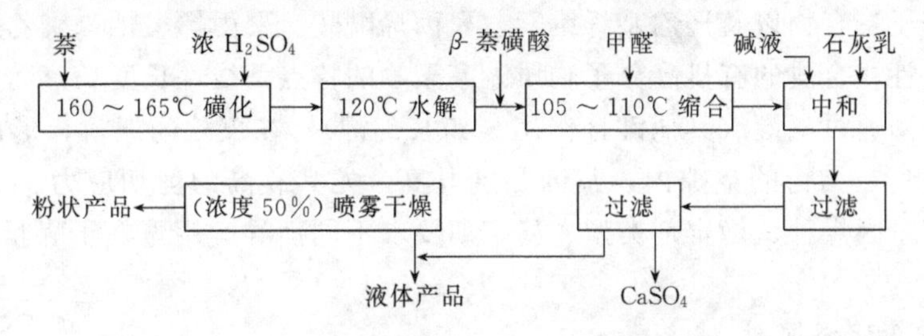

图 2-8 萘系分散剂制备工艺流程简图

图 2-8 所示为萘系分散剂的制备工艺流程。萘系分散剂采用工业萘、甲醛、浓硫酸和液碱为主要原料在一定反应条件下制备而成。整个合成工艺包括磺化反应、水解反应、缩合反应和中和反应。在反应釜中，加入工业萘加热熔化，升温到 120℃时开始搅拌。然后升温到 150℃，开始缓慢加入 98%浓硫酸，在搅拌状态下于 160～165℃下反应 2～3h，进行磺化反应。反应结束后降温至 120℃，加水于 110～120℃下水解 50min，然后补加硫酸，使总酸度维持在 30%左右。反应温度降至 90℃左右时，在 2h 内滴加完 37%的甲醛，再在 100～105℃下进行缩合反应 2h，反应结束时加入冷水搅拌均匀，再加入 NaOH 溶液，搅拌均匀，用石灰石调节至 pH 值为 7～9。接着进行真空抽滤，将滤液浓缩到 50%，喷雾干燥即制得棕色粉末状产品。

2. 水煤浆稳定剂

水煤浆的稳定性是表征水煤浆质量的一项重要指标，它是指水煤浆在运输和存储过程中保持物性均匀的一种性质。由于水煤浆为粗粒悬浮体，属动力不稳定体系，使其稳定的主要方法是使它成为触变体。即煤浆静置时产生结构化，具有高的剪切应力，应用时，一经外力作用，黏度能迅速降低，有良好的流动性，再静止时又能恢复原来的结构状态，流变学上称这种流体为触变体或与时间有关的流体。稳定剂应具有使煤浆中已分散的煤粒能与周围其他煤粒及水结合成一种较弱但又有一定强度的三维空间结构的作用。稳定剂的加入，能使已分散的固体颗粒相互交联，形成空间结构，从而有效地阻止颗粒沉淀，防止固液间的分离。

(1) 水煤浆稳定剂的重要性

因为水煤浆是一种固、液两相的粗分散体系，煤粒很容易自发地彼此聚结。在重力或者其他外力作用下，很容易发生沉淀。为了防止发生沉淀，堵塞管道及设备出入口，必须加入少量的化学添加剂即稳定剂。水煤浆稳定剂有两方面作用：一是使水煤浆具有剪切变稀的流变特性，即当静置存放时水煤浆有较高的黏度，开始流动后黏度又可迅速降低下来；另一个是使沉淀物具有松软的结构，防止产生不可恢复的硬沉淀。现阶段使用的水煤浆添加剂主要有无机电解质和高分子化合物两类，如各种可溶性盐类、高分子表面活性剂、纤维素、聚丙烯酸盐等。

(2) 水煤浆稳定剂的分类

水煤浆稳定剂主要是天然或合成的亲水性高分子如纤维素、多糖、羧甲基纤维素和聚丙烯酰胺等以及一些无机矿物质如某些种类的黏土等。概括起来稳定剂主要有无机电解质和有机高分子聚合物两类。

① 无机电解质类　这类物质的作用为压缩双电层，降低静电排斥力，促进颗粒凝结；对已经吸附有阴离子表面活性剂分子颗粒起“搭桥”作用，从而形成网络结构，起到稳定作用。

② 有机高分子聚合物类　该类稳定剂主要包括黄原胶、阿拉伯胶和瓜尔（Guar）胶等有机多糖类高分子聚合物以及羟乙基纤维素、聚丙烯酰胺、聚丙烯酸钠、聚乙烯醇、羧甲基纤维素等天然改性或合成的有机高分子物质。高聚物的特点是线性长度长，而且每个高分子都有许多极性基团通过氢键或其他键合作用（如共价键），在煤粒间架桥，形成结构。形成结构后，水被包裹在结构的空隙内，浆的黏度升高，尤其有高的剪切应力，非常有利于稳定。稳定剂的用量因煤种、稳定剂类型、稳定期要求不同而异，用量在干煤量的0.006%～0.1%之间。

3. 复合型水煤浆添加剂

水煤浆分散剂分子结构与煤质存在着匹配性，对不同的煤来说，添加剂之间也存在着匹配性，这种匹配性影响着煤的成浆性、流变性和浆体的稳定性。由于水煤浆分散剂的普适性有限，几种分散剂不可能适用于所有煤种。

目前，水煤浆分散剂的研究内容之一就是要尽可能降低添加剂的成本和用量，而开发新型水煤浆分散剂是分散剂研究的主流方向。特别是非离子分散剂和阴离子分散剂的复配不仅具有良好的制浆效果，同时分散剂的用量要比单独使用相应分散剂时少得多，由此可见，分散剂的复配不仅可以提高水煤浆浓度，降低煤浆黏度，同时还可以降低总添加剂用量，达到价廉、高效的目的。

分散剂的主要作用是使水煤浆具有良好的流变特性，也就是说适当地降低煤浆的黏度，使其具有良好的流动性；其次是使水煤浆具有良好的流型，最好是水煤浆能成为触变体液体。常用的分散剂主要为阴离子型和非离子型。在分散剂的复配中，最常见的方式为阴离子型-阴离子型复配、非离子型-阴离子型复配和非离子型-非离子型复配。

神华包头煤化工分公司使用的是复合型水煤浆添加剂，采用的是阴离子型-阴离子型复配，萘磺酸甲醛缩合物与木质素磺酸盐按照约2∶8的质量比例进行复配，加入高分子聚合物类的稳定剂，形成复合型水煤浆添加剂。用量控制在水煤浆（浆基）的0.2%～0.3%（质量分数），使煤浆浓度在58%～65%（质量分数），黏度在300～1500mPa·s。

（二）絮凝剂

我国是水资源比较贫乏的国家，随着工业的快速发展，工业用水量急剧增加，难于满足工业用水的需求，同时又有大量工业废水排出，若不处理会对环境造成很大的污染。水处理的方法很多，如絮凝沉淀法、生化法、离子交换法、吸附法、化学氧化法、电渗析法等。其中应用最广泛、成本最低的处理方法是絮凝沉淀法。絮凝剂[46]的使用，既可在很大程度上解决水污染问题，还能使处理过的水进行二次利用，提高水的利用率，缓解由于水资源不足给工业发展带来的困难。

絮凝沉淀技术是目前国内外普遍使用的一种水质处理的前置单元操作技术，是一种既经济又简便的水处理技术[47]。絮凝剂的选择是该工艺的核心和关键部分，其性质直接影响絮凝效果的好坏。絮凝剂的种类繁多，随着科学技术的发展，絮凝剂逐渐从单一化向多样化转变，研制开发新型高效的絮凝剂是实现絮凝过程优化的核心技术，也是广大环境科学工作者一直致力研究的课题。按化学组成的不同，絮凝剂可分为无机、有机、微生物和复合型四大类。

1. 无机絮凝剂

无机絮凝剂是最早使用的第一代絮凝剂，它应用范围非常广泛。按金属盐可分为铝盐系及铁盐系两类；按阴离子成分又可分为盐酸盐系和硫酸盐系两类；按分子量的大小可分为低分子系和高分子系两类。

（1）无机低分子絮凝剂

无机低分子絮凝剂是一类低分子的无机盐，其絮凝作用机理为无机盐溶解于水中，电离后形成阴离子和金属阳离子。由于胶体颗粒表面带有负电荷，在静电的作用下金属阳离子进入胶体颗粒的表面中和一部分负电荷而使胶体颗粒的扩散层被压缩，使胶体颗粒的ζ电位降低，在范德华力的作用下形成松散的大胶体颗粒沉降下来。无机低分子絮凝剂分子量较低，故在使用过程中投入量较大，产生的污泥量很大，絮体较松散含水率很高，污泥脱水困难。目前由于其自身的弱点有逐步被取代的趋势。

传统应用的无机絮凝剂为低分子的铝盐和铁盐。铝盐主要有硫酸铝［$Al(SO_4)_3 \cdot 18H_2O$］、明矾［$Al_2(SO_4)_3 \cdot K_2SO_4 \cdot 24H_2O$］、铝酸钠（$Na_2Al_2O_4$）。铁盐主要有三氯化铁（$FeCl_3 \cdot 6H_2O$）、硫酸亚铁（$FeSO_4 \cdot 6H_2O$）和硫酸铁［$Fe_2(SO_4)_3 \cdot 2H_2O$］。硫酸铝是世界上使用最多的絮凝剂。自19世纪末美国最先将硫酸铝用于给水处理并取得专利以来，硫酸铝就以其卓越的凝聚性能而被广泛应用。目前全世界年产硫酸铝约500×10^4t，其中将近一半用于给水和废水处理中。

通过长期的实际应用发现，无机絮凝剂有很多的不足：残留在水中的铝离子会导致二次污染；铁离子本身有颜色，并对设备有腐蚀作用；投加量大、处理效果不理想；成本较高等。故现已很少单独使用无机低分子絮凝剂。使用无机高分子絮凝剂则絮凝效果好，残留铝、铁离子少，而且它易生产、价廉、适应范围广。

（2）无机高分子絮凝剂

无机高分子絮凝剂是20世纪60年代后在传统的铝盐、铁盐的基础上发展起来的一类新型的水处理药剂，其絮凝作用机理为该类絮凝剂在水中存在多羟基络离子，能强烈吸引胶体微粒，通过黏附、架桥和交联作用，促进胶体凝聚，同时还发生物理化学变化，中和胶体微粒及悬浮物表面的电荷，降低了ζ电位，从而使胶体离子发生互相吸引作用，破坏了胶团的稳定性，促进胶体微粒碰撞而形成絮状沉淀。

在我国絮凝剂市场上，无机高分子絮凝剂已占一定的比例。具有代表性的两类无机高分子絮凝剂：聚合氯化铝（PAC）和聚合硫酸铁（PFS），它们的配方和制备工艺虽然多种多样，但其结果都是应用含有杂质的原料，用物理、化学的方法向原料中添加适当比例的成分，从而改进自身的性能。该类药剂与无机低分子絮凝剂相比，其絮凝效能提高2～3倍，但其分子量和絮凝架桥能力仍较有机高分子絮凝剂有较大差距，也存在诸如处理水中残余离子浓度较大，影响水质、造成二次污染等缺点。

我国无机高分子絮凝剂目前有以下发展趋势：向高分子聚合铝、聚合铁方向发展；聚合铝（铁）的主要形态向高电荷多核络合物的方向发展；对聚合铝铁、聚铝（铁）硅酸盐絮凝剂的开发；以矿物、矿渣废料为原料开发复合絮凝剂。

2. 有机高分子絮凝剂

有机高分子絮凝剂是20世纪60年代开始使用的第二代絮凝剂。与无机高分子絮凝剂相比，有机高分子絮凝剂用量少，絮凝速度快，受共存盐类、污水 pH 值及温度影响小，生成污泥量少，节约用水，强化废（污）水处理并能回收利用。但有机和无机高分子絮凝剂的作用机理不相同，无机高分子絮凝剂主要通过絮凝剂与水体中胶体粒子间的电荷作用使 ζ 电位降低，实现胶体粒子的团聚，而有机高分子絮凝剂则主要是通过吸附作用将水体中的胶粒吸附到絮凝剂分子链上，形成絮凝体。有机高分子絮凝剂的絮凝效果受其分子量大小、电荷密度、投加量、混合时间和絮凝体稳定性等因素的影响。

（1）有机合成高分子絮凝剂

有机合成高分子絮凝剂是一类利用有机单体经化学聚合或高分子化合物共聚而成的有机高分子化合物，含有带电的官能基或中性的官能基，能溶于水中而具有电解质的行为。其絮凝机理是通过电中和，使高分子链与多个胶体颗粒以化学键相结合，形成桥连同时高分子具有较强的吸附作用，因而形成大的胶体颗粒分子团而沉降下来。另外，其絮凝过程还具有网捕卷扫作用，使得沉降更加迅速。有机高分子絮凝剂具有比较高的相对分子质量，约在 10^5～10^7 之间，其絮凝效果更好。尽管有机合成高分子絮凝剂因其良好的絮凝效果和低廉的价格而被广泛应用，但此类絮凝剂如聚丙烯酰胺的单体有神经毒性和三致效应（致畸、致突变、致癌），所以其应用也受到一定限制。

（2）天然有机高分子絮凝剂

天然有机高分子絮凝剂在应用上具有的无毒、价廉、易于生物降解等特点。天然有机高分子絮凝剂包括淀粉、纤维素、含胶植物、多糖和蛋白质等类别的衍生物，目前产量约占高分子絮凝剂总量的 20%。天然改性类与化学合成类高分子絮凝剂相比具有以下优点：原料属可再生资源、来源丰富、制备成本低、价格便宜；该类絮凝剂基本无毒、且易生物降解、不造成二次污染；天然高分子种类很多，分子内活性基团多，可选择性大，易根据需要采用不同的制备方法进行改性；兼具合成类高分子絮凝剂和天然高分子的特点，弥补了天然高分子的不足，增强了絮凝效果。但其电荷密度小、分子量低、易生物降解而失去活性。因而其使用远小于合成高分子絮凝剂。

3. 微生物絮凝剂

微生物絮凝剂是一类由微生物产生并分泌到细胞外具有絮凝活性的代谢产物。一般由蛋白质、DNA、多糖、纤维素、糖蛋白、聚氨基酸等高分子物质构成，其相对分子质量多为 10^5 以上，分子中含有多种官能团，能使水中胶体悬浮物相互凝聚、沉淀。与传统的化学絮凝剂（铝盐、铁盐和聚丙烯酰胺等）相比，微生物絮凝剂安全无毒、生物可降解、无二次污染，所以越来越被人们重视，并成为絮凝剂研究发展的方向。

4. 复合型絮凝剂

污水是一种复杂、稳定的分散体系，单一的絮凝剂往往无法获得满意的处理效果，因此，近年来研究人员开始研制复合絮凝剂。实践证明，复合絮凝剂表现出优于单一絮凝剂的效果。从化学组成上看，复合絮凝剂大致可分为无机-有机复合絮凝剂和微生物-无机复合型絮凝剂两大类。

（1）无机-有机复合絮凝剂

无机-有机复合絮凝剂的复配机理主要与其协同作用有关。一方面污水杂质为无机絮凝剂所吸附，发生电中和作用而凝聚；另一方面又通过有机高分子的桥联作用，吸附在有机高分子的活性基团上，从而网捕其他的杂质颗粒一同下沉，起到优于单一絮凝剂的絮凝效果。无机高分子絮凝剂对含有各种复杂成分的污水处理适用性强，可有效去除细微悬浮颗粒。

(2) 微生物-无机复合型絮凝剂

将微生物絮凝剂与传统的絮凝剂进行复合，具有现实意义。董军芳等[48]把微生物与硫酸铝复配使用，比单用其中任何一种絮凝剂的絮凝效果都要好。但目前未见把这两种絮凝剂做成复合絮凝剂对实际废水进行处理的实例。

目前国内使用最多的絮凝剂是聚丙烯酰胺[49]，是用现代的有机化工方法合成的聚丙烯酰胺系列产品。神华包头煤化工分公司使用的也是这个系列产品，将聚丙烯酰胺配置成水溶液加入废水中，使废水中的悬浮微粒失去稳定性，胶粒物相互凝聚使微粒增大，形成絮凝体、矾花。絮凝体长大到一定体积后即在重力作用下沉淀，从而去除废水中的大量悬浮物，达到水质净化的目的。

神华包头煤化工分公司使用的絮凝剂的用量控制在黑水总量 1.5～2.5ppm (10^{-6})，使灰水中悬浮物≤100mg/L。

(三) 分散剂

1. 定义

分散剂是一种在分子内同时具有亲油性和亲水性两种相反性质的界面活性剂。可均匀分散那些难于溶解于液体的无机、有机颜料的固体颗粒，同时也能防止固体颗粒的沉降和凝聚，形成安定悬浮液及保持分散体系的相对稳定。

2. 分类

分散剂一般分为无机分散剂和有机分散剂两大类。常用的无机分散剂有硅酸盐类（例如水玻璃）和碱金属磷酸盐类（例如三聚磷酸钠、六偏磷酸钠和焦磷酸钠等)。有机分散剂包括三乙基己基磷酸、十二烷基硫酸钠、甲基戊醇、纤维素衍生物、聚丙烯酰胺、古尔胶、脂肪酸聚乙二醇酯等。

3. 分散剂的作用机理

分散剂的阻垢机理[50]比较复杂，随着沉淀过程动力学、成垢预测模型和各种阻垢技术的大量研究，使成垢机理的研究和结垢的控制有了很大的进展。一般认为成垢物质和溶液之间存在着动态平衡，阻垢剂能够吸附到成垢物质上，并影响垢的生长和溶解的动态平衡。

灰水分散剂主要从改变晶格结构，改变胶体颗粒电荷达到同电相斥，络合钙、镁等阳离子三个方面达到阻垢的作用。下文着重从晶格畸变、静电斥力、络合及增溶、分散、清垢五个方面来阐述分散剂的作用机理及过程。

(1) 晶格畸变作用

垢体一般大多为结晶体，以 $CaCO_3$ 垢为例，它的成长是按照严格顺序，由带正电荷的 Ca^{2+} 与带负电荷的 CO_3^{2-} 相撞才能彼此结合，并按一定方向成长。当在水中加入分散剂时，它当中的成分（如有机膦酸成分）物质会吸附到 $CaCO_3$ 晶体的活性增长点上与 Ca^{2+} 螯合，抑制了晶格向一定的方向成长，因此使晶体歪曲（畸变）长不大，也就是说晶体被分散剂的有机膦酸表面去活剂的分子所包围而失去活性。同样，这种作用也可阻止其他垢类晶体的沉淀。另外，部分吸附在晶体上的化合物，随着晶体增长而被卷入晶格中，使 $CaCO_3$ 晶格发生位错，在垢层中形成一些空洞，分子与分子之间的相互作用减少，使硬垢变软。而在聚羧酸类分散剂中，聚羧酸是线性高分子化合物，它除了一端吸附在 $CaCO_3$ 晶粒上以外，其余部分则围绕到晶粒周围，使其无法增长而变圆滑。因此晶粒增长受到干扰而歪曲，晶粒变得细小，形成的垢层松软，极易被水流冲洗掉。

（2）静电斥力作用

分散剂的分子在水中电离成阴离子后，由于物理或化学的作用，有强烈的吸附性，它会吸附到悬浮在水中的一些浆料、果胶质、低聚物、染料缔聚体、尘土等杂质的粒子上，使粒子表面带有相同的负电荷，因而使粒子间相互静电排斥，避免颗粒碰撞积聚成长，颗粒呈分散状态悬浮于水中。性能良好的分散剂能使颗粒长久地分散在水中，即使产生沉淀，也能减缓颗粒的沉降速度。如有机膦酸盐类分散剂的阻垢作用是由于阻垢剂在生长晶核附近的扩散边界层内富集，形成双电层并阻碍垢离子或分子簇在金属表面凝结。

（3）络合及增溶作用

能与 Ca^{2+}、Fe^{3+}、Mg^{2+} 等金属离子形成稳定络合物，从而提高了 $CaCO_3$ 晶粒的析出时的过饱和度，也就是说增加了 $CaCO_3$ 在水中的溶解度。另外，由于有机膦酸吸附在 $CaCO_3$ 晶粒增长点上，使其畸变，即相对于不加药剂的水平来说，形成的晶粒要细小得多。从颗粒分散度对溶解度影响的角度看，晶粒小也就意味着 $CaCO_3$ 溶解度变大，因此提高了 $CaCO_3$ 析出时的过饱和度。

（4）分散作用

除静电斥力以外，分散剂（如聚丙烯酸）具有分散悬浮作用，能对低聚物、染料缔合体、胶状物等起到强烈分散作用，使其不凝结，加上吸附了分散剂大分子的垢类颗粒产生了空间位阻，呈分散状态的垢类颗粒更不易碰撞凝结而悬浮水中不沉降，易被水冲走。如阴离子分散剂，在水中解离生成的阴离子在与碳酸钙微晶碰撞时，会发生物理化学吸附现象，使微晶粒的表面形成双电层，使之带负电。因阻垢剂的链状结构可吸附多个相同电荷的微晶，静电斥力可阻止微晶相互碰撞，从而避免了大晶体的形成。在吸附产物碰到其他阻垢剂分子时，将已吸附的晶体转移过去，出现晶粒均匀分散现象，从而阻碍了晶粒间和晶粒与金属表面的碰撞，减少了溶液中的晶核数，将碳酸钙稳定在溶液中。

（5）清垢作用

分散剂的分子，与金属离子（未结垢的或垢体上、垢体中的）发生螯合，形成立体结构的双环或多环螯合物，这些大分子络合物是疏松的，可以分散在水中或进入垢体中，使垢体变松软而易去除，故长期使用分散剂能起到清除原来积垢的作用。

4. 灰水系统对阻垢分散剂的要求

（1）耐高压、高温性能

由于灰水系统具有一定的温度和压力，因此，要求阻垢分散剂在此条件下不仅不分解失活，而且必须保持良好的阻垢分散性能。

（2）优良的阻垢性能

灰水系统的水质通常为高硬度、高碱性、高 pH 值水质。因此，要求阻垢分散剂必须具有非常优良的阻垢性能。

（3）对难溶物有良好的分散作用[51]

由于煤中含有一定量的 SiO_2、Al_2O_3、Fe_2O_3 等，在水煤浆加压气化燃烧后，它们将随煤气洗涤水进入黑水中，经絮凝沉降虽已除掉大部分，但仍有少量进入灰水中，少量的这些物质，在灰水被加压、加热时首先作为晶核，从而诱发碳酸钙结晶产生而形成沉积。因此，要求阻垢分散剂必须对 SiO_2、Al_2O_3、Fe_2O_3 等具有良好的分散作用。

（4）控制固悬物的沉积

灰水中含有大量微小的固体颗粒悬浮物，这些固悬物的存在不仅能诱发碳酸钙垢的形成，还能吸附阻垢分散剂，从而降低阻垢分散剂的活性。因此，要求阻垢分散剂必须具有极好的分散性能，不仅能分散灰水中碳酸钙、硅酸钙、氧化铁等结晶微粒，抑制其结垢，而且要分散水中的固悬物，控制其沉积。

5. 分散剂的应用现状[52～54]

在德士古水煤浆气化系统的运行过程中，特别是在气化炉运行后期，经常发生激冷水管线结垢、洗涤塔循环泵结垢、激冷水流量低、灰水总碱度高、系统腐蚀、运行阻力大、操作性能下降等现象。为了提高气化灰水系统的运行质量，实现长周期稳定运行，对影响灰水系统的因素需要进行综合分析，而分散剂的加入大大缓解了设备管线的结垢，保证了气化装置长周期安全稳定地运行。

神华包头煤化工分公司分散剂的用量控制在系统水量的80～100mg/kg，使灰水中浊度控制在20～80FAU，电导率在2000～4000μS/cm，硬度在1600mg/L以下。当现有药剂用量不能满足水质需求时，可适当增大添加量。

四、水煤浆气化的反应产物

（一）煤炭气化技术的主要应用领域

1. 化工合成原料气

随着原料气合成化工和碳一化学技术的发展，以煤气化制取合成气，进而直接合成各种化学产品的路线已经成为现在煤化工的基础，主要产品有合成氨、尿素、F-T合成燃料、甲醇、二甲醚等[55,56]。化工合成气主要对煤气中的CO、H_2等成分有要求。目前国内生产化工合成原料气所采用的煤气化技术，有Lurgi加压固定床气化炉、Texaco加压气流床气化炉、Shell加压气流床气化炉、GSP气化炉等。中国合成氨产量的60%以上、甲醇产量的50%以上来自煤炭气化合成工艺。

（1）甲醇合成工艺

甲醇是重要的有机原料，是碳一化工的基础产品。早期甲醇是由木质或木质素干馏制的。1923年德国BASF公司首次用合成气（CO＋H_2）在锌铬催化剂、高温高压下实现了甲醇合成工业化。之后甲醇生产便迅速发展开来，新合成甲醇方法不断涌现。最初采用的高压法是用锌铬催化剂、360～400℃，20～30MPa。随着脱硫技术的发展，铜系催化剂开发成功并应用于工业生产，开始采用低压合成法。铜系催化剂反应温度低（240～300℃），在较低压力（5～10MPa）下可获得较高的甲醇产率，不仅活性好，而且选择性好，减少了副反应发生，降低了原料消耗，改善了甲醇质量[57,58]。

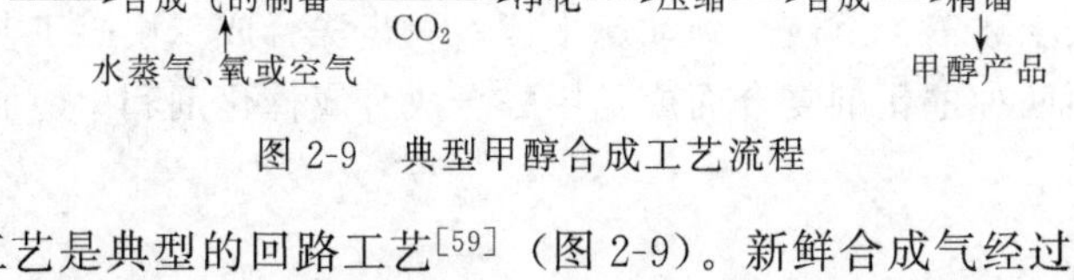

原料 → 合成气的制备（← 水蒸气、氧或空气）→ CO,H_2 / CO_2 → 净化 → 压缩 → 合成 → 精馏 → 甲醇产品

图2-9　典型甲醇合成工艺流程

合成气制甲醇工艺是典型的回路工艺[59]（图2-9）。新鲜合成气经过压缩后进入合成塔，反应后一部分合成气生成甲醇，冷凝后得到液体甲醇，未反应气体一部分作为弛放气，大部分气体循环压缩后与新鲜气合并，这就是典型的甲醇合成工艺。

以煤为原料制甲醇合成气世界上成熟方法有：德士古水煤浆加压气化法、Lurgi固定床[60]加压气化法、UGI常压气化法及道化学水煤浆加压气化法。德士古水煤浆加压气化法是当前世界上发展较快的第二代煤气化方法。对煤的适应范围宽，可利用粉煤，单台气化炉的生产能力大，气化炉内的操作温度高，碳的转化率可达96%～98%，煤气的质量好，有效气体成分（$CO+H_2$）为80%左右，甲烷含量低，不产生焦油、萘、酚等污染物，三废处理简单，易于达到环境保护的要求。

提高浆体中煤含量的途径其一是改善添加剂的性能，其二是添加第二种含碳固体。目前国内经研究确定的添加物有石油焦和硬质沥青，将其加入浆体中形成“多元料浆”，易于被以水煤浆为原料的煤化工企业所接受。

煤气化生产的合成气经过净化压缩后，其在合成塔里面的主要反应式如下：

$$CO+2H_2 \rightleftharpoons CH_3OH(气)+90.8kJ/mol \tag{2-49}$$

该反应为放热反应，放出的热可以副产不同压力的蒸汽。为减少合成甲醇过程中的副反应，提高甲醇产率，须选择适当的温度、压力和催化剂，催化剂的选择是关键。

（2）二甲醚合成工艺

二甲醚（DME）是一种比较重要的绿色工业产品，其主要用途有：清洁燃料、气雾剂、制冷剂、发泡剂及有机合成原料等。二甲醚生产成本低，与液化石油气相比有较大的价格优势，使得二甲醚代替液化石油气成为可能，成为民用燃料的理想产品。而制取二甲醚的行业正从精细化工转化为基础化工，成为新兴的“绿色化工”。

目前二甲醚生产方法之一就是合成气一步法制二甲醚。合成气一步法合成二甲醚主要分为气相法和三相法。气相法是在固体催化剂表面进行反应；三相法即为淤浆法，是合成气扩散到悬浮于惰性溶剂中的催化剂表面进行反应，反应器为浆态床。三相法的单程转化率高于气相法，且选择性高，能耗低，可以提高二甲醚的产量，降低成本，是值得开发的新方法。因此，合成气一步法制二甲醚的研究是当前二甲醚技术开发的方向。

在一定条件下（如250℃、5.0MPa，$H_2/CO=2.0$），合成气反应生成二甲醚比生成甲醇转化率高。该工艺在催化剂表面经历了三个相互独立的反应：

甲醇合成反应

$$CO+2H_2 = CH_3OH+90.4kJ/mol \tag{2-50}$$

甲醇脱水反应

$$2CH_3OH = CH_3OCH_3+H_2O+23.4kJ/mol \tag{2-51}$$

水气转换反应

$$CO+H_2O = CO_2+H_2+41.0kJ/mol \tag{2-52}$$

反应物和产物按上述三个反应达到动态平衡，一步法合成二甲醚工艺中使用的催化剂是双功能催化剂，即由两种催化剂复合而成：甲醇合成金属催化剂和甲醇脱水生成二甲醚固体酸催化剂。

（3）合成氨工艺

氨主要用于制造氮肥和复合肥料，作为工业原料和氨化饲料，用量约占世界产量的12%。硝酸、各种含氮的无机盐及有机中间体、聚酰胺纤维和磺胺药、聚氨酯、丁腈橡胶等都需直接以氨为原料。而液氨常用作制冷剂。

随着石油化工的发展，以煤（焦炭）为原料制取氨的方式在世界上已很少采用。中国能源结构上存在多煤缺油少气的特点，所以煤炭成为主要的合成氨原料，天然气制氨工艺则受到严格限制。

氨的生产过程，大致上可以分为以下几步：造气、变换、变换后脱硫、脱碳、低温液氮洗、氧合成及氨冷冻。以煤为原料的合成氨工艺流程如图2-10所示。

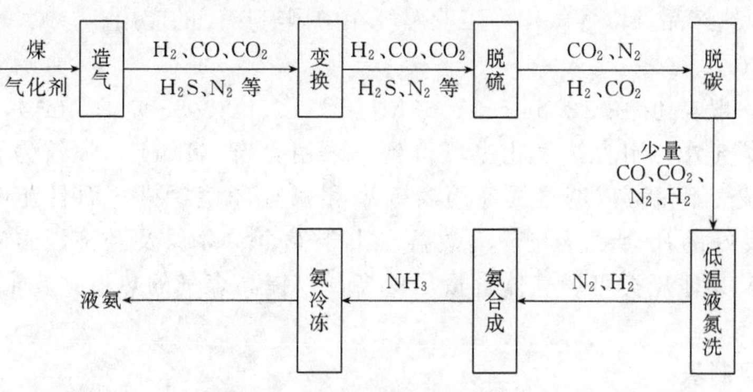

图2-10　合成氨工艺流程

(4) F-T合成工艺

F-T合成工艺（即合成油工艺）是将煤或天然气经过气化后转化为粗合成气，再经过脱硫、净化工序制备的含 H_2/CO 符合合成油要求的原料气即合成气，然后进入合成油工序。

该工序采用F-T合成反应器。经水煤气变换反应调整为高 H_2/CO（1.5～2.1）的合成气进入固定床反应器，然后在一定的温度、压力和催化剂条件下合成烃。

当然也可以直接采用低 H_2/CO（0.5～1.0）的合成气进入浆态床F-T反应器合成液态烃产品混合物即液化油（见图2-11）。链长不同，产品液化油经加工、改质、分离得到的产品不同，随着链长的增加依次可以得到汽油、柴油、煤油等，并副产硬蜡。不同温度、催化剂的F-T工艺如低温浆态床、高温固定床和高温流化床等所得产品分布、加工的目标产品是不同的。其共同点都是得到复杂的混合物即液化油产品。

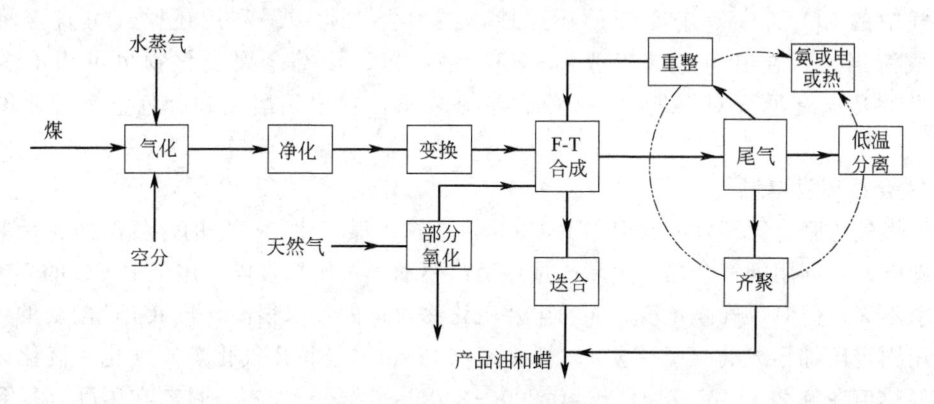

图2-11　合成油工艺流程

合成油工艺得到的液化油是通过精制合成气制得的，其中有害杂原子N、S等都在油品合成前处理干净，所以合成液化油的质量较好，其后续加工工艺较为简单，经过加氢提质后产品的品质很高。也正因为全部油品均由合成气制得，在合成过程中各类化学反应十分复杂，CO带入的氧要产生大量水和CO_2，所以气化、净化规模比较大，单位产品煤和氧消耗比直接液化略高一些。

2. 工业燃气

采用常压固定床气化炉和流化床气化炉，均可制得热值为4.59～5.64MJ/m^3（1100～1350kcal/m^3）的煤气，用于钢铁、机械、卫生、建筑、食品和轻纺部门等，用以加热各种炉、窑或直接加热产品。以煤气作为工业燃气在中国有广泛的应用。

3. 民用煤气

民用煤气一般热值在12.54～14.63MJ/m^3（3000～3500kcal/m^3），要求CO小于10%，除焦炉煤气外，用直接气化也可得到，采用鲁奇（Lurgi）炉较为合适。与直接燃煤相比，民用煤气不仅可以明显提高用煤效率和减轻环境污染，而且能够极大地方便人们生活，具有良好的社会效益与环境效益。出于安全、环保及经济因素考虑，要求民用煤气中的CH_4及其他烃类可燃气体含量尽量高，以提高煤气的热值；要求有毒成分CO的含量应尽量低。

4. 煤炭气化制氢

氢气广泛用于电子、冶金、玻璃生产、化工合成、航空航天及氢能电池等领域。用氢气作为燃料，热值高，燃烧后的产物是水，污染物排放为零。从长远来看，氢气是很好的能源载体，可作为分布式热、电、冷联供的燃料，实现污染物和温室气体的近零排放。目前世界上90%的氢气来源于化石燃料转化，煤炭气化制氢起着很重要的作用。煤炭气化制氢一般是将煤炭转化成CO和H_2，然后通过变换反应，将富氢气体经过低温分离或变压吸附及膜分离，即可获得氢气[61]。

5. 煤炭气化燃料电池

燃料电池是由H_2、天然气或煤气等燃料（化学能）通过电化学反应直接转化为电的化学发电，具有供电灵活、集中和分布式相结合、发电效率高等优点，是未来发展的方向。燃料电池与高效煤气化结合的发电技术IG-MCFC和IG-SOFC，发电效率可高达53%，国际上正在研究和发展之中。

6. 冶金还原气

煤气中的CO和H_2具有很强的还原性，在冶金工业中，利用还原气可直接将铁矿石还原成海绵铁；在有色金属工业中，镍、铜、钨、镁等金属氧化物也可用冶金还原气。因此，冶金还原气对煤气中的CO含量有要求，在中国冶金和有色金属行业得到大量应用。

7. 联合循环发电燃气

整体煤气化联合循环发电（简称IGCC）[62]是先将煤气化，产生的煤气经净化后驱动燃气轮机发电，再利用烟气余热产生高压过热蒸汽驱动蒸汽轮机发电。用于IGCC的煤气，对热值要求不高，但对煤气净化度，如粉尘及硫化物含量的要求很高，与IGCC配套的煤气化一般采用固定床加压气化（鲁奇炉）、气流床（Texaco、Shell气化炉）气化、流化床气化等，煤气热值在9.20～10.45MJ/m^3（2200～2500kcal/m^3）左右，目前在国际上得到了一定程度的发展。在未来的几十年，煤炭依然是发电的主要能源，而用于发电的煤炭的比例将会在发展中国家如中国、印度等增加[63,64]。

Andrew J. Minchener[65]对煤气化联合发电优缺点作了阐述，对其原理图进行了详解，并得出了煤气化发电相对于固定床和流化床更适合Shell和Texaco等气流床气化技术。

Edward Furinsky 等[66]采用 ASPEN Plus 软件对 Shell、Texaco、BGL 和 KRW 四种气化炉及褐煤、次烟煤、烟煤三种原料进行了模拟计算，研究表明煤炭气化联合循环发电很大程度上取决于气化炉和原料煤的性质，尤其是原料的热值。对于一个工业化的 IGCC，在气化炉的选择上，要综合考虑环保因素、进料的适应性、设备投资及操作费用等。KRW 气化炉相对于其他三种而言，其受原料煤性质的影响最大；对于原料而言，褐煤相对于次烟煤和烟煤是更为适宜的原料。

8. 燃料油合成原料气和煤炭液化气源

早在第二次世界大战时，德国等就采用费托合成工艺（Fisher-Tropsch，简称 F-T 合成）合成发动机燃料油。目前煤炭直接液化和间接液化[67]都离不开煤炭气化技术。煤炭气化为直接液化工艺高压加氢液化提供氢源；在间接液化工艺中，煤气经过变换调节合成合适的 H_2/CO 比例送往合成工段，用于合成液体燃料和化工产品。煤炭液化可选的煤炭气化工艺包括固定床加压 Lurgi 气化、加压流化床气化和加压气流床气化工艺。目前，国内已经建设了一批新型煤化工项目，煤气化技术作为“龙头”，生产的煤气用于合成二甲醚、合成汽油与柴油等液体燃料以及合成其他多种化工产品。

（二）粗水煤气

1. 产品的质量指标

粗水煤气产品的质量指标包括有效气（CO＋H_2）≥79%（体积分数），CH_4 含量在 100～1500ppm（10^{-6}）之间。

2. 影响因素及工艺变量调整

影响粗水煤气产量和质量的因素有煤质、煤浆浓度、氧碳比、气化温度及压力等[68]。Alexander Tremel 等[69]实验调查研究了高温高压下气流床煤气化的影响因素，结果发现像温度、压力等操作参数的影响至关重要，直接决定着气化工艺过程的优劣。

其中氧碳比是最主要因素，它决定了碳转化率及其他工艺参数。控制氧碳比的关键是对炉温的控制，气化炉炉温的操作和煤质有很大的关系，煤的灰熔点高时，必须提高炉温操作，否则会导致渣口堵塞，灰熔点低时，必须低温操作，否则炉壁不易挂渣，这样对炉砖的冲刷会加重，筒体和渣口砖的使用寿命会明显减短。所以保持一个合理的操作温度是保证气化炉长周期运行和产出合格有效气的重要条件。粗水煤气成分组成见表 2-9。

表 2-9　粗水煤气成分组成

名　称	主要物理、化学性质		
	组　分	分子式	相对分子质量
产品粗水煤气	一氧化碳	CO	28
	氢气	H_2	2
	二氧化碳	CO_2	44
	甲烷	CH_4	16
	氩气	Ar	40
	氮气	N_2	28
	硫化氢	H_2S	34
	氧硫化碳	COS	60
	氨	NH_3	17
	水	H_2O	18

第五节 水煤浆气化工艺过程及主要工艺技术指标

一、水煤浆气化工艺流程

水煤浆加压气化的工艺流程，按燃烧室排出的高温气体和熔渣的冷却方式的不同，分为废热锅炉流程和激冷流程。

废热锅炉流程指气化炉燃烧室排出的高温热气流和熔渣，经过紧连其下的辐射废热锅炉间接换热副产高压蒸汽，高温粗煤气被冷却，熔渣凝固，绝大部分灰渣（约占95%）留在辐射废热锅炉的底部水浴中，含有少量飞灰的粗煤气，经对流废热锅炉进一步冷却回收热量，然后用水进行洗涤，除去残留的飞灰，制得洁净的煤气。

废热锅炉流程使粗水煤气和熔渣所携带的高位热能得以充分回收，而且粗煤气中所含水蒸气极少，特别适合后面不需要变换的场合。由于增加了结构庞大而复杂的废热锅炉，流程长，一次性投资高。

煤化工水煤浆气化主要采用激冷流程，下文对此流程做详细介绍。

激冷流程是指出气化炉燃烧室的高温热气流和熔渣经激冷环被水激冷后，沿下降管导入激冷室进行水浴，熔渣迅速固化，粗煤气被水饱和。出气化炉的煤气，经洗涤塔除掉夹带的粉尘后，制得洁净的粗煤气。

激冷工艺流程主要划分为三个单元：煤浆制备单元、气化单元（气化炉系统、合成气洗涤系统、锁斗排渣系统、烧嘴冷却水系统）、渣水处理单元（闪蒸系统、黑水处理系统、除氧器系统、絮凝剂和分散剂系统）。

（一）煤浆制备单元

原料煤由卸储煤装置的煤输送皮带送来小于10mm的碎煤进入煤储斗后，经煤称量给料机称量后送入磨煤机。添加剂由人工送至添加剂地下槽加入适量的新鲜水，经添加剂地下槽搅拌器搅匀，在添加剂地下槽内溶解成一定浓度的水溶液，由添加剂地下槽泵送至添加剂槽中储存。在添加剂槽中，由添加剂槽搅拌器搅拌，以保持添加剂均匀，再由添加剂泵计量后送至磨煤机中。在添加剂槽底部设有低压蒸汽盘管，在冬季维持添加剂在一定温度，以防止冻结。

新鲜水、低压灰水、真空过滤机滤液、研磨水池渣水以及其他废液作为工艺补水送入研磨水槽，用低压灰水来调节研磨水槽的液位。研磨水槽内液体经研磨水槽搅拌器搅拌均匀，由磨煤机给水泵加压，经磨煤机给水流量调节阀来控制水量送至磨煤机。煤、工艺水和添加剂一同送入磨煤机中研磨成一定粒度分布、一定黏度和浓度约60%（质量分数）的合格的水煤浆。水煤浆经滚筒筛滤去大于3mm（筛孔3mm）的大颗粒及杂物后溢流至磨煤机出料槽中，煤浆经磨煤机出料槽搅拌器搅拌保持均匀，由磨煤机出料槽泵加压经煤浆分流器送至煤浆槽。煤浆由煤浆槽搅拌器搅拌保持均匀。

研磨水池为气化装置的污水池，它的进料管线包括：煤浆出料槽泵出口排放管线、煤浆给料泵出口事故排放管线、煤浆给料泵循环管线、渣池事故排放管线、真空过滤机故障时进料排放管线，研磨水池通过调节灰水和新鲜水量进行液位调节。研磨水池溢流出来的澄清水由研磨水池泵送至渣池泵出口，一部分水送至研磨水槽。

煤浆制备单元如图2-12所示：

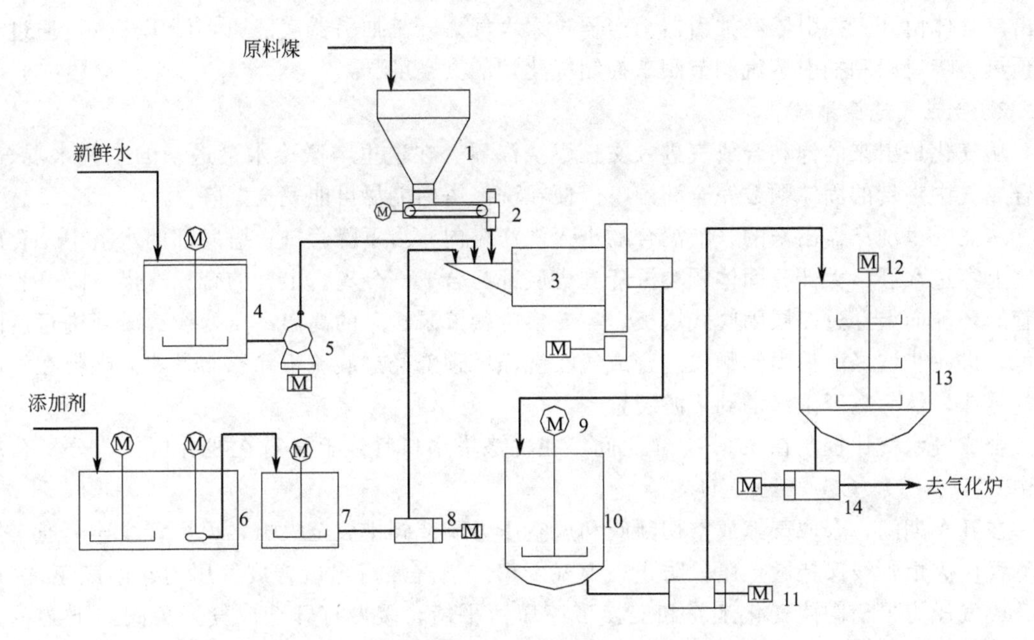

图 2-12 煤浆制备单元示意图

1—煤储斗；2—煤称量给料机；3—磨煤机；4—研磨水槽；5—研磨水泵；6—添加剂地下槽；7—添加剂槽；8—添加剂泵；9—煤浆出料槽搅拌器；10—煤浆出料槽；11—磨煤机出料槽泵；12—煤浆槽搅拌器；13—煤浆槽；14—煤浆泵

（二）气化单元

气化单元包括气化炉系统、合成气洗涤系统、锁斗排渣系统、烧嘴冷却水系统等。

1. 气化炉系统

来自煤浆槽浓度约为60%（质量分数）的煤浆，由煤浆给料泵加压，经煤浆切断阀送至工艺烧嘴的内环隙。气化炉投料前经煤浆回流阀回流至煤浆槽。

空分装置送来的纯度大于99.6%（体积分数）的氧气，由氧气流量调节阀控制氧气流量，经氧气切断阀送入工艺烧嘴的中心环管和外环隙，中心环管氧气由中心氧流量调节阀控制，流量为氧气总流量的10%～20%。在投料前，经氧气放空切断阀送至氧气消声器放空。

水煤浆和氧气在工艺烧嘴中充分混合雾化后进入气化炉的燃烧室内进行气化反应。生成以CO和H_2为有效成分的粗合成气。粗合成气与熔融态灰渣一起向下，经过均匀分布激冷水的下降管进入激冷室的水浴中。大部分的熔渣经激冷水冷却固化后，落入激冷室底部。粗合成气从下降管和导气管的环隙间上升，出激冷室去洗涤塔。在气化炉合成气出口处设有高温高压变换冷凝液冲洗，将合成气带出的灰渣进一步增湿以防止灰渣在气化炉合成气出口累积堵塞管线。

激冷水泵从洗涤塔下部取水加压，由激冷水流量调节阀控制激冷水流量，经激冷水过滤器滤去可能堵塞激冷环的大颗粒灰渣，送入位于下降管上部的激冷环。激冷水呈螺旋状水膜沿下降管壁流下进入激冷室。

气化炉激冷室底部黑水，经黑水调节阀控制液位，并进行减压。在开车期间，气化压力达1.0MPa（G）前气化炉黑水经黑水液位调节阀控制送入第一真空闪蒸罐；气化压力在1.0MPa（G）以上气化炉黑水送入高压闪蒸罐。

气化炉配备了预热烧嘴，用于气化炉投料前的预热升温。在气化炉烘炉预热期间，激冷室出口气体由开工抽引器经抽引器消声器排入大气。开工抽引器底部通入低压蒸汽，通过调节预热烧嘴风门和抽引蒸汽调节阀来控制气化炉的真空度。

2. 合成气洗涤系统

从气化炉出来的饱和合成气进入文丘里洗涤器，在这里与激冷水泵送来的工艺水混合，使合成气中夹带的固体颗粒完全润湿，以便在洗涤塔内能尽可能完全沉降。

从文丘里洗涤器出来的气液混合物进入洗涤塔内，沿下降管进入塔底部的水浴中。合成气向上穿过水层，大部分固体颗粒沉降到塔底部与合成气分离。上升的合成气沿下降管和导气管的环隙向上穿过四层固阀式塔板，与变换冷凝液泵送来的高温高压变换冷凝液进行逆向接触，进一步洗涤除掉固体颗粒。合成气在洗涤塔顶部经过旋流板除沫器，除去夹带在气体中的雾沫，然后离开洗涤塔到下游装置。

合成气水气比控制在1.3～1.4之间。在洗涤塔出口管线上设有在线分析仪，分析合成气中CH_4、CO、CO_2、H_2、H_2S含量。

在开车期间，合成气经放空切断阀和放空压力调节阀排放至火炬。火炬管线连续通入低压氮气使火炬管线保持微正压，防止火炬气倒窜。当洗涤塔出口合成气压力、温度正常后，经合成气压力平衡阀使气化工序和变换工序压力平衡，缓慢打开合成气开关阀向下游单元送气。

洗涤塔底部黑水经流量调节阀排入高压闪蒸罐处理。除氧槽的灰水由洗涤塔给水泵加压后送入洗涤塔上部，由洗涤塔的液位调节阀控制洗涤塔的液位。高压变换冷凝液经洗涤塔塔盘上给水流量调节阀控制塔板上补水流量，富裕的水经流量调节阀送入洗涤塔中部。激冷水泵从洗涤塔黑水排放管上部抽取黑水，加压作为激冷水和文丘里洗涤器的洗涤水。在停车时，洗涤塔给水泵出口灰水可直接送入激冷水泵进口，防止在减压操作过程中由于降压过快造成激冷水泵的汽蚀。

3. 锁斗排渣系统

激冷室底部的粗渣在收渣阶段经锁斗安全阀、锁斗收渣阀进入锁斗。锁斗安全阀处于常开状态，仅当由激冷室液位低引起气化炉停车，锁斗安全阀才关闭。锁斗循环泵从锁斗顶部抽取相对洁净的水送回激冷室底部，保证水的流动，并对渣口进行冲洗，防止堵渣。

锁斗循环分为泄压、清洗、排渣、充压、收渣五个阶段，由锁斗排渣顺控自动控制。循环时间一般为30min，可以根据具体情况进行调整。

从灰水槽来的灰水，由低压灰水泵加压后，送入锁斗冲洗水罐作为锁斗排渣时的冲洗水。锁斗排出的渣水排入渣池的前仓，渣水在渣池前仓沉降5～10min后，渣池溢流阀打开，较澄清的水溢流至后仓，由渣池泵送至真空闪蒸罐对黑水进行处理。

新鲜水或低压灰水泵送来的灰水送往渣池后仓，来调节渣池液位。前仓粗渣经沉降分离后，由刮板输送机捞出送至粗渣输送系统。

当渣池出现故障后，锁斗的渣水将排向研磨水池，粗渣由抓斗机捞出，由渣车运走。

渣池泵以及预热水泵是锁斗系统的一部分，但它们不受锁斗逻辑程序控制，预热水泵在气化炉预热烘炉阶段运行。

4. 烧嘴冷却水系统

气化炉的操作温度为1260～1400℃，为了保护工艺烧嘴，在烧嘴上设置了冷却水盘管和头部水夹套，防止高温损坏烧嘴。来自管网的脱盐水进入烧嘴冷却水槽。烧嘴冷却水槽的水经烧嘴冷却水泵加压后，送至烧嘴冷却水冷却器。冷却后的冷却水经烧嘴冷却水进口切断阀入烧嘴冷却水盘管，出烧嘴冷却水盘管的冷却水经出口切断阀进入烧嘴冷却水分离罐，分离罐的冷却水靠重力流回烧嘴冷却水槽。烧嘴冷却水分离罐通入低压氮气作为CO分析的载气，由放空管排入大气。在放空管上安装CO监测器，通过监测CO含量来判断烧嘴是否被烧穿，正常CO含量为0。

气化单元如图2-13所示。

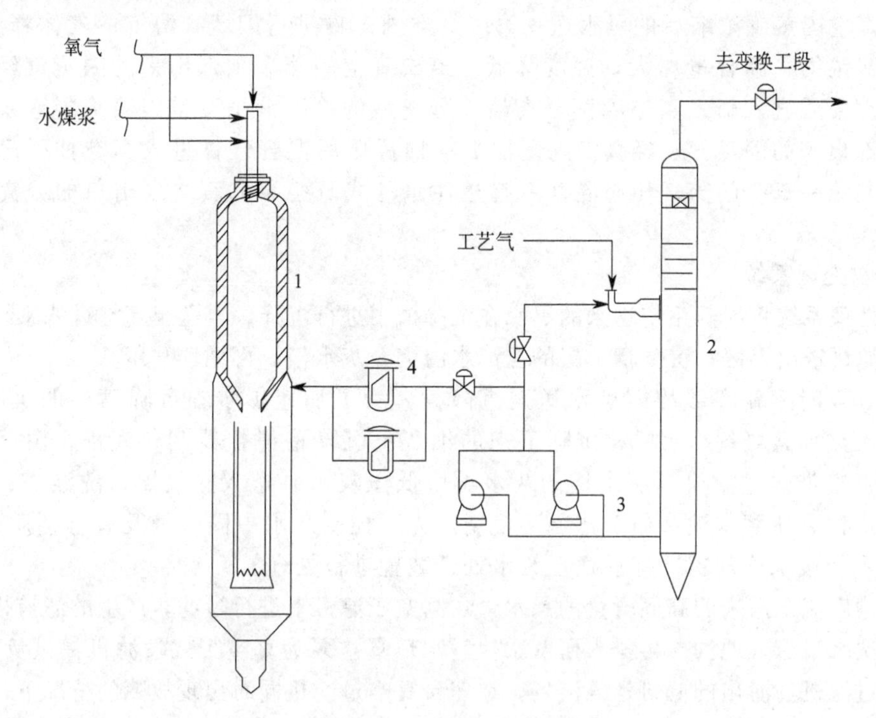

图2-13　气化单元示意图

1—气化炉；2—洗涤塔；3—激冷水泵；4—激冷水过滤器

（三）渣水处理单元

渣水处理单元包括闪蒸系统、黑水处理系统、除氧器系统、絮凝剂和分散剂系统等。

1. 闪蒸系统

闪蒸系统分为高压闪蒸、低压闪蒸、第一真空闪蒸和第二真空闪蒸。气化炉和洗涤塔的黑水通过四级闪蒸，解吸出酸性气，渣池的黑水通过两级真空闪蒸，闪蒸出有毒有害气体。

来自气化炉激冷室和洗涤塔的黑水分别经减压阀减压后进入高压闪蒸罐，由压力调节阀控制高压闪蒸系统压力。黑水经闪蒸后，一部分水被闪蒸为蒸汽，溶解在黑水中的大部分合成气被解吸出来，同时黑水被浓缩，温度降低。从高压闪蒸罐顶部出来的闪蒸气经灰水加热器与洗涤塔给水泵送来的灰水换热冷却后，再经高压闪蒸最终冷却器冷却进入高压闪蒸分离器，分离出的蒸汽及不凝气送至下游硫回收装置，凝液经液位调节阀送入除氧槽回收利用。

高压闪蒸罐底部出来的黑水经液位调节阀减压后，进入低压闪蒸罐。黑水经闪蒸后，一部分水被闪蒸为蒸汽，少量溶解在黑水中的合成气解吸出来，同时黑水被进一步浓缩，温度进一步降低，产生的闪蒸气经压控阀送至除氧槽用于加热灰水除氧。浓缩后的黑水送至真空闪蒸罐进一步闪蒸。

真空闪蒸罐分为第一真空闪蒸罐和第二真空闪蒸罐，从低压闪蒸罐送来的黑水首先进入第一真空闪蒸罐进行真空闪蒸，溶解的气体释放出来，黑水进一步浓缩，固含量增大，温度降低 。第一真空闪蒸罐顶部出来的闪蒸气经第一真空冷凝器冷凝后进入第一真空闪蒸分离器，分离后的冷凝液送至第二真空闪蒸分离器，第一真空冷凝器顶部出来的闪蒸气送往水环式真空泵。

第一真空闪蒸罐浓缩后的黑水送入第二真空闪蒸罐进行闪蒸，溶解的气体释放出来，黑水进一步浓缩，固含量增大，温度降低。第二真空闪蒸罐顶部出来的闪蒸汽经第二真空冷凝器冷凝后进入第二真空闪蒸分离器，分离后的冷凝液由真空闪蒸冷凝液泵送至沉降槽。顶部出来的闪蒸气，经真空闪蒸抽引器抽负压后混合气体进入真空抽引冷凝器冷却，最后与第一真空闪蒸气相遇混合一起送往水环式真空泵。真空泵出口的分离水自流入灰水槽。

2. 黑水处理系统

黑水处理系统将闪蒸系统送来的黑水在沉降槽中进行沉降，再送至真空过滤系统进行过滤脱水，滤饼送出界区；沉降槽上层的澄清水溢流至灰水槽，再循环利用。

第二真空闪蒸罐底部浓缩黑水送至沉降槽。为了加速黑水在沉降槽中的沉降速度，在沉降槽中添加絮凝剂。沉降槽沉降下来的细灰由沉降槽搅拌器刮入底部，由沉降槽底流泵送往真空带式过滤机。灰水槽的灰水再由低压灰水泵送入除氧器、洗涤塔、锁斗冲洗水罐、渣池、研磨水池和研磨槽循环使用。为了控制灰水中固含量及有害杂质的积累，将部分灰水经废水冷却器冷却后送至废水处理装置进行处理。

沉降槽底流泵送来的高固含量的黑水，在真空压滤机上进行过滤，产生的滤液排至研磨水槽，冲洗水自流入地沟，再排入研磨水池。水环真空泵为真空带式过滤机提供负压动力，真空带式过滤机过滤出的滤饼送入渣场。在三台真空过滤机同时出现故障的情况下，沉降槽黑水排放至研磨水池。

3. 除氧器系统

为了防止溶解了氧气的水进入洗涤塔系统腐蚀管道、设备，设置了除氧器。除氧器利用低压闪蒸气或蒸汽加热解吸水中的溶解氧。除氧器的补水有：低压灰水泵来水、净化冷凝液、脱盐水和高压闪蒸分离器底部冷凝液。除氧器中的灰水由洗涤塔给水泵加压后经灰水换热器加热后送往洗涤塔中部。洗涤塔给水泵出口还有一部分水送至锁斗系统，用于锁斗加压。

4. 絮凝剂和分散剂系统

为了加速沉降槽中固体颗粒沉降，在真空闪蒸罐至沉降槽进料管线加入絮凝剂。为防止管道及设备结垢，在低压灰水系统中适当加入分散剂。

絮凝剂原液与脱盐水在絮凝剂槽中进行配置，并储存在絮凝剂槽中，内设有搅拌器，溶剂由絮凝剂泵打入真空闪蒸罐至沉降槽进料管线，并由混合器进行混合。

分散剂倒入分散剂槽中，经分散剂泵调节至适当流量送至洗涤塔给水泵进口、低压灰水泵进口、沉降槽溢流至灰水槽的管线内。

渣水单元如图 2-14 所示。

二、水煤浆气化的影响因素

影响气化反应的因素有煤质、煤浆浓度、氧碳比、反应温度及气化压力等，其中氧碳比

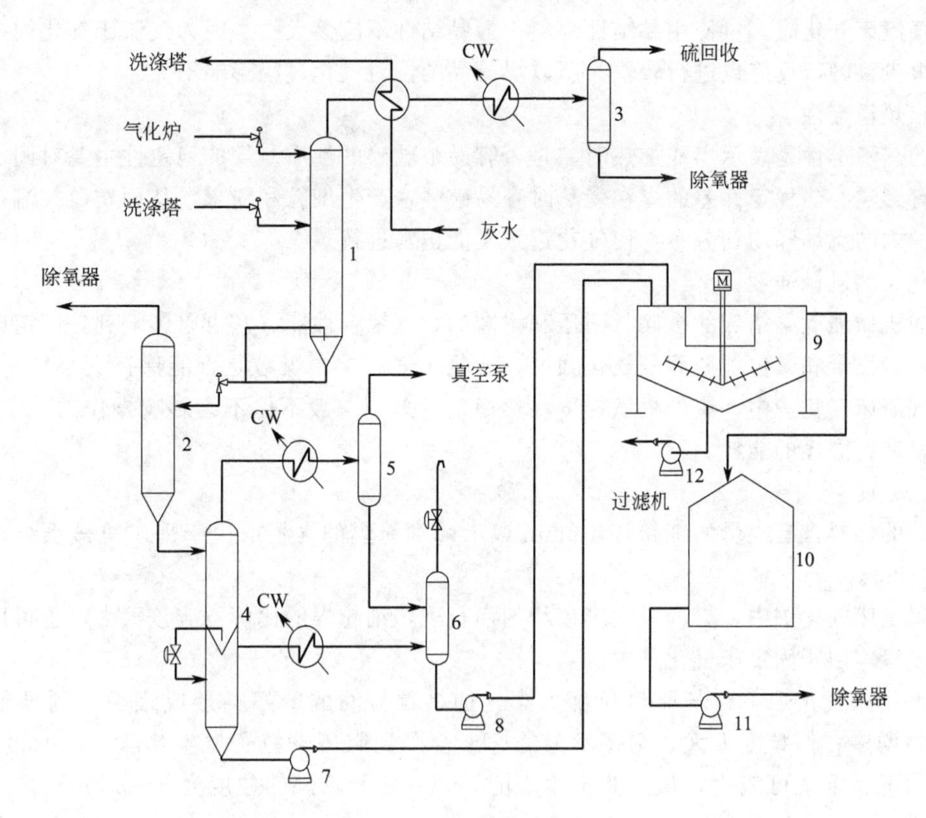

图 2-14 渣水单元示意图

1—高压闪蒸罐；2—低压闪蒸罐；3—高压闪蒸分离器；4—真空闪蒸罐；5—第一真空闪蒸分离器；6—第二真空闪蒸分离器；7—沉降槽给料泵；8—冷凝液泵；9—沉降槽；10—灰水槽；11—灰水泵；12—沉降槽底流泵

是最主要因素，它决定了碳转化率及其他工艺参数。

（一）煤质对气化系统的影响

煤作为气化过程的原料，其性质对气化过程有着直接的影响。目前世界上煤气化方式众多，而每种煤气化方法适用的煤种各不相同。若原料煤性质不合适，即便是先进的气化方法也不能表现出其优势。煤质的波动及煤种的切换均会对气化工艺的运行造成重大影响，严重时可以制约装置的长周期稳定运行。其中影响煤质的因素主要包括煤粒度（粒度大小及粒度分布）、灰分含量、灰熔点、煤中晶体矿物质组成等。

1. 煤的组成的影响

煤的组成及煤质的影响同煤的质量及其对气化过程的影响，此处不再介绍。

2. 煤的物理性质的影响

(1) 黏结性

一般结焦或较强黏结的煤不用于气化。弱黏结煤在高压下，特别在常压至 1.0MPa 范围内，煤的黏结性可能迅速增加。

对于不带搅拌装置的气化炉，应使用不黏结煤或焦炭；带搅拌装置时，可使用弱黏结煤。固定床两段炉只能用自由膨胀指数为 1.5 左右的煤为原料。

流化床气化炉，一般可以使用自由膨胀指数约 2.5～4.0 的煤。当采用喷射进料时，可使用黏结性稍强的煤种，因为喷入的煤粒能很快与已经部分气化所得的焦粒充分混合，增加流动性。

用气流床气化时，可使用黏结性煤料，但黏结性不应该太强。因为气流床气化炉中的煤粉之间很少接触，反应也进行较快，所以煤的黏结性对气化过程影响不大。

（2）热稳定性

煤的热稳定性是表示煤在加热时，是否容易被破碎的性质。煤的稳定性主要对固定床气化过程有影响。热稳定性差的煤在受热时容易破裂，产生细粒和粉末，从而妨碍气流在固定床气化炉内的流动和均匀分布，使气化过程不能正常进行。

（3）煤的机械强度

煤的机械强度是指煤的抗碎、耐压和耐磨的物理综合性能。它可以影响到：固定床气化炉的飞灰带出量和单位炉截面的气化强度，流化床气化炉中煤粒是否能保持大小均一状态。但是在气流床气化炉中，煤的机械强度和热稳定性差，一般不但不会影响操作的正常进行，反而可以节约磨煤的能耗。

（4）粒度

出矿的煤料含有大量的细粉煤，6mm以上的细粉煤的含量取决于采矿机械系统，一般在30%～60%。

在固定床气化炉中，煤的粒度应该均匀而合理，细粉煤的比例不应该太大。也可以将细粉煤制成煤球用于固定床气化炉中。

在流化床气化炉中，若原料粒度太小，加上颗粒间的摩擦会形成细粉，则导致煤气中带出物增多；但粒度太大，则挥发分的逸出会受到阻碍，粒子发生膨胀，而密度下降，在较低的气速下就可流化，从而减小生产能力。一般要求煤的粒度为3～5mm，并且十分接近。

气流床气化炉（干法进料）要求煤粒<0.1mm，即至少有85%小于200目的粉煤；水煤浆进料时，还要求一定的粒度匹配，以提高水煤浆中煤的浓度。对原料煤的粒径及其均一性的要求，以气流床为最低。

3. 煤的化学性质的影响

各种煤与CO_2和H_2O的反应活性不同。反应活性大的煤及其焦炭和固定碳与CO_2和H_2O的反应速率很快。与反应活性小的煤相比，反应活性大的煤可一直保持H_2O的分解和CO_2的还原在较低的温度下进行。

煤焦的反应性除了与其孔径和比表面积有关外，还与煤中的含氧基团、矿物组成中某些具有催化活性的碱金属和碱土金属等的含量有关。

煤焦的反应活性有如下重要的影响：反应活性高的原料，借助于水蒸气在更低的温度下就可以进行反应，同时还进行甲烷生产的放热反应，故可以减少氧气的消耗；在原料的灰熔点相同时，使用反应活性较高的原料较易避免结渣现象，因为气化反应可在较低温度下进行。

煤的性质对气化过程有很大影响。如煤的热稳定性和黏结性，但影响较大的还是煤的变质程度和煤灰的黏温特性。

煤的变质程度影响着煤的反应活性，变质程度低的反应活性较高，变质程度高的反应活性较低。在水煤浆气化这种气流床的流动方式中，煤与气体的接触时间很短。所以要求煤有较高的反应性能。当然，如果某种煤的反应性较差，可以由粒度来弥补，粒度越小，反应速度越快，但过细的粒度会影响煤浆的浓度。

煤灰的黏温特性是指熔融态的煤灰，在不同温度下的流动特性，一般用熔融态煤灰的黏度来表示。在水煤浆加压气化中，为了保证煤灰以液态形式排出，煤灰的黏温特性是确定气化操作温度的主要依据。生产实践证明，为使煤灰从气化炉中顺利排出，熔融态煤灰黏度以不超过 250mPa·s 为宜。

（二）助熔剂的影响

水煤浆气化工艺的一个特点是在高于煤灰熔点之上的温度下进行气化，煤灰熔点高，气化炉操作温度就要提高，气化温度提高，对耐火材料的要求就更加严格。而对于现有的耐火材料来说，气化温度过高，炉内介质对耐火材料的腐蚀就会加剧，从而使耐火材料的寿命大大缩短。为使气化炉在一个合适的温度下进行气化，需要降低煤的灰熔点。现有的方法就是添加助熔剂。在水煤浆中加入助熔剂能改善灰渣的黏温特性，使液态灰渣黏度降低。

（三）氧碳比的影响

在气化炉内氧气与水煤浆直接发生氧化和部分氧化反应，因此，氧碳比是气化反应非常重要的操作条件之一。随着氧碳比的增加，将有较多的煤与氧发生燃烧反应，放出较多的热量，气化炉温度随之升高，所以气化温度随氧碳比的增加而增加，同时，碳转化率也随着氧碳比的增加而增加，以渐进线方式接近 100%。而随着氧碳比的增加，气化效率先是增加到一定数值，然后开始降低，这是由于过量的氧气进入气化炉，导致 CO_2 含量的增加，使有效气体成分下降，从而使得气化效率降低。

氧碳比对工艺中 CO_2、CH_4 的影响很大，对于一定的煤浆浓度，工艺气中二氧化碳含量随着氧碳比的增加而增加，而工艺气中甲烷含量随着氧碳比增加而减少。这两个指标通常用来判断氧碳比的变化和炉温高低的变化。

（四）煤浆浓度的影响

煤浆浓度是指水煤浆中的固含量，以质量分数表示。煤浆浓度必须适宜才能满足工业生产的需要。对于一定的氧碳比，气化炉温度随着煤浆浓度的降低而降低。这是因为煤浆浓度降低，进入气化炉的水分增多，吸收较多的热量，降低了气化炉的温度。

煤浆浓度过高时，黏度急剧增加，流动性变差，不利输送和雾化，同时由于煤浆为粗分散的悬浮体系，存在着分散固体重力作用，易引起沉降的问题，因此水煤浆浓度过高时，易发生分层现象。所以，在保证不沉降、流动性好、黏度小的条件下，要尽可能地提高煤浆浓度。

（五）反应温度的影响

提高气化炉的温度，有利于反应的进行，降低 CH_4 的含量，改善出口气中有效气体的组成，提高碳转化率。工艺气中甲烷含量能够表示气化炉温度。这种关系如图 2-15 中所示，工艺气中甲烷含量的对数随着气化炉温度的变化而呈线性变化，但这种特定关系还受多种参数的影响。

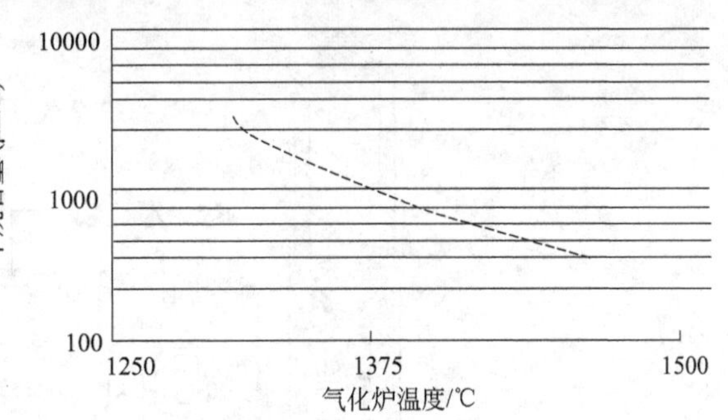

图 2-15　甲烷含量与气化炉温度关联图

气化炉操作温度不是一个独立的变数，它与氧的用量有直接的关系，如用提高氧的用量来提高温度，进料氧碳比发生变化，即导致氧碳比过高，则有效气体成分下降，CO_2 含量升高。另外，气化温度过高，将对耐火材料腐蚀加剧，影响或缩短了耐火材料的寿命，甚至烧坏耐火衬里。

气化温度的选择原则是在保证液态排渣的前提下，尽可能维持较低的操作温度，由于煤种不同，操作温度也不同，工业生产中，一般为1260～1400℃。

（六）气化压力的影响

气化反应是体积增大的反应，提高压力对化学平衡不利，但生产中普遍采用加压操作，这是因为气化加压增加了反应物的浓度，加快了反应速率，提高了气化效率；加压气化有利于提高水煤浆的雾化质量；加压下气体体积缩小，在产气量不变的条件下，可减少设备体积，缩小占地面积，使单炉产气量增大，便于实现大型化。

Koichi Matsuoka 等[70]研究了气流床气化过程中压力对水蒸气气化速率的影响，结果表明压力的提高有利于反应速率的增加。

（七）激冷水对气化系统的影响

在Texaco煤气化工艺中，因反应条件为高温、高压，气化反应得到的粗煤气的温度较高。又因水煤浆气化工艺为液态排渣，为使气固分离并维持一定的水气比，保证后续净化工作的安全平稳运行，需要激冷水对反应生产的煤气进行降温处理。熔融态的炉渣经激冷水降温后固化，经锁斗排到渣池，高温合成气经激冷水降温处理后维持了一定的水气比，为净化工段提供合格的水煤气。可见，激冷水在气化工艺过程中的重要性不言而喻。

1. 激冷水系统流程图[71]

如图2-16所示：由洗涤塔侧面排出的约240℃洗涤水经激冷水泵加压后分成两路，一路经调节阀到文丘里洗涤器作为文丘里洗涤水，洗涤、增湿来自气化炉的粗煤气并返回洗涤塔；另一路经调节阀、激冷水过滤器、激冷环到气化炉激冷室，对气化炉燃

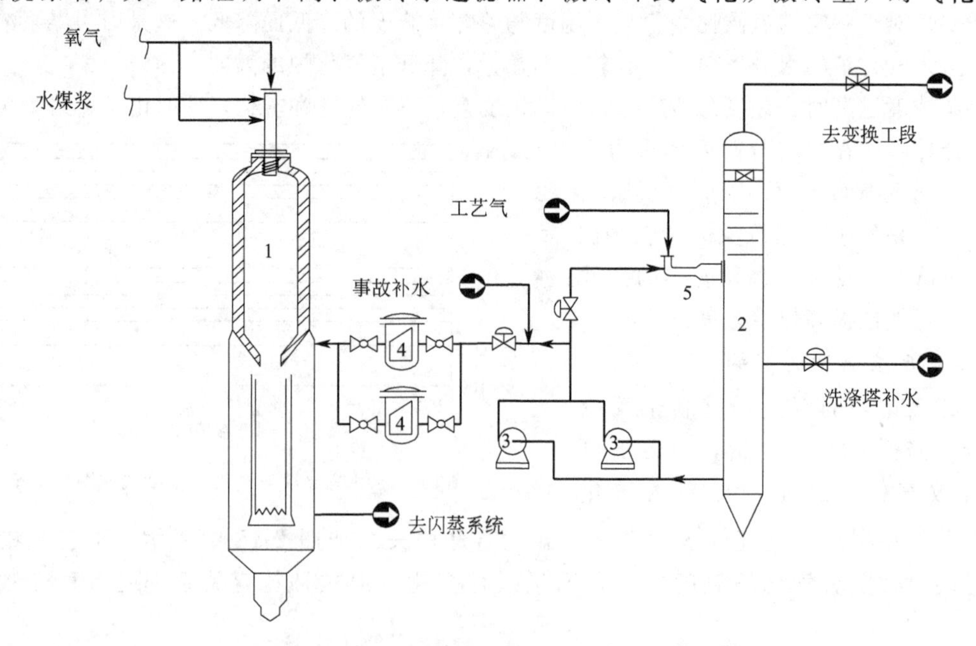

图2-16 激冷水系统流程简图

1—气化炉；2—洗涤塔；3—激冷水泵；4—激冷水过滤器；5—文丘里洗涤器

烧室排出的高温粗煤气和熔渣进行激冷和洗涤。其中激冷环的作用就是分配激冷水，使下降管内壁形成一层均匀的水膜，该水膜避免了高温气体与下降管直接接触，达到了保护下降管的目的。

2. 激冷水流量的影响

入炉激冷水流量的大小直接影响着气化炉反应产物粗煤气中固体颗粒含量的高低、粗煤气温度的高低、激冷室内件的使用寿命[72]。激冷水用量的大小跟气化过程有关。

(1) 激冷水量的确定[73]

烘炉期间，入气化炉激冷水由形成保护水膜所需激冷水和维持烘炉液位所需激冷水构成。此时入气化炉激冷水流量应为形成保护水膜所需激冷水量与维持烘炉液位所需激冷水量之和。炉温升至140℃时，必须建立烘炉预热水循环。并要在下降管内壁上建立保护水膜，以保护激冷内件不受高温损坏。其中形成保护水膜所需激冷水量的确定过程为：要确定形成保护水膜所需激冷水量必须确定水膜的厚度 b，根据传热过程可以视为单层圆筒壁稳定热传导过程，由傅立叶定律可得水膜所吸收热量 $Q=\lambda A_m(t_1-t_2)/b$，其中 t_1 为预热激冷水温度，t_2 为水膜内侧温度，A_m 为水膜覆盖下降管的面积，λ 为下降管热导率。由预热尾气传递给水膜热量跟水膜吸收热量相等可以得到水膜厚度 b，从而可以得到水膜所需激冷水量。由烘炉方案可以得到烘炉所需控制激冷室液位，可以计算出维持烘炉液位所需激冷水量，进而可以得到烘炉期间入炉激冷水总流量。

投料期间，入炉激冷水流量由形成保护水膜所需激冷水量、生产过程中被粗煤气带走的激冷水量、维持气化炉生产液位所需激冷水量构成。因被粗煤气带走的激冷水量与入炉激冷水量相比较小，可忽略不计。

(2) 激冷水流量大小的影响

激冷水流量下降，无法满足系统的高负荷运行将会导致气化系统温度升高，水气比不符合后续系统的生产需要，甚至会烧坏下降管，损坏设备，影响正常生产。其中导致激冷水流量低的主要原因有以下三个方面：

① 洗涤塔底部有积渣。由于粗煤气带灰严重、入洗涤塔的除氧水清洁度低等原因，导致洗涤塔内的黑水灰含量较大。在气化炉短停时，洗涤塔未能及时将塔内的积渣排往高压闪蒸系统，而系统再次运行时就会发生底部管线堵塞，此时洗涤塔内的黑水被迫经塔底部管线的旁路送往闪蒸系统，随着系统运行时间的延长，洗涤塔底部积渣逐渐增加到最高（底部管线的旁路入口处为积存渣的上限位置）。

② 激冷水过滤器底部有积渣、滤网结垢堵塞。由于洗涤塔底部积渣到达最大限后，激冷水泵的吸入口距离洗涤塔底部存渣的距离相对较近，导致激冷水泵将洗涤塔底的碳渣送往激冷水过滤器，在激冷水过滤器的过滤下，碳渣被过滤存在过滤器中，在操作人员对激冷水过滤器进行切换时，未能及时将过滤器底部的碳渣排出，最终积存在激冷水过滤器底部。水系统中钙镁离子浓度高，导致滤网结垢而出现堵塞现象。

③ 激冷水管线及激冷环内有积渣、垢片。粒径小于激冷水过滤器滤网孔径的细渣、细灰进入激冷环，由于灰量、渣量大，且激冷环内喷淋孔部分结垢堵塞等原因，未能及时将细渣细灰全部排出，最终导致部分积存在激冷水管线及激冷环内，最终堵塞激冷环，使得激冷水流量显著降低。

激冷水流量过高时，如果激冷室排水量维持不变，激冷室液位将会控制在相对较高的位置，但是同时大大减小了激冷室上部的气液分离空间，容易造成合成气出口带水现象严重。

另外，因气化所需激冷水主要来自渣水处理单元的除氧器，如果单系列激冷水流量过大，将会导致其他系列激冷水量不够，严重时甚至造成跳车事故。

对于激冷水流量引起的一系列非正常现象，应该仔细检查，找准原因，采取相应措施，排除故障，保证系统的正常运行。

3. 激冷水水质的影响

在激冷水系统的水循环过程中，激冷水的水质好坏直接影响着系统管道及设备的结垢性能，甚至堵塞激冷水过滤器及激冷环，进而影响系统激冷水流量，影响气化装置的正常生产。其中影响激冷水系统水质的原因主要有以下几个方面：

① 系统内的水质本身较差，pH 值较高，Ca^{2+} 和 Mg^{2+} 质量浓度较高；

② 气化炉液位控制不好，导致出气化炉的粗煤气带灰带水，最终将灰及气化炉激冷室内的黑水带入洗涤塔，影响洗涤塔内灰水的清洁度；

③ 洗涤塔内的水较脏，影响激冷环激冷水的清洁度；

④ 洗涤塔去往高压闪蒸器的排水量及进入洗涤塔的除氧水量较少，不能保证洗涤塔内的水干净；

⑤ 除氧器内的脱氧水含灰严重；

⑥ 系统的频繁开停车导致管道内壁上的垢片脱落，最终汇集在一起形成大块，导致激冷水水质含垢片较多而堵塞管道。

对于激冷水水质较差问题的解决办法如下：

① 加强对灰水质量的管理，严格按照要求添加分散剂，及时补充新鲜水，确保灰水的外排水量不小于指标值，Ca^{2+}、Mg^{2+} 的质量浓度总和不大于指标值；

② 优化操作，确保系统稳定运行，防止气化炉粗煤气出现带水；

③ 严格按照工艺指标控制好气化炉液位，防止气化炉粗煤气出现带灰现象；

④ 确保每一次系统运行时洗涤塔均从底部管线将黑水送往闪蒸系统，加大洗涤塔的进水量及排水量，确保激冷水的清洁度；

⑤ 确保高压闪蒸器及真空闪蒸器远传液位计指示正常，严格控制高压闪蒸器及真空闪蒸器液位，防止液位过高而导致黑水进入除氧器；

⑥ 确保气化炉的稳定运行，降低频繁开停车的次数；

⑦ 根据管道内的垢片及渣块，配置相应的酸液，定期对激冷水管线及激冷环进行酸洗；

⑧ 酸洗完成后，利用高压水枪再次对激冷环、激冷水过滤滤网等关键部件进行机械清洗；

⑨ 确保煤灰分在正常指标范围内，尽可能降低激冷室水浴的含灰量，控制粗煤气的含灰量；

⑩ 预热水泵吸入口渣池内水含渣量大，易堵塞激冷水过滤器、激冷环，可将预热水泵吸入口改至灰水槽，防止堵塞现象的发生；

⑪ 对于返回系统回收利用的水，应定期对其水质进行检测，确保不污染整个激冷水系统的水质。

4. 激冷水温度的影响

对于激冷水系统而言，影响气化系统正常运行的因素除了流量、水质外，激冷水温度的影响也至关重要。激冷水温度过高或过低都会影响合成气中的水气比，甚至影响合成气的组分构成[74]。

合成气通过燃烧室的渣口进入激冷环和下降管以后，由于下降管内壁四周分布着激冷水形成的液膜，合成气与激冷水并流下行的过程即发生了传热传质过程，合成气被冷却，激冷水被加热，部分激冷水蒸发成为饱和蒸汽进入到合成气中。合成气离开下降管后，在下降管与上升管的环隙间穿越激冷室水液层鼓泡上升，在此过程中由于气体流速较快，合成气在溢出激冷室液面时要夹带部分水。夹带出的水有4种运动形式：一部分随合成气在环隙上升的过程中由于没有足够的动能，又落回到环隙的液层中；一部分撞击到上升管的内壁和下降管的外壁上以液膜的形式流回到液层中；一部分在离开上升管后经过激冷室上部的折流板时，被分离沉降到激冷室液面上；一部分最终随合成气被带出气化炉，经文丘里洗涤器进入洗涤塔中。可见，当激冷水温度处于正常状态下，只有第四种现象容易发生。

当激冷水温度高时，容易造成合成气带水现象的加剧，其中影响显著的就是4种运动形式中的第一和第四种现象：激冷水温度升高，根据气液平衡原理，在气化压力下，激冷水更容易汽化产生水蒸气，合成气在环隙中上升动力增大，更容易被合成气带走。另外，激冷水温度过高，合成气不断经过激冷环附近时，容易造成激冷环升温，严重时甚至烧坏。

当激冷水温度较低时，容易引起合成气温度较低，进而对后续加工工段造成一定影响；另外激冷水温度低时，黑水温度相对较低，影响渣水处理系统的处理能力。

5. 激冷水分布的影响

Texaco气化炉激冷室由激冷环、下降管、上升管、折流挡板组成。激冷水由激冷环流出，沿下降管内壁下降形成水膜，最终汇入到气化炉水浴中，高温合成气和熔融态灰渣从气化室出来后，与下降管内壁水膜直接接触发生热质交换。激冷过程中，液态熔渣发生凝固与聚并，部分激冷水剧烈汽化，高温合成气急剧降温并增湿。合成气沿下降管穿越水浴后沿上升管与下降管构成的环隙上升，凝渣留在气化炉水浴中，实现气固分离。由于合成气温度很高，在与激冷水膜接触过程中发生剧烈的热质传递，若水膜发生断裂，一方面降低了膜的冷却作用，另一方面使得下降管内壁直接暴露于合成气中，与高温气体接触而被烧坏，因此激冷水在下降管内壁的分布是否均匀对于生产及设备的保护具有重要意义[75]。

引起激冷水分布即下降管内水膜断裂的主要因素包括影响流动的因素和影响流体中热质传递的因素，其中流动因素是关键。李铁等在忽略热质传递的情况下，针对下降管内水膜流动特性建立数值模拟平台，进而研究影响水膜流型和断裂的因素。模拟研究了水膜入口厚度、水膜入口速度、气体入口流速与降膜流型的关系。结果显示在相同的几何尺寸条件下，激冷水降膜的断裂点随水膜入口厚度、降膜入口速度和气体入口速度的增加而向下延伸，体现出降膜具有较好的连续性；水膜入口厚度、降膜入口速度和气体入口速度是影响水膜断裂的重要因素，在这3个因素中，水膜入口厚度和降膜入口速度对断裂的影响比气体入口速度更为显著；在相同的激冷水流量条件下，降膜入口速度比水膜入口厚度对降膜断裂的影响更为明显。

三、水煤浆气化主要工艺技术指标

水煤浆加压气化的主要工艺技术指标有煤质、煤浆浓度、气化炉压力、温度、氧碳比等；工艺技术指标对气化反应的影响如上所述，不再冗述。表2-10是神华包头煤化工分公司气化装置主要的工艺技术指标。

表 2-10　水煤浆气化主要工艺技术指标

名　称	控　制　项　目	指标范围
原料煤	灰分(质量分数)/%	≤12
	内水(质量分数)/%	<8
	灰熔点/℃	≤1250
	可磨指数	≥60
	高发热量/(MJ/kg)	≥26
	粒度/mm	≤10
煤浆	浓度/%	58～65
	黏度/mPa·s	300～1200
	粒度分布	
	8 目/%	100
	14 目/%	≥98
	40 目/%	≥90
	200 目/%	≥30
	大于 325 目/%	≥25
氧气	供给压力/MPa(G)	8.5
	温度/℃	25
	纯度(体积分数)/%	≥99.6
添加剂	pH	≥9.0
	固含量(质量分数)/%	>30
	水不溶物(质量分数)/%	≤0.5
分散剂	pH	2.0～3.0
	固含量(质量分数)/%	≥30
絮凝剂	固含量(质量分数)/%	≥87

1. 气化强度

气化强度是指气化炉内单位横截面积上的气化速率，表达方式有三种：

① 以消耗的原料煤量表示，kg/(m^2·h)；

② 以生产的煤气量表示（标准状态），m^3/(m^2·h)；

③ 以生产煤气的热值表示；MJ/(m^2·h)。

气化强度的两种表示方法如下：

$$Q_1=\frac{\text{消耗原料量}}{\text{单位时间、单位炉截面积}}$$

$$Q_2=\frac{\text{产生煤气量}}{\text{单位时间、单位炉截面积}}$$

气化强度越大，炉子的生产能力越大。气化强度与煤的性质、气化剂供给量、气化炉炉型结构及气化操作条件有关。

2. 煤气组成和热值

煤气组成主要包括可燃成分、非可燃成分、有害成分，其中可燃成分主要包括 H_2、CO、CH_4 等；非可燃成分主要包括 CO_2、N_2 等；有害成分主要包括 H_2S、COS、NH_3 等。

煤气热值是指标准状态下的单位体积煤气完全燃烧后所释放出的热量，分为低位热值和高位热值。所谓的低位热值是指燃烧产物中的水以气态的形式存在；高位热值是指燃烧产物中的水以液态的形式存在。表 2-11 为煤气中可燃成分的高低位热值对比。

表 2-11　煤气中可燃成分的高低位热值

可燃成分	低位热值(标准状态)		高位热值(标准状态)	
	/(MJ/m^3)	/($kcal/m^3$)	/(MJ/m^3)	/($kcal/m^3$)
H_2	10.79	2578	12.75	3046
CO	12.64	3020	12.64	3020
CH_4	35.91	8576	39.84	9516
C_2H_6	63.50	15166	70.35	16794
C_2H_4	59.48	14207	63.44	15152
C_2H_2	56.49	13492	58.5	13973
C_3H_8	93.24	22271	101.27	24188
C_3H_6	87.67	20939	93.67	22373

注：1cal=4.2J。

研究煤气中可燃气体的低位热值和高位热值对于研究煤气的燃烧规律及研究开发高效洁净的燃烧技术[76]有着一定的指导意义。世界范围内不断增长的能源需求依靠化石燃料的不断消耗来满足，这将导致释放出越来越高浓度的二氧化碳到大气环境中，环境的负担将会加重，因此清洁生产至关重要。

3. 煤气产率

指每千克燃料（煤）在气化后转化为煤气的体积，它也是重要的技术经济指标之一，一般通过试烧试验来确定，以 m^3/kg（原料煤，标准状态，下同）表示。在生产中也经常使用另一个与煤气产率意义相近的指标，即煤气单耗，定义为每生产单位体积的煤气需要消耗的燃料质量，以 kg（原料煤）/m^3 计。

4. 灰渣碳含量

灰渣碳含量是指灰渣中未气化的碳在灰渣中的含量。包括底灰中碳含量和飞灰中碳含量两部分。通过灰渣中的碳含量高低可以判断气化炉炉温的高低、气化程度的大小及气化炉的负荷是否超出等。无论粗渣还是细渣，如果里面都含有相对较高含量的碳的话，不仅气化效率会降低，而且其作为添加剂在水泥和混凝土中的作用也会大打折扣[77]。

5. 碳转化率

碳转化率是指在气化过程中消耗的总碳量占原料煤中碳量的百分数。此处的碳转化率表示的是气化过程中煤炭的转化效率，而并非表示煤的利用效率。碳转化率跟煤质、工艺烧嘴的雾化能力以及工艺指标的控制等因素有关。

6. 气化效率

气化效率是指产品煤气与原料煤所含的化学能之比，故又称为“冷煤气效率”。

计算公式：

$$\eta=\frac{煤气热值\times 煤气产率}{原料煤发热量}\times 100\%$$

其中原料煤的发热量为入炉煤的热值，原料煤的发热量和煤气热值一般均为低位，但有时也可同时用高位。

7. 热效率

热效率是评价整个煤炭气化过程能量利用的经济技术指标。气化过程的热效率分为气化热效率和系统热效率。

(1) 气化热效率

气化热效率只考虑气化炉内部系统，计算公式如下：

$$\eta=\frac{\text{所有产品所含热量}+\text{回收利用热量}}{\text{供给气化炉总热量}}\times100\%$$

气化热效率只反映了气化过程中的煤炭利用效率。

(2) 系统热效率

系统热效率考虑了整个气化系统，计算公式如下：

$$\eta=\frac{\text{所有产品所含热量}+\text{回收利用热量}}{\text{供给气化炉总热量}+\text{其他动力消耗}}\times100\%$$

系统热效率反映了整个气化生产过程中能量转换效率。

四、煤气化反应过程的工艺计算

工艺设计过程中，工艺流程确定后要进行工艺计算，包括物料衡算、元素衡算、能量衡算等。其目的就是根据原料与产品之间的定量转化关系，计算原料的消耗量，各种中间产品、产品和副产品的产量，生产过程中各阶段的消耗量及组成，进而为其他工艺计算及设备计算打基础。

以神华包头煤化工分公司甲醇中心气化装置技术标定为根据，通过标定期间收集的各种数据，得出煤气化系统的物料平衡、能量消耗、三剂消耗等数据，以此来标定全系统的运行状况，寻找问题，优化系统操作。

(一) 水煤浆煤气化物料衡算

物料衡算是化工计算中最基本也是最重要的内容之一，它是能量衡算、设备计算及化工过程的经济评价及优化设计的基础。质量守恒定律是物料衡算的理论依据，即对于一个体系而言，输入物料量减去输出物料量等于系统累积的物料量。

本物料衡算以甲醇中心气化装置三天技术标定的平均值为依据，即对每天的原料输入及产品、副产品输出进行计算，具体数据如表 2-12 所示。

表 2-12 水煤浆煤气化物料平衡

	入方项目	数量/t	百分比/%		出方项目	数量/t	百分比/%
入方	原料煤	8032	40.32	出方	粗煤气	11569.33	59.422
	氧气	6798	34.12		粗渣	1704	8.75
	除盐水	1379.67	6.92		细渣	528	2.71
	除氧水	3572.67	17.93		废气	409.33	2.10
	煤浆添加剂	39.33	0.2		废水	4965	25.50
	新鲜水	100	0.51		其他	294	1.51
	合计	19921.67	100		合计	19469.66	100

原料投入及产品投入基本平衡，存在问题是粗渣和细渣没有准确的计量工具，报告中采用的是设计量。从物料平衡表入方和出方的差值 2.27%（即损失值）可以认定进出的物料保持平衡（损失值≤5%可认定物料收支保持平衡）。

由表 2-12 可以看出，无论原料投入方还是产品、副产品输出方，水都占了很大的比例，于是对神华包头煤化工有效气体产量为 $53\times10^4\mathrm{m^3/h}$（$CO+H_2$）的气化装置进行了水平衡测算，如表 2-13 所示。

表 2-13 水煤浆煤气化水平衡

项目	进气化装置/(t/h)	百分比/%	项目	出气化装置/(t/h)	百分比/%
原料煤带水	33.22	4.07	原料气带水去净化	566.95	67.47
净化来高温冷凝液	460	56.40	闪蒸系统去火炬	2	0.24
MTO净化水	32	3.92	闪蒸系统放空	0.1	0.01
净化来低温冷凝液	150	18.39	除氧器放空	5	0.59
机泵密封水	30.9	3.79	气化炉排渣	45	5.35
研磨水槽进灰水槽	10	1.23	滤饼带水	16.2	1.93
研磨水槽补水	3	0.37	脱氨塔放空	2	0.24
机泵密封、仪表冲洗	96.5	11.83	脱氨塔去污水处理	48.88	5.82
			灰水槽去污水处理	154.23	18.35
合计	815.62	100	合计	840.36	100

由表 2-13 可知进出气化装置的灰水基本保持平衡，从水平衡表入方和出方的差值3.03%（即损失值），可以认定进出的水是保持平衡的。

（二）水煤浆煤气化能耗计算

在化工生产中，能量的消耗是一项重要的技术经济指标，是衡量工艺设备、设备设计、操作制度是否先进合理的主要指标之一。能量衡算的基础是物料衡算，其理论依据是热力学第一定律。能量衡算能够确定单位产品的能耗指标，为系统设备及各种控制仪表提供参数、余热的综合利用及为换热设备的设计提供依据等。因输出产品除合成气标定外，粗渣、细渣都是设计值，好多因素不太确切，所以只是对能量消耗作了以下计算。

以本次标定期间每天的 MTO 级甲醇产量进行单耗、能耗计算，具体情况如表 2-14 所示。

表 2-14 水煤浆煤气化单耗、能耗一览表

物料名称	标定期间均耗	设计单耗 /(t/t甲醇)	标定单耗 /(t/t)	设计能耗 /(MJ/t)	标定能耗 /(MJ/t)
原料煤	8032t	1.58	1.45	37275	34208
氧气	4758633m³	849	856	5331	5376
循环水	213600t	36.86	38.4	154.4	161
新鲜水	500t	0.64	0.09	4.01	0.56
除盐水	1379.667t	0.34	0.248	32.74	23.9
电	363933.7kW·h	86.4	65.4	311.04	235.4
1.1过热蒸汽	354.3333t	0.169	0.063	537.8	200.5
0.46过热蒸汽	53.66667t	0.004	0.009	11.05	24.86
氮气	15668m³	9.94	2.815	62.42	17.68
仪表空气	12344.77m³		2.22		2.6
综合能耗/(MJ/t)	2.60×10^{10}				

（三）煤气化物理化学基础[78]

1. 煤气化反应化学平衡

固体燃料气化是一系列的非均相和均相化学反应，由于气化目的产物不同，气体成分也不一样，即 CO、H_2、CO_2、CH_4 含量也不同。对于多数合成气而言，希望以 CO 和 H_2 含量为主，粗煤气中其组分越高越好。而对于生产合成天然气则希望主要生成 CH_4。

下述一些反应忽略了煤和气化剂中含有的少量氮、硫和惰性气。假定固体燃料主要含碳，发生如下气化反应：

$$C+O_2 \longrightarrow CO_2 \tag{2-53}$$

$$C+CO_2 \longrightarrow 2CO \tag{2-54}$$

$$C+H_2O \longrightarrow CO+H_2 \tag{2-55}$$

$$C+2H_2 \longrightarrow CH_4 \tag{2-56}$$

上述反应都是非均相反应，产物多是希望的气体产品。其中一次产物，例如 CO_2，在反应炉中还可以进一步与碳发生反应。

此外固体燃料热解析出气态产物，如 CO_2、H_2O 以及低温干馏产物（烃）也能与炽热的碳发生反应。均相反应在一次产物气体之间进行，例如：

$$CO+3H_2 \longrightarrow CH_4+H_2O \tag{2-57}$$

$$CO+H_2O \longrightarrow CO_2+H_2 \tag{2-58}$$

气化反应是在高温下进行的，不能形成高级烃。

反应(2-57) 和反应(2-58) 在气化反应中是重要均相反应，反应平衡常数分别为：

$$\frac{p_{CH_4}p_{H_2O}}{p_{CO}p_{H_2}^3}=K_N \tag{2-59}$$

$$\frac{p_{CO_2}p_{H_2}}{p_{CO}p_{H_2O}}=K_W \tag{2-60}$$

从式(2-54)～式(2-56) 可以看出，这些反应都是非均相反应，其反应平衡常数分别为：

$$\frac{p_{CO}^2}{p_{CO_2}}=K_{p_B} \tag{2-61}$$

$$\frac{p_{CO}p_{H_2}}{p_{H_2O}}=K_{p_W} \tag{2-62}$$

$$\frac{p_{CH_4}}{p_{H_2}^2}=K_{p_M} \tag{2-63}$$

但在理论上观察时，可以认为碳蒸发到气相并参加反应，在这种情况下其平衡常数分别为：

$$\frac{p_{CO}^2}{p_C p_{CO_2}}=K_{p_B}^* \tag{2-64}$$

$$\frac{p_{CO}p_{H_2}}{p_C p_{H_2O}}=K_{p_W}^* \tag{2-65}$$

$$\frac{p_{CH_4}}{p_C p_{H_2}^2}=K_{p_M}^* \tag{2-66}$$

对于其他非均相反应也可以采用相似的考虑。表 2-15 是重要的气化反应平衡常数。

表 2-15 气化反应平衡常数

温度/℃	$K_{p_B}=\frac{p_{CO}^2}{p_{CO_2}}$	$K'_{p_B}=\frac{p_{CO_2}}{p_{CO}^2}$	$K_{p_W}=\frac{p_{CO}p_{H_2}}{p_{H_2O}}$	$K'_{p_W}=\frac{p_{H_2O}}{p_{CO}p_{H_2}}$	$K_{p_M}=\frac{p_{CH_4}}{p_{H_2}^2}$	$K_W=\frac{p_{CO_2}p_{H_2}}{p_{CO}p_{H_2O}}$
500	4.4016×10^{-3}	2.2719×10^2	0.021512	46.487	2.2019	4.8871
550	2.2448×10^{-2}	44.547	0.07752	12.9	0.96592	3.45381
600	9.4715×10^{-2}	10.558	0.24179	4.1358	0.46357	2.555284
650	0.340925	2.9332	0.66776	1.4976	0.23992	1.95859

续表

温度/℃	$K_{p_B}=\frac{p_{CO}^2}{p_{CO_2}}$	$K'_{p_B}=\frac{p_{CO_2}}{p_{CO}^2}$	$K_{p_W}=\frac{p_{CO}p_{H_2}}{p_{H_2O}}$	$K'_{p_W}=\frac{p_{H_2O}}{p_{CO}p_{H_2}}$	$K_{p_M}=\frac{p_{CH_4}}{p_{H_2}^2}$	$K_W=\frac{p_{CO_2}p_{H_2}}{p_{CO}p_{H_2O}}$
700	1.07266	0.93226	1.6618	0.60176	0.13237	1.54923
750	3.00907	0.33233	3.783	0.26434	0.07154	1.25719
800	7.64633	0.13078	7.9688	0.12549	0.047156	1.04217
850	17.8366	0.056064	15.698	0.063702	0.030336	0.8801
900	38.6164	0.025896	29.166	0.034286	0.019845	0.75529
950	78.3033	0.012771	51.477	0.019426	0.01354	0.65741
1000	1.49886×10^2	6.6717×10^{-3}	86.826	0.011517	9.5072×10^{-3}	0.57929
1100	4.7383×10^2	2.1105×10^{-3}	2.2018×10^2	4.5412×10^{-3}	5.0527×10^{-3}	0.46469
1200	1.2727×10^3	7.8573×10^{-4}	4.9250×10^2	2.0305×10^{-3}	2.9237×10^{-3}	0.38696
1300	2.9987×10^3	3.3348×10^{-4}	9.9814×10^2	1.0019×10^{-3}	1.8168×10^{-3}	0.33285

对于均相和非均相的化学反应，一般体系都伴有能量变化，表 2-16 是重要的燃烧和气化反应的反应热和平衡常数。

表 2-16　燃烧及气化反应热、平衡常数

反应式	反应热 ΔH_K/(kcal/m³)	平衡常数		
		表达式	800℃	1300℃
$C+O_2 \longrightarrow CO_2$	−97000	$\frac{p_{CO_2}}{p_{O_2}}$/atm^0	1.8×10^{17}	1.5×10^{13}
$2C+O_2 \longrightarrow 2CO$	−58800	$\frac{p_{CO}^2}{p_{O_2}}$/atm^{+1}	1.4×10^{18}	4.5×10^{16}
$C+CO_2 \longrightarrow 2CO$	38400	$\frac{p_{CO}^2}{p_{CO_2}}$/atm^{+1}	7.65	3.00×10^3
$C+H_2O \longrightarrow CO+H_2$	28300	$\frac{p_{CO}p_{H_2}}{p_{H_2O}}$/atm^{+1}	7.97	9.98×10^3
$C+2H_2O \longrightarrow CO_2+2H_2$	18200	$\frac{p_{CO_2}p_{H_2}}{p_{H_2O}^2}$/atm^0	8.31	3.32×10^2
$C+2H_2 \longrightarrow CH_4$	−20900	$\frac{p_{CH_4}}{p_{H_2}^2}$/atm^{-1}	4.72×10^{-6}	1.82×10^{-3}
$2CO+O_2 \longrightarrow 2CO_2$	−135400	$\frac{p_{CO_2}^2}{p_{CO}^2p_{O_2}}$/atm^{-1}	2.4×10^{14}	5.0×10^9
$2H_2+O_2 \longrightarrow 2H_2O$	−115080	$\frac{p_{H_2O}^2}{p_{H_2}^2p_{O_2}}$/atm^{-1}	2.2×10^{16}	4.5×10^{10}
$CH_4+2O_2 \longrightarrow CO_2+2H_2O$	−191290	$\frac{p_{CO_2}p_{H_2O}^2}{p_{CH_4}p_{O_2}^2}$/atm^0	9×10^{31}	4×10^{16}
$CO+H_2O \longrightarrow CO_2+H_2$	−10110	$\frac{p_{CO_2}p_{H_2}}{p_{CO}p_{H_2O}}$/atm^0	1.04	0.333
$CO+3H_2 \longrightarrow CH_4+H_2O$	−49180	$\frac{p_{CH_4}p_{H_2O}}{p_{CO}p_{H_2}^3}$/atm^{-2}	5.92×10^{-3}	1.82×10^{-6}
$2CO+2H_2 \longrightarrow CH_4+CO_2$	−59290	$\frac{p_{CO_2}p_{CH_4}}{p_{CO}^2p_{H_2}^2}$/atm^{-2}	6.17×10^{-3}	6.05×10^{-7}

2. 气化动力学[79]

热力学论及的平衡问题，没有涉及达到平衡时间和达到平衡的途径，这是动力学的任务。确定煤质转化速率是一个难题，它涉及许多参数，如操作条件，重要的有反应温度、反应压力、气化剂组成、气体与燃料接触时间、煤本身孔隙结构、元素组成及其他一些因素。煤的热解速率也有重要作用，此外燃料和气化剂在煤气发生炉内以并流或逆流方式通过的时间也很重要。

煤气化时受热首先热解，生成半焦、液态和气态产品。其机理和动力学取决于加热速度、煤的粒度、煤化度。

假如气化过程中加热速度慢，煤首先发生热解，这样在低温下由煤粒中逸出气态和液态产物。采用移动床反应器、煤和气体逆流有利于这些产物从反应器中引出。生成半焦的温度达到800℃以上时，才与气化剂作用。反之，若采用快速加热，则热解和热解产物的气化同时发生，热解液态和气态产物不能在如此短的时间内从固体颗粒扩散出来，从而与气化剂的反应发生在煤粒微孔内。这样，焦油由于气化而破坏，烃类则部分发生反应生成CO和H_2。

因为气化过程是在800～1800℃之间发生，因此首要问题是决定反应步骤。在焦粒气化时，传质过程和化学反应是在交替进行的。气化剂的气体分子必须首先以扩散方式穿透附着在焦粒上的气相薄膜，然后借助扩散移动到半焦的气孔结构内，最终到达表面处，在这里才发生化学反应。研究表明，低温时仅由化学反应决定反应速率。温度越高，传质过程越来越变成控制反应速率的主要因素。对反应性有影响的因素有半焦的内表面、表面上的活性部位、半焦的显微结构以及无机组分的催化活性等。

气化的反应速率在低温时是仅受化学反应控制。高温时传质过程成为决定速率的因素。气化剂的吸附、活性部位的表面反应以及产物的解吸是气化反应的基本步骤。气化反应速率可用式(2-67) 表示：

$$\frac{\mathrm{d}n_{\mathrm{C}}}{\mathrm{d}t}=-m_{\mathrm{C}}f(T,C_i) \tag{2-67}$$

式中，下标C代表碳，表明单位时间内碳的反应量为燃料的质量m_{C}、反应温度T和反应气体的有效浓度C_i的函数。函数$f(T,C_i)$表明反应气体，如CO_2、H_2O以及反应产物CO和H_2的影响。

下述三个例子说明了$f(T,C_i)$的具体形式。

① 碳的氧化反应，可以用简单的一级反应加以描述：

$$n_{\mathrm{C}}=-Km_{\mathrm{C}}C_{\mathrm{O_2}} \tag{2-68}$$

碳质量速率常数K可用Arrhenius式表示：

$$K=A\mathrm{e}^{-E_{\mathrm{A}}/RT} \tag{2-69}$$

式中，A代表指前因子；E_{A}表示活化能；R表示气体常数，为8.314J/(mol·K)。

② 还原反应式$CO_2+C=2CO$可以用下式表示：

$$n_{\mathrm{C}}=-m_{\mathrm{C}}\frac{K_1C_{\mathrm{CO_2}}}{1+K_2C_{\mathrm{CO_2}}+K_3C_{\mathrm{CO}}} \tag{2-70}$$

此式表明，反应级数与CO_2的浓度有很大关系，当CO_2浓度很高时为零级反应，CO_2浓度较低时则为一级反应。从此式中可以看出，CO对反应有抑制作用。

③ 水煤气反应式用下式表示：

$$n_{\mathrm{C}}=-m_{\mathrm{C}}K\frac{C_{\mathrm{H_2O}}}{C_{\mathrm{H_2}}} \tag{2-71}$$

当$K_2C_{\mathrm{H_2}}\gg 1$时，$K=K_1/K_2$，则可得：

$$n_{\mathrm{C}}=-m_{\mathrm{C}}\frac{K_1C_{\mathrm{H_2O}}}{1+K_2C_{\mathrm{H_2}}} \tag{2-72}$$

通常情况下，可把碳的气化反应当作一级反应来处理，即由下式表达：

$$n_{\mathrm{C}}=-m_{\mathrm{C}}KC_1 \tag{2-73}$$

对于各种反应，C_1可以是O_2、CO_2、H_2O或者H_2的浓度。K可由式(2-69) 计算得

到。当采用低活性人造石墨时，K 值计算如下：

与 O_2 反应　$K=(2\times10^{10})e^{-243000/RT}$

与 CO_2 反应　$K=(2\times10^{10})e^{-360000/RT}$

与 H_2O 反应　$K=(1\times10^{8})e^{-293000/RT}$

与 H_2 反应　$K=(1\times10^{8})e^{-360000/RT}$

由此可见，燃烧反应速率比其他反应快得多。在 1000℃左右，C—H_2O 反应速率比 C—CO_2 反应约高 5 倍，而氢化反应的反应速率约为 C—CO_2 的 1/200。

通常碳及焦渣的活性是较高的，据粗略估计，好的高炉用焦炭的活性比人造石墨高 2 倍，而非常活泼的半焦比上述石墨高 200 倍，通过加入碱性化合物和铁等催化剂来降低活化能，也可使反应活性增加 10 倍左右。要想得到准确的 K 值，需要经过实验测定。

H. Watanabe 等[80]采用数值模拟的方法对气流床气化炉内的反应进行了模拟，得出对于不同气化剂，不同温度下，碳发生气化反应的动力学参数不同，其模拟结果与实际结果较为一致，建立了一种合理的模拟模型，对于气流床煤气化反应有一定的指导意义。

3. 气化过程热平衡[81]

在气化过程中，希望耗用的热量小，使气化燃料的化学能最大限度地转化为煤气的化学能。因此，需要研究气化过程的热平衡。

在进行热平衡计算时，应给定气化燃料和气化剂的组成数据，并设定预期得到的煤气和其他排出物的组成数据，由此建立物料平衡。各种进出物料的相互转化，与原料组成和气化工程工艺参数有关，主要工艺参数为温度和压力。

建立物料平衡后再根据进出物料的温度进行热平衡计算。物料的温度与气化反应热效应密切相关。

气化反应所需的热能一般由气化过程中的一部分燃料的氧化反应放出的燃烧热提供，即所谓自供热式气化法。少数气化方法采用间接加热，即外供热方式，但是热效率较低。

第六节　主要设备

一、磨煤机

水煤浆气化制浆采用比较多的是棒磨机，如图 2-17 所示。

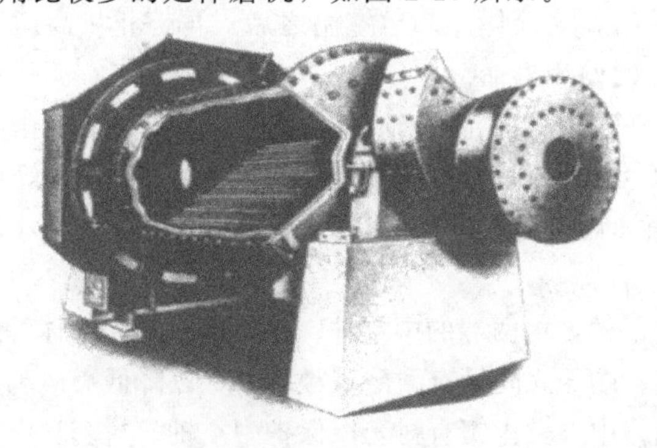

图 2-17　棒磨机外形

（一）棒磨机工作原理

图 2-17 所示为单室中心排料湿式溢流型棒磨机，物料通过进料部强制给料，经进料中

空轴内进料衬套进入筒体内部，电动机经棒销联轴器、主减速器、气动离合器、大小齿轮装置带动装有煤、水、钢棒的筒体旋转，在离心力和摩擦力的作用下，筒体内的钢棒随筒体一起旋转到一定高度后落下将煤击碎，加之棒与棒之间、棒与筒体之间有滑动研磨，磨出粒度分布合格的煤浆，经滚筒筛滤去粗煤颗粒后进入磨煤机出料槽。神华包头煤化工分公司磨煤机性能及工作参数见表 2-17。

表 2-17 神华包头煤化工分公司磨煤机性能及工作参数

项目		参数
数量		6台
有效容积		$76m^3$
研磨介质		原料煤、水
规格	筒体内径×长度	ϕ4300mm×6000mm
	筒体衬板磨损速率	0.0035kg/t 煤
	筒体转速	12.75r/min
	滚筒及筛外形尺寸	ϕ2800mm×2400mm；筛孔 3mm×20mm
材质	溜槽材质	Q235-A 焊接
	筒体材质	Q235-C
电机	型号	YKK710-8
	功率	1500kW
	电压	10kV
	额定转速	743r/min
钢棒	磨损速率	0.005kg/t 煤
	规格	ϕ75mm、ϕ65mm、ϕ50mm；质量比 3∶4∶3
	最大装棒量	170t

（二）磨煤机结构组成

本磨煤机主要由进料部、主轴承、筒体部、大小齿轮、主电动机、主减速器、慢速驱动装置、顶起装置、出料装置、润滑系统、电控系统等部件组成。

1. 主轴承

主轴承采用动静压滑动轴承，静压（即高压）油在磨煤机启动和停止时使用，动压（即低压）油在磨煤机工作时既起润滑作用，又起冷却作用。在高压油顶起下启动磨煤机，可大大降低磨煤机启动负荷，并可避免擦伤轴瓦，提高磨煤机的运转效率。磨煤机正常工作后，停止供给高压油，靠低压润滑油工作。在磨煤机停止运转前，又向轴承供高压油，将轴颈完全顶起，磨煤机停止运转后，当筒体冷却至室温之后，再停止供高压油，使轴瓦不因筒体冷收缩而被擦伤，延长轴瓦的使用寿命。

每个主轴承上装有两只热电阻，测量轴瓦温度。主轴承长期工作后，轴瓦产生磨损，致使中空轴下沉，密封支架可向下调整，以保证密封件和中空轴承良好接触。轴瓦工作表面上铸有合金层，合金层下面埋设有蛇形冷却水管，能有效冷却合金层，延长轴承使用寿命。

2. 筒体部

筒体部是磨机的主要部件，由两端的中空轴、进出料衬套和筒体等组成。在筒体内部装有耐磨衬板等；衬板与筒体、端盖之间设有耐酸碱橡胶垫，以降低噪声和震动；衬板螺栓处均设有密封垫，可以防止渗漏；中空轴内镶有衬套以保护中空轴，衬套和中空轴间填充隔热材料。

3. 大小齿轮

大小齿轮采用斜齿传动，运转平稳，冲击小，寿命长，其润滑采用喷雾润滑，定时喷油，在齿轮表面形成油膜，减少齿轮磨损，延长使用寿命。

4. 主减速器

采用齿轮减速器，经减速后的转速满足磨煤机运转要求。

5. 慢速驱动装置

慢速驱动装置用于磨煤机检修时筒体定位、停车超过 4h 松动物料或防止筒体变形、启动前的盘车检查。启动慢速驱动前，必须先启动高、低压润滑油泵，防止擦伤轴瓦，电气保护实现与主电机互锁。

6. 顶起装置

筒体下部设有一套液压顶起装置，以方便安装和检修筒体。

7. 润滑系统

一般设计主轴承润滑油站，用于润滑磨煤机主轴承；齿轮喷雾润滑油站，用于润滑大小齿轮。

二、高压煤浆泵

在水煤浆气化开发初期，大多数采用螺杆泵和普通柱塞泵来供应煤浆，因其使用效果不好，逐渐被正位移计量柱塞隔膜泵所替代，有效地解决了煤浆对传动机构润滑密封的污染问题。目前国内多数用户使用双软管隔膜泵。如图 2-18 所示。

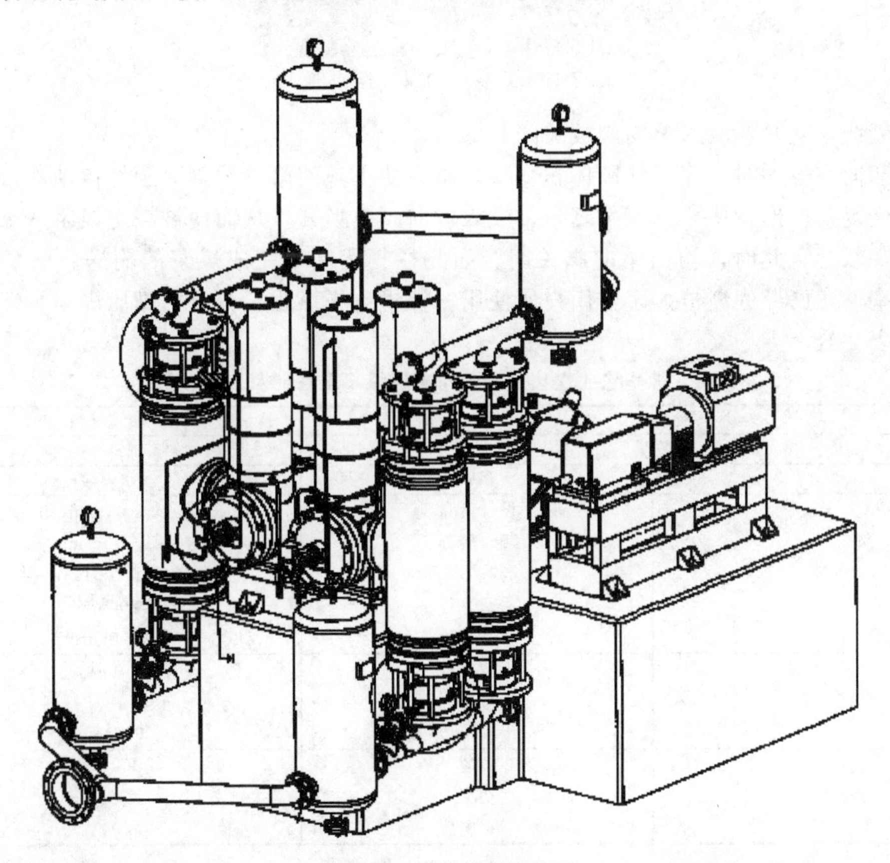

图 2-18　煤浆给料泵外形

该泵工作时，由变频电机驱动经齿轮减速箱减速，带动曲轴箱内曲轴旋转，经连杆将旋转运动转换为活塞的往复运动。如图 2-19 所示。

当活塞向左运动时，驱动一定量的液压油，使第二软管隔膜收缩，第二软管隔膜收缩的同时，驱动传动液使泵液压腔中的第一软管隔膜收缩，挤压所输送的煤浆通过输出单向阀排

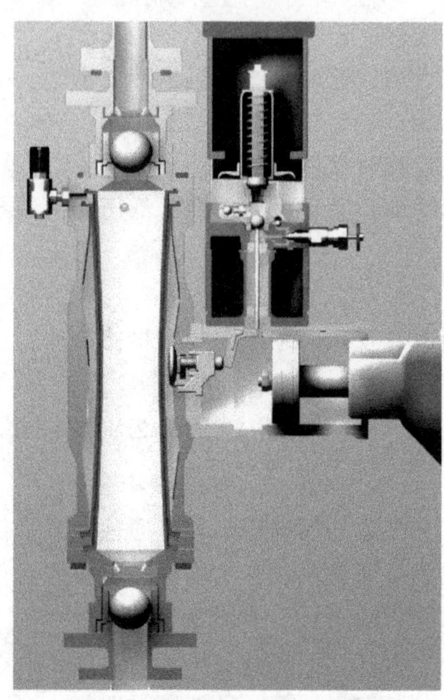

图 2-19 煤浆给料泵工作原理

出泵出口管线，此时，吸入单向阀被关闭。

当活塞向右运动时，液压油腔体积变大，压力变小，使第二软管隔膜经传动液带动第一软管隔膜恢复其原形，使泵头产生真空，吸入单向阀被吸开，从而使被输送煤浆从泵进口管线流入第一软管。此时，输出单向阀关闭。如此往复运动来完成煤浆的输送。该泵操作简单，维修率低，已经逐渐被大多数用户所使用。神华包头煤化工分公司高压煤浆泵性能及工作参数见表 2-18。

表 2-18 神华包头煤化工分公司高压煤浆泵性能及工作参数

项目		参数
数量		7 台
介质		水煤浆
性能	设计流量	42.5～102m^3/h
	额定转速	21～48r/min
	轴功率	141～351kW
	活塞直径	200mm
	柱塞行程	400mm
操作条件	入口温度	常温
	入口压力	静压
	出口压力	9.6MPa
驱动电机	转速	1490 r/min
	功率	450kW
	额定电压	400V

三、气化炉

（一）气化炉工作原理

气化炉是高温气化反应发生的设备，是气化的核心设备（见图 2-20）。其燃烧室为内衬耐火材料的立式压力容器，耐火材料用以保护气化炉壳体免受反应高温作用。壳体外部还设有炉壁温度监测系统，以监测生产中可能出现的局部热点。

气化炉工艺上要求满足生产需要，结构上为保证燃烧反应的顺利进行必须与烧嘴匹配得当，为保证必要的反应停留时间[82]和合理的流场分布必须具有合适的炉膛高径比。于遵宏[83]研究了德士古气化炉内气相停留时间分布，结果表明，停留时间跟气化气速、颗粒大小及气化炉结构有关。气化炉结构的不同，颗粒停留时间分布在 Texaco 气化炉和多喷嘴气化炉中有很大的差异。通过研究发现，颗粒在多喷嘴气化炉内的停留时间分布要比 Texaco 气化炉更为合理。

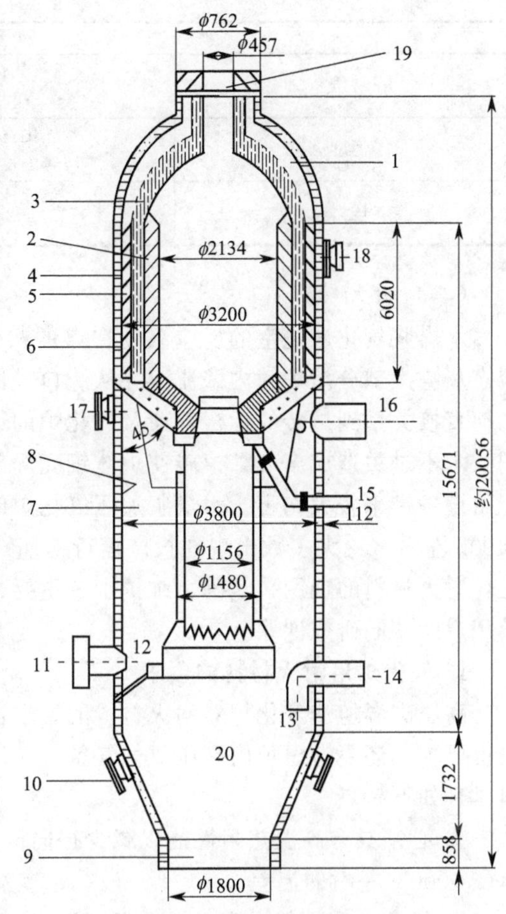

图 2-20 气化炉结构简图

1—浇注层；2—向火面砖；3—支撑砖；4—绝热砖；5—可压缩耐火塑料；6—燃烧室段炉壳；7—激冷段；8—堆焊层；9—渣水出口；10—锁斗再循环口；11—人孔；12—液位指示联箱；13—仪表孔；14—排放水出口；15—激冷水入口；16—出气口；17—托盘温度测量口；18—热电偶口；19—烧嘴口；20—激冷室底部

随着工艺要求的不同，气化炉燃烧室可直接与激冷室相连。在激冷流程中，燃烧室与激冷室一般连为一体，高温气体和熔渣经激冷环和下降管进入激冷室的水浴中。激冷环位于燃烧室渣口的正下方，激冷水通过激冷环使下降管表面均匀分布上一层向下的水膜，既激冷了高温气体和炉渣，也保护了金属部件。激冷环的作用非常重要，如果激冷水分布不好，有可能造成激冷环和下降管损坏或结渣，引起局部堵塞或激冷室超温。

气化炉的结构特点如下：

① 反应区仅为一空间，无任何机械部分。只要反应中的氧碳比得当，反应瞬间即可得到合格产品；

② 由于反应温度高，炉内设有耐火衬里；

③ 为了调节控制反应物料的配比，在燃烧室设有测量炉内温度的高温热电偶 4 只；

④ 为了及时掌握炉内衬里的损坏情况，在炉壳外表装设有表面温度系统；

⑤ 激冷室外壳内壁采用堆焊高级不锈钢的办法来解决腐蚀问题。

神华包头煤化工分公司气化炉性能及工作参数见表 2-19。

表 2-19 包头煤化工分公司气化炉性能及工作参数

项 目		参 数
数量		7 台
质量		365000kg
介质		高温煤气、熔渣
规格	气化室直径	ϕ3200mm
	激冷室直径	ϕ3800mm
	总高度	20056mm
	气化室容积	25.5m^3

续表

项 目		参 数
材质	气化室 激冷室	SA387GR11CL2 SA387GR11
温度	气化室(操作) 激冷室(操作)	400℃ 260℃
压力	设计压力 操作压力	7.15MPa 6.5MPa

（二）耐火砖

水煤浆气化燃烧室的反应温度在煤的灰熔点温度以上，约 1260～1400℃。煤灰形成的液态灰渣大部分沿炉膛内壁流下并从渣口排出，液态熔渣直接侵蚀冲刷炉砖，耐火材料性能如何直接关系到炉砖的运行寿命及气化炉的运行安全。一旦气化炉内耐火砖厚度不足或因砌炉技术不过关造成窜气、掉砖使炉体钢壳局部超温形成热点，轻则需停车检查处理，重则可能给设备带来较大伤害。水煤浆加压气化炉向火面耐火砖的使用寿命视具体情况，短的仅达 2400h 左右（绝大多数出现在投产运行初期），长的用到了 18000h 左右，中间差距很大。可见，耐火材料的选用、筑砌、维护十分重要，如何延长耐火材料的使用寿命成为各科研单位及用户的共同研究课题。

1. 气化炉用耐火材料的要求

高压高温熔渣气化炉对耐火材料的要求比较苛刻，除了要满足保护容器不受高温影响的强度要求，还要考虑炉内高压氧气气氛、还原气氛下熔渣对炉砖的侵蚀问题，这要求耐火材料具有如下特点。

① 必须具有高温热阻性能以减少径向散热量，这要求耐火材料内部 40～200mm 部位要承受 1000℃左右的温差。

② 最高温度下的强度必须保证，以抵抗气体和熔渣的冲刷和磨损，不至于由于高温性能不好使耐火材料局部损坏而导致压力容器出现热点。

③ 必须具有较高的热震稳定性，以承受温度骤变而产生的热应力，因为短时间内温度变化有可能达到几百度。

④ 必须具有低的气孔率、高的单位体积质量和强的抗渣性，以抵抗熔融灰渣的渗透和侵蚀。

⑤ 必须具有高温化学稳定性，与其他成分少发生或不发生化学反应。

另外，耐火材料的应用性能与其升温养护的好坏有着极大关系，没有按照耐火材料的要求进行养护或升降温都将影响耐火材料的寿命。

由于气化炉中的高温气体和熔渣同时与耐火材料接触，气体和熔渣的成分也因煤种而异，在制作耐火材料时必须考虑它们可能对构成耐火材料物质的影响。

高温下 SiO_2 会溶入气体的水蒸气当中（溶解量随蒸汽分压变化而变化）而被带走，因此含 SiO_2 的材料不适宜作耐火材料的原料。同理，含碳化硅（SiC）的材质及含其他硅化物的材质都不适应，因为它们都会被氧化生成 SiO_2 溶入气体中造成耐火材料的侵蚀。

含高铁的耐火材料由于铁化合物对 CO 分解析炭有催化作用，即：

$$2CO \longrightarrow C + CO_2 \qquad (2\text{-}74)$$

从而导致材料中的晶格扩大，破坏机械强度，也不适于用作耐火材料的原料。

含 Al_2O_3 材料易被煤灰熔渣中的 FeO 或 Fe_2O_3 溶解，对耐火材料性能也不利。

经实验测定各种氧化物在1500～2000℃温度下煤渣中的最大溶解度大小排序基本为：SiO_2＞CaO＞Al_2O_3＞MgO＞Cr_2O_3，所以高Cr_2O_3含量是熔渣气化炉炉衬材料所必需的。

碱性耐火物易被酸性灰渣所侵蚀，酸性耐火物易被碱性灰渣所侵蚀，特别是那些酸碱反应后产生与原物比容不同的物质更为危险，因为原物晶格将发生变化，会产生特别的机械应力；易于与煤灰成分生成低温共熔相的材料，也会导致特殊机械应力的产生。目前还没有发现可适应不同煤种气化的耐火砖，所以选择耐火砖时必须考虑气化操作温度和所用煤的灰分组成，一般认为MgO-Cr_2O_3耐火砖适应于碱性灰，Al_2O_3-Cr_2O_3适应于酸性灰。

分析表明，提高耐火材料Cr_2O_3的含量可提高抗渣性，ZrO_2的加入有助于材料的韧性增加，可以提高耐热冲击性，Al_2O_3的使用有助于材料的力学性能提高。综合考虑Cr_2O_3-Al_2O_3-ZrO_2类耐火材料，有必要根据实际情况调配组成、优化显微结构和相组成，以获得最佳性能。

经过研究和工业实践验证，较低的操作温度有利于炉衬蚀损率的降低，较低的炉衬蚀损率都在1400℃以下的气化炉上获得。

2. 水煤浆气化炉耐火衬里结构及材料

气化炉耐火材料整体可分为三大块：锥底、筒体和拱顶（参见图2-20），拱顶与壳体之间预留一定的膨胀空间，以备气化炉运行时炉砖整体向上膨胀。由内向外又可分为若干层，以筒体耐火材料为例，可分为向火面耐火层、背衬层、隔热层和可压缩层四层（拱顶和锥底与此大同小异），前三层之间预留有3～5mm的膨胀间隙，以便径向膨胀不受约束。

向火面耐火层：又称热面砖，是耐高温耐侵蚀的消耗层，一般选用高铬材料，要求具有高温化学稳定性、较高的抗蠕变强度和抗热震性。水煤浆气化炉筒体向火面砖厚约为230mm。

背衬层：主要作用是隔热保温，但在向火面砖消失的情况下作为一个可短暂操作的安全衬里使用，背衬砖大多采用刚玉砖。筒体砖厚约为200mm。

隔热层：要求隔热性能好，以使金属外壳始终处于安全温度界限之内，同时尽量减少热损失，一般选用氧化铝空心球砖，筒体砖厚约为110mm。

可压缩层：在一定温度范围内可被压缩或回复原状，能减少径向热膨胀应力对壳体的冲击。厚度约15～20mm。

不论是向火面耐火砖还是背衬耐火砖，环向和纵向砖与砖之间都要求具有较为牢靠的结合方式，以增强炉衬的整体性，防止耐火砖间高温气体乱窜，保证承压壳体的安全。

（1）向火面耐火砖

向火面耐火砖工作环境十分恶劣，设计单位和用户对其结构设计和材料选用十分谨慎。

① 结构域组成　炉膛向火面耐火层由独立的下部锥体、竖直筒体、上部拱顶三部分衬砖组成，期间设有15～25mm的纵向缝隙，这种结构有利于各自部分的拆除和更换。另外，由于锥底和筒体向火面耐火砖上部没有承重，在热态情况下可以独立自由地向上膨胀，减少了向火面耐火材料的应力。

② 熔渣对耐火材料的侵蚀原因分析　煤中主要夹杂有石英和硅/铝黏土类矿物，还有少量碳酸盐[84]、硫化物和硫酸盐，这些矿物作为煤中夹杂物随水煤浆液滴一起进入气化炉，煤浆液滴经过加热、干燥、热解、燃烧和气化反应，各个夹杂物转化成其他物质，最终熔融形成熔渣滴。有些熔渣滴会直接被气流带出气化炉而大多数冲击在炉膛墙壁上形成均匀的渣液，沿壁流向气化炉底部的渣口。这样形成的煤灰熔渣对耐火炉衬有极强的侵蚀性和磨损性，多年来各科研单位及用户一直在研究改进以选择合适的耐火材料和炉衬结构。

我国学者研究认为，由于渣侵蚀引起的材料损毁和热应力引起的材料破裂、剥落及砖缝开裂，是熔渣气化炉衬使用期间最为常见的问题。

熔渣对耐火材料的侵蚀取决于渣和耐火材料的化学成分、渣黏度、操作温度和流态，侵蚀包括三个过程：溶解、渗透和冲刷磨损。选择高铬耐火材料时因为其在煤渣中具有较低的溶解度，对一定的炉衬材料而言，溶解过程受耐火材料上的渣边界层扩散过程所限制，溶解速率取决于温度的高低。渣渗透不直接引起耐火材料的损毁，但溶解了耐火材料晶间的直接结合体，从而降低了高温强度，使材料的高温韧性大大降低，不同的变化会引起局部破裂；冲蚀过程是残渣和气体运动对耐火材料的作用过程，促进了前两个过程。

热应力损毁来自于向火面砖的热膨胀产生的环向应力。因为在其他方面上受到抑制，耐火材料在热面方向上产生蠕变变形，使得炉衬产生径向拉伸应力，进而产生平行于向火面的显微裂纹。显微裂纹又会结合起来形成很大的裂纹，最后砖的热面剥落下来。

气化炉频繁开停车会引起炉膛温度急剧变化，煤浆或氧气短时故障也会引起炉膛温度大幅波动，这种温度的大起大落是耐火材料产生裂纹的主要原因，严重时可因瞬时热应力过大导致炉砖爆裂掉片。随着裂纹的形成和熔渣的渗透，还会发生热化学剥落。由于熔渣和耐火材料之间的化学及矿物学反应而导致热膨胀系数不同，在熔渣渗透带和未变带之间形成应力，导致砖层剥落（通常 5～30mm）。这种化学剥落定期反复出现，最严重的时候每隔几个到几百小时就重复一次。

根据气化炉停车进炉观察情况，炉衬表面光滑平整，蚀损率在 0.02～0.03mm/h 以下的炉衬，煤熔渣的侵蚀冲刷是其主要的损毁原因，而炉衬使用后凹凸不平，有砖体开裂，热应力的作用为主要损毁原因。

③ 向火面砖的寿命　影响耐火砖寿命的因素很多，如耐火材料选择不当、筑炉质量不高、煤质不稳定、开停车太频繁、负荷变化、运行经验不足等等。根据多年的运行经验，拱顶砖的蚀损率远小于筒体部位，但拱顶经常出现砖开裂或掉砖现象，导致外壳上部出现热点；而锥底在操作不正常情况下无法保护激冷环，常使激冷环烧坏。气化炉低负荷长时间运行时，筒体上部砖蚀损常常偏大，而高负荷运转时，筒体下部砖和渣口砖寿命较短。

运行统计显示，操作温度太高和频繁开停车对气化炉耐火材料寿命影响最大。原料煤质是决定气化炉操作温度高低的一个关键因素，从理论上讲，德士古气化炉可以气化任何煤种，但使用高灰熔点煤时炉衬蚀损率异常高，常常出现堵塞渣口的现象，工况较难控制。渭河煤化工集团有限公司、鲁南化肥厂均因此更换过煤种。频繁开停车会导致耐火材料经受较大的温度波动及压力波动的影响，容易引起耐火砖出现裂纹或剥落。

为了提高向火面耐火砖的整体寿命，有些用户根据实际使用情况已经采取了在不同的部位砌筑抗蚀有所差异的耐火材料的做法，而且也对测压孔的位置、炉衬结构做了部分调整。这种选择需综合考虑喷嘴类型、操作压力、经济负荷等因素，以求最佳效果。据介绍，日本宇部氨厂筒体向火面耐火砖使用寿命一般可达 18000h 左右，锥体砖使用寿命可达 9000h，陕西渭河煤化工集团有限公司筒体向火面耐火砖使用寿命最长达到了 20000h。

（2）背衬砖

CHROMCOR12 铬刚玉制品，是以白刚玉砂为骨料加入适量 Cr_2O_3，经混料、成型、及高温烧结而成。该制品主要用于渣油气化炉的渣口、炭黑反应炉以及作为水煤浆气化炉向火面层的背衬砖。国产与进口铬刚玉砖的比较见表 2-20。

表 2-20　国产与进口铬刚玉砖的性能比较

性　　能	国产（洛阳耐火材料研究院）		进口（CHROMCOR12）
化学成分（质量分数）/%			
Cr_2O_3	13.09	12.90	12.36
Al_2O_3	85.80	85.10	85.21
Fe_2O_3	0.21	0.20	0.20
体积密度/（g/cm^3）	3.36	3.33	3.35
湿气孔率/%	16	17	17
耐压强度/MPa	195	186.4	141.5
重烧线变化（1600℃×3h）/%	+0.1	0（1400℃）	
荷重软化温度（0.2MPa×0.6%）/℃	＞1700	＞1700	

CHROMCOR10 浇铸料主要用作水煤浆气化炉锥底高铬砖的背衬材料（见表 2-21）。

表 2-21　国产与进口 CHROMCOR10 浇铸料性能比较

性　　能	国产（含铬浇铸料）	进口（CHROMCOR10）
化学成分（质量分数）/%		
Cr_2O_3	10.80	9.28
Al_2O_3	81.30	85.21
体积密度（110℃×24h）/（g/cm^3）	3.10	3.39
耐压强度（110℃×24h）/MPa	78.80	44.10

（3）隔热层

Al_2O_3空心球隔热耐火砖/浇铸料主要用于渣油气化炉的背衬层、炭黑反应炉及水煤浆气化炉的隔热层。如果作为浇铸料，存放时间不能过长，否则性能会降低。主要性能见表 2-22。

表 2-22　国产与进口 Al_2O_3 空心球隔热耐火砖/浇铸料性能比较

性　　能	国产（洛阳耐火材料研究院）	进口（诺顿公司）	
		CA333	RI34
化学成分（质量分数）/%			
Al_2O_3	96	95.68	98.5
SiO_2	0.16	0.05	0.17
Fe_2O_3	0.12	0.13	0.1
体积密度（110℃×16h）/（g/cm^3）	1.69	1.60	1.5
耐压强度（110℃×16h）/MPa	23.6	20.70	10（冷碎强度）
体积密度（1500℃×3h）/（g/cm^3）	1.54		
耐压强度（1500℃×3h）/MPa	18.9		
热导率（815℃）/[W/（m·K）]	0.746	0.85	1.30（800℃）

（4）可压缩层

常见的 FBX1900 水泥是一种矿物纤维和无黏结剂的干燥混合物，含有有效的防锈剂但没有腐蚀作用。施工时可用泥刀涂抹或用喷枪喷涂。

3. 国内耐火材料的发展及应用

水煤浆气化炉耐火材料国产化的研究主要以洛阳耐火材料研究院为主，其主导产品钢玉砖在美国德士古渣油气化炉上使用寿命达 17300h，高铬砖在水煤浆加压气化炉上使用寿命已超过 15000h，今后国内煤气化装置不必再从国外进口耐火砖。

（1）基础研究工作

从1980年开始，我国耐火材料研究工作者在化工部西北化工研究院水煤浆加压气化中试装置的开发中，逐步深入地研究了多种耐火材料的抗煤渣侵蚀性，首先证明了含铬耐火材料和加入高纯氧化铬的耐火材料抗煤渣侵蚀性能较好，以后又逐步验证了增加材料中的Cr_2O_3含量有利于材料的抗渣性的提高，并解决了高铬耐火材料生产工艺中存在的问题，研制成功镁铬尖晶石（$MgCr_2O_4$）和Al_2O_3-Cr_2O_3-ZrO_2系耐火材料。

在研究试验的基础上，洛阳耐火材料研究院于1981～1983年为西北化工研究院中试炉提供3套不同铬钢玉砖炉衬（Al_2O_3-Cr_2O_3），其平均蚀损率由开始的0.38mm/h降到0.065mm/h。1985年又为西北化工研究院中试冷壁炉提供一套捣打Al_2O_3-Cr_2O_3-ZrO_2耐火材料炉衬，平均蚀损率达到0.077mm/h。

在取得了以上使用经验的基础上，洛阳耐火材料研究院为西北化工研究院中试热壁炉提供了一套镁铬尖晶石耐火材料，性能见表2-23。该炉于1987年10月投用以来，共试烧了国内10多种煤种，累计运行486h，进行了各种实验并经过了频繁的开停车过程，该砖经受住了考验，平均蚀损率仅为0.02mm/h。

表2-23　洛阳耐火材料研究院耐火砖性能

项　目	镁铬尖晶石耐火材料	Al_2O_3-Cr_2O_3-ZrO_2	
	中试热壁炉	工业装置用80砖	法国Zirchrom80
化学成分(质量分数)/%			
Cr_2O_3	79.10	80.56	78.94
Al_2O_3	0.95	8.26	9.59
ZrO_2	—	4.42	2.62
SiO_2	0.75	—	—
MgO	16.98		
CaO	1.02		
Fe_2O_3	0.26	0.22	0.21
体积密度/(g/cm^3)	3.71	3.99	3.95
气孔率/%	17	15	13
耐压强度/MPa	26.4	195.2	123.2
热膨胀率(1300℃)/%	0.92(1300℃)	0.98	—
抗折强度(1400℃×0.5h)/MPa	3.6(1260℃)	8.86	9.86
热导率(1000℃)/[W/(m·K)]	1.92		—
重烧线变化(1600℃×3h)/%	−0.01		—
荷重软化温度(0.2MPa ×0.6%)/℃	—		—
蠕变(0.2MPa ×25h)/%	0.3(1550℃,50h)	−0.193(1400℃)	−0.378(1500℃)
热震稳定性(1100℃-水冷)/次		3～4(空冷>20)	1

“八五”期间，洛阳耐火材料研究院和新乡市耐火材料厂共同攻关研究和生产水煤浆气化炉热面砖，结合国内原料及现有生产条件，进一步完善生产工艺技术路线，为鲁南化肥厂生产了第一套工业化Al_2O_3-Cr_2O_3-ZrO_2耐火材料，于1994年12月投入使用，1996年3月更换，首次使用寿命达6002.9h（平均蚀损率为0.025mm/h），高于当时的引进的法国4141h（平均蚀损率为0.045mm/h），从而证实了国产耐火砖完全能够满足水煤浆加压气化工艺的使用要求，为耐火砖实现国产化打下了基础。洛阳耐火材料研究院于1998年11月1日同美国德士古发展公司在北京正式签订了工程协议书，商定美国德士古发展公司在亚洲地区转让水煤浆加压气化技术所需高铬耐火材料均由该院提供。

我国 Al_2O_3-Cr_2O_3-ZrO_2 耐火材料的主要特色是高铬原料合成的电熔法，而法国采用烧结法，相对密度较高的电熔合成料有助于材料性能的提高，见表 2-24。

表 2-24　电熔颗粒与烧结颗粒性能比较

项　目	电熔颗粒	烧结颗粒	项　目	电熔颗粒	烧结颗粒
湿气孔率/%	3.36	4.7	理论密度/(g/cm^3)	5.23	5.22
吸水率/%	0.68	0.98	相对密度/%	95.2	91.4
体积密度/(g/cm^3)	4.98	4.77			

（2）国内外典型向火面耐火砖性能比较

国内外使用的向火面耐火砖主要型号有：法国 SAVIOE 公司生产的铬铝锆型砖 Zirchrom60、Zirchrom80、Zirchrom90；美国 Harbison-Walker 公司生产的铬铝型砖 Aurex40、Aurex60、Aurex75、Aurex90 以及 Aurex90 SRDM；奥地利 Radex 公司生产的铬镁砖，包括 BCF-812、BCF-86C 等型号，其中 BCF-812 含 Cr_2O_3 78%、含 MgO18%；新乡耐火材料厂生产的铬铝锆型砖，包括 XKZ-80、XKZ-90 等型号；洛阳耐火材料研究院生产的铬铝锆型砖 LIRR-70、LIRR-80、LIRR-90。它们的共同特点是都含有较高的 Cr_2O_3 成分，其目的在于增强抗渣性和抗热震性。由于 Cr_2O_3 成分不易烧结致密，气孔率高，渣易渗透，加入了 Al_2O_3 成分；为了提高铬质材料的热稳定性加入了 ZrO_2 成分；目前铬铝锆型砖是比较理想的水煤浆气化炉向火面耐火砖。

4. 耐火材料的施工砌筑及养护

（1）材料储存要求

所有的材料必须存放在干燥的场所，潮湿的水汽会对耐火材料的整体性能产生不利影响，甚至会导致耐火材料产生裂纹或破碎；浇铸料和灰泥在使用前要避免受潮，浇铸料长时期存放会变质，如果存放时间超过 6 个月，应对浇铸物做实验，以保证他们浇铸后的硬度满足要求。

运到现场的材料要求严格检查，对不能用的要重新更换或订购。

（2）砌砖前的准备工作

① 相关图纸及使用说明资料齐全；

② 水电气等公用工程条件具备，专用工具运到现场；

③ 对现场相关设施进行保护，以防在砌砖过程中碰坏或弄脏；

④ 对气化炉壳内表面进行清洁处理，以免锈物或其他脏物影响可压缩层附着在壳体上；

⑤ 检查壳体的实际尺寸，确定有效轴线，并以金属线来作为中心线，检查同心度和垂直度，确定可压缩层的厚度；

⑥ 检查其他相关尺寸，如支撑板尺寸、拱顶模具尺寸等。

（3）砌砖

首先，不使用水泥对耐火砖进行预砌，检查砖与砖之间的接缝是否合适，计算出层与层之间的水泥接缝尺寸，检查同心度和内径等相关尺寸。当测出的所有尺寸无误后，开始用耐火水泥砌砖，确保所砌砖排的水平和同心。砖缝连接处必须充满水泥，以防运行中窜气。

水泥和浇铸料应严格按使用说明配置。水泥接缝的宽度却取决于所用的水量，含水量少的水泥接缝宽，含水量多的水泥接缝窄。浇铸料配置完毕后需在 30min 内使用，浇铸后至少需 24h 才能干燥。

筑炉主要控制参数如下：耐火炉砖要求横向砖缝小于 1.0mm，竖向砖缝小于 1.8mm；垂直度为±5mm，水平度为±4mm，同心度为±5mm。

筑炉工作完成后，对内部进行认真的检查、测量和清理十分重要，以便于日后对炉砖实际使用状况进行分析和管理。

(4) 烘炉养护

对耐火内衬进行养护或预热时，多层耐火内衬的膨胀及收缩的程度不同，设计规定的升温速率及恒温时间使得水分有充分时间从耐火材料中散出，且可保证内衬中的温度分布梯度保持稳定。一般在600℃以前是干燥脱去自由水和结构水阶段，升温速率10～30℃/h。黏结剂固化的局部化学反应阶段，与其特性组成有关，温度越高固化所需时间越短。耐火材料的使用性能与这个阶段掌握的好坏有极大的关系。

原则上，气化炉新砌炉砖自然通风干燥48h后才能开始升温干燥。升温干燥基本分为四个阶段：100℃、350℃、600℃、1000℃，各恒温72h，期间的升温速率为25℃/h，总共时间约需13～15d才具备投料使用的条件。如果要进炉检查，测量养护后新砖的数据，需将气化炉降到常温，降温速率控制在50℃/h以内。完成养护的炉内衬再要升温投料，可按50℃/h的升温速率升到投料前的温度，恒温一定时间即可。

(三) 烧嘴

烧嘴是与气化炉连接最紧密的设备，如图2-21所示。

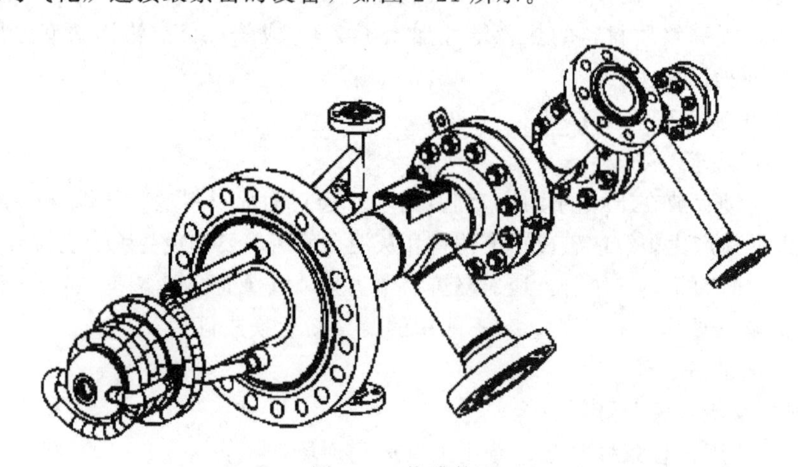

图2-21　烧嘴外形

水煤浆气化一般采用三流道外混式喷嘴，中心管和外环隙走氧气，中层环隙走煤浆。设置中心管氧气的目的是为了保证煤浆和氧气的充分混合，中心氧一般占总量的10%～20%。

喷嘴必须具有如下特点：要有良好的雾化及混合效果，以获得较高的碳转化率；要有良好的喷射角度和火焰长度，以防损坏耐火砖；要具有一定的操作弹性，以满足气化炉负荷变化的需要；要具有较长的使用寿命，以保证气化运行的连续性。

气化炉操作条件比较恶劣，固体冲刷、含硫气体腐蚀，再加上高温环境和热辐射，水煤浆喷嘴头部容易出现磨损和龟裂，需要定期倒炉以对喷嘴进行检查维护。

喷嘴要求采用耐磨性好的硬质材质，同时要求具有抗氧化/硫化和耐高温的特性。目前喷嘴的内管、中管、外管材料大多数采用含镍高的Inconel 600合金，头部材料则采用含钴高的UMCO50或Haynes188等镍基合金。

四、洗涤塔

洗涤塔主要由下降管、导气管、塔板、降液管、除沫器等内件构成，主要作用是将气化炉来的粗煤气进行除尘并控制水气比。

粗煤气中夹带的细灰在洗涤塔水浴中与水接触而被除去，粗煤气上升，在洗涤塔上部塔盘上与加入的净化水接触，进一步除去残余的细灰，使粗煤气中灰含量控制到 1mg/m³（标准状态）以下。粗煤气携带的水滴通过洗涤塔顶部出口设置的除沫器进行分离。国内采用的塔盘结构形式有撞击式泡罩和撞击式筛板两种。神华包头煤化工分公司洗涤塔性能及工作参数见表 2-25。

表 2-25 神华包头煤化工分公司洗涤塔性能及工作参数

项目			参数
数量			7台
质量			176685kg
介质			水煤气、黑水
规格	直径×高度		ϕ4200mm×21168mm
	塔盘形式		浮阀
	塔盘数量		4
	降液管宽度或面积		610mm
材质	塔盘		00Cr17Ni14Mo2
	塔底		13MnNiMoNbR/00Cr17Ni14Mo2
温度	塔顶	设计	280℃
		操作	242～250℃
	塔釜	设计	280℃
		操作	242～250℃
压力	塔顶	设计	7.15MPa
		操作	6.25～6.45MPa
	塔釜	设计	7.15MPa
		操作	6.25～6.45MPa

五、除氧器

除氧器的主要作用是除去灰水中的氧气和其他不凝结气体，以保证给水的品质（见图 2-22）。若水中溶解氧气，就会使与水接触的金属被腐蚀。因此水中溶解有任何气体都是不利的，尤其是氧气，它将直接威胁设备的安全运行。

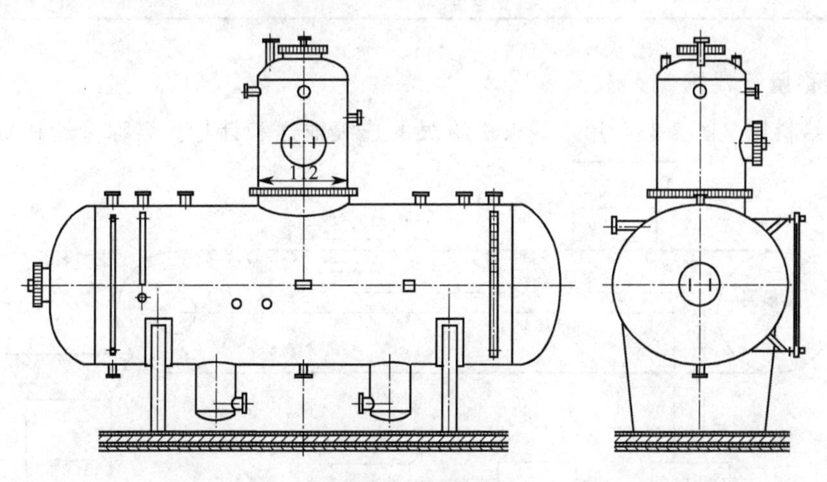

图 2-22 除氧器外形

除氧器工作原理：灰水首先进入除氧头内旋膜器组水室，在一定的水位差压下从膜管的小孔斜旋喷向内孔，形成射流，由于内孔充满了上升的加热蒸汽和闪蒸汽，水在射流运动中便将大量的加热蒸汽吸卷进来；在极短时间很小的行程上产生剧烈的混合加热作用，水温大幅度提高，而旋转的水沿着膜管内孔壁继续下旋，形成一层翻滚的水膜裙，水温达到饱和温度，氧气即被分离出来。因氧气在内孔内无法随意扩散，只能随上升的蒸汽从排汽管排向大气。

为了增大汽水接触面积，在除氧器头部放置一定量的填料，多数为拉西环或鲍尔环。

六、事故氮气压缩机

事故氮气压缩机的作用是将管网送来的低压氮气压缩成高压氮气，高压氮气是在气化炉开车引氧时，用来给氧气管线充压；停车时吹扫氧气和煤浆管线。

事故氮压缩机的管路包括气管路、水管路、循环油管路、仪表管路。

另外，为了确保事故氮压缩机安全正常运行，设计了电控柜和自控保护联锁，实时监测进气压力、各级排气压力、循环冷却水压力、润滑油压力等参数，由 PLC（可编程序控制）进行显示、报警并与主电机联锁。神华包头煤化工分公司事故压缩机性能及工作参数见表 2-26。

表 2-26 神华包头煤化工分公司事故压缩机性能及工作参数

项　目		参　数
数量		2 台
介质		氮气
外形尺寸:长×宽×高		4700mm×3600 mm×1500mm
性能	设计流量	1100m³/h
	额定转速	710r/min
	轴功率	220kW
	活塞直径	200mm
	柱塞行程	400mm
操作条件	入口温度	40～50℃
	入口压力	0.75MPa
	出口压力	13.5MPa
驱动电机	转速	740r/min
	功率	220kW
	额定电压	400V

七、煤称量给料机

煤称量给料机（图 2-23）用于磨煤机给煤的连续输送和计量。煤称量给料机将来自煤

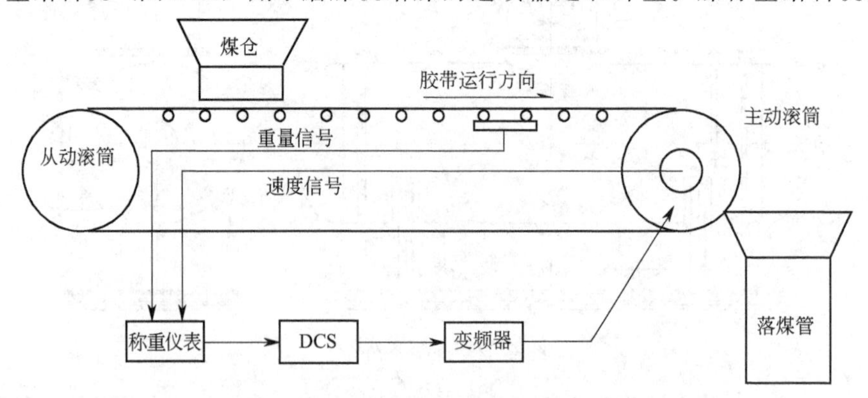

图 2-23 煤称量给料机工作原理

DCS—分散控制系统

斗的煤通过皮带连续输送进入磨煤机，在输送的过程中由安装在皮带下方的称重桥架进行重量检测，和装于尾轮的测速传感器对皮带速度进行检测，被测的重量信号和速度信号一同送入计算器进行微积分处理并以瞬时流量（单位：t/h）及累积量（单位：t）显示。其内部调节器将实测瞬时流量信号值与设定流量值进行比较，根据偏差大小输出相应的信号给变频器，通过变频器改变电机转速来实现给煤的输送量与设定值一致，从而完成给煤输送流量的控制。在输送过程中从皮带上撒落的煤，由安装在皮带下方的刮板式清扫装置定时清理到出煤口排出。神华包头煤化工分公司煤称量给料机性能及工作参数见表2-27。

表2-27　神华包头煤化工分公司煤称量给料机性能及工作参数

项　目		参　数
数量		6台
物料		原料煤
性能	运输皮带	环形阻燃裙边胶带
	带宽	1000mm
	倾角	0°
	给料距离	5700mm
	计量精度	≤±0.5%
电机	驱动电机功率	4.0kW
	清扫电机功率	1.5kW

参考文献

[1] 张占涛，王黎，孙雪莲．第三代煤气化技术研究开发进展［J］．煤化工，2005，118（3）：21-24.

[2] Edward Furimsky. Gasification of oil sand coke：Review［J］. Fuel Processing technology，1998，56：263-290.

[3] 屈利娟．流化床煤气化技术的研究进展［J］．煤炭转化，2007，30（2）：81-85.

[4] 刘霞，田原宇，乔英云．国内外气流床煤气化技术发展概述［J］．化工进展，2010，29：120-124.

[5] Yuxin Wu，Jiansheng Zhang，Mingmin Wang，et al. 3D numerical simulation of Texaco gasifier using assumed PDF model［J］. Journal of Chemical Industry and Engineering，2007，58（9）：2369-2374.

[6] Yuxin Wu，Jiansheng Zhang，Guangxi Yue，et al. Analysis of gasification performance of a Texaco gasifier based on presumed PDF model［J］. Proceedings of CSEE，2007，27（32）：57-62.

[7] Jian Wang，Haifeng Liu，Qinfeng Liang，et al. Experimental and numerical study on slag deposition and growth at the slag tap hole region of Shell gasifier［J］. Fuel Processing Technology，2013，106：704-711.

[8] Evgeny Shafirovich，Arvid Varma. Underground Coal Gasification：A Brief Review of Current Status［J］. Ind Eng Chem Res，2009，48（17）：7865-7875.

[9] Liu Hongtao，Chen Feng，Pan Xia，et al. Method of oxygen-enriched two-stage underground coal gasification［J］. Mining Science and Technology（China），2011，21：191-196.

[10] Shu-qin Liu，Jing-gang Li，Mei Mei，et al. Groundwater Pollution from Underground Coal Gasification［J］. Journal of China University of Mining and Technology，2007，17（4）：467-472.

[11] 王洪记．开创21世纪煤化工的德士古水煤浆加压气化技术［J］．化工进展，1997，16（3）：1-5.

[12] 许祥静．煤炭气化工艺［M］．北京：化学工业出版社，2005.

[13] 李志远．壳牌粉煤加压气化技术［J］．化工进展，2003，22（9）：1998-1999.

[14] 韩梅，吴国光．气流床下煤粉气化技术的发展［J］．洁净煤技术，2004，10（1）：46-49.

[15] Qinfeng Liang，Xiaolei Guo，Zhenghua Dai，et al. An investigation on the heat transfer behavior and slag deposition of membrane wall in pilot-scale entrained-flow gasifier［J］. Fuel，2012，102：491-498.

[16] 郭小杰，李文艳，张国杰．现代煤气化制合成气的工艺［J］．能源与节能，2011（7）：14-17.

[17] 唐宏青．GSP工艺技术概述［J］．中氮肥，2005，(2)：14-18.

[18] 李大尚．GSP技术是煤制合成气（或H_2）工艺的最佳选择［J］．煤化工，2005（3）：1-6.

[19] 李伟峰，于广锁，龚欣等．多喷嘴对置式煤气化技术［J］．氮肥技术，2008，29（6）：1-5.

[20] 贺永德．现代煤化工技术手册［M］．北京：化学工业出版社，2004.

[21] 刘进波．多喷嘴对置式水煤浆气化技术工业应用总结［J］．化肥设计，2012，50（4）：50-56.

[22] Fuchen Wang，Zhijie Zhou，Zhenhua Dai，et al. Development and demonstration plant operation of an opposed multi-burner coal-water slurry gasification technology［J］. Frontiers of Energy and Power Engineering in China，2007，1（3）：251-258.

[23] 于海龙，刘建忠，张超等．多喷嘴对置与新型水煤浆气化炉气化的对比［J］．煤炭学报，2007，32（5）：526-530.

[24] Xiaolei Guo，Zhenghua Dai，Xin Gong，et al. Performance of an entrained-flow gasification technology of pulverized coal in pilot-scale plant［J］. Fuel Processing Technology，2007，88（5）：451-459.

[25] 韩梅．德士古与壳牌两种煤气化技术比较［J］．煤炭加工与综合利用，1996（1）：15-17.

[26] 夏鲲鹏．气流床气化技术的现状及发展［J］．煤炭转化，2005，28（4）：69-73.

[27] 谢书胜，邹佩良，史瑾燕．德士古水煤浆气化、Shell气化和GSP气化工艺对比［J］．当代化工，2008，37（6）：666-668.

[28] Kosuke Aiuchi，Ryo Moriyama，Shohei Takeda，et al. A pre-heating vaporization technology of coal-water-slurry for the gasification process［J］. Fuel Processing Technology，2007，8：325-331.

[29] S Kajitani，S Hara，H Matsuda. Gasification rate analysis of coal char with a pressurized drop tube furnace［J］. Fuel，2002，81：539-546.

[30] 岑可法，倪明江，曹欣玉等．水煤浆滴燃烧过程的简化数学模型［J］．工程热物理学报，1984，5（3）：312-315.

[31] 王天骄．德士古煤气化炉模型研究［D］．北京：清华大学，2001.

[32] Reginald Bunt，John. A new dissection methodology and investigation into coal property transformational behaviour impacting on a commercial-scale SASOL-LURGI MK IV fixed-bed gasifier［D］. Potchefstroom：School of Chemical and Mineral Engineering，2006：5.

[33] 贺永德．现代煤化工技术［M］．北京：化学工业出版社，2010：363-367.

[34] Monson C R，Germane G J，Smoot L D，et al. Char oxidation at elevated pressures［J］. Combustion and Flame，1995，100：669-683.

[35] Muhlen H J，Heek K H，JuntgenH. Kinetic studies of steam gasification of char in the presence of H_2，CO_2 and CO［J］. Fuel，1985，64：944-949.

[36] 付长亮．张爱民．现代煤化工生产技术［M］．北京：化学工业出版社，2009：78-79.

[37] Anna Marzec. Towards an understanding of the coal structure：a review［J］. Fuel Processing Technology，2002，77-78：25-32.

[38] 沈浚．合成氨［M］．北京：化学工业出版社，2001：167.

[39] 高旭丽．神华煤水煤浆添加剂的研制［D］．湘潭：湖南科技大学，2012.

[40] 刘晓霞，屈睿，黄文红等．水煤浆添加剂的研究进展［J］．应用化工，2008（3）：1-3.

[41] 戴郁菁，何其慧，谢力等．水煤浆分散剂作用机理和应用研究［J］．精细化工（增刊），1999，16：195-198.

[42] 张延霖，邱学青，王卫星等．木质素磺酸盐在煤-水界面的吸附性能［J］．华南理工大学学报，2005，33（6）：51-54.

[43] 周青松，邱学青，王卫星．水煤浆分散剂研究进展［J］．煤炭转化，2004，27（3）：12-16.

[44] 杨洪波．木质素制复合型水煤浆添加剂的研究［D］．湘潭：湖南科技大学，2008.

[45] 邱学青，周明松，王卫星等．不同分子质量木质素磺酸钠对煤粉的分散作用研究［J］．燃料化学学报，2005，33（2）：179-183.

[46] 毛艳丽，张延风，罗世田等．水处理用絮凝剂絮凝机理及研究进展［J］．华中科技大学学报，2008，25（2）：78-82.

[47] 周令剑，王洪昌，冀琳彦．我国絮凝剂的研究现状及前景展望［J］．水资源与水工程学报，2006，17（2）：

39-42.
[48]　董军芳，林金清，曾颖等．微生物/硫酸铝复合絮凝剂在自来水原水中的应用［J］．应用化工，2002，31（2）：35-38.
[49]　郑幼松．聚丙烯酰胺类絮凝剂的现状与进展［J］．山东化工，2009，38（7）：24-27.
[50]　何爱江．阻垢剂性能及机理研究［D］．成都：四川大学，2006.
[51]　李本高，余正齐．影响循环水处理剂阻垢分散效果的主要因素［J］．工业用水与废水，2000，31（4）：4-6.
[52]　臧立彬．水煤浆加压气化黑灰水系统专用分散剂 NKC-920A 的应用及研究［J］．工业水处理，2006，26（8）：87-89.
[53]　张民．超分散剂的发展现状及前景［J］．科技信息，2010（17）：26-29.
[54]　李铁凤．绿色阻垢剂的制备与阻垢研究［D］．北京化工大学，2006.
[55]　罗承先，周韦慧．煤的气化技术及其应用［J］．中外能源，2009，14：28-35.
[56]　李玉林，胡瑞生，白雅琴．煤化工基础［M］．北京：化学工业出版社，2006.
[57]　岳辉，雷玲英，胥月兵等．甲醇合成气生产工艺的研究进展［J］．新疆石油天然气，2007，3（3）：92-96.
[58]　董宇涵．煤制甲醇工艺论析［J］．化学工程与设备，2009（12）：126-128.
[59]　唐宏青．碳一化工新技术概论［M］．长沙：《氮肥与甲醇》编辑部，2006：109-111.
[60]　贺华，周晓．固定层制气技术的发展及问题探讨［J］．现代化工，2007（6）：53-55.
[61]　Stiegela，Gary J，Massood Ramezanb. Hydrogen from coal gasification：An economical pathway to a sustainable energy future［J］. International Journal of Coal Geology，2006，65（3-4）：173-190.
[62]　Bo Su，Yongwen Liu，Xi Chen，et al. Dynamic modeling and simulation of shell gasifier in IGCC［J］. Fuel Processing Technology，2011，92：1418-1425.
[63]　H W Liu，W D Ni，Z Li，et al. Strategic thinking on IGCC development in China［J］. Energy Policy，2008，36（1）：1-11.
[64]　L F Zhao，Y H Xiao，K S Gallagher，et al. Technical，environmental，and economic assessment of deploying advanced coal power technologies in the Chinese context［J］. Energy policy，2008，36（7）：2709-2718.
[65]　Andrew J Minchener. Coal gasification for advanced power generation［J］. Fuel，2005（84）：2222-2235.
[66]　Ligang Zheng，Edward Furinsky. Comparison of Shell，Texaco，BGL and KRW gasifiers as part of IGCC plant computer simulations［J］. Energy Conversion and Management，2005（46）：1767-1779.
[67]　Smoot L D，Smith P J. Coal combustion and gasification［M］. New York：Plenum Press，1985.
[68]　Jinhu Wu，Yitian Fang，Yang Wang. Combined Coal Gasification and Methane Reforming for Production of Syngas in a Fluidized-Bed Reactor［J］. Energy&Fuels，2005，19（2）：512-516.
[69]　Alexander Tremel，Thomas Haselsteiner，Christian Kunze，et al. Experimental investigation of high temperature and high pressure coal gasification［J］. Applied Energy，2012，92：279-285.
[70]　Koichi Matsuoka，Daisuke Kajiwara，Koji Kuramoto，et al. Factors affecting steam gasification rate of low rank coal char in a pressurized fluidized bed［J］. Fuel Processing Technology，2009，90：895-900.
[71]　王彦海，周鹏．GE 水煤浆气化激冷水系统维护和改造探讨［J］．化工设计通讯，2012，38（2）：81-82.
[72]　赵伯平．多元料浆气化炉入炉激冷水流量指标的探讨［J］．贵州化工，2012，37（2）：30-32.
[73]　常亮，宋淑群，孔祥波．德士古气化炉激冷水流量低原因探究［J］．洁净煤技术，2013，19（1）：118-120.
[74]　丁振伟，王伟．德士古气化合成气带水问题的分析与探讨［J］．化肥工业，2002，30（2）：52-54.
[75]　李铁，李伟力，袁竹林．下降管内壁激冷水降膜流动特性［J］．东南大学学报，2006，36（6）：962-966.
[76]　Matteo Gazzani，Giampaolo Manzolini，Ennio Macchi，et al. Reduced order modeling of the Shell-Prenflo entrained flow gasifier［J］. Fuel，2013，104：822-837.
[77]　Tao Wu，Mei Gong，Ed Lester，et al. Characterisation of residual carbon from entrained-bed coal water slurry gasifiers［J］. Fuel，2007，86（7-8）：972-982.
[78]　J Falbe. Chemieroffe aus Kohle［M］. Stuttgart：Georg Thieme Verlag，1997.
[79]　郭树才．煤化学工程［M］．北京：冶金工业出版社，1991：205-212.
[80]　H Watanabe，M Otaka. Numerical simulation of coal gasification in entrained flow coal6. gasifier［J］. Fuel，2006（85）：1935-1943.

[81] Syed Shabbar，Isam Janajreh. Thermodynamic equilibrium analysis of coal gasification using Gibbs energy minimization method [J]. Energy Conversion and Management，2013，65：755-763.

[82] Harris A T，Davidson J F，Thorpe R B. Particle residence time distributions in circulating fluidised beds [J]. Chemical Engineering Science，2003，58：2181-2202.

[83] Zunhong Yu，Xin Gong，Caida Shen，et al. Mathematical model of residence time distribution on gasifier [J]. Journal of Chemical Engineering of Chinese Universities，1993，7 (4)：322-329.

[84] A Kosminski，D P Ross，J B Agnew. Transformations of sodium during gasification of low-rank coal [J]. Fuel Processing Technology，2006，87：943-952.

第三章　合成气变换与净化

煤气化装置制备的粗煤气中，主要组分为氢气、一氧化碳，还含有二氧化碳、硫化物、甲烷、氨、氮气、微量粉尘和杂质等。粗煤气中的氢气和一氧化碳是甲醇合成的原料，但不符合甲醇合成原料气的氢碳比例的要求，粗煤气需要通过一氧化碳变换反应使过量的一氧化碳转化为氢气和二氧化碳；粗煤气中的二氧化碳和硫化物等需要通过脱硫脱碳技术予以脱除，最终得到满足甲醇合成需要的合成气（H_2+CO），同时使合成气的组成达到氢碳比 $M=n(H_2-CO_2)/n(CO+CO_2)=2.05\sim2.1$[1]。

由粗煤气制取合格合成气的净化过程，包括一氧化碳变换和酸性气体脱除。

第一节　合成气变换与净化概述

神华包头煤化工分公司180万吨/年煤制甲醇装置的净化系统采用部分一氧化碳变换和林德低温甲醇洗净化工艺，为2个系列并列运行，每个系列由一氧化碳变换、低温甲醇洗和冷冻3个单元组成。

一、一氧化碳变换单元

一氧化碳变换的工艺流程主要依据总的生产工艺要求、变换中使用的催化剂特性和热量利用等情况，经综合考虑后确定[2]。

目前的变换工艺主要分为常规变换和耐硫变换两种。常规变换即原料气先脱硫后再变换；耐硫变换即含硫原料气不经脱硫而直接进行变换。

常规变换工艺净化流程组合的顺序为“脱硫＋变换＋脱碳”[3]，脱硫和脱碳分别置于变换的上、下游，工艺流程较为复杂、设备数量较多，同时工艺上能量利用不太合理，能耗较高。

耐硫变换工艺净化流程组合的顺序为“耐硫变换＋脱硫＋脱碳”[3]，工艺气无需先脱硫而直接进行变换过程，工艺流程较为简单，耐硫变换之后的酸性气脱除可以在低温甲醇洗的一个或两个吸收塔内进行，流程的匹配性和能量利用的合理性较佳。

甲醇生产中的变换工艺配气方法分两类[4]：部分气体通过变换后配气和全气量通过变换。用部分气体通过变换后配气方法能够根据气体成分变化方便地调节氢碳比例，而且变换炉操作比较稳定。但不经变换炉的原料气中所含的有机硫（主要为COS和CS_2形态）未被转化，除非采用低温甲醇洗，否则难以除去有机硫。全气量通过变换不仅可调节氢碳比例，而且能使有机硫转化为易脱除的无机硫。全气量通过变换的关键是在保证反应器自热的前提下，控制较低的变换率。为此必须选择起始活性温度低的催化剂，并使变换炉入口温度降低，水气比也较低，以保证一定的变换率。

神华包头煤化工分公司180万吨/年煤制甲醇装置的变换单元采用变换＋配气的耐硫变换流程。来自煤气化装置的一部分粗煤气经废热锅炉降温、分离冷凝液后通过变换炉变换；另一部分粗煤气不经过变换炉（配气）。通过控制进变换炉的粗煤气流量和配气的流量来满足合成气对氢碳比的要求，变换单元同时副产 0.46MPa、1.1MPa 和 4.1MPa 的蒸汽。变换炉为径向反应炉，内件采用 Johnson Matthey 公司专利产品，装填耐硫变换催化剂。变换单元工艺流程见图 3-1。

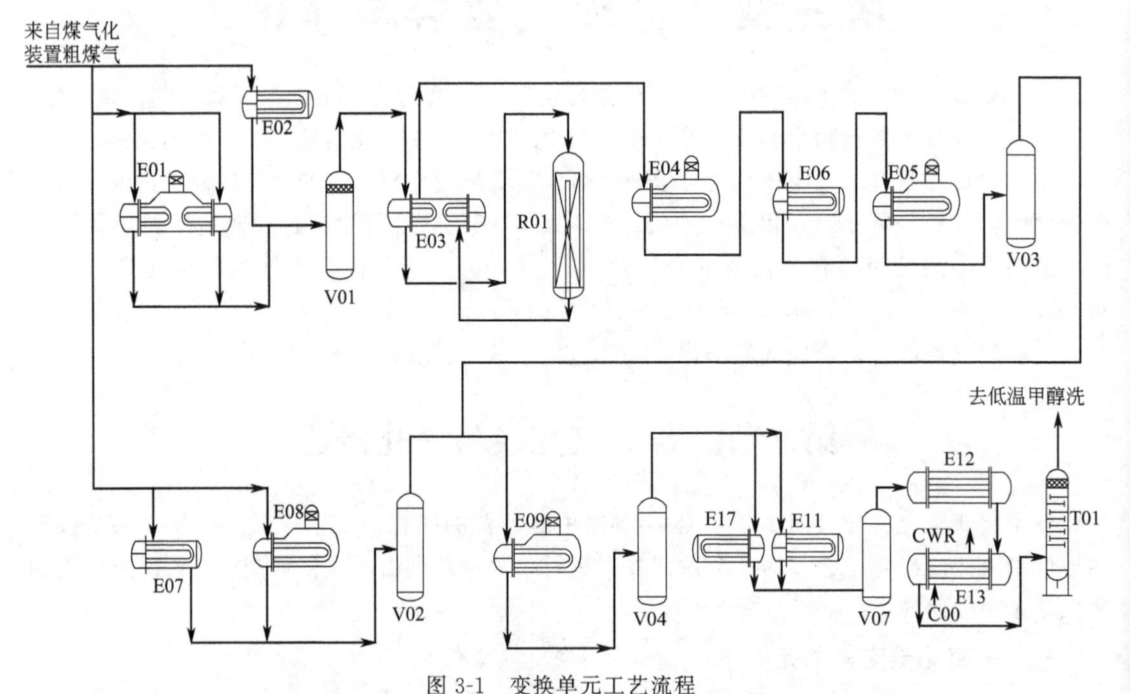

图 3-1　变换单元工艺流程

E01—水煤气废热锅炉Ⅰ；E02—中压锅炉给水加热器；V01—第一水分离器；E03—中温换器/蒸汽过滤器；R01—变换炉；E04—变换废热锅炉Ⅰ；E06—低压蒸汽过热器Ⅰ；E05—变换废热锅炉Ⅱ；V03—第三水分离器；E07—低压蒸汽过热器Ⅱ；E08—水煤气废热锅炉Ⅱ；V02—第二水分离器；E09—低压废热锅炉；V04—第四水分离器；E11—低压锅炉给水加热器；E17—中压锅炉给水加热器；V07—第五水分离器；E12—脱盐水加热器；E13—变换气水冷器；T01—洗氨塔

二、低温甲醇洗单元

低温甲醇洗单元采用林德公司的低温甲醇洗技术。低温甲醇洗是以甲醇作为溶剂的物理洗涤系统，将变换气中的酸性气 CO_2、H_2S 和 COS 脱除，以满足甲醇合成的需要。酸性气体的吸收是在低温下进行的，变换气先经冷却，在甲醇洗涤塔中洗涤吸收 CO_2、H_2S 和 COS 等，经过解吸分别在 CO_2产品塔得到无硫 CO_2产品，在热再生塔再生得到的含 H_2S 酸性气体送硫回收装置生产硫黄，甲醇经再生后重复使用。

低温甲醇洗单元包括：原料气冷却、H_2S/COS 和 CO_2的脱除、甲醇中压闪蒸、CO_2产品、H_2S 浓缩、热再生、甲醇水分离、尾气洗涤及甲醇收集等系统。低温甲醇洗单元工艺流程见图 3-2。

三、冷冻单元

为了维持低温甲醇洗单元在低温状态下稳定运行，需要冷冻单元为其提供冷量。目前经常使用的制冷介质为氨和丙烯，氨作为制冷系统的制冷剂在大型冷冻装置上（主要在合成氨装置）被广泛采用[5]。结合工厂自身生产丙烯的实际情况，冷冻单元采用了丙烯作为制冷剂。冷冻单元采用 2 台丙烯压缩机循环压缩制冷，分别为 2 个低温甲醇洗系列提供冷量。冷冻单元工艺流程见图 3-3。

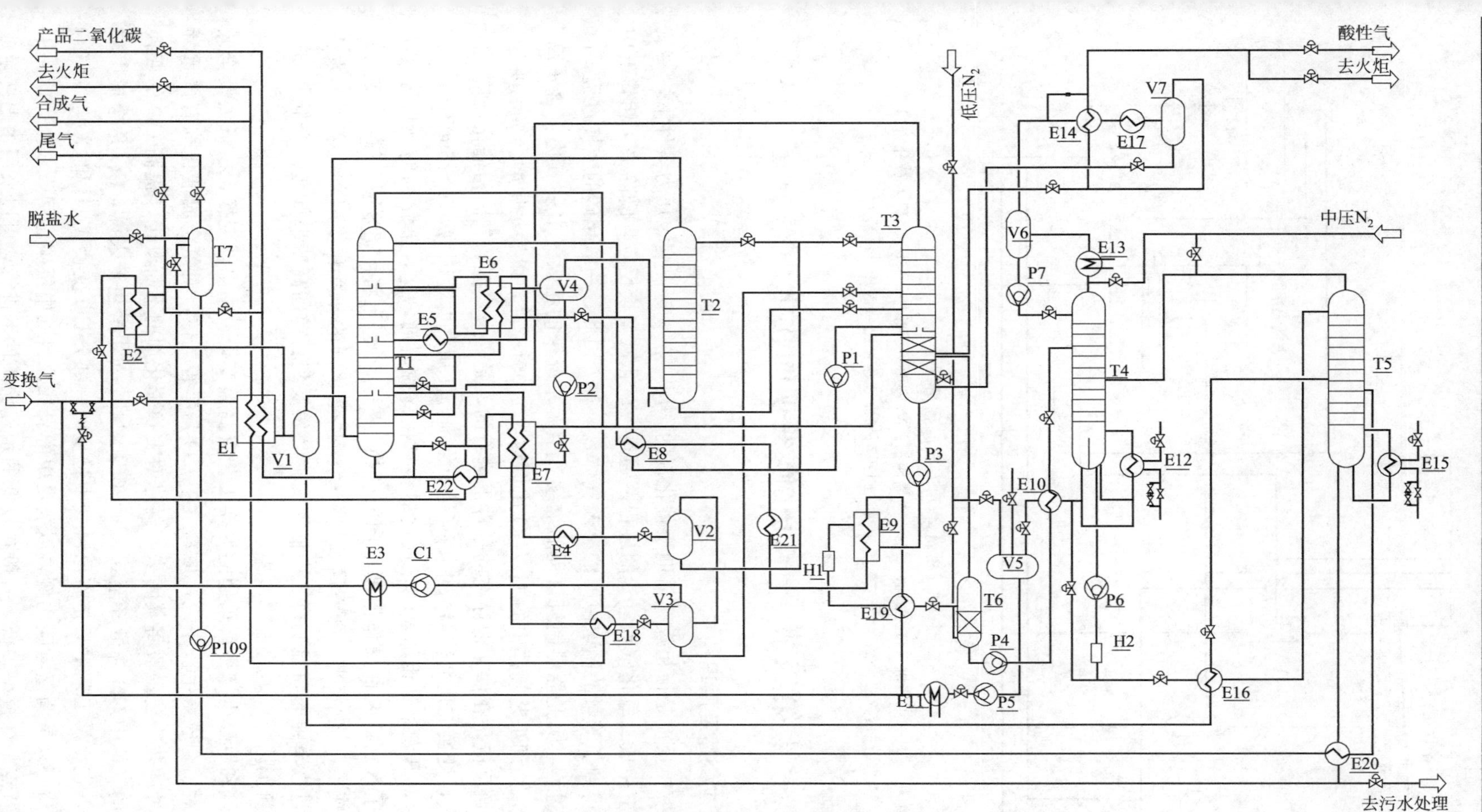

图 3-2 低温甲醇洗单元工艺流程简图

T1—甲醇洗涤塔；T2—二氧化碳产品塔；T3—硫化氢浓缩塔；T4—热再生塔；T5—甲醇水分离塔；T6—二氧化碳汽提塔；T7—尾气洗涤塔；V1—第一水分离器；V2—循环气闪蒸罐Ⅰ；V3—循环气闪蒸罐Ⅱ；V4—甲醇闪蒸罐；V5—贫甲醇收集槽；V6—硫化氢馏分分离器；V7—硫化氢馏分分离器Ⅱ；P1～P4—富甲醇泵；P5—贫甲醇泵；P6—甲醇水分离塔回流泵；P7—热再生塔回流泵；P109—富水泵；C1—循环气压缩机；E4，E5，E17，E21—丙烯冷却器；E1—原料气冷却器Ⅰ；E2—原料气冷却器Ⅱ；E3—循环气压缩机出口冷却器；E6—循环甲醇冷却器；E7—甲醇换热器Ⅰ；E8—贫甲醇冷却器；E9—甲醇换热器Ⅱ；E10—甲醇换热器Ⅳ；E11—甲醇水冷器；E12—热再生塔再沸器；E13—H_2S馏分冷却器；E14—H_2S馏分换热器；E15—甲醇水分离器再沸器；E16—回流冷却器；E18—合成气甲醇换热器；E19—甲醇换热器Ⅲ；E20—水换热器；E22—尾气甲醇换热器；H1—富甲醇过滤器；H2—贫甲醇过滤器

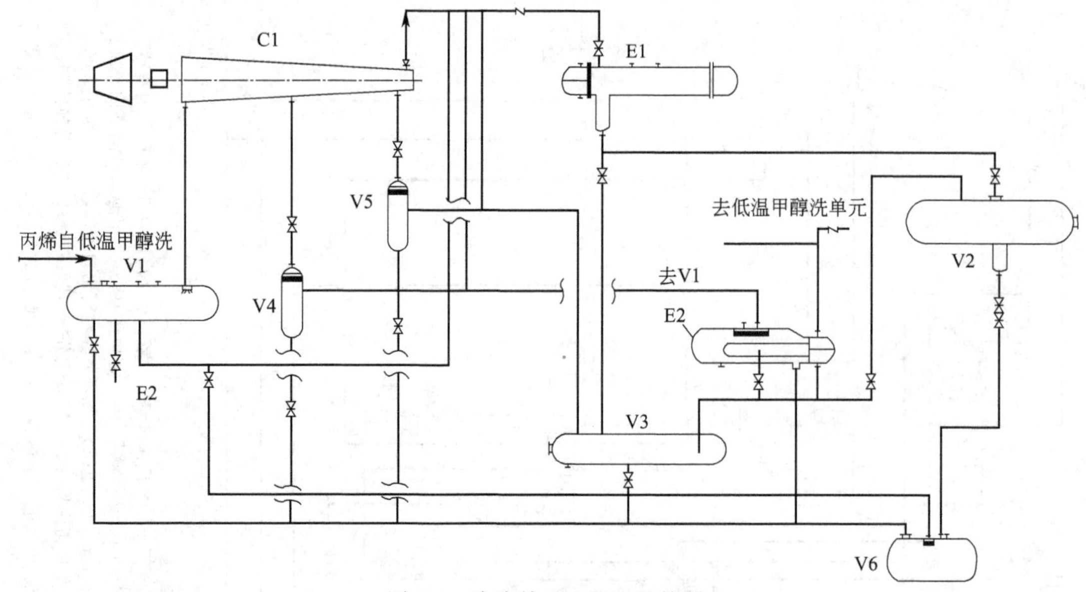

图 3-3 冷冻单元工艺流程简图

C1—丙烯压缩机；V1—压缩机入口分离器；V2—丙烯储槽；V3—丙烯闪蒸槽；V4—二段入口分离器；V5—三段入口分离器；V6—煮油器；E1—丙烯冷凝器；E2—丙烯过冷器

第二节 一氧化碳变换的化学

一、变换反应概述及原理

一氧化碳的变换反应是指粗煤气借助于催化剂的作用，在一定温度、压力条件下，一氧化碳与水蒸气反应生成二氧化碳和氢气的过程。通过一氧化碳变换反应，既除去了粗煤气中的一氧化碳，又得到了等量的制取甲醇的有效气体：氢气。因此，一氧化碳的变换过程，既是原料气的净化过程，又是原料制氢过程的继续。上游系统来的粗煤气中一氧化碳含量高，通过变换反应后，达到工艺气体中的 H_2/CO 比例约为 2.05～2.1，以满足甲醇合成的要求。

一氧化碳变换反应是在催化剂存在的条件下进行的，是一个典型的气固相催化反应。20 世纪 60 年代以前，变换催化剂普遍采用 Fe-Gr 催化剂，使用温度范围为 350～550℃[6]。20 世纪 60 年代以后，开发了钴钼加氢转化催化剂和氧化锌脱硫剂，这种催化剂的操作温度为 200～280℃，为了区别这两种操作温度不同的变换过程，习惯上将前者称为“高温变换”，后者称为“低温变换”。近年来，随着高活性耐硫变换催化剂的开发和使用，变换工艺发生了很大变化，由过去单纯的高温变换、中低温变换，发展到目前的高变串低变、全低低、中低低变换等多种新工艺[7]。

在国内合成氨和甲醇生产中所采用的变换工艺有高温变换、中串低变换、中低低及全低低变换工艺等。对于合成氨生产来说，原料气中 CO 是有害气体，对氨合成催化剂有严重毒害，必须通过各种净化工艺手段将其除去，经过对变换催化剂的不断改进，提高 CO 的变换率，可使变换后的气体中 CO 含量降至 0.2%～0.4%[5]。对甲醇生产来说，CO 是合成甲醇的有效气体成分，在变换工艺中只是将原料气中过量的一部分 CO 变换成 H_2 和 CO_2，对 CO 的变换率要求不高，只是调整氢碳比例，以满足甲醇合成原料气中氢碳比例要求。因此，甲醇生产中变换的特点是变换率较低，一般在较低的水气比条件下进行，可以采用中温变换或全低变换流程[8]。

（一）变换反应热

变换反应可用下式表示：

$$CO+H_2O(g)\rightleftharpoons CO_2+H_2+Q$$

变换反应的特点是可逆、放热、反应前后体积不变，并且反应速率比较慢，只有在催化剂的作用下才具有较快的反应速率[2]。

变换反应是放热反应，反应热随温度升高而有所减少，其关系式为：

$$Q=10000+0.219T-2.845\times10^{-3}T^2+0.9703\times10^{-6}T^3\ (\mathrm{cal/mol})$$

式中，T 为温度，K。

不同温度下变换反应的反应热也可从表 3-1 查出。

表 3-1　变换反应的反应热

温度/℃	25	200	250	300	350	400	450	500
反应热/(kJ/mol)	41.16	40.04	39.64	39.23	38.76	38.30	37.86	37.30

在工业生产中，一旦变换炉升温完毕转入正常生产后，即可利用其反应热来维持生产过程的连续进行。

（二）变换反应的化学平衡

1. 平衡常数

化学平衡是指化学反应所能进行的程度。在化学反应中，有些反应能进行得完全彻底，另一些反应则不能。一氧化碳的变换反应，它可以顺向反应（正反应），也可以逆向反应（逆反应）。反应开始时，正反应速率很快，虽然混合物中仍有相当数量的反应物，但生成物不再增加，此状态称化学平衡状态。平衡状态并不是反应停止了，而是在短时间内反应物变成生成物，立即又变成了反应物，也就是说反应物与生成物之间的浓度比例不再改变。因此，化学平衡是动态平衡，一旦条件变化，原来的平衡就被破坏，在新条件下又建立新的化学平衡。这种由一个平衡转向另一个平衡称为化学平衡的转移。影响化学平衡的因素有反应温度、压力和反应物的浓度。在一个平衡系统中改变其影响因素之一，平衡一定向着条件减弱的方向移动。

在一定条件下，当变换反应的正、逆反应速率相等时，反应即达到平衡状态，其平衡常数为：

$$K_p=\frac{p_{CO_2}^*p_{H_2}^*}{p_{CO}^*p_{H_2O}^*}=\frac{y_{CO_2}^*y_{H_2}^*}{y_{CO}^*y_{H_2O}^*} \tag{3-1}$$

式中　$p_{CO_2}^*$，$p_{H_2}^*$，p_{CO}^*，$p_{H_2O}^*$—各组分的平衡分压，Pa；

$y_{CO_2}^*$，$y_{H_2}^*$，y_{CO}^*，$y_{H_2O}^*$——各组分的平衡组成，摩尔分数。

平衡常数 K_p 表示反应达到平衡时，生成物与反应物之间的数量关系，因此，它是化学反应进行完全程度的衡量标志。K_p 值愈大，即 $y_{CO_2}^*y_{H_2}^*$ 的乘积越大，说明原料气中一氧化碳转化越完全，达到平衡时变换气体中残余一氧化碳量越少。

变换反应的平衡组成可用平衡常数来计算。K_p 是温度的函数，可用范特霍夫方程式计算，也可用催化剂生产厂家所提供的公式计算或用 K_p 数据表直接查得[2]。

由于变换反应是放热反应，降低温度有利于平衡向右移动，因此，平衡常数随温度的降低而增大，当压力小于 5MPa 时可不考虑压力对平衡常数的影响。

不同温度下，一氧化碳变换反应的平衡常数见表 3-2。

表 3-2 变换反应的平衡常数

温度/℃	200	250	300	350	400	450	500
K_p	227.9	86.51	39.22	20.34	11.7	7.311	4.878

在工业生产范围内，平衡常数可用以下简化式计算：

$$\lg K_p = \frac{1914}{T} - 1.782 \tag{3-2}$$

式中，T 为温度，K。

2. 变换率

一氧化碳的变换程度常用变换率表示，其定义是变换反应已转化的一氧化碳量与变换前一氧化碳量之比。表达式为：

$$x = \frac{n_{CO} - n'_{CO}}{n_{CO}}$$

式中 x——一氧化碳变换率；

n_{CO}，n'_{CO}——变换前后 CO 量，mol。

以 1kmol 原料气（干基）为计算基准。n 为水气比，即 1kmol 干原料气配入 $n$kmol 水蒸气进行变换反应。设反应初始状态一氧化碳、二氧化碳、氢和其他气体的含量（摩尔分数，干基）分别为 a、b、c、d，则当变换率为 x 时，已变换的一氧化碳量为 axkmol，反应前后的物料关系如表 3-3 所示。

表 3-3 一氧化碳变换反应的物料关系

气体	反应前各组分物质的摩尔量	反应后各组分物质的摩尔量	变换气组成(摩尔分数)	
			干基	湿基
CO	a	$a-ax$	$\frac{a-ax}{1+ax}$	$\frac{a-ax}{1+n}$
H_2O	n	$n-ax$	—	$\frac{n-ax}{1+n}$
CO_2	b	$b+ax$	$\frac{b+ax}{1+ax}$	$\frac{b+ax}{1+n}$
H_2	c	$c+ax$	$\frac{c+ax}{1+ax}$	$\frac{c+ax}{1+n}$
其他气体	d	d	$\frac{d}{1+ax}$	$\frac{d}{1+n}$
干基气量	1	$1+ax$		
湿基气量	$1+n$	$1+n$		

由表 3-3 可见，干变换气中一氧化碳含量（摩尔分数）

$$a' = \frac{a-ax}{1+ax}$$

移项即得：

$$x = \frac{a-a'}{a(a+a')}$$

式中　a——原料气中的一氧化碳摩尔分率；

a'——变换气的一氧化碳摩尔分率。

当变换反应达平衡时，$x=x^*$，将变换气湿基组成代入式(3-1)，则平衡常数可表示成：

$$K_p=\frac{y_{CO_2}^* y_{H_2}^*}{y_{CO}^* y_{H_2O}^*}=\frac{(b+ax^*)(c+ax^*)}{(a-ax^*)(n-ax^*)} \tag{3-3}$$

当变换前气体组成一定时，则可根据式(3-2)、式(3-3) 求得一定温度下平衡变换率及平衡组成。

在一定条件下，变换反应达到平衡时的变换率称为平衡变换率，它是在该条件下变换率的最大值。平衡变换率越高，说明反应达到平衡时变换气中一氧化碳残余量越少。工业生产条件下，由于反应不可能达到平衡，因此变换率实际不可能达到平衡变换率。必要时，可以用实际变换率与平衡变换率的接近程度来衡量生产工艺条件的好坏。

二、变换反应影响因素

(一) 温度

变换反应是放热的可逆反应，降低温度，平衡常数增大，有利于变换反应向右进行，因而平衡变换率增大，变换气中残余一氧化碳含量减少。工业生产中，降低反应温度必须与反应速率和催化剂性能综合考虑。对一氧化碳含量较高的水煤气，开始反应时为了加快反应速率，一般在较高温度下进行，而在反应的后一阶段，提高温度对反应速率和化学平衡存在着矛盾，为使反应进行得较完全，就必须使反应温度降低一些。反应温度与催化剂的活性温度有很大关系。一般工业上用的催化剂在低于活性温度时，变换反应便不能正常进行，而高于某一温度时将损坏催化剂。因此，一氧化碳的变换反应必须在催化剂的活性温度范围内选择最佳的操作温度。

对于可逆放热反应而言，存在着最佳反应温度。温度升高，反应速率常数增大，对反应速率有利；但同时CO平衡含量增大，反应推动力变小，对反应速率又不利。对一定的催化剂及气相组成，必将出现最大的反应速率值，其对应的温度即为最佳反应温度[9]。

随着反应在床层上的不断进行，最佳反应温度与平衡温度一样是逐渐降低的，根据最佳反应温度与CO浓度的变化关系作成的曲线，称为最佳反应温度线。如果反应能按最佳反应温度线进行，催化剂用量最少、变换效率最高。实际上由于绝热操作线正好相反，因此很难完全按最佳温度线进行。综合各方面因素，变换温度条件一般这样来决定：

① 应在催化剂的活性温度范围内来操作，运行中床层热点不要超过温度上限。

② 在催化剂使用初期或催化剂活性较好的情况下，应尽量控制在较低的温度。既可以达到反应要求，又可以起到防止催化剂过早衰老的效果；而在催化剂使用后期或催化剂活性下降后，就应逐渐提高反应温度，以反应速率的提高来弥补活性的下降，最终达到变换率的要求。

③ 为了尽可能接近最佳温度线进行反应，可采用分段冷却，这也是某些制氢装置设置两个低变炉的原因之一。对于低变炉，值得注意的是，操作温度不仅受到催化剂活性温度的限制，而且还必须高于气体在该压力和水气比下的露点温度以上20℃[10]。

(二) 压力

由于变换反应是等体积反应，故压力对平衡影响不大，加压却促进了析炭和甲烷化副反应的进行。但压力变化影响反应速率，提高压力，反应物体积缩小，单位体积中反应物分子数增多，反应分子被催化剂吸附速率增大、反应物分子与被催化剂吸附原子碰撞的机会增多，因而可以加快反应速率，提高催化剂的生产强度，减小设备和管件尺寸；且加压下的系统压力降所引起的功耗比低压下少；加压还可提高蒸汽冷凝温度，可充分利用变换气中过剩蒸汽的热能，提高冷凝液的价值，还可降低后续压缩合成气的能耗[11]。当然，加压会使系统冷凝液的酸度增大，对设备、管道材料的腐蚀性增强，这是不利的一面。一般变换工艺的压力由上游的转化或气化单元来确定。

（三）水气比

水气比或水碳比（H_2O/CO）是变换操作的一个重要调节手段。从平衡关系可知，水气比增大，则CO的平衡变换率提高，从而有利于降低CO残余含量，加速变换反应的进行；同时较大的水气比，还对副反应有抑制作用。但是，水蒸气用量是变换过程中最主要消耗指标。蒸汽比例过高，还将造成催化剂床层阻力增大，CO停留时间缩短，余热回收设备负荷加重，工艺冷凝液增多。所以，选择一个合适的水气比显得尤为重要，水气比的高低还受催化剂的制约。

（四）催化剂装填量和空速

没有催化剂参加反应时，CO变换反应的反应速率很慢，所以在变换反应器中装有催化剂。当催化剂型号确定后，催化剂用量也随空速而确定。空速即单位时间单位体积催化剂处理的工艺气量。空速小，反应时间长，有利于变换率的提高；但空速小，催化剂用量多，催化剂的生产能力降低。空速的选择与催化剂活性以及操作压力有关，催化剂活性高，操作压力高，空速可选择大些，反之，空速则小些。催化剂空速选择的总原则应是，在保证变换率的前提下，应尽可能提高空速，以增加气体处理量，即提高生产能力[12]。

由于进料速度大小直接反映了系统生产能力的高低，因而催化剂对高空速的适应能力也是衡量催化剂性能优劣的一个重要标志，随空速的提高，变换率呈线性降低[13]。空速和CO变换率关系见图3-4。

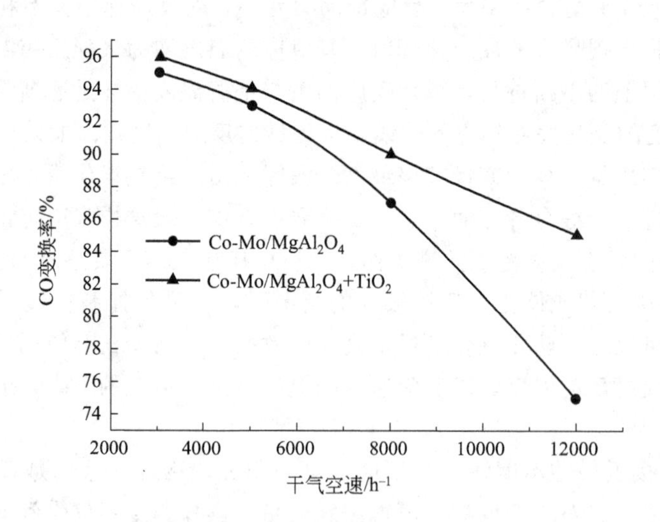

图3-4 空速和CO变换率关系

（五）二氧化碳的影响

在变换反应过程中，如果能将生成的二氧化碳除去，就可以使变换反应向正方向移动，提高一氧化碳变换率。脱除二氧化碳的方法是将一氧化碳变换到一定程度后，送往脱碳工序除去气体中的二氧化碳，但一般由于脱除二氧化碳的流程比较复杂，均不采用。

（六）副反应的影响

在一氧化碳变换反应中，可能发生析炭和甲烷化等副反应，其反应式如下：

$$2CO \rightleftharpoons C + CO_2 + Q$$

$$CO + 3H_2 \rightleftharpoons CH_4 + H_2O + Q$$

$$2CO + 2H_2 \rightleftharpoons CH_4 + CO_2 + Q$$

$$CO_2 + 4H_2 \rightleftharpoons CH_4 + 2H_2O + Q$$

副反应不仅消耗了原料气中的有效成分氢气和一氧化碳，增加了无用成分甲烷的含量，且析炭反应中析出的游离碳极易附着在催化剂的表面，导致活性表面减少、阻力增加，从而使催化剂活性降低。以上副反应均为体积减小的放热反应，因此，降低温度、提高压力有利于副反应的进行。但实际中，在所采用的生产工艺条件下，这些副反应一般不容易发生[14]。

三、变换反应机理

变换反应的机理是：水的分子首先被催化剂的活性表面吸附，而分解成氢与吸附态的氧，氢再进入气相，在催化剂表面上生成氧原子的吸附层，当一氧化碳撞击到氧原子的吸附层时，即被氧化生成二氧化碳，并离开催化剂表面。然后，催化剂表面又与水分子作用，重新生成氧原子的吸附层，如此反应反复进行。

催化剂若用［K］表示，则一氧化碳变换化学反应过程可表示如下：

$$[K] + H_2O(g) = [K]O + H_2$$

$$[K]O + CO = [K] + CO_2$$

实验证明，在这两个步骤中，第二步的反应速率比第一步慢，因此，第二步是决定整个反应速率的控制步骤[15]。

一般认为，对于变换反应，内扩散的影响不容忽视。内表面利用率不仅与催化剂的尺寸、结构及反应活性有关，而且与操作温度及压力等因素有关。对于同一尺寸的催化剂，在相同压力下由于温度的升高，CO扩散速度有所增加，但在催化剂内表面反应的速率常数增加更为迅速，总的结果是温度升高，内表面利用率降低。在相同的温度及压力下，小颗粒的催化剂具有较高的内表面利用率，这是因为催化剂尺寸越小，毛细孔的长度越短，内扩散阻力越小，故内表面利用率较高。对于同一尺寸的催化剂，在相同温度下，随着压力的提高，反应速度增大，而CO有效扩散系数又显著变小，故内表面利用率随压力的增加而迅速下降。

四、不同气化技术选择配套的变换工艺

自GE水煤浆气化工艺开发成功以来，各种加压气流床工艺如雨后春笋般出现，如：Shell粉煤加压气化、GSP炉、航天炉以及多元料浆工艺等，2005年华东理工大学的对置式多喷嘴水煤浆工艺也开发成功。目前，煤气化技术市场已经形成了各种气化技术共存、国际国内技术共存的繁荣发展局面，下面介绍几种不同的煤气化工艺配套的变换工艺[16]。

（一）水煤浆加压气化

1. 工艺特点

水煤浆加压气化技术是目前工艺最成熟的技术之一，从20世纪80年代引进德士古水煤浆加压气化技术以后，加上对置式多喷嘴和多元料浆两种水煤浆加压气化技术我国已有50多套装置投运。水煤浆加压气化技术特点是单台气化炉生产能力大、单位产品能耗低、设备

大型化较为容易，装置的操作压力等级一般在 2.6～8.7MPa，便于满足多种下游工艺气体压力需求。高压气化不仅可以为甲醇、尿素、乙酸等下游工艺节约中间压缩工序，也降低了能耗。但水煤浆加压气化容易带水、带灰，对下游的变换系统造成一定影响[17]。

2. 宽温耐硫变换工艺

水煤浆气化配套选择宽温耐硫变换工艺，变换进口温度 240～270℃，CO 含量在 45%左右，采用 Co-Mo 系催化剂，抗硫能力极强，对总硫没有上限要求，同时对水气比也无要求。从煤气化来的粗煤气被蒸汽饱和，经洗涤后直接进入变换炉进行变换反应。变换系统生产合成氨（或甲醇）所需的原料气，可分两段至三段进行变换，段间换热，便于温度控制，提高变换深度。产生的余热用于生产中压蒸汽、低压蒸汽和预热锅炉给水。变换进口要考虑气化带水、带灰的过滤问题，设置过滤器或预变炉。

（二）Shell 粉煤加压气化

1. 工艺特点

Shell 粉煤加压气化工艺是荷兰壳牌公司开发的一种先进的煤气化技术，对煤质要求低。由于采用干法粉煤进料及气流床气化，因而对煤种适应广，并且能源利用率高。由于采用高温加压气化，因此其热效率高，在典型的操作条件下，Shell 气化工艺的碳转化率达到 99%。合成气对煤的能源转化率为 80%～83%，此外尚有 16%～17%的能量可以利用，转化为过热蒸汽。单位煤耗和氧耗低，合成气中有效组分含量高，环境污染小和运行费用低[18]。

2. 低水气比变换工艺

由于 Shell 煤气化制得的原料气中 CO 含量高达 67%，不仅加重了耐硫变换系统的 CO 变换负荷，而且还可能发生甲烷化副反应。由于担心发生甲烷化副反应，变换流程都采用高水气比的耐硫变换工艺，一段炉催化剂床层较薄，入口水蒸气分压较大，所以，在正常工况条件下，可以较方便地控制一段炉的反应深度。但一段炉催化剂要长期在高温、高压、大空速、高水气比条件下运行，催化剂的使用寿命会大大缩短，同时蒸汽耗量也很大，生产成本也会比较高；另一个不足就是在低负荷生产时，一段反应器中装填的催化剂会表现出有较大的余量，变换反应推动力大，反应深度难以控制，进而导致一段催化剂床层时常超温，影响生产正常运行[19]。

国内某公司研制开发的低水气比变换工艺解决了这一难题，低水气比的流程设计思路是通过控制反应的水气比来控制反应的平衡，从而达到控制反应深度和床层的热点温度，保证在不会发生甲烷化副反应的前提下，将高浓度的 CO 降低，使 Shell 粉煤气化工艺能在低水气比的条件下实施。采用的变换工艺：将自气化来的粗煤气与蒸汽混合后分离出工艺冷凝液、换热后进入一变炉反应，从一变炉出来的变换气中 CO 含量约为 45%，除了需要加蒸汽外，其余流程和水煤浆气化配套的变换工艺基本相同[20]。

（三）鲁奇炉加压气化

1. 工艺特点

鲁奇炉加压气化工艺是用碎煤为原料大规模生产城市煤气、甲醇和合成氨原料气的煤气化技术，因气化温度低，煤气中含有大量的焦油、粉煤、酚、萘等杂质，这些杂质进入变换炉后便沉积在催化剂床层上面，使催化剂结块，床层阻力上升。为除去这些杂质，必须对变换工序的催化剂进行频繁的烧炭和再生处理[21]。

2. 配套变换工艺

来自气化装置的粗煤气首先在洗涤器中进行洗涤，除去气体中的煤尘和焦油，以降低热交换器和变换炉的堵塞速率。洗涤后的粗煤气经气水分离后，通过换热器换热，粗煤气温度升到330℃，进入第一变换炉进行变换反应。然后与粗煤气换热，温度降到305℃进入第二变换炉。气体在第二变换炉反应后，经与粗煤气换热，温度降到288℃，离开系统，送往变换气冷却工序。因煤气中杂质较多，必须设置烧炭再生系统，采用加入氮气、空气、蒸汽对催化剂进行再生。

（四）航天炉气化

1. 工艺特点

航天炉的主要特点是具有较高的热效率（可达95%）和碳转化率（可达99%）；气化炉为水冷壁结构，能承受1500～1700℃的高温；对煤种要求低，可实现原料的本地化；拥有完全自主知识产权，专利费用较低；关键设备可全部实现国产化，投资少，生产成本较低[21]。

2. 变换工艺

由于航天炉煤气化制得的原料气中CO含量高达60%，且水气比约1.1，因此变换反应的分段、反应深度和床层热点温度的控制是关键。“航天炉”煤气化技术配套采用的变换装置是继Shell气化炉低水气比制氨、制甲醇装置后，又一套采用低水气比变换工艺的工业化装置。

（五）等温低温CO变换技术

针对高CO含量的一氧化碳变换，国内已经开发出“水移热等温变换技术”[3]。“水移热等温变换技术”是利用埋在催化剂床层内部移热水管束将催化剂床层反应热及时移出的设计理念，确保催化剂床层温度可控，改变原来采用催化剂装填量来控制催化剂床层温升的被动设计理念。“水移热等温变换技术”先进设计理念对催化剂要求降低，杜绝飞温现象，催化剂装填量不受超温限制，有效延长催化剂的使用寿命。等温低温CO变换技术工艺流程见图3-5。

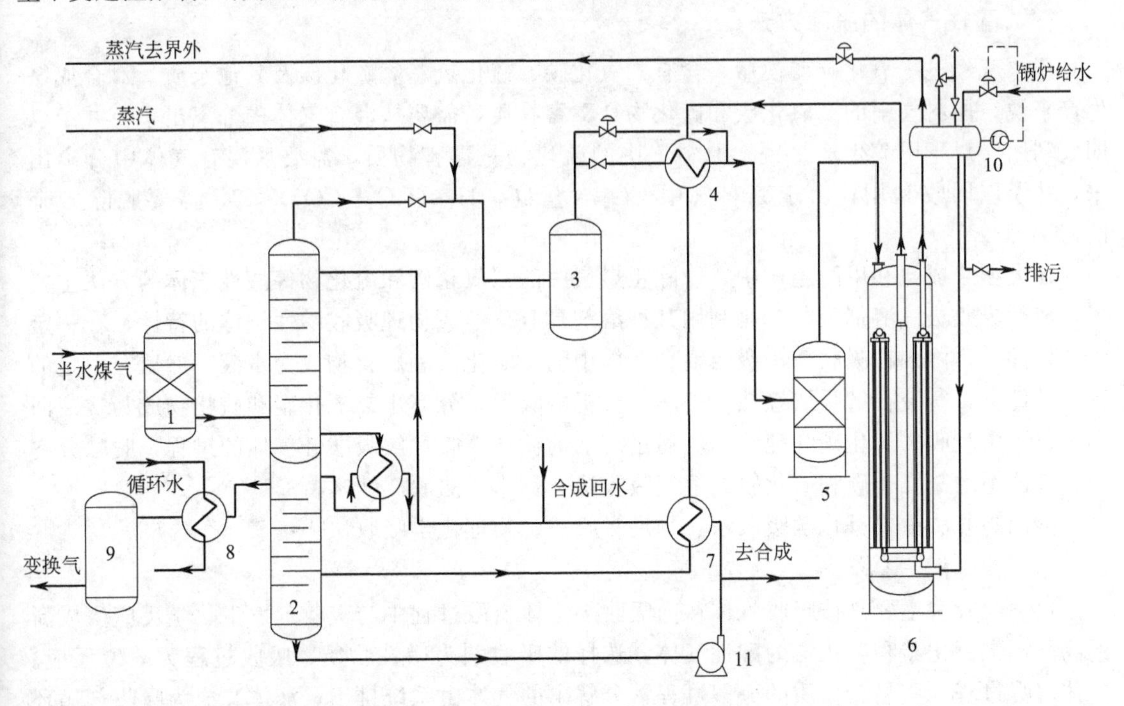

图3-5　等温低温CO变换技术工艺流程

1—焦炭过滤器；2—饱和热水塔；3—煤气水分离器；4—等温热交换器；5—保护罐；6—等温变换炉；7—水加热器；8—水冷却器；9—变换气水分离器；10—汽包；11—热水泵

等温变换炉结构及测温点布置简图见图 3-6。

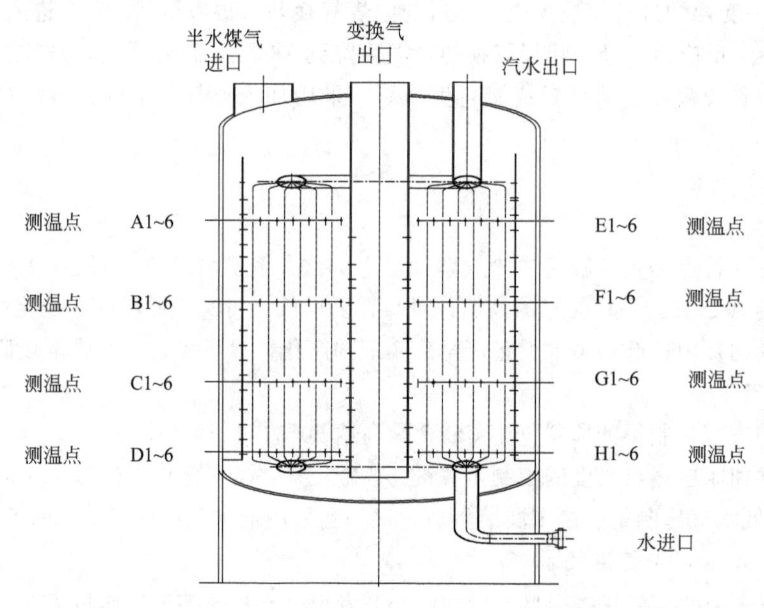

图 3-6 等温变换炉结构及测温点布置简图

第三节 酸性气体的脱除

一、酸性气体的脱除方法

粗煤气经过一氧化碳变换后，含有二氧化碳、硫化氢、氧硫化碳及其他杂质。对合成氨生产来说，原料气中的二氧化碳和硫化物是毒害物质，需要从混合气体中分离出来，并予以回收利用。对于甲醇生产来说，原料气中的硫化物是毒害物质，需要从混合气体中分离出来，并予以回收利用；由于原料气中 CO_2 含量高，$H_2/(CO+CO_2)<2$，需要脱除多余的 CO_2。

在大型合成氨和甲醇生产中，脱除粗煤气中的二氧化碳和硫化物等酸性气体的方法主要采用溶剂吸收法。溶剂吸收法是利用某种溶剂具有化学或物理吸收酸性气体的特性，在一定工艺条件下，溶剂在吸收塔中吸收混合气体中的二氧化碳和硫化物成为富液，然后在一定的工艺条件下，富液在解吸塔经热、闪蒸、气提解吸后，分离出二氧化碳和硫化物成为贫液回到吸收塔中吸收二氧化碳和硫化物。通过溶剂的循环吸收和解吸酸性气体的过程，脱除分离混合气体中的二氧化碳和硫化物。溶剂吸收法又称为湿法脱碳技术。

溶剂吸收法主要有化学吸收法、物理吸收法、物理化学吸收法[22]。

（一）化学吸收法

化学吸收法主要是被吸收气体在向吸收剂主体扩散过程中与吸收剂发生化学反应生成新的物质，二氧化碳和硫化氢为酸性气体，选择的吸收剂为碱性物质，吸收过程为酸碱反应。气体解吸过程实质是新物质的分解过程，分解出的气体由系统排出，液体又成为吸收剂循环使用。再生方法一般为热再生为主，综合气提等。常用的化学吸收法主要有热钾碱法、醇胺类溶液吸收法。化学吸收时，气体的溶解度与气体的物理溶解度、化学反应的平衡常数、反应时化学计量数以及其他一些因素有关。化学吸收剂中溶解度的特点是在压力升高时溶解度不是均匀增大，压力越高，溶解度提高得越慢，溶液通常靠减压、加热才能再生，一般必须采用“热法再生”。化学吸收法吸收剂再生能耗高，净化度高。化学吸收法压力与溶解度的关系见图 3-7。

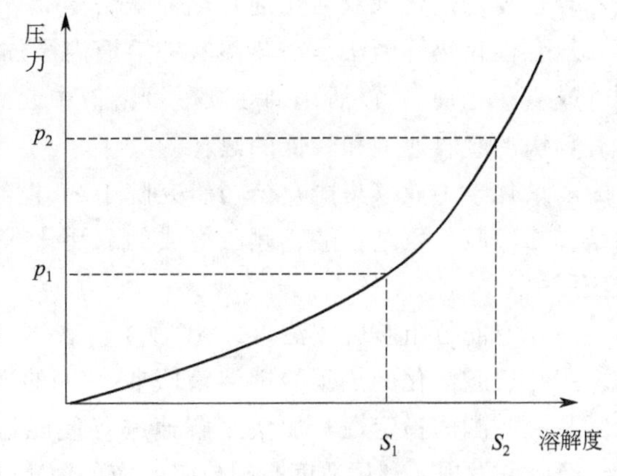

图 3-7　化学吸收法压力与溶解度关系示意图

热钾碱法在煤制甲醇工厂中使用较少，其原因如下。

① 热钾碱法属于化学吸收，适用于天然气制合成气、CO_2 分压低、净化度要求高（CO_2＜0.1%）的合成氨厂。

② 天然气制甲醇，合成气中 H_2 多，CO 和 CO_2 少，不需要脱碳。而煤制甲醇气 CO_2 含量多。分压高，热钾碱法吸收 CO_2 能力小；而物理溶剂随 CO_2 分压增高吸收 CO_2 能力增大，所以物理溶剂更适宜煤制气的净化。

③ 甲醇合成对 CO_2 脱除要求不高，CO_2 含量 1%～5%均能满足要求。而煤制气中 H_2S、有机硫含量较高，要求在脱 CO_2 同时脱除 H_2S 和有机硫。热钾碱液没有选择性，而物理溶剂对 CO_2 及硫化物吸收有选择性，可将 H_2S 提浓分离出来，送去进行硫回收，因此甲醇厂选用脱碳方法时，主要选用物理溶剂方法。

热碳酸钾溶液吸收 CO_2 气按酸碱当量反应。K_2CO_3 是弱碱盐，具有吸收 CO_2 快速反应的特性和易于再生的特点。该方法适用于合成氨、氢气、天然气等多种气体中 CO_2 的脱除。

有多种化合物可以作为活化剂，添加到碳酸钾溶液中去增加脱除 CO_2 的活性。

工业上使用的无机活化剂如三氧化二砷、硼酸等，有机活化剂如二乙醇胺（DEA）、氨基乙酸（分子式 NH_2CH_2COOH，简称 RH）等。这些活化剂由不同的公司开发，并形成了各自的专利，统称活化热钾碱法。

1. 苯菲尔法脱碳

苯菲尔法（Benfield）是在热碳酸钾溶液内添加二乙醇胺（DEA）作为活化剂来净化气体的方法。该法是活化热钾碱法中应用最为广泛的方法，目前世界上有数百套工业装置在运行。苯菲尔法脱碳适用于天然气大型氨厂及中小型煤制合成氨和甲醇厂。

2. 其他低能耗催化热钾碱脱碳工艺

(1) 改良 G-V 法（氨基乙酸无毒脱碳法）

G-V 法是意大利 Giammarco-Verocoke 公司在 20 世纪 60 年代初开发的活化热钾碱法。该法早期使用的活化剂是三氧化二砷。添加了三氧化二砷的热碳酸钾溶液对 CO_2 的吸收、解吸速率快，吸收能力大，溶液无腐蚀性。但由于三氧化二砷有剧毒，其推广应用受到环境保护的限制，目前仅在个别厂使用。为此，G-V 公司开发了无毒的氨基乙酸活化剂（RH）代替三氧化二砷，该法被称为改良 G-V 法。我国于 20 世纪 70 年代自法国赫尔蒂公司引进的 3 套以轻油为原料的大型氨厂采用了此法脱碳。

无毒脱碳工艺流程与苯菲尔法相同，同样可以采用一段吸收一段再生或两段吸收两段再生。甲醇生产中脱碳要求 CO_2 指标 0.5%～0.7%（联醇），单醇生产则要求净化气 CO_2 维持在 1.5%～8%均可，根据（$CO+CO_2$）/H_2 大小进行调节。

(2) 复合催化(双活化剂)热钾碱法

复合催化热钾碱法是在热碳酸钾溶液内添加两种或两种以上的化学物质组成的复合活化剂(或双活化剂),该活化剂在碳酸钾溶液中起到相互促进的作用。它与单一的活化剂相比,具有较快的吸收速度和较低的热耗。

南京化学工业(集团)公司研究院于20世纪80年代初开发的复合催化热钾碱法,使用的是二乙醇胺+氨基乙酸、硼酸组成的双活化或复合活化剂。该方法已在许多大、中型氨厂中使用。

(3) 空间位阻胺脱碳法(AMP法)

用有机胺活化的热碳酸钾溶液吸收CO_2的速率受氨基甲酸酯水解速率的控制。如能降低氨基甲酸酯的稳定性,加快水解速率,便能进一步提高碳酸钾溶液吸收CO_2的速率和容量。经研究发现,利用适度空间位阻效应的胺类,可达到这一目的。美国埃克森(Exxon)研究工程公司对100多种胺化合物进行了广泛研究,于20世纪80年代开发了空间位阻胺活化的热钾碱脱碳——Flexosrb HP系统,并已工业化。

南京化学工业(集团)公司研究院于20世纪80年代初进行了空间位阻胺活化剂的筛选研究。选择出一种较稳定的位阻胺——AMP(2-氨基-2-甲基-1-丙醇)。加入AMP活化剂的热钾碱液与苯菲尔脱碳液相比,其吸收能力可提高约30%,再生热耗减少30%以上。AMP可以与非位阻胺如二乙醇胺、氨基乙酸共同使用,其效果也很显著。因此,在非位阻胺活化的碳酸钾溶液脱碳装置需要提高负荷时,可以不更换脱碳液,直接在溶液中添加1%～3%的位阻胺,便可以提高原装置脱碳能力,降低再生热耗。

(4) BV热钾碱法

BV法是我国华东理工大学于20世纪80年代初开发的脱碳方法。它是在热碳酸钾溶液中添加由硼和钒的无机盐组成的活化剂。该活化剂与有机胺相比,具有不降解,挥发损失少,防腐性能好的特点。尤其适用于从含氧的尾气(如煤气、烟道气、吹风气等)中回收二氧化碳,CO_2收率可达80%以上。此回收的CO_2可以作为甲醇合成气补碳用。

(二) 物理吸收法

物理吸收法实质是一个气体溶解到液体的过程,气体作为溶质,液体作为溶剂(吸收剂),在一定的工艺条件下气体与液体充分接触,使气体溶解到液体中。吸收剂一般选用对所吸收的气体溶解度较大且毒性、腐蚀性较小的液体。物理吸收过程遵循亨利定律,在恒定的温度和压力下相平衡时,气相中的溶质达到饱和分压,液相中的溶质也达到饱和浓度,减压闪蒸或用惰性气体气提可使溶剂再生。常用的脱碳物理吸收法主要有加压水洗法、碳酸丙烯酯法、聚乙二醇二甲醚法、低温甲醇洗法、*N*-甲基吡咯烷酮法。按照工艺不同分冷法和热法。热法以Selexol工艺为代表,而国内以南化集团设计研究院开发的NHD(聚乙二醇二甲醚)为代表,冷法以低温甲醇洗工艺为代表。

物理吸收法的特点:

① 压力和溶解度基本呈直线关系。系统总压一定时,某组分的含量增加,则该组分的分压亦随之增加,从而使其溶解度相应增加。因此,为了提高吸收能力,采用加压措施。而在再生时,则采用减压法。

② 系统温度升高,则溶解度下降。反之,溶解度上升。所以应在低温条件下吸收,高温条件下解吸。

③ 吸收能力小,循环量大。

④ 物理吸收法再生能耗低，净化度低。

物理吸收法压力与溶解度关系见图 3-8。

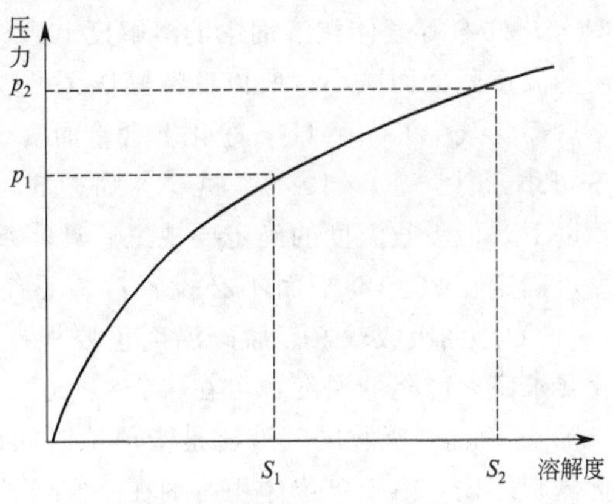

图 3-8 物理吸收法压力与溶解度关系示意图

1. 物理溶剂的特点

物理吸收法脱除 CO_2 和 H_2S 等硫化物是基于在一定压力条件下 CO_2 和 H_2S 溶解于水和溶剂的原理。溶剂吸收 CO_2 的容量随原料气中 CO_2 分压的升高而上升。再生依靠简单的减压闪蒸和汽提放出 CO_2，不消耗热量，因此总能耗比化学吸收法低。物理吸收法适用于气体中 CO_2 分压较高的情况。下面主要介绍工业上常用的物理吸收法——聚乙二醇二甲醚（NHD）法。

2. 聚乙二醇二甲醚法

聚乙二醇二甲醚溶剂用于气体的脱硫和吸收二氧化碳最早于 1965 年由美国的联合化学公司（Allied）开发并取得专利技术，称为 Selexol 法。它是在石油化工生产过程中筛选出来的优良净化溶剂，其组成为多元组分的聚乙二醇二甲醚的混合溶液。现今由美国 UOP 公司拥有该技术。

1984 年南化集团研究院进行多原料路线化学合成及工业模型试验的 NHD 净化工艺取得成功，其主要组分为聚乙二醇二甲醚，并研制出一套最佳分配组合的聚醚类净化剂，并命名为 NHD。该工艺于 1992 年由中国天辰化学工程公司与南化集团研究院合作完成了工业化装置的工程设计，建成中国的第一套 NHD 脱硫脱碳净化装置。到目前为止在中国的大中小型合成氨厂和部分甲醇厂已有几十套装置在运行。

NHD 溶剂是一种淡黄色、透明液体，无嗅无味，吸水性强，对有机物、油漆类、合成橡胶具有很强的溶解性。它作为净化剂的优点如下：

① 溶剂蒸气压低，挥发损失小。

② 分子结构为聚乙二醇二甲醚，分子结构对称稳定，因此它的化学和热力学性质稳定，不反应、不降解。

③ 溶剂无嗅无味，对人和生物无毒，在自然土壤中易被菌类分解消化，对环境无任何污染。

④ 溶剂表面张力小，是优良的消泡剂，运行中不起泡。

⑤ 溶剂比热容小，气体溶解热低，热再生需要的热量小。

⑥ NHD 与水可以任意比例互溶，是十分优良的吸水剂。

⑦ 溶剂具有与石化产品柴油相近的物化性质，对碳钢和各种金属无腐蚀性。

⑧ 吸收溶解酸性气 H_2S、CO_2 有选择性，H_2S 为 CO_2 的 9 倍，这是选择性提浓 H_2S 酸性气最重要的特性。

⑨ NHD 溶剂可同时脱除 H_2S 和有机硫，尤其对硫醇、硫醚、噻吩具有十分高的吸收溶解能力。对 COS 溶解稍差，但也可实现大部分脱除。

（1）工艺操作条件的影响

① 操作压力　脱碳操作压力越大，越有利于 CO_2、H_2S 等酸性气体的溶解，提高溶解度，减少溶液循环量，对降低脱碳能耗是有利的。实践表明，NHD 操作压力就净化本身而言有一最佳压力，一般在 3.5～4.5MPa。

② 吸收温度　温度对各种气体在 NHD 溶剂中的溶解度影响较大。吸收温度降低，会

使CO_2、H_2S等气体在溶剂中的溶解度上升，对吸收有利。但H_2、N_2等气体在溶剂中的溶解度随温度降低而减小，所以低温操作又可减少H_2、N_2等有用气体的溶解损失。

就净化气中CO_2、H_2S净化度含量而言，脱H_2S吸收温度在－5～25℃之间均达指标，H_2S可小于（1～5）$\times10^{-6}$。脱CO_2则在-5～20℃之间操作，CO_2指标可达0.1%（体积分数）以下。但吸收温度的确定要视工厂具体条件，如果有低温一次水可以利用，则脱硫吸收温度可确定在20～25℃而不必设置冷冻系统。如无低温水则要设置冷冻系统，脱硫可在－5～10℃之间吸收较好。脱碳温度也要根据净化气的要求和装置规模情况而定，规模大，净化要求高，应降低温度，可在－5～－20℃之间，一般情况吸收温度选定－5℃较好。

③ 气液比　吸收的气液比是指单位时间内进吸收塔的原料气体积（标准状态）与进塔溶剂体积之比。由于单位体积溶剂在一定条件下所吸收的酸性气体量基本为一定值。如其他条件不变，净化气中CO_2净化度明显地随着气液比的降低而增高。若气液比增大，意味着在处理一定量的原料气量时，所需溶剂量就可以减少，输送溶剂的电耗和操作费用就会降低。对于脱碳塔，吸收气液比增大后，净化气中CO_2含量上升，影响净化气的质量。生产中应根据净化气CO_2含量要求，脱碳吸收气液比在80～90，脱硫一般情况选定在130～140。脱碳溶液按CO_2含量和净化度要求而定，脱碳富液CO_2饱和度按90%～95%计。CO_2汽提的气液比主要是控制溶剂再生后的贫度。溶剂贫度是指CO_2在贫液中的含量，它对气体净化度有影响。汽提单位体积溶剂所用的惰性气体（或空气）体积越大，即汽提的气液比越大，则溶剂的贫度值越小，反之则上升。但过分加大汽提气液比要增大风机电耗，并随塔顶汽提放空气带走的溶剂损耗增大。一般汽提气液比控制在10～15之间。

④ 脱硫再生方法和再生度的影响　NHD溶液再生的贫度直接影响气体的净化度，而贫度取决于再生方法和效果。再生方法分为多段减压闪蒸和热汽提法（加热蒸汽汽提、惰性气汽提），对脱硫净化度要求不高的可采用多级减压蒸闪法，对净化度要求高的必须采用惰性气或加热蒸汽汽提。脱硫液再生温度142℃，再生贫度0.003mg/L。当脱硫溶液贫度达到H_2S 0.1～0.03mg/L，净化气出口$H_2S<1mg/m^3$。脱碳溶液贫度：$CO_2<0.03L/L$，净化气$CO_2<1\%$（体积分数）。如果采用蒸汽热再生可用0.8～1.3MPa饱和蒸汽加热。保证合适的热负荷及足够的再生塔高度即能达到再生贫度要求。

⑤ 溶剂的饱和度　对填料塔而言，加大气液相接触面积，可以增加吸收饱和度。加大气液相接触面积的措施一般可通过增加填料体积来实现，也就是塔高增加，但输送溶剂和气体的能耗增大，塔的投资加大。在工程设计中，应针对具体工况进行技术经济比较再选取合理的R值。通常吸收塔富液的饱和度R值一般取75%～85%之间，可以保证出塔气的净化度$CO_2<0.1\%$。

⑥ 溶液含水量的影响　NHD溶液中含有一定量的水在加热再生时产生蒸汽，有利于溶液中的H_2S等酸性气的汽提，有利于贫度降低。但是含水量高于5%（质量分数）时将影响酸性气的吸收，增加溶液对碳钢设备的腐蚀性。因此应控制NHD中含水<4%。设计时一般使进再生塔煮沸器前NHD含水约6%，出煮沸器贫液含水应<4%。

⑦ 不同操作参数的影响　工程技术人员对NHD和Selexol工艺方法进行详细计算比较，以经济性最佳值评价得出结论：吸收条件3.0～4.0MPa、－5～20℃，塔填料高45m是经济性最优的工艺条件。

（2）NHD工艺流程的优化组合

不同原料气使用NHD法，其工艺流程和技术也不尽一样。

① NHD脱CO_2工艺的一塔流程　适用于粗脱大量CO_2，净化度要求不高（$CO_2 \geqslant 1\%$以上）。如含CO_2高的天然气预处理或经脱硫后的合成气脱除多余的CO_2后去甲醇合成。一塔流程的优点是流程简单，设备少，投资低。缺点是不适宜脱除H_2S+CO_2同时存在时的混合气以及对净化气要求很高的工况；因为NHD贫液只经过减压、闪蒸、溶液中酸性气残余量高；溶液循环量大，能耗高。

② NHD一次脱硫和粗脱二氧化碳　适用于一次全脱硫化物及大部分CO_2，两塔流程的优点是流程简单，设备少，投资少；NHD汽提塔可使溶液再生彻底，保证净化气中硫含量很低，达到10^{-6}级。它的缺点是对H_2S选择性吸收不够，造成汽提塔排出的酸性气H_2S浓度偏低，一般$H_2S \leqslant 25\%$（体积分数）；净化气CO_2脱除不彻底，使闪蒸放出的CO_2气含一定量的H_2S造成CO_2利用或放空时有麻烦。

③ NHD脱硫并提浓H_2S的三塔流程　适合于中、高H_2S及少含CO_2的煤气净化。对于IGCC联合循环发电的含硫煤气净化的洁净煤技术是非常适合的工艺。

④ NHD脱硫脱碳工艺四塔流程　适于原料气硫含量低，再生出的酸性气H_2S浓度低，可直接去焚烧炉采用直接氧化法回收硫黄。

⑤ NHD工艺带H_2S浓缩的脱硫脱碳五塔流程　适合于含H_2S较高的原料气净化，排出高浓度H_2S酸性气去克劳斯硫黄回收单元的工况，即选择性脱硫、单独脱碳、回收纯CO_2。

（3）NHD净化工艺的应用实例

自1985年首先由南化集团研究院开发成功的NHD脱硫脱碳工艺技术，杭州化工研究所研制成功多元聚乙二醇二甲醚高效净化剂——NHD的制备工艺，1992年中国天辰化学工程公司完成工业化开发首先在鲁南化肥厂二期扩建工程建成并顺利投产。之后又陆续在黑龙江化工总厂、迁安化肥厂、平顶山化肥厂、浩良河化肥厂、长山化肥厂、元氏化肥厂、郯城化肥厂、索普集团乙酸厂等建成几十套NHD净化装置。近几年又新建成投产了一批大型NHD净化装置。如淮南化工总厂18万吨合成氨/30万吨尿素煤气化工程、金陵石化大化肥45万吨/年合成氨制氢工程NHD装置、神木20万吨甲醇工程、国泰30万吨甲醇工程都成功使用了NHD净化技术。

（三）物理化学吸收法

物理化学吸收法是吸收剂在吸收某种气体时兼有物理吸收和化学吸收的作用。这种吸收剂中一种是同种吸收剂既具有物理吸收功能又具有化学吸收功能。另一种是由两种或两种以上溶剂混配在一起，有的溶剂具有物理吸收作用，有的溶剂具有化学吸收作用。物理化学吸收法的再生热耗比物理吸收法高，比化学吸收法低，是介于两种方法之间的一种方法，比如改良的甲基二乙醇胺（MDEA）法。

二、最为常见的几种脱除酸性气体方法及特点

最为常见的几种脱除酸性气体方法及其特点见表3-4。

表3-4　最为常见的几种脱除酸性气体的技术特点比较[1]

项目	甲基二乙醇胺（MDEA）法	苯菲尔法（Benfield）	聚乙二醇二甲醚法（Selexol NHD）	低温甲醇洗（Rectisol）	碳酸丙烯酯法（Fluor）
使用溶剂	MDEA 40% 水 60%	K_2CO_3 250g/L 二乙醇胺 3%～6% 偏钒酸盐 5～7g/L	聚乙二醇二甲醚-二异丙醇 3% 水<3%	甲醇 水<3%	碳酸丙烯酯(PC) 水<3%
吸收压力/MPa	2.7～4.0	2.7	2.7～4.0	2.8～8.0	2.7～4.0

续表

项目		甲基二乙醇胺(MDEA)法	苯菲尔法(Benfield)	聚乙二醇二甲醚法(Selexol NHD)	低温甲醇洗(Rectisol)	碳酸丙烯酯法(Fluor)
温度(吸收)/℃		40/76	60～70	−5	−50	25～30
进气 CO_2/%		10～20	20	18～58	18～58	20～58
净化气 CO_2/%		1.0～3.0	1.0～3.0	1.0～3.0	1.0～3.0	1.0～3.0
消耗定额 1000m³ CO_2(标准状态)	蒸汽/t	1	1.5～1.8	0.3～0.6	0.5～1.0	0.5～1.0
	电/kW·h	25	40	25	24	50～100
	水/t	45	80	5	14	5
	溶剂/kg	0.1～0.2	K_2CO_3 0.1～0.2 DEA 0.05 V_2O_5 0.01	0.2	0.45	0.5～0.6
溶剂吸收 CO_2 能力/(m^3/m^3)		25～50	20～25	40～70	70～90	20～30
适用工厂		天然气合成氨、重油合成氨厂、甲醇厂、中小煤化工厂	天然气合成氨厂、中小煤化工厂	天然气合成氨厂、煤化工合成氨厂、甲醇厂	重油和煤化工合成氨厂和甲醇厂	天然气合成氨厂、小型煤化工厂

三、脱除酸性气体方法的选择原则

脱除酸性气体方法的选择，取决于许多因素。既要考虑方法本身的特点，也需要从整体流程并结合原料路线、加工方法、副产 CO_2 的用途、公用工程消耗等方面来考虑，没有一种方法能适用于所有的不同条件[1]。

（一）天然气蒸汽转化法制气脱 CO_2

以天然气为原料，采用蒸汽转化法制气，一般操作压力为 2.0～4.0MPa，进脱 CO_2 系统的低变气中硫已脱除干净，CO_2 含量为 18%～25%，而且低变气有余热可以利用。在此情况下，选用节能的改良热钾碱法（如 Benfield 法、改良 G-V 法）较多。近年趋向新建厂选用能耗更低的 MDEA 法。

在操作压力 2.8～4.0MPa 时，也可选用物理吸收法聚乙二醇二甲醚法（NHD 法），其能耗不到改良热钾碱法的一半。但是物理吸收法也有一定的缺点：CO_2 的回收率低。以天然气为原料的合成氨工厂全部产品为尿素时，本身 CO_2 量就不足，影响尿素产量。另一个问题是物理吸收法再生不消耗热量，低变气的余热如何利用，需要全局考虑，以上两个因素影响脱碳方法的选用。

（二）煤部分氧化法气化脱 CO_2

以煤为原料，采用部分氧化法气化，操作压力在 4.0～8.0MPa 之间。一般原料气中硫化物含量 0.4%～1.2%，净化要脱除二氧化碳和硫化物两种杂质成分。利用操作压力较高的有利条件，选用低温甲醇洗脱硫和脱 CO_2，随后利用低温氮洗脱除 CO 的流程生产合成氨较合适。虽然流程复杂一些，但气体净化度高，在脱硫、脱 CO_2 及 CO 外，还将大部分的甲烷和氩气也脱除了。这样制得的新鲜气几乎不含惰性气体，有利于氨的合成。

操作压力较低（≤4MPa），后面用甲烷化流程时，选用 NHD（聚乙二醇二甲醚）法脱硫、脱 CO_2，其工艺流程较低温甲醇洗简单、投资省。在我国已有几个工厂选用这种流程，实践证明是成功的。

在生产甲醇的工艺中由于不需要 CO 和 CO_2 彻底清除，因此气化压力在 4.0～8.0MPa 采用聚乙二醇二甲醚法（NHD）或碳酸丙烯酯法（PC）均较为适宜。

（三）煤焦为原料固定床常压气化脱 CO_2

以煤焦为原料，固定床常压气化，精制用铜洗流程，脱 CO_2 的吸收压力一般为 1.8～2.8MPa。在压力低时选用改良热钾碱法和 MDEA 法较有利。在压力较高时选用 NHD 法或碳酸丙烯酯（PC）法等物理吸收法较好。

如果后面是甲烷化流程，要求净化气中 CO_2 含量降至 0.2%以下，可选用低能耗的改良热钾碱法或 IMDEA 法（活化 *N*-甲基二乙醇胺法）或 NHD 法。NHD 法具有最低的能耗，并且在高于 1.8MPa 吸收压力的条件下净化气中 CO_2 含量也能降至 0.2%以下。

（四）低压气回收 CO_2

MEA 法（一乙醇胺临氢氨化制乙二胺）、BV 法主要用于常压下烟道气或石灰窑气中 CO_2 的回收。在一般情况下选用改良的 MEA 法较适宜。所谓改良 MEA 法是在 MEA 溶液中加入缓蚀剂、抗氧化剂、活化剂等成分，使用较高浓度的 MEA 溶液在常压下脱除 CO_2，具有较高的吸收效率、较低的热耗、较少的溶液降解。

（五）加压煤气化同时脱硫脱 CO_2

在选择脱 CO_2 工艺时还要同脱硫一起考虑，尤其在以煤或重油为原料时。碳酸丙烯酯（PC）、聚乙二醇二甲醚（NHD）溶剂和低温甲醇洗（Rectisol）都能脱硫。再生如用空气汽提时会析出单体硫，引起管道和设备堵塞，因此一般要用氮气汽提或者在脱 CO_2 前先将硫脱干净。气体中硫含量低时，可先用湿式氧化法脱硫较为适宜。处理硫含量较高的煤气最好采用 NHD 法或低温甲醇洗方法脱硫脱碳。

热钾碱法和 MDEA 法也能同时脱除硫化物和二氧化碳，这两种方法都用蒸汽汽提再生，不会析出硫，吸收的硫化物随再生气 CO_2 一起放出。因此这两种方法都允许气体中有少量硫化物存在，但硫化物会引起溶液的污染、溶液颜色变黑、对硫的选择性较差。所以最好也是在脱二氧化碳前将气体中的硫化物脱除干净。

四、低温甲醇洗

低温甲醇洗（Rectisol）是 20 世纪 50 年代初德国林德（Linde）公司和鲁奇（Lurgi）公司联合开发的一种气体净化工艺。第一套低温甲醇洗装置由鲁奇公司于 1954 年建在南非 Sasol 的合成燃料工厂，目前该工艺已被广泛应用。低温甲醇洗工艺原理：一氧化碳变换和热量回收后的工艺气中除含有甲醇合成所需要的氢气、一氧化碳和极少量的二氧化碳外，还含有多余的二氧化碳及不需要的硫化氢及氧硫化碳等成分，硫化物是甲醇合成催化剂的毒物，多余的二氧化碳在甲醇合成中无法利用，所以必须除去，硫化物需要进一步回收利用[23]。低温甲醇洗就是用甲醇溶液脱除工艺气中甲醇合成不需要的多余的二氧化碳及所有的硫化物，使工艺气成分达到甲醇合成要求。吸收了二氧化碳和硫化氢及氧硫化碳的富甲醇通过减压、闪蒸、氮气气提、热再生等方法对其再生并回收冷量，重复利用。

低温甲醇洗工艺的特点[24]：

① 用甲醇作为溶剂，对 CO_2、H_2S、COS 等具有较强的吸收能力，这样所需的溶液循环量较少，因而动力消耗减少。

② 用甲醇作为溶剂，对欲除去的 CO_2、H_2S、COS 组分和不欲除去的 H_2、CO、N_2 等组分之间具有较高的选择性。甲醇对 CO_2、H_2S 的溶解度大，而对 H_2、CO、N_2 等的溶解度小，有利于减少 H_2 的损失，甲醇对 H_2S 的吸收要比对 CO_2 的吸收快好几倍，前者的溶解度也比后者大，因此可以实现分步吸收和解吸 H_2S 和 CO_2。

③ 甲醇的蒸气压低，使吸收塔和解吸塔的塔顶出气中所带走的甲醇蒸气损失降低，溶液损失少。

④ 甲醇的化学稳定性和热稳定性好，不会被有机硫、氯化物等杂质所分解和变质，不会起泡，腐蚀性小（当 CH_3OH 中水含量<1.0%时）。

⑤ 甲醇的黏度小，不仅降低了溶液输送时的动力消耗，还可以提高传热、传质效率。

⑥ 甲醇的沸点较低，因此在解吸塔的再沸器中采用低等级蒸汽即可。

⑦ 甲醇的熔点较低，因而可在－80℃下进行吸收操作，也不至于有冻结、堵塞管道的危险。

⑧ 再生流程长而复杂。

⑨ 由于甲醇洗是在低温高压下进行，对设备材质的要求较高。

（一）低温甲醇洗的吸收机理和原理

甲醇对硫化氢和二氧化碳的吸收是物理吸收的一种，即利用甲醇对硫化氢和二氧化碳选择性吸收的特性来脱除硫化氢和二氧化碳。

甲醇的分子式为 CH_3OH，是由 CH_3—和—OH 组成。CH_3—是软酸官能团，—OH 是硬碱官能团，而硫化氢属于软酸软碱类，二氧化碳属于硬酸类。具体如下：

$$CH_3OH+H_2S+CO_2 = \underset{\substack{| \\ H—HS}}{CH_3}\cdots\underset{\substack{| \\ CO_2}}{OH}$$

甲醇吸收了二氧化碳以后，不影响对硫化氢的吸收。这就是吸收了二氧化碳的甲醇仍能用来吸收硫化氢的理论依据[25]。

甲醇是一种极性溶剂，由于其正负电荷重心不重合，这样便有静电力存在，此时如果一极性气体分子和其相遇，则该分子在静电力作用下，气体分子产生定向排列，分子相互靠拢，促使部分分子液体化，从而达到分离的目的。

① 不同气体在甲醇中的溶解度　由大到小排列为

$$CS_2>H_2S>COS>CO_2>CH_4>CO>N_2>H_2$$

② 温度对吸收的影响　除 H_2 和 N_2 外，其余组分在甲醇中的溶解度随温度的降低而提高。

③ 压力的影响　压力升高，溶解度增大。

④ 溶解热　物理吸收中，气体分子进入溶剂中，相当于气体变成液体。这样一来便有热量放出。所以物理吸收过程伴随溶解热产生（见表 3-5），从而使溶液温度升高，对溶剂的吸收效果明显不利。因此对易溶气体来说，温度升高，分子活动加剧，溶解度降低。只有选择比热容大的溶液作吸收剂，才能将溶液温升减至最低。而对难溶气体则相反。

表 3-5　气体溶解热数据

气体种类	硫化氢	二氧化碳	氢气	甲烷	氧硫化碳	二硫化碳
溶解热/(cal/mol)	－4600	－4050	－914	－800	－4150	－6600

1. 低温甲醇洗的吸收基础理论

拉乌尔定律和亨利定律是研究任何气体气、液相平衡的两个基本定律，被吸收的气体在甲醇中的气、液相平衡同样符合这两个基本定律[25]。

拉乌尔定律：溶液中溶剂的蒸气压等于纯溶剂的蒸气压与其摩尔分数的乘积。

即

$$p_A = p_A^{\ominus} x_A$$

式中　p_A——混合溶液中溶剂的蒸气压；

$p_A^\ominus$——纯溶剂的蒸气压；

x_A——溶剂的摩尔分数。

设溶质的摩尔分数为 x_B 由于 $x_A=1-x_B$，所以 $p_A=p_A^\ominus(1-x_B)$，即溶液中溶剂蒸气压下降的分数等于溶质的摩尔分数。

亨利定律：在恒温和平衡状态下，一种气体在溶液里的溶解度和该气体的平衡压力成正比。

即

$$p_B=kx_B$$

式中　p_B——该气体的平衡压力；

x_B——该气体在溶液中的摩尔分数；

k——亨利系数。

实验证明，在稀溶液中溶质若服从亨利定律，则溶剂必服从拉乌尔定律。

低温甲醇洗就是利用甲醇在低温（－9～－64℃）、高压的条件下，对 CO_2、H_2S 有较高的吸收能力，对合成气中的有效组分 CO、H_2有较低的溶解度，即甲醇作为吸收溶剂对被吸收的气体具有较高的选择性。

吸收是应用液体来吸收气体的操作过程。通常用于从气体中吸收一种或几种组分，以达到气体分离的目的。其基本原理是利用气体混合物中各分组分在溶剂中的溶解度不同，通过气液传质来实现。

通常将吸收用的液体称为吸收剂或溶剂，被吸收的气体组分称为可溶性气体、溶质或组分，其余不能被吸收的气体组分称为惰性气体或载体。吸收过程两相界面附近的传质情况可用图 3-9 表示。其中 A 代表在相间传递的物质，即溶质；B 代表惰性气体，即载体；S 代表吸收剂，即溶剂；“B＋A”、“S＋A”表示气、液相中的组成。

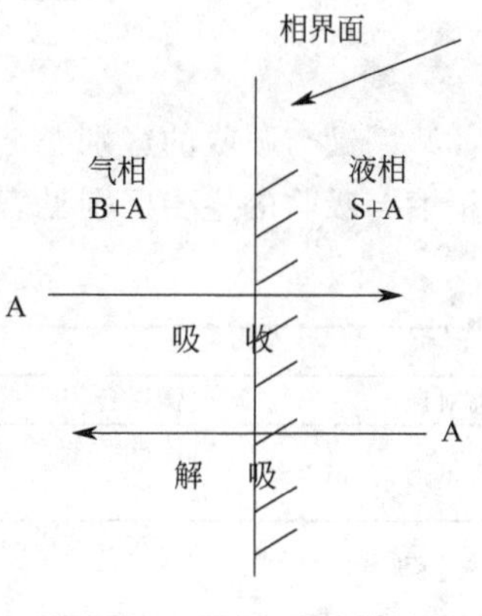

图 3-9　吸收传质过程示意图

吸收和解吸是互逆的过程，是一个动态的平衡体系。

吸收时按溶剂与溶质是否会发生化学反应，可以分为物理吸收和化学吸收。根据吸收时温度是否有变化，可以分为等温吸收和非等温吸收，还可以按被吸收组分的数目分为单组分吸收和多组分吸收。低温甲醇洗工艺是多组分、非等温的物理吸收。

以吸收法分离气体混合物的依据是利用不同组分在溶剂中溶解度的差异。如图 3-9 所示，在气相组成中，易溶组分 A 为溶质，在溶质 A 与溶剂 S 接触，进行溶解的过程中，随着溶液（S＋A）浓度 C_A 的逐渐增高，传质速率将逐渐减慢，最后降到零（实际传质过程仍在继续），C_A 达到最大限度 C_A^*，气液两相达到了平衡，C_A^* 即被称为组分 A 在溶剂 S 中的溶解度。

2. 低温甲醇洗工艺的主要原理

(1) 低温甲醇洗的气提原理[22]

气提是物理过程，是破坏原来的汽液平衡，重新建立新的汽液平衡状态达到分离物质的目的。

如图 3-10 所示：A 是液体，B 是气体，C 是气提气，而 B 溶解于 A 液体中，达到一个

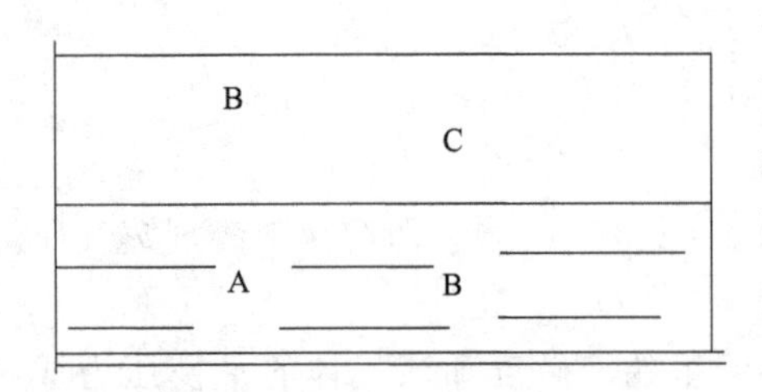

图 3-10 低温甲醇洗气提原理

平衡状态，而此时的气相主要是B气体，即 $p=p_B$，而当加入气提气C时，气相中 $p_B=p-p_C$，从而破坏了原先的平衡，导致B物质的扩散速度加快，达到分离A物质和B物质的目的，而通过调节气提气的量就可以控制两种物质的分离效果。

(2) 低温甲醇洗的精馏原理

精馏：是汽液两相在塔中逆流接触，在同时进行多次部分汽化和部分冷凝的过程中，发生传热和传质，使混合液得到分离的操作过程。

实现精馏操作的必要条件：通过特定的装置，经过传热和传质的作用将混合液进行分离，其中在塔内维持双传作用尤为关键，为此对每一块塔板，下边必须有蒸汽上升，上边必须有液相流下，“回流液逐板下降和蒸汽逐板上升”是实现精馏的必要条件（图 3-11）。

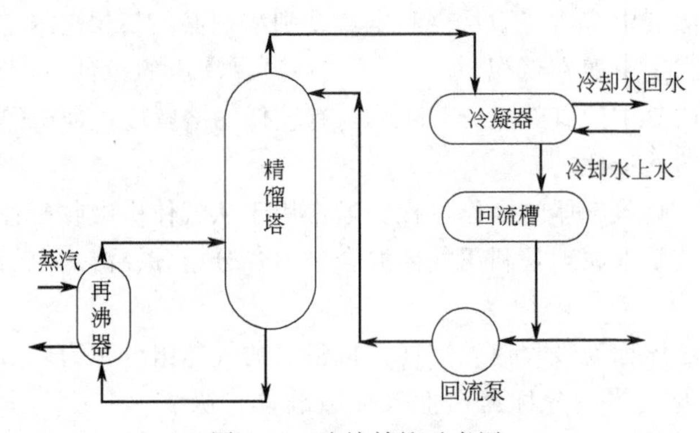

图 3-11 连续精馏示意图

(3) 精馏与吸收的区别

精馏与吸收的主要区别见表 3-6。

表 3-6 精馏与吸收的主要区别

项目	吸收	精馏
分离对象	气体混合物	液体混合物
分离依据	气体混合物的各组分在吸收剂中的溶解度不同	液体混合物的各组分沸点不同(相对挥发度不同
基本过程	气体在液体中的溶解(由气相到液相的单向传质)	同时发生部分汽化和部分冷凝的双向传质
塔中汽液相的热状态	气相温度高于饱和温度液相温度低于饱和温度	汽液相状态皆处于饱和
进料情况	气相进料,由塔底进入,塔不分段	一般汽相或液相混合物进料,多数中部进料,全塔分为精馏段和提馏段
操作温度	全塔温度变化较小	全塔温度变化大,塔低温度高,塔顶温度低

(二) 主要的低温甲醇洗工艺流程

目前，国外低温甲醇洗工艺有林德工艺和鲁奇工艺两种流程，两者在基本原理上没有根本区别，而且技术都很成熟。两家专利技术在工艺流程设计、设备设计和工程实施上各有特点。国内大连理工大学经过多年的研究，也开发成功了低温甲醇洗工艺软件包，并获得了国内专利技术[26]。

1. 林德低温甲醇洗工艺流程

采用林德工艺的专利设备：高效绕管式换热器，以提高换热效率，特别是多股物流的组合换热，节省占地、布置紧凑，能耗较省。

原料气进入低温甲醇洗装置后，喷入少量循环甲醇，防止气体结冰，避免系统阻塞。

在甲醇溶剂循环回路中设置甲醇过滤器，除去 FeS、NiS 等固体杂质，防止其在系统中积累而堵塞设备和管道。

一般采用氮气气提浓缩硫化氢，二氧化碳回收率 70%。

2. 鲁奇低温甲醇洗工艺流程

由于没有中间循环甲醇提供冷量，吸收所需的冷量全部由外部供给；甲醇溶液循环量相对较大。相对于林德工艺流程，能耗稍高，吸收塔的尺寸也较大。系统冷量全部由外部提供，操作调节相对灵活。

3. 大连理工大学低温甲醇洗工艺流程

大连理工大学从 1983 年开始进行低温甲醇洗的工艺过程研究，在中石化和浙江大学的协助下 1999 年该项研究通过了中石化的鉴定，2000 年获得了中石化科技进步三等奖，并且获得了国内两项专利申请。经改进后该技术采用六塔流程，冷负荷和设备投资相对较低。

（三）林德和鲁奇低温甲醇洗工艺流程分析

两种低温甲醇洗流程总体设置情况差不多，以水煤浆或干粉煤气化项目配套的低温甲醇洗流程为例，整个流程都主要分为以下几个部分：原料气冷却、酸性气洗涤脱除、中压闪蒸回收有效气、H_2S 气提富集（含 CO 低压闪蒸）、甲醇再生及尾气洗涤放空。

1. 两种净化工艺流程设置的主要区别

（1）原料气冷却部分

在原料气冷却部分，林德工艺流程的设计较简单，40℃左右的粗合成气直接进入洗氨塔洗涤脱除 NH_3 等杂质，洗氨塔是否设置与原料气中 NH_3 含量有关。当原料气中 NH_3 含量低于一定值时，可不设置洗氨塔。通过锅炉给水洗涤脱除 NH_3 后的粗合成气被喷入一小股甲醇（以防止粗合成气中的水结冰）后，和尾气、CO_2 气体、净化气 3 种冷气体在绕管换热器中换热冷至－20℃以下，被冷却后的粗合成气经一个气液分离罐分离，分离下来的水及甲醇被送往甲醇水分离塔处理，气相送入吸收塔[27]。

鲁奇工艺流程相对复杂一些，40℃左右的粗合成气先和净化气换热，再进入氨冷器，该氨冷器通过控制制冷剂的蒸发压力提供＋4℃的冷量，最终将粗合成气冷却至 8～10℃，之后进入洗氨塔洗涤脱除 NH_3 等杂质，洗氨塔是否设置也与原料气中 NH_3 含量有关。当不需要设置洗氨塔时，常在此处设置一个气液分离器，洗涤脱除 NH_3 后的粗合成气被喷入一小股甲醇后，和循环闪蒸气、CO_2 气体、净化气 3 种冷气体在绕管换热器中换热降温至－20℃以下后送入吸收塔。

（2）中压闪蒸部分

由于 H_2、CO 等有效气在低温甲醇中也有一定的溶解性，低温甲醇洗工艺为了降低有效气（H_2、CO）的损失，以及降低 CO_2 成品气、酸性气中的有效气含量，减少有效气对下游装置的危害，在进入 CO_2 低压闪蒸及 H_2S 气提富集之前，先将吸收了酸性气的富甲醇在一定的压力下进行中压闪蒸，将溶解于甲醇中的绝大部分有效气闪蒸出来，并通过循环气压缩机送回至原料气中。

鲁奇工艺流程的中压闪蒸系统设置了一个中压闪蒸塔分为上塔和下塔，上塔闪蒸 CO_2 吸收段的富甲醇（不含 H_2S），下塔闪蒸 H_2S 吸收段的富甲醇（含 H_2S），并设置了 10 块塔板，用半贫甲醇洗涤吸收一下，以减少闪蒸气中CO_2的含量，降低循环气压缩机的能耗。

林德工艺流程的中压闪蒸系统只设置了2个闪蒸罐，一个闪蒸罐用来闪蒸CO_2吸收段的富甲醇（不含H_2S），另一个闪蒸罐用来闪蒸H_2S吸收段的富甲醇（含H_2S），并且在进入中压闪蒸罐之前，该两股物料都需要进行换热冷却至一定温度。

（3）换热系统设置

在低温甲醇洗工艺流程中，甲醇吸收CO_2等酸性气是放热过程，酸性气从甲醇中解吸出来是一个吸热过程。酸性气洗涤吸收、中压闪蒸、CO低压闪蒸、H_2S气提富集部分为低温区，甲醇热再生部分为热区，并且在同一压力下，甲醇温度越低，CO_2等酸性气的溶解度就越高，所需的甲醇吸收剂循环量就越少，因此为了减小装置能耗，最大化地回收冷、热量，降低吸收塔甲醇溶剂的温度，减少甲醇溶剂的循环量，整个低温甲醇洗流程的换热管网比较复杂。

林德工艺流程相对于鲁奇工艺流程来说，换热管网更为复杂，并且整个流程多处用到了绕管换热器，而鲁奇工艺流程只在原料气进料冷却处设置了绕管换热器，绕管换热器是高效型换热器，1台换热器内可以进行多股物料同时换热，并且由于换热面积大，冷、热物流最小温差可达2℃。林德工艺流程由于在冷甲醇与热甲醇换热体系中也多处采用了绕管式换热器，这样使得整个系统更有效地回收低位冷量。使进吸收塔的甲醇温度更低，增加了甲醇的吸收度，同时由于单位质量甲醇中溶解的CO_2气体多，使富甲醇在低压闪蒸及气提闪蒸时可达到的温度更低，通过冷热甲醇换热使得吸收塔吸收甲醇的温度更低，进而减少了系统中甲醇的循环量，降低了能耗。林德工艺流程由于采用绕管换热器等专利设备及换热管网较鲁奇工艺流程复杂一些，整个装置在换热器方面的投资林德工艺流程要稍高一些，但林德工艺相对于鲁奇工艺吸收塔的操作温度更低一些，所需的甲醇吸收剂循环量小，整个装置能耗低一些。

（4）其他辅助设施的设置

林德工艺流程分别在H_2S富集塔塔底富H_2S甲醇出口处、热再生塔塔底贫甲醇出口处设置了甲醇过滤器，其中富H_2S甲醇为全部过滤，过滤精度较低；贫甲醇为部分过滤，过滤精度要高一些（见图3-12）。

鲁奇工艺流程一般不设置甲醇过滤器。设置过滤器可以过滤掉甲醇系统中的杂质，减小换热器结垢，使整个装置操作更加稳定安全，甲醇过滤器的设置也是林德公司低温甲醇工艺洗流程的典型特点（见图3-13）。

2. 两种净化工艺技术指标及消耗指标的比较

（1）技术指标

林德和鲁奇两种工艺净化粗合成气制取甲醇合成气的工艺技术指标[27]见表3-7。

表3-7 林德与鲁奇低温甲醇洗流程工艺技术指标

工艺	净化气（甲醇合成气）				尾气		CO_2产品气	克劳斯气	
	有效气回收率/%	总硫/10^{-6}	CO体积分数/%	合成气压降/MPa	CH_3OH体积分数/10^{-6}	总硫体积分数/10^{-6}	总硫体积分数/10^{-6}	H_2S体积分数/%	压力/MPa(G)
林德	≥99.5	≤0.1	4.0±0.1	≈0.26	≤90	≤10	≤2.5	≥25	≈0.1
鲁奇	>99.5	≤0.1	4.0±0.1	≈0.30	≤90	≤10	≤3	≥25	≈0.1

（2）消耗指标

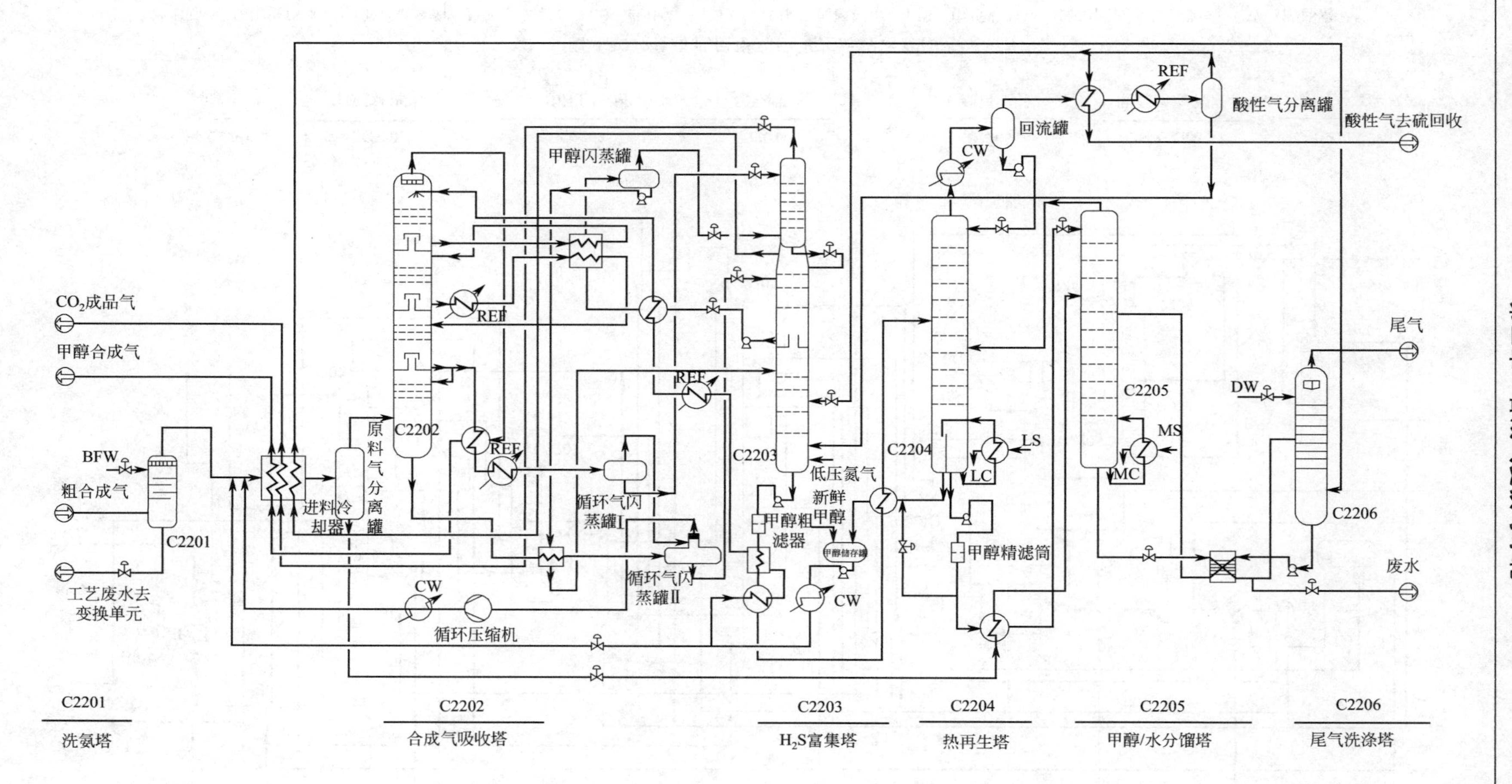

图 3-12　林德低温甲醇洗工艺流程示意图

BFW—高压洗涤水；REF—制冷剂；DW—脱盐水；LS—低压蒸汽；LC—低压蒸汽冷凝液；MS—中压蒸汽；MC—中压蒸汽冷凝液；CW—循环水

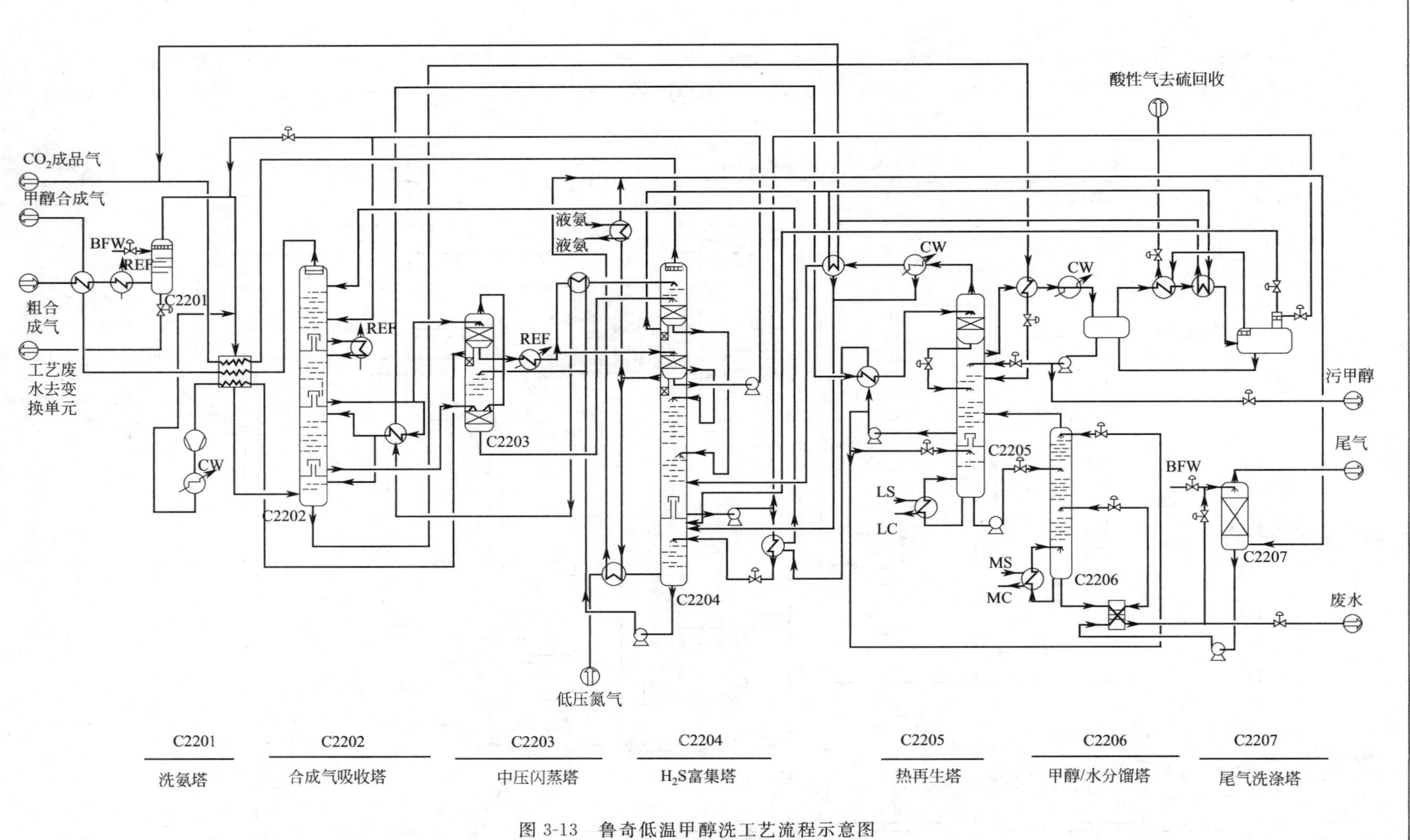

图 3-13 鲁奇低温甲醇洗工艺流程示意图

BFW—高压洗涤水；REF—制冷剂；DW—脱盐水；LS—低压蒸汽；LC—低压蒸汽冷凝液；MS—中压蒸汽；MC—中压蒸汽冷凝液；CW—循环水

两种低温甲醇洗工艺流程由于换热系统、绕管换热器的采用等细节上设置的不同，导致两种流程的消耗有所不同。表 3-8、表 3-9 分别是采用 GE 水煤浆气化技术［气化压力 6.5MPa(G)］、年产 90 万吨甲醇生产路线低温甲醇洗装置的原料气数据及消耗指标。

整体上来说，林德公司的低温甲醇洗流程的消耗要相对低一些，特别是冷量的消耗要低不少，这说明林德工艺流程虽然换热管网复杂些，且多处采用了多股流绕管换热器，换热器方面的投资相对高一点，但消耗的减少可以直接减小配套冰机系统的规模，减小冰机压缩机的尺寸，降低冰机系统的消耗和投资。

表 3-8 低温甲醇洗原料气数据

流量	温度	压力	体积分数/%									
/(m^3/h)	/℃	/MPa(G)	CO	H_2	CO_2	CH_4	Ar	N_2	H_2S	COS	NH_3	H_2O
385352	40	5.55	20.12	46.23	32.9	0.02	0.09	0.23	0.21	0.01	0.01	0.18

表 3-9 林德和鲁奇低温甲醇洗流程消耗指标

工艺	低压蒸汽	中压蒸汽	锅炉给水	脱盐水	循环水
	0.5MPa(G)、180℃	0.8MPa(G)、230℃	7.5MPa(G)、40℃	0.5MPa(G)、40℃	0.45MPa(G)、30/40℃
林德/(t/h)	16.8	7.5	4	6	758
鲁奇/(t/h)	18	7.7	4	1.7	975

工艺	电	低压氮气	仪表空气	冷量		甲醇	外排
	(6kW/380V)	0.4MPa(G)、35～40℃	0.5～0.7MPa(G)、40℃	4℃	－40℃	损失	污水
林德	4346kW·h	14062m^3/h	140m^3/h	—	7425kW	75kg/h	－5.87t/h
鲁奇	5430kW·h	23636m^3/h	123m^3/h	2575kW	9054kW	80kg/h	－0.55t/h

(3) 三废排放

低温甲醇洗系统尾气主要成分是 CO_2 和 N_2，其中 CO_2 流量和原料气有关，原料气中需除去的 CO_2 量减去酸性气和 CO_2 产品气中 CO_2 的量即为尾气中 CO_2 量，N_2 流量近似等于气提氮气的用量。因此在相同原料条件下，林德工艺流程和鲁奇工艺流程的尾气排放量差不多，差别也就在气提氮气的用量上。尾气中如 H_2S、甲醇等其他微量组分的排放指标都小于国家环保要求。

林德工艺的污水排放量较多，鲁奇工艺的污水排放量较少。这两种流程对于尾气洗涤都考虑利用甲醇水分馏塔的部分塔底污水作为循环洗涤水，但林德工艺流程为了降低放空尾气中甲醇的浓度，在尾气洗涤系统中补充了较多的新鲜脱盐水作为部分洗涤水，鲁奇工艺流程在原料气冷却部分，先将粗合成气冷却至 8～10℃之后，进气液分离器或洗氨塔，分离出来的工艺凝液直接送至 CO 变换装置处理。这样就降低了原料气中饱和水带到甲醇系统中的水量。

鲁奇低温甲醇洗工艺为了避免 NH_3 在甲醇系统中的累积，保证贫甲醇的品质，需从热再生塔塔顶回流罐处定期外排一小股污甲醇，该股污甲醇在实际工程项目中处理起来比较麻烦，一般情况下，先用一个罐收集起来，达到一定量后再用加热器将其气化后送至锅炉燃烧。林德工艺流程由于整个热再生系统处理能力余量、热再生塔的型式、操作温度、操作压力等的设置稍不同于鲁奇工艺流程，其甲醇系统中的 NH_3 完全可通过蒸汽汽提的方式从热再生塔塔顶的克劳斯气中排出，同时系统增设了甲醇过滤器，可及时过滤掉甲醇系统中的机械杂质、微量化学反应生成物、油类等杂质，保证了贫甲醇的品质，因而无需外排污甲醇[28]。

五、压缩机制冷的工作原理

压缩机制冷装置的主要设备有：压缩机、冷凝器、节流阀、蒸发器（见图 3-14）。

在制冷系统中冷媒是用来吸收热量（即产生冷量）的物质。高压液态冷媒通过节流阀降压（同时降温）后进入蒸发器，在蒸发器中通过热交换吸收被冷却介质（如工艺物料）的热量而汽化，随即被压缩机吸入，经过压缩机压缩后（压力和温度均得到提高），进入冷凝器与冷却介质（如冷却水）进行热交换，放出热量，冷凝为高压液态冷媒，液化了的高压冷媒再经过节流阀进入蒸发器。这样不断的循环过程叫做压缩制冷循环。

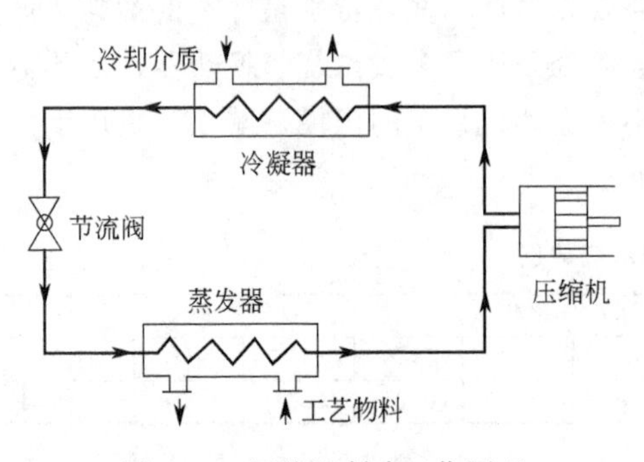

图 3-14 压缩机制冷工作原理

制冷循环要经过四个过程：①压缩过程；②冷凝过程；③膨胀过程；④制冷过程（蒸发过程）。根据冷媒的性质，通过对冷媒的蒸发加压的方法，使冷媒自低温处吸热，向高温处排热，以实现热量自低温物质向高温物质传递的目的，从而构成一个封闭的热力过程[29]。

（一）节流膨胀制冷工作原理

当流体在管道中流动时，若中途经过横截面突然缩小的通路，如阀门或孔口时，会由于摩擦损耗使其压力下降，体积膨胀，这种现象叫节流。

因为流体通过阀门或孔口很快，所以在阀门或孔口附近的流体和外界的热交换很小，可以忽略不计，因此节流过程可以认为是一种绝热膨胀过程，通常称其为绝热节流。通常情况下，流体节流后，温度总是降低的。

在制冷装置中，就是利用节流膨胀使高温制冷液体的温度降低以达到制冷目的[30]。

（二）离心式压缩机的工作原理

离心式压缩机的工作原理与输送液体的离心泵相似。当驱动机（如汽轮机、电动机等）带动压缩机转子旋转时，叶轮流道中的气体受叶轮作用随叶轮一起旋转，在离心力的作用下，气体被甩到叶轮外的扩压器中去。因而在叶轮中形成了稀薄地带，入口气体从而进入叶轮填补这一地带。由于叶轮不断旋转，气体就被不断地甩出，入口气体就不断地进入叶轮，沿径向流动离开叶轮的气体不但压力有所增加，还提高了速度，这部分速度就在后接元件扩压器中转变为压力，然后通过弯道导入下级。导流器再把从弯道来的气体按一定方向均匀地导入下级叶轮继续压缩。

（三）汽轮机的工作原理

汽轮机是用蒸汽来作功的旋转式原动机。来自锅炉或管网的蒸汽，经脱扣节流阀或事故切断阀、调速阀进入汽轮机，依次高速流经一系列环形配置的喷嘴（或静叶栅）和动叶栅而膨胀做功推动汽轮机转子旋转，将蒸汽的动能转换成机械功。汽轮机按工作原理可分为：冲动式、反动式、冲动式与反动式的组合式汽轮机。

（四）离心式压缩机、汽轮机运行有关概念

（1）临界转速

任何一个振动系统都有自身固有的自振频率，在一个初始干扰力作用以后就会以一种固有的振动频率产生振动。如果一个周期性的干扰力是自始至终作用在系统上，就会迫使其作

强迫振动，振动的频率等于干扰力的频率。如果干扰力的频率恰好等于系统的自振频率，那么振动将随时间的增加而迅速增加，在无阻尼的情况下，振幅会无限地增加下去，这种现象就是共振。压缩机转子就是一个共振系统，本身有自己的固有自振频率。在运转的过程中总会受到一些干扰力的作用，如气流力、增速器传动齿轮的作用力、相邻气缸转子不对中时联轴节传来的作用力以及转子本身残余偏心产生的旋转离心力等，这些力都是周期性的，并会以一定的频率作用在转子上。在这些干扰力中转子残余偏心产生的离心力对横向振动影响最大。这个离心力与转速的平方成正比，使转子做横向强迫运动。当转子达到某个转速，这种强迫振动频率恰好等于转子自振频率或是其整倍数时，就发生共振，振幅就随时间的增加而迅速增加，这个转速就是转子的临界转速。

转速在第一临界和第二临界转速之间的转子称为柔性轴，工作转速低于第一临界转速的转子为刚性轴。由于在临界转速下运转时转子振动振幅很大，工作不稳定，所以如果运行时间较长，会引起轴和密封损坏及动、静部件相碰等严重事故。因此不允许转子在临界转速附近的转速范围内运行。对柔性轴来讲，开车时必须迅速越过临界转速，这样才不会发生危险[31]。

（2）喘振

喘振是离心式压缩机本身固有的特性，而造成喘振的唯一直接原因是进气量减小到一定值。当气量减小到一定程度时，就会出现旋转脱离，如这时进一步减小流量，在叶片背面将形成很大的涡流区域，气流分离层扩及整个通道，以至充满整个叶道，而把流道阻塞，气流不能顺利地流过，这时流动严重恶化，压缩机的出口压力会突然大大下降，由于压缩机总是和管网系统联合工作的，这时管网中的压力不是马上减低，于是管网中的气体压力反过来大于压缩机的出口处的压力，因而管网中的气体就倒流向压缩机，一直到管网中的压力下降到低于压缩机出口压力为止，这时倒流停止，压缩机又开始向管网供气，经过压缩机的流量又增大，压缩机又恢复到正常工作。但当管网中的压力恢复到原来压力时，压缩机的流量又减少，系统中的气流又产生倒流，如此周而复始，就在整个系统中产生了周期性的气流振荡现象，这种现象就称作“喘振”。

喘振现象不但和压缩机中严重的旋转脱离有关，还和管网系统有关。管网的容量越大，则喘振的振幅越大，频率越低。喘振的频率大致和管网容量的平方根成反比。

机组发生喘振时，压缩机和其后的管道系统之间产生一种低频高振幅的压力波动，整个机组发生强力的振动，发出严重的噪声，调节系统也大幅度地波动。一般根据下列方法判断是否进入喘振工况：

① 监测压缩机出口管道气流噪声。正常工况时出口的声音是连续且较低的，而接近喘振时，整个系统的气流产生周期性的振荡，因而在出口管道处声音是周期性地变化，喘振时，噪声加剧，甚至有爆音出现。

② 观测压缩机流量及出口压力的变化。离心式压缩机稳定运行时其出口压力和进口流量变化是不大的：当接近或进入喘振工况时，二者的变化很大，发生周期性大幅度的脉动。

③ 观测机体和轴振动情况。当接近或进入喘振工况时，机体和轴振动都发生强烈的振动变化，其振幅要比平常运行时大大增加。

喘振是离心式压缩机性能反常的一种不稳定运行状态。发生喘振时，表现为整个机组管网系统气流周期性的振荡。不但会使压缩机的性能显著恶化，气流参数（压力、流量）产生大幅度脉动，大大加剧了整个压缩机的振动，还会使压缩机的转子及定子元件经受交变动应力，级间压力失调引起强烈的振动，使密封及轴承损坏，甚至发生转子及定子元件相碰、压送气体外泄、引起爆炸等恶性事件，因此在操作中必须避免在喘振工况下运行。

由于对每一转速，压缩机都有对应的喘振流量，小于喘振流量，压缩机即发生喘振，将各转速下所有的喘振点连接起来（特性曲线上的喘振点连接起来），既可以得到一曲线，即为压缩机的喘振曲线[32]。喘振曲线通常呈抛物线形，而考虑了防喘振裕度后，就可以在其右边画出一条与喘振曲线相近的一条线，这就是保护曲线，或叫防喘振曲线。保护曲线没有必要与喘振曲线完全相似，或由喘振曲线平移来获得，而只要能保证压缩机在正常运转范围内有合适的裕度即可。这就使得防喘振控制系统仪表的配置和选用变得极为简单，并更具灵活性。

在某一转速下，压缩机的实际流量与该转速下的喘振流量之比称为防喘振裕度。裕度太大，则功率耗量增加，经济性差，太小时则离喘振点太近，安全性差。一般防喘振裕度控制在 110％～125％左右。在决定裕度大小时，还应把调节仪表的误差和滞后因素考虑进去。

第四节 催 化 剂

工业上采用催化剂加快反应速度，催化剂中主要包括三种组成[33]。

① 活性组分：活性组分含量越高，催化剂活性也越高，但活性组分含量太高，活性增加有限，而成本却提高过多。

② 助催化剂：催化剂中添加助催化剂是为了抑制熔结过程，防止晶粒长大，从而使它有较稳定的高活性，延长使用寿命并提高抗硫抗析炭能力。许多金属氧化物可作为助催化剂，如 Cr_2O_3、Al_2O_3、MgO、TiO 等。

③ 载体：催化剂中的载体应当具有使晶粒尽量分散，达到较大比表面积以及阻止晶体熔结的作用。催化剂的载体都是熔点在 2000℃以上的金属氧化物，它们能耐高温，而且有很高的机械强度。常用的载体有 Al_2O_3、MgO、CaO 等。

一氧化碳变换催化剂视活性温度和抗硫性能的不同分为铁铬系、铜锌系和钴钼系三种[34]，变换催化剂性能见表 3-10。

表 3-10 变换催化剂性能

催化剂名称	铁铬系(高温)	铜锌系(低温)	钴钼系(耐硫宽温)
主要组成	Fe_2O_3、Cr_2O_3	CuO、ZnO	CoO、MoO_3
活性组分	Fe_3O_4	Cu	CoO、MoS_2
操作温度 /℃	350～500	180～260	200～475
H_2O/CO_2(摩尔比)	2.5～4	6～10	2.5～10
允许 H_2S 含量/(g/m³)	<0.3	<1	最高耐硫量 18

一、高温变换催化剂

（一）组成和性能

铁铬系催化剂的主要组分为三氧化二铁和助催化剂三氧化二铬。三氧化二铁含量约为 70％～90％，三氧化二铬含量约 7％～14％，另外还含有少量氧化钾、氧化镁和氧化钙等物质。三氧化二铁还原成四氧化三铁后能加速变换反应，三氧化二铬能抑制四氧化三铁再结晶，阻止催化剂形成更多的微孔结构，提高催化剂的耐热性能和机械强度，延长催化剂的使用寿命；氧化镁能增强催化剂的耐热和抗硫性能，氧化钾与氧化钙均能提高催化剂的活性[35]。

催化剂的活性除与化学组成及使用条件有关外，还与其物理参数有关，催化剂的物理参数主要有以下几种。

① 颗粒外形与尺寸。

② 堆密度。指单位堆积体积（包括催化剂颗粒内微孔及颗粒间空隙）的催化剂具有的质量，一般高温变换催化剂的堆密度为 1.0～1.6g/cm^3。

③ 颗粒密度。指单位颗粒体积（包括催化剂颗粒内的微孔，不包括颗粒间的空隙）的催化剂具有的质量，高温变换催化剂的颗粒密度一般为 2.0～2.2g/cm^3。

④ 比表面积。指 1g 催化剂具有的表面积（包括内表面积和外表面积），单位为 m^2/g，高温变换催化剂的比表面积的孔隙率一般为 30～60m^2/g。

⑤ 孔隙率。指单位颗粒体积（包括催化剂和骨架体积）含有微孔体积的百分数，一般高温变换催化剂的孔隙率为 40%～50%。

⑥ 比孔体积。指单位质量催化剂具有的微孔体积，简称为比孔体积。

铁铬系催化剂是一种棕褐色圆柱或片状固体颗粒，在空气中易受潮使活性下降，还原后催化剂遇空气则迅速燃烧，失去活性。硫、氯、硼、磷、砷的化合物及油类物质都能使催化剂暂时或永久性中毒，各类铁铬催化剂都有一定的活性温度和使用条件。

高温变换催化剂的性能和使用条件见表 3-11。

表 3-11　高温变换催化剂的性能和使用条件[36]

国别		中国						美国(UCI)	英国(ICI)	德国(BASF)
型号		B109	B110-2	B111	B113	B117	B121	C12-1	15-4	K6-10
化学组成/%	Fe_2O_3	≥75	≥79	67～69	78±2	67～75	Fe_2O_3要添加K_2O Al_2O_3	89±2		
	Cr_2O_3	≥9	≥8	7.6～9	9±2	3～6		9±2		
	K_2O			0.3～0.4		<1				
	SO_4^{2-}	≤0.7	S<0.06		1～200cm^3/m^3			S<0.05	0.1	0.1
	MoO_3			5						
物理性质	外观	棕褐片剂	棕褐片剂	棕褐片剂	棕褐片剂	棕褐片剂	棕褐片剂			
	尺寸/mm	ϕ(9～9.5)×(5～7)	ϕ(9～9.5)×(5～7)	ϕ9×(5～7)	ϕ9×5	ϕ(9～9.5)×(7～9)	ϕ9×(5～7)	ϕ9.5×6	ϕ8.5×10.5	ϕ6×6
	堆密度/(kg/L)	1.3～1.5	1.4～1.6	1.5～1.6	1.3～1.4		1.35～1.55	1.13	1.1	1.0～1.5
	比表面积/(m^2/g)	36	35	50	74					
	孔隙率/%	40			45					
备注		低温活性好，蒸汽消耗低	还原后强度好，放硫快，活性高，适用于凯洛格工艺	耐硫性能好，适用于重油制氨流程	广泛应用于大中小型氨厂	低铬	无铬	在无硫条件下，高变串低变流程中使用	高变串低变流程中使用	还原态强度好

（二）催化剂的还原与氧化

因为催化剂的主要成分三氧化二铁对一氧化碳变换反应无催化作用，需还原成四氧化三铁才有活性，这一过程称为催化剂的还原。一般利用煤气中的氢和一氧化碳进行还原，其反应式如下：

$$3Fe_2O_3+CO \longrightarrow 2Fe_3O_4+CO_2 \qquad H=-50.945kJ/mol$$

$$3Fe_2O_3+H_2 \longrightarrow 2Fe_3O_4+H_2O \qquad H=-9.26kJ/mol$$

当催化剂用循环氮升温至200℃以上时，便可向系统配入少量煤气才开始还原，由于还原反应是强烈的放热反应，为防止催化剂超温，应严格控制CO含量少于5%。当催化剂床层温度达到320℃后，反应剧烈，必须控制升温速度不高于5℃/h。为防止催化剂被过度还原而生成金属铁，还原时应加入适量的水蒸气，催化剂当中含有的硫酸根会被还原成硫化氢而随着气体带出，为防止造成后面的低变催化剂中毒，在还原后期有一个放硫的过程。当分析变换炉出口一氧化碳含量小于3.5%，进出口H_2S含量相等时，即可认为还原结束。

氧能使还原后的催化剂氧化生成三氧化二铁，反应式如下。

$$4Fe_3O_4+O_2 \longrightarrow 6Fe_2O_3 \qquad H=-514.14kJ/mol$$

此反应热效应很大，生产中必须严防煤气中因氧含量高而造成催化剂超温，在停车检修或者更换催化剂时必须进行钝化。其方法是用蒸汽或氮气以30～50℃/h的速度将催化剂的温度降至150～200℃，然后配入少量空气进行钝化。在温升不大于50℃/h的情况下，逐渐提高氧的含量，直到炉温不再上升，进出口氧含量相等时，钝化工作结束。

（三）催化剂的中毒和衰老

硫、氯、硼、磷、砷的化合物及氢氰酸等物质均可引起催化剂中毒，使活性下降。磷和砷的中毒是不可逆的。氯化物的影响比硫化物严重，但在氯含量小于1×10^{-6}时，影响不显著。硫化氢与催化剂的反应如下

$$Fe_3O_4+3H_2S+H_2 \longrightarrow 3FeS+4H_2O$$

硫化氢能使催化剂中毒，提高温度，降低硫化氢含量和增加气体中的水蒸气含量可以使催化剂逐渐恢复。

原料气中灰尘及水蒸气中无机盐的含量高时，都会使催化剂的活性显著下降，造成永久性的中毒。

催化剂活性下降的另一个重要因素是催化剂衰老。主要原因是在长期使用后，催化剂的活性逐渐下降。因为长期处在高温下会使催化剂逐渐变质，另外气流冲刷也会破坏催化剂表面状态。

（四）催化剂的维护与保养

为了保证催化剂具有较高的活性，延长使用寿命，在装填及使用过程中应注意以下几点：

① 在装填前，要过筛去除粉尘和碎粒，催化剂装填时要保证松紧一致。严禁直接踩在催化剂上，不许把杂物带入炉内。

② 在开停车时，要按规定的升、降温速度进行操作，严禁超温。

③ 正常生产中，原料气必须经过除尘和脱硫（氧化型的催化剂）并保持原料气成分稳定。控制好蒸汽与原料气的比例及床层温度，升降负荷要平稳。

二、低温变换催化剂

（一）组成和性能

目前工业上采用的低温变换催化剂均以氧化铜为主体，经过还原后具有活性组分的是细小

的铜结晶。但耐温性能差，易烧结，寿命短。为了克服这一弱点，采用向催化剂中加入氧化锌、氧化铝和氧化铬的方法，将铜微晶有效地分隔开，防止铜微晶长大，提高了催化剂的活性和热稳定性。按组成不同，低变催化剂分为铜锌、铜锌铝和铜锌铬三种。其中铜锌铝型性能好，生产成本低，对人无毒。低温变换催化剂的组成范围为CuO含量15%～32%[37]。

（二）催化剂的还原与氧化

氧化铜对变换反应无催化活性，使用前先用氢或CO还原具有活性的单质铜，其反应式如下。

$$H_2+CuO \longrightarrow Cu+H_2O \qquad H=-86.526kJ/mol$$
$$CO+CuO \longrightarrow Cu+CO_2 \qquad H=-127.49kJ/mol$$

在还原过程中，催化剂中的氧化锌、氧化铝、氧化铬不会被还原。氧化铜的还原是强烈的放热反应，且低变催化剂对热比较敏感，因此，必须严格控制还原条件，将床层温度控制在230℃以下。

还原后的催化剂与空气接触产生下列反应。

$$Cu+1/2O_2=CuO \qquad H=-155.078kJ/mol$$

若与大量的空气接触，其反应热会将催化剂烧结。因此，要停车换新催化剂时，还原态的催化剂应通入少量空气进行慢慢氧化，在其表面形成一层氧化铜保护膜，这就是催化剂的钝化。钝化的方法是用氮气或者蒸汽将催化剂层的温度降至150℃左右，然后在氮气或者蒸汽中配入0.3%的氧，在升温不大于50℃的情况下逐渐提高氧的含量，直到全部切换为空气时，钝化工作结束[38]。

（三）催化剂的中毒

硫化物、氯化物是低温变换催化剂的主要毒物，硫使低变催化剂中毒最显著，各种形态的硫都可以与铜发生化学反应造成永久性中毒。当催化剂中硫的含量达0.1%时，变换率下降1%；当含量达1.1%时，变换率下降80%。因此，在中变串低变的流程中，在低变前设氧化锌脱硫槽，使总硫精脱至1×10^{-6}以下。

氯化物对低变催化剂的毒害比硫化物大5～10倍，能破坏催化剂的结构，使之严重失活。氯离子来自水蒸气或脱氧软水，为此，要求蒸汽或脱氧软水中氯含量小于3×10^{-8}[39]。

三、耐硫变换催化剂

由于Fe-Cr系中（高）变催化剂的活性温度高，抗硫性能差；Cu-Zn系低变催化剂，低温活性虽然好，但活性温度范围窄，而对硫又十分敏感。针对重油和煤气化制得的原料气含硫较高，铁铬催化剂不能适应耐高硫的要求，开发了钴钼系耐硫变换催化剂，其主要成分为CoO和MoO_3，载体为Al_2O_3等，加入少量碱金属，以降低催化剂的活性温度。常用几种耐硫变换催化剂的性能见表3-12。

表3-12 耐硫变换催化剂性能[40]

国别		中国				德国	丹麦	美国
型号		B301	QCS-04	B303Q	QCS-11	K8-11	SSK	C25-4-02
化学成分/%	CoO	2～5	1.8±0.3	>1	TiO_2-MgO-Al_2O_3	约1.5	约3	约3
	MoO	6～11	8.0±1.0	8～13	三元载体	约10	约10	约12
	K_2O	适量	适量		混合稀土	适量	适量	适量
	Al_2O_3	余量	余量			余量	余量	余量
	其他							加有稀土元素

续表

国　别		中　国				德国	丹麦	美　国
物理性能	颜色	蓝灰色	浅绿色	浅蓝色	灰绿色	绿色	墨绿色	黑色
	尺寸 /mm	$\phi5\times5$ 条	长 8～12 $\phi3.5\sim4.5$	$\phi3\sim5$ 球	$\phi4.0\sim5.0$ 球	$\phi4\times10$ 条	$\phi3\sim5$ 球	$\phi3\times10$ 条
	堆密度/(kg/L)	1.2～1.3	0.75～0.88	0.9～1.1	0.8～0.9	0.75	1.0	0.7
	比表面积/(m^2/g)	148	≥60			150	79	122
	比孔容/(mL/g)	0.18	0.25			0.5	0.27	0.5
使用温度 /℃		210～500		160～470	200～500	280～500	200～475	270～500

耐硫变换催化剂通常是将活性组分Co-Mo、Ni-Mo等负载在载体上，载体多为Al_2O_3、$Al_2O_3+Re_2O_3$。目前主要是Co-Mo-Al_2O_3系，加入碱金属助催化剂以改善低温活性，这一类变换催化剂特点[41]如下。

① 有很好的低温活性。使用温度比Fe-Cr系催化剂低130℃以上，而且有较宽的活性温度范围，因此被称为宽温变换催化剂。

② 有突出的耐硫和抗毒性。因硫化物为这一类催化剂的活性组分，可耐总硫到几十克/每立方米，其他有害物质如少量的NH_3、HCN、C_6H_6等对催化剂的活性均无影响。

③ 强度高。尤以选用γ-Al_2O_3作载体强度好，遇水不粉化，催化剂硫化后的强度还可提高50%以上。

④ 可再硫化。不含钾的Co-Mo系催化剂部分失活后，可通过再硫化使活性获得恢复。

（一）K8-11HR耐硫变换催化剂

K8-11HR催化剂是含有新型组分和特殊助剂的新一代钴钼系一氧化碳耐硫变换催化剂，适用于以重油、渣油、沥青、煤渣、煤为原料造气的含硫气体的变换工艺，是一种宽温(200～500℃)、宽硫［工艺气硫含量≥0.02（体积比）］和宽水气比（～1.6）的钴钼系CO耐硫变换催化剂[42]。

该催化剂活性稳定性及强度稳定性高，催化剂中活性组分钴、钼以氧化钴、氧化钼的形式存在，使用时首先进行硫化，使活性金属氧化物转变为硫化物，可以用含硫工艺气体硫化，也可用硫化剂单独硫化。K8-11HR催化剂组成简单，不含碱金属，不含对设备和人体有危害的物质，硫化时，只有少量水生成随工艺气排出，对硫化过程和设备无危害。

1. 主要物化性能

外观：　氧化态为淡绿色，条形或三叶形

外形尺寸（mm）：　$\phi(2.0\sim3.0)\times(3\sim6)$

堆密度（kg/m^3）：　900～950

破碎强度（N/cm）：≥90（平均值）

催化剂的形状和尺寸可根据用户需要进行调整。

化学组成如表3-13所示。

表3-13　K8-11HR催化剂化学组成

组　分	含量(质量分数)/%
CoO	≥3.5
MoO_3	≥7.5
载体及助剂	余量

2. 催化剂使用条件

（1）使用温度

K8-11HR 催化剂的使用温度为 200～500℃，具体使用温度依据工况条件而定。在使用时应尽可能选择较低的入口温度，通常选择高于露点温度 25℃以上，防止水汽冷凝。在 8.0MPa、水气比为 1.4 条件下使用，开车初期入口温度 275～285℃是合适的，只要可能就保持这个温度，随着使用时间的延长，假如变换率降低到设计值以下，可逐渐提高入口温度，使变换率保持在设计值以上，但是热点温度不宜超过 480℃，否则将会缩短催化剂的使用寿命。催化剂的耐热温度为 550℃，短时间热点温度超过 480℃而低于 550℃对催化剂的性能基本无影响。

(2) 使用压力及空速

K8-11HR 催化剂的使用压力范围较宽，一般在 2.0～9.0MPa 之间使用，最高使用压力可达 10.0MPa。由于 2.0MPa 以下，更经济的 Co-Mo-K/γ-Al_2O_3 型催化剂可以使用，一般推荐在 2.0MPa 以上使用 K8-11HR 催化剂，2.0MPa 以下推荐 Co-Mo-K/γ-Al_2O_3 型催化剂。K8-11HR 催化剂的使用空速为 1000～3500h^{-1}（干气），最高可达 6000h^{-1}（干气）。其空速的选用，与工况条件及要求的出口 CO 含量的高低有关。

(3) 毒物

一般来说，K8-11HR 催化剂具有较好的抗毒物性能，但空气或氧对硫化态的 K8-11HR 催化剂的性能具有破坏作用，使用过程中必须严格防止硫化态的 K8-11HR 催化剂与空气或氧接触，否则催化剂与氧剧烈反应放出大量热量，使温度急剧上升，导致自燃，烧毁催化剂，同时产生 SO_2，一方面与催化剂发生硫酸盐化作用使催化剂活性下降，另一方面腐蚀下游生产设备。

重油、渣油、沥青和煤渣部分氧化法或煤气化法造气生产的工艺中所含低浓度毒物对 K8-11HR 催化剂性能基本无影响，对其中的 As_2O_3、P_2O_5、NH_3、HCN、碳氢化合物、卤素等毒物具有较高的承受能力。但较高的 As_2O_3 对催化剂的活性有影响，如工艺气中砷含量较高时，必须适当增加催化剂装量，或催化剂床层上部装填部分吸附剂或保护剂。

(4) 工艺气含硫量对催化剂性能的影响

K8-11HR 催化剂既具有变换活性，也具有有机硫加氢、水解性能，一般工艺气中的有机硫基本可转化为无机硫，其对有机硫转化能力与温度和水蒸气分压有关。

K8-11HR 催化剂只有活性组分处于硫化状态下才具有活性，因此对工艺气中硫含量的上限不加限制，但对下限有明确的要求，要求工艺气的含硫量不能小于某一数值，否则将出现反硫化而使催化剂失活。因此，应避免已硫化的催化剂在无硫条件下操作，但允许在短时间内用蒸汽吹扫。

MoS_2 较 CoS 易于水解，催化剂中 MoS_2 与工艺气体中 H_2S 含量之间存在下列平衡反应：

$$MoS_2 + 2H_2O \rightleftharpoons MoO_2 + 2H_2S$$

最低允许硫含量与温度和水蒸气分压有关，温度和水蒸气分压越高，最低允许硫含量要求越高，反之，则低。一般认为工艺气中硫的含量最低不能低于理论值方可保证催化剂处于硫化态，具有较高的活性。实际上，即使硫化氢含量小于最低允许含量，工业上常用的钴钼变换催化剂都能保留一定的活性，其保留程度与催化剂性能有关。

K8-11HR 催化剂，由于加入了新型组分和特殊助剂在低硫下活性下降很少，即使在工艺气中硫化物含量只有 0.02%（体积分数）时，仍然具有相当高的活性。也就是说，只要工艺气中硫化物含量≥0.02%，就可使用。

3. 催化剂的使用

(1) 催化剂的装填

装填催化剂之前，必须认真检查反应器，保持清洁干净，支撑栅格正常牢固。为了避免在高的蒸汽分压和高温条件下损坏失去强度，催化剂床层底部支撑催化剂的金属部件应选用耐高温和耐腐蚀的惰性金属材料。惰性材料应不含硅，防止高温、高水汽分压下释放出硅。

催化剂装填时，通常没有必要对催化剂进行过筛，如果在运输及装卸过程中，由于不正确的作业使催化剂损坏，发现有磨损或破碎现象必须过筛。催化剂的装填无论采取从桶内直接倒入，还是使用溜槽或充填管都可以。但无论采用哪一种装填方式，都必须避免催化剂自由下落高度超过 1m，并且要分层装填，每层都要耙平后再装下一层，防止疏密不均。在装填期间，如需要在催化剂上走动，为了避免直接踩在催化剂上，应垫上木板，使身体重量分散在木板上。

一般情况下，催化剂床层顶部应覆盖金属网和/或惰性材料，主要是为了防止在装置开车或停车期间因高的气体流速可能发生催化剂被吹出或湍动，可能由于气体分布不均发生催化剂床层湍动，损坏催化剂。

由于高压，原料气密度较大，为了尽可能地减小床层阻力降，应严格控制催化剂床层高度和催化剂床层高径比。通常催化剂床层高度应控制在 3～5m；催化剂床层高径比控制在 1.0～1.6。

(2) 开车升温

为防止水蒸气在催化剂上冷凝，首次开车升温时，应使用惰性气体（N_2、H_2、空气或天然气）把催化剂加热到工艺气露点以上温度，最好使用 N_2。

采用≤50℃/h 的升温速度加热催化剂，根据最大可获得流量来设定压力，从而确保气体在催化剂上能很好分布。在通常情况下，气体的有效线速度不应小于设计值的 50%，但也不应超过设计值。

当催化剂床层温度达到 100～130℃时，恒温 2～3h 排除吸附的物理水，然后继续升温至 200～230℃时，进行下一步的硫化操作。如果最初加热选用的是空气，在引入硫化气之前，必须用氮气或蒸汽吹扫系统，以置换残余氧气。硫化气的切换基本上在常压或较高压力下进行。

(3) 正常运转

为了延长催化剂使用寿命，在正常运转期间应尽可能保持较低的入口温度（露点以上 25℃），并保持温度、压力、水气比、硫化氢浓度等各项操作参数的平稳，减少开停车次数，避免无硫操作或硫含量过低。

运行中，不允许瞬间大幅度降压或升压。注意各反应器的压差变化，工况改变或操作异常时，应注意测定出口 CO 含量，必要时标定各项参数。当长时间运转后催化剂活性衰退，出口 CO 的含量增加时，可小幅度逐渐提高入口温度使出口 CO 含量保持在设计值以下。

(4) 停车

装置短时间停车时，在不发生蒸汽冷凝的情况下，切断原料气保持压力即可。

如果是较长时间停车，则应该降低反应器压力，引纯氮吹扫保护催化剂，防止蒸汽冷凝，保持反应器压力稍大于常压。如果要从反应器中卸出催化剂，应将催化剂钝化，并用氮气将催化剂冷却到 50～70℃，打开反应器顶部的人孔和反应器出口卸料阀，卸出催化剂。

(5) 催化剂的氧化和再生

催化剂再生的目的是尽可能使催化剂恢复到原来的活性。但是，这种再生只有在由于外来化合物而引起的活性降低，并且这类化合物可用氧脱除时才有可能，通常这类化合物是指在变换炉上游形成的炭，或者在操作期间，沉积在催化剂上的像焦炭一样的聚合物。

催化剂床层阻力降的上升常常是由于原料气中夹带的杂质和焦炭在上层催化剂沉积造成的。当焦炭含量达到5%～10%（质量分数）时，应进行除炭再生。再生方法通常采用添加少量空气（如开始2%然后逐渐增加到10%）的水蒸气或N_2，在一定温度下与焦炭反应生成CO_2、CO。脱除炭的同时，催化剂中的硫化物也会与氧反应生成SO_2。氧化过程放出大量的热量，因此要缓慢进行，严防超温烧毁催化剂。根据床层温度变化和出口CO_2含量的变化判断氧化反应进行情况，逐渐增加空气量直至出口检测不到CO_2，表明再生过程结束。

为了达到满意的再生效果，蒸汽的入口温度可选择在350～400℃，达到预定入口温度之后，开始通入空气，密切注意催化剂床层温度变化，防止超温。根据除炭情况，可将入口温度降到300℃，床层热点温度最好接近450～500℃。为了利于气体分布，烧炭时应降低压力，但也不能过低，以避免气速太高。碳和硫不仅与氧反应，也能与水蒸气反应，因此出口气体除CO_2和SO_2之外，还有氢和硫化氢。

若再生后床层阻力降仍然较大，则应卸出催化剂筛除杂质和破碎催化剂，然后重新装填，最好按原来的床层位置回装催化剂，补充的新催化剂装在最上层。

由于上述再生和重新装填催化剂操作复杂，不易掌握，最好不采用再生的办法。由于杂质和焦炭沉积主要集中在催化剂的入口部分，因此推荐采用更换上层催化剂的办法来达到降低阻力降和恢复上层催化剂活性的目的。也可用在流程上增加预变换段，装少量催化剂起到滤除粉尘、杂质和毒物的作用，保护主床层催化剂。

（二）QCS系列一氧化碳耐硫变换催化剂

QCS系列一氧化碳耐硫变换催化剂由中石化齐鲁分公司研究院1987年开始研究，山东齐鲁科力化工研究院有限公司合作开发；1994年工业化以来已经形成系列化专利产品，前后替代K8-11HR等国外进口催化剂，实现了耐硫变换催化剂国产化，在煤、渣油、重油等原料高、中压气化的德士古、谢尔、鲁奇等流程中创造了良好的业绩。应用实践表明该系列催化剂具有低温、低硫和宽温、宽硫变换活性好，高水气比条件下结构稳定等特性[43]。

QCS系列一氧化碳耐硫变换催化剂活性组分为钴和钼、氧化铝＋氧化镁＋氧化钛三元载体。QCS-01、QCS-03、QCS-04耐硫变换催化剂性能介绍如下。

1. QCS-01一氧化碳耐硫变换催化剂

QCS-01一氧化碳耐硫变换催化剂适用于以煤气化、重油渣油部分氧化法造气的变换工艺，促进含硫气体的变换反应，是一种能适应高温低硫的宽温（200～550℃）、宽硫（工艺气硫含量≥200μL/L）和宽水气比（0.3～2.0）耐硫变换催化剂。

该催化剂采用了TiO_2-MgO-Al_2O_3三元载体，TiO_2改变了活性组分MoO_3与载体的结合形态，MoO_3易于还原硫化成低价态的活性相；TiO_2促进了变换活性，特别是低温活性和低硫活性；TiO_2具有抗硫酸盐化作用。还采用了混合稀土活性助剂和新的加入方式，促进和稳定了催化剂活性。

该催化剂具有优良的机械强度、选择性和活性，特别是低温变换活性和低硫变换活性好，同时对高空速和高水气比的适应能力强、稳定性好、操作弹性较大。可在高硫渣油流程一、二段变换炉使用，也可在低硫渣油流程一、二、三段变换炉使用，还可在以煤为原料的各段变换炉上使用。

（1）催化剂物化性能

外观：	氧化态为绿色，条形
外形尺寸（mm）：	直径 ϕ3.5～4.0
堆密度（kg/L）：	0.75～0.85
破碎强度（N/cm）：	≥120
化学组成（质量分数）：	
CoO（%）：	3.5±0.5
MoO_3（%）：	8.0±1.0
助剂（%）：	0.45±0.15
载体：	余量

（2）催化剂性能特点

适用高水气比（0.3～2.0），可耐5.0MPa水蒸气分压；适合宽温变换（200～550℃）；适应高CO变换条件（CO可达75%）；容易硫化；变换活性高；机械强度高、稳定性好、抗水合性能好；选择性好；对高空速和宽水气比适应能力强；具有较强的吸灰和抗毒能力。

2. QCS-03一氧化碳耐硫变换催化剂

QCS-03一氧化碳耐硫变换催化剂适用于以煤气化、重油渣油部分氧化法造气的变换工艺，促进含硫气体的变换反应，是一种能适应高温低硫的宽温（200～550℃）、宽硫（工艺气硫含量≥200ppm）和高水气比（0.3～2.0）耐硫变换催化剂。

该催化剂使用TiO_2-MgO-Al_2O_3三元载体，TiO_2改变了活性组分MoO_3与载体的结合形态，MoO_3易于还原硫化成低价态的活性相；TiO_2促进了变换活性，特别是低温活性和低硫活性；TiO_2具有抗硫酸盐化作用。使用混合稀土活性助剂和新的加入方式，促进和稳定了催化剂活性。

该催化剂具有优良的机械强度、选择性和活性；同时对高空速和高水气比的适应能力强、稳定性好、操作弹性较大。可在高硫渣油流程一、二段变换炉使用，也可在低硫渣油流程一、二、三段变换炉使用，还可在以煤为原料的各段变换炉上使用。

（1）催化剂物化性能

外观：	氧化态为绿色，条形
外形尺寸（mm）：	直径 ϕ3.5～4.0
堆密度（kg/L）：	0.80～0.90
破碎强度（N/cm）：	≥140
化学组成（质量分数）：	
CoO（%）：	3.5±0.5
MoO_3（%）：	8.0±1.0
助剂（%）：	0.45±0.15
载体：	余量

（2）催化剂性能特点

机械强度高、稳定性好、抗水合性能好；对高空速和宽水气比适应能力强；适用高水气比（0.3～2.0），可耐5.0MPa水蒸气分压；适合宽温变换（200～550℃）；适应高CO变换条件（CO可达75%）；容易硫化；变换活性高；选择性好；具有较强的吸灰和抗毒能力。

3. QCS-04一氧化碳耐硫变换催化剂

QCS-04一氧化碳耐硫变换催化剂适用于以煤、重油和渣油为原料的中压制氨装置、城市煤气装置和甲醇装置的变换工艺流程。

该催化剂具有机械强度高、低温活性好、易于硫化和再生、碱金属流失速率低、制备工艺简单等优点，是一种性能良好的耐硫变换催化剂。

(1) 催化剂的物化性能

外观：	氧化态为灰绿色或蓝绿色，条形
外形尺寸 (mm)：	ϕ3.5～4.5
堆密度 (kg/L)：	0.85～0.95
破碎强度 (N/cm)：	≥120 (平均值)
比表面积 (m^2/g)：	≥60 (硫化前)
孔容 (mL/g)：	≥0.20 (硫化前)

化学组成（质量分数）：

CoO (%)：	1.8±0.2
MoO_3 (%)：	8.0±1.0
载体＋助剂：	余量

(2) 催化剂性能特点

适应于在中压（<5.0MPa）变换；强度及强度稳定性、耐冲蚀性能高，特殊载体制备工艺，形成高强度和强度稳定性、耐冲蚀性好；烧炭再生性能好；抗水合能力强，添加抗水合助剂，在苛刻条件下具有较高的抗水合性和结构稳定性。变换活性高：添加助剂，催化剂具有较高的低温活性和较低的起活温度；容易硫化、硫化温度低且硫化速度快；添加新型助剂，改变了活性组分的结合形态，促进了 S—O 健的交换反应，使催化剂具有硫化温度低和硫化速度快的特点。

4. 工业使用条件

(1) 使用温度

QCS-01、QCS-03、QCS-04 耐硫变换催化剂正常条件下在 230～500℃的温度范围内使用，200℃催化剂起活、短时间最高耐热温度可达 550℃，催化剂床层的热点温度不宜长时间超过 500℃。

在一段变换炉使用时应尽可能选择较低的入口温渡，但为了防止水蒸气冷凝，入口温度通常选择在高于水蒸气露点温度 25℃以上。随着使用时间的延长（当出口 CO 含量超标时），可逐渐提高入口温度，使出口 CO 含量控制在要求范围内。

(2) 水气比及蒸汽分压

QCS-01、QCS-03 耐硫变换催化剂适应 0.3～2.0 的水气比，在 8.0MPa 操作压力下，对应的水蒸气分压可达 5.0MPa。QCS-04 耐硫变换催化剂适应 0.1～1.0 的水气比。

(3) 使用压力及空速

QCS-01、QCS-03 耐硫变换催化剂的使用压力范围较宽，一般在 2.0～9.0MPa 之间使用，最高使用压力可达 10.0MPa。使用空速视工艺流程不同而不同，一般为 1000～3500h^{-1}（干气），最高可达 6000h^{-1}（干气）。

QCS-04 耐硫变换催化剂的使用压力一般在 2.0～4.0MPa 之间使用，最高使用压力可达 6.0MPa。使用空速视工艺流程不同而不同，一般为 1500～3500h^{-1}（干气），最高可达 6000h^{-1}（干气）。

(4) 催化剂毒物

QCS-01、QCS-03、QCS-04 耐硫变换催化剂具有较强的抗毒物能力，工艺气中的低浓度毒物对催化剂性能影响小，即使是 As_2O_3、P_2O_5、NH_3、HCN、碳氢化合物、卤素等毒物，QCS-01、QCS-03、QCS-04 耐硫变换催化剂也具有较高的承受能力。必须严格防止硫化态的催化剂与空气或氧接触，否则催化剂中的硫化物将与氧剧烈反应，放出大量的热量，使催化剂床层的温度急剧上升，烧毁催化剂。同时生成的SO_2会发生硫酸盐化作用而使催化剂失活，并腐蚀下游生产设备。

（5）工艺气含硫量

QCS-01、QCS-03、QCS-04耐硫变换催化剂的活性组分只有处于硫化状态才具有催化活性，因此对工艺气中硫含量的上限不加限制，但对下限有明确的要求，即要求使用的原料油或煤的含硫量不能小于某一数值，否则将出现反硫化现象而使催化剂失活。因此，尤其应避免已硫化的催化剂在无硫状况下操作，即使是装置停车等特殊过程，必须用蒸汽吹扫时，也应尽量缩短吹扫时间，以防止催化剂再氧化或反硫化。催化剂允许工艺气中的最低硫含量与温度和水蒸气分压有关，即在一定的反应温度和水气比条件下，工艺气中的硫含量必须高于某一定值方可保证催化剂处于硫化状态，具有较高的活性。不同的催化剂对最低硫含量的要求也不相同，对于QCS-01、QCS-03、QCS-04耐硫变换催化剂，由于发明并使用了TiO_2-MgO-Al_2O_3载体和稀土助剂，催化剂更适应于低硫条件。

（三）耐硫催化剂硫化及判定报废的质量指标及更换办法

1. 耐硫变换催化剂的硫化

与铁铬系催化剂的还原相似，首次装填的钴钼系耐硫变换催化剂使用前一般需要经过活化（硫化）方能使用，硫化的好坏对硫化后催化剂的活性有着重要作用[44]。

（1）用工艺气硫化

用工艺气硫化催化剂，尤其在较高压力下，应该注意存在甲烷化反应的可能性。为了防止此反应发生，或者如果已经发生了这种反应，应通过控制温度来限制此反应。

硫化前，应该用氮气吹净反应器，催化剂在近似于0.5MPa压力下，按上述升温程序用氮气升温到200～230℃，然后，将湿工艺气加到氮气中（湿工艺气∶氮气＝1∶3）同氮气一起进入反应器，并保持温度、压力不变。

由于气体混合物中，氢气分压、CO分压低，甲烷化反应的可能性很小，万一发生此反应导致超温，则可通过减少或切断工艺气，用氮气将催化剂床层冷却到250℃左右，再慢慢地加入湿工艺气继续硫化。

当硫化剂床层温度稳定时，将湿工艺气流量增加一倍。同时相应减少氮气，为的是使气体的线速度不超过允许值，此时气体的比例为工艺气∶氮气＝2∶3。

为了达到规定的硫含量，缩短硫化时间，可以增加硫分。增加硫分的办法有两种：一种是增加工艺气流量并相应地减少氮气流量直到停用氮气，但是要严格防止硫化过快引起超温，在催化剂被硫化20%之前，不宜增加流量；另一种办法是增加工艺气的硫含量，例如当工艺气体中硫含量较低时，可添加CS_2等硫化剂或向原料煤中添加硫黄，后者安全，易于控制。但是，不管采用何种办法增加硫分，缩短硫化时间，都必须保证由硫化反应造成的温升ΔT不能超过50℃。

当有明显的硫穿透时，为了深度硫化，应逐步增加压力至0.8MPa、1.2MPa、1.5MPa进行硫化。当在1.5MPa压力下有明显的硫穿透时，表明硫化接近完全。当出口硫含量与入口硫含量平衡时，表明硫化结束。

硫化结束后，以10～15℃/h的速度将入口温度提高到设计温度，将工艺气流量及压力也相应地提高到设计值，同时切除N_2和停止补充硫分。此时，催化剂床层温度要保持足够高，避免水蒸气在催化剂上冷凝。

(2) 用循环气硫化

当催化剂床层入口温度达到200~230℃(氢气浓度在5%~10%之间，床层温度在200℃以上，CS_2的氢解才具有较大的转化率)时，开始进行硫化程序。首先按设计用硫量的50%(质量分数)进行硫化，硫化开始，可以通过分析反应器出口硫含量变化来观察硫化进行情况，同时注意温度变化。

在硫化剂的含量增加到所规定的设计值之前，应该保持温度稳定，并且温升ΔT不应超过50℃。

当床层出口有显著的硫穿透时，表明催化剂硫化接近完全。硫化末期催化剂床层几乎没有硫化反应，然后以近似于10~15℃/h的速度，把入口温度提高到规定温度(280~300℃)。

硫化结束后，停止送入硫分，如果可能，变换反应器的压力应通过天然气、氮气、氢气或这三种气体的混合气提压到约3.0MPa。然后将原料气送入催化剂床层，慢慢地把压力和温度调整到设计值。在这个阶段，应该一直小心保持流速，并且根据实际压力调节气体流量，注意催化剂上的气体有效线速度不超过设计值。变换炉床层必须保持足够高的温度，以保证高于露点温度25℃以上。

2. 判定催化剂报废需更换的质量指标及更换办法

(1) 催化剂更换的质量指标

催化剂使用到后期，低温活性逐渐丧失，此时，需要提高变换炉的进口温度，才能满足催化剂对水煤气的变换率和蒸汽过热度等工艺指标。当变换炉入口温度一直上提至300℃以上才能保证水煤气的变换率或者变换炉炉温不能很好地满足蒸汽过热度时，则考虑催化剂已不能满足生产了，需要更换。

(2) 催化剂的更换

当催化剂不能满足生产要求后，需要及时更换，更换催化剂之前，需要对催化剂进行钝化处理，以防止卸催化剂的过程中，因硫化态的催化剂在空气中氧化发热产生高温甚至是着火。催化剂钝化完成后，利用N_2作为载体将催化剂床层温度降至50~70℃后，打开变换炉顶部法兰和催化剂卸料口法兰，卸出催化剂。然后根据催化剂的装填方法重新装填。

四、粉煤气化高、低水气比耐硫变换工艺

粉煤气化(包括Shell、航天炉等气化工艺)低水气比耐硫变换工艺是由青岛联信化学有限公司、广西柳州化工股份有限公司和中石化集团宁波工程有限公司共同开发的专利技术。该技术2007年1月率先在广西柳州化工股份有限公司Shell粉煤气化年产30万吨合成氨装置上实施并一次开车成功，配套低水气比耐硫变换催化剂为QDB-05，由青岛联信化学有限公司开发。

由于干粉煤气化技术制得的工艺气中CO含量高达65%以上，这不仅加重了耐硫变换系统的CO变换负荷，而且还有可能引起高放热的甲烷化副反应($CO+H_2 \longrightarrow CH_4$)的发生，使催化剂床层“飞温”。因此，变换系统如何在不发生甲烷化副反应的前提下降低工艺气中CO的含量就成为Shell粉煤气化工艺能否成功地用于合成氨或甲醇生产的关键。

为了避免变换工段发生甲烷化副反应，通过几年的探索和实践，我国的设计和研究部门总结出了两种耐硫变换工艺。

(1) 高水气比耐硫变换工艺流程

水气比是调节变换反应指标的一个重要控制手段，提高水气比，增加蒸汽用量，提高了CO的平衡变换率，可降低变换炉出口CO的含量，同时由于过量的水气比存在，不会有甲

烷化副反应发生。高水气比变换工艺的特点就是考虑避免甲烷化副反应发生，先使部分或全部气体通过第一反应器，在第一反应器的入口添加了大量的蒸汽，通常使水气比达到 1.1 以上，使其进行深度变换，然后再与未反应的气体混合，达到一定的 CO 浓度后继续进行后续的变换。高水气比变换流程虽然可以避免甲烷化副反应，但是由于水气比和 CO 含量都高，反应的推动力大，反应的深度难以控制，因此在运行过程中第一变换炉都出现了超温现象，不得不采用氮气稀释或提高水气比或扒出部分催化剂的办法来降温[45]。

(2) 低水气比耐硫变换工艺流程

青岛联信化学有限公司等单位经过对甲烷化副反应和变换反应深度控制等因素的研究，开发成功“粉煤气化”低水气比耐硫变换新工艺。

五、变换催化剂使用中存在的若干问题

(一) 目前国内 Fe-Cr 催化剂生产和使用中存在的主要问题

含 Cr 中变催化剂的使用不仅会对生产工人的健康造成不利影响，而且会对环境造成极大的破坏。因为 Cr_2O_3 与 Fe_3O_4 可形成固溶体，起着结构性助催化剂的作用，可大幅度提高 Fe_3O_4 的耐热稳定性。故要在催化剂中加入 Cr，目前国内 Fe-Cr 中变催化剂 Cr_2O_3 含量通常在 3～13%之间。铬在自然条件下有不同的价态，其化学行为和毒性大小各不相同。三价铬可吸附在固体物质上；六价铬则多溶于水中，比较稳定，但在厌氧条件下可还原为三价铬。三价铬和六价铬对人体都有害，六价铬的毒性比三价铬要高 100 倍，可诱发肺癌和鼻咽癌。三价铬有致畸作用。废 Fe-Cr 中变剂以及中变剂生产、装卸等过程中会对环境和工人身体健康带来明显的伤害[46]。

合成氨、甲醇等行业出现了两个大的变化：一是使用的煤硫含量越来越高，硫的成分越来越复杂；二是变换压力越来越高，水气比越来越低。为此 Fe-Cr 系中变催化剂在使用中遇到的以下四个突出的缺点越来越明显：

① 活性温度高。这一缺点可导致热损大，蒸汽消耗高，阻力相对也大。

② 相对耐硫低变催化剂而言，易粉化、易被硫等毒物中毒，使用寿命短。

③ 在相同的生产能力前提下，使用 Fe-Cr 催化剂都需要较大的设备，因此一次性投资和维修费用均高于 Co-Mo 催化剂的工艺。

④ F-T 反应问题。

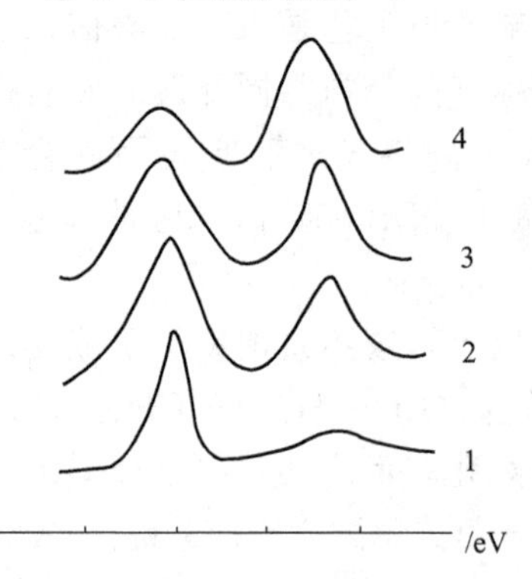

图 3-15 Co-Mo、Ni-Mo、Co-Mo-K 催化剂的 S2p 的 XPS 图
1—Co-Mo；2—Ni-Mo；
3—Co-Mo-K（实验室样品）；
4—Co-Mo-K（工业失活样品）

(二) Co-Mo 低变催化剂的失活

助剂钾的硫酸盐化反应是 Co-Mo-K 系变换催化剂失活的主要原因，载体的硫酸盐化对活性的影响次之。硫酸盐化反应与原料气中的氧含量有关，温度和水对其也有影响。

利用 XPS（X 射线光电子能谱）和 XRD（X 射线衍射仪）对以浸渍法制备的 Co-Mo/γ-Al_2O_3、Ni-Mo/γ-Al_2O_3、Co-Mo-K/γ-Al_2O_3 等催化剂的硫、硫的价态和含量分布、硫酸盐化的物相等进行了测定。其目的是为了弄清楚阳离子的种类对硫酸盐化反应的影响及硫酸盐化反应的机理[47]。

(1) 硫的价态、不同价态的含量以及离子种类对硫酸盐化反应的影响

将浸渍在 γ-Al_2O_3 上的 Co-Mo、Ni-Mo、Co-Mo-K 和工业应用后的 Co-Mo-K 催化剂中的硫进行了 XPS（X 射线光

电子能谱）测定，测定结果见图 3-15 和表 3-14。

表 3-14　硫的价态定量分析结果

编号	组成	元素	XPS 线	结合能(BE)/eV	化学态	原子百分含量/%
1	Co-Mo	S	2P	161.84	S^{2-}	98.72
		$(SO_4)^{2-}$	2P	169.47	S^{6+}	1.28
2	Ni-Mo	S	2P	162.25	S^{2-}	86.4
		$(SO_4)^{2-}$	2P	169.55	S^{6+}	13.6
3	Co-Mo-K	S	2P	161.84	S^{2-}	53.53
		$(SO_4)^{2-}$	2P	168.95	S^{6+}	46.47
4	Co-Mo-K	S	2P	162.14	S^{2-}	43.19
		$(SO_4)^{2-}$	2P	169.47	S^{6+}	56.81

结果表明，Co-Mo 系催化剂中的硫的化学状态主要为 S^{2-}，S^{6+} 很少，即硫酸盐化反应不明显。

Co-Mo-K 系催化剂 S^{6+} 含量最高，Ni-Mo 系次之。经分析表明：S^{6+} 与上述两种催化剂中 K 和 Ni 的含量有关。

上述结果可以说明，硫酸盐化反应与阳离子的种类有关。即 Co-Mo 系催化剂中，当不含 Ni、K 等离子时，硫酸盐化反应较难发生。硫酸盐化反应发生后对催化剂的活性产生不利的影响。一方面是硫酸盐化反应后使得分子结构趋向复杂化即出现空间位阻现象，降低比表面；其次是改变了催化剂的酸性，破坏了原有的活性中心结构。

（2）硫酸盐化反应机理的讨论

分析结果表明，除 Co-Mo 催化剂外，在 Co-Mo-K 和 Ni-Mo 催化剂中都形成了大量的硫酸盐化合物；在 Co-Mo-K 催化剂中，硫酸盐化合物主要是 K_2SO_4。这一结果说明，硫酸盐化反应与离子的种类有关。在没有其他金属离子存在的情况下，Co 和 Mo 的硫化物在还原气氛下较难形成硫酸盐。

在工业使用中，含有结晶态 K_2SO_4 的 Co-Mo-K 催化剂，当 $O_2>1\%$ 时床层亦没有温升，而该催化剂的比表面积还有 $50m^2/g$ 左右，固体杂质含量较低。这说明催化剂的失活与结晶态 K_2SO_4 有关。这种失活以三种形式表现出来：

① 硫酸盐物质堵塞了催化剂的微孔，比表面积降低，使催化剂的有效因子下降，从而降低了催化剂的活性。

② 硫酸盐化物的形成破坏了表面的活性中心，使催化剂失活。

③ 硫酸盐化物破坏了催化剂的酸性并产生屏蔽效应，从而使催化剂失活。

综合上述分析，可得出如下结论：

① Co-Mo 系变换催化剂的失活与催化剂中助剂钾的硫酸盐化反应有关，该反应与阳离子的种类有关。Co、Mo 的硫化物较难发生硫酸盐化反应。

② 硫酸盐化反应与原料气中的氧及其含量有关，而且与温度和水有关。过高的氧化反应温度和水会加快硫酸盐化反应的速率及加剧催化剂的失活。

③ 硫酸盐化反应引起催化剂失活主要是通过破坏活性中心、表面酸性、降低比表面积及有效因子来进行的。

④ 原料气中氧的净化或制备无钾的 Co-Mo 变换催化剂是解决硫酸盐化反应的有效途径。

第五节 原料、反应产物及物料平衡

一、原料的组成及特性

一氧化碳变换及净化装置主要原料为煤气化装置生产的粗煤气，其主要组成为一氧化碳（CO）、氢气（H_2）、二氧化碳（CO_2）和水蒸气。表 3-15 为神华包头煤化工分公司一氧化碳变换及净化装置的粗煤气组成。

表 3-15 粗煤气技术规格

物流项目	分子式	相对分子质量	体积分数/%
一氧化碳	CO	28	18.389
氢气	H_2	2	15.238
二氧化碳	CO_2	44	8.042
甲烷	CH_4	16	0.042
氩气	Ar	40	0.051
氮气	N_2	28	0.115
硫化氢	H_2S	34	0.115
氧硫化碳	COS	60	0.004
氨	NH_3	17	0.071
水	H_2O	18	57.933
温度/℃			239.8
压力/MPa(A)			6.35

二、产品的组成及特性

（一）产品净化气

一氧化碳变换及净化装置利用煤气化装置输送过来的粗煤气，经过变换单元将部分一氧化碳转化为氢气，回收热量后，送往低温甲醇洗单元，脱除全部的硫化氢酸性气体和大部分的二氧化碳气体，达到甲醇合成需要的氢碳比要求送往甲醇合成装置作为甲醇合成的原料。产品净化气技术规格见表 3-16。

表 3-16 产品净化气技术规格

物流项目	组成(体积分数)/%	物流项目	组成(体积分数)/%
一氧化碳	29.31	氨	—
氢气	67.59	甲醇	0.01
二氧化碳	2.5	正常温度/℃	30
甲烷	0.12	正常压力/MPa(A)	5.9
氩气	0.15	正常密度/(kg/m^3)	25.67
氮气	0.33	分子量/(g/mol)	10.83
硫化氢		正常流量(标准状态)/(m^3/h)	2×272657
氧硫化碳			

（1）主要质量指标

氢气＋一氧化碳≥96.0%；二氧化碳：1.5%～3.0%；硫化氢＋羰基硫＜0.1mL/m^3。

（2）主要影响因素

气化粗煤气的组分变化；变换单元一氧化碳变换率的变化；低温甲醇洗循环量和温度的变化以及贫甲醇的再生度变化。

（3）工艺调节原理

通过调节变换单元的配气量来调整进变换炉的工艺气量，达到调整一氧化碳转化为氢气的量；通过调节变换炉床层温度来调整变换反应的变换率，从而调整产品净化气中一氧化碳的含量；通过调节甲醇循环量和贫甲醇的温度来调整产品净化气中二氧化碳的含量。

（4）控制方法

通过调整变换单元配气阀开度来调整出变换单元的一氧化碳的组成，若产品净化气中一氧化碳含量高，则关小配气部分阀位，或适当降低变换炉的床层温度；反之，若产品净化气中一氧化碳含量比较低，则开大配气部分阀位，或适当提高变换炉的床层温度。

低温甲醇洗单元的通过调整贫甲醇的循环量和温度来调整出净化装置净化气中二氧化碳的含量，通过加大贫甲醇的循环量或降低贫甲醇的温度来降低去合成净化气中二氧化碳的含量；反之，通过减小贫甲醇的循环量或适当提高贫甲醇的温度来提高去合成净化气中二氧化碳的含量。

产品净化气中硫化氢＋羰基硫的含量正常情况下不会超标，正常情况下只要控制好贫甲醇的再生度和控制好贫甲醇的流量就不会超标。

（二）副产品 CO_2

一氧化碳变换及净化装置低温甲醇洗单元的副产物，甲醇洗涤塔上段无硫富甲醇经过降温在循环气闪蒸槽Ⅰ闪蒸回收 CO 和 H_2 后，在二氧化碳产品塔中闪蒸出二氧化碳，随低温甲醇洗尾气排放至大气。副产品 CO_2 技术规格见表 3-17。

表 3-17　副产品 CO_2 技术规格表

物流项目	组成(体积分数)/%	物流项目	组成(体积分数)/%
一氧化碳	0.41	氨	0
氢气	0.08	甲醇	0.02
二氧化碳	99.26	正常温度/℃	30.7
甲烷	0.01	正常压力/MPa(A)	0.25
氩气	0.003	正常密度/(kg/m³)	4.4
氮气	0.22	分子量/(g/mol)	43.86
硫化氢	0	正常流量(标准状态)/(m³/h)	2×35358
氧硫化碳	0		

（1）主要质量指标

二氧化碳产品中 H_2S 含量≤5mL/m³、甲醇含量≤500mL/m³

（2）主要影响因素

甲醇洗涤塔下段的甲醇流量，低温甲醇洗系统甲醇温度以及循环气闪蒸槽Ⅰ中不含硫化氢的富甲醇在二氧化碳产品塔和硫化氢浓缩塔的分配量。

（3）工艺调节原理

通过降低低温甲醇洗单元循环甲醇的温度，降低二氧化碳产品塔塔顶产品的甲醇分压，从而降低二氧化碳产品中甲醇的含量；通过调整二氧化碳产品塔塔顶不含硫的富甲醇的量来调整二氧化碳产品中硫含量。

（4）控制方法

控制好甲醇洗涤塔下段的甲醇流量和循环气闪蒸槽Ⅰ中不含硫化氢的富甲醇在二氧化碳产品塔和硫化氢浓缩塔的分配量防止二氧化碳产品中硫化氢超标，控制好低温甲醇洗工艺中甲醇的温度，防止二氧化碳产品中甲醇超标。

（三）酸性气

一氧化碳变换及净化装置低温甲醇洗单元的产物，低温甲醇洗单元中贫甲醇将变换气中的酸性气体吸收后，经过多级减压闪蒸和氮气气提后，气提出大部分二氧化碳，将富含硫化氢的富甲醇在热再生塔再生，富含硫化氢的气体送往硫回收装置作为硫回收装置的原料。酸性气技术规格见表 3-18。

表 3-18　酸性气技术规格

物流项目	组成(体积分数)/%	物流项目	组成(体积分数)/%
一氧化碳	0.27	氨	
氢气	0.2	甲醇	0.103
二氧化碳	51.13	正常温度/℃	31.29
甲烷	0.001	正常压力/MPa(A)	0.2
氩气	0.001	正常密度/(kg/m³)	3.12
氮气	7.89	分子量/(g/mol)	38.95
硫化氢	38.88	正常流量(标准状态)/(m³/h)	2×2263
氧硫化碳	1.53		

（1）主要质量指标

硫化氢浓度大于 30%。

（2）主要影响因素

原料气中硫含量；气提氮的量以及酸性气提浓线开度。

（3）工艺控制原理

通过增大气提氮的量，来增加二氧化碳在硫化氢浓缩塔和二氧化碳气提塔中的气提效果，从而将硫化氢浓缩；通过增开酸性气提浓线的开度，将酸性气在硫化氢浓缩塔和二氧化碳气提塔中进一步提浓。

（4）控制方法

依据负荷调节硫化氢浓缩塔的气提氮的量，根据硫回收装置运行情况适当调整酸性气提浓线的开度来调节酸性气中硫化氢的浓度。

三、一氧化碳变换及净化过程的物料平衡

一氧化碳变换和净化装置是连接气化、合成和硫回收的纽带，主要任务是处理来自上游

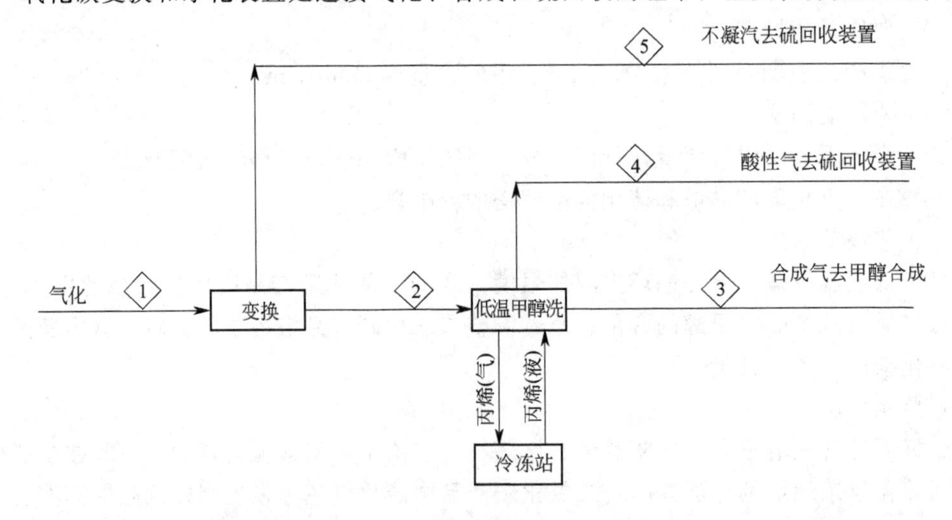

图 3-16　一氧化碳变换及净化工艺简图

表 3-19　一氧化碳变换及净化工艺物料平衡

项目 物料名称 物料号			(1)		(2)		(3)		(4)		(5)	
			水煤气		交换气		净化气		酸性气		气提气	
组　分	分子式	相对分子质量	气相		气相		气相		气相		气相	
流量			/(m^3/h)	体积分数/%	/(m^3/h)	体积分数/%	/(m^3/h)	体积分数/%	/(m^3/h)	体积分数/%	/(m^3/h)	体积分数/%
一氧化碳	CO	28	290343.09	43.71	161435.10	20.46	159827.20	29.31	12.20	0.27	580.91	21.55
氢气	H_2	2	240583.06	36.22	368906.00	46.75	368581.36	67.59	8.96	0.20	442.23	16.41
二氧化碳	CO_2	44	126978.63	19.12	253609.12	32.14	13632.86	2.50	2314.00	51.13	1244.90	46.19
甲烷	CH_4	16	659.02	0.10	657.68	0.08	630.22	0.12	0.06	0.00	1.42	0.05
氩气	Ar	40	801.80	0.12	800.82	0.10	790.82	0.15	0.06	0.00	1.49	0.06
氮气	N_2	28	1808.13	0.27	1806.78	0.23	1797.82	0.33	357.10	7.89	2.39	0.09
硫化氢	H_2S	34	1818.16	0.27	1761.20	0.22		<0.1ppm	1759.84	38.88	26.43	0.98
氧硫化碳	COS	60	69.90	0.01	69.34	0.01			69.18	1.55	0.98	0.04
氨	NH_3	17	1127.94	0.17							394.55	14.64
甲醇	CH_3OH	32					54.54	0.01	4.66	0.10		
Σ干基			664189.73	100.00	789046.04	100.00	545314.82		4526.06	100.00	2695.29	100.00
水	H_2O	18	914681.38		1195.34						247.44	
Σ湿基			1578871.10		790241.38						2942.74	
温度/℃			239.77		40.06		30.00		31.29		75.00	
压力/MPa(A)		6.02	6.35		6.08		5.90		0.20		0.45	
密度/(kg/m^3)			31.44		49.68		25.69		3.12		4.51	
相对分子质量			19.53		21.00		10.83		38.95		28.61	

气化装置的粗煤气，脱除变换气中的大部分 CO_2 和全部的 H_2S 和 COS，调节氢碳比以满足后续甲醇合成装置的进料需要；将 H_2S 浓缩后作为酸性气送至硫回收处理；闪蒸出的 CO_2 产品部分随尾气排放至大气，变换工艺冷凝液中的氨经变换汽提系统处理后，不凝气送往硫回收装置处理。一氧化碳变换及净化工艺如图 3-16 所示，工艺物料平衡见表 3-19。

第六节 变换反应化学热力学及变换催化剂反应动力学

一、变换反应化学热力学

变换反应是放热反应，反应速率可用下式[48]表示：

$$-r_{CO}=k\left(y_{CO}y_{H_2O}-\frac{y_{CO_2}y_{H_2}}{K_p}\right)$$

式中 $-r_{CO}$——反应速率，$m^3(CO)/[m^3(催化剂)\cdot h]$；

K_p——平衡常数；

y_{CO_2}，y_{H_2}，y_{CO}，y_{H_2O}——分别为 CO_2，H_2，CO，$H_2O(g)$ 的摩尔分数；

k——反应速率常数，它是温度的函数。

二、变换催化剂和反应动力学

变换反应有其动力学特征，而且各种不同的变换催化剂其动力学行为也不一样。对变换催化剂进行反应动力学的研究，并非只是纯理论的行为，它不仅可以探讨反应的机理。为建立催化剂内反应-扩散模型提供基础数据，在应用上，它能为反应器的设计计算和优化提供可靠的依据，能对工业中的变换生产过程提出指导性的改进意见，从而提高生产效率和经济效益。因此，一般来说，对变换催化剂，特别是新开发的变换催化剂应该进行本征动力学和宏观动力学的研究。

对于一氧化碳变换反应动力学，国内外曾有许多学者进行过研究，不同的研究者由于所采用的催化剂不同，研究方法及实验条件不同，动力学方程表达式不同，得到的动力学方程也不相同。但各组分浓度对正反应速率的影响情况大致如下：

① 正反应速率与 CO 浓度近乎成正比，即 $r\propto p_{CO}$；

② 正反应速率与 H_2O 浓度的关系为 $r\propto p_{H_2O}^m$，$m=0\sim0.5$；

③ 除少数学者认为 H_2 抑制正反应速率外，大多数研究证实 H_2 浓度不影响正反应速率；

④ 大部分研究者证实 CO_2 抑制正反应速率；

⑤ 正反应速率的表观级数在大部分动力学方程中为 0.5～1.0。

国内学者对国产系列变换催化剂的动力学进行了系统研究，得出国产变换催化剂上一氧化碳变换反应的动力学方程为：

$$r=k_1p_{CO}p_{CO_2}^{-0.5}\left(1-\frac{p_{CO_2}p_{H_2}}{K_pp_{CO}p_{H_2O}}\right)$$

式中，p_i 为各组分的分压；k_1 为反应速率常数；K_p 为平衡常数。

变换催化剂一般压制成 $\phi5mm\times5mm$ 或 $\phi9mm\times9mm$ 圆柱状，颗粒内部的传质过程对宏观速率影响很大，在计算工业颗粒催化剂上变换反应宏观速率时必须计入粒内效率因子，颗粒外部传质对宏观反应速率影响很小，可不计[49]。

三、催化剂用量动力学计算

变换反应器数学模拟计算模型的简要说明：对于绝热轴向固定床反应器中进行的变换反应，根据物料平衡、能量平衡建立的微分方程组见式(3-4)～式(3-8)，采用龙格-库塔法解该微分方程组，可以由入口条件，计算组分组成以及温度随催化剂床层高度的变化[50]。

$$\frac{\mathrm{d}T}{\mathrm{d}R}=\frac{\pi D^2\rho_{\mathrm{W}}}{4C_pG}R_0Q_{\mathrm{p}} \tag{3-4}$$

$$\frac{\mathrm{d}Y_{\mathrm{CO}}}{\mathrm{d}R}=-\frac{\pi D^2\rho_{\mathrm{W}}}{4G}R_0 \tag{3-5}$$

$$\frac{\mathrm{d}Y_{\mathrm{H_2O}}}{\mathrm{d}R}=\frac{\mathrm{d}Y_{\mathrm{CO}}}{\mathrm{d}R} \tag{3-6}$$

$$\frac{\mathrm{d}Y_{\mathrm{CO_2}}}{\mathrm{d}R}=-\frac{\mathrm{d}Y_{\mathrm{CO}}}{\mathrm{d}R} \tag{3-7}$$

$$\frac{\mathrm{d}Y_{\mathrm{H_2}}}{\mathrm{d}R}=-\frac{\mathrm{d}Y_{\mathrm{CO}}}{\mathrm{d}R} \tag{3-8}$$

式中　R——积分尺寸（床层高度或半径）；

D——床层直径，m；

ρ_{w}——催化剂堆比，$\mathrm{kg/m^3}$；

C_p——物料比热容，kcal/(kmol·K)；

Q_{p}——反应热，kcal/kmol；

G——气体流量，kmol/h；

R_0——根据动力学方程计算的反应速率。

第七节　工艺过程及主要工艺技术指标

一、一氧化碳变换工艺

采用（废锅-配气）耐硫变换流程：来自煤气化装置的粗煤气一部分经废热锅炉降温、分离冷凝液后通过变换炉变换，另一部分不经过变换（配气），通过控制进变换炉的量和配气的流量来满足甲醇装置合成气对氢碳比的要求（见图 3-17）。

（一）粗水煤气的变换

来自气化装置的粗水煤气［240℃，6.25MPa(G)，水气比为 1.377］分为两股，一股分别进入水煤气废热锅炉Ⅰ和中压锅炉给水加热器降温，水煤气废热锅炉Ⅰ同时生产 1.1MPa(G) 饱和蒸汽；降温后的水煤气经第一水分离器分离冷凝液后进入中温换热器/蒸汽过热器中温换热器侧，预热后进入变换炉，轴径向变换炉内装有耐硫变换催化剂，气体在变换炉中发生变换反应，出变换炉的变换气依次经中温换热器/蒸汽过热器、变换废热锅炉Ⅰ、低压

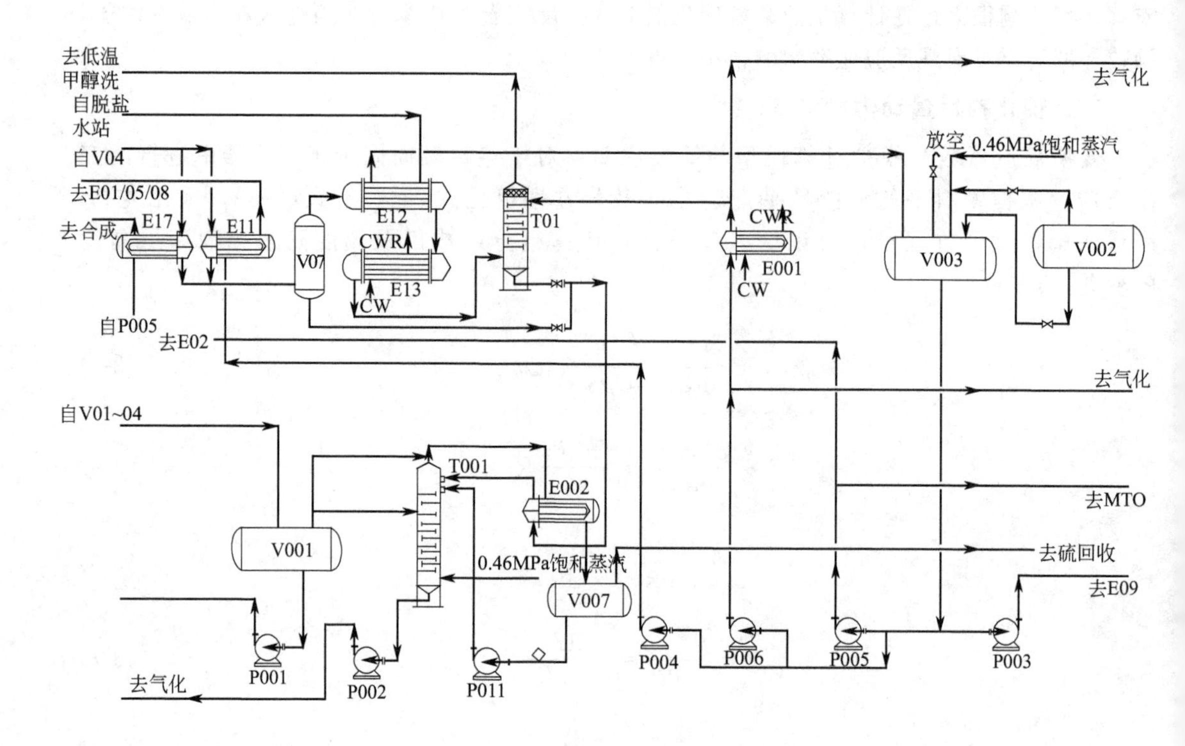

图 3-17　一氧化碳变换单元工艺流程简图

E01—水煤气废热锅炉Ⅰ；E02—中压锅炉给水加热器；V01—第一水分离器；E05—变换废热锅炉Ⅱ；V03—第三水分离器；E08—水煤气废热锅炉Ⅱ；V02—第二水分离器；E09—低压废热锅炉；V04—第四水分离器；E11—低压锅炉给水加热器；V07—第五水分离器；E12—脱盐水加热器；E13—变换气水冷器；T01—洗氨塔；E17—甲醇中压锅炉给水加热器；V001—变换冷凝液槽；P001—高压冷凝液泵；T001—冷凝液汽提塔；E002—塔顶冷凝器；V007—塔顶冷凝液收集槽；V002—蒸汽冷凝液收集槽；P002—低压冷凝液泵；V003—除氧器；P006—高压锅炉给水泵；E001—洗涤水冷却器；P005—中压锅炉给水泵；P004—低压锅炉给水泵Ⅱ；P003—低压锅炉给水泵Ⅰ

蒸汽过热器Ⅰ、变换废热锅炉Ⅱ降温后进入第三水分离器分离冷凝液；变换废热锅炉Ⅰ产生4.1MPa(G)的饱和蒸汽，经蒸汽过热器过热至400℃送管网，变换废热锅炉Ⅱ产生1.1MPa(G)饱和蒸汽，低压蒸汽过热器Ⅰ将部分1.1MPa(G)饱和蒸汽过热至250℃送管网；另一股水煤气作为配气，分别经并列的低压蒸汽过热器Ⅱ和水煤气废热锅炉Ⅱ降温，低压蒸汽过热器Ⅱ将部分0.46MPa(G)饱和蒸汽过热至200℃送管网，水煤气废热锅炉Ⅱ同时生产1.1MPa(G)饱和蒸汽；降温后的水煤气经第二水分离器分离冷凝液后与来自第三水分离器的变换气混合，经低压废热锅炉降温后进入第四水分离器，低压废热锅炉同时生产0.46MPa(G)饱和蒸汽。经第四水分离器分离冷凝液的变换气（经配气混合后的变换气中CO干基含量约20%）分两股，分别经低压锅炉给水加热器、中压锅炉给水加热器降温后进入第五水分离器，再经脱盐水加热器、变换气水冷器冷却后，进入洗氨塔的底部，经洗涤水洗涤气体中的氨后的变换气送至低温甲醇洗单元。

本单元副产的低压饱和蒸汽一部分直接送至本装置内部的饱和管网，一部分[1.1MPa(G)、0.46MPa(G)]分别经低压蒸汽过热器Ⅰ、低压蒸汽过热器Ⅱ过热至250℃、200℃后送至过热蒸汽管网；副产的中压饱和蒸汽经中压蒸汽过热器过热至400℃后送至过热蒸汽管网。

（二）冷凝液回收

第一～四水分离器分离出的高温冷凝液都进入变换冷凝液槽，冷凝液经高压冷凝液泵升压至 8.0MPa(G) 后送至煤气化装置，变换冷凝液槽闪蒸出的不凝气、来自硫回收装置的酸性水分别进入冷凝液汽提塔的中部；来自洗氨塔底部的冷凝液经塔顶冷凝器加热后进入冷凝液汽提塔的上部，用 0.46MPa(G) 饱和蒸汽从塔的底部进入进行汽提；塔顶出来的汽提气经塔顶冷凝器用低温冷凝液冷却至约 105℃后，含氨不凝气送硫黄回收装置处理，塔底的冷凝液经低压冷凝液泵升压后送至煤气化装置。

（三）锅炉水除氧

脱盐水站来的脱盐水进入脱盐水加热器，与变换气换热温度升至 95℃后进入除氧器脱氧。另外，低温甲醇洗单元收集的蒸汽冷凝液经蒸汽冷凝液槽闪蒸后，气体和液体分别进入除氧器。除氧器用变换单元产生的 0.46MPa(G) 低压饱和蒸汽吹入脱氧，生产的脱氧水即锅炉给水，第一部分经高压锅炉给水泵升压到 8.7MPa(G) 后分两股，一股经洗涤水冷却器冷却到 40℃后送洗氨塔作为洗涤水和煤气化装置作为低温高压密封水，另一股直接送至煤气化装置作为高温高压密封水；第二部分经中压锅炉给水泵升压至 5.7MPa(G) 后分为三股，一股经中压锅炉给水加热器升温后送至变换废热锅炉Ⅰ生产 4.1MPa(G) 蒸汽，另一股经甲醇中压锅炉给水加热器换热至约 155℃后送至甲醇装置，第三股直接送至烯烃中心 MTO 等装置；第三部分经低压锅炉给水泵Ⅱ升压至 1.75MPa(G) 后一股直接送至煤气化和硫回收装置，另一股则经低压锅炉给水加热器升温后分别进入水煤气废热锅炉Ⅰ、水煤气废热锅炉Ⅱ、变换废热锅炉Ⅱ生产 1.1MPa(G) 蒸汽；第四部分经低压锅炉给水泵Ⅰ升压后送低压废热锅炉生产 0.46MPa(G) 低压蒸汽。

各废热锅炉的排污送至排污闪蒸槽，闪蒸出的蒸汽送除氧器，闪蒸后的排污水经排污水冷却器冷却后排至循环水回水管网。

（四）催化剂升温

催化剂的升温、硫化采用氮气循环风机在 0.25MPa(G) 下循环进行。开工氮气加热器采用 4.1MPa(G) 过热蒸汽加热。循环氮气不直接引入开工氮气加热器，而是先经中温换热器换热升温后，再进入开工氮气加热器加热到预定温度，进入变换炉进行升温还原，从而减小了开工氮气加热器的尺寸，降低了开工时的蒸汽消耗。出变换炉的氮气经废热锅炉、锅炉给水加热器、脱盐水加热器、变换气水冷器降温并分离冷凝液后进入氮气循环风机循环使用。

（五）变换单元汽提系统腐蚀问题

1. 汽提系统腐蚀概况

神华包头煤化工分公司在运行过程中，出现了一些新的难题需要解决。净化装置变换单元在运行过程中汽提塔塔顶换热器、分液罐及回流泵均出现了严重腐蚀，回流泵频繁更换入口过滤网，塔顶换热器管程因腐蚀穿透严重被迫停止使用，导致汽提塔出来的变换不凝气不能送至硫回收装置处理。另外，汽提塔上层塔板、塔顶分布器和塔顶回流管线均严重腐蚀。变换冷凝液汽提系统的腐蚀问题影响了汽提系统的安全、平稳、长周期运行。若汽提系统的腐蚀情况不能得到解决，将会对整个煤制甲醇装置的安、稳、长、满、优运行带来巨大挑战。

变换工艺冷凝液汽提系统塔顶回流液泵的叶轮、入口过滤器、入口管道、阀门以及塔顶回流液罐液位计膜片腐蚀严重。检修时检查冷凝液汽提塔，发现汽提塔顶部的第 1 块塔盘、塔内冷凝液分液管腐蚀严重。具体腐蚀情况如图 3-18 所示。

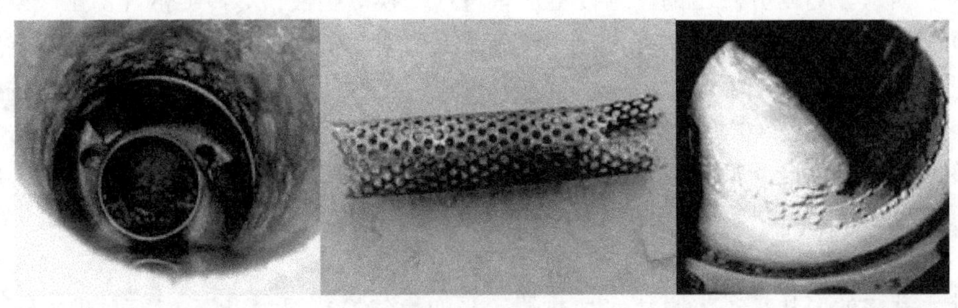

回流液泵叶轮腐蚀　　回流液泵入口过滤器腐蚀　　回流液泵入口管道腐蚀

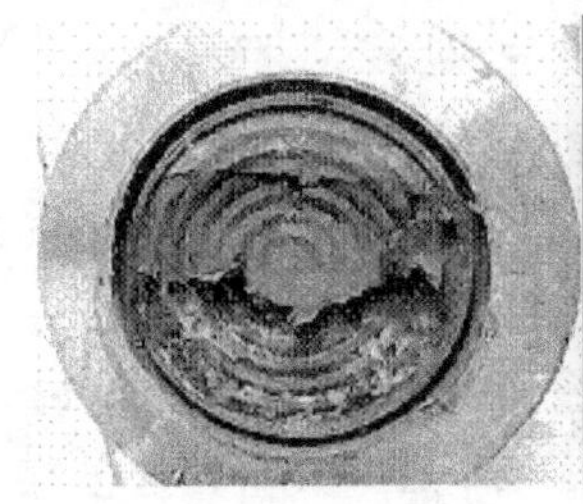

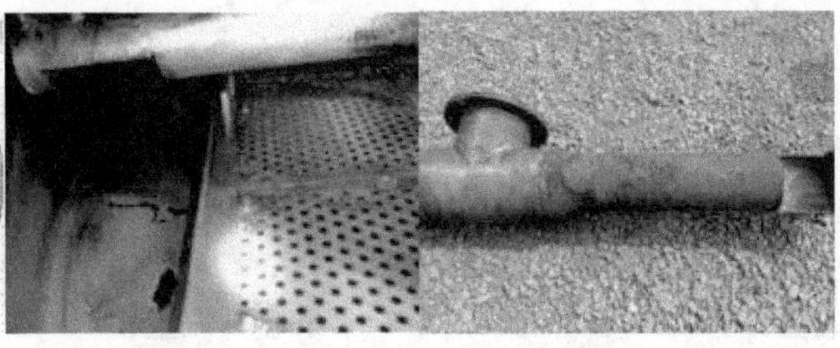

回流液罐液位计膜片腐蚀　　汽提塔顶部第1块塔盘腐蚀　　汽提塔顶部分液管腐蚀

图 3-18　变换冷凝液汽提塔腐蚀图片

变换工艺冷凝液汽提塔塔顶回流液及不凝气中含有 CO_2、NH_3、H_2S、H_2、CO、Cl^-、饱和水蒸气等，介质组成复杂，其中：H_2S、Cl^-、NH_3、CO_2 等均为腐蚀性介质，易造成设备、管道等腐蚀。

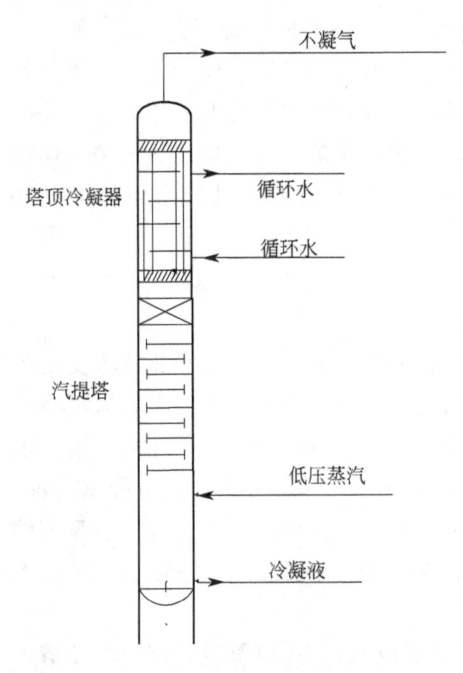

图 3-19　一体化流程简图

变换工艺冷凝液汽提系统特别是塔顶回流系统腐蚀严重，目前还没有很好的解决办法。目前采取的措施：检修期间将塔顶回流液泵叶轮、汽提塔塔顶塔盘和冷凝液分液管等材质由 321 更换为 316L；液位计膜片材质更换为钽金属材质；为塔顶冷凝器的壳程、管程管道增设切断阀和旁路阀，当设备腐蚀严重发生内漏时，在系统不停车的情况下可将换热器切出检修；在塔顶回流系统中添加缓蚀剂，减轻复杂介质对材料的腐蚀；对现有的塔顶回流系统进行技术改造。

2. 目前变换冷凝液汽提工艺类型及运行状况

(1) 汽提塔、塔顶冷却器一体化设置流程简介

变换低温冷凝液由塔中部给料，汽提气由塔顶循环水冷却器冷却处理，不凝气去火炬，冷凝液直接回到塔内参与洗涤，塔底冷凝液大部送料至气化单元低压闪蒸系统，少量返回塔顶作为冲洗水。一体化流程见图 3-19。

一体化设计的流程有两类：一类以山东久泰鄂尔多斯项目为代表，塔顶换热器采用洗氨塔来的低温变换冷凝液作为换热介质；另一类以渭化、兖矿、新奥、南京惠生等项目为代表，塔顶冷却器采用循环水冷却。

目前国内运行的变换汽提工艺中，采用循环水作为冷却介质的装置，运行效果较好。采用低温变换冷凝液作为冷却介质的装置运行效果较差。山东久泰汽提塔运行三个月左右，塔顶冷却器报废，换热管断裂后落入塔中。

以循环水作为冷却介质的汽提工艺存在的主要设备问题，是塔顶的腐蚀较为严重，容易出现焊缝开裂、点蚀穿孔等问题。基于这种情况，南京惠生二期取消了汽提塔顶的循环水换热器，以减少蒸汽汽提量作为保证塔顶不凝气排放温度的手段，解决了塔顶的腐蚀问题，但付出的代价是排放污水中氨氮较高。

(2) 汽提塔、塔顶冷却器独立设置流程简介

变换低温冷凝液和不凝气换热升温后由塔顶部给料，汽提气在塔顶冷却器中于低温变换冷凝液换热降温后冷却处理后进入回流槽，不凝气在回流槽顶部引出到火炬，冷凝液自回流槽底部由回流泵送至塔顶参与洗涤，塔底冷凝液全部送料至气化单元低压闪蒸系统。分体塔流程见图3-20。

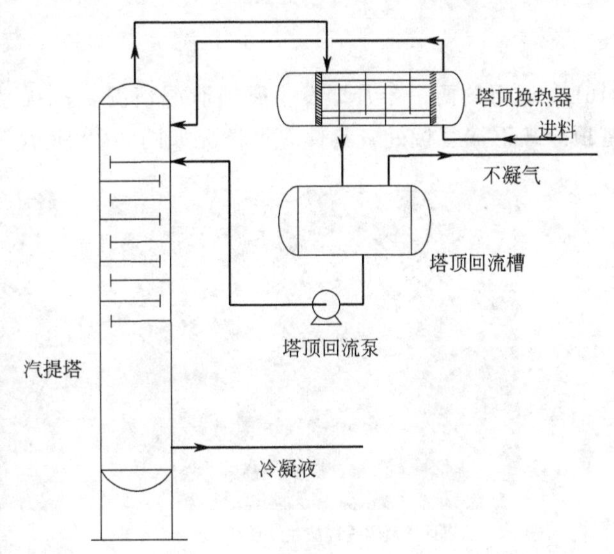

图 3-20　分体塔流程简图

分体设计的流程也有两种不同的衍生品：一是闪蒸气冷凝液回流到汽提塔内参与洗涤；二是闪蒸气冷凝液直接送出界外，不参与汽提塔的洗涤。

分体设计的冷凝液回流流程主要应用于神华包头煤化工项目，运行情况不是很好，变换工艺冷凝液汽提系统特别是塔顶回流系统腐蚀严重。

分体设计的冷凝液外送流程主要应用于渭化三期项目，该系统运行情况较好。

3. 神华包头煤化工变换汽提系统的整改措施及运行情况

净化装置汽提系统操作参数：汽提系统压力 0.34MPa(G) 左右，塔顶温度 133℃左右，去硫回收不凝气的温度在 108℃左右，不凝气的量在 $3300m^3/h$（标准状态）。

增设了低温冷凝液洗涤分离塔，操作压力设定为 0.65MPa(G)，汽相出口分析数据：CO_2 86.57%，N_2 0.23%，CO 3.14%；H_2 9.46%，增加低温冷凝液洗涤分离塔后，将二氧化碳闪蒸出去，使氨得到了浓缩，变换不凝气的量减少了约 $1000m^3/h$（标准状态）。

将塔顶冷凝器由卧式变为立式换热器，由于立式换热器的冷凝液收集槽体积小且气液相的分离空间小，另汽提塔塔顶回流阀因腐蚀已失去了调节液位的作用，在汽提系统波动时很容易造成塔顶冷凝器冷凝液收集槽满液，为了防止不凝气带水对硫回收的操作造成影响，故将塔顶冷凝器冷凝液收集槽液位拉空。具体流程见图 3-21。

改造后的运行情况：塔顶回流管线重新更换材质为 321 的管线，塔顶冷凝器材质为

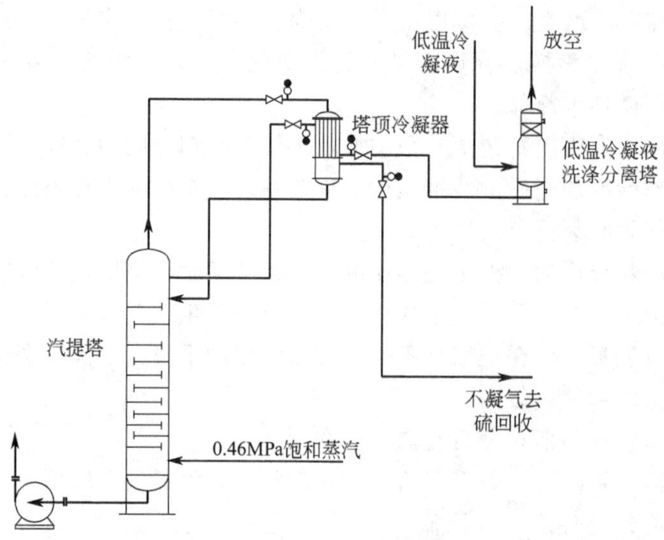

图 3-21　改造后的塔顶冷凝器流程简图

316L，运行约两个半月即发生腐蚀泄漏情况，汽提系统的腐蚀主要集中在塔顶回流管线和塔顶冷却下端管板处。具体腐蚀情况如图 3-22 所示。

从塔顶冷凝器壳程法兰处观察
换热器管束外观良好

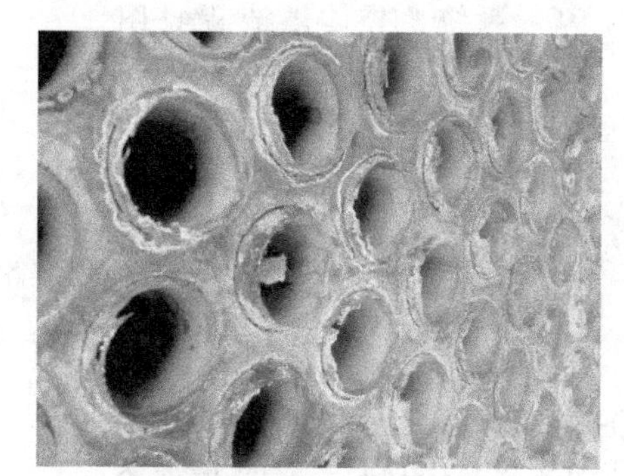

塔顶冷凝器下端管板的腐蚀

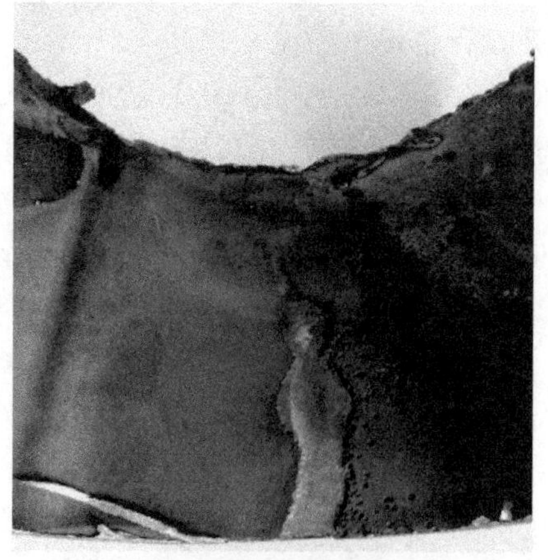

塔顶冷凝器汽相出口管线腐蚀

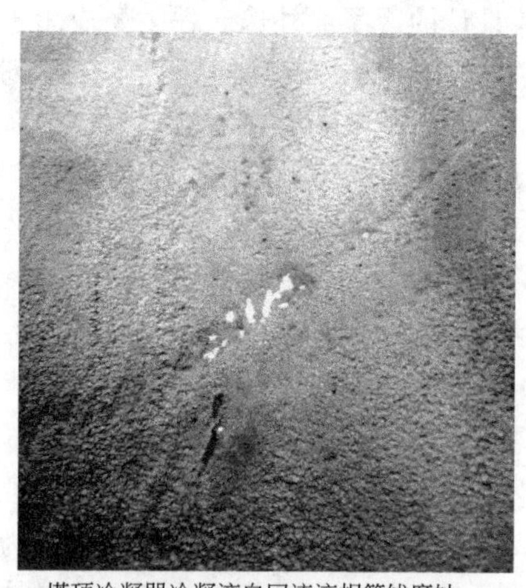

塔顶冷凝器冷凝液自回流液相管线腐蚀

图 3-22　冷凝液汽提塔塔顶冷凝器腐蚀图片

变换冷凝液汽提系统相关物料分析数据见表 3-20 和表 3-21。

表 3-20　变换不凝气分析数据

项　目	分析结果(体积分数)/%	项　目	分析结果(体积分数)/%
H_2	7.01	NH_3	13.25
Ar	0.06	CO	4.66
CH_4	0.02	CO_2	74.75
H_2S	0.25		

表 3-21　变换冷凝液汽提塔塔底冷凝液和塔顶回流液分析数据

分析项目	分析结果		分析项目	分析结果	
	塔底冷凝液	回流液		塔底冷凝液	回流液
pH	9.56	8.90	氟化物/(mg/L)	未检出	未检出
氨氮/(mg/L)	81.29	26244	硬度/(mmol/L)	0.08	未检出
电导率/(μS/cm)	399.3	2295	甲酸/(mg/L)	26.30	未检出
F^{2+}/(mg/L)	0.562	7.14	氯化物/(mg/L)	90.40	16000
S^{2-}/(mg/L)	0.52	772.60	磷酸根/(mg/L)	0.567	有干扰,无法测定
碱度/(mmol/L)	6.28	921.30	硅/(mg/L)	0.215	有干扰,无法测定

针对汽提系统的腐蚀情况，计划对汽提系统进行改造，将汽提塔塔顶冷凝液部分外送至气化脱氨塔以减少汽提塔的回流液，另将原有卧式塔顶冷凝器重新安装，达到两换热器相互备用，以保证变换汽提系统的正常运行。

二、低温甲醇洗工艺

1. 典型工艺流程

在早期的低温甲醇洗流程中，有两级工艺和一级工艺的区分，两级工艺用于中压渣油气化（6.0MPa），一级工艺用于高压渣油（8.5MPa）气化。这个区别由于已有技术不同，与工艺原理和压力等级本身没有关系。

在两级低温甲醇洗流程中，H_2S/COS 先在变换前脱除，这一步是在一个单独的洗涤塔中进行，CO_2在变换后脱除。脱除硫以后的 CO 的变换，可以使用铁-铬催化剂。这个流程是在低于 5.5MPa 下操作，国内有这样的实例，如图 3-23 所示。

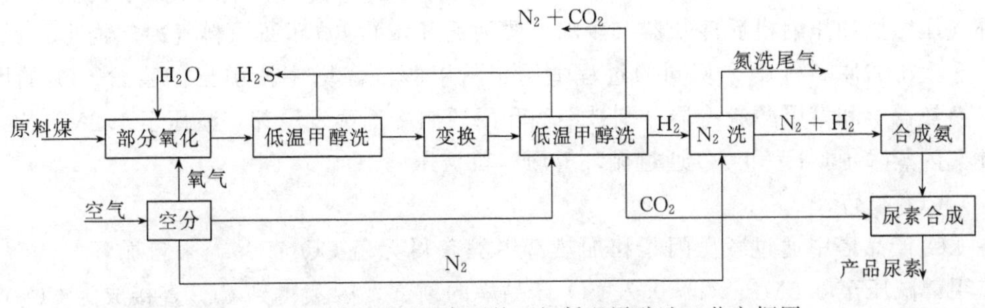

图 3-23　用于合成氨/尿素厂的两级低温甲醇洗工艺方框图

一级低温甲醇洗系统是在低温甲醇洗之前先进行气体变换，再在同一塔的不同塔段选择

性脱除 H_2S 和 CO_2。在气体变换时需要使用耐硫变换催化剂，为保护催化剂活性，还要求要有一定的 H_2S 浓度。操作压力可以达到8.0MPa。由于一级低温甲醇洗装置只需要一个洗涤步骤和一个气体冷却步骤段，因此流程比较简单一些，投资较少是显而易见的，如图3-24所示。

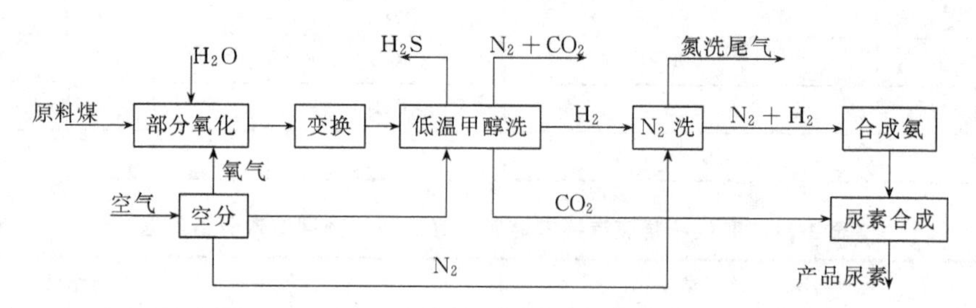

图 3-24 用于合成氨/尿素装置的一级低温甲醇洗工艺方框图

2. 神华包头煤化工低温甲醇洗工艺

(1) 原料气冷却

为防止原料气中的水分结冰，需要在原料气中注入甲醇，并与循环气体混合。经过洗 NH_3 后的原料气从变换单元过来后分别在原料气冷却器Ⅰ中被温度较低的净化气和 CO_2 产品气冷却，在原料气冷却器Ⅱ中被尾气冷却。冷却后的原料气在水分离器中进行分离，分离出冷凝的甲醇水混合物，原料气进入甲醇洗涤塔用甲醇进行洗涤。

(2) H_2S/COS 和 CO_2 的脱除

甲醇洗涤塔包括四个部分，由 3 个段间塔板分开。CO_2 在甲醇洗涤塔上段通过从热再生塔来的低温贫甲醇脱除到约 2.5% (摩尔分数)。在甲醇洗涤塔下部，H_2S 和 COS 都被吸收。吸收 CO_2 所产生的一部分溶解热使下游的甲醇升温，另一部分被通过循环甲醇冷却器中的来自 H_2S 浓缩塔的甲醇和在冷却段甲醇激冷器中的−40℃的丙烯制冷剂所带走。由于 CO_2 在甲醇中的溶解度比 H_2S 小，CO_2 脱除段的甲醇流量比 H_2S 脱除段的大。来自甲醇洗涤塔 CO_2 脱除段的多余的甲醇从塔的中部抽出。净化后的合成气从甲醇洗涤塔顶部流出，经过在合成气甲醇换热器、原料气冷却器Ⅰ中加热后，送至甲醇装置。合成气的温度可通过原料气冷却器Ⅰ的合成气旁路阀进行调节。

(3) 甲醇中压闪蒸

从甲醇洗涤塔底部来的富含 H_2S 的甲醇在尾气甲醇换热器中被尾气冷却，在甲醇换热器Ⅰ中被甲醇冷却，在合成气甲醇换热器中被合成气冷却。经过冷却后，甲醇减压至1.2MPa(G) 进入循环气闪蒸罐Ⅱ回收溶解的 H_2 和 CO。来自循环气闪蒸罐Ⅱ的闪蒸气体通过循环气压缩机和压缩机后冷却器 (冷却介质为循环水)，循环回原料气冷却器Ⅰ和原料气冷却器Ⅱ上游的原料气中。相同的过程适用于从甲醇洗涤塔中段引出的富含 CO_2 的甲醇：在甲醇换热器Ⅰ和富甲醇激冷器分别被甲醇和丙烯制冷剂蒸发冷却，减压至 1.2MPa(G) 后去循环气闪蒸罐Ⅰ，H_2 和 CO 通过循环气压缩机被压缩。

(4) CO_2 产品

在 CO_2 产品塔中通过减压闪蒸和加热富甲醇获得无硫 CO_2 产品。来自循环气闪蒸罐Ⅰ的无硫甲醇减压至 0.2MPa(G) 进入 CO_2 产品塔的顶部，闪蒸得到 CO_2 直接成为 CO_2 产品。来自甲醇闪蒸罐的闪蒸气进入 CO_2 产品塔的底部。用无硫甲醇再次洗涤在 CO_2 产品产生过程中闪蒸的 H_2S 组分。CO_2 产品塔塔顶得到的 CO_2 产品在原料气冷却器Ⅰ中回收冷量，过剩的CO_2产品部分与尾气混合送尾气洗涤塔。

(5) H_2S浓缩

在H_2S浓缩塔中通过减压闪蒸、加热富甲醇和用低压N_2气提产生不含硫的尾气。从循环气闪蒸罐Ⅰ（几乎不含H_2S）来的甲醇减压至0.09MPa(G)进入H_2S浓缩塔顶部；脱除的CO_2直接进入尾气，而液体在H_2S浓缩塔上部被用来再次洗涤在CO_2气提过程中闪蒸出的硫化物。从循环气闪蒸罐Ⅱ来的甲醇（包含CO_2和H_2S）和CO_2产品塔底部来的甲醇减压进入H_2S浓缩塔中部。为了回收溶解热，并使塔底的液体富含H_2S，在H_2S浓缩塔下部用N_2对CO_2进行气提。来自H_2S浓缩塔顶部的尾气在尾气甲醇换热器和原料气冷却器Ⅱ中进行冷量回收，然后进入水洗系统。为了提高气提段的效率，从H_2S浓缩塔中间塔板抽出冷甲醇，作为贫甲醇冷却器和循环甲醇冷却器的冷却剂。为了提供必需的压头，使用了富甲醇泵Ⅰ。在这两个换热器加热产生的气体在甲醇闪蒸罐中进行分离，并循环回CO_2产品塔。来自甲醇闪蒸罐的液相在甲醇换热器Ⅰ中被加热，然后循环回H_2S浓缩塔的气提段。富甲醇泵Ⅱ为循环提供必要的压头。

(6) 热再生

从H_2S浓缩塔塔底来的甲醇，这股流体也包含从H_2S馏分分离器Ⅱ来的冷凝液，用富甲醇泵Ⅲ加压后通过甲醇换热器Ⅱ、富甲醇过滤器和甲醇换热器Ⅲ加热后进入CO_2气提塔的顶部。在CO_2气提塔中，甲醇被低压N_2进一步气提出CO_2，以增加H_2S在H_2S馏分中的含量。CO_2和N_2混合物返回到H_2S浓缩塔。从CO_2气提塔塔底来的甲醇经富甲醇泵Ⅳ加压后通过甲醇换热器Ⅳ进入热再生塔。在此通过从热再生塔再沸器产生的甲醇蒸气（被低压蒸汽加热）完成从富甲醇完全脱除H_2S和CO_2。热再生塔塔顶的蒸汽经过H_2S馏分冷却器被冷却水冷却，在H_2S馏分换热器被冷H_2S馏分冷却，在H_2S馏分激冷器中被丙烯制冷剂冷却。冷凝液在H_2S馏分分离器Ⅰ中分离，然后通过热再生塔回流泵返回到热再生塔的顶部，在H_2S馏分分离器Ⅱ中分离的冷凝液返回到H_2S浓缩塔的底部。离开H_2S馏分分离器Ⅱ的H_2S气体在H_2S馏分换热器中加热送出低温甲醇洗单元进入硫回收装置。如果原料气中的H_2S含量太低，从H_2S馏分分离器Ⅱ出来的H_2S馏分循环回到H_2S浓缩塔，以满足酸性气体中H_2S含量达到30%浓度要求。从热再生塔塔底流出的再生甲醇经过甲醇换热器Ⅳ冷却，并在甲醇收集槽中缓冲，然后通过贫甲醇泵泵送回甲醇洗涤塔。其温度在甲醇水冷却器中通过冷却水进一步降低，在甲醇换热器Ⅲ和甲醇换热器Ⅱ中被冷富甲醇冷却，在贫甲醇激冷器被丙烯制冷剂冷却，最终在贫甲醇冷却器中被冷富甲醇冷却至－53℃送回吸收塔。一小部分再生甲醇注入原料气中。

(7) 甲醇水分离

水分离器的冷凝液，包含甲醇和水的混合物在回流冷却器中被贫甲醇加热，然后送到甲醇水分离塔，在此塔中进行精馏，分离甲醇和水。通过甲醇水分离塔再沸器的低压蒸汽加热，甲醇水分离塔塔顶的甲醇蒸气送到热再生塔，而下部的水作为废水，经过水换热器冷却分成两股，一部分废水作为尾气洗涤塔的洗涤水，而另一股废水分析水中甲醇含量小于0.05%（摩尔分数）后送到废水缓冲罐通过废水泵送污水处理系统。甲醇水分离塔的回流甲醇来自热再生塔，并通过甲醇水分离塔回流泵提供压头，在回流冷却器中被冷却。所有的回流甲醇和部分循环甲醇在贫甲醇过滤器中过滤。

(8) 尾气洗涤

为了满足环保要求，已经在原料气冷却器Ⅱ中加热的一部分尾气，通过尾气洗涤塔脱除甲醇。从塔顶来的尾气与尾气洗涤塔的旁路流经的部分尾气一起与CO_2产品气以及第二系列的放空尾气汇合，送界区外的尾气放空筒放空。界区来的脱盐水作为尾气洗涤塔的洗涤水。为了减少脱盐水的流量，从甲醇水分离塔塔底引出一股水送入尾气洗涤塔的中部。富含甲醇的水经富水泵加压后经过水换热器加热，送到甲醇水分离塔用于甲醇回收。废水流量因进入尾气洗涤塔的洗涤水增加而增加。

(9) 其他

为了设备和管道的排污，配置有甲醇排污系统。一个地下总管与所有排污管道的低点相连接，此排污总管最终连接到排放甲醇收集槽。排放甲醇泵将排放甲醇送到甲醇水分离塔或者界区外甲醇贮罐。

低温甲醇洗单元工艺流程见图3-2。

(10) 低温甲醇洗运行中存在的问题

① 机泵汽蚀问题　在原始开车运行中，低温甲醇洗富甲醇泵和贫甲醇泵经常出现汽蚀，造成低温甲醇洗工况波动。特别是低温甲醇洗富甲醇泵在实际运行中，很容易汽蚀，经常因该泵汽蚀导致低温甲醇洗工况的波动，给装置的平稳运行带来很大的不便。

原因分析：原始开车水联运时由于系统没有氮气，使用空气为低温甲醇洗水联运提供动力，造成系统腐蚀，另在系统吹扫、水冲洗过程中，管道设备死角存在的杂物造成循环甲醇中杂质太多，造成机泵入口滤网堵塞；泵入口的管道阻力实际值比设计值大；泵的入口静压头太低，导致泵汽蚀。

整改措施：加强甲醇过滤，加强对低温甲醇洗超滤器的清洗，保证循环甲醇的纯度；为了降低低温甲醇洗富甲醇泵的入口阻力，经过核算将该泵入口滤网网目改小，降低了该泵入口阻力，这样彻底解决了该泵汽蚀问题；贫甲醇泵入口贫甲醇收集槽原设计为0.02MPa (G)，经过核算在保证热再生塔能将甲醇压至贫甲醇收集槽前提下，将贫甲醇收集槽的压力由原来的0.02MPa (G) 提至0.07MPa (G)。经过上述措施彻底解决了低温甲醇洗机泵汽蚀问题。

② 铵盐结晶问题　林德低温甲醇洗系统排氨线原设计为通过热再生塔塔顶换热器汽相旁路来排氨，通过酸性气排放至硫回收，实际运行中，汽相排氨效果不好，且容易造成甲醇损耗，另当工艺气中氨含量比较高时，低温甲醇洗系统中氨累积，会在热再生塔塔顶换热器处产生铵盐结晶，堵塞换热器，影响热再生系统的正常运行。

整改措施：将低温甲醇洗排氨改为液相排氨，增设一分液罐将热再生塔塔顶分液罐含高浓度氨的甲醇排放至分液罐，再用氮气将该分液罐内含氨甲醇排放至变换汽提塔处理。

③ 减少低温甲醇洗甲醇损失　神华包头煤化工分公司低温甲醇洗系统在高负荷下运行过程中，甲醇损耗（两系列）每月平均消耗甲醇约120t（虽均在设计值内，设计值为160吨/月)，其中一系列每月消耗约40t，二系列每月消耗约80t。严重影响装置的优化运行，通过将低温甲醇洗系统优化，增加冷冻单元的负荷、调整气提氮量、调整甲醇的分配量及调整循环甲醇的品质等手段将系统甲醇损耗每月降至70t左右。

影响低温甲醇洗甲醇损耗原因及相关措施如下。

系统循环甲醇温度（低温甲醇洗各激冷器负荷）的影响：循环甲醇温度高低影响二氧化碳产品塔和硫化氢浓缩塔塔顶温度的高低，对二氧化碳和尾气中的甲醇含量有直接影响。措施：通过增加各丙烯激冷器的负荷，降低系统循环甲醇的温度，使二氧化碳产品塔和硫化氢浓缩塔的塔顶温度明显降低，二氧化碳产品和低温甲醇洗尾气中甲醇明显减少。

气提氮气量的影响：气提氮气量大对硫化氢浓缩有利，但气提氮气量过大会导致尾气中甲醇含量增多，因而在满足硫回收对酸性气浓度要求的前提下适当降低气提氮气的量对减少尾气中甲醇含量有利。

循环甲醇在各塔（段）的分配量的影响：循环甲醇在甲醇洗涤塔上下段的分配量和不含硫化氢的富甲醇在二氧化碳产品塔和硫化氢浓缩塔的分配量决定了不含硫化氢的富甲醇去二氧化碳产品塔和硫化氢浓缩塔塔顶量的大小，去塔顶富甲醇的量太少，出界区的物料硫化氢超标，造成环保事故。若去塔顶的富甲醇的量太大，会造成出界区的物料中甲醇含量高。措施：通过缓慢调整各分配量，在满足工艺条件的前提下，尽量减少去塔顶富甲醇的量，二氧化碳产品和尾气中甲醇含量明显减少。

循环甲醇的品质影响：甲醇中的水含量和氨含量对甲醇损耗有很大影响，水含量高系统的腐蚀严重，影响换热器换热效果，同时增加了过滤器的过滤频次，造成甲醇损耗；系统中适量的氨含量对系统有利，可减缓系统腐蚀，若氨含量过高，在热再生系统汽相管线会出现铵盐结晶，造成热再生系统复热，导致甲醇损耗增大。措施：增大工艺气进低甲系统洗涤水量，增大洗氨效果；低甲系统定期排氨，根据贫甲醇 pH 值和热再生塔汽相管线的情况，定期排氨；控制好工艺气进低温甲醇洗系统的温度，减少带入低温甲醇洗的水量，同时提高甲醇水分离塔的负荷，减少系统中甲醇的水含量；加强甲醇的过滤，定期清洗过滤器。

通过调整摸索及总结经验，在不同负荷下有不同的经验调整值，使低温甲醇洗二氧化碳产品中的甲醇含量由原来的 350ppm 降至 250ppm，未经洗涤尾气中的甲醇由原来的 500ppm 降至 300ppm，热再生塔铵盐结晶现象明显减少，低温甲醇洗系统甲醇损耗情况明显改善，由原来的 120 吨/月降至 70 吨/月，效果显著。

三、冷冻工艺

来自低温甲醇洗单元的气体丙烯［－40℃，0.04MPa(G)］经压缩机入口分离器分离夹带的液体丙烯后，进入压缩机一段入口。压缩后［90℃，1.7MPa(G)］的丙烯气经丙烯冷凝器被循环水冷凝成液体丙烯，减压至 0.51MPa(G) 进入丙烯闪蒸槽，闪蒸出的丙烯气在三段入口分离器中分离夹带的丙烯液后，进入压缩机三段入口。从丙烯闪蒸槽底部出来的液体丙烯［1.2℃，0.651MPa(G)］分成两股，一股直接进入丙烯过冷器的管程，被另一股减压至 0.15MPa(G) 进入丙烯过冷器壳程的丙烯冷却至－20℃后，送至低温甲醇洗单元使用。从丙烯过冷器壳程出来的气体丙烯［－25℃，0.15MPa(G)］经二段入口分离器分离夹带的液体丙烯后，进入压缩机二段入口。以上是冷冻单元第一系列的流程简述，第二系列同第一系列，不再详述。两系列制冷装置共用一个丙烯储槽，收集本单元和低温甲醇洗单元排出的液体丙烯，同时两个制冷系列共同使用一个煮油器，用来去除系统中的杂质。

冷冻单元工艺流程见图 3-3。

四、主要工艺技术指标

一氧化碳变换与净化工艺主要工艺技术指标，如表 3-22 所示。

表 3-22 一氧化碳变换与净化工艺主要工艺技术指标

指标名称	设计指标	指标名称	设计指标
消耗		产品二氧化碳(标准状态)/(m^3/h)	70717
粗煤气(标准状态)/(m^3/h)	664196	酸性气(标准状态)/(m^3/h)	4626
甲醇/(kg/h)	220	5.7MPa(G)155℃锅炉给水(送合成)/(t/h)	242
丙烯/(t/a)	0.5～1	5.7MPa(G)104℃锅炉给水(送 MTO)/(t/h)	59.4
脱盐水/(t/h)	1022.9	8.7MPa(G)104℃锅炉给水(送气化)/(t/h)	80
循环冷却水/(t/h)	11850	8.7MPa(G)40℃锅炉给水(送气化)/(t/h)	30
电(380V)/kW·h	1075.1	1.75MPa(G)104℃锅炉给水(送气化)/(t/h)	25
电(10000V)/kW·h	14170	5.7MPa(G)104℃锅炉给水(送硫回收)/(t/h)	7.587
低压氮气[0.4MPa(G),标准状态]/(m^3/h)	26000	1.75MPa(G)104℃锅炉给水(送硫回收)/(t/h)	5.093
变换催化剂 K8-11HR/(kg/h)	5.42	4.1MPa(G)400℃过热蒸汽/(t/h)	5.1
产出		1.1MPa(G)250℃过热蒸汽/(t/h)	296.5
合成气(标准状态)/(m^3/h)	54.53×10^4	0.46MPa(G) 200℃过热蒸汽/(t/h)	48.2

第八节 主要设备

一、变换炉

变换炉为一氧化碳变换的核心设备，神华包头煤化工分公司采用轴径向变换炉，具有阻力小、处理能力大的特点。

轴径向变换炉是在轴向变换炉的基础上，针对其轴向床层压降较大的问题而发展起来的新结构形式的变换炉，轴径向变换炉结构较复杂，由壳体、入口气体分布器、内筒、催化剂、中心管、耐火球、丝网、卸料口和热电偶等组成。轴径向变换炉内筒的侧壁布满小孔，内筒的内壁（接触催化剂侧）设丝网，防止催化剂泄漏。中心管的侧壁同样开满小孔，中心管外壁设丝网，防止催化剂进入中心管。气体通过入口气体分布器的均布后，分两个方向由内筒外侧径向和沿轴向向下进入催化剂床层进行变换反应，反应后的气体经由中心管的侧壁的小孔汇集到中心管，由气体出口离开变换炉进入下一流程。在轴径向变换炉内，底部耐火球起到支撑催化剂的作用，催化剂上面的耐火球除了起固定催化剂的作用以及减缓入口气流和压力的波动对催化剂的冲击外，还起到阻止气体轴向进入催化剂床层的作用。从而使得绝大部分的入口气体通过内筒侧壁径向穿过催化剂，小部分气体轴向通过催化剂，形成轴径向的气体流向。轴径向变换炉的径向气流方式具有流体分布更均匀，床层压力降小，催化剂利用率高的特点，因此可采用粒度更小、活性更高的催化剂提高变换反应的效率。此外，轴径向变换炉的径向气流方式还起到了冷却设备壳体，使壳体在较低的温度条件操作。

轴径向变换炉如图 3-25 所示。

轴径向变换炉设备参数见表 3-23。

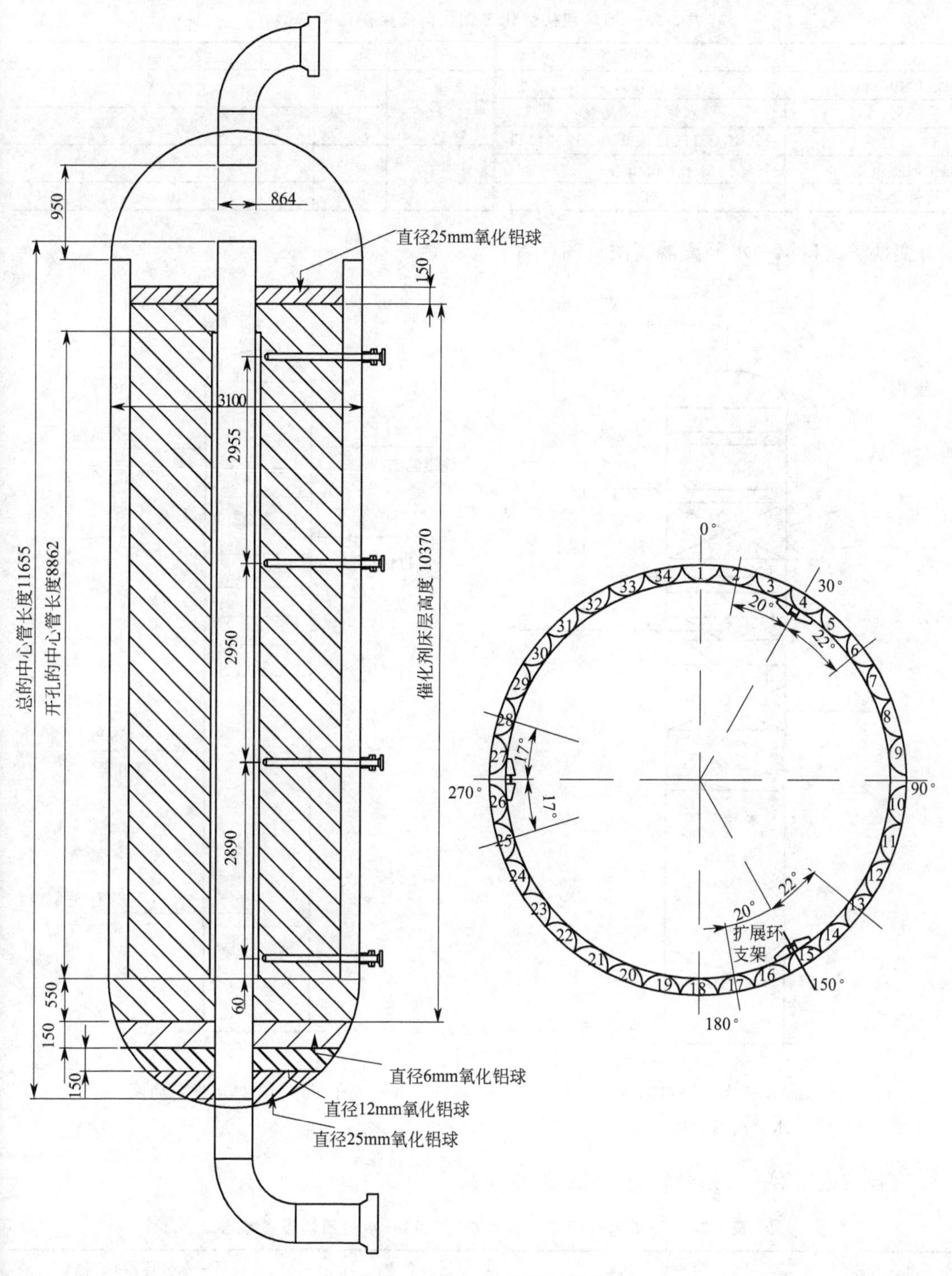

图 3-25　轴径向变换炉简图

二、变换炉进口第一水分离器

变换炉进口第一水分离器由内置旋流板、填料层和除沫器组成，其主要作用是除去水煤气中携带的煤灰，并分离水煤气中的冷凝水，防止煤灰堵塞催化剂微孔，影响催化剂的活性。

表 3-23 神华包头煤化工轴径向变换炉设备参数

设备名称	变换炉	设备名称		变换炉
质量(台)/kg	162300	温度/℃	设计	480
介质	水煤气/变换气		操作	265～470
材质	SA387Gr11Cl2 堆焊 0Cr18Ni10Ti			
催化剂装填量	$65m^3$	压力/MPa	设计	7.15
炉管管径/mm	ϕ3100		操作	6.2

变换炉进口第一水分离器简图见图 3-26。

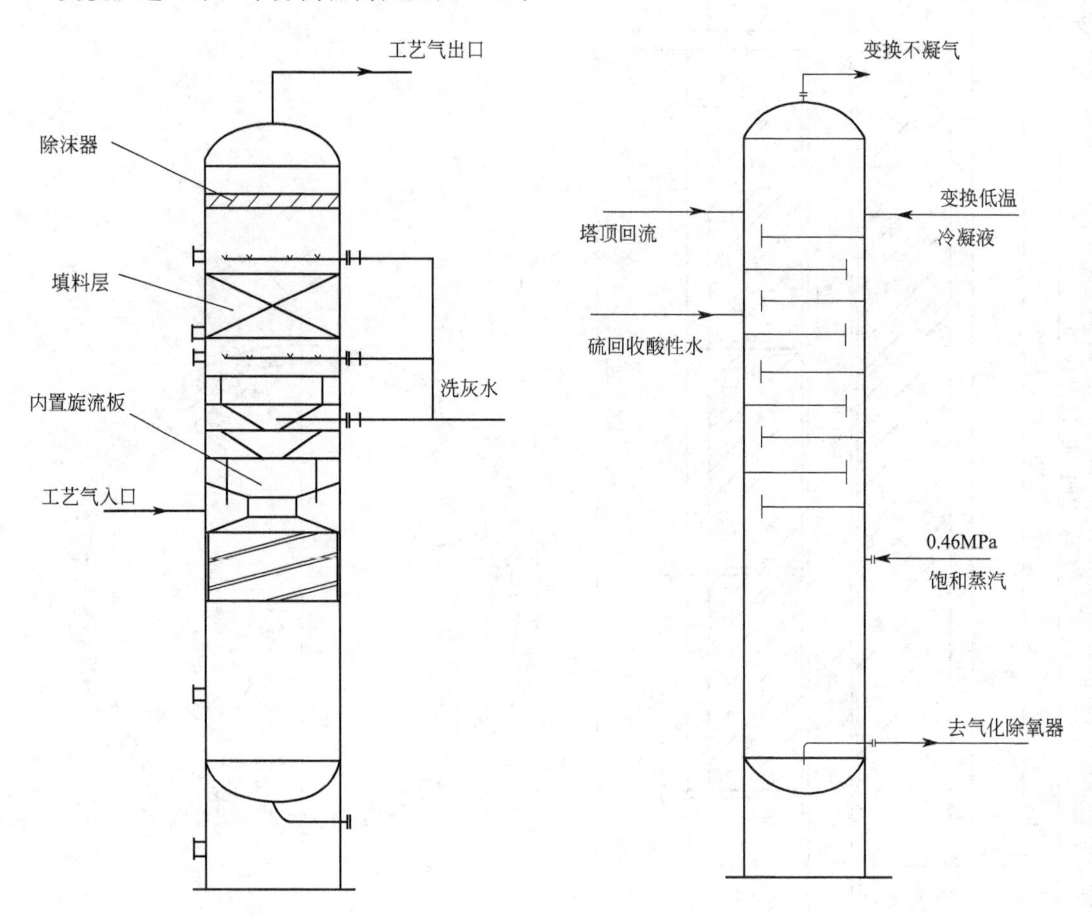

图 3-26 变换炉进口第一水分离器简图

图 3-27 汽提塔设备简图

变换炉进口第一水分离器设备参数见表 3-24。

表 3-24 神华包头煤化工变换炉进口第一水分离器设备参数

设备名称	第一水分离器		设备名称		第一水分离器
质量/t	111		温度/℃	设计	250
介质	水煤气/低压蒸汽				
材质	16MnR+0Cr18Ni10Ti			操作	235
规格	罐型	立式	压力/MPa	设计	7.15
	直径×高度	ϕ2800mm×13000mm			
	容积/m^3	89		操作	6.23

三、汽提塔

汽提塔的主要目的是除去低温变换冷凝液中的氨，再将汽提后的冷凝液送往气化装置除氧器循环利用，其原理是依靠蒸汽加热并降低汽相氨的分压来将液相中的氨解吸出去。

汽提塔设备简图见图 3-27。

汽提塔设备参数见表 3-25。

表 3-25　神华包头煤化工汽提塔设备参数

设备名称			冷凝液汽提塔
质量/kg			15500(不包括塔盘)
介质			洗氨液/蒸汽
规格	直径×高度		φ2200mm×14900mm
	塔盘形式		浮阀
	塔盘数量		18
材质	塔盘		304
	塔底(塔体)		0Cr18Ni10Ti
温度/℃	塔顶	设计	170
		操作	132
	塔釜	设计	170
		操作	148
压力/MPa	塔顶	设计	0.6
		操作	0.3
	塔釜	设计	0.6
		操作	0.36

四、缠绕管式换热器

缠绕管式换热器是林德低温甲醇洗工艺技术的专利设备。作为一种特殊结构的管壳式换热器，缠绕管式换热器具有结构紧凑、传热效率高、能承受高压、可实现多股流换热、无热膨胀问题等优点，在小温差、大负荷工况下具有良好的传热性能。随着国内多家单位不断深入研究和技术攻关，缠绕管式换热器得到广泛应用。

缠绕管式换热器是在芯筒与外筒之间的空间内将传热管按螺旋线形状交替缠绕而成，相邻两层螺旋状传热管的螺旋方向相反，并采用一定形状的定距件使之保持一定的间距，缠绕管可以采用单根绕制，也可采用两根或多根组焊后一起绕制。管内可以通过一种介质，称单通道型缠绕管式换热器，也可分别通过几种不同的介质，而每种介质所通过的传热管均汇集在各自的管板上，构成多通道型缠绕管式换热器。缠绕管式换热器适用于同时处理多种介质、在小温差下需要传递较大热量且管内介质操作压力较高的场合，如制氧等低温过程中使用的换热设备等。神华包头煤化工低温甲醇洗单系列使用 5 台缠绕管式换热器。

缠绕管式换热器设备简图见图 3-28。

低温甲醇洗工艺包中缠绕管式换热器的相关参数见表 3-26。

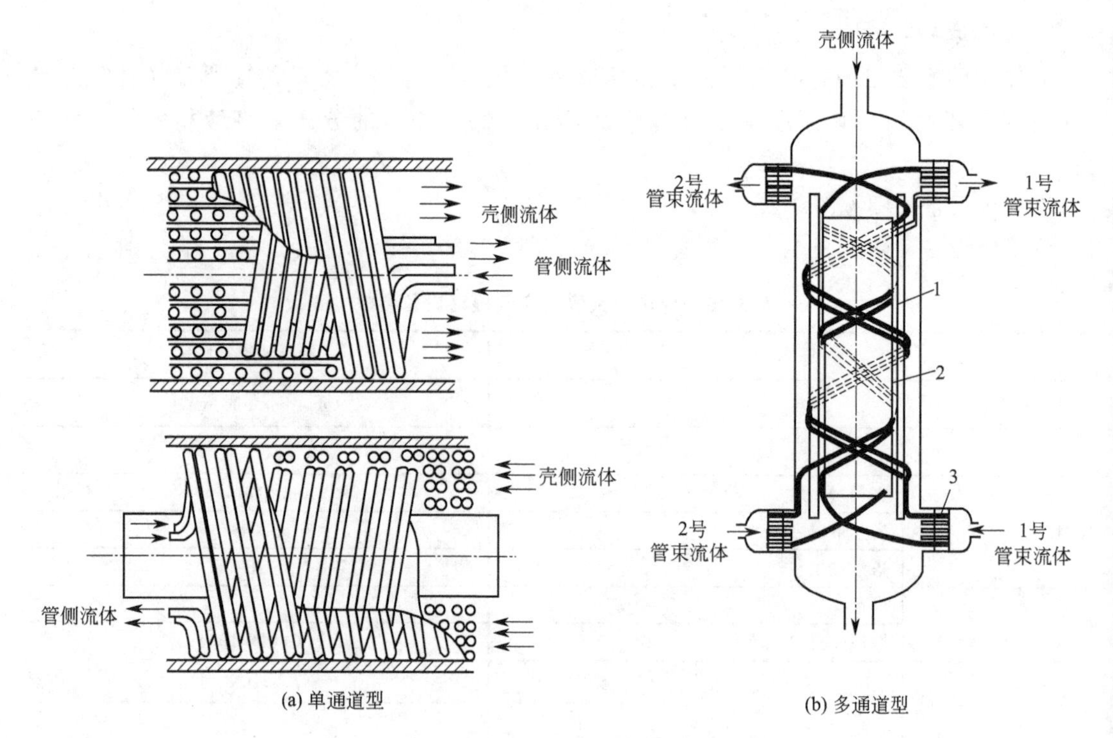

图 3-28　缠绕管式换热器设备简图

表 3-26　缠绕管式换热器的相关参数

设备名称 项目		原料气冷却器Ⅰ	原料气冷却器Ⅱ	循环甲醇冷却器	甲醇换热器Ⅰ	甲醇换热器Ⅱ
数量/台		1	1	1	1	1
壳程	介质	变换气/喷淋甲醇	变换气/喷淋甲醇	富甲醇	富甲醇	富甲醇
	设计温度/℃	−70/80	−70/80	−60/50	−50/50	−55/50
	设计压力/MPa	6.7	6.7	0.6	0.5	3.8
	操作温度/℃	—	−13.8/37.8	−43.8/—	−29/—	−34.9/1
	操作压力/MPa	5.5	5.5	0.47	0.44	1.5
管程1	介质	CO_2产品气	尾气	富甲醇	富甲醇	贫甲醇
	设计温度/℃	−70/80	−70/80	−60/50	−50/50	−55/50
	设计压力/MPa	0.6	0.4	7.1	7.0	7.5
	操作温度/℃	—	−30.6/32.4	−17.1/—	−16/—	8.2/—
	操作压力/MPa	0.18	0.1	5.9	5.7	6.4
管程2	介质	合成气		富甲醇	富甲醇	
	设计温度/℃	−70/80		−60/50	−50/50	
	设计压力/MPa	6.7		7.5	6.7	
	操作温度/℃	—		−20.5/—	−20/—	
	操作压力/MPa	5.4		5.8	5.4	

五、低温甲醇洗单元塔设备

低温甲醇洗单元共有 7 台塔设备（单系列），分别为：甲醇洗涤塔、CO_2产品塔、H_2S浓缩塔、热再生塔、甲醇水分离塔、CO_2气提塔、尾气洗涤塔。通常按介质温度又分为：冷塔（甲醇洗涤塔、CO_2产品塔、H_2S浓缩塔）和热塔（热再生塔、甲醇水分离塔、CO_2气提塔、尾气洗涤塔）。现将各塔分别介绍如下。

（一）甲醇洗涤塔

甲醇洗涤塔分为上塔和下塔两部分，主要用于吸收变换气中的 H_2S、CO_2 组分。经冷却、分凝后的原料气进入甲醇洗涤塔下塔，首先在硫分洗涤段用少量含 CO_2 的富甲醇溶液洗涤变换气，吸收变换气中的 NH_3、HCN、COS 及 H_2S，然后变换气通过升气管进入上塔 CO_2 主洗段，在主洗段中，用再生后的低温贫甲醇溶液洗涤变换气，吸收其中的 CO_2 气体，合成气从塔顶部离开洗涤塔。

甲醇洗涤塔结构形式是板式塔，塔高 63.365m，塔内径 ϕ4200mm，塔板数为 74 层。

（二）CO_2 产品塔

CO_2 产品塔主要用于获取富甲醇中的 CO_2 气体：从甲醇洗涤塔 CO_2 主洗段流出的富含 CO_2 的甲醇溶液，经冷却、闪蒸出其中溶解的 H_2、CO、N_2 后，一部分进入 CO_2 产品塔的顶部，在此减压闪蒸出纯净的 CO_2 产品，经复热后送至界区；饱和了 CO_2 的甲醇溶液沿塔板逐层下流，吸收从下塔进入的来自循环甲醇闪蒸罐的闪蒸气中的 H_2S，含硫甲醇溶液进入 H_2S 浓缩塔上塔下部塔板。

CO_2 产品塔结构形式是板式塔，塔高 23m，塔内径 ϕ2800mm，塔板数为 45 层。

（三）H_2S 浓缩塔

H_2S 浓缩塔分为上塔和下塔两部分，上塔主要用于 H_2S 气体的再吸收：从甲醇洗涤塔 CO_2 主洗段流出的富含 CO_2 的甲醇溶液，经冷却、闪蒸出其中溶解的 H_2、CO、N_2 后，一部分进入 H_2S 浓缩塔的顶部，在此减压闪蒸出 CO_2；饱和了 CO_2 的甲醇溶液沿塔板逐层下流，吸收从甲醇洗涤塔下塔来的富含 H_2S 甲醇溶液的闪蒸气后，汇同来自 CO_2 产品塔塔底的含硫甲醇，逐板吸收从下塔升气管进入的下塔气提气中的 H_2S，以使甲醇溶液尽可能地富集 H_2S；下塔称为气提段，从上塔釜中抽出的富含 H_2S 的甲醇溶液，经一系列换热升温后，进入中压闪蒸罐内闪蒸，闪蒸气中的 H_2S 在 CO_2 产品塔中被吸收；闪蒸后的甲醇溶液进入下塔上部，在第二填料层中吸收来自 CO_2 气提塔气提气中的 H_2S、来自 H_2S 硫分分离器提浓线的高硫含量循环气，使 H_2S 进一步在甲醇溶液中富集；在下塔第一填料层中，此股甲醇溶液被从下塔下部进入的低压气提 N_2（0.4MPa，40℃）接触气提，从而减少塔釜甲醇溶液中的 CO_2 含量，相对提高 H_2S 浓度。

H_2S 浓缩塔结构形式主要是板式塔，含两层填料，塔高 57.94m，塔内径 ϕ4000mm，塔板数为 53 层。

（四）热再生塔

热再生塔主要用于加热驱除饱和 CO_2、富含 H_2S 的甲醇溶液中的 CO_2 和 H_2S，使之再生为贫甲醇溶液。

来自 CO_2 气提塔釜的饱和 CO_2、富含 H_2S 的甲醇溶液，经提压换热后经入热再生塔第 28 块塔板，逐板下流并被从塔釜上升的甲醇蒸气提馏出所含的 CO_2、H_2S，贫甲醇收集于塔釜；进料板至塔顶为精馏段，富含 CO_2、H_2S 的甲醇蒸气在此段被精馏提浓，出塔气体被冷却分离后送至硫回收装置，液态甲醇经热再生塔回流泵升压后回至再生塔顶；再生塔的热源由塔底热再生塔再沸器提供，其使用来自 0.46MPa 的低压蒸汽管网的低压饱和蒸汽；一股来自甲醇水分离塔顶的热甲醇蒸气进入中部第 15 块塔板空间，作为汽提热源。

热再生塔的结构形式主要是板式塔，塔高 31.89m，塔内径 ϕ4200mm，塔釜内径

ϕ5800mm，塔板数为 32 层。

（五）甲醇水分离塔

甲醇水分离塔主要任务是将系统内的循环甲醇中的一部分进行精馏，回收来自水分离器的甲醇水溶液中的甲醇，分离甲醇中的水分。

来自水分离器的甲醇水溶液经加温后进入甲醇水分离塔中部第 24 块塔板，逐板下流被从塔底上升的水蒸气汽提，塔釜中的工艺水一路循环回尾气洗涤塔作为洗涤工艺水，一路分析合格后外排出系统；甲醇蒸气在进料板上端被一股来自热再生塔塔釜的贫甲醇提浓，塔顶热甲醇蒸气进入热再生塔中部作为再生汽提热源。甲醇水分离塔的热源由塔底甲醇水分离塔再沸器提供，其使用来自 0.46MPa 的低压蒸汽管网的低压过热蒸汽。

甲醇水分离塔的结构形式主要是板式塔，塔高 29.690m，塔内径 ϕ2000mm，塔板数为 54 层。

（六）CO_2气提塔

CO_2气提塔主要是进一步气提富甲醇中的 CO_2，提高富甲醇中 H_2S 的浓度。

来自 H_2S 浓缩塔塔釜的富含 CO_2、H_2S 的甲醇溶液经升压加热后进入 CO_2气提塔顶部，甲醇溶液在塔内填料层中被从塔下部进入的低压气提 N_2（0.4MPa，40℃）接触气提，从而减少塔釜富甲醇溶液中的 CO_2 含量，进一步提高 H_2S 浓度；塔顶气提气去 H_2S 浓缩塔下塔，会同下塔气提气一起在上塔被再次吸收；塔底富甲醇溶液升压加热后进入热再生塔中再生。

CO_2气提塔的结构形式是复合式板式塔，由塔板与填料构成，主体高度 18.56m，塔内径 ϕ2600mm，塔釜内径 ϕ3600mm，塔板数为 24 层，填料层高度为 8000mm。

（七）尾气洗涤塔

尾气洗涤塔主要用于洗涤、净化来自 H_2S 浓缩塔的放空气，回收其中的甲醇，使放空尾气符合国家环保排放标准。

来自 H_2S 浓缩塔的放空气由尾气洗涤塔下部进入，逐板上升并被两股工艺水洗涤，一股（第九块塔板）是来自甲醇水分离塔底的循环使用的工艺水，一股（顶部）补充水是来自脱盐水管网的常温脱盐水（1.5MPa，40℃）。

尾气洗涤塔的结构形式是板式塔，塔高 16.200m，塔内径 ϕ3800mm，塔板数为 15 层。

六、循环气压缩机

循环气压缩机的作用是将低温甲醇洗单元中压闪蒸的有效气（$CO+H_2$）加压后回收至工艺气中，达到减少有效气损失的目的。

往复式压缩机属于容积式压缩机，是使一定容积的气体顺序地吸入和排出封闭空间提高静压力的压缩机。曲轴带动连杆，连杆带动活塞，活塞做上下运动。活塞运动使气缸内的容积发生变化，当活塞向下运动的时候，气缸容积增大，进气阀打开，排气阀关闭，空气被吸进来，完成进气过程；当活塞向上运动的时候，气缸容积减小，出气阀打开，进气阀关闭，完成压缩过程。通常活塞上有活塞环来密封气缸和活塞之间的间隙，气缸内有润滑油润滑活塞环。循环气压缩机设备简图见图 3-29。

循环气压缩机工艺系统流程示意图见图 3-30。

神华包头煤化工循环气压缩机设备相关参数见表 3-27。

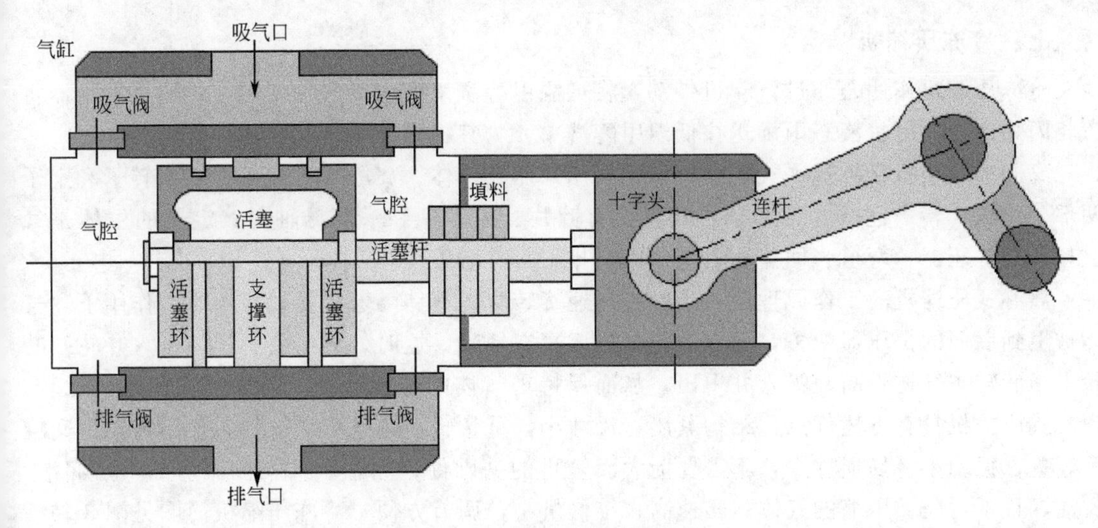

图 3-29　循环气压缩机设备简图

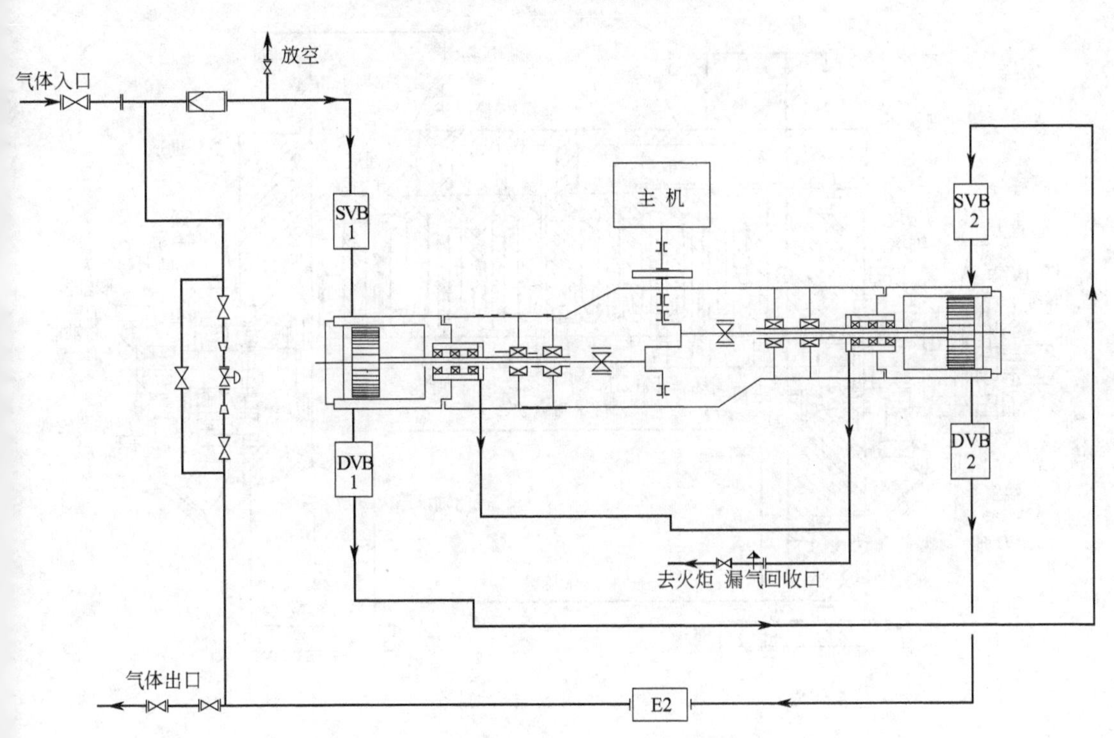

图 3-30　循环气压缩机工艺系统流程示意图

SVB—入口缓冲罐；DVB—出口缓冲罐

表 3-27　神华包头煤化工循环气压缩机设备相关参数

项目＼设备名称		循环气压缩机
介质		$CO/CO_2/H_2/N_2$
流量/(kg/h)		22791
出入口温度/℃	入口温度	−32.16
	出口温度	107
出入口压力/MPa(A)	入口压力	1.3
	出口压力	5.6

七、冷冻压缩机

冷冻压缩机作用是通过汽轮机带动，将低温甲醇洗来的丙烯气加压后，再通过水冷器将汽相丙烯冷凝，再将液态丙烯送往低温甲醇洗单元为其提供冷量，丙烯循环使用。

离心式压缩机又称透平式压缩机，主要用来压缩气体。离心式压缩机主要由转子和定子两部分组成：转子包括叶轮和轴，叶轮上有叶片、平衡盘和一部分轴封；定子的主体是气缸，还有扩压器、弯道、回流器、进气管、排气管等装置。

离心式压缩机的工作原理是：当叶轮高速旋转时，气体随着旋转，在离心力作用下，气体被甩到后面的扩压器中去，而在叶轮处形成真空地带，这时外界的新鲜气体进入叶轮。叶轮不断旋转，气体不断地吸入并甩出，从而保持了气体的连续流动。与往复式压缩机比较，离心式压缩机具有下述优点：结构紧凑，尺寸小，重量轻；排气连续、均匀，不需要中间罐等装置；振动小，易损件少，不需要庞大而笨重的基础件；除轴承外，机器内部不需润滑，省油，且不污染被压缩的气体；转速高；维修量小，调节方便。冷冻压缩机简图见图 3-31。

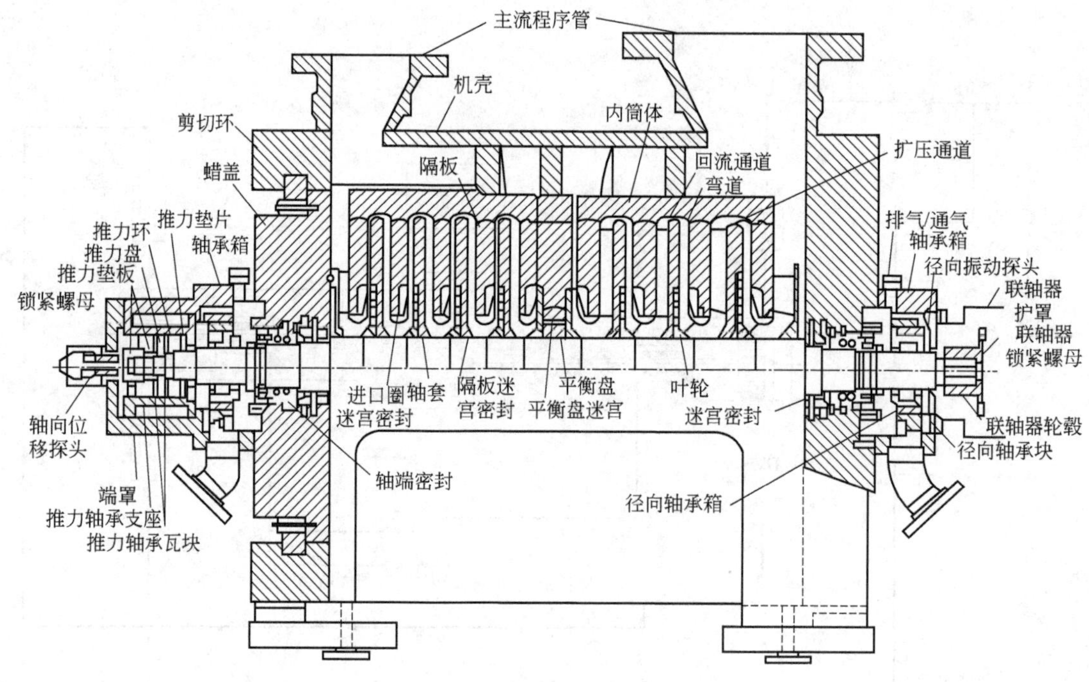

图 3-31 冷冻压缩机简图

神华包头煤化工丙烯压缩机设备相关参数见表 3-28。

表 3-28 神华包头煤化工丙烯压缩机设备相关参数

项目 \ 设备名称			丙烯压缩机
介质			丙烯
出入口温度/℃	入口	设计	−35
	出口	设计	82.2
出入口压力/MPa(G)	入口	设计	0.125～0.13
	出口	设计	1.83

参 考 文 献

[1] 谢克昌，房鼎业．甲醇工艺学［M］．北京：化学工业出版社，2010：1-5.
[2] 许世森，李春虎，郜时旺．煤气净化技术［M］．北京：化学工业出版社，2005：9.
[3] 张丽．一氧化碳等温变换工艺与常规变换工艺对比［J］．大氮肥，2010（4）：231-235.
[4] 付长亮，张爱民．现代煤化工生产技术［M］．北京：化学工业出版社，2009：7.
[5] 蒋德军．合成氨工艺技术的现状及其发展趋势［J］．现代化工，2005（8）：9-16.
[6] 欧晓佳，程极源．铁铬系高（中）温变换催化剂研究现状［J］．化学研究与应用，1999（2）.
[7] 唐宏青．现代煤化工新工艺［M］．北京：化学工业出版社，2009：10.
[8] 彭建喜．煤气化制甲醇技术［M］．北京：化学工业出版社，2010：120-122.
[9] 陈劲松．变换反应工艺参数的数学模型与计算［J］．小氮肥设计技术，1990（2）.
[10] 蒋柏泉，刘双龙．一氧化碳变换反应温度和浓度沿催化剂床层轴向的最佳分布［J］．南昌大学学报（工程技术版），1996（1）.
[11] 康旭珍．论压力对CO变换反应速率的影响［J］．化工之友，2007（7）.
[12] 李速延，周晓奇．CO变换催化剂的研究进展［J］．煤化工，2007（2）.
[13] 张永光，戴春皓，田森林等．工业化CO变换催化剂研究进展［J］．云南化工，2008（1）.
[14] 陈五平．耐硫变换工艺及催化剂［J］．辽宁化工，1982（4）.
[15] 隋升，陈五平．催化剂一氧化碳变换反应动力学研究［D］．上海：中国科学院上海冶金研究所，2000.
[16] 贾飞．典型加压煤气化工艺的比较［J］．中氮肥，2000（2）：1.
[17] 丁振亭．水煤浆气化技术的开发应用与发展［J］．氮肥设计，1996，34.
[18] 李志远．壳牌粉煤加压气化技术［J］．化工进展，2003，22（9）：1998-1999.
[19] 徐邦浩．Shell粉煤气化一氧化碳变换工艺的选择［J］．化肥工业，2006（4）.
[20] 李建伟，白静宇，姚飞等．低汽气比LB型中温变换催化剂上水煤气变换反应的动力学研究［J］．催化学报，2005（1）.
[21] 许祥静．煤炭气化工艺［M］．北京：化学工业出版社，2005.
[22] 贺永德．现代煤化工技术手册［M］．北京：化学工业出版社，2004.
[23] 亢万忠，唐宏青．低温甲醇洗工艺技术现状及发展［J］．大氮肥，1999，22（4）：259-263.
[24] 梅丽华．国内现运行低温甲醇洗装置生产问题分析［J］．煤炭技术，2008，18（4）：118-120.
[25] 沈浚，朱世勇，冯孝庭．合成氨［M］．北京：化学工业出版社，2001：1.
[26] 蒋保林．煤制甲醇项目净化工艺分析［J］．山西化工，2009，29（1）：47-49.
[27] 薛天祥．对两种低温甲醇洗法净化合成气工艺的看法［J］．煤化工，1997，25（1）：3-7.
[28] 张骏驰，郑明峰．低温甲醇洗工艺在中小化肥净化装置中的应用［J］．中氮肥，2002（5）：13-16.
[29] 吕洪浩，曹昭军，汪宇安．关于净化系统液氮洗工序裸冷问题的探讨［J］．化肥设计，2013（1）.
[30] 陈良坦．绝热膨胀与节流膨胀的比较［J］．大学化学，2011（3）.
[31] 李海军，王晓东，刘丽．透平驱动离心式压缩机操作分析［J］．中国科技纵横，2011（19）.
[32] 赵玉峰，关学忠，姚建红等．离心式压缩机操作曲线及防喘振控制系统［J］．佳木斯大学学报：自然科学版，2006（1）.
[33] 周晓奇，李速延．变换催化剂的现状及其发展趋势［C］．第2届全国工业催化技术及应用年会论文集．南昌，2005.
[34] 华南平，杨平，杜玉扣．CO高温变换催化剂发展趋势［J］．小氮肥设计技术，2005（4）.
[35] 胡昌现，周玉英，肖勇等．高温变换催化剂的研究进展［J］．川化，2007（1）.
[36] 刘伟华，孙远华，张同来等．国内外耐硫变换催化剂的研究进展［J］．化工生产与技术，2003（4）.
[37] 张颖鹤．低温水煤气变换催化剂的研究进展［J］．安徽化工，2006（5）.
[38] 李选志．铜基CO低温变换催化剂的研究进展［C］．第2届全国工业催化技术及应用年会论文集．南昌，2005.
[39] 付斌，张承甲，吕亮功．FB123型中温变换催化剂的工业应用［J］．工业催化，2003（7）.
[40] 李小定，张雄斌，李新怀．全低变工艺应用的进展［C］．全国气体净化信息站2008年技术交流会论文集．宜昌，2008：85-95.

[41] 张新堂，汤福山，纵秋云等．钴钼耐硫变换催化剂的研制 [J]．齐鲁石油化工，1994 (3).
[42] 张新堂，毛鹏生，谭永放等．新型CO耐硫变换催化剂的性能及工业应用 [J]．煤化工，1998 (4).
[43] 赵志利，何观伟，霍尚义．高温变换催化剂的发展方向 [J]．工业催化，1998 (2).
[44] 龚世斌，魏士新．一氧化碳耐硫变换催化剂技术进展 [J]．化学工业与工程技术，2002 (6).
[45] 金锡祥，刘金成．一氧化碳变换技术及进展 [J]．小氮肥，1998 (8).
[46] 谭砂砾，祁新宇，郑华德．一氧化碳低温氧化稀土催化剂的制备与结构特性分析 [C]．有毒化学污染物监测与风险管理技术交流研讨会论文集，2008.
[47] 戴宇，潘翠华，蒙高碧．含稀土宽温变换催化剂的研制 [J]．天然气化工 (C1化学与化工)，2001 (3).
[48] 李晓东，谈世韶，郭汉贤．CO与 H_2O 变换反应的机理探讨及研究进展 [J]．煤炭转化，1991 (4).
[49] 牛季凡，王素伦，王素云．高温变换动力学的实验研究 [J]．沈阳化工学院学报，1986 (1).
[50] 谈冲．一氧化碳变换的数学模拟 [J]．化肥设计，1999 (3).

第四章 合成气制甲醇

甲醇是重要的有机化工原料和洁净液体燃料，广泛应用于有机合成、染料、农药、医药、涂料、交通和国防工业中，是碳一化工的基础产品。固体原料煤炭、液体原料石脑油和渣油、气体原料天然气和油田气或煤层气等经部分氧化法或蒸汽转化法制得合成气。合成气的主要成分是CO和H_2，它们在催化剂作用下可制得甲醇。由于甲醇及其衍生物有着广泛的用途，世界各国都把甲醇作为碳一化工的重要研究领域。现在甲醇已成为新一代能源的重要起始原料，可生产一系列深度加工产品，并成为碳一化工的突破口。在石油资源紧缺以及清洁能源、环保需求的情况下，以煤为原料生产甲醇，有望成为实现煤的清洁利用，弥补石油能源不足的途径，因此甲醇化工已成为化工和能源工业的主要领域之一。

第一节 概 述

甲醇最早是由木材和木质素干馏制得，故俗称木醇，这是最简单的饱和脂肪族醇类的代表物。但用60～80kg的木材来分解蒸馏只获得大约1kg的甲醇，产量甚低。20世纪30年代初之前，几乎全部由木材蒸馏制造甲醇，世界的甲醇产量仅约45000t[1]。1913年德国BASF公司在其高压合成氨的试验装置上进行CO和H_2合成含氧化合物的研究，于1923年在德国Leuna建成了世界上第一座年产3000t合成甲醇的生产装置，并成功投产。该装置采用Zn-Cr氧化物为催化剂，反应在30～35MPa、300～400℃条件下进行，该法称为甲醇高压合成法。高压法合成甲醇工业投资大，生产成本高。为此，世界各国都在探求能够降低合成压力的工业生产方法。英国ICI公司和德国Lurgi公司分别成功地研制出中低压甲醇合成催化剂，降低了反应压力，促进了甲醇生产的高速发展。1966年ICI公司使用Cu-Zn-Al氧化物催化剂，成功地实现了操作压力为5MPa的合成甲醇生产工艺。1972年，ICI公司又成功地实现了10MPa的中压甲醇合成工艺。1970年，德国Lurgi公司采用Cu-Zn-Mn或Cu-Zn-Mn-V，Cu-Zn-Al-V氧化物铜基催化剂，成功地建成了年产4000t甲醇的低压生产装置，该法称为Lurgi低压法。与此同时，世界其他化学公司也竞相开发自己的中低压甲醇合成工艺，建立甲醇合成装置[2]。

甲醇合成方法按照合成压力的不同分为高压法（19.6～29.4MPa）；中压法（9.8～19.6MPa）；低压法（4.9～9.8MPa）三种。高压法投资大、能耗大、成本高。低压法比高压法设备容易制造，投资少，能耗约降低1/4。中压法是随着甲醇装置规模的大型化而发展起来的，因为装置规模增大后，若采用低压法，工艺管道及设备将制造得非常庞大，且不紧凑，故出现了合成压力介于高压法和低压法之间的中压法。

我国的甲醇生产始于20世纪50年代，利用前苏联的技术在吉林、兰州和太原等地建成了以煤或焦炭为原料高压甲醇合成装置。60年代建成了一批中小型装置，并在合成氨工业的基础上，开发了合成氨联产甲醇的联醇生产工艺。70年代四川维尼纶厂引进了第一套低压甲醇合成装置，以乙炔尾气为原料，采用英国ICI低压冷激技术。1995年12月，由化工部第八设计院和上海化工设计院联合设计的20万吨/年甲醇生产装置在上海太平洋化工公司顺利投产[3]，标志着我国甲醇生产技术向大型化和国产化迈出了新的一步。2000 年，杭州林达公司开发了拥有完全自主知识产权的 JW 低压均温甲醇合成塔技术，打破长期来被 ICI、Lurgi 等国外少数公司所垄断的局面。

近年来，甲醇技术逐渐向大型化发展，据测算甲醇装置规模若从 30 万吨/年扩大到 300 万吨/年，单位成品投资可降到原来的 68%，生产成本降至原来的 73%[4]。随着 Lurgi 公司超大规模甲醇（Mega-Methanol）概念的提出，Lurgi、Topsøe、Davy 等著名甲醇技术供应商相继开发出了年产百万吨以上规模的甲醇生产技术，并成功实现了商业化运行。2004 年 9 月，在南美洲的特立尼达和多巴哥，采用德国 Lurgi 技术的大规模甲醇装置投产，日产甲醇 5050t。次年，采用 Davy 技术的日产 5400t 的甲醇装置投产。2010 年 7 月，中国神华煤制油化工有限公司包头煤化工分公司采用 Davy 技术的日产 5500t 的甲醇装置顺利投产。2011 年，大唐多伦采用德国 Lurgi 技术的年产 160 万吨甲醇装置投产。目前世界上正在运行和建设实施的百万吨级以上的甲醇装置超过了 10 套。随着甲醇技术的不断进步，装置规模的不断扩大，使得甲醇的生产成本大幅度降低。

一、甲醇的理化性质和主要用途

（一）物理性质

甲醇又名甲基醇、木精、木醇，分子式 CH_3OH，相对分子质量 32.042。甲醇是一种无色、具有与乙醇相似气味的挥发性可燃液体，在常压下，甲醇沸点为 64.7℃，自燃点 473℃（见表 4-1），可与水以及很多有机液体如乙醇、乙醚等无限溶解，易于吸收水蒸气、二氧化碳和部分其他杂质，其蒸气与空气混合在一定范围内可形成爆炸性化合物，爆炸范围 6%～36.5%。

表 4-1　甲醇主要物理性质一览表

性　质	数　值	性　质	数　值
冰点/℃	−97.68	爆炸极限(体积分数)/%	6～36.5
沸点/℃	64.70	自燃点(空气中)/℃	473
临界温度/℃	239.43	闪点(闭口容器)/℃	12
临界压力/MPa	8.096	20℃下密度/(g/cm³)	0.7913
沸点下汽化热/(J/g)	1129	25℃下燃烧热/(J/g)	22662

甲醇水溶液的密度随着温度的增加而降低，也随着浓度的增加而降低。甲醇水溶液的沸点随浓度的增加而降低。

甲醇可以与许多有机化合物按任意比例混合并与 100 多种有机化合物形成共沸物。许多共沸物的沸点与甲醇的沸点相近。甲醇为有毒化工产品，有显著的麻醉作用，对视神经危害最为严重，吸入高浓度的甲醇蒸气时会出沉醉、头痛、恶心、呕吐、流泪、视力模糊和眼痛等，需要数日才能恢复。空气中允许浓度为 0.05mg/L，极限允许浓度在空气中为 2000μL/L。

（二）化学性质

甲醇含有一个甲基和一个羟基，是一种最简单的饱和醇，具有醇类的典型化学性质。甲醇可与一系列物质反应，在工业上有着十分广泛的应用[5]，这里简要列出甲醇的主要反应。

① 甲醇在金属银催化剂的作用下，氧化生成甲醛；甲醛进一步氧化，生成甲酸。

$$2CH_3OH+O_2 \longrightarrow 2HCHO(\text{甲醛})+2H_2O$$

$$2HCHO+O_2 \longrightarrow 2HCOOH(\text{甲酸})$$

② 甲醇与一氧化碳在催化剂的作用和一定的压力、温度下，生成乙酸，这是“一步法”

乙酸生产的主要反应。

$$CH_3OH + CO \longrightarrow CH_3COOH\text{(乙酸)}$$

③ 甲醇酯化，生成各种酯类化合物，如和甲酸反应生成甲酸甲酯。

$$CH_3OH + HCOOH \longrightarrow HCOOCH_3\text{(甲酸甲酯)} + H_2O$$

④ 甲醇与卤素反应，生成卤甲烷。

$$CH_3OH + Cl_2 + H_2 \longrightarrow CH_3Cl\text{(一氯甲烷)} + H_2O + HCl$$

$$CH_3Cl + Cl_2 \longrightarrow CH_2Cl_2\text{（二氯甲烷）} + HCl$$

$$CH_2Cl_2 + Cl_2 \longrightarrow CHCl_3\text{（三氯甲烷/氯仿）} + HCl$$

$$CHCl_3 + Cl_2 \longrightarrow CCl_4\text{（四氯甲烷/四氯化碳）} + HCl$$

⑤ 甲醇与氢氧化钠反应，生成甲醇钠，或甲醇羟基中的氢被金属钠取代，也可以生成甲醇钠。

$$CH_3OH + NaOH \longrightarrow CH_3ONa\text{(甲醇钠)} + H_2O$$

$$2CH_3OH + 2Na \longrightarrow 2CH_3ONa\text{（甲醇钠）} + H_2$$

⑥ 甲醇脱水：在高温下，有催化剂存在时，可脱水生成二甲醚。

$$2CH_3OH \longrightarrow CH_3OCH_3\text{(二甲醚)} + H_2O$$

⑦ 甲醇裂解：在高温加压下，甲醇可在催化剂上分解为 CO 和 H_2，这是甲醇裂解制氢的主要反应。

$$CH_3OH \longrightarrow CO + 2H_2$$

⑧ 与异丁烯反应，生产 MTBE。以树脂做催化剂，在一定的温度下，与异丁烯进行液相反应，生成 MTBE（甲基叔丁基醚），加在汽油里取代有害的烷基铅以提高辛烷值。

$$CH_3OH + CH_3C(CH_3)CH_2 \longrightarrow CH_3OC(CH_3)_3$$

（三）甲醇的用途

甲醇是极其重要的化工原料，2012 年全世界甲醇的设计生产能力大约为 11400 万吨，其中中国国内甲醇的设计产能是 5915 万吨，实际产能 4392 万吨，装置的开工率为 62.2%。甲醇传统的主要应用领域是生产甲醛，其次是生产甲基化试剂如甲胺、甲烷氯化物、丙烯酸甲酯等。新的甲醇应用领域主要用于生产二甲醚、乙酸、醋酐、甲基叔丁基醚等，由甲醇催化制乙烯、丙烯技术已经成功进入商业化运营，甲醇制汽油、甲醇制芳烃都有望在近期进入商业化运行，部分省市甲醇汽油 M5、M15 甚至 M85 的应用已经成为甲醇消费的主要领域。2012 年，中国消费甲醇 3145 万吨，其中第一的消费市场是甲醇汽油，占总量的 21%；第二的应用领域是甲醛，占总量的 17%；第三为二甲醚，约占 16%；第四是甲醇制烯烃，约占 14%；其他在乙酸、MTBE、DMF 和医药、农药等领域，约占甲醇消费量的 33%[6]。

近年来，随着我国国民经济的持续快速发展，石油消费量增长迅速，而国内石油生产的增加远不能满足油品消费的需要。因此，石油进口量逐年猛增，我国对进口石油的依存度在 2011 年已经达到 56.5%[7]，这种情况引起了人们对石油安全的担心，同时近年来国际油价始终在高点震荡，使得寻找各种石油替代原料已成为众所关注的热门课题。以煤为原料生产甲醇再发展下游产品作为一条颇具潜力的石油替代路线，日益引起人们的关注，为甲醇的应用开辟了更为广阔的空间。甲醇替代石油的途径主要有以下几种：甲醇直接替代汽油或作为汽油的掺合组分，甲醇通过 MTO（甲醇制乙烯和丙烯）、MTP（甲醇制丙烯）技术制取轻烯烃产品和甲醇制芳烃以替代化工用油，甲醇制二甲醚作为车用柴油或民用液化气的替代品等。

二、甲醇合成的技术简述

（一）甲醇合成技术方法

甲醇生产技术主要有高压法、中压法和低压法三种工艺，并以中压法和低压法为主。下面简述高压法、中压法、低压法三种生产方法及区别。

（1）高压法

高压工艺流程一般指的是使用锌铬催化剂，在300～400℃，30MPa左右的操作压力下合成甲醇的过程。自1923年第一次用这种方法合成甲醇成功后，直至1966年[2]，世界上合成甲醇生产都沿用这种方法，仅在设计上有某些细节不同，例如甲醇合成塔内移热的方法有冷管型连续换热式和冷激型多段换热式两大类，反应气体流动的方式有轴向和径向或者二者兼有的混合型式，有副产蒸汽和不副产蒸汽的流程等。近几年来，我国开发了25～27MPa压力下在铜基催化剂上合成甲醇的技术，出口气体中甲醇含量在4%左右，反应温度为230～290℃。

（2）低压法

低压甲醇法是20世纪60年代后期发展起来的，主要是铜系催化剂得到了工业应用，由英国ICI公司在1966年研究成功，从而打破了甲醇合成的高压法的垄断，这是甲醇生产工艺上的一次重大变革。此技术在热壁多段冷激式合成塔中充装51-1型铜基催化剂，每段催化剂层上部装有菱形冷激气分配器，使冷激气均匀地进入催化剂层，以调节塔内温度在合适的区域，在合成压力5.0MPa下生产出甲醇。由于合成压力较低，工艺设备的制造比高压法容易，投资少，能耗比高压法降低1/4[1]，使得低压合成得到广泛的应用。70年代，我国轻工业部四川维尼纶厂从法国Speichim公司引进了一套以乙炔尾气为原料日产300t低压甲醇装置（英国ICI专利技术）；80年代，齐鲁石化公司第二化肥厂引进了联邦德国Lurgi公司的低压甲醇合成装置。目前，德国Lurgi公司、日本东洋技术公司、丹麦Topsoe公司、瑞士Casale公司和国内的华东理工大学等相继开发出低压甲醇合成技术。

（3）中压法

中压法是在低压法研究基础上进一步发展起来的。随着甲醇生产规模的大型化，若仍然采用低压法合成，将导致工业管线和设备体积相当庞大，且随着超大规模甲醇装置的出现，部分设备、管件、阀门等材料已经没有相应的制造标准，因此发展了压力为10MPa左右的中压法甲醇合成技术。中压法仍然采用铜系催化剂，其流程、设备和反应温度等与低压法类似，因此具有低压法类似的优点。但由于合成压力的提高，甲醇合成反应的效率提高，合成塔出口气体中的甲醇含量比低压法明显提高，循环比降低，有效地降低甲醇的生产成本。

中、低压两种工艺生产的甲醇约占世界甲醇总产量的80%以上[8]。当代甲醇生产技术以英国Davy工艺技术有限公司（其前身为ICI公司）、丹麦托普索（Haldor Topsoe）公司、德国Lurgi化学公司的技术最为典型。相关主要的甲醇生产技术将在本章第五节介绍。

（二）甲醇生产技术新进展

目前，世界上商业化运行的甲醇装置都采用一氧化碳、二氧化碳加氢气在210～280℃、5.0～15.0MPa压力和Cu-Zn-Al催化剂的作用下，通过气相反应合成甲醇，其单程转化率一般在15%～20%[9]，需在压缩机的作用下，采用气体循环，或采用串联反应器以提高产率。

任何的合成气生成甲醇的转化都要权衡反应动力学与反应热动力学。在较高温度下反应较快，在较低温度下有利于平衡。高温对催化剂也有害，并产生醚、酮类等副产物，它们会形成共沸物，使蒸馏更为困难。所以目前的甲醇技术供应商都在反应器上进行研究，以期解决相互矛盾的问题。性能优良的催化剂可以提高生产单元的单程转化率，降低副产物的产率，所以催化剂的研究人员通过调整各组分的比例、添加不同的元素、采用不同的制备技术来提高催化剂的性能。但无论如何改进反应器和催化剂，合成甲醇的原料必须是一氧化碳、二氧化碳和氢气，反应的过程是气相循环工艺，反应的单程转化率低，反应后产物必须通过精馏才能得到精甲醇。

为了克服气相甲醇合成的缺点，世界各国都进行了大量的研究，目前见诸报告的主要技术如下。

(1) 液相合成甲醇

受F-T合成浆态床的启发，Sherwin 和 Blum 于 1975 年首先提出甲醇的液相合成方法[9]。液相合成就是在反应器中加入碳氢化合物的惰性油介质，这样催化剂分散在液相介质中，在反应开始时合成气要溶解并分散在惰性油介质中才能到达催化剂表面，反应后的产物也要经历类似的过程才能移走。这是化学反应工程中典型的气-液-固三相反应，由于使用了热容高、热导率大的石蜡类长链烃类化合物，可以使甲醇的合成反应在等温条件下进行，且由于分散在液相介质中的催化剂的比表面积非常大，加速了反应过程，反应温度和压力也下降许多。

由于气-液-固三相物料在过程中的流动状态不同，三相反应器主要有滴流床、搅拌釜、浆态床、流化床与携带床五种。目前在液相甲醇合成方面，采用最多的主要是滴流床和浆态床。

滴流床反应器与传统的固定床反应器的结构类似，由颗粒较大的催化剂组成固定层，液体以液滴方式自上而下流动，气体一般也是自上而下流动，气体和液体在催化剂颗粒间分布。滴流床兼有浆态床和固定床的优点，与固定床相类似。它的催化剂装填量大且无磨蚀，床层中的物料流动接近于活塞流且无返混现象存在，同时又具备浆态床高转化率等温反应的优点，更适合于低氢碳比的合成气。Tjandra 等对滴流床中合成甲醇的传质传热进行了一系列的研究，与同体积的浆态床相对比，滴流床合成甲醇的产率几乎增加了一倍[10]。

日本东京科技研究所开发了固相新型催化剂，可在液相反应中一次性高转化率生产甲醇。专用催化剂由热稳定的阴离子交换树脂（具有甲氧基功能基团）与铜催化剂组合，反应时，H_2和 CO 在 100～150℃ 和 5.0MPa 压力下，通过多相催化剂的甲醇淤浆，CO 与甲醇反应生成中间产物甲酸甲酯，它再与 H_2催化转化成 2 个甲醇分子，单程转化率可达 70%。据称，增加催化剂的 Cu 成分，在 100～150℃和 5MPa 下，一次性转化率可达 98%[9]。不过，该成果仍处于基础研究阶段，但该新型催化剂是减少甲醇合成费用和复杂性的比较有发展前途的方法。

空气产品液相转化公司（空气产品和化学品公司与依士曼化学公司的合资公司）成功完成验证从煤制取甲醇的先进方法。该装置可使煤炭无排放污染地转化成化工产品，生产氢气和其他化学品，同时用于发电。该液相甲醇工艺（称为 LP MEOH）已在伊士曼公司金斯波特地区由煤生产化学品的联合装置投入工业规模运转，验证表明，最大的甲醇产品生产能力可超过 300 吨/天，比原设计高出 10%。它与常规甲醇反应器不同，常规反应器采用固定床粒状催化剂，在气相下操作，而 LP MEOH 工艺使用浆液鼓泡塔式反应器（SBCR），由空气产品和化学品公司设计。当合成气进入 SBCR，它借催化剂（粉末状催化剂分散在惰性矿物油中）反应生成甲醇，离开反应器的甲醇蒸气冷凝和蒸馏，然后用作生产宽范围产品的原料。LP MEOH 工艺处理来自煤气化的合成气，从合成气回收 25%～50%热量，无需在上游去除 CO_2（常规技术需部分去除 CO_2，进入合成塔的 CO_2 含量一般小于 5%）。生成的甲醇浓度大于 97%，当使用高含 CO_2 原料时，含水也仅为 1%。相对比较，常规气相工艺所需原料中 CO 和 H_2 应为化学当量比，通常生成甲醇产品含水为 4%～20%。这种由美国能源部（DOE）资助空气产品和化学品公司开发的液相甲醇（LP MEOH）工艺于 2010 年 7 月底转让给生物燃料生产商 Woodland 生物燃料公司，Woodland 生物燃料公司采用这一技术开发木质气化工艺，以便从木质碎屑来生产甲醇。第一套设施计划建在美国纽约州。开发用于从煤炭来生产甲醇的 LP MEOH 工艺过程，是先进的间接技术，该技术利用气化生产的合成气来生产甲醇。LP MEOH 技术与商业上实用的气相法技术相比，是具有潜力的、更高效、低成本的生产甲醇的路线。该技术于 20 世纪 80 年代原始试验和验证，LP MEOH 工艺的商业化规模验证已按 CCT（洁净煤技术）行动计划进行，该计划在依斯曼化学公司位于田纳西州 Kingspo 生产基地拥有 260t/d 装置，该装置现仍在运转之中[8]。

在国内，中国科学院山西煤炭化学研究所、中国科学院成都有机化学研究所、中国科学院化学研究所、华南理工大学、中国科学院大连化学物理研究所等也对低温液相合成甲醇做了研究。在“八五”期间，国家计委给中国科学院成都有机化学研究所等单位下达了专项研究的支持以及中国科学院“九五”重大项目特别支持。经过多年的研究和努力，取得了阶段性的进展[11]。

目前的研究结果表明，液相甲醇合成反应工艺克服了传统方法的合成温度高、单程转化率低、能耗大、原料气净化成本高，粗产品分离能耗大等一系列缺点，具有单程转化率高、合成气不需要循环、温度控制能力强、反应条件温和、产品构成好、高级醇和羰基化合物含量少、项目投资低等优点[11]。

（2）甲烷氧化制甲醇

传统的甲烷生产甲醇工艺过程一般是将富含甲烷的天然气经过一系列的净化工序后压缩提压，然后进入转化炉内，在氧气、蒸汽和催化剂的作用下，转化为氢气、一氧化碳和二氧化碳，再脱除部分二氧化碳后，进入气相甲醇合成过程合成甲醇。此生产过程需要建立天然气蒸汽转化装置、空分装置、净化装置和后续的甲醇合成装置，流程长、投资大，是否可以实现甲烷直接反应制作甲醇呢？

从热力学的角度上讲，甲烷可以直接氧化合成甲醇，分为催化选择性氧化和非催化氧化两种方法。

催化氧化的工艺技术是基于天然气蒸汽转化即部分氧化成甲醇后再部分氧化成合成气。但是，由于活化甲烷分子比较困难，所以氧化甲烷的条件很苛刻。鉴于甲烷氧化为甲醇后又极容易再度氧化成二氧化碳和氢气，所以从热力学上考虑，目的产物甲醇是不稳定的。因此，选择性甲烷氧化制甲醇的催化剂必须具备高的选择性，同时又具有较好的稳定性。一般的催化剂随温度的升高，甲烷的转化率升高，而甲醇的选择性则降低。典型的较理想的催化剂的转化率只有 5%，甲醇的选择性只有 50%，其他产物主要是甲醛、甲酸，约占 40%。

无催化剂直接选择氧化制甲醇的研究始于 1980 年。Francis、Michael 等作了大量的工作，他们在 1992 年分别各自研究了没有催化剂存在条件下，如何控制甲烷部分氧化成甲醇。他们认为，该法能够大量降低投资和能耗，但控制条件较为苛刻。原料中不宜存在某些烃类，否则将降低转化率，氧含量宜在 8%左右，过小则转化率降低，过大则氧化过度，操作条件在 644～755K，9.0MPa，宜采用小直径反应器，所得甲醇收率（摩尔分数）为 21.7%。Hunter 等在温度为 723K、6.0MPa 的压力操作条件下，所得甲醇收率（摩尔分数）可达 8%～9%。据报道经济可行的转化率（摩尔分数）为 10%～15%[12]。

美国商务部先进技术处（ATP）资助 UOP 公司开发甲烷液相氧化制甲醇技术。该项研究集中于甲烷制甲醇低温工艺的开发并对技术经济可行性进行验证。预计由该技术生产的甲醇成本较低，可使甲醇生产成本从 80 美元/吨下降到 58 美元/吨，此外，投资费用、能耗以及二氧化碳副产也会分别下降约 50%、60%和 33%。据称可生产低成本甲醇的该技术可望利用偏远地区的天然气资源[13]。

其他还有 Mulheim 德国马普学会煤炭研究所的研究人员报道，通过一种固体钯基催化剂作用，甲烷能在低温下直接转变成甲醇，该固体催化剂经重复回收后仍具有高催化活性[14]。Shilov 于 1987 年以含氯离子的水溶液为溶剂成功地将甲烷转化为甲醇。Sen 等在 CF_3COOH 的水溶液中，以 $Pd(OAc)_2$ 为催化剂，选择性氧化甲烷为甲醇。1993 年，Periana 等以硫酸汞为催化剂，在质量分数为 100%的 H_2SO_4 溶液中可将甲烷转化为硫酸单甲酯，单程收率达 43%。1998 年，Periana 等以 $Pt(bmpy)Cl_2$，代替原实验体系中的硫酸汞作为催化剂使甲醇收率提高到 72%（以硫酸单甲酯形式存在）[15]。国内中国科学院兰州化学物理研究所尉迟力等对甲烷生物催化氧化制甲醇进行了研究，据报道加氧酶的活性可为 1kg 酶 1h 生产 2.02kg 甲醇[12]。黑龙江科技学院徐锋等以 V_2O_5 为催化剂，在以发烟硫酸为溶剂和氧化剂的体系中，考察了催化剂的催化性能和各种工艺条件对甲烷转化率、甲醇收率的影响[15]。

(3) CO_2 生产甲醇[16]

目前，全球 CO_2 排放量已超过 300 亿吨，CO_2 既是造成地球温室效应的祸首，但也是宝贵的碳资源。诺贝尔化学奖得主、著名有机化学家乔治奥拉曾提出，甲醇将是唯一可以衔接化石能源转向新能源过渡的物质，甲醇经济可作为应对油气时代过后能源问题的一条解决途径。他认为，以可再生能源制氢，再利用 CO_2 合成甲醇，是一种具有前景的技术，实现 CO_2 良性循环的新型“甲醇经济”发展道路。

三井化学公司于 2008 年 8 月宣布，投资 1360 万美元建设 CO_2 转化为甲醇的示范装置。该装置将实现从甲醇制备石化产品，同时减少 CO_2 的排放。这项技术通过使用一种高活性催化剂，利用 CO_2 生产甲醇。中试装置建在大阪工厂内，装置采用的 CO_2 从乙烯厂的燃烧气中分离出来，经浓缩后再与氢气反应生成甲醇。生成的甲醇可以用来生产烯烃和芳烃等石油化工产品，因此该工艺为人们展示了诱人的发展前景。这是全球首个 CO_2 转化为甲醇的装置。三井化学公司于 2009 年 5 月 31 日宣布，该公司从 CO_2 合成甲醇的中型装置开始投运，该中型装置生产甲醇约 100t/a。2011 年 5 月中旬在天津举办的亚洲石化科技大会上，日本三井化学宣布，该公司开发的 100t/a CO_2 制甲醇中试装置自 2009 年建成至今，已获得了一年的有效运行数据。

新加坡生物工程和纳米技术研究院（IBN）的研究人员于 2009 年 4 月 16 日宣布，开发成功在缓和条件（室温）下将 CO_2 转化为甲醇的催化工艺。IBN 的研究人员指出，仅需少量 *N*-杂环碳烯（NHC）就可在反应中诱导 CO_2 的活性。将由 CO_2 与氢气相组合的氢硅烷加入 NHC 激活的 CO_2 中，通过添加水（水解），这一反应的产品就可转化成甲醇。

位于波兰 Lublin 的 Lublin-Wrotkbw 电厂（也是该地区最大的 CO_2 制造源）与 Maria Curie-Sklodowska 大学于 2009 年 7 月 8 日签署一项合同，将采用该大学 Dobieslaw Nazimek

教授开发的技术，将CO_2转化生成甲醇。Nazimek表示，他开发的“人工光合成”工艺过程基于水和CO_2在深度紫外光条件下进行光催化转化而生成甲醇。

牛津大学研究人员于2010年1月16日宣布，正在开发在温和条件下将CO_2转化为甲醇的方法，甲醇是该工艺过程得到的唯一碳一产品，过程采用基于“破解用Lewis配对物”(FLP)的非金属介导步骤，在0.1～0.2MPa和160℃条件下进行。

巴斯夫公司、巴登符滕堡能源公司（Energie Baden-Württemberg，EnBW）、海德堡(Heidelberg)大学和卡尔斯鲁厄理工学院（Karlsruhe Institute of Technology，KIT）的研究人员于2010年4月7日宣布，正在探索开发一种工艺，使用光催化将CO_2转化为甲醇。该项目旨在采用基于纳米技术和材料研究的途径与催化过程相结合的方法，开发出对空气和光稳定的染料和功能化纳米尺寸的半导体颗粒。在这种条件下，阳光借助于有机染料在最佳范围内可以被吸收，并且可供应能源，用于CO_2的转化。光催化被用于与水一起使CO_2转化成甲醇。

(4) 其他生产甲醇的技术

除了上述的新技术外，据资料介绍，还有氯甲烷水解技术、微反应器技术和超临界合成技术等。

在常压、温度为573～620K的操作条件下，氯甲烷在碱性溶液中可以水解制取甲醇。氯甲烷的转化率为98%，甲醇得率为67%。该工艺虽然简单，同时又是令人所期望的常压操作，甲醇产率和氯甲醇的转化率也比较理想，但是迄今为止此法尚未得到工业应用。其原因是氯甲烷是以氯化钙的形式损失，成本太高。尽管如此，这仍是实验室制备甲醇的一种常用方法[12]。

日本东京技术研究院（TiTech）的研究团队于2010年10月宣布，该所开发的微反应器系统中，采用等离子基工艺可使从甲烷制取甲醇的产率达30%。这一产率接近在常规甲醇合成反应器（单程）中所取得的相同产率 。该研究团所建造的微反应器组合了在空气净化系统中使用的纳米脉冲等离子技术，空气和甲烷的混合物通过1.5m直径、5cm长的水冷式石英管，当应用纳米脉冲等离子时，甲醇（以及甲醛和甲酸）就生成。反应时间为100～500s。产品在管壁被冷凝，并被脉冲喷射的水除去，可最大限度减少分解和进一步反应。在10℃的操作条件下，甲醇以及甲醛和甲酸的选择性为40%～50%[8]。

我国中国科学院山西煤碳化学研究所开发了超临界相合成甲醇新工艺。该技术的特点是在甲醇反应器中添加超临界或亚临界介质，使合成的甲醇连续不断地从气相转移至超临界相，从而克服了传统的合成甲醇尾气大量循环（约为新鲜气的5～8倍）的情况。在山西太原化肥厂所作的中试结果证明，在无尾气或新鲜气与尾气循环比为1∶1时，CO转化率达到了90%，甲醇时空产率平均值达到0.46t/(h·t催化剂)[17]。

另外，甲烷一步法氧化合成甲醇还有生物催化、仿生催化、光催化、冷等离子技术等[17]。生物催化氧化法选择性高，条件温和，受到人们的广泛重视，但目前酶的价格还较贵，不易大范围广泛利用；仿生催化氧化法，可以结合生物酶的高选择性和高活性，同时又能大量生产，突破点在于找到一种高效的催化剂；光催化氧化目前研究多局限于半导体或盐类催化剂；冷等离子体技术设备简单，能耗小，是一种很有发展前途的新技术，但冷等离子体基础研究不足，催化作用机理不明确限制了它的应用[18,19]。

三、我国甲醇生产现状

我国是世界甲醇大国，2010年我国甲醇产能、产量、消费量均居世界第一[20～22]。

甲醇是重要的基础化工原料和能源替代品。以甲醇为基础的下游产业众多，产品覆盖面广，特别是甲醇制烯烃和甲醇燃料等新兴下游产品应用开发，为甲醇开拓了更为广阔的应用前景，使其在国民经济中的地位更为重要。

我国甲醇工业起步于20世纪50年代，70年代自主开发了合成氨联产甲醇生产工艺，随着90年代精脱硫工艺的成功研发和推广应用，甲醇工业进入以联醇工艺生产为主的第一个快速发展期；“十一五”期间，随着市场需求增加和对新兴下游应用的预期，以及大型甲醇装置设计和制造技术的日臻完善，出现了以单醇工艺生产为主的第二个快速发展期。

“十一五”期间，我国甲醇产业在生产规模、技术水平、管理能力、融资环境、下游应用开发等方面都有了很大的发展，甲醇产能、产量有很大增长。据中国氮肥工业协会甲醇专业委员会统计，2010年甲醇产量为1752万吨，年均增长率约为22%；甲醇表观消费量达到了2270万吨，年均增长率为24%。但由于原材料价格和甲醇价格的影响，2010年甲醇行业产能发挥率仅为46%，2011年提高到56.6%，2012年装置的开工率为62.2%。

我国甲醇生产企业主要分布在原料资源地和重点消费地区，近年来向原料资源地发展的趋势明显。新建装置主要以煤为原料，特别是以气煤、肥煤为原料的装置发展很快，2010年山东、内蒙古、河南、陕西、山西和河北六省的甲醇产能占到全国总产能的65%。华东、华中及华南地区为甲醇主要调入地区。

近年来，我国新建的超大型甲醇装置基本引进国外的生产技术，甲醇合成单元主要采用英国Davy技术和德国Lurgi公司的技术，原料气制备单元和净化单元也基本引进。这些技术的引进，促进了国内技术的研发。新技术的开发和应用，使甲醇生产技术水平进一步提高。特别是以煤、天然气、焦炉气为原料的甲醇装置的大型化，提升了我国甲醇工业整体水平，部分装置已经接近或达到世界先进水平。

尽管我国甲醇生产发展迅猛，但问题也表现突出。部分企业以占有资源为目的，甲醇行业出现盲目投资现象，造成甲醇产能大幅增加，产能严重过剩。2012年，国内甲醇的设计产能是5915万吨，实际产能4392万吨，装置的开工率为62.2%。大量甲醇企业产品品种单一，综合盈利和抵御风险能力低。以煤为原料的企业，在节能、节水和污染物减排方面的任务很重。

第二节 甲醇合成化学

甲醇合成反应是指CO和H_2在铜基催化剂的作用和一定的温度、压力条件下合成甲醇，并伴有少量的副产物，如二甲醚、乙醇和高级醇等的过程。甲醇合成反应是可逆、放热反应，明确的反应机理和清楚的反应热效应对提高甲醇合成产率，降低副反应的发生十分有利。

一、甲醇合成的化学反应

甲醇合成的反应系统中进行的化学反应有以下几个。

主反应：

$$CO+2H_2 \longrightarrow CH_3OH$$

$$CO_2+3H_2 \longrightarrow CH_3OH+H_2O$$

主要的副反应：

$$2CO+4H_2 \longrightarrow CH_3OCH_3+H_2O$$

$$2CO+4H_2 \longrightarrow C_2H_5OH+H_2O$$

$$CO + 3H_2 \longrightarrow CH_4 + H_2O$$

$$nCO + 2nH_2 \longrightarrow (CH_2)_n(\text{烃类}) + nH_2O$$

二、甲醇合成的反应机理

在铜基催化剂的作用下，甲醇合成的反应机理长期存在争议，主要问题集中于以下三点：①甲醇合成反应过程的中间物种；②甲醇合成反应的直接碳源；③在（CO/CO_2）+ H_2反应中，是否存在水煤气变换（或逆变换）将 CO（或 CO_2）转化为 CO_2（或 CO），然后再由 CO_2（或 CO）加氢生成甲醇及少量 CO_2在反应体系中的作用[23]。

（一）一氧化碳机理

Klier 认为甲醇是由 CO 加氢而得，并通过进一步的动力学研究建立了合成甲醇的动力学模型，指出 CO 加氢比 CO_2加氢速度快[23]。Herman 等[24]研究了 CO/H_2体系在 $Cu/ZnO/Al_2O_3$催化剂上的反应，他们认为催化反应的活性中心是 Cu^+，H_2的解离吸附发生在 ZnO 上，并提出以下反应机理：

$$CO + A(Cu_2O) \longrightarrow COA(Cu_2O)$$

$$H_2 + 2A(ZnO) \longrightarrow 2HA(ZnO)$$

$$COA(Cu_2O) + HA(ZnO) \longrightarrow HCOA(Cu_2O) + A(ZnO)$$

$$HA(ZnO) + HCOA(Cu_2O) \longrightarrow CH_2OA(Cu_2O) + A(ZnO)$$

$$HA(ZnO) + CH_3OA(Cu_2O) \longrightarrow CH_3OHA(Cu_2O) + A(ZnO)$$

$$CH_3OHA(Cu_2O) \longrightarrow CH_3OH + A(Cu_2O)$$

式中，A 指催化剂的活性吸附位。

从上述的机理可以看出，CO 是唯一的直接碳源，现在看来这并不合理，但这个机理能合理解释 Edwards 等人的红外光谱研究结果，因此具有一定的合理性。最为重要的是，他们认为体系中存在两种不同的吸附中心，能合理地解释活性中心 Cu^+ 和助剂 ZnO 的协同作用。厦门大学的陈鸿博[25]结合前人的研究结果，并考虑到 H_2在 ZnO 和 Al_2O_3表面吸附能力的差异性，提出了如下的反应机理（式中 A 指催化剂的活性吸附位）：

$$CO + A(Cu) \longrightarrow COA(Cu)$$

$$H_2 + 2A(Cu) \longrightarrow 2HA(Cu)$$

$$COA(Cu) + HA(Cu) \longrightarrow HCOA(Cu) + A(Cu)$$

$$H_2O + A(Cu) \longrightarrow H_2 + OA(Cu)$$

$$HCOA(Cu) + OA(Cu) \longrightarrow HCOOA(Cu) + A(Cu)$$

$$2HA(Cu) + HCOOA(Cu) \longrightarrow CH_3OA(Cu) + OA(Cu) + A(Cu)$$

$$CH_3OA(Cu) + ZnOH \longrightarrow CH_3OH + ZnO + A(Cu)$$

此甲醇反应历程似乎更为合理，他不仅印证了甲醇合成反应中，甲酸基物种的存在，而且认为反应体系中，ZnO 既是结构助剂，也是活性中心，这点与 Herman 等人的结果一致。当前一般认为 Cu^+ 和 Cu^0都可能是活性中心，在反应中，真正的活性中心是溶解于 ZnO 晶格中的 Cu^{2+}离子被还原成二维 Cu^0-Cu^+ 层或溶解于 ZnO 中 Cu^0-Cu^+ 物种，但 Cu^+ 的活性大于 Cu^0，所以当两者共存时，Cu^+ 应是主要的活性中心。

（二）二氧化碳机理

认为二氧化碳为合成甲醇直接碳源的研究者提出合成甲醇的反应过程中伴有水煤气变换反应，即一氧化碳的作用是与吸附氧反应生成二氧化碳。复旦大学的孙琦等人认为在 $CO_2/$

H_2和$CO/CO_2/H_2$合成甲醇的体系中，反应机理如下[23]：

$$H_2 + 2A(Cu) \longrightarrow 2HA(Cu)$$

$$CO_2 + A(Cu) \longrightarrow CO_2A(Cu)$$

$$CO_2A(Cu) + HA(Cu) \longrightarrow HCOOA(Cu) + A(Cu)$$

$$2HA(Cu) + HCOOA(Cu) \longrightarrow CH_3OA(Cu) + OA(Cu) + A(Cu)$$

$$HA(Cu) + CH_3OA(Cu) \longrightarrow CH_3OHA(Cu) + A(Cu)$$

$$H_2O + A(Cu) \longrightarrow H_2 + OA(Cu)$$

$$CO + OA(Cu) \longrightarrow CO_2 + A(Cu)$$

即CO_2加氢生成甲醇，同时产生吸附氧OA（Cu），这些OA（Cu）又迅速与CO反应生成CO_2，进而构成一个CO转化和CO_2加氢的循环过程。

此甲醇合成机理能很好地解释在合成气中加入适量二氧化碳，能显著提高反应速率这一事实，但按照这一机理，CO_2的含量应与甲醇产率成正比，但情况并非如此。实验研究表明，当CO_2含量超过某一最佳值时，甲醇产率反而会下降[24]。因此，CO_2应该不仅是反应物种，也是一种惰性稀释剂和化学助剂，它可以与催化剂表面解离吸附的氢形成甲酸盐，使CO加氢反应出现新的反应途径，从而加快甲醇的生成速度。

（三）混合反应机理

清华大学的陈实等利用原位红外技术研究了在CO/H_2和$CO/CO_2/H_2$气氛中，反应条件下，$Cu/ZnO/A1_2O_3$催化剂表面上可能存在的吸附物种，在CO/H_2气氛中，从催化剂表面上检测到了A—CO、A—H及甲酸盐。而在$CO/CO_2/H_2$气氛中，还检测到了碳酸氢盐。据此，他们提出了如下4种反应机理：

$$A + CO \longrightarrow A—CO + 4H \longrightarrow CH_3OH + A$$

$$A + CO_2 \longrightarrow A—CO_2 + 5H \longrightarrow CH_3OH + A—OH$$

$$A—OH + A—CO \longrightarrow A—CO_2H + 4H \longrightarrow CH_3OH + A—OH$$

$$A—OH + A—CO_2 \longrightarrow A—CO_3H + 6H \longrightarrow CH_3OH + A—OH + H_2O$$

实际反应中，加氢过程是经过多个步骤完成的，这里只是简要给出反应过程。A是活性吸附中心，对于CO应是Cu^0（或Cu^+），对于H_2应是ZnO。此研究结果不但很好地解释了他们在催化剂表面上检测到的化学物种，而且能明确解释实验中CO_2的助剂作用及导致速率控制步骤发生转移的原因，是目前甲醇合成机理研究中较为合理的[23]。

目前，虽然对甲醇铜基催化剂上甲醇合成反应的机理至今仍存在争议，但对下列问题的认识基本是一致的[24]。

① Cu^+-Cu^0物种是合成甲醇的活性中心，它们因分散在ZnO中而得以稳定。合成气中的CO和CO_2吸附在Cu^+（或Cu^0）上得以活化。H_2通常是在ZnO，而并非在Cu^+（或Cu^0）上发生异裂解离吸附而活化。CO_2与H_2在ZnO上存在竞争吸附。

② ZnO与Cu^+-Cu^0活性中心具有协同作用，其本身也有促进CO_2加氢的能力。适量CO_2之所以能够加快CO加氢的速率，是因为CO_2的存在为甲醇合成开辟了一条新路径。当CO_2过多时，会在ZnO上大量吸附而阻碍H_2的异裂解离吸附，因此反会降低甲醇生成速率，与此同时，生成的粗甲醇中水含量也会大量增加。所以，在生产上一定要控制好CO_2含量，以获得最佳反应效果。

③ 催化剂表面吸附氧对反应起重要作用，它可以促进CO_2、CO和H_2在催化剂表面的吸附，因而可以使甲醇合成速度大大提高。吸附氧可能来自原料气中的O_2或H_2O。

④ 在同等条件下，Cu^{+} 的催化能力优于 Cu^{0}，因此，研究催化剂的还原过程，采取有效措施，尽量使催化剂中的铜（尤其是表面上的铜）还原并维持在 Cu^{+} 状态，这样也可以有效提高催化活性。

三、甲醇合成反应热力学

在甲醇合成系统中，通常含有 CO、CO_2、H_2、CH_3OH、H_2O、CH_4、N_2 等组分，可能的主要反应有以下三个，其中 2 个是独立反应[25]。

$$CO+2H_2 \longrightarrow CH_3OH \tag{4-1}$$

$$CO_2+3H_2 \longrightarrow CH_3OH+H_2O \tag{4-2}$$

$$CO_2+H_2 \longrightarrow CO+H_2O \tag{4-3}$$

（一）理想气体状态甲醇合成反应热力学[26~28]

理想气体的反应热是温度的函数：

$$\Delta H_{R1} = \Delta H_{R1}^{标} + \int_{T_0}^{T} (C_{pM} - C_{pCO} - 2C_{pH_2})\,dT$$

$$\Delta H_{R2} = \Delta H_{R2}^{标} + \int_{T_0}^{T} (C_{pM} + C_{pH_2O} - 3C_{pH_2} - C_{pCO_2})\,dT$$

式中 ΔH_{R1}，ΔH_{R2}——反应 1、反应 2 在温度 T 下的生成热；

$\Delta H_{R1}^{标}$，$\Delta H_{R2}^{标}$——反应 1、反应 2 的标准生成热（25℃）；

T_0——298.15K；

C_{pM}，C_{pCO}，C_{pH_2}，C_{pH_2O}，C_{pCO_2}——CH_3OH、CO、H_2、H_2O、CO_2 的比定压热容。

其中：$\Delta H_{R1}^{标} = \Delta H_{M}^{标} - \Delta H_{CO}^{标} - 2\Delta H_{H_2}^{标}$

$$\Delta H_{R2}^{标} = \Delta H_{M}^{标} + \Delta H_{H_2O}^{标} - \Delta H_{CO_2}^{标} - 3\Delta H_{H_2}^{标}$$

$\Delta H_{M}^{标}$、$\Delta H_{CO}^{标}$、$\Delta H_{H_2}^{标}$、$\Delta H_{H_2O}^{标}-\Delta H_{CO_2}^{标}$ 分别为 CH_3OH、CO、H_2、H_2O、CO_2 的标准生成热，其数据见表 4-2。

表 4-2 标准生成热数据

物　质	H_2	CH_3OH	CO	CO_2	$H_2O(g)$
生成热/(kJ/mol)	0	−201.167	−110.523	−393.513	−239.734

各组分的比定压热容如下：

$$C_{pM}=3.44102+0.0313153T-1.55694\times10^{-5}T^2+4.42864\times10^{-9}T^3+5.90884\times10^{-11}T^4$$

$$C_{pH_2}=4.16319+0.022004T-6.46766\times10^{-5}T^2+8.46579\times10^{-8}T^3-4.13578\times10^{-11}T^4$$

$$C_{pCO}=6.89549+0.00131303T-8.14648\times10^{-6}T^2+1.85972\times10^{-8}T^3-1.15156\times10^{-11}T^4$$

$$C_{pCO_2}=4.22055+0.0211951T-2.22068\times10^{-5}T^2+1.23617\times10^{-8}T^3-2.33740\times10^{-12}T^4$$

$$C_{pH_2O}=7.85174+6.60166\times10^{-4}T+4.481226\times10^{-6}T^2-1.90325\times10^{-9}T^3+5.87299\times10^{-14}T^4$$

根据各组分标准生成热和比定压热容的公式，代入理想气体反应热的计算公式，可以得出主反应(4-1)、(4-2) 的反应热 ΔH_{R1}、ΔH_{R2} (J/mol) 与温度（T，K）的关系如下：

$$\Delta H_{R1}=-76446.348-49.2437T-2.9272\times10^{-2}T^2+1.6989\times10^{-4}T^3-1.9174\times10^{-7}T^4+0.727\times10^{-10}T^5$$

$$\Delta H_{R2}=-37822.0194-22.6443T-0.1182T^2+2.8584\times10^{-4}T^3-2.7568\times10^{-7}T^4+10.6222\times10^{-11}T^5$$

（二）非理想气体状态甲醇合成反应热力学

目前，工业上合成甲醇主要以中低压合成流程为主，使用铜基催化剂，操作压力为5～15MPa，操作温度220～290℃。进入合成塔的气体成分主要是CO、H_2和CO_2，此外还有少量的CH_3OH、CH_4、N_2等，合成塔出口的甲醇含量一般小于7%（国外也有资料超过11%），水蒸气的含量由进口CO_2含量决定。

宋维瑞等[26]曾对纯组分CH_3OH、二组分的CO-H_2混合物、三组分的CO-H_2-CH_3OH混合系统的压缩性进行了测定。对纯态CH_3OH气体的测定结果表明，气态甲醇在加压下与理想气体的性质差得很远，即不符合理想气体状态方程。如对CO-H_2-CH_3OH三组分混合物压缩性试验的测定结果表明，当压力大于5MPa时与理想液体的性质开始偏离，其混合物的容积不符合加和规则，且其偏离程度随甲醇在混合物中含量的增高而增大。因此，在甲醇合成系统中，不仅各组分在纯态时的p-V-T关系与理想气体方程的描述有不同程度的偏差，而且其混合物与理想溶液的性质也有偏离。

一般来说，对于多组分的实际混合气体，按照以下两种情况处理。

第一种情况：气体混合物为理想溶液，则混合物的i组分的热力学性质按纯i在系统温度、压力下进行计算，此时混合物的i组分的容积V_i是系统p、T的函数。

第二种情况：气体混合物为非理想溶液，此时混合气体的容积不符合加和规则，混合物的i组分的容积V_i不仅与系统p、T有关，还与混合物的组成有关，需要适合该混合物系统的真实气体状态方程来计算。

宋维瑞等[26]提出用SHBWB状态方程计算加压下甲醇合成的反应热和平衡常数，并验证了此方程对系统的适用性。

SHBWB状态方程将压力p表示为热力学温度T和密度ρ的函数，公式如下：

$$p=\rho RT+\left(B_0RT-A_0-\frac{C_0}{T^2}+\frac{D_0}{T^3}\right)\rho^2+\left(bRT-a-\frac{d}{T}\right)\rho^3+\alpha\left(a+\frac{d}{T}\right)\rho^6+\frac{c\rho^3}{T^2}(1+\gamma\rho^2)\exp(-\gamma\rho^2)$$

当应用SHBWB状态方程计算p、T、ρ之间的关系时，先要确定状态方程中11个参数的数值，即A_0、B_0、C_0、D_0、E_0、a、b、c、d、α、γ。

上述11个参数的计算在很多材料中都有详细的说明，本文不再赘述。

真实气体热力学函数的计算过程，就是对理想气体热力学函数的修正。加压下真实气体的热效应，应等于理想气体的反应热加上反应前后真实气体与同温度的理想气体的焓差。

真实气体在压力p、温度T时与理想气体的焓差$H-H^{\ominus}$和p、T、ρ之间的基本关系式为：

$$H-H^{\ominus}=\phi\left\{\frac{p}{\rho}-RT+\int_0^{\rho}\left[p-T\left(\frac{\partial p}{\partial T}\right)_{\rho}\right]\frac{\mathrm{d}p}{\rho^2}\right\}$$

式中　p——系统压力，atm；

$H^{\ominus}$——混合物在系统温度T下的理想气体焓，kcal/kmol；

H——混合物在系统温度T和压力p下的焓，kcal/kmol；

ρ——混合物的密度，kmol/m^3；

T——系统温度，K；

R——气体常数，R=0.08206(atm·m^3)/(kmol·K)；

ϕ——单位换算因子，$\phi=24.216$，即 1.0(atm·m^3)=24.216kcal。

当应用SHBWB状态方程表示 p、T、ρ 之间的关系时，可导出以下计算等温焓差的公式：

$$H-H^{\ominus}=\phi\left\{\left(B_0RT-2A_0-\frac{4C_0}{T^2}+\frac{5D_0}{T^3}-\frac{6E_0}{T^4}\right)\rho+\frac{1}{2}\left(2bRT-3a-\frac{4d}{T}\right)\rho^2+\frac{1}{5}a\left(6a+\frac{7d}{T}\right)\rho^3+\frac{c}{\gamma T^2}\left[3-\left(3+\frac{1}{2}\gamma\rho^2-\gamma^2\rho^4\right)\exp(-\gamma\rho^2)\right]\right\}$$

合成甲醇的反应热范围是比较大的，如果从热效应的角度考虑，在压力为20MPa左右及温度在300℃时，反应热变化不大，操作容易控制，所以合成反应条件选择在这个范围内是有利的。

对于加压下甲醇合成反应，由于压力对反应热的影响很小，故在工业计算时，可以忽略压力对甲醇合成热的影响[27,28]。

四、甲醇合成反应动力学及温度、压力效应

（一）甲醇合成反应动力学

动力学主要研究反应发生的速率，了解各种因素对反应速率的影响，以寻找反应能迅速进行的条件。

将 H_2、CO气体在高压下混合在一起，尽管从热力学角度看在常温下能够反应生成 CH_3OH，但实际上如不用催化剂并保持一定的温度，并不会有甲醇生成，所以为了工业生产的需要，必须进行动力学研究，找到能加快甲醇合成速率的因素。

甲醇反应是一个气固相催化过程，其特点是反应主要在催化剂内表面上进行，可分为下列五个步骤：

① 扩散——气体自气相主体扩散到气体-催化剂表面；

② 吸附——各种气体组分在催化剂活性表面上进行化学吸附；

③ 表面反应——化学吸附的气体，按照不同的动力学机理进行反应生成产物；

④ 解吸——反应产物的脱附；

⑤ 扩散——反应产物自气体-催化剂界面扩散到气相中去。

合成反应的速率，决定于全过程中最慢步骤的完成速度，上述步骤中①、⑤进行得非常迅速，以至于它们对反应动力学的影响可以忽略不计。过程②、④的进行速度比过程③在催化剂活性界面的反应速率要快得多。因此，整个反应过程取决于过程③的反应进行速度，称为动力学控制步骤。

影响甲醇合成速率的因素很多，有压力、温度、组成、空速、催化剂粒度等，其中最主要因素是反应物料的浓度和反应温度，称为压力效应和温度效应。

（二）温度效应

根据阿伦尼乌斯公式导出温度与反应速率常数的关系式如下：

$$K_t=K_0e^{-E/RT}$$

式中，K_t为反应速率常数；K_0为频率因子；E为活化能；R为气体常数；T为反应温度。

反应物分子间相互接触碰撞是发生化学反应的前提，但是只有已被“激发”的反应物分子——活化分子之间的碰撞才有可能发生反应，为使反应物分子“激发”所需给予的能量即为反应活化能 E。活化能的大小是表征化学反应进行难易程度的标志。活化能高，反应难于

进行；活化能低，则容易进行。但是活化能不是决定反应难易的唯一因素，它与频率因子K_0共同决定反应速率。催化剂具有降低反应活化能、加速化学反应速率的作用，对于不同的催化剂，活化能降低的量不同，频率因子也不同，因此对应不同的催化剂有不同的反应活化能和频率因子。对铜基催化剂 $K_0=7.734\times10^8$，$E=94.98$kJ/mol；对锌基催化剂 $K_0=1.95\times10^8$，$E=152.3$kJ/mol，可以看出使用铜基催化剂比使用锌基催化剂的甲醇合成反应容易进行。此外，活化能也表示反应速率对温度变化的敏感度，E 越大，温度对反应速率的影响越大，所以提高温度会使锌基催化剂上的反应速率比铜基催化剂上的要提高得更多。

从阿伦尼乌斯公式可以看出提高温度可以提高甲醇合成的反应速率常数，即可以加快反应速率。

（三）压力效应

甲醇反应的宏观反应速率可用下式表示：

$$R=K(C-C_{eq})^n$$

式中，C 及 C_{eq}是气相中 CO 的浓度及 CO 的平衡浓度。

压力效应对于反应速率的影响由于不同的催化剂组成、结构及气体成分等生产条件不同而不尽相同，但是有一点是一致的，即反应速率随着反应物浓度的增加而单调递增。

在甲醇合成反应中，无论从热力学还是从动力学角度考虑，增加压力对反应有利，但温度的作用却不同，热力学要求降低温度有利于反应向目标产物的方向进行，可以增加产物甲醇的平衡浓度，但温度降低会减小反应的速率常数，使反应变慢，温度在这两方面的影响是矛盾的。甲醇合成反应的特性是甲醇催化剂及工艺开发的基础，对于催化剂开发，甲醇合成反应需要选择低温活性好的催化剂，即在较低温度下使得甲醇合成反应能够以较快的反应速率进行，同时又能够获得较高的甲醇产率。低温活性好的催化剂可在较低的反应压力下实现甲醇合成反应，这可以减少设备投资。在选定催化剂和反应压力后，由于温度对甲醇合成反应热力学和动力学影响存在矛盾，因此就存在一个最佳温度，在此温度下，既可以获得较高的甲醇收率，又可以获得较快的反应温度。甲醇合成反应器的设计和操作就是要尽量使得反应温度接近于这个最佳温度，因此尽量保证温度在整个反应器内分布均匀以及如何实现反应温度的快速有效控制成为甲醇反应器设计的关键所在。

五、甲醇合成的化学平衡

热力学主要研究反应能否进行以及进行的限度，即研究反应的化学平衡。

甲醇合成反应是一个可逆反应，以反应(4-1) 为例，CO 和 H_2生成 CH_3OH 的反应不可能完全进行，存在一个动态平衡，当产物 CH_3OH 的量达到一定程度之后，CH_3OH 分解生成 CO 与 H_2的反应就开始了。对于工业生产甲醇而言总是希望尽量多地生成甲醇，即使得反应尽量向 CO 与 H_2生成 CH_3OH 的正反应方向进行，而尽量阻止 CH_3OH 生成 CO 与 H_2的逆反应的发生。研究平衡的目的，就是为了作出反应方向和限度的判断，避免制定在热力学上不可能或十分不利的生产或设计条件。

（一）理想气体状态甲醇合成反应的平衡常数

合成甲醇的原料气中，主要成分是 CO、H_2和 CO_2，此外系统中还有少量的 CH_3OH、CH_4、N_2等，因此是一个复杂的反应系统。其化学反应方程式为：

$$CO+2H_2 \longrightarrow CH_3OH$$

$$CO_2+3H_2 \longrightarrow CH_3OH+H_2O$$

$$CO_2+H_2 \longrightarrow CO+H_2O$$

当到达化学平衡时，每一种物质的平衡浓度或分压，必须满足每一个独立化学反应的平衡常数关系式[29]。

$$K_{p_1}=\frac{p_M}{p_{CO}p_{H_2}^2}=\frac{1}{p^2}\times\frac{y_M}{y_{CO}y_{H_2}^2}$$

$$K_{p_2}=\frac{p_M p_{H_2O}}{p_{CO_2}p_{H_2}^3}=\frac{1}{p^2}\times\frac{y_M y_{H_2O}}{y_{CO_2}y_{H_2}^3}$$

$$K_{p_3}=\frac{p_{CO}p_{H_2O}}{p_{CO_2}p_{H_2}}=\frac{y_{CO}y_{H_2O}}{y_{CO_2}y_{H_2}}$$

显然，$K_{p_3}=K_{p_2}/K_{p_1}$。当平衡时，各组分的平衡分压 p_i 应同时满足其中两个关系式。若已知其中两个平衡常数，即可算出一定的温度、压力和原料气组成条件下，系统中五个组分的平衡浓度 y_i。

加压下，K_p 是温度、压力、组成的函数，一般用逸度 f_i 代替分压，则：

$$K_{f_1}=\frac{f_M}{f_{CO}f_{H_2}^2}$$

$$K_{f_2}=\frac{f_M f_{H_2O}}{f_{CO_2}f_{H_2}^3}$$

$$K_{f_3}=K_{f_2}/K_{f_1}$$

K_f 仅是温度的函数，对于理想气体，用反应物、生成物的标准自由焓以及理想气体反应热随温度的变化关系式，整理可以得到：

$K_{f_1}=\exp(13.1625+9203.26/T-5.92839\ln T-0.352404\times10^{-2}T+0.102264\times10^{-4}T^2-0.769446\times10^{-8}T^3+0.238583\times10^{-11}T^4)\times(0.101325)^{-2}$

$K_{f_2}=\exp(1.6654+4553.34/T-2.72613\ln T-1.422914\times10^{-2}T+0.172060\times10^{-4}T^2-1.106294\times10^{-8}T^3+0.319698\times10^{-11}T^4)\times(0.101325)^{-2}$

（二）非理想气体状态甲醇合成反应的平衡常数

对于加压下的非理想气体，当应用 SHBWB 状态方程表示 p、T、ρ 之间的关系时，可导出以下计算逸度 f_i 的公式[29]：

$$\begin{aligned}RT\ln f_i =& RT\ln(\rho RTy_i)+\rho(B_0+B_{0i})RT+2\rho\sum_{j=1}^{n}y_j\\&\left[-(A_{0i}^{\frac{1}{2}}A_{0j}^{\frac{1}{2}})(1-k_{ij})-\frac{C_{0i}^{\frac{1}{2}}C_{0j}^{\frac{1}{2}}}{T^2}(1-k_{ij})^3+\right.\\&\left.\frac{D_{0i}^{\frac{1}{2}}D_{0j}^{\frac{1}{2}}}{T^3}(1-k_{ij})^4-\frac{E_{0i}^{\frac{1}{2}}E_{0j}^{\frac{1}{2}}}{T^4}(1-k_{ij})^5\right]+\\&\frac{\rho^2}{2}\left[3(b^2b_i)^{\frac{1}{3}}RT-3(a^2a_i)^{\frac{1}{3}}-\frac{3(d^2d_i)^{\frac{1}{3}}}{T}\right]+\\&\frac{d\rho^5}{5}\left[3(a^2a_i)^{\frac{1}{3}}+\frac{3(d^2d_i)^{\frac{1}{3}}}{T}\right]+\frac{3\rho^5}{5}\left(a+\frac{d}{T}\right)(a^2a_i)^{\frac{1}{3}}+\\&\frac{3(C^2C_i)^{\frac{1}{3}}\rho^2}{T^2}\left[\frac{1-\exp(-\gamma\rho^2)}{\gamma\rho^2}-\frac{\exp(-\gamma\rho^2)}{2}\right]-\end{aligned}$$

$$\frac{2C}{\gamma T^2}\left(\frac{\gamma_i}{\gamma}\right)^{\frac{1}{2}}\left\{1-\exp(-\gamma\rho^2)\left[1+\gamma\rho^2+\frac{1}{2}\gamma^2\rho^4\right]\right\}$$

对于一定的 p、T、y_i 的 ρ 值用上式进行计算，式中的 y_i 因计算目的规定为平衡含量，是待求的，但由 y_i 求得的平衡逸度 f_i 应满足方程。方程中的 K_{f_1}、K_{f_2} 可由方程计算，因此求平衡含量应该是试算。

一般的计算步骤为：

第一步，给定初值 y_M、y_{CO_2}（甲醇、CO_2 的摩尔分率），通过物料衡算可得出混合气体中其他组分的含量：

$$y_{H_2}=B/A(y^0_{H_2}+2y^0_M-y^0_{CO_2})+y_{CO_2}-2y_M$$

$$y_{CO}=B/A(y^0_{CO}+y^0_M+y^0_{CO_2})-y_{CO_2}-y_M$$

$$y_{H_2O}=B/A(y^0_{H_2O}+y^0_{CO_2})-y_{CO_2}$$

$$y_{N_2}=B/A(y^0_{N_2})$$

$$y_{N_2}=B/A(y^0_{N_2})$$

式中，$A=1+2y^0_M$；$B=1+2y_M$；y^0_i 为原料气中组分的摩尔分数。

通过方程，由初值 y_M、y_{CO_2} 求得所有组分初值 y_i。

第二步，在 p、T、y_i 条件下，求得混合气体的密度 ρ。

第三步，由上述求得的 ρ、y_i 代入求得 f_i。

第四步，若求得的 f_i 满足 K_{f_1}、K_{f_2} 的方程，此时的 y_i 正确，即系统的平衡组成。若求得的 f_i 不满足 K_{f_1}、K_{f_2} 的方程，说明 y_i 值不是系统的平衡组成，需要重新计算。根据 K_{f_1}、K_{f_2} 偏差情况，确定给定初值 y_M、y_{CO_2} 的变化情况，一般是确定一个较小的步长来进行试算。

第五步，由平衡组成 y_i，求得平衡常数 K_{p_1}、K_{p_2}。

计算案例不再赘述。

（三）温度和压力对甲醇合成反应平衡常数的影响

（1）反应温度对平衡常数的影响

反应温度是影响平衡常数的一个重要因素，清华大学刁杰[30]等试验证明，在一定压力下，CO 的平衡转化率随着温度的升高而降低。当温度由 503 K 上升至 543 K 时，CO 的平衡转化率降低了近 20%，虽然温度的升高有利于提高反应速率，但对平衡不利。

表 4-3　不同温度下的平衡常数

温度/℃	$K_{f_1}\times10^3$/atm^{-2}	$K_{f_2}\times10^3$/atm^{-2}	温度/℃	$K_{f_1}\times10^3$/atm^{-2}	$K_{f_2}\times10^3$/atm^{-2}
225	5.5022	4.0466	325	0.1068	0.3855
250	1.7973	2.0904	350	0.0482	0.2375
275	0.6467	1.138	375	0.0231	0.1513
300	0.2532	0.6488	400	0.0116	0.0992

由表 4-3 可以看出平衡常数随温度的增加而急剧减小，平衡常数的减小意味着反应平衡向逆反应方向移动，因此，从平衡的角度讲，甲醇合成宜在低温下操作。

（2）反应压力对平衡常数的影响

由于甲醇合成是气相反应，故压力对反应起着重要作用，清华大学刁杰[30]等试验证明，在一定温度下，在压力为 5～8MPa 范围内，CO 的平衡转化率随着压力的升高而升高。这与甲醇合成反应为减分子反应一致。由于压力的升高能同时提高反应速率并提高平衡转化率，因此工业生产中应在设备强度和传热量允许的情况下尽可能提高反应的压力。

用气体分压表示的平衡常数可用下面的公式表示[31]：

$$K_p = p_{CH_3OH}/(p_{CO}p_{H_2}^2)$$

式中，K_p 为用压力表示的平衡常数；p_{CH_3OH}，p_{CO}，p_{H_2} 分别表示甲醇、一氧化碳、氢气的平衡分压。

在压力接近大气压时，其数值是正确的，但在较高压力下，必须考虑反应混合物的可压缩性，此时需用各组分的逸度代替分压。

$$K_f = K_r K_p = K_r K_N p^{-2}$$

$$K_N = K_f p^2 / K_r$$

式中，K_f 为用逸度表示的平衡常数，在某一温度下为常数，即 K_T，可由前面的公式计算得到。

K_r 为用逸度系数表示的平衡常数，计算公式如下：

$K_r = r_{CH_3OH}/(r_{CO}r_{H_2}^2)$，其中 r_{CH_3OH}，r_{CO}，r_{H_2} 分别为 CH_3OH，CO 及 H_2 的逸度系数。因为 CH_3OH 的可压缩性比 CO 和 H_2 大得多，因此 K_r 随压力的升高而迅速减小。

$K_N = x_{CH_3OH}/(x_{CO}x_{H_2}^2)$，其中 x_{CH_3OH}，x_{CO}，x_{H_2} 分别为 CH_3OH，CO 及 H_2 的摩尔分数。

由式 $K_N = K_f p^2/K_r$ 可知，在某一温度下，随着压力的升高，K_f 为常数，K_r 减少，因此 K_N 随压力的升高而增加，即压力的升高有利于甲醇的生成。

第三节 催 化 剂

甲醇合成反应是典型的催化反应，合成气（主要指 CO 和 H_2）在没有催化剂的作用下，实际上是不会生成甲醇的。而应用不同的催化剂，在不同的操作条件下，合成气可以生成醇类、烃类和含氧化合物，还可以生成 RXR。因此，甲醇工业的进展很大程度上取决于催化剂的研发、性能的改进和相应的操作条件。在实际生产中，相关的工艺指标和操作条件都是由所用催化剂的性质和反应器的型式决定的，所以催化剂对甲醇合成是至关重要的。

传统的气相合成甲醇催化剂目前可分为 Zn-Cr 催化剂和 Cu 基催化剂两大类。在 1966 年以前甲醇合成几乎都使用 Zn-Cr 催化剂，基本上沿用德国开发的 30.0MPa 高压工艺流程。1966 年以后，英国 ICI 公司和德国 Lurgi 公司先后开发出铜基催化剂，使操作压力降低至 5.0MPa[1]。目前甲醇合成流程的总趋势是由高压向低、中压发展，低、中压流程所用的催化剂都是铜基催化剂。

中国甲醇合成催化剂的研究和生产始于 20 世纪 60 年代，最先由南京化学工业有限公司研究院开发了 C207 催化剂，用于联醇生产。80 年代开发了 C301、C302 催化剂，用于国内的中小型甲醇装置，之后又开发了 C 系列的升级产品和 NC 系列催化剂[2]。

铜基催化剂主要的特点是活性温度低，对甲醇合成的平衡有利，选择性好，允许在较低的压力下操作。Cu 基催化剂使用后，Zn-Cr 催化剂已经被淘汰，因此在此只对铜基催化剂做相关介绍。

一、铜基催化剂的组分

铜基催化剂的首次专利是由英国、法国在20世纪20年代提出的。

纯铜对甲醇合成是没有催化活性的，加入氧化锌成为Cu-ZnO双组分，或者再加入氧化铬或氧化铝成为Cu-Zn-Cr或Cu-Zn-Al三组分催化剂，才具有较好的活性。

铜基催化剂的活性组分[32,33]主要是铜，研究表明，其活性中心在Cu-CuO的界面上，纯的CuO只有非常低的活性，且CuO本身会很快被还原成金属铜，并迅速结晶而失去反应活性。如果没有其他助剂，铜基“催化剂”热稳定性差，很容易发生硫、氯中毒，使用寿命短。因此在工业上，加入相应的助剂，以提高其活性和抗毒性。

ZnO对甲醇合成的选择性很好，而且它的催化活性与晶体大小成反比，晶体较小的氧化锌，活性较高。Al_2O_3对CuO有非常好的助催化作用，它使催化剂铜晶体的尺寸减小，活性提高，同时Al_2O_3在催化剂中还起到骨架的作用，使得活性组分能均匀分布在颗粒上，所以Al_2O_3是催化剂中必不可少的组分。Cr_2O_3可以阻止小部分CuO还原，保护铜基催化剂的活性中心。

铜基催化剂根据加入的助剂不同，可分为Cu-Zn-Al系、Cu-Zn-Cr系和其他系列，如Cu-Zn-Si、Cu-Zn-ZrO等。目前，工业上应用的铜基催化剂主要是Cu-Zn-Al系及Cu-Zn-Cr系，由于铬对人体有害，故工业上采用Cu-Zn-Al系比Cu-Zn-Cr系更为普遍。

对于工业上应用的Cu-Zn-Al系催化剂，各供应商的型号不同，活性等相关性质也略有差别，但其主要成分是CuO、ZnO和Al_2O_3，不同型号的催化剂中三种氧化物的含量不尽相同，其微量杂质也稍有变化。

（一）氧化铜

氧化铜是铜基催化剂的主要活性组分，但纯氧化铜对甲醇合成没有催化作用，只有少量的助剂才可以把氧化铜的活性提高。研究表明，含10%ZnO的氧化铜催化剂可以获得较高的甲醇合成转化率，含41.7%CuO的催化剂在一定的温度限制下，提高温度和催化剂的活性成正比，但温度升高到限制值时，活性急剧下降。在甲醇合成时，一氧化碳在铜催化剂表面的吸附速率相当高，但氢气的吸附速率相比于一氧化碳要慢，加入ZnO后，氢气的吸附速率加快，因而提高了铜基催化剂的转化率。

伊万洛夫在研究中用X射线测定表明，由于铜基催化剂的作用，用氢和一氧化碳合成甲醇时，其活性中心存在于被还原的Cu-CuO的界面上。在工业上，为保持铜基催化剂活性持久，要加入防止催化剂中CuO完全还原而使催化剂完全失活、衰老的添加剂，还要保持一定量的含氧分子，防止催化剂的还原老化，这也是原料气中保持一定比例二氧化碳的原因。

关于铜基催化剂的活性中心，主要有三种说法，即Cu^0中心、Cu^+中心和Cu^0-Cu^+中心。

Cu^0中心的说法以英国ICI公司为代表，他们认为金属铜是铜基催化剂中唯一的有效组分，载体是保持Cu^0结晶和分散的作用，催化剂的活性与载体无关。国内清华大学的相关研究人员研究后也倾向于此说法。Cu^+中心说法的代表人物是G. Natta和Sheffer等，他们认为真正起催化作用的是氧化态铜，而不是金属铜，活性中心是溶解在助剂中的Cu^+，甲醇合成的活性只与Cu^+含量有关。国内厦门大学的相关人员根据电荷诱导效应的研究，也认为甲醇合成的活性只与Cu^+含量有关。Cu^0-Cu^+中心说法以伊万洛夫、Okamoto等为代表，其依据伊万洛夫的试验和 Cu^0 易氧化还原性和 Cu^+ 的高度稳定性。

三种说法各有一定的试验依据和合理性，但是大多数试验表明，Cu^+ 的活性优于 Cu^0，当两者同时存在时，Cu^+ 可能是主要的活性组分，如果反应体系中没有 Cu^+ 存在时，Cu^0 就有可能起催化作用，纯 CuO 还原后没有活性，可能是还原时烧结所致。

（二）氧化锌

尽管铜基催化剂的活性中心存在争议，但催化剂中的锌组分是不可缺少的。氧化锌是铜基催化剂最好的助催化剂，很少的氧化锌就可以使铜基催化剂的活性提升很高，因此适当的 Cu-Zn 有很好的协同作用。

但学者们对协同作用的本质认识不一致，有人认为 ZnO 只是结构的助剂，有人认为 ZnO 本身就具有一定的活性，有人认为 ZnO 对甲醇合成的选择性很好，在低于 650K 时，可以生成纯甲醇，但其活性与车间制备的原料和工艺条件有关。关于氧化锌的作用，Moretti 和 Burch 等做了归纳，主要是稳定活性中心 Cu^+、保持 Cu 的高度分散、吸收合成气中的毒物、活化氢气、在 Cu-CuO 的界面形成活性中心等。

在甲醇合成催化剂中，铜、锌组分以适当的比例同时存在，才能对甲醇合成起到有效的催化作用。但当催化剂组分给定时，锌组分越分散，铜、锌组分间相互接触的概率就越大，所形成的最佳活性单元数越多，催化剂的活性就越高。

（三）氧化铝

氧化铝是目前铜基催化剂中的第三组分，但氧化铝对甲醇合成反应几乎没有催化活性，可是随着氧化铝的含量增加，催化剂中的晶体尺寸减小，在 Al_2O_3 含量为 10%时，铜的表面与催化剂总表面的比值最大。

在 Cu-Zn 中加入 Al_2O_3 可提高催化剂的活性和稳定性，主要作用是：形成可作为分散剂和隔离剂的铝酸锌而防止铜粒子的烧结；因为 Al_2O_3 包含在铜中，使铜产生无序和/或缺陷结构，有利于 CO 的吸附与活化；高度分散的 Cu/ZnO 稳定剂。

（四）微量杂质的影响

铜基催化剂中添加少量的助剂，对催化剂的活性起到十分重要的作用，但当催化剂中存在少量的特殊物质，就有可能造成催化剂中毒、促进副反应发生。

若原料气净化不彻底，从前工序可能带入硫化物、氯化物，进入催化剂床层后，他们将被催化剂吸收/反应，将造成催化剂永久中毒而降低活性。随着蒸汽或原料气，可能带入 SiO_2 或其他酸性氧化物，他们吸附在催化剂床层，将促进蜡的生成。在甲醇合成前的低温区域，由于较高的 CO 浓度和较高的系统压力，$Fe(CO)_5$、$Ni(CO)_4$（因为系统的管道、阀门、塔器等制造材料含有 Ni）的生成不可避免，他们随合成气进入塔内并沉积在催化剂表面上，$Fe(CO)_5$ 将促进烷基化合物的生成，并且可能出现明显的结蜡；$Ni(CO)_4$ 将降低催化剂的活性，并促进甲烷的生成，使系统中甲烷的含量明显上升。

在催化剂的准备过程中，由于原料的不纯净或洗涤不净，使得杂质进入催化剂中，也将造成催化剂活性降低或选择性变差。在铜、锌原料中，可能带入铅、钴等重金属，他们将降低催化剂的活性，并促进甲烷的生成。在中和过程中，因洗涤不净，将碱金属盐类留存在催化剂中，他们将降低催化剂的活性，并促进高级醇的生成。

二、铜基催化剂的制备

工业用铜基催化剂以共沉淀法为优，主要过程包含铜锌溶液的制备、混合、中和与沉淀、过滤、烘干、碾压、筛分、干燥、焙烧、加辅料、打片，然后检验包装。

众所周知，工业催化剂制备过程的详细报告较少。催化剂制备过程主要的步骤是中和与沉淀过程、干燥和焙烧过程。工业上铜基甲醇合成催化剂制备中最关键的步骤是沉淀，它是影响催化剂性能的主要因素，对催化剂制备方法的研究也主要是对沉淀方法的研究，其次才是原料金属盐的选择、焙烧条件等因素。沉淀步骤的研究包括沉淀剂的选择、加料方式、反应温度、反应的pH值、物料浓度、老化温度及时间、搅拌速度和水洗条件等。工业上沉淀剂一般选用Na_2CO_3，尽管水洗过程中钾离子比钠离子易于洗除，但K_2CO_3和KOH的价格比Na_2CO_3高很多。加料方式有正加、反加和并流法，物料浓度也各有差别，这两点主要是不同的催化剂生产厂家的理解方式不一致，但难以证明哪种方式和浓度最优。反应温度一般在65～90℃，反应的pH值一般在6.5～8.9之间。干燥和焙烧过程主要是脱除催化剂中的水分，并将CO_3^{2-}分解，包括结晶水和部分羟基水，使催化剂形成高度分散的铜-氧化锌固溶体，从而获得活性高、热稳定性好的催化剂。

三、国内甲醇合成催化剂的发展

1954年中国开始建立甲醇工业，使用锌铬催化剂。对含铜催化剂的研究，是从20世纪60年代后期开始的，现在大部分品种已在工业上应用，如C207型铜、锌、铝氧化物联醇催化剂，C301型铜、锌、铝氧化物催化剂和C303型铜、锌、铝氧化物催化剂等。南京化学工业公司研究院、中国科学院长春应用化学研究所、天津大学、西南化工研究院等单位的研究者对低温合成甲醇铜基催化剂的活性组分、催化剂的制备方法进行了大量的研究和探讨，在理论和实践方面做出了贡献。下面就国内主要甲醇合成催化剂生产厂家的发展进行介绍。

（一）南化院C型低压甲醇合成催化剂

（1）南化院C型甲醇合成催化剂发展

南化集团研究院（简称南化院）始建于1958年，主要从事化工及石油化工催化剂的研究，自20世纪80年代中期开发低压合成甲醇催化剂以来，不断优化生产工艺，其甲醇合成催化剂的主要发展过程如下：第一代C301-1型低压合成甲醇催化剂（20世纪80年代中期）；第二代NC501-1型低压合成甲醇催化剂（20世纪90年代初期）；第三代C306型低压合成甲醇催化剂（20世纪90年代中期）；第四代C307型低压合成甲醇催化剂（20世纪80年代末期）；第五代NC310型低压合成甲醇催化剂。

其中第四代C307型低压合成甲醇催化剂为南化集团研究院的主推产品，该型号的甲醇合成催化剂已在国内大型甲醇合成装置得到应用。

（2）C307型甲醇合成催化剂性质

南化院甲醇合成催化剂C307主要由铜、锌、铝的氧化物所组成，为具有金属光泽的黑色圆柱体（端面为球面）。其物理参数主要如下：

外形尺寸　　ϕ5mm×(4～5)mm

堆密度　　1.35kg/L±0.10kg/L

比表面积　　110m²/g±10m²/g

径向抗压碎力　≥205N/cm

南化院C307型甲醇合成催化剂产品符合HG/T 4107—2009行业标准，在标准规定的检测条件下：

初活性（甲醇时空产率）　　≥1.30g/(mL·h)

耐热后活性（甲醇时空产率）≥1.00g/(mL·h)

工业使用条件参数如下：

使用温度　190～300℃

最佳温度　205～265℃

使用压力　3.0～15.0MPa

使用空速　4000～20000h^{-1}

（3）南化院C307型甲醇合成催化剂的应用

南化院C307型催化剂于2002年6月首次工业应用，至今已在全国一百多套低压合成甲醇装置上应用，其主要应用实例如下：渭南高新区渭河洁能有限公司三期40万吨/年甲醇装置；内蒙古久泰100万吨/年甲醇装置；山东鲁南化肥厂12万吨/年甲醇装置；河南龙宇煤化工50万吨/年装置；新能能源60万吨/年（单套）装置；安徽华谊60万吨/年（单套）装置；陕西神木化工40万吨/年及20万吨/年装置。

（二）西南化工研究设计院甲醇合成催化剂

西南化工研究设计院成立于1958年，70年代中期开始进行甲醇催化剂研究，已成功开发C302、C302-1、C302-2、CNJ206、XNC-98等系列中低压合成甲醇催化剂，C312系列中低压合成甲醇催化剂各项技术经济指标达到或超过国内外同类催化剂先进水平。

（1）C312催化剂的性质

C312甲醇合成催化剂主要由铜、锌、铝的氧化物所组成，具有金属光泽的黑色弧面圆柱体。其物理参数主要如下：

装填堆密度　1.25～1.35kg/L；

比表面积　约100m^2/g；

侧压强度　≥200N/cm。

工业使用条件参数如下：

操作温度　200～300℃；

操作压力　4.0～12.0MPa；

原料气为合成气；

适用反应器为列管式、均温、绝热式、径向式、卧式反应器等。

（2）西南化工研究设计院甲醇合成催化剂的应用

由于西南化工研究设计院的甲醇合成催化剂具有良好的选择性、耐热温度，至今已在国内多套甲醇装置上应用，其主要应用实例如下：上海焦化有限公司20万吨/年甲醇装置；内蒙古天野化工（集团）有限公司15万吨/年甲醇装置；甘肃华亭有限公司60万吨/年甲醇装置；平煤蓝天中原甲醇厂30万吨/年甲醇装置；神华宁煤集团25万吨/年甲醇装置。

四、JM催化剂

英国庄信万丰公司（Johnson Matthey，以下简称JM），成立于1817年，JM催化剂生产基地在英国，在中国设有销售办公室。

神华包头煤化工分公司甲醇装置采用JM催化剂[34]，即以前的ICI催化剂。Johnson Matthey在制作生产合成气和甲醇催化剂方面是世界领先者。早在1960年Johnson Matthey已经开发了低压甲醇工艺（LPM），即高活性的Katalco 51系列催化剂，它是一种高活性、高选择性的新型催化剂。用于低温低压下由碳氧化物与氢合成甲醇。可适用于各种类型的甲醇合成反应器。具有低温活性高、热稳定性好的特点。常用的操作温度为200～290℃，操作压力5.0～10.0MPa。它能达到最高的产率、强度、抗中毒和稳定性，这意味着催化剂可以有较长的寿命。

最初的 $Cu/Zn/Al_2O_3$ Katalco 51-1 很快被 Katalco 51-2 所取代，之后被 Katalco 51-3 所取代。1990 年早期独特的氧化镁提升版本 Katalco 51-7 被提出。在催化剂制作过程中通过添加氧化镁并调节其含量，促进 Cu 表面积增加 20%，如图 4-1 所示。

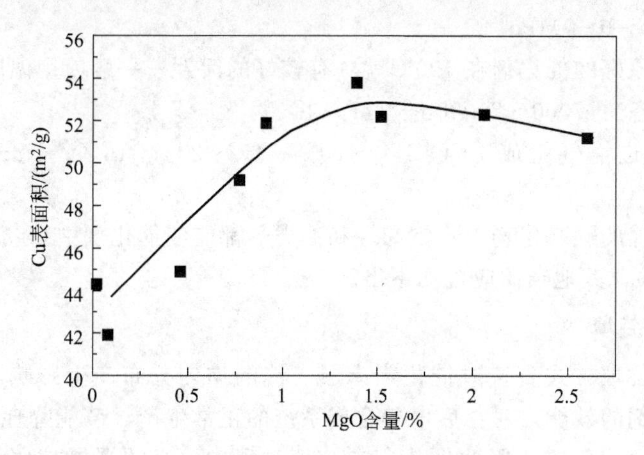

图 4-1　氧化镁含量与 Cu 表面积增加的关系

Katalco 51-8 和 Katalco51-9 配方保留氧化镁，但通过 Katalco 51-8 配方的优化得到更高的活性，然后变成 51-9 的制作工艺。Katalco 51-9 另外的优点是当催化剂还原时，有低的收缩率。

（一）催化剂主要物理性质

外观：有黑色金属光泽的圆柱体。

外形尺寸（直径×高）：ϕ5mm×(4.5～5)mm。

堆密度：1.3～1.5kg/L。

径向抗压碎强度：≥200N/cm。

（二）催化剂化学组成

JM 催化剂主要化学组成列于表 4-4。

表 4-4　JM 催化剂主要化学组成

组　分	CuO	ZnO	Al_2O_3
含量(质量分数)/%	＞52	＞20	＞8

（三）催化剂的活性

按本催化剂质量检验标准规定，在下述活性检验条件下：

催化剂装量	4mL；
粒度	20～40 目；
反应压力	(5.00±0.05)MPa；
空速	(10000±300)h^{-1}；
反应温度	(230±1)℃、(250±1)℃；
气体组成	CO 12%～15%，CO_2 3%～8%，惰性气体 7%～10%，其余为 H_2。

催化剂活性为：

230℃时，催化剂的时空收率≥1.20kg/(L·h)；

250℃时，催化剂的时空收率≥1.55kg/(L·h)。

（四）催化剂的使用寿命

在正常条件下运转寿命为 4 年以上。

（五）催化剂的使用条件

高活性 Katalco 51 系列催化剂在下列条件范围内使用。

反应压力：4.0～10.0MPa。

反应温度：还原好的催化剂在 190℃就具有较好的活性，一般使用温度是 200～290℃。

空速（标准状态）：7000～20000$m^3/(m^3 \cdot h)$。

一般情况下的进塔气组成：CO 3%～20%；CO_2 2%～16%；$N_2+Ar+CH_4$ 5%～25%；其余 H_2。

硫、氯、铁或镍的羰基化物、不饱和烃和油类等都能使催化剂中毒。要求入塔气中总硫含量<20ppb(10^{-9})，其他杂质应检测不出。

五、催化剂的装填

催化剂良好的装填方式直接对催化剂床层气流的均匀分布产生影响，可以降低床层阻力，有效发挥催化剂的效能，对今后甲醇合成系统的正常生产、节能降耗乃至延长催化剂的使用寿命都会带来直接影响。因此催化剂在装填过程中，必须严格按照催化剂装填方案进行，尽可能防止破损，防止架桥现象。但是催化剂的装填方法、注意事项等却大致相同。

（一）催化剂的装填方法及技术要求

① 为了防止在装填过程中，催化剂过多地吸收空气中的水分，装填催化剂时应选择晴朗、干爽的天气，不要在阴、雨天装填；催化剂不要长时间暴露在空气中，特别是潮湿的地方更需引起注意。

② 催化剂装填前应进行过筛，以免将催化剂内粉尘带入塔内，增加催化剂床层阻力。

③ 催化剂的装填方法为撒布法，为了使催化剂装填均匀，采用分区、分段计量的方法，即横截面积沿圆周分成四个区，沿催化剂床层的高度每 2m 为一段，催化剂自漏斗进入塔内换热管间或管内，每个单元装填等量的催化剂，先装填（80～90）%，然后根据测量的高度补充，力求装填均匀，使催化剂各处松紧一致。

④ 为避免催化剂在合成塔中发生“架桥”现象，在装填过程中，要分段多点测量装填高度，确保催化剂装填均匀一致，并间断开启振动器填实。同时核对装填数量与高度是否相符，核对装填的规格型号是否和合成塔内的要求相符，并记录后再依次进行下一段的装填。

⑤ 装填甲醇合成催化剂具体需要按照催化剂厂家提供的装填总量，不同规格的瓷球装填量及部位进行。

（二）装填程序、步骤

按先后排序主要包括催化剂和惰性瓷球的装填、吹净、排气置换三个程序。其中催化剂和惰性瓷球的装填程序如下：装填工作按照从下往上的程序进行，共分为三步：第一步装合成塔下部的惰性瓷球，下部惰性瓷球装填按照由大到小的规格尺寸进行逐层装填；第二步装中间的催化剂；第三步装合成塔上部的惰性瓷球。

六、铜基催化剂的还原

（一）还原的原理

铜基甲醇合成催化剂的主要活性组分铜是以氧化铜形式存在的，但氧化铜没有活性，在使用前必须进行还原，将没有活性的氧化铜还原为有活性的铜或氧化亚铜。研究表明，铜基催化剂在正常的还原条件下，只有氧化铜被还原，锌和铝的氧化物不被还原。还原分层进行，即对催化剂的床层是随气流方向逐层还原，对催化剂颗粒是由表及里逐步还原。

通常使用的还原气体是氢气，稀释气为氮气，在氮气中添加1%左右的氢气进行还原。也可以使用其他还原气，如CO或合成气，稀释气也可以是其他气体，如甲烷或天然气。

根据催化剂还原过程的不同要求，一般将还原过程分为升温、还原初期、还原主期、还原末期四个阶段，每个阶段又可以分成若干个小的阶段。

还原主要按照下列反应进行。

用氢气还原时：　$CuO+H_2 \longrightarrow Cu+H_2O+86.0kJ/mol$

用合成气（$CO+H_2$）还原时：

$$CuO+H_2 \longrightarrow Cu+H_2O+86.0kJ/mol$$

$$CuO+CO \longrightarrow Cu+CO_2+125.67kJ/mol$$

上述反应都是强放热反应，因此必须控制好还原速率，防止因剧烈还原引起催化剂床层温度急剧上涨而烧结催化剂。

CuO还原是放热量很大的化学反应。当CuO还原到一定程度，在催化剂上已经开始有合成甲醇的反应，这个反应同样也放出大量的热量。如果不控制还原反应的速率，不及时移走反应放出的大量热，就会使催化剂过热或烧坏。从还原反应中可以看出，用CO还原的反应热要比H_2还原时的反应热大得多，所以在使用CO作还原剂时要更加注意还原反应的速率。铜基催化剂在使用H_2还原时有水生成，例如托普索公司的MK-101型催化剂出水量为$128kg/m^3$催化剂[35]，如果还原反应过分剧烈，集中在较短时间内出水，使反应气体水汽浓度太高，容易引起催化剂粉化、破碎。实际生产中用还原剂的添加量控制还原速率，用床层温度和出水速率作为参考。

（二）还原的方法

甲醇合成反应塔中的铜基催化剂的还原过程是分层进行的，对催化剂层次而言是从上至下逐层还原。

铜基催化剂还原的关键是控制还原速率，还原速率不宜太快，如果催化剂还原过快，会造成还原的催化剂晶粒增大，造成活性表面减少。因此必须严格控制氢气浓度与温度。还原过程要求升温过程缓慢平稳，出水均匀，以防止温度猛升和出水过快，否则会影响催化剂的活性和寿命，甚至由于超温会烧毁整炉催化剂。所以严格控制还原工程是非常必要的。以某种催化剂的还原过程说明。

从还原开始到还原结束需要168h，分4个主要阶段。

(1) 升温阶段

在甲醇合成系统高压气密工作结束后，合成回路进行泄压置换，当合成回路氧含量小于0.2%时合格。通过氮气将合成系统压力充压至0.8～0.9MPa。开启合成气/循环气压缩机，全开合成段及循环段防喘振阀门，维持合成气/循环气压缩机在最低转速（3601r/min）运行。利用合成塔开工蒸汽以25℃/h的升温速率进行提温，当床层温度提至70℃后向两个甲醇合成塔汽包注入锅炉水，空速维持不变。甲醇合成塔继续以25℃/h的升温速率提温至130℃。在此温度下甲醇合成催化剂进行物理出水，当两粗甲醇分离器不再有水产生时物理出水结束，称量并记录物理出水量。

(2) 氢气测试阶段

控制两甲醇合成塔床层温度在130℃，合成系统压力在0.8～0.9MPa，若系统压力下降及时进行补充氮气，空速维持不变，打开还原气管线上控制阀门向系统补入纯氢气进行氢气测试，测试期间控制系统两个合成塔入口氢气浓度在1.0%左右，在此阶段应检测加氢还原管线的流程是否畅通，流量计是否好用。

（3）主还原期

① 主还原期第一阶段　以25℃/h的升温速率，缓慢提高两甲醇合成塔床层温度至180℃，通过开工蒸汽调节阀门或甲醇合成汽包副产蒸汽压力进行温度的控制。当甲醇合成塔T_2、T_3及T_4列床层温度均达至180℃时开始进行配氢操作。在此温度条件下合成系统压力维持在0.8～0.9MPa，空速不变。

通过缓慢打开配氢管线上阀门，控制氢气加入量在600m^3/h（标准状态）左右，控制两甲醇合成塔入口氢气浓度在1%～1.5%。随着还原反应的发生，床层温度的提高，催化剂内部会释放出部分CO_2气体（纯氢还原的CO_2主要来源为催化剂制作过程中碳酸盐的分解），监控系统内CO_2含量不要超过20%。在此温度条件下，两甲醇合成塔进出口氢气含量基本相等（差值小于0.2%），并且两粗甲醇分离器基本没有水产生时，表明此阶段氢气还原已结束。关闭合成回路的补氢阀门。

② 主还原期的第二阶段　以10℃/h的升温速率，缓慢将合成塔床层温度提高至200℃，通过开工蒸汽调节阀门或甲醇合成汽包副产蒸汽压力进行温度的控制。当甲醇合成塔T_2、T_3及T_4列床层温度均达至200℃时开始进行再次配氢操作。在此温度条件下系统的压力仍维持在0.8～0.9MPa，空速不变，合成系统内部的CO_2含量控制小于20%。

通过缓慢打开配氢管线上阀门，在此温度条件下初期两甲醇合成塔入口氢气浓度维持在1%～1.5%范围内进行操作。当两甲醇合成塔床层基本没有温升，并且两粗甲醇分离器的出水速率小于30kg/h时，缓慢提高两甲醇合成塔的补充氢气量，在提高氢气浓度时要兼顾两甲醇合成塔的床层温度的变化，若没有温度上涨则继续提高氢气浓度。若温度快速上涨要及时减少氢气的补入量或停止加氢，待床层温度平稳后再进行补氢操作。在此条件下（床层200℃）两甲醇合成塔入口氢气浓度提高至10%时，稳定1～2h，当两个甲醇合成塔进出口氢气浓度基本相等、两粗甲醇分离器没有水产生，表明此还原过程已结束，关闭加氢阀门。

通过打开合成系统压力放空阀门将合成系统的氢气含量缓慢降低至2%，在合成系统排放氢气时通过打开补氮阀门控制系统压力维持在0.8～0.9MPa。

（4）还原末期（高氢浸泡阶段）

以25℃/h的升温速率，缓慢提高两甲醇合成塔床层温度至240℃，当甲醇合成塔T_2、T_3及T_4列床层温度均达至240℃时开始进行提氢操作。在此温度条件下系统的压力仍维持在0.8～0.9MPa，空速不变，合成系统内部的CO_2含量控制小于20%。

通过缓慢打开配氢管线上阀门缓慢提高两甲醇合成塔的入口氢气浓度，至甲醇合成塔进口氢气含量达20%停止补氢，进行高氢浸泡，当进合成塔进出口氢气含量基本相等（净差值小于0.1%），甲醇合成塔床层无温升，并且两粗甲醇分离器不再有水产生，表明甲醇合成催化剂还原工作已结束。

（5）合成系统置换

在甲醇合成催化剂还原工作结束后，向系统充入氮气进行置换，维持系统内部的可燃气含量小于1%为合格。方可进行合成系统开车操作。

（6）还原过程应遵循的原则

三低：低温出水、低氢气浓度还原、低压下还原。

三稳：提温稳、补氢稳、出水稳。

三不准：提温提氢不准同时进行；水分不准带入合成塔；不准长时间高温出水。

两控制：控制补氢速度；控制出水速度。

(7) 注意事项

① 在甲醇合成催化剂在还原期间联合压缩机必须处于最佳运行状态，在催化剂还原时，如果正在运行的压缩机因故停车，必须马上断开还原气补入阀，减小开工蒸汽量，迅速打开放空阀，并用氮气置换整个系统可燃气小于0.5%。

② 加还原气时应谨慎进行，由于低浓度的分析不易准确，故在结束任一阶段的还原前，应进行两次对照分析，以免因分析误差引起失误。

③ 如果还原过程中任意一点床层温度超过240℃或床层中任意两点温差超过50℃要切断还原气，切断蒸汽，加大循环量，系统卸压至0.6MPa(G)，并补充纯氮气，开大合成塔入口调温副线阀门等方法来降低合成塔的床层温度。查明发生温差的原因后再逐步进入后续还原程序。如温升过高，可采用氮气放空的方式降温至200℃以内。

④ 在还原过程中，严格控制合成系统压力在0.8～0.9MP(G)MPa，若压力上涨要及时通过打开合成系统压力放空阀门进行降压操作。

⑤ 还原期间控制系统内CO_2含量低于20%，含量升高时，通过合成塔压力调节阀进行放空置换，放空的同时需补入氮气维持系统压力在0.8～0.9MP(G)。

(三) 还原过程组分的要求

在铜基催化剂的还原过程中，为了控制升温速率必须严格控制出水速率，严格控制加氢浓度。甲醇合成催化剂还原过程对组分有着严格要求，神华包头煤化工分公司甲醇合成催化剂还原气体组分的要求是：$O_2<0.1\%$，$CO<0.2\%$，$CO_2<2\%$，$H_2<1\%$；总S＜20ppb(10^{-9})、$NH_3<10ppm(10^{-6})$、不饱和烃为痕量；并且，不含有氯及重金属等使催化剂中毒的物质。

甲醇合成催化剂使用H_2还原，具体数据请参见催化剂生产厂家提供的参考值，随着还原的进行，氢气浓度由最初的1%缓慢提升至5%上时，可以考虑配一定量的CO，配一定量的CO催化剂还原后，会产生少量的CO_2，需要在还原回路排放一部分气体，避免CO_2过高，CO_2过高会产生碱式碳酸铜，影响催化剂的活性和寿命。在甲醇合成催化剂床层无温升时，提高合成系统氢气浓度至20%进行浸泡，以确保催化剂的完全还原。

七、铜基甲醇合成催化剂失活

催化剂因能改变化学反应进行速率的特性，使得催化剂在工业生产中具有重要的作用。但是工业生产中，催化剂并不能一直保持稳定不变的活性，在恒定反应条件下，催化剂对化学反应的催化作用下降，即催化反应的转化率随时间增长而下降，这种现象叫催化剂失活。

铜基甲醇合成催化剂的失活原因很多，通常可能有4种原因：一是原料中微量的杂质使催化剂中毒；二是温度较高，导致催化剂活性组分的晶体长大而减少比表面积；三是催化剂活性表面被杂质阻塞；四是催化剂粉碎。

(一) 甲醇合成催化剂中毒失活

原料气中少量物质与铜基甲醇合成催化剂发生作用，使其组成结构发生变化，导致催化剂活性降低甚至失去活性，这些物质就是催化剂的毒物。由氧及含氧化合物引起的中毒，可以通过重新还原使催化剂恢复活性，这叫暂时性中毒。由S、Cl及一些重金属或碱金属、羰基铁、润滑油、微量氨等物质引起的中毒，使催化剂原有的性质和结构彻底发生改变，催化活性不能再恢复，称为永久性中毒[36]。具体分类如表 4-5 所示。

表 4-5 杂质或毒物对 Cu 基甲醇催化剂的影响

杂质或毒物	可能来源	对催化剂的影响
SiO_2等酸性氧化物	蒸汽、原料气带入	生成石蜡或其他副产物
氧化铝	催化剂制造	生成二甲醚
碱金属	催化剂制造	降低活性，生成高级醇
铁镍	以 $Fe(CO)_5$、$Ni(CO)_4$的形式带入	生成甲烷、降低活性
钴、铅等重金属	催化剂制造	降低活性
氯化物、硫化物、磷化物	原料气带入	永久性失活

1. 硫及硫化物中毒

硫化物是最常见的毒物，是引起催化剂活性丧失的最主要因素。以不同的原料生产的合成气和原料相同而制气工艺不同所生产的合成气，其中的硫化物形态和含量都是不同的。硫在天然气中主要是以硫醇和硫氧化物的形态存在，不同的区域天然气中硫化物的含量往往相差很大；炼厂气中的硫化物形态更复杂，达 25 种之多，以 COS、H_2S、甲硫醇、乙硫醇、甲硫醚居多；煤气化过程中，因制气工艺的差异，硫化物的含量和形态的差异也很大，煤气中的硫主要是 H_2S，COS，CS_2和噻吩等，一般 H_2S 占总硫的 90%左右，其余的有机硫占 5%～12%。

铜基甲醇催化剂对硫化物十分敏感，微量的硫化物就易造成催化剂的永久性中毒失活，且硫化物对催化剂的中毒具有长期运行的累积效应。研究证实，CS_2和噻吩极易导致催化剂中毒，其次为 COS，中毒作用相对最弱的是 H_2S。H_2S 在活性 Cu 上的吸附比在 ZnO 上强[37]。对于硫中毒的机理，通常认为是硫化物和活性组分铜起反应生成硫化亚铜，覆盖催化剂表面和堵塞孔道而使其丧失活性，而且是永久中毒，其反应式如下：

$$H_2S(g)+2Cu(s) \longrightarrow Cu_2S(s)+H_2(g) \qquad K_1=1.24\times10^5(250℃)$$

$$COS(g)+2Cu(s) \longrightarrow Cu_2S(s)+CO(g) \qquad K_2=2.76\times10^5(250℃)$$

$$CS_2(g)+4Cu(s)+2H_2(g) \longrightarrow 2Cu_2S(s)+CH_4(g) \qquad K_3=2.23\times10^{14}(250℃)$$

$$C_4H_4S(g)+2Cu(s)+3H_2(g) \longrightarrow Cu_2S(s)+C_4H_{10}(g) \qquad K_4=1.59\times10^{16}(250℃)$$

从这四种反应的平衡常数看，反应极易发生，且温度越高，反应越容易进行[36]。

但也有研究表明，硫使催化剂中毒失活的另一个原因是在催化剂表面一定深度内生成了 ZnS 等物质，改变了催化剂组成，堵塞了活性中心，降低了催化剂强度。其反应式为：

$$H_2S(g)+ZnO(s) \longrightarrow ZnS(s)+H_2O(g) \qquad K_5=1.33\times10^7(250℃)$$

从反应的平衡常数 K_1～K_5可以看出，气相中硫浓度即使低于 1×10^{-6}也会被催化剂吸收，并累积起来，使催化剂寿命缩短。在 3.5MPa、230℃条件下进行硫中毒试验，结果表明 H_2S 浓度在 $(1.6～40)\times10^{-6}$时，就能使催化剂显著失活。研究表明，催化剂只要吸收硫 2.4%～2.8%，其活性下降率达 57%；催化剂平均吸硫 3%～3.5%时，其活性基本丧失[35,38]。

2. 氯及氯化物中毒[36,39]

氯是另一种对甲醇铜基催化剂毒性较强的一种毒物，其毒害程度比硫厉害，往往随工艺气流动迅速带往全床层。催化剂氯中毒失活现象与硫中毒失活不同，并不常遇到，所以重视程度不够，但是严重的氯中毒使催化剂只能使用十几天，一旦发生，损失将十分严重。

Ray. N 的试验表明：氯对 Cu-Zn-Al 甲醇催化剂的危害是硫危害的 10 余倍，入口气体中 0.1×10^{-6}的氯就使催化剂发生明显的中毒，催化剂吸收 0.01%～0.03%氯活性便会大幅下降。氯的带入一般是催化剂制造过程中选择的原料含有氯根而洗涤过程没有彻底清除，或工厂工艺蒸气系统带入，或工艺气中带入等，在大型装置上常见的氯化物主要是 CH_3Cl 和 HCl，但特殊环境或一些小型装置上可能有其他形式的氯化物。

通常氯化物对甲醇合成催化剂的中毒作用是因为氯存在有未成键的孤对电子，并有很大的电子亲和力，很容易与金属离子发生反应，另外氯离子还具有很大的迁移性，可随工艺气体迁移，造成整个床层催化剂的中毒。

与活性组分 Cu 反应生成 CuCl（氯化亚铜）或与 ZnO 反应生成 $ZnCl_2$，氯化物对催化剂的毒害作用，可归纳为以下几点：

① 吸附的氯原子与催化剂中的 CuO、ZnO 和 Al_2O_3 反应，阻碍或影响催化剂活性位的作用。

随着研究的深入，Cl^- 对催化剂性能的毒害作用渐渐引起了研究者的重视。氯离子残留在催化剂上会毒害甲醇合成反应，特别是用氧化物作载体时，氯离子会与氧成键，即使在较高的还原温度下，这种残留的氯离子都不容易被除掉。Aika 等曾分别用某种金属元素为母体，以 Al_2O_3 为载体，不加促进剂，用类似的方法制得了一系列催化剂。在相同条件下测得催化剂的活性和氢气的化学吸附量。结果表明，Cl^- 强烈地抑制了催化剂活性的发挥。当还原温度低于 900K 时，Cl^- 对合成甲醇反应是一个不可忽视的毒物，而反应气中 CO、H_2 具有很强的还原性，氯离子在还原过程中释放的 HCl 对反应设备具有腐蚀作用。目前被广泛接受的关于 Cl 毒化的机理观点认为，氯的强电负性使得氯能吸引金属原子或其他供电子助剂上的电子，而使金属原子表面的电子云密度减弱从而抑制合成速率。甲醇合成过程中一直伴随着 Cu 离子的还原反应，但是由于氯离子的存在，使 Cu 离子无法彻底地被还原。

② 反应产物 $CuCl_2$ 具有较低的熔点和很高的表面流动性，少量的 $CuCl_2$ 在催化剂表面加速催化剂表面烧结，促使铜晶粒长大。铜基催化剂的活性中心存在于被还原的 Cu 和 CuO 界面上，在合成甲醇的原料气中有 H_2、CO 等还原物质，甲醇合成的温度也正好适合于 CuO 的还原。随着时间的推移，作为活性中心的界面会越来越小，使催化剂逐渐丧失活性。而氯离子在一定的条件下与催化剂中的 Cu 反应生成了 $CuCl_2$。

由于 $CuCl_2$ 本身的性质，在很短的时间内就会在催化剂表面烧结，致使可使用的活性中心减小，从而影响了催化剂的活性。实验表明，200℃条件下，几小时内铜粒由 10nm 长大到 100nm，造成催化剂活性严重丧失。

③ 痕量 $CuCl_2$ 的迁移还可加剧 H_2S 对催化剂的毒性反应，而催化剂的硫中毒也会加快 $CuCl_2$ 的迁移，加速 Cu 催化剂的烧结。

④ 氯化物与 ZnO 反应生成 $ZnCl_2$，$ZnCl_2$ 具有更低的熔点（283℃），会更进一步加速催化剂中毒和烧结。

3. 羰基金属中毒

甲醇生产中，原料气中的 CO 和原料气中硫化物对设备和管道的腐蚀产物以及制气原料中微量的 Fe 和 Ni 反应，会生成 $Fe(CO)_5$ 和 $Ni(CO)_4$，其生成量与系统中 Fe 和 Ni 含量、温度以及 CO 的分压有关。极少量 $Fe(CO)_5$ 和 $Ni(CO)_4$ 即可导致甲醇合成催化剂永久性中毒失活，通常要求进口气中 $[Fe(CO)_5+Ni(CO)_4]<0.1\times10^{-6}$。

加压条件下，金属中 Fe、Ni 与 CO 反应形成羰基化合物。反应式如下：

$$Fe(s)+5CO(g) \longrightarrow Fe(CO)_5(g) \qquad Ni(s)+4CO(g) \longrightarrow Ni(CO)_4(g)$$

压力越高，越有利于羰基金属的生成，150～200℃反应速率最大，即在热交换器及压缩机管线中最易发生，气体中含有的硫、氯会加速上述反应。

$Fe(CO)_5$和$Ni(CO)_4$在甲醇合成反应温度下分解生成高度分散的金属Fe和Ni，沉积物在催化剂表面，堵塞孔道，覆盖了催化剂的活性中心，导致活性下降。而且Fe、Ni是甲烷化和费托合成反应的有效催化剂，易导致甲烷、石蜡烃等副产物增加，影响产品质量，而且反应生成热不能及时带走，又会使催化剂床层温度升高，从而影响催化剂的使用寿命。

研究表明，当气体中含有30×10^{-9}的$Fe(CO)_5$和40×10^{-9} $Ni(CO)_4$时，催化反应常数的衰减与催化剂上的金属沉积量呈线性关系，而且$Ni(CO)_4$比$Fe(CO)_5$的毒性大。一般的解释是$Ni(CO)_4$比$Fe(CO)_5$的分解速率快，通过计算单位毒物量所毒害的催化剂表面积，可以得出的结论是Ni的毒性是Fe的1.5倍[33]。

G. W. Robert研究了羰基铁和羰基镍对催化剂活性的影响，结果表明，催化剂活性的衰减与催化剂上毒物的沉积量成正比，当甲醇催化剂上沉积质量分数300×10^{-6}的Fe和Ni时，速率常数衰减增加了大约50%；当原料气中含有1×10^{-6}的Fe $(CO)_5$和1×10^{-6}的$Ni(CO)_4$时，甲醇催化剂的失活速率分别增加50%和3倍。T. C. Golden等在工厂进行的羰基铁和羰基镍中毒实验表明，甲醇合成催化剂吸附质量分数为300×10^{-6}的Fe和Ni时，催化剂活性大约降低2倍，催化剂平均吸附Fe和Ni质量分数达6000×10^{-6}后，催化剂的活性基本丧失[36]。

由于羰基铁、羰基镍的存在，可引起许多副反应，其中已认识到的有如下几点。

(1) 生成烃类反应

催化剂中含铁、钴、镍等第八族元素时，一氧化碳和氢将有如下反应：

$$CO+3H_2 \longrightarrow CH_4+H_2O\ (150\sim400℃)$$

$$2CH_4 \longrightarrow C_2H_6+H_2\ (150\sim400℃)$$

$$2C_2H_6 \longrightarrow C_4H_{10}+H_2$$

(2) 生成石蜡烃的反应

在使用铜基催化剂生产甲醇时，时常发现有高碳链的碳氢化合物及石蜡烃的生成，情况严重时会引起水冷凝器、甲醇分离器堵塞，甚至具有较高温度的甲醇合成塔出口也被石蜡堵塞，被迫停产清蜡。因此，抑制和消除石蜡生成是改进甲醇生产的重要课题。影响石蜡生成的因素较多，但羰基铁、羰基镍的存在是一重要因素。

催化剂中含有铁、镍或碱金属时，在0.01～4.0MPa、180～350℃时，CO与H_2有下列反应：

$$2CO+H_2 \longrightarrow \lbrace CH_2 \rbrace +CO_2$$

当原料气中存在水蒸气时，在含有铁、镍的催化剂上与CO有下列反应：

$$3CO+H_2O \longrightarrow \lbrace CH_2 \rbrace +2CO_2$$

(3) 对产品纯度的影响

由于羰基铁能与甲醇形成共沸，因此粗甲醇中混入羰基铁很难处理掉，不仅会使甲醇中Fe^{3+}含量增高，而且会使精甲醇色度增大，甚至变红色，影响产品质量[40]。

4. 氨中毒

氨与甲醇合成铜基催化剂里的铜可以生成络合物，使具有活性的铜损失。有研究表明，原料气中含有50×10^{-6}～100×10^{-6}氨，催化剂活性下降10%～20%[41]。另外，氨还会与甲醇生成具有恶臭的甲胺类物质，影响产品质量。氨的来源主要是来自于前工序的合成气，应加强管理，严格控制工艺指标。

（二）甲醇合成催化剂热失活

铜系催化剂很脆弱，它对温度非常敏感，高温环境可以促使铜晶粒迅速长大，活性中心逐步丧失，称之为催化剂的热失活或烧结失活。热失活会使载体的表面积减少，使金属微粒发生迁移，金属晶相发生变化，致使活性位减少，并增加床层阻力。对铜基金属催化剂而言，热烧结失活比较常见，且烧结的速率与使用温度密切相关，当温度高于230℃时催化剂开始出现热烧结现象，温度越高催化剂越容易热烧结，温度高于300℃时，ZnO晶粒将会长大，这会加速Cu微晶的烧结，活性表面减小[42]。

实验表明，单纯的铜微晶在200℃的温度下，处理6个月，最小微晶粒将超过1×10^4 nm。而如果将温度提高到280℃，同样处理6个月，最小微晶粒更大达1×10^5 nm，可见温度对铜催化剂的活性寿命有着巨大的影响[38]。

铜基催化剂的还原过程和甲醇合成反应均为放热反应，而热失活发生的主要原因就是反应热不能迅速移出反应器。在升温与还原中，如果反应控制不当，导致反应热不能移出，就很容易发生床层温度“飞温”，致使活性下降；在生产控制过程中，温度控制不合理，催化剂床层轴向、径向温差大，温度变化剧烈及提温幅度过大或者反应过于剧烈等都会加速催化剂老化，造成催化剂的热失活。

目前使用的铜基催化剂几乎都含有一种或多种氧化物作为助剂，比如Cr_2O_3、MgO及Al_2O_3，这些助剂的引入可有效减缓催化剂的热烧结。

由于影响合成塔温度的工艺参数较多，给温度控制带来很大困难。需要注意的是，在操作过程中，严禁为了追求产量而超温操作，这样会大大缩短催化剂的寿命。生产操作中防止催化剂超温是延长催化剂使用寿命的重要措施。因此，降低催化剂热点温度，是延缓催化剂热老化程度并增加使用寿命的好方法。防止催化剂热老化的主要具体措施有：

① 在还原、开停车过程中，按照预定的指标进行操作，防止超温。

② 在保证产量的前提下，稳定操作，尽可能降低床层热点温度，每次提升热点温度应慎重，提升幅度不宜过大，一般为1～2℃左右。

③ 适当提高合成气中的CO_2的含量。入塔气中不允许CO_2含量<1%，要求至少2%，最好在3%～5% 。

④ 控制好气体成分，首先是控制好CO和CO_2的比例，根据催化剂的不同使用时期进行调整；其次是控制好惰性气体的含量，掌握并分析放空气体量，作为优化指标的依据，第三是控制好循环气体中的含醇量，入塔气体中含醇量越低，越有利于合成甲醇反应的进行，也可以避免高级醇等副产物的生成，所以要尽可能地降低出甲醇水冷器的气体温度，及时将冷凝下来的甲醇分离出来。

避免频繁开停车，如果在停车过程中处理不当，将会使催化剂活性受到损害。试验证明：短期停车后如果把催化剂封存在原料气中而不做其他工艺处理，再重新开车后，其催化剂活性出现明显的下降。

（三）甲醇合成催化剂阻塞失活

在催化剂表面有杂质沉积，这些沉积物将堵塞催化剂的孔道，覆盖催化剂的活性中心，导致活性下降，这就是阻塞失活。前文所述$Ni(CO)_4$和$Fe(CO)_5$对催化剂的毒害，分解的Ni和Fe对催化剂微孔的阻塞是主要原因之一。

在甲醇合成反应中，可能存在两种析炭反应，即还原析炭和歧化析炭，其反应式为：

$$CO+H_2 \longrightarrow C+H_2O \qquad 2CO \longrightarrow C+CO_2$$

在系统运行过程中，长期处于较低的氢碳比状态（尤其是在催化剂使用后期），入塔气体中 CO 含量较高，而 CO_2 含量较低，导致大量的氢气剩余，存在这两种析炭反应发生的可能。析炭反应发生后，产生的积炭能够覆盖催化剂的活性表面，使部分活性位丧失，会造成床层阻力增大。但由于合成系统的空速较大，积炭造成的影响一般不是很明显。某厂在更换催化剂时，在卸出的废旧催化剂表面，发现一些黑色石墨粉尘，表明催化剂在使用过程中，有析炭反应发生。

翟旭芳等研究了浆态床甲醇合成催化剂失活机理，认为随反应时间的增长，催化剂上积炭现象严重，其在催化剂表面沉积，造成孔遭堵塞、比表面积和孔体积减小，活性中心数减少，导致催化剂活性降低[43]。

八、催化剂的钝化

催化剂在使用末期需卸出或停车较长时间时需要对合成塔内部进行检修时，催化剂需要经过钝化。这是由于甲醇合成塔内的铜基催化剂在投运前已将其中的氧化铜还原为原子态金属铜，该原子态铜在倒出催化剂筐时，由于空气中的氧与催化剂充分接触，可在短时间内迅速渗透到催化剂的内表面，并产生大量的反应热，以致产生局部温升过高，或温差猛增，由于膨胀压力，将造成合成塔内件某些零部件的变形，甚至拉裂，而使内件损坏，所以甲醇合成催化剂在卸出前或检修合成塔时需要进行钝化操作。

甲醇合成催化剂的钝化一般是在将催化剂卸出催化剂筐之前，利用纯氮气中通入少量有控制的氧气，进行缓慢的催化剂氧化，在其外表形成氧化覆盖膜，该氧化膜可阻隔氧气与金属原子铜进一步反应，从而可防止在倾卸铜催化剂时造成催化剂筐的损坏，达到保护内件的目的。

在钝化前，合成塔出口分析 $CO+H_2+CO_2 \leqslant 0.3\%$ 后，才准系统配氧。开始配氧时，由于催化剂活性较高，反应强烈，应严格控制起始配氧浓度和配氧速率。配氧过程中，发现汽包压力上升趋势加快、塔出口温度上升幅度较大时，应减少配氧，加大上水量，降低温度，待温度正常后重新配氧。如遇循环机故障停止运转后，应立即停止配氧，塔后放空，补充合格氮气。

九、铜基催化剂的保护

在上述“七”中已经说明造成铜基甲醇合成催化剂失活的原因有四种，即中毒、高温、阻塞和粉碎，高温和粉碎主要是操作不当引起的，中毒和阻塞是原料气中的杂质引起的，而除去原料气中的毒物，一般也消除了阻塞，本节主要说明如何防止催化剂的中毒。

（一）硫中毒的防护

根据硫化物对催化剂的中毒情况，对原料气进行精脱硫净化是延长甲醇催化剂寿命的有效方法之一。目前国内一般要求合成气中总硫含量小于 0.1ppm，但即使 0.1ppm 的硫化物也能与催化剂中的活性组分或 ZnO 发生反应，长期运行的累积效果也很显著。理论上催化剂运行一年可吸收硫 0.15%，若原料气总硫为 1ppm（按照新鲜气空速 $2000h^{-1}$，年运行 7200h，催化剂堆密度 $1400kg/m^3$），运行一年催化剂中硫的质量分数为 1.5%，催化剂的活性将显著降低。若原料气总硫为 0.01ppm（条件同上），运行一年催化剂中硫的质量分数为 0.015%，可显著减缓催化剂的失活速率[36]。国外一般要求合成气中总硫含量小于 20ppb。

硫的脱除方法有很多种，一般分为湿法脱硫和干法脱硫。甲醇生产中脱硫方法的选用一般根据气体中硫的形态和含量、脱硫要求等，通过技术经济比较而确定。湿法脱硫因其硫容量大，再生容易，已得到广泛应用。而干法脱硫通常适用于低含硫气体的处理，且操作简单，脱硫精度高。国内的甲醇合成技术一般用单一的湿法脱硫，进口的甲醇合成技术一般是湿法脱硫和干法脱硫的混合。

湿法脱硫在净化工艺过程已经说明，此处不再重复。在此仅对干法脱硫技术做简要介绍。

干法脱硫技术包括活性炭、氧化铁、氧化锌等脱硫。

(1) 活性炭脱硫[44~47]

目前用于脱硫的活性炭可分为两类，一类是单独脱除原料气中的 H_2S，脱硫精度较高，但不能脱除有机硫，如 EAC 系列产品、SN-3、KC-2 等。另一类是活性炭浸渍活性金属组分的转化吸收型活性炭，它不但能脱除原料气中 H_2S，还能转化吸收原料气有机硫（COS 和 CS_2）。转化吸收型活性炭具有很大的比表面积、丰富的孔结构并有多种有机基团，因此具有优良的脱硫性能，它可将原料气中 H_2S 脱除至 0.1ppm 以下，并对原料气中 COS、CS_2 等有机硫转化吸收，在常温下精脱硫，且可再生使用，可取代常温氧化锌脱硫剂，目前已广泛地用于精脱硫。活性炭脱硫属于吸附法，吸附过程分两步进行，首先是原料气中的氧被吸附在活性炭表面，然后原料气中硫化氢再与氧反应，生成单质硫。

其化学反应式为：

$$H_2S+1/2O_2 \longrightarrow H_2O+S$$

$$COS+1/2O_2 \longrightarrow CO_2+S$$

$$COS+2O_2+2NH_3+H_2O \longrightarrow (NH_4)_2SO_4+CO_2$$

活性炭可以用于精脱硫，关键在于脱硫速率。影响脱硫速率有氨、水蒸气和氧等因素。氨用于保证活性炭表面碱性，利于 H_2S 的吸附。水蒸气保证形成碱性水膜，便于 H_2S 活化离解。氧用于化学反应。活性炭可将 H_2S 降至 0.1ppm，脱硫率为 90%以上。一般活性炭脱硫的主要缺点是使用空速较低，耐水性差，且必须在有氧存在的条件才能使用，使用后期可能有放硫现象存在。而选用优质活性炭作载体，在其表面上浸渍一定量的过渡金属如 FeO、CuO、CoO 等可显著增强活性炭的催化活性，将活性金属组分均匀地分布在载体表面上而制得转化吸收型活性炭基本克服了常规活性炭的缺点，如由湖北省化学研究所开发成功的 EZX 型、化工部西北化工研究院昆山公司开发的 KT312 型及上海化工研究院开发的 SC-5 型精脱硫剂等。

含活性金属组分的特种活性炭（即转化吸收型活性炭）按下式反应进行。

其化学反应式为：

$$H_2S+MeO \longrightarrow H_2O+MeS$$

$$COS+MeO \longrightarrow MeS+CO_2$$

$$CS_2+2MeO \longrightarrow 2MeS+CO_2$$

国外对活性炭脱除 H_2S 的研究也较为活跃。A. Bouzaza 等研究了气相组成和相对湿度对活性炭脱除 H_2S 机理的影响。研究发现：在以 CO_2 和 O_2 为主的气氛中，微量水的存在有利于 H_2S 的离解；在以 N_2 为主的气氛中 H_2S 的离解受 O_2 的扩散速率影响。Teresa J. Bandosz 等对常温下影响活性炭脱除 H_2S 的因素和不同环境下的脱硫产物进行了深入研究。研究表明：活性炭的比表面和孔容不是关键的影响因素，酸性环境下的脱硫产物为 SO_2 和 SO_3，弱酸性条件下易生成聚合体的单质硫（见表 4-6）。

表 4-6 常用活性炭的物化性质和使用条件

项目	名称	特种活性炭				转化吸收型活性炭		
	型号	EAC-2	EAC-3	SN-3	KC-2	EZX	KT-312	SC-5
物化性质	外形	黑色条状	黑色条状	黑色条状	黑色颗粒	灰黑色条状	黑色无定形	黑色不规则条状
	堆密度/(kg/L)	0.6～0.8	0.6～0.8	0.6～0.7	0.5～0.6	0.6～0.6	0.5～0.6	0.5
	比表面积/(m^2/g)	400～600	400～600	>500	900～1000	800～1000	700～800	≫500
	比孔容/(mL/g)	0.3～0.4	0.4～0.5	0.4	0.5～0.6	0.3～0.5	0.5～0.6	0.3～0.4
	主要组分	活性炭＋金属氧化物	活性炭＋金属氧化物	活性炭＋MoO 8%	活性炭＋金属氧化物	活性炭＋氧化铁＋金属氧化物＋助剂	活性炭＋活性金属氧化物	活性炭＋活性组分 Mo>2%～3%
	抗压强度	侧>50N/cm	侧>50N/cm	侧>50N/cm		侧>50N/cm		高强度
粒度指标	脱 H_2S 硫容/%	>18(30℃) >10(60℃)	>18(30℃) >18(60℃)	>8(40℃)	>25(40℃)	>12(5～60℃)	15(40℃) 可再生使用	能精脱 H_2S
	脱 COS 硫容/%	1～2	1～2	1.8～2.4(40℃)	脱除率 85%	(5～60℃)	有脱除能力	5%(40℃)
	脱 CS_2 硫容/%				有一定脱除力			
使用	压力/MPa	<10	<10	常压	不限	<10	<10	常压
	温度/℃			>40				≫40
	进口总硫/(mg/m^3)	10	10	COS<20，H_2S<1	H_2S<200	10	<5	有机硫 10
	出口总硫/(mg/m^3)	≪0.03	≪0.03	≪0.1	≪0.1	≪0.1	未检出	≪1

(2) 氧化铁脱硫[44,46,48,49] 氧化铁脱硫技术发展迅速，有中、低温及常温脱硫，主要是以 $Fe_2O_3\cdot H_2O$ 或 α-FeOOH 活性组分进行脱硫，其脱硫的原理是氧化铁脱硫剂与 H_2S 作用，在碱性和水存在（一般氧化铁脱硫剂要求相对湿度为 70%）时，根据气体中氧含量的多少，生成硫化亚铁或单质硫，即通过边吸收、边再生、生成硫黄，达到脱除 H_2S 的目的。其化学反应为：

脱硫反应 $$Fe_2O_3\cdot H_2O+3H_2S \longrightarrow Fe_2S_3\cdot H_2O+3H_2O$$

此时由红色的 $Fe_2O_3\cdot H_2O$ 变为黑色的 $Fe_2S_3\cdot H_2O$；

当气体中有适当的 O_2 存在时，发生再生反应 $Fe_2S_3\cdot H_2O+3/2O_2 \longrightarrow Fe_2O_3\cdot H_2O+3S$

黑色的 $Fe_2S_3\cdot H_2O$ 变为红色的 $Fe_2O_3\cdot H_2O$ 。

由上述两个反应说明，$Fe_2O_3\cdot H_2O$ 没有参加反应，只起催化作用。在实际反应中，再生反应要比脱硫反应缓慢得多。这是因为一方面再生中伴有 $Fe^{3+}+e \longrightarrow Fe^{2+}$ 中间过程，另一方面氧在水中的溶解度小，不能满足再生反应的需要。

从热力学的角度讲，氧化铁脱硫剂难以将出口 H_2S 达到 0.1ppm 的水平。研究人员提出与其他金属化合物复合而制成脱硫剂，如刘世斌等人以氧化铁为活性组分，配加其他过渡金属氧化物制成复合型金属氧化物固体颗粒脱硫剂（主要成分为 FeO、TiO_2），该脱硫剂具有活性高、硫容大且可再生重复使用的特点。兰昌云等采用加入助催化和制孔剂的办法来提高脱硫效果和比表面积，研究表明氧化锌为助剂和 NH_4HCO_3 为制孔剂，同时加入碱助剂按一定比例所制得的常温脱硫剂效果较好。Sere 等开发了含有氧化铁、ZnO、SiO_2 和 TiO_2 或

ZrO_2的脱硫剂，在高温下表现出较高的硫容。

尽管氧化铁脱硫剂硫容量高（可达20%以上），活性好，操作方便且可再生后使用。但其脱硫精度稍差，对COS仅起吸附作用，脱除的能力较差。另外使用空速较低，当硫被吸附到一定量后会有放硫现象，甚至会出现出口硫含量大于入口硫含量的情况。因此氧化铁脱硫剂一般不单独作为各种原料气精脱硫的把关使用。

国内几种氧化铁脱硫剂的主要物化性能和使用条件见表4-7。

表4-7　氧化铁脱硫剂的主要物化性能和使用条件

型号	组分	物化性能	温度	压力	空速 /h^{-1}	入口 H_2S	出口 H_2S
SN-1（T501型）	Fe_3O_4+促进剂	硫容>20%，堆密度0.84kg/L，比表面积50m^2/g，孔隙率0.3～0.4	5～40℃	常压～2.0MPa	<400	<200mg/m^3	<1ppm
TG-2（T502型）	Fe_2O_3+促进剂	硫容>30%，堆密度0.85kg/L，比表面积50m^2/g，孔隙率0.4～0.5	常温	常压～2.0MPa	200～400	<1g/m^3	<1ppm
TG-4及系列产品	Fe_2O_3+促进剂	硫容>25%，堆密度0.8kg/L，比表面积50m^2/g，孔隙率0.5～0.6	常温	常压～2.0MPa	500	<1g/m^3	<0.1ppm

（3）氧化锌脱硫[44,46,47]

氧化锌脱硫剂由活性氧化锌与活化剂、添加剂混捏成型，在一定的工艺条件下活化而成。在220～400℃下，可与H_2S及一些简单的有机硫化物（如COS、CS_2等）发生很强的化学吸附反应，且反应平衡常数很大，从热力学分析出口硫含量可达到1ppm要求。氧化锌脱硫剂于固定床中脱除各种气、液原料中H_2S、COS、CS_2及硫醇等硫化物的过程包含着一系列化学吸附、化学吸收、催化及气固相非催化反应。过程的主要反应为：

$$ZnO+H_2S \longrightarrow ZnS+H_2O$$

$$2ZnO+CS_2 \longrightarrow 2ZnS+CO_2$$

$$ZnO+COS \longrightarrow ZnS+CO_2$$

$$ZnO+C_2H_5SH \longrightarrow ZnS+C_2H_4+H_2O$$

当气体中有氢气存在时，其他一些有机硫化物先转化为硫化氢，再被氧化锌所吸收，反应方程式为：

$$COS+H_2 \longrightarrow H_2S+CO$$

$$CS_2+4H_2 \longrightarrow 2H_2S+CH_4$$

在达到净化度要求的情况下，氧化锌脱硫剂的穿透硫容量可达30%左右。氧化锌虽具有较高的脱硫效果，但脱硫过程的控制步骤是扩散，固体扩散具有化学反应特征，扩散活化能较高，再生能力不足，而且在硫化过程中氧化锌易被还原成锌，而锌存在高温下易气化。为了充分利用氧化锌的脱硫效果，又开发了多种锌的复合金属脱硫剂。铁酸锌（$ZnFe_2O_4$）是典型的一种，该物质是ZnO和Fe_2O_3的混合物，$ZnFe_2O_4$可使锌蒸气减少和积炭量降低。对铁酸锌的脱硫动力学进行了研究表明，铁酸锌脱硫剂的反应活性随着H_2S浓度及脱硫温度升高而升高，脱硫在温度550℃时，脱硫剂硫容量最高。往铁酸锌中加入氧化钛和氧化铜，可改善脱硫剂的脱硫活性。除了对$ZnFe_2O_4$进行改进外，许多研究者还在氧化锌上进行了掺杂添加，从而改善其锌蒸发和脱硫精度。氧化锌脱硫剂脱硫温度较高，脱硫精度可靠，在工业上得到了广泛使用，随着脱硫工艺的改进，流化床脱硫工艺要求脱硫剂的耐磨性将是其研究的突破口。

国内目前广泛应用的常温氧化锌脱硫剂有KT310（昆山精细化工研究所）、QTS-01

（齐鲁石化公司研究院），T307、TC-22（西北化工研究院）。其中 KT310 和 QTS-01 型氧化锌脱硫剂由于其特殊的制备工艺和助催化成分的加入，使其孔结构合理、比表面积大，提高了催化功能，具有良好的常温精脱硫性能。这两个型号的脱硫剂在常温、空速 1000～2000h^{-1}（QTS-01 为 800～1200h^{-1}）、进口 H_2S≤70mg/m^3时，出口 H_2S≤0.07mg/m^3。

氧化锌脱硫剂因具有脱硫精度提高、脱硫剂硫容大、强度及耐水性优、具有有机硫转化和脱硫双重功能、堆密度低等特点，已经得到广泛应用。

(4) 锰系脱硫[32,46,49]

天然锰矿中含有 40%～90% MnO_2，MnO_2没有脱硫活性，但将 Mn^{4+}还原为 Mn^{2+}就具有脱硫功能。锰矿脱硫剂是以氧化锰、氧化铁为主要组分，并含有氧化锌等促进剂的转化吸收型脱硫剂。其反应过程一般为：

$$MnO_2 + H_2 = MnO + H_2O$$

$$MnO + H_2S = MnS + H_2O$$

MnO_2的还原反应为强放热反应，放出热量很大，为防止还原过程使催化剂过热，应该缓慢还原。MnO 的脱硫反应也是放热反应，温度升高对反应不利。且研究发现锰矿脱硫剂会促进原料气甲烷化副反应，当床层温度超过 400℃时，就会发生甲烷化反应、有机硫化物氧化反应、不饱和烃裂解析炭等副反应，这些副反应对脱硫和系统稳定运行不利，所以操作中要严格控制床层温度小于 400℃。

1982 年我国开发了一种新型催化剂 MF-1 型脱硫剂，该催化剂以含铁、锰、锌等氧化物为主要活性组分，添加少量助催化剂及润滑剂等加工成型。Kntzu-Hsing 等通过在 γ-Al_2O_3上负载 5% Mn、Fe、Cu、Co、Ce 和 Zn 的氧化物，来考察不同金属氧化物对硫化氢脱除活性的影响。实验结果表明 Mn 和 Cu 活性最高，且 Mn 比 Cu 活性高，即 γ-Al_2O_3负载锰得到的催化剂活性最高。

Bakker 等研制了一种能用于干煤气的可再生的锰系脱硫剂。该脱硫剂组成为 $MnAl_2O_4$，在使用温度为 827～927℃时，硫容最高可达 20%。用 SO_2气体在>600℃下再生，所得产物仅仅是硫黄。再生 100 次，硫容下降很少。赵海等采用共沉淀法制备了铈掺杂铁锰复合氧化物脱硫剂，对脱硫剂在 325℃下进行脱硫实验表明，添加氧化铈增强了脱硫剂脱除羰基硫的活性，羰基硫脱除精度有较大提高。此外，脱硫剂中添加适量氧化铈可以延长脱硫剂的穿透时间，但过量氧化铈的加入会使穿透时间缩短。Wakker 指出含 8%的锰脱硫剂有最佳脱硫活性，硫化后的脱硫剂在 600℃下有很好的再生性。锰系脱硫剂在高温时表现出较强的优越性，且有较强的多次再生能力，但低温情况下硫容较小，通常用于高温烟气脱硫。

国内几种锰系脱硫剂的主要物化性能和使用条件见表 4-8。

表 4-8 锰系脱硫剂的主要物化性能和使用条件

项　目	MF-1	MF-2	LS-1	SHT-512	T-313
活性组分	Fe-Mn-Zn	Fe-Mn-Zn	Fe-Mn-Zn-Mg	Fe-Mn-Zn-Cu	Fe-Mn-Zn
含量/%	≥35	≥45	≥35		
粒度/mm	ϕ12×12,ϕ5×5,片	ϕ9×5,ϕ5×5,片	ϕ9×5,片	ϕ5×(5～15),片	ϕ5×(5～7),条
比表面积/(m^2/g)	约 45	约 30	约 40		
堆密度/(kg/L)	1.35～1.45	1.2～1.3	1.35～1.45	1.34	1.1～1.8
孔容/(mL/g)	0.18	0.19	0.14		
抗压碎力/(N/cm)	>80	>80	>80		≥100
磨耗率/%	<14	<15	<14		<15

续表

项目	MF-1	MF-2	LS-1	SHT-512	T-313
操作压力/MPa	0.1～4.0	0.1～4.0	0.1～4.0	0.1～4.0	0.1～5.0
温度/℃	350～400	350～400	200～250	250～420	280～450
空速/h^{-1}	100～1000	100～1000	100～500	100～1000	<1000
入口硫/(mg/g)	≤100	≤100	≤100	≤100	≤100
出口硫/(mg/g)	5～10	5	5	5	5
穿透硫容/%	5～7	≥11		≥15	≥15

（二）氯中毒的防护

工业生产中为防止甲醇催化剂的中毒失活，对氯化物的控制比硫化物更加严格，一般要求合成气中总氯小于0.01×10^{-6}，甚至小于1×10^{-9}。被氯污染的水蒸气在制气工段带入了甲醇合成的原料气，蒸汽中的氯离子可采用水中氯离子的脱除装置处理，原料气中的氯化物可采用脱氯剂予以脱除，对于甲醇生产厂而言，应控制入塔原料气氯含量$<0.1\times10^{-6}$，最好$<0.01\times10^{-6}$。解决原料气中氯的方法采用脱氯剂，湖北化学研究院生产的ET-3型精脱硫、精脱氯催化剂可以解决，在0～320℃，0～15MPa，3000h^{-1}，工作容量达到10%～30%，净化度≤0.1ppm，已经在20多个厂家应用。

（三）羰基化合物中毒的防护

合成甲醇原料气中微量羰基铁和羰基镍等杂质的存在，对甲醇催化剂及甲醇工艺的危害极大，不仅能引起催化剂的中毒，降低催化剂的使用寿命，而且能引起F-T合成反应，生成石蜡烃等一系列副反应，影响粗甲醇的质量，增加精制难度，影响精甲醇的产品质量。因此，在合成塔前使用甲醇催化剂保护剂，脱除其中的羰基铁、羰基镍是很有必要的[50～52]。

国外甲醇生产企业和研究单位较早注意到了羰基金属对合成甲醇催化剂的影响，并在其生产流程中的甲醇合成塔前设置了过滤器，在其中装填脱除羰基金属的净化剂，以达到净化合成气中羰基铁、羰基镍的目的，经过压缩后的合成气在过滤器中除去羰基铁、羰基镍后才和循环气一起进入合成塔。国外羰基铁和羰基镍净化剂主要有德国南方化学公司生产的K306、丹麦托普索公司开发的MG901吸附剂和英国沙立克夫生产的SS207A活性炭吸附剂。K306属于活性金属吸附剂，主要组分为SiO_2和Al_2O_3，在50℃、常压和空速3000h^{-1}下，有效脱除气体中的羰基铁，但工厂应用数据表明，对羰基镍的脱除能力不够。MG901属加温型吸附剂，使用空速可达到10000～20000 h^{-1}。英国SS207A活性炭吸附剂工业使用条件为90℃，空速900～1000h^{-1}，净化度可达88%左右。

随着国内甲醇生产的不断发展，羰基铁、羰基镍对甲醇生产危害的认识不断深入，相关研究机构相继开展相关的研究工作。西北化工研究院选用比表面积和孔容较高的活性氧化铝为载体，浸渍不同活性组分以及助剂分别制备了低温型甲醇催化剂保护剂和高温型甲醇催化剂保护剂。其工作原理是气固相物理-化学吸附技术，即气体中的羰基铁、镍先通过物理方法吸附在催化剂的表面，然后再与催化剂上的活性组分进行反应形成稳定的化合物永久性地附着在催化剂上达到脱除的目的。低温型（T802）和高温型（T803）甲醇保护剂分别可在常温～100℃，3000～5000 h^{-1}，压力不限的条件下和180～300℃，8000～10000h^{-1}，≥3.0MPa的条件下将合成气中的羰基铁、镍脱除到0.1ppm以下，在正常操作条件下低温型保护剂羰基铁、镍容量≥5%，高温型保护剂羰基铁、镍容量≥10%。中石化齐鲁石化公司研究院研制出了QXJ201和MQC201型吸附剂，湖北化学研究院开发了ET27、ET28脱羰基铁和羰基镍净化剂，应用于甲醇生产装置，较好地脱除合成气中的羰基铁和羰基镍，对甲醇催化剂起到保护作用。

几种脱羰基铁、镍催化剂的性能见表 4-9。

表 4-9 几种脱羰基铁、镍催化剂的性能

<table>
<tr><td colspan="2" rowspan="2">项　目</td><td colspan="6">型　号</td></tr>
<tr><td>K306</td><td>QXJ-01</td><td>MG901</td><td>QMC-01</td><td>T802</td><td>T803</td></tr>
<tr><td colspan="2">公司</td><td>南方化学</td><td>齐鲁石化</td><td>托普索</td><td>齐鲁石化</td><td>西北化工</td><td>西北化工</td></tr>
<tr><td colspan="2">外形尺寸/mm</td><td>ϕ4～ϕ5(球)</td><td>ϕ4～ϕ5(球)</td><td>ϕ4×5(圆柱)</td><td>ϕ3～ϕ5(球)</td><td>ϕ3～ϕ5(球)
ϕ(3～5)×(4～10)
条形</td><td>ϕ3～ϕ5(球)</td></tr>
<tr><td colspan="2">侧压强度/(N/颗)</td><td>60</td><td>60</td><td>70</td><td>110</td><td>40</td><td>60</td></tr>
<tr><td rowspan="3">操作条件</td><td>压力/MPa</td><td>0.1～13.0</td><td>0.1～13.0</td><td>0.1～13.0</td><td>0.1～13.0</td><td>不限</td><td>不限</td></tr>
<tr><td>温度/℃</td><td>50～120</td><td>50～120</td><td>190～300</td><td>190～300</td><td>常温～100</td><td>180～300</td></tr>
<tr><td>空速/h^{-1}</td><td>2000～3000</td><td>2000～3000</td><td>6000～10000</td><td>6000～10000</td><td>3000～5000</td><td>8000～10000</td></tr>
</table>

（四）有机硫的转化和脱除

气体中的 H_2S 较容易脱除，但其中的有机硫尤其是噻吩类必须采用加氢脱硫的方法，即有机硫在催化剂的作用下转化为 H_2S 和烃类，H_2S 再被脱硫剂脱除[53]。

用于加氢脱硫的催化剂有 Co-Mo 系、Ni-Mo 系、Ni-Co-Mo 系和 Fe-Mo 系等，Co-Mo 加氢催化剂适用于加氢脱硫；Ni-Mo 催化剂有较强的分解氮化物和抗重金属沉积能力和脱砷能力，适用于脱氮、脱砷以及原料气中碳氧化物较高的原料气；Ni-Co-Mo 催化剂对于有机硫转化、烯烃饱和加氢有较好的性能；Fe-Mo 催化剂适用于焦炉气有机硫加氢转化。

(1) 有机硫加氢

有机硫化合物即使没有催化剂的情况下，在一定程度上也会发生热分解反应，热分解温度因硫形态的不同而有较大的差异。热分解的产物通常是 H_2S 和烯烃，部分硫化物的热分解温度见表 4-10。

表 4-10 部分硫化物的热分解温度

硫化物名称	热分解温度/℃	硫化物名称	热分解温度/℃
伯硫醇、仲硫醇	200～250	C_4H_9SH	225～250
叔硫醇	150～200	$C_6H_{11}SH$	200
脂肪族二硫化物	200～250	C_6H_5SH	200
芳香族二硫化物	150～300	$(C_6H_5)_2SH$	450
$(C_2H_5)_2S$	400	C_4H_4S	500
2,5-二甲基噻吩	475	$C_6H_5SC_6H_{11}$	350

各种有机硫化物在 300～400℃和催化剂的作用下，与氢气反应生成 H_2S，反应如下：

$$COS+H_2 = CO+H_2S$$

$$RSH+H_2 = RH+H_2S$$

$$C_6H_5SH+H_2 = C_6H_6+H_2S$$

$$R^1SSR^2+3H_2 = R^1H+R^2H+2H_2S$$

$$R^1SR^2+2H_2 = R^1H+R^2H+H_2S$$

$$C_4H_8S(\text{四氢噻吩})+2H_2 = C_4H_{10}+H_2S$$

$$C_4H_4S(噻吩)+4H_2 = C_4H_{10}+H_2S$$

式中 R 代表烷基。

上述反应均为放热反应，但由于原料气中的硫含量通常小于 1000ppm，一般反应释放的热量较小，对催化剂的影响不大，通常放热量取决于有机硫的数量，部分取决于硫化物的种类，从硫醇、硫醚到噻吩，放热量逐渐增加。

有机硫加氢反应的平衡常数较大，只要放热速率足够快，有机硫转化是很完全的。各种有机硫加氢转化的难易程度大致是硫醚、二硫化物、硫醇比噻吩容易，C_4 烃加氢的难易顺序依次为噻吩、1,2-对二氢噻吩、四氢噻吩、n-丁基硫醚。

国内各种加氢催化剂的物化性能见表 4-11。

表 4-11　国内各种加氢催化剂的物化性能

项　目	T201	T202	T203	T205	JT-1	JT-1G	JT-6
	钴钼	铁钼	钴钼	钴钼	镍钼	镍钼	镍钼
Co 含量/%	1.5～2.5	—	>1.1	1.5～2.5	1.5～2.5	2～3	—
MoO_3 含量/%	11～13	7.5～10.5	>9.9	7～9	10～13	10～13	
粒度/mm	φ3×(4～10),条	φ6×(4～7),片	φ3×(3～8),条	φ3×(5～10),条	φ2～4,球	φ2.5～4,球	φ2.5×(4～10),三叶草
堆密度/(kg/L)	0.6～0.8	0.7～0.8	0.7～0.8	0.9～1.1	0.7～0.85	0.7～0.85	0.7～0.85
径向抗压碎力/(N/cm)	>80			>70	>50(点压)	>50(点压)	>60
使用温度/℃	320～400	380～450	330～380	250～400	200～300	200～300	250～300
使用压力/MPa	3.0～4.0	1.8～2.1	2.0～4.0	0.1～4.0	0.2～2.0	1.0～4.0	1.8～5.0
空速/h^{-1}	1000～3000	700～1000	1000～3000	3000～5000	500～2000	1000～2000	<1000
入口有机硫/ppm	100～200	200～300	200	100～200	>100	<200	<200
出口硫/ppm	<0.1	93%	<0.1	<0.2	>96%	<0.5	<0.5

(2) 羰基硫水解

羰基硫呈中性或弱酸性，是以煤制化工原料气的主要有机硫成分，化学性质比较稳定，常规的脱硫方法难以脱除干净，在化学吸收中它的反应性差，甚至使溶液降解；在物理吸收中羰基硫与 CO_2 的溶解度接近，造成选择性吸收困难，由于平衡的限制，湿法脱硫难以达到 10^{-6} 级净化度。

常用的羰基硫脱除采用加氢转化吸收，但因反应温度的原因，能耗高、价格高。近年来，国内外研究开发了羰基硫水解技术，在催化剂的作用下，发生反应为：

$$COS+H_2O = H_2S+CO_2$$

此反应的平衡常数较大，且随温度的降低而增大，降温对水解有利。水解催化剂早先采用 Al_2O_3 载钯和钴钼为活性组分，但反应温度较高，近来改用浸渍碱性组分的 Al_2O_3 为催化剂，在室温和较低的温度下工作。

国内常用的羰基硫水解催化剂的物化性能见表 4-12。

表 4-12　国内常用的羰基硫水解催化剂的物化性能

项　目	T503	T504	T907	TGH-2	SN-4	g-906
粒度/mm	φ3～6,球	φ2～4	φ3～4,球	φ3×(5～10),条	φ4～5,球	φ4～5,球
堆密度/(kg/L)	0.8～0.9	0.7～1.0	0.8～1.0	0.5～0.5	0.7	0.9～1.1
比表面积/(m^2/g)	—	150～250	150	200	>200	100～150
径向抗压碎力/(N/cm)	>30	>25	>50	—	>80	>50
使用压力/MPa	>1.0	0.1～0.8	常压～5.0	1.5～2.5	0.1～4.0	常/加压

续表

项目	T503	T504	T907	TGH-2	SN-4	g-906
使用温度/℃	>10	30～120	10～40	100～140	35～100	70～130
空速/h^{-1}	1500	1000～3000	3～5(液)	300～1000	800～1500	1000～2000
出口 COS/ppm	1～10	—	<0.1	<0.1	<0.1	<0.1

第四节 原料和反应产物

一、甲醇合成反应的原料

目前，国内外甲醇合成装置的原料气主要来自天然气、煤炭、焦炉气、炼厂气等，虽然合成气的来源和制备方式不一，但是甲醇合成反应的主要原料气分别为一氧化碳（CO)、二氧化碳（CO_2)、氢气（H_2)，其中还含有少量甲烷（CH_4)、氮气（N_2)、氩气（Ar）等惰性气体。

（一）合理控制原料气的组分

在甲醇合成反应中，氢气和 CO 合成甲醇的物质的量比是 2，与 CO_2 反应的物质的量比是 3，当原料气中 CO 和 CO_2 都存在时，合成装置新鲜气氢碳比的要求有两种表达方式[54]：

$$f=(H_2-CO_2)/(CO+CO_2)=2.10\sim2.15$$

或

$$M=H_2/(CO+1.5CO_2)=2.0\sim2.05$$

因为新鲜气中（H_2-CO_2)/($CO+CO_2$）略大于 2，而反应过程中 H_2/CO 是按照 2/1 消耗的，H_2/CO_2 是按照 3/1 消耗的，因此合成循环回路中的（H_2-CO_2)/($CO+CO_2$）远大于 2。

新鲜气中 H_2/CO 略大于 2，即氢气的含量都是过量的。一是新鲜气中含有一定量的 CO_2，而 H_2/CO_2 是按照 3/1 消耗的，若不过量，循环后可能造成氢气不满足化学计量比；二是 CO 在催化剂活性中心的吸附速率比 H_2 快得多，所以在吸附相中要达到 H_2/CO 略大于 2 就要使气相中的氢气过量；氢气的过量对减少副反应，减轻 H_2S 的中毒，降低羰基铁的生成都是有利的[55]。在工业生产中，大量未转化的气体循环返回合成塔，使得入塔气中的 H_2/CO 远大于 2 。

CO 是甲醇合成的主要成分，其含量的高低对甲醇合成的影响最大、最直接。以年产 10 万吨绝热冷管复合式甲醇装置为例来说明。反应器的操作条件为：合成压力 5.9MPa，反应器进口温度 220℃，出口温度 250℃，气量 21000m^3/h（标准状态），入塔原料气的组成、热点温度、出口温度、出口甲醇摩尔分率、甲醇日产量见表 4-13[54]。

表 4-13 入塔气组成及温度对出口甲醇摩尔分率和产量的影响

y_{CO},进口	y_{H_2},进口	热点温度/℃	出口温度/℃	出口甲醇摩尔分率 y_{MeOH}	日产量/t
0.0978	0.5977	261.11	255.01	0.0509	305.37
0.1028	0.5927	261.54	255.18	0.0525	314.67
0.1078	0.5877	261.96	255.34	0.054	323.82
0.1128	0.5827	262.46	255.5	0.0556	332.8
0.1178	0.5777	262.95	255.65	0.0571	341.6

从表 4-13 可以看出，随着入塔气中 CO 摩尔分率的增加，出口甲醇摩尔分率增加，甲醇的产量随之增加，热点温度和床层温度也随之增加。

CO_2 是甲醇合成装置的原料气之一，在甲醇合成过程中，一定量 CO_2 的存在，对于保护铜基催化剂的活性、延长催化剂的使用寿命有利。完全没有 CO_2 的合成气，会使催化剂活性处于不稳定区域，催化剂会很快失去活性。研究认为，CO_2 等弱氧化物的存在有助于一价铜的稳定，单纯的 CO 与 H_2 反应不但剧烈，而且会使活性中心一价铜向零价铜转变，使催化剂活性下降和烧结。而 CO_2 含量过高，则会影响 H_2 在 ZnO 上的吸附，使 CO 反应速率下降[56]。在以天然气和焦炉气为原料的甲醇厂，因为氢气过剩量大，适当的 CO_2 含量，有利于提高甲醇的产量，降低原料气的消耗。同时 CO_2 合成甲醇时生成水，而二甲醚是甲醇脱水反应的产物，一定程度上抑制了二甲醚的生成，并对其他脱水反应也可以起到积极的抑制作用。CO_2 与氢气合成甲醇的反应热相对于 CO 小，且反应生成的水又能起到热载体的作用，有利于调节床层温度，防止超温。研究表明，CO_2 在 4%以下时，对合成反应的影响是正效应，促进 CO 合成甲醇[55]，自身也会合成甲醇。但 CO_2 浓度过高时，降低压缩机的生产能力，同时造成粗甲醇的水含量增多，增加甲醇精馏工序的消耗。以煤为原料的甲醇厂，因为氢气少的原因，过高的 CO_2 会增加产品的成本。

二氧化碳在原料气中的最佳含量，应根据甲醇合成所用的催化剂量与甲醇合成操作温度相应调整。一般认为，原料气中二氧化碳最大含量实际取决于技术指标与经济因素，最大允许二氧化碳含量为 12%～14%，通常在 3.0%～6.0%的范围内，此时单位体积催化剂可生成最大量的甲醇。图 4-2 所示为某进口甲醇合成催化剂的甲醇相对产率随原料气中 CO_2 浓度的变化趋势，可以看出，原料气中 CO_2 在 3%左右时，甲醇相对产率最大[54]。

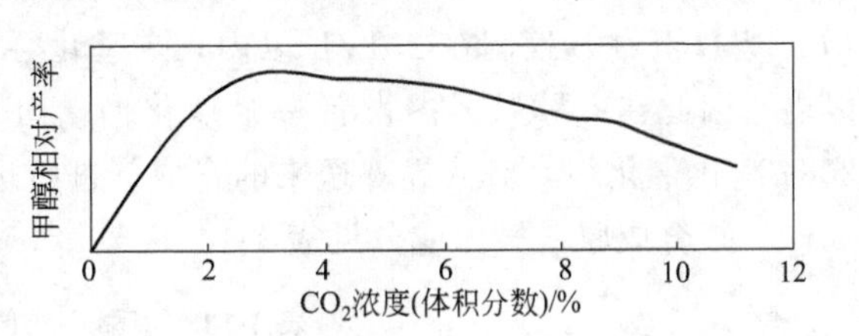

图 4-2 甲醇相对产率随原料气中 CO_2 浓度的变化趋势

(二) 原料气中惰性气体的含量

在甲醇合成的过程中，合成回路中的氮气、甲烷、氩气等惰性气体不参与甲醇合成过程的化学反应，但它们对甲醇合成也产生影响。惰性气体在系统中循环积累，使得惰性气体的分压增加，降低原料气中有效组分的分压，从而降低合成的反应速率；同时惰性气体含量越高，合成反应的循环气量越大，压缩机的动力消耗越大，单位产品的消耗越高。为避免惰性气体在系统中的累积而造成的不良影响，需弛放一部分气体。若循环气中的惰性气体的含量太高，则降低反应速率，生产单位产品的动力消耗也大，若维持较低的惰性气体含量，则弛放气体量应加大，造成有效气体的损失增加。一般来说，适宜的惰性气体含量，也要根据具体情况而定，而且也是调节工况的手段之一。例如，催化剂使用初期，活性高，可允许较高的惰性气体含量；在催化剂使用后期，一般增加弛放气量以维持较低的惰性气体含量。

(三) 入塔气中的甲醇含量

入塔气中的甲醇含量应尽可能低，这样有利于合成甲醇反应的进行，也可避免二甲醚、高级醇等副产物的生成，如二甲醚的生成是由甲醇脱水而产生，它的生成速率近似与接触时间、入塔气的浓度成正比，因此要尽可能降低入塔气中的甲醇浓度。入塔气中的甲醇含量与水冷器的水冷温度直接关联。水冷温度低、甲醇蒸气分压低，循环气中的甲醇含量就低，所以应尽可能降低水冷温度。入塔气中的甲醇含量与甲醇分离器的分离效率也有很大的关系。结蜡是造成分离效率低的主要原因，分离器液位过高也会使循环气中的甲醇含量偏高，使得塔内反应恶化，副反应增加，烷烃、醚类、高级醇等杂质含量增加，造成甲醇精馏工序条件复杂，且消耗增加。催化剂在210℃左右与原料气接触，有可能导致蜡的生成[57]。

（四）原料气中的毒物与杂质

原料气存在一些影响催化剂性能的毒物和杂质，需严格控制。原料气中的毒物和杂质主要是油、尘粒、羰基金属［$Fe(CO)_5$、$Ni(CO)_4$］、氯化物及硫化物。其中硫化物和羰基金属对合成催化剂性能的影响最大。硫化物对甲醇合成催化剂使用寿命有很大的影响，锌铬催化剂耐硫较好，新鲜气中硫含量应低于50μL/L。铜基催化剂对硫的要求很高，一般要求新鲜气中总硫低于0.1μL/L，这是由于硫化物会与催化剂中金属活性组分产生金属硫化物，使催化剂失去活性，所以合成气在进塔前一定要将硫化物除净。羰基金属物［$Fe(CO)_5$、$Ni(CO)_4$］对催化剂的毒害主要是由于二者在反应条件下会发生分解，生成的Fe、Ni覆盖于催化剂表面上堵塞活性位，所以要在进塔前将其消除[58]。对铜基催化剂来讲，要求羰基金属总量要小于0.05μL/L。

神华包头煤化工分公司甲醇装置采用Johnson Matthey公司提供的Katalco 51-9催化剂，对合成气中的杂质要求更高[34]，要求总硫（H_2S+COS）控制在20nL/L以内，氯化物（以HCl计）控制在2nL/L以内，羰基化合物控制在5nL/L以内，HCN控制在1nL/L以内。因此在甲醇界区内设置一个净化槽，内装有Johnson Matthey公司提供的Puraspec 2084净化催化剂，对从界外送来的合成气进行进一步精制后再进入甲醇合成反应器。

甲醇合成原料气体成分见表4-14。

表4-14 甲醇合成原料气体成分[34]

原料气组成	含量(设计值,体积分数)/%	含量范围(体积分数)/%
氢气	67.08	66～69
一氧化碳	30.40	28～31
二氧化碳	1.95	1.5～3.0
甲烷	0.12	0.06～0.14
氮气	0.36	0.36～0.56
氩气	0.09	0.12～0.18
硫化氢+羰基硫	≤0.1μL/L	≤0.1μL/L
水	≤ 饱和	
氯(以HCl记)	< 0.1μL/L	
砷	<0.1μL/L	
羰基化合物	<0.1μL/L	
颗粒物	0	
其他金属(如钒、钾、钠、汞)	0	
氰氢酸	<0.1μL/L	
磷化氢(PH_3)	<0.1μL/L	

二、反应产物

甲醇合成反应产物主要为甲醇，同时甲醇合成反应中因各工业化装置选用的甲醇合成技术不同、原料气的组成和杂质种类和含量的差别以及甲醇合成催化剂的型号、规格和使用时间的差异，副反应生成的乙醇、二甲醚、正丁醇、异丁醇、甲酸甲酯、辛醇、石蜡等杂质的含量和种类有较大的差异。

（一）杂质的种类

粗甲醇中所含杂质的种类很多，根据其性质可以分为四类[54]。

（1）还原性杂质

这类杂质可用高锰酸钾变色试验来鉴别。甲醇之类的伯醇可以被高锰酸钾等强氧化剂氧化，但是随着还原性物质量的增加，氧化反应的诱导期相应缩短，以此判断还原性物质的多少。当还原性物质的量增加到一定程度，高锰酸钾一加入到溶液中，立即就氧化褪色。通常认为，易被氧化的还原性物质主要是醛、胺、羰基铁等。

(2) 溶解性杂质

根据粗甲醇中杂质的物理性质，就其在水和甲醇溶液中的溶解度而言，大致可以分为水溶性、醇溶性和不溶性三类。

水溶性杂质：醚、$C_1 \sim C_5$ 醇类、醛、酮、有机酸、胺等，在水中都有较高的溶解度，当甲醇溶液被稀释时，不会被析出或变浑浊。

醇溶性杂质：$C_6 \sim C_{15}$ 烷烃、$C_6 \sim C_{16}$ 醇类，这类杂质只有在浓度很高的甲醇中被溶解，当溶液中的甲醇浓度降低时，就会被析出或溶液变浑浊。

不溶性杂质：C_{16} 以上的烷烃和 C_{17} 以上的醇类，在常温下不溶于甲醇或水，会在溶液中结晶析出或使溶液变浑浊。

(3) 无机杂质

除在反应中生成的杂质外，还有从生产系统夹带的机械杂质或微量的其他杂质。如铜基催化剂，在生产过程中受气流冲刷、受压而破碎粉化，带入粗甲醇中；钢制的设备、管道、容器受到硫化物、有机酸等的腐蚀，粗甲醇中会有微量的含铁杂质。这类杂质尽管量很小，但影响较大。如羰基铁在粗甲醇中与甲醇共沸，很难处理，导致精甲醇中的 Fe^{3+} 含量增高及外观变为红色。

(4) 电解质和水

甲醇的电导率是 $4\times10^7\Omega\cdot cm$，由于水和电解质的存在，使电导率下降。在粗甲醇中的电解质有：有机酸、有机胺、氨及金属离子如铜、锌、铁、钠等，还有微量的硫化物、氯化物。

(二) 神华包头煤制烯烃项目甲醇装置反应产物

神华包头煤化工分公司甲醇装置属世界首套单系列规模最大的甲醇生产装置，由英国 Johnson Matthey/Davy 公司提供工艺包设计。甲醇合成系统由两个反应器通过串并联组合而成，新鲜气入塔前为深度脱硫，新鲜气据催化剂的使用年限来调整入各塔比例。甲醇合成催化剂采用英国庄信万丰公司生产的 Katalco51-9 系列的铜基甲醇合成催化剂，两塔设计催化剂装填量均为 $94.5m^3$。甲醇装置设两种生产方案，方案一为日产 5500t MTO 级甲醇（折纯），小时产量 229t/h；方案二为日产 3667t MTO 级甲醇（折纯），同时日产 1833t AA 级甲醇，可根据生产的需要选择不同的生产方案。

神华包头煤化工分公司甲醇合成的反应产物主要为甲醇、乙醇、甲酸甲酯、异丁醇、正丁醇、戊醇、辛醇、丙烷以及闪蒸气、氢气等[34]。表 4-15、表 4-16 分别为神华包头煤化工分公司甲醇合成不同阶段的 MTO 级甲醇反应产物中杂质的组成和简要物料平衡数据。

表 4-15　神华包头煤化工分公司甲醇合成不同阶段的 MTO 级甲醇反应产物中杂质的组成

时间	乙醇/ppm	正丁醇/ppm	异丁醇/ppm	戊醇/ppm	丙酮/ppm	辛烷/ppm	甲酸甲酯/ppm
2010 年 9 月	579.93	107.82	120.39	63.39	4.55	4.17	29.18
2011 年 9 月	1634.83	162.49	138.47	65.76	9.70	5.84	11.81
2012 年 7 月	5164.11	489.54	481.57	192.12	31.59	10.92	30.32

表 4-16　神华包头煤化工分公司简要物料平衡[34]

序号	组分	相对分子质量	净化来新鲜气（标准状态）		氢回收来氢气（标准状态）		精馏塔去中间罐区精甲醇		甲醇装置外送氢气（标准状态）		排放槽去燃料气管网闪蒸气（标准状态）		稳定塔去罐区MTO级甲醇	
			/(m³/h)	摩尔分数/%	/(m³/h)	摩尔分数/%	/(kmol/h)	摩尔分数/%	/(m³/h)	摩尔分数/%	/(m³/h)	摩尔分数/%	/(kmol/h)	摩尔分数/%
1	H_2O	18.01					4.3	0.18			7	0.5	285.6	5.65
2	H_2	2.016	336708.1	67.08	14771.8	94.22			2800	100	680.4	48.95		
3	CO	28.01	152592.8	30.4	200.7	1.28					120.7	8.68		
4	CO_2	44.01	9788	1.95	89.4	0.57					84.2	6.06		
5	CH_4	16.04	602.3	0.12	75.3	0.48					131.1	9.43		
6	N_2	28.01	1807	0.36	377.8	2.41					229.5	16.51		
7	Ar	39.94	451.8	0.09	163.1	1.04					59.8	4.3		
8	CH_3OH	32.04					2383.5	99.82			76.3	5.49	4767.7	94.33
9	DME	46.07									1.3	0.09		
10	C_4H_9OH	74.12											1	0.02
总流量			501950	100%	15678	100%	2387.8	100%	2800	100%	1390	100%	5054.3	100%
温度/℃			30		65		40		40		44		40	
压力/MPa(G)			5.19		5.19		0.051		5.4		0.5		0.5	
相态			G		G		L		G		G		L	
平均分子量			10.88		3.68		32.02		2.02		17.22		31.26	

注：g—气态；l—液态。

三、结蜡问题

目前，国内外以煤、天然气或其他原料生产甲醇的过程中，在合成粗甲醇时，发现有高碳链的碳氢化合物及石蜡烃的生成，尤其在首次开车时和催化剂使用后期比较严重。粗甲醇产品中一旦有石蜡的存在，在后工序中将无法处理。根据其特性，虽然对精甲醇产品的质量影响不大，但对甲醇合成、精馏工序的生产有较大的影响。严重时，会引起水冷器、甲醇分离器堵塞，甚至连温度较高的甲醇合成塔出口管也会被石蜡堵塞，造成被迫停产，清蜡检修。因此在甲醇合成生产过程中，减少或避免结蜡现象的产生是非常重要的[59~64]。

（一）石蜡的性质和产生条件

石蜡是高级烷烃混合物，即脂肪族烃类，分子式为 C_nH_{2n+2}，密度为 0.786～0.800g/mL，熔点在 36.8℃，沸点在 343℃以上。在甲醇合成过程中，由于铜基催化剂的存在，理论上一氧化碳与氢会生成脂肪族烃类。

① 催化层中含铁、钴、镍等元素时，将有如下反应：

$$CO+3H_2 = CH_4+H_2O$$

$$2CO+2H_2 = CH_4+CO_2$$

$$CO_2+4H_2 = CH_4+2H_2O$$

$$2CO+5H_2 = C_2H_6+2H_2O$$

$$3CO+7H_2 = C_3H_8+3H_2O$$

② 催化层中含有钴、氧化钍、铝，在 0.01～1MPa 压力下有下列反应：

$$CO+2H_2 = \left[CH_2\right]+H_2O+164.85\text{kJ/mol}$$

③ 催化层中含有铁或碱金属，在 0.01MPa、180～350℃时，有下列反应：

$$2CO+H_2 = \left[CH_2\right]+CO_2+204.6\text{kJ/mol}$$

④ 催化层中有氧化钍、氧化铝、碳酸钾，在 30MPa、450℃ 时 CO 与氢有如下反应：

$$nCO+(2n+1)H_2 \longrightarrow C_nH_{2n+2}+nH_2O$$

（二）石蜡生成的原因

甲醇生产过程中，石蜡产生的原因比较复杂，不但与催化剂、原料气、甲醇塔的结构及材质有关，而且还与合成反应工艺条件以及操作方法有关。

1. 催化剂的影响

使用铜基催化剂生产甲醇的工艺中，由于受催化剂选择性的限制，甲醇生产时不可避免地会伴有少量甲酸及其他有机酸生成，在催化剂使用中、后期，催化剂活性下降，为保证产能，会逐步提高操作温度，使得副反应加剧，酸的生成量增加。而生产甲醇所用的设备几乎都是碳钢，因此使设备及管道产生腐蚀。原料气中又有一定浓度的CO，腐蚀后的铁质以及由催化剂自身带入的铁质与原料气中的CO在有压力和适宜的温度下有生成羰基铁[$Fe(CO)_5$]的可能，生成物通过挥发、分解、气流夹带的方式沉积在催化剂表面上，导致甲醇合成催化剂活性的下降。此外，由于Fe、Ni是生成甲烷有效的催化剂，这不仅增加了原料的消耗，而且使反应区的温度剧烈上升，影响催化剂寿命。

沉积在催化剂上的$Fe(CO)_5$在250℃左右分解成高度分散的金属铁，纳塔（G. Natta）在实验中证实，由$Fe(CO)_5$还原分解的铁，是CO与H_2反应生成石蜡最有活性的催化剂，它能显著提高合成石蜡类物质的副反应发生的概率，这样就使催化剂具备了生成脂肪烃的条件。

在装置首次开车时，由于吹扫不彻底等原因，系统中的铁锈等杂质含量高，使得$Fe(CO)_5$的生成概率增加。同样，新催化剂在储运、充装过程中与铁制容器接触，铁容器上的铁锈也会黏附在催化剂表面或掺杂到催化剂中，如在合成塔装填催化剂工作中未将塔壁铁锈清除干净，也会使催化剂中铁含量增加。这些都是首次开车系统中容易结蜡的主要原因。

生产实践证明，催化剂连续运行时间越长，铁在催化剂表面积累就越多，脂肪烃生成量也随之增加，使结蜡增多。

2. 甲醇塔内件的影响

甲醇合成塔内件的结构对合成甲醇至关重要，如果内件设计不合理，会导致催化剂床层温差大、温度难控制，进而会导致石蜡的产生。

3. 操作条件的影响

(1) 合成反应温度的影响

目前各厂使用的铜基催化剂主要都是由铜、锌、铝（或添加少量的铬、钠等）组成。此催化剂在甲醇合成反应中，在一定的温度、压力下，具有很好的活性，并对合成甲醇有极高的选择性。而铜基催化剂中的Al、Na等在一定温度、压力下，也会促进CO与H_2进行反应生成石蜡。因此合适的反应温度范围可以有效降低石蜡的生成。

生产实践证明，甲醇合成反应中床层温度过高、过低都易生成蜡质。研究表明，在190～210℃时，铜基催化剂对合成石蜡反应有很高的选择性。如C-302型甲醇合成催化剂，通过研究发现，最容易产生石蜡的合成反应温度为185～205℃，尤其在195℃附近。因此，生产中应尽量避免催化剂层温度在该温度区间停留。这个过程一般是在开停车投料阶段，开车时合成塔反应温度还未达到正常操作值；而停车过程中，合成塔反应温度下降，而原料气又未置换彻底，这两个阶段产生石蜡最多。

合成原料气进气温度控制过高，合成原料气中的水蒸气在$Fe(CO)_5$还原分解的铁的催化作用下，与CO反应生成石蜡，同时还可能生成乙醇。操作中温度波动幅度大，也易结蜡。合成甲醇反应中，副反应具有较高的活化能，对反应温度更敏感，提高温度更有利于副反应的进行。对于铜基催化剂，当反应温度超过300℃时，就容易发生甲烷化反应，甲烷含量的增加又间接地加速了石蜡的产生。实践表明，当温度超过270℃时易生成蜡质，超过300℃时伴随甲烷化反应，石蜡的含量也相应增加。

（2）合成反应压力的影响

合成反应的压力与空速的控制与石蜡生成量的关系很密切。合成甲醇时压力越高会使合成反应向生成高级烷烃的方向移动，结蜡的概率也越大。因为烃类生成反应是一个体积减小的反应，反应物的体积比生成物体积大得多，提高压力有利于副反应的进行。这些副反应发生时，反应前后其体积收缩程度较合成甲醇反应更明显，生成烃类的碳链越长，反应体积变化越大。因此生成烃类的碳链长度与反应压力有关，压力越高、生成烃类的碳链越长。具体见表4-17。

表4-17　不同压力下合成甲醇时结蜡组分分析　　单位：%

合成压力/MPa	$\leqslant C_{15}$	$C_{15}\sim C_{20}$	$C_{20}\sim C_{25}$	$C_{25}\sim C_{30}$	$C_{30}\sim C_{35}$	$C_{35}\sim C_{40}$	$\geqslant C_{40}$
5	1.75	16.84	50.04	39.25	2.12		
15			35.6	41.87	19.59	2.94	
30			0.88	25.22	44.54	27.61	1.75

（3）空速的影响

根据CO与氢气反应生成烃类机理可知：

$$CO+H_2 \xrightarrow{-H_2O} C_1 \xrightarrow{-H_2O} C_2 \xrightarrow{-H_2O} C_3 \xrightarrow{-H_2O} C_4 \cdots$$

在甲醇合成的生产过程中，空速的选择尤其重要。较高的空速有利于合成甲醇，空速过低，合成甲醇反应在接近平衡状态下进行，反应速率较低，同时反应物及产物在催化剂表面上停留时间延长，对加速副反应有利，对于碳链增长的反应尤为有利。即空速低，合成塔中原料气与催化剂接触时间长，转化率高，但纯度下降，石蜡等副产物增多。

（4）原料气的影响

一般情况下，甲醇合成装置进口气体通常选择H_2过量，由控制原料气中CO含量来控制反应平衡，同时以煤为原料的甲醇装置选择进口CO_2含量在3%～5%，使得氢碳比控制在$(H_2-CO_2)/(CO+CO_2)=2.05\sim2.15$。因为CO加$H_2$的反应热远高于$CO_2$加$H_2$反应热，如果入塔原料气中CO含量偏高，则反应剧烈，副反应增多，生成高级烃类机会也多，生成的蜡也就增多。

原料气净化度差也易生成蜡质。如原料气中含有少量硫化物，H_2S可加剧对铁的腐蚀，使得羰基化反应的概率增加，结蜡机会增多。原料气中含有少量乙烯会使结蜡明显，水分多也易发生高碳链的碳氢化合反应。若原料气成分不能稳定地控制在指标范围内，加之制气系统掺入煤质较差的煤，使得系统结蜡趋向加大。

甲醇分离器分离效果差，入塔气中甲醇含量过高，使甲醇在催化剂表面的停留时间延长，使粗甲醇中杂质含量增加，结蜡机会增多。

（5）开停车的影响

频繁的开停车也是造成结蜡的一个原因。开车投料阶段，合成塔反应温度还未达到正常操作值，反应气通过合成塔低温反应区时易产生石蜡。停车阶段，系统置换不彻底，未置换彻底的CO、H_2通过合成塔低温反应区也易产生石蜡。因为开、停车或催化剂床层温度波动大，造成催化剂床层低温的机会，而且气体成分变化很大，给CO突然增高提供机会，流速和接触时间也随之变化。总之，生产处于不稳定状态，氢与碳化物在不同条件下，副反应增多，多碳链的脂肪烃也会增加。

（三）结蜡现象对甲醇生产的影响

(1) 结蜡影响水冷效果，降低甲醇产率，增加生产成本。

当出甲醇水冷器出口的合成循环气温度降至40℃左右时，其中甲醇合成的副产品石蜡（熔点为36.8℃）会被冷凝下来，形成黏稠状液体，分别黏附在管道、甲醇水冷器、甲醇分离器的管壁上，影响甲醇水冷器的冷却效果。造成气相中的甲醇不能被全部冷凝，使分离后合成循环气中带有甲醇。再返回合成塔时，由于进塔气中含有甲醇，又进一步促使高级醇等杂质的生成，从而影响CO转化率和甲醇的转化率，造成甲醇单程转化率下降，影响甲醇产量，增加生产成本 。

(2) 结蜡影响催化剂的性能及使用寿命。

甲醇合成反应中若生成石蜡类的副产物，易堵在催化剂颗粒的空隙内，减少催化剂的比表面积，同时在催化剂表面形成液膜，增加了原料气扩散至催化剂表面的阻力，使催化剂在单位时间、单位表面积上发生甲醇合成反应的分子数减少，结果导致催化剂利用率降低，影响催化剂的生产强度及使用寿命。

(3) 结蜡造成阻力增大，增加了动力消耗。

当甲醇合成装置有石蜡产生时，势必使管道的阻力增大，从而增加了动力消耗。当结蜡严重时，会造成甲醇水冷器的管道堵塞，甚至使甲醇分离器及合成塔出口管道堵塞，引起停车，给生产带来不稳定因素，造成极大的浪费和损失。粗甲醇中若含有石蜡物质，会随着粗甲醇进入精馏的管道及泵体内，堵塞其出入口，影响精馏装置的安全生产。

(4) 结蜡增加了设备维修费用

由于结蜡使得出水冷器温度过高，甲醇分离器效果差，气液分离不好，液体甲醇被带入压缩机循环段。对于透平式压缩机，容易造成压缩机干气密封的损坏，影响压缩机长周期运行，并增加了设备维修费用。

(5) 结蜡严重时被迫停车，会造成产品损失

结蜡导致系统阻力增大，严重时可能导致被迫停车，将给整个系统造成很大的经济损失。

（四）防护石蜡生成的措施

(1) 选择性能优良的催化剂

提高催化剂的质量，不仅提高了甲醇的产量与质量，还会降低合成甲醇过程中出现的结蜡现象。合成甲醇过程中，在催化剂表面上存在着合成甲醇反应与诸多副反应的竞争，如果催化剂对甲醇合成的反应具有良好的选择性，相对来说抑制了副反应的发生。降低催化剂中有害杂质的含量，尤其是铁、钠、硅等元素，能减少生产中石蜡的产生，原始开车吹扫过程中，提高管道清洁度，能很好地降低催化剂床层铁含量。由于铁的沉积、毒物的影响、粉化等情况使催化剂失活是不可逆的，所以，当催化剂使用后期，结蜡越来越严重时，可以考虑更换新的催化剂。

(2) 设备要合理优化

选择符合生产工艺状况，工艺参数易控制的甲醇合成塔内件，减小温度波动从而减少结蜡现象的产生。甲醇合成工艺中增加过滤器，将石蜡物质在过滤器中部分清除，使之不进入

后系统，以免对后系统工段精馏产生影响。甲醇分离器采用高效分离装置，降低进入循环气中甲醇的含量。

（3）选择合理的操作条件

选择合适的净化方式，使得进入合成装置的原料气干净，既延长催化剂的使用寿命，又减少副反应的发生；控制合适的氢碳比，CO含量不能过高，同时可适当提高CO_2的含量；适当提高系统中惰性气体含量，使循环气量提高，增加空速，降低反应产物的停留时间。选择合适的操作温度，尽量避免在较低或较高的温度下操作，减少石蜡生成的机会。

（4）减少开停车次数

尽量减少开、停车次数，因为温度的大幅波动，会增加结蜡机会。每次停车后，均要用高纯度的氮气对系统进行置换保压。

（五）结蜡后的处理

通常情况下，甲醇合成装置结蜡现象难以避免，一旦结蜡，对生产影响较大，若停车处理，损失更大，因此一般选择“在线除蜡”。“在线除蜡”就是在系统运行过程中，降低系统负荷，人为提高甲醇水冷器出口气体温度至75℃左右，将甲醇水冷器中的石蜡熔化并由循环气将其带入甲醇分离器的操作方法，一般可维持较长时间的正常生产，待下一次系统停车时处理。经验证明，经过“在线除蜡”，正常运行过程中，甲醇水冷器后的温度会明显下降。而带入甲醇分离器中的石蜡会随粗甲醇产品进入粗甲醇储罐，在预精馏塔进料泵滤网中清除出来，多并联安装几个过滤器是不错的选择。另外，每一次大检修也是除蜡的好机会，可以用热水或低压蒸汽对甲醇水冷器、甲醇分离器、闪蒸罐及相关管道进行彻底除蜡。

四、MTO级甲醇

合成气经过甲醇转化为低碳烯烃的工艺（Methanol to Olefins）开发后，随之衍生出了MTO级甲醇的概念，MTO级甲醇是将甲醇合成单元生产的粗甲醇通过简单精馏的手段除去低沸物及粗甲醇中的溶解性气体，以满足下游MTO装置生产的需求[34]。表4-18为MTO级甲醇规格一览表，表4-19是MTO级甲醇杂质含量要求。

表4-18 MTO级甲醇规格一览表

组　分	含量(质量分数)	组　分	含量(质量分数)
二氧化碳	≤50μg/g	水	≤5.0%
二甲醚	≤0.1%	正丁醇	≤500μg/g
甲酸甲酯	≤50μg/g	异丁醇	≤500μg/g
丙酮	≤50μg/g	辛烷	≤10μg/g
甲醇	≥95%	戊醇	≤200μg/g
乙醇	≤0.1%		

表4-19 MTO级甲醇杂质含量要求

组　分	最大含量	组　分	最大含量
碱度	1μg/g	不挥发组分	1mg/100mL
总有机氮	1μg/g	酸值	<0.03mgKOH/g
总金属	0.1μg/g	二氧化碳	50μg/g
外观	清亮且无悬浮物	氯含量	1μg/g

第五节　甲醇合成的工艺过程

目前工业上几乎都是采用一氧化碳、二氧化碳加压催化氢化法合成甲醇。典型的流程包括合成原料气净化、甲醇合成、粗甲醇精馏、燃料气回收等工序，以下对各个工艺过程做简要介绍。

一、甲醇合成主要技术简介

各专利商的甲醇合成工艺流程不尽相同，但是主要流程却有着一定的相似性，本节简要说明各主要专利商流程的情况。

（一）英国 Davy 技术

英国 Davy 工艺技术有限公司（Davy Process Technology Ltd.，简称 DPT 公司）是目前世界上大型甲醇技术的主要供应商之一，DPT 公司开发的甲醇技术已有三十多年的历史，在甲醇技术方面积累了较丰富的研发和工程经验。由 DPT 公司提供技术的日产 5000t（年产 167 万吨）甲醇装置于 2005 年在特立尼达岛成功投入运行[4]；2010 年 7 月份，日产 5500 吨（年产 180 万吨）甲醇装置在神华包头煤化工公司成功投入运行。

目前 DPT 公司主推的中压甲醇合成工艺流程如图 4-3 所示[34]，DPT 公司称之为串联流程（series loop），合成新鲜气进入合成气/循环气联合压缩机的合成段进行压缩，绝大部分新鲜气与第二甲醇分离器来的循环气混合后，先在第一入塔预热器中预热后，进入第一合成塔（第一反应器）。在合成塔内，甲醇合成反应在高活性的铜基催化剂作用下进行，该反应为放热反应。反应热副产约 1.8～2.3MPa 的饱和蒸汽。离开第一合成塔的反应气经过第一入塔预热器对入塔合成气进行预热，然后进入冷却器，反应生成的甲醇和水在冷却器中最终冷却后，循环气和粗甲醇进入第一甲醇分离器进行分离。在第一甲醇分离器中分离出的循环气与部分新鲜气混合后进入合成气/循环气压缩机的循环段压缩，在合成气/循环气压缩机循环段的循环气和部分新鲜气被压缩后进入第二入塔气预热器中预热，然后进入第二合成塔（第二反应器），该合成塔同样副产约 1.8～2.3MPa 饱和蒸汽，离开第二合成塔的反应气经过第二入塔预热器预热入塔气后，进入第二冷却器。反应生成的甲醇和水经冷却后，循环气

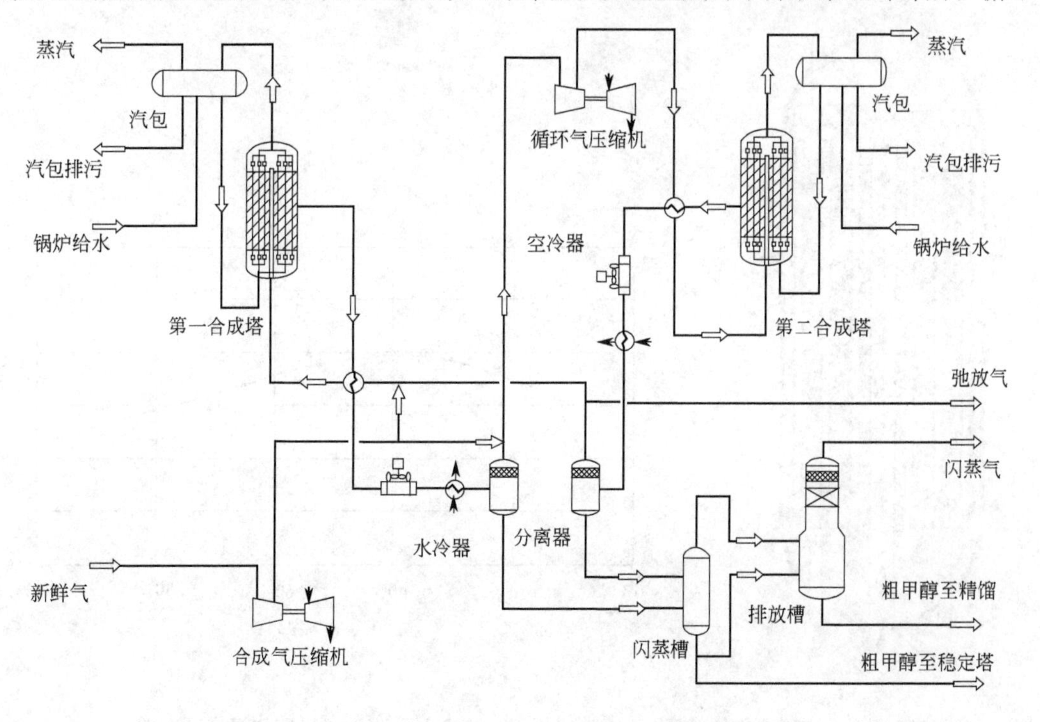

图 4-3　Davy 甲醇合成工艺流程简图

和粗甲醇进入第二甲醇分离器，在甲醇分离器中分离出的粗甲醇去甲醇闪蒸槽。在第二甲醇分离器中分离出的循环气的大部分与合成新鲜气混合后进入第一合成回路。同时，需放出一部分弛放气以维持循环气中的甲烷、氮气和氩气等惰性气体在一定的浓度范围之内。

如前文所述，从新鲜合成气在两个合成塔之间的分布角度来看，该工艺流程又是一种并联流程，因此 Davy 的工艺流程可称为串/并联耦合方式。在该流程中，将第一合成塔的出口气体进行降温、分醇后再进入第二合成塔，使得第二合成塔的原料气中甲醇含量很低，促使反应平衡向甲醇合成的方向移动，可显著提高甲醇转化率，降低整个合成回路的循环比。同时这种串/并联流程可有效提高催化剂的使用效率，据专利商介绍，采用该流程比传统的并联流程节省催化剂 30%以上。

Davy 采用的甲醇合成反应器为蒸汽上升式合成塔，简称 SCR，如图 4-4 所示，蒸汽上升式合成塔（SCR）是一个径向流反应器，催化剂装填在反应器的壳侧，管内产生中压蒸汽。新鲜的合成气从反应器底部的中心管进入，中心管管壁上有分配孔以保证气体的分布均匀。气体沿径向从内到外通过反应器的催化剂床层。从汽包来的锅炉水进入反应器的底部然后向上流动并部分汽化带走甲醇合成反应所产生的反应热。反应温度通过控制管内蒸汽的压力来调节，这样的径向流结构很容易实现整个反应器内催化剂床层温度的均匀分布。蒸汽上升式合成塔的床层温度如图 4-5 所示，该合成塔能够较好地控制床层温度的均匀性。径向流反应器也确保了在大气量的条件下压降较小，反应器生产能力的扩大可以通过加长反应器长度来实现。这个优点保证在甲醇装置大型化中不受运输条件的限制。Davy 公司通过计算，比较了催化剂在管内、水在管外与催化剂在管外、水在管内两种方案，结果表明，后者所需的管壁表面积仅为前者的 6/7，因此选择催化剂床层在壳侧的方式，同时这种催化剂装填方式还具有催化剂装填量大，易于装卸等优点，适合大型化生产装置。Davy 反应器对材料的要求相对较低，因换热管内走水，在某些操作条件下换热管甚至可以采用碳钢，大大降低了设备投资。

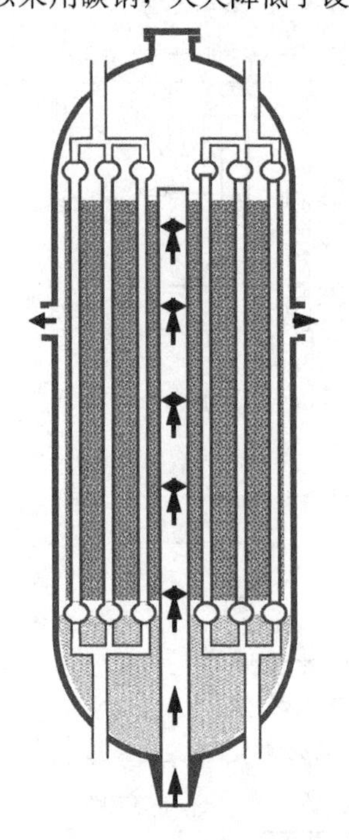

图 4-4 蒸汽上升式合成塔简图

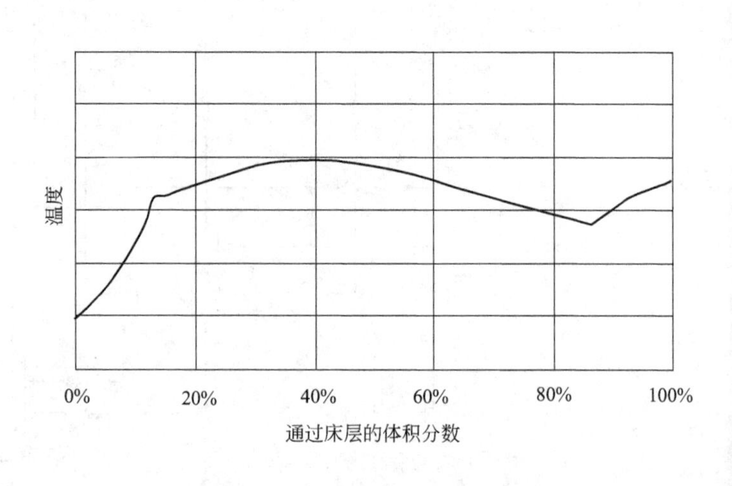

图 4-5 蒸汽上升式合成塔床层温度分布曲线

（二）德国Lurgi技术

德国Lurgi（鲁奇）公司是世界上主要的甲醇技术供应商之一，在20世纪70年代就成功开发了Lurgi低压法甲醇合成技术。1997年Lurgi公司提出大甲醇技术（Mega Methanol，年产百万吨级甲醇装置）的概念[65]，引领甲醇技术向大型化发展，目前采用Lurgi公司Mega Methanol技术的甲醇装置已有两套投入生产运行，另有多套正在建设中。

Lurgi公司的Mega Methanol工艺流程如图4-6所示，该工艺的合成工段包含三个反应器，其中R52002为气冷式反应器，R52001A/B为两个并联的水冷反应器。新鲜合成气经压缩后与循环气混合，进入气冷反应器的管层，被壳层发生的甲醇合成反应所放出的热量预热，然后进入并联的两个水冷反应器发生反应，反应器管内装填催化剂，管间为沸腾水，反应放出的热量经管壁传给管间的沸腾水，产生中压蒸汽，产品气从两个水冷反应器出来后先混合，然后进入气冷反应器的壳层，未反应完全的合成气在气冷反应器内进一步反应生成甲醇，最终产品气送冷却、分离工段将粗甲醇分离后，未反应的原料气继续循环。

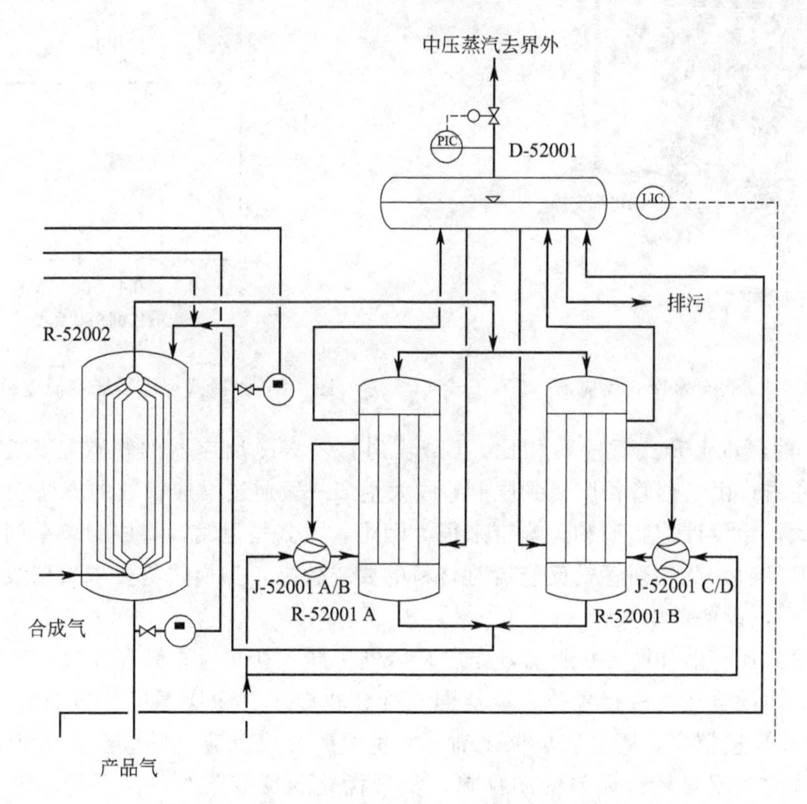

图4-6 Lurgi公司的Mega Methanol工艺流程

R-52001A/B—水冷反应器；R-52002—气冷反应器；J-52001A/B/C/D—蒸汽喷射器；D-52001—汽包

Lurgi公司提出的这种工艺流程较好地在甲醇合成反应动力学与反应热力学之间进行了权衡。从反应热力学角度来看，甲醇合成反应是放热反应，低温有利于甲醇的生成，从反应动力学角度来看，高温可以加快反应速率，但高温对催化剂有害，并产生酮类等副产物，它们会形成共沸物，使后续的精馏更为困难。在Lurgi工艺流程中，其列管式水冷反应器有相对较高（260℃）的出口温度，使得反应能够较快地进行，在此发生部分转化后，其余的转化发生在冷管式反应器，在较低温度（220～225℃）下操作有利于甲醇的合成。这种流程配置实现了较快的反应速率和较高的转化率，显著提高了反应的单程转化率，降低循环气量，节省循环气压缩机的功耗。同时，因为其水冷式反应器操作温度较高，使得副产蒸汽的压力相对于 Davy 工艺而言要高，比较有利于蒸汽的使用。

鲁奇水冷式反应器如图 4-7 所示，管内装填催化剂，管间为沸腾水，反应放出的热量经管壁传给管间的沸腾水，产生中压蒸汽。通过调节蒸汽压力有效地控制床层温度，床层温差变化较小（床层温度分布曲线如图 4-8 所示），操作平稳，副反应少，单程转化率高，循环比小，功耗低。副产的中压蒸汽可用于驱动循环压缩机或作为甲醇精馏系统的热源。

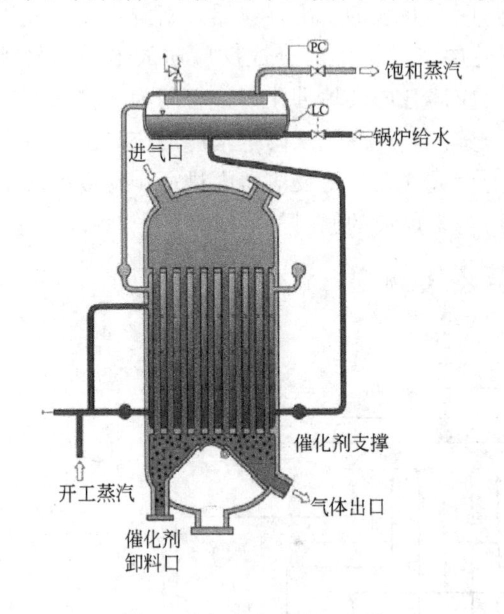

图 4-7 鲁奇水冷式反应器

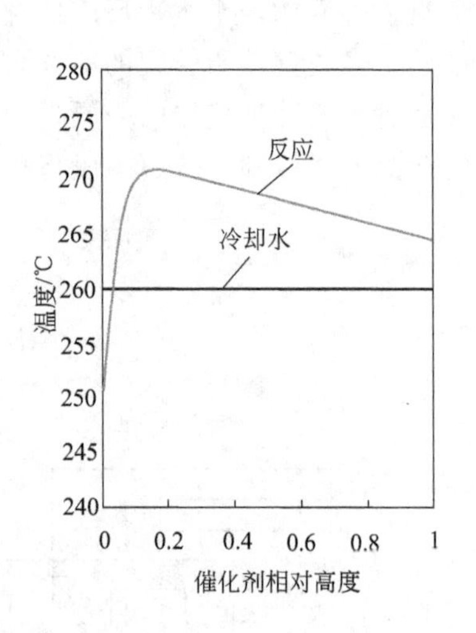

图 4-8 水冷式反应器床层温度分布曲线

与 Davy 的蒸汽上升式反应器相比，Lurgi 列管式水冷反应器的缺点是床层压降较大，达 0.3MPa 左右；由于列管长度受到限制，放大生产一般通过增加管数的方法实现，使反应器的直径增大，给设计、制造和运输带来很大困难，尤其是运输，将成为单系列装置生产能力扩大的主要障碍；此外列管式反应器对材料的要求较高，如换热管要求采用线性膨胀系数低的双相钢[65]，设备费用大。

鲁奇气冷式反应器如图 4-9 所示，壳层装填催化剂，管间为原料合成气，反应放出的热量经管壁对管内的合成气进行预热。床层温差变化也较小（床层温度分布曲线如图 4-10 所示）。在气冷式反应器中，壳层装填催化剂并发生甲醇合成反应，反应热由管内的冷新鲜原料气移除，同时实现对新鲜原料气的预热，实现优化的反应路线（高平衡驱动力、高转化率），不需要反应器进料预热器，催化剂装填量大，且催化剂消除致毒可能性。气冷式反应器的缺点是结构较复杂，对材料的要求也较高，设备费用大。

（三）丹麦 Topsoe 技术

丹麦托普索（Topsoe）公司也是世界上主要的甲醇技术供应商之一。2009 年，Topsoe 公司在沙特阿拉伯的 Ar-Razi 的 Saudi Methanol Company 获得以天然气为原料生产日产 5000t 甲醇的项目[66]，有一套日产 7500t 的装置已完成了基础工程设计[4]。

Topsoe 甲醇合成反应器形式与 Lurgi 公司的水冷式反应器相似，管内装填催化剂，管间为锅炉给水，反应放出的热量经管壁传给管间的锅炉水，产生中压蒸汽。通过调节蒸汽压

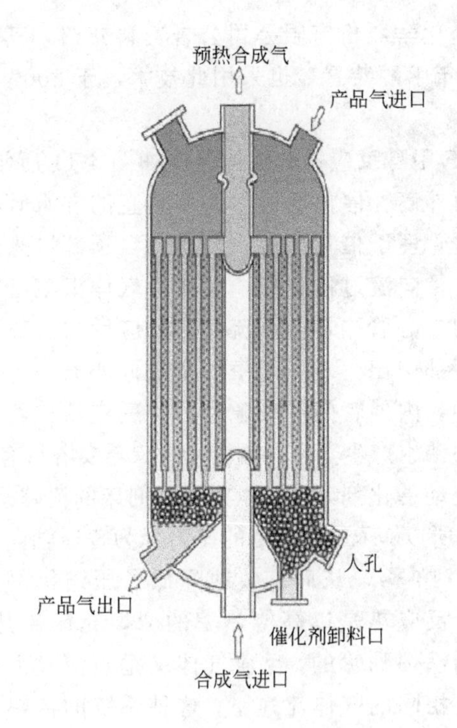

图 4-9　鲁奇气冷式反应器

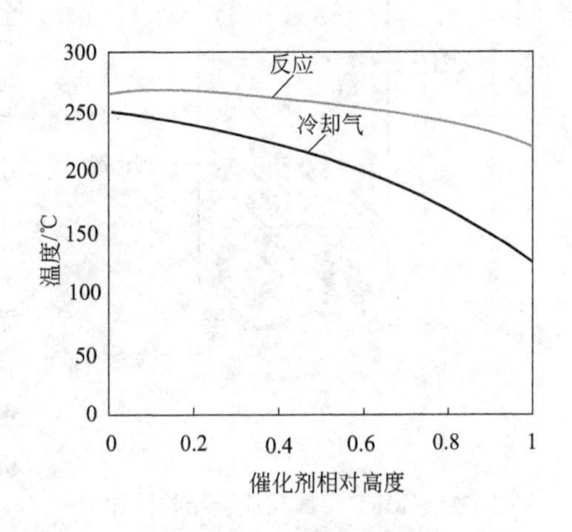

图 4-10　气冷式反应器床层温度分布曲线

力有效地控制床层温度。与 Davy 和 Lurgi 工艺不同，Topsoe 工艺通过多个合成塔并联的方式达到大规模生产的要求。并联工艺流程是最简单的流程配置，当一台反应器不能满足生产规模时，采用两台或数台反应器并联来实现生产规模的增加。从流程配置上来看，并联工艺流程仅仅是反应器数量上的叠加，对于反应器实际为多系列生产，仅在某些设备如压缩机、汽包、主要工艺管线上能实现共用，降低部分投资。Topsoe 甲醇技术的一个主要特点是其自身开发的甲醇合成 MK 系列催化剂具有较高的活性，据文献材料说明，其反应器出口甲醇含量可达到 13.86%[65]，神华包头煤制烯烃项目报价材料合成塔出口的甲醇含量为 10.34%，远高于 Davy 和 Lurgi 公司的技术（其出口甲醇含量在 5%～7%），因此同等规模的甲醇装置催化剂用量较少。例如，在对神华包头煤制烯烃项目 180 万吨/年甲醇装置进行技术报价时，Topsoe 的催化剂用量比其他公司的用量减少近 100 m^3，催化剂用量的减少可以减小反应器体积，降低设备投资，但同时造成的问题是催化剂的可替换性差，因为使用其他型号的催化剂，将可能造成装置的减产。

（四）日本东洋技术

日本东洋工程公司（TEC）与三井东亚化学公司共同开发了一种多级间接冷却径向流（Multistage indirect cooling type Radial Flow，简称 MRF）甲醇反应器，该反应器的开发始于 1980 年[67]，1982 年在日本大阪建立了一套能力为 50t/d 的示范装置，通过试验运转证明技术可靠。1988 年 TEC 决定将 MRF 用于特立尼达和多巴哥的 1200t/d 甲醇装置的改造中，在合成工序中与原有的 ICI 冷激塔平行安装 1 台生产能力为 260t/d 的 MRF 反应器，以减轻原有反应器的负荷，该反应器运行后达到预期效果[68]。目前国内至少已有三套装置采用该技术，中国石化四川维尼纶厂利用 MRF 甲醇反应器改造原有英国 ICI 公司冷激式反应器，装置能力 14 万吨/年，于 1998 年 6 月正式投入运行[69]；泸州天然气化工厂 40 万吨/年甲醇装置，于2005年12月投入运行[70]；另据中海石油化学股份有限公司公告资料介绍，其公司于香港建滔集团合资的中海建滔公司的60万吨/年甲醇装置，也采用此技术，于2007年1月投产。

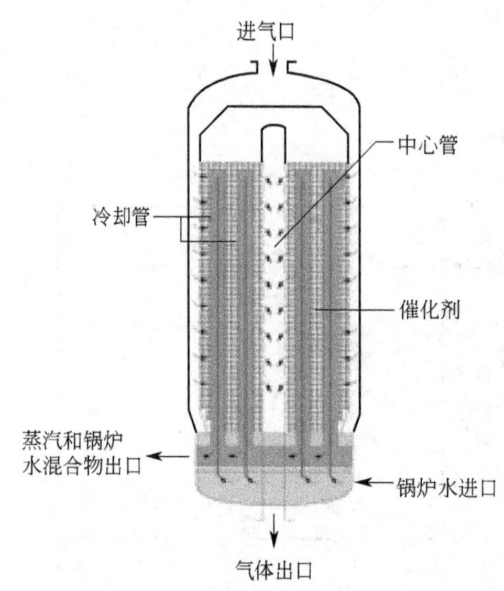

图4-11　MRF甲醇反应器结构简图

MRF甲醇反应器的结构简图如图4-11所示，反应器由外筒、催化剂筐和许多垂直的沸水管组成，沸水管埋于催化床中。合成气自顶部进入压力空间，径向流过催化床，反应后气体汇集于催化剂筐的中心管内，向下流动，反应后的气体由反应器下部引出。冷却管束为双层同心管，沸水从内管导入内外管间的环隙当中，反应热传给冷却管内的沸水产生蒸汽。因为MRF合成塔只有1个径向流动催化剂床，气体在催化剂床的流路短、流速低，所以MRF合成塔的压力降为普通轴向流动塔的1/10[68]，从而有效地降低了压缩机的能量消耗。反应热是以高传热率的“填充床传热”机理传给锅炉列管的，反应气体又垂直流过列管表面，在相同的气体流速下，这种系统的传热系数要比平行流动系统的传热系数高。通过恰当布置锅炉列管，可提供较好的合成反应温度分布，合成塔出口粗甲醇体积分数大于8.5%[68]，使单位体积的催化剂有较高的甲醇产率。反应器采用无管板设计，更容易实现放大，据称目前单台MRF反应器的最大生产能力可达5000t/d，但目前尚未有大规模工业装置投运。这种形式的合成塔，冷却介质侧流动阻力相对较大，为了保证锅炉给水能够顺利流动移走反应热，锅炉给水一般采用强制循环方式，即设置锅炉给水循环泵，让锅炉给水在汽包和合成塔之间循环。这种设置，增加了装置的运行成本，但也降低了汽包的高度，土建结构相对简单。

（五）瑞士Casale技术

瑞士Casale公司原来是一家以为合成氨、甲醇装置提供改造技术为主的公司，主要是采用高效的内构件对现有装置的反应器进行改造，以提高装置的性能。近年来Casale公司开发出一种新型的IMC（Isothermal Methanol Casale converter）甲醇反应器，即等温型甲醇反应器。IMC反应器的结构简图如图4-12所示，合成气从合成塔的顶部进入，以径向流动为主以及少量的轴向的流动通过催化剂床层，反应放出的热被插入催化剂床层的换热板中锅炉水带走，反应后的气体向中心管汇集，出合成塔。锅炉给水由底部四周进入，由分布器均匀分布进入各块换热板，吸热并部分汽化，从底部向上穿过整个催化剂床层在顶部的环形收集器汇集后出合成塔。因其工艺气体流动兼有轴向流动、径向流动，所以又称其为轴径向合成塔。该反应器的主要特点是换热元件采用高压板式换热器，将换热板埋入催化剂床层内作为冷却元件，换热板内的锅炉给水将反应热移出催化剂床层的同时产生饱和蒸汽；使用板式换热器，催化剂装填在壳侧，装填空间大，更多的催化剂增加了气体与催化剂的接触时间，降低空速，提高$CO+CO_2$转化率，提高合成塔出口甲醇含量。降低循环气量，有利于降低能耗。内蒙古某100万吨/年甲醇装置合成塔出口醇含量最高达到13.5%，系统循环比仅有2.1～2.3，远低于常规合成技术的5～6的循环比[71]。低循环比不仅能降低合成压缩机功率，也极大地降低冷却系统的能耗。醇净值高、循环量小，甲醇分离的效率也能提高。

反应气体在反应器中的流动形式为轴-径向流，流通床层短，压降可减少至 0.05MPa，有效地降低了系统能耗。板式换热器的设计结构比传统的列管式反应器换热效率更高，在高度方向上实现了较优的床层温度分布，IMC 反应器的床层温度分布曲线如图 4-13 所示。IMC 反应器是壳体和内件分制，分组内件现场组装，解决大型化的结构难题。IMC 反应器的缺点是结构复杂，制造难度较大，同时对材料的要求较高，设备投资较大。换热板沿半径呈扇形布置，板间距外大内小，易导致平面温差大，且换热板的制造难度大，反应器内部的蒸汽总管设计和制造难度大，板式塔焊缝远比管式塔要多，现场焊接头多，内件上下二端均固定，热应力复杂。因为水汽测的流程长，通道复杂，流动阻力大，锅炉给水需要强制循环，且单程汽化率在 10%左右[71]，同列管式合成塔相比，需要增设锅炉给水循环泵。

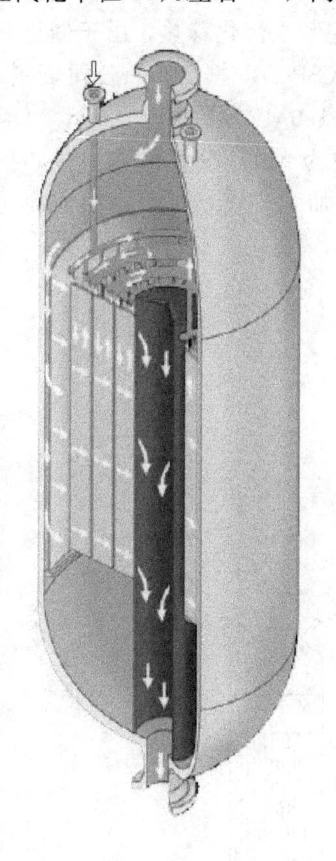

图 4-12　Casale 的 IMC 反应器结构简图

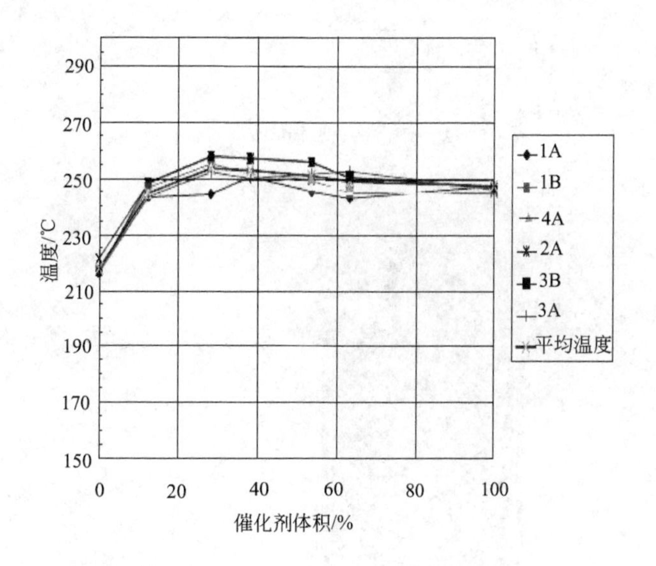

图 4-13　IMC 反应器的床层温度分布曲线

A 表示从上向下催化剂床层的轴向距离，1A 在最上层，4A 在最下层；B 表示气体径向流动时从外壳处到中心管的距离，1B>2B>3B

目前采用 Casale 技术的在国外运行的甲醇装置是俄罗斯改造的日产 1350t 项目，在伊朗有一套以天然气为原料的日产 7000t 的装置正在建设中。已知的 Casale 技术在国内应用的厂家有上海焦化 20 万吨/年甲醇装置、渭河化肥厂 40 万吨/年甲醇装置、内蒙古新奥 60 万吨/年甲醇装置、内蒙古久泰 100 万吨/年甲醇装置、新疆广汇 120 万吨/年甲醇装置等。

其他甲醇合成技术还有林德公司（Linde）螺旋管反应器和 MGC/MHI 超转化反应器等，但目前未见国内采用的报道。林德公司的螺旋管反应器亦称等温反应器，合成塔包括一个埋入催化剂床层中的一束螺旋盘管，锅炉给水在管束内循环并蒸发，反应热用于产生中压蒸汽，温度控制则通过调节蒸汽压力来实现。与管内装填催化剂的管式合成塔相比，壳侧催化剂的热传递明显高，所需冷却面积仅及管式合成塔的 60% ～75%。合成气流是轴向通过合成塔。管束分别沿反应器长度方向呈多层盘绕在反应器构件上。林德固定床甲醇合成反应器具有床层径向和轴向温度分布均匀、温差小和催化剂装填系数高的双重效果，催化剂装填系数达 70%[72]，且温度稳定。该类反应器的特点是：与 Lurgi 直管相比，使用螺旋管冷管较好地解决了热应力问题；由控制蒸汽压力来调节反应器操作温度，使操作稳定可靠，且催化剂床层温差较小；合成反应基本在等温下进行，使反应器内温度分布与理想动力学条件相近。不足之处是：设备制造难度大，投资相对较高；不利于生产扩能和大型化。林德公司螺旋管反应器的结构简图如图 4-14 所示。

MGC 反应器实际上是 Lurgi 反应器的一种改进，不同的是气冷-水冷集于一只反应器，催化剂装在双套管的管间，管内通过合成气体移热，管外通过饱和水汽化移热，由于催化剂层两侧均移热，反应器移热能力强，被称为超转化率反应器（SPC）。据 MGC 公司资料，在日本以天然气为原料的 15 万吨/年甲醇装置中，合成压力为 11.0MPa，循环比 2.4，出塔甲醇体积分数 9.13%，塔压差 0.2～0.3MPa。SPC 反应器已成为 MGC 公司的先进核心技术。SPC 的不足是结构比较复杂，冷管长达 15m，在大型化中加工难度增加，每根内冷管用可挠管接到内封头，国内无该反应器技术的使用实例[73]。

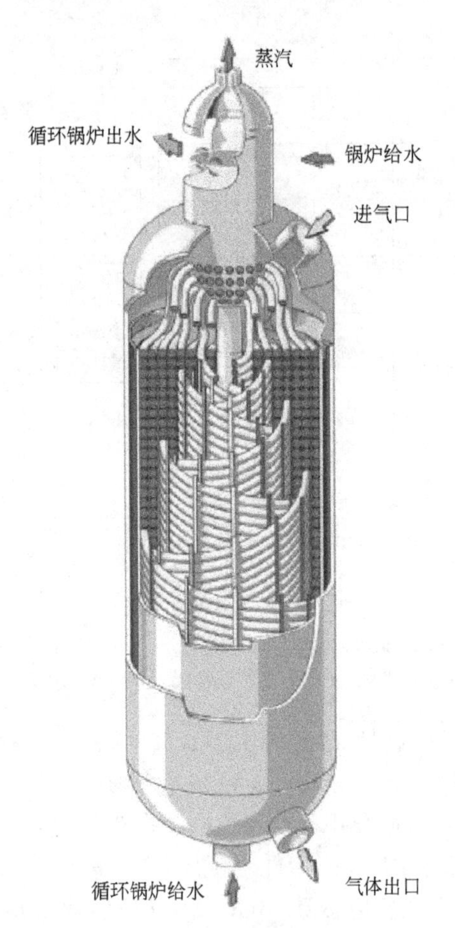

图 4-14　林德公司螺旋管反应器的结构简图

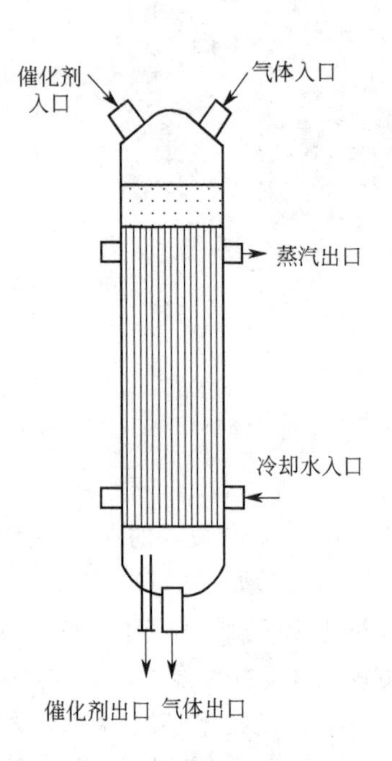

图 4-15　管壳绝热-外冷复合式甲醇反应器简图

（六）华东理工大学技术

华东理工大学开发了一种管壳绝热-外冷复合式固定床催化反应器，可用于甲醇合成等气固相催化反应。该反应器的基本结构如图 4-15 所示，进塔气由上部进气口进入反应器，由气体分布器先经过绝热段催化剂床层，再流经冷却催化层，此段催化剂填装在反应管内部，反应放出的热量被壳程锅炉给水吸收，副产中压蒸汽，反应后气体由下部气体出口排出。该反应器下部的管壳层结构与 Lurgi 的水冷反应器比较类似，上部绝热层装填部分催化剂，通过反应提高进入冷却层气体的温度，以利于提高反应速率；气体首先进入绝热层，绝热层的催化剂进一步吸收气体中所含的催化剂的毒物，使得气体得到进一步净化，保证了进入反应管的气体洁净，利于保护反应管内的催化剂，因为上部绝热层的催化剂在降温和充氮保护下易于卸除更新。

目前华东理工大学的甲醇技术已经获得国家专利，并在多个项目中应用，目前投产的最大规模为 60 万吨/年。

（七）杭州林达技术

杭州林达化工技术工程有限公司是国内较有代表性的甲醇技术供应商，该公司开发的大型甲醇合成技术有气冷型、轴向水冷管式和径向水冷管式以及气冷水冷组合等多种方式，安装方式有立式和卧式。其中气冷式均温型反应器和卧式水冷反应器已有多套工业应用，成为一种成熟塔型，其特点是催化剂装填系数大且生产强度高，催化剂层温差小，压降小。

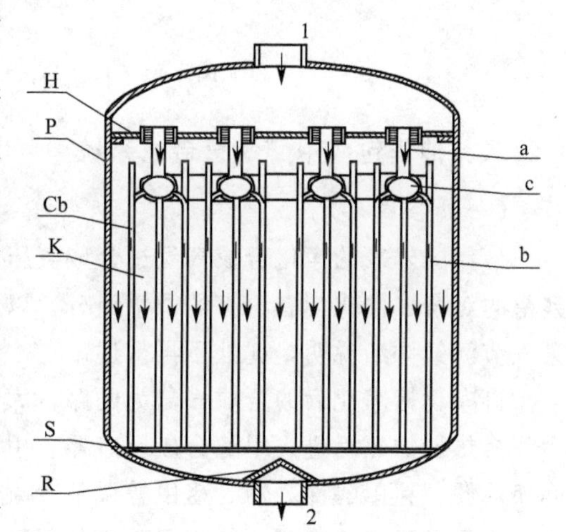

图 4-16 林达技术气冷式均温型反应器结构简图

气冷式均温型反应器结构简图如图 4-16 所示，主要由外壳（P）、隔板（H）、冷管胆（Cb）、支架（S）、多孔板（R）组成。外壳（P）是一受压容器，反应气体从顶部入底部出。隔板（H）把容器分为上、下部分气室，反应室装有催化剂层（K），反应室底部支架（S）支撑冷管胆（Cb）、底部多孔板（R）支撑反应室中冷管胆外的催化剂层（K）。冷胆管（Cb）包含有进气管（a）、上环管（c）、冷管（b），冷管（b）是 U 形管，上环管（c）连接进气管（a）和 U 形冷管（b）的一端，冷管这一端称为下行冷管（bA），U 形冷管的另一端开口称为上行冷管（bB）。进气管（a）穿过隔板（H）并用填料函活动密封，合成原料气由外壳（P）顶部进气（1）口进入上部分气室，进进气管（a）到上环管（c）分布到各冷管（b），原料气在下行冷管中先由上到下流动与冷管（b）管外的反应气换热，然后经上行冷管中由下到上与管外反应气换热到顶部出上行冷管，到管外进入催化剂层由上到下一边反应一边与冷管中的原料气换热，反应气到底部经过孔板由底部出气管（2）出反应器。该反应器的特点是管内冷气与催化剂层中反应气先后进行并流换热和逆流间接换热，轴向温度差小，温度较为均匀，催化剂装填在壳侧，装填系数较高，因而相同直径反应器产能高。

卧式水冷反应器结构简图如图 4-17 所示，它由壳体和水冷管组构成，催化剂装填在管间，合成气通过封头处进口进入上方的弓形通道，经过气体分布板流入床层，与密布床层内的水冷管呈 90°错流流动，反应气从另一端封头的出口出塔，冷却介质水通过进水管和管箱后进入水冷管组内，吸收管外反应热，控制床层反应温度。以卧式取代通常的立式设计，气体在塔内横向流动，流动截面大，流通长度短，这样在设备直径受到限制的前提下，可以通过增加反应器长度来增加催化剂装量和设备能力，和立式轴向塔相比，卧式塔长度的增加不会引起床层阻力增加以及催化剂的粉碎；压降低，反应气由上而下径向流经床层，催化剂床层短，截面大，路程短，塔压降 0.03～0.05MPa。反应器的内件与外壳一端连接，另一端为自由端可自由伸缩，解决了其他列管式甲醇合成塔中换热管两端固定而易热应力膨胀而拉裂的缺点[73]。

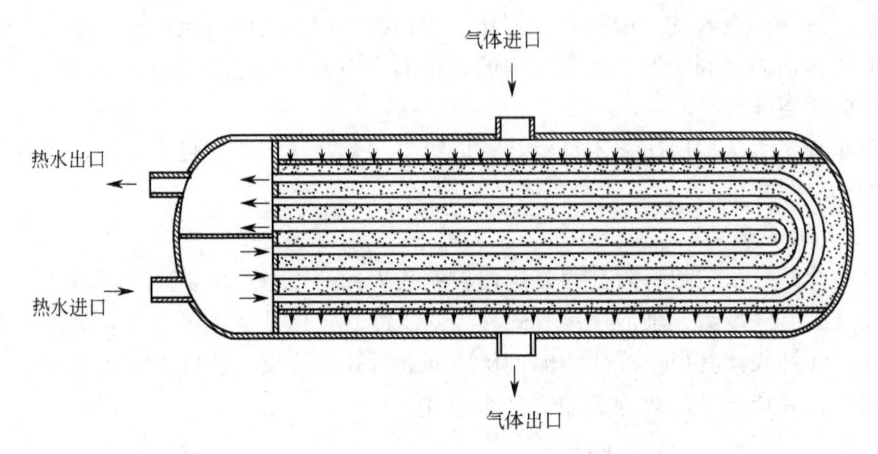

图 4-17 林达技术卧式水冷反应器结构简图

二、神华包头甲醇装置合成系统

（一）合成单元

自界区外来的净化合成气经过合成气压缩机加压及蒸汽预热后，在合成气净化槽中脱除残留的对合成催化剂有毒害的微量组分，以保护甲醇合成催化剂。对甲醇催化剂的保护，在第三节已经详细说明，此处不再赘述。

自净化槽净化后的合成气分为两路，大部分的新鲜合成气和循环气混合，经过合成回路中间换热器加热后进入甲醇合成反应器。甲醇合成反应器出口的热气体分别通过合成回路中间换热器、粗甲醇冷凝器、粗甲醇调节冷凝器冷却，最终在甲醇分离器中粗甲醇与循环气分离。粗甲醇进入稳定塔，将粗甲醇中的CO_2及少量轻组分在塔顶分离出来，MTO 级甲醇从塔底采出，通过泵送到甲醇罐区的 MTO 级甲醇储罐。循环气与另一部分新鲜合成气混合，经过循环气压缩机加压在合成回路内继续进行反应。通过弛放气排出多余的氢气并控制回路的惰气（主要为甲烷、氮气和氩气）含量。弛放气送往氢回收工序回收氢气[34]。

详细流程如图 4-3 所示。

（二）氢气分离单元

氢气分离系统由膜回收及变压吸附两个单元组成。膜回收单元主要回收未反应的氢气，以降低系统的消耗，变压吸附单元主要用于生产高纯度的氢气，用于聚乙烯单元和聚丙烯单元调节分子量使用，一般的甲醇合成装置不设变压吸附单元。甲醇合成放出的弛放气经过膜回收对弛放气中的氢气进行回收，富氢气返回甲醇合成单元，与新鲜合成气混合后进入合成回路。非渗透气进入变压吸附制取高纯度氢气，通过氢气压缩机加压送出界区，供下游装置使用，解吸气送入蒸汽过热炉做燃料气。

1. 膜分离单元

(1) 膜分离基本原理

气体膜分离的基本原理就是利用各气体组分在高分子聚合物中的溶解扩散速率不同，因而在膜两侧分压差的作用下导致其渗透通过纤维膜壁的速率不同而分离。气体分子首先吸附于膜的外表，并溶解于膜内，随后透过膜，在膜的另一侧表面解吸并扩散。由于混合物各组分与膜结合的能力不同，因而各组分在膜中的溶解和扩散速度也不同，这就是膜分离的选择性。气体在压力的作用下，即以气体压力为推动力，借助于膜的分离选择性而将气体分离。气体通过膜的分离机理主要有两种：一是气体通过多孔膜的微孔扩散．此过程由多孔膜微孔径的大小支配着扩散速率，因此，对于不同的分离物，其对微孔膜的孔径有不同的要求，对于气体的分离，则要求孔径在 50～300Å（$1Å=10^{-10}m$）；二是气体通过非多孔膜的溶解-扩散机理。所谓非多孔膜，实际上也有小孔，只是孔径很小而已，一般为 5～10Å。渗透分子通过非多孔膜的机理是包含着被分离组分在膜表面上吸附、在膜中的溶解吸收并扩散透过膜以及在膜另一侧解吸[74]。推动力（膜两侧相应组分的分压差）、膜面积及膜的分离选择性构成了膜分离的三要素。依照气体渗透通过膜的速率快慢，可把气体分成“快气”和“慢气”。常见气体中，H_2O、H_2、He、H_2S、CO_2等称为“快气”；而称为“慢气”的则有CH_4及其他烃类、N_2、CO、Ar 等[75]。

膜分离的关键是膜分离器，而膜材料的优劣决定着膜分离器的分离性能、应用范围、使用条件和寿命。理想的膜材料应该同时具有高的渗透速率和良好的渗透选择性，同时还应具有高的机械强度、优良的热稳定性和化学稳定性。按膜的材料性质的差异，一般可把膜分为高分子材料、无机材料和金属材料三大类。高分子材料是指聚二甲硅氧烷（PDMS）、聚砜（PSF）、乙酸纤维素（CA）、乙基纤维素（EA）、聚碳酸酯（PC）等[76]，其中的聚砜膜（被称为第一代膜）和聚酰胺膜被广泛应用于气体分离中，并取得了较好的效果[74]。无机材料无机膜包括陶瓷膜、微孔玻璃膜、金属膜和碳分子膜等，它们具有很好的化学和热稳定性，能够在高温、强酸的环境下工作。其中沸石膜具有无机晶体结构，可耐高温和化学降解，但连续无缺陷沸石膜还没有实现大规模的工业生产。金属膜材料主要是稀有金属，以钯及其合金为代表，但未见大规模工业使用的报道[76]。

目前，气体膜分离器分为板框式、管式、中空纤维式、螺旋卷板式。前两种正在被后两种替代，其中中空纤维式具有较高的面积/体积比而被广泛地应用[77]。气体分离膜的主要供应商有美国空气产品公司、日本宇部公司及国内的大连化物所。

图 4-18 所示为美国空气产品公司的普里森膜分离器的结构简图，外壳类似一管壳式换热器，内装数万根细小的中空纤维丝。中空纤维的优点就是能够在最小的体积中提供最大的分离面积，使得分离系统紧凑高效，同时可以在很薄的纤维壁支撑下，承受较大的压力差。混合气体进入膜分离器壳程后，沿纤维外侧流动，维持纤维内外两侧适当的压力差，则气体在分压差的驱动下，“快气”（氢气）选择性地优先透过纤维膜壁在管内低压侧富集而作为渗透气（产品气）导出膜分离系统，渗透速率较慢的气体（CH_4及其他烃类、N_2等）则被滞留在非渗透气侧，压力几乎跟原料气的相同，经减压冷却后送出界区。

对于气体膜法分离器的大小和数量，应根据具体要求，考虑所需要的分离面积、产品纯度以及压降等，在选定膜分离器的型式后，回收产品的数量和质量取决于空速，即取决于气体的流量和膜面积之比。增大空速时，被分离组分纯度升高，回收率下降；反之，纯度降低，回收率升高。

(2) 膜分离流程[34]

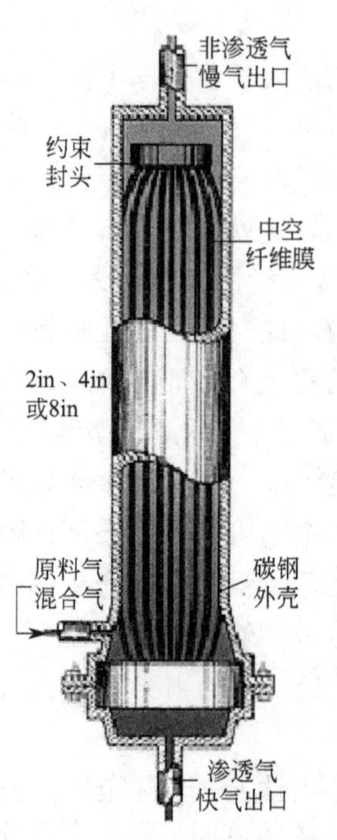

图 4-18 膜分离器结构简图

由甲醇合成单元来的高压弛放气（以下称原料气）以一定的压力、温度进入膜回收装置界区，然后进入高压水洗塔进行水洗。高压水泵将水输送到水洗塔塔顶，高压水泵出口设有低流量报警、联锁，确保彻底洗涤弛放气中所含的微量甲醇。水洗塔内装有保证气/液充分接触的高效丝网填料，为保证水洗塔液位恒定，防止泛塔，特设塔底液位控制，通过自动控制将含甲醇的水从水洗塔塔底送出氢回收系统，并设有液位高、低报警及高联锁。控制水洗塔的平稳运行，对膜的运行寿命十分重要。水洗塔两侧设置旁路，可根据需要自行决定是否需要进行水洗。如果不水洗，产品气纯度将略有下降，但仍能满足要求。离开水洗塔塔顶的原料气携带有少量的液沫，在水洗塔的下游安装有气/水分离器用于除去夹带的雾沫。离开气/水分离器的原料气含有该温度、组成下的饱和水蒸气，为避免水蒸气在膜分离器渗透侧浓缩后凝结，同时为使分离器处于最优化的工作状态，设一进料加热器，可将原料气升温至 45～55℃。该加热器加热介质为低压蒸汽，通过温度调节，并设有原料气温度高、低报警及高、低联锁。在高压下，过高的温度可对膜分离器造成损害。加热后的原料气离开装置的预处理单元进入普里森膜分离部分。原料气进入一级膜分离在渗透气侧得到一定纯度、压力的氢气，经调节阀后送出界区；另一侧为非渗透气经减压后直接送出界区，送入变压吸附（PSA）单元。具体流程见图 4-19。

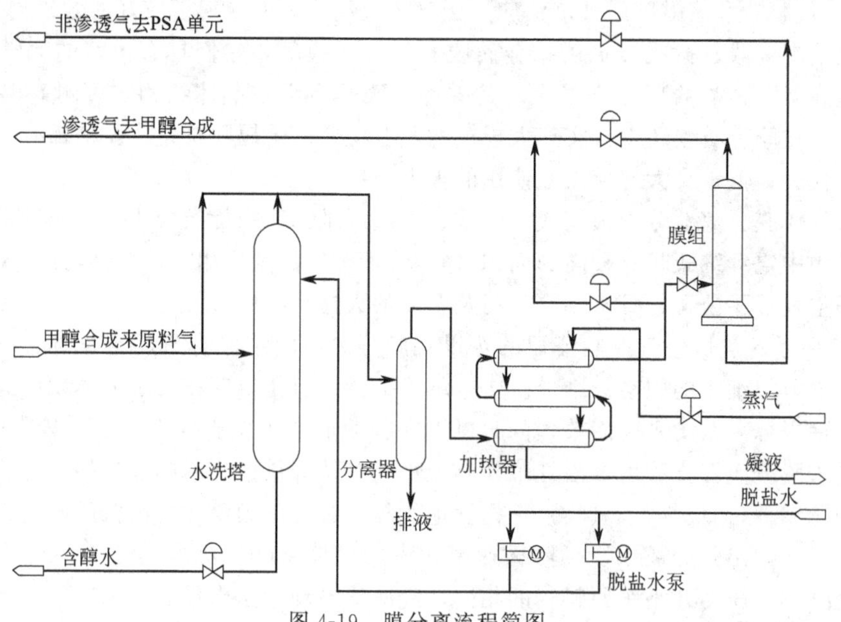

图 4-19 膜分离流程简图

2. 变压吸附单元

(1) 变压吸附的简介

变压吸附（Pressure Swing Adsorption，简称 PSA）技术是近 30 多年来发展起来的一项新型气体分离与净化技术。20世纪60年代初，美国联合碳化物公司首次实现了变压吸附四床工艺技术的工业化。由于变压吸附技术投资少、运行费用低、产品纯度高、操作简单灵活、环境污染小、原料气源适应范围宽等优点，因此，进入20世纪70年代后，这项技术被广泛应用于石油化工、冶金、轻工及环保等领域。

吸附是指当气体分子运动到固体表面上时，由于固体表面的原子的剩余引力的作用，气体中的一些分子便会暂时停留在固体表面上，这些分子在固体表面上的浓度增大，这种现象称为气体分子在固体表面上的吸附。相反，固体表面上被吸附的分子返回气体相的过程称为解吸或脱附。具有吸附作用的物质（一般为多孔固体）被称为吸附剂；被吸附的物质（一般为气体或液体）称为吸附质。吸附按其性质的不同可分为四大类，即：化学吸附、活性吸附、毛细管凝缩和物理吸附。

物理吸附是指依靠吸附剂与吸附质分子间的分子力（包括范德华力和电磁力）进行的吸附。其特点是：吸附过程中没有化学反应，吸附过程进行得较快，参与吸附的各相物质间的动态平衡在瞬间即可完成，并且这种吸附是完全可逆的。分离气体混合物的变压吸附过程系物理吸附，在整个过程中没有任何化学反应发生。

变压吸附气体分离工艺过程之所以得以实现是由于吸附剂在这种物理吸附中所具有的两个基本性质：一是对不同组分的吸附能力不同；二是吸附质在吸附剂上的吸附容量随吸附质的分压上升而增加，随吸附温度的上升而下降。利用吸附剂的第一个性质，可实现对混合气体中某些组分的优先吸附而使其他组分得以提纯；利用吸附剂的第二个性质，可实现吸附剂在低温、高压下吸附而在高温、低压下解吸再生，从而构成吸附剂的吸附与再生循环，达到连续分离气体的目的[78]。

（2）吸附剂[34]

工业PSA-H_2装置所选用的吸附剂都是具有较大比表面积的固体颗粒，主要有活性氧化铝类、活性炭类、硅胶类和分子筛类吸附剂；另外还有针对某种组分选择性吸附而研制的特殊吸附材料，如CO专用吸附剂和碳分子筛等。吸附剂最重要的物理特征包括孔容积、孔径分布、比表面积和表面性质等。不同的吸附剂由于有不同的孔隙大小分布、不同的比表面积和不同的表面性质，因而对混合气体中的各组分具有不同的吸附能力和吸附容量。

吸附剂对各种气体的吸附性能主要是通过实验测定的吸附等温线和动态下的穿透曲线来评价的。优良的吸附性能和较大的吸附容量是实现吸附分离的基本条件。

同时，要在工业上实现有效的分离，还必须考虑吸附剂对各组分的分离系数应尽可能大。所谓分离系数，是指在达到吸附平衡时，（弱吸附组分在吸附床死空间中残余量/弱吸附组分在吸附床中的总量）与（强吸附组分在吸附床死空间中残余量/强吸附组分在吸附床中的总量）之比。分离系数越大，分离越容易。一般而言，变压吸附气体分离装置中的吸附剂分离系数不宜小于3。

另外，在工业变压吸附过程中还应考虑吸附与解吸间的矛盾。一般而言，吸附越容易，则解吸越困难。如对于C_5、C_6等强吸附质，就应选择吸附能力相对较弱的吸附剂如硅胶等，以使吸附容量适当而解吸较容易；而对于N_2、O_2、CO等弱吸附质，就应选择吸附能力相对较强的吸附剂如分子筛等，以使吸附容量更大、分离系数更高。

此外，在吸附过程中，由于吸附床内压力是周期性变化的，吸附剂要经受气流的频繁冲刷，因而吸附剂还应有足够的强度和抗磨性。

在变压吸附气体分离装置常用的几种吸附剂中，活性氧化铝类属于对水有强亲和力的固体，一般采用三水合铝或三水铝矿的热脱水或热活化法制备，主要用于气体的干燥。

硅胶类吸附剂属于一种合成的无定形二氧化硅，它是胶态二氧化硅球形粒子的刚性连续网络，一般是由硅酸钠溶液和无机酸混合来制备的，硅胶不仅对水有极强的亲和力，而且对烃类和CO_2等组分也有较强的吸附能力。

活性炭类吸附剂的特点是其表面所具有的氧化物基团和无机物杂质使表面性质表现为弱极性或无极性，加上活性炭所具有的特别大的内表面积，使得活性炭成为一种能大量吸附多种弱极性和非极性有机分子的广谱耐水型吸附剂。

沸石分子筛类吸附剂是一种含碱土元素的结晶态偏硅铝酸盐，属于强极性吸附剂，有着非常一致的孔径结构和极强的吸附选择性，对CO、CH_4、N_2、Ar、O_2等均具有较高的吸附能力。

NA-CO专用吸附剂是一种专门用于吸附CO的吸附剂，其特点是通过在吸附剂载体上加入贵金属，使其对CO具有特别的选择性和吸附精度，从而大大提高CO的分离效果。

碳分子筛是一种以碳为原料，经特殊的碳沉积工艺加工而成的专门用于提纯空气中的氮气的专用吸附剂，使其孔径分布非常集中，只比氧分子直径略大，因此非常有利于对空气中氮氧的分离。

对于组成复杂的气源，在实际应用中常常需要多种吸附剂，按吸附性能依次分层装填组成复合吸附床，才能达到分离所需产品组分的目的。

(3) 吸附平衡[34]

吸附平衡是指在一定的温度和压力下，吸附剂与吸附质充分接触，最后吸附质在两相中的分布达到平衡的过程，吸附分离过程实际上都是一个平衡吸附过程。在实际的吸附过程中，吸附质分子会不断地碰撞吸附剂表面并被吸附剂表面的分子引力束缚在吸附相中；同时吸附相中的吸附质分子又会不断地从吸附剂分子或其他吸附质分子得到能量，从而克服分子引力离开吸附相；当一定时间内进入吸附相的分子数和离开吸附相的分子数相等时，吸附过程就达到了平衡。在一定的温度和压力下，对于相同的吸附剂和吸附质，该动态平衡吸附量是一个定值。

在压力高时，由于单位时间内撞击到吸附剂表面的气体分子数多，因而压力越高动态平衡吸附容量也就越大；在温度高时，由于气体分子的动能大，能被吸附剂表面分子引力束缚的分子就少，因而温度越高平衡吸附容量也就越小。

(4) PSA单元工艺流程[34]

PSA单元的工艺流程因吸附塔数量不同，而具体的步骤略有差异。下面以8-1-6 VPSA工艺流程进行叙述，即：装置的八个吸附塔中始终有一个吸附塔处于进料吸附状态。其吸附和再生工艺过程由吸附、连续六次均压降压、逆放、真空、连续六次均压升压和产品气升压等步骤组成。具体流程图如图4-20所示。

具体过程简述如下：

① 吸附过程　自膜分离单元来的压力为2.0MPa(A)左右，温度55℃左右的非渗透气，通过原料气冷却器降温后，自塔底进入正处于吸附状态的吸附塔内。在多种吸附剂的依次选择吸附下，其中的H_2O、CO_2、CH_4和CO等杂质被吸附下来，未被吸附的氢气作为产品从塔顶流出，经压力调节系统稳压后送出界区去后工段。其中H_2纯度大于99.95%，压力大

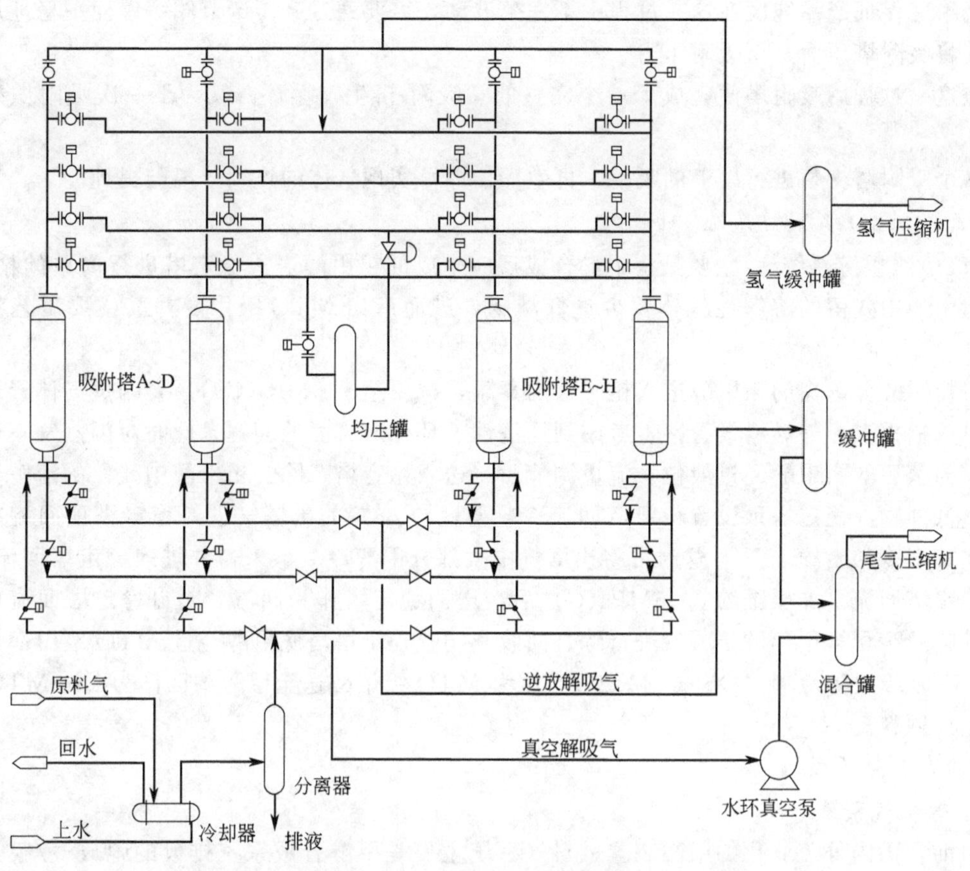

图 4-20 PSA 单元工艺流程简图

于 1.95MPa(A)。

当被吸附杂质的传质区前沿（称为吸附前沿）到达床层出口预留段时，关掉该吸附塔的原料气进料阀和产品气出口阀，停止吸附。吸附床开始转入再生过程。

② 均压降压过程 这是在吸附过程结束后，顺着吸附方向将塔内的较高压力的氢气放入其他已完成再生的较低压力吸附塔的过程，该过程不仅是降压过程，更是回收床层死空间氢气的过程，本流程共包括了六次连续的均压降压过程，因而可保证氢气的充分回收。

③ 逆放过程 在均压降压结束后，吸附前沿已达到床层出口。这时，逆着吸附方向将吸附塔压力降至 0.02MPa 左右，此时被吸附的杂质开始从吸附剂中大量解吸出来，逆放解吸气进逆放解吸气缓冲罐。

④ 真空＋冲洗过程 在逆放过程全部结束后，为使吸附剂得到彻底的再生，首先通过抽真空进一步降低杂质组分的分压，使被吸附的杂质解吸出来；在真空末期用少量氢气对吸附塔进行反向冲洗，避免弱吸附杂质（CO、CH_4）的吸附前沿上移并污染上层吸附剂。

⑤ 均压升压过程 在抽真空再生过程完成后，用来自其他吸附塔的较高压力氢气依次对该吸附塔进行升压，这一过程与均压降压过程相对应，不仅是升压过程，而且更是回收其他塔的床层死空间氢气的过程，本流程共包括了连续六次均压升压过程。

⑥ 产品气升压过程 在六次均压升压过程完成后，为了使吸附塔可以平稳地切换至下

一次吸附并保证产品纯度在这一过程中不发生波动，需要通过升压调节阀缓慢而平稳地用产品氢气将吸附塔压力升至吸附压力。

经这一过程后吸附塔便完成了一个完整的“吸附-再生”循环，又为下一次吸附做好了准备。

八个吸附塔交替进行以上的吸附、再生操作即可实现气体的连续分离与提纯。

（三）MTO级甲醇系统

MTO级甲醇系统[34]主要是将甲醇合成反应生成的粗甲醇送入稳定塔进行简单的精馏，脱除粗甲醇中残留的溶解性气体及少量低沸物，进而产出MTO级甲醇，其主要工艺流程如下：

自粗甲醇分离器的粗甲醇进入粗甲醇闪蒸罐，减压至0.6MPa(G)后，闪蒸气体经过粗甲醇排放槽排入界外燃料气管网，考虑到经济性、环保等方面的问题，此时对闪蒸气不进行洗涤。闪蒸后的粗甲醇经过液位、流量调节后，送入稳定塔，除去粗甲醇中残留的溶解气体及少量低沸物。稳定塔顶设置稳定塔回流冷凝器，约88℃的出塔气进入稳定塔顶回流冷凝器，在其中冷却至约45℃，这时可将出塔气中大部分甲醇冷凝下来，并进入稳定塔回流罐，再由稳定塔回流泵加压至约0.15MPa(G)后，送回稳定塔作为回流。对自稳定塔回流罐的含低沸物及少量含甲醇的不凝气进行综合回收利用。稳定塔塔底甲醇经过MTO级甲醇泵加压和MTO级甲醇冷却器冷却至40℃后，作为MTO级甲醇送至甲醇罐区作为下游MTO装置的生产原料。

（四）其他系统

1. 燃料气系统[34]

目前，国内外工业化的甲醇装置燃料气系统主要是甲醇合成系统排放的弛放气/膜分离回收氢气后的非渗透气/PSA单元的解吸气及精馏单元释放的燃料气两大部分组分，下面就神华包头煤化工甲醇装置的燃料气系统流程进行简述。

甲醇装置PSA单元副产的解吸气、稳定塔塔顶不凝气及精馏单元的不凝气并入尾气压缩机，加压后进入蒸汽过热炉辐射段预热，然后与外管网的燃料气汇合后进入蒸汽过热炉作为其燃烧介质，用以加热甲醇合成装置副产的饱和蒸汽。外管网的燃料气经过快速切断阀门、压力调节阀门调整后进入蒸汽过热炉作为长明灯的燃烧介质。

甲醇合成反应生成的粗甲醇经低压闪蒸后溶解在粗甲醇中的溶解性气体（主要为CO、CO_2、CH_4、N_2、H_2等）并入燃料气管网进行综合回收利用。

2. 锅炉给水和蒸汽系统[34]

甲醇合成生产过程中锅炉给水主要用于甲醇合成汽包补水，用于甲醇合成塔取热以及甲醇装置内部的蒸汽减温水使用。界区外来的锅炉水送入甲醇合成汽包，副产蒸汽。不同的甲醇合成工厂因工厂规模的差异以及甲醇合成技术的差异，甲醇合成副产蒸汽用途不一。例如神华包头煤化工甲醇装置的甲醇合成副产蒸汽一部分用于预热合成气，大部分经蒸汽过热炉过热至315℃后，送至界外1.73MPa(G)过热蒸汽管网。

第六节　操作变量及其影响因素

在甲醇生产过程中，选择适当的工艺操作条件，对于提高甲醇产量，降低生产过程的能耗具有十分重要的意义。

一、反应温度

温度是影响甲醇生产过程重要的工艺参数，反应温度决定着反应体系的平衡和反应速率。从甲醇合成反应的化学平衡看，降低温度有利于提高甲醇的产率；但从合成的反应速率来看，提高反应温度能加快反应速率，所以同时兼顾这两个条件，甲醇合成反应存在最优温度操作范围。操作温度的选择取决于选用催化剂的性能，温度过低达不到催化剂的活性温度，则反应不能进行；温度太高，不仅增加了副反应，消耗了原料气，而且反应过分剧烈，温度难于控制，容易使催化剂失活；同时副产物的增加，也将增加甲醇精馏部分的能量消耗。

Zn-Cr 催化剂的活性温度为 350～420℃，Cu 基催化剂的活性温度较低，操作温度在 200～300℃。在生产中为了防止催化剂迅速老化，在催化剂使用初期，反应温度宜维持在较低的数值，随着使用时间增长，逐步提高反应温度。

（一）温度的影响

姚小莉等采用 MK-101 催化剂，在 5.0MPa 压力和空速为 10000h^{-1}的条件下，在 210～270℃温度范围内，考察了反应温度对甲醇合成反应的影响。结果表明 CO、CO_2 的单程转化率和甲醇时空收率先随着温度的升高而增大，当达到某一值时，随温度的升高反而下降，在 250℃左右出现极大值[79]。因为一氧化碳加氢生成甲醇和二氧化碳加氢生成甲醇和水的反应都是可逆放热反应。

甲醇合成塔内，最适宜的操作温度是合成塔内件的结构形式、传热面积等的设计依据。但在工业生产上，同一甲醇合成塔操作条件也不可能一样，包括气体组成、操作压力、催化剂的活性等，都将导致最适宜温度的变化。因此合成塔的设计不可能针对固定工况而采用一条最适宜的温度曲线，应该是兼顾催化剂的初期、末期，气体组成和操作压力的变化。

在工业生产中，合成塔的操作温度随着运转时间的不同而变化。在催化剂使用初期，反应温度应维持较低，随着使用时间的延长，催化剂的活性逐步较低，为保证产量，需逐步提高催化剂的使用温度。如对于使用铜基催化剂的冷管型甲醇合成塔，使用初期可控制床层零米温度在 230～240℃，使用末期，零米温度逐步提高到 260～270℃。

对于铜基催化剂合成甲醇时，合成塔热点温度应尽可能维持得低一点，因为温度高，对甲醇合成的整个过程不利。

① 影响催化剂的使用寿命。在温度较高的情况下，铜基催化剂晶格长大，催化剂的活性表面逐渐缩小，如果温度超过 300℃，催化剂就会很快失去活性。研究表明，催化剂的中毒失活速率随床层温度的升高而增大，即催化剂层温度的提高除加快催化剂热失活外，还使催化剂中毒性失活加剧。在一定的 H_2S 浓度和使用时间下，温度升高会大大加快因 H_2S 而引起催化剂活性下降[80]。

② 影响产品质量。反应温度高，在氢和一氧化碳合成甲醇的反应中，副反应生成量增加很快，使粗甲醇中杂质大量增加，而且由于副反应增加了原料气的消耗。

③ 影响设备的使用寿命。在高温下，甲酸的生成量增加，造成设备的腐蚀，降低了设备的机械强度。

所以在生产中虽然在高温下铜基催化剂仍有一定的活性，由于以上等原因，而不得不放弃高温下的操作。但对于使用寿命较短的催化剂，考虑到综合经济效益，一般不在较低活性温度下使用，在初期的时候就将操作温度提得较高，即所谓的“以催化剂换产量”，主要考虑催化剂和甲醇的价格情况而定。甲醇合成反应温度的选择要兼顾到催化剂使用的初期、中期、末期，组成和压力等的变化，制定尽可能沿最佳温度分布的操作温度。

（二）温度的控制

以神华包头甲醇装置的反应器温度控制原理为例说明[34]。

(1) 第一反应器 R101 入口温度的控制

反应器的平均温度由 TY-105 计算反应器上的 10 支热电偶的测量温度得出。此平均温度作为 TIC-105 的测量值，TIC-105 的输出作为 TIC-121 的设定值，TIC-121 是 R101 入口温度调节回路。TIC-121 通过控制 TV-121 调节 E102 旁路的工艺气量来达到控制 R101 入口工艺气温度。控制原理如图 4-21 所示。

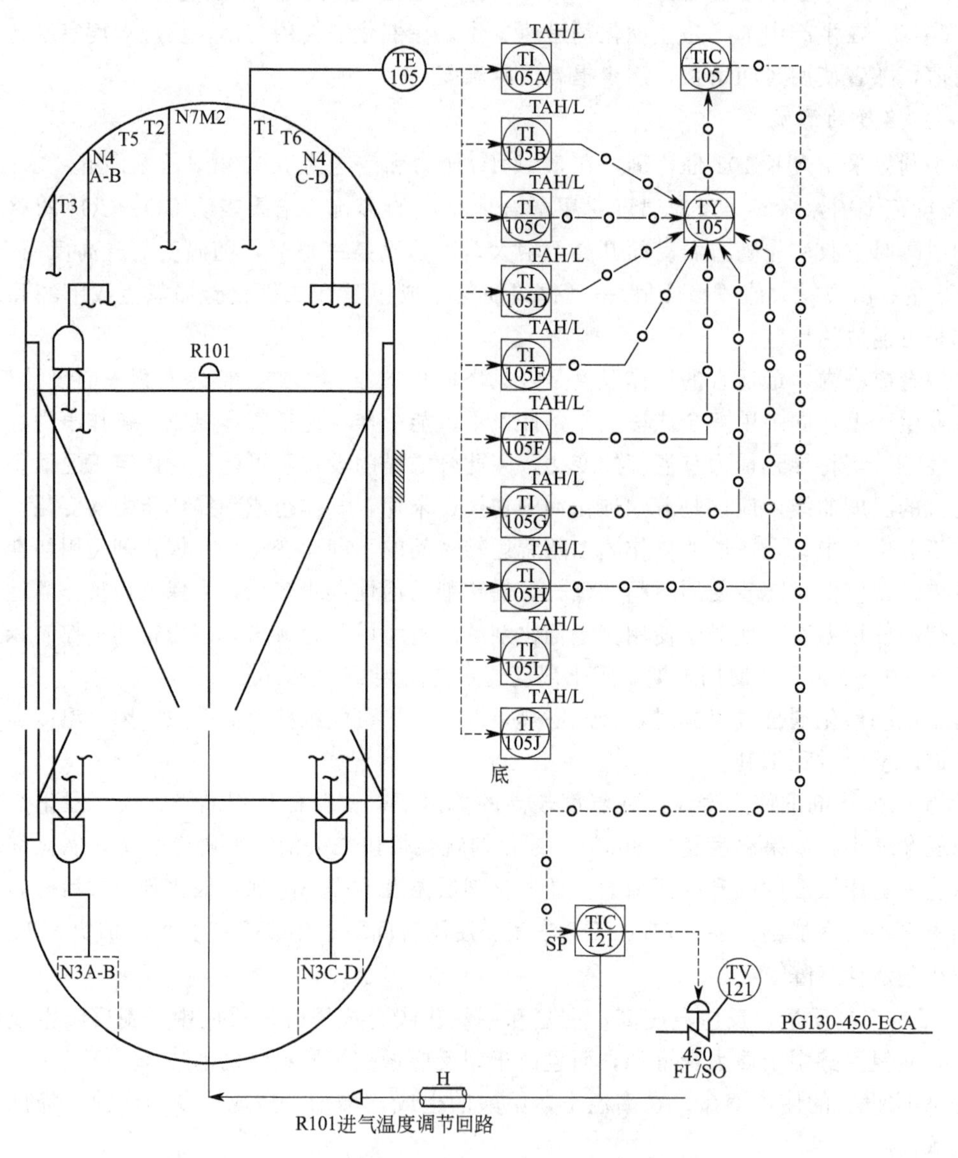

图 4-21 第一反应器 R101 入口温度的控制简图

SP—自动控制的设定值；FL—故障原位；SO—密封油

(2) 第二反应器 R102 入口温度的控制

反应器的平均温度由 TY-124 计算反应器上的 10 支热电偶的测量温度得出。此平均温度作为 TIC-124 的测量值，TIC-124 的输出作为 TIC-140 的设定值，TIC-140 是 R102 入口温度调节回路。TIC-140 通过控制 TV-140 调节 E103 旁路的工艺气量来达到控制 R102 入口工艺气温度。控制原理与图 4-21 相同。

二、反应压力

甲醇合成反应是摩尔数减少的反应，提高压力对反应平衡有利，同时由于压力的提高，各组分的分压提高，催化剂的生产强度增加，又可提高甲醇的产率。姚小莉等采用 MK-101 催化剂，在 250℃和空速为 10000h^{-1}的条件下，在 4.0～7.0MPa 范围内，考察了反应压力对甲醇合成反应的影响，结果表明当反应压力在 4.0～7.0MPa 范围内，压力对 CO、CO_2 单程转化率和甲醇时空收率的影响呈正比关系[79]。杜智美等研究表明，反应速率常数仅是温度的函数，与压力无关[81]。

对甲醇合成本身来说，操作压力的选用与催化剂的活性温度范围有关，同时也必须考虑到整个装置的投资。对 Zn-Cr 催化剂而言，其起始活性温度在 320℃左右，受到反应平衡的限制，只能选用 25.0～30.0MPa，但在较高的压力和温度条件下，一氧化碳和氢气易生成二甲醚、甲烷、异丁醇等副产物，这些副反应的反应热很大，如果不及时控制会造成温度猛升而损坏 Zn-Cr 催化剂[82]。而 Cu 基催化剂，其活性温度范围在 200～300℃，操作压力可降至 5MPa。但是目前装置的生产规模不断扩大，低压下设备和管线的尺寸变大，循环气压缩机的能量消耗增大，且考虑热能的合理利用，提高了系统的操作压力至 10.0MPa。对于合成塔的操作来讲，在催化剂使用初期，活性好，操作压力可较低；在催化剂使用后期，活性降低，可适当提高操作压力，以保持一定的生产强度。总之，操作压力的选用，需视催化剂活性、气体组成、反应器热平衡，系统能量消耗等方面的具体情况而定。例如对于托普索公司的 MK101 催化剂，每升高 1bar（1bar＝10^5Pa）压力，可提高一氧化碳的转化率 1%。对于国产 C302 催化剂，压力对催化剂活性的影响因素甚至超过温度的影响。

从技术经济上比较，Zn-Cr 催化剂高压法合成的技术经济指标远不如铜基催化剂的经济指标，这也是低压法取代高压法的主要原因之一[2]。

以年产 10 万吨绝热冷管复合式甲醇装置为例来说明。当合成压力从 5.3MPa 升至 6.5MPa，出口甲醇摩尔分率、甲醇日产量明显升高，热点温度升高 5.18℃，出口温度升高 0.47℃，具体见表 4-20[83]。

表 4-20 操作压力对出口甲醇摩尔分率和产量的影响

反应压力 /MPa	热点温度 /℃	出口温度 /℃	出口甲醇摩尔分率 y_m	甲醇产量 /(t/d)	甲醇时空产率 /[t/(m³·d)]
5.3	259.94	255.04	0.0463	277.17	11.59
5.6	260.88	255.19	0.0501	300.68	12.58
5.9	261.95	255.34	0.0540	323.82	13.55
6.2	263.33	255.47	0.0579	346.51	14.49
6.5	265.14	255.57	0.0617	368.64	15.42

操作压力的选用须视催化剂活性，气体组成、反应系统能量消耗等方面的具体情况而定。对于固定下来的工艺流程，还需兼顾前后工序的工艺要求。在实际生产中，装置的设计压力已经确定，操作压力主要根据系统情况，即组成、催化剂的活性、惰性气体含量、系统负荷、系统循环量等确定。

三、空速

空速为每小时通过每立方米催化剂的反应气量（用 m^3 表示，标准状态），单位 $m^3/(m^3 \cdot h)$。空速的倒数是接触时间，在操作状态不变的情况下，空速越大，则反应气体在催化剂表面的接触时间越短。

姚小莉等采用 MK-101 催化剂，在 250℃、5.0MPa 的条件下，空速在 6000～15000h^{-1} 范围内，考察了空速对甲醇合成反应的影响，结果表明，甲醇时空收率随着空速的增加而递增，相反 CO 单程转化率随着空速的升高而降低，CO_2 基本呈平稳运行态势。这是因为随着空速的增加，原料气进气量加大，气体流速增大，这就意味着单位气体与催化剂相对接触时间变短，反应组分转化率低，所以单程转化率随之降低。但可逆反应远离平衡，反应推动力增加，使得反应速率增大，导致甲醇收率增大。而 CO_2 在催化剂表面相对 H_2、CO 吸附率更快，空速的增加对其影响并不大，所以 CO_2 单程转化率随空速的增加基本呈平稳运行态势[79]。

对于甲醇合成反应的过程，如果采用较低的空速，原料气通过反应器的速度较慢，原料气在反应器中的停留时间较长，反应进行的程度较深，反应过程中气体混合物的组成与平衡组成较接近，这样单位甲醇产品所需循环气量较小，气体循环的动力消耗较小，并且离开反应器气体的温度较高，反应器出口气体和新鲜气进行气-气换热所需换热面积较小，热能利用率较高；但整个回路的反应速率较低，催化剂的生产强度低，同时由于产品在床层的停留时间延长，会增加副产物的生成量。若采用较高的空速，则原料气在反应器中的停留时间较短，反应进行的程度较浅，催化剂的生产强度提高，但增大了预热所需传热面积，热能利用率较低，增大了循环气体通过设备的压力降及动力消耗；并且由于气体中反应产物的浓度降低，增加了分离反应产物的费用。另外，空速增大到一定程度后，催化床温度不能维持。因此必须综合上述多方面的因素确定最佳操作空速[83]。

四、催化剂颗粒尺寸

由动力学的研究可知，催化剂颗粒大小对甲醇合成的宏观反应速率有着显著的影响。催化剂颗粒小，内表面积利用率大，宏观反应速率大，可以减少催化剂的用量；但粒度减小，反应气体通过单位高度催化剂的压降增大，从而增加动力消耗。因此催化剂的最佳颗粒尺寸应根据气流和床层的特性及有关具体情况而定。一般讲，当内扩散对过程影响严重时，如甲醇合成塔上部反应率较低的情况下，此时减少催化剂颗粒尺寸，内表面积增加，可减少催化剂用量，若合成塔直径不变，可减少催化剂床层高度，虽然单位高度床层压降增加，但由于高度降低，总的床层压降变化不大，即这种状态下减小催化剂颗粒粒度有利。当内扩散过程影响较小，如甲醇合成塔的下部，反应率较高时，催化剂的最佳颗粒粒度需要通过计算确定。一般比较合理的情况是，合成塔上部装小颗粒催化剂，下部则装大颗粒的催化剂[83]。

韩晖采用 XNC-98 催化剂研究了颗粒尺寸和产量、压降等之间的关系。研究发现，颗粒粒径越小，出口甲醇的浓度越高，但随着催化剂粒径的减小，虽然产量还在增加，增加的幅度减小。在催化剂粒径减小产量增加的同时，床层压降增加明显。如在合成塔入口温度 230℃、4.5MPa 和稳定的空速条件下，催化剂的粒径从 5mm 减小到 4mm 时，出口甲醇的摩尔分率增加 4.4%，床层压降增加 20%；当催化剂粒径从 4mm 减小到 3.5mm 时，出口甲醇的摩尔分率增加 0.84%，床层压降增加 12.5%[84]。

对于合成塔床层的许可压降还受到循环气压缩机的限制，因此一般不宜选用颗粒尺寸过小的催化剂，推荐尺寸一般为 ϕ4mm×5mm。如果采用径向流合成塔，因为气体在塔内的流程较短，床层的压降较小，可以使用粒度较小的催化剂。

影响甲醇合成反应的工艺条件有温度、压力、气体组成、催化剂颗粒尺寸、空速等因素，针对具体情况，针对一定的目标，都可以找到该因素的最佳条件，然而这些因素又是相互关联的。在操作合成塔时，必须分析诸因素的主要矛盾和约束条件，在允许的条件下加以解决或调整，以期获得最佳的运行状态。

五、其他变量的控制

（一）汽包液位的控制

甲醇合成系统汽包液位的控制非常重要，关注到合成单元的安全运行，此控制是一个三冲量调节回路。以汽包 V102 的液位控制说明。液位测量回路 LIC128 的输出信号作为汽包补水回路 FIC505 的给定值，汽包产气量 FI504 为汽包补水回路 FIC505 的前馈信号，与 LIC128 的输出信号相加作为汽包补水回路 FIC505 的给定值。具体见图 4-22，甲醇第二反应器汽包液位的控制与此控制相同。

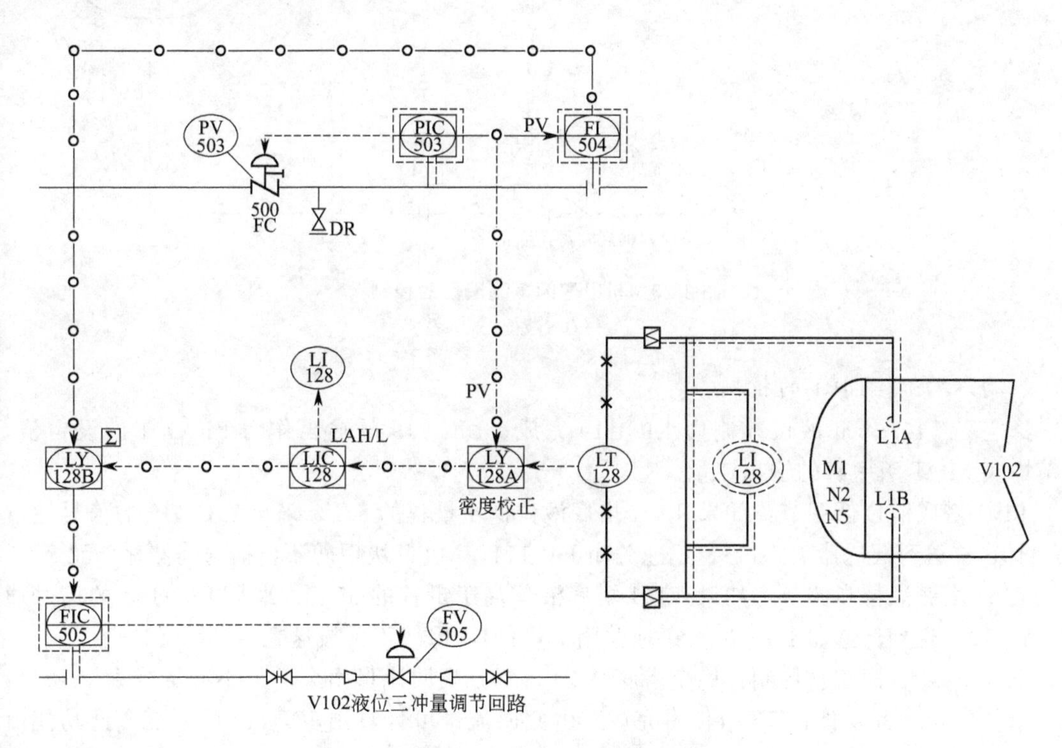

图 4-22 汽包液位的控制

DR—倒淋；PV—检测到的实际值

（二）粗甲醇闪蒸罐 V106 液位的控制

从粗甲醇闪蒸罐 V106 来的粗甲醇既可以送到稳定塔 T101，也可以送到粗甲醇排放槽 V107。V106 的液位控制回路 LIC-117 的输出作为去 T101 甲醇流量调节回路 FIC-104 的设定值。

如果 V106 的液位低于量程的 5%，来自 LIC-117 的信号通过 LY-117 被送到低选器 FY-104，迅速关闭 FV-104，甲醇不再被送到稳定塔 T101。

如果 V106 的液位低于量程的 5%，来自 LIC-117 的信号通过 LY-117 被送到低选器 FY-105，迅速关闭 FV-105，甲醇不再被送到粗甲醇排放槽 V107。控制原理见图 4-23。

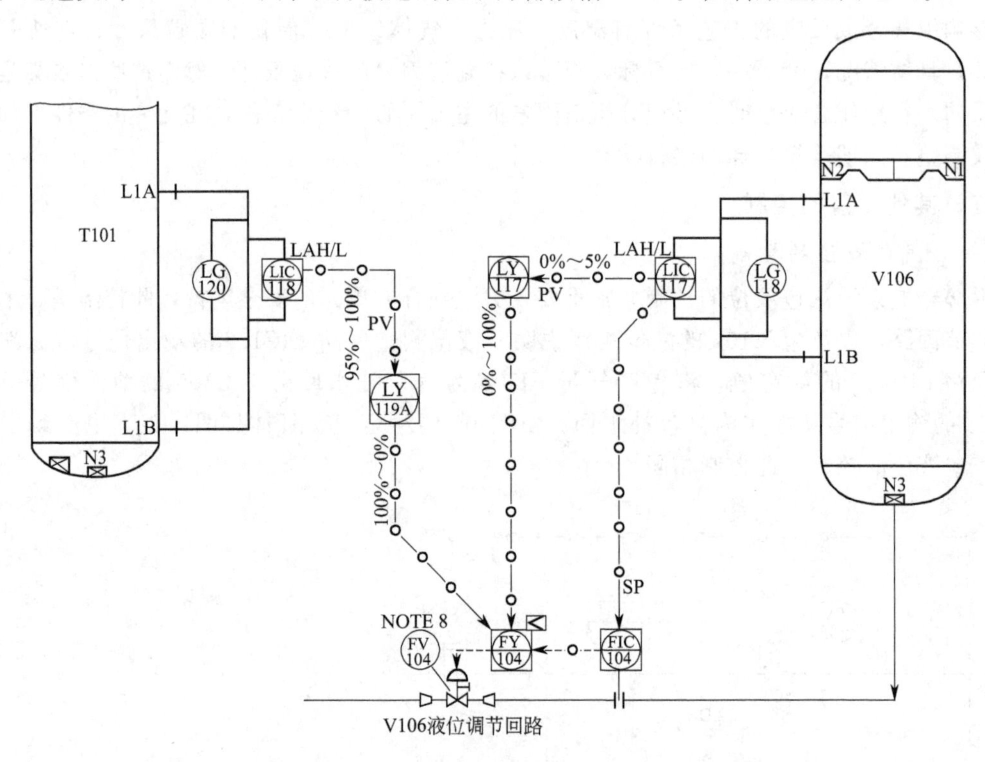

图 4-23　粗甲醇闪蒸罐液位的控制

LG—液位

(三) 稳定塔 T101 的控制

稳定塔 T101 塔底液位控制由 LIC-119 完成，LIC-119 的输出作为 FIC-111 的设定值，调节塔底 MOT 级甲醇的输出流量。

T101 塔底液位低调节：如果 T101 塔底液位低于量程的 5%，来自 LIC-119 的信号通过 LY-119B 被送到低选器 FY-111，迅速关闭 FV-111，MTO 级甲醇不再被送到储存单元。

T101 塔底液位高调节：如果 T101 塔底液位高于量程的 95%，来自 LIC-119 的信号通过 LY-119A 送到低选器 FY-104，迅速关闭 FV-104，甲醇不再被送到稳定塔 T101。

泵 P102A/B 回流量控制：稳定塔底泵 P102A/B 的回流量由泵的最小流量减去 FIC-111 的测量值得出，此功能由 FY-112A 完成。由此回流量可计算出 FV-112 的开度，此功能由 FY-112B 完成。一旦 FIC-111 的测量值大于泵的最小流量，FV-112 将关闭。控制原理见图 4-24、图 4-25。

稳定塔 T101 的塔顶压力由 PIC-121 控制，采用分程调节的方式，分别调节 PV-121A（燃料输出量）、PV-121B（放火炬量）和 PV-121C（放空量），见图 4-26。

(四) 再沸器 E109 负荷和稳定塔 T101 回流量的控制

稳定塔排放槽 V108 的液位控制器 LIC-121 的输出作为 T101 回流量控制器 FIC-114 的设定值。FIC-114 的测量值送入比值控制器 FFIC-113 来调节 T101 的甲醇进料量和回流量的比值。T101 进料量和回流量的比值由 FFIC-113 控制，FFIC-113 的输出作为 E109 蒸汽流量控制器 FIC-509 的设定值，来调节 T101 塔釜甲醇的蒸发量。正常情况下 FFIC-113 的设定

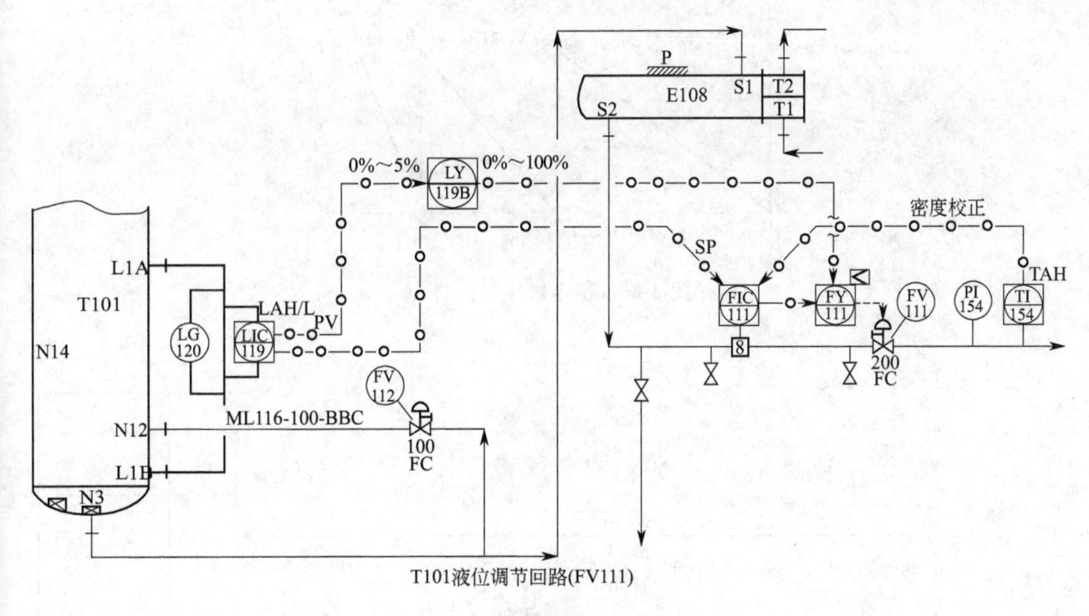

图 4-24　稳定塔液位的控制一

FC—故障关

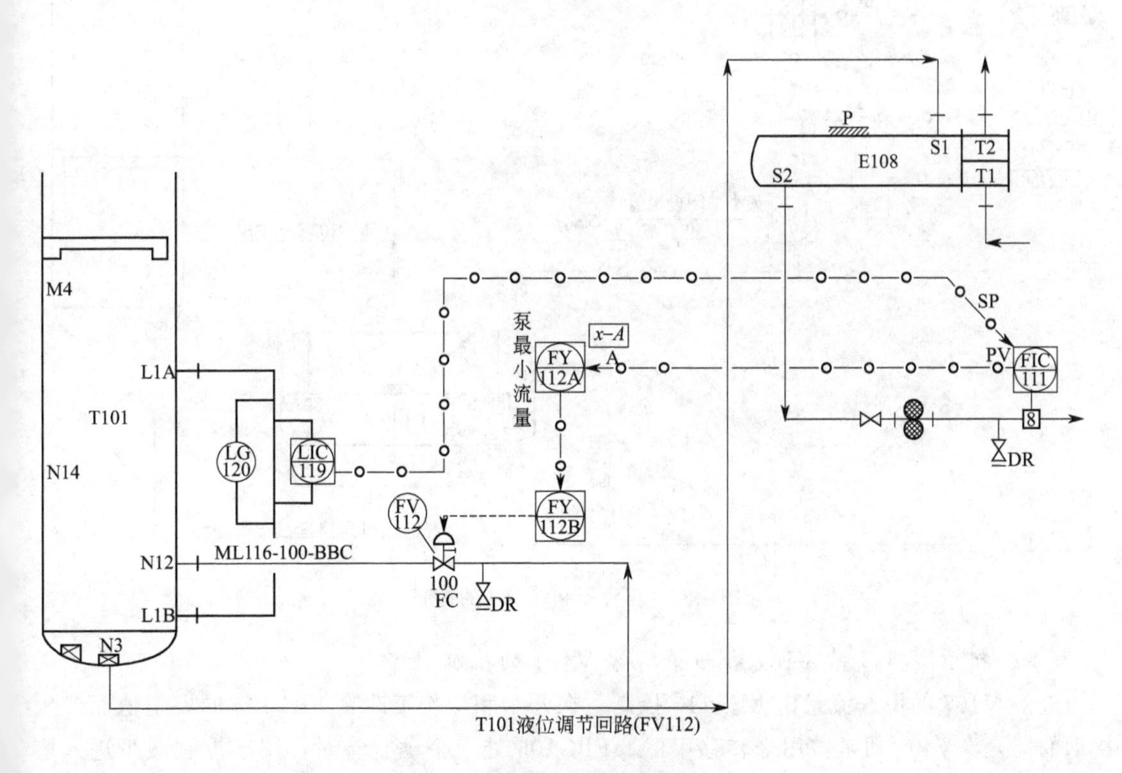

图 4-25　稳定塔液位的控制二

值为 0.096。具体如图 4-27 所示。

如果 T101 的进料量增加，那么再沸器 E109 的负荷也应该增加。FFIC-113 的输出应该增加，以增加 E109 的蒸发量，使 T101 的进料量和回流量的比值不变。相同的道理，如果进料量减少，那么 E109 的蒸发量也应该减少。

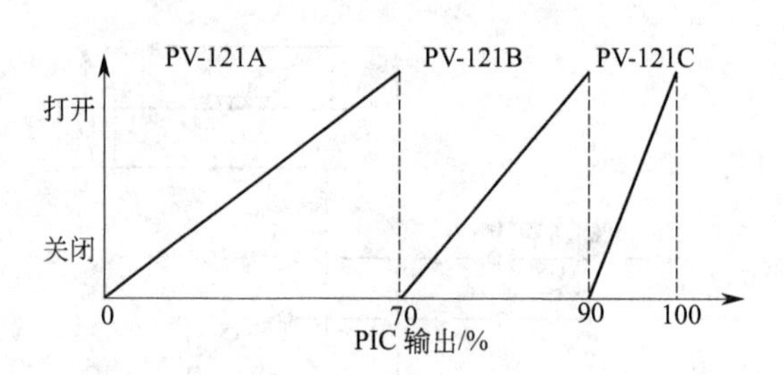

图 4-26 稳定塔压力控制

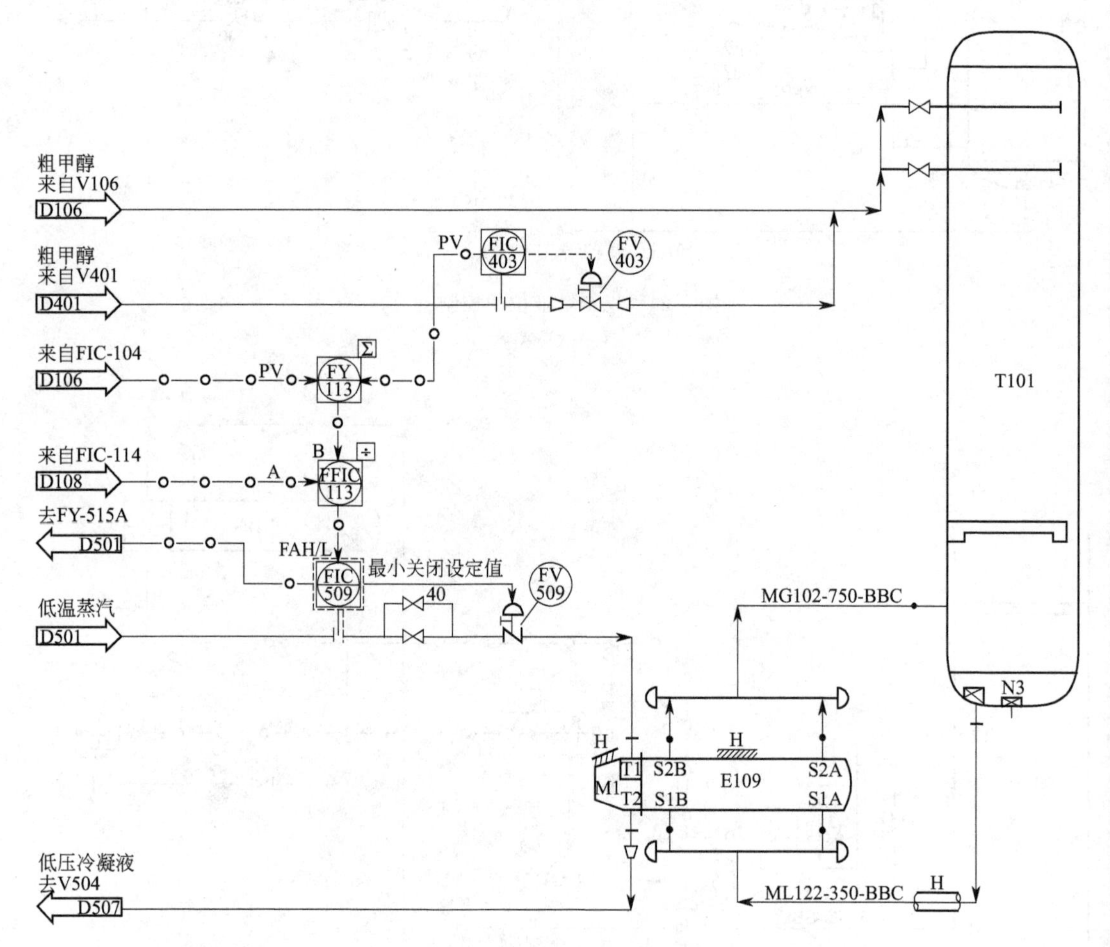

图 4-27 再沸器和稳定塔的控制

（五）粗甲醇排放槽 V107 和粗甲醇罐 V401 的控制

进入 V107 的甲醇流量由 LIC-113 控制。在开车和操作工改变 FIC-107 的设定值而产生扰动的场合，V401 通常被用来转移甲醇。FIC-106 处于手动状态时，用于控制减少进入塔 T301 的甲醇流量。

如果 V107 的液位低于量程的 5%，来自 LIC-113 的信号通过 LY-113 被送到低选器 FY-107，迅速关闭 FV-107，粗甲醇不再被送到 V401。

如果 V401 的液位高于量程的 95%，来自 LI-406 的信号通过 LY-406 被送到低选器 FY-107，迅速关闭 FV-107，粗甲醇不再被送到 V401。

具体见图 4-28、图 4-29。

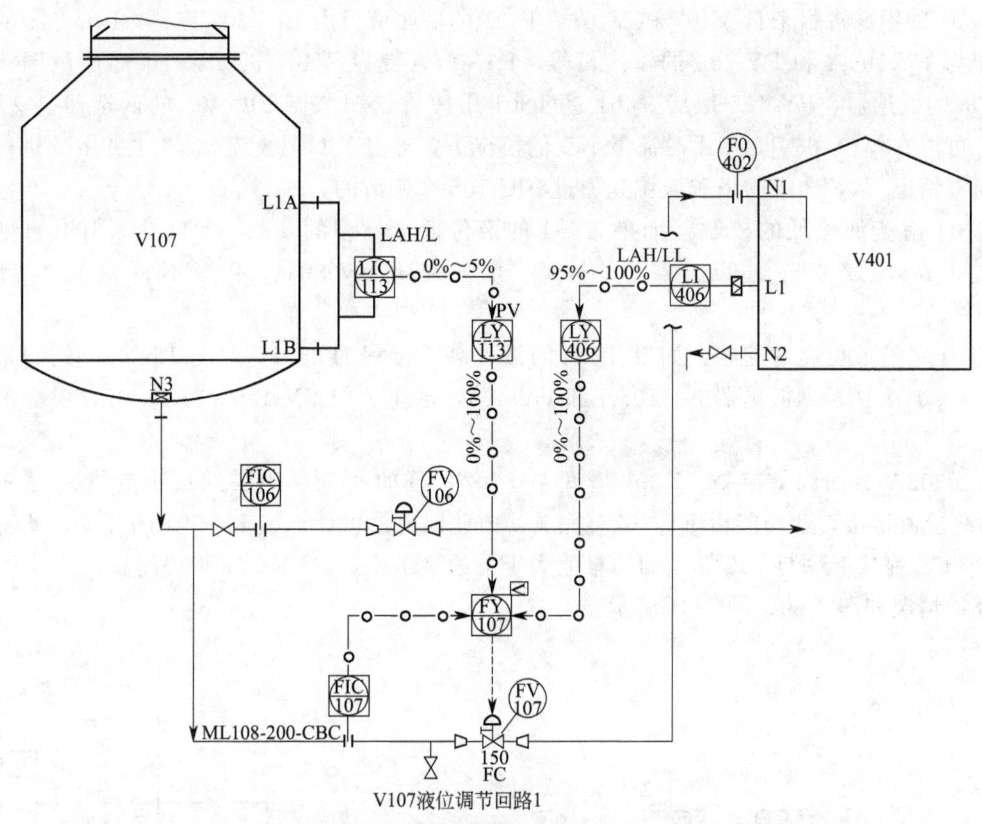

图 4-28　粗甲醇排放槽和粗甲醇罐的控制一

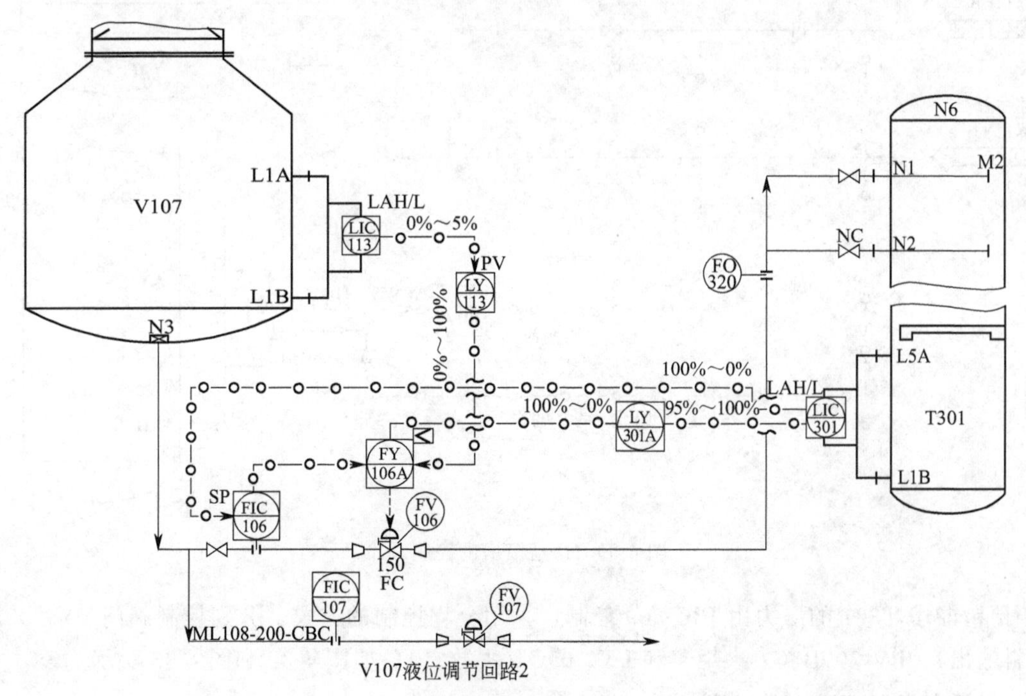

图 4-29　粗甲醇排放槽和粗甲醇罐的控制二

FO—故障开

(六) 预精馏塔 T301 的控制

T301 的甲醇进料来自 V107 和 V401。T301 的塔底液位由 LIC-301 控制，LIC-301 的测量值作为 FY-106A 和 FY-405 的输入信号，FY-106A 是从 V107 进 T301 甲醇流量调节器 FIC-106 的低选器，FY-405 是从 V401 进 T301 甲醇流量调节器 FIC-405 的低选器。这样，操作工可以在 V401 进 T301 甲醇流量不变的情况下，通过 FIC-106 调节 T301 的甲醇进料总量。通常情况下，T301 的塔釜液位是通过 FIC-106 来调节的。

T301 塔釜液位低的控制：如果 T301 的液位低于量程的 5%，来自 LIC-301 的测量值通过 LY-301B 被送到低选器 FY-301，迅速关闭 FV-301，甲醇不再被送到精馏塔 T302。

T301 塔釜液位高的控制：如果 T301 的液位高于量程的 95%，来自 LIC-301 的测量值通过 LY-301A 被送到低选器 FY-106A 和 FY-405，迅速关闭 FV-106 和 FV-405，甲醇不再被送进塔 T301。

泵 P302A/B 回流量控制：T301 塔底泵 P302A/B 的回流量由泵的最小流量减去 FIC-301 的测量值得出，此功能由 FY-307A 完成。由此回流量可计算出 FV-307 的开度，此功能由 FY-307B 完成。一旦 FIC-301 的测量值大于泵的最小流量，FV-307 将关闭。

详细情况如图 4-30、图 4-31 所示。

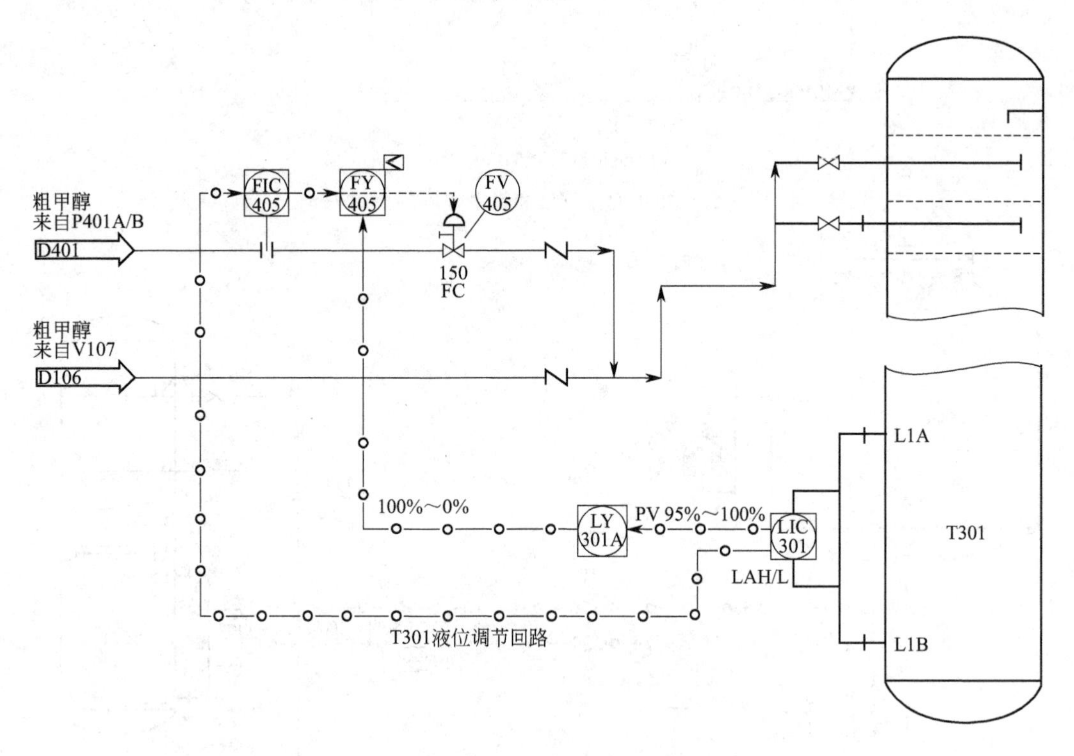

图 4-30 预精馏塔的控制一

预精馏塔 T301 的压力由 PIC-309 控制，采用分程控制的方式，分别控制阀门 PV-309A (燃料输出)、PV-309B (去火炬) 和 PV-309C (去放空)，如图 4-32 和图 4-33 所示。

(七) 精馏塔 T302 的控制

T302 的进料量由 FIC-302 控制。

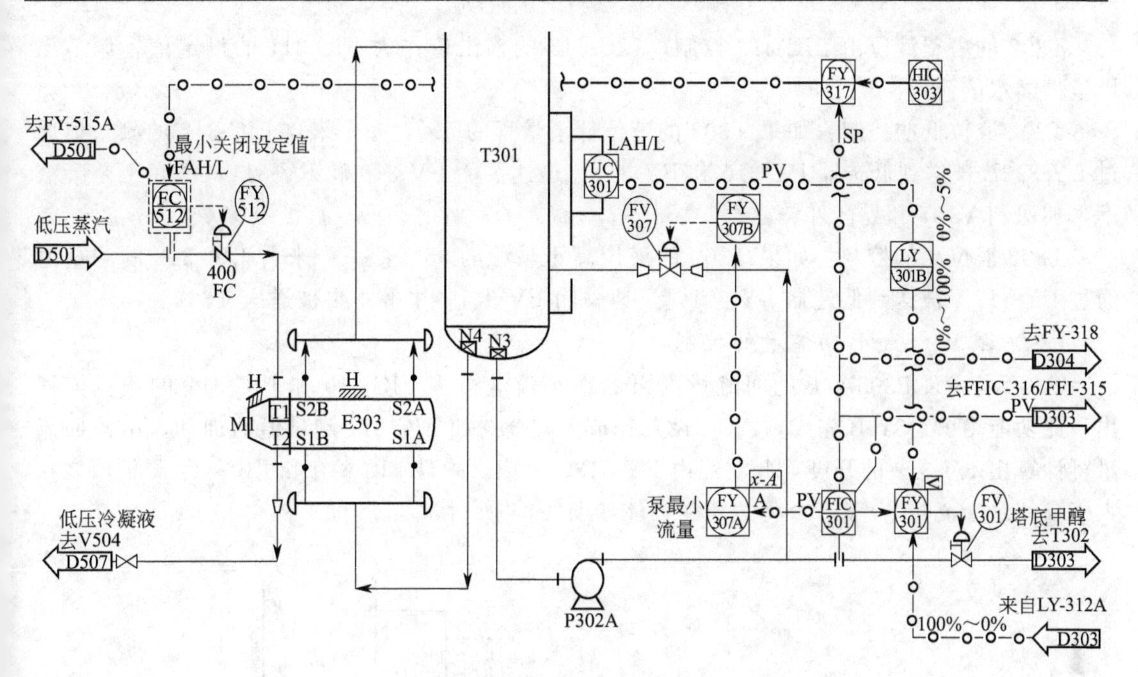

图 4-31 预精馏塔的控制二

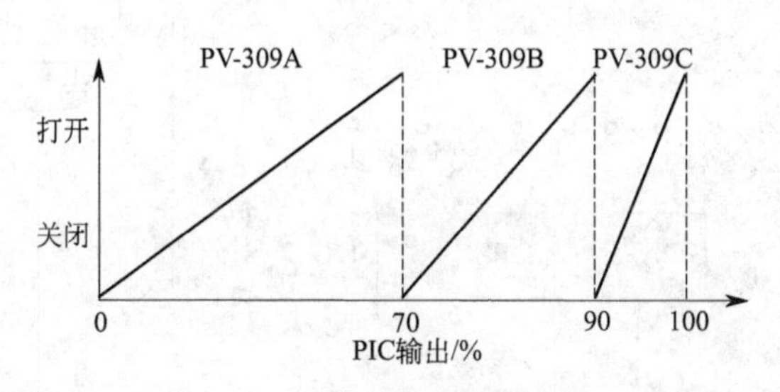

图 4-32 预精馏塔的压力控制一

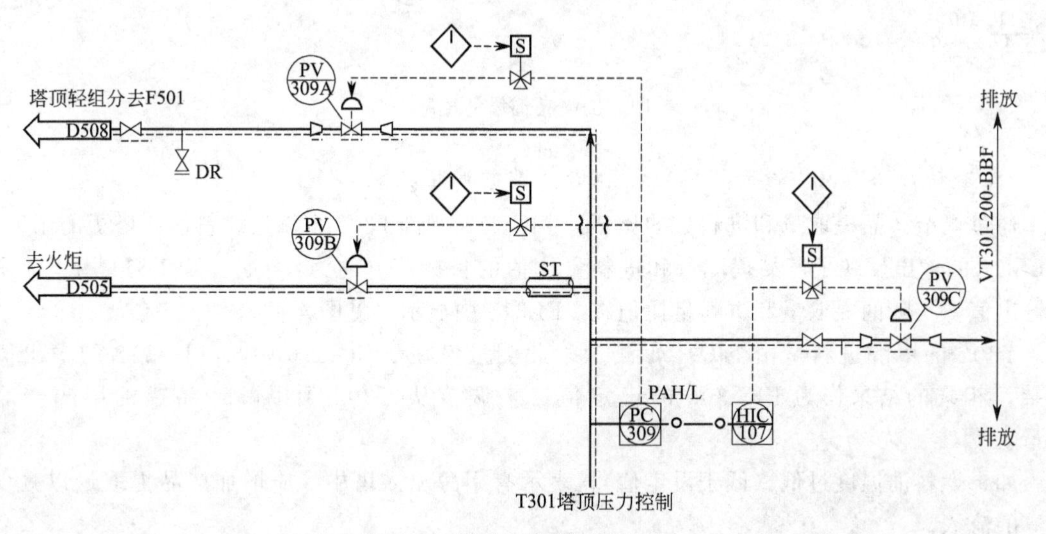

图 4-33 预精馏塔的压力控制二

ST—伴热管线

T302 的塔釜液位由 LIC-312 控制，LIC-312 的输出值作为 FIC-311 的设定值，调节出塔釜精馏水的流量。

T302 液位低的控制：如果 T302 的液位低于量程的 5%，一个来自 LIC-312 的测量值通过 LY-312B 被送到低选器 FY-310 和 FY-311，迅速关闭 FV-310 和 FV-311，塔底工艺凝液不再被送到 V107 和界区外。

T302 液位高的控制：如果 T302 的液位高于量程的 95%，一个来自 LIC-312 的测量值通过 LY-312A 被送到低选器 FY-301，迅速关闭 FV-301，甲醇不再被送入 T302。

(八) 泵 P305A/B 回流量的控制

T302 塔底泵 P305A/B 的回流量由泵的最小流量减去 FIC-310 和 FIC-311 的测量值得出，此功能由 FY-312B 完成，FIC-312A 完成 FIC-310 和 FIC-311 测量值的加和。由此回流量可计算出 FV-312 的开度，此功能由 FY-312C 完成。一旦 FIC-310 和 FIC-311 测量值之和大于泵的最小流量，FV-312 将关闭。具体如图 4-34 所示。

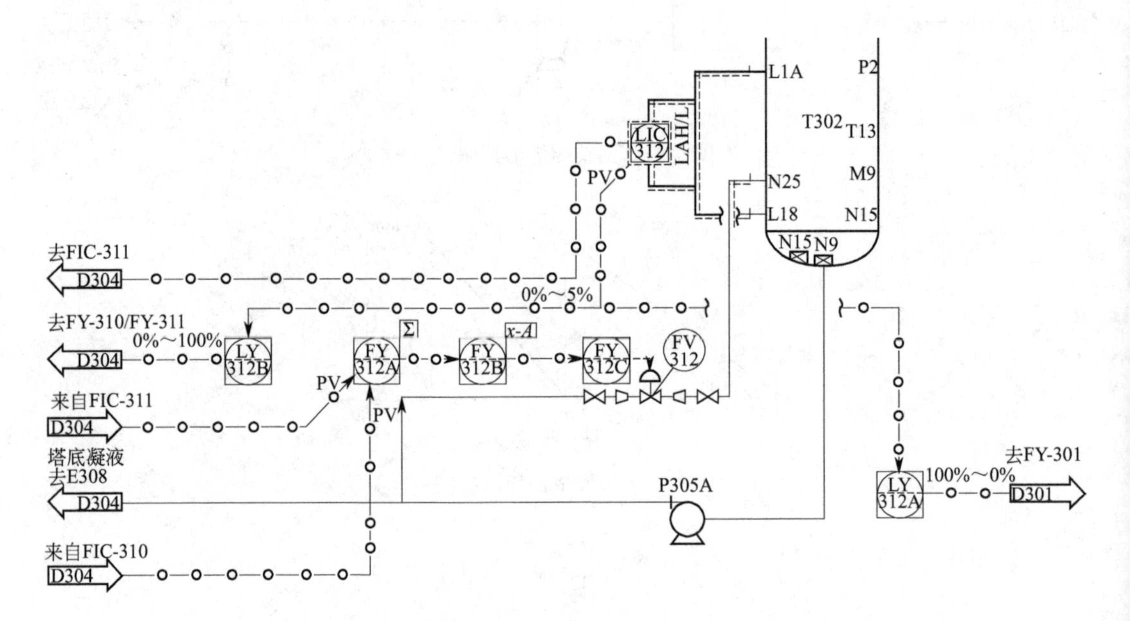

图 4-34 精馏塔的控制

(九) 精馏塔 T302 的产品提取量和进料量的比值控制

通过调节产品提取量和进料量的比值，TIC-312 控制 T302 中靠近燃料油侧塔板的温度。TIC-312 的输出反映了产品提取量和进料量比值的目标值（约为 0.84），FFI-314 用于显示此输出值。实际的提取量和进料量比值在 FFI-315 中显示（见图 4-35）。

T302 的甲醇进料量由 FIC-301 测量，此测量值在 FFIC-316 中与 TIC-312 的输出值相乘，相乘的结果作为 FIC-309 的设定值，来调节从 T302 到甲醇产品罐的甲醇产品流量。

如果燃料油温度过低（低于设定值），表示有甲醇流入塔中，应增加产品提取量以减少甲醇的流入。

如果燃料油温度过高（高于设定值），表示燃料油中含水量太高，应减少产品提取量以增加燃料油中甲醇（或乙醇）的含量。如图 4-35 所示。

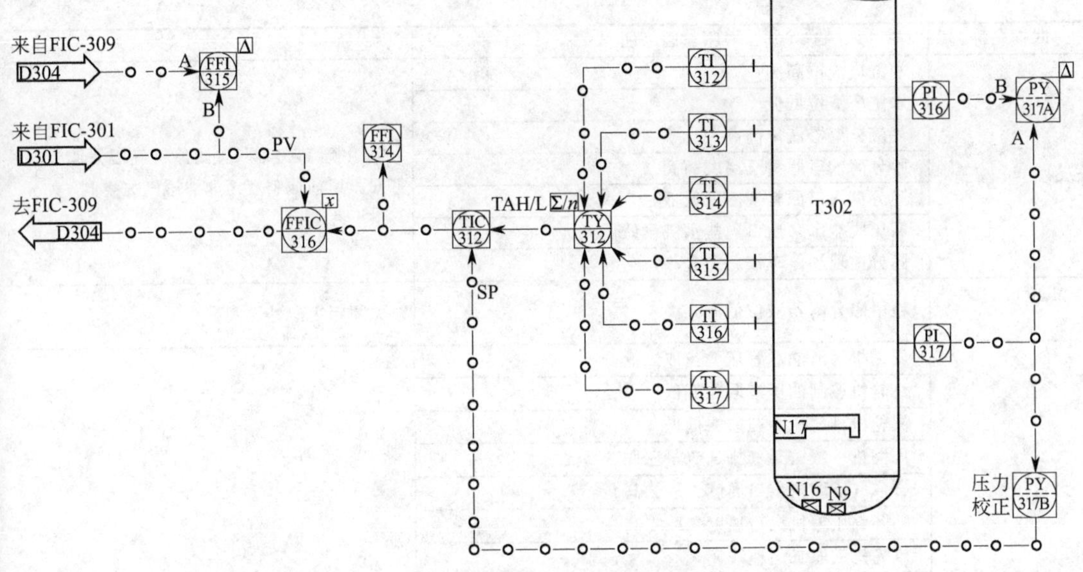

图 4-35　精馏塔产品和进料的控制

（十）精馏塔 T302 的回流量控制

V302 的液位控制器 LICF-314 的输出作为回流量控制器 FIC-305 的设定值，TI-319 测量回流甲醇的温度，测量值被用于 FIC-305 的温度修正。FIC-305 的测量值在 FY-313 中被再次修正，然后在 FFIC-313 中被 FIC-309 的测量值相除，得到产品提取量和回流量的比值。FFIC-313 通过 FIC-513 控制 E307 的蒸汽量来调节这个比值。在正常操作时，FFIC-313 的设定值为 2.8。

如果产品甲醇的比率增加，则表示回流量的减少，FFIC-313 的输出将增加以加大 E307 的蒸发量，来维持比值不变。相同的，如果产品甲醇的比率减少，E307 的蒸发量也应减少。

六、甲醇合成装置主要联锁

甲醇合成装置设置的主要联锁主要从保护甲醇合成催化剂、防止汽包干锅、压缩机带液等方面考虑，表 4-21 所列为某公司甲醇合成装置的主要联锁[34]。

表 4-21　甲醇合成装置的主要联锁

联锁名称	原因侧	动作侧
甲醇合成系统停车联锁	触动装置紧急停车按钮	停压缩机；打开合成系统入火炬放空阀；关闭新鲜气切断阀，打开新鲜气阀间放空阀；关闭回收氢气阀；关闭合成塔入口调节阀门；关外送蒸气阀门；关稳定塔顶放空阀；关闭弛放气阀
	合成气分离器液位高高	
	粗甲醇分离器液位三取二高高	
	脱硫槽温度高	
	甲醇合成塔反应器温度高	
	联合压缩机组跳车	
	甲醇合成汽包液位三取二低低	
	汽包上水阀门前后压差二取二低低	
联合压缩机机组停车联锁	触动装置紧急停车按钮	停联合压缩机组
	合成气分离器液位高高	
	粗甲醇分离器液位三取二高高	
	合成气及循环气入口压力二取二低低	
停蒸汽过热炉联锁	加热炉出口蒸汽流量低低	关闭过热炉后预热燃料气阀，关闭长明灯燃料气阀；关闭外送蒸汽阀，打开蒸汽放空阀
	加热炉出口蒸汽温度低低	
	预热后燃料气总管上压力高高	
	预热后燃料气总管上压力低低	

续表

联锁名称	原因侧	动作侧
膜分离单元联锁	水洗塔液位高高	关闭膜组入口阀，关闭原料气压力调节阀，打开膜组前原料气至非渗透气放空阀
	水洗塔液位低低	
	气液分离器液位高高	
	膜分离入口原料气温度高高	
	膜分离入口原料气温度低低	
	高压脱盐水泵出口脱盐水流量低低	
	膜分离现场停车按钮闭合	
粗甲醇分离器联锁	粗甲醇分离器液位低低	关闭粗甲醇外送阀
联合压缩机机组停车联锁	压缩机润滑油总管压力三取二低低	停联合压缩机
	汽轮机控制油压三取二低低	
	汽轮机排气压力三取二低低	
	压缩机一次密封气排气流量三取二高高	
	合成气压缩机出口温度二取二高高	
	循环气压缩机出口温度二取二高高	
	汽轮机三取二超速跳车	
	压缩机轴向位移三取二高高	
	汽轮机轴向位移三取二高高	
	汽轮机(驱动端)径向振值二取二高高	
	汽轮机(排汽端)径向振值二取二高高	
	压缩机(驱动端)径向振值二取二高高	
	压缩机(非驱动端)径向振值二取二高高	
	汽轮机(非驱动端)止推轴承温度二取二高高	
	汽轮机(驱动端)止推轴承温度二取二高高	
	压缩机(非驱动端)止推轴承温度二取二高高	
	压缩机(驱动端)止推轴承温度二取二高高	
	汽轮机(驱动端)径向瓦温度二取二高高	
	汽轮机(排汽端)径向瓦温度二取二高高	
	压缩机(驱动端)径向瓦温度二取二高高	
	压缩机(非驱动端)径向瓦温度二取二高高	

第七节 甲醇合成装置的主要设备

甲醇合成装置的主要设备有甲醇合成塔、气气换热器、空气冷却器、稳定塔、合成气压缩机等。

一、甲醇合成塔

合成甲醇的反应器又叫甲醇合成塔、甲醇转化器，是甲醇合成系统最重要的设备[85,86]。合成塔内 CO、CO_2 与 H_2 在较高压力、温度及有催化剂的条件下直接合成甲醇。因此，对甲醇合成塔的机械结构及工艺要求都比较高，是合成甲醇工艺中一个最复杂的设备，有所谓“心脏”之称。

（一）工艺对合成塔的要求

为实现甲醇装置的大型化，各甲醇技术供应商竞相开发新型甲醇反应器，各种新型甲醇反应器的开发主要从以下几个方面进行考虑：

① 甲醇合成反应是强放热反应，为使反应尽量在较高的速度下进行，甲醇反应器的结构和型式应能够满足快速移除反应热的要求，尽可能实现温度在整个反应器内的均匀分布，这是各专利商开发各种型式反应器的主要目标之一。

② 甲醇合成反应是可逆反应，受热力学和动力学控制，反应的单程转化率较低，反应器出口气体中未反应的CO、H_2 和 CO_2 等需与产品甲醇分离，然后进一步压缩循环到反应器中，因此甲醇反应器的床层压降应尽可能小，气体能均匀通过催化剂床层，以减少循环气压缩所需的能耗和减少床层局部过热的现象。

③ 单台甲醇反应器的产量与其装填的催化剂量密切相关，甲醇装置大型化带来的是反应器体积的增加，在装置规模一定的前提下，反应器单位体积装填催化剂的量越大，所需的反应器体积越小，设备投资也越小，亦即合成塔的设计上要有效利用高压空间，提高催化剂装填的容积系数。

④ 甲醇反应器需定期装卸催化剂并进行检修维护，因此甲醇反应器的结构设计应便于催化剂的装卸和检修维护。各个内件的连接和保温适当，使内件可以在塔内自由移动，避免产生热应力。

⑤ 甲醇反应器是甲醇装置的关键核心设备，其投资占整个甲醇界区（包括合成圈及精馏装置）总投资的20%左右，因此降低甲醇反应器的造价可大大节省甲醇装置的投资。

⑥ 为了抗拒高温氢气下对设备材料的氢脆腐蚀、有机酸的酸腐蚀及减少羰基物的生成，所采用的甲醇反应器的制造材料，要具有上述性能的优质钢材。

⑦ 便于操作、控制、调节，当工艺操作在较大幅度范围内波动时，仍能维持稳定的适宜条件。

（二）甲醇合成塔的分类

甲醇合成塔的类型很多，可按不同的分类方法进行分类。

按照冷却介质种类分类可分为自然式甲醇合成塔和外冷式甲醇合成塔。甲醇合成反应为可逆放热反应，若反应过程中放出的热量没有从合成塔中及时移出，其反应热将使反应混合物的温度升高；而且可逆放热反应的最佳温度分布曲线要求随着化学反应的进行相应地降低反应混合物的温度，使催化剂达到最大生产能力，所以必须设法从催化剂床层中移出反应热。为了利用反应热，在甲醇合成工业中，常采用冷原料气作为冷却剂来使催化剂床层得到冷却，而原料气则被加热到略高于催化剂的活性温度，然后进入催化剂床层进行合成反应，这种合成塔称为自然式甲醇合成塔。若冷却剂采用其他介质，则这种合成塔称为外冷式甲醇合成塔。

按照操作方式分类，可分为连续换热式和多段换热式两大类。而多段换热式合成塔又可分为多段间接换热式和多段直接换热式两种。按照反应气流动的方式分类，可分为轴向式、径向式和轴径向式。轴向式合成塔中的反应气在催化剂床层中轴向流动并进行化学反应，流动阻力较大。径向式合成塔中反应气在催化剂床层中则是径向流动，可减少流动阻力，节约动能消耗。而轴径向式合成塔中既有轴向层也有径向层。

（三）Davy甲醇合成塔的基本结构

Davy的甲醇合成塔主要由高压外筒、内件构成[34]。具体见图4-4。

（1）高压外筒

甲醇合成反应是在较高压力下进行的，所以外筒是一个高压容器，按其制造方法可分为单层卷焊、层板包扎、扁平钢带倾角错绕、槽形绕带、热套式和绕板式等多种，一般主要采用前两种方法。

单层卷焊的筒体是将厚钢板卷焊成筒节后，将若干个筒节、筒体顶和底封头组成单层卷焊式高压筒体。筒体的材质要求质量较高的低合金高强度材料，国内一般采用 18MnMoNb 和或 18MnMoVR，国外一般采用 SA387 Group 22 Class2 或抗氢脆、抗腐蚀、许用应力等性质类似的材料。

（2）内件

内件是甲醇合成塔的核心部件，各专利商在技术上的差异主要是内件结构的差异。目前工业上使用的铜系催化剂活性温度较低，活性温区窄，而合成反应又是放热反应，且在高温下副反应多，长期在高温下使用会降低催化剂的寿命，因此要求内件的比传热面积大，使得内件的移热功能满足温度的需要；在合成塔内，要求催化剂床层同平面或和轴向温差小，这就要求床层内气体能够均匀分布，亦即要求内件的结构型式易于催化剂的装填均匀；因为甲醇合成反应是可逆放热反应，要求进入床层的气体温度较高，以便获得较高的反应速率，床层下部或气体出床层附近的温度较低，以期获得较高的转化率，要求内件在换热的设计上满足上述要求；内件和高压筒体的材质不同，线性膨胀系数不一样，要求内件在高压筒体内可以自由伸缩或采用特殊材料或特殊结构，确保内件在不同的温度下，不因热应力而损坏；催化剂的使用特性要求合成塔的结构设计要便于催化剂的装卸，同时要求内件有较高的装填系数，以节省高压空间。

为了满足开工时催化剂的升温还原条件，一般设开工加热器，可放在塔外，也可以放在塔内。若加热器安装在合成塔内，一般用电加热器，成为内件的组成部分；副产蒸汽的合成塔，在开工时就作为加热器使用。进、出口催化剂床层的气体的热交换器，有的放在塔外，也有的放在塔内。所以合成塔内件主要是催化剂筐、热交换器，有的还包括电加热器。

神华包头煤化工分司的 Davy 甲醇合成塔结构大体可分为：壳体、管束、气体分布器、催化剂护篮、气体收集器、膨胀节、蒸汽喷射器、热电偶几大部分。

二、气气换热器

气气换热器[85]又称入塔气预热器、中间换热器，它的作用是甲醇合成反应器的进出口气体热量互换，从而使进口气体预热，出口气体冷却的换热设备，它是甲醇装置中一个关键换热设备，它的换热效果好坏直接关系到甲醇合成塔是否能正常运行、反应合成率的高低，该设备的特点如下：

① 由于进出口气体温差大，进出口气体压差仅仅是气体在合成塔内的压力降，内件按进出口压差设计，大大减薄内件厚度（尤其是管板），节约了材料，同时降低了膨胀节的设计压力，采用国家标准管道式膨胀节，就可以解决温差补偿问题。

② 设备高径比比一般换热器的正常值大，传热好，可节省材料。

③ 采用浮头式结构，比一般的钩圈式浮头换热器结构简单，管板不兼作法兰。

④ 接管补偿采用整体补偿，对接焊缝采用单 U 形剖口，大大减少了局部应力。

但是，由于气气换热器直径较小，在设备筒体无法加人孔，因此当列管出现漏时，检修难度较大，时间较长。

三、空气冷却器

在石油化工装置中，大部分产品都必须冷却到 50℃以下。而甲醇装置反应后的气体经过气气换热器后温度在 100℃以下，这样的低温热量，一般都是采用水冷却或空气冷却[34]

的方式将热量取走。

当前，工业用水的短缺，特别是西北地区，淡水作为一种资源越来越被重视。随着冷却水耗量的增长，导致一些地方的地下水位下降到危险程度。大量工业用水带来的第二个问题就是对环境的污染。普通的水冷却器因腐蚀、结垢或制造质量问题而引起的泄漏，将有大量的污水需要排放。特别是石油化工企业，含油污水排放到江河湖海，破坏了生态平衡，危及人们的健康和安全。从本世纪 20 年代初，空冷技术开始应用于工业生产。

与水冷却器相比较，空气冷却器（简称空冷器）的冷源为空气，是地球上最廉价最广泛的资源，它不受地区和场地的限制，而且污染很小。

空气冷却器传热管一般都带有翅片，而且根据热介质侧膜放热系数的大小，分高翅片、低翅片和不同片距等各种规格。翅片的作用，除增大了传热面积外，也加大了空气的扰流，有利于传热。

由于在高寒地区，空气冬夏温差很大。空气冷却器的过冬就出现了问题，常会发生冻凝堵塞，甚至冻裂传热管的现象。在夏季气温很高时，有时也会发生待冷却介质难以冷却到产品要求的温度。针对这些问题，对空冷器发展了百叶窗结构、热风循环结构及夏季喷水的湿空冷器结构。同时从节能的要求出发，空气冷却器的风机有手调风机、自调风机和半自调的风机等。

所以空冷器的类型很多，要求设计者和用户根据不同需要来选择不同的类型。

(一) 结构型式

空气冷却器由管束、构架、风机等基本部件所组成。被冷却介质走管内，空气走管外，通过翅片管进行热交换。

由于工艺对甲醇产品的冷却有着不同的要求，如介质的性质、冷凝、冷却、进口温度和出口温度的限制；环境要求对噪声水平的控制；节能的要求对风量的调节方式以及安装场地的限定等因素，便出现了不同结构型式的空气冷却器。

根据工艺介质冷却要求的不同，空气冷却器有不同的结构型式。国内外常见的主要有以下几种：

① 平顶式空气冷却器（神华包头煤化工分公司甲醇合成装置空气冷却器属于这种型式）；

② 斜顶式空气冷却器；

③ 湿式空气冷却器；

④ 干、湿联合式空气冷却器；

⑤ 热风循环式空气冷却器。

(二) 空气冷却器的基本部件

空气冷却器的类型虽然很多，但基本部件主要由以下几部分组成。

管束：由翅片管、管箱，侧梁、支撑梁及连接附件组成，是空气冷却器的传热部件。

风机：由风叶、轮毂、电机、驱动机械及支持架组成，是空气冷却器的送风机械。

百叶窗：由窗叶、调节机械、侧梁等组成，用来调节风量大小。

构架：包括分布管及雾化喷头，用于湿式空气冷却器增湿降温和强化传热。干式空气冷却器不设置该部件。

(1) 管束

管束由翅片管、管箱、侧梁、支撑梁及连接附件组成，如图 4-36 所示。

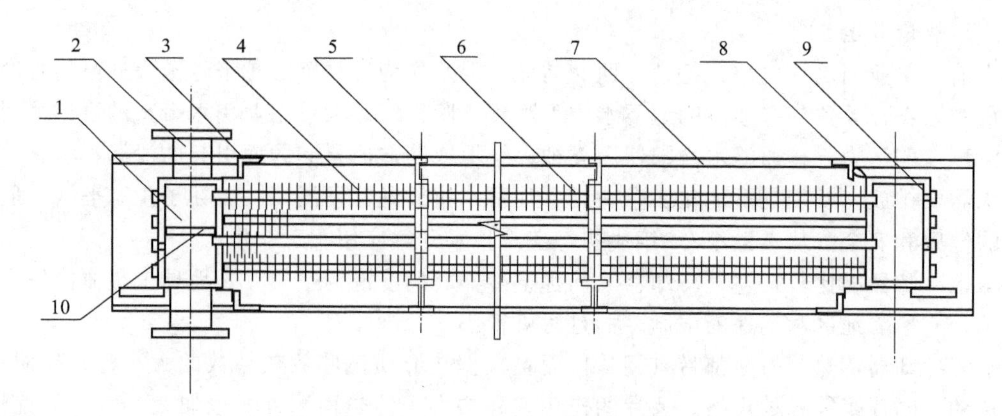

图 4-36 空气冷却器管束结构简图

1—固定管箱；2—出入口；3—挡风梁；4—翅片管；5—上横梁；6—翅片管支撑件；7—侧梁；8—挡风板；9—活动管箱；10—管程隔板

① 翅片管 翅片管由翅片和管基组成，是空气冷却器传热的核心元件。由于空气的膜放热系数很低，需要在传热管（基管）外表面增加翅片来强化其传热（扩大传热面积和加大空气的湍流）

② 管箱 管箱将单根的翅片管组合成为一个集合体，并用来分配和导向流体。每片管束至少有两个管箱。根据结构不同，可分为丝堵式管箱、可拆盖板式管箱、集合管式管箱、分解式管箱等。

（2）风机

空气冷却器，除自然通风式外，其余都需用风机进行强制送风。风机作为空气冷却器冷源输送机械，要求风量大，效率高，噪声低，运转平稳，而且能在运转中进行调节。因此是一个十分重要，又较复杂的设备。一般都是采用空气螺旋桨式轴流风机。

风机由风叶（叶桨）、轮毂、调节机构、传送机构、电机及机架等几个主要部件所构成。轴流风机通常为立式安装。所配电机如为悬挂式，立置安装，落地式则卧置安装。

风机按运行方式分为鼓风式和引风式两种：

鼓风式——风机置于管束下方，空气先经风机再至管束。

引风式——风机置于管束上方，空气先经管束再至风机。

按调节方式分为调角式和调速式两种：

调角式——停机手调；运转中手调（机械调角）；运转中以压缩空气遥控（半自调风机）；运转中以仪表自控（全自调风机）。

调速式——运转中变频调速；多级变速电机调速。

按传动型式分为直联传动、齿轮传动和皮带轮传动三种：

直联传动——电机与风机轮毂直连，要求电机的转速与风机的转速相匹配，传动效率最高，最适用于调速控制的风机。

齿轮传动——运行可靠，效率较高，构造较复杂，噪声较大。

皮带轮传动——结构简单，传递效率略低，噪声可略去不计，皮带需定期更换，但维护方便。

（3）构架

由风箱、风筒、立柱、斜撑、横梁等组成。

(三) 空气冷却器的操作和维护

风机的操作是空气冷却器正常运行的关键，因此主要介绍风机操作的一般知识和空气冷却器常见问题的处理办法。

(1) 风机性能曲线的使用方法

风机购入时，制造厂都提供有风机特性曲线图（即风量 Q、压头 H 及轴功率 N 之间关系图)，由于空冷器冷媒是空气，冬夏季空气温差很大，空气的物性差别也较大，如果操作不当，不仅能耗较大，而且会造成被冷却介质的过冷（冻凝或结晶）或风机超负荷运行，烧坏电机的事故。因此，用户在操作过程中，技术人员应掌握风机特性曲线的使用方法，对不同季节，不同操作条件，对风机运行工况进行调节。

(2) 风机操作应注意的几个问题

① 风机叶片角度应按设计提供的数据安装，盲目增大叶片安装角，会使电机超负荷运行。对手动调风机，冬季应停机将叶片角调小（特别是在我国东北、西北地区)，这不仅是节能的需要，而且是为了保证风机安全运行。由于全自调风机控制系统较复杂，从此观点来看，空冷器选用不停机机械调角风机、半自调风机或人工调速风机为佳。

② 在操作中，用户如需增大空气冷却器风量，或增加管束的管排数，要经过详细计算，核算原风机配套电机的功率是否能满足要求。

③ 寒冬季节，若风机要停机操作，要注意防冻问题，特别是要防止易凝介质在管内冻凝。

(四) 空气冷却器操作中常见故障及处理

空气冷却器操作中常见故障及处理见表 4-22。

表 4-22 空气冷却器操作中常见故障及处理

序号	故 障	故障分析及处理
1	介质冷却温度达不到要求	1. 风量不够，其原因： ①叶片角过小，没有达到设计值。 ②风机转速低，检查是否皮带打滑或磨损严重需张紧皮带或更换皮带。 2. 翅片管内外垢阻过大，传热系数降低： ①管外积灰过多，要用高压水或高压风清理。 ②对管内进行蒸汽清扫，结垢严重要进行人工或机械清理。对易结垢的介质宜用法兰盖板式管箱。 3. 工艺操作条件变化，如进口温度过高或流量过大，超过设计值。 4. 如以上问题解决了，仍不能满足生产要求，要与设计部门及制造厂联系分析原因
2	介质冻凝或有结晶析出	1. 降低风量，减少叶片角或降低风机转速。 2. 对两台并联风机，可关一台，开一台。 3. 采用百叶窗或热风循环式空冷器
3	管束腐蚀穿透或开裂	1. 对电化学腐蚀要选用耐腐蚀材料作为翅片的基管，对应力腐蚀，要选用对应力开裂不敏感的材料作基管。 2. 采取工艺措施，降低介质腐蚀性能
4	电机电流负荷过大	1. 叶片角太大，或风机转速过高，要进行核算。 2. 检查电机和转动机械是否有问题
5	风机振动大	1. 各叶片安装角偏差过大，重新调整。 2. 风机、电机的垂直度、水平度安装偏差过大，大小皮带轮不平行，需重新校正。 3. 与风机厂联系，分析原因
6	风机轴承发热严重	1. 润滑油过少或牌号不符合要求重新加油。 2. 拆卸轴承检查，看制造质量是否有问题。 3. 与风机厂联系，分析原因

续表

序号	故障	故障分析及处理
7	自调，半自调，机械调角风机不能调角	1. 拆卸调角机械，检查有无故障或断裂现象。 2. 加强维护，定期加油，避免机械自调机构锈死。 3. 与风机厂联系
8	百叶窗驱动机构转动不灵	1. 处理办法同上。 2. 百叶窗驱动机构不宜放在管束正上方，否则热空气很快使机构锈死或损坏
9	皮带易脱落或易磨损	1. 大小皮带转动水平或标高超差，要重新校正。 2. 风机超负荷运行，皮带受力过大。 3. 皮带过松，要张紧。 4. 皮带质量不好，要更换
10	管束、管箱丝堵或管子胀口泄漏	1. 更换丝堵垫片重新拧紧。 2. 管子胀口胀接质量不好，要重新胀接或焊接。 3. 介质腐蚀严重，更换耐腐蚀材料，或从工艺上降低介质腐蚀性。 4. 介质温度过高，如介质温度超过 300℃，容易造成丝堵泄漏。 5. 介质进口温差太大，胀口会拉脱。可选用分解管箱

四、稳定塔

稳定塔是实现气-液相或液-液相间的传质设备，它的作用是将粗甲醇中溶解的轻沸物脱除[34]。实现该过程是在一定的温度、压力、流量等工艺条件下完成的。

（一）稳定塔结构上的要求

稳定塔的结构必须保证气-液两相，或者液-液两相的充分接触，和必要的传质、传热面积，以及两相分离的空间。稳定塔设备除要满足工艺条件以外，还应满足下列条件：保证两相充分接触时间和接触面积通量。尽量减少塔内流体的阻力损失和热量损失。尽量减少雾沫夹带和泄露量及液泛的可能。塔的结构应简单，省料、省钱。

（二）稳定塔的结构和形式

由于稳定塔是精馏塔的一种，所以目前工业化应用的稳定塔均为板式塔。总体结构如下。

外壳：钢板焊接，附设有人孔、裙座。

内部：装有塔盘、降液管、进料口、产品抽出口、塔底蒸汽入口、回流口、除沫器。

塔盘结构；塔板应有一定的刚度，以维持水平，塔板与塔壁之间应有一定密封性，以避免气液短路。且应便于制造、安装、维修。要求成本低。

溢流堰：回流量大，采用低、长的围堰。

降液管：与回流量有关，有圆形和弓形两种。降液管的底缘距受液盘的高度一定要小于塔板上液层的高度，否则上升气体可能由降液管上升，走短路而不走塔盘。

受液盘：有平面形和凹形两种。凹形受液盘不但可以缓冲降液管流下的液体冲击，当回流量很小时，可以具有较好的液封作用。

裙座：塔体是由裙座支承与基座固定，常用圆筒形和锥形的。承受风载荷和地震载荷不大的塔，采用圆筒形的裙座；承受风载荷和地震载荷较大的塔，采用圆锥形裙带座。

喷淋装置：为了均匀地分布液体，在塔顶部安装喷淋装置。分为喷洒型、溢流型和冲击型。

喷洒型喷淋装置：（管式和莲蓬式）对于直径 300mm 以下的塔，采用管式喷洒器，对直径在 1200mm 以下的塔采用环管多孔喷洒器。

溢流型喷淋装置：液体通过进液管加到喷淋盘内，然后从喷淋盘内降液管溢流，淋洒到填料上。

冲击型喷淋装置：即反射板式冲淋器，利用液流冲击反射板的反射作用而分布液体。

（三）稳定塔的种类

按气液流向分：错流、逆流、并流。

按溢流装置分：有溢流装置、无溢流装置。

按塔盘结构分：泡罩塔、浮阀塔、筛板塔。

五、合成气压缩机

（一）离心式压缩机结构

合成气压缩机是压缩和输送合成气的一种机器，一般采用离心式压缩机。它通过高速旋转的叶轮把原动机的能量传给气体，使气体的压力速度升高，随后，气体再在机内的固定元件中将速度能转化为压力能。工作原理与离心泵有些类似，主要区别在于：气体的密度比液体小得多，每个叶轮所增的压力很小，所以要用大直径、高转速，需要高压时还必须采用多级叶轮，在升压时还伴生大量的热[87]。

离心式压缩机本体包括转子、定子等部件。转子由轴承、叶轮、联轴器、止推盘（有时有平衡活塞和轴套）等组成。定子由机壳、隔板、机间密封和轴段密封、进气室、蜗壳组成。隔板将机壳分成若干空间容纳不同级的叶轮以及括压器、弯道等。如图 4-37 所示。

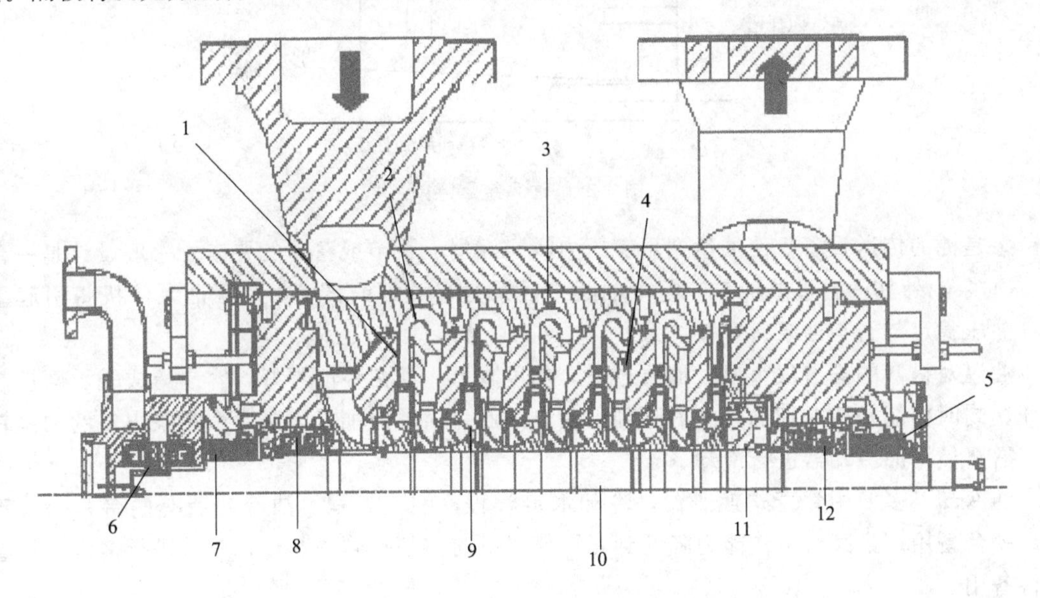

图 4-37 离心式压缩机内件示意图

1—扩压器；2—隔板；3—折返弯；4—弯道；5，7—径向轴承；6—推力轴承；8，12—干气密封；9—叶轮；10—轴；11—平衡活塞

叶轮（工作轮）：它是离心压缩机唯一的做功部件。气体进入叶轮后，在叶片的推动下随着叶轮旋转，由于叶轮对气体作功，增加了气体能量，因此气体流出叶轮时压力和速度有所增加。

扩压器：气体从叶轮流出时速度很高，为了充分利用这部分速度能，在叶轮后部设置流动截面逐渐扩大的扩压器。

弯道：为了把扩压器后的气体流引到下一级叶轮去压缩，在扩压器后设置了气流的离心方向改变为向心方向的弯道。

蜗壳：主要用于将扩压器（或直接由叶轮）出来的气流汇集起来引出机器。此外，在蜗壳汇集气流过程中，由于蜗壳的外径及流通截面逐渐地扩大，起着降速增压的作用。

进气室（吸入室）：作用是将压缩的气体，均匀地倒入叶轮去增压。

（二）油系统

油系统是压缩机组的润滑油和控制油系统，有的压缩机不采用干气密封，则还有密封油系统。

各油路基本上都是由油箱、泵、储压器、油冷器、油过滤器、去雾器、高位油槽等组成。油箱是储存油的容器，用过的油经处理后绝大部分返回油箱重新使用（见图 4-38）。油箱一般用电加热器加热。油箱底部有一定的斜度，上面有人孔，以便进入清理。装有液面计，以便观察油位。另外还有加油口、呼吸口、排水口等。

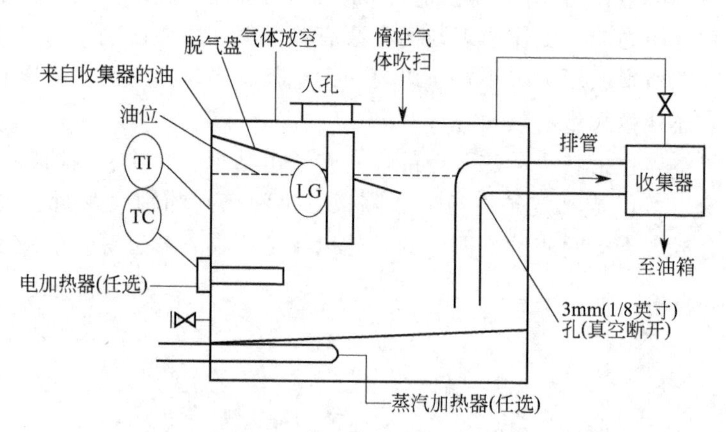

图 4-38 油系统示意图

泵是油的传送设备，使油达到足够压力满足润滑、调节或密封的要求。一般设计是一台主-辅油泵，外加一台事故油泵。整个油路中油泵是最关键的设备，由于油泵停机将引起事故。油压稳定与否与油泵有直接关系。

油温对机器的润滑很重要，油温过高，黏度降低，润滑性能不好，容易造成轴承磨损或破坏，同时可能是造成别的事故的不利因素，因此，对油温加以限制。由于泵出口的油温较高，需要使用油冷却器进行冷却。

油冷却器多使用管壳式换热器，冷却水走管程，油走壳程。油冷却器有两台，一台工作，一台备用。当某台工作能力降低到允许值以下时需切换到另一台，对其进行清洗、检查以待备用。

油质将影响润滑、密封和调节系统的各部件工作。含有硬物杂质时，极易破坏轴承油膜，降低承载能力，以至于损坏轴承。杂质进入调节系统（控制系统），可能造成死角，引起调节紊乱。需要过滤器过滤掉颗粒。

油过滤器两台，一台工作，一台备用。

润滑油停车槽（高位油槽），是在油泵停止供油后，维持一段时间的供油，以免损坏轴承等。蓄压器在油泵运行中起稳压作用。

由于油箱中的油循环使用，性能发生改变，会影响润滑、密封和控制等。因而，对油箱中的油需要净化，为此，需要安装一个净化器。

油系统的操作好坏，往往是整个压缩机组的关键。油的压力、温度、清洁度决定了润滑密封调节工作。

（三）干气密封

随着石油化工及能源工业的发展，作为心脏部分的离心压缩机的工作参数越来越高，对压缩机的轴封的要求也是越来越严。离心压缩机的传统轴封型式有一定的缺陷性。在气体动压轴承的基础上提出干气密封（即干运转气体密封）的概念，并在 1979 年由 Jonh Crane 公司研制成功，经过数年的研究开发，在离心式压缩机等高速流体机械上已获得了广泛应用，在输送危险介质的泵和其他运转设备也逐步得到应用。

干气密封是基于现代流体动压润滑理论的一种新型非接触式气膜密封[88]。气膜密封动环或静环端面上通常开出微米级流槽，主要依靠端面相对运转产生的流体动压效应在两端面间形成流体动压力来平衡闭合力，实现密封端面非接触运转。其优点是：密封使用寿命长，介质无泄漏，无需液体润滑、冷却和冲洗，完全摆脱了对液体的依赖，密封功率消耗小，工艺波动对密封影响小等。

1. 工作原理

干气密封基本结构由旋转环、静环、弹簧、密封圈以及弹簧座和轴套组成。旋转环密封面经过研磨、抛光处理，并在其上面加工出有特殊作用的动压槽。干气密封旋转环旋转时，密封气体被吸入动压槽内，由外径朝向中心，径向分量朝着密封堰流动。由于密封堰的节流作用，进入密封面的气体被压缩，气体压力升高，在该压力作用下，密封面被推开，流动的气体在两个密封面间形成一层很薄的气膜，此气膜厚度一般在 3μm 左右。根据气体动力学研究表明，当干气密封气膜层厚度为 2～3μm 时，流过间隙的气体流动层最为稳定，这也就是干气密封气膜厚度设计值选定在 2～3μm 的原因。当气体静压力、弹簧力形成的闭合力与气膜反力相等时，该气膜厚度十分稳定，干气密封密封面间的气膜具有良好的气膜刚度，保证密封运转稳定可靠。正常条件下，作用在密封面上的闭合力（弹簧力和介质力）等于开启力（气膜反力），密封间隙为设计工作间隙。当受外部干扰，气膜厚度减小，则气膜反力增加，开启力大于闭合力，迫使密封工作间隙增大，恢复到正常值。相反，若密封气膜厚度增大，则气膜反力减小，闭合力大于开启力。密封面间隙恢复到正常值。因此，只要在设计范围内，当外部干扰消失以后，气膜厚度就可以恢复到设计值。图 4-39 所示为干气密封旋转环示意图，图 4-40 所示为干气密封在稳定运行时端面压力分布。

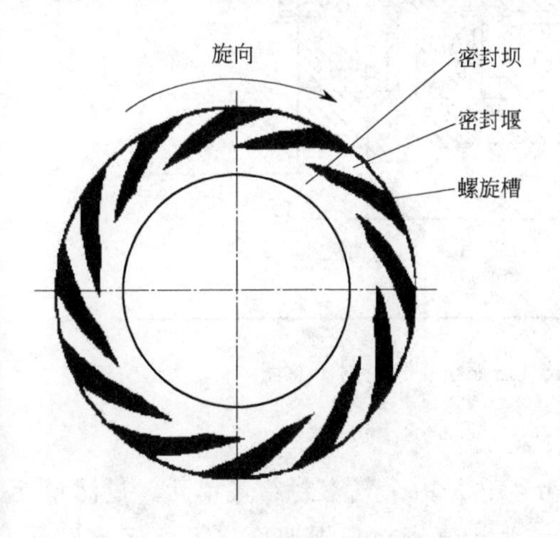

图 4-39　干气密封旋转环示意图

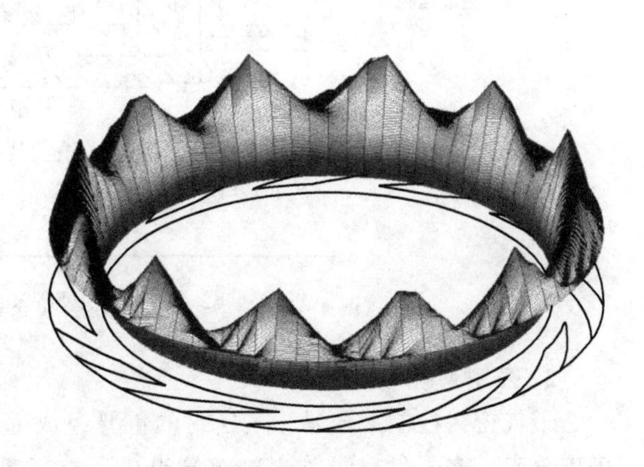
图 4-40　干气密封在稳定运行时端面压力分布

可见，干气密封的密封面间形成的气膜具有一定的气膜刚度，气膜刚度越大，干气密封抗干扰能力越强，密封运行越稳定。干气密封的设计就是以获得最大的气膜刚度为目标而进行的。干气密封技术用“气封液或气封气”的新观念替代传统的“液封气或液封液”观念，可保证任何密封介质实现零逸出。由于它不需要密封润滑油，省去了封油系统及用于驱动封油系统运转的附加功率负荷。其所需的气体控制系统也比封油系统简单得多。而且泄漏量小，寿命长，维护费用低，密封驱动功率消耗小。所以，干气密封更适合作为高速高压下的大型离心压缩机的轴封。目前已在我国的石化、炼油、化工等行业的引进装置中越来越多地得到应用。与普通接触式机械密封相比，干气密封的旋转环与静止环密封端面较宽；在旋转环或静止环端面上加工出特殊形状的流体动压槽，如螺旋槽、圆弧槽、T 形槽等，槽深一般在 10^{-9}m 数量级。具有动压槽的环通常采用 SiC 为材料，不具动压槽的环采用石墨作为材料。

干气密封的设计涉及诸多学科的内容，其中摩擦与润滑、流体力学、热力学、空气动力学、工程材料学、机械振动、控制理论是干气密封设计的需要涉及的核心内容。干气密封的性能参数包括密封面压力分布、开启力、泄漏量、刚度、开启力/泄漏量比值、刚度/泄漏量比值等参数。

干气密封的结构形式有很多种，神华包头煤化工公司合成气压缩机采用带有疏齿的串联式干气密封（tandem gas seal with labyrinth）结构，如图 4-41 所示。

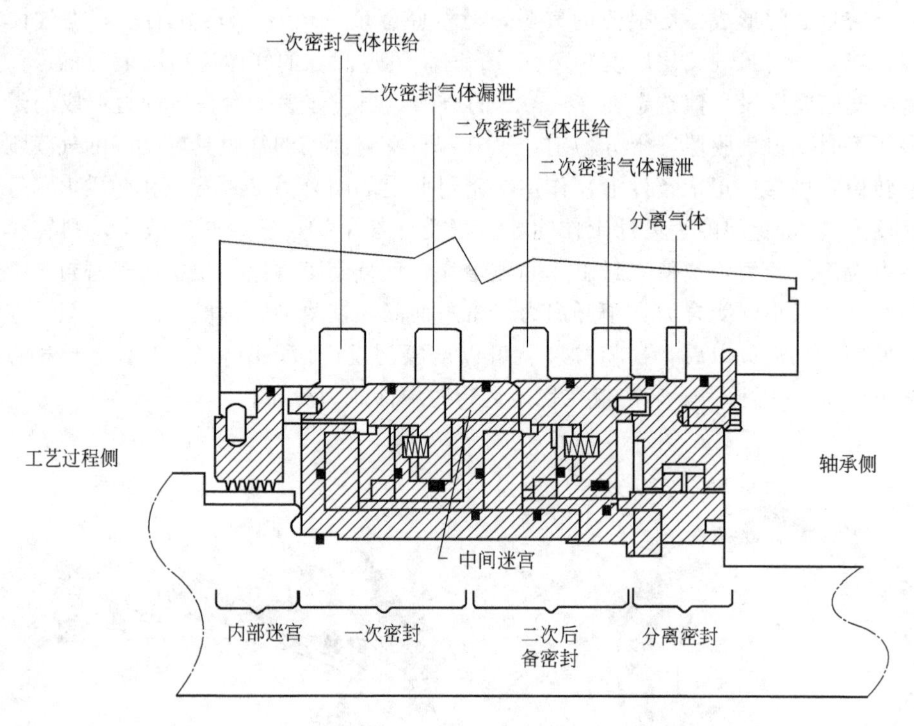

图 4-41 神华包头煤化工公司合成气压缩机干气密封示意图

2. 控制系统

干气密封控制系统是干气密封的重要组成部分，它是由干气密封给气单元、过滤单元、增压单元、密封气泄漏监测单元等组成。控制系统为干气密封长周期稳定可靠运行提供了保障。

干气密封工作时密封面间形成的气膜厚度 2～3μm 左右，密封气中大于该粒度的固体颗粒会对密封面产生损坏，从而影响密封的使用寿命。要求密封气体非常干净，采用高精度过滤器来完成，过滤器可以切换并更换滤芯。

干气密封属于非接触式密封，必然存在密封气体的泄漏。干气密封以微量的气体泄漏为代价换取长周期使用寿命。干气密封泄漏量必须进行检测，保证干气密封运行的安全性。检测设置自动仪表，可报警和自动停压缩机。

增压单元设置增压泵（booster），作用是：正常运行时，一级密封的密封气来自出口，此时压缩机出口压力比密封处的介质压力高，能保证密封气流动方向和流量的正常；当压缩机刚刚启动或者停止状态时，压缩机出口压力与密封处的压力差没有达到一定范围，此时保证不了密封气流动方向和流量的正常，这个时候增压泵自动开启运行，向一级密封提供正常的密封气。

另外，干气密封的密封气是干气，严禁有液体的出现，很多密封气线上伴有电加热带，防止气体温度在露点以下而有液体产生。

（四）喘振

离心式压缩机在运行过程中，可能会出现这样一种现象，即当负荷低于某一定值时，气体的正常输送遭到破坏，气体的排出量时多时少，忽进忽出，发生强烈震荡，并发出如同哮喘病人“喘气”的噪声。此时可看到气体出口压力表、流量表的指示大幅波动。随之，机身也会剧烈震动，并带动出口管道、厂房震动，压缩机会发出周期性间断的吼响声。如不及时采取措施，将使压缩机遭到严重破坏。例如压缩机部件、密封环、轴承、叶轮、管线等设备和部件的损坏，这种现象就是离心式压缩机的喘振[89]，或称飞动。关于喘振的相关问题，在本书的其他章节有详细说明，此处不再赘述。

参考文献

[1] 宋维瑞，肖任坚，房鼎业．甲醇工学［M］．北京：化学工业出版社，1991：1-12.

[2] 谢克昌，房鼎业．甲醇工艺学［M］．北京：化学工业出版社，2010：1-15.

[3] 钱伯章．甲醇市场与当代生产技术进展［J］．国际化工信息，2002（7）.

[4] 张明辉．大型甲醇技术发展现状评述［J］．化学工业，2007，25（10）：8-12.

[5] 彭建喜．煤气化制甲醇技术［M］．北京：化学工业出版社，2010：9-11.

[6] 安讯思化工．2012年中国甲醇市场年度数据报告［OL］．安讯思化工网，2013［2013-5-1］．http：// www.icis-China．com.

[7] 国务院新闻办公室．中国的能源政策（2012）［Z］．北京：国务院新闻办公室，2012.

[8] 钱伯章．甲醇生产技术进展［J］．精细化工原料及中间体，2012（2）：35-39.

[9] 周士义，李杰．甲醇合成技术进展［J］．化工科技，2011，19（5）：73-76.

[10] 史宏星．全球甲醇工业生产现状与发展趋势［J］．大氮肥，2007，30（3）：145-154.

[11] 李天文，林朝阳，刘明刚．甲醇合成进展及前景展望［J］．泸天化科技，2002（1）：51-61.

[12] 柳春．探讨甲醇合成的路线及新进展［J］．中国化工贸易，2012（9）：202-203.

[13] 陈丽珍．UOP 公司甲烷制甲醇工艺获奖［J］．国际化工信息，2005（2）：32-33.

[14] 郑宁来．甲烷制甲醇新技术［J］．石化技术与应用，2010，28（2）：130-131.

[15] 徐锋，朱丽华．V_2O_5 液相催化氧化甲烷制甲醇动力学影响［J］．黑龙江科技学院学报，2012，22（1）：14-22.

[16] 钱伯章．世界 CO_2 生产甲醇技术进展［J］．甲醇生产与应用，2011（5）：12-16.

[17] 樊建明，诸林，刘瑾．甲醇合成工艺新进展［J］．西南石油学院学报，2005，27（6）：60-64.

[18] 高云玲，丁钟，彭孝军，孙世国，孙立成．甲烷一步氧化制甲醇新技术进展［J］．天然气化工，2003（3）：50-55.

[19] QiJian Zhang. Receent progress in direct partial qxidation of methane to methanol [J]. Natural Gas Chemistry, 2003 (12): 81-89.

[20] 中国行业研究网. 2012年我国甲醇行业发展现状探讨分析 [OL]. 中国行业研究网, 2012-5-25 [2013-5-1]. http: //www. chinairn. com.

[21] 刘志光. 国内外甲醇现状及其价格分析 [J]. 化工技术经济, 2000, 18 (6): 28-46.

[22] 谭恒俊. 我国化工甲醇行业现状与发展建议 [J]. 科技资讯, 2012 (20): 120-121.

[23] 孙琦, 张玉龙, 马艳, 邓景发. CO_2/H_2 和 $(CO/CO_2)+H_2$ 低压合成甲醇催化过程的本质 [J]. 高等学校化学学报, 1997, 18 (7): 1131-1135.

[24] 赵蔡斌, 刘金辉. 铜基催化剂上甲醇合成反应机理的研究进展 [J]. 煤化工, 2005, 118 (3): 39-41.

[25] 陈鸿博. 合成甲醇的反应机理研究 [D]. 厦门: 厦门大学, 1986.

[26] 宋维端, 朱炳辰, 骆赞春等. 应用SHBWR方程计算加压下甲醇合成的反应热和平衡常数 [J]. 华东化工学院学报, 1981 (1): 11-23.

[27] 宋维瑞, 肖任坚, 房鼎业. 甲醇工学 [M]. 北京: 化学工业出版社, 1991: 98-110.

[28] 谢克昌, 房鼎业. 甲醇工艺学 [M]. 北京: 化学工业出版社, 2010: 175-194.

[29] 谢克昌, 房鼎业. 甲醇工艺学 [M]. 北京: 化学工业出版社, 2010: 131-142.

[30] 刁杰, 王金福, 王志良等. 甲醇合成反应热力学分析及实验研究 [J]. 化学反应工程与工艺, 2001, 17 (1): 10-15.

[31] 彭建喜. 煤气化制甲醇技术 [M]. 北京: 化学工业出版社, 2010.

[32] 谢克昌, 房鼎业. 甲醇工艺学 [M]. 北京: 化学工业出版社, 2010: 143-170.

[33] 宋维瑞, 肖任坚, 房鼎业. 甲醇工学 [M]. 北京: 化学工业出版社, 1991: 121-132.

[34] 神华包头煤化工公司. 神华包头煤化工公司内部培训资料 [G]. 包头: 神华包头煤化工公司, 2008.

[35] 冯元崎. 甲醇生产操作问答 [M]. 北京: 化学工业出版社, 2000: 98-121.

[36] 刘华伟, 陈建, 张清建, 李木林等. 甲醇催化剂失活的研究进展. 全国中氮情报协作组第29次技术交流会论文集. 开封, 2010: 89-94.

[37] 候俊艳, 张伟. 甲醇合成催化剂中毒失活机理及现状分析 [J]. 科技创新与应用, 2013 (2): 12-13.

[38] 刘威. 甲醇合成铜基催化剂失活原因与对策 [J]. 西部煤化工, 2012 (2): 33-36.

[39] 秦乐, 刘贝. 甲醇合成气中氯及氯化物对催化剂的影响 [J]. 中国化工贸易, 2013 (1): 168-169.

[40] 张献军, 周广林, 蔡亮等. 甲醇合成催化剂保护剂的作用 [J]. 化工催化与甲醇技术, 2001 (2): 47-49.

[41] 杨龙惠, 张强, 刘玲娜. 甲醇合成催化剂失活原因及应对措施 [J]. 化工技术与开发, 2012, 41 (6): 56-68.

[42] 候俊艳, 张伟. 甲醇合成催化剂中毒失活机理及现状分析 [J]. 科技创新与应用, 2013 (2): 12-13.

[43] 段利群. 甲醇合成影响因素与催化剂失活问题研究 [J]. 科技信息, 2011 (21): 56-57.

[44] 钱水林, 近期合成原料气中精脱硫技术综述 [J]. 小氮肥设计技术, 1996 (3): 20-26.

[45] 叶俊岭, 上官炬, 谈世韶, 郭汉贤. 原料气精脱硫工艺 [J]. 煤炭综合利用, 1991 (1): 37-41;

[46] 吕敬德, 陈红萍, 郭红霞. 固体脱硫剂的研究进展 [J]. 上海化工, 2010 (2): 23-27;

[47] 程继光, 上官炬, 李春虎. 常温精脱硫剂的研究进展 [J]. 山西化工, 2004 (5): 14-16。

[48] 向银凤. 铁系干法脱硫剂研究 [J]. 川化, 1993 (2): 26-31.

[49] 上官炬, 谈世韶, 梁生兆, 苗茂谦, 郭汉贤. $CO+H_2$ 合成汽油原料气精脱硫技术研究 [J]. 天然气化工, 1991 (1): 12-16.

[50] 李选志, 高俊文, 王亚利, 曹晓玲. 铜基甲醇合成催化剂保护剂的研制. 全国气体净化信息站2008年技术交流会论文集. 宜昌, 2008: 115-116.

[51] 李选志, 高俊文, 王亚利, 曹晓玲, 陈俊良. 羰基金属化合物对甲醇合成催化剂的影响及甲醇催化剂保护剂的研制. 全国气体净化信息站2006年技术交流会论文集. 贵阳, 2006: 213-215.

[52] 周红军, 周广林, 王冬梅. 甲醇合成催化剂保护剂及其应用 [J]. 化肥工业, 2001, 28 (4): 56-57.

[53] 谢克昌, 房鼎业. 甲醇工艺学 [M]. 北京: 化学工业出版社, 2010: 82-93.

[54] 谢克昌, 房鼎业. 甲醇工艺学 [M]. 北京: 化学工业出版社, 2010: 196-212.

[55] 李大鹏等. 煤化工及煤基烯烃工业装置技术技能知识问答 (内部资料) [G]. 西安: 陕西延长石油 (集团) 有限公司, 2008: 165-173.

[56] 万俊宏，孔岩，马辉. 甲醇合成组分的变化对生产的影响 [J]. 河北化工，2011，34 (5)：12-13.
[57] 赵邵民，王磊，邵立红. 合成气组分对甲醇合成生产的影响 [J]. 煤化工，2003 (2)：41-44.
[58] 吴昌祥. 甲醇合成反应对原料气的质量要求 [J]. 工业技术，2006 (9)：51-52.
[59] 刘威. 甲醇合成反应中结蜡问题的研究 [J]. 西部煤化工，2012 (2)：27-30.
[60] 黄金钱，黄征，刘金辉. 甲醇合成反应中结蜡现象的调研 [J]. 化工催化剂及甲醇技术，2006 (1)：5-9.
[61] 陈子颀. 甲醇合成反应中结蜡现象的产生及解决方法 [J]. 中氮肥，2001 (4)：35-37.
[62] 祝鹤，付梅. 预防石蜡生成及在线除蜡的技术探讨 [J]. 科技与生活. 2012 (15)：147-148.
[63] 王谦. 甲醇装置结蜡的分析及防范处理 [J]. 河北化工，2009，32 (6)：37-38 (49).
[64] 杨风英，梁慧，蔡德会等. 浅谈甲醇在线煮蜡与传统煮蜡 [J]. 氮肥技术，2007，28 (6)：38-39.
[65] 周夏，杨军. 百万吨级甲醇合成技术 [J]. 氮肥与甲醇，2008 (5)：5-17.
[66] 郭彬. 托普索公司及其甲醇技术（内部资料）[G]. 北京：托普索贸易（北京）有限公司，2012.
[67] 邹盛欧. 利用 MRF 反应器合成甲醇新技术 [J]. 化工科技动态，1992 (3)：17-18.
[68] 汪家铭. 日本 MRF 新型甲醇合成塔 [J]. 化肥工业，2007，34 (1)：31-31.
[69] 但渝江，危亮. 日本（TEC）MRF 新型甲醇合成反应器应用 [J]. 化工催化剂及甲醇技术，2000 (2)：6-9.
[70] 袁忠，付小证，陈天富，秦亮. 甲醇铜催化剂钝化方法 [J]. 泸天化科技，2008 (1)：27-29.
[71] 李红，赵伟丽，赵勇，陈翠翠，张彩霞. 卡萨利轴径向合成塔在大型甲醇项目中的应用 [J]. 西部煤化工，2012 (2)：42-44.
[72] 杨健. 甲醇合成技术进展 [J]. 维纶通讯，2005，25 (3)：4-9.
[73] 楼韧，冯再南，姚泽龙，周传华，楼寿林. 国内外大型甲醇技术的对比 [J]. 天然气化工，2011 (4)：1-4.
[74] 李广武，李仲来，陈清军. 气体膜分离技术及其应用 [J]. 小氮肥设计技术，2004，25 (1)：6-14.
[75] 任建新. 膜分离技术及其应用 [M]. 北京：化学工业出版社，2003.
[76] 施得志，董声雄. 气体膜分离技术的应用及其发展前景 [J]. 河南化工，2001 (3)：4-7.
[77] 刘维昕. 气体分离膜综述 [J]. 辽宁化工，2002，31 (3)：123-124.
[78] 铁木谦一郎，沈志康. 变压吸附操作设计（一）、（二）[J]. 化学工程，1983 (4).
[79] 姚小莉，刘瑾，李自强，张玉波. MK-101 催化剂作用下操作条件对甲醇合成的影响研究 [J]. 化工技术与开发，2009 (8)：47-51.
[80] 楼寿林，卢幕书. 催化剂层温度分布对甲醇合成的影响 [J]. 化肥工业，1992 (3)：30-32.
[81] 杜智美，姚佩芳，房鼎业，朱炳辰. 压力对甲醇合成本征反应速率常数的影响 [J]. 高校化学工程学报，1992 (3)：81-86.
[82] 王谦. 铜基催化剂下低压法甲醇合成的影响因素 [J]. 河北化工，2010 (5)：14-17.
[83] 谢克昌，房鼎业. 甲醇工艺学 [M]. 北京：化学工业出版社，2010：196-208.
[84] 韩晖. XNC-98 甲醇合成催化剂催化反应工程研究 [D]. 上海：华东理工大学，2003.
[85] 谢克昌，房鼎业. 甲醇工艺学 [M]. 北京：化学工业出版社，2010：246 - 265.
[86] 彭建喜. 煤气化制甲醇技术 [M]. 北京：化学工业出版社，2010：134 - 140.
[87] 赵巍. 离心式压缩机基础结构设计 [J]. 四川建材，2012 (4)：80-81.
[88] 李桂芹，王玉华. 压缩机干气密封基本原理及使用分析 [J]. 风机技术，2000 (1).
[89] 余元军，张国才. 压缩机防喘振的两种方法 [J]. 制冷，2011 (4).

第五章 甲醇制低碳烯烃

甲醇制烯烃（MTO）装置在煤制烯烃工厂中起着承前启后的作用，MTO是传统煤化工与石油化工结合的“桥梁”，正是MTO过程将以煤为原料生产的甲醇转化成了乙烯、丙烯、丁烯等低碳烯烃混合物，因此MTO是整个煤制烯烃工程中最为核心、最为关键的生产过程。

已经工业化生产的MTO装置（如神华包头180万吨甲醇/年MTO装置、中石化中原乙烯60万吨甲醇/年MTO装置）以及对外宣传可以技术许可的技术（如UOP公司的MTO技术）都采用以SAPO-34分子筛为活性组分的分子筛催化剂。

MTO装置一般包括原料甲醇换热和汽化系统、反应器及气固分离系统、再生器及气固分离系统、为再生器提供烧焦主风的主风机系统、催化剂储存及加卸系统、催化剂在两器间的循环及控制系统、反应产物换热及冷却系统（反应水冷凝及汽提）、再生烟气余热回收系统、专门用于装置开车的系统等。

第一节 甲醇制低碳烯烃概述

采用循环流化床的MTO工业装置包括甲醇进料汽化和反应、催化剂再生和循环、反应产物冷却和脱水三大部分。典型MTO工业装置反应、再生系统如图5-1所示，反应产物换热及冷却系统如图5-2所示。

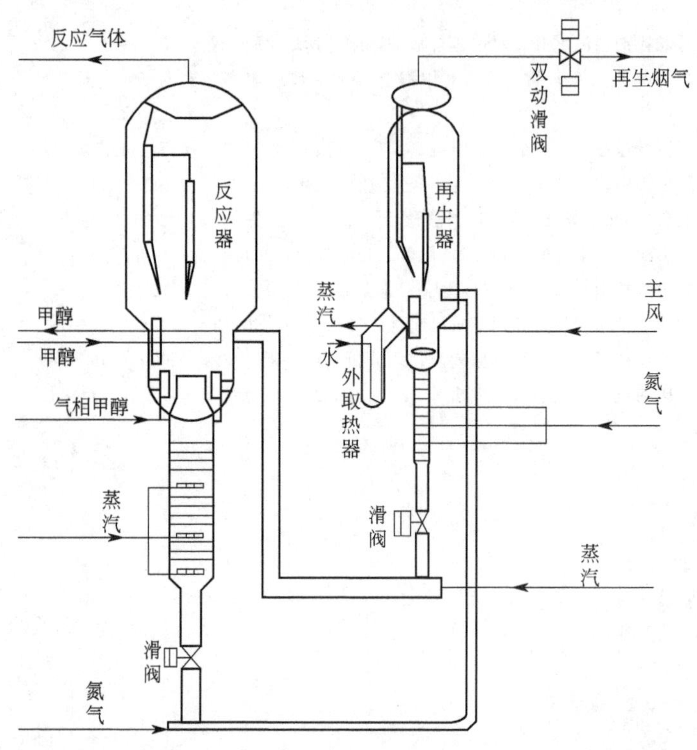

图5-1 神华包头MTO工业示范装置反应、再生系统示意图

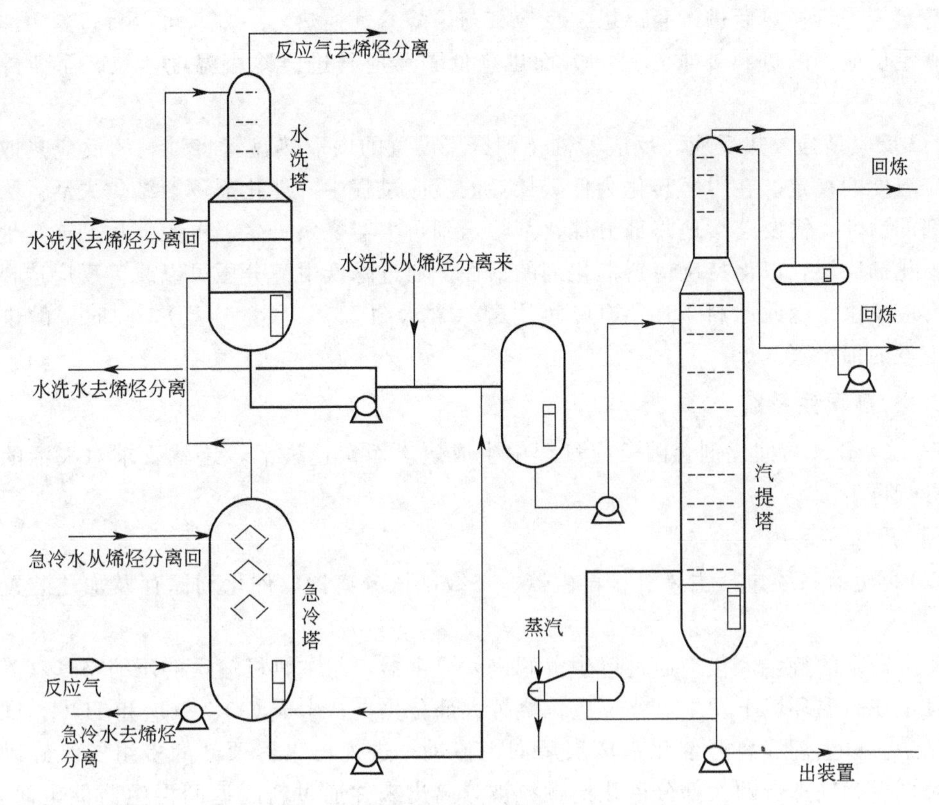

图 5-2　反应产物换热及冷却系统示意图

一、MTO 反应系统

MTO 反应系统的作用是在以 SAPO-34 分子筛为活性组分的催化剂的作用下，将甲醇原料转化为以乙烯、丙烯、丁烯为主的反应产物。

（一）原料加热、汽化及过热

由于甲醇进料中含有一定量的水可以降低焦炭的产率，因此 MTO 工业装置一般采用含水约 5%的甲醇（也称作 MTO 级甲醇）作为装置的进料。

MTO 反应要求气相进料，因此需要将 MTO 级甲醇加热、汽化、过热。MTO 反应是强放热反应，充分利用 MTO 反应的放热来加热甲醇原料可以节约能量。神华包头 180 万吨/年 MTO 工业示范装置就是将液体甲醇依次通过反应器内取热器、净化水换热器、凝结水换热器、蒸汽汽化器、反应气换热器等来加热、汽化和过热，甲醇气体进入反应器的温度为 130～250℃。

（二）反应器系统

反应器系统包括反应器、旋风分离器、取热器、汽提段，其核心设备反应器采用循环流化床型式。

过热后的气相甲醇进入反应器，与催化剂接触发生反应，生成以乙烯、丙烯为主的反应气。反应气携带催化剂向上移动，其中大颗粒的催化剂在移动过程中依靠重力返回催化剂床层，少量较小颗粒催化剂随反应气进入反应器顶部的多组两级旋风分离器，在旋风分离器中分离出来并通过料腿返回催化剂床层。反应气离开二级旋风分离器后进入第三级分离器，进一步除去反应气中携带的微量催化剂细粉。离开三级旋风分离器的反应气进入立式换热器与进料甲醇蒸气进行换热后进入急冷塔。反应气与甲醇蒸气换热，一方面可以将进料甲醇蒸气过热以满足反应器的进料要求，另一方面也降低了反应气进急冷塔温度，减轻了急冷塔的负荷。

MTO反应是强放热反应，反应器催化剂床层设置的内取热盘管将过剩的反应热取走以维持反应温度的稳定。在甲醇转化为低碳烯烃的反应过程中，催化剂逐渐结焦失活。为了恢复催化剂的活性，需要连续地将部分催化剂输送到再生器烧焦再生。再生催化剂连续地进入反应器催化剂床层，以保持反应器催化剂的活性。通过降低甲醇分压可以改善反应选择性并减少副反应发生，因此原料采用MTO级甲醇（含水约5%，质量分数），同时甲醇进料中加入一定量的稀释蒸汽。

二、MTO再生系统

SAPO-34分子筛催化剂会因反应过程中生成焦炭而快速失活，这就要求对失活的催化剂及时进行再生。

（一）再生器系统

MTO再生器系统包括主风机、再生器、三级旋风分离器、催化剂储存及加注装置等几部分。

从反应器来的待生催化剂通过待生滑阀进入再生器，与主风机输送的压缩空气（简称主风）接触，在高温环境下发生氧化反应，烧掉大部分焦炭，生成CO、CO_2和H_2O，同时放出大量热量。再生烟气离开催化剂床层后向上流动，进入再生器顶部的多组二级旋风分离器，此时再生烟气携带的大部分催化剂颗粒被分离出来并通过料腿返回再生器催化剂床层。再生烟气离开再生器后进入第三级旋风分离器，以进一步除去再生烟气中携带的微量催化剂细粉，避免催化剂细粉对下游设备和大气造成影响。离开三级旋风分离器的再生烟气进入余热回收系统。

催化剂烧焦反应是强烈的放热反应。为了维持再生温度的稳定，再生器系统设置了内、外取热器，通过发生蒸汽及时取走这部分热量。MTO装置生产过程中，催化剂的自然跑损是难以避免的，因此设有催化剂储存及加注装置。正常生产时，一般是通过催化剂加注装置向再生器加注催化剂来补充系统催化剂的跑损。

（二）余热回收系统

富含CO的高温再生烟气首先进入CO焚烧炉，与补充风中的O_2发生氧化反应，生成CO_2，之后进入余热锅炉发生蒸汽，回收热量。达到排放要求的烟气通过烟囱排入大气。

三、反应产物冷却和脱水系统

水是反应气中质量分数最大的物质，包括了MTO反应生成的水、MTO级甲醇中含有的水、向反应器中注入的稀释蒸汽、待生催化剂汽提蒸汽等。

反应产物冷却和脱水系统集热量回收利用、反应水凝结、脱除催化剂细粉及反应副产物处理于一体，一般包括急冷塔系统、水洗塔系统和反应水汽提塔系统。

（一）急冷塔系统

反应气与进料甲醇蒸气换热后首先进入急冷塔，急冷塔的作用主要有3个：一是将反应气急冷降温，同时为烯烃分离单元提供低温热源；二是将反应气携带的微量催化剂细粉洗涤进入急冷水系统并脱除；三是将反应气中携带的微量有机酸（主要是乙酸和甲酸）溶解在急冷水中并注碱中和。

（二）水洗塔系统

来自急冷塔的反应气进入水洗塔下部，与水洗塔上部来的水洗水逆流接触，进行传质传热。水洗塔的作用主要有3个：一是将反应气中水蒸气冷凝；二是将反应气继续降温至压缩机入口温度要求，同时为烯烃分离单元提供低温热源；三是脱除反应气中少量重质烃和部分含氧化合物。

MTO反应过程中生成的微量芳烃以及进料甲醇中携带的微量蜡会在水洗塔内聚集，因此水洗塔内设置有隔油设施。反应气携带的少量有机酸会溶解在水洗水中，因此也需要向水洗水中加注碱液、控制其pH值，以防止对设备造成腐蚀。

（三）反应水汽提塔系统

反应水汽提塔进料包括水洗水、急冷水和烯烃分离单元压缩机段间凝液，其主要作用是将未完全反应的含氧化合物（甲醇、二甲醚）以及反应生成的含氧化合物（主要是醛、酮等）从水中汽提出来，返回反应器进行回炼，同时保证净化水外送达到要求。

根据神华包头180万吨甲醇/年MTO工业装置三年的运行结果，采用循环流化反应再生工艺有如下优点：①反应器和再生器均采用流化床型式，操作简便，平衡催化剂的活性稳定，甲醇转化率恒定，产品组成和产品性质稳定；②乙烯、丙烯、丁烯等低碳烯烃的碳选择性可高达90%以上；③乙烯、丙烯产品中的乙炔、丙炔和丙二烯含量低，简化了烯烃分离单元的操作；④甲烷和氢气的含量低，因此不用价格昂贵的深冷分离即可生产出聚合级的乙烯和丙烯；⑤单套装置的处理量大，从而提高了甲醇制低碳烯烃项目的经济性。

第二节 甲醇制烯烃化学

20世纪80年代，研究人员[1~5]在研究甲醇制烯烃（MTO）过程时发现，在使用SAPO系列分子筛催化剂（特别是SAPO-17、SAPO-34）时甲醇的转化率接近100%，而且可以得到很高的烯烃选择性，尤其在使用SAPO-34分子筛时，烯烃的摩尔选择性可高达94%，同时甲烷及其他饱和烃的选择性很低。因积炭而失活的SAPO-34催化剂经再生后能够完全恢复活性，在甲醇转化和再生过程中分子筛的结晶度保持不变。从20世纪90年代开始，关于甲醇制烯烃过程的研究主要围绕SAPO-34分子筛展开。

甲醇制烯烃反应指的是甲醇在一定温度和压力及分子筛催化剂的作用下，反应生成以低碳烯烃为主要组分的反应产物的过程。典型反应产物组成包括氢气、CO、CO_2、甲烷、乙烯、乙烷、丙烯、丙烷、丁烷、丁烯、C_5^+、水、焦炭以及少量的含氧化合物（二甲醚、乙酸、乙醛等）。

一、甲醇制烯烃的化学反应

尽管甲醇制烯烃过程的原料单一，但反应产物及涉及的反应过程比较复杂。MTO主反应包括甲醇转化为二甲醚的反应和二甲醚或甲醇生成C_2～C_5烯烃的反应；可能发生的副反应包括甲醇或二甲醚的分解反应、一氧化碳与水的变换反应、低碳烯烃的氢转移反应、低碳烯烃之间发生的烯烃转换反应、较大分子烯烃或烷烃的裂解反应、芳构化反应及烷基化反应等。

表5-1列出了甲醇制烯烃过程中可能发生的27个化学反应，涵盖了上述反应类型。表5-1中，反应1～8为主反应，其余的反应为副反应。在后面将介绍的对于MTO化学反应的

热力学计算也以这 27 个化学反应为基础。

表 5-1 甲醇制烯烃（MTO）过程中的化学反应

序号	MTO 反应
1	$2CH_3OH = C_2H_4 + 2H_2O$
2	$3CH_3OH = C_3H_6 + 3H_2O$
3	$4CH_3OH = n\text{-}C_4H_8 + 4H_2O$
4	$4CH_3OH = iso\text{-}C_4H_8 + 4H_2O$
5	$4CH_3OH = trans\text{-}C_4H_8 + 4H_2O$
6	$4CH_3OH = cis\text{-}C_4H_8 + 4H_2O$
7	$CH_3OCH_3 = C_2H_4 + H_2O$
8	$2CH_3OH = CH_3OCH_3 + H_2O$
9	$CH_3OH = CO + 2H_2$
10	$CH_3OCH_3 = CH_4 + CO + H_2$
11	$C_3H_8 = C_2H_4 + CH_4$
12	$C_2H_4 + n\text{-}C_4H_8 = 2C_3H_6$
13	$2C_2H_4 = C_4H_8$
14	$C_3H_6 + C_2H_4 = C_5H_{10}$
15	$C_3H_6 = C_3H_4$(丙炔)$+ H_2$
16	$C_4H_8 = C_4H_6$(丁炔)$+ H_2$
17	$C_4H_8 = C_4H_6$(1,3-丁二烯)$+ H_2$
18	$C_3H_6 + H_2 = C_3H_8$
19	$n\text{-}C_4H_8 + H_2 = C_4H_{10}$
20	C_6H_{10}(环己烯)$= C_6H_6$(苯)$+ 2H_2$
21	$C_{10}H_{14}$(丁基苯)$= C_{10}H_8$(萘)$+ 3H_2$
22	C_9H_{12}(1,3,5-三甲基苯)$+ 3H_2 = C_6H_6 + 3CH_4$
23	$CO + H_2O = CO_2 + H_2$
24	$C_2H_4 + C_4H_6$(1,3-丁二烯)$= C_6H_{10}$(环己烯)
25	$3C_3H_6 = C_9H_{12}$(1,3,5-三甲基苯)$+ 3H_2$
26	C_4H_6(1,3-丁二烯)$+ C_2H_4 = C_6H_6 + 2H_2$
27	C_6H_6(苯)$+ 3CH_3OH = C_9H_{12}$(1,3,5-三甲基苯)$+ 3H_2O$

二、甲醇制烯烃的反应机理

甲醇制烯烃（MTO）的反应步骤为甲醇在酸性分子筛催化剂上脱水生成二甲醚；甲醇、二甲醚、水的平衡混合物转化为轻质烯烃，进而通过氢转移、烷基化、异构化及环化等二次反应生成一些高碳烯烃、烷烃、芳烃及环烷烃等。Stöcker[6] 综述了甲醇制碳氢化合物的反应机理，认为 MTO 反应过程可以分为三步：在分子筛表面生成甲氧基、生成第一个 C—C 键和生成 C_3、C_4。Haw 等[7] 则将甲醇催化转化为碳氢化合物的过程分为如下五步：第一步是甲醇、二甲醚和水快速达到平衡；第二步是在甲醇和二甲醚大量生产碳氢化合物之前，新鲜催化剂通常有一个动力学诱导期；第三步是碳氢化合物的生成；第四步是生成的烯烃产物进一步发生反应生成碳氢化合物（此时在微孔酸性固体催化剂上烯烃发生的反应种类和程度与催化剂的酸强度、酸中心密度、催化剂的形貌、晶粒尺寸、反应温度、空速及其他工艺条件密切相关）；第五步就是催化剂的积炭失活。

甲醇制烯烃的反应机理比较复杂，而且门派众多，30 多年的基础研究提出了至少 20 多种不同的反应机理，但归纳起来可以分为串联型机理（the consecutive type mechanism）和并联型机理（parallel mechanism）两大类。第一类串联型机理认为每一步仅增加一个来自甲醇的碳，可能会发生如下所示的反应：

$$2C_1 \longrightarrow C_2H_4 + H_2O$$
$$C_2H_4 + C_1 \longrightarrow C_3H_6$$
$$C_3H_6 + C_1 \longrightarrow C_4H_8 \cdots\cdots$$

但是串联型的反应机理不能解释已经发现的MTO反应存在动力学诱导期的现象；而且该机理大部分强烈认为乙烯是首先生成的产物，但是在HSAPO-34上发生的典型的MTO反应初期通常是先发现丙烯的生成而且丙烯含量高于乙烯。

第二类就是并联型机理。Dahl和Kolboe[8,9]采用SAPO-34催化剂和^{13}C-甲醇为原料（以及利用乙醇制备的^{12}C-乙烯）研究了甲醇制碳氢化合物的反应过程，提出了烃池机理（hydrocarbon pool mechanism），如图5-3所示。MTO反应的“烃池”机理包括独特的超分子物种（supramolecular species），它们具有特定的化学性质。甲醇转化为低碳烯烃的反应存在一个动力学诱导期，反应开始时只有少量碳氢化合物生成，当反应进行到一定时间后，碳氢化合物的生成量突然增加后保持相对稳定。图5-3中的“烃池”[$(CH_2)_n$]代表一种被分子筛吸附的物质，该物质与普通积炭类似，有可能“烃池”所含的H比$(CH_2)_n$要少，因此使用$(CH_x)_n$表示更恰当一些（其中$0<x<2$）。该机理表达了一种平行反应的思想，认为乙烯、丙烯甚至积炭都来源于一种被称为“hydrocarbon pool”的中间产物，这种“烃池”物种是在诱导期内形成的。

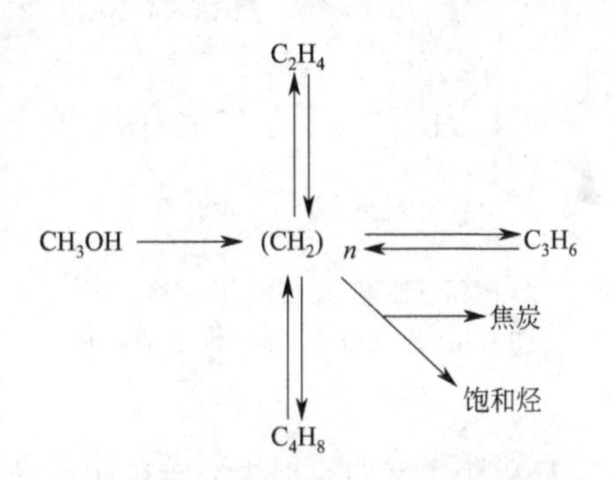

图5-3 烃池（hydrocarbon pool）机理

目前“烃池”机理已经得到了业界普遍的认可[10,11]，而且大量的研究表明多甲基苯在“烃池”机理中起到主要作用。有机化合物组分（例如五甲基苯）的存在对于一个催化剂内的“笼”具有催化活性来说是必需的。但是在“诱导期”内，如何形成第一个C—C键、进而生成有反应活性的“烃池”也是令人关心的。表面甲氧基基团的分解可能是在H-SAPO-34分子筛表面形成第一个C—C键的主要原因。表面甲氧基分解，很可能先生成内鎓盐或碳烯类的中间产物，然后再形成C—C键，进而生成碳氢化合物。形成的这些碳氢化合物是烷烃（例如丙烷和异丁烷）、芳烃（例如多甲基苯），它们具有“烃池”的特征、对稳态MTO过程有反应活性。Li等[12]发现当反应温度超过250℃时就有C═C双键生成。Song等[13]认为MTO反应的乙烯选择性受多甲基苯芳环上甲基数量控制；在高反应空速（即高分压）、反应温度为400℃达到稳态时单个芳环上的甲基数可以达到5，乙烯的选择性仅为25%；但降低空速条件下，达到稳态时单个芳环上的甲基数可以降低到2以下，乙烯选择性可达60%；当反应温度提高后，单个芳环上的甲基数降低，乙烯选择性提高。

本节以烃池机理为主来总结阐述MTO的反应机理。

（一）烃池机理

Dahl等[8]提出的“烃池”理论认为甲醇在催化剂中首先形成一些大分子量的烃类物质并吸附在催化剂孔道内，一方面这些物质作为活性中心不断与甲醇反应引入甲基基团，另一方面这些活性中心不断进行脱烷基化反应，生产乙烯和丙烯等低碳烯烃分子。

1. 表面甲氧基的生成

在MTO反应过程中，甲醇先脱水生成二甲醚，形成甲醇/二甲醚平衡混合物[14]；甲醇/二甲醚分子与SAPO-34分子筛的酸性中心作用生成两种甲氧基[15,16]。第一种由甲醇/二甲醚分子与 B 酸中心作用生成，这种甲氧基对 MTO 反应过程中第一个 C—C 键的形成起关键作用；第二种是甲醇/二甲醚分子与端羟基作用生成，在 MTO 反应过程中可能不起作用。甲氧基的形成过程如图 5-4 所示，两种甲氧基的结构如图 5-5 所示。

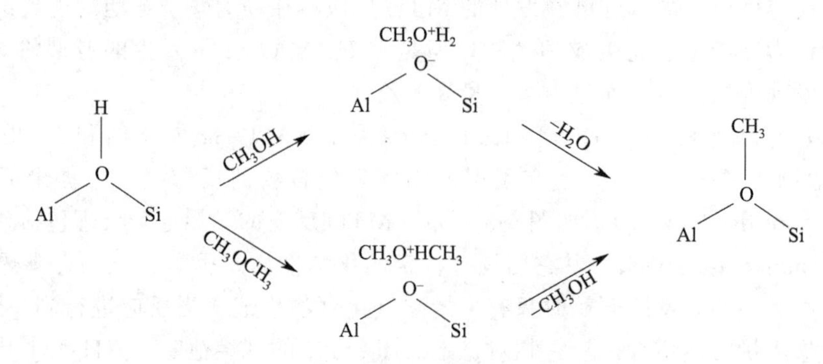

图 5-4　SAPO-34 分子筛上表面甲氧基的形成过程

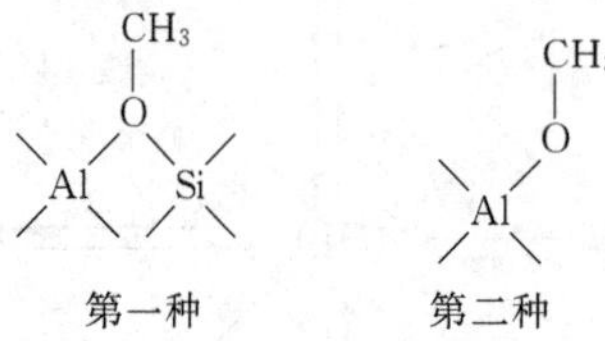

CH_3 O Al Si　第一种　　CH_3 O Al　第二种

图 5-5　SAPO-34 分子筛上的两种甲氧基结构示意图

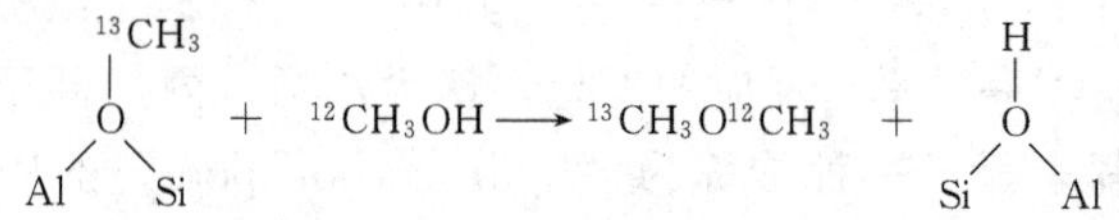

$^{13}CH_3$—O(Al)(Si) + $^{12}CH_3OH$ ⟶ $^{13}CH_3O^{12}CH_3$ + H—O(Si)(Al)

图 5-6　SAPO-34 分子筛上表面甲氧基与甲醇反应过程

试验结果表明表面甲氧基基团对二甲醚的生成也有反应活性[17]，如图 5-6 所示。

甲醇在酸性分子筛催化剂表面形成甲氧基的过程是一个可逆过程，甲氧基可以与水反应生成甲醇，如图 5-7 所示。但是在流动条件和较高的温度下（例如工业 MTO 过程），甲醇转化生成的水会被带走、催化剂表面会被甲氧基覆盖。

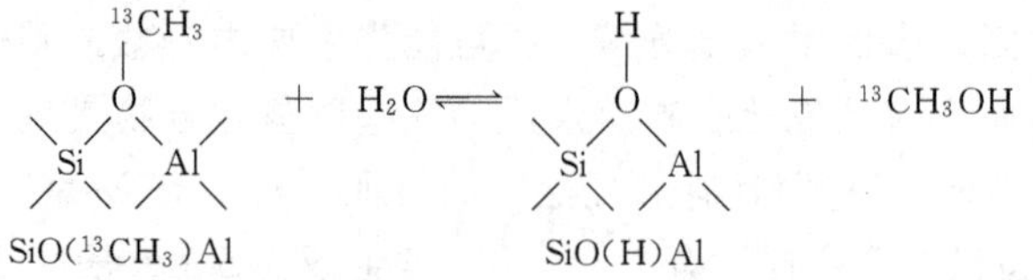

$SiO(^{13}CH_3)Al$ + H_2O ⇌ $SiO(H)Al$ + $^{13}CH_3OH$

图 5-7　甲氧基与甲醇的可逆转换示意图

Wang[18] 的研究结果表明表面甲氧基基团对 MTO 工艺在“诱导期”内生成首个碳氢化合物起很大作用，当温度高于 160℃后，在酸性分子筛上甲氧基很容易与芳烃发生甲基化反应；当反应温度继续提高到 250℃以上时，表面甲氧基就会发生分解反应并生成碳氢化合物；原位魔角旋转核磁共振-紫外（In situ MAS NMR-UV）表征结果也提供了表面甲氧基对酸性分子筛催化剂上 MTO 反应的发生有贡献的证据。利用^{13}C 同位素研究表明首个芳烃分子是由表面甲氧基分解形成的，也就是说所述“烃池”机理的“烃池”是通过表面甲氧基分解生成[19]。

2. 乙烯、丙烯等烯烃产品的生成

目前“烃池”机理对于乙烯、丙烯等主要产物的生成路径又分为两种观点，一种观点是甲醇不断与“烃池”活性物种反应，在芳环上生成侧链烷基、然后脱侧链烷基生产乙烯、丙烯等，该观点被称作“环外甲基化”路线。第二种观点是通过单分子机理生成烯烃，被称作

“消去反应”路线。

Haw 等[20]将多甲基苯起主要作用的“烃池”机理总结如图 5-8 所示（环外甲基化路线）：图中显示丙烯三聚生成的环烷烃能够与其他丙烯发生氢转移反应，从而生成少量在 MTO 反应中出现的丙烷，生成的甲基苯被困在笼内。甲基苯分子就使该笼成了 MTO 催化反应的活性位，这些活性物种连续地与反应物（甲醇或二甲醚）反应并产生低碳烯烃；甲基苯会逐渐老化成活性更低的其他芳烃物质。图 5-8 中显示甲醇（和/或二甲醚）与初始的甲基苯发生烷基化反应生成六甲基苯；六甲基苯进一步烷基化会生成乙基-或异丙基-五甲基苯；脱乙基则生成乙烯、脱异丙基则生成丙烯，五甲基苯与甲醇又生成六甲基苯循环起“活性中间体”的作用。

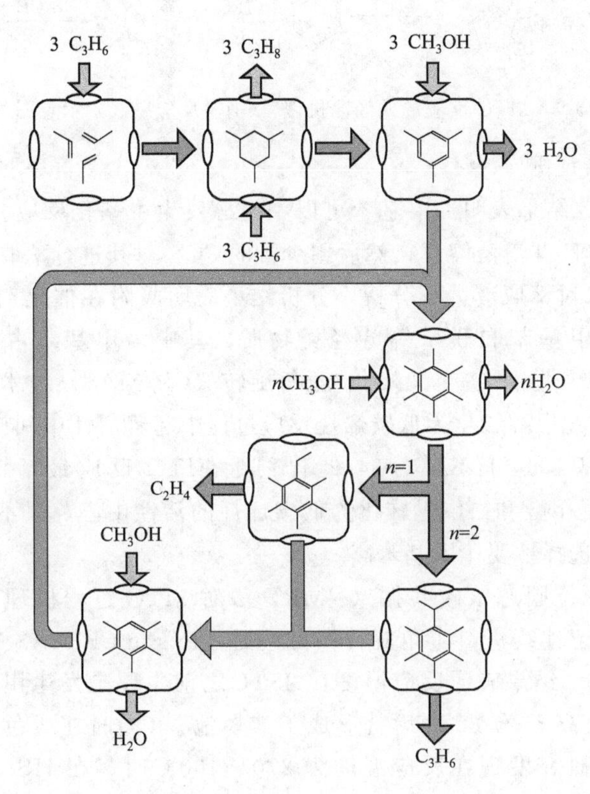

图 5-8　MTO 反应的“烃池机理”（环外甲基化）示意图

Haw 等[7]认为不同的多甲基苯具有不同的产品选择性，三甲基苯倾向于生成乙烯，而六甲基苯倾向于生成丙烯而且活性更强。Song 等[13]认为“笼”中多甲基苯每个芳环上的甲基数为 4～6 时，丙烯的选择性高。

Bjorgen 等[21]的研究结果表明多甲基苯离子物种是通过单分子机理产生烯烃的（被称作“消去”机理），如图 5-9 所示。^{13}C-甲醇脉冲反应的产物中碳的同位素分布表明乙烯和丙烯的生成都符合侧链烷基化机理；提高反应温度会导致多甲基苯的平均取代甲基数降低，增加了经消去反应生成乙烯的概率。

严志敏[22]利用魔角旋转核磁共振（MAS NMR）技术对 SAPO-34 分子筛上 MTO 反应的研究结果表明，反应首先经过一个诱导期，诱导期之后的过程可以利用“烃池”解析，“烃池”由饱和烃和高度取代的不饱和烃构成，通过取代烷基的消除反应形成烯烃，在反应过程中 B 酸中心直接参与了中间物种的生成。

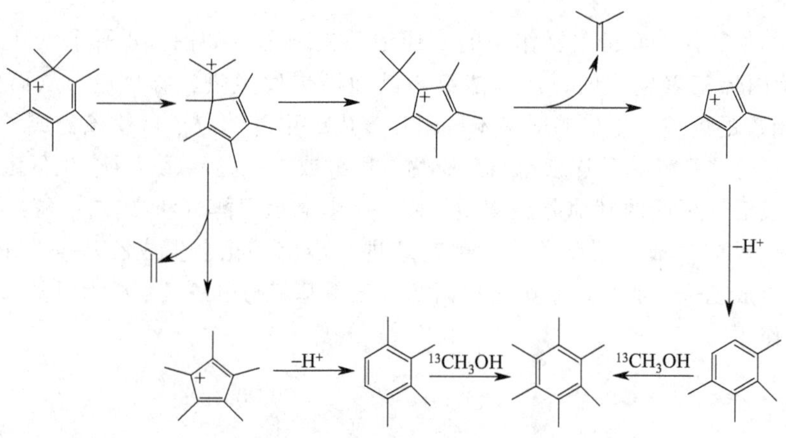

图 5-9 MTO 反应的“烃池机理”（消去反应路线）示意图

3. 烃池机理的间接证据

Arstad 等[23]的研究结果表明，甲基苯可以和甲醇发生甲基化反应。Marcus 等[24]将反应后的催化剂用 HF 或 HCl 溶液溶解，然后用少量的 CCl_4 对其进行萃取，利用气相色谱-质谱（GC-MS）联用技术对萃取液进行分析，分析结果表明吸附在催化剂孔道内的烃类超过 20 种，主要是一些多甲基苯和联苯等芳烃类物质，其中多甲基苯占的比例最大，约为 30%～50%。Song 等[25]利用^{13}C 交叉极化/魔角旋转（CP/MAS）技术也证实了多甲基苯的存在，认为多甲基苯在甲醇转化为低碳烯烃反应过程中起着活性中间产物的作用。Hereijgers 等[11]认为六甲基苯是 H-SAPO-34 催化剂上 MTO 反应最活泼的中间体。Song 等[26,27]发现甲基萘也是甲醇和二甲醚转化为低碳烯烃的活性中心，只不过其活性约为甲基苯的 1/3，而且其乙烯选择性要比甲基苯高。

Wang 等[18]使用原位固态核磁共振（NMR）法对 MTO 过程机理的研究结果也支持“烃池”机理；利用原位连续进料魔角旋转核磁共振（In situ CF MAS NMR）测试技术考察 MTO 反应产物变化，结果表明反应温度在 250℃之前主要是发生甲醇生成二甲醚的反应，当反应温度达到或高于 270℃之后就形成了“烃池”（同时在线色谱也检测到烯烃产率快速增加）；进一步研究发现在反应温度为 270～400℃时，在 HSAPO-34 分子筛上甲醇的转化归因于 C_6～C_{12}芳烃和烯烃混合物的存在，例如多甲基苯、3-己烯、2,5-二甲基-3-己烯、2,3-己二烯、烷基辛二烯、环戊烯、二甲基环戊烯等；使用载气在 400℃温度下吹扫 1h 后，在化学位移为 22ppm 和 129ppm 处还发现有峰存在，表明有对二甲苯存在且被堵在了 H-SAPO-34 的孔内[28]。Wang 等[17]的研究结果表明，“烃池”中的芳烃和烯烃物种在稳态 MTO 反应过程中起到活性催化的作用。Jiang 等[29]使用原位魔角旋转核磁共振-紫外（In situ MAS NMR-UV）技术对 H-SAPO-34 催化剂上 MTO 反应过程中的积炭研究结果表明甲醇在 H-SAPO-34 催化剂上转化过程中形成的多甲基苯分子是最重要的“烃池”化合物。

4. 烃池机理的直接实验证据

30 年来，为了解 MTO 反应历程，尽管研究者尝试利用原位 X 射线衍射、Raman 光谱和固体核磁共振等多种手段研究催化剂相的有机物种沉积[26,28]，但由于在气相产物中检测不到多甲基苯类物质，“烃池”机理直接的实验证据仍然不足，特别是其中所涉及的重要反应中间体七甲基苯基碳正离子（heptaMB$^+$）及其去质子化产物（HMMC）非常活泼，对其直接观察十分困难，仅能通过间接方法和理论计算证明其在分子筛上可能形成，其在 MTO 反应中是否真实存在及其在烯烃生成过程中如何发挥作用仍然存在疑问。

中科院大连化学物理研究所刘中民等[30]在详细研究了分子筛的结构和酸性对 MTO 反应机理影响的基础上，利用合成的新型分子筛材料 DNL-6 的超大笼和强酸性的特点，首次在真实 MTO 反应体系中观察到了 heptaMB$^+$/HMMC 的存在，从而直接证实了烃池机理的合理性。刘中民采用 Gusinet[31]介绍的方法对催化剂进行处理后，采用气相色谱分析原本受限在催化剂笼内的物质，结果如图 5-10 所示。利用^{13}C 同位素进行的示踪实验，进一步验证了该中间体在甲醇转化中的重要作用和以此碳正离子作为中间体的烯烃生成途径。

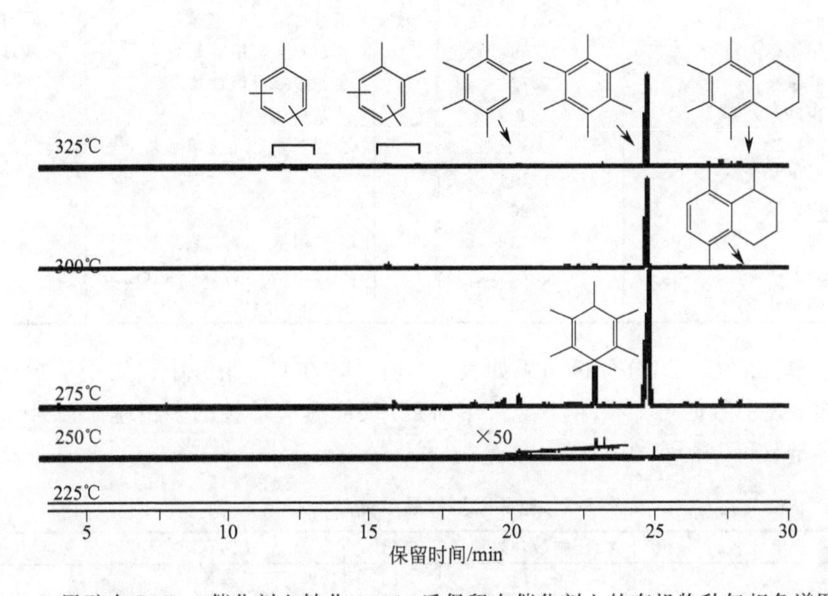

图 5-10　甲醇在 DNL-6 催化剂上转化 60min 后保留在催化剂上的有机物种气相色谱图[30]

5. 商业化 MTO 装置运行数据对“烃池”机理的证实

尽管采用固体核磁共振及气相色谱-质谱联用技术等在催化剂固相中检测到了多甲基苯类物质，但在实验室或中试实验过程中，由于规模小，运行时间短，该类物质很难在反应气物流中检测到。大连化物所在 DNL-6 催化甲醇转化制烯烃反应产物中检测到了多甲基苯的存在，但其采用的催化剂并非 SAPO-34 分子筛催化剂。在真实的 MTO 反应条件下在反应气物流中检测到“烃池”物种，能够为“烃池”机理提供更强有力的数据支持。

（1）反应产物中烃池物种的发现

神华集团包头 180 万吨甲醇/年 MTO 工业装置采用流化床反应器和再生器，使用以 SAPO-34 分子筛为活性组分的催化剂。该装置投产运行近三年，一直运行良好，已经生产了 100 多万吨乙烯、丙烯等高价值产品。在该装置运行过程中发现，反应产物水洗塔的压降会随着装置运行周期的延长而逐渐增加，用作烯烃分离单元精馏塔热源的水洗水流量也逐渐降低，经分析是反应产物中的微量物质在水洗塔的操作温度下（约 70℃）冷凝成固体，并附着在水洗塔的塔盘上和水洗水换热器管程上造成的，其化学组成如表 5-2 所示。由表 5-2 可知，在水洗塔冷凝下来的物质中芳烃含量高达 94.92%，且以三甲基苯、四甲基苯和五甲基苯含量最高。

表 5-2 水洗水中凝结的烃类物质组成

分类	化合物	含量(质量分数)/%	分类	化合物	含量(质量分数)/%
烷烃	壬烷～正十四烷	2.84	芳烃	2-乙基对二甲基苯	2.39
烯烃	3-甲基-3-己烯	0.04		1,3-二甲基-4-乙基苯	1.99
醇	甲醇	0.52		1-乙基-3,5-二甲基苯	4.98
酮	丙酮、甲乙酮	1.68		3-乙基邻二甲基苯	1.02
芳烃		94.92		1,2,4,5-四甲基苯	7.79
芳烃	甲苯	0.08		1,2,3,5-四甲基苯	16.06
	乙苯	0.24		叔戊基苯	0.83
	1,3-二甲基苯	1.89		2,4-二乙基甲苯	1.05
	1,2-二甲基苯	1.15		1-甲基-4-(1-甲基丙基)苯	1.1
	丙基苯	0.18		1-乙基-2,4,5-甲基苯	0.44
	1-乙基-3-甲基苯	3.69		1,2,3,4,5-五甲基苯	12.25
	1,2,3-三甲基苯	5.73		1,3-二甲基异丙基苯	6.45
	1-乙基-2-甲基苯	0.9		1-乙基异丙基苯	1.78
	1,3,5-三甲基苯	13.61		1,2-二乙基-3,4-二甲基苯	0.43
	1-丙烯基-2-甲基苯	1.16		六甲苯	2.13
	1-丙基-3-甲基苯	1.26		2 ,3-二氢茚	0.16
	4-丙基甲苯	0.63		2,3-二甲基-4,7-二氢茚	0.34
	1-乙基-3,5-二甲基苯	2.72		5,6-二甲基-1,2,3,4-四氢化萘	0.16
	1-丙基-2-甲基苯	0.33			

烯烃分离单元的 C_5^+ 组分分析结果如表 5-3 所示，在 C_5^+ 组分中也发现了少量多甲基苯的存在。从表 5-3 中数据可知，除发现了对 MTO 反应具有活性的多甲基苯以外，还发现了侧链乙基及侧链异丙基的存在。

表 5-3 包头 C_5^+ 样品单体烃分析结果

序号	组分名	含量(质量分数)/%	序号	组分名	含量(质量分数)/%
1	苯	0.414	13	1,2,3-三甲基苯	0.078
2	乙苯	0.392	14	1-甲基-3-丙基苯	0.022
3	间二甲苯	0.873	15	1-乙基-2,3-二甲基苯	0.025
4	对二甲苯	0.434	16	2-乙基-1,4-二甲基苯	0.019
5	邻二甲苯	0.524	17	3-甲基癸烷+碳十芳烃(1)	0.019
6	异丙基苯	0.027	18	碳十芳烃(2)	0.034
7	正丙基苯	0.024	19	碳十一芳烃(1)	0.015
8	间甲乙苯	0.088	20	1,2,4,5-四甲基苯	0.032
9	对甲乙苯	0.036	21	1,2,3,5-四甲基苯	0.045
10	1,3,5-三甲基苯	0.048	22	1,2,3,4-四甲基苯	0.02
11	邻甲乙苯	0.034	23～192	非芳烃	96.545
12	1,2,4-三甲基苯	0.252			

众所周知，在 SAPO-34 分子筛八元“笼”内生成的多甲基苯受到笼口直径（3.8Å，即 0.38nm）的限制，不能离开“笼”进入到反应产物中。在反应产物中存在大分子的芳烃类化合物，是因为在 SAPO-34 晶粒的边、角上形成多甲基苯，从而能够扩散在反应产物中，这种现象文献也有报道[32]；由于边角外表面面积很小，因此在反应产物中的芳烃物质仅是很微量的。在实验装置上，由于上述微量物质很少，且易于吸附在催化剂或管线上，很难检测到。只有在大规模工业装置上通过长期运行，多甲基苯类物质逐渐在产品气下游分离单元设备上富集，才能检测到上述活性烃池中间物种。因此，神华包头 180 万吨甲醇/年 MTO

装置运行过程中在水洗塔塔盘、水洗水换热器、反应水汽提塔等处检测到的多甲基苯等物种是烃池机理最直接的证据。

(2) 焦炭物种元素分析

在甲醇制烯烃反应过程中，会在催化剂上生成少量焦炭而使催化剂失活，因此需要连续地将部分失活后的催化剂送到再生器中烧焦以恢复其活性，然后再将再生催化剂送回到反应器中来维持反应器中催化剂的反应活性和选择性。经计算神华包头 MTO 工业装置满负荷运转时的焦炭产量约为 5t/h，焦炭中的 C/H 质量比为 16.81/1（C/H 原子比为 1/0.7），也就是说 MTO 工业装置催化剂上焦炭的化学式可以描写为 $(CH_{0.7})_n$。这也说明焦炭是缩合度很高的的芳烃物质。

(3) 烃池机理指导工业化生产

烃池机理也在指导着商业化 MTO 装置的运转，例如为了缩短或消除反应“诱导期”，再生器采用部分燃烧的方式操作，将再生催化剂的碳含量维持在 1.5～2.0%（质量分数）左右；同时该装置使用的 SMC-001 催化剂在催化剂厂生产的最后一道工序——焙烧（也称作催化剂活化）中，将催化剂的模板剂不完全烧掉，而是保留约 0.5～2.5%（质量分数）的炭含量。再生催化剂和新鲜催化剂上残留的炭在反应过程会起到“活性物种”的作用，从而缩短或消除了反应“诱导期”。而且，催化剂上含有一定量的炭也起到改善低碳烯烃产品选择性的作用[33]。

综上所述，甲醇制烯烃是在酸性分子筛催化剂上进行的多相催化反应，经历了一系列复杂的催化过程和反应步骤。在众多的 MTO 反应机理中，烃池机理越来越受到关注。研究者采用气相色谱-质谱联用、紫外光谱和固体核磁共振等手段在 MTO 反应固体催化剂中检测到了多甲基苯类物质。在大尺寸笼、强酸性 DNL-6 分子筛上催化甲醇制烯烃反应产物中检测到了多甲基苯类物质。固相催化剂和气相产物分析结果都在一定程度上证明了 MTO 反应遵循烃池机理。神华集团包头 180 万吨甲醇/年的 MTO 工业装置在运行过程中，在反应产物水洗塔中的凝结物、反应生成水的汽提产物、烯烃分离单元压缩机入口、段间凝液均发现了微量芳烃（特别是多甲基苯、侧链乙基和异丙基）的存在；待生催化剂焦炭元素分析表明焦炭物种 C/H 原子比为 1.4/1，化学式为 $(CH_{0.7})_n$，也说明焦炭是高度缩合的芳烃物质。上述工业 MTO 装置分析结果为 MTO 反应机理遵循烃池机理提供了有力支持。在 MTO 装置生产过程中运用烃池机理合理地控制了催化剂在反应器中的停留时间、反应再生两器中的碳差，使正常运行状态下 MTO 反应越过诱导期，甲醇在烃池活性物种上快速反应，生成乙烯、丙烯等低碳烯烃。

6. 积炭生成机理

焦炭是 MTO 反应的一种副产物，它对催化剂的活性和选择性有很大影响。尽管 MTO 反应过程中生焦率较低，但焦炭会覆盖 SAPO-34 的酸性中心、堵塞分子筛内的通道，从而引起催化剂失活，因此对 MTO 反应原料转化率和产物选择性具有重要影响。

Jiang 等[29]使用原位魔角旋转核磁共振-紫外光谱（In situ MAS NMR-UV）技术对 H-SAPO-34 催化剂上 MTO 反应过程中的积炭行为进行了研究，在反应温度为 200℃和 250℃时，主要是发生生成二甲醚的反应，没有发现低碳烯烃生成；当反应温度达到 300℃后，就观察到有低碳烯烃生成，二甲醚不能全部转化；当反应温度达到 350℃以上后，低碳烯烃产率明显增加，二甲醚全部转化。原位紫外（UV）光谱显示在反应温度为 300～350℃时在催化剂上发生了烯烃与活性碳正离子的反应，从而生成了更大的碳正离子（最多带 3 个共轭双键)；再生成双烯碳正离子，该路径可能是生成芳香性“烃池”化合物的路径；三烯碳正离子的存在，首次表明了更大分子的有机化合物沉积，例如由多环芳烃生成的碳正离子。当反应温度达到400℃后，乙烯产率高于丙烯产率，产品选择性的变化表明催化剂因多环芳烃沉积开始失活；在400℃反应温度下的有机沉积物就变为典型的焦炭沉积了；反应温度为350℃时平均每个笼中含有0.4个芳环，每个芳环上含有4.1个甲基；当反应温度提高到400℃以后，每个芳环上的甲基数减少为1.1个。他们研究还发现使用氮气对催化剂吹扫可以降低每个笼内的平均芳环数和每个苯环上带有的甲基数，但 N_2 吹扫对多环芳烃没有影响。

由于积炭是一种过渡态形状选择性反应，积炭不仅对MTO反应的本征选择性产生影响，还会使分子筛形状选择性发生变化。由于生成乙烯的过渡态中间体具有较小的分子尺寸，因此积炭可以促进乙烯的生成而不利于丙烯的生成。Chen 等[34]发现当焦炭在催化剂“笼”内形成以后，就又形成了一种过渡态形状选择性，它有利于乙烯的生成，丙烯/乙烯比会从较低含炭时的1.5左右降低到含炭量较高时的0.8左右。

Wolf 等[35]认为积炭是单环和多环芳烃以脂肪族链或环烷链相连接的多种烃类混合物的总称。Aguayo[36]和 Campelo[37]认为在400℃的反应温度下，SAPO-34分子筛上MTO反应生成的积炭主要是聚不饱和烃，不饱和烃的聚合是在强酸中心上发生的。齐国祯等[38]研究了固定床反应器内甲醇制烯烃过程中催化剂的积炭行为。积炭催化剂的傅里叶变换红外光谱（FTIR）和热失重（TG）测试结果显示，在较低的反应温度下（400℃），催化剂上的积炭主要是脂肪烃，而在较高反应温度下（500℃），积炭中多环芳烃的比例增大。Hereigers 等[11]研究结果表明接近完全失活的小尺寸（约1μm）的H-SAPO-34分子筛晶粒中残留物中最多的是三甲基苯，其后依次为二甲苯、甲基萘、甲苯，并含有微量的三环芳烃和四环芳烃；研究还发现催化剂完全失活后催化剂上的残留物（“焦炭”）含量会继续增加而且发现其中大分子含量也变多，这主要归因于催化剂失活前生成的“焦炭”堵塞了分子筛的通道，与被“困”在笼内的甲醇和/或气相产物继续反应造成的；严重失活的催化剂中大部分芳烃分子是在那些接触不到甲醇进料的晶粒中形成的。Haw 等[7]发现在焦炭量较低时，SAPO-34催化剂笼内生成的焦炭前身物主要是六甲基苯或其他类型的甲基苯，随着运转时间的延长，某些甲基苯转化为甲基萘，进而生成菲等多环芳烃，其机理如图5-11所示。

Hu 等[39]利用TGA反应器研究反应温度对催化剂结焦影响时发现，不同的反应温度下结焦催化剂有着不同的颜色（例如反应温度为648.2K时催化剂为浅黄色，反应温度为773.2K时催化剂为深绿色），说明不同反应温度下会生成不同种类的焦炭。Wragg 等[40]发现随着反应时间的延长，催化剂上石墨碳/芳碳的比例逐渐提高。

Soundararajan 等[41]将MTO反应过程中沉积在催化剂上的焦炭分为“活性焦炭”和“非活性焦炭”。催化剂上刚沉积的焦炭充当“活性焦炭”的作用，通过形状选择性来提高产品的选择性；而随着MTO反应的进行，焦炭就变成“非活性焦炭”了。由于使活性位失活而使得甲醇的转化率降低。产品选择性和产率取决于“活性焦炭”与“非活性焦炭”的比例。Dahl 等[42]认为催化剂的酸中心密度是影响结焦的主要因素。

SAPO-34分子筛上的MTO反应积炭生产机理大致有两种。Campelo[37]认为在400℃的反应温度下催化剂上的积炭来源于孔道内的烯烃低聚，烯烃低聚物与较强酸性位发生强烈作用，产生的积炭堵塞催化剂孔道，导致催化剂失活。Chen 等[43]认为积炭的生成取决于一种

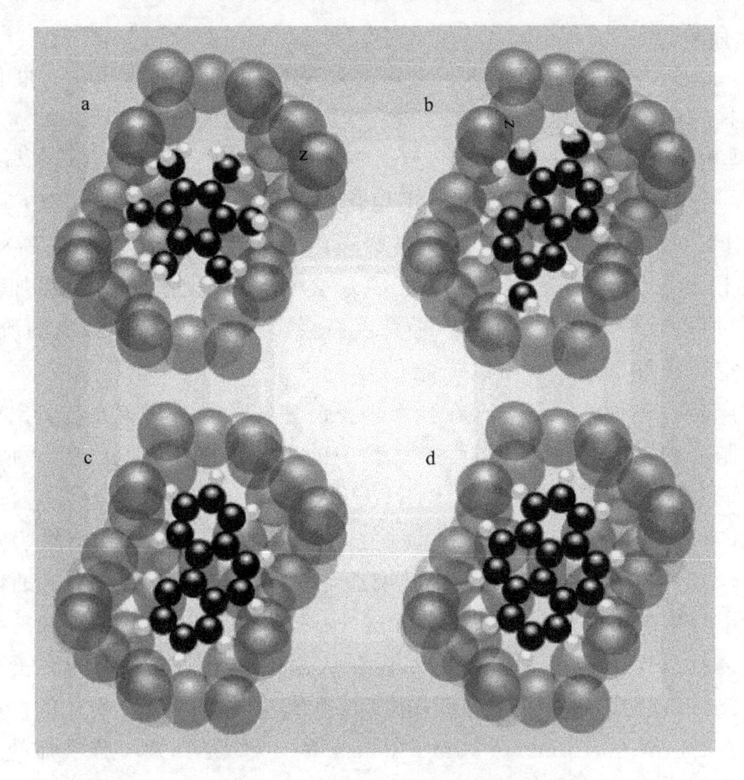

图 5-11　H-SAPO-34 催化剂的失活

a—MTO 活性催化剂的少数笼内存在六甲基苯和其他多甲基苯；
b—随着运行时间的延长，多甲基苯转化为甲基萘；c—进一步转化为菲，
从而引起 HSAPO-34 失活；d—在 HSAPO-34 内形成的最大的分子是芘

吸附于催化剂表面的中间体，积炭的形成过程如图 5-12 所示，该积炭机理与烃池机理相一致；其实验结果表明反应时间越长，生焦量增加，反应温度越高、结焦越快，而甲醇的分压和空速对结焦没有太大影响。

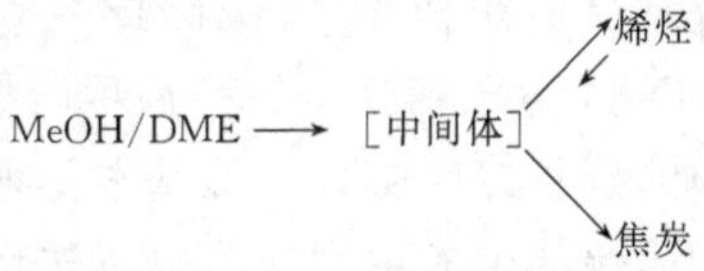

MeOH/DME ⟶ [中间体] ⟶ 烯烃 / 焦炭

图 5-12　积炭生成机理

Haw 等[20]总结了焦炭的生成机理，如图 5-13 所示。甲基苯与丁烯反应并进一步环化，生产甲基萘，随着时间的延长会进一步转化为菲和芘，菲和芘是没有反应活性的；这些多环芳烃会充满“笼”并且通过堵塞通道而使催化剂失活。

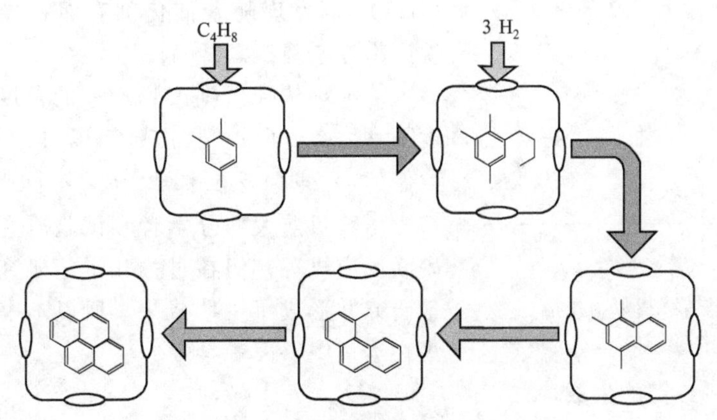

图 5-13　催化剂结焦示意图

7. 副产物生成机理

CO_x、甲烷、乙烷、丙烷等副产物的生成会影响低碳烯烃的选择性，催化剂、反应温度、空速、反应稀释剂、催化剂上的焦炭含量等均对副产物的选择性有影响。

CO_x 主要是由甲醇直接热分解（$CH_3OH = CO + 2H_2$）、甲醇与水蒸气反应（$CH_3OH + H_2O = CO_2 + 3H_2$）和甲醇的甲烷化反应（$CH_3OH = 0.25CO_2 + 0.75CH_4 + 0.5H_2O$）而生成的，以上 3 个反应均为吸热反应，所以随着反应温度提高（特别是超过 500℃以后）CO 和 CO_2 产量显著增加。CO、CO_2 会使大部分乙烯、丙烯后加工过程的催化剂中毒，因此，MTO 反应气中的 CO、CO_2 浓度将会影响 MTO 产品分离的流程。MTO 反应在中等温度和空速条件下操作，可以降低 CO_x 的产量[44]。

氢气也是副产品的一种，氢气的存在会增加下游装置烯烃分离单元的分离难度。

甲烷是甲醇制烯烃反应初始形成的烃类产物中的一种，甲烷的生成有 3 种途径：一是表面甲氧基与甲醇或二甲醚反应生成（$R^+ + CH_3OH \longrightarrow CH_4 + HCHO + H^+$）；二是甲醇的甲烷化反应生成的；三是某些芳烃的脱甲基反应。齐国祯等[45]的研究结果表明，在不太高的反应温度下（<500℃）甲烷主要是表面甲氧基与甲醇或二甲醚反应生成的，而在高温下芳烃的脱甲基是甲烷生成的主要原因。杜爱萍等[46]在研究 SAPO-34 分子筛的甲醇吸附性能时也发现在低温区（211℃）就有甲烷脱附出现，认为是分子筛上游离的 CH_3^+ 基团与甲醇相互作用所致。Salehirad 等[47]认为甲烷是由表面甲氧基与甲醇反应生成的。Chen 等[34]对平均晶体尺寸为 0.25μm、0.4μm、0.5μm、2.5μm 的 4 种 SAPO-34 分子筛的 MTO 性能进行研究时发现，当催化剂上的焦炭含量超过 12%（质量分数）以后甲烷的选择性明显提高，说明这部分甲烷来自多甲基苯脱甲基反应。MTO 在中等反应温度和空速下操作可以降低甲烷的产率[44]。

研究表明乙烯的氢转移能力几乎为零[48]，乙烷主要是通过催化剂笼内的某些芳烃发生脱烷基反应生成的[49]，因此乙烷的选择性只与反应温度有关。靳力文[50]研究发现，当 SAPO-34 分子筛完全失活后甲醇会继续转化，此时的主要产物是二甲醚和乙烷，并且随着时间的延长二甲醚、乙烷基本不再变化。

丙烷的生成主要是丙烯氢转移反应的结果，特别是在反应初期、反应温度较低时丙烷的选择性很高；MTO 反应过程中氢转移指数与温度的关系如图 5-14 所示[45]，从图中可以看出在 350℃的反应温度下氢转移指数（HTC）较高。高雷等[51]研究二甲醚在 SAPO-34 上反应制烯烃（DTO）时发现随着催化剂表面积炭含量增加，丙烷产率逐渐降低。

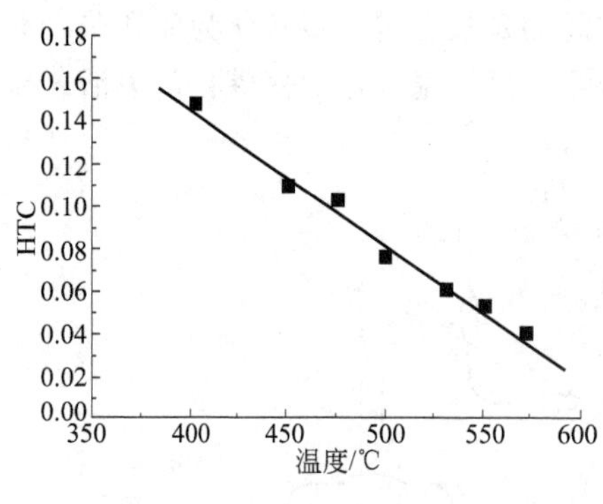

图 5-14 氢转移指数与反应温度的关系[45]

综上，从降低副产物产率的角度来说，反应温度不宜太高，应控制在 500℃以内。

（二）串联反应机理

尽管目前大部分学者和试验研究结果不再支持串联反应机理，但在过去几十年研究者还是做了大量研究并形成了一些成果，所以本书作者也将其收集在本章中供读者参考。

1. 第一个 C—C 键的生成

甲氧基生成后，关于如何生成第一个 C—C 的机理有 20 多种，Stöcker 将其归纳为

Oxonium ylide 机理、Carbene 机理、Carbocationic 机理、自由基机理、Carbon Pool 机理和 Rake 机理等[6,52]。

① Oxonium ylide 机理（氧鎓离子亚烷基机理） 起初是最受关注的机理。Berg 等[53]假定二甲醚与固体催化剂上的 B 酸中心作用形成二甲基氧鎓离子，该二甲基氧鎓离子进一步与二甲醚反应形成三甲基氧鎓离子；该三甲基氧鎓离子被碱性中心去质子就形成了二甲基氧鎓亚甲基物种。下一步是发生分子内 Stevens 重排而形成甲乙醚，或者是发生分子内甲基化而形成乙基二甲基氧鎓离子。在以上两种情况下，都可以通过 β-消去而形成乙烯，如图 5-15 所示。王仰东等[54]采用基于周期性边界条件的密度泛函理论研究了 H-SAPO-34 上甲醇通过 Oxonium ylide 机理直接耦合生成乙烯的可能性，计算结果表明在 MTO 反应过程中，乙烯、丙烯等产物不可能通过 Oxonium ylide 机理生成，该结果也间接地支持了以烃池机理为代表的间接反应机理。

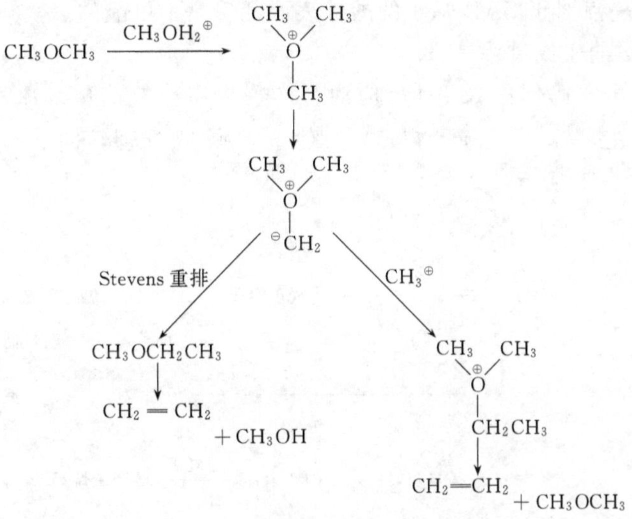

$CH_3OCH_3 \xrightarrow{CH_3OH_2^{\oplus}} (CH_3)_2\overset{\oplus}{O}—CH_3 \longrightarrow (CH_3)_2\overset{\oplus}{O}—{}^{\ominus}CH_2$

Stevens 重排：$\longrightarrow CH_3OCH_2CH_3 \longrightarrow CH_2=CH_2 + CH_3OH$

$CH_3^{\oplus}$：$\longrightarrow (CH_3)_2\overset{\oplus}{O}—CH_2CH_3 \longrightarrow CH_2=CH_2 + CH_3OCH_3$

图 5-15 氧鎓离子机理示意图

② Carbene 机理（碳烯机理） 包括了甲醇的 α-消去反应脱水生成碳烯，接下来就是碳烯聚合生成烯烃或者是碳烯的 sp^3 轨道插入到甲醇或二甲醚中。碳烯机理仅仅包括了表面关联的中间体，如图 5-16 所示[55]。但是到目前为止，关于过渡态 Carbene 的试验证据都是间接的；另外 Carbene 机理的能垒过高，会使反应速率很慢，但实际的反应速率远远高于 Carbene机理得出的反应速率，从而表明 Carbene 机理有其不合理性[56]。

$$[\mathrm{Zeo—O^{\ominus}} \longleftarrow \mathrm{H—CH_2—OH} \longrightarrow \mathrm{H—O—Zeo}] \longrightarrow \mathrm{H_2O} + :\mathrm{CH_2}$$

图 5-16 碳烯机理示意图

无论氧鎓离子机理还是碳烯机理均涉及与分子筛表面相连的中间体的形成，如碳烯、亚甲基-二甲基氧鎓离子及亚甲基氧鎓离子机理均以与分子筛表面相连的中间体作为起始步骤。分子筛表面与铝原子相连的 OH 基甲基化生成甲氧基中间体。甲氧基中间体通过进一步去质子化生成与分子筛表面相连的亚甲基氧鎓离子，亚甲基氧鎓离子通过等电子转化即形成与表面相连的碳烯，然后再进一步甲基化即可形成初始 C—C 键，该过程的示意图如图 5-17 所示。

$$Z—OH + CH_3OH \longrightarrow Z—O—CH_3 + H_2O$$

$$Z—O—CH_3 \xrightarrow{-H^{\oplus}} Z—O—CH_2^{\ominus}$$ 分子筛表面结合氧𬭩离子

$$\updownarrow$$

$$Z—O: \quad :CH_2$$ 分子筛表面相连碳烯

图 5-17 与分子筛表面相连的氧𬭩离子及碳烯形成过程示意图

③ Carbocationic 机理（碳正离子机理） 根据 Ono 和 Mori 的研究结果[57]，表面甲氧基起着自由甲基阳离子的作用，它插入到二甲醚的 C—H 键中就形成了五价的碳正离子过渡状态，脱去 H^+ 后经 β-消除反应生成乙烯和甲醇。但也有学者对上述甲醇和二甲醚亲核取代过程提出质疑。CH_3^+、氘取代甲基阳离子（CD_3^+）与甲醇、氘取代甲醇（CD_3OD）及乙醇反应结果表明，反应产物可能是通过含有质子的醚类结构中间物种转化的。

Chang 等[58]提出了自由基机理，自由基机理的主要弊端是需要强碱中心夺取 C—H 键上的质子，这一点对于 SAPO-34 的酸性表面几乎是不可能的。

2. C_3、C_4 的生成过程

SAPO-34 分子筛催化 MTO 反应时，产物分布比较简单，以 C_2～C_4 烯烃（特别是乙烯、丙烯）为主，C_5 以上产物较少。对于串联型机理，C_3、C_4 的生成有以下四种路线[6,52]，如图 5-18 所示。

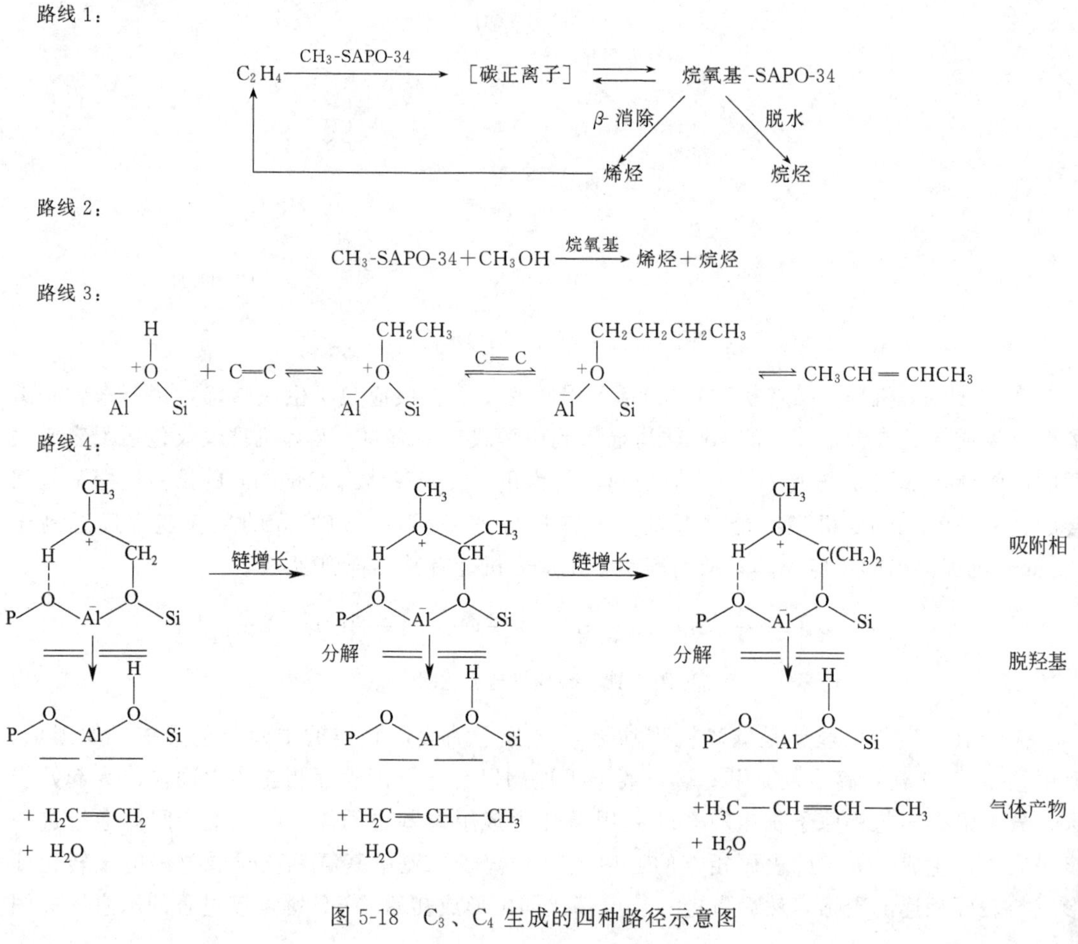

路线 1：

$C_2H_4 \xrightarrow{CH_3\text{-SAPO-34}}$ [碳正离子] ⇌ 烷氧基-SAPO-34；烷氧基-SAPO-34 经 β-消除 → 烯烃（返回 C_2H_4），经脱水 → 烷烃

路线 2：

$$CH_3\text{-SAPO-34} + CH_3OH \xrightarrow{\text{烷氧基}} \text{烯烃} + \text{烷烃}$$

路线 3：

H—$^+$O(Al$^-$)(Si) + C═C ⇌ CH_2CH_3—$^+$O(Al$^-$)(Si) $\xrightleftharpoons{C=C}$ $CH_2CH_2CH_2CH_3$—$^+$O(Al$^-$)(Si) ⇌ $CH_3CH═CHCH_3$

路线 4：

图 5-18 C_3、C_4 生成的四种路径示意图

三、甲醇制烯烃反应热力学

甲醇制烯烃热力学研究能够给出 MTO 反应过程中各种化学反应进行的方向和限度，有助于深入理解 MTO 反应过程和优化工业装置的操作。

齐国祯等[59]利用 Kirhhoff 定律，求取了 MTO 各化学反应在不同温度下的吉布斯自由能，然后根据吉布斯自由能求取了各反应相应温度下的平衡常数，并基于吉布斯自由能和平衡常数探讨了各反应的趋势。本热力学研究考虑了高沸点组分（如水、甲醇等）在升温过程中相变，先计算单独组分不同温度下的焓值、熵值，然后计算反应的焓变和熵变，最后计算吉布斯自由能并通过吉布斯自由能计算反应平衡常数。

表 5-4 列出了标准状态下甲醇制烯烃过程中所涉及原料及反应产物基本热力学常数，各组分等压摩尔热容计算常数及沸点列于表 5-5[60,61]。

表 5-4 标准状态下甲醇制烯烃过程中所涉及原料及反应产物基本热力学常数

组 分	$H_f^{\ominus}$ /(kJ/mol)	$G_f^{\ominus}$ /(kJ/mol)	$S_m^{\ominus}$ /[J/(mol·K)]	H_b /(kJ/mol)	H_m /(kJ/mol)
CH_4	-74.52	-50.45	186.3	8.17	0.94
CO	-110.53	-137.16	197.7	6.04	0.84
CO_2	-393.51	-394.38	213.8		9.02
CH_3OH	-200.94	-162.24	239.9	35.21	3.18
CH_3OH(l)	-239.1		126.8		
C_2H_2	227.4	209	201		21.28
C_2H_4	52.5	68.48	219.3	13.53	3.35
C_2H_6	-83.82	-31.86	229.2	14.7	2.86
CH_3OCH_3	-184.11	-112.92	266.4	21.51	4.94
C_3H_6	20	62.5	266.6	18.42	3
C_3H_8	-103.8	-23.4	270.2	19.04	3.53
C_3H_4(丙炔)	184.9	194.4	248.1	22.15	
n-C_4H_{10}	-125.79	-16.57	310.1	22.44	4.66
i-C_4H_{10}	-134.2	-21.44	294.6	21.3	4.61
n-C_4H_8	0.1	71.3	305.6	22.07	3.96
i-C_4H_8	-17.1	58.18	293.6	21.53	5.93
trans-2-C_4H_8	-11	63.34	296.5	23.34	9.76
cis-2-C_4H_8	-7.4	65.46	300.8	22.72	7.58
C_4H_6(1,3-丁二烯)	110	150.6	278.7	22.47	7.98
C_4H_6(丁炔)	165.2	202.1	290.8	24.52	6.03
C_5H_{10}(正戊烯)	-21.3	78.6	345.8	25.2	5.81
C_5H_{10}(正戊烯)(l)	-46		262.6		
C_9H_{12}(1,3,5-三甲基苯)	-15.9	118.26		39	9.51
C_9H_{12}(1,3,5-三甲基苯)(l)	-63.4	103.9	273.6		
H_2	0	0	130.68	0.89	0.12
H_2O	-241.81	-228.42	188.835	40.66	6.01
H_2O(l)	-285.83	-237.14	69.95		
O_2	0	0		6.82	0.44
N_2	0	0		5.58	0.82
C_6H_{10}(环己烯)	-4.32	106.9		33.42	3.29
C_6H_{10}(环己烯)(l)	-38.5	101.6	214.6		
C_6H_6(苯)	82.88	129.75	269.2	30.72	9.95
C_6H_6(苯)(l)	49	124.4	173.4		
$C_{10}H_8$(萘)	150.3	223.5	333.1	43.4	19.12
$C_{10}H_{14}$(丁基苯)	-3.3	145.39	104.91	38.87	11.22
$C_{10}H_{14}$(丁基苯)(l)	-18.67				

注：标准状态——298.15K，1.01325bar；$H_f^{\ominus}$——标准摩尔生成焓；$G_f^{\ominus}$——标准摩尔吉布斯自由能；$S_m^{\ominus}$——标准摩尔熵；H_b——标准压力下相变焓（液/气）；H_m——标准压力下融化焓（液/固）；l 表示液态。

表 5-5 MTO反应原料及反应产物各组分等压摩尔热容计算常数及沸点

组分	a_0 /[J/(mol·K)]	$a_1\times10^3$ /[J/(mol·K)]	$a_2\times10^5$ /[J/(mol·K)]	$a_3\times10^8$ /[J/(mol·K)]	$a_4\times10^{11}$ /[J/(mol·K)]	T_b /K	$C_{p,\text{liq}}$ /[J/(mol·K)]
CH_4	4.568	−8.975	3.631	−3.407	1.091	111	
CO	3.912	−3.913	1.182	−1.302	0.515	81	
CO_2	3.259	1.356	1.502	−2.374	1.056	216	
CH_3OH	4.714	−6.986	4.211	−4.443	1.535	337	81.08
C_2H_2	2.41	10.926	−0.255	−0.79	0.524	188	
C_2H_4	4.221	−8.782	5.795	−6.729	2.511	169	
C_2H_6	4.178	−4.427	5.66	−6.651	2.487	184	
CH_3OCH_3	4.361	6.07	2.899	−3.581	1.282	248	
C_3H_6	3.834	3.893	4.688	−6.013	2.283	255	
C_3H_8	3.847	5.131	6.011	−7.893	3.079	231	
C_3H_4(丙炔)	3.158	12.21	1.167	−23.16	1.002	250	
n-C_4H_{10}	5.547	5.536	8.057	−10.57	4.134	272	
i-C_4H_{10}	3.351	17.883	5.477	−8.099	3.243	261	
n-C_4H_8	4.389	7.984	6.143	−8.197	3.165	266	
n-C_4H_8	3.231	20.949	2.313	−3.949	1.566	266	
$trans$-2-C_4H_8	5.584	−4.89	9.133	−10.97	4.085	274	
cis-2-C_4H_8	3.689	19.184	2.23	−3.426	1.256	276	
C_4H_6(1,3-丁二烯)	3.607	5.085	8.253	−12.37	5.321	268	
C_4H_6(丁炔)	2.995	20.8	1.56	−3.462	1.524	281	
C_5H_{10}(正戊烯)	5.079	11.919	7.838	−10.96	4.381	303	154
C_9H_{12}(1,3,5-三甲基苯)	5.305	20.039	11.606	−16.31	6.503	437	209.3
H_2	2.883	3.681	−0.772	0.692	−0.213	20	
H_2O	4.395	−4.186	1.405	−1.564	0.632	373	75.29
O_2	3.63	−1.794	0.658	−0.601	0.179	90	
N_2	3.359	−0.261	0.007	0.157	−0.099	78	
C_6H_{10}(环己烯)	3.874	−0.909	14.902	−19.90	8.011	356	148.3
C_6H_6(苯)	3.551	−6.184	14.365	−19.80	8.234	353	135.95
$C_{10}H_8$(萘)	2.889	14.306	15.978	−23.93	10.173	491	165.7
$C_{10}H_{14}$(丁基苯)	6.49	19.08	15.665	−22.05	8.887	456	243.39

注：T_b——沸点；等压摩尔热容的计算公式为 $C_p^{\ominus}=(a_0+a_1T+a_2T^2+a_3T^3+a_4T^4)R$，$C_p^{\ominus}$——标准压力下等压摩尔热容；$R$——摩尔气体常数，8.3145J/(mol·K)；$C_{p,\text{liq}}$——标准状况下为液相的组分在298.15K时的液相等压摩尔热容，一般认为液体的热容变化不大，因此，在计算过程中在298.15K到液相组分沸点这一温度范围，取液相等压摩尔热容为定值 $C_{p,\text{liq}}$。对于所有气相组分等压摩尔热容计算常数在200～1000K的范围内都是适用的。

对于标准状态下为气态的组分，其在标准压力、温度条件下的焓值计算公式如下：

$$H_m(T)=H_f^{\ominus}+\int_{298.15}^{T}C_p\,dT \tag{5-1}$$

对于沸点高于298.15K的组分，假定其沸点为 T_0、相变焓为 H_b，液相等压摩尔热容为 $C_{p,\text{liq}}$（假定液相组分等压摩尔热容恒定），则

$$H_m(T)=H_f^{\ominus}+C_{p,\text{liq}}(T_0-298.15)+H_b+\int_{T_0}^{T}C_p\,dT \tag{5-2}$$

对于某一个反应，计算各组分温度 T 下的生成焓，然后计算反应前后的焓变。对于某一标准状态下为气相的气体组分温度 T 下摩尔熵的计算如下：

$$S_m(T)=S_m^{\ominus}+\int_{298.15}^{T}C_p/T\,dT \tag{5-3}$$

对于沸点高于298.15K的组分，假定其沸点为 T_0、相变焓为 H_b，液相等压摩尔热容为 $C_{p,\text{liq}}$，则

$$S_m(T)=S_m^0+C_{p,\text{liq}}[\ln T]_{298.15}^{T_0}+\frac{H_b}{T_0}+\int_{T_0}^{T}C_p/T\,dT \tag{5-4}$$

计算出各反应涉及组分不同温度下的生成焓和生成熵后，即可得出每个分反应对应温度下的焓变（ΔH）和熵变（ΔS）。

反应的吉布斯自由能变化按照以下公式计算：

$$\Delta G=\Delta H-T\Delta S \tag{5-5}$$

平衡常数 K 按照以下公式计算：

$$-\Delta G=RT\ln K \tag{5-6}$$

某些高沸点组分的热力学数据不全，这种情况下采用其气相组分对应的热力学常数进行不同温度下生成焓和生成熵的计算。

MTO 反应非常复杂，某些反应涉及的组分有多种同分异构体，若要考察 MTO 所有涉及的反应，工作量将十分庞大。热力学计算选定了如表 5-1 所列有代表性的 27 个 MTO 化学反应。表 5-6 列出了标准压力下，各反应在不同温度（523～1023K）的平衡常数。

（一）基础数据及反应平衡常数

MTO 反应平衡常数随温度的变化趋势见表 5-6。

表 5-6　MTO 反应平衡常数随温度的变化趋势

T/K	K_1	K_2	K_3	K_4	K_5	K_6	K_7	K_8
523	5.21×10^{8}	4.91×10^{15}	9.45×10^{20}	1.20×10^{22}	3.71×10^{21}	3.04×10^{21}	4.12×10^{7}	1.26×10
573	3.33×10^{8}	7.77×10^{14}	4.77×10^{19}	4.33×10^{20}	1.46×10^{20}	1.32×10^{20}	3.85×10^{7}	8.65
623	2.31×10^{8}	1.68×10^{14}	3.98×10^{18}	2.72×10^{19}	9.79×10^{18}	9.70×10^{18}	3.65×10^{7}	6.32
673	1.70×10^{8}	4.59×10^{13}	4.88×10^{17}	2.61×10^{18}	9.96×10^{17}	1.07×10^{18}	3.49×10^{7}	4.86
723	1.31×10^{8}	1.52×10^{13}	8.08×10^{16}	3.51×10^{17}	1.40×10^{17}	1.61×10^{17}	3.38×10^{7}	3.88
773	1.05×10^{8}	5.80×10^{12}	1.70×10^{16}	6.17×10^{16}	2.56×10^{16}	3.11×10^{16}	3.28×10^{7}	3.19
823	8.60×10^{7}	2.50×10^{12}	4.36×10^{15}	1.34×10^{16}	5.76×10^{15}	7.40×10^{15}	3.20×10^{7}	2.69
873	7.23×10^{7}	1.19×10^{12}	1.31×10^{15}	3.50×10^{15}	1.54×10^{15}	2.08×10^{15}	3.13×10^{7}	2.31
923	6.19×10^{7}	6.13×10^{11}	4.49×10^{14}	1.06×10^{15}	4.76×10^{14}	6.71×10^{14}	3.06×10^{7}	2.02
973	5.38×10^{7}	3.38×10^{11}	1.72×10^{14}	3.61×10^{14}	1.66×10^{14}	2.44×10^{14}	3.01×10^{7}	1.79
1023	4.74×10^{7}	1.98×10^{11}	7.24×10^{13}	1.37×10^{14}	6.41×10^{13}	9.77×10^{13}	2.96×10^{7}	1.60

	K_9	K_{10}	K_{11}	K_{12}	K_{13}	K_{14}	K_{15}	K_{16}
523	6.66×10^{2}	1.66×10^{13}	8.21×10^{-2}	4.91×10^{1}	3.48×10^{3}	1.11×10^{2}	8.41×10^{-12}	1.33×10^{-11}
573	5.01×10^{3}	1.80×10^{13}	4.22×10^{-1}	3.80×10^{1}	4.31×10^{2}	1.77×10	1.25×10^{-10}	5.17×10^{-10}
623	2.78×10^{4}	1.94×10^{13}	1.66	3.07×10	7.48×10	3.79	9.20×10^{-10}	1.14×10^{-8}
673	1.21×10^{5}	2.08×10^{13}	5.31	2.55×10	1.69×10	1.03	3.77×10^{-9}	1.60×10^{-7}
723	4.36×10^{5}	2.21×10^{13}	1.44×10	2.17×10	4.72	3.35×10^{-1}	9.21×10^{-9}	1.57×10^{-6}
773	1.34×10^{6}	2.35×10^{13}	3.42×10	1.89×10	1.56	1.27×10^{-1}	1.42×10^{-8}	1.15×10^{-5}
823	3.62×10^{6}	2.47×10^{13}	7.28×10	1.67×10	5.90×10^{-1}	5.43×10^{-2}	1.42×10^{-8}	6.69×10^{-5}
873	8.74×10^{6}	2.60×10^{13}	1.42×10^{2}	1.49×10	$2.50E\times10^{-1}$	2.57×10^{-2}	9.51×10^{-9}	3.18×10^{-4}
923	1.93×10^{7}	2.71×10^{13}	2.56×10^{2}	1.35×10	1.17×10^{-1}	1.32×10^{-2}	4.33×10^{-9}	1.28×10^{-3}
973	3.92×10^{7}	2.81×10^{13}	4.35×10^{2}	1.24×10	5.93×10^{-2}	7.30×10^{-3}	1.36×10^{-9}	4.48×10^{-3}
1023	7.46×10^{7}	2.91×10^{13}	6.99×10^{2}	1.14×10	3.22×10^{-2}	4.29×10^{-3}	2.94×10^{-10}	1.39×10^{-2}

	K_{17}	K_{18}	K_{19}	K_{20}	K_{21}	K_{22}	K_{23}	K_{24}
523	1.03×10^{-6}	4.07×10^{5}	7.71×10^{5}	6.94×10	9.62×10^{18}	3.57×10^{15}	2.10×10^{2}	4.19×10^{7}
573	1.34×10^{-5}	3.15×10^{4}	5.81×10^{4}	4.79×10^{2}	1.58×10^{17}	1.90×10^{14}	9.57×10	1.20×10^{6}
623	1.19×10^{-4}	3.65×10^{3}	6.58×10^{3}	2.47×10^{3}	5.46×10^{15}	1.57×10^{13}	4.98×10	6.04×10^{4}
673	7.74×10^{-4}	5.79×10^{2}	1.03×10^{3}	1.01×10^{4}	3.15×10^{14}	1.83×10^{12}	2.88×10	4.73×10^{3}
723	3.94×10^{-3}	1.18×10^{2}	2.06×10^{2}	3.41×10^{4}	2.71×10^{13}	2.81×10^{11}	1.80×10	5.25×10^{2}
773	1.64×10^{-2}	2.95×10	5.09×10	9.91×10^{4}	3.22×10^{12}	5.40×10^{10}	1.21×10	7.75×10
823	5.79×10^{-2}	8.69	1.49×10	2.54×10^{5}	4.98×10^{11}	1.25×10^{10}	8.54	1.44×10
873	1.78×10^{-1}	2.94	4.99	5.84×10^{5}	9.56×10^{10}	3.38×10^{9}	6.31	3.27
923	4.87×10^{-1}	1.12	1.89	1.23×10^{6}	2.2×10^{10}	1.04×10^{9}	4.84	8.71×10^{-1}
973	1.21	4.70×10^{-1}	7.88×10^{-1}	2.40×10^{6}	5.89×10^{9}	3.60×10^{8}	3.82	2.66×10^{-1}
1023	2.74	2.15×10^{-1}	3.59×10^{-1}	4.37×10^{6}	1.8×10^{9}	1.37×10^{8}	3.10	9.17×10^{-2}

续表

T/K	K_{25}	K_{26}	K_{27}
523	4.27×10^{5}	2.91×10^{9}	1.53×10^{22}
573	1.26×10^{5}	5.74×10^{8}	1.22×10^{23}
623	4.63×10^{4}	1.49×10^{8}	6.87×10^{23}
673	2.02×10^{4}	4.75×10^{7}	3.04×10^{24}
723	1.01×10^{4}	1.79×10^{7}	1.1×10^{25}
773	5.57×10^{3}	7.68×10^{6}	3.43×10^{25}
823	3.35×10^{3}	3.67×10^{6}	9.31×10^{25}
873	2.16×10^{3}	1.91×10^{6}	2.26×10^{26}
923	1.47×10^{3}	1.07×10^{6}	5×10^{26}
973	1.05×10^{3}	6.38×10^{5}	1.02×10^{27}
1023	7.75×10^{2}	4.01×10^{5}	1.93×10^{27}

(二) 热力学计算结果的分析

根据表 5-1 所涵盖的 MTO 过程可能发生 27 个化学反应，MTO 反应可以分为以下几类：主反应，包括甲醇或二甲醚生成烯烃的反应以及甲醇生成二甲醚的反应（表 5-1 中反应 1～8）；分解反应，包括甲醇或二甲醚分解生成甲烷、一氧化碳及氢气的反应以及烷烃分解生成甲烷和烯烃的反应（反应 9～11）；烯烃转换反应，包括乙烯和丁烯歧化生成丙烯的反应、乙烯转化成丁烯的反应以及乙烯和丙烯生成戊烯的反应（反应 12～14）；氢转移反应，包括烯烃加氢生成烷烃的反应、烯烃脱氢生成炔烃或二烯烃的反应等（反应 15～22）；变换反应，指的是一氧化碳从水中置换出氢气同时转变为二氧化碳的反应（反应 23）；芳构化反应，包括三个丙烯分子成环脱氢后生成 1,3,5-三甲基苯以及双烯合成经过脱氢后形成苯环的反应（反应 24～26）；烷基化反应（反应 27）。以下结合表 5-6 中各个反应的平衡常数随温度变化的趋势及 MTO 产品气中的产物分布，从热力学的角度探讨其反应趋势。

1. 主反应

从热力学计算的结果分析，甲醇和二甲醚生成烯烃的主反应在 523～1023K 的范围内，随温度增加平衡常数逐渐减小，但始终都保持在一个非常高的值，因此这些反应均可以认为是不可逆反应。

几种烯烃的生成反应相比较，随着烯烃碳链长度的增加，平衡常数逐步增大。虽然从平衡常数和吉布斯自由能来看，生成长链烯烃的驱动力更大，但影响产物最终分布的还是 SAPO-34 分子筛的择形作用和分子的相对稳定性（如丁烯异构体的含量分布）。乙烯、丙烯、丁烯及戊烯的分子尺寸逐渐增大，在分子筛孔径的约束下，小分子的乙烯和丙烯更容易扩散出去，因此在反应气中含量更高。对于大分子的烯烃，没有支链的直链分子因为结构规整相对会更容易扩散。这可以解释反应产物中直链的正丁烷含量大于有支链的异丁烷，直链丁烯的含量大于异丁烯。对于均为直链的丁烯的分布则是由分子结构的相对稳定性决定的，如双键位置在链端的 1-丁烯（743K 时，生成焓为 58.24kJ/mol）不如双键位置靠近链中间的 2-丁烯稳定，而在 2-丁烯中，顺-2-丁烯（743K 时，生成焓为 50.43kJ/mol）比反-2-丁烯（743K 时，生成焓为 44.85kJ/mol）的键能又高出 5.6kJ/mol，因此，反-2-丁烯又较顺-2-丁烯稳定，这可以解释反应产物中丁烯相对含量顺序：反-2-丁烯＞顺-2-丁烯＞1-丁烯＞异丁烯。基于此，戊烯不同异构体之间相对含量也存在类似的关系。

虽然在较低的温度下吉布斯自由能更低（即反应的驱动力越大），平衡常数也更高，但由于较低的温度难以克服反应的能垒，因此反应难以发生。生成丁烯的反应（反应 3～6）中，不同丁烯异构体的生成反应的热力学数据都很相近。如图 5-19 所示，相比甲醇为原料的 MTO 反应，以二甲醚为原料时平衡常数随温度变化的趋势一致，但更为缓和。在 523～1023K 的温度范围内，K_1 缩小了 10 倍，K_2 缩小了 10^4 倍，K_3～K_6 更是缩小了～10^7 倍，而二甲醚为原料的 K_7 只缩小了约 30%。这可能是由于甲醇转化为二甲醚的过程中已经放出了大量的热，使得二甲醚转化为烯烃的反应驱动力相对小一些。

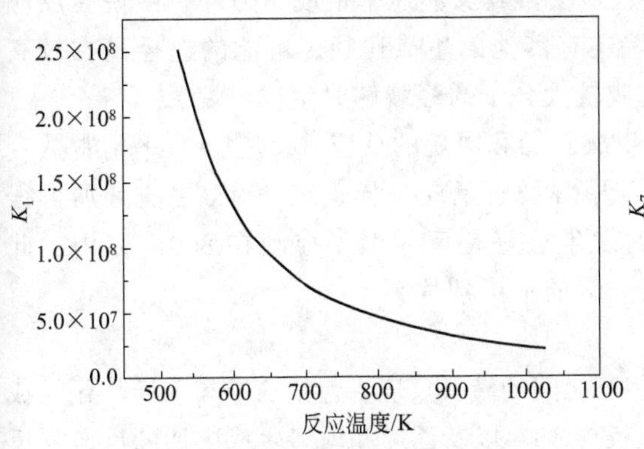

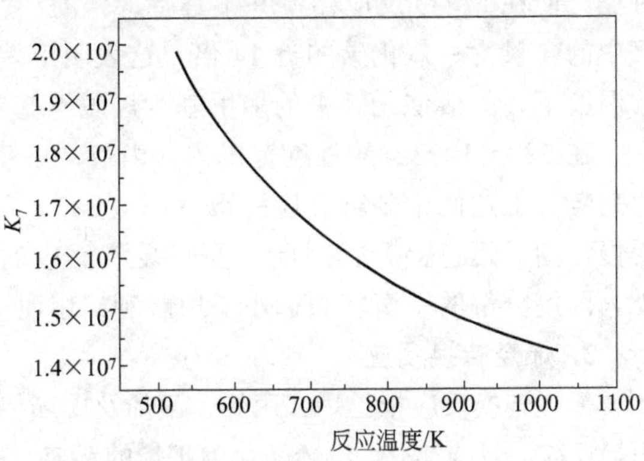

图 5-19　甲醇（K_1）或二甲醚（K_7）制乙烯反应平衡常数随温度的变化

甲醇转化为二甲醚的反应平衡常数随温度变化趋势如图 5-20 所示。从热力学角度看，该反应平衡常数不是很大，属于可逆反应。在 523～1023K 的温度范围内，平衡常数随温度增加而降低，表明在此温度范围内，升高反应温度不利于甲醇转化为二甲醚的反应。

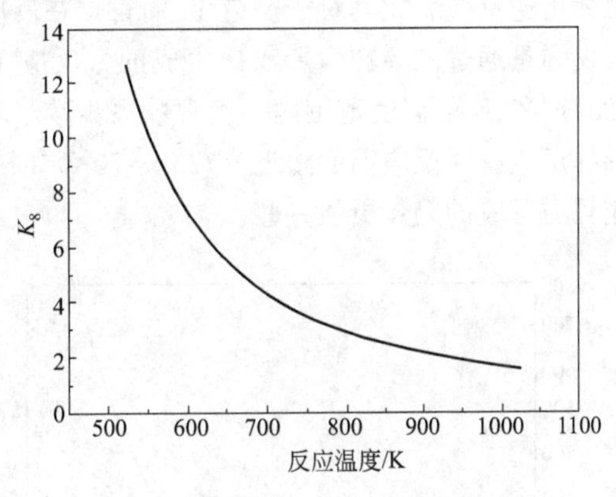

图 5-20　甲醇转化为二甲醚反应平衡常数随温度的变化

2. 分解反应

在 523～1023K 的温度范围内，MTO 所涉及的分解反应主要有两类：一是甲醇或二甲醚的分解（反应 9、10），二是烷烃裂解（反应 11）。前一种分解反应的平衡常数随温度变化趋势如图5-21所示，其平衡常数随温度变化的趋势是一致的，均随温度升高而增加，表明升温（尤其是升至 800K 以后）会促进甲醇和二甲醚的分解反应，对于 MTO 主反应不利。因此，MTO 反应温度最好不要超过 800K（527℃）。

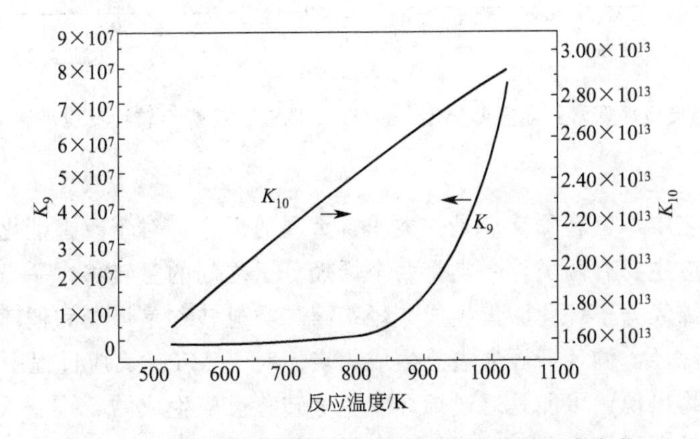

图 5-21　甲醇及二甲醚分解反应平衡常数随温度变化

甲醇分解平衡常数在500～800K的范围内增加较为缓慢，800K以后迅速增加，前后变化幅度超过10^5倍；与甲醇不同的是，二甲醚的分解反应平衡常数随温度近似线性增加，变化也比较平缓，前后只增加了1倍。在MTO工业装置的反应温度下，两个分解反应的平衡常数都很高，但在反应气中，一氧化碳的浓度很低，这是由于这两个分解反应均具有金属催化的特征，而在MTO反应器中并不具备这样的环境，使得其反应速率很慢。另外，甲烷在反应气中的含量为一氧化碳的近14倍，这表明甲烷还有其他的生成途径。可能的途径是在较高的温度下，失活催化剂中的多甲基芳烃脱甲基或较大分子烯烃裂解时生成甲烷。

在523～1023K的温度范围内，丙烷裂解生成乙烯和甲烷的反应（反应11）平衡常数变化趋势与上述两个分解反应一致（图5-22），与甲醇裂解反应一样也在800K之前增加得很缓慢，随后迅速上升。因此，要减缓该反应的发生最好是反应温度控制在800K以内。此外，丙烷分解的平衡常数远小于甲醇和二甲醚分解的平衡常数。

3. 烯烃转换反应

烯烃转换反应指乙烯、丙烯、丁烯及戊烯相互之间的转换反应，包括乙烯和丁烯歧化生成丙烯反应（反应12），乙烯转化为丁烯的反应（反应13）以及乙烯和丙烯生成戊烯的反应（反应14）。烯烃转换反应平衡常数随温度的变化规律如图5-23所示。平衡常数随着温度的升高都是降低的。可以看出，烯烃转换反应的平衡常数均较低，在700～800K的反应温度范围内均可视为可逆反应。尤其对于反应14而言，在反应温度范围内，逆反应的趋势更强。有种观点认为戊烯是通过乙烯和丙烯双聚生成的（反应14），从反应14平衡常数随温度的变化来看，在523～1023K的温度范围内平衡常数逐步减小，表明升温并不利于通过乙烯和丙烯双聚生成戊烯的反应。在反应温度附近（723～773K）时，平衡常数只有0.2～0.6，表明该反应为可逆反应且逆反应的趋势更强一些。

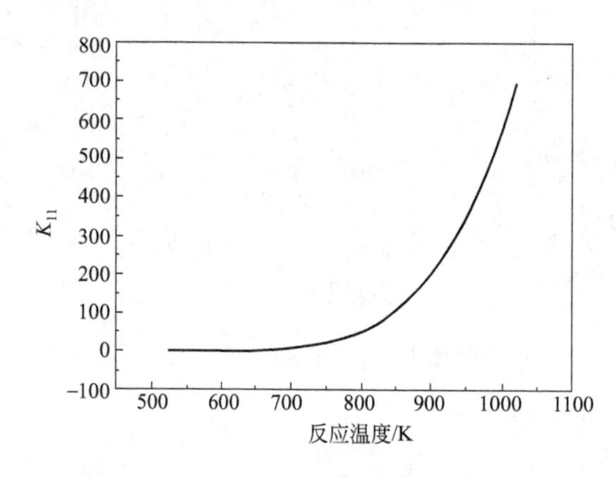

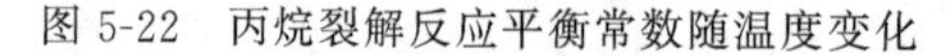
图5-22 丙烷裂解反应平衡常数随温度变化

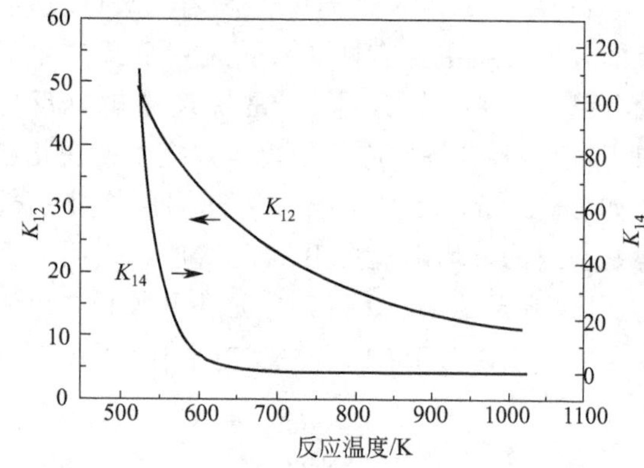

图5-23 烯烃转换反应平衡常数随温度变化

4. 氢转移反应

在催化裂化工艺中，氢转移反应是一类非常重要的反应，对于改善催化汽油产品质量非常重要。氢转移反应主要有两类：一类是两个烯烃分子之间的氢转移，一个烯烃分子得到氢生成烷烃，另一个烯烃分子环化脱氢生成芳烃；第二类氢转移是烯烃和稠环芳烃之间的氢转移，烯烃得氢生成烷烃，稠环芳烃失去氢生成焦炭。对于MTO反应过程中，反应产物中有烷烃、二烯烃等产物出现，可能是通过烯烃发生氢转移反应生成的。

氢转移反应将低碳烯烃转化为烷烃等，会导致低碳烯烃目标产物选择性下降，因此，在

MTO工艺中应尽量减少氢转移反应的发生。为了详细论述MTO反应中的氢转移过程，本节将氢转移反应分为脱氢反应和加氢反应两部分分别进行论述。对于烯烃的脱氢反应，丙烯脱氢以及丁烯脱氢生成炔烃的反应在研究温度范围反应平衡常数都比较低，表明此类反应不容易发生。丁烯脱氢反应平衡常数随温度的变化如图5-24所示，丙烯脱氢反应的平衡常数在数值上始终小于丁烯生成丁炔的反应（反应16）平衡常数，这在部分程度上解释了反应气中丁炔含量高于丙炔。对于丁烯脱氢生成丁炔和1,3-丁二烯的反应，平衡常数均在800K以后迅速增加，表明要限制这两种产物需要控制反应温度小于800K。

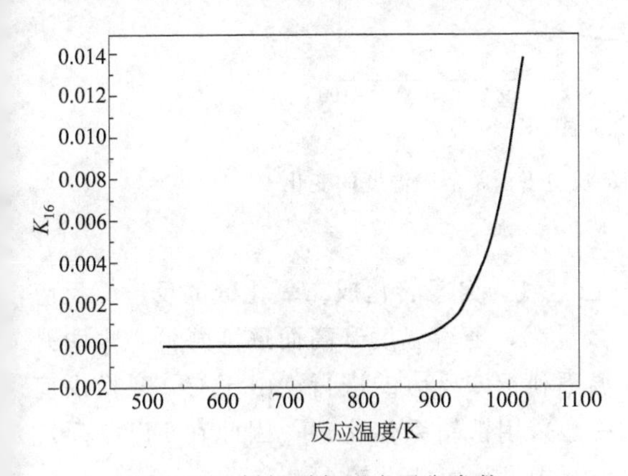

图5-24　烯烃脱氢反应平衡常数随温度的变化

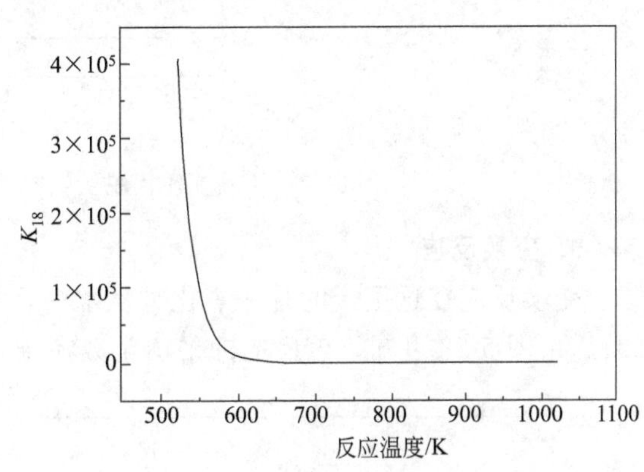

图5-25　丙烯加氢反应平衡常数随温度的变化

对于烯烃加氢反应来说（以丙烯加氢生成丙烷的反应18为例），如图5-25所示，随着反应温度的升高，烯烃加氢生成烷烃的反应平衡常数迅速降低，主要是因为烯烃加氢反应属于放热反应，升高温度将抑制该反应的发生。在723～773K的温度范围内，平衡常数为10^1数量级，属于可逆反应；若温度进一步升高，平衡常数可以降低到10^{-1}数量级，因此，升高反应温度对于抑制烯烃加氢生成烷烃的反应有利。MTO产品气中甲烷可能部分是由于多甲基苯脱甲基形成的（反应22），该反应的平衡常数虽然随温度上升而降低，但始终保持一个很高的值，可以视为不可逆反应。齐国祯等在研究MTO反应副产物生成规律时，将氢转移指数（HTC）定义为丙烷选择性与丙烯选择性之比，发现随着温度的升高，HTC的值是降低的，这与上述丙烯加氢生成丙烷反应平衡常数的计算结果一致。

在热力学计算中，假定苯环的生成途径之一是双烯合成（1,3-丁二烯与其他烯烃）首先生成环己烯，然后脱氢形成苯环（反应20），如图5-26所示。对于缩合反应，以丁基苯脱氢生成萘即反应21为代表，如图5-27所示。可以看出芳烃生成反应的平衡常数在800K以前增加较缓慢，在800K以后迅速增加。对于芳烃缩合生成萘的反应，平衡常数保持在相当高的值，并且随温度增加而升高，800K以后迅速增加。从平衡常数来看，要限制芳烃或焦炭物种的生成，反应温度最好控制在800K以下。

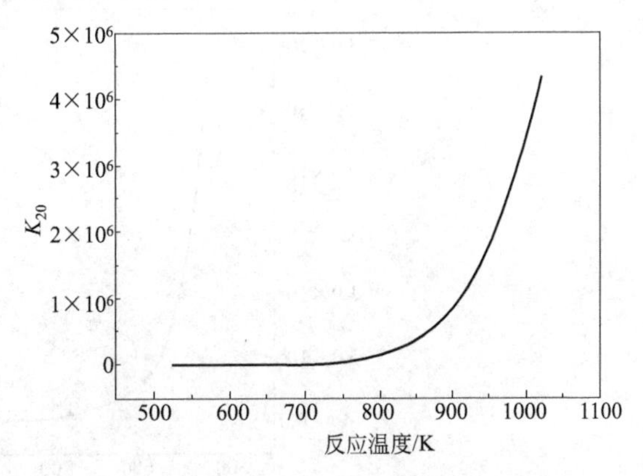

图5-26　烯烃脱氢生成芳烃反应平衡常数随温度的变化

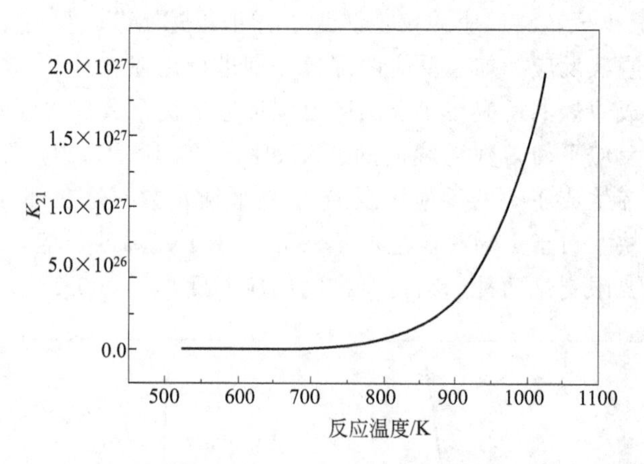

图 5-27 丁基苯环化脱氢生成萘的反应平衡常数随温度的变化

5. 变换反应

变换反应在这里指的是一氧化碳从水中置换出氢气，自身转化成二氧化碳的反应（反应23）。由图 5-28 可知，该反应的平衡常数在 10^2 数量级，随着温度升高而逐渐降低，表明升温不利于该反应的进行。由于 CO 变换反应一般采用铁铬系催化剂，因此在 MTO 反应体系中发生可能性较小。

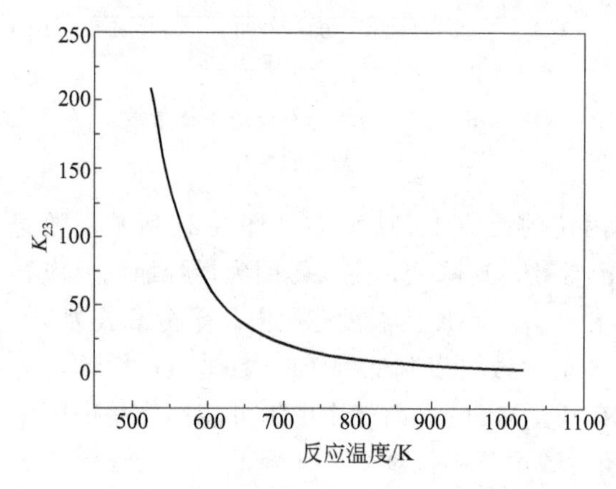

图 5-28 CO 变换反应平衡常数随温度的变化

6. 芳构化反应

芳烃尤其是多甲基苯是 MTO 反应必不可少的活性中间体。一种观点认为苯环的形成可能是丙烯三聚环化脱氢形成的（反应25)。本计算表明，可能存在途径，即共轭二烯烃如 1,3-丁二烯或 1,3-戊二烯等与其他烯烃分子通过双烯合成反应成环并脱氢形成苯环（反应 26，以 1,3-丁二烯为例），如图5-29 所示。通过热力学计算表明，上述两种途径都是可能的。虽然芳构化反应平衡常数随反应温度的升高而降低，但始终都保持在很高

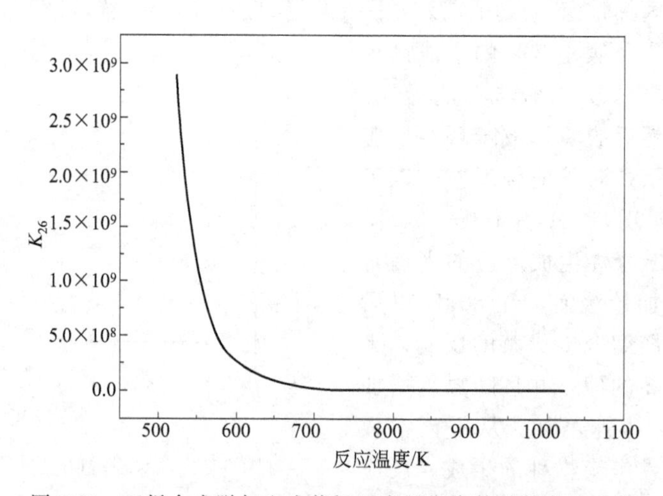

图 5-29 双烯合成脱氢生成芳烃反应平衡常数随温度的变化

的水平。不过在典型 MTO 反应温度下（700～800K），后一种途径的平衡常数更高。这表明，双烯合成环化脱氢可能是 MTO 反应体系中生成芳烃的更重要的途径。

7. 烷基化反应

烷基化反应以苯和甲醇反应生成三甲基苯和水的反应为代表（反应 27），该反应平衡常数随温度的变化曲线如图 5-30 所示，该反应的平衡常数在 523～1023K 温度范围内，随温度增加而降低，但始终保持一个相当高的值，这或许可以解释芳香烃苯环上平均甲基数随反应温度升高而减少的现象[29]。

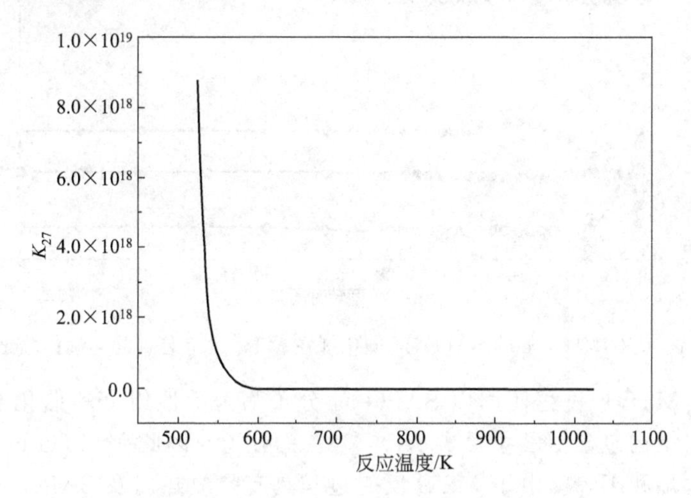

图 5-30　烷基化反应平衡常数随温度的变化

8. 小结

无论是以甲醇为原料还是以二甲醚为原料，烯烃生成反应的平衡常数远远大于 1，属于不可逆反应。同时碳原子数越多的烯烃，其生成反应的平衡常数也越大。在这种情况下，催化剂的择形作用是影响产物分布的最主要因素。同分异构体参与的同一类反应，其反应平衡常数随温度的变化规律相似。丁烯和戊烯的同分异构体在反应产物中的分布也可以通过分子筛的择形作用和分子间相对的热力学稳定性得到解释。

尽管文献[20]认为苯环可能是通过丙烯三聚-脱氢的途径形成的，基于热力学计算提出苯环形成也有可能遵循以下路线：1,3-丁二烯与笼内的乙烯、丙烯甚至丁烯、戊烯发生双烯合成（Diels-Alder 反应），形成含有一个双键的六元环，该六元环进一步脱氢生成苯环。从热力学计算的结果来看，通过双烯合成途径生成苯环的驱动力更大。

根据热力学分析结果，很多的副反应在温度超过 800K 后，反应平衡常数都会迅速增加，如烯烃脱氢反应、裂解反应、芳烃生成反应等。同时，烯烃加氢生成烷烃的副反应在温度低于 600K 时，反应平衡常数较高，不利于低碳烯烃产物的生成。综上，从热力学角度分析，MTO 反应温度应控制在 600～800K 之间。

第三节　甲醇制烯烃催化剂

甲醇制烯烃（MTO）一般使用酸性固体催化剂，例如 ZSM-5、Mordetite、Beta、SAPO-34 等。为了获得较高的转化率和低碳烯烃选择性，催化剂应当具有较高的酸强度和适宜的微孔结构。MTO 反应系统的反应温度一般为 450～500℃、反应气中水蒸气的分压高

(水是 MTO 反应的副产物)，再生器的再生温度一般在 650℃左右，因此 MTO 的催化剂必须具有良好的热稳定性和水热稳定性。在以上列举的几种分子筛中，SAPO-34 分子筛具有活性高、低碳烯烃选择性好、乙烯/丙烯比合理、易于再生的特点[62]。UOP/Hydro 合作建设的 MTO 示范装置的运行结果如图 5-31 所示，可以看出将流化床反应器、再生器与 SAPO-34 催化剂相结合，可以得到良好的运行效果[6]。

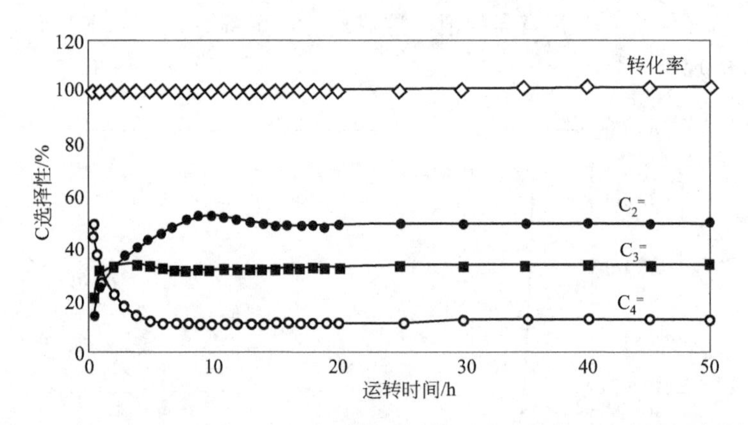

图 5-31 UOP/Hydro 的 SAPO-34 催化剂在 MTO 示范装置的连续试验结果

甲醇制烯烃 (MTO) 过程使用以 SAPO-34 分子筛为活性组分的催化剂，SAPO-34 分子筛的三维“笼”结构包含了尺寸为 3.8Å×3.8Å 的孔道，因此在 MTO 过程中能够高选择性地生成乙烯、丙烯和丁烯。由于 MTO 反应过程具有强放热以及 SAPO-34 催化剂易积炭失活的特点，因此 MTO 工业装置采用带取热设施的流化床反应器和再生器，催化剂在反应器和再生器之间循环流动，同时还在再生催化剂冷却器内流化、循环，催化剂在循环流动过程中会发生相互碰撞磨损，在反应器和再生器内部还安装了多组旋风分离器用于分离回收催化剂细粉。因此，MTO 工业催化剂除了具备高的反应活性和选择性以外，还要具备合适的粒度分布，以便催化剂能够在反应器、再生器中保持流化状态，并能够在反应器、再生器之间稳定地循环流动，同时 MTO 工业催化剂还要具有很高的强度，尽可能地减少催化剂的跑损、降低 MTO 的催化剂成本。

UOP 公司的 Wilson 等[27]总结了影响 MTO 反应性能的 SAPO-34 分子筛的一些特征，包括形状选择性、酸中心强度、酸中心密度、晶粒尺寸和硅含量等。要制备出满足工艺装置需求的高活性、高选择性、稳定的 SAPO-34 分子筛催化剂，需要从强酸中心 (Brønsted 酸) 强度分布、特定拓扑结构下强酸中心的浓度、分子形状选择性、反应产物及过渡态产物的扩散性等方面综合考虑。

尽管本章以得到广泛关注并已经在 MTO 工业装置上得到成功应用的 SAPO-34 分子筛催化剂为主，但值得关注的是 Kumita 等[63]合成的硅铝比为 110 的 ZSM-58 分子筛，该分子筛中“笼”的孔径为 4.4Å×3.6Å，该类型分子筛的热稳定性超过 SAPO-34，是一种非常有吸引力的潜在 MTO 催化剂，甲醇转化反应的主要产品为丙烯、乙烯、丁烯 (及丁二烯)，其抗积炭能力与 SAPO-34 类似，通过调整反应温度和催化剂定碳可以调整丙烯/乙烯比 (最高可达 2)。另外 Aguayo 等[64]发现 SAPO-18 分子筛具有与 SAPO-34 类似的孔结构，但是其酸强度以及表面强酸中心的密度比 SAPO-34 略低，因此它的失活速度比 SAPO-34 低，另外 SAPO-18 分子筛的合成可以使用廉价的模板剂 (例如 *N*,*N*-2 异丙基乙基氨)，因此 SAPO-18 具有低成本优势。

一、SAPO-34 分子筛的研究与开发

1984 年美国联合碳化物公司（UCC）的 Lok 等将 Si 元素引入到 AlPO 分子筛骨架上，开发出了磷酸硅铝系列分子筛（SAPO-n）[65,66]，其中 SAPO-34 分子筛具有类菱沸石结构，具有八元环构成的椭圆形笼、三维孔道结构和较小的孔口直径，对甲醇转化制低碳烯烃反应的催化性能非常有利，甲醇的转化率达 100%，乙烯和丙烯等低碳烯烃的选择性高达 80%以上；同时具有优良的热稳定性和水热稳定性。因此，后来的研究大都集中在 SAPO-34 分子筛的合成和应用方面。

（一）SAPO-34 分子筛的合成步骤

磷酸硅铝系列分子筛是由［SiO_4］、［AlO_4］、［PO_4］三种四面体（单元）构成的微孔型晶体。就合成机理而言，SAPO 可以认为是 Si 同晶取代磷铝分子筛中的 P 或 Al 原子而生成的。

SAPO-34 分子筛通常采用水热晶化法合成[67]，理想的硅源、铝源和磷源分别为硅溶胶、拟薄水铝石或烷氧基铝及磷酸，常用模板剂为四乙基氢氧化铵（TEAOH）、吗啉（C_4H_9NO）、异丙基胺（iPrNH$_2$）及三乙胺（TEA 或 Et3N）、二乙胺（DEA）等。近年来多家研发单位关注采用气相晶化法和液相晶化法（干胶液相转化法）合成 SAPO-34 分子筛，这两种方法具有节约模板剂、简化产品与母液的分离步骤、废液产生量少的优点[68~72]；另外微波加热合成 SAPO-34 分子筛可以缩短合成时间、节约能源、提高结晶度、得到较窄的粒径分布[73~77]；田志坚等[78]采用离子液体法也合成出了纯相 SAPO-34 分子筛。

1984 年美国 UCC 公司公布了世界第一个有关 SAPO-34 分子筛的专利[65]，该专利的一个实例介绍了 SAPO-34 分子筛的详细制备过程：浓度为 85%的磷酸 28.8g 与 17.2g 拟薄水铝石（Al_2O_3 含量为 74.2%、含水 25.8%，质量分数，下同）混合，在此混合物中加入浓度为 40.7%的 TEAOH（四乙基氢氧化铵）溶液，充分搅拌至均匀。在 81.9g 的上述混合物中加入铝酸钠溶液（11.7g 铝酸钠溶解在 23g 水中）和 40g SiO_2 含量为 30%的硅溶胶，充分搅拌均匀；然后将混合物装入以聚四氟乙烯为衬里的不锈钢高压容器中，在 200℃下加压晶化 168h；固体产物经过滤和水洗，并在 100℃空气中干燥。结晶产物经 X 射线粉末衍射的特征峰加以鉴定。UOP 的 Wilson 等[27]介绍了 SAPO-34 分子筛典型的制备过程：将适量的 85%磷酸用水稀释、与异丙醇铝（有时用含水勃姆石代替）混合；混合均匀后再与含氧化硅的水溶液（含 30%的 SiO_2）或气相氧化硅（也可用精制氧化硅代替）混合至均匀；最后加入模板剂水溶液，将混合物搅拌均匀，然后在静止状态或搅拌状态下晶化；将产物收集、用水洗涤、干燥；最后在 500～600℃的温度下在空气中焙烧除去模板剂和微孔内的水分；该文介绍的 SAPO-34 分子筛的制备条件如表 5-7 所示。

表 5-7　SAPO-34 制备条件

催化剂	合成配方(摩尔比)	温度/K	时间/h
SAPO-34(a)	1.0TEAOH∶0.1SiO_2∶1.0Al_2O_3∶1.0P_2O_5∶45H_2O	423	89
SAPO-34(b)	2.0TEAOH∶0.3SiO_2∶1.0Al_2O_3∶1.0P_2O_5∶50H_2O	473	120

SAPO-34 分子筛的基本合成过程可以概括为[79]：

① 制备晶化混合物：晶化混合物的成分有硅源、铝源、磷源、模板剂和去离子水，可选作硅源的有硅溶胶、活性二氧化硅或正硅酸酯；铝源有活性氧化铝、拟薄水铝石或烷氧基铝；磷源一般采用正磷酸；模板剂可以采用四乙基氢氧化铵、吗啉、哌啶、三乙胺或二乙胺等；按

照 (0.5～10)R：(0.05～10) SiO_2：(0.2～3)Al_2O_3：(0.2～3)P_2O_5：(20～200)H_2O (R代表模板剂）的配比关系式，计量物料并按一定的顺序混合，充分搅拌。

② 老化：将上述晶化混合物装入以聚四氟乙烯为衬里的晶化釜中，在室温下老化一定时间。

③ 晶化：将晶化釜控制在150～250℃下晶化一定时间。

④ 将晶化产物离心分离，并用去离子水将固体产物洗至中性，在110℃下烘干得到SAPO-34分子筛原粉；采用SAPO-34分子筛原粉进行MTO评价试验时，需要将分子筛在450～650℃温度下进行焙烧，以烧掉模板剂、控制分子筛的含碳量。

（二）SAPO-34分子筛的组成

采用不同模板剂、不同的晶化胶体溶液、不同的晶化条件合成的SAPO-34分子筛的组成如表5-8所示。

表5-8 SAPO-34分子筛的组成

编号	模板剂	胶液组成	SAPO-34晶体组成	文献
1	DEA	1.5DEA：0.6SiO_2：1.0Al_2O_3：0.8P_2O_5：50H_2O	$Si_{0.12}Al_{0.49}P_{0.40}O_2$	[80]
2	TEAOH		$H_{0.09}(Si_{0.08}Al_{0.51}P_{0.4})O_2$	[36]
3	吗啉	0.3SiO_2：1.0Al_2O_3：1.0P_2O_5：2.0R_2：60H_2O	$(Si_{0.105}Al_{0.473}P_{0.423})O_2$	[81]
		0.6SiO_2：1.0Al_2O_3：1.0P_2O_5：2.0R_2：60H_2O	$(Si_{0.142}Al_{0.481}P_{0.376})O_2$	[81]
4	TEAOH	1.0TEAOH：0.4SiO_2：1.0Al_2O_3：1.0P_2O_5：35H_2O	$(Si_{0.07}Al_{0.51}P_{0.42})O_2$	[27]
5	哌啶	1.0Al_2O_3：0.6P_2O_5：1.1pip.：0.8SiO_2：100H_2O	$(Si_{0.14}Al_{0.50}P_{0.36})O_2$	[82]

注：DEA—二乙胺；TEAOH—四乙基氢氧化铵（下同）；pip.—哌啶。

（三）SAPO-34分子筛的结构和酸性

SAPO分子筛是晶体硅铝磷酸盐，其骨架由［SiO_4］、［AlO_4］、［PO_4］的四面体相互连接而成，因而可得到负电性的骨架，具有可交换的阳离子，并具有质子酸性。目前已报道SAPO系列分子筛有13种三维微孔的骨架结构，SAPO-34是其中的一种，其结构类似菱沸石，具有三维交叉孔道，其骨架拓扑结构如图5-32所示。SAPO-34中"笼"的尺寸约为10Å，"笼"上孔的尺寸约为3.8Å（八个氧原子之间的空间），属立方晶系，其强择形的八元环孔道可抑制芳烃的生成。

Park等[83]合成的SAPO-34分子筛的八元环孔的尺寸为3.8Å×3.8Å、面积为11.3Å^2，包含八元环的笼的直径为6.7Å×6.7Å×10Å、体积为240Å^3。

由^{29}Si、^{31}P和^{27}Al核磁共振谱图[84,85]可以得知PO_4、AlO_4和SiO_4四面体相互连接情况，Si原子一般拥有多种微环境［Si(nAl)，n=0、1、2、3、4］，相对含量为Si(4Al)＞Si(3Al)＞Si(2Al)＞Si(1Al)＞Si(0Al)；但是在晶化混合物中加入的Si很少时，有可能只有Si(4Al)一种结构存在。Al原子一般以四面体配位的形式存在；但如果分子筛中吸附水或有模板剂存在，一部分Al原子有可能以六配位的形式存在。P原子的结构形式比较简单，仅以一种P(4Al)的形式存在。

SAPO-34分子筛具有丰富的微孔，其微孔比表面积大。尽管SAPO-34分子筛的孔径比较小，但因为孔密度高、可利用的比表面积大，因此MTO反应速率较快[65,86～89]。

SAPO-34有较好的吸附性能，晶内饱和水孔体积为0.42mL/g；SAPO-34具有较好的热稳定性和水热稳定性，其骨架崩塌温度为1000℃，在20%的水蒸气环境中，600℃温度下处理仍可保持晶体结构[66]。

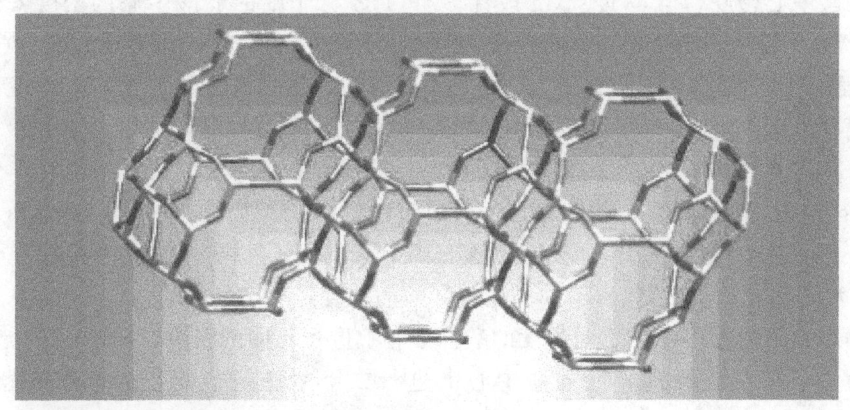

(a) SAPO-34

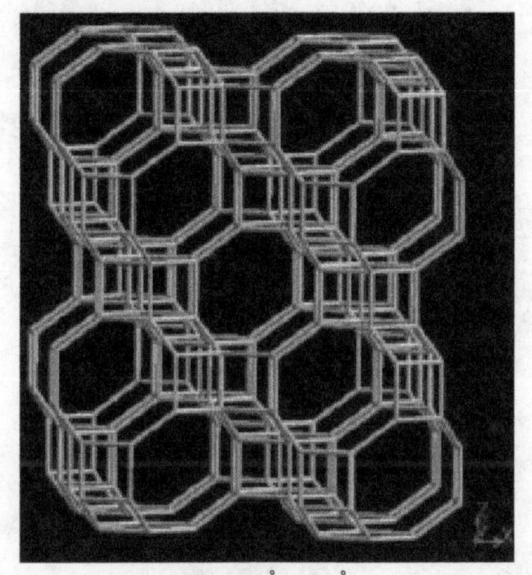

(b)八元环: 3.8Å×3.8Å

(c)笼: 6.5Å×11Å

图 5-32　SAPO-34 的骨架拓扑结构示意图

由八元环组成的 SAPO-34 分子筛的小孔入口仅允许线性烃类分子扩散，而芳烃和支链烃等大分子无法从笼内扩散到产品物流中。同时研究发现 SAPO-34 分子筛“笼”的形状和尺寸特别适合于能够选择性地生产低碳烯烃的活性中间体（多甲基苯）的存在，表现出高的低碳烯烃选择性[34,83]。

SAPO-34 分子筛的酸性对 MTO 反应非常关键，其酸性介于 $AlPO_4$ 和 ZSM-5 之间，可以通过改变合成凝胶中的硅含量来调节。SAPO-34 分子筛具有 Brønsted 酸（B 酸）中心和 Lewis 酸（L 酸）中心，且 B 酸中心远多于 L 酸中心；B 酸中心的强度决定了分子筛的酸性强弱。

何长青等[90]研究发现 SAPO-34 分子筛的酸性受其骨架硅含量的影响非常大：当 Si/Al 摩尔比小于 1 时、分子筛酸性随硅含量增加而变弱；当 Si/Al 比大于 1 时、分子筛酸性随硅含量增高而变强。张平等[91]利用程序升温-漫反射光谱表征了 SAPO-34 分子筛的表面酸性，结果表明 SAPO-34 分子筛中的桥联羟基 Si-OH-Al 具有较强的热稳定性，SAPO-34 分子筛具有 B 酸和 L 酸两种酸中心，其中 B 酸较强，是 SAPO-34 酸性的主要部分，而 L 酸较弱。范闵光[92]测定了 SAPO-34 分子筛以及 K、Mg 改性 SAPO-34 分子筛的酸性，发现三种分子筛都具有强、弱两种酸性中心，且酸性中心的位置相近；其中 SAPO-34 分子筛的弱酸中心密度小于强酸中心密度，但是K、Mg改性SAPO-34分子筛的弱酸中心的密度大于强酸中心的密度，表明K^+、Mg^{2+}已进入分子筛并占据了部分强酸中心；积炭后的SAPO-34分子筛TPD（程序升温脱附）谱图表明，SAPO-34分子筛积炭后弱酸中心没有多大变化，但强酸中心强度降低。Aguayo等[36]也发现SAPO-34存在B酸和L酸，其中20%是吸附热超过150kJ/mol NH_3的强酸，根据SAPO-34分子筛结构可以认为每个“笼”中约有1个B酸中心。Hereijgers等[11]也发现采用TEAOH为模板剂合成的粒径为1μm的H-SAPO-34分子筛的（Al+P）/Si比为10、每个“笼”中含有1个Si原子、每个“笼”中含有1个B酸中心。Song等[13]测定的HSAPO-34分子筛的B酸的浓度是1.1mmol/g。

分子筛表面吸附的甲醇在不同强度的酸性中心上进行不同的反应，弱酸中心上主要进行甲醇脱水生成二甲醚的反应，而强酸中心上进行二甲醚进一步转化为低碳烯烃的反应。Baek等[93]对比了斜发沸石（clinoptilolite）、镁碱沸石（ferrierite）、SAPO-34分子筛甲醇转化性能后认为SAPO-34分子筛较高的强酸中心是生成烯烃的关键因素，而且温度越高越明显；SAPO-34分子筛强酸中心失活后会影响甲醇的转化率和低碳烯烃的选择性，但不影响二甲醚的选择性。Niekerk等[94]发现SAPO-34分子筛的强酸性对催化剂的性能影响最大（而不是结晶度），如图5-33所示。

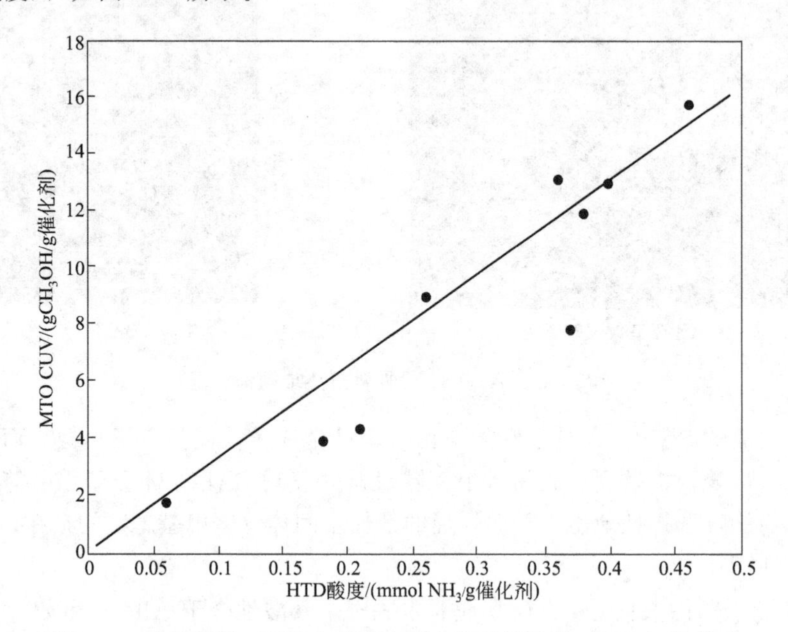

图5-33　高温脱附（HTD）酸度与催化剂使用效率（CUV）的关系

SAPO-34分子筛的酸性是MTO反应催化作用的源泉，中等强度的酸中心和酸密度有利于提高低碳烯烃的选择性，减缓催化剂的积炭失活。可以通过调整硅源及用量、向晶化液中加入HF、引入金属、对分子筛进行水热处理等方法来调控分子筛的表面酸性。

（四）SAPO-34分子筛的晶粒尺寸及影响

SAPO-34分子筛的晶粒粒度及粒度分布对反应物及产物的扩散有很大影响，粒径较小的晶粒有利于甲醇扩散到“笼”内，粒径较大的SAPO-34分子筛易积炭失活，因此，晶粒的尺寸大小既影响到催化剂的选择性，又影响到催化剂的使用效率。控制SAPO-34的晶粒尺寸是改善催化剂的活性及使用寿命的一个非常重要的参数[95]。

Lee 等[32]研究了 SAPO-34 晶粒尺寸对 MTO 反应的诱导期和催化剂失活的影响，发现晶粒尺寸为 7μm 的 SAPO-34 表现出较长的反应诱导期（超过 45min），但催化剂寿命却很短（90min 后甲醇转化率降为 10%），而晶粒尺寸为 0.4μm 的 SAPO-34 基本上没有表现出反应诱导期，而且催化剂寿命显著增加（超过 300min），如图 5-34 所示；Lee 等[32]认为晶粒尺寸对 SAPO-34 催化性能的影响主要是由于小晶粒尺寸的分子筛可以提供更多能够生成 MTO 反应活性中间体——六甲基苯的“笼”。刘红星等[96]发现用吗啉作为模板剂合成的 SAPO-34 的晶粒的平均晶粒为 35μm，尽管其酸中心的密度较低，但由于粒径大、MTO 反应受到扩散限制，分子筛失活较快。严志敏[22]研究发现分子筛的晶粒尺寸大小影响反应产物的分布，在小晶粒分子筛上，反应产物中的长碳链的含量较高（丙烯、丁烯、戊烯等）；Chen 等[97]发现对于较大尺寸的晶粒，微孔被焦炭堵塞对扩散的影响较大，因此催化剂失活较快；而且模板剂、表面活性剂、晶化条件、铝源和硅源均对晶粒尺寸有影响；在大晶粒（2.5μm）SAPO 分子筛作为催化剂时，反应受甲醇和二甲醚扩散控制。Hereigers 等[11]也发现用吗啉为模板剂合成的平均粒径为 5μm 的 H-SAPO-34 分子筛比以 TEAOH 为模板剂合成的平均晶粒为 1μm 的 H-SAPO-34 分子筛的失活速度快（15min 对 100min）、起始反应的丙烯选择性低（30%对 40%）、起始反应的乙烯选择性高（30%对 20%）、丙烷选择性高（16%对 5%）、生焦量大（但催化剂完全失活后基本一致）。Nishiyama 等[95]得到对不同粒径的 SAPO-34 分子筛上 MTO 反应低碳烯烃及二甲醚（DME）的选择性如图 5-35 所示，图中趋势表明随着 SAPO-34 晶粒尺寸减小，分子筛的寿命提高。

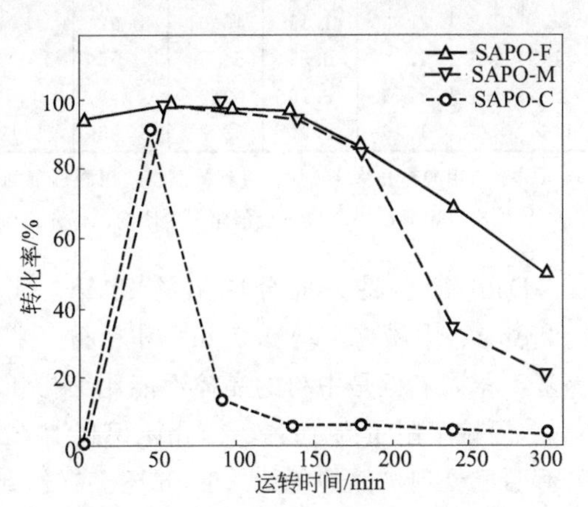

图 5-34 SAPO-34 上甲醇的转化率

温度＝350℃；空速＝2.9h^{-1}

SAPO-F、SAPO-M、SAPO-C 的晶粒尺寸分别为 0.4μm、1μm、7μm

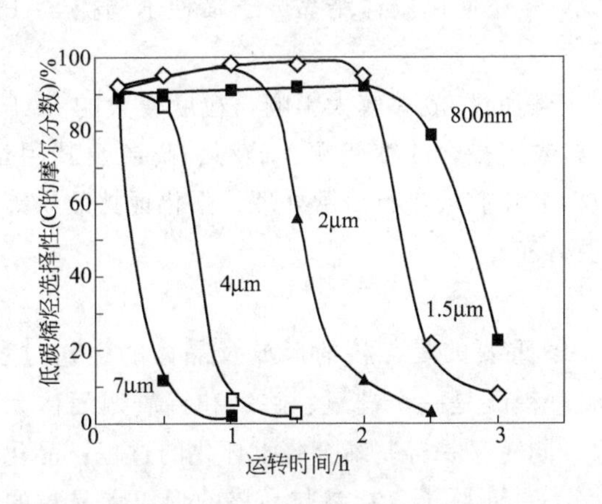

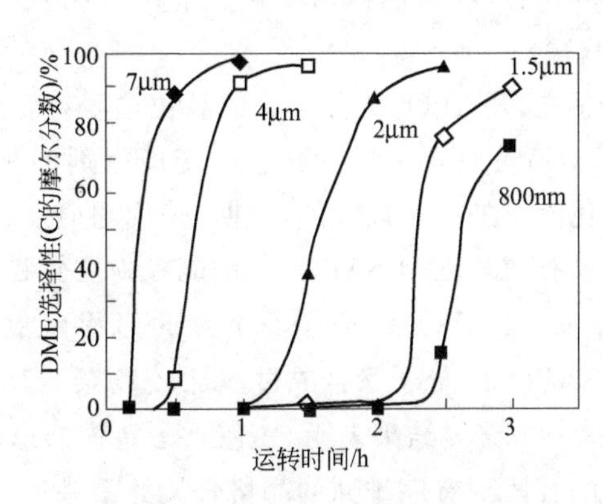

图 5-35 低碳烯烃及二甲醚（DME）的选择性

刘红星等[98]测试了不同粒径的 SAPO-34 的 MTO 反应，结果如表 5-9 所示。尽管不是线性关系，但总的来说晶体粒径小的分子筛的使用寿命长、乙烯＋丙烯的选择性高。

表 5-9 SAPO-34 分子筛平均粒径对 MTO 反应选择性的影响（$T=450℃$，$p=0.1MPa$）

粒径/μm	t①/h	选择性/%									乙烯+丙烯收率②/(g/g)
		CH_4	C_2H_6	C_2H_4	C_3H_8	C_3H_6	C_4H_{10}	C_4H_8	C_5^+	$C_2H_4+C_3H_6$	
4.5	2.5	2.2	0.6	48.34	1.51	35.55	0.16	9.36	2.28	83.89	2.62
2.1	6.5	2.17	0.63	51.41	1.86	34.41	0.15	8.87	0.5	85.82	6.65
35	2.5	1.33	1.11	48.01	3.32	34.74	0	9.84	1.92	82.48	2.57
1	6.5	1.74	0.35	54.24	0.56	33.09	0.089	8.21	2.28	87.33	7.09
17	5.5	1.53	0.73	52.58	1.58	33.1	0.15	8.34	1.99	85.68	5.89
1.8	6.5	1.46	0.47	53.74	0.83	33.19	0.11	8.04	2.16	86.93	7.06

① 是指甲醇转化率 100%、直到检测出二甲醚出现的时间。

② 检出二甲醚前，单位质量催化剂生成的乙烯+丙烯质量。

Dahl 等[99]将一批合成出的 SAPO-34 分子筛通过离心沉淀等方法分为细粉（平均 0.25μm）、中粉（平均 0.5μm）和粗粉（平均 2.5μm），它们的化学组成、强酸位、孔体积等基本相同，但是中粉的晶体性能比细粉和粗粉约高出 10%～20%（表现为氨吸附高 3%～8%、丙烷吸附量高 18%、微孔体积高 10%以上）；而且当晶粒尺寸约为 2.5μm 时，丙烷吸附就明显受到扩散的制约（6.5h 还没有达到吸附平衡），如图 5-36 所示。

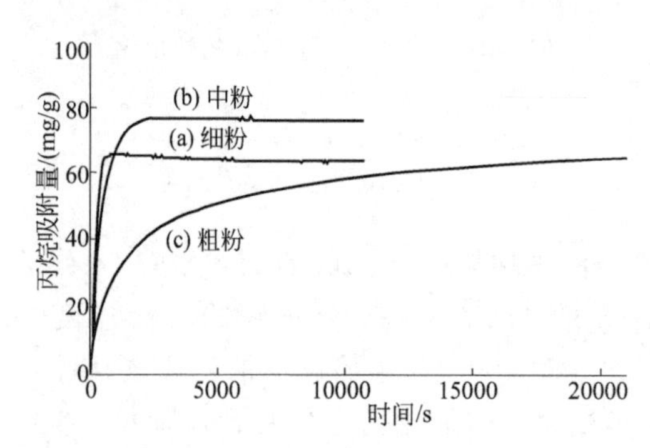

图 5-36 50g(a) 细粉、(b) 中粉、(c) 粗粉的丙烷吸附量（丙烷分压为 0.03MPa）

降低晶粒的尺寸也可以提高 SAPO-34 分子筛催化剂的使用效率。UOP 公司的 Wilson 等[27]认为 SAPO-34 分子筛的晶粒尺寸以小于 1μm 为宜；Heyden[76]认为用于 MTO 反应的性能良好的 SAPO-34 分子筛的粒径应该小于 0.5μm。

Exxon 公司[100,101]公开了获得小晶粒 SAPO-34 分子筛的方法：采用正硅酸乙酯制备粒径小于 100nm 的 SAPO-34 分子筛，将硅源溶于与水混溶的液态有机碱或固态有机碱的水溶液中，再与磷源、铝源混合后进行晶化反应，可以得到小粒度的 SAPO-34 分子筛。Exxon 公司[102]还使用胶体结晶分子筛种子调控 SAPO-34 的粒径。

总之，SAPO-34 分子筛的晶粒粒度对反应产物的扩散有较大影响，粒度较大的 SAPO-34 分子筛易积炭失活，通过改变模板剂的种类或用量，改变铝源、硅源、磷源及其用量，在晶化液中加入小尺寸的晶种，采用超声波或对晶化胶液进行研磨处理、强化搅拌效果等方法，可有效地控制 SAPO-34 的晶粒粒度及粒度分布。

（五）SAPO-34 分子筛合成的影响因素

SAPO-34 分子筛合成过程比较复杂，其中最重要的是晶核的形成及晶体的生长过程。谭涓等[103]研究结果表明 SAPO-34 晶核的形成过程既是一个硅氧、磷氧和铝氧四面体无序排列的胶团到有序排列的晶格骨架的重排过程，同时又是羟基缔合脱水环化的过程；晶化过程分为晶化前期和晶化后期两个阶段，在晶化前期 Si 原子直接参与晶核的形成和晶粒的长大过程、生成 Si(4Al) 结构，在晶化后期少量 Si 以同时取代一对磷铝原子的方式进入分子筛骨架形成 Si(3Al)、Si(2Al)、Si(1Al)、Si(OAl) 等多种硅结构。

影响 SAPO-34 分子筛合成的主要因素有：模板剂、晶化溶液的组成、晶化溶液的 pH

值、晶化时间和晶化温度、不同原材料以及其他元素的引入等。

1. 模板剂

SAPO-34 合成中使用的模板剂又称为结构导向剂，是指在分子筛的晶化过程中从动力学和热力学两方面利于引导分子筛晶格形成的物质。模板剂在分子筛合成过程中主要起结构导向作用、空间填充作用（模板剂在骨架中有空间填充的作用，能稳定生成的结构）和平衡骨架电荷作用（分子筛微孔化合物均含有阴离子骨架，需要模板剂中阳离子平衡骨架电荷）等。模板剂不仅起结构导向作用，而且对晶核的形成、晶粒的生长有很大影响。对于同一类型的分子筛通常可以由一种或多种物质作模板剂来合成。SAPO 系列分子筛的合成过程中，在没有模板剂存在时会得到无定形相或致密相的产物。对于 SAPO-34 分子筛，模板剂影响晶核的生成和晶粒的生长，对分子筛的组成、酸性、尺寸等都有很大影响，从而影响 SAPO-34 分子筛的结构、稳定性和催化性能。

最初的 SAPO-34 分子筛是以四乙基氢氧化铵（TEAOH）、异丙胺或 TEAOH 和二正丙胺的混合物等作为模板剂来制备的[65]，但是这些模板剂价格昂贵且不易得到，难以进行大规模工业应用。

由于 SAPO 分子筛的骨架结构是由［SiO_4］、［AlO_4］和［PO_4］三种四面体按一定方式相互连接而成，模板剂用量不同，它们相互连接时受到的模板作用也就不同，因而它们连接的顺序和取向也将不同，最终会产生不同结构类型的晶相。另外，由于不同模板剂自身酸碱性不同，其用量不同则导致反应体系中 pH 值及其变化规律也不相同，Si、P、Al 存在状态也不同，引起产物结构类型的变化。因此，在 SAPO-34 的合成中，反应混合物中即使Al、P、Si 的量保持不变，只改变模板剂用量，也能使 Si、Al、P 所处的状态发生变化，以致在相同晶化条件下，得到结构完全不同的产物[86]。因此，选用不同类型模板剂或复合模板剂并通过用量调节、采取不同的合成条件可以制备合乎需求的 SAPO-34 分子筛，见表5-10。

表 5-10　不同模板剂合成 SAPO-34 分子筛时的典型合成条件[79]

模板剂 R	溶胶比(摩尔比)					温度/℃	时间/h
	R	SiO_2	Al_2O_3	P_2O_5	H_2O		
四乙基氢氧化铵	2	0.3	1	1	49	200	120
吗啉	2	1	1	1	60	200	48
哌啶	1.1	0.8	1	0.6	100	200	240
二乙胺	2.2	0.3	1	1.5	50	200	50
三乙胺	2.7	0.8	1	2.2	53	200	72
TEAOH/Et3N	0.4/0.6	0.3	1	1	100	200	100

注：Et3N—三乙胺。

Nishiyama 等[95]发现模板剂的类型对 SAPO-34 晶化过程的影响非常大，采用 TEEDA（N,N,N,N-四乙基乙二胺）作模板剂时会出现无定形物质；当采用吗啉作模板剂时晶化的重复性很差，而且晶粒尺寸不受控制；采用 TEAOH 和吗啉混合模板剂时，成核和晶体的生长可以优化；采用 TEAOH 作模板剂时可以合成出平均粒径为 0.8μm 的 SAPO-34 分子筛。

严志敏等研究了不同模板剂对 SAPO-34 分子筛晶粒尺寸的影响，如表 5-11 所示[22]。其中数据表明 TEA 有利于大晶粒的生成（平均粒径 3μm），而 TEAOH 则有利于小晶粒的生成（平均粒径为 1.7μm）；当使用 TEAOH 模板剂时，增加模板剂用量，晶粒尺寸也会增加。

表 5-11 样品的合成条件对晶粒粒径的影响

样品	模板剂	Si 源	Al 源	晶化温度和时间	表面活性剂	平均晶粒尺寸/μm	产品
S1	3TEA	硅胶	拟薄水铝石	150℃-1d,200℃-1d	无	3	SAPO-34
S2	3TEAOH	硅胶	拟薄水铝石	150℃-1d,200℃-1d	无	1.7	SAPO-34
S3	5TEAOH	硅胶	拟薄水铝石	150℃-1d,200℃-1d	无	3	SAPO-34
S4	10TEAOH	硅胶	拟薄水铝石	150℃-1d,200℃-1d	无	6	SAPO-34
S5	3TEAOH	TEOS	拟薄水铝石	150℃-1d,200℃-1d	0.2DA	0.7	SAPO-34
S6	3TEAOH	TEOS	拟薄水铝石	150℃-1d,200℃-1d	0.5DA	1.5	SAPO-34
S7	3TEAOH	TEOS	拟薄水铝石	200℃-1d	0.5DA	0.8	SAPO-34
S8	3TEAOH	TEOS	铝胶	200℃-1d	0.5DA	0.3	SAPO-34
S9	3TEAOH	硅胶	铝胶	200℃-1d	无	0.2	

Briend 等[104]在对比 TEAOH、吗啉两个模板剂对所得到的 SAPO-34 分子筛影响时发现：由于以 TEAOH 为模板剂趋于形成硅岛而以吗啉为模板剂趋于生成大块的硅区，因而 TEAOH 合成的 SAPO-34 分子筛比用吗啉合成的稳定（特别是长期稳定性）。谭涓等[105]在相同晶化温度条件下，研究了模板剂对 SAPO-34 晶化速度的影响，如表 5-12 所示，发现采用 TEA 为模板剂的晶化速率明显高于 TEAOH。

表 5-12 模板剂对晶化速率的影响

样品	模板剂	晶化时间/h	结晶度(质量分数)/%
SP-1	TEAOH	71	12
SP-2	TEAOH	120	100
SP-3	TEA	48	100

注：晶化温度均为 200℃。

刘红星等[106]采用不同模板剂合成出的不同 SAPO-34 分子筛的性能如表 5-13 所示。

表 5-13 不同模板剂及复合模板剂合成的 SAPO-34 分子筛的性能

样品	模板剂	分子筛相对结晶度/%	晶粒平均尺寸/μm	乙烯＋丙烯选择性①/%
A	三乙胺	41.67	4.5	82.64
B	吗啉	100	35	82.48
C	四乙基氢氧化铵	51.81	1	85.18
D	四乙基氢氧化铵/三乙胺	46.38	1.2	84.76
E	四乙基氢氧化铵/吗啉	84.06	1.8	84.61

① 取样分析时间为在线运转 2h，甲醇 100%转化。

韩敏[107]研究了不同模板剂对合成的 SAPO-34 分子筛的影响，结果如表 5-14 所示。由表 5-14 可以看出，模板剂对 SAPO-34 分子筛的寿命及低碳烯烃选择性都有巨大影响，从试结果看 TEAOH 是最好的模板剂，但由于价格昂贵而大大增加了催化剂的成本。为了低生产成本，可采用吗啉-三乙胺为双模板剂合成 SAPO-34 分子筛，利用双模板剂合成 SAPO-34 分子筛的酸度和粒度都得到了有效控制，催化剂的寿命也得到了提高。

表 5-14 不同模板剂对合成的 SAPO-34 分子筛的影响

模 板 剂	吗啉(MOR)	三乙胺(TEA)	四乙基氢氧化铵(TEAOH)	吗啉-三乙胺双模板剂
结晶度	最高	最低	中等	好
晶粒尺寸	最大,大部分 10～20μm	中等,10μm	最小,＜5μm	10μm
弱酸强度	中等	最弱	最强	
强酸强度	中等	最强	最弱	
催化剂寿命/min	105	165	315	＞300
105min 时的乙烯＋丙烯选择性/%	63.2	90.1	90.1	＞90

Prakash 等采用廉价的吗啉作为模板剂合成出 SAPO-34 分子筛[84]。刘中民等[108]采用了廉价的模板剂——三乙胺合成出了 SAPO-34 分子筛；Liu 等[80]利用二乙胺作为模板剂合成 SAPO-34 分子筛时发现，当 $n(DEA)/n(Al_2O_3) \geqslant 1.5$、$n(SiO_2)/n(Al_2O_3) > 0.1$ 时可以得到纯相 SAPO-34 分子筛，且发现硅的结合度高，其晶体粒度在 3～7μm 范围内，SAPO-34 具有很好的水热稳定性，其 MTO 反应的乙烯＋丙烯选择性达 81.5%。

何长青等[109～113]分别以三乙胺（TEA）、四乙基氢氧化铵（TEAOH）以及两者的混合物为模板剂，采用水热法合成出三种 SAPO-34 分子筛，其研究表明：模板剂能够影响 SAPO-34 分子筛的酸性中心，其中采用 TEAOH 比 TEA 更有利于 Si 元素进入骨架，TEA 比 TEAOH 更有利于强酸中心的生成，而 TEAOH 和 TEA 的混合模板剂减少了强酸中心、增加了弱酸中心；TEA 体系的晶化速率远快于 TEAOH 体系，因此 TEA 有利于合成大晶粒的 SAPO-34，TEAOH 有利于合成微晶 SAPO-34，而将 TEAOH 和 TEA 联合使用，能合成中等粒度的 SAPO-34 分子筛；模板剂的种类对 SAPO-34 的晶粒大小和酸度有显著影响，通过改变 TEAOH 和 TEA 双模板剂中两者的比例，能有效调节 SAPO-34 的晶粒尺寸和比表面积，应用双模板剂调节 SAPO-34 晶粒尺寸的本质主要在于利用不同模板剂在水热体系中分散度的差异来改变晶粒数量的方法来调变晶粒尺寸[110]。郑燕英等[114]采用二乙胺（DEA）、三乙胺（Et3N）和两者的混合物为模板剂合成出 SAPO-34 分子筛，其研究表明不同模板剂合成的 SAPO-34 分子筛的稳定性有所不同，用三乙胺合成的 SAPO-34 分子筛比用二乙胺合成的稳定，且催化性能好。叶丽萍[115]研究了多种复合模板剂对 SAPO-34 分子筛合成的影响，发现采用 TEAOH/DEA 复合模板剂合成出的分子筛催化性能最好，分子筛的比表面积大、晶粒尺寸小；而且采用 50% TEAOH/50% TEA 双模板剂配比合成的 SAPO-34 分子筛具有最高的低碳烯烃选择性（乙烯＋丙烯 85.2%）和最长的反应活性时间（545min）。

Lee 等[116]对采用吗啉/吗啉-TEAOH 混合模板剂/TEAOH 制备 SAPO-34 分子筛及其性能进行了研究，发现采用吗啉/TEAOH 混合模板剂可以改变 SAPO-34 的形貌、晶粒尺寸和结构；采用混合模板剂后，晶粒尺寸可以降到 1μm 以下、晶粒的形貌变为球形（纳米级小晶粒团聚的结果）；不同模板剂合成出的 SAPO-34 具有相似的活性和产品选择性，但是采用 75%的吗啉/25%的 TEAOH 混合模板剂合成出的分子筛具有最长的使用寿命，评价结果如表 5-15 所示。

表 5-15　不同模板剂合成的分子筛的性能

样品	模板剂	比表面积 /(m^2/g)	晶粒尺寸 /μm	寿命 /min	转化率 /%	产品产率/%			
						乙烯	丙烯	丁烯	饱和烃
M20	M	772	5～20	160	100	42.8	39.1	8	10.2
M15	M/T①	728	1	840	100	45.6	36.2	6.2	4.1
M10	M/T②	665	＜1	520	100	44.6	37.4	6.6	3
M5	M/T③	623		430	100	42.4	33.9	6.2	3.3
M0	T	284		370	100	19.9	40.3	16	5.5

① 75%吗啉/25%TEAOH。

② 50%吗啉/50%TEAOH。

③ 25%吗啉/75%TEAOH。

注：M—吗啉；T—TEAOH。

李建青[70,117]等在用水热合成法和液相晶化法合成 SAPO-34 分子筛时都发现当使用吗啉单一模板剂时晶粒较大（平均7μm），而使用吗啉/TEAOH混合模板剂时可以得到2.5～4μm的小晶粒分子筛。李黎声等[118]采用二乙胺、三乙胺及其混合物作为模板剂合成SAPO-34时发现，采用二乙胺为模板剂可以合成出纯相的SAPO-34，但合成条件苛刻且SAPO-34分子筛平均粒径为8μm；采用三乙胺为模板剂时得不到纯相的SAPO-34，只能得到CHA/AEI的共生结构产物；采用乙二胺/三乙胺混合模板剂时，当二乙胺的量大于总模板剂量的一半时，可以生产出纯相SAPO-34，但随着模板剂中二乙胺比例的进一步增加，孔体积和表面面积不断减小、晶粒尺寸逐渐增大。Machteld等[101]报道了一种专门制备小粒径SAPO分子筛的方法，其生产成本比采用TEAOH为模板剂时低85%。

氢氟酸或含氟的有机化合物是一类新的用于分子筛合成的助模板剂[119]。Guth等[120]利用吗啉作模板剂，HF作助模板剂成功地合成出了SAPO-34分子筛。Cao等[121]避开了高毒性的HF，利用可以在过程中释放出F^-的化合物（如NH_4PF_6和$NaPF_6$等）作为辅助模板剂也成功地合成了硅含量较低的SAPO系列分子筛。Vistad等[122]在合成SAPO-34分子筛时发现HF的存在能够提高拟薄水铝石的溶解度并减少晶核形成和晶化的时间；他们还发现HF存在时SAPO-34的合成机理比较复杂，包括一种晶体状固体中间物以及至少一种类似于无定形状的临时相[123]。刘红星等[79,96,106,124～126]分别以三乙胺（TEA）、吗啉（C_4H_9NO）、四乙基氢氧化铵（TEAOH）、氟化氢-三乙胺、四乙基氢氧化铵-三乙胺、四乙基氢氧化铵-吗啉为模板剂均合成出纯SAPO-34分子筛并对所合成的分子筛进行了系统性研究，其研究表明：吗啉倾向于生成大晶粒的分子筛（平均粒径达35μm），采用以TEAOH-C_4H_9NO或TEAOH-TEA复合模板剂合成的分子筛的相对结晶度介于单独使用TEAOH、C_4H_9NO、TEA为模板剂的相应数值之间，表现了一种“加合”效应，TEAOH有利于合成小晶粒的SAPO-34（平均粒径达1.0μm），TEA合成的SAPO-34晶粒粒度介于以上两者之间；当吗啉/TEAOH=4.0时，所合成的SAPO-34分子筛平均粒径与单一TEAOH时所合成的样品接近（平均粒径达1.2μm）；相对于用三乙胺模板剂合成的样品，用氟化氢-三乙胺复合模板剂合成的样品结晶度高，晶粒小，分子筛的酸量低，骨架中硅结构单一，比表面积和孔体积较大，且所合成的分子筛在催化甲醇制低碳烯烃反应中结焦速率较低，生成乙烯及丙烯的选择性则略有提高；采用HF-三乙胺复合模板剂法或TEAOH-吗啉双模板剂法均可得到小晶粒的SAPO-34分子筛（平均粒径2.1μm），TEAOH在导向生成SAPO-34分子筛骨架过程中表现活跃，占据了较多的平衡骨架负电荷的位置，而吗啉主要起到填充分子筛孔道的作用；HF的添加会消除凝胶中的大核中心，另外HF可与铝源和硅源形成螯合物，加大了晶核的形成速率，晶核数量多则分散了凝胶中物料分配，易于形成粒度小且均匀的分子筛晶体，因此有利于生成粒径小且比较均匀的SAPO-34分子筛。徐磊等[127,128]通过在初始凝胶中加入HF和采用氟化物改性技术，将SAPO-34分子筛骨架中硅原子选择性地脱除，合成出了富含Si(4Al)配位结构的SAPO-34分子筛，实现了对SAPO-34分子筛酸强度和酸中心分布的调变，从而提高乙烯的选择性并延长了催化剂的寿命。朱伟平等[129]公开了一种采用毒性更低、矿化效果更明显的氟化钠或氟化钾作为辅助模板剂合成SAPO-34分子筛的方法，使用该方法制备的SAPO-34分子筛具有结晶度高的特点，而且表现出更好的低碳烯烃选择性。在合成SAPO-34分子筛过程中引入含氟化合物有利于降低晶体的缺陷及提高结晶度，HF可以增加晶核形成的速率和数量，另外HF的存在有利于减少SAPO-34的酸量，从而延缓MTO反应过程的结焦。

田树勋等[130]发明了一种降低模板剂用量的方法，可以大幅度降低SAPO-34分子筛的合成成本。神华集团有限责任公司[131]公开了一种硅铝磷酸盐分子筛 SAPO-34 及其制备方法，包括：①将硅源、有机胺类模板剂与氟化物辅助模板剂混合形成 pH 值为 8.5～9.5 碱性混合物；②依次将铝源、磷源引入碱性混合物中，然后加入水，晶化前体溶液在混合过程中始终保持碱性，晶化液的 pH 值为 7.5～8.5；③将碱性晶化液进行晶化，得到硅铝磷酸盐分子筛。该方法大幅提高了硅铝磷酸盐分子筛 SAPO-34 的收率，且所制备的硅铝磷酸盐分子筛 SAPO-34 在含氧化合物制烯烃的反应中具有更好的催化活性、更高产品选择性及更长催化剂寿命。

值得关注的是，陈璐等[132]采用大离子季铵盐（十八烷基二甲基三甲氧硅丙基氯化铵，TPHAC）作为模板和唯一硅源合成出了多孔级 SAPO-34-H 分子筛（还使用 TEAOH 模板剂），该 SAPO-34-H 分子筛不仅具有常规的微孔体系，还有孔径在 5.1nm 左右的介孔体系，SAPO-34-H 分子筛的比表面积为 $464m^2/g$、微孔孔容为 $0.155cm^3/g$、介孔孔容为 $0.285cm^3/g$，多孔级 SAPO-34-H 分子筛的强酸性比常规 SAPO-34 的强酸性弱、但其弱酸性比常规 SAPO-34 强得多。中国科学院大连化物所[133]公开了一种同时具有微孔、介孔的 SAPO-34 分子筛的制备方法，采用三乙胺为模板剂，在制备过程中加入孔道调节剂，得到了介孔孔径范围 2～10nm、介孔孔容 $0.03\sim0.3cm^3/g$ 的分子筛。

2. 硅源

SAPO-34 分子筛的结构、酸性、催化性能直接取决于 Si 在分子筛骨架上的数量和分布。SAPO-34 分子筛合成反应物料中硅含量不同，硅原子进入分子筛骨架的能力也不同，导致 SAPO-34 产物的结晶度、晶形、晶粒大小也不同。一般认为由于硅的引入才使 SAPO 分子筛具有酸性，所以硅源的种类和用量的差异能够显著影响 SAPO-34 分子筛的酸性[134,135]。

通常认为 SAPO 类分子筛是由 Si 通过取代方式进入磷酸铝分子筛骨架形成。硅进入 $AlPO_4$ 分子筛骨架有两种机理[67]，一种方式是两个硅同时置换一个铝和一个磷（SMⅢ机理），如图 5-37(a) 所示，这种取代不会产生净电荷。另一种是图 5-37(b) 展示的一个硅原子取代一个磷原子（SMⅡ机理），使生成的分子筛骨架带有净负电荷，形成 B 酸中心。

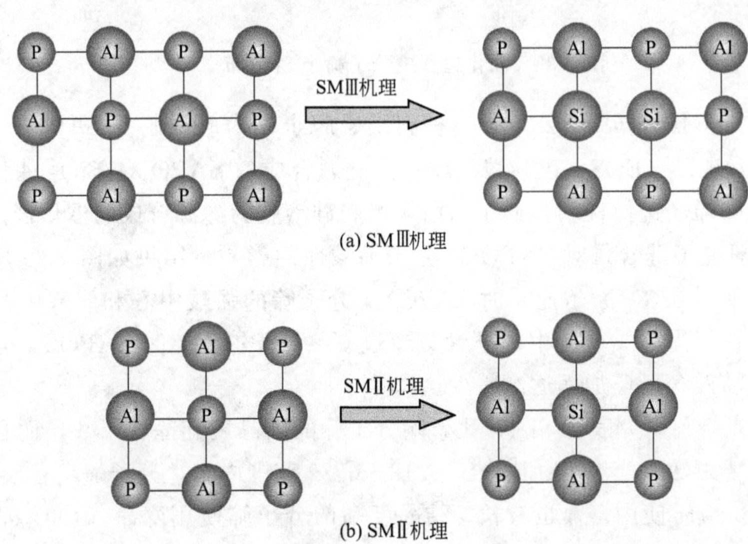

图 5-37　SAPO 类分子筛 Si 进入 $AlPO_4$ 骨架方式

肖天存等[136~138]认为分子筛骨架中的硅含量随反应物中硅含量的增加而增加，硅开始进入 SAPO 分子筛骨架时，是以取代单个磷原子而进行的，当反应物中硅含量较高时，硅进入分子筛骨架是通过两个硅原子取代一对铝和磷原子，从而在 SAPO 分子筛中形成富硅区。当硅进入分子筛骨架后，虽然未改变分子筛的晶体结构，但改变了分子筛的晶形晶貌。硅进入分子筛的两种途径可以同时发生，但 SMⅡ途径的发生速率较快。硅含量较低时，主要以 $Si(OAl)_4$ 形式存在。Xu 等[139]使用三乙胺（TEA）为模板剂合成 SAPO-34 分子筛时，发现当起始凝胶中的 SiO_2/Al_2O_3 摩尔比超过 0.075 后就可以得到纯 SAPO-34 分子筛，当 SiO_2/Al_2O_3 摩尔比在 0.075～0.15 范围内时 SAPO-34 分子筛只含 Si(4Al) 结构。严爱珍等[140]通过研究硅用量对 SAPO 分子筛物性影响发现：对于 SAPO 分子筛，硅进入骨架的多少直接决定了骨架所带的电荷，而且 SAPO 分子筛的酸性和催化性能是与骨架电荷密切相关的。谭涓等[141]采用 XRD（X 射线粉末衍射）、SEM（扫描电子显微镜）、IR 和 NMR 等手段考察了 SAPO-34 分子筛的晶化过程，深入研究了晶化过程中硅进入 SAPO-34 晶格骨架的方式和机理。研究表明，在 SAPO-34 分子筛的整个晶化过程中没有 AlPO-34 分子筛晶相生成，晶化前期（<2.5h），硅原子直接参与晶核的形成和晶粒的长大过程，形成 Si(4Al) 结构；晶化后期（>2.5h），少量硅以取代方式进入分子筛骨架形成 Si(nAl)（n=0～4）多种硅结构。Liu 等[142]研究了利用二乙胺为模板剂合成 SAPO-34 的晶化过程，发现在晶化过程中遵循传质机理，在起始阶段 Si 直接参与晶化，之后通过 SMⅡ（Si 取代 P）和 SMⅢ（Si 取代 Al 和 P）机理进入分子筛 SAPO-34 骨架；而且发现 Si 含量从内到表面逐渐增加，基于此他们提出了如图 5-38 所示的分子筛中 Si 分布的模型。

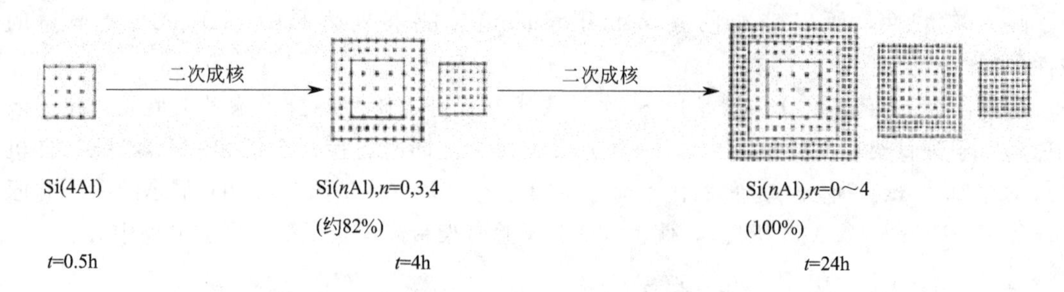

图 5-38　晶化过程中分子筛中 Si 分布模型

神华集团有限责任公司[143]公开了一种利用蒙脱土作为硅源制备 SAPO-34 的方法。刘学武等[144]研究发现以 TEOS（正硅酸乙酯）为硅源合成的 SAPO-34/SiO_2 催化剂的使用寿命长，但是其低碳烯烃选择性明显低于以白炭黑和硅溶胶为硅源合成的催化剂。

张大治[145]研究了硅含量对 SAPO-34 分子筛酸性的影响，结果如图 5-39 所示。当合成凝胶中的硅含量低于 0.8（摩尔比）时 SAPO-34 分子筛的强酸中心和弱酸中心都随硅含量增加而逐渐增加；但当合成凝胶中的硅含量超过 0.8（摩尔比）时 SAPO-34 分子筛的强酸中心和弱酸中心随硅含量增加而逐渐减少。

Izadbakhsh 等[146]研究表明 Si/Al 比影响分子筛的结晶度和晶粒尺寸，而且也是影响积炭性能的一个重要参数。当 Si/Al 比介于 0.13～0.22 范围内时，分子筛具有较高的结晶度，而且催化 MTO 反应时使用寿命也较长。结晶度高的分子筛使用寿命（100%活性）可长达 3h，而结晶度差分子筛使用寿命仅为 1h。他们同时发现硅含量最低或最高的 SAPO-34 分子筛失活速率快。李俊汾等[147]以三乙胺为模板剂合成 SAPO-34 分子筛时发现当 $n(SiO_2)$：

$n(Al_2O_3)\geqslant 0.25$ 时，才能得到纯相的 SAPO-34 分子筛，说明 Si 含量对 SAPO-34 分子筛的形成具有结构导向作用；但是随着凝胶中 Si 含量的增加，SAPO-34 分子筛的结晶度降低；而且当 $n(SiO_2):n(Al_2O_3)\geqslant 0.25$ 时合成的 SAPO-34 分子筛的低碳烯烃选择性高、低碳烷烃的选择性低、催化剂寿命长。刘红星等[148]以吗啉为模板剂合成了 SAPO-34 分子筛，研究了晶化液 SiO_2/Al_2O_3 比（硅源量）的影响，当 SiO_2/Al_2O_3 摩尔比≥0.6 时，才能合成出纯净的 SAPO-34 分子筛；当 SiO_2/Al_2O_3 摩尔比＝1.0 时，分子筛骨架中出现“硅岛”结构，此时合成的分子筛样品具有最高的乙烯＋丙烯选择性，然而继续增大硅/铝比对（乙烯＋丙烯）选择性则是不利的。Zhu 等[81]考察硅含量对 SAPO-34 性能影响的测试结果如图 5-40所示，结果显示 Si/Al 比为 0.3 时（乙烯＋丙烯）选择性最高、催化剂寿命最长。

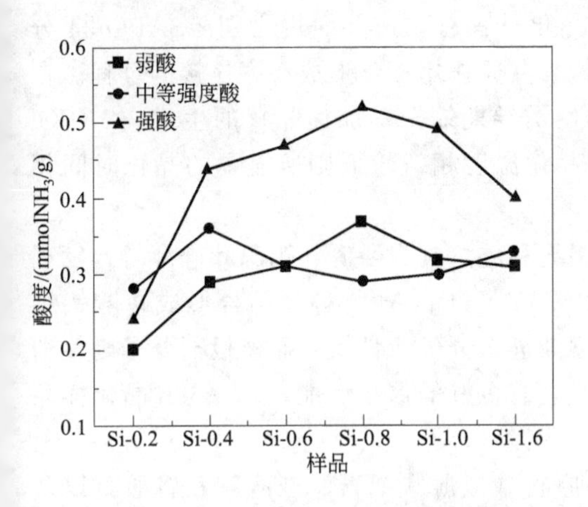

图 5-39　不同硅含量的 SAPO-34 分子筛上的酸分布

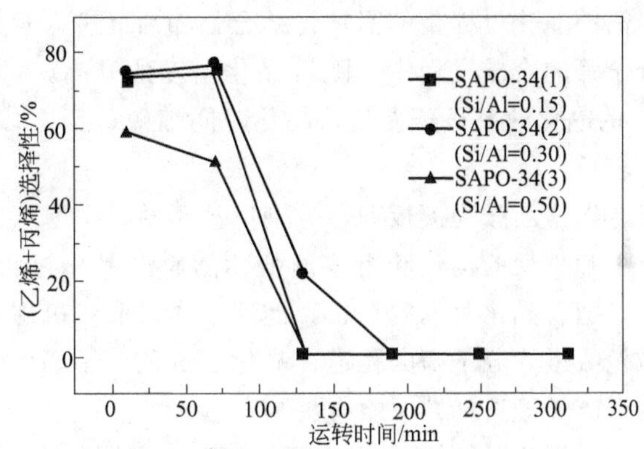

图 5-40　不同硅含量的 SAPO-34 分子筛的（乙烯＋丙烯）选择性

UOP 的 Wilson 等[27]认为 SAPO-34 分子筛的硅含量以小于 0.05（摩尔比）为宜。

上述研究表明，硅源的种类及用量对 SAPO-34 分子筛结构、物性及表面酸性有很大的影响，适宜用量的硅源可以得到需要的 SAPO-34 分子筛。

3. 铝源、磷源

铝源、磷源是合成分子筛的重要影响因素。付晔等[134]以拟薄水铝石和异丙醇铝为铝源，以硅溶胶和正硅酸乙酯为硅源合成 SAPO-34 分子筛时发现，由无机铝源和无机硅源合成的 SAPO-34 分子筛结晶度最大，而由有机硅源和有机铝源合成的样品结晶度最小，由无机铝源合成的 SAPO-34 分子筛结晶度较高，而由有机铝源合成的样品结晶度均较低。李宏愿等[86,149]研究了以四乙基氢氧化铵（TEAOH）为模板剂合成 SAPO-34 时结晶混合物的组成对合成晶相的影响，发现在四乙基氢氧化铵水溶液为指定浓度的情况下，当 P/Al＞1 时，产物主要是致密相的 $AlPO_4$；当 P/A1＜1 时则合成了一系列不同组成的 SAPO-34 分子筛：在 $H_2O/(Al+P+Si)=12.5$，Al：P：Si＝1：1：1 的条件下，当 $TEAOH/P_2O_5=2.0\sim3.0$ 时，产物是纯相的 SAPO-34 分子筛；当 $TEAOH/P_2O_5=1.0\sim1.25$ 时，产物是纯相的 SAPO-5 分子筛；而当 $TEAOH/P_2O_5$ 值在 1.25～2.0 之间时，产物是 SAPO-34 和 SAPO-5 分子筛的混合物。在以三乙胺为模板剂合成 SAPO-34 分子筛时，当 $TEA/M(M=Al_2O_3+P_2O_5+SiO_2)\geqslant 1.15$ 时，产物是纯相的 SAPO-34 分子筛；当 TEA/M≤0.96 则生成 SAPO-34 和 SAPO-5 分子筛的混合物[109,112]。与采用异丙醇铝作为铝源相比，采用拟薄水铝石作为铝源得到的 SAPO-34 分子筛的结晶度高、酸度大，催化剂失活快、且甲烷产量大[150]。

采用铝溶胶作为铝源时，形成的凝胶澄清均匀，有利于生产小的晶粒[22]。使用含有四乙基铵离子模板剂的胶质溶液合成小于 0.3μm 的 SAPO-34 分子筛时，其中磷酸的加入速度对获得胶质溶液至关重要[76]。

利用 PH_3 对 HSAPO-34 进行改性，发现改性后催化剂的失活速率没有改变，但乙烯的选择性由改性前的 37%提高到了改性后的 44%；而且失活后的催化剂经烧焦再生后会恢复活性[151]。

4. 晶化条件

晶化温度和晶化时间是 SAPO-34 分子筛合成的两个重要参数。模板剂不同，导向作用机理亦不同，使得晶化反应有剧烈与温和之分，晶化过程有快速和缓慢之别。SAPO-34 分子筛的晶化过程是磷铝首先结合，随后硅进入骨架，共同作用逐步形成有序连接的过程。在分子筛的合成过程中，随着晶化温度的升高，可使诱导期缩短，加速晶核的生成，SAPO-34 的晶化速率显著提高，晶化时间缩短；反之，晶化温度相对较低则所需要的晶化时间相应较长。

以三乙胺为模板剂，分别以正磷酸、拟薄水铝石和硅溶胶为磷源、铝源和硅源时，发现分子筛骨架的构建和组成演变伴随整个晶化过程[124,125]。P、Al 物种先结合形成磷酸铝结构，随着晶化时间的延长，硅原子通过取代机理逐渐进入分子筛骨架，而模板剂分子则逐渐被包藏进入分子筛的孔道；晶化 12h 的分子筛已经具有良好的催化性能，20～60h 晶化样品的低碳烯烃选择性又略有提高。

采用相同的模板剂（TEAOH）、相同的合成原料（拟薄水铝石、硅溶胶和磷酸）以及相同的原料配比，仅改变晶化条件（晶化时间和晶化温度），就可以合成出不同类型的 SAPO 分子筛[152]。当晶化温度为 150℃，晶化 72h 时得到的产物为纯的 SAPO-5 分子筛，当在同样晶化温度条件下延长晶化时间至 96h 时，产物中出现 SAPO-34 分子筛；当晶化温度为 175℃时，晶化 72h 的产物为 SAPO-5 和 SAPO-34 的混合物。当晶化温度达到 200℃时，只需晶化 72h 即可得到纯的 SAPO-34 分子筛。所以，在适宜的晶化条件下，提高晶化温度或延长晶化时间均有利于 SAPO-34 分子筛的生成，反之则易生成 SAPO-5 分子筛。以吗啉为模板剂合成 SAPO-34 分子筛时发现，晶化 6h 时产物为无定形物质（没有分子筛晶体出现）；晶化 12h 时有大量 SAPO-34 分子筛晶体出现但含有少量 SAPO-5 分子筛；晶化 24h 后 SAPO-5 分子筛趋于消失；36h 是最佳晶化时间，36h 后继续晶化分子筛骨架中出现更多的“硅岛”，形成更多的强酸中心且晶体粒径增大，使分子筛的乙烯＋丙烯的选择性降低[148]。

有研究者认为 SAPO-34 分子筛晶化的最佳温度为 200℃[65]。在用吗啉作模板剂合成 SAPO-34 分子筛时发现，晶化温度、晶化时间、晶化时是否搅拌均对 SAPO-34 的合成有较大影响，最佳的晶化时间是 24h[117]。在合成低硅含量的 SAPO-34 分子筛时，硅源的粒度及晶化温度是最重要的两个参数，最佳的晶化温度是 190℃[153]。考察晶化温度对合成的 SAPO-34 结构稳定性的影响时发现，与在常规 473K 晶化温度下合成相比，在 573K 的高温下合成的 SAPO-34 具有产率较高、比表面积大、热稳定性及水热稳定性更好的特点[154]。在采用吗啉为模板剂、液相晶化法合成 SAPO-34 分子筛时发现，晶化温度太低时分子筛的结晶度不高，适宜的晶化温度为 140～180℃，但此时适宜的晶化时间为 96～120h[70]。Inui 的快速合成法[155]，将初始凝胶由室温加热至 160℃，再以 1.5℃/min 的速率升温至 200℃，恒温晶化 4h，即可得到 SAPO-34 产物。

李建青等[117]在用吗啉作模板剂合成 SAPO-34 分子筛时发现，晶化时搅拌明显对 SAPO-34 的合成有利，最佳搅拌速度为 100r/min（同时与静态水热合成相比，搅拌一般可以得到较小粒径和较窄粒径分布的产物）。付晔等[134]也发现在 SAPO-34 晶化过程中进行搅拌对分子筛结晶过程的影响最大，其产物结晶效果最好。Barger[156]用 TEAOH 作模板剂，采取高速搅拌等措施，可以得到大于 2μm 不超过 10%、小于 1μm 至少为 50%的晶粒。严志敏[22]研究发现，晶化条件对晶粒尺寸有很大影响，采用较高的晶化温度、较短的晶化时间，可以得到小的晶粒。在表面活性剂存在条件下，将恒温晶化温度由 150℃提高到 200℃、晶化时间缩短为 24h，SAPO-34 分子筛的晶粒由 1.5μm 减小到 0.8μm。

杨德兴等[157]以 TEAOH 为模板剂，采用两步晶化法合成出了粒径为 200～300nm 的纳米级 SAPO-34 分子筛。具体的合成方法包括：在 20℃（或 60℃）下将硅溶胶、拟薄水铝石和四乙基氢氧化铵按比例混合、搅拌 4h，缓慢滴加磷酸、继续搅拌 6h，将得到的溶液装入带有聚四氟乙烯内衬的不锈钢高压反应釜中于 35℃老化 24h、再在 130℃晶化 4h，得到含有母液的一次晶体；将上述产物除去母液，向一次晶体中补加一定体积的蒸馏水（与母液体积之比为 1∶1、1∶2、1∶3）并搅拌均匀，将其置于高压釜中，于 180℃下晶化 10h，洗涤得到产物；加入 SAPO-34 分子筛原粉质量的 40%的过氧化氢水溶液，于 70℃下搅拌 10h，洗涤、干燥，得到 SAPO-34 分子筛。两步晶化合成的 SAPO-34 分子筛比表面积为 436.7m^2/g、孔体积为 0.3cm^3/g；与常规水热合成法得到的 SAPO-34 分子筛（平均粒径 2～4μm）相比，其乙烯～丁烯的选择性高（91.87%对 82.83%）、催化剂的使用寿命长（590min 对 240min）。

由以上论述可见，晶化温度和晶化时间是影响 SAPO-34 分子筛合成的重要因素，可以通过时温等效原理来调控合成 SAPO-34 分子筛所需的晶化温度和时间，以实现温度和时间这两个参数的合理配置。

5. pH 值

反应混合物 pH 值大小对 SAPO-34 分子筛的形成、结构和性能具有较大的影响，不同的模板剂需要不同的 pH 值合成环境，因此针对不同类型的模板剂往往需要调整 pH 值以期获得符合要求的 SAPO-34 分子筛。

李宏愿等[86,149]在以四乙基氢氧化铵为模板剂合成 SAPO-34 时发现，当反应混合物的初始 pH 值为 5.2～6.0 时，结晶相为纯 SAPO-34，随着反应混合物 pH 值降低逐渐有致密相与 SAPO-34 共生，而当反应混合物 pH 值为 4.0 时产物为纯致密相的 $AlPO_4$；反之，随着反应混合物 pH 值升高则有无定形物质与 SAPO-34 共存；当 pH 值为 8.5 时，产物为无定形物质。由此，李宏愿等认为，SAPO-34 的结晶应在弱酸性的环境中进行，反应混合物的 pH 值过高、过低均不能得到纯 SAPO-34。

何长青等[109]在以三乙胺为模板剂合成 SAPO-34 的过程中发现，在三乙胺模板剂体系中，碱性条件有利于 SAPO-34 的生成（只有当 pH 值大于 8 时才能合成出纯 SAPO-34 分子筛），酸性条件则有利于 SAPO-5 的生成。

由此可见，SAPO-34 分子筛合成时，合成体系的 pH 值也是非常重要的影响因素。采用不同模板剂的情况下，适宜采用的 pH 值范围也有差别。

6. 晶种

向分子筛合成体系中引入晶种会产生有益的效果。田树勋等[158]研究发现模板剂是形成 SAPO-34 分子筛骨架的必要条件，不加模板剂时合成产物是无定形物质或致密相 $AlPO_4$，此时引入晶种对合成 SAPO-34 没有作用；在模板剂用量和晶化时间相同时，在晶化过程中引入晶种在一定程度上相当于增加了模板剂用量或延长了晶化时间；在加入适量模板剂的条件下，加入晶种可提高 SAPO-34 分子筛的结晶度；增加晶种的加入量，能提高 SAPO-34 分子筛的选择性，当晶种干基与 SiO_2 质量比为 0.39 时，伴生的 SAPO-5 分子筛消失，得到纯 SAPO-34 分子筛，而且晶化时间缩短了 24h。Kang 等[159]在制备 NiAPSO-34 分子筛时发现加入 0.8μm 的 SAPO-34 微粒作为晶种，可以得到晶粒尺寸更小、分布更窄的分子筛，如图 5-41 所示。

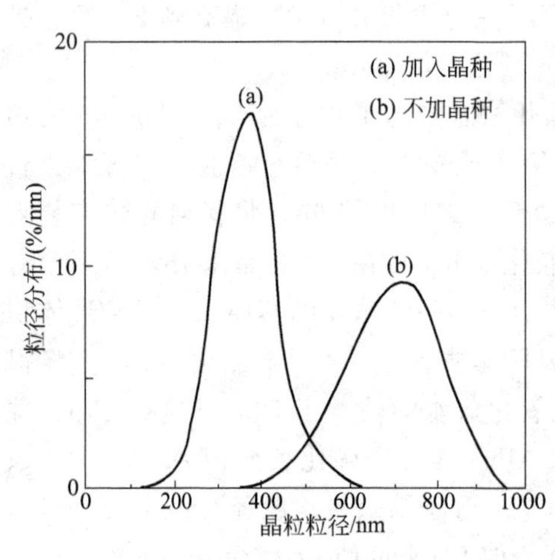

图 5-41　加入晶种对晶粒尺寸及分布的影响

Exxon 公司[102]公开了一种将胶体结晶分子筛作为晶种生产含磷分子筛的方法，通过加入直径约为 100nm 的 100～250ppm 的胶体晶种（而不是焙烧后的晶粒，认为焙烧后会明显降低微小晶粒作为晶种的活性），可以得到晶粒尺寸小于 0.75μm（最优为小于 0.5μm）的 SAPO-34 分子筛。中国石油化工股份有限公司[160]公开了一种生产 SAPO-34 分子筛的方法，通过向晶化液中加入平均尺寸小于 1μm 的小晶粒固态晶种，分子筛的合成速率明显加快，并能提高分子筛的产能。神华集团[161]也公开了一种 SAPO-34 分子筛的合成方法，通过向模板剂、铝源、硅源及水的混合液中加入不少于硅源中 SiO_2 质量 10%的 SAPO-34 分子筛原粉固态晶种，可以降低模板剂用量、缩短晶化时间、降低生产成本并减少对环境的影响。

7. 催化剂改性

为了进一步提高 SAPO-34 分子筛在 MTO 反应过程中的低碳烯烃选择性，研究者对 SAPO-34 分子筛改性展开大量研究。对 SAPO-34 催化剂的改性主要是将各种杂原子引入到分子筛骨架[87]。目前，已成功地将各种金属元素引入 SAPO-34 分子筛骨架上。通过在分子筛骨架中引入金属离子，可以改变分子筛酸性和孔口大小，得到小孔径和中等酸性强度的分子筛。孔口变小可以限制大分子的扩散，有利于小分子烯烃选择性的提高[155,162]；酸性强度的调节可以抑制低碳烯烃在酸性位上的低聚。在分子筛骨架中引入金属离子的方式有两种，一种是在合成过程中通过起始原料的改变将金属离子引入分子筛骨架或阳离子位；另一种是在 SAPO-34 分子筛合成后进行金属离子改性。

Kang[163]研究了各种金属元素（Ni、Co、Fe）的引入对 SAPO-34 分子筛（称为 MeAPSO-34）MTO 催化性能的影响，在 450℃下催化 MTO 反应 1h，这些分子筛的乙烯选择性顺序为：NiAPSO-34＞CoAPSO-34＞FeAPSO-34＞SAPO-34。韩敏[107]发现用 Mn 改性 SAPO-34 分子筛时，降低了分子筛的酸度，提高了乙烯、丙烯的选择性，延长了催化剂的使用寿命。Dubois 等[164]研究了过渡金属 Co、Mn、Ni 等对 SAPO-34 改性的效果，发现 Mn 尽管对改善低碳烯烃选择性的作用不是十分明显，但可以显著提高催化剂的抗失活能力和使用寿命。李红彬等[165]研究碱土金属对 SAPO-34 分子筛的改性时发现，利用浸渍法添加 0.5%～1%的 Ba 可以明显提高 SAPO-34 的抗积炭失活能力且低碳烯烃选择性提高。神华集团有限责任公司[166]报道了一种金属改性的 SAPO-34 分子筛的合成方法，通过首先形成金属-模板剂络合物，然后使铝源、磷源、硅源等物料包附在金属-模板剂络合物的外表面，从而形成具有微孔相的复合体，通过焙烧便可以得到金属黏附在微孔骨架上的金属改性SAPO-34 分子筛。所引入的金属元素包括 Ag、Cu、Mg、Co、Ni、Ca、Ba、Sr、Fe、Zn 等中的一种或几种混合。金属改性 SAPO-34 分子筛原粉的结晶度有了明显的改善，而且由于各种金属元素的引入，不仅使金属改性 SAPO-34 分子筛具有一定的酸性，还可赋予其氧化还原性，使之在作为甲醇制烯烃（MTO）反应催化剂时，提高了低碳烯烃乙烯和丙烯的选择性。神华集团有限责任公司[167]同时开发了一种金属 Ag 改性的 Ag-ASPO-34 分子筛，可以有效提高低碳烯烃（特别是丙烯）的选择性。Obrzut 等[168]在 SAPO-34 分子筛骨架中引入 K、Cs、Pt、Ag 及 Ce 等金属元素，可以显著降低 MTO 反应产物中甲烷的收率，提高低碳烯烃的选择性，例如浸渍 Ce 以后 500℃反应温度下的甲烷选择性（摩尔分数）可以从 SAPO-34 时的 60%下降到 26%。Inui 等[169]将金属元素 Ni 引入分子筛中，这种 Ni-SAPO-34 分子筛具有弱酸性且晶粒的尺寸大小在 0.8～0.9μm 范围内，甲醇转化为烯烃的选择性高达 95%。

在 SAPO-34 分子筛中引入 SiH_4 和 Si_2H_6 或利用气相沉积法采用正硅酸乙酯或四氟化硅对 SAPO-34 进行硅烷化改性，均可以提高低碳烯烃的选择性[170]。Mees 等[171]利用硅烷和二硅烷对 SAPO-34 分子筛进行改性处理，研究发现随着 SiH_4 或 Si_2H_6 改性程度的提高，其 B 酸中心密度逐渐减少，同时发现 L 酸中心密度增加；尽管低碳烯烃的选择性没有提高，但是抗积炭能力增强，如图5-42所示。

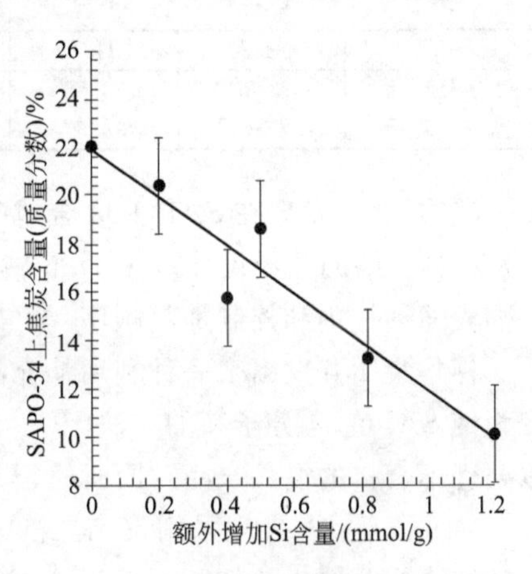

图 5-42　计算的 SAPO-34 上的焦炭含量与 Si 含量的关系

Exxon 公司[172]在 SAPO-34 分子中引入碱土金属，使催化剂的性能得到进一步提高，结果见表 5-16。采用的方法是将 0.22g 乙酸锶在室温下溶解在 20mL 去离子水中，溶液中加入 SAPO-34，并在室温下搅拌 2h，催化剂产物经过滤并用去离子水洗涤，然后在 110℃下干燥 2h，接着在 650℃温度下焙烧 16h，所得催化剂负载金属锶的质量分数为 3.55%。由表 5-16 可以看出，引入锶后，乙烯和丙烯总收率高达 89.5%，乙烯与丙烯比达到 3.0，催化剂性能显著提高。

表 5-16　引入不同碱土金属离子时 SAPO-34 的催化性能

性能 \ 催化剂	SAPO-34	Sr-SAPO-34	Ca-SAPO-34	Ba-SAPO-34
乙烯收率/%	49.2	67.1	52.3	50.3
丙烯收率/%	35.0	22.4	34.7	35.3
总收率/%	83.2	89.5	87.0	85.6
乙烯/丙烯比/%	1.4	3.0	1.5	1.4

注：表中各产品收率均为质量分数。

田鹏等[173]采用无机磷酸、磷酸盐或有机磷化物对 SAPO-34 进行改性，初始低碳烯烃选择性可由 80.58%提高到 84.58%。

8. 其他条件

Niekerk 等[94]在 550℃下对 SAPO-34 分子筛进行“深床”（deep-bed）（16mm 管径，床

层高度 180mm）焙烧处理 18h 后，SAPO-34 分子筛相对结晶度增加且具备较好的 MTO 催化性能（寿命增加、甲醇处理能力增加），Niekerk 等认为分子筛外表面形成了比较强的酸性中心。对 SAPO-34 分子筛进行水热处理、预先氨吸附、硅烷化等处理均能使强酸中心密度降低。Barger 等[174]研究表明，在 725～775℃的温度范围内，对 SAPO-34 分子筛进行水热处理一段时间（>10h），NH_3 程序升温脱附分析表明大部分的酸性位遭到破坏；但 XRD 结果证实分子筛结晶度保留了 80%以上，而且其 MTO 催化性能获得改善。Barger[175]指出，将 SAPO-34 分子筛在 700℃以上条件下进行水热处理以破坏其大部分酸性中心可改善其选择性，在 775℃下处理 10h 或更长，酸性中心减少 60%以上，而微孔体积仅下降 10%，烯烃选择性显著提高，催化剂寿命延长一倍。刘广宇等[170]使用乙二胺为模板剂合成的 SAPO-34 分子筛进行 800℃水蒸气处理后，分子筛的结晶度、微孔比表面积基本不变并伴有少量的介孔生成，用于 MTO 反应时反应寿命有所降低，但低碳烯烃的选择性基本没有变化。叶丽萍[115]在 425℃温度下采用去离子水对 SAPO-34 催化剂水热处理 1.5h 后发现催化剂表现出更高的反应活性和抗积炭能力，结果如表 5-17 所示。

表 5-17　SAPO-34 水热稳定性考察比较

项 目	C_2H_4/%	C_3H_6/%	甲醇转化率/%	$C_2^=\sim C_3^=$ 收率(摩尔分数)/%	活性时间/min
水热处理前	42.83	33.58	99.9	76.34	170
水热处理后	47.1	33.87	100	80.97	230

严志敏[22]发现在 SAPO-34 合成时加入适量的十二烷基胺作为表面活性剂（DA），SAPO-34 分子筛的晶粒尺寸从 1.7μm 减小到 0.7μm。中石化上海化工研究院发现向晶化液中添加表面活性剂和控制加料顺序，可以提高 SAPO-34 分子筛的结晶度和催化性能[176]。

神华集团开发出来一种利用补充晶化技术将含有 SAPO-5 和 SAPO-34 混晶的分子筛转变为纯 SAPO-34 分子筛的方法[177]，采用该方法提高了制备 SAPO-34 分子筛的正品率，可以处理不合格的混晶产品，同时模板剂可以再利用。

Venna 等[178]发现采用聚乙二醇（PEG）、十二烷基聚乙二醇醚（Brij-35）和亚甲基蓝（MB）作为晶体生长抑制剂可以合成出比表面积大、晶粒尺寸小、粒度分布窄的 SAPO-34 分子筛，如表 5-18 所示。

表 5-18　使用不同晶体生长抑制剂合成出的 SAPO-34 分子筛的比表面积和平均粒径

样品	抑　制　剂	比表面积/(m^2/g)	平均粒径/μm
1	聚乙二醇(PEG)	645	0.7±0.1
2	聚乙二醇(PEG)	622	0.7±0.2
3	十二烷基聚乙二醇醚(Brij-35)	698	0.6±0.1
4	十二烷基聚乙二醇醚(Brij-35)	633	0.7±0.1
5	亚甲基蓝(MB)	540	0.9±0.1
6	亚甲基蓝(MB)	563	0.9±0.1
7	亚甲基蓝(MB)	700	0.6±0.2
8	不使用抑制剂	496	1.4±0.2

二、SAPO-34 分子筛的测征

SAPO-34 分子筛的形貌、微观结构和表面酸性对其在甲醇制烯烃（MTO）反应中选择性和活性等起着决定性作用。通常研究 SAPO-34 分子筛方法主要有 X 射线粉末衍射（X-Ray Powder Diffraction，XRD）、吸附脱附、透射电子显微镜（Transmission Electron

Microscope，TEM）、扫描电子显微镜（Scanning Electron Microscope，SEM）、核磁共振（Nuclear Magnetic Resonance，NMR）、热失重（Thermogravimetry，TG）、红外（Infrared Radiation，IR）、NH_3 吸收红外光谱、能谱分析、元素分析法等等。

（一）SAPO-34 分子筛的结构

SAPO-34 分子筛的晶体结构为菱沸石型，表征 SAPO-34 分子筛的结构的方法主要有：X 射线粉末衍射（XRD）、核磁共振（NMR）、扫描电子显微镜（SEM）、透射电子显微镜（TEM）等。其中 XRD 可以表征分子筛晶体结构、结晶度、判定分子筛类型，图 5-43 给出了典型的 SAPO 分子筛的 XRD 谱图[179]；NMR 可以分析分子筛硅分布、“硅岛”结构等；SEM 可以表征分子筛表面形貌、判定分子筛的晶形、晶粒的大小及分布等；TEM 则可表征分子筛结构及孔道特征等。SAPO-34 分子筛的 SEM 及 TEM 照片如图 5-44 所示。

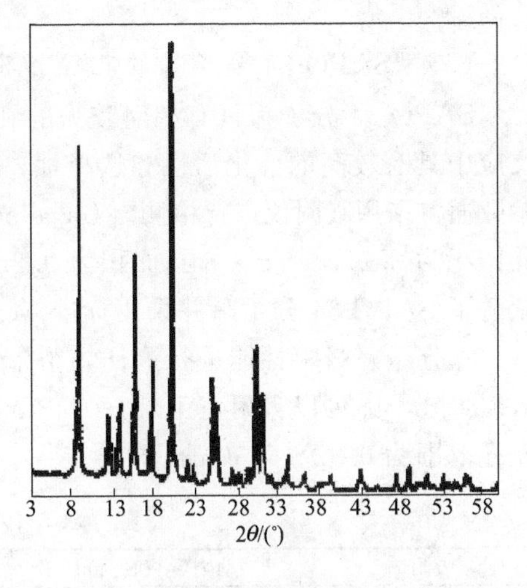

图 5-43　SAPO-34 分子筛的 XRD 谱图

图 5-44　SAPO-34 分子筛的 SEM（a）及 TEM（b）照片

通过扫描电子显微镜对合成的 SAPO-34 分子筛观察发现，SAPO-34 分子筛都为四方晶体[82,180]，但是模板剂不同时，晶粒尺寸有所不同。

（二）SAPO-34 分子筛的组成

通过红外光谱、核磁共振、能谱、电感耦合等离子质谱、元素分析法等可以表征 SAPO-34 分子筛的组成。由 ^{29}Si、^{31}P、^{27}Al 的 MAS NMR 谱可以测定 SAPO-34 沸石骨架的结构组成，得到有关沸石骨架中 Si、P、Al 原子的排列情况（即 SiO_4 和 PO_4 四面体与周围原子连接的结构情况）[84,179,181～183]。利用原位漫反射红外光谱可考察 SAPO-34 骨架并定性研究分子筛的组成[184]。利用电感耦合等离子质谱（Inductively Coupled Plasma Mass Spectrometry，ICP-MS）、能谱（Energy Dispersive X-ray Spectrom，EDX）、元素分析法等可定量检测分子筛元素组成和含量[86,141,182]。Chen 等[43]合成的 SAPO-34 的单位晶胞的组成为：$(Si_{2.88}Al_{18}P_{15.12})O_{72}$；Travalloi 等[62]合成出的 SAPO-34 的化学组成（质量分数）为：SiO_2 占 14.1%、Al_2O_3 占 38.3%、P_2O_5 占 40.0%，它的硅含量高，因此 SiO_2/Al_2O_3

比高。

（三）SAPO-34 分子筛的孔径、孔体积和比表面积

SAPO-34 分子筛具有相对较大的孔体积和较大的比表面积，显示出其在甲醇制烯烃的反应中具有较高的催化活性和选择性；相对较小的孔径显示其具有良好的择形性，这些物性参数通常采用吸附仪进行检测。Travalloni 等[62]合成出的 SAPO-34 的微孔面积为 570m²/g、微孔体积为 0.27cm³/g、介孔面积为 0.2m²/g、介孔体积为 0.002cm³/g。联合碳化学公司[65]制备了 SAPO-34 分子筛并采用标准 McBain Bakr 重量吸附仪对经焙烧脱除模板剂后的 SAPO-34 分子筛吸附性能进行测征，结果如表 5-19 所示。从表 5-19 的吸附数据可以看出，SAPO-34 分子筛可以吸附正丁烷（0.43nm），而几乎不能吸附异丁烷（0.50nm），因此判定其孔径范围为 0.43～0.50nm。

表 5-19 SAPO-34 的吸附性能

吸附质	动力学直径/nm	压力/kPa	温度/℃	吸附量/%
O_2	0.346	13.07	−183	15.0
O_2	0.346	99.46	−183	21.7
正丁烷	0.43	12.93	24	3.7
异丁烷	0.50	53.60	26	0.2
H_2O	0.265	0.61	22	18.7
H_2O	0.265	2.59	24	23.7

（四）SAPO-34 分子筛的表面酸性

SAPO-34 分子筛是一种具有均匀微孔结构的酸性材料，催化作用来源于它的酸性、产品选择性来源于其微孔结构的择形性。SAPO-34 分子筛的酸性介于 $AlPO_4$ 和 ZSM-5 之间，属于中等酸性强度的分子筛。考察分子筛酸性的方法通常有程序升温脱附（TPD）和红外光谱（IR）法两种。随着研究方法、分析仪器的发展，催化剂表面酸性的分析方法也不断改进，1963 年被引入固体催化剂的酸性表征的红外光谱（IR）法、60～70 年代建立的吸附微量热法、程序升温脱附（TPD）法及新发展的核磁共振（NMR）法都应用到了 SAPO-34 表面酸性的分析中。程序升温脱附谱（NH_3-TPD）显示 SAPO-34 分子筛具有强、弱两种酸中心，对应的氨脱附温度分别在 753K 和 523K 附近[112,185]。表面羟基是产生分子筛表面酸性的重要来源，它的位置和数量及其环境等和催化剂的活性密切相关，SAPO-34 分子筛的羟基振动红外光谱[179]见图 5-45，分析结果见表 5-20。

表 5-20 SAPO-34 分子筛的羟基振动红外光谱分析结果

ν^{0-1}OH/cm^{-1}	ν^{0-2}OH/cm^{-1}	ν^{0-1}OH/cm^{-1}	δ/cm^{-1}	归 属
3795	7425	—	—	Al-OH
3740	7330	—	—	Al-OH-Al 或 Si-OH
3680	7210	—	—	P-OH
3625	7124	4680	1055	Si-OH-Al(指向笼的中心)
3600	7070	4670	1070	Si-OH-Al(六棱柱内)

图 5-45 中位于 3625cm^{-1}处的强吸收峰和 3600cm^{-1}处的肩峰，显示 SAPO-34 分子筛具有两种主要的骨架羟基 Si-OH-Al，它们位于分子筛晶格中的不同位置，其中对应于 3625cm^{-1}的羟基指向椭球形笼的中心，而对应于 3600cm^{-1}的羟基则位于六棱柱内[85]，位于 3795cm^{-1}、3740cm^{-1}和 3680cm^{-1}的三个弱吸收峰与 Peri[179]在无定形 $AlPO_4$ 中所发现的结果相近，因此属于晶体表面的 Al—OH 和 P—OH 的伸缩振动引起的吸收峰。另外，在

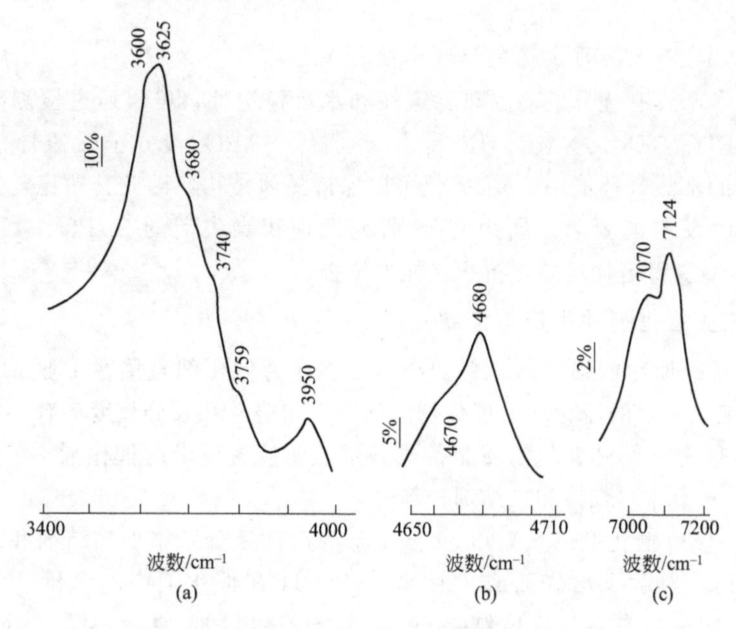

图 5-45　SAPO-34 分子筛的羟基振动红外光谱

3790～3600cm^{-1}范围之外有一附加峰，位于 3950cm^{-1}，Campo 等[186]认为它是由水合羟基引起的。研究结果表明，SAPO-34 中两种主要的骨架羟基 Si-OH-Al 是较强的 B 酸中心，是主要的酸中心，而其 L 酸中心的强度较弱；其酸性的主体是 B 酸，L 酸所占比例很小。SAPO-34 分子筛骨架 Si/Al 比对酸性质有强烈影响，改变骨架 Si/Al 比能有效调节 SAPO-34 分子筛酸中心的强度分布。

Travalloni 等[62]合成出了具有高密度强酸中心的 SAPO-34 分子筛，其总酸中心密度为 4.55mmol/g（8.48μmol/m^2），其中弱酸中心密度为 1.65mmol/g、强酸中心密度为 2.90mmol/g。强酸中心密度过大会使 SAPO-34 分子筛无论是在低温下还是高温下都很容易失活。杜爱萍等[46]研究了 SAPO-34 分子筛的吸附性能，NH_3-TPD 结果显示 SAPO-34 分子筛存在两种不同强度的酸性中心；SAPO-34 分子筛上吸附甲醇的 TPSR-MS 结果显示，TPSR-MS 谱分为两个温度区间，区间Ⅰ为 119～300℃，在此区间内分子筛上主要进行的是甲醇分子间脱水转化为二甲醚的反应；区间Ⅱ为 300～400℃，在此区间发生的反应是 SAPO-34 分子筛上未脱附的二甲醚进一步转化生成低碳烯烃。根据这些实验结果，他们认为 SAPO-34 分子筛上存在着两种不同反应性能的活性中心，吸附的甲醇在这两种活性中心上分别进行不同的反应，在温度区间Ⅰ内，甲醇在两种中心上均可进行分子间脱水生产二甲醚的反应，但第一种活性中心上的二甲醚会随着温度升高而脱附出来，第二种活性中心上的二甲醚仍吸附在分子筛表面或部分脱附，当温度进一步上升至温度区间Ⅱ时，第二种活性中心上吸附的二甲醚进一步转化生成低碳烯烃。将各种检测结果对比后认为在 SAPO-34 分子筛上两种不同反应性能的活性中心可能与表面两种不同强度的酸性中心相对应，在弱酸中心上吸附的甲醇主要进行分子间脱水生成二甲醚的反应，而在强酸中心上二甲醚可进一步转化生成低碳烯烃。

（五）SAPO-34 分子筛的晶体外貌

一般通过扫描电镜（SEM）观察 SAPO-34 分子筛的外貌，纯 SAPO-34 分子筛均为四方晶体，但模板剂不同其晶粒尺寸及粒度分布也不同（详见本章第三节中的 SAPO-34 分子筛的研究与开发)。

(六) SAPO-34 分子筛的热稳定性和水热稳定性

SAPO-34 分子筛具有优异的高温热稳定性和水热稳定性，可以通过检测高温或水蒸气处理后样品的 XRD、SEM、NMR、IR 等予以检测。SAPO-34 分子筛的骨架塌崩温度在1000℃，在 20%的水蒸气环境中、600℃仍可以保持晶体结构，因此其热稳定性和水热稳定性能够满足 MTO 反应的要求。靳力文[50]研究发现积炭失活的 SAPO-34 经程序升温至700℃烧炭后，晶型变得更加规整，抗积炭能力增强。

三、MTO 工业催化剂的生产与控制

SAPO-34 分子筛原粉的强度差、粒径小，不能作为催化剂直接在工业 MTO 装置上使用。由于 MTO 工业装置的流化床对催化剂的强度、耐磨性和筛分粒度都有一定的要求，为此需要将 SAPO-34 分子筛和其他物质制备成满足工业装置要求的催化剂。工业 MTO 催化剂包括 SAPO-34 分子筛、载体和黏结剂三部分。

工业装置用 MTO 催化剂以 SAPO-34 分子筛为活性组分，添加黏结剂和载体后，经喷雾干燥成型并在适当温度下焙烧而成。通常 SAPO-34 在催化剂中的含量（质量分数）为40%、高岭土为 40%左右，其反应结果与 100%的 SAPO-34 原粉相同。Aguayo 等[64]按25% SAPO-34 分子筛、30%黏结剂（膨润土)、45%氧化铝的比例制备了催化剂样品，测试发现黏结剂膨润土和氧化铝的存在并不影响 SAPO-34 分子筛的酸性。

UOP 公司[187]发表的专利公开了提高甲醇制烯烃催化剂抗磨性的方法，催化剂含有晶体金属铝磷酸盐（如 SAPO 分子筛）和包含无机氧化物黏结剂（最好是高岭土）以及填料的混合材料，通过将分子筛的含量保持在质量分数 40%或更低，催化剂的耐磨性得到显著提高。

(一) MTO 工业催化剂的生产

MTO 工业装置的催化剂用量都比较大（例如年加工甲醇 180 万吨的 MTO 工业装置每年消耗催化剂约 450～500t)，因此催化剂需要在催化剂厂中的大型设备中生产。工业化生产一般先经过实验室小试、中试后，再进行工业化放大。在催化剂生产工业放大过程中主要应解决好一些工程问题，例如流动状况、传质状况、传热状况，要保证浓度均匀、温度均匀等；在晶化过程中要使分子筛合成反应器内的浓度、pH 值和温度等尽可能地均匀；在喷雾干燥过程中应控制好温度和水蒸气分压等；以及在催化剂焙烧过程中控制回转炉的温度梯度等。

甲醇制烯烃（MTO）工业催化剂制备技术路线如图 5-46 所示。

1. MTO 工业催化剂的生产步骤

(1) 水热晶化法制备晶化混合物

根据中试试验最终确定的各种物料的摩尔配比，将称取的适量模板剂、硅源、铝源、磷源、去离子水以及其他助剂按照如图 5-46 所示的添加方式在一定温度条件下搅拌混合，使之成为均匀混合物。

(2) 陈化或老化

将混合均匀的混合物在一定温度条件下，以相对较低搅拌速度陈化或老化一定时间。

(3) 水热晶化

采用两段晶化法，将陈化后的混合物在相对较高搅拌速度下分别在不同温度条件晶化一

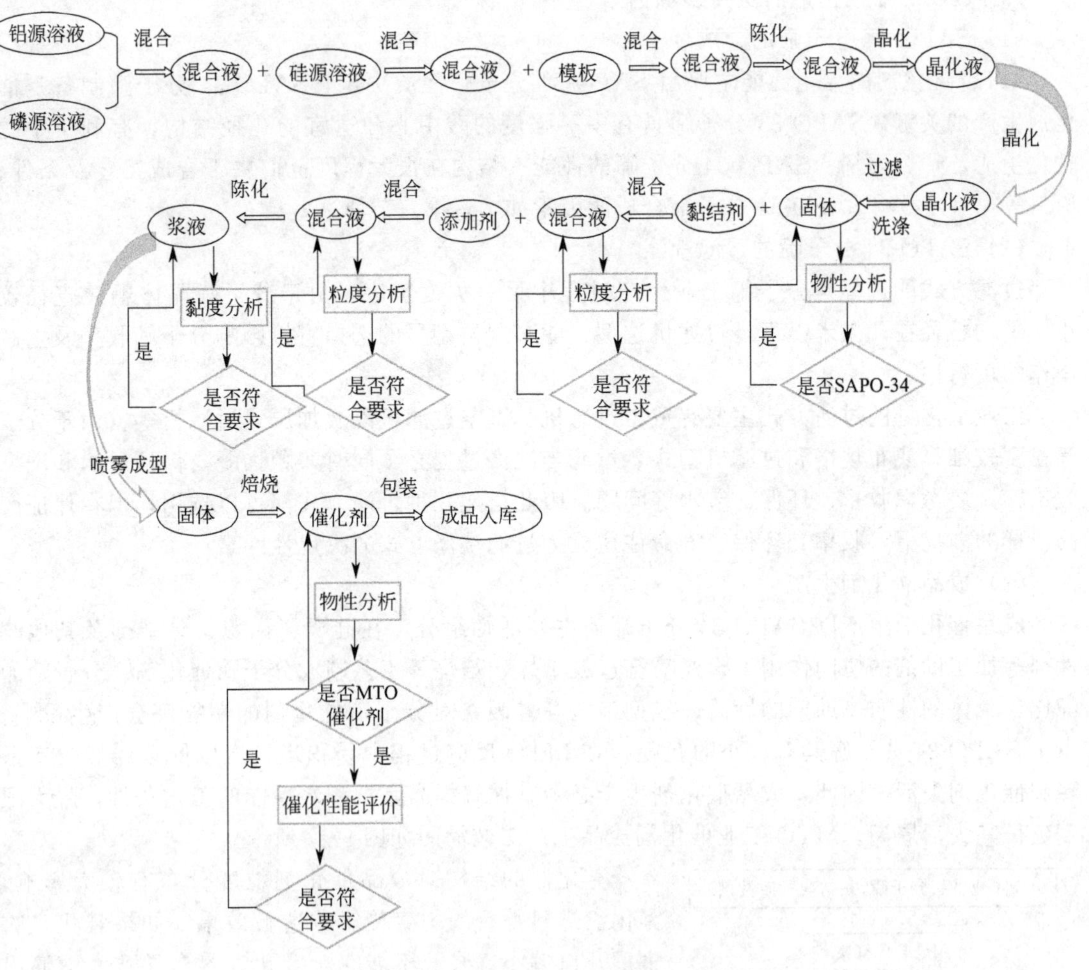

图 5-46　MTO工业催化剂制备技术路线

定时间。

（4）过滤洗涤

将晶化且除去残余模板剂的混合液进行过滤洗涤，用去离子水将固体产物洗至中性。

（5）溶胶凝胶

对上述固体产物检测，确认为SAPO-34分子筛。经准确计量其含水量后，根据催化剂基础配比，将分子筛与适量的载体及黏结剂混合，监测混合浆液的粒度变化，达到粒度要求后将混合浆液在低速搅拌条件下进行乳胶凝胶，同时监测浆液黏度是否符合要求。

（6）喷雾成型

将符合要求的混合浆液经喷雾成型装置进行喷雾造粒。喷雾干燥对MTO催化剂的强度和粒度分布十分关键。

（7）焙烧

将催化剂原粉在高温条件下，在焙烧炉焙烧一定时间即得到MTO成品催化剂。

（8）检测与包装

对成品催化剂的物化性能及催化性能进行检测评价，符合要求后对催化剂进行真空包装。

2. MTO 工业催化剂的主要影响因素

（1）SAPO-34 分子筛的合成

MTO 催化剂的催化性能主要由 SAPO-34 分子筛性质决定，SAPO-34 分子筛制备是催化剂生产的关键，SAPO-34 分子筛具有中等强度的酸中心和适宜的孔径结构，有利于甲醇转化生成乙烯、丙烯。SAPO-34 分子筛的性能、结构在很大程度上取决于合成工艺及条件、原料等[188]，影响 SAPO-34 分子筛合成的因素如本章第三节所述。

（2）SAPO-34 分子筛的过滤洗涤

过滤方式的选择是分子筛工业生产过程中另一关键工序，由于分子筛晶体颗粒直径较小，平均粒径在几微米以下，过滤机选型、滤布规格型号的选择直接影响分子筛收率及生产操作的可行性。

工业上常见的过滤方式主要有重力过滤机、真空过滤机以及加压式过滤机等。由于分子筛粒度较细，滤布规格和过滤机型式、过滤与洗涤过程必须同时兼顾，既要保证过滤和洗涤效果，又要考虑收率、环保、节水等问题。因此虽然几种过滤方式都可以选用，但在保证产品质量的前提下，收率、环保、寿命往往成为过滤洗涤方式的决定性因素。

（3）成品催化剂生产

成品催化剂生产以 SAPO-34 分子筛为主要活性组分，在硅源、铝源、黏结剂及其他改性剂等加工助剂的协同作用下，经喷雾造粒干燥、焙烧等工艺制成分子筛催化剂。分子筛的配比、载体的性质、助剂的性质、成型工艺等各因素对分子筛催化剂的性能都会产生影响。由于 SAPO-34 分子筛具有较小的孔径，在 MTO 反应过程中易积炭，造成低碳烯烃收率下降和催化剂失活，因此，成品催化剂生产必须掌握好提高其抗积炭性能的工艺条件，最大限度延长其失活周期。MTO 工业催化剂成品生产工艺简图如图 5-47 所示。

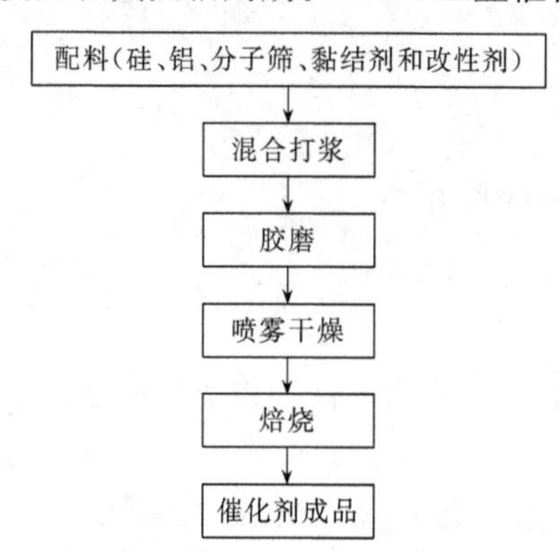

图 5-47 MTO 工业催化剂成品生产工艺简图

雾化器的结构对成品催化剂粒度分布有较大影响，雾化盘进料是否均匀直接影响造粒效果，如果雾化盘收集槽开口偏小，浆液不能完全雾化，容易导致大液滴出现，随雾化器旋转时甩到塔壁来不及干燥而形成粘壁料。浆液的雾化有三种方法：一是利用高压泵（10.1～20.2MPa）将浆液通过细孔喷嘴喷出，使浆液分散成雾滴，所用喷嘴为压力式喷嘴；二是使用压缩空气将浆液从喷嘴处带出，使浆液分散为雾滴，所用喷嘴为气流式喷嘴；三是使用旋转式雾化器将浆液从高速旋转盘中甩出，使浆液形成薄膜后再断裂成细丝和雾滴。ExxonMobil[189]公开了气流式、压力式和离心式喷雾干燥方法所采用的条件：采用气流式喷雾干燥方法时，浆液与干燥气体共同进入喷雾干燥器中，干燥气体的入口温度为 100～550℃、出口温度为 50～225℃，在优化条件下得到的催化剂颗粒的直径为 50～120μm；当采用压力式喷雾干燥方法时，浆液通过压降为 0.690～13.790MPa 的雾化喷嘴分散成小液滴，实现浆液的雾化；离心式喷雾干燥是将浆液分散到旋转转盘的边缘形成小液滴（液滴的大小由浆液黏度、表面张力、流速、浆液温度、转盘的旋转速度等决定），分散后的小液滴在并流和逆流的空气中通过喷雾干燥器。

ExxonMobil 公司的 Chang 等[190]发现在干燥速率不大于 0.2kg/(kg·h)、干燥机的进口温度不高于300℃、出口温差不大于150℃的条件下，可以得到磨损指数小于0.5%/h的MTO催化剂。中科院大连化物所[191]公开了一种SAPO-34分子筛催化剂直接成型的方法，SAPO-34分子筛晶化后的固体产物不进行分离，直接在分子筛浆液中加入黏结剂等基质组分，经胶体研磨后进行喷雾干燥，得到成型微球催化剂。直接利用合成分子筛的浆液制备成型催化剂，减少了分子筛的分离、洗涤、干燥过程，节约了设备、能源和劳动力；且由于浆液中存在未反应的组分，可作为成型催化剂的基质，降低了原料消耗，从而大大降低了催化剂的制备成本。该方法避免了分子筛原粉在洗涤过程中的废水排放，减少了环境污染，节省了资源。

① 催化剂中各组分配比的确定　在MTO工艺过程中分子筛的含量对催化剂活性起决定性作用，但MTO工业装置一般采用循环流化床工艺，对催化剂的耐磨性能、粒度分布要求更高，合格的耐磨性能、合适的粒度分布是保证催化剂流化效果、使用寿命的关键指标。只有催化剂活性水平与耐磨性能有效结合才能发挥催化剂的最佳性能。

工业应用的MTO催化剂包括SAPO-34分子筛、黏结剂和惰性载体等，这些组分的筛选、配比和成型工艺都对催化剂的使用性能造成影响。催化剂制备过程中浆液配置的基质材料（例如黏结剂、载体等）、浆液配方（分子筛、黏结剂、载体的含量和粒度）、浆液的黏度和pH值等均对成型催化剂的物理和化学性质造成影响。基质材料通常使用难溶性无机氧化物或黏土等，基质的主要作用包括使分子筛均匀分散、易于黏结成型、提高催化剂的强度、形成适合于工业流化床使用的粒度以及降低催化剂成本等。

催化剂生产过程中黏结剂的主要作用是将分子筛与载体材料黏结在一起，并使分子筛晶粒黏结形成较大的颗粒，增强催化剂的强度和抗磨性能。黏结剂的孔隙率很重要，它必须满足原料甲醇和反应产物快速通过。ExxonMobil[192]公开了用SAPO-34分子筛制备MTO催化剂使用的黏结剂，包括$Al(OH)_3$、$AlPO_4$、Al_2O_3、硅溶胶、SiO_2、SiO_2-Al_2O_3或MgO、ZrO_2、TiO_2及其化合物；催化剂制备时使用的黏结剂一般为上述化合物水溶液。含有分散胶状SiO_2颗粒的水溶液或有机溶胶、活性氧化铝制备的铝溶胶可以用作SAPO-34制作MTO催化剂时的黏结剂[193]。中科院大连化物所[173]采用浸渍法将含无机磷或有机膦的化合物与SAPO-34分子筛原粉混合，可以提高成型后MTO催化剂的强度及低碳烯烃的初始选择性。刘学武等[144]研究发现生产催化剂用的黏合剂对催化剂的反应性能有明显影响，使用MgO为黏合剂时催化剂的使用寿命仅为120min，所以认为SiO_2是制备SAPO-34催化剂时较好的黏结剂。

MTO催化剂制备过程中多选用黏土（例如高岭土、高岭石、蒙脱土、滑石和膨润土等）作为载体材料，可以使用未经处理的天然形态的黏土，也可以使用经酸处理或化学处理的活化黏土。

在制备待成型分子筛催化剂料浆的过程中，通过搅拌、混合等工序将活性组分与各种助剂分散混合成浆液时，会带进相当多的空气泡，活性组分与各种助剂长期与空气接触，其表面也会附有一定量的空气，催化剂成型过程中又能带进额外的空气，这些空气以小泡或分散为极细气泡的形式存在于料浆中，形成气-固-液三相气泡，而存在于催化剂料浆中的空气会大大削弱固-固间及固-液间的分子间作用力，致使待成型料浆的附着性、凝集性降低。这些气泡中有一些不是稳定的，经过一定时间可以自行消除，而有些气泡在待成型料浆中比较稳定，如果存在于待成型催化剂料浆中的这些空气泡不消除或不能及时除去，进行催化剂成型时，则会在分子筛催化剂成品中产生疵点，或在催化剂成品中存有气孔，严重影响分子筛催化剂的强度，进而影响该分子筛催化剂的工业应用。如果能够通过减压的办法，即对待成型的分子筛催化剂料浆进行前脱气处理以破坏其所形成的气-固-液三相平衡，最终除去气泡，则会提高其强度。目前分子筛催化剂的成型方式如压缩成型、挤出成型、转动成型、喷雾成型及其他各种成型方式中，均没有对待成型的分子筛催化剂料浆进行前脱气处理。神华集团有限责任公司[194]公开了一种催化剂成型前处理的方法，通过采用真空脱气的方式排出待成型分子筛催化剂料浆中的气体，该成型方法使得成型后的分子筛催化剂强度明显提高。此外，该发明的成型方法能够减少待成型催化剂料浆在储罐中的陈化时间，从而可以提高分子筛催化剂的生产效率并进一步降低分子筛催化剂的生产成本。

Hereijger 等[11]的固定床 MTO 反应结果表明，当使用小晶粒（约 1μm）H-SAPO-34 分子筛时催化剂床层中最多有 10%的分子筛"笼"对生产烯烃有贡献。因此要根据实验结果，认真研究 SAPO-34 分子筛、基质、黏结剂的配比，尽可能地提高 SAPO-34 分子筛的使用效率。

② 影响催化剂磨损指数、粒度分布的因素　MTO 工业催化剂的粒度分布、磨损指数与喷雾成型浆液的性质、雾化条件等密切相关。

浆液的固体含量、原料配比等对催化剂的磨损指数有很大影响，浆液固含量太高或太低都会降低催化剂的耐磨强度。Exxon 公司为了提高 MTO 催化剂的强度和控制粒度分布，其喷雾浆液的总固体含量（质量分数）控制在 44%～46%，其中 SAPO-34 分子筛占总固体含量的 40%～48%，黏结剂占总固体含量的 7%～15%，载体占总固体含量的 40%～60%，成型催化剂的磨损指数最优为 0.2～2.0%/h。UOP 公司[195]使用 SAPO-34 分子筛、无机氧化物黏结剂及黏土类载体（例如高岭土）制备 MTO 催化剂，通过将 SAPO-34 分子筛含量保持在 40%或更低，可以提高催化剂的强度，催化剂的磨损指数可以控制在 1%/h 以下。表 5-21[196]数据表明当催化剂中分子筛含量从 40%降低到 20%后，催化剂的磨损指数可以提高 4 倍，可由 0.9%/h 提高到 0.2%/h。

表 5-21　分子筛含量对催化剂强度的影响试验数据

实施例	催化剂组成(质量分数)/%			铵交换介质	温度	磨损指数
	SAPO-34	高岭土	黏合剂	溶液	/℃	/(%/h)
1	40	40	20	硫酸铵	7.2	0.9
2	20	60	20	硫酸铵	7.2	0.2
3	40	40	20	硫酸铵	35	0.7
4	40	40	20	碳酸铵	7.2	0.7
5	20	60	20	碳酸铵	7.2	0.2
6	40	40	20	碳酸铵	35	0.7

ExxonMobil[197]提出将一定量的干燥催化剂和 SAPO-34 分子筛、黏结剂一起打浆、混合，然后对浆液进行洗涤、过滤，最后喷雾成型、干燥等，其成品催化剂的磨损指数不大于 0.6%/h，最优指标不大于 0.4%/h。另外在 SAPO-34 分子筛催化剂成型浆液中加入磷源，使浆液中同时含有硅、铝、磷物种，与 SAPO-34 分子筛所含元素相同，可强化黏结剂、载体与分子筛之间的相互作用，提高成型催化剂的强度[173,198]。

工业 SAPO-34 分子筛催化剂的成型采用离心式喷雾造粒干燥工艺，其中浆液配制加料顺序、浆液固含量、离心雾化器转速、进料速度、热风的入口温度、尾气的出口温度等都会影响催化剂的形状、粒径分布、耐磨强度及催化剂活性指标。喷雾干燥工艺主要包括加热控制系统、浆液雾化剂干燥系统、干粉收集系统及气固分离系统等，喷雾干燥使用的干燥介质通常是热空气。

浆液雾化是喷雾干燥成型的关键，雾化的目的是将浆液分散成平均直径为 20～60μm 的微小雾滴，当雾滴与热空气接触时，迅速气化而干燥成颗粒状产品。喷雾造粒干燥时浆液固含量高低对催化剂粒度分布影响大，浆液中固含量较低时不但能耗较大，而且容易产生较多的细粉，旋风分离后产生较多的细粉废料。固含量较低时也容易粘壁导致生产停车。适当提高固含量有利于调整催化剂粒度分布并降低催化剂磨耗，同样固含量的条件下，热风进口温度越高，催化剂磨耗越大。浆液固含量低时，进口热风温度较高，雾化后的液滴内部水分急剧汽化容易爆球或形成空心球，导致催化剂磨耗偏高。同时浆液固含量低时，浆液黏度也较低，干燥后催化剂球形度不好也容易导致磨耗较高，调整固含量前后成型催化剂的 SEM 照片如图 5-48 及图 5-49 所示。

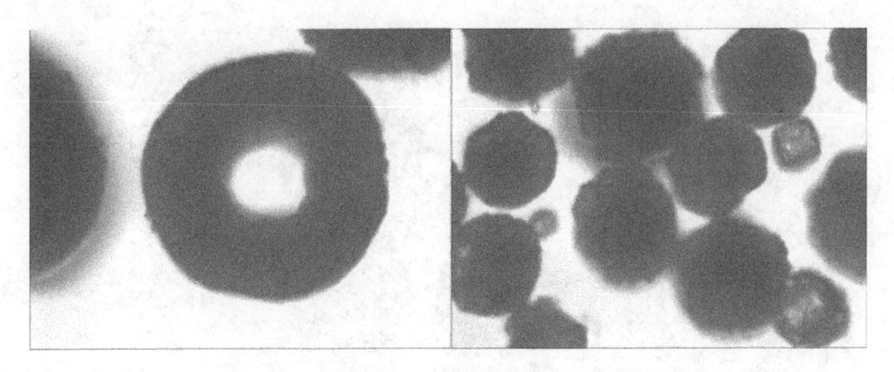

图 5-48　浆液固含量较低时成品显微镜照片

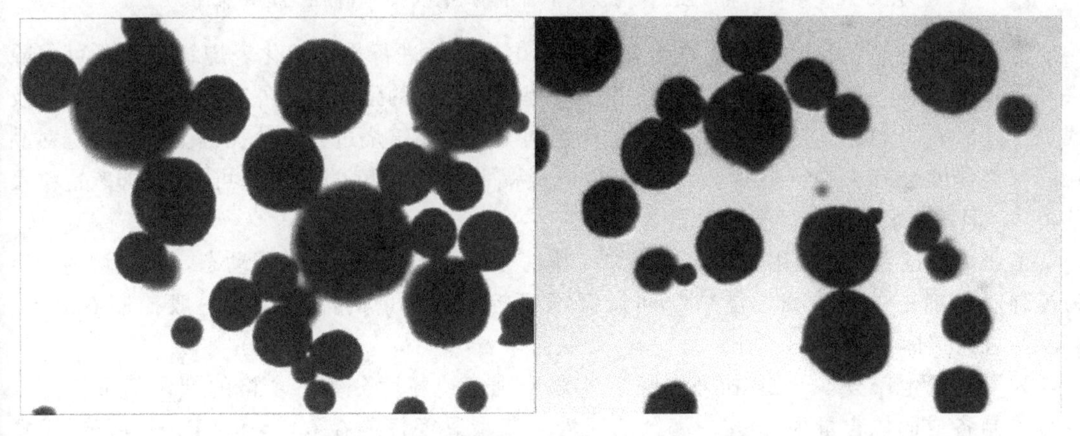

图 5-49　浆液固含量提高后成品显微镜照片

中国化学工程集团公司与清华大学[199]公开了一种利用廉价的高岭土为原料（提供硅源和铝源）生产 SAPO-34 分子筛催化剂的方法，该方法先将高岭土、分散剂、黏结剂混合均匀后喷雾干燥制备出 20～300μm 的微球；然后将制备的高岭土微球在 700～1100℃焙烧 1～4h，得到具有活性氧化铝和氧化硅的焙烧高岭土；将焙烧后的高岭土微球与磷源、模板剂、脱盐水（根据需要补充硅源或铝源）混合老化、水热晶化，之后进行过滤、洗涤、干燥、焙烧后，直接得到可以用于流化床反应器的 SAPO-34 分子筛催化剂。该方法制备的分子筛颗粒较小或为层状结构，因此用于受扩散控制的 MTO 过程可以获得良好的反应活性和产品选择性。Zhu 等[200]在具有一定粒度分布、平均粒径为 109.8μm 的 α-Al_2O_3 颗粒上原位合成

SAPO-34 分子筛催化剂，催化剂上 SAPO-34 分子筛的含量约为 14%（质量分数），可以直接用于流化床操作，评价结果表明在 450℃反应温度下，二甲醚的转化率为 100%、产品选择性与常规方法制备的催化剂及 SAPO-34 分子筛原粉相当，而且经过 5 轮反应-再生循环后催化剂的性能与新鲜剂相当；催化剂在流化床反应器中运行 24h 后，催化剂上的晶体含量没有减少，说明催化剂具有很好的耐磨性能。

清华大学的 Chen 等[201]采用吗啉作为模板剂合成出了平均粒径为 46.5μm 的 SAPO-34 分子筛，其扫描电子显微镜照片如图 5-50 所示。测试结果表明大尺寸晶粒具有与小尺寸晶粒相似的孔尺寸分布，同时具有良好的水热稳定性、良好的流化性能和良好的催化性能。但该催化剂抗磨性能、活性和选择性以及经济性与小尺寸晶粒（例如 0.4～0.5μm）SAPO-34 的对比都没有进行介绍。

(a) 吗啉为模板剂　　(b) TEA为模板剂

图 5-50　用吗啉和 TEA 作为模板剂合成的 SAPO-34 样品的 SEM 照片

③ 成品催化剂活化　喷雾造粒干燥后的催化剂必须进行烧结活化。烧结活化既可以除去大部分模板剂，又可以使黏结剂产生相变，提高催化剂的强度。另外，催化剂烧结效果及残炭含量影响催化剂的工业应用，因此催化剂的工业活化焙烧过程十分关键。焙烧过程对晶粒的完美程度也有影响，烧掉模板剂也会造成晶胞一定程度的变形，可能会改变晶粒尺寸[114]；但基本上不会破坏分子筛的骨架[202]。

工业焙烧过程一般采用回转式焙烧炉，其具有如下优点：物料处于动态，焙烧均匀，容易控制催化剂中的残碳量，烧结时间及温度可控。催化剂的活化温度一般控制在 450～700℃、活化时间一般为 3～5h。

为了降低生产成本，Exxon 公司[203]将耐磨强度或粒度分布不合格的催化剂重新与水混合，制备成固体含量为 10%～75%的浆液（浆液黏度控制在 0.1～9.0Pa·s），再经喷雾干燥、焙烧制备出磨损指数低于 1%/h、50%的颗粒直径介于 30～150μm 的合格催化剂产品。

MTO 催化剂一般都含有一定量的 Na^+、K^+、Mg^{2+} 或其他平衡骨架电荷的阳离子，这些阳离子可能来自于黏结剂或载体等原料，会中和 SAPO-34 表面的酸性，进而影响催化剂的选择性。可以采用不同的金属离子或 NH_4^+ 将平衡骨架电荷的阳离子置换下来对成型催化剂进行改性。UOP 公司[204]采用硫酸铵、碳酸铵、碳酸氢铵、硝酸铵处理成型催化剂，将含有碱金属或碱土金属的 SAPO-34 分子筛催化剂转变为 H 型 SAPO-34 分子筛；离子交换溶液的温度控制在 5～95℃、离子交换时间为 0.5～10h，离子交换完成后用除盐水冲洗掉残余的交换溶液。神华包头 MTO 工业装置使用的 SMC-001 催化剂的 Na^+ 含量控制在 100ppm

左右、K^+含量控制在1400ppm左右、Mg^{2+}含量控制在120ppm左右。

④ 催化剂包装及活性检测　由于SAPO-34分子筛催化剂成品暴露在空气中很容易吸潮，使得催化剂活性降低，因此成品活化后的催化剂必须及时进行真空包装、标明批次，同时进行物化性质及活性评价检测，合格后入库。

经过上述过程生产的用于MTO工业装置的SAPO-34分子筛催化剂典型成品的分析数据如表5-22所示。

表5-22　神华包头MTO工业装置SAPO-34分子筛催化剂典型成品分析数据

分析项目		控制指标	样品1	样品2
BET比表面积/(m^2/g)		150～250	256	285
孔体积/(mL/g)		0.15～0.25	0.14	0.21
磨损指数/%		≤2	0.44	0.45
粒度分布/%	0～20μm	≤5	0.95	0
	20～40μm	≤10	11.15	4.8
	40～80μm	30～50	32.23	43.35
	80～110μm	10～30	19.42	27
	110～149μm	10～30	16.76	17.62
	>149μm	≤20	17.14	7.23
微反活性	转化率/%	实测	99.81	99.29
	选择性/%	≥82	83.27	84.18
	寿命/min	≥80	162	162

3. 晶化残液的利用

神华集团[205]开发出了利用晶化残液再制备SAPO-34分子筛的方法，即向合成SAPO-34分子筛产生的残液中加入适量的铝源、磷源、硅源、模板剂等物料制备成凝胶混合物，经过老化、水热晶化、洗涤、干燥和焙烧等工序，可以制备出合格的SAPO-34分子筛；本方法的优点在于实现了晶化残液中残存的铝源、磷源、硅源、模板剂等有效组分的再利用，适合于大规模工业化生产；同时节约了水资源，可以实现催化剂生产厂的污水近零排放；降低了分子筛的生产成本。

（二）新鲜催化剂的含碳

在SAPO-34催化剂上发生MTO反应时存在诱导期[206]，而且诱导期的长短与分子筛晶体尺寸、温度和含氧化合物浓度有关，在425℃、甲醇分压30kPa反应条件下，反应诱导期约为15～30s。Jiang等[29]使用原位魔角旋转核磁共振-紫外（In situ MAS NMR-UV）技术对H-SAPO-34催化剂上MTO反应过程中的积炭行为研究时发现，紫外-可见光碳正离子吸收带在反应进行大约75min后消失，表明在此之后可能不再形成新的“烃池”化合物。靳力文等[50,116]研究发现催化剂上有一定量的积炭有利于提高目的产物乙烯的选择性、乙烯/丙烯比提高，但焦炭含量继续增加就会严重影响甲醇、二甲醚的转化率。

催化剂焙烧时若模板剂没有完全除去，其中会含有芳烃[7]。以三乙胺为模板剂合成SAPO-34分子筛时，合成的分子筛催化剂如果在焙烧过程中不完全除去模板剂，残留的碳氢物种可能会充当“烃池”的角色，研究发现焙烧（空气气氛中、550℃）8h的样品的单程寿命为580min，而焙烧10h的样品的单程寿命仅为380min[147]。焙烧时间较长的样品的碳氢化合物可能主要趋于积炭前驱物，而焙烧时间较短的样品还残留二烯烃类的物质。

因此，从防止新鲜催化剂活化后在包装、储运过程中吸附水分，影响催化剂的使用性能，同时也为了使新鲜催化剂进入到反应系统后尽快度过诱导期或避免诱导期这两方面考虑，新鲜催化剂在焙烧时一般保留一定的炭，神华集团开发的SMC-001新鲜催化剂约含0.5%～1.5%（质量分数）的炭。

（三）新鲜催化剂的保护

在SAPO-34分子筛制备过程中会使用模板剂，为了使制备的催化剂能够稳定使用，就要部分或全部地去除掉模板剂（也就是催化剂制备过程的活化或焙烧过程）；模板剂一旦被烧掉，催化剂就认为被活化并可以使用了，催化剂的微孔和“笼”就可以从环境中吸附一些水分或者水与分子筛反应。已经发现经活化后的SAPO系列分子筛对水蒸气很敏感，SAPO-34样品吸水后，水分子与晶格中的氧或其他原子成键，造成晶面间距变大[114,207]。

当SAPO-34分子筛催化剂长时间暴露在含水蒸气的环境中时，催化剂使用寿命缩短、催化活性损失，这从本质上讲归因于部分酸位的损失。SAPO-34分子筛经焙烧烧掉模板剂后，会由于吸附水而使晶体的结晶度下降，部分Si-O-Al键水解断裂。Buchholz等[208]发现SAPO-34分子筛的水和过程包括如下两步，第一步是水分子选择性地吸附在Brønsted酸中心的桥联OH基上，当每个桥联OH基吸附的水分子数超过3个以后，就会发生第二步，即水分子开始与铝原子结合。刘中民等[209]研究发现SAPO-34分子筛样品放置较长时间或与水汽接触后，其衍射峰强度明显下降。Geopper等[210]发现脱除模板剂的SAPO-34分子筛在室温下吸附水分将会造成分子筛中Si-OH-Al键的断裂，丧失部分结晶度和孔结构。Chen等[34]发现把催化剂暴露在空气中，只需3天空气中的水分就会使催化剂饱和。严志敏[22]的研究结果表明吸附水还会导致部分Al-O-P键的断裂。Briend等[104]发现全部除去模板剂的SAPO-34吸水后会丧失部分结晶度和孔结构，在一定期限内（1天或2天）作干燥处理，结晶度和孔结构会得到完全恢复；但是如果在室温下吸附水分长达2年后再作干燥处理，以四乙基氢氧化铵为模板剂合成的SAPO-34分子筛可以恢复80%的结晶度和70%的孔结构，但以吗啉为模板剂合成的SAPO-34分子筛则不能完全恢复结晶度，并且会丧失全部的孔结构；SAPO-34分子筛在约100℃以上再接触水蒸气就不会产生太大影响了（当然不能超过水热失活的温度）。

SAPO-34在水蒸气环境中其结构很容易被破坏且不可逆；在用氨进行处理后（形成NH_4^+-SAPO-34）可以经得起苛刻的水热条件[211]。埃克森美孚公司针对防止SAPO类分子筛吸水受潮、防止催化剂活性损失开发了一系列的措施[212～216]，这些措施包括去除模板剂时先在贫氧环境中进行加热；高温焙烧后的催化剂在225℃的温度下先与惰性气体（氮气、氦气等）接触、降低催化剂吸附的水的量［将催化剂含水控制在1.25%（质量分数）以下］；确保催化剂接触水蒸气的环境温度高于水的临界温度（特别是装置在开工、停工或故障时）；通过覆盖“保护屏”来保护催化部位、防止催化活性损失等（在催化剂焙烧过程中残留部分模板剂也是一种“保护屏”）；使至少80%（最好是95%）的孔充满乙醛蒸气或液体进行吸附保护等。例如CN1617841A[212]公开了一种酸催化剂的保护方法，SAPO类催化剂在550～700℃焙烧活化后，转移到一个容器中在20～300℃温度下进行真空脱气，然后在100～250℃的温度下将氨引入进行化学吸附（至少24h），吸附了氨的SAPO类分子筛是稳定的，即使是在200℃温度下接触水蒸气也能保持稳定；SAPO-类分子筛经氨化学吸附保护后便于储运保护，在工业装置上使用时只要环境温度超过600℃，吸附的氨就会脱附，从而使氨钝化的催化剂再生。ExxonMobil建议在储存、运输和装载过程中要采用含水量不高于

50ppm 的环境。

为了防止催化剂在储运过程中受潮，影响催化剂的使用性能，应做到新鲜催化剂在储、运过程中避免接触空气，更要严格禁止与水接触。神华集团有限责任公司 SMC-001 催化剂采用带铝箔金属内衬的吨袋进行包装，严密封口，防止运输过程催化剂受潮。在催化剂运到生产装置往新鲜催化剂储罐加装时要选择晴天进行操作；另外催化剂装入到新鲜催化剂储罐以后，要采用氮气进行氮封；在从新鲜催化剂储罐往再生器补充催化剂时，要使用氮气对催化剂储罐冲压，并使用氮气向再生器输送。

四、MTO 工业催化剂的测征与评价

一般情况下，为了控制催化剂的质量，保证工业生产的稳定，需要测定 MTO 工业催化剂的密度、比表面积、孔体积、强度、粒度分布，对每一批催化剂要测定其转化率、选择性和寿命等。如果有必要，还要进行 XRD 分析、XRF（X 射线荧光光谱）分析、SEM 分析及 EDS（能谱）分析等。

（一）密度

MTO 工业催化剂的密度包括堆积密度、颗粒密度和骨架密度三种。

1. 堆积密度的测定

测堆积密度一般采用振动法，可以使用 ASTM 标准规定的试验设备，将催化剂在 400℃的空气中预处理 3h 冷却后，在该测量设备的振动器工作的情况下，以每秒 2～3mL 的速率将催化剂经过进料漏斗加入到测量量筒中，然后继续振动 1min，关停振动器，量取催化剂体积并称量质量，计算出催化剂的堆积密度。如果对数据精度要求不高，可以采用一定体积的量筒，边加催化剂边在橡胶板上蹾实的简易方法。

样品制备：取催化剂样品（约 80g）放到干燥瓷坩埚中，放置到马弗炉中，于空气中程序升温至 600℃焙烧 2h。自然降温至 350℃后放入干燥器内冷却 30min 至室温即可用于分析。

样品测定：采用 GB/T 16913.3—1997 方法进行堆积密度的测定。简单介绍如下：将待测样品沿 100mL 量筒内壁缓缓装入其中，准确称量后，在平整的台面上轻轻蹾实，直至其体积无变化，记录其体积值，用质量除以体积即得堆积密度。

2. 颗粒密度的测定

一般采用汞置换法测量催化剂的颗粒密度。使用汞测量出颗粒之间的空隙，一定量催化剂的堆体积减去汞测量法测得的催化剂颗粒之间的空隙体积，就是催化剂的几何体积，催化剂的质量除以几何体积就是催化剂的颗粒密度。

3. 骨架密度的测定

使用 He 置换测量的方法，可以测量出催化剂颗粒之间的空隙体积和催化剂内空隙体积，从而可以得到催化剂的骨架体积。常用的设备有静态容量气体吸附装置。催化剂的质量除以骨架体积就是催化剂的骨架密度。

（二）比表面积和孔体积

比表面积和孔体积是 MTO 工业催化剂的一项重要指标。一般采用 BET（Brunauer-Emmett-Teller）法测量催化剂的比表面积和孔体积。除了比表面积和孔体积，BET 法也可以得到催化剂的孔径分布以及氮气吸附脱-附曲线。通过氮气吸附-脱附曲线也可以大致判断颗粒孔道的结构。

样品制备：取催化剂样品（大于 2g 即可），测试前需经过焙烧处理除去其中的模板剂，降至一定温度后放入干燥器继续冷却至室温，以防止在降温过程中吸附水分。具体方法为将催化剂样品放置到马弗炉中，于空气中程序升温至 600℃焙烧 2h。自然降温至 350℃后放入干燥器内冷却 30min 至室温即可用于分析。

样品测定：待测样品首先在制备站经加温和真空脱附预处理，预处理前后用天平精确称重，得到纯净样品质量。样品完成预处理后，装入到分析站。然后在仪器工作站软件中编制好分析方法，其中主要涉及选择测定方法，设定吸附压力点。启动分析方法后，分析自动进行，得到分析数据和曲线。

（三）磨损指数

MTO 工业催化剂的生产成本较高，而且在 MTO 工业装置中也存在着许多致使催化剂破碎的因素，系统中催化剂细粉会随反应气离开反应器，也会随再生烟气离开再生器，从而产生催化剂的损耗。因此，MTO 工业催化剂要具备良好的机械强度，其磨损指数要尽可能得低。一般 MTO 工业装置催化剂的消耗为 0.75kg/t 烯烃。

样品制备：取催化剂样品放到干燥瓷坩埚中，放置到马弗炉中，于空气中程序升温至 600℃焙烧 2h。

样品测定：准备好粉末收集器，将萃取管安装到仪器上，并将湿空气通入仪器 30min，检查预先设定的各项参数。待测样品称重 50g 加入到沉降室 A 或 B 中，然后将加湿后的粉末收集袋称量记录（M_0）后安装到仪器系统上。设定时间为 1h，仪器开始运行。1h 运行停止后，取下粉末收集袋称量记录（M_1），然后再安装到仪器系统上。再设定时间 4h，仪器开始运行。4h 运行停止后，取下粉末收集袋称量记录（M_5），然后将沉降室样品倒出称量记录（M_s），并关闭气源阀门，清洁仪器。磨损指数的计算方法为：

$$磨损指数(\%)=[25\times(M_5-M_1)]/[(M_s+M_5-M_1)]$$

（四）粒度分布

催化剂的粒度分布是反映催化剂中不同粒径范围颗粒所占比例的一项指标，该指标对判断催化剂强度、催化剂跑损以及在催化剂床层中的流化性能非常有用。

样品制备：取 10g 催化剂样品，测定前无需对催化剂样品进行预处理。

样品测定：采用激光粒度仪进行催化剂粒度的测定，催化剂取样要有代表性。简单过程介绍如下：首先开机预热 20min。向样品池中倒入去离子水，使液面刚好没过进水口上侧边缘，打开排水阀，直至排水管有液体流出时关闭排水阀，开启循环系统（循环速度一般在 30%），使循环系统中充满液体，进入测试基准测量状态。关闭循环泵和搅拌，将适量样品（根据遮光比控制加入样品的量，遮光比控制在 1.5）放入样品池中。启动超声及搅拌器，使样品在样品池中分散均匀。然后启动循环泵，当数据稳定时存储测试数据。数据存储完毕，打开排水阀，将被测液排放干净后关闭排水阀，加入清水冲洗循环系统，重复冲洗至样品池干净为止。对存储后的测量结果进行平均、分级等操作，得到催化剂样品的粒度分布数据。

表 5-23 为神华包头 MTO 工业装置使用的 2 种新鲜催化剂、待生催化剂、再生催化剂、反应三旋细粉、再生三旋细粉的粒度分布测试结果。表中数据表明平衡催化剂的细粉含量明显比新鲜催化剂低；反应三旋细粉和再生三旋细粉主要是<20μm 的颗粒，其平均粒径 7～8μm。

表 5-23 神华包头 MTO 工业装置不同催化剂样品的粒度分布（质量分数） 单位：%

样品	粒度分布/μm						平均粒径/μm
	0～20	20～40	40～80	80～110	110～149	＞149	
新鲜催化剂 DMTO	1.44	13.15	44.29	21.69	13.75	5.68	78.09
新鲜催化剂 SMC-001	0	4.53	45.88	26.76	16.31	6.52	86.47
再生催化剂	0	0.06	26.17	33.05	27.11	13.60	106.78
待生催化剂	0	0.81	30.24	29.90	24.67	14.38	104.62
再生三旋细粉	90.21	8.46	1.33	0	0	0	7.38
反应三旋细粉	92.62	7.38	0	0	0	0	8.12

（五）X 射线衍射（XRD）分析

可以使用 XRD 来对催化剂进行分析，通过 XRD 谱图来分析分子筛的晶型，图 5-51 为对神华包头 MTO 装置不同新鲜催化剂、待生催化剂、再生催化剂以及三旋细粉的 XRD 谱图，从谱图上可以看出这些样品的分子筛晶型接近，表明 SAPO-34 分子筛在经过反应-再生之后晶体结构未发生大的变化。

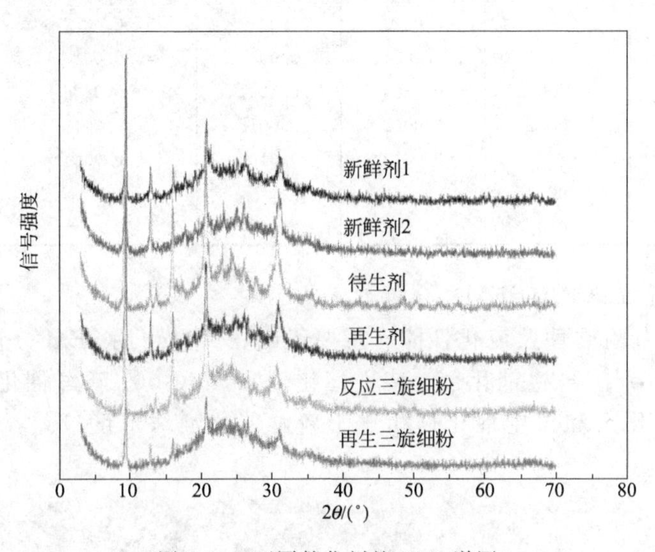

图 5-51 不同催化剂的 XRD 谱图

（六）X 射线荧光光谱（XRF）分析

MTO 工业催化剂需要严格控制金属离子（主要是 Na、K 和 Mg）的含量，可以使用 XRF 分析 MTO 催化剂的元素组成。表 5-24 为神华包头 MTO 工业装置使用的新鲜催化剂、平衡催化剂的 XRF 分析数据。表中数据表明 SMC-001 新鲜催化剂和 DMTO 新鲜催化剂的 C 含量不同，而且 SMC-001 催化剂含 N。

表 5-24 不同催化剂元素组成 单位：%

样品组成	再生三旋细粉	反应三旋细粉	再生催化剂	待生催化剂	新鲜催化剂 SMC-001	新鲜催化剂 DMTO
C	1.31	3.84	1.54	3.85	1.15	0.836
N			0.264	0.249	0.353	
O	48.1	46.2	48.4	47.1	49.2	48.4
Na	0.0266	0.0326	0.0377	0.00341	0.0095	0
Mg	0.0180	0.0185	0.0119	0.0121	0.0122	0.0232
Al	28.4	28.3	28.5	28.0	30.5	28.4
Si	12.0	12.0	10.9	10.6	9.70	12.9

续表

样品组成	再生三旋细粉	反应三旋细粉	再生催化剂	待生催化剂	新鲜催化剂 SMC-001	新鲜催化剂 DMTO
P	8.94	8.87	9.58	9.54	7.97	8.55
S	0.0306	0.0255	0.0237	0.0188	0.0737	0.0593
Cl	0.0176		0.0101		0.559	0.103
K	0.186	0.231	0.263	0.256	0.14	0.169
Ca	0.0878	0.0663	0.0613	0.0598	0.0653	0.0595
Ti	0.0912	0.0854	0.0681	0.0830	0.0574	0.0977
V	0.0091		0.0091	0.0073		
Cr	0.0558	0.0184				0.0138
Mn	0.0061					
Fe	0.585	0.2850	0.184	0.178	0.152	0.177
Co	0.0044		0.0038	0.0037	0.0029	
Ni	0.0344	0.0180	0.0118	0.0116	0.0077	0.0142
Cu	0.0051	0.0076	0.0049	0.0056	0.0019	
Zn	0.0451	0.0454	0.0386	0.0374	0.0455	0.0556
Ga	0.0044		0.0043	0.0039	0.0053	
Rb	0.0020		0.0024	0.0026	0.0010	
Sr	0.0210	0.188	0.0260	0.0261	0.0126	0.0194
Zr	0.0022	0.0021	0.0012	0.0012	0.0013	0.0005
Pb	0.0103		0.0012	0.0102	0.0064	
As		0.0053				
Y		0.0036				

（七）扫描电子显微镜（SEM）分析

催化剂形状对其耐磨性及流化性能有重要影响，可以利用SEM分析催化剂的形貌，图5-52～图5-54分别为再生催化剂、待生催化剂和SMC-001新鲜催化剂的SEM照片。由图可见，待生催化剂和再生催化剂相比于新鲜催化剂球形度较差，少量催化剂出现破损。

图5-52　再生催化剂SEM照片

（八）催化剂的微反活性评价

一般采用微反装置评价MTO催化剂的活性、烯烃产品选择性以及催化剂寿命。以下以中国神华煤制油化工有限公司北京研究院MTO微反评价装置为例简单介绍MTO催化剂的活性评价。

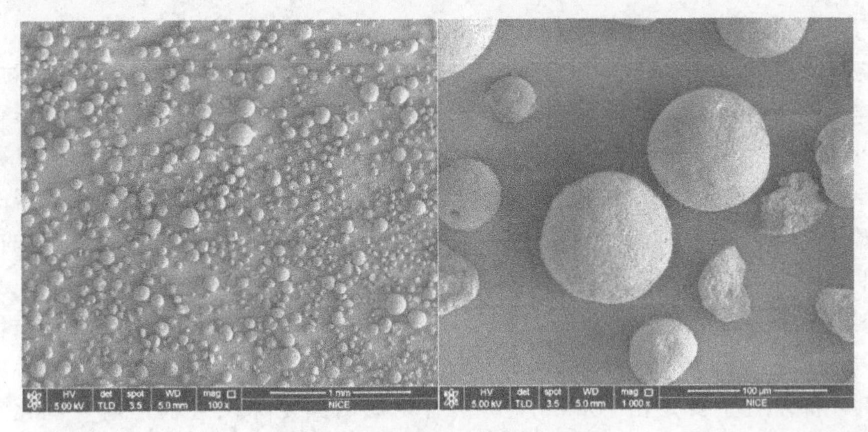

图 5-53　待生催化剂 SEM 照片

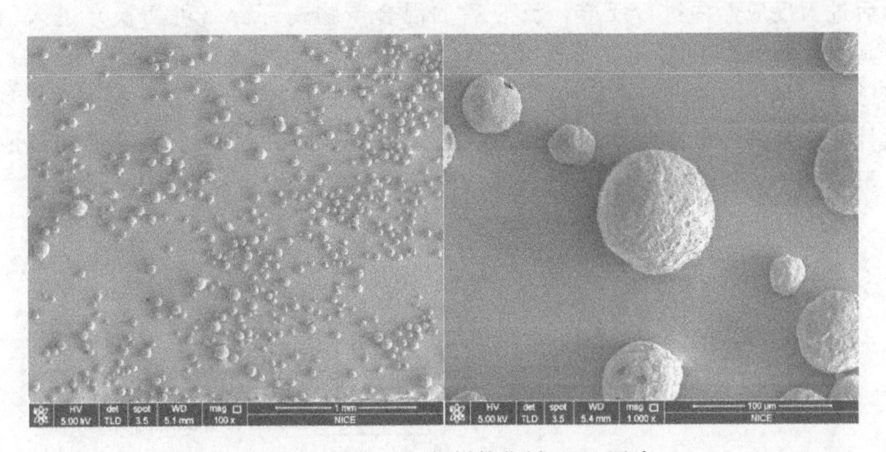

图 5-54　SMC-001 新鲜催化剂 SEM 照片

1. 评价装置及原料

催化剂评价实验装置反应器为小型固定流化床。SAPO-34 分子筛催化性能评价用原料如表 5-25 所示，SAPO-34 分子筛催化剂性能评价装置和分析设备如表 5-26 所示。

表 5-25　SAPO-34 分子筛催化性能评价用原料

类别	品名	品级	纯度/%	生产厂家
原料	甲醇	AR	99.5	北京化工厂
气体	氢气	精纯	99.99	北京氦普北分气体工业有限公司
	氦气	精纯	99.999	北京市北温气体制造厂
	氮气	精纯	99.999	北京市北温气体制造厂
	空气	精纯	99.9	北京市北温气体制造厂

表 5-26　SAPO-34 分子筛催化性能评价装置和分析设备

装置和设备名称	技术规格	生产厂家
MTO 催化剂评价装置	催化剂藏量：0.3～3g 预热温度：(260±1.0)℃ 反应恒温精度：(450±1.0)℃ 反应压力：<0.5MPa 双炉管固定床连续反应	北京惠尔三吉绿色化学科技有限公司
在线色谱(天美 GC7900)	分析水、醇、醚	上海天美科学仪器有限公司
离线色谱(岛津 GC-2014)	检测烃类、CO、CO_2、H_2 等	日本岛津公司

2. 分子筛催化剂评价试验

将焙烧脱除模板剂的SAPO-34分子筛粉末经过压片、粉碎后筛取20～40目粒度部分，在固定床连续微反装置上评价分子筛的MTO催化反应性能。称取0.4g经焙烧活化、粒度为20～40目的SAPO-34分子筛，用相同粒度的石英砂稀释，石英砂与SAPO-34分子筛的质量比为8∶1。将石英砂与SAPO-34分子筛混合均匀后，装入固定床微型反应器的恒温段中，先在氮气气氛中于500℃活化催化剂1h，反应器温度降到450℃并稳定一定的时间后，开始进入甲醇。

催化剂评价条件为：反应温度为450℃，压力为0.108MPa（绝压），甲醇的质量空速为$3h^{-1}$，氮气的流量为230mL/min。

催化剂评价装置主要是由ϕ8mm不锈钢管制成的固定床反应器，内装催化剂0.3～3.0g。原料甲醇溶液经过流量计量泵后在载气N_2的携带下混合进入预热炉，在预热炉内汽化，然后进入反应器内进行反应，反应后的混合产物一部分（可切换）进入国产天美色谱分析其水、醇和醚的组成以分析转化率，当分析谱图中出现醇和醚组分时，说明甲醇转化率已经不是100%，停止试验。另一部分产物经过冷却后经背压阀进入湿气表或者皂泡流量计计量，部分气体收集后去岛津色谱分析其气体组成。分子筛催化性能评价装置如图5-55所示。

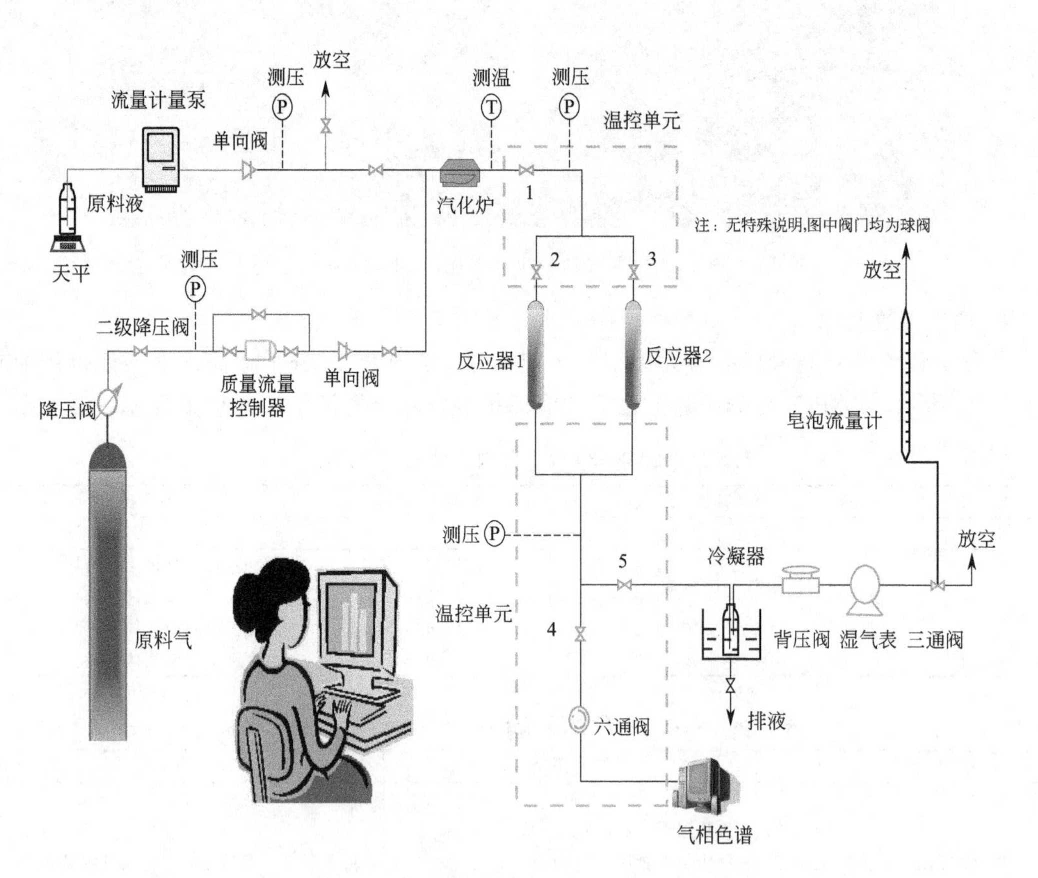

图5-55　分子催化剂性能评价装置示意图

对分子筛催化剂的评价最重要的是考察其对乙烯、丙烯和乙烯+丙烯的选择性。该选择性分为质量选择性和摩尔选择性，计算方法如下：

(1) CH_2 基质量选择性

乙烯、丙烯和乙烯+丙烯选择性（质量分数）计算方法：

$$\begin{cases} S_{C_2H_4}(\%) = W_{C_2H_4}/\sum W_i \times 100\% \\ S_{C_3H_6}(\%) = W_{C_3H_6}/\sum W_i \times 100\% \\ (S_{C_2H_4}+S_{C_3H_6})(\%) = [(W_{C_2H_4}+W_{C_3H_6})/\sum W_i] \times 100\% \end{cases} \tag{5-7}$$

(2) CH_2 基摩尔选择性

$$\begin{cases} S_{C_2H_4}(\%) = M_{C_2H_4}/\sum M_i \times 100\% \\ S_{C_3H_6}(\%) = M_{C_3H_6}/\sum M_i \times 100\% \\ (S_{C_2H_4}+S_{C_3H_6})(\%) = [(M_{C_2H_4}+M_{C_3H_6})/\sum M_i] \times 100\% \end{cases} \tag{5-8}$$

应当说明的是上述两组计算方法中，i 包括 $C_1 \sim C_5$ 烃类、永久性气体（H_2、CO 和 CO_2）。

（九）催化剂碳含量

催化剂碳含量分析 ASTM 标准为重量法（马弗炉法-仲裁法），其分析速度慢、效率低。神华包头煤化工分公司建立了紫外定碳法，该方法误差小、分析速度快，15min 分析 1 个样，此法已列入国家实验室认可范围。

(1) 方法原理

在一定波长条件下，对已知碳含量、性质相同的催化剂进行紫外漫反射光谱测定，绘制碳含量-吸光度校准曲线，然后对待测催化剂进行紫外漫反射光谱测定，查对校准曲线得到催化剂碳含量。

(2) 试剂和材料

① 硫酸钡：光谱纯。

② 催化剂：已知碳含量、性质与待测催化剂相同或相近的催化剂。

(3) 仪器设备

积分球紫外可见光谱仪。

(4) 试验步骤

① 首先对碳含量已知、性质相同的一些催化剂进行紫外漫反射光谱测定，选定某一波长的吸光度和碳含量作回归分析，可得到回归方程和相关系数 R^2。

② 也可选定多个波长的吸光度，对其进行公式计算，其得到的结果和催化剂的碳含量作回归分析，得到回归方程和相关系数 R^2。R^2 越大或越接近于 1 拟合程度越好。

③ 对未知碳含量、性质相同的催化剂进行紫外漫反射光谱测定，根据回归分析方程，可直接得到催化剂碳含量。

④ 用紫外漫反射进行催化剂测定时，根据需要可以加入紫外漫反射光谱用的标准物（如硫酸钡等），均匀混合、压片后进行测定。

⑤ 对甲醇制烯烃用催化剂的碳含量，其反应后和再生后的催化剂的碳含量和吸光度的回归分析方程是不同的。因此在实际生产中，分别对反应后和再生后的催化剂进行标准曲线的测定，作出相应的回归分析方程。

⑥ 对待测催化剂样品进行压片，测定在相同波长下的吸光度。

(5) 结果计算

根据被测催化剂的吸光度曲线，与标准曲线或回归方程进行对照，得出其焦炭含量。取

2 次平行测定结果的平均值作为测定结果，最大误差不大于 0.5%。

五、SAPO-34 分子筛和催化剂的热稳定性与水热稳定性

由于 MTO 反应温度一般在 450℃以上、再生温度介于 650～700℃，而且在反应器内水蒸气的分压很高（反应水、原料中带入的水、稀释蒸汽等），因此要求 MTO 催化剂要具有良好的热稳定性和水热稳定性。

刘中民等[209]应用 X 射线衍射技术，结合差热分析和 XPS（X 射线光电子能谱）分析研究了 SAPO-34 分子筛的热稳定性和水热稳定性，结果表明 SAPO-34 分子筛的骨架破坏温度高达 1100℃。在分子筛制备过程中模板剂烧除的强放热反应不会导致分子筛骨架结构的破坏，在 800℃的温度下连续焙烧 300h，SAPO-34 的结晶度仍大于 80%，说明 SAPO-34 分子筛具有优异的高温热稳定性。在高达 800℃的温度下对催化剂用水蒸气处理，在短时间内也不会造成 SAPO-34 分子筛骨架结构破坏，但长时间的水蒸气环境会对 SAPO-34 分子筛产生严重影响。800℃水蒸气处理 150h 后，分子筛的晶体结构完全破坏，XRD 结果显示已经变成无定形材料，但是相对于其他类型的分子筛而言，SAPO-34 仍具有良好的水热稳定性。Watanabe 等[217]采用固态核磁共振（NMR）技术研究了 SAPO-34 分子筛的热稳定性，通过对脱除模板剂的 SAPO-34 分子筛进行高达 1000℃的高温处理后其 XRD 谱图仍保持与高温处理前相同可知，SAPO-34 分子筛晶体内部仍保持长程有序；通过 ^{29}Si、^{31}P 和 ^{27}Al 核磁共振谱图与高温处理前相同得知，晶体内部仍保持短程有序；通过 BET 测试得知，高温处理前后分子筛吸附表面积没有明显改变，上述结果均显示 SAPO-34 分子筛具有良好的热稳定性。何长青等[218]测定的 SAPO-34 分子筛的骨架破坏温度超过 1300K。Liu 等[80]将采用乙二胺合成的 SAPO-34 分子筛在 800℃下、用 100% 的水蒸气处理 24h，结果如表 5-27 所示。由表可知，SAPO-34 分子筛经水热处理后结晶度保留了 94%，总比表面积和孔体积都增加了约 10%，表明 SAPO-34 分子筛具有很好的水热稳定性。刘红星等[106,126]采用不同模板剂合成出的不同 SAPO-34 分子筛的骨架崩塌温度均在 1155℃以上，表现出优异的热稳定性。

表 5-27 水热处理前后 SAPO-34 的性质

样品	相对结晶度/%	比表面积/(m^2/g)			孔体积/(mL/g)	
		S_{mirco}	S_{ext}	S_{total}	V_{micro}	V_{total}
处理前	100	461	49	510	0.23	0.28
处理后	94	487	73	560	0.24	0.31

王利军等[154]测定了利用二乙胺模板剂合成的 SAPO-34 分子筛的热稳定性和水热稳定性，发现常规晶化温度（473K）下合成的 SAPO-34 的最高允许焙烧温度（保持 50%结晶度的最高焙烧温度）和水蒸气处理温度（保持 50%结晶度的最高水蒸气处理温度）分别为 1273K 和 1073K、而较高晶化温度下（573K）合成的 SAPO-34 的最高允许焙烧温度和水蒸气处理温度分别为 1323K 和 1123K，其不同晶化温度得到的分子筛在不同焙烧及水热条件下处理后的 BET 数据如表 5-28 所示。表中数据一方面表明 SAPO-34 分子筛具有良好的热稳定性和水热稳定性，另一方面也看出苛刻的水热处理对分子筛会产生很大的影响。

表 5-28　不同晶化温度下合成的 SAPO-34 经焙烧和水热处理后基本物性变化

样　品	处理条件	BET 比表面积 /(m^2/g)	孔体积 /(cm^3/g)	孔径 /nm
473K 晶化合成样品	823K 空气中活化 6h	459	0.27	0.39
	1273K 空气中焙烧 6h	202	0.11	0.43
	1073K 水蒸气处理 6h	65.6	0.047	0.46
573K 晶化合成样品	823K 空气中活化 6h	475	0.29	0.42
	1273K 空气中焙烧 6h	238	0.13	0.52
	1123K 水蒸气处理 6h	98.8	0.061	0.47

将 SAPO-34 分子筛在 700℃以上条件下进行水热处理以破坏其大部分酸性中心可改善其选择性[175]。在 775℃下处理 10h 或更长，催化剂酸性中心减少 60%以上，而微孔体积仅下降 10%，烯烃选择性显著提高，催化剂寿命延长一倍。在 800℃的温度下用 100%的水蒸气对 SAPO-34 分子筛水热处理 4h 后，发现此水热老化条件并未破坏 SAPO-34 分子筛的晶体结构，而是使分子筛中 Si 进行了重新分布，富硅区的硅逐渐通过取代磷而趋向均匀分布在分子筛的骨架中，导致分子筛强酸中心减少、弱酸中心增加[219]。

在固定床反应器中对 SAPO-34 催化剂进行 100 余次反应-再生试验（甲醇预热温度为 200℃，反应温度为 450℃；再生介质为空气，再生温度为 530℃，再生时间 180min）发现，再生次数对甲醇转化率和低碳烯烃选择性没有产生不利影响[220]，如图 5-56 所示。

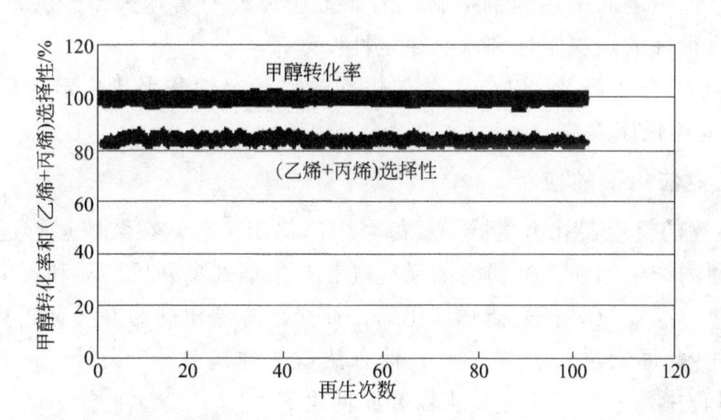

图 5-56　甲醇转化率和（乙烯＋丙烯）选择性随再生次数的变化

在反应温度 450℃、空速 WHSV＝6.9h^{-1}、$n(CH_3OH)/n(H_2O)$＝20/80 的反应条件下，经 55 次连续烧炭再生后，SAPO-34 分子筛催化剂的性能保持不变，甲醇转化率 100%；$C_2^=$～$C_4^=$ 的选择性 91.7%，其中 $C_2^=$ 的选择性为 56.6%。这说明 SAPO-34 分子筛的水热稳定性非常突出[221]。

无论通过对 SAPO-34 分子筛进行 450℃下的加速水热老化处理，还是进行 205 次连续烧炭再生后，SAPO-34 分子筛的结构都保持完好；只有在严峻的水热环境下（650℃）才有部分晶格塌陷；而且这些晶格塌陷并不影响 SAPO-34 分子筛作为催化剂的长期稳定性[186]。

Wison 和 Barger[27] 报道了 SAPO-34 细粉的水热稳定性和热稳定性，他们发现 SAPO-34 分子筛粉在 450℃的低温下水热老化或经过 205 次反应-再生循环后 SAPO-34 的结构没有出现破坏；只在 650℃的苛刻水热条件下，有部分 SAPO-34 分子筛坍塌。SAPO-34 纯粉与经过喷雾干燥后的催化剂水热稳定性相似。这些研究结果表明，SAPO-34 作为 MTO 催化剂的长期稳定性不存在问题[222]。

SAPO-34 分子筛再生 100 次以后（600℃、每次 30min）还表现出优异的反应性能[223]，结果如表 5-29 所示。

表 5-29 再生次数对 MTO 反应产物选择性的影响

项目 \ 再生次数	0	10	30	60	80	100
反应温度/℃	500	530	530	530	530	530
烯烃选择性/%						
$C_2^=$	35.66	49.49	52.55	52.53	52.33	50.69
$C_3^=$	39.76	34.09	34.41	31.46	32.08	35.88
$C_2^= \sim C_4^=$	87.16	92.19	94.81	92.51	92.66	93.46

注：改性 SAPO-34 催化剂，WHSV(DME)＝2.0h^{-1}，转化率＝100%。

UOP 位于挪威的 MTO 中试装置连续运行 90 多天，催化剂经过了若干轮的反应-再生过程，SAPO-34 分子筛催化剂的性能仍然能够稳定保持初期的水平[224,225]。神华包头 180 万吨甲醇/年 MTO 工业装置于 2010 年 8 月 8 日一次开车成功后，到目前已经稳定运转了近 3 年的时间，反应温度一般控制在 450～500℃、再生器温度一般控制在 670℃左右，系统内的催化剂平均每天要经过约 9 次反应-再生循环，平衡催化剂的活性与新鲜催化剂无异，从来没有因催化剂活性不足而采用卸剂措施，因此工业装置的实际操作经验也说明 SAPO-34 分子筛催化剂具有很好的热稳定性和水热稳定性。

正因为 SAPO-34 分子筛及 MTO 工业催化剂的热稳定性和水热稳定性良好，所以适合于连续反应-再生的流化床反应。

六、MTO 工业催化剂的应用

MTO 工业装置的反应器和再生器一般都采用流化床工艺，在装置运行过程中催化剂会因磨蚀、热崩等原因产生细粉，细粉会随反应气和再生烟气离开反应器和再生器，为了维持系统的催化剂藏量，需要及时补充新鲜催化剂。补充新鲜催化剂的方法有 2 种，一种方法是按照催化剂的跑损量每天进行补充，另一种方法就是每隔 3～5 天补充一次新鲜催化剂。MTO 装置运行过程中，一般是通过再生器补充催化剂。

有时 MTO 工业装置会使用新牌号的催化剂，为了保证装置的平稳运行，一般采用缓慢置换的方法进行，即通过加注新催化剂来弥补催化剂的日常跑损。

催化剂置换过程中，新牌号催化剂在系统催化剂藏量中所占的比例估算方法与催化裂化装置的相同，具体计算方法如文献《催化裂化工艺与工程》所述[226]。

以神华包头 180 万吨甲醇/年 MTO 工业装置为例，2012 年 3 月份开始使用新牌号的 SMC-001 催化剂，利用上述文献提供的估算方法进行了计算：①假设新催化剂 B 与原催化剂 A 的强度一致，催化剂自然跑损按照等比例原则；催化剂跑损为自然跑损、不采取人为卸剂；②两器催化剂系统藏量 W＝260t、每天催化剂跑损量（或补充量）为 L＝1.2t，催化剂系统藏量的日置换率为 $S_L = L/W = 0.004615$。

催化剂 A 浓度降低到 X_{At} 所需要的时间 t（天）为：

$$t = 1/S_L \ln(1/X_{At})$$

老催化剂 A 占系统藏量比例从 100%降低到不同比例所需要的时间如表 5-30 所示，表中数据表明新牌号催化剂 SMC-001 占系统藏量 40%时约需要 110 天。

表 5-30　催化剂置换新老牌号的比例

老牌号催化剂占系统藏量的比例/%	SMC-001 催化剂占系统藏量的比例/%	所需时间/天	老牌号催化剂占系统藏量的比例/%	SMC-001 催化剂占系统藏量的比例/%	所需时间/天
95	5	11.1	75	25	62.3
90	10	22.8	70	30	77.3
85	15	35.2	65	35	93.3
80	20	48.4	60	40	110.7

按天计算新牌号催化剂比例的公式为，第 t 天新催化剂 B 在系统催化剂藏量中的比例为：$X_{Bt}=100-100[(W-L)/W]^t$

按照该公式估算的新牌号催化剂 SMC-001 不同天数在系统藏量中的比例如表 5-31 所示。

表 5-31　不同时间新牌号 SMC-001 催化剂所占比例

天数/天	SMC-001 比例/%	天数/天	SMC-001 比例/%
5	2.3	30	13.0
10	4.5	35	14.9
15	6.7	40	16.9
20	8.8	45	18.8
25	10.9	50	20.7

七、MTO 工业装置平衡催化剂

新鲜催化剂加入到 MTO 工业装置的反应-再生系统以后，在催化甲醇转化为低碳烯烃的过程中，会暴露在反应气氛和再生气氛中，甲醇原料携带的微量杂质会沉积在催化剂上，反应器温度在 475℃左右且水蒸气分压很高，再生器温度在 650～700℃之间，苛刻的反应和再生条件会对 MTO 催化剂老化有一定影响；另外催化剂在反应器和再生器中流化、在两器之间循环、通过安装在两器内的旋风分离器回收催化剂等过程，均会造成催化剂的磨损；反应气、再生烟气也会带走少量催化剂细粉，因此平衡催化剂的性质与新鲜催化剂有所不同。

神华包头 MTO 工业装置再生催化剂、待生催化剂分析数据如表 5-32 所示。表中数据表明，平衡催化剂最大的变化是其中的细粉含量明显减少。另外，从表 5-24 的 XRF 分析得知，与新鲜催化剂相比，平衡催化剂上的 K 含量增加了约 1000μg/g。

表 5-32　神华包头 MTO 工业装置平衡催化剂分析数据

分析项目	再生催化剂	待生催化剂	分析项目	再生催化剂	待生催化剂
定碳(质量分数)/%	1.33	7.26	0～20μm	0	0
堆积密度/(g/cm^3)	0.80	0.81	20～40μm	0.25	0.60
BET 比表面积/(m^2/g)	246	—	40～80μm	33.54	37.93
孔体积/(mL/g)	0.16	—	80～110μm	34.29	33.60
磨损指数/%	0.26	0.44	110～149μm	24.06	21.51
粒度分布/%			>149μm	7.86	6.36

2011 年 1 月，对神华包头 180 万吨甲醇/年 MTO 工业装置的新鲜催化剂、平衡催化剂（再生剂）进行了微反评价，结果见表 5-33，表中数据表明平衡催化剂的活性和选择性与新鲜催化剂基本相同；固定流化床评价装置中平衡催化剂、新鲜催化剂的产品选择性与时间的关系如图 5-57 所示，图中结果表明平衡催化剂的性能不比新鲜催化剂的性能差，这一点与催化裂化有明显不同。MTO 平衡催化剂能够保持良好活性和选择性的主要原因有两个，一

是 SAPO-34 具有良好的热稳定性和水热稳定性，二是 MTO 的原料基本不含对催化剂活性和选择性造成永久性失活的杂质（例如金属离子）。

表 5-33 神华包头 MTO 工业装置催化剂分析数据

分析项目	控制指标	新鲜剂	再生剂
转化率/%	实测	>99.80	>99.80
选择性/%	≥82	79.99	79.49
寿命/min	≥80	>100	>100

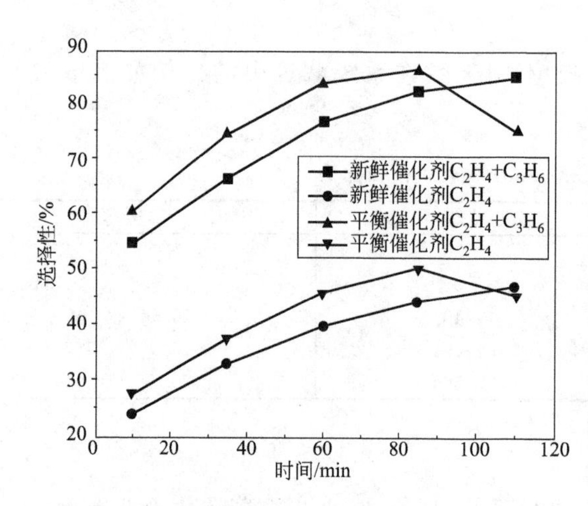

图 5-57 平衡催化剂、新鲜催化剂产品选择性与反应时间的关系

八、MTO 催化剂的失活

SAPO-34 分子筛催化剂的快速失活是 MTO 反应面临的主要问题，造成催化剂失活的主要原因是在反应过程中生成的焦炭覆盖催化活性中心和堵塞通道[227]。Chen 等[30]认为催化剂积炭失活对选择性的影响是由于积炭导致了内在选择性和形状选择性变化。焦炭对催化剂造成的失活属于暂时性失活，通过在再生器中将积炭全部或部分烧掉可以恢复催化剂的性能。K、Na 等碱金属物质会造成 SAPO-34 分子筛催化剂永久性失活。

（一）催化剂积炭对 MTO 反应的影响

尽管研究发现催化剂上含有一定量的积炭对缩短反应诱导期、提高目的产物乙烯的选择性、提高乙烯/丙烯比有利，但焦炭含量太高就会严重影响甲醇、二甲醚的转化率[50,116]。虽然 SAPO-34 分子筛催化剂的单程反应生焦量较低，Wu 等[228]发现 SAPO-34 分子筛催化剂在 MTO 反应过程中很快就会因积炭而失活，催化剂只能使用几小时，然后就必须要进行再生。

催化剂积炭失活后，甲醇或二甲醚的转化率迅速下降，低碳烯烃产率迅速降低、二甲醚产率迅速增加，图 5-58 所示为 SAPO-34 的典型失活行为[229]。靳力文[50]研究发现当SAPO-34 分子筛完全失活后甲醇会继续转化，催化剂“失活”后甲醇的转化是热反应和催化反应的共同结果，催化剂表面仍有一定数量的酸性可将甲醇转化为二甲醚，并生成乙烷。

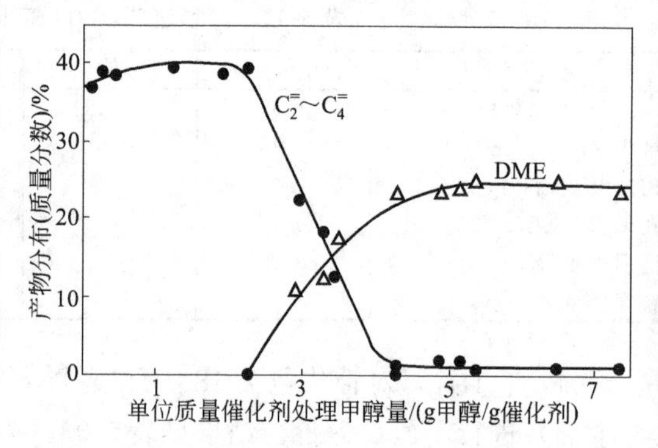

图 5-58 SAPO-34 分子筛上甲醇转化为碳氢化合物产率

T=480℃，进料甲醇/水为 20/80，收率为乙烯～丁烯和 DME

研究表明[227]，当催化剂上含炭高于 4%（质量分数，下同）时，催化剂内的微孔就被焦炭堵塞了；催化剂上的焦炭沉积对烯烃的选择性有影响，当焦炭含量约为 5.7%时乙烯和丙烯的选择性最高，但焦炭超过 5.7%以后乙烯的选择性显著上升，而 C_4 和 C_5^+ 的选择性逐渐降低，当催化剂上的焦炭含量达到 7.5%时，产品中就没有 C_4 和 C_5^+ 了。

采用固定床反应器（活塞流）时，催化剂的全寿命变化如图 5-59 所示[20]，初始的催化剂床层没有催化活性，因为笼内没有芳香环（除非模板剂或焦炭没有烧净），新鲜催化剂都表现出一个动力学诱导期（期间生成甲基苯、甲醇的转化率很低）；一旦床层有了活性，催化剂的活性逐步从床层进料端向出口端传递；直至催化剂笼内出现大量多环芳烃而失活。齐国祯等[38]研究了固定床反应器内甲醇制烯烃过程中催化剂的积炭行为，也发现催化剂床层的积炭量从入口到出口逐渐减少，床层入口处催化剂的积炭量平均为 9.56%、而出口处催化剂的积炭量仅为 3.20%。Aguayo 等[36]也发现在反应器入口积炭速率最大、而在沿反应器向出口越来越小。

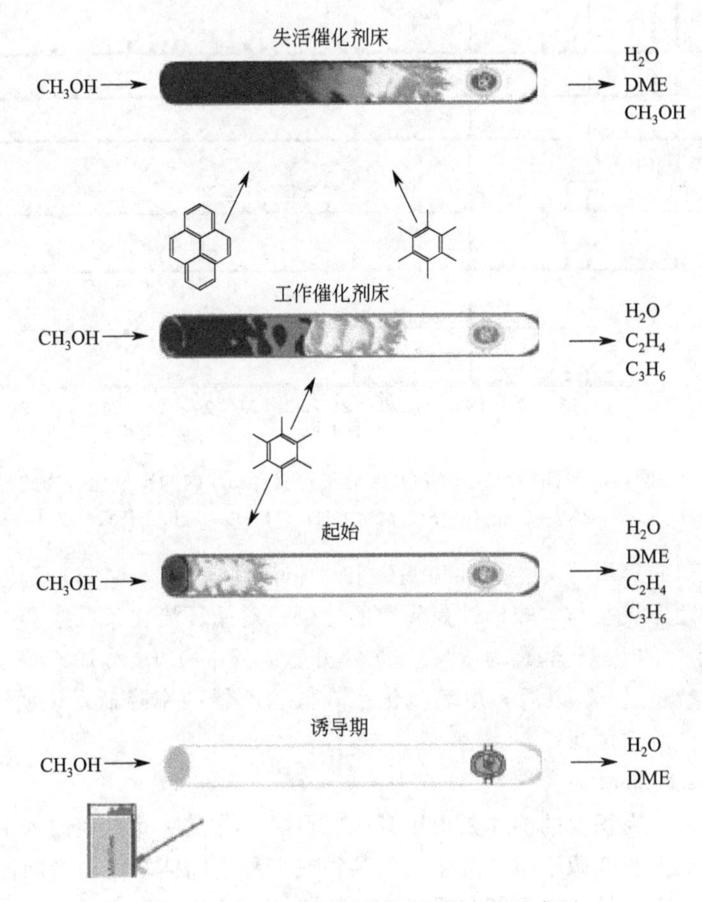

图 5-59　MTO 催化剂随时间的变化示意图

（二）焦炭的特征与分类

在 SAPO-34 分子筛催化甲醇转化过程中，反应初期在分子筛笼内生成的某些高碳中间体、高碳烃或多支链烃无法扩散出来，集聚于笼内生成焦炭，致使催化剂活性和选择性逐渐降低直至完全失活[36,38]。在较低反应温度下生成的焦炭主要由脂肪烃组成，在较高反应温度下形成的焦炭主要是芳烃[36,38,206,227]。

固定床 MTO 反应结果表明[11]，H-SAPO-34 催化剂的失活首先是催化剂晶粒的最外面通道被反应产物（脂肪族或芳烃）堵塞，接下来困在失活催化剂“笼”中烯烃（和甲醇）继续反应生成了多环芳烃；不同反应时间后留在 SAPO-34 分子筛内的碳氢化合物的组成如图 5-60 所示，图中数据表明初期留在 SAPO-34 分子筛内的主要是多甲基苯（四甲基苯最多）；

随着反应时间延长，甲基数更少的甲基苯及二环、三环芳烃开始增多，四甲基苯减少；反应时间达到 80min 时，此时催化剂已经严重失活，分子筛内残留的物质中多环芳烃明显增多；反应时间达到 240min 时，多环芳烃的量已经非常显著，同时出现菲和芘。

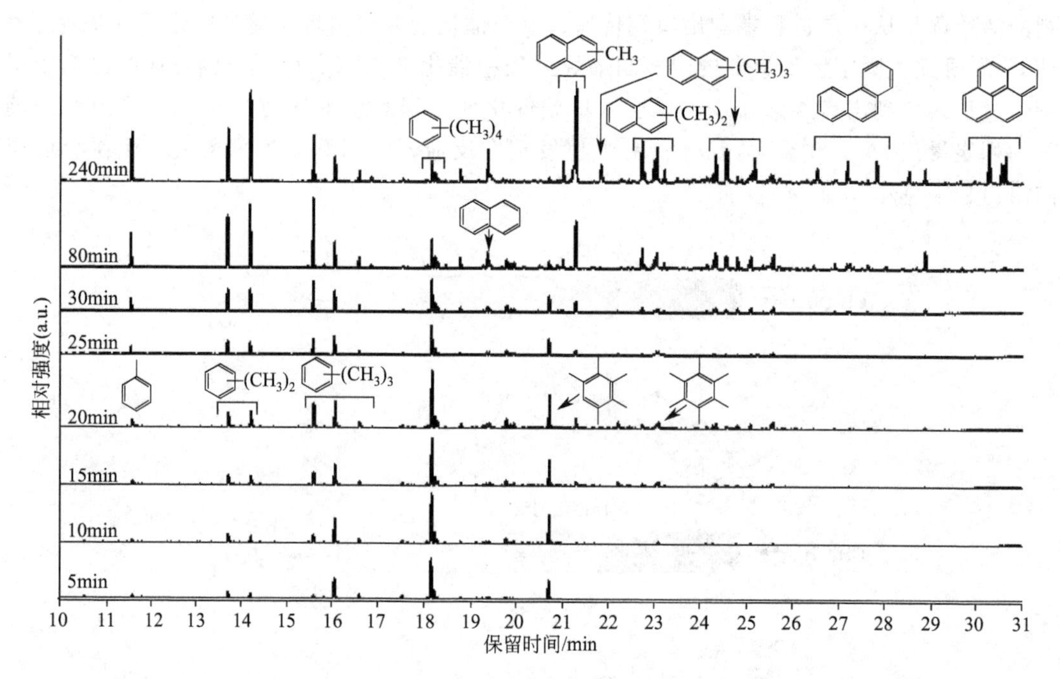

图 5-60 不同反应时间后留在 SAPO-34 分子筛（1μm）内的碳氢化合物的组成

350℃；WHSV=6.2g/(g·h)；p(MeOH)=140kPa；a.u.—任意单位

将催化剂上沉积的焦炭分为“活性焦炭”和“非活性焦炭”，MTO 反应的产品选择性和产率取决于“活性焦炭”与“非活性焦炭”的比例；对循环流化床反应器中 MTO 反应模拟发现，当催化剂上的焦炭含量为 5%（质量分数，下同）时乙烯产率达到了最高的 27.2%；当焦炭含量超过 5%以后，甲醇转化率降低、乙烯产率降低，说明“非活性焦炭”的比例已经超过了“活性焦炭”[41]。

（三）焦炭的生成原因

众多的研究结果认为积炭的前体是由甲醇或二甲醚在分子筛笼内生成的中间体和烯烃共同作用的结果；积炭主要来源于由甲醇生成的某种或多种中间体，再由中间体生成低碳烯烃的同时生成焦炭的行为，是一种平行失活[38,144,227,230]。

生成烯烃的反应需要一定量的酸性强度在 175～200kJ/mol 范围内的活性中心，焦炭主要是覆盖酸性强度超过 175kJ/mol 的酸性中心[36]。SAPO-34 分子筛积炭后弱酸中心没有多大变化，但强酸中心强度降低，也说明积炭主要发生在强酸中心位置上[92]。

Haw 等[20]总结了催化剂的结焦失活，如图 5-61 所示。图 5-61 显示了催化剂颗粒在其寿命期内的 2 维图，一个典型的晶体直径为 1nm 到几百纳米，每个笼约 1nm；在催化剂刚使用时只有百分之几的笼内含有甲基苯（偶尔会有甲基萘）[见图 5-61(a)]；当催化剂使用到中期时催化剂晶粒上含有大量的甲基苯和甲基萘，而且有些笼已经严重老化且失去了活性[见图 5-61(b)]；当催化剂失活时，多达一半以上的笼中含有多环芳烃，且传质受到严重限制［见图 5-61(c)］。Song 等[25]发现失活催化剂的碳含量为平均每个“笼”中有一个 C_{10} 物种。Mores 等[231]发现 H-SAPO-34 催化甲醇转化时很快就会在催化剂晶粒的边、角处形成甲基取代芳烃化合物，这表明这些物种大部分位于晶粒的边上，之后才在晶体核内形成焦炭；随着反应温度的升高，就会出现大分子焦炭化合物和石墨炭沉积。也就是说在晶粒边上"笼"中形成的大分子含碳化合物沉积阻止了反应向晶粒内部发展，从而导致了催化剂的快速失活。Haw 等[7]发现 H-SAPO-34 分子筛的大部分笼一旦被多环芳烃"占领"，原料和产品的传质以及甲醇的转化率就会显著下降（其描述的"笼"内积炭示意图详见本章第二节的"积炭生成机理"部分），因此在工业装置上，在空气中将分子筛笼"捕获"的有机物化合物以及沉积在催化剂外表面的石墨碳烧掉来恢复催化剂的活性。

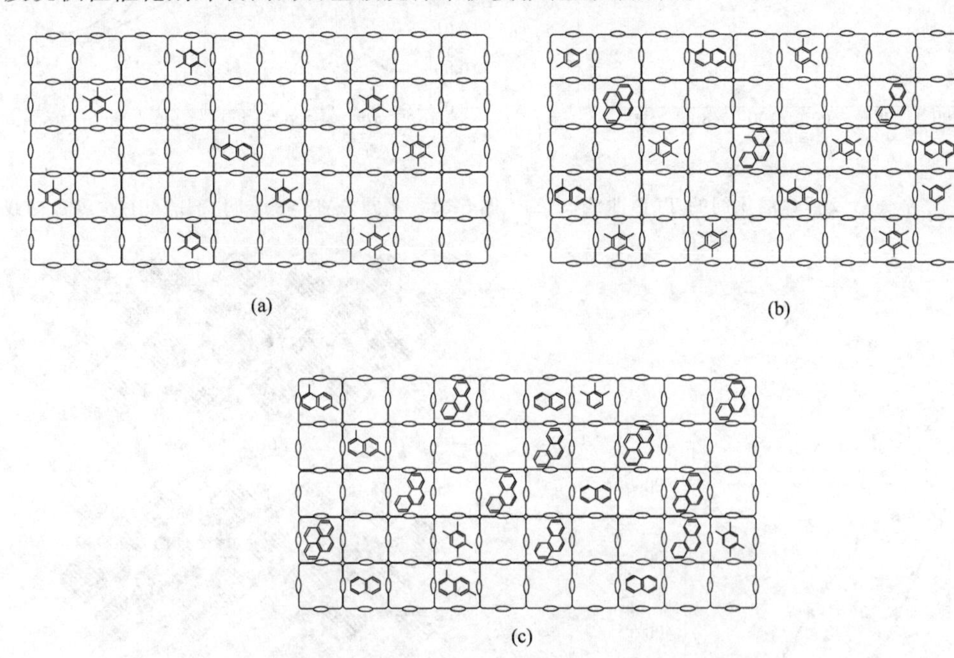

图 5-61　催化剂颗粒在其寿命期内的二维图

（四）积炭对催化剂的影响

MTO 反应过程中在催化剂上生成的积炭既对催化剂的酸性造成影响，也对反应产物的扩散产生影响。

利用 TGA 反应器研究反应条件对结焦的影响时发现[39]，当催化剂上的焦炭含量达到最大值后，强酸位完全消失，仅剩下弱酸位，不同催化剂的 NH_3 程序升温脱附（TPD）结果如图 5-62 所示。顾海霞[232]也测定了新鲜催化剂、失活催化剂和再生催化剂的氨脱附性能，如图 5-63所示，失活催化剂的强酸峰消失、弱酸峰变小，也说明积炭不仅完全覆盖了强酸位，也覆盖部分弱酸位；同时也可以看到通过再生烧焦，SAPO-34 分子筛的酸位可以得以恢复。

甲醇吸附量随积炭变化很小，但甲醇转化率受积炭影响很大，这是由积炭使甲醇扩散速度降低所致[233]。催化剂上焦炭含量对甲醇有效扩散率的影响如图 5-64 所示，图中数据表明随着焦炭含量的增加，甲醇扩散率急剧降低、导致甲醇的转化率降低[97]。

当 SAPO-34 催化剂上积炭超过 4.5%（质量分数）时积炭就开始堵塞微孔，接下来微孔中的积炭发生转化，氢碳比更低、分子量更高的大分子形成，同时积炭开始缓慢沉积在介孔（晶体间形成的孔道）中；与新鲜催化剂相比，失活催化剂中部分直径在 30～60Å 的介孔被堵塞[36]。MTO 反应过程中焦炭在催化剂内部孔道及腔内分布如图 5-65 所示，其中图 5-65(a) 表示开始在孔道或腔内酸性位上发生沉积、图 5-65(b) 表示沉积继续进行，直到出

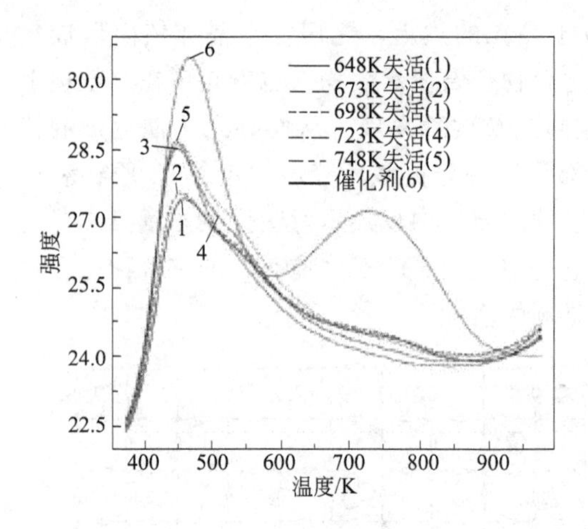

图 5-62　完全失活及新鲜催化剂的 TPD 曲线

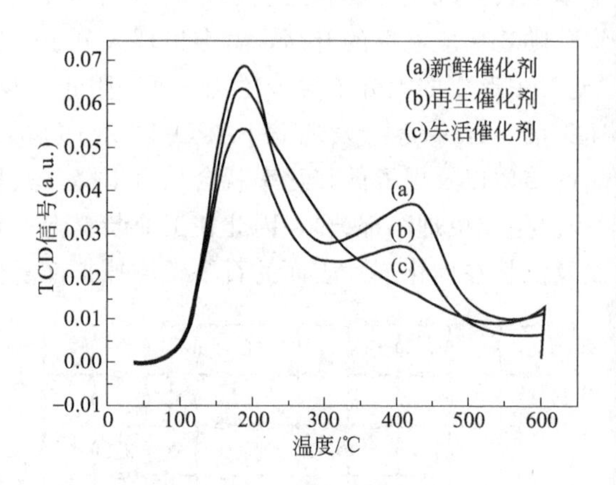

图 5-63　不同 SAPO-34 催化剂的 NH_3-TPD 曲线

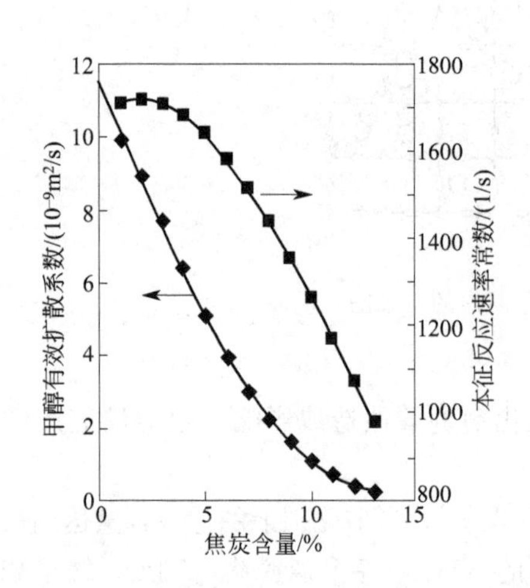

图 5-64　焦炭含量对甲醇有效扩散率的影响

425℃；甲醇分压 8kPa

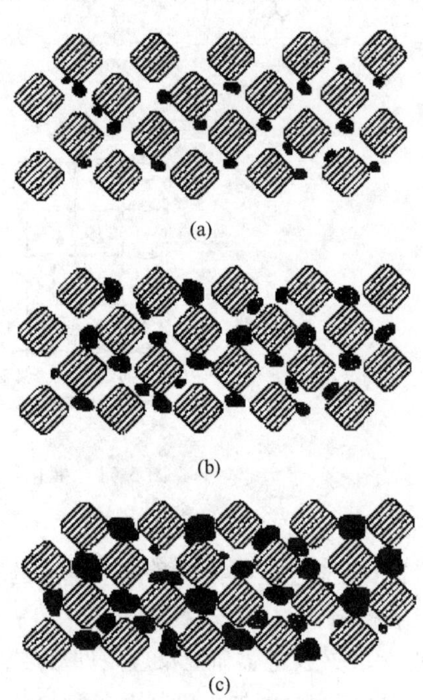

图 5-65　焦炭在 SAPO-34 内部孔道及腔内分布略图

现一个重要的空间限制（即扩散限制）、图 5-65(c) 表示开始堵塞通道，开始是轻微形成 H/C 高的微量焦炭，进而生成低 H/C 比的单环、双环和三环芳烃。

随着 MTO 反应的结焦，SAPO-34 的晶胞尺寸明显增加（c 轴约增加了 2%），这可能与在骨架中的"笼"内中间产物逐渐积累有关；他们同时发现随着反应时间的延长，催化剂上石墨碳/芳碳的比例逐渐提高；将积炭后的催化剂在 500～550℃的空气中再生后，催化剂就又恢复了其原有的结构参数[40]。

（五）影响催化剂积炭失活的主要因素

在 MTO 反应过程中影响积炭速率的因素很多，包括操作参数（例如反应温度、空速等）、MTO 催化剂本身的性质等（例如 SAPO-34 的酸度及酸密度、晶粒尺寸及分布等），本节重点介绍与催化剂有关的参数，关于操作变量对焦炭失活的影响详见本章的第八节。

Dahl 等[42]认为酸中心密度是影响催化剂失活的最重要的参数，而酸强度对失活的影响相对较小。Chen 等[34]发现，当 SAPO-34 分子筛的晶粒尺寸为 0.25μm、0.4μm、0.5μm 时 MTO 反应的焦炭选择性较低，而晶粒尺寸为 2.5μm 时 MTO 反应的焦炭选择性较高，可能是晶胞尺寸较大时扩散受到限制。严志敏[22]研究发现小晶粒的分子筛失活慢、抗结炭能力强。Nishiyama 等[95]检测到的失活催化剂上的焦炭含量与晶粒尺寸的关系，如图 5-66 所示。由图 5-66 可以看出，随着晶粒尺寸降低催化剂上的焦炭量增加。这表明反应物不能到达大晶粒SAPO-34 的中心部位，也就是说减小晶粒尺寸可以提高催化剂的使用效率。

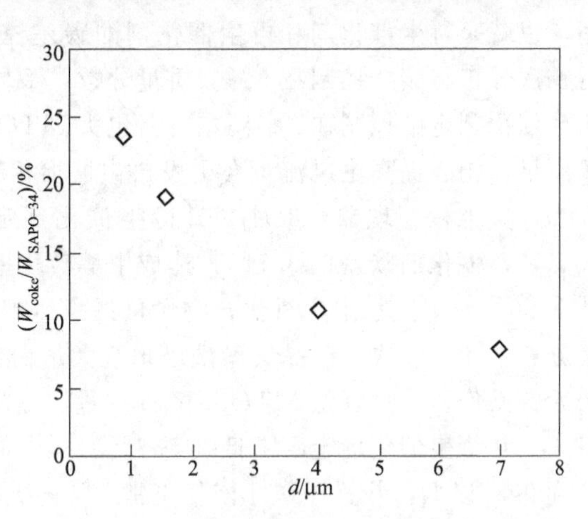

图 5-66　晶粒尺寸（d）与 $W_{coke}/W_{SAPO-34}$ 的关系

（六）延缓结焦失活影响的措施

一般是从影响 SAPO-34 分子筛催化剂生焦速度的主要因素入手，通过降低 MTO 反应过程的生焦速度来缓解结焦对催化剂的影响，但根本上还是要通过对催化剂进行烧焦再生处理使催化剂恢复活性和选择性。

从 SAPO-34 分子筛催化剂自身来讲，催化剂的失活受 SAPO-34 分子筛孔口尺寸、活性位酸强度及微孔表面上活性位密度的控制[64]。因此，为了降低焦炭选择性，一方面可以通过调节 SAPO-34 分子筛晶化混合物的配方（特别是 Si 含量），生产酸强度及分布适宜的分子筛；另一方面也可以通过采用合适的模板剂、强化晶化过程中的传质、传热控制，控制适宜的晶化环境和晶化条件、加入晶种微粒，生产晶粒尺寸小、粒度分布窄的分子筛。

反应进料中的水蒸气可以有效地起到延缓结焦的作用，原因可能是水分子可以与积炭前体在催化剂表面产生竞争吸附，并且将催化剂表面的 L 酸位转化为 B 酸位[234]。可以采用含有一定量水的 MTO 级甲醇作为反应器进料，同时向反应器中注入一定量的稀释蒸汽来降低甲醇的分压等措施达到降低焦炭选择性的目的。

催化剂生焦失活在很大程度上取决于反应条件，过高或过低的反应温度会使催化剂失活加快；过高或过低的甲醇空速也会使催化剂失活加快[44]。对于 MTO 工业装置而言，应该根据乙烯、丙烯的市场价格，下游装置的加工能力以及 MTO 装置本身各单元设备的限制因素综合考虑，确定适宜的反应温度和空速。

催化剂的含炭量也是影响 MTO 甲醇转化率和低碳烯烃产品选择性的一项重要指标。胡浩等[235]根据固定床反应器 SAPO-34 催化甲醇转化为低碳烯烃的甲醇转化率和低碳烯烃选择性随反应时间的关系的试验结果，并结合其他研究人员的研究成果，认为当SAPO-34 分子筛催化剂上的积炭质量分数为 5%～7%时，低碳烯烃的收率最高。对于采用流化床反应器的 MTO 工业装置来说，反应器内的催化剂是焦炭含量不一的催化剂的混合物，有的催化剂的含炭量低、有的催化剂的含炭量高，反应器平衡催化剂的含炭量是加权平均的一个表现。影响反应器平衡催化剂含炭量的因素包括再生催化剂的含炭量、催化剂在反应器和再生器之间的循环量等，要通过长时间的操作调整、优化，确定最经济的控制指标。

将积炭失活后的催化剂进行烧焦再生是消除催化剂积炭失活影响、保持MTO工业装置反应器内平衡催化剂活性和选择性的唯一手段，通过连续地将反应器中的部分平衡催化剂经蒸汽汽提后送入到再生器中进行烧焦再生，同时将等量的再生催化剂经氮气气提后送回到MTO反应器中。正如前文所述，催化剂上适量的焦炭会增加乙烯的选择性，另外甲醇进料在新鲜催化剂上启动制烯烃反应时也存在诱导期，因此再生催化剂含有一定量的炭对反应是有利的。控制反应器内催化剂积炭含量的关键是待生催化剂和再生催化剂含炭量控制多少合适，也就是待生催化剂和再生催化剂的碳差控制。神华包头MTO工业示范装置2010年8月首次开工将碳差控制在5%（质量分数，下同），亦即待生催化剂定碳控制在7.5%左右、再生催化剂定碳控制在2.5%左右。包头MTO装置首次开工进料后，由于操作人员操作经验不足，担心提高主风流量会引发再生器稀相超温，再生器烧焦量低于反应生焦量，从而引发了“炭堆积”现象。8月9日待生催化剂定碳最高达9.13%、再生催化剂定碳也高达5.44%，催化剂碳差仅3.7%，造成甲醇转化率只有92%左右，反应产品气中的甲醇含量高达12.6%，水洗水中含氧化合物含量最高达到29.2%，大量含氧化合物随产品气进入到烯烃分离单元，造成了产品气碱洗塔出现大量白色乳状物质，严重影响了反应单元和烯烃分离单元的操作。通过降低MTO甲醇处理量、提高再生器的烧焦负荷等一系列措施，到8月10日6：00待生催化剂定碳降低到7.7%、再生催化剂定碳降低到2%以后，甲醇的转化率提高到99%以上，装置操作才恢复正常[236]。利用微反和固定流化床评价装置对包头MTO工业装置的待生催化剂、再生催化剂进行了评价分析，评价结果分别如表5-34和表5-35所示，表中数据表明待生催化剂的使用寿命短、甲醇的转化率低，但将待生催化剂焙烧（即烧焦再生）后其活性完全恢复。

表5-34 神华包头MTO工业装置待生催化剂、再生催化剂微反评价结果

样　品	待生催化剂	待生催化剂焙烧	再生催化剂
转化率/%	2.53	99.13	100
寿命/min	15	75	60
乙烯选择性(质量分数)/%	0	44.53	43.93
丙烯选择性(质量分数)/%	0.02	40.16	40.18
(乙烯+丙烯)/%	0.02	85.14	84.11
乙烯/丙烯	0	1.10	1.09

表5-35 神华包头MTO工业装置待生催化剂、再生催化剂固定流化床评价结果

样　品	待生催化剂	待生催化剂焙烧	再生催化剂	再生催化剂焙烧
转化率/%	78.42	99.13	99.48	99.41
寿命/min	10	110	85	110
乙烯选择性(质量分数)/%	46.59	50.7	50.28	50.68
丙烯选择性(质量分数)/%	34.48	36.67	35.83	36.77
(乙烯+丙烯)/%	81.06	87.37	86.1	87.46
乙烯/丙烯	1.35	1.38	1.4	1.38

（七）MTO催化剂的永久性失活

甲醇进料中夹带的微量碱金属离子会沉积在催化剂表面，中和分子筛表面的酸性中心，造成催化剂的永久性失活。神华包头MTO装置2012年使用的新鲜催化剂的K含量为1400～1700μg/g，再生催化剂和待生催化剂的K含量分别为2630μg/g和2560μg/g，催化剂上碱金属含量在上述水平时，没有发现碱金属对催化剂活性和选择性的不良影响。

尽管在神华包头180万吨甲醇/年MTO工业装置上没有发生碱金属造成MTO催化剂

永久性失活的情况，但对比分析研究发现了碱金属离子使 SAPO-34 永久性失活。反应气体产物离开反应器时会夹带少量的催化剂细粉，这些细粉一部分被反应器出口的三级旋风分离器回收，还有一部分（主要是小于 10μm 的超细粉）随反应气体进入到急冷塔中，这些催化剂细粉大部分留在了急冷水中，在包头 MTO 工业装置中采用旋流、浓缩的方法将催化剂细粉从急冷水中脱除。为了缓解 MTO 反应过程中生产的少量有机酸腐蚀设备，采用了向急冷水中加注 NaOH 水溶液、控制急冷水 pH 值的措施，所以急冷水中的 Na^+ 离子会在急冷水中的 SAPO-34 分子筛催化剂上沉积。2012 年对急冷水系统回收的催化剂细粉进行了分析、评价，评价用催化剂细粉的外观照片如图 5-67 所示；采用 XRF 分析方法分析的从急冷水中回收的催化剂细粉与新鲜催化剂的化学组成如表 5-36 所示，表中数据表明从急冷水中回收的催化剂细粉的 Na_2O 含量高达 4.62%，而氧化铝、氧化硅含量降低，氧化磷含量增加。从急冷水中回收的催化剂细粉的 XRD 图谱如图 5-68 所示，从图谱可知 SAPO-34 分子筛衍射峰强度很差，其中 SAPO-34 在 2θ 为 9.5°处的特征衍射峰消失，表明晶型已发生了很大变化。采用固定流化床、微反评价装置对原样和焙烧样品进行了 MTO 反应性能评价，结果如表 5-37 所示，可以发现从急冷水中回收的催化剂细粉已经基本没有甲醇转化为低碳烯烃的催化性能了，即使回收的催化剂经过焙烧处理除去积炭也无法提高其催化性能；该催化剂细粉样品及新鲜催化剂样品的酸性如表 5-38 所示，表中数据表明从急冷塔中回收的催化剂细粉已经基本没有酸性中心了。由此可以说明碱金属离子会对 SAPO-34 分子筛造成永久性失活。

(a) 湿基

(b) 干基

图 5-67 从急冷水系统中回收的催化剂细粉的外观图片

表 5-36 急冷水中回收催化剂细粉与新鲜催化剂化学组成

组成	急冷塔回收催化剂细粉/%	新鲜剂/%	组成	急冷塔回收催化剂细粉/%	新鲜剂/%
Na_2O	4.6181	0.0375	Fe_2O_3	0.2775	0.0058
MgO	0.1813	0.0345	Co_2O_3	0.0022	0.1911
Al_2O_3	53.7842	57.5939	NiO	0.0070	0.0031
SiO_2	13.7381	21.2891	CuO	0.0023	0.0088
P_2O_5	26.6990	19.6924	ZnO	0.0200	0.0024
SO_3	0.0697	0.2520	Ga_2O_3	0.0020	0.0477
K_2O	0.0420	0.4790	SrO	0.0199	0.0052
CaO	0.4515	0.1452	Y_2O_3	0.0010	0.0007
TiO_2	0.0473	0.0784	BaO	0.0196	0.0077
Cr_2O_3	0.0100	0.0975	PbO	0.0034	0.0056
MnO	0.0039	0.0087			

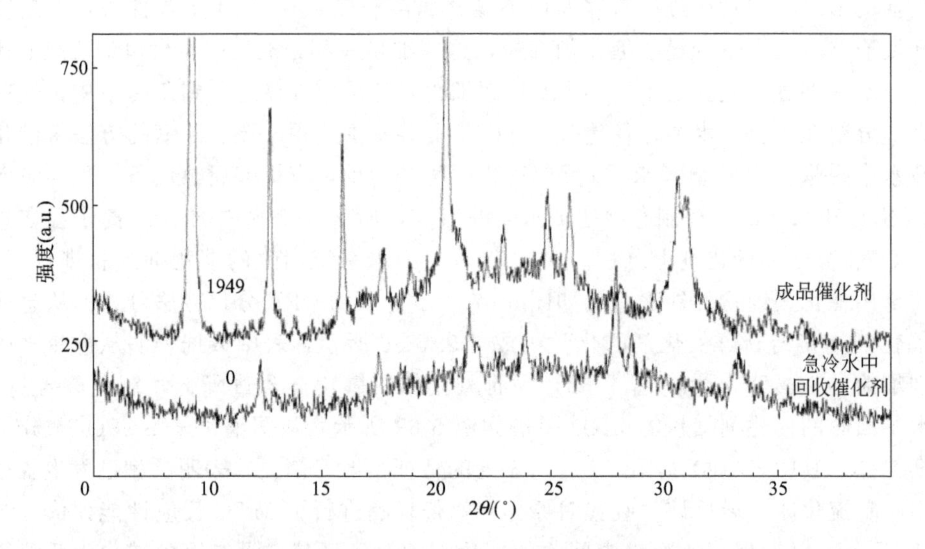

图 5-68　从急冷水中回收的催化剂细粉与成品催化剂的 XRD 衍射图谱

表 5-37　从急冷水中回收的催化剂的评价结果

产物选择性(质量分数)/%	微反(经烧结)	微反	固定流化床
	15min	15min	10min
DME	99.63	98.52	92.16
CH_4	0.04	0.22	61.66
C_2H_4	0.00	0.08	1.65
C_3H_6	0.02	0.09	1.93
C_4	0.00	0.02	0.56
C_5^+	0.06	0.04	0.05
双烯总收率	0.02	0.17	3.58
乙烯/丙烯比	0.00	0.96	0.86

表 5-38　催化剂样品的酸性分析数据

酸度	新鲜催化剂 1	新鲜催化剂 2	急冷塔回收催化剂
总酸度/(mmol/g)	0.507	0.433	0.079
弱酸：强酸比例	40：60	35：65	无明显峰型

九、MTO 催化剂的破碎与跑损

催化剂在使用过程中会因种种原因破碎，从而产生细粉。造成催化剂破碎的原因包括冷态新鲜催化剂加入到温度较高的再生器中会产生热崩、催化剂在流化状态时颗粒之间互相磨损、流化床中气泡破裂使催化剂产生高速运动而磨损、催化剂运动过程中与反应器和再生器内件接触产生破碎、生成细粉等。

由于旋风分离器的效率受到制约，部分细粉会随反应产物离开反应器、随再生烟气离开再生器。细粉破损一方面会增加 MTO 催化剂成本，另外催化剂细粉会对反应器、再生器的下游设备产生不利影响。

为了减少催化剂细粉对下游的影响，在反应器和再生器出口设置了第三级分离器用于回收催化剂细粉。神华包头 MTO 工业示范装置的三旋细粉粒度分析数据如表 5-39 所示，表中数据表明再生细粉和反应细粉粒度主要集中在 0～20μm，平均粒径小于 10μm。

表 5-39　第三级旋风分离器回收细粉粒度分析

样品	粒度分布(质量分数)/%					平均粒径/μm
	0～20μm	20～40μm	40～80μm	80～110μm	>110μm	
再生细粉	90.21	8.42	1.33	0	0	7.38
反应细粉	92.62	7.38	0	0	0	8.12

尽管已经采用了第三级分离器等措施来回收反应产物和再生烟气中的催化剂细粉，但还是有少量20μm以下的超细粉会随气体进入到下游，对下游装置产生影响。

离开第三级旋风分离器的再生烟气中约含有125mg/m^{3}的催化剂细粉，这些细粉会逐渐附着在余热锅炉的炉管上，从而降低了炉管的换热效果，直接后果是造成余热锅炉的烟气排放温度升高。以神华包头MTO工业示范装置为例，装置刚开工时余热锅炉的排烟温度为230℃，大约65天以后，余热锅炉的排烟温度就上升到307℃。尽管再生烟气余热锅炉配置了超声波除灰系统，但余热锅炉的排烟温度还是长期维持在315℃。

离开第三级旋风分离器的反应产物混合气中约含有260mg/m^{3}的催化剂细粉，这些细粉首先会逐渐附着在甲醇-反应产物换热器的管壁上，从而降低了换热器的换热效果，直接后果是造成反应产物经换热后进入急冷塔的温度升高，从而增加了急冷塔的取热负荷。以神华包头180万吨甲醇/年MTO工业装置为例，装置刚开工时反应产物混合气经与甲醇换热后进入急冷塔的温度为251℃，但是大约24天以后，进入急冷塔的反应产物混合气的温度就上升到318℃，之后继续缓慢上涨，最高达370℃。该问题会因急冷塔的取热负荷上限而限制MTO装置的加工负荷。2012年8月22日，神华包头180万吨甲醇/年MTO工业装置的反应产物-甲醇进料换热器切出一台，因反应产物混合气在换热器中的流速增加，将原本附着在管壁的部分催化剂细粉冲刷掉，尽管在换热器的停留时间缩短了一半，但换热效果反而增加，离开换热器进入急冷塔的温度从363℃降低到了323℃。因此，需要在换热效果-投资-压降-生产成本综合权衡，以确定最合适、最经济的反应产物混合气-甲醇换热设施。

随反应产物混合气离开第三级分离器的催化剂细粉（一般粒径小于10μm）大部分会进入急冷塔的急冷水系统中。随着急冷水中催化剂细粉含量的不断增加，一方面急冷水换热系统的换热效率会因催化剂沉积而逐渐降低，另外一方面高催化剂细粉浓度的急冷水也会造成输送泵叶轮等部件的快速磨损。因此，要采取适当的措施连续地将急冷水系统中的催化剂细粉脱除，神华包头180万吨甲醇/年MTO工业装置采用旋液分离器来脱除急冷水系统中的催化剂细粉，采取该措施可以将急冷水系统的催化剂细粉含量维持在1000mg/L以下。但是实际操作过程中出现一级旋液分离器底流管堵塞问题，可以考虑使用自动板框过滤机来脱除急冷水中的催化剂颗粒。

神华包头180万吨甲醇/年MTO工业装置尽管急冷塔采用了14块人字形塔板、采用了约620t/h的急冷水洗涤催化剂细粉，但还是有少量催化剂细粉随气相离开急冷塔进入到水洗塔中。在水洗塔中，已经发现催化剂细粉与反应产物中携带的重组分（原料中的蜡、反应产生的多甲基苯等）在水洗塔及水洗水系统出现和泥现象。

与催化裂化（FCC）催化剂会因进料中携带的Ni、V、Na等金属离子导致催化剂永久失活不同，甲醇制烯烃（MTO）的进料是甲醇，基本不含其他杂质，因此MTO催化剂基本不会因金属离子中毒而永久失活，所以MTO催化剂细粉的活性和新鲜催化剂相比不会有太大的差异。

十、MTO工业装置催化剂细粉的再利用

如前所述，在甲醇制低碳烯烃工业装置运转过程中，会产生催化剂细粉，部分催化剂细粉会被反应产物第三级旋风分离器和再生烟气第三级旋风分离器收集，这部分细粉由于粒度很小，无法返回到系统中重复利用。但是，这些细粉都含有SAPO-34分子筛，其反应活性和选择性比系统中平衡催化剂略低，因此将该部分细粉重复利用（例如用于制备新鲜催化剂等）是降低MTO催化剂成本的有效途径之一。

神华包头180万吨甲醇/年MTO工业装置反应三旋和再生三旋回收催化剂细粉的物化性质与MTO催化剂控制指标对比如表5-40所示，分析数据表明待生剂、再生剂细粉的物化性质与工业样品差别较大，待生细粉、再生细粉是催化剂在工业运转过程中由于气流冲击及催化剂之间摩擦而产生的细粉，孔容、比表面积受到严重破坏而变低，因而其总酸度、XRD衍射谱图峰值均比正常催化剂成品低；待生细粉、再生细粉的XRD衍射图谱如图5-69所示。图谱表明待生细粉、再生细粉XRD衍射谱图的特征峰与成品催化剂XRD衍射谱图特征峰一致，但衍射强度偏低；待生细粉由于积炭较多，XRD衍射强度更低。催化剂特征衍射谱图峰高与催化剂SAPO-34分子筛相对含量有一定的对应关系，由此可以看出待生催化剂、再生催化剂细粉中SAPO-34分子筛的含量与成品催化剂相比偏低。

表5-40 三旋回收细粉物化性质

样品名称	堆比/(g/cm^3)	孔容/(mL/g)	比表面积/(m^2/g)	酸度	XRD	磨耗/%	烧失/%
MTO催化剂指标	0.7～0.9	0.15～0.25	≥200			≤3%	1～2
再生细粉	0.88	0.104	139	0.268	532		1.82
待生细粉	0.93	0.046	29	0.277	339		7.52
工业样品	0.79	0.215	313	0.509	1562	0.69	1.67

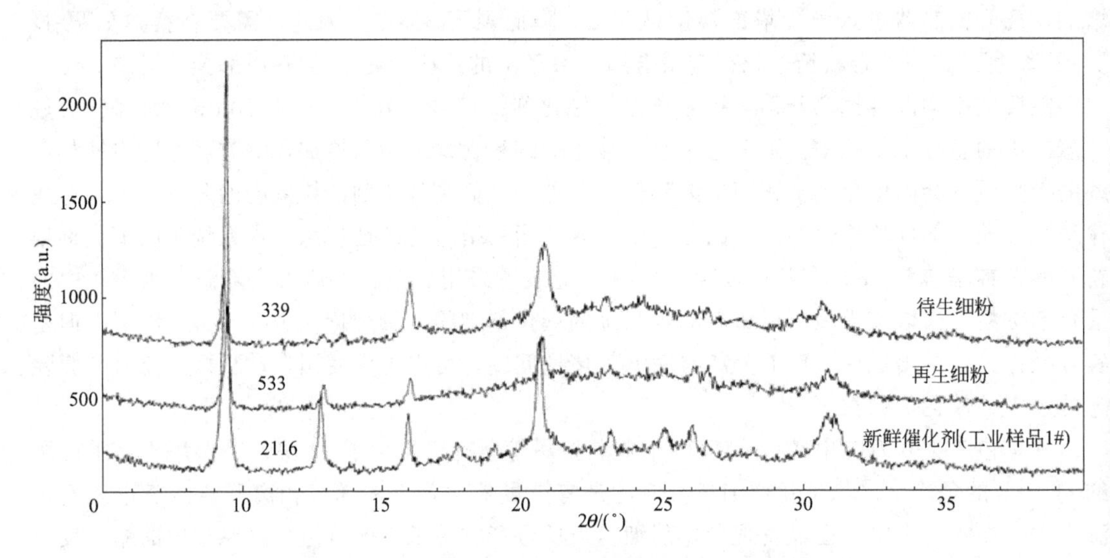

图5-69 待生细粉、再生细粉及新鲜催化剂XRD衍射图谱

朱伟平等[237]公开了一种甲醇制烯烃反应产生的催化剂细粉再利用的方法，所述方法包括：①将甲醇制烯烃反应产生的催化剂细粉通过焙烧（焙烧温度400～700℃、时间2～8h）以除去其中所包含的积炭；②将焙烧后的催化剂细粉与适量的水配成混合液［混合液细粉和去离子水组成的质量比为：细粉∶去离子水＝1∶(0.5～3.0)］，同时利用强力剪切装置将该

细粉破碎，使分子筛与黏结剂、填料等分离（强力剪切时间5～60min），形成混合液；③将纯净的SAPO-34分子筛与黏结剂、基体载体等助剂在水中混合均匀，形成混合液；④将上述2种溶液在强力混合装置中混合一定时间形成混合料浆（混合时间为10～80min）；⑤将混合料浆在一定温度条件下陈化一定时间（陈化时间1～48h）；⑥将陈化后的浆料经喷雾干燥装置进行喷雾成型（喷雾入口温度为250～400℃，出口温度为100～200℃）；⑦成型后的物料再经焙烧工序即形成可用于甲醇制烯烃反应的分子筛催化剂（焙烧温度400～700℃、时间2～8h）。催化剂细粉重新用作制备催化剂的步骤如图5-70所示。

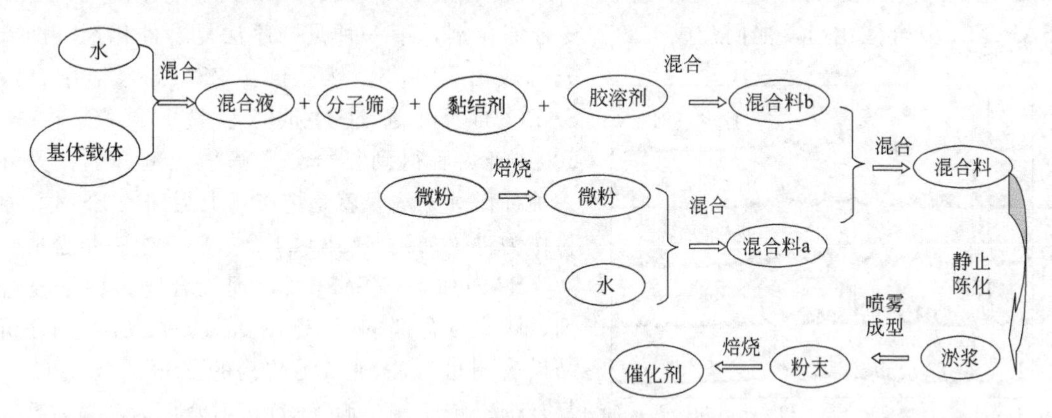

图5-70　催化剂细粉制备催化剂步骤

根据本发明的方法，催化剂细粉：SAPO-34原粉按照2：1的比例制备的催化剂与新鲜对比催化剂的评价结果如表5-41所示。数据表明采用本发明的方法，利用工业装置产生的催化剂细粉制备的催化剂强度、低碳烯烃的选择性与新鲜催化剂相当。

表5-41　利用细粉制备的催化剂性能评价

项　目	部分回收细粉制备催化剂	新鲜催化剂（对比剂）	项　目	部分回收细粉制备催化剂	新鲜催化剂（对比剂）
磨损指数/%	0.36	0.30	C_3H_6	39.81	34.37
转化率/%	100	100	C_3H_8	3.06	0.70
寿命/min	70	80	C_4	9	8.72
产品分布/%			C_5^+	1.63	2.34
H_2	0.21	0.31	CO_2	0.75	1.59
CH_4	2.10	2.54	CO	0.01	0.51
C_2H_4	43.43	48.90	$C_2^= + C_3^=$	83.24	83.27
C_2H_6	0	0.02			

ExxonMobil公司的Vaughn等[238]开发了一种将不合格新鲜催化剂和从MTO反应系统回收的催化剂重新制备催化剂的方法。在其公开的示例中，假定SAPO-34催化剂制备单元每天生产1000lb（1lb=0.45359237kg）催化剂连续供一流化床MTO反应单元使用，该催化剂由回收的催化剂细颗粒、黏结剂和载体组成；在MTO反应系统，每天产生1000lb的细粉，其中400lb循环回催化剂制备单元重新生产催化剂、600lb催化剂细粉丢弃；采用该方法供给MTO反应部分的催化剂的总体来源为每天340lb的新鲜分子筛催化剂、400lb的回收的催化剂细粉、100lb的黏结剂、240lb的载体材料。如果采用该方法每天可以节约新鲜SAPO-34分子筛160lb。

张海荣等[239]以模拟的MTO废弃的SAPO-34分子筛催化剂为铝源和磷源，通过补加硅源和四丙基氢氧化铵模板剂，可以直接合成具有高品质小晶粒的 PZSM-5 分子筛。小晶粒 PZSM-5 分子筛对甲醇的转化率为 100%，产物中丙烯和乙烯的质量分数分别为 42.17% 和 5.87%。

十一、SAPO-34/ZSM-5 复合催化剂

调节 MTO 产品中乙烯/丙烯比是 MTO 工业装置适应市场、提高经济效益的有效有段之一。众所周知，改性 ZSM-5 是甲醇制丙烯工艺（MTP）的催化剂，利用 ZSM-5 分子筛催化剂催化甲醇制烯烃时丙烯、丁烯产率高，而且催化剂的寿命长。Chae 等[240]制备了 ZSM-5/SAPO-34 复合催化剂，他们合成了 2 种复合催化剂，第一种是顺序法复合催化剂，即首先合成出 ZSM-5，然后再在 ZSM-5 浆液中合成 SAPO-34，再通过过滤、水洗、110℃ 干燥、600℃焙烧后得到复合分子筛催化剂样品；另外一种称作种子法，就是把市场上买到的 ZSM-5 原粉作为种子加到 SAPO-34 合成胶液中一步合成。

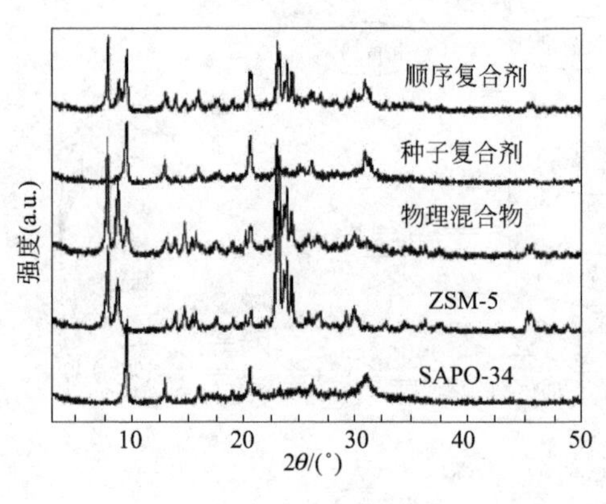

图 5-71 样品的 XRD 图

SAPO-34、ZSM-5、物理混合物、种子复合剂、顺序复合剂的 XRD 图如图 5-71 所示，分析结果表明可以得到二元结构的 ZSM-5/SAPO-34 复合剂；顺序复合剂 XRD 衍射峰更为明显一些。

SAPO-34、ZSM-5、物理混合物、种子复合剂、顺序复合剂的 FT-IR 光谱如图 5-72 所示，结果显示复合剂呈现出 ZSM-5 是核、SAPO-34 是壳的形态结构。

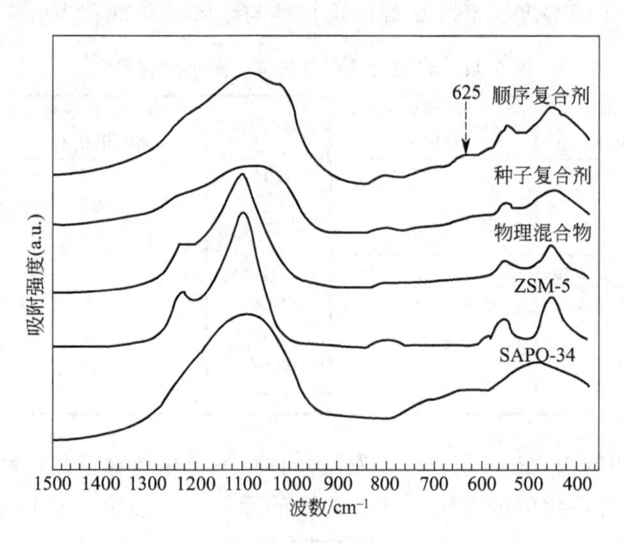

图 5-72 样品的 FT-IR 光谱

物理混合物、种子复合剂、顺序复合剂的 SEM 照片如图 5-73 所示，照片显示种子复合剂中看到有小 SAPO-34 晶粒附着在 ZSM-5 上；顺序复合剂是 2～4μm 的立方体，没有发现 SAPO-34 小晶粒附着。SAPO-34、ZSM-5、物理混合物、种子复合剂、顺序复合剂五种样品的表面积及孔体积如表 5-42 所示，数据表明复合剂具有很大的微孔表面积，同时又含有一定量的介孔。

表 5-42　样品的孔结构参数

样　品	BET 比表面积/(m^2/g)			孔体积/(mL/g)		
	微孔	介孔	合计	微孔	介孔	合计
ZSM-5	290	157	447	0.12	0.13	0.25
SAPO-34	589	2	591	0.21	0.01	0.22
物理混合物	351	87	438	0.14	0.18	0.32
种子复合剂	512	83	595	0.2	0.08	0.28
顺序复合剂	515	41	556	0.19	0.07	0.26

(a) 物理混合物

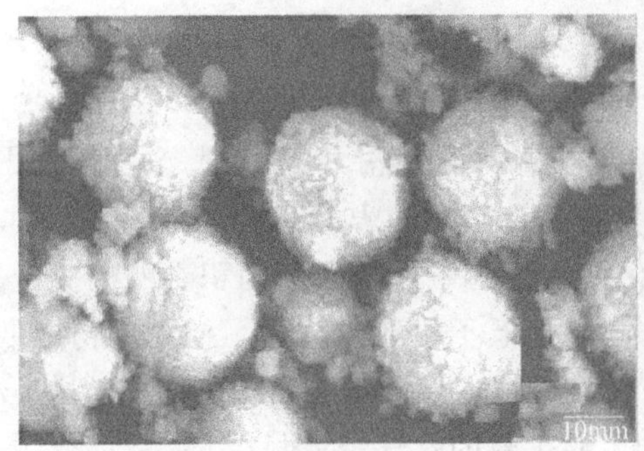

(b) 种子复合剂

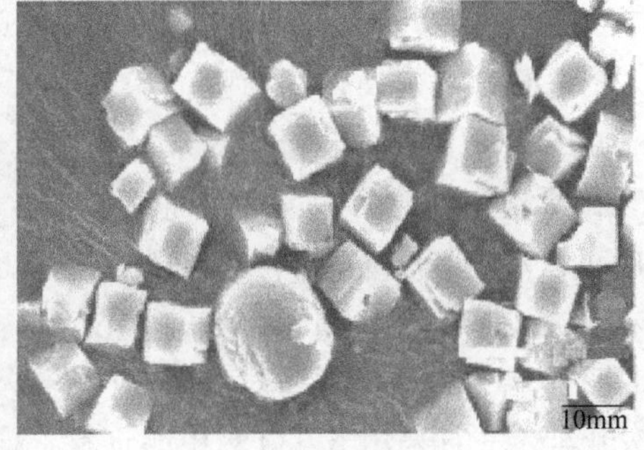

(c) 顺序复合剂

图 5-73　样品的 SEM 照片

五种样品的 NH_3-TPD 曲线如图 5-74 所示，图中曲线显示 SAPO-34 具有最高的酸性（特别是强酸中心），ZSM-5 酸性最低。相比物理混合物，复合剂具有较高的酸性，特别是在反应温度范围内酸性与 SAPO-34 类似。

几种样品的 MTO 反应结果如表 5-43 所示，反应结果表明种子复合剂活性和选择性比较差，可能是颗粒尺寸较大造成的；顺序复合剂表现出良好的催化性能，而且随着反应温度的升高，乙烯选择性提高、丁烯和 C_5^+ 选择性降低。

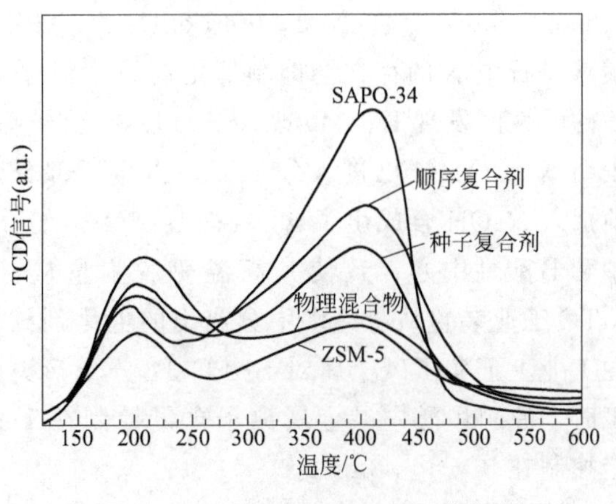

图 5-74　样品的 NH_3-TPD 曲线

表 5-43 几种样品的 MTO 反应结果

样品种类	反应温度/℃	甲醇转化率/%	产品选择性/%				
			乙烯	丙烯	丁烯	C_1～C_4 烷烃	C_5^+
种子复合剂	400	89.0	22.4	26.2	9.2	18.4	18.4
顺序复合剂	400	100	26.6	29.0	14.1	13.9	13.9
	450	98.7	31.7	35.9	10.2	10.3	10.3
	500	100	35.0	30.5	6.6	16.8	16.8
物理混合物	400	98.6	22.2	26.2	10.4	23.0	23.0
ZSM-5	400	98.7	15.8	31.0	14.7	20.3	20.3

第四节 原料、反应产物及物料平衡

甲醇制烯烃（MTO）的原料是单一的甲醇，而产品是以乙烯、丙烯、丁烯等低碳烯烃为主的混合物，同时还包括氢气、甲烷、乙烷、丙烷、丁烷等轻质副产品以及少量 C_5^+ 组分和焦炭等。

一、甲醇制烯烃的原料及特性

原料甲醇中含有一定量的水可以改善 MTO 反应过程中低碳烯烃尤其是乙烯的选择性，同时能够降低焦炭的产率并延长催化剂的使用寿命。

MTO 反应进料中含有 3%～7%的水，可以明显降低生焦，延缓催化剂的积炭失活，甲醇 100%转化的时间延长，从而提高了低碳烯烃的选择性[13,44]。但是当反应时间足够长、催化剂上的积炭量达到饱和以后，水对降低积炭速率就没有作用了[36,38,206]。水作为甲醇的稀释剂可以将催化剂的 Lewis 酸（简称 L 酸）中心部分转化为 Brønsted 酸（简称 B 酸）中心，同时可以和烯烃分子等积炭前身物竞争催化剂活性中心，从而抑制积炭的生成。另外，水的存在会减少床层催化剂颗粒上的“热点”，同时降低了甲醇的分压，使反应初期低碳烯烃选择性逐渐增大，诱导期缩短。因此神华包头 180 万吨甲醇/年 MTO 工业装置从 2010 年 8 月首次开车，一直采用 MTO 级甲醇进料，即甲醇进料的水含量控制在 5%左右。

MTO 工业装置连续生产时要控制甲醇中碱金属离子（K、Na 等）含量，因为碱金属离子随甲醇进入反应器后几乎全部沉积在 SAPO-34 分子筛催化剂上，中和 SAPO-34 分子筛的酸性，对催化剂的活性和选择性造成不可逆的影响。Baek 等[93]在研究斜发沸石(clinoptilolite)、镁碱沸石（ferrierite)、SAPO-34 分子筛甲醇转化性能时发现斜发沸石、镁碱沸石中 K 的存在会抑制催化剂的强酸位。范闵光[92]测定 K、Mg 改性 SAPO-34 分子筛的酸性时发现 K、Mg 改性 SAPO-34 分子筛的弱酸性中心的密度大于强酸中心的密度，表明 K^+、Mg^{2+} 已进入分子筛并占据了部分强酸中心；Marchese 等[241]在加入模板剂之前加入 NaOH 合成出了含 Na 的 SAPO-34 分子筛，发现当 Na/Si=0.5 时，Na 离子会显著中和 B 酸性中心，致使其高温氨脱附量从 0.72mmol/g 下降到 0.39mmol/g。神华包头 MTO 工业装置从急冷水中分离出的催化剂细粉上 Na_2O 含量高，催化剂完全失活。这也在工业上证实了碱金属对 SAPO-34 分子筛失活的影响。神华包头 MTO 工业装置首次开工时，原料甲醇中碱金属离子含量控制在 1μg/g 左右；开工正常后，碱金属离子含量稳定控制在 0.5～0.8μg/g。

神华包头 MTO 工业装置甲醇原料典型分析数据如表 5-44 所示。

表 5-44 MTO 工业装置甲醇原料典型分析数据

分析项目	分析结果	分析项目	分析结果
色度(铂-钴色号)	≤5	沸程/℃	3.1
密度/(g/cm^3)	0.7935	钠/ppm	2.96
水分/%	5.12	钾/ppm	0.17
碱度/%	0.0013	铜/ppm	未检出
羟基化合物/%	0.0025	镍/ppm	0.12
硫酸洗涤(铂-钴色号)	<50	锌/ppm	0.07
水混溶性	通过 1∶3	铁/ppm	69.5
高锰酸钾实验/min	>50		

甲醇原料中的重组分对甲醇制烯烃（MTO）反应的生产操作也会带来严重的影响。Haw 等[7]发现甲醇中只要含有几 ppm（10^{-6}，即 μg/g、μL/L 或 mg/kg）的杂质（主要指乙醇）就足以生成初始的碳氢化合物。甲醇中的重组分产生于甲醇合成过程中。如果粗合成气净化装置以及甲醇合成装置的设备、管道吹扫不彻底，其中的铁屑就可能会随合成气进入到甲醇合成反应器中，并沉积在催化剂床层的上部。铁本身就是费托合成的催化剂，因此甲醇中会含有少量的重组分（也就是蜡）。另外随着甲醇合成装置运转周期的延长，催化剂活性逐渐降低，因此要通过提高反应温度的措施来弥补催化剂活性损失带来的影响，在这种情况下甲醇合成的选择性降低，重组分的含量增加。由于重质组分的分子量大、分子尺寸大，无法进入到 MTO 催化剂 SAPO-34 分子筛的通道内进行反应，因此它会随反应产物离开反应器进入到急冷塔，之后再进入到水洗塔。由于水洗塔的中部温度较低，这些重质组分和反应生成的芳烃会发生冷凝并附着在水洗塔塔盘、水洗水管道、水洗水经过的换热器和空冷器上，造成水洗塔的压降增加、换热器的换热效果变差。基于维持装置长周期、满负荷运行的目的，要严格控制原料中的重组分含量。如果可能，还需要在水洗塔采取适当的措施来在线清除冷凝在水洗塔及水洗水系统的重组分。

神华包头 MTO 工业装置 2012 年 1-5 月份实际的 MTO 级甲醇的分析数据如表 5-45 所示。

表 5-45 MTO 级甲醇分析数据

样品	高锰酸钾试验 /min	H_2O /%	乙醇 /(mg/kg)	正丁醇 /(mg/kg)	异丁醇 /(mg/kg)	戊醇 /(mg/kg)	丙酮 /ppm	甲酸甲酯 /(mg/kg)	辛烷 /(mg/kg)
1	>30	5.16	1185	115	108	46	8	3	2
2	>30	5.78	1335	160	132	56	10	26	5
3	>30	4.96	1332	139	133	56	8	17	3
4	>30	5.04	1848	204	190	83	8	30	7
5	>30	4.92	1528	167	154	70	6	51	6
6	>30	5.1	1719	188	184	77	17	30	6
7	<30	5.35	1820	197	191	81	9	17	4
8	>50	4.17	1927	209	212	85	10	8	1
9	>30	4.05	3702	425	404	117	53	37	7
10	<30	4.71	2712	276	277	108	29	23	6

二、甲醇制烯烃的反应产物

神华包头 180 万吨甲醇/年 MTO 工业装置在甲醇进料量（折纯）为 224.78t/h、反应压力 0.108MPa（表压）、反应温度 485℃的条件下，反应器出口的反应气流量及组成如表 5-46 所示。由表 5-46 可见，反应气中各类组分质量分布为：水含量 66%、C_2～C_4 低碳烯烃总含量30.02%、燃料气（包括甲烷、乙烷、丙烷、丁烷、氢气及一氧化碳）总含量2.28%、C_5^+组分含量1.42%，其余为重质烃类、未转化的甲醇、二甲醚以及微量的炔烃。由此可见，水和低碳烯烃占据了反应气的绝大部分。水的来源包括反应生成水、进料中含有的水以及为了改善反应选择性而注入反应器的稀释蒸汽、再生催化剂提升蒸汽、待生催化剂汽提蒸汽等。C_2～C_4低碳烯烃包括反应生成的乙烯、丙烯及混合C_4（主要包括1-丁烯、顺-2-丁烯、反-2-丁烯、异丁烯及1,3-丁二烯）。表5-46涉及的组分中不包括焦炭，根据对再生烟气的计算结果，焦炭产率约为2.2%。

表5-46　反应器出口反应气流量及组成

项目	流量/(t/h)	组成(质量分数)/%	项目	流量/(t/h)	组成(质量分数)/%
水	181.44	66.00	H_2	0.14	0.05
甲烷	1.95	0.71	CO	0.12	0.04
乙烯	36.69	13.35	CO_2	0.02	0.01
乙烷	0.96	0.35	甲醇	0.02	0.01
丙烯	35.21	12.81	乙炔	0	0.00
丙烷	3.36	1.22	二甲醚	0.01	0.00
C_4	10.62	3.86	重质烃	0.47	0.17
C_5^+	3.89	1.42	合计	274.90	100.00

（一）主产物

反应气体冷却、反应水冷凝系统的原则流程示意图如图5-2所示。如表5-46所示的温度为475℃左右的气相反应产物离开反应器后，进入反应第三级旋风分离器，除去反应气中携带的少量催化剂细粉，再进入立式换热器与气相甲醇进料换热，温度降至250～355℃，之后进入急冷塔下部，在急冷塔内反应产品气上升与急冷水逆流接触，将反应气携带的热量传递给急冷水、将反应产物携带的极少量催化剂细粉洗涤掉，同时将反应过程中生成的大部分有机酸溶解在急冷水中（向急冷水中连续注入NaOH水溶液将溶解的有机酸中和掉）；离开急冷塔的气体温度在110℃左右，进入水洗塔下部，气体在塔内上升与水洗水逆流接触，同时反应气携带的热量传递给水洗水、反应产物中的水蒸气在塔内冷凝、将反应产物携带的含氧化合物等溶解在水洗水中，温度为45℃左右的经水洗后的产品气离开水洗塔顶部进入烯烃分离单元（LORU）的产品气压缩机。一部分水洗水送反应水汽提塔。

离开水洗塔顶进入烯烃分离单元（LORU）的产品气压缩机的产品气为MTO装置的主要产物，其组成如表5-47所示。

表5-47　水洗塔顶出口产品气组成

项目	质量分数/%	摩尔分数/%	项目	质量分数/%	摩尔分数/%
水	1.86	3.50	H_2	0.14	2.41
甲烷	1.96	4.16	N_2	0.74	0.90
乙烯	38.62	46.75	CO	0.13	0.15
乙烷	0.95	1.07	CO_2	0.02	0.01
丙烯	37.06	29.91	甲醇	0.03	0.03
丙烷	3.22	2.48	乙炔	0	0
C_4	11.18	6.77	二甲醚	0.01	0.01
C_5^+	4.10	1.98	合计	100	100

神华包头180万吨甲醇/年MTO工业装置产品气中乙烯和丙烯的摩尔比约为1.5，质量比约为1。乙烯和丙烯的摩尔比可通过改变反应温度在一定范围内进行调节，较高的温度有

利于乙烯的生成，较低的温度有利于丙烯的生成。

反应产物中，C_4 也是很重要的产品，其产率约为乙烯和丙烯产率的15%，而且其组成以烯烃为主，主要包括1-丁烯、顺-2-丁烯、反-2-丁烯、异丁烯及1,3-丁二烯，相对含量大小关系为反-2-丁烯>顺-2-丁烯>1-丁烯>异丁烯>1,3-丁二烯。丁烯各组分相对含量的关系主要受SAPO-34分子筛的择形选择性及不同异构体之间的热力学稳定性的控制，关于这一点在本章第二节热力学计算部分进行了论述。

神华包头MTO工业装置烯烃分离单元生产的混合 C_4 组成如表5-48所示。数据表明混合 C_4 中的烯烃含量在90%以上。神华包头MTO工业装置开车成功后，对混合 C_4 产品进行了进一步加工利用，首先通过对混合 C_4 进行选择性加氢将炔烃和1,3-丁二烯饱和，然后将异丁烯与甲醇反应生产MTBE（甲基叔丁基醚），剩余 C_4 组分通过精馏生产聚合级的正丁烯和2-丁烯（主要是顺-2-丁烯和反-2-丁烯），前者作为生产聚乙烯部分牌号（例如7042）的共聚单体，后者用于生产2-PH（2-丙基庚醇）。神华集团采用该生产流程可以生产正丁烯产品2万吨/年、2-PH产品6.7万吨/年。

表5-48　MTO工业装置混合 C_4 组分

组　分	质量分数/%	组　分	质量分数/%
C_3	0.04	顺-2-丁烯	28.24
正丁烷	4.43	反-2-丁烯	35.27
异丁烷	0.16	1,3-丁二烯	1.26
正丁烯	22.12	C_5	2.26
异丁烯	6.22		

神华集团也曾对MTO装置生产的混合 C_4 采用烯烃转化（OCU）技术进行处理以增产丙烯进行过研究，其基本原理是将混合 C_4 与乙烯在催化剂上反应生产丙烯，采用OCU技术对甲醇制低碳烯烃工业装置产品产量的影响预测如表5-49所示。表中数据表明采用OCU技术后，乙烯加丙烯产量提高了12.3%，而且丙烯/乙烯比从1∶1提高到1.58∶1。

表5-49　采用烯烃转化（OCU）技术前后主要产品产量

主　要　产　品	MTO	MTO+OCU
甲醇进料(折纯)/(万吨/年)	180	180
主要产品		
乙烯/(万吨/年)	29.93	26.03
丙烯/(万吨/年)	29.93	41.23
混合 C_4/(万吨/年)	9.6	1.8
混合 C_5/(万吨/年)	1.56	1.56

（二）副产物

在MTO反应生产乙烯、丙烯和丁烯等主产品的过程中，还会产生许多副产物，主要包括焦炭、净化水等。

1. 焦炭

焦炭是甲醇转化为烯烃过程中的主要副产物之一，催化剂的焦炭含量对MTO反应的产品选择性及甲醇转化率有显著影响。焦炭的生成机理以及结焦对反应的影响分别在本章的第二节及第三节有详细论述。

焦炭会覆盖分子筛上的酸性中心并堵塞孔道，导致催化剂失活。因此，当催化剂上的焦炭含量达到一定程度后，就需要将催化剂进行烧焦再生，以便恢复其活性和选择性。烧焦之前，为了避免待生催化剂将有价值的反应产物带入到再生器中，在待生催化剂离开反应器之前需要对其进行汽提。神华包头180万吨甲醇/年MTO工业装置在反应器下部设置了待生催化剂汽提段，汽提段包括3个汽提环，分三路向汽提段注入汽提蒸汽，汽提蒸汽总量约500kg/h。汽提之后的待生剂在再生器中烧焦再生，烧焦温度约为670℃。烧焦反应产生的热量用于发生中压蒸汽。

神华包头180万吨/年MTO工业装置在进料为MTO级甲醇236.55t/h（折纯为224.78t/h）时，焦炭的生成量为4.99t/h，焦炭的C/H原子比为1.42。

2. 净化水

水是MTO反应过程中质量最大的副产物，神华包头180万吨甲醇/年MTO工业装置的反应生成水量约126t/h，加上MTO级甲醇进料带入水、反应稀释蒸汽、待生催化剂汽提蒸汽、再生催化剂输送蒸汽、进入反应器的含甲醇及二甲醚的浓缩水等，离开反应器的反应产物中约含有180t/h的水；反应产物进入急冷塔后，少量水从急冷水二级旋流器底和催化剂细粉一起排到界区外；反应产物进入水洗塔，离开反应器的水蒸气绝大部分在水洗塔冷凝成水，除少量被反应气带到烯烃分离单元外，剩余的进入反应水汽提塔脱除溶解在水中的含氧化合物（如甲醇、二甲醚、醛酮、芳烃等）。富含含氧化合物的浓缩水返回到反应器回炼，其余脱除掉大部分有机化合物的净化水送界区外的污水处理厂进行生化处理。

神华包头180万吨甲醇/年MTO工业装置正常生产时该股净化水的流量约为180t/h。净化水含有一定量的有机化合物，其COD约为200～600mg/L。

（三）产物中的微量杂质

MTO反应气中还含有微量杂质，如乙炔、有机酸及其他含氧化合物等。这些化合物一部分是从原料甲醇中带入，如含氧化合物中的部分酮基化合物及酯基化合物；另一部分是在MTO反应过程中产生。微量杂质虽然含量很低，但对下游装置安全生产和设备运行有重要影响。

1. 乙炔

在MTO反应过程中，会生成少量的乙炔，乙炔残留在乙烯中会影响聚乙烯产品的质量，此外乙炔在聚乙烯装置中生成乙炔铜，带来很大的安全隐患。神华包头180万吨甲醇/年MTO工业装置开工正常以后，乙烯中的乙炔含量一般都小于5ppm，不需要进行处理。但是，为了防止乙炔含量超标带来的影响，神华包头煤制烯烃示范工程在烯烃分离单元还是设置了乙炔选择性加氢反应器。

2. 有机酸

在甲醇催化转化为低碳烯烃反应过程中，也会产生少量的有机酸，主要是乙酸和甲酸。尽管有机酸的产率很低，但其逐渐积累也会对设备造成严重腐蚀。在反应器内，反应产物气体会通过隔热衬里的裂隙渗透到反应器金属器壁处，因反应器及反应三旋的金属器壁温度较低而发生冷凝，从而对反应器及三旋金属器壁造成腐蚀，因此需要对反应器外壁进行必要的保温处理，使反应器金属器壁的内壁保持在130℃以上，以防止有机酸冷凝（常压下甲酸的露点为100.8℃、乙酸的露点为117.9℃）。反应生成的有机酸会随反应产物离开反应器进入急冷塔，绝大部分有机酸会溶解在急冷水中。为了防止有机酸对急冷塔以及急冷水循环系统管道及设备的腐蚀，需要连续向急冷水系统加注碱液（神华包头180万吨甲醇/年MTO工业装置使用浓度为20%的NaOH水溶液），将急冷水的pH值控制在7～9的范围内。

由于反应气在急冷塔内与水接触的时间短、急冷塔的温度较高（塔底温度113℃、塔顶

110℃)、有机酸的分压低等原因，少量有机酸会进入到水洗塔而溶解在水洗水中。神华包头180万吨甲醇/年MTO工业装置在水洗水系统增设了注碱设施，将水洗水的pH值控制在7～9范围内，有效防止了水洗水系统腐蚀泄露问题。

3. 含氧化合物

在反应过程中，会生成少量的含氧化合物。这些含氧化合物大部分溶解在水洗水中，也有少部分随水洗后的反应气进入到烯烃分离单元，在产品气压缩机入口、压缩机段间冷凝下来。

正常生产时，将反应气中冷凝的水从水洗塔中抽出和烯烃分离单元的水洗水混合后送至反应水汽提塔进行处理。在包头MTO装置实际生产运行中，反应水汽提塔顶的有机化合物约为0.22t/h，汽提塔顶浓缩水中有机化合物浓度约为3%～5%（质量分数）之间，其有机化合物的组成如表5-50所示。由表中数据可知，汽提出来的有机化合物组分非常复杂，但主要是酮、醛、酚和芳烃类物质，仅含有少量的甲醇。酮类化合物含量最高为63.52%，主要是戊酮、戊烯酮、丁酮和丙酮等；醛类化合物含量为14.87%，以丁烯醛、乙醛等为主；酚类化合物主要是二甲基苯酚、三甲基苯酚、四甲基苯酚和甲酚等，含量约为12.26%；芳烃类化合物含量为1.73%，主要为六甲苯和二甲苯。上述有机化合物返回到反应器基本上都生成了焦炭。神华包头MTO工业示范装置将这些物质不回炼，而是送到装置界区外，MTO反应的生焦量同比下降了约8%。

表5-50 有机化合物分析

化合物	含量(质量分数)/%	化合物	含量(质量分数)/%	化合物	含量(质量分数)/%
烷烃	2.24	苯甲醇	0.38	酮	63.52
烯烃	2.15	酯	1.59	酚	12.26
炔烃	0.62	醛	14.87	芳烃	1.73
甲醇	0.64				

烯烃分离单元MTO反应产品气压缩机入口分液罐及段间凝液中也含有很多有机化合物，其详细组成如表5-51所示。由表5-51可以看出，烯烃分离单元原料气压缩机入口及段间凝液中所含的有机化合物主要是酮和芳烃，与反应水汽提塔顶有机化合物组成相近。为了将未反应的甲醇和二甲醚回炼，减少单位烯烃产品的甲醇消耗，设计将该股物流返回到甲醇制烯烃单元反应水汽提塔中，将有机化合物汽提后再返回到反应器回炼，但装置开工后发现这些有机化合物返回后会增加反应的生焦量，因此现在将这股物料直接送到装置界区外的罐区。

表5-51 烯烃分离压缩机入口及段间凝液中有机化合物分析

项 目	压缩机入口凝液	压缩机段间凝液	项 目	压缩机入口凝液	压缩机段间凝液
凝液流量/(t/h)	1～2	约1	甲醇	14.66	12.52
有机化合物含量/(mg/L)	4773	13651	酮	70.56	46.27
有机化合物组成/%			醛	9.43	—
烷烃	0.82	5.09	芳烃	1.74	31.43
烯烃	2.31	4.69			

4. 蜡状物

如前所述，原料甲醇中含有的重组分及反应过程中生成的微量芳烃（主要为多甲基苯），会随反应产物进入到水洗塔。这些物质的凝固点有些在70℃左右，因此会在水洗塔及水洗水系统凝固，加上水洗水中含有微量的催化剂细粉，因此就会发生重组分与催化剂和泥现象。这些固体物附着在水洗塔的塔盘、水洗水管道及水洗水换热和冷却设备上，随着水洗塔塔盘附着物的逐渐积累，水洗塔的压降会从正常操作时的14kPa左右上升到40kPa以上，严重时会发生冲塔现象，影响装置正常操作。同时，水洗水冷换设备的换热、冷却效果变差，以至于无法将热量从水洗塔移走，造成水洗塔顶温超过设计的40℃，致使轻烯烃分离单元原料气压缩机入口温度超温及水含量超标而影响压缩机的正常运转。神华包头180万吨甲醇/年MTO工业装置采用特种溶剂在线清洗方法很好地解决了蜡状物带来的影响[242]。

三、甲醇制烯烃（MTO）反应过程的物料平衡

以神华包头180万吨甲醇/年MTO工业装置标定数据为例，计算反应过程的物料平衡如表5-52所示。表中进料包括了甲醇、水、注入反应器的蒸汽等，MTO反应也生成大量的水，因此在反应气中水的含量最高，其次是乙烯、丙烯，三者约占总出料的90%（质量分数）。

表5-52 神华包头180万吨甲醇/年MTO工业装置反应过程物料平衡

项目	入方/(t/h)		出方/(t/h)	
组成	折纯甲醇进料量	224.78	焦炭	4.99
	甲醇含水	11.77	水	181.44
	稀释蒸汽量	33.52	甲烷	1.95
	再生催化剂输送蒸汽	1.02	乙烯	36.69
	待生催化剂汽提蒸汽	0.56	乙烷	0.96
	反应系统松动和反吹蒸汽	0.47	丙烯	35.21
	回炼浓缩水含水(含水约90%)	7.77	丙烷	3.36
			C_4	10.62
			C_5^+	3.89
			H_2	0.14
			CO	0.12
			CO_2	0.02
			甲醇	0.02
			乙炔	0
			二甲醚	0.01
			重质烃	0.47
合计		279.89		279.89

由表5-52可知，在甲醇转化为低碳烯烃的同时，会生成约5 t/h左右的焦炭（约占纯甲醇进料的2.2%），这些焦炭沉积在催化剂上会导致催化剂失活。神华包头180万吨甲醇/年MTO工业装置再生器采用部分燃烧方式操作，离开再生器的再生烟气含有约8.6%的CO_2、14.7%的CO、0.07%的O_2（体积分数）。装置满负荷运行时，催化剂再生系统的物料平衡如表5-53所示。

表5-53 神华包头180万吨甲醇/年MTO工业装置催化剂再生过程物料平衡

项　目	进再生器/(t/h)		出再生器/(t/h)	
组成	氮气	39.07	氮气	39.07
	氧气	10.24	氧气	0.04
	焦炭	4.99	二氧化碳	4.71
			一氧化碳	8.00
			水蒸气	2.48
合计		54.30		54.30

如前所述，水是MTO反应质量最多的产物，对神华包头180万吨甲醇/年MTO工业装置反应系统（含反应器、急冷塔、水洗塔等）进行了水平衡测算，如表5-54所示。

表5-54　神华包头180万吨甲醇/年MTO工业装置反应系统水平衡

项目	进入反应器/(t/h)		出急冷及水洗系统/(t/h)	
组成	进料含水	11.77	去隔油槽水	1.00
	反应生成水	126.33	产品气带水	1.86
	稀释蒸汽	33.52	二级旋流底液	8.01
	催化剂汽提蒸汽	0.56	净化水	162.79
	催化剂输送蒸汽	1.02	浓缩水	7.77
	松动蒸汽	0.47		
	浓缩水	7.77		
合计	181.44		181.43	

四、甲醇制烯烃（MTO）反应过程的元素平衡

根据神华包头180万吨甲醇/年MTO工业装置的生产标定数据，对该装置的碳平衡、氢平衡、氧平衡进行了计算。通过元素平衡计算，可以分析主要元素的去向，并用于评价各元素的利用效率。

（一）碳平衡

神华包头180万吨甲醇/年MTO工业装置反应侧的碳平衡计算如表5-55所示。表中数据表明甲醇原料中的碳有83.91%进入到主产品（乙烯、丙烯、C_4）中，约占10.50%碳进入到副产物（甲烷、乙烷、丙烷、C_5^+ 等）中，焦炭中的碳约占原料甲醇总碳的5.59%。

表5-55　MTO工业装置反应过程碳平衡

项目	进方		出方			
	纯甲醇/(t/h)	含碳量/(t/h)	产品	流量/(t/h)	含碳量/(t/h)	质量分数/%
组成	224.78	84.29	焦炭	4.99	4.71	5.59
			水	126.33	0.00	0.00
			甲烷	1.95	1.46	1.74
			乙烯	36.69	31.45	37.31
			乙烷	0.96	0.77	0.91
			丙烯	35.21	30.18	35.80
			丙烷	3.36	2.75	3.26
			C_4	10.62	9.10	10.80
			C_5^+	3.89	3.38	4.01
			H_2	0.14	0.00	0.00
			CO	0.12	0.05	0.06
			CO_2	0.02	0.01	0.01
			甲醇	0.02	0.01	0.01
			乙炔	0.00	0.00	0.00
			二甲醚	0.01	0.01	0.01
			油	0.47	0.42	0.50
合计	224.78	84.29		224.78	84.29	100

（二）氢平衡

神华包头180万吨甲醇/年MTO工业装置反应侧的氢平衡计算如表5-56所示。表中数据表明甲醇原料中的氢约有50%进入到生成水中，只有36.6%的氢进入了乙烯、丙烯中。其余产物氢含量分布排序如下：C_4＞丙烷＞C_5^+＞甲烷＞焦炭＞乙烷＞氢气＞油。

表5-56　MTO工业装置反应过程氢平衡

项目	进方		出方			
	纯甲醇/(t/h)	氢/(t/h)	产品	流量/(t/h)	含氢量/(t/h)	质量分数/%
组成	224.78	28.10	焦炭	4.99	0.28	0.99
			水	126.33	14.05	49.97
			甲烷	1.95	0.49	1.74
			乙烯	36.69	5.24	18.66
			乙烷	0.96	0.19	0.68
			丙烯	35.21	5.03	17.91
			丙烷	3.36	0.61	2.17
			C_4	10.62	1.52	5.40
			C_5^+	3.89	0.51	1.81
			H_2	0.14	0.14	0.50
			CO	0.12	0.00	0.00
			CO_2	0.02	0.00	0.00
			甲醇	0.02	0.00	0.01
			乙炔	0	0.00	0.00
			二甲醚	0.01	0.00	0.00
			油	0.47	0.05	0.17
合计	224.78	28.10		224.78	28.10	100.00

（三）氧平衡

神华包头180万吨甲醇/年MTO工业装置反应侧的氧平衡计算如表5-57所示。表中数据表明甲醇原料中的氧有超过99.9%的进入到生成水中，其余的氧分布在CO_x组分中。

表5-57　MTO工业装置反应过程氧平衡

项目	进方		出方			
	纯甲醇/(t/h)	氧/(t/h)	产品	流量/(t/h)	含氧量/(t/h)	质量分数/%
组成	224.78	112.39	水	126.33	112.29	99.91
	0.06			CO	0.12	0.07
	0.01			CO_2	0.02	0.01
	0.02			甲醇/二甲醚	0.03	0.02
合计	224.78	112.39		—	112.39	100.00

第五节　甲醇制烯烃反应动力学

热力学研究给出了反应进行的方向和限度，动力学研究则给出反应速率快慢以及操作条件对反应速率的影响。动力学模型是反应器模型的核心，而反应器模型则是甲醇制烯烃反应工程研究的主要内容。由于催化剂在反应过程中积炭而失活，反应动力学研究中还包括催化剂结焦动力学。系统深入研究反应动力学、结焦动力学对甲醇制烯烃装置反应器、再生器的设计和工业装置操作的优化具有重要意义。

一、MTO反应动力学

研究者对甲醇制烯烃反应动力学展开了大量系统的研究，对MTO反应过程的动力学特征取得了深入的认识。MTO反应动力学研究的难点在于：一是反应机理相当复杂，关于第一个C—C键生成机理的争论就持续20余年，最近几年才基本接受烃池（Hydrocarbon Pool）机理，而第一个C—C键生成后的其他反应路径至今仍存在争议；二是微孔SAPO-34分子筛催化剂失活速率太快，要得到初始反应速率很困难。

根据业界目前对甲醇制烯烃动力学的研究进展，可以将动力学研究分成两大类。一类是从反应机理出发，列出MTO反应中可能出现的所有基元反应，对其中的动力学参数使用实验、量子理论等进行估算，从而得到MTO反应动力学方程组。例如Mihail等[243]采用碳烯（Carbene）反应机理，建立了包括53个基元反应的甲醇制丙烯反应动力学方程组，并在固定床反应器上进行数学模拟。Froment等[244,245]根据碳正离子机理，建立了包括氢转移、甲基化、β消去等726个基元反应和225种反应中间体的动力学模型，并求取了动力学模型参数。甲醇制烯烃动力学研究选用Si/Al比为200的HZSM-5催化剂。采用Hougen-Watson模型描述从二甲醚形成到各种产物生成的步骤，烯烃的生成采用碳正离子机理描述。反应网络利用计算算法生成，各个基元反应的速率常数采用单事件（single event）方法求取。每个基元反应的单事件数目利用量子化学计算求出。基元反应的活化能通过Evans-Polanyi关联碳正离子和烯烃异构体的能级获得。采用Evans-Polanyi关联的单事件动力学模型极大地减少了动力学参数数量，反应热力学限制进一步将独立的参数个数降低到33个。

反应机理型动力学模型涉及反应较多，对反应过程的单个反应进行细致描述，便于对反应机理和反应过程进行深刻理解。但是由于反应复杂，反应机理型模型建立和参数求取工作量大。此外，该类动力学模型模拟实际反应体系相对较为复杂，模型预测产物分布的可靠性和准确性还有待于进一步证实和完善。

另一类是采用集总方法建立集总动力学模型。由于MTO反应的复杂性，采用这种方法可以得到简单和便于工业应用的动力学模型，在各类反应器模拟方面具有广泛应用，因而得到很多学者的关注和研究。国内外学者先后提出八集总动力学模型[246]和五集总动力学模型[247,248]。集总动力学模型在甲醇制烯烃过程中具有广泛的应用，模型较为简单，对产物分布和选择性的预测可靠性较高。因此，本节重点介绍甲醇制烯烃集总动力学模型的研究进展。

（一）集总动力学模型

1. 集总动力学基本理论概述

所谓集总（Lumping）的方法，就是按各类分子的动力学特性，将反应体系划分为若干个集总组分，在动力学研究中把每个集总作为虚拟的单一组分来考察，建立集总动力学模型。集总动力学主要应用于复杂反应体系，复杂体系主要指参与反应的组分数多达成千上万种，反应物之间具有强烈的耦合关联。炼油工业中催化裂化装置便是集总动力学成功使用的范例。

20世纪60年代初，韦潜光等[249]建立了单分子反应体系的速率理论，将高度偶联的反应转化为一个非偶联体系。Chang等[250]进一步发展并简化了韦潜光的方法，从实验数据来确定反应速率常数可以更精确和简便。Aris等[251]认为含有多种化合物的混合物是一种接近连续状态的混合物，引入速率常数分布函数的概念，建议采用积分微分方程描述。韦潜光等[252]在单分子反应理论基础上，提出了单分子反应体系精确集总的理论和近似集总的分析，创立了集总体系的动力学速率常数矩阵。利用以上的研究基础，能够对各种复杂反应体系进行动力学分析，确定集总划分和集总反应网络，建立反应动力学模型，并用实验和数据处理来求得集总动力学参数。集总动力学模型建立的关键是集总的划分要合理。集总方法的实质是对复杂反应体系的一种简化，合理简化应当满足四条基本原则：一是简化而不失真，能够满足精度要求；二是简化要满足应用要求；三是简化要适应实验能力；四是简化要适应模拟计算能力。

2. 八集总动力学模型

1995 年，荷兰 Shell 石油公司的 Bos 等[246]首先提出了甲醇制烯烃八集总反应动力学模型。该模型根据烃池机理，研究了在 SAPO-34 分子筛催化剂上甲醇制烯烃的反应动力学，各集总划分如图 5-75 所示。八个集总分别为：甲醇、甲烷、乙烯、丙烯、丙烷、混合碳四、混合碳五（包括 C_5^+）、焦炭。甲醇能够直接反应生成甲烷、乙烯、丙烯、丙烷、混合碳四、混合碳五以及焦炭，上述七个反应均为一级反应，反应速率方程如式(5-9）所示。丙烯在反应过程中会发生二次反应如生成丙烷、混合碳四、焦炭以及乙烯，其中前三个反应假设也为一级反应，其速率方程如式(5-10）所示。

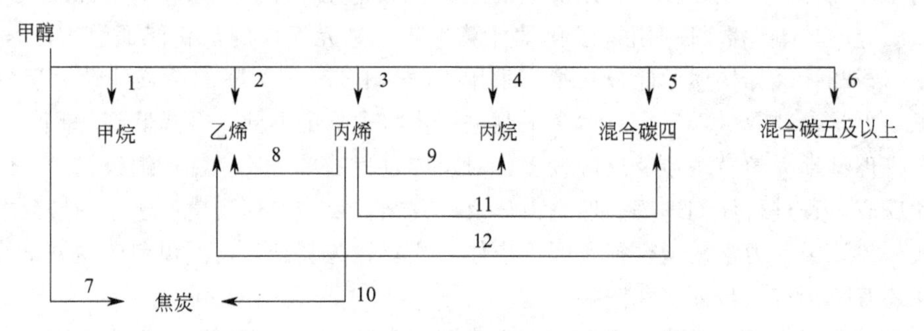

图 5-75　Bos 等建立的甲醇制烯烃反应动力学网络

$$r_i = k_i x_{\mathrm{MeOH}} p \quad i=1\sim7 \tag{5-9}$$

$$\begin{cases} r_9 = k_9 x_{C_3^=} p \\ r_{10} = k_{10} x_{C_3^=} p \\ r_{11} = k_{11} x_{C_3^=} p \end{cases} \tag{5-10}$$

丙烯生成乙烯的反应 8，据文献［8］甲醇制烯烃链增长机理研究结果，在催化剂表面，甲醇的 CH_2 基团插入吸附的丙烯物种上，经过碳链断裂生成乙烯。因此，假设丙烯生成乙烯的反应（反应 8）不仅是丙烯的一级反应，同时还是甲醇的一级反应，其反应速率方程如下所示：

$$r_8 = k_8 x_{C_3^=} p x_{\mathrm{MeOH}} p \tag{5-11}$$

同时混合碳四生成乙烯的反应也与甲醇分压有关，利用单独碳四作为原料，进行动力学实验，实验结果表明混合碳四转化为乙烯的反应也具有二级反应特征，因此反应 12 亦可表示为

$$r_{12} = k_{12} x_{C_4} p x_{\mathrm{MeOH}} p \tag{5-12}$$

假设所有反应速率常数与催化剂焦炭含量有关，Bos 等提出了 4 种可能的积炭与速率常数经验关联式，反映在 MTO 反应条件下，催化剂上焦炭含量对各反应速率常数的影响。

$$k_i(C)=k_i^0(1-\alpha_i C) \tag{5-13}$$

$$k_i(C)=k_i^0(1-\alpha_i C)^2 \tag{5-14}$$

$$k_i(C)=k_i^0\frac{1}{(1+\alpha_i C)^2} \tag{5-15}$$

$$k_i(C)=k_i^0 e^{-\alpha_i C} \tag{5-16}$$

式中，C 为催化剂上焦炭的质量分数（焦炭影响甲醇制烯烃反应的选择性）；α_i 为表观常数，α_i 值越大表明反应速率随着焦炭含量增加降低越快，因此，可以推测，α_i 随着分子直径和碳数的增加而增大。

采用 CH_2 当量作为物料衡算基础定义产物收率和选择性。对于纯甲醇进料，可以表示如下：

$$w_{MeOH}^*=\frac{w_{MeOH}}{w_{MeOH}^{inl}} \qquad w_i^*=\frac{w_i}{w_{MeOH}^{inl}}\frac{32}{14}\left[\frac{kgCH_{2_i}}{kgCH_2}\right] \tag{5-17}$$

式中，上标 inl 表示初始进料条件；CH_{2i} 中的 i 表示如图 5-75 所示的第 i 个组分。

定义停留时间 τ^*

$$\tau^*=\frac{1}{WHSV}=\frac{V\rho_b}{\phi_m w_{MeOH}^{inl}}\left[\frac{\text{kg 催化剂}}{\text{kg 甲醇}}\cdot h\right] \tag{5-18}$$

式中，V 为催化剂装填体积，m^3；ρ_b 为催化剂堆积密度，kg/m^3；ϕ_m 为质量流率，kg/h。

对于活塞流模型，乙烯反应速率方程可表示为：

$$\frac{dw_{C_2^=}^*}{d\tau^*}=k_w w_{MeOH}^*+k_8 w_{C_3^=}^* p^* \tag{5-19}$$

其中 $p^*=x_{MeOH}^{inl}p$

对于其他组分亦然，所有的一级反应速率常数 k 可以表示为：

$$k_c=\frac{\rho_{cat}r}{[MeOH]3600}\times\frac{1}{32\times10^{-3}}=\frac{\rho_{cat}}{3.6\times32}RTk\left[\frac{m^3_{\text{气相}}}{m^3_{\text{催化剂}}}\cdot\frac{1}{S}\right] \tag{5-20}$$

利用积炭含量（质量分数）为 0、3.7%、8.9%、12.3%的催化剂样品转化率和选择性对停留时间的关系，从而获得不同焦炭含量下的 k 值，将其代入方程式(5-13)～式(5-16)，结果表明方程指数形式的方程式(5-16)与实验数据拟合较好。研究发现焦炭含量对择型选择性的影响呈线性关系，α 随着碳数的增加而增大。

根据动力学实验数据结果，计算得到八集总 12 个反应网络的动力学参数如表 5-58 所示。甲醇转化为丙烯反应速率常数最大为 297.2$h^{-1}\cdot$bar，其次是甲醇转化生成乙烯和混合碳四，分别为 149.5$h^{-1}\cdot$bar 和 103.8$h^{-1}\cdot$bar；生成丙烷、碳五、焦炭和甲烷速率常数较小。值得注意的是丙烯转化的二次反应速率常数较低，在 0.04～0.31$h^{-1}\cdot bar^2$ 之间。

表 5-58 Bos MTO 八集总反应动力学参数

反应	速率常数 k_0 /$h^{-1}\cdot$bar	标准差	参数 α /(1/%)	标准差
1	12.4	1.75	0.21	0.012
2	149.5	17.6	0.17	0.012
3	297.2	37.9	0.227	0.011
4	33.3	4.8	0.292	0.014
5	103.8	16.2	0.23	0.012

续表

反应	速率常数 k_0 /$h^{-1}\cdot bar$	标准差	参数 α /(1/%)	标准差
6	34.2	4.32	0.35	0.5
7	30	42	0.3	—
8	31.8	31	0.12	0.05
9	0.26①	0.11	0.3	0.5
10	0.04①	0.3	0.3	—
11	0.31①	0.15	0.35	—
12	260①	154	0.12	0.05

① 反应9～反应12为二级反应，单位为 $h^{-1}\cdot bar^2$。

根据表5-58反应动力学参数计算不同实验条件下，甲醇制烯烃反应产物选择性如图5-76所示。由图可知，催化剂焦炭含量在0%～12.3%范围时，该动力学模型能够较好地预测甲醇制烯烃过程产物分布，模型可靠性较高。

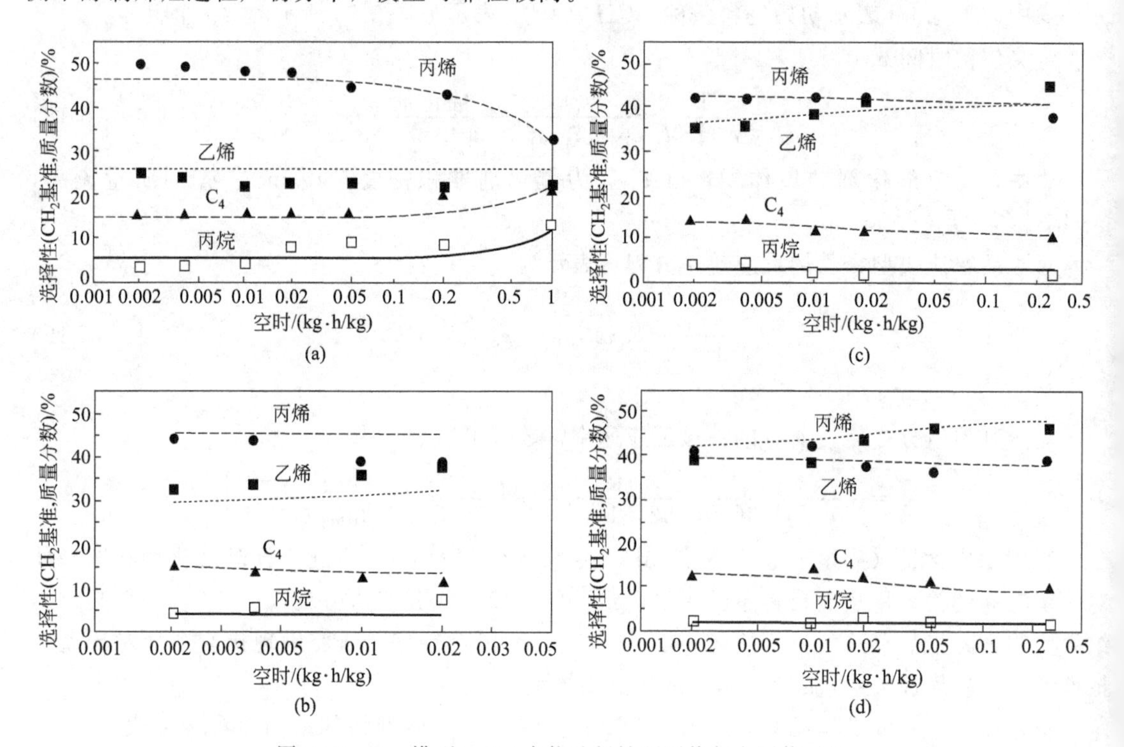

图5-76 Bos模型MTO产物选择性预测值与实际值对比
焦炭含量（质量分数）：(a) 0%；(b) 3.7%；(c) 8.9%；(d) 12.3%

挪威科技大学Chen等[206]也建立了甲醇制烯烃反应八集总动力学模型。研究认为产物中少量但稳定的副产物甲烷应在反应体系中加以考虑。由于甲烷的生成来源于催化剂表面甲氧基的分解，生成路径与其他产物不同，因此被作为单独的集总加以考虑。所有的烯烃被认为由二甲醚（DME）直接生成，由于反应过程中DME浓度难以测定，因而将甲醇和DME作为一个集总进行分析。建立了一个如图5-77所示集总动力学模型。由图可知，将产物分为甲烷、乙烯、丙烯、丁烯、C_5、C_6、烷烃（乙烷＋丙烷）和焦炭八个集总，所有低碳烯烃的生成反应均为一级反应，由二甲醚直接生成。烯烃能够进一步反应生成烷烃，C_5和C_6烃类分解生成烷烃，将乙烷和丙烷烃作为一个集总。甲烷生成有三种路径，甲醇直接生成甲烷、二甲醚生成甲烷和焦炭缩合过程中生成甲烷。

采用电子震荡天平（TEOM）反应器作为动力学实验装置，TEOM 反应器催化剂装填量为 5～10mg，可以作为理想的等温活塞流反应器处理。假设在反应器中，焦炭均匀分布在催化剂床层中，采用积分模型描述甲醇转化率。根据焦炭生成量拟合失活函数参数。

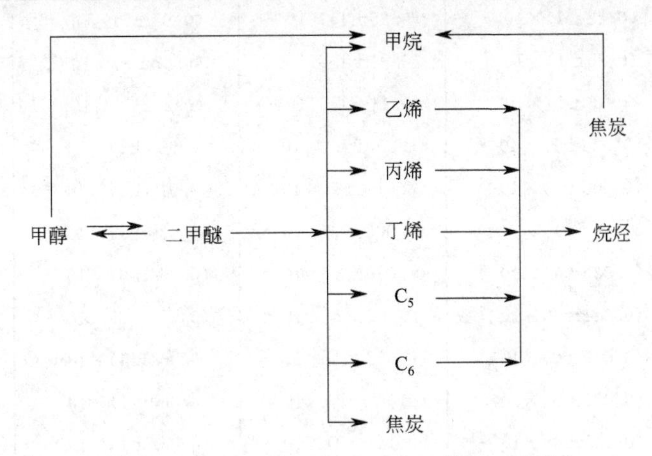

图 5-77　Chen D. MTO 反应动力学模型反应网络

反应器速率方程如式(5-21) 及式(5-22) 所示：

$$r_i = k_i^0 \phi_i y_i p_0 \, (i=1\sim5) \tag{5-21}$$

$$r_6 = (\textstyle\sum_{i=1}^{5} k_i^0 \phi_i) y_6 p_0 \tag{5-22}$$

式中，r_i（$i=1\sim6$）分别表示乙烯、丙烯、丁烯、C_5、C_6、含氧化合物的反应速率；k_i^0 表示初始反应速率常数，ϕ_i 为失活函数；y_i 为以干基 CH_2 为基础的摩尔分数；P_0 为初始阶段甲醇摩尔分压。

乙烷+丙烷的生成速率 r_7 如下所示：

$$r_7 = k_i^0 \phi_7 (1-y_6) p_0 \tag{5-23}$$

假设所有的速率常数均取决于焦炭含量，焦炭含量与速率常数变化关系定义为失活函数 ϕ_i，根据不同焦炭含量下，速率关系拟合得到失活函数与焦炭含量呈线性关系，如下所示：

$$\phi_i = 1 - \alpha C \tag{5-24}$$

式中，C 为催化剂上平均焦炭含量（质量分数），%。

采用四阶 Runge-Kutta 方法对微分方程进行积分求解，模型动力学参数采用最小二乘法拟合，利用 Levenberg-Marquart 方法编写 MATLAB 程序求解。目标函数如下：

$$S = \textstyle\sum_{i=1}^{n} \sum_{j=1}^{m} w_{ij} (y_{i\mathrm{PR}} - y_{i\mathrm{EXP}}) \tag{5-25}$$

式中，i 表示产物组分；j 表示动力学；$y_{i\mathrm{PR}}$ 和 $y_{i\mathrm{EXP}}$ 分别表示 i 组分摩尔分率的预测值和实验值；w_{ij} 表示质量因素。

动力学模型求解结果如表 5-59 和表 5-60 所示：在相同反应温度下，丙烯的反应速率常数最大，乙烯次之，丁烯反应速率常数为第三。碳五、碳六、乙烷+丙烷速率常数远低于乙烯、丙烯和丁烯。生成乙烯和丙烯的反应活化能分别为 38.4kJ/mol 和 27kJ/mol，表明反应温度升高，更有利于乙烯的生成。失活速率常数表征焦炭含量对产物选择性影响的程度，表 5-59 表明，随着产物分子量的增加，表观失活速率常数从 $(0.038\pm1)\times10^{-3}$ 逐渐增加到 $(0.066\pm3)\times10^{-2}$，失活速率常数与产物分子大小呈正相关，产物分子越大，焦炭对选择性影响越显著。乙烯分子比丙烯分子小，乙烯表观失活速率常数小于丙烯，因此催化剂含有一定量的焦炭有利于提高乙烯的选择性。

表 5-59 MTO 动力学模型速率常数和失活速率常数

项目	反应温度/℃			
	400	425	500	550
k_1^0	$(0.22\pm1)\times10^{-2}$	$(0.25\pm1)\times10^{-2}$	$(0.55\pm5)\times10^{-2}$	$(0.755\pm6)\times10^{-2}$
k_2^0	$(0.35\pm1)\times10^{-2}$	$(0.31\pm1)\times10^{-2}$	$(0.67\pm5)\times10^{-2}$	$(0.76\pm6)\times10^{-2}$
k_3^0	$(0.13\pm1)\times10^{-2}$	$(0.11\pm1)\times10^{-2}$	$(0.23\pm5)\times10^{-2}$	$(0.28\pm5)\times10^{-2}$
k_4^0	$(0.038\pm1)\times10^{-2}$	$(0.035\pm2)\times10^{-3}$	$(0.087\pm1)\times10^{-2}$	$(0.104\pm2)\times10^{-2}$
k_5^0	$(0.008\pm1)\times10^{-3}$	$(0.011\pm6)\times10^{-3}$	$(0.017\pm1)\times10^{-2}$	$(0.030\pm9)\times10^{-3}$
k_7^0	0	$(0.006\pm5)\times10^{-3}$	$(0.020\pm1)\times10^{-2}$	$(0.028\pm9)\times10^{-2}$
α_1	$(0.038\pm1)\times10^{-3}$	$(0.049\pm3)\times10^{-4}$	$(0.054\pm3)\times10^{-3}$	$(0.063\pm1)\times10^{-3}$
α_2	$(0.041\pm1)\times10^{-3}$	$(0.052\pm3)\times10^{-4}$	$(0.059\pm2)\times10^{-3}$	$(0.066\pm1)\times10^{-3}$
α_3	$(0.040\pm2)\times10^{-3}$	$(0.052\pm8)\times10^{-4}$	$(0.054\pm4)\times10^{-3}$	$(0.058\pm3)\times10^{-3}$
α_4	$(0.050\pm8)\times10^{-3}$	$(0.060\pm6)\times10^{-4}$	$(0.060\pm1)\times10^{-2}$	$(0.062\pm6)\times10^{-3}$
α_5	$(0.115\pm4)\times10^{-2}$	$(0.114\pm3)\times10^{-2}$	$(0.059\pm1)\times10^{-2}$	$(0.065\pm1)\times10^{-2}$
α_7	$(0.066\pm3)\times10^{-2}$	$(0.0.66\pm2)\times10^{-2}$	$(0.057\pm3)\times10^{-2}$	$(0.072\pm2)\times10^{-2}$

表 5-60 MTO 动力学模型动力学参数

反应	指前因子 A/[kmol/(g 催化剂·kPa·h)]	活化能 E/(kJ/mol)
1	7210	38.4
2	40	27
3	15	26.9
4	17	49.8
5	5	32.4
7	181	59.6

Chen[206]的甲醇制烯烃动力学模型反应路径众多，信息量较大。但是通过对其实验数据和参数重新进行回归拟合，发现数据相关性较差，且该模型所获得反应活化能等数据与其他学者报道结果相差较大，其模型实用性还有待于进一步验证[253]。

3. 五集总动力学模型

五集总甲醇制烯烃动力学模型如图 5-78 所示[248]，该模型将甲醇和二甲醚的平衡混合物作为反应物，称为含氧反应物（MDOH），甲醇生成烯烃的反应平衡常数远大于 1，为不可逆反应，不受化学平衡限制。假设甲醇对所有反应均为一级反应，由于 CH_4、CO_x 随温度的变化趋势与低碳烷烃和高碳烷烃规律不同，因而将 CH_4、CO_x归结为一个集总，低碳烷烃和高碳烷烃列为一个集总。催化剂积炭主要来源于含氧化合物在分子筛笼内生成的多甲基苯等中间体，呈现平行失活的特征，失活速率与反应物浓度有关。反应过程中的水可与反应物、产物竞争吸附催化剂活性中心，对主副反应具有影响。因而在反应速率方程中引入一个水的吸附阻力项

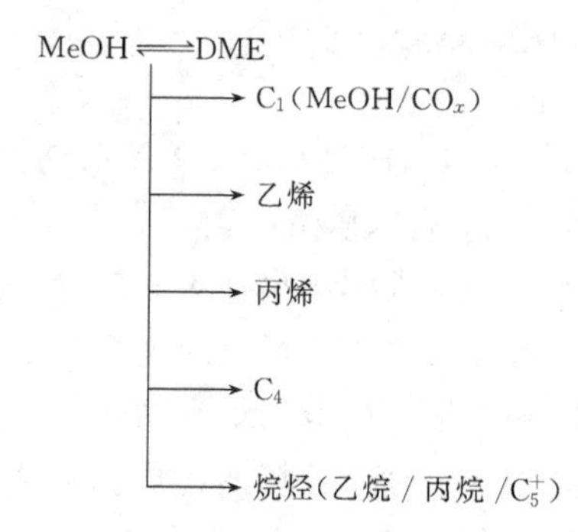

图 5-78 齐国祯五集总 MTO 反应动力学模型

H，用于定量描述水对各反应的影响程度，建立了如下五集总反应网络。

对于等温活塞流固定床反应器，忽略反应前后的体积变化，采用幂函数速率方程形式，写出各集总生成速率方程如下：

$$\begin{aligned}
\frac{dX_1}{d(W/F_{MO})}&=k_1aX_A/H\\
\frac{dX_e}{d(W/F_{MO})}&=k_2aX_A/H\\
\frac{dX_p}{d(W/F_{MO})}&=k_3aX_A/H\\
\frac{dX_b}{d(W/F_{MO})}&=k_4aX_A/H\\
\frac{dX_r}{d(W/F_{MO})}&=k_5aX_A/H\\
\frac{dX_A}{d(W/F_{MO})}&=-\left(\sum_1^5 k_1\right)aX_A/H\\
\frac{da}{dt}&=k_dX_Aa^d\\
H&=1+K_w(X_{wf}+X_{w0})aX_A/H
\end{aligned}\tag{5-26}$$

式中，X_1，X_e，X_p，X_b，X_r 分别表示生成 C_1（甲烷和 CO_x）、乙烯、丙烯、C_4 和其他烷烃的转化率；X_A 表示总的反应转化率；k_i 分别表示上述反应的速率常数；X_{w0} 和 X_{wf} 分别表示原料甲醇含水率和生成水比例。

其中反应过程中生成水的量 X_{wf} 与产物中含氧化合物浓度 X_A 具有如下关系：

$$X_{wf}=0.566-0.280X_A+0.247X_A^2-0.311X_A^3\tag{5-27}$$

取反应时间为 1.5min 时产物分布数据进行动力学计算，此时催化剂活性与新鲜催化剂活性一致。利用 Matlab 软件编程，采用 Marquardt 算法迭代计算，获得不同温度下各反应的 k_i，根据 Arrhenius 方程：

$$\ln k_i=\ln A_{oi}-\frac{E_i}{R}\times\frac{1}{T}\tag{5-28}$$

对 $-\ln k_i \sim 1/T$ 得到不同速率常数对应的指前因子 A_{oi} 和活化能 E_i 如下：

$$\begin{cases}
k_1=4.16\times10^7\exp(-100560/RT)\\
k_2=8.80\times10^7\exp(-89051/RT)\\
k_3=1.46\times10^7\exp(-77576/RT)\\
k_4=5.92\times10^5\exp(-64857/RT)\\
k_5=2.72\times10^5\exp(-62069/RT)
\end{cases}\tag{5-29}$$

随着反应的进行，催化剂积炭含量增加，在反应器内部产物分布不仅与位置有关，而且与反应时间有关。在反应器设计中，催化剂失活速率与本征反应速率同样重要。定义催化剂活性 a 为某时刻反应物 A 在催化剂上的反应速率与反应物在新鲜催化剂上反应速率之比。在催化剂床层轴向的某一点，根据不同反应时间点含氧化合物的消耗速率之比，求得催化剂活性 a，然后在整个床层内积分，得到催化剂床层不同高度活性平均值。利用失活速率常数 k_d 与反应温度关系符合 Arrhenius 方程，求得失活速率常数 k_d 表达式如下：

$$k_d=8.15\times10^9\exp(-111284/RT)\tag{5-30}$$

将催化剂失活速率带入得到甲醇制烯烃反应速率方程。该动力学模型类似于双曲线型动力学方程，分母为水的吸附阻力项与焦炭引起的失活阻力项的乘积。

$$\left\{\begin{aligned}
&\frac{dX_1}{d(W/F_{MO})}=\frac{k_1X_A}{(1+K_wX_w)(1+k_dX_At)}\\
&\frac{dX_e}{d(W/F_{MO})}=\frac{k_2X_A}{(1+K_wX_w)(1+k_dX_At)}\\
&\frac{dX_p}{d(W/F_{MO})}=\frac{k_3X_A}{(1+K_wX_w)(1+k_dX_At)}\\
&\frac{dX_b}{d(W/F_{MO})}=\frac{k_4X_A}{(1+K_wX_w)(1+k_dX_At)}\\
&\frac{dX_r}{d(W/F_{MO})}=\frac{k_5X_A}{(1+K_wX_w)(1+k_dX_At)}\\
&\frac{dX_A}{d(W/F_{MO})}=\frac{-\left(\sum_{i}^{5}k_i\right)\cdot X_A}{(1+K_wX_w)(1+k_dX_At)}\\
&k_1=4.16\times10^7\exp(-100560/RT)\\
&k_2=8.80\times10^7\exp(-89051/RT)\\
&k_3=1.46\times10^7\exp(-77576/RT)\\
&k_4=5.92\times10^5\exp(-64857/RT)\\
&k_5=2.72\times10^5\exp(-62069/RT)\\
&K_w=1.00\\
&X_w=0.566-0.280X_A+0.247X_A^2-0.311X_A^3+X_{w0}
\end{aligned}\right. \tag{5-31}$$

上述反应速率方程式将反应温度、水醇比、甲醇重时空速、催化剂积炭等多个因素纳入其中，能够预测不同反应时间点 MTO 反应沿床层的浓度分布，或者床层轴向某一点各产物浓度随时间的变化趋势。模型预测不同反应温度、水醇比和重时空速时反应器出口产物浓度随时间变化规律与实验值吻合较好，表明该动力学模型可靠性较好。由于该动力学模型考虑积炭失活是反应时间的函数，未考虑反应物浓度对积炭的影响，因此该动力学模型无法反映操作条件对积炭反应的影响。

西班牙 PAIS VASCO 大学 Gayubo 等[247]在八集总 12 反应动力学模型基础上，认为积炭变化速率常数在最初极短时间内变化较大，而在随后的反应时间内变化不大，该段时间正是动力学可以研究的区间。因此，他采用外推方法获得反应初始时刻的产物组成分布，忽略了积炭的影响，并且将反应体系中水含量的影响进行考虑，认为水与反应物、产物竞争吸附催化剂表面的活性中心。此外还忽略了 12 反应动力学模型中几个较慢的反应，从而获得一个 8 反应动力学模型[如图 5-79(a)所示]，从模型的预测值与实验值对比来看，简化模型同样可以较好地描述反应初始时刻产物分布随甲醇 W/F_{M0} 的变化规律。在此基础上，忽略二次反应对模型继续简化，最终获得只有乙烯、丙烯、丁烯和其他烃类的四集总的简化动力学模型[如图 5-79(b)所示]，仍可以较好地描述反应初始时刻产物分布。作者采用外推法获得反应初始时刻产物分布，得到的值不是真实实验值，而且采用外推曲线不同会引起外推值出现较大误差。Gayubo 的动力学模型忽略了积炭对反应影响，在预测产物分布时会带来一定的偏差。

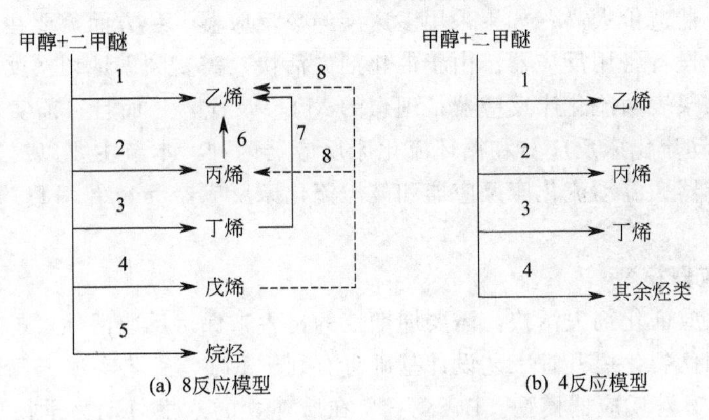

图 5-79　Gayubo MTO 反应动力学模型反应网络

胡浩等[235]利用固定床微分反应器在 SAPO-34 分子筛催化剂上进行了 MTO 反应本征动力学研究，也建立了五集总动力学模型，如图 5-80 所示。集总划分为甲烷、乙烯、丙烯、丁烯和其他烃类，其中其他烃类包括乙烷、丙烷、丁烷、碳五及以上组分。将丁烯作为单独集总，与齐国祯将混合碳四作为集总不同。此外，甲烷单独作为集总，齐国祯则将甲烷和一氧化碳、二氧化碳等统一作为碳一集总。经统计检验，建立的动力学模型对 MTO 反应主要产物乙烯、丙烯和丁烯的预测结果令人满意。

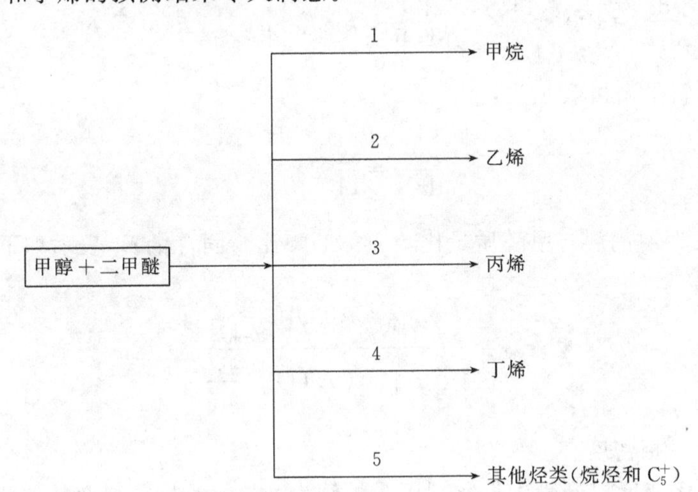

图 5-80　胡浩五集总 MTO 反应动力学模型

（二）反应器模型

将甲醇制烯烃反应动力学模型与反应器内流动、传质模型相结合，从而获得甲醇制烯烃过程的反应器模型。反应器模型的建立和求解对于工业装置的反应器的设计具有重要意义。国内外研究者[246,254]先后模拟了固定床、提升管反应器、循环快速流化床反应器、湍动流化床反应器产物分布和选择性。研究结果表明固定床反应器不适合作为 MTO 反应器。流化床反应器能够实现催化剂的连续反应和再生，同时便于反应和再生过程中取走过量的热。

固定床反应器不适宜作为 MTO 反应器，主要有以下 4 个难以克服的困难：一是反应放热量大，固定床反应器取热困难；二是催化剂失活快，需要多个反应器进行切换；三是固定床反应器催化剂再生困难；四是反应器压降大。Alwahabi 等[254]模拟结果也表明，MTO 反应采用准等温固定床反应器，即使不考虑催化剂的快速失活，等温操作需要列管式反应器，工业化规模的反应器造价太高；如果采用多床层绝热反应器，一方面需要在层间设置取热设施，另一方面需要设置备用反应器。由于催化剂失活快，需要频繁地切换反应器进行催化剂再生。模拟研究结果表明流化床反应器是理想的MTO反应器，而且目前实现工业化应用的MTO反应器是湍动流化床反应器和循环流化床反应器两种。本节主要以提升管反应器、循环快速流化床反应器、湍动流化床反应器和鼓泡流化床反应器等介绍MTO反应器模型研究进展。

1. 提升管反应器模型

甲醇制烯烃反应催化剂失活快，需要周期性的再生来保持反应活性，与催化裂化装置相似。借用成熟的催化裂化提升管工艺设计基础将有利于MTO工艺实现工业化，鉴于此，研究者建立MTO提升管反应器模型。Bos等[246]在所建立的八集总动力学模型基础上研究了MTO提升管反应器模型。Bos采用最大量生产乙烯的模式，研究了提升管反应器中MTO反应选择性。模拟基础为反应压力0.17MPa（表压）、反应温度450℃、乙烯产量30万吨/年，甲醇转化率为99%（质量分数）。

提升管反应器模型采用典型的提升管-再生器布置方式，假设如下：气体为活塞流；催化剂固相为活塞流；气相、固相速率相等（无固相滑落、返混）。催化剂上焦炭沿轴向分布可表示为：

$$\frac{\mathrm{d}c}{\mathrm{d}\tau^*}=100\times\frac{14}{32}\times\frac{1}{\mathrm{CATOIL}}(k_7 w_{\mathrm{MeOH}}^* p^* + k_{10} w_{\mathrm{C_3^=}}^* p^*) \tag{5-32}$$

同时气相中物料平衡可表示为：

$$\frac{\mathrm{d}w_i^*}{\mathrm{d}\tau^*}=\frac{32}{14}\sum r_i \tag{5-33}$$

CATOIL定义为催化剂与甲醇质量比，简称剂醇比。固含量$\varepsilon_{\mathrm{cat}}$表示如下：

$$\varepsilon_{\mathrm{cat}}=\frac{w_{\mathrm{MeOH}}\mathrm{CATOIL}\,\frac{\rho_g}{\rho_{\mathrm{cat}}}}{1+w_{\mathrm{MeOH}}\mathrm{CATOIL}\,\frac{\rho_g}{\rho_{\mathrm{cat}}}} \tag{5-34}$$

式中，ρ_g表示气相密度。

典型的催化裂化装置提升管中催化剂固含量约为2%，因此采用剂醇比为30进行计算，假设气体气速为10m/s。图5-81给出了提升管进口催化剂焦炭含量对产物选择性的影响以及基准条件下提升的长度。综合考虑提升管长度和乙烯/丙烯比例，催化剂采用完全再生时，乙烯/丙烯比例不可能达到1；如果采用部分再生催化剂，要达到期望的烯烃选择性，提升管的长度约150m。

齐国祯[248]也模拟了提升管反应器中MTO反应工况。研究选用工业中常用的提升管反应器直径0.85m，高度为30m，操作线速为8m/s，催化剂循环量为30t/h。模拟工况详细参数如表5-61所示。

与床层反应器不同，提升管反应器催化剂停留时间很短，但催化剂循环量较大时，催化剂单程活性基本不变。提升管模拟结果如图5-82所示，结果表明提升管反应器出口甲醇转化率仅为53.4%（质量分数），出口温度增加40℃。经计算提升管反应器中催化剂固含量仅为0.25%，催化剂循环量小导致床层温升较大。

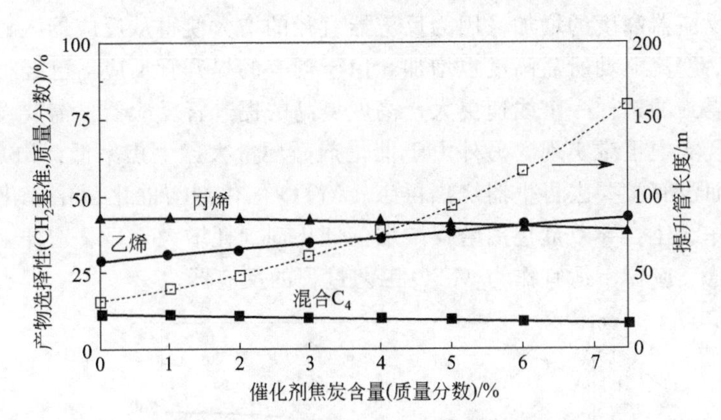

图 5-81　入口催化剂含炭量对产物分布的影响和提升管长度

表 5-61　提升管反应器模拟基本参数

参数	数值	参数	数值
提升管反应器直径 d_t	0.85m	混合气体平均摩尔热容 C_{pg}	57J/(mol·K)
提升管反应器高度 Z	30m	反应放热量 H_r	30kJ/mol
催化剂颗粒密度 ρ	1600kg/m^3	催化剂循环量 R_p	30000kg/h
催化剂平均粒径 d_p	60μm	气体质量流率 g_m	8500kg/h
催化剂摩尔热容 C_p	120J/(mol·K)	反应器入口温度 T	475℃
混合气体黏度,μ_g	2.34×10^{-5}Pa·s	反应器床层平均密度 ρ	40kg/m^3
混合气体密度 ρ_g	0.54kg/m^3	剂醇比 CTM	7
入口处催化剂活性 a	1		

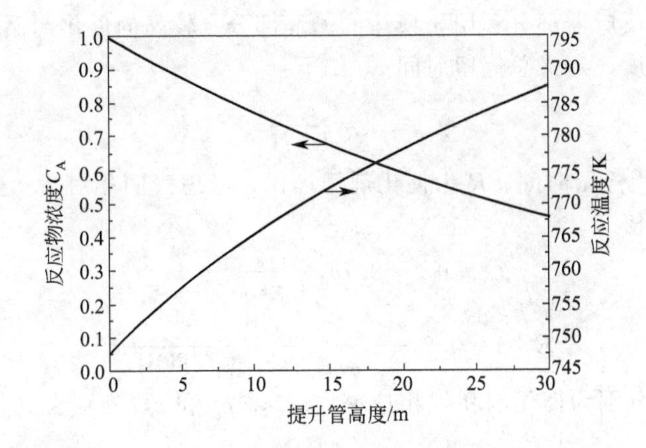

图 5-82　模拟提升管反应器床层反应物浓度分布和温度分布（催化剂循环量为 30t/h）

当催化剂循环量增加到 400t/h，保持其他操作条件不变，提升管中催化剂固相分率增加到 1.6%，提升管模拟结果如图 5-83 所示，甲醇转化率能够达到 99%，床层温升降低到 10℃左右。

虽然该催化剂循环量在现有工业条件下能够实现，但是在催化剂高达 400t/h 循环量和高气速条件下，装置处理甲醇规模仅为 6.8 万吨。由于 MTO 反应甲醇分子量远小于催化裂化原料，因此要实现百万吨级甲醇处理量，提升管反应器难以实现。要增大装置处理量有两种方法，一是增加气体线速；二是增大反应器直径。通常反应器内固体催化剂浓度随着气相线速的增加而降低，要满足原料和催化剂的充分接触，必然要增大反应器高度；而增大反应器直径也会引起反应器高度的增加。因为反应器直径的增大使得从反应器入口到实现气固相较为稳定且接近活塞流流动所需高度也增加。由于现有的提升管反应器已经很高，所以无论采取哪种方式，得到的这样一个线速更大，高度更高的提升管反应器，需要设计一个相对大的沉降器，这在现实中很难实现。另外由于催化剂循环量大，生焦率低，MTO 催化剂单程活性降低很小，而没有必要去再生器烧焦再生。MTO 催化剂与催化裂化催化剂相比，价格昂贵，较高的操作线速会导致催化剂磨损增加，催化剂剂耗增大，显著增加生产成本。

综上，提升管反应器不适宜作为 MTO 工艺过程的反应器。

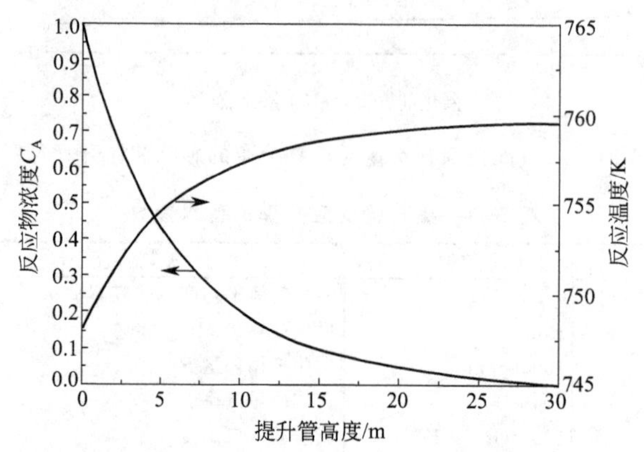

图 5-83 模拟提升管反应器床层反应物浓度分布和温度分布（催化剂循环量为 400t/h）[248]

2. 循环快速流化床反应器模型

Bos[246]模拟了循环快速流化床反应器 MTO 原料转化率和产物分布情况。循环快速流化床包括密相提升管反应器部分和用于换热的循环部分。较高的催化剂循环速率能够降低提升管密相反应部分温度。定义总停留时间 τ_{cat} 如下：

$$\tau_{pass}=\frac{\tau_{cat}}{R+1} \tag{5-35}$$

式中，τ_{pass} 为单程停留时间；R 为催化剂循环比，考虑气固相对滑落速率，假设固体速率为气体速率的 0.7 倍。

$$v_{cat}=0.7v_g\frac{\varepsilon_{cat}}{1-\varepsilon_{cat}} \tag{5-36}$$

$$R+1=0.7\frac{\varepsilon_{cat}}{1-\varepsilon_{cat}}\times\frac{\rho_{cat}}{\rho_g}\times\frac{1}{\mathrm{CATOIL}} \tag{5-37}$$

式中，v_{cat} 和 v_g 分别为催化剂和气相速率，m/s；ρ_g 和 ρ_{cat} 分别为气相和催化剂颗粒密度，kg/m^3。

其中：$\mathrm{CATOIL}=\frac{\varepsilon_{cat}V_r\rho_{cat}}{\tau_{cat}\phi_{MeOH}}$

式中，V_r 为反应器体积，m^3；ϕ_{MeOH} 为甲醇质量流量，kg/m^3；ε_{cat} 为反应器中固含率，m^3_{cat}/m^3。

反应部分热力学温升 ΔT_{ad}：$$\Delta T_{ad}=\frac{X_{MeOH}^{inl}(-\Delta H_r)}{M[\mathrm{CATOIL}\times(C_{p_{cat}})+c_{p_g}]} \tag{5-38}$$

式中，C_{pcat} 和 C_{pg} 分别为催化剂比热容和气相比热容。

催化剂停留时间分布函数如下：

$$E(t)=\frac{1}{\tau_{cat}}e^{t/\tau_{cat}} \tag{5-39}$$

为了计算焦炭分布与催化剂停留时间分布的关系，需要对焦炭与停留时间进行关联，在本动力学模型中，焦炭生成速率受甲醇分压的影响，此外丙烯分压对焦炭生成也有轻微影响。为了简化计算，仅考虑甲醇分压的影响。甲醇分压取提升管进出口分压的对数平均值。

$$\frac{dc}{dt}=k_7^0 e^{-\alpha_7 C}\overline{p_{MeOH}}=k_7^M e^{-\alpha_7 C} \tag{5-40}$$

$$\overline{p_{MeOH}}=\frac{\xi p^*}{-\ln(1-\xi)} \tag{5-41}$$

$$C(t)=\frac{\ln(1+\alpha_7 k_7^M t)}{\alpha_7} \tag{5-42}$$

式中，k_7^M 为根据公式(5-40) 修正的速率常数，h^{-1}；ξ 为甲醇相对转化率。

提升管反应器平均焦炭含量 $\bar{C}$

$$\bar{C}=\int_0^{\infty} C(t)E(t)dt=\int_0^{\infty}\frac{\ln(1+\alpha_7 k_7^M t)}{a_7}\frac{1}{\tau_{cat}}e^{-t/\tau_{cat}}dt \tag{5-43}$$

平均速率常数定义如下：

$$\bar{k_i}=\int_0^{\infty} k_i[C(t)]E(t)dt \tag{5-44}$$

$$\bar{k_i}=\frac{k^0}{\tau_{cat}}\int_0^{\infty}(1+\alpha_7 k_7^M t)^{-\alpha_i/\alpha_7}e^{-t/\tau_{cat}}dt \tag{5-45}$$

利用 SimuSolv 程序数值求解上述方程，模拟结果如图 5-84 所示。催化剂停留时间为总停留时间，包括在反应器床层和催化剂循环部分停留时间加和，等于催化剂单程停留时间与 $(R+1)$ 的乘积。由图 5-84 可知，当催化剂停留时间为 7min 时，平均的焦炭含量为 8.2%（质量分数）左右，此时乙烯/丙烯比接近 1。当停留时间继续增大时，乙烯/丙烯比例增大，同时反应器体积也显著增大。

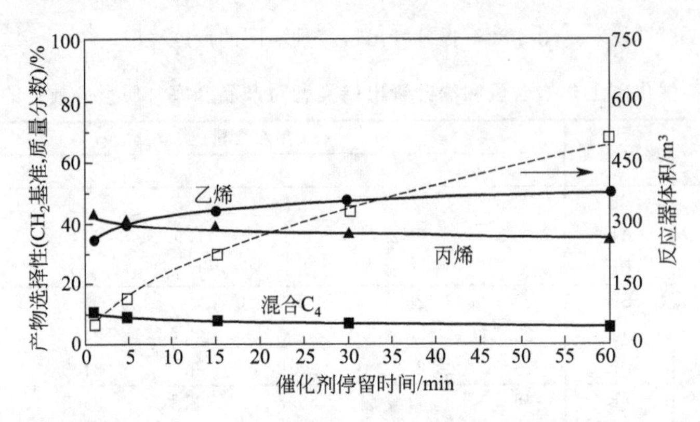

图 5-84　催化剂停留时间对产物分布和反应器体积的影响（循环快速流化床反应器）

Soundararajan 等[41]也对循环流化床反应器在 MTO 过程的应用进行了模拟，循环流化床反应器包括了位于提升管底部的进料系统、包含催化剂颗粒的垂直提升管，提升管内是快速流化态，甲醇进料进入提升管的速度为 3m/s，提升管内气相是连续相，催化剂颗粒是分散相，催化剂颗粒随气体向上移动（提升管壁附近会有些返混）；由于催化剂在提升管内的停留时间很短，因此单程反应沉积在催化剂上的焦炭也比较少；催化剂离开提升管后进入旋风分离器，回收的催化剂一部分去再生器再生，大部分返回提升管底部，通过这种方式来控制提升管内催化剂的平均含炭量。

表5-62是模拟计算采用的操作条件，对不同的提升管出口设施（见图5-85）及不同催化剂焦炭含量的模拟结果如表5-63所示，结果显示催化剂上焦炭含量和提升管出口形式均对产品产率产生很大影响，当焦炭含量为5%时产品的选择性最高；提升管采用带伸出式直角出口时产品的选择性高，其原因是提升管内催化剂密度增加造成的。

表5-62 标准操作条件

项目	条件	数值
提升管参数	质量流量	100kg/(m^2·s)
	气体速度	3m/s
	温度	450℃
	压力	100kPa(1atm)
	提升管直径	0.2m
	提升管高度	10m
入口气体	气体密度	1.184(kg/m^3)
	气体黏度	1.8×10^{-5}Pa·s
催化剂	SAPO-34(属于Geldart A类)	
	催化剂直径	80μm
	催化剂密度	1500kg/m^3

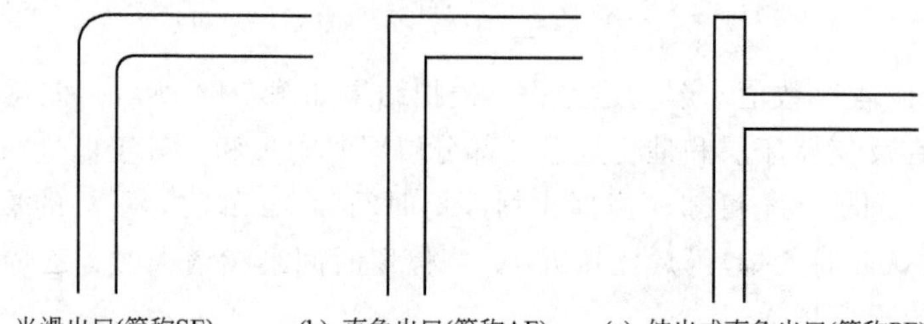

(a) 光滑出口(简称SE)　(b) 直角出口(简称AE)　(c) 伸出式直角出口(简称PE)

图5-85 提升管出口三种不同的设施

表5-63 催化剂上焦炭含量和提升管出口类型对产品产率（质量分数）的影响 单位：%

产品	出口类型	焦炭含量(质量分数)/%						
		0	3.7	5	7	8.9	10	12.3
甲烷	SE	2.3	2.2	2.0	1.8	1.5	1.3	0.9
	AE	2.3	2.2	2.1	1.9	1.6	1.5	1.1
	PE	2.3	2.2	2.1	1.9	1.7	1.5	1.2
乙烯	SE	23.5	26.0	25.7	24.1	21.6	19.9	16.1
	AE	23.5	26.8	27.0	26.0	24.0	22.5	18.9
	PE	23.5	27.0	27.2	26.4	24.5	23.1	19.5
丙烯	SE	46.5	41.7	38.3	32.1	25.8	22.4	15.8
	AE	46.6	43.0	40.2	34.6	28.7	25.3	18.6
	PE	46.6	43.2	40.5	35.1	29.3	25.9	19.2
丙烷	SE	5.5	3.8	3.2	2.4	1.7	1.4	0.8
	AE	5.6	4.0	3.4	2.6	1.9	1.5	1.0
	PE	5.6	4.0	3.4	2.6	1.9	1.6	1.0
C_4	SE	16.4	14.5	13.2	11.0	8.6	7.6	5.3
	AE	16.5	14.9	13.9	11.8	9.8	8.6	6.3
	PE	16.5	15.0	14.0	12.0	10.0	8.8	6.5
C_5	SE	5.3	3.1	2.4	1.6	0.9	0.8	0.4
	AE	5.4	3.2	2.5	1.7	1.1	0.9	0.5
	PE	5.4	3.2	2.5	1.7	1.1	0.9	0.5

3. 湍动流化床反应器模型

湍动流化床是一种在工业装置中广泛使用的流化床种类。目前工业化的甲醇制烯烃装置反应器采用湍动流化床形式。工业应用中典型的湍动流化床反应器如图 5-86 所示。与循环快速流化床相比，湍动流化床反应器气速较低，催化剂在反应器中的固相含量高，催化剂的停留时间较长。MTO 反应催化剂失活与催化裂化催化剂相比较慢，催化剂在反应器中较长的停留时间有利于提高产物的选择性和转化率。此外，湍动流化床催化剂处于高度返混流化状态，便于装置取热。

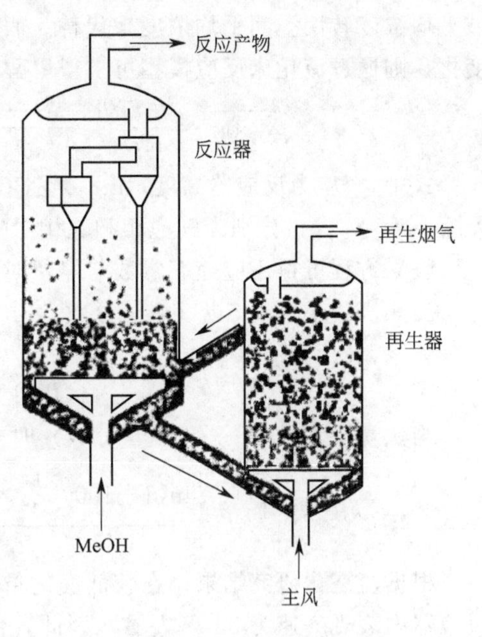

图 5-86　工业应用中典型的湍动流化床反应器示意图

浙江大学的郑康等[253]建立了气固连续操作的湍动流化床反应器模型，包括催化剂颗粒模型和流化床模型。模型计算结果与工业试验装置吻合较好，本节详细介绍该模型。

(1) 颗粒模型

由 MTO 动力学模型可知，催化剂积炭是影响 MTO 反应过程中低碳烯烃选择性的关键因素，而积炭反应速率又与催化剂颗粒在反应器中的停留时间和气相反应物浓度有关。流化床反应器中气固两相的返混状态和停留时间差异，导致不同催化剂颗粒的停留时间及其经历的气相浓度环境也不同，反应器模拟从单颗粒催化剂模型出发对催化剂颗粒群的总体流动行为进行统计平均。首先建立催化剂的颗粒模型，考察催化剂颗粒的流动状态。

甲醇制烯烃催化剂颗粒粒径分布主要在 40～100μm 之间，是典型的 A 类流化颗粒。将催化剂颗粒作为等直径的微球，在连续操作的情况下，不同颗粒上的积炭量由颗粒在反应器内的停留时间决定，为了准确描述颗粒群的流动行为，首先确定单颗粒的反应速率和积炭行为，然后通过对停留时间分布进行加权求和，获得颗粒群的平均反应结果。

单颗粒催化剂上积炭生成瞬时速率如下：

$$\frac{dc}{dt}=100\times14/32\times k_c^0\Omega_w e^{-\alpha_c C}X_{MeOH} \tag{5-46}$$

式中，k_c^0 为积炭反应速率常数；Ω_w 为与水相关的失活系数；α_c 为积炭参数；X_{MeOH} 为催化剂颗粒在反应器中局部瞬时浓度。对该式积分得到焦炭生成速率与停留时间关系

$$C(t)=\frac{\ln(100\times14/32\times\alpha_c k_c^0\Omega_w\overline{X_{MeOH}})}{\alpha_c} \tag{5-47}$$

式中，$\overline{X_{MeOH}}$ 为单颗粒催化剂在反应器内所经历的气相反应物甲醇的平均浓度

$$\overline{X_{MeOH}}=\frac{1}{t}\int_0^t X_{MeOH}\,dt \tag{5-48}$$

式中，t 为反应时间，即催化剂颗粒在反应器中所经历的时间。通常情况下，流化床中气相反应物浓度是不均匀的，在反应器内存在浓度分布，催化剂颗粒在反应器床层内运动时反应物均不断变化，使得反应物浓度平均值难以确定。采用统计力学中的各态遍历假设估算

平均浓度。工业甲醇制烯烃装置催化剂平均停留时间较长，约为几十分钟，每个催化剂颗粒都可能经历床层中的所有气体浓度区域，而且概率相同。因而将单个催化剂颗粒的反应物时域平均浓度转用空间平均浓度来代替。假设反应物浓度在反应器径向没有差异，仅在轴向上变化，则通过流化床反应模型可求得甲醇反应物的平均浓度。

$$\overline{X_{\mathrm{MeOH}}} = \frac{1}{H_{\mathrm{f}}}\int_{0}^{H_{\mathrm{f}}}\left[\frac{\delta f_{\mathrm{b}}}{1-f_{\mathrm{f}}}X_{\mathrm{b,MeOH}} + \frac{(1-\delta)f_{\mathrm{e}}}{1-f_{\mathrm{f}}}X_{\mathrm{e,MeOH}}\right]\mathrm{d}z \tag{5-49}$$

式中，H_{f} 为反应器高度，m；δ 为气泡相分率；f_{b} 和 f_{e} 分别为气泡相和乳相固含率；$X_{\mathrm{b,Meoh}}$ 和 $X_{\mathrm{e,MeoH}}$ 分别为气泡相和乳相甲醇分率。

联立方程可得反应速率常数与停留时间的关系如下。

当焦炭量小于 6.5%（质量分数）时

$$k_j = k_j^0\left(1+100\times 14/32\times \alpha_{\mathrm{c}}k_{\mathrm{c}}^0\Omega_{\mathrm{w}}\overline{X_{\mathrm{MeOH}}t}\right)^{\frac{1}{\alpha_{\mathrm{c}}}}(j=2\sim 6) \tag{5-50}$$

当焦炭量大于 6.5%（质量分数）时

$$k_j = k_j^{\mathrm{t}}\left\{1-\beta_j\left[\frac{\ln\left(1+100\times\frac{14}{32}\times\alpha_{\mathrm{c}}k_{\mathrm{c}}^0\Omega_{\mathrm{w}}\mathrm{e}^{-\alpha_{\mathrm{c}}}\overline{X_{\mathrm{MeOH}}t}\right)}{\alpha_{\mathrm{c}}}-6.5\right]\right\}(j=2\sim 6) \tag{5-51}$$

根据流态化研究结果，在较低气速条件下，催化剂颗粒接近全混流。根据工业装置计算反应器内表观气速为 2m/s 左右。因此，催化剂颗粒停留时间分布按照全混流模型计算。

理想全混流模型，颗粒停留时间分布为：$E(t)=\frac{1}{\tau}\mathrm{e}^{-t/\tau}$，$\tau$ 为催化剂颗粒平均停留时间。对所有催化剂颗粒按停留时间分布函数积分，得到各反应的平均速率常数。从而得到了连续操作流化床反应器内停留时间分布模型和积炭分布模型，停留时间分布函数根据反应器型式差异选择合适的模型。

$$\overline{k_j} = \int_0^{\infty} k_j(t)E(t)\mathrm{d}t \tag{5-52}$$

$$\bar{C} = \int_0^{\infty} C(t)E(t)\mathrm{d}t \tag{5-53}$$

（2）流化床模型

根据流态化理论，反应器床层内固体颗粒随着表观气速变化先后经过散式流态化、鼓泡流态化、湍动流态化，快速流态化和气力输送等。湍动流态化存在烯密两相空间，气泡（气泡相）数量增多，粒径变小，两相界面模糊不清，稀相颗粒夹带增大。在反应器中间区域，气泡相向上流动，在反应器边壁区域，固相（乳化相）催化剂沿着反应器器壁向下流动。气泡相固含率很低，且在轴向上保持不变，密相区固含率保持不变，稀相区固含率随着高度增加而降低。假设甲醇制烯烃反应在等温等压条件下进行，气体为理想气体。反应过程中的各个组分涉及两相传质与反应，对每种气相组分如 MeOH、C_1^0、$C_2^=$、$C_3^=$、C_3^0、混合 C_4、混合 C_5、水，分别写出气泡相和乳化相的物料守恒方程式如下：

$$\begin{cases} -u_{\mathrm{b}}\dfrac{\partial x_{\mathrm{b},i}}{\partial z}+D_{z,\mathrm{b}}\dfrac{\partial^2 x_{\mathrm{b},i}}{\partial z^2}+\dfrac{D_{\mathrm{r,b}}}{r}\dfrac{\partial}{\partial r}\left(r\dfrac{\partial x_{\mathrm{b},i}}{\partial r}\right)=K_{\mathrm{be},i}(x_{\mathrm{b}}-x_{\mathrm{e}})+f_{\mathrm{b}}\dfrac{\rho_{\mathrm{s}}}{\rho_{\mathrm{g}}}R_{\mathrm{b},i} \\ -u_{\mathrm{e}}\dfrac{\partial x_{\mathrm{e},i}}{\partial z}+D_{z,\mathrm{e}}\dfrac{\partial^2 x_{\mathrm{e},i}}{\partial z^2}+\dfrac{D_{\mathrm{r,e}}}{r}\dfrac{\partial}{\partial r}\left(r\dfrac{\partial x_{\mathrm{e},i}}{\partial_r}\right)=-\dfrac{\delta}{1-\delta}K_{\mathrm{be},i}(x_{\mathrm{b}}-x_{\mathrm{e}})+f_{\mathrm{b}}\dfrac{\rho_{\mathrm{s}}}{\rho_{\mathrm{g}}}R_{\mathrm{e},i} \end{cases} \tag{5-54}$$

式中，u_{b} 和 u_{e} 分别为气泡相气体速度和乳相气体速度，m/s；$x_{\mathrm{b},i}$ 和 $x_{\mathrm{e},i}$ 为气泡相和

乳相中第 i 种组分在气相中的质量分率；$D_{z,b}$ 和 $D_{e,b}$ 分别为气泡相和乳相中气体轴向扩散系数；z 为轴向高度；r 为径向半径；$K_{be,i}$ 为气泡相和乳相间气体传质系数（以气泡相体积为基准），1/s；f_b 为气泡相固含率；$R_{b,i}$ 和 $R_{e,i}$ 分别为气泡相和乳相中 i 组分的反应速率，kg/(kg 催化剂·h)；ρ_s 和 ρ_g 分别为气体密度和催化剂颗粒密度，kg/m^3；δ 为气泡相分率。

该模型中第一项表示气体的主体流动；第二、第三项分别表示气体的轴向扩散和径向扩散；第四项和第五项表示相间传质；最后一项表示该相中气体组分反应。

模型的气固径向不均匀性由分相模型进行考虑，因此忽略气体的径向扩散，假设各相中气体在径向上为均匀分布。在实际的反应器中，气体轴向返混远大于气体的径向扩散。湍动流化床乳化相孔隙率相对于起始流化孔隙率基本不变，而起始流化速度远小于气泡相中气体速度，因而模型中乳化相的气体流动和返混亦可以忽略。

流化床模型简化为：

$$\begin{cases} -u_b \dfrac{\partial x_{b,i}}{\partial z} + D_{z,b}\dfrac{\partial^2 x_{b,i}}{\partial z^2} = K_{be,i}(x_b - x_e) + f_b \dfrac{\rho_s}{\rho_g} R_{b,i} \\ \dfrac{\delta}{1-\delta} K_{be,i}(x_b - x_e) = f_e \dfrac{\rho_s}{\rho_g} R_{e,i} \end{cases} \tag{5-55}$$

边界条件为：

$$\begin{cases} z=0: -D_z \dfrac{dx_{b,i}}{dz} = u_b(x_i|in - x_{b,i}|o) \\ z=H_f: \dfrac{dx_{b,i}}{dz} = 0 \end{cases} \tag{5-56}$$

式中，x_i 为各相中组分 i 的质量分数；$K_{be,i}$ 为气泡相和乳化相之间的传质系数；f_b、f_e 为气泡相和乳化相中催化剂颗粒的体积分数；R_i 为各相中的反应速率；H_f 为反应器长度，m。

$$R_i = \sum\nolimits_{j=1}^{n} V_j \overline{k_j} x_{MeOH} \tag{5-57}$$

式中，$\overline{k_j}$ 为根据停留时间分布函数计算的平均反应速率常数。

(3) 模型求解

甲醇制烯烃湍动流化床反应器模型包括反应动力学模型、催化剂颗粒模型、湍动流化床二区二相模型、参数估算四部分。模型由一组复杂的微分-代数方程构成，需要进行数值求解。采用过程模拟软件 GPROMS 进行编程求解。计算流程如图 5-87 所示：首先将参数估算作为子模块，对动力学、反应器、流体力学参数进行汇总和计算，然后将上述参数带入热力学基础物性模块、催化剂颗粒模型模块、动力学模块和反应器二区二相模块。求解各区各相中混合气体基础物性、速率常数、产物分布和积炭等。

反应操作条件选择中科院大连化物所中试实验数据，起始流化孔隙率为 0.55，催化剂粒径为 60μm，密度为 1500kg/m^3，操作气速为 0.8m/s。根据专利公布操作条件为：反应温度 450℃，反应压力 0.1MPa，停留时间 2.7h，重时空速 1.8h^{-1}，水醇比 0.25。

计算得到甲醇转化率、气相产物选择性、催化剂平均积炭量预测值与试验值对比如表 5-64 所示。由表可知，甲醇转化率与实验值相符，所得产物选择性与实验结果基本一致，表明该反应器模型具有较好的可靠性。

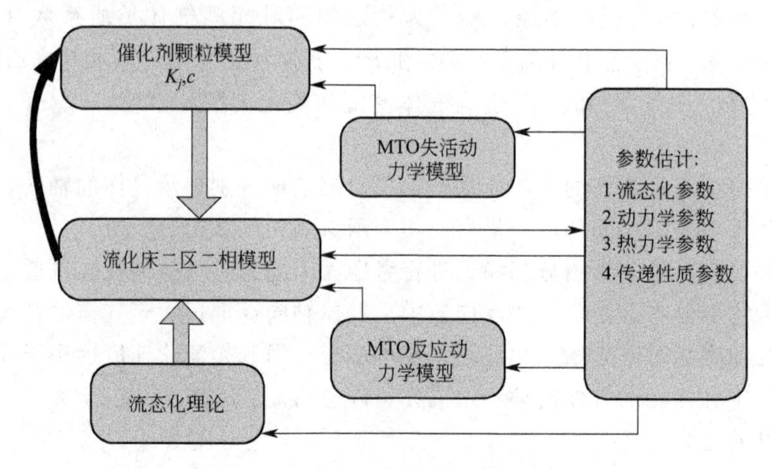

图 5-87 模型求解计算流程示意图[253]

表 5-64 湍动流化床反应器模型预测值与实验值对比[253]

反应结果	模型预测	中试数据
甲醇转化率	98.85	99.13
焦炭生成量	4.52	—
选择性		
C_1^0	1.26	1.12
$C_2^=$	43.12	42.58
$C_3^=$	36.15	38.63
C_3^0	3.57	3.25
混合 C_4	11.27	10.96
混合 C_5	4.62	3.47

Bos[246]基于八集总动力学模型模拟了湍动流化床 MTO 过程产物分布和选择性。由于湍动流化床气速较低，床层中催化剂固相含量高，假设反应器床层中催化剂含量为 25%。模拟结果显示，年产 30 万吨乙烯的 MTO 装置（最大限度生产乙烯模式），与循环流化床相比，反应气速从 3m/s 降低到 1m/s，反应器直径 8.5m 即可达到要求。反应器体积能够明显缩小。

图 5-88 给出了湍动流化床催化剂停留时间与产物选择性和湍动流化床反应器体积之间的关系。由图可知，随着停留时间的延长，丙烯和混合 C_4 的选择性在初始阶段有一定下降，然后降低速度变缓，基本保持不变。乙烯的选择性则随停留时间增大而逐渐增大。

4. 鼓泡流化床反应器模型

鼓泡流化床在 MTO 工业装置中应用较少，但作为一种典型的流态化形式，研究者也对鼓泡流化床作为 MTO 中的反应器模型进行了大量的研究。其中以 Alwahabi[254] 和齐国祯[248]的研究比较具有代表性。

Alwahabi 等[254]模拟结果表明鼓泡流化床反应器非常适合 MTO 工艺，以年产 55000t 乙烯＋丙烯规模（相当于甲醇进料为 28t/h）的流化床反应器模拟数据如表 5-65 所示，模拟结果表明在进料温度为 430℃、反应压力为 0.1MPa 纯甲醇进料条件下，反应器出口温度为 451℃（仅比进料温度高 21℃）。甲醇转化率为 90%（质量分数，下同），乙烯和丙烯分别占进料甲醇原料的 12%和 13%。为了维持反应器内催化剂的活性，需要连续地向反应器补充

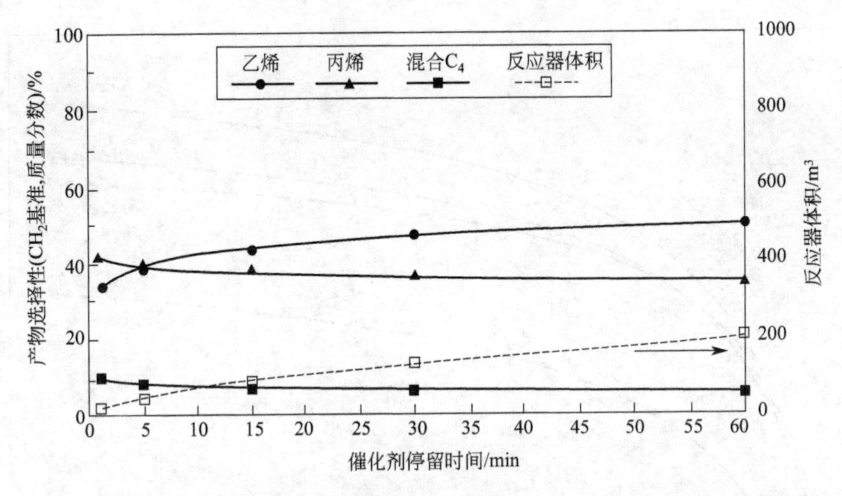

图 5-88 催化剂停留时间对产物选择性和湍动流化床反应器体积的影响[246]

高活性的催化剂并连续地将反应器中的部分催化剂取出送到再生器中再生。如果继续提高反应器温度，反应器的尺寸可以缩小。齐国祯[248]利用三相 K-L 鼓泡流化床模型模拟了 MTO 在鼓泡流化床中的产物分布如图 5-89 所示，模拟结果表明鼓泡流化床可以作为工业化的甲醇制烯烃反应器。

表 5-65 鼓泡流化床反应器模拟使用的数据

参数	数值	参数	数值
反应器几何尺寸		取热器几何尺寸	
反应器直径	8.5m	冷却管高度	7.00m
反应器高度	15.00m	冷却管直径	0.035m
催化剂性质		冷却管间距	0.25m
催化剂平均直径	8×10^{-5}m	冷却管数量	910
催化剂密度	1500kg/m^3	传热介质性质	
催化剂比热容	1.003kJ/(kg·K)	陶氏热载体 A(液体)	
操作条件		黏度	3.8×10^{-4}kg/(m·s)
固体质量流量	280t/h	比热容	2.093kJ/(kg·K)
气体质量流量	28t/h	热导率	1.09×10^{-4}kW/(m·K)
甲醇进料摩尔分数	1.0	密度	902.5kg/m^3
进料温度	430℃	冷却介质流量	2.7×10^3kg/(m^2·s)
压力	1.04bar	冷却介质温度	205℃
最小流态化时尺寸空隙率	0.55		

二、MTO 的结焦失活动力学

SAPO-34 分子筛在甲醇制烯烃反应中对乙烯、丙烯具有良好的选择性，因此在小型实验装置和工业装置中被广泛采用。另一方面，SAPO-34 分子筛又因孔径较小而容易结焦失活。催化剂的结焦对 MTO 反应的影响是多方面的：一方面，随着焦炭含量的增加，分子筛对不同产物的择形选择性发生改变，进而显著影响反应气中各组分的分布；另一方面，虽然过度结焦必然导致催化剂失活，但适度结焦能够提高乙烯和丙烯的总选择性，抑制大分子烃类的生成。因此，催化剂积炭是甲醇制烯烃过程中非常重要的一个方面。对催化剂结焦过程进行动力学研究，即考察不同条件下催化剂的结焦速率对于理解催化剂的结焦过程、优化整个反应体系以及提高目的产物的收率有重要意义。

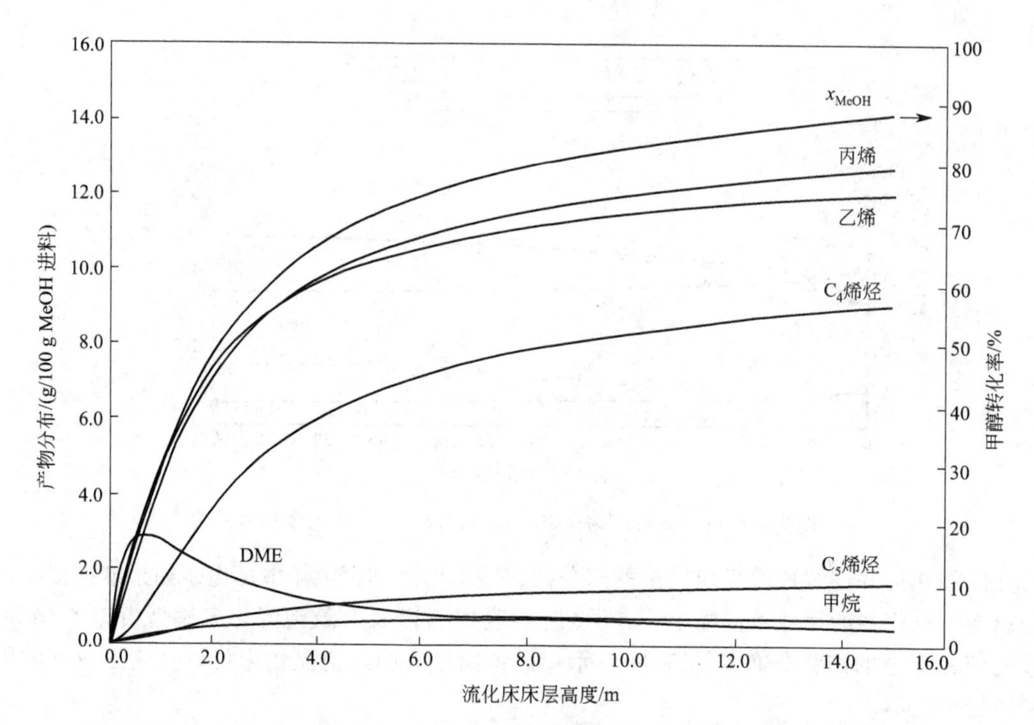

图 5-89 甲醇转化率和产物分布随着流化床床层高度的变化规律（T=703K，p=0.104MPa，纯甲醇进料）

（一）基于 Voorhies 方程的动力学模型

一般将催化剂上生成的焦炭根据其成因分为催化焦（在酸性中心上催化反应产生的焦炭）、附加焦（原料中高沸点化合物在催化剂表面缩合生成的焦炭）、污染焦（杂质金属导致催化剂中毒，进一步引发副反应生成的焦炭）及剂油比焦（因汽提不完全产生的焦炭）[226]。正如在本章第四节所论述的，MTO 级甲醇中严格限制金属离子的引入以避免甲醇分解反应，有机杂质主要为微量的 C_2～C_5 的醇类和羰基化合物，不含大分子化合物。另外，催化剂在汽提段经过充分的汽提，所以在计算总焦炭产率时可以忽略附加焦、污染焦和剂油比焦，只计算催化焦。因此，对于 MTO 反应，焦炭产率的方程可以简化为：

$$C_t = C_{cat} \tag{5-58}$$

计算催化焦应用最为广泛的是 Voorhies 速率方程。在催化剂、原料、温度给定的情况下，Voorhies 发现原料的焦炭产率和转化率之间常有较好的关联。尽管焦炭产率和催化剂类型、原料组成以及操作条件有关，但通过分析大量的数据发现：沉积在催化剂上的焦炭和反应时间的关系基本上是相同的。由此，Voorhies 推得催化剂上积炭的质量分数 C_c 的对数值正比于催化剂的停留时间 t_c。这种定量关系就是经典的 Voorhies 方程：

$$C_c = A t_c^n \tag{5-59}$$

式中，A 是随原料和催化剂性质以及操作条件而变的系数[255]，其数值约为 0.2～0.8[256]，它是特定原料生产能力的度量；t_c表示的是催化剂的停留时间（即催化剂与原料接触的时间）；n 也是一个常数，对于沸石分子筛来说，常数 n 介于 0.12～0.30。

Voorhies 方程比较简单，在研究 MTO 积炭动力学时也被广泛接受和应用。齐国祯等[230]将 Voorhies 方程中 A 值分解为两项，将催化剂积炭含量与反应温度和反应时间关联，并对在采用 SAPO-34 分子筛、质量空速为 15h^{-1} 条件下，不同反应温度（350～550℃）和反应时间（2～60min）下的积炭数据按照如下模型进行拟合：

$$C_c=(a+k\mathrm{e}^{-m/t})\theta^n \tag{5-60}$$

式中，$k\mathrm{e}^{-m/t}$项为温度项，反映的是温度对生焦的影响；a 项反映原料组成、空速等其他因素对生焦的影响；a，k，m，n 为待定常数；C_c 为催化剂积炭量（质量分数），%；t 为反应温度，℃；θ 为反应时间，min。

拟合结果为：

$$C_c=[3.405+225.523\mathrm{e}^{-2479.568/t}]\theta^{0.145} \tag{5-61}$$

对式(5-61）求导，可得其微分形式，即为积炭速率方程式：

$$\frac{\mathrm{d}C_c}{\mathrm{d}\theta}=[0.494+32.700\mathrm{e}^{-\frac{2479.568}{t}}]\theta^{0.855} \tag{5-62}$$

该拟合结果与实际试验结果能够很好地吻合。当反应温度一定时，式(5-61）即为经典的 Voorhies 方程。

Chen 等[43]认为 Voorhies 方程过于简单。温度不变的条件下，MTO 反应中积炭在 SAPO-34 上的沉积实际上取决于催化剂上累积生成烃类产物（CAHF）的量，而与空速和甲醇分压没有关系，因此 CAHF 是比反应时间更精确的参数。Chen 等在微量振荡天平上考察了甲醇空速（57～384h^{-1}）、反应温度（673～823K）和甲醇分压（7.2～83kPa）对 SAPO-34 分子筛催化 MTO 反应积炭行为的影响规律，建立了改进的 Voorhies 速率方程式，将催化剂上的积炭量与每克催化剂产生的烃类产物进行关联。

$$C=a\mathrm{CAHF}^b \tag{5-63}$$

式中，C 是积炭含量（质量分数），%；CAHF 表示单位质量催化剂产生的烃类物质质量，gHC/g 催化剂；参数 a、b 仅与温度有关，不同温度下参数 a、b 的取值如表 5-66 所示，673～823K 内，a 值介于 1.09～3.24，b 值介于 0.80～1.23。

表 5-66　不同温度下 $C=a\mathrm{CAHF}^b$ 模型中的常数值

温度/K	a	b
673	1.09	0.83
698	2.09	0.80
773	1.71	1.08
823	3.24	1.23

齐国祯等[230]利用式(5-64）模型拟合了 450℃，不同空速条件下催化剂积炭含量随反应时间的变化。

$$C_c=at_c^m\mathrm{WHSV}^n \tag{5-64}$$

式中，t_c为反应时间；WHSV 为甲醇空速。齐国祯等发现在较低的空速下，该模型拟合效果良好，但在预测高空速后期的数据点时出现偏差。

MTO 反应中，剂醇比（CTM）是表征催化剂处理甲醇量的一个参数。因为在固定床反应器中，t_cWHSV=1/CTM，所以反应时间和空速可以归结为 CTM 一个参数，因此齐国祯等将模型 $C_c=at_c^m\mathrm{WHSV}^n$ 修正为：

$$C_c=a\mathrm{CTM}^b \tag{5-65}$$

式(5-66）为 450℃时不同空速（8～45h^{-1}）下剂醇比与催化剂积炭量的拟合模型，该模型与实验结果拟合良好。从形式上来看式(5-66）与 Chen 等得到的式(5-63）是类似的。

$$C_c=5.05\mathrm{CTM}^{0.20} \tag{5-66}$$

Qi 等[227]建立了 623～823K、不同空速条件下 MTO 反应积炭动力学模型。该模型将 SAPO-34 催化剂上的积炭含量 C 表示为单位催化剂表面上甲醇累计处理量 M 的函数，如式(5-67) 所示。不同温度下，对应的常数值列于表 5-67 中。

$$C=aM^{b}=(4.25\sim7.13)M^{0.12\sim0.15} \tag{5-67}$$

表 5-67 采用 $C=aM^b$ 模型不同温度下对应的常数值

温度/K	a	b
623	4.25	0.13
673	4.68	0.12
723	5.22	0.14
743	5.51	0.15
773	6.15	0.15
823	7.13	0.14

该模型与 Chen 提出的基于 Voorhies 方程的积炭生成动力学相似，区别在于 M 为累计甲醇进料量，单位为 g MeOH/g 催化剂，而在 Chen 的模型中 M 对应的是单位质量催化剂累积生成的烃类物质质量。

（二）基于 Froment 方程的机理模型

催化剂的失活和结焦是同一个过程的两个方面。MTO 反应中催化剂失活主要来源于催化剂的积炭。Voorhies 关联式是根据催化剂焦炭含量随反应时间等变化的表观现象而建立起来的，无法提供催化剂活性信息，这种类型的方程很难作为反应器设计依据。鉴于此，Froment 和 Bischoff[257]提出了结焦速率与积炭前体浓度和失活因子的关联式：

$$\frac{dC_c}{d\theta}=k_c^0(C^*)^n\phi \tag{5-68}$$

式中，C^* 为积炭前体化合物浓度；n 是反应级数；k_c^0 表示起始积炭速率常数，与温度有关；ϕ 为催化剂失活因子；θ 为反应时间。失活因子的定义为仍保持活性的中心所占的比率。对于失活因子 ϕ 的取值，Froment 给出了五种经验关联式：

$$\begin{cases}\phi=\exp(-\alpha C_c)\\ \phi=1-\alpha C_c\\ \phi=(1-\alpha C_c)^2\\ \phi=\dfrac{1}{(1+\alpha C_c)}\\ \phi=\dfrac{1}{(1+\alpha C_c)^2}\end{cases} \tag{5-69}$$

式中，α 为失活速率常数，仅与温度相关。

Alwahabi 和 Froment 等[229]在探讨 MTO 概念反应器设计时认为对于微孔 SAPO-34 催化剂，没有在产物中出现的 C_6 以上烃类组分作为催化剂积炭的来源。从反应机理出发，推出 C_6^+ 组分的生成途径，并将催化剂活性表示为 C_6^+ 组分浓度的函数。对于 MTO 的失活过程催化剂失活函数可用以下两式来描述（式中 α，β 为常数）：

$$\phi_c=\exp(-\alpha C_6^+) \tag{5-70}$$

$$\phi_c=\frac{1}{1+\beta C_6^+} \tag{5-71}$$

式(5-70) 适用于描述生成烯烃的活性；式(5-71) 适用于描述甲醇转化率的活性。C_6^+

代指催化剂碳含量。

Chen 等[43]认为对于 MTO 反应体系，Froment 失活函数关联式中反应级数 n 应视为一级；失活因子按照 $\phi=1-\alpha_c C_c$ 关联是最合适的，因此，

$$\frac{dC_c}{dt}=k_c^0(C^*)\phi_c \tag{5-72}$$

根据 Froment 等的积炭动力学理论，认为某一时刻催化剂上焦炭前体浓度 C^* 正比于原料甲醇的转化量，则 C^* 可以表示为：

$$C^*=a\text{WHSV}x_{\text{MeOH}} \tag{5-73}$$

式中，WHSV 为甲醇空速；x_{MeOH}为甲醇的转化率；a 为常数。

将 $\phi_c=1-\alpha_c C_c$ 及式(5-73) 带入到式(5-72) 得到：

$$\frac{dC_c}{dt}=k_c^0\text{WHSV}x_{\text{MeOH}}(1-\alpha_c C_c) \tag{5-74}$$

并积分得到：

$$C_c=\frac{1}{\alpha_c}[1-\exp(-\alpha_c k_c^0\text{MTC}x_{\text{MeOH}})] \tag{5-75}$$

式中，MTC$=t$WHSV，为一定时间内单位催化剂上甲醇的处理量，gMeOH/g 催化剂；Chen 等根据 698K、773K 和 823K 时的积炭速率常数，计算出积炭生成反应的表观活化能为 6.7kJ/mol，k_c^0 的表达式为：

$$k_c^0=1.27\exp\left(\frac{-6707}{8.314T}\right) \tag{5-76}$$

不同反应温度下，α_c 和 k_c^0 的取值如表 5-68 所示。

表 5-68　SAPO-34 分子筛上不同温度下积炭模型参数

温度/K	K_c^0	α_c
673	0.33	0.061
698	0.40	0.058
773	0.45	0.035
823	0.48	0.033

Chen 等建立的方程式将催化剂的焦炭含量与反应温度、累积甲醇的转化量及甲醇转化率关联了起来。

类似的，齐国祯等[230]也利用 Froment 生焦速率方程模拟了 450℃条件下 MTO 积炭过程，对于 ϕ 的取值，经检验认为 Froment 给出的关联式中，$\phi=\exp(-\alpha C_c)$ 的应用效果最佳并由此得到生焦速率方程为：

$$\frac{dC_c}{dt}=k_c^0\text{WHSV}x_{\text{MeOH}}\exp(-\alpha C_c) \tag{5-77}$$

对该速率方程进行积分，得到生焦方程：

$$C_c=\frac{1}{\alpha}\ln(1+\alpha k_c^0\text{MTC}x_{\text{MeOH}}) \tag{5-78}$$

式中，MTC$=t$WHSV，为一定停留时间内催化剂上甲醇的处理量。以 MTCx_{MeOH}为自变量，C_c为因变量，利用实验数据采用最小二乘法对模型方程式进行参数估值，求得待定系数 α 和 k_c^0。对于 8～45h^{-1}空速范围内，齐国祯等得到的拟合结果为：

$$C_c=\frac{1}{0.726}\ln(1+0.861\text{MTC}x_{\text{MeOH}}) \tag{5-79}$$

该式与实际试验结果拟合效果良好。

该模型也是将单位质量催化剂上的积炭量 C_c 与单位催化剂上甲醇的处理量关联，而且初始积炭速率常数 k_c^0 可用 Arrhenius 方程与反应温度联系起来，形式同样简单，可以在实践中很方便地应用。

将焦炭含量的表达式代入 Froment 所给出的失活因子与焦炭含量关联式即可得到失活因子与甲醇处理量的关联式。将 Qi 等建立模型及 Chen 等建立模型分别与式 $\phi=\exp(-\alpha_c C_c)$ 及 $\phi=1-\alpha_c C_c$ 联立，即可得到相应条件下失活因子与催化剂甲醇处理量的关联式：

$$\phi=\frac{1}{1+\alpha_c k_c^0 \mathrm{MTC}} \tag{5-80}$$

$$\phi=e^{(-\alpha_c k_c^0 \mathrm{MTC})} \tag{5-81}$$

综上所述，MTO 反应体系催化剂结焦失活的动力学模型大致分为两类：一类是基于 Voorhies 方程的动力学模型；一类是基于 Froment 方程的机理模型。前者采用幂函数的形式将催化剂的焦炭含量与反应时间、醇剂比或 MTO 反应累积产生烃类物质的总量（CAHF）相关联；后者将焦炭含量与催化剂活性的关联式以及生焦速率方程结合，得到将焦炭含量与醇剂比关联起来的动力学模型。Voorhies 方程是基于实验现象建立起来的，而 Froment 方程则是基于反应动力学。从实际的应用效果来看，两者都能够有效模拟实际情况下 MTO 反应体系中催化剂的结焦行为。

第六节 甲醇制烯烃工艺过程

小型固定流化床是早期研究 MTO 反应规律和机理的必然选择，但此类装置不涉及催化剂的再生和循环，因此在反应器中催化剂的催化活性及产品气的产物分布随时间变化，这对于工业生产装置是不能接受的。MTO 技术诞生以来，基于保持生产过程稳定可控的目的，研究人员相继开发出不同的 MTO 工艺。这些工艺均以反应再生系统为核心，同时也涉及产品的净化、分离等环节。

随着技术的逐渐成熟，国外陆续建立了一些小型 MTO 示范装置，但总体来说数量少、规模小。21 世纪初开始，MTO 技术开发及工业化的速度明显加快。与国外相比，国内在建或规划中的甲醇制烯烃项目不仅数量多，而且规模大。目前建成运行的甲醇制烯烃工业装置有神华包头 180 万吨甲醇/年 MTO 装置、中石化中原乙烯 60 万吨甲醇/年 MTO 装置、宁波禾元化学有限公司 180 万吨甲醇/年 MTO 装置。

本节将着重介绍目前具有代表性的 MTO 工艺，并结合神华包头 180 万吨甲醇/年 MTO 工业装置实际运行情况对甲醇制烯烃循环流化反应再生过程予以论述。

一、MTO 代表性工艺

目前，代表性的甲醇制低碳烯烃工艺主要包括中国科学院大连化学物理研究所（简称大连化物所）的 DMTO 工艺，中国石油化工股份有限公司（中石化）上海研究院开发的 SMTO 工艺，环球油品公司（UOP）的 MTO 工艺等，其他 MTO 工艺还包括 ExxonMobil 的 MTO 工艺以及神华集团开发的 SHMTO 工艺。上述 MTO 工艺中，大连化物所的 DMTO 工艺及中石化的 SMTO 工艺已经实现工业化。

MTO 工艺包括反应再生和产品分离两部分，其中反应再生系统是甲醇制烯烃工艺的核心，产品气主要成分是以乙烯和丙烯为主的 C_1～C_5^+ 烃类，在组成上与石脑油裂解制乙烯和丙烯的产品气组成类似，因此其净化与分离一般采用工业上已经成熟的工艺流程。

（一）大连化物所 DMTO 工艺

中国科学院大连化学物理研究所 20 世纪 80 年代开始进行甲醇制烯烃工艺技术研究，早期研究以固定床反应器为基础，采用 ZSM-5 和改性 ZSM-5 分子筛催化剂。1993 年，大连化物所建立了甲醇进料为 1t/d 甲醇制烯烃中型试验装置，采用 ZSM-5 催化剂，反应器为固定床。固定床反应器催化剂采用间歇再生的方式，同时取热也比较困难。为了适应 MTO 反应催化剂结焦失活快以及放热量大的特点，大连化物所在 20 世纪 90 年代转向了以 SAPO-34 分子筛催化剂为基础的流化床 MTO 工艺研究，先后开发了 SDTO 工艺和 DMTO 工艺。前者以合成气经二甲醚制低碳烯烃，后者以甲醇进料经过二甲醚中间产物制低碳烯烃。

1995 年，大连化物所在上海青浦化工厂完成 SDTO 工艺中试研究，该工艺包括两大部分：第一部分是采用固定床反应器、双功能催化剂将合成气转化为二甲醚；第二部分是采用流化床反应器、SAPO-34 分子筛催化剂将二甲醚转化为低碳烯烃。SDTO 工艺原则流程图[258]及中试装置典型反应结果分别如图 5-90 及图 5-91 所示，中试装置折合甲醇进料为 60～100kg/d，乙烯加丙烯的选择性可以达到 80%，C_2～C_4 烯烃总选择性接近 90%。

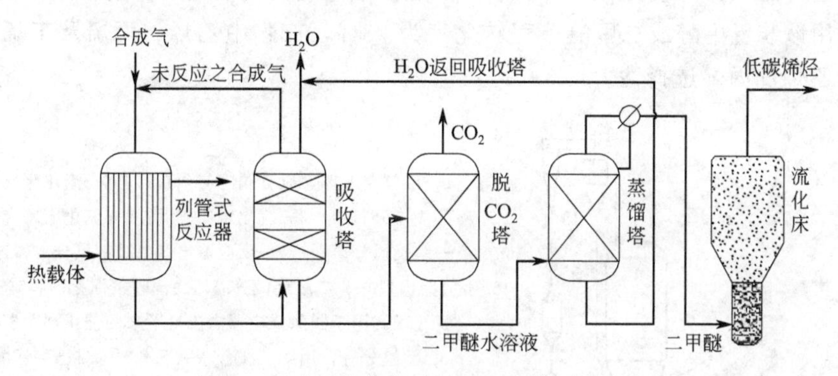

图 5-90　大连化物所的 SDTO 工艺原则流程

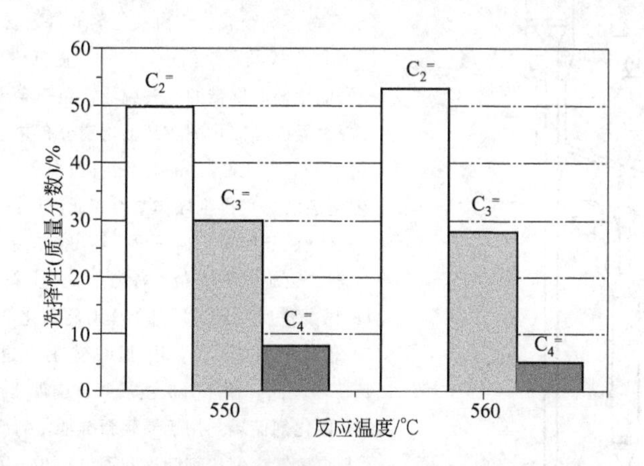

图 5-91　SDTO 工艺 DME 制低碳烯烃中试装置的典型反应结果

SDTO 工艺由两段反应构成，第一段反应是合成气在以金属-沸石双功能催化剂上高选择性地转化为二甲醚；第二段反应是二甲醚在 SAPO-34 分子筛催化剂上高选择性地转化为乙烯、丙烯等低碳烯烃。大连化物所宣称 SDTO 工艺具有如下特点：①合成气制二甲醚打破了合成气制甲醇体系的热力学限制，CO 转化率可接近 100%，与合成气经甲醇制低碳烯烃相比可节省投资 5%～8%；②采用 SAPO-34 分子筛催化剂，比 ZSM-5 催化剂的乙烯选择性大大提高；③第二段采用流化床反应器可有效地导出反应热，实现反应-再生连续操作；④工艺具有灵活性，它包含的两段反应工艺既可以联合成为制取烯烃工艺的整体，又可以单独应用。

在 SDTO 工艺的基础上，大连化物所又开发了 DMTO 工艺。1997 年，大连化物所公开了一种由甲醇或二甲醚制取乙烯、丙烯等低碳烯烃的方法，反应器采用上行式密相床循环流化反应器[259]。具体操作条件为：预热器出口温度为 450℃，反应温度为 450～600℃，反应压力为 0.1MPa（表压），甲醇或二甲醚的进料空速为 1～10h^{-1}。原料经预热后经气体分布器，与催化剂在流化状态下反应生成乙烯、丙烯等烃类产物。从反应器出来的物料经反应器出口处的一、二级旋风分离器使反应产物与催化剂分离。反应过程中催化剂进行连续循环再生，结焦失活后的催化剂经脱气分离出烃类后，由提升空气提升至催化剂再生器中进行再生，再生的催化剂进入再生器脱气段，脱除再生烟气后的催化剂经上斜管和催化剂进料系统不断送入反应器内。DMTO 反应-再生系统的示意图如图 5-92 所示。该反应再生系统有催化剂流经的管道均需保持温度在 250℃ 以上，以防蒸汽冷凝而使催化剂发生和泥。在上述反应条件下，利用该装置甲醇或二甲醚单程转化率为 98%，产物中乙烯、丙烯及丁烯选择性可大于 90%，乙烯加丙烯选择性大于 80%。

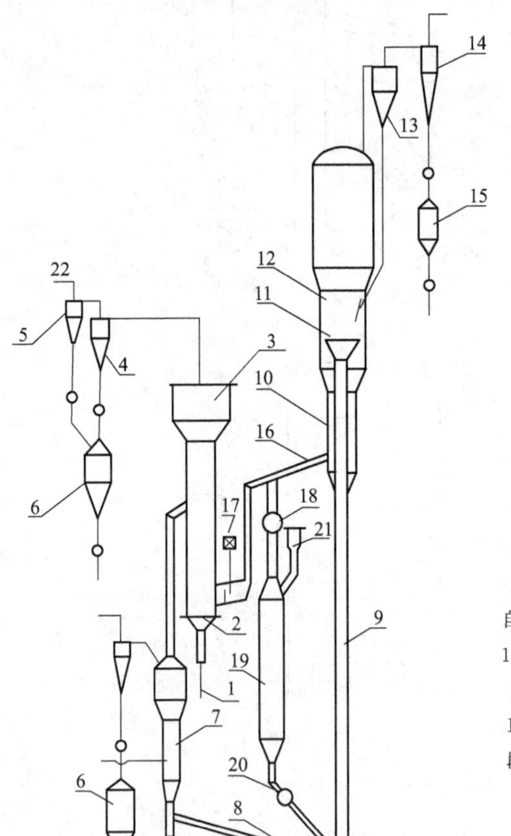

1—反应器入口，设有阀门与预热器；2—流化床反应器底部气体分布器；3—流化床反应器；4—流化床反应器出口一级旋风分离器；5—反应器出口二级旋风分离器；6—反应器出口一、二级旋风分离器底部收集催化剂料罐；7—下脱气段，用于脱除反应器溢流口下来的催化剂所携带的烃类组分等，用 N_2脱除，8—下滑阀，将已失活的催化剂送至提升管底部，可自动、手动操作；9—提升管，用空气将下滑阀放出或由催化剂加料罐放出的催化剂提升到上脱气段及再生器中；10—上脱气段，用 N_2将烧除炭的催化剂上携带的空气脱除；11—穿流板，提升管提升到再生器内的催化剂在其上均匀分布并进行烧炭操作，烧炭再生好的催化剂沉降到上脱气段中；12—再生器，已失活的催化剂的烧炭再生操作主要在此部位进行；13—再生器出口一级旋风分离器；14—再生器出口二级旋风分离器；15—再生器二级旋风分离器接料罐；16—上斜管，再生完全催化剂自此管加进反应器或紧急停车时将催化剂卸入催化剂加料罐中；17—催化剂加料系统，用脉冲氮气控制进入反应器的催化剂量；18—考克阀，用于开关上脱气段内催化剂进入催化剂加料罐；19—催化剂储罐，用于储存新鲜催化剂或紧急停车时将上脱气段及再生器中催化剂卸入此罐中；20—手柄阀，用于向提升管底部排放催化剂；21—催化剂加料斗，用于加入新鲜催化剂；22—反应后气体产物接气液分离器

图 5-92　大连化物所 DMTO 技术反应-再生系统示意图

2004年大连化物所联合中石化洛阳工程公司、陕西省新兴煤化工科技发展有限公司，采用DMTO工艺技术在陕西省华县建设了每天处理甲醇50t的工业试验项目，并于2006年4月成功运行，共运行了1150h，其工艺流程如图5-93所示[260]。从工艺流程图可知该试验装置采用了流化床反应器和再生器（据报道该试验项目只建设了反应-再生、水气急冷分离和废水汽提单元，没有建设烯烃分离单元），两器均附带外取热器。催化剂为DO123，反应温度460～520℃、反应压力0.1MPa（表压）、甲醇转化率大于99%，乙烯选择性40%～50%、丙烯选择性30%～37%。

2006年8月，甲醇制烯烃工业试验项目（DMTO）通过专家技术鉴定，标志着我国MTO技术已经成熟，具备工业化条件。

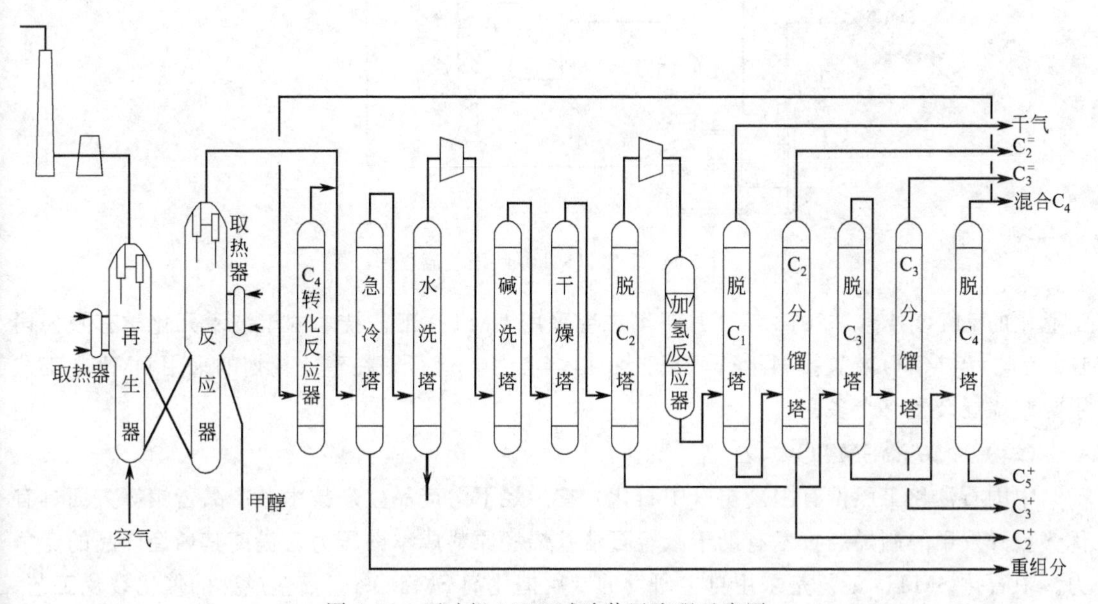

图5-93　万吨级MTO试验装置流程示意图

为了进一步提高MTO工艺中丙烯的收率，大连化物所在DMTO工艺技术基础上，又开发出了DMTO-Ⅱ新工艺。DMTO-Ⅱ技术与DMTO技术的区别在于增加了C_4以上重组分催化裂解反应单元，生成含有乙烯、丙烯等轻组分的混合烃，生成的混合烃返回到分离系统进行分离，可提高低碳烯烃尤其是丙烯的选择性[261]，同时可以降低单位质量烯烃的甲醇单耗。该技术可将生产1t轻质烯烃所消耗甲醇由3t降到2.6～2.7t，乙烯和丙烯的总选择性大于85%。DMTO-Ⅱ原则工艺流程如图5-94所示[262]。从流程图可以看出，C_4^+组分从烯烃分离环节脱丙烷塔的塔底引出后，进入裂解反应器，从裂解反应器出来的产品气与主产品气混合后进入急冷水洗塔。裂解反应器耦合单独的裂解催化剂再生器，MTO装置再生烟气进入到裂解催化剂的再生器，两股再生烟气汇合后一起进入到热量回收系统。2010年5月，大连化物所在陕西华县工业试验装置上验证了DMTO-Ⅱ工艺技术，结果表明，甲醇转化率接近100%。与DMTO技术相比，乙烯+丙烯选择性、甲醇单耗及催化剂消耗等指标有明显改善。

2007年9月，中科院大连化物所与神华集团签订180万吨/年甲醇制60万吨烯烃技术许可合同。2010年5月，甲醇制烯烃示范工程项目建成，2010年8月8日，甲醇制烯烃装置一次投料试车成功，标志着大连化物所的DMTO技术成为世界范围内第一个实现大规模

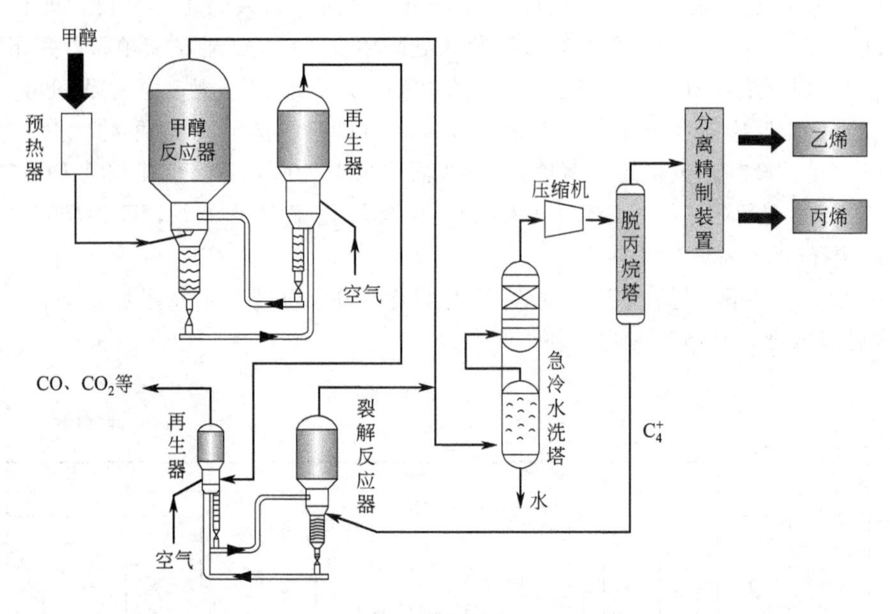

图 5-94 DMTO-Ⅱ原则工艺流程图

工业化的 MTO 技术。2013 年 2 月，第二套采用 DMTO 工艺技术的宁波禾元化学有限公司 180 万吨/年 MTO 装置投料运行。截至 2013 年 4 月，运行、在建、规划的采用 DMTO 工艺甲醇制烯烃装置有十多套。

（二）中石化 SMTO 工艺

中国石油化工股份有限公司（中石化）在烯烃下游产品生产技术、产品营销等方面具有优势，开发甲醇制烯烃技术有助于减轻石油基烯烃原料成本的压力、提高其烯烃产品的竞争力。中石化 SMTO 工艺是采用自主研发的专用催化剂 SMTO-1，借鉴成熟的催化裂化工艺，以工业甲醇为原料，制取乙烯、丙烯等低碳烯烃的技术。

SMTO 工艺的前期研究工作主要在中石化上海石油化工研究院完成，该研究院从 2000 年开始进行 MTO 技术的开发。2005～2006 年，中石化上海石油化工研究院成功开发 MTO 流化床催化剂并实现工业制备，其牌号为 SMTO-1，该催化剂价格低廉，粒度分布类似于 FCC 催化剂，具有优良的抗磨损性能。2005 年，上海石油化工研究院建立了一套 12t/a 的 MTO 循环流化床热模试验装置以验证实验室研究结果，该装置催化剂采用 SMTO-1 催化剂，反应温度为 400～500℃，压力为 0.1～0.3MPa（表压）。SMTO-1 催化剂在试验装置上平稳运行 2000 h，催化剂物性未见明显变化。热模试验装置运行结果表明，甲醇转化率大于 99.8%，乙烯和丙烯选择性大于 80%，乙烯、丙烯和 C_4 选择性超过 90%。2007 年，上海石油化工研究院与中国石化工程建设公司合作，开发了 SMTO 成套技术并在北京燕山石化完成了 100t/d 甲醇制烯烃 SMTO 工业试验装置的建设。该装置累计运行 116 天，试验数据表明甲醇的转化率大于 99.5%，乙烯＋丙烯的选择性大于 81%，乙烯＋丙烯＋丁烯的选择性大于 91%。2008 年，中石化完成了甲醇年进料 180 万吨 SMTO 工艺包的开发，具备了设计和建设大型 MTO 工业化装置的条件。在此基础上，中石化在河南濮阳的中原石化公司采用 SMTO 工艺技术建设了年加工甲醇 60 万吨的 SMTO 工业装置，并于 2011 年 10 月建成投产。

（三）UOP/Hydro MTO 工艺

在UCC（联合碳化学）公司开发出SAPO系列分子筛后，UOP公司兼并了UCC的分子筛部并开始了甲醇制烯烃的小试研究。1992年UOP公司的Barger等[263]申请了利用SAPO-34分子筛将甲醇转化为低碳烯烃的专利，该专利是利用至少50%的晶粒粒径小于1.0μm、最多不超过10%的晶粒的粒径大于2μm的细晶体颗粒，在450～525℃温度、136～446kPa（表压）的压力下，将甲醇转化为以乙烯、丙烯为主的低碳烯烃，反应器可以采用流化态或移动床（要配置催化剂再生器），甲醇转化率达100%、乙烯和丙烯的选择性可达75.3%。

UOP/Hydro工艺[264]采用了快速流化床反应器和流化床再生器，反应器通过发生蒸汽来控制反应温度。失活催化剂连续地送入再生器烧焦再生，再生器也利用发生蒸汽来取出烧焦反应放出的热量。再生后的催化剂返回流化床反应器继续催化反应。反应出口物料经热量回收后得到冷却，其中携带的水蒸气冷凝脱除。UOP公开的快速流化床反应器由下部的反应段、中间的过渡段和上部的分离段组成[265]。甲醇或二甲醚等含氧化合物在稀释气体的存在下进入催化剂密相床层，将部分原料转化为烯烃后进入过渡段，在过渡段实现原料的完全转化。在分离段，旋风分离器将催化剂细粉从产品气体中分离出来。分离出的催化剂经汽提后进入再生器，再生后的催化剂返回反应器密相床层上部，实现催化剂的循环使用。该反应器的特点是横截面积比较小，仅为常规反应器的1/2～1/3，能够大大减少设备投资和维持反应所需催化剂的藏量。另外，该设备可耦合C_4^+组分的催化裂解装置（OCP），从而提高丙烯的收率，使乙烯/丙烯比达到0.57，副产物收率降低80%，乙烯/丙烯总收率提高到85%～90%。

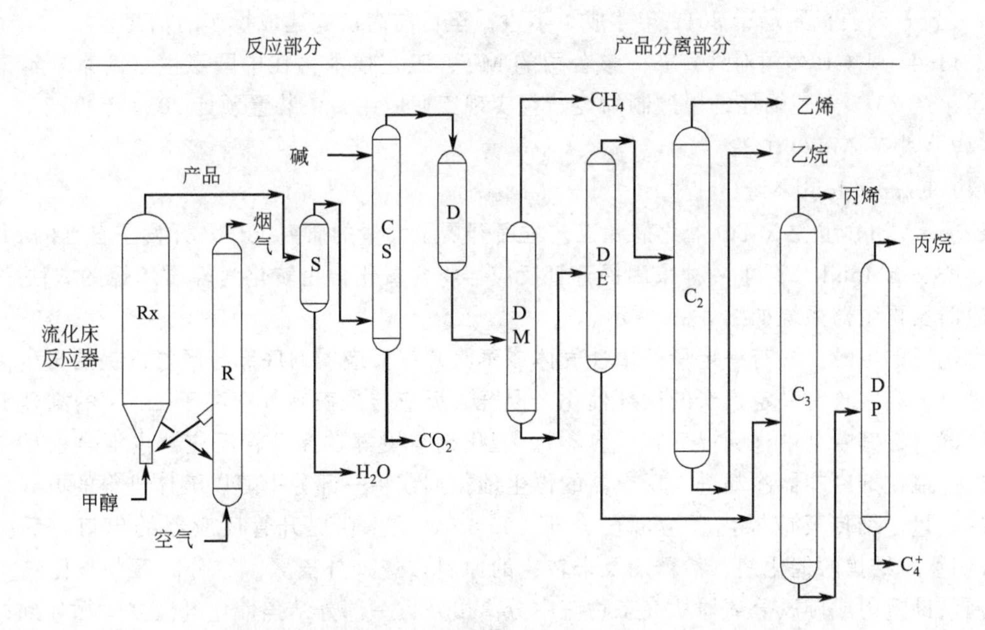

图5-95 UOP/Hydro MTO工艺流程（生产聚合级烯烃）

Rx—反应器；D—干燥器；C_3—丙烯精馏塔；R—再生器；DM—脱甲烷塔

DP—脱丙烷塔；S—急冷塔；DE—脱乙烷塔；CS—碱洗塔；C_2—乙烯精馏塔

1995年，UOP和挪威Hydro公司合作在挪威Porsgrunn的Hydro研发中心建设了一套中试装置。该装置以SAPO-34为催化剂，采用流化床反应再生系统，甲醇进料量为

0.75t/d，连续平稳运行 90 多天，取得了良好的效果。该装置的工艺流程如图 5-95 所示[266]。UOP 的 MTO 工艺包括反应部分和产品精制部分。甲醇在 MTO 反应器中转化为富含烯烃的产品气后出反应器进入分离器（急冷、水洗装置），在分离器中产品气中的水冷凝下来。出分离器的产品气再经碱洗、干燥后进入烯烃分离单元。反应器中失活后的催化剂进入再生器烧焦再生后，返回反应器以维持反应器中催化剂活性。产品气进入烯烃分离单元后，首先进入脱甲烷塔脱去甲烷，塔底物料进入脱乙烷塔脱去 C_2 组分。C_2 组分进入乙烯精馏塔精馏，在塔顶得到乙烯。脱乙烷塔的塔底物料进入丙烯精馏塔，在塔顶得到丙烯。装置运行过程中，甲醇转化率保持 100%，乙烯+丙烯的选择性达 80%。如果在 MTO 装置后附加烯烃裂解单元（OCP）则双烯的选择性可高达 85%～90% ，并且乙烯/丙烯比可以调节。据称 UOP/Hydro MTO 工艺可以加工粗甲醇（浓度 80%～82%）、燃料级甲醇（浓度 95%）或精甲醇（浓度>99%），甲醇转化率 100%，乙烯+丙烯的选择性大于 80%，乙烯、丙烯达到生产聚合烯烃的要求。通过改变工艺条件，乙烯/丙烯比例可以在 0.75～1.5 的范围内调节。在以增产丙烯为目的时，通过耦合 OCP 单元并优化催化剂，丙烯/乙烯比可以达到 2.1（碳基）[267]。

2008 年 10 月，UOP 与 Total 合作采用 MTO 和 OCP 技术，在比利时费鲁（Feluy）启动了 10t/d 的甲醇制烯烃的一体化示范工厂项目。

UOP 公司认为其 MTO 工艺可以使单系列反应器-再生器低碳烯烃的生产能力达到 100 万吨/年。2008 年 11 月，UOP 公司与总部设在新加坡的 Eurochem 技术公司的子公司 Viva 甲醇公司签署商业化技术许可协议，将以天然气基甲醇为原料，采用 UOP/Hydro MTO 技术以及有 Total 和 UOP 公司联合开发的 OCP 技术在尼日亚建设规模为 130 万吨烯烃/年 MTO 装置。该装置原定于 2012 年建成，不过截至目前尚没有建成投产的信息。

2011 年，UOP 公司对外宣布，该公司的 MTO 工艺技术将在中国惠生（南京）清洁能源公司年产 29.5 万吨烯烃的甲醇制烯烃装置实现工业应用，该装置预计 2013 年投产。

（四）其他 MTO 工艺

(1) ExxonMobil MTO 工艺

ExxonMobil 也在 MTO 催化剂和工艺方面开展了大量的研究工作，开发了自己的 MTO 工艺。ExxonMobil 公开了一种采用提升管反应器将含氧化合物转化为轻质烯烃的方法[268]，其反应器及再生器系统如图 5-96 所示。

汽化后的甲醇（含有一定量的惰性气体或蒸汽）在反应器的底部与经过汽提的再生催化剂和来自分离段含有一定焦炭的循环催化剂混合。反应器是表观气速高于 2m/s 的高速流化床反应器（在其专利中称为提升管反应器）。催化剂与甲醇在提升管反应器内混合，反应放热。通过催化剂冷却器冷却进入反应器的再生催化剂或将一部分甲醇以液体进料的方式移走过剩的热量，维持反应器内反应温度介于 300～500℃。在提升管反应器的出口，反应气（含有产物、结焦的催化剂、稀释剂及未转化的原料）进入分离区。在分离区中，已结焦的催化剂借助重力或旋风分离器从气态物流中分离出来，一部分结焦催化剂经立管循环到提升管反应器的入口处。一部分催化剂经汽提后（汽提气采用蒸汽或惰性气体）回收催化剂吸附的烃类，然后经管线输送到再生器，与含氧气体接触，部分烧去催化剂上的焦炭。通过调节结焦催化剂进入到再生器和反应器的比例，可以维持反应器内催化剂的平均焦炭含量在较优的水平，有利于保证低碳烯烃的选择性。催化剂再生温度介于 550～700℃，离开再生器的烟气、氧气含量控制在 0.1%～5%（体积分数），催化剂在再生器的停留时间控制在 1～

100min。通过催化剂冷却器（实际上相当于再生器外取热器）移去再生器烧焦放热，并将再生温度控制在合适的水平。再生催化剂通过惰性气体、蒸汽或甲醇蒸气输送到提升管反应器，在反应器中与循环催化剂及甲醇原料混合。

该工艺有三大特点：一是使用提升管反应器（实际上它与 FCC 的提升管不同，应该是快速流化床）；二是反应器（或沉降器）内的催化剂有一部分循环回提升管下部与再生剂混合后进入提升管，其作用一方面是保证提升管内催化剂的流量，另一方面是调节提升管入口催化剂的平均炭含量；三是再生催化剂经降温后再返回到提升管反应器，有助于避免因催化剂温度过高造成副反应。

2004 年，ExxonMobil 公开了另一种氧化物制低碳烯烃的反应再生系统，如图 5-97 所示[269]。该反应再生系统包括流化床反应器（图中显示的是两个提升管反应器）、分离区、催化剂汽提装置、再生器、催化剂冷却器。该系统与上一种反应再生系统的区别在于采用两组并列式提升管反应器并伸入到分离区中，同时催化剂冷却器只作为再生器的外取热器。

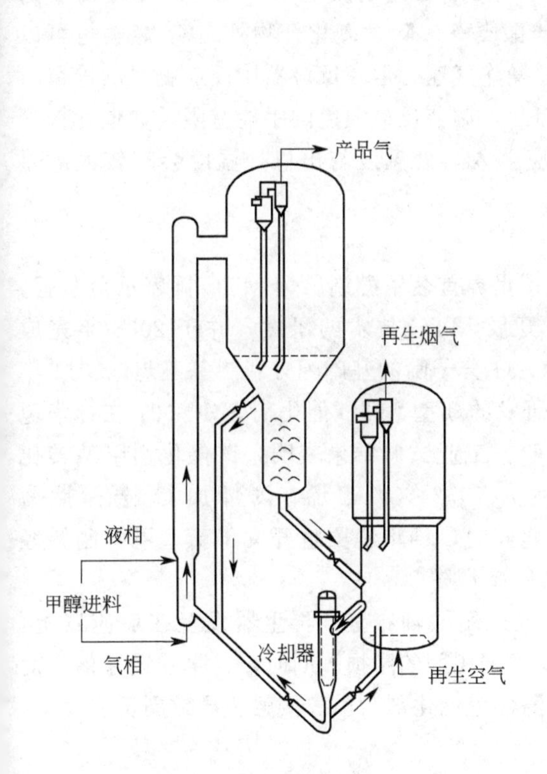

图 5-96　ExxonMobil 公司公开的 MTO 反应再生系统示意图一

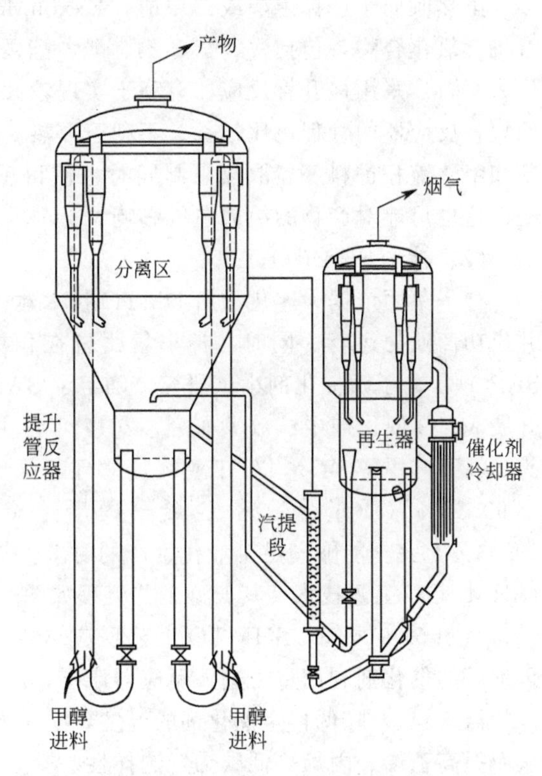

图 5-97　ExxonMobil 公司公开的 MTO 反应再生系统示意图二

在该专利中，ExxonMobil 也公开了产品气的净化处理流程，如图 5-98 所示。产品气离开反应再生系统后，此时组成通常有甲烷、乙烯、乙烷、丙烯、丙烷、各种氧化副产物、C_4^+ 烯烃、水及烃类组分。产品气通过管线进入到急冷塔，在急冷塔中产品气降温，同时产品气中的水及其他低凝点组分冷凝。夹带低凝点有机组分的急冷水由塔底的管线引出，部分急冷水换热降温后通过管线返回急冷塔。离开急冷塔富含烯烃的气相产品经管线进入多级压缩机压缩，压缩后的产品物流经管线进入到脱水单元。在脱水单元，以甲醇作为水的吸附剂。甲醇携带着水及其他含氧化合物由脱水单元底部引出。脱水后的产品气经管线进入压缩机，多级压缩后进入烯烃分离单元。

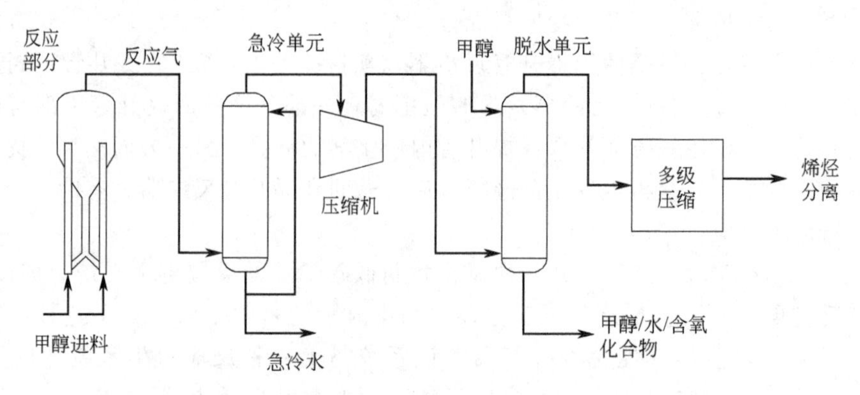

图 5-98　ExxonMobil MTO 产品气净化处理流程示意图

虽然倾向于选择甲醇或二甲醚，ExxonMobil MTO 工艺的反应原料几乎可以是所有的有机含氧化合物，包括醇、醚、酮、醛、酯及羧酸类等。除含氧化合物外，C_4^+ 烃类也可以作为原料。采用提升管反应器有利于实现较大的操作气速，但在反应器中反应物料的停留时间短，反应器的管程也比较长，不利于取热。因此，调节反应温度的手段有限，如催化剂冷却和甲醇液相进料等。取热限制同时也使得反应器入口处温度与出口处温度会有较大的差距，这也可能对产物的组成造成影响。

(2) 神华 SHMTO 工艺

神华集团依据大连化物所 DMTO 技术建设了世界首套甲醇制烯烃 MTO 国家示范装置，并成功商业化运行。同时，神华集团也在积极开展 MTO 技术的研发，并于 2008 年完成 SAPO-34 分子筛催化剂小试研究，确定了 SAPO-34 分子筛的基础配方和制备工艺。2011 年开展 MTO 催化剂中试放大研究，2012 年自主研发的新型 MTO 催化剂 SMC-001 在神华包头 180 万吨甲醇/年 MTO 工业装置进行工业试验。工业试验结果表明，该催化剂甲醇转化率 99.82%（质量分数），乙烯＋丙烯选择性为 79.24%，乙烯、丙烯加 C_4 选择性为 90.93%，完全能够满足工业化生产的要求。与此同时，神华集团也开发了新型甲醇制烯烃（SHMTO）工艺技术，其典型工艺流程如图 5-99 所示[270]。

由图 5-99 可知，SHMTO 工艺反应再生系统采用同轴布置，再生器设置在反应器上，再生后的催化剂利用重力进入反应器床层，减少了催化剂的磨损。同时，再生器设置催化剂冷却器（14），降低再生催化剂的温度，防止高温再生催化剂与甲醇接触、导致副反应发生，从而提高乙烯、丙烯等低碳烯烃选择性。

上述 MTO 工艺均采用流化床反应器和再生器，以 SAPO-34 分子筛为活性组分的催化剂。各工艺的主要差别表现在反应器结构型式和反应再生系统的布置。

二、MTO 循环流化反应再生工艺过程

甲醇制烯烃反应放热量大且催化剂失活快。流化床反应器具有传质、传热效果好，升温、降温时温度分布均匀，催化剂可以连续再生等优点，因此 MTO 代表性工艺均采用流化床反应器和再生器，通过催化剂循环再生保持反应器内催化剂活性的稳定。同时，各典型 MTO 工艺反应器采用的流化床型是有差别的，如大连化物所的 DMTO 工艺采用湍动流化床反应器，UOP/Hydro 的 MTO 工艺采用快速流化床反应器，而 ExxonMobil 则采用提升

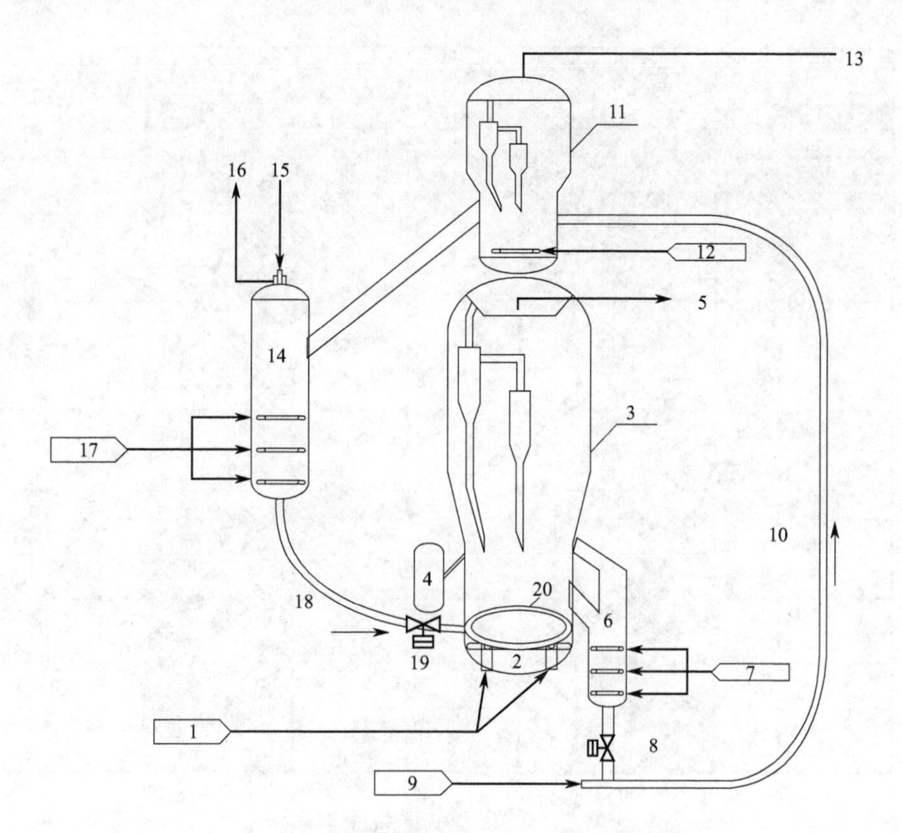

图 5-99　两器同轴式布置的 MTO 反应再生系统

1—甲醇；2—进料分配器；3—反应器；4—反应器外取热器；5—反应气；6—待生催化剂汽提器；7—待生催化剂汽提蒸汽；8—待生滑阀；9—待生催化剂输送氮气或压缩空气；10—待生催化剂输送管；11—再生器；12—压缩空气或富氧空气；13—再生烟气；14—再生催化剂冷却器及汽提器；15—水；16—蒸汽；17—再生催化剂流化及汽提氮气；18—再生催化剂输送管；19—再生滑阀；20—再在生催化剂分布器

管反应器。不同的流化状态对于甲醇与催化剂在反应器内的接触反应的效率影响很大。另外，除了反应器和再生器，催化剂在两器之间的循环也属于密相输送的范畴。可见，气固流态化是甲醇制烯烃过程中很重要的一方面。

（一）流态化与气固分离

近代固体散料的流态化技术是把固体散料悬浮于运动的流体之中，使颗粒与颗粒之间脱离接触，从而消除颗粒间的内摩擦现象，达到固体流态化的目的。由于悬浮条件的不同，使得固体散料悬浮的状态也不同[271]。为了确保流化床反应器和再生器催化剂床层处于流化状态，对催化剂的粒度分布及平均粒径有基本的要求。Geldart 根据实验数据及颗粒流化特性与粒径的关系，将颗粒分为 A、B、C、D 四类，如图 5-100 所示[272]。Geldart 同时指出，图中的分界线是定性的而不是严格的分界线，基于不同的分类方法各类型颗粒之间的分界线是不一致的，详细分界线方程见参考文献［272］。

A 类颗粒，存在颗粒间作用力，其特征如下：①在床层起始流化速度 u_{mf} 与首次出现气泡的表观起始气泡速度 u_{mb} 之间，床层出现散式流化，因此，$u_{mb}/u_{mf}>1$；②气泡直径小，床层膨胀较大，流化较为平稳；③固体的返混较为严重；④颗粒粒径一般介于 30～100μm。

B 类颗粒，典型颗粒为硅砂。其特征为：①超过起始流化速度 u_{mf} 即出现气泡，故 $u_{mb}=$

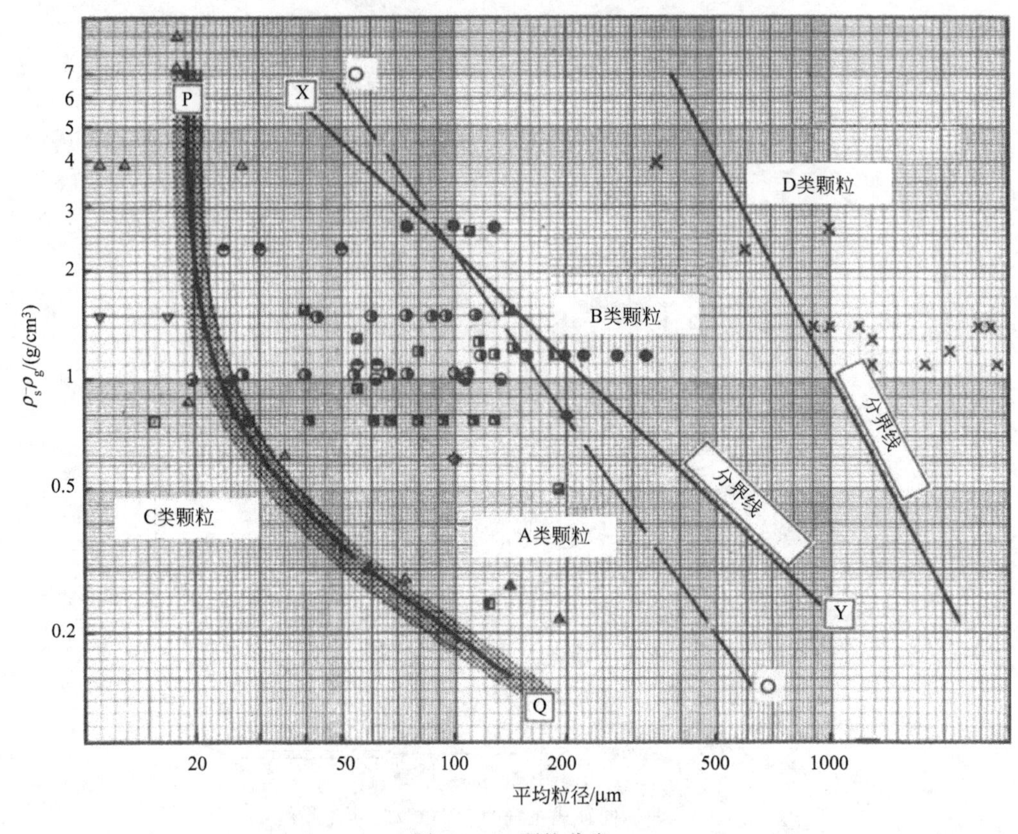

图 5-100 颗粒分类

u_{mf}；②气泡较大，并沿床高而增大；③床层不甚平稳。

C 类颗粒，C 类颗粒是四种颗粒中粒径最小的，颗粒间存在很强的黏着力，其特征是：①平均粒径 d_p＜30μm；②颗粒间作用力较大，所以不易实现流化操作；③在搅拌或振动等辅助作用下，可以实现流化操作。

D 类颗粒，典型颗粒的粒径 d_p 约大于 600μm，麦粒和粗玻璃珠均属于此类。其特征为床层易产生喷动。

MTO 催化剂的颗粒密度为 1500～1800kg/m³，堆积密度约为 650～900kg/m³。粒径主要分布在 40～110μm 的范围内，约占质量的 40%～80%，小于 40μm 的催化剂占质量比小于 15%，从催化剂粒径分布和密度来看，MTO 催化剂属于典型的 A 类颗粒。

A 类颗粒流化床的流化状态与床层内表观速率 u_f 有关。随着 u_f 的增长，催化剂床层可分为固定床、散式流化床、湍动床、快速床及输送床五种不同的流化状态[273]。MTO 工艺装置中，反应器和再生器采用湍动流化床，待生催化剂输送管和再生催化剂输送管采用密相输送。下面分别介绍各种流化床特点。

鼓泡床：当表观气速 u_f 超过鼓泡流化速度 u_{mb}时，固体颗粒脱离接触，流化介质气体出现集聚相——称为气泡。此时由于气泡在床层表面处破裂，将部分颗粒带到表面稀相空间，出现床层表面下的密相区与床层表面上稀相空间的稀相区，此时稀相区内含颗粒量较少。

湍动床：当表观气速 u_f 增大到一定限度时，由于气泡不稳定性而使气泡分裂产生更多小气泡，床层内循环加剧，气泡分布较前更均匀，床层由气泡引起的压力波动减小，表面夹带颗粒量大增。床层表面界面变得模糊不清，但床层密度与固体循环量无关。在稀相空间的稀相区由于颗粒浓度增大，在细粉颗粒较多时出现固体颗粒聚集现象也称絮团。MTO 反应器中密相床属于典型的湍动流化床，装置正常操作时，反应器密相床表观气速为 0.8～0.9m/s，床层密度 130～150kg/m³，床层高度 4～5m。反应器稀相段床层催化剂约为 2.5kg/m³，表观气速 0.5m/s。再生器表观气速约为 2m/s，属于湍动流化床操作。邢爱华等[274]计算了 MTO 流化床反应器的操作工艺参数为：反应温度为 450℃，反应压力为 0.12MPa（表压），甲醇操作空速为 1～5h⁻¹、催化剂平均粒径为 80μm 条件下，催化剂起始流化速度（u_{mf}）等于 0.0066m/s，催化剂带出速度（u_t）等于 0.458m/s。神华包头 180 万吨甲醇/年 MTO 工业装置反应器稀相段表观气速为 0.5m/s，超过了催化剂的带出速度。

快速床：气速 u_f 继续增大使密相床层要靠固体循环量来维持，若无固体循环量，密相床层的催化剂就全被气体带走。气体夹带固体达到饱和夹带量，此时已达到快速床。在快速床阶段密相出现大量絮团的颗粒聚集体，密相床层密度与循环量有密切关系。催化裂化装置中的烧焦罐操作就属于快速床。

输送床：靠循环量也无法维持床层，已达到气力输送状态，称为输送床。MTO 装置中待生剂输送管和再生剂输送管为密相输送，操作气速 4～6m/s。待生催化剂输送介质为氮气，再生催化剂输送介质为低压蒸汽。

金涌等[275]总结了垂直向上气-固流化状态及其转变，如图 5-101 所示。根据白丁荣对流态化的分类，循环流态化包括快速流态化和密相气力输送，湍动流化床不属于狭义的循环流化床。如本节“MTO 代表性工艺”部分所述，中石化 SMTO 工艺和 UOP 公司 MTO 工艺反应器属于此类循环流化床反应器。中科院大连化物所的 DMTO 工艺反应器属于湍动流化床。

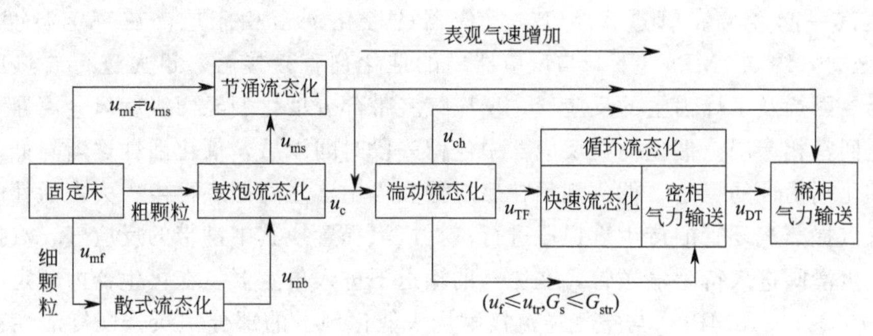

图 5-101 垂直向上流动气-固流化状态及其转变

u_{mf}—最小流化速度；u_{mb}—最小鼓泡速度；u_c'—鼓泡流态化向湍动流态化转变的起始流型转变速度；u_{ch}—噎塞速率；u_{TF}—湍动流态化到快速流态化临界速度；u_{ms}—最小节涌流态化速度；u_{DT}—稀相气力输送速度；u_{tr}—临界速度；G_s—颗粒循环速率；G_{str}—最小循环流态化速率

根据陈俊武[226]广义循环流化床定义包括：①固体颗粒不断补充，不断带出；②利用旋风分离器将固体颗粒回收再送入床层中。所有流化床的 MTO 工艺均属于广义的循环流化床，反应催化剂细粉通过旋风分离器分离返回催化剂床层中，待生催化剂从反应器输出，再生催化剂返回反应器催化剂床层。

对于循环流化床反应器，气固分离对于维持催化剂床层稳定流化和装置平稳运行至关重要。MTO 工业装置的气固分离主要指产品气及再生烟气与其所携带的催化剂颗粒的气固分离。

在 MTO 反应器与再生器流化过程中，较小粒径的催化剂会随着反应气流和再生烟气带出，因此在反应器及再生器的顶部都安装有两级旋风分离器，用于分离反应气和再生烟气中携带的大部分催化剂。反应器和再生器旋风分离器入口线速控制在18～23m/s。反应气离开反应器后再经三、四级旋风分离器除去大于10μm以上的催化剂细粉，从三级旋风分离器回收的催化剂细粉进入催化剂细粉回收储罐。表5-69给出了新鲜催化剂、待生催化剂、再生催化剂及三级旋风分离器分离下来的再生催化剂细粉粒度分布。可以看到，新鲜催化剂、待生催化剂、再生催化剂粒径介于40～150μm的催化剂颗粒超过90%，小于20μm的颗粒几乎没有。对于再生细粉小于40μm的颗粒超过93%，而待生细粉小于20μm的颗粒更是超过92%。

表5-69 不同催化剂粒径分布情况的对比

样品名称	新鲜催化剂	待生催化剂	再生催化剂	再生细粉储罐	待生细粉储罐
<20μm	0.33	0.00	0.00	57.16	92.77
20～40μm	8.49	0.60	0.25	36.04	7.23
40～80μm	42.64	37.93	33.54	6.80	0.00
80～110μm	24.70	33.60	34.29	0.00	0.00
110～150μm	16.90	21.51	24.06	0.00	0.00
>150μm	6.94	6.36	7.86	0.00	0.00

（二）两器循环流化反应过程

反应再生系统是MTO装置的核心部分，神华包头180万吨甲醇/年MTO工业装置的反应再生系统采用循环流化反应再生工艺。反应器和再生器均为湍动流化床。反应器和再生器之间循环流化反应过程可以简述如下。

在反应器中，一定温度（120～250℃）及含水量（约5%）的气相MTO级甲醇与一定量的稀释蒸汽一起经分布管进入MTO反应器的催化剂密相床层，在一定温度（450～470℃）和压力（约0.1MPa）下，与反应器内的催化剂直接接触，迅速进行放热反应，转化为以乙烯、丙烯及丁烯为主的反应气。反应气夹带部分催化剂经两级旋风分离器分离下来后经料腿返回密相床层。催化剂在反应器中停留一段时间以后，催化活性逐渐降低。为保证反应器内催化剂活性的稳定，催化剂须在反应器和再生器之间循环再生。失去活性的待生催化剂在设有汽提蒸汽环管的待生汽提段进行汽提，汽提置换其中携带的反应气，汽提后的待生剂通过待生滑阀进入待生输送管，在氮气的输送下进入再生器。在再生器内一定温度和压力下（约670℃，0.13MPa）与空气逆流接触烧去催化剂上的部分积炭，恢复活性和选择性的再生剂经过设有汽提蒸汽环管的再生汽提器，汽提置换再生剂携带的烟气，汽提后的再生剂经再生滑阀后进入再生输送管，在蒸汽的输送下返回反应器继续参与反应。产品气经换热后进入急冷水洗系统脱除其中夹带水、少量有机含氧化合物及催化剂细粉。从急冷塔和水洗塔底部抽出的含有微量甲醇、二甲醚的反应水经过汽提回收其中的有机物组分返回反应器进行回炼。从水洗塔顶出来的反应气进入下游的烯烃分离单元。高温再生烟气进入热量回收系统，焚烧CO，回收烟气中的热量。神华包头180万吨甲醇/年MTO工业装置简要流程如图5-102所示。

为保证催化剂的正常循环，需保持反应器和再生器的压差约0.02MPa。催化剂的循环量和两器的藏量通过再生滑阀和待生滑阀来调节。反应器及再生器内进行的是强放热反应，两器内部均通过取热设施来取走过剩热量。反应器密相床层设置内取热盘管，通入液相甲醇，在预热原料的同时也达到取热的目的；再生器除内部换热器外还设置外取热器，以保证再生温度的稳定和降低内取热器的取热负荷，外取热器以氮气或空气作为流化介质。

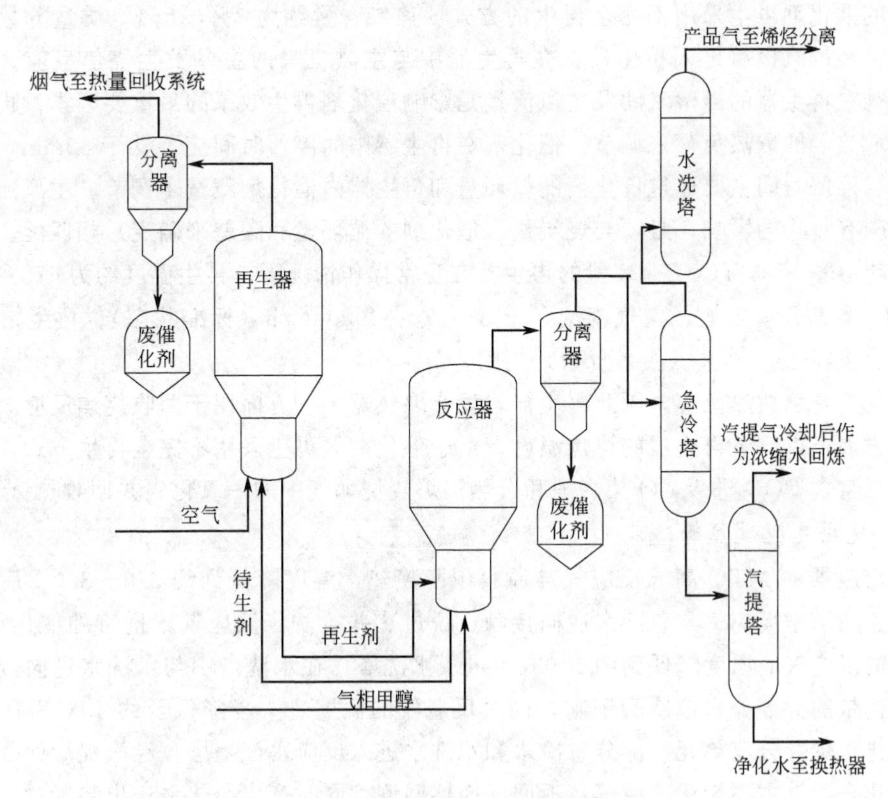

图 5-102　神华包头 MTO 工艺装置简要流程

神华包头 180 万吨甲醇/年 MTO 工业装置有如下特点：①采用湍动流化床 MTO 反应器和再生器，催化剂在反应器和再生器之间连续循环；②甲醇进料通过取热、换热、汽化、过热后以气相状态进入 MTO 反应器；③MTO 反应器密相设置了多组取热盘管、加热液相甲醇，以控制反应器密相床层温度；MTO 反应器稀相上部设置了多组旋风分离器，以回收反应气体携带的催化剂颗粒；MTO 反应器底部设置了高效待生催化剂汽提器；④催化剂再生器采用部分燃烧方式，在密相段设置了返混式外取热器，用来控制再生器密相床层温度；再生器稀相上部设置了多组旋风分离器，以回收再生烟气携带的催化剂颗粒；再生器底部设置了高效再生催化剂汽提器；⑤MTO 反应器系统设置了高效三级旋风分离器，以控制进入反应物流急冷水系统的催化剂细粉的量；⑥采用水急冷工艺取走换热后反应物流的大部分热量，洗涤反应物流携带的少量催化剂细粉；⑦采用水洗工艺洗涤反应物流中微量的含氧化合物；⑧采用水洗水汽提工艺回收水洗水中的含氧化合物，并与烯烃分离单元回收的物料一同返回 MTO 反应器回炼。

与常规催化裂化工业装置相比，MTO 装置有以下几点明显不同：①催化裂化装置采用提升管反应器，催化剂和反应气停留时间短，MTO 装置采用湍动流化床反应器，催化剂和反应气停留时间长；②催化裂化反应是吸热反应，MTO 反应是强放热反应，反应器设置取热器；③MTO 反应生焦率低，催化剂失活相对较慢，催化剂循环量低，再生负荷小；④从反应器结构来看，MTO 反应器体积大、再生器体积小，反应器催化剂藏量大，再生器藏量小。

（三）催化剂不完全再生和余热回收

催化剂的不完全再生有利于避开反应的诱导期，因此神华包头 180 万吨甲醇/年 MTO

工业装置的催化剂再生采用不完全再生的方式。焦炭含量约为7%～8%（质量分数）的待生催化剂，经过汽提后进入再生器，在再生器中与主风机来的主风发生烧焦反应。再生温度、催化剂在再生器的停留时间及主风流量是影响催化剂再生效果的最重要因素。再生温度主要通过取热器的取热负荷来调节。催化剂在再生器中的停留时间应不低于30min，以保证烧焦效果。停留时间主要通过催化剂的循环量和再生器内催化剂藏量来调节。主风流量对再生剂的定碳有直接的影响，必须与烧炭量（催化剂的循环量和碳差来确定）相匹配。神华包头180万吨甲醇/年MTO工业装置的再生器在正常操作情况下，再生温度约为670℃，压力为0.13MPa（表压）左右，空气流量介于33000～34000m³/h（标准状态）。再生之后的催化剂积炭含量在1%～3%（质量分数）之间。

烧焦反应是强放热反应，因此再生器均设有取热器，一方面用于回收烧焦反应放出的热量，另一方面可以调节再生器的烧焦温度。由于催化剂的再生采用不完全再生方式，烧焦后的高温烟气富含CO，进入CO焚烧炉和余热锅炉焚烧烟气中的一氧化碳并回收热量。

（四）反应气脱过热和洗涤

离开反应器的MTO高温反应气与原料甲醇换热，温度降低到约270～350℃后进入急冷塔。在急冷塔中反应气与急冷水逆向接触，脱过热并且洗涤反应气中携带的催化剂细粉。出急冷塔的反应气的温度降低到约110℃，进入水洗塔，在水洗塔中与水洗水逆向接触，产品气中所携带的大部分水被冷凝下来，同时反应气的温度进一步降低至约40℃后从水洗塔顶出来，进入烯烃分离单元。部分急冷水和水洗水进入反应水汽提塔，经汽提后回收其中的有机含氧化合物（主要为酮、醛等）返回反应器回炼，同时产出净化水送出装置。

（五）MTO主要工艺指标

MTO主要工艺指标包括甲醇转化率、烯烃选择性、乙烯/丙烯比、生焦率、甲醇单耗、催化剂单耗、单位产品能耗等。根据神华包头180万吨甲醇/年MTO工业装置2011年工业标定结果，甲醇制烯烃过程的主要指标列于表5-70。

表5-70 神华包头MTO工业装置甲醇制烯烃过程的主要指标

项目	数值	项目	数值
甲醇转化率(质量分数)/%	99.96	乙烯丙烯比(质量)	1.03
生焦率(质量分数)/%	2.25	乙烯+丙烯甲醇单耗/(t/t)	2.97
乙烯+丙烯碳选择性(质量分数)/%	78.93	催化剂单耗(乙烯、丙烯)/(kg/t)	0.74
乙烯+丙烯+C_4碳选择性(质量分数)/%	90.82		
乙烯+丙烯+C_4+C_5^+的碳选择性(质量分数)/%	94.06		

第七节 反应再生系统热平衡和装置能量平衡

甲醇制烯烃装置运转过程中会消耗一定的能量，包括蒸汽、水（除氧水、新鲜水、循环水等）、电、工业风、仪表风和氮气等。由于MTO反应是强放热反应，反应热除了满足本装置能量需求外，还给烯烃分离单元提供热量。在MTO反应过程中生成焦炭而使催化剂失活，催化剂烧焦再生过程中也会放出大量热量，使用外取热器控制再生器温度时发生蒸汽，在回收再生烟气的化学能和显热过程中也会发生大量蒸汽，因此对MTO装置的能量平衡及反应-再生系统的热量平衡进行控制、计算并评价是十分重要的。

一、反应-再生系统热平衡

甲醇制烯烃装置反应再生系统的热平衡对工程设计和维持装置经济有效运转非常重要，它与压力平衡保证催化剂循环流化、物料平衡影响产物分布一起，构成了甲醇制烯烃装置设计和操作的核心。物料平衡前面章节已经论述，本节主要研究甲醇制烯烃装置的热平衡。

MTO催化剂在反应过程中积炭快速失活，需要周期性地再生，催化剂在反应器和再生器间循环流动，这与催化裂化装置相似。因此，甲醇制烯烃装置热平衡可以借鉴催化裂化装置热平衡研究方法和研究结论。但是，催化裂化装置反应过程是吸热反应，再生过程是放热反应。催化剂烧焦再生过程放出大量热能恰好能够满足裂化反应过程需要，从某种意义上说，催化裂化催化剂是传递热能的载体。催化剂在两器之间流动，不断地从再生器获取热量，向反应器供应热量，从而保持裂化和再生达到规定的温度[226]。催化裂化装置操作条件严重受装置热平衡限制。

MTO反应过程和再生过程均是强放热反应，催化剂在两器之间循环流动无需承担传递热量载体的功能。因此，甲醇制烯烃装置操作条件受热平衡影响相对较小，反应器和再生器均可设置取热器，装置热平衡调整余地较大。下面分别论述甲醇制烯烃装置反应器和再生器热平衡。

（一）反应器热平衡计算

甲醇制烯烃装置反应器热平衡计算边界为反应器进料口、反应器顶反应气出口、反应器内取热器。MTO反应器热平衡计算的关键是对反应热的计算，准确的反应热确定，对甲醇制烯烃装置反应再生系统设计和装置平稳操作至关重要。研究者对甲醇制烯烃反应热做了大量研究，反应热数据具有较大差异。这主要是因为反应热与催化剂性能、反应条件、产物分布和选择性有关。齐国祯等[59]根据物质标准摩尔生成焓和比定压热容计算公式，利用等压反应热等于反应焓变，得出MTO主要反应的反应热在37～53 kJ/mol之间。国内外目前公开报道的反应热研究结果主要根据实验室小试研究结果计算，未见利用工业数据结果计算甲醇制烯烃反应热。根据目前工业化MTO装置的产物分布，准确计算其反应热，对于工业装置的平稳操作和新装置的合理设计具有重要意义。

本节采用两种方法计算工业MTO装置的反应热，一种是理论计算，根据反应物和产物标准摩尔生成焓计算反应焓变，等压反应热等于反应焓变，反应产物分布采用工业装置标定数据；另一种是根据神华包头180万吨甲醇/年MTO工业装置操作数据，计算反应器热平衡，利用热平衡数据反推装置实际放热量，从而获得工业操作条件下MTO过程的反应热。该反应热基于工业操作数据获得，对于工业装置设计和操作具有较大的指导意义。

1. 理论反应热计算

甲醇制烯烃反应涉及反应较多，如本章第二节所述，给出了27个反应的热力学数据。单个反应的热力学数据对于分析甲醇制烯烃反应特性，提高目标产物选择性很有帮助。本反应热计算基于神华包头180万吨甲醇/年MTO工业装置产物分布数据，采用标准摩尔生成焓，计算工业操作条件下，实际反应热。反应热计算不涉及具体反应。

甲醇制烯烃反应物为甲醇（CH_3OH），反应产物有CH_4、H_2、H_2O、C_2H_4、C_2H_6、C_3H_6、C_3H_8、C_4H_8、C_4H_{10}、C_5^+、焦炭、CH_3OCH_3、CO、CO_2等。甲醇制烯烃总反应式如下：

$CH_3OH \rightarrow aCH_4 + bH_2 + cH_2O + dC_2H_4 + eC_2H_6 + fC_3H_6 + gC_3H_8 + hC_4H_{10} + iC_4H_8$

$+jC_5^+ + k$ 焦炭 $+ lCH_3OCH_3 + mCO + nCO_2$

a，b，c，…，n 等分别为 1mol 甲醇生成各物质的摩尔系数；h、i 分别为丁烷和丁烯的摩尔分数，丁烷和丁烯有各种同分异构体，具体计算中以 h_1、h_2、h_3 和 i_1、i_2、i_3 等表示，C_5^+ 为多种烃类物质组成的复杂混合物，为简化计算以 C_5烷烃为模型化合物计算。

总反应式反应物为 1mol 甲醇，各产物的摩尔分数根据产物分布计算。表 5-71 给出了 MTO 装置水洗塔顶出口产品气组成。根据反应前后碳平衡计算 1mol 甲醇转化为各种产物的系数，其中产品气中的碳元素质量加上再生器烧焦中的碳元素质量等于进料甲醇中碳元素质量。

表 5-71 工业装置水洗塔顶反应气组成和物料平衡

产　物	反应气组成(摩尔分数)/%	碳原子数	1mol 甲醇转化摩尔数
甲烷	4.36	1	0.0169
乙烯	48.39	2	0.1880
乙烷	1.07	2	0.0042
丙烯	31.07	3	0.1207
丙烷	2.43	3	0.0094
C_4	7.14	4	0.0277
C_5^+	2.07	5	0.0080
H_2	2.37	0	0.0092
N_2	0.9	0	0.0035
CO	0.14	1	5.44×10^{-4}
CO_2	0.01	1	3.89×10^{-5}
甲醇	0.03	1	1.17×10^{-4}
乙炔	0.0002	2	7.77×10^{-7}
二甲醚	0.0126	2	4.9×10^{-5}
H_2O			0.9992
焦炭(烧炭)			0.0563
焦炭(烧氢)			0.0352

查化学数据基础手册[61]可以获得以上各种化合物的标准摩尔生成焓。根据化合物焓值与温度的关系，利用表 5-71 计算反应物和产物在反应温度下的标准摩尔生成焓。甲醇制烯烃反应在 450～500℃，反应热计算选取 480℃作为反应温度。

在甲醇制烯烃反应过程中，其等压反应热 Q_p 等于在反应过程中的焓变。甲醇制烯烃反应过程化合物标准摩尔生成焓如表 5-72 所示。

表 5-72 甲醇制烯烃过程化合物标准摩尔生成焓（480℃，0.2MPa）

化合物	生成焓/(kJ/mol)	化合物	生成焓/(kJ/mol)
CH_4	−52.34	*cis*-C_4H_8	52.95
C_2H_4	81.88	C_5^+	−61.00
C_2H_6	−46.92	H_2	13.46
C_3H_6	64.80	CO	−96.67
C_3H_8	−50.77	CO_2	−372.83
n-C_4H_{10}	−55.83	甲醇	−174.25
i-C_4H_{10}	−64.07	乙炔	252.65
n-C_4H_8	60.78	二甲醚	−141.02
i-C_4H_8	43.78	H_2O	−225.58
trans-C_4H_8	47.34		

焦炭中碳氢元素含量根据再生物料平衡计算焦炭氢碳原子比为 0.62，待生催化剂焦炭

分子式可近似为 $(CH_{0.62})_n$。一方面焦炭为一系列高度贫氢的复杂多环烃类化合物，难以确定其标准摩尔生成焓，另一方面烃类化合物缩合生焦是强放热反应，对甲醇制烯烃总反应热具有较大影响。将焦炭作为一种模拟分子组分，利用减差法计算焦炭模拟组分的标准摩尔生成焓。根据焦炭物质碳氢原子比，将反应器和再生器中发生的关于焦炭的反应记为总反应，总反应中 CO 和 CO_2 比以工业装置实际再生操作 CO/CO_2 确定。

总反应　$CH_3OH+1.135O_2 \longrightarrow 0.73CO+0.27CO_2+2H_2O$

分反应——再生器　$1/n(CH_{0.62})_n+0.79O_2 \longrightarrow 0.27CO_2+0.73CO+0.31H_2O$

分反应——反应器　$CH_3OH \longrightarrow 1/n(CH_{0.62})_n+1.69H_2O-0.345O_2$

利用标准摩尔生成焓求得总反应焓变为－477.94kJ/mol，再生器发生的分反应的反应焓变利用再生焦炭放热求得为－281.69kJ/mol，将总反应式减去再生器发生的分反应能够求得反应器中焦炭生成反应的反应焓变为－196.25kJ/mol，根据 O_2、CO_2、CO、H_2O 的标准摩尔生成焓和反应器中分反应焓变，从而求出焦炭 $1/n(CH_{0.62})_n$ 的摩尔生成焓为 15.21kJ。

将标准摩尔生成焓和转化系数带入总反应式，求得 1mol 甲醇在工业装置条件下，转化为低碳烯烃以及其他化合物，反应热为－25.96kJ/molCH_3OH。

2. 工业装置实际反应热

由于神华包头 180 万吨甲醇/年 MTO 工业装置反应气中夹带的催化剂细粉会附着在换热管的表面，从而影响反应气-甲醇换热器的换热效果，进而影响甲醇蒸汽的换热温度，装置开工初期甲醇蒸汽换热后温度高、而到开工末期甲醇蒸气换热后的温度低，所以开工初期与开工末期装置的热平衡并不一样，本节给出了开工初期和开工末期反应器热平衡数据。

以神华包头 180 万吨甲醇/年 MTO 工业装置为例，以 2012 年 11 月装置检修后开工期间的数据为计算依据，计算反应-再生系统的热平衡，其开工初期的反应器的物料平衡及反应条件分别如表 5-73、表 5-74 所示，计算得到的反应器热平衡如表 5-75 所示。计算结果表明，在气相甲醇进料温度低至 136℃的情况下（设计为 250℃，实际上开工初期的气相甲醇换热后的温度可以达到 256℃左右，但是此时反应器温度将无法控制在 475℃左右，因此采用向换热后的高温气相甲醇中喷液体甲醇的方法将进入反应器的气相甲醇温度降低到 136℃），反应器仍需要取出 10.74MW 的热量才能维持反应温度；甲醇制烯烃放出的反应热的绝大部分（约占 70.17%）用于将进料甲醇蒸气从 136℃加热到反应温度 479℃。甲醇气体升温需热 43.97MW，甲醇含水升温需热 2.92MW，浓缩水回炼和稀释蒸汽升温需热分别为 1.55MW 和 1.58MW。供热方主要为反应放热、焦炭吸附热以及催化剂带入热。根据热量平衡计算总反应热为 57.39MW，根据装置甲醇进料速率计算得到实际 1mol 甲醇反应热为 28.98kJ/mol，与理论计算值相比，相对误差为 10%左右。

表 5-73　神华包头 180 万吨甲醇/年 MTO 工业装置开工初期（SOR）反应器物料平衡

入反应器物料/(kg/h)		出反应器物料/(kg/h)	
甲醇(折纯)	228190	反应产品气	260483
MTO级甲醇带水	14850	焦炭	4887
稀释蒸汽	12430		
汽提、输送等蒸汽	2050		
浓缩水回炼	7850		
合计	265370	合计	265370

表 5-74 神华包头 180 万吨甲醇/年 MTO 工业装置开工初期（SOR）反应器的主要操作条件

项　目	数　据	项　目	数　据
反应器压力/MPa(G)	0.11	催化剂循环量/(t/h)	71.66
反应器出口温度/℃	479	甲醇进料量/(t/h)	243
甲醇气预热温度/℃	136	甲醇含水(质量分数)/%	6.1
蒸汽温度/℃	236		

表 5-75 神华包头 180 万吨甲醇/年 MTO 工业装置开工初期（SOR）反应器热平衡

反应器入方/MW		反应器出方/MW	
MTO 反应放热	57.390	甲醇气温升	43.974
焦炭吸附放热	1.900	甲醇带水温升	2.920
再生催化剂带入热	3.373	蒸汽升温总计	1.582
		浓缩水回炼升温	1.553
		内取热盘管气相甲醇预热	1.414
		内取热盘管液相甲醇预热	9.320
		反应器热损失	1.900
合计	62.663	合计	62.663

注：催化剂比热容＝0.225kcal/(kg·K)；MTO 反应热＝28.98kJ/mol 甲醇。

装置开工末期反应器热平衡如表 5-76 所示，反应末期反应气与进料甲醇器换热器由于催化剂粉尘沉积在换热器热管表面，传热速率降低，进料甲醇温度低，甲醇气升温需热达到 46.04MW，反应器取热量从 10.74MW 降低到 7.64MW，降低了 3MW，表明反应器与进料甲醇气换热器的效率对反应器热平衡影响较大。

表 5-76 神华包头 180 万吨甲醇/年 MTO 工业装置开工末期（EOR）反应器热平衡

反应器入方/MW		反应器出方/MW	
MTO 反应放热	57.418	甲醇气温升	46.041
焦炭吸附放热	1.847	甲醇带水温升	2.442
再生催化剂带入热	3.204	蒸汽升温总计	2.873
		浓缩水回炼温升	1.602
		内取热盘管气相甲醇预热	1.221
		内取热盘管液相甲醇预热	6.419
		反应器热损失	1.871
合计	62.469	合计	62.469

注：催化剂比热容＝0.235kcal/(kg·K)；MTO 反应热＝29.43kJ/mol 甲醇。

神华包头 180 万吨甲醇/年 MTO 工业装置反应再生系统热量利用为反应器设置内取热器用于加热罐区来甲醇，之后甲醇经过蒸汽汽化器汽化，再与反应器三级旋风分离器出来的高温反应气换热后进入反应器进行反应。再生系统设置内外取热器，内取热器将低压蒸汽过热作为反应稀释蒸汽进入反应器，再生器外取热器产中压蒸汽。从能量利用角度来看，利用 470℃甲醇反应气预热 40℃左右的甲醇，能量利用不太合理。反应气温度较高，利用其热量发生中压蒸汽更有利于提高能量利用效率。

（二）再生器热平衡计算

再生器热平衡供热方主要为焦炭烧焦放热（记为 $Q_{放}$），需热方主要为主风升温 $Q_{主风}$、焦炭升温 Q_{coke}、焦炭脱附热 Q_d、散热损失 $Q_{损失}$、吹扫松动风升温 $Q_{吹扫}$、汽提蒸汽吸热 $Q_{汽提}$，再生器内外取热器取热 $Q_{取}$ 以及催化剂带走热量 Q_{cat} 等。再生器热量衡算如下：

$$Q_{放}=Q_{需}=Q_{主风}+Q_{cat}+Q_d+Q_{coke}+Q_{吹扫}+Q_{汽提}+Q_{取}+Q_{损失} \quad (5\text{-}82)$$

$$Q_{放}=Q_{氢}+Q_{碳} \tag{5-83}$$

再生器烧掉的焦炭，并非100%的碳，也不是纯化合物，而是一系列高度贫氢的多环芳烃物质，如第二节反应机理所述，焦炭中氢元素含量在5%～6%之间。而催化裂化焦炭氢含量相对较高，约为10%。因此，相同的焦炭含量，催化裂化烧焦放热量大于甲醇制烯烃催化剂烧焦放热量。甲醇制烯烃催化剂上富集的焦炭燃烧放出的热量并非碳、氢元素燃烧热简单加和，需要进行一系列校正。采用炼油工业中广泛采用的经验公式计算，焦炭中1kg碳燃烧生成CO_2放热为33873kJ，生成CO放热为10258kJ，焦炭中1kg氢元素燃烧生成气态水放热为119890kJ。根据再生烟气中碳守恒计算待生剂烧焦过程中的烧炭质量，根据再生前后氧元素平衡，计算烧焦过程的烧氢质量。根据再生烟气组成中CO/CO_2比，计算烧焦总放热。

以神华包头180万吨甲醇/年MTO工业装置为例，以2012年11月装置开工初期数据计算再生器热平衡。开工初期再生器操作主要条件和烟气组成如表5-77所示，再生器物料平衡、热平衡如表5-78、表5-79所示。

表5-77 再生器操作条件及烟气组成

操作条件		烟气组成(摩尔分数)/%	
再生器顶部压力/MPa(G)	0.11	CO_2	8.09
再生温度/℃	668	CO	15.08
待生催化剂温度/℃	390	O_2	0
主风入再生器温度/℃	120	焦炭碳氢质量比	95/5
再生器总藏量/t	50～60	烧焦量/(kg/h)	4887
主风流量/(m^3/h)	34000		
大气温度/℃	−10		
大气压力/MPa(A)	0.101		
空气相对湿度/%	50		

表5-78 神华包头180万吨甲醇/年MTO工业装置开工初期（SOR）再生器物料平衡

入再生器物料/(kg/h)		出再生器物料/(kg/h)	
主风中N_2	33674	再生烟气中N_2	35925
主风中O_2	10230	再生烟气中CO_2	5944
主风带水	439	再生烟气中CO	7052
提升、流化N_2	2251	再生烟气中H_2O	3331
焦炭中C	4643	再生烟气中O_2	5
焦炭中H	234		
各种蒸汽	786		
合计	52257	合计	52257

表5-79 神华包头180万吨甲醇/年MTO工业装置开工初期（SOR）再生器热平衡

再生器内放热/MW		再生器内吸热/MW	
烧焦放热	31.66	焦炭脱附吸热	1.90
		主风升温热	7.38
		焦炭升温热	0.33
		再生器注蒸汽升温热	0.22
		再生器注氮气升温热	0.56
		再生器取热	16.63
		催化剂升温热	3.37
		再生器热损失	1.27
合计	31.66	合计	31.66

注：催化剂比热容＝0.225kcal/(kg·K)。

如表 5-77 所示，神华包头 180 万吨甲醇/年 MTO 工业装置烧焦负荷为 4.88t/h 焦炭，烧焦总放热量为 31.66MW。其中再生器取热 16.63MW，约占总放热的 52.52%，其次是主风升温热为 7.38MW，约占总热负荷的 23.31%，焦炭脱附吸热和热损失分别为 1.90MW 和 1.27MW。再生催化剂取走热量为 3.37MW，仅占再生总热负荷的 10.64%。而在典型的催化裂化装置中，焦炭放热的 60%～70%被催化剂从再生器带入反应器给裂化反应供热。再生过程为不完全再生，再生催化剂焦炭含量在 1%～3%（质量分数）之间，再生烟气中 CO 含量较高，再生装置设置 CO 焚烧炉和余热锅炉回收再生烟气中的化学能和显热，降低装置能耗。

（三）拟建装置热平衡计算

根据神华 SHMTO 工艺流程，当采用 SMC-001 催化剂时，一套甲醇进料为 180 万吨/年 MTO 工业装置反应器和再生器的物料平衡分别如表 5-80、表 5-81 所示。反应器、再生器系统的主要设计操作条件如表 5-82 所示。

表 5-80　反应器物料平衡

入反应器物料/(kg/h)		出反应器物料/(kg/h)	
甲醇(折纯)	229125	反应产品气	272499
MTO 级甲醇带水	12059	焦炭	4124
稀释蒸汽	33766		
再生剂带入 N_2	15		
再生器带入的 H_2O	68		
待生剂汽提蒸汽	230		
其他蒸汽	195		
仪表反吹 N_2等	1164		
合计	276623	合计	276623

表 5-81　再生器物料平衡

入再生器物料/(kg/h)		出再生器物料/(kg/h)	
主风中 N_2	30672.2	再生烟气中 O_2	60.8
主风中 O_2	9266.2	再生烟气中 N_2	33790.2
主风带水	158.1	再生烟气中 CO_2	7929.8
待生剂提升风中 N_2	2383.3	再生烟气中 CO	4037.0
待生剂提升风中 O_2	720.0	再生烟气中 H_2O	3947.4
冷催化剂流化蒸汽	1431.5		
其他蒸汽	275		
再生剂汽提 N_2	734.7		
焦炭中 C	3892.8		
焦炭中 H	231.4		
合计	49765.2	合计	49765.2

表 5-82　反应器和再生器的主要设计操作条件

项目单位	数据
反应器压力/MPa(G)	0.11
反应器密相温度/℃	475
甲醇气预热温度/℃	250
蒸汽温度/℃	250
催化剂循环量/(t/h)	75
再生剂入反应器温度/℃	400
再生器压力/MPa(G)	0.11
再生器密相温度/℃	660
主风入再生器温度/℃	145
氮气温度/℃	40

根据上述物料平衡和操作条件，计算的180万吨甲醇/年MTO工业装置反应器热平衡如表5-83所示；再生器热平衡如表5-84所示。

表5-83　180万吨/年MTO装置反应器热平衡

反应器内放热/MW		反应器内吸热/MW	
MTO反应放热	61.425	冷催化剂温升	1.635
焦炭吸附放热	2.543	甲醇气温升	32.804
		甲醇带水温升	1.544
		蒸汽温升	4.324
		汽提蒸汽温升	0.038
		反应器外取热	17.445
		反应器内取热	3.721
		反应器热损失	2.457
合计	63.968	合计	63.968

注：催化剂比热容＝0.250kcal/(kg·K)；MTO反应热＝30.883kJ/mol甲醇。

表5-84　180万吨/年MTO装置再生器热平衡

再生器内放热/MW		再生器内吸热/MW	
烧焦放热	33.000	焦炭脱附吸热	2.543
		干主风升温热	6.703
		主风带水升温热	0.053
		再生器注蒸汽升温热	0.440
		再生器注氮气升温热	0.135
		催化剂升温热	4.033
		再生器取热	17.480
		再生器热损失	1.613
合计	33.000	合计	33.000

注：催化剂比热容＝0.250kcal/(kg·K)。

二、MTO工业装置能耗计算

以神华包头180万吨甲醇/年MTO工业装置为例，分析了甲醇制烯烃装置能耗构成、影响因素以及节能潜力。甲醇制烯烃装置为世界首套国家示范装置，能耗计算目前尚无标准方法，本节根据炼油中催化裂化装置能耗计算方法，同时参考国标GB/T 2589—2008《综合能耗计算通则》和炼油能耗计算方法，计算MTO装置能耗。以生产单位乙烯、丙烯产品能耗和加工单位甲醇能耗两个指标来分析、评价装置用能状况，为装置节能降耗提供基础数据。

（一）装置用能分析

甲醇制烯烃装置能量利用可以归纳为能量的转换和传输、工艺利用和能量回收三个环节。三者之间相互关联、相互影响，用能原理如图5-103所示。

能量的转换和传输环节：供入系统的总能量E_P包括电能、蒸汽能、燃料气能、焦炭能以及化学能等，通过各类机泵、换热器、反应器、再生器等设备转换，一部分有效地供给工艺过程所需能量E_U，其他形式的如热能和机械能等，还直接对外输出一部分能量E_B，如急冷水、水洗水为烯烃分离单元提供热量。在能量转换和传输环节必然有一部分能量直接损失。

能量的工艺利用环节是装置用能的核心，进入该环节的能量通过与各化工单元过程（反应、再生、分离、汽提）相关设备，完成工艺过程。如完成甲醇制烯烃反应，反应水汽提

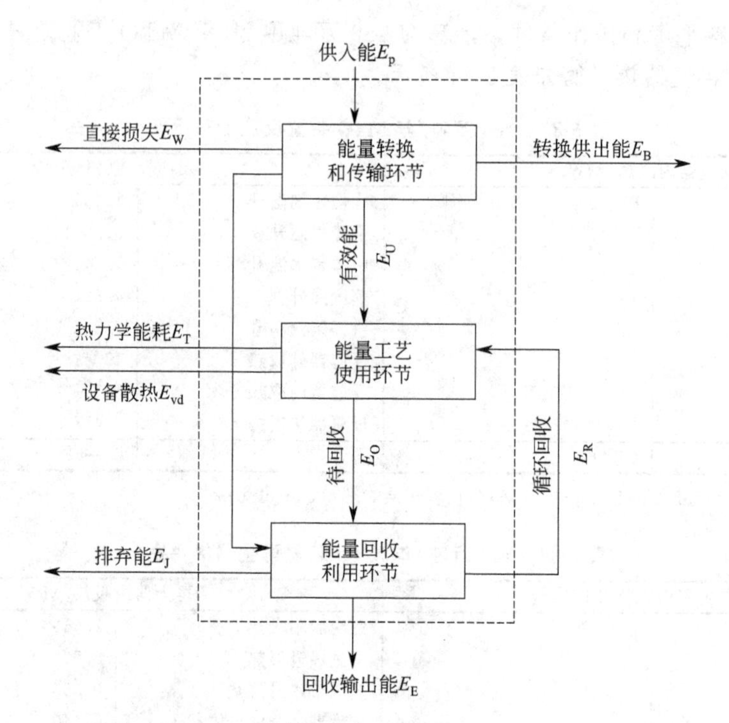

图 5-103 甲醇制烯烃装置用能原理

等。进入该环节的能量除了E_U外，还包括回收环节回收的能量E_R。甲醇制烯烃是强放热反应，反应过程释放的热力学能一部分被工艺环节利用，另一部分进入能量回收环节进行回收。再生过程焦炭燃烧释放出大量热能一方面维持再生温度，另一方面通过外取热器和余热锅炉回收能量。

能量回收环节：能量回收环节主要由大量传热过程构成。例如反应器内取热器、再生器内外取热器、CO 焚烧炉和余热锅炉、反应气与甲醇进料换热器，以及甲醇预热、汽化等一系列换热器等。能量回收环节还有一部分能量无法回收，转化为高于环境温度的低温位热能，因其利用不经济而排入环境。如再生烟气经过余热锅炉后排入烟囱，急冷水、水洗水从烯烃分离单元返回进入空冷、水冷系统。反应、再生系统以及高温管线热损失也计入无法回收能量。

甲醇制烯烃装置工艺过程特殊性决定了装置的用能特点。

① 总输入能量多：甲醇制烯烃反应在 450～500℃的气相下进行，甲醇原料升温、汽化需要供入大量能量。烧焦用主风在升温加压也需要供入大量的热量。热量的供给主要以反应放热和待生剂焦炭燃烧的形式供入。

② 能量自给率高：甲醇制烯烃装置虽然用能数量多、质量高，但是反应过程放出大量的热，除了供进料升温外还可以发生蒸汽，再生过程烧焦产生的高温烟气、余热锅炉发生中压蒸汽可以对外输出能量。

③ 低温热利用率高，急冷、水洗塔急冷水、水洗水温度分别为 110℃和 95℃，均低于 120℃为低温位热量。急冷水循环量为 300t/h，水洗水循环量为 2300t/h，为烯烃分离单元再沸器提供热量，每小时输出能量高达 2385GJ；相当于减少能耗 34.33kg 标准煤/t 甲醇。

④ 装置能耗受反应气进料甲醇换热器换热效率影响较大。反应三级旋风分离器来的反应气温度约为 450℃左右，与进料甲醇换热。由于反应气中夹带催化剂粉尘沉积在换热器热

管表面，降低传热系数。一方面导致进入反应器甲醇温度偏低，反应器内甲醇升温需热量增大，反应器外取热量减少；另一方面换热器效率降低，反应产品气进入急冷塔温度高，急冷水洗系统热负荷增大，循环水用量增大，而烯烃分离单元所需热量基本固定，则空冷、水冷系统能耗增加。

⑤ 可回收利用能量数量大、质量高：再生系统高温烟气温度达600℃，反应系统反应器出口物料温度在450℃以上，充分合理回收和利用这些能量，对装置降低能耗具有重要意义。

（二）MTO工业装置能耗分析

1. MTO装置进出物耗分析

MTO装置包括反应再生系统，进料预热系统，急冷、水洗系统，反应水汽提系统和CO焚烧炉及余热锅炉等。罐区甲醇进入装置，装置出口边界为水洗塔顶反应气。以一个月为计算周期，分析装置进出耗能物质，以2012年9月数据为例，如表5-85所示。

表5-85 工业MTO装置主要产物和耗能物质用量（月度计量）

项目	数值
装置原料和产物	
MTO级甲醇/t	169921
产品气/t	84604
聚合级乙烯/t	25649
聚合级丙烯/t	25735
聚合级乙丙烯/t	51384
耗能物质	
新鲜水/t	568
循环水/t	4966876
除氧水/t	33419
电/(kW·h)	3408666
低压蒸汽/t	58882
低低压蒸汽/t	64625
燃料气(标准状态)/m^3	20072
氮气(标准状态)/m^3	841230
仪表风(标准状态)/m^3	697904
工厂风(标准状态)/m^3	2965521
中压蒸汽/t	−31979
烧焦/t	3296.5
低温热输出/MJ	−162456350

注："—"表示从装置往外输出，月度累计烧焦量根据月度生焦率和加工量计算，烯烃分离低温热输出根据每小时平均给热量和时间计算。

2. 装置能耗计算

能耗计算以低位发热值为29307 kJ的燃料定义为1kg标准煤。用能单位自产能源和耗能工质所消耗的能源，其能源折算系数按照实际投入产出计算。部分难以测定低位发热值的耗能工质能源折算系数根据国标GB/T 2589—2008《综合能耗计算通则》和炼油综合能耗计算通则计算。能耗折算值及系数如表5-86所示。

表 5-86 能源及耗能工质统一折算值及系数

序号	类别	能量折算值/MJ	折标准煤系数/kg 标准煤
1	标准煤/t	29307	1000
2	4.1MPa 蒸汽/t	3684	126
3	1.0MPa 级蒸汽/t	3182	108.57
4	0.46MPa 蒸汽/t	2763	94.28
5	新鲜水/t	6.28	0.21
6	循环水/t	4.19	0.14
7	除氧水/t	385.19	13.14
8	工艺凝结水/t	320.29	10.93
9	氮气(标准状态)/m^3	6.28	0.21
10	净化压缩空气(标准状态)/m^3	1.59	0.054
11	非净化压缩空气(标准状态)/m^3	1.17	0.040
12	电(当量)/kW・h	3.6	0.334
13	热力(当量)/MJ	1.0	0.03412
14	焦炭/t	—	1357.14

根据装置月度能耗工质消耗量和折算系数将各种能耗折算为标准煤如表 5-87 所示。由表 5-87 可知，MTO 装置一个月加工 169921t 甲醇，总能源消耗量为 10016.02t 标准煤。其中主要能源消耗在低压蒸汽、低低压蒸汽和焦炭，分别占总消耗量的 63.83%、60.84%和 44.67%。装置对外输出能耗主要为产中压蒸汽和对外热输出，分别为 −40.19% 和 −55.34%。装置所产中压蒸汽和对烯烃分离单元提供热量，抵消部分能源消耗。1.0MPa 低压蒸汽主要为反应水汽提塔塔底再沸器提供热源，MTO 装置 0.46MPa 的低低压蒸汽主要作为甲醇汽化换热器热源，为甲醇汽化提供能量。

MTO 装置新鲜水消耗量很少，月度消耗量仅为 568t，除氧水消耗量为 33419t，除氧水主要作为再生器外取热器汽包和余热锅炉汽包上水产生中压蒸汽。循环水月度消耗量高达 497 万吨，主要是急冷塔和水洗塔冷却量大，需要将反应器来的高温反应气降温，取走反应气中的大量显热。电力消耗主要是各类机泵、主风机等消耗，约占总能耗的 11.37%。燃料气消耗主要是维持 CO 焚烧炉稳定燃烧温度，消耗量约为总能耗的 0.2%。

甲醇制烯烃反应过程生焦、焦炭产率占甲醇进料的 2%左右。焦炭产率升高，低碳烯烃产率和选择性降低，将增加装置能耗。一方面烧焦作为能量消耗增加装置能耗，另一方面烧焦放出大量的热，产生中压蒸汽对外输出，降低装置能耗。总体考虑装置烧焦增加的热量与有效回收能量即中压蒸汽的能量相比，焦炭产率增加会增加装置能耗。

表 5-87 装置能耗分布

序号	项目	数值	标准煤/t	百分比/%
1	MTO 级甲醇/t	169921		
2	新鲜水/t	568	0.14	0.00
3	循环水/t	4966876	695.36	6.94
4	除氧水/t	33419	439.13	4.38
5	电/kW・h	3408666	1138.49	11.37
6	低压蒸汽/t	58882	6392.82	63.83
7	低低压蒸汽/t	64625	6093.49	60.84
8	燃料气/m^3	20072	18.06	0.18
9	氮气(标准状态)/m^3	841230	176.66	1.76
10	仪表风(标准状态)/m^3	697904	37.69	0.38
11	工厂风(标准状态)/m^3	2965521	118.62	1.18

续表

序号	项目	数值	标准煤/t	百分比/%
12	中压蒸汽/t	－31979	－4025.20	－40.19
13	焦炭/t	3296.47	4473.77	44.67
14	低温热输出/MJ	－162456350	－5543.01	－55.34
合计			10016.02	100.00

装置处理 169921t MTO 级甲醇，生产聚合级乙烯、丙烯分别为 25649t 和 25735t。MTO 装置总能耗为 10016.02t 标准煤，单位能耗如下[进料甲醇含水 5%(质量分数)，将进料折合为纯甲醇]：

加工单位甲醇能耗＝10016.02÷(169921×0.95)×1000＝62.05[kg 标准煤/t 甲醇(纯)]

生产单位乙丙烯能耗＝10016.02÷(25649＋25735)×1000＝194.92(kg 标准煤/t 乙丙烯)

甲醇制烯烃装置与催化裂化装置相似，目前催化裂化装置能耗较为先进的为 2100 MJ/t 原料，折合标准煤为 71.66kg 标准煤/t 原料。甲醇制烯烃装置能耗低于催化裂化装置能耗，主要是因为 MTO 装置反应大量放热，反应过程生焦率远低于催化裂化装置。

表 5-88 给出了 2012 年 2～9 月 MTO 装置能耗汇总。

表 5-88　2012 年 2～9 月 MTO 装置能耗汇总

时间	总进料/t	进料速率/(t/h)	乙丙烯产量/t	装置能耗	
				/(kg 标准煤/t 甲醇)	/(kg 标准煤/t 乙丙烯)
2 月	156972	225.53	46190	76.36	246.52
3 月	173089	232.65	52943	76.65	242.18
4 月	162758	226.05	48948	73.2	231.22
5 月	154200	207.26	46495	81.34	256.28
6 月	173058	240.36	52476	63.72	199.64
7 月	177407	238.45	53926	65.3	204.08
8 月	175320	235.65	52913	65.2	205.23
9 月	169921	236.00	51384	62.05	194.92
平均				70.48	222.51

由表 5-88 可知，装置 5 月能耗最高，达到 256.28kg 标准煤/t 乙丙烯。主要原因是 5 月 CO 锅炉、余热锅炉检修，装置降低处理量，装置产中压蒸汽量减少，导致装置能耗升高。6～9 月，装置操作稳定，能耗逐渐降低。

（三）MTO 工业装置节能潜力分析

甲醇制烯烃装置过程为放热反应，反应物转化为产物过程中，对外界释放化学能被回收利用，能耗主要是能量通过不同途径散失于周围环境中。减少散失于环境的能量就是节能。鉴于经济原因，散热损失和排弃热不可避免。下面结合 MTO 装置论述如何降低装置能耗，为装置节能降耗提供理论依据。

① 先进的工艺是节能的前提。工艺的改进和提升会显著降低装置的能耗，由于甲醇制烯烃装置反应和再生均是放热反应，通过工艺优化降低装置焦炭产率，能够较大程度降低装置能耗。例如优化工艺，抑制 CO 在再生三级旋风分离器发生尾燃，从而减少向再生烟气中的蒸汽喷入量。一方面减少蒸汽消耗，节约能耗；另一方面再生烟气进入 CO 焚烧炉温度较高，余热锅炉能够回收更多能量。

② 能量利用的优化匹配。甲醇制烯烃反应温度为 400～500℃，再生温度为 600～700℃之间，均为高品质热量。能量优化匹配利用能够更充分、更有效的利用能量，起到节能效

果。罐区来的甲醇经过一系列换热到 85℃左右，利用低压蒸汽做热源将甲醇气化，经过与反应气换热器换热后进入反应器。目前神华包头 180 万吨甲醇/年 MTO 工业装置利用反应器内取热器预热液相甲醇，470℃左右的高品位热与 40℃的物料换热，从能量优化梯级利用角度来看很不经济，若将反应热产生中压蒸汽更有利于提高能量利用效率。

③ 反应器与进料甲醇换热器换热效率是影响装置能耗的关键因素，换热器效率高，能显著降低装置能耗。神华包头甲醇制烯烃装置开工初期甲醇进料温度能够达到 250℃的设计进料温度，到装置开工末期，甲醇进料温度只有 130℃左右。甲醇进料温度降低，更多的反应放热用于原料甲醇在反应器中升温。例如开工初期甲醇进料升温需热量为 44MW，开工末期甲醇气升温需热 46MW，相同反应放热条件下，原料升温增加，反应器取热量降低。而且换热器换热效率降低，进入急冷塔的反应气温度升高，导致急冷、水洗塔热负荷增加，循环水用量增加，导致能耗增加。

④ 降低余热锅炉排烟温度是降低装置能耗的重要手段。甲醇制烯烃装置排烟温度与催化裂化装置不同，前者原料中不含硫，排烟温度不受设备硫腐蚀制约。合理设计余热锅炉，尽可能降低再生烟气排烟温度，提高再生烟气能量回收效率，对降低甲醇制烯烃装置能耗具有重要意义。再生烟气排烟温度降低 100℃，回收热量约为 1MW。

第八节　主要操作变量及其影响

虽然小型的实验装置对于研究甲醇制烯烃反应过程和机理具有不可替代的作用，但其一般不涉及催化剂的再生及产品气的冷却、净化等设施，反应过程对应的是催化剂单程失活。因此，与反应相关的参数较少，主要有反应温度、甲醇分压、水醇比、反应时间和空速等。甲醇制烯烃工业装置涉及的操作参数众多且参数之间又存在直接或间接的联系，因此更为复杂。本节基于小型固定流化床的反应规律和 MTO 工业装置实际生产中的操作数据，对 MTO 过程涉及的主要操作变量及其影响加以论述和探讨。

甲醇制烯烃工业装置包括反应再生系统、急冷水洗和反应水汽提系统、热量回收系统。反应再生系统涉及的主要操作参数包括：反应时间、空速、反应温度、反应压力、水醇比、催化剂的含碳量、浓缩水回炼量、焦炭的 H/C 比、再生温度、主风量及催化剂在再生器中停留时间等。急冷水洗和反应水汽提系统涉及的主要操作变量包括塔底和塔顶的温度及压力、急冷水和水洗水流量等。热量回收系统涉及的主要操作变量包括 CO 焚烧炉炉膛温度、CO 焚烧炉烟气氧含量、过热蒸汽温度及排烟温度等。

一、反应再生系统的主要操作变量

反应再生系统是 MTO 装置的核心，主要包括进料部分、反应再生部分和主风机部分。进料部分将从界区外来的 MTO 级液相甲醇经加热汽化和过热后，采用气相进料的方式进入反应器进行 MTO 反应；反应再生部分完成 MTO 转化和催化剂的再生；主风机部分用于给再生器提供再生烧焦用风。

（一）MTO 反应的主要操作变量

1. 反应时间

对于没有催化剂再生系统的固定流化床，MTO 反应的产品气组成及甲醇转化率会随着反应时间的延长而发生明显的变化。MTO 反应会经历诱导期[276]，在诱导期内甲醇转化率及低碳烯烃选择性均较低，主要产物为二甲醚。诱导期过后，甲醇转化率及低碳烯烃选择性迅速升高。胡浩等[235]研究了乙烯和丙烯总选择性和甲醇转化率与反应时间的关系，结果如图 5-104 所示。结果显示，反应开始后甲醇转化率和乙烯及丙烯的总选择性均较低，随后甲醇转化率升高至接近完全转化，乙烯及丙烯的总选择性也迅速升高。甲醇转化率维持在较高的水平一段时间之后开始下降，而乙烯及丙烯的总选择性在反应时间为 150min 左右时达到最高，随后也随甲醇转化率的降低而减小。

MTO 反应产物中乙烯和丙烯选择性随反应时间的变化规律是有差异的。唐君琴等[277]研究了 MTO 反应产物中乙烯、丙烯和二甲醚的含量随时间的变化，结果如图 5-105 所示。结果显示，反应开始后乙烯选择性随时间的延长而增加，丙烯选择性随时间的延长而缓慢降低，产品中二甲醚的含量非常低。当乙烯选择性达到一个极大值后，二甲醚的含量开始急剧增加，同时乙烯和丙烯的总选择性逐渐下降，表明催化剂开始失活。刘红星[278]认为，乙烯选择性在反应初期随反应时间增加的原因是积炭在分子筛孔道中的沉积会减少空腔的自由空间，不利于较大的分子从分子筛孔道逸出，而有利于生成分子尺寸较小的乙烯。

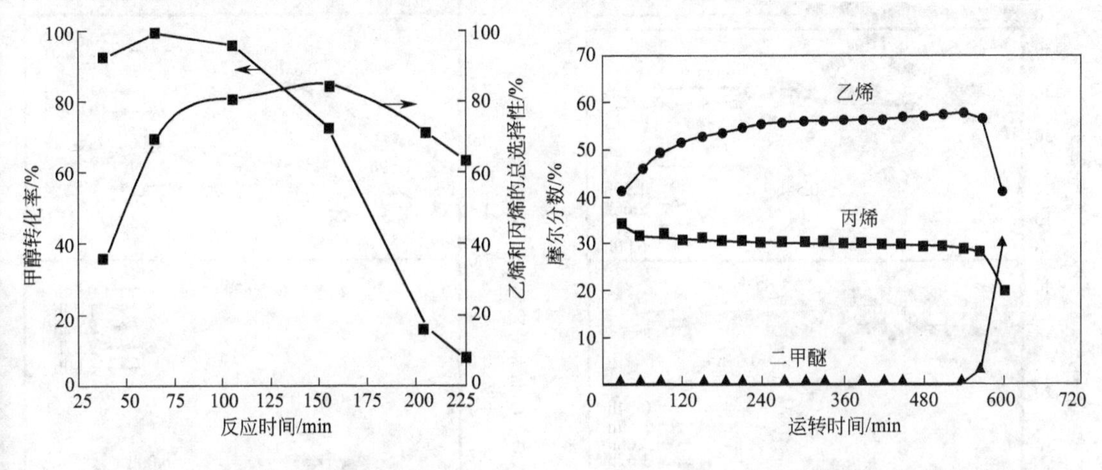

图 5-104　乙烯和丙烯总选择性和甲醇转化率与反应时间的关系

反应条件：678.15K；WHSV＝3h^{-1}

图 5-105　SAPO-34 催化 MTO 反应产物中乙烯、丙烯和二甲醚的含量随时间的变化

反应条件：WHSV＝1.0h^{-1}；698.15K

伴随反应时间延长的是催化剂的结焦失活过程，在反应温度、压力等其他因素不变的情况下，甲醇转化率及低碳烯烃选择性的变化事实上是催化剂活性中心密度降低和催化剂因结焦造成“择形选择性”发生改变的表观表现。对于催化剂连续再生的工业装置，反应器内催化剂的焦炭含量随催化剂停留时间和流化状态的不同而呈现一定的分布，反应气组成主要受平均焦炭含量的控制，因此相对催化剂单程失活的固定流化床要稳定得多。催化剂焦炭对 MTO 反应的影响将在下面的内容中进一步论述。

反应物料在反应器中的停留时间（尤其是在密相床层的停留时间）对反应气的组成也会有影响。停留时间过短可能会影响甲醇的转化率，停留时间过长则会因副反应的发生而降低主产品的选择性。一般认为，在 SAPO-34 分子筛催化剂的作用下 MTO 反应速率极快，在良好的流化条件下，接触时间大于 0.2 s 均能保证反应转化率接近 100%。该停留时间与反应物料在反应条件下穿过反应器密相床层的表观速率以及密相床层的高度有关，床层高度越高，表观速率越低，则停留时间越长。对于 MTO 工业装置，在反应条件不变的情况下，可以通过控制反应器中催化剂藏量或改变空速来调节反应物料的停留时间。

2. 反应空速

反应空速是影响 MTO 反应的重要因素，反应空速影响反应原料在催化剂床层中的停留时间。空速越大，反应物在催化剂床层中的停留时间越短。对于固定床和固定流化床反应器，反应空速越大则相同时间内单位质量催化剂处理的甲醇量就越大，催化剂结焦失活得更快。从本质上说，反应空速是通过改变催化剂的结焦速率来影响 MTO 反应的。

Wu 等[44]研究了采用固定床反应器时空速对 MTO 反应转化率及产品组成的影响，如图 5-106 所示。结果显示，较小的空速和过大的空速均对甲醇转化率、低碳烯烃选择性和副

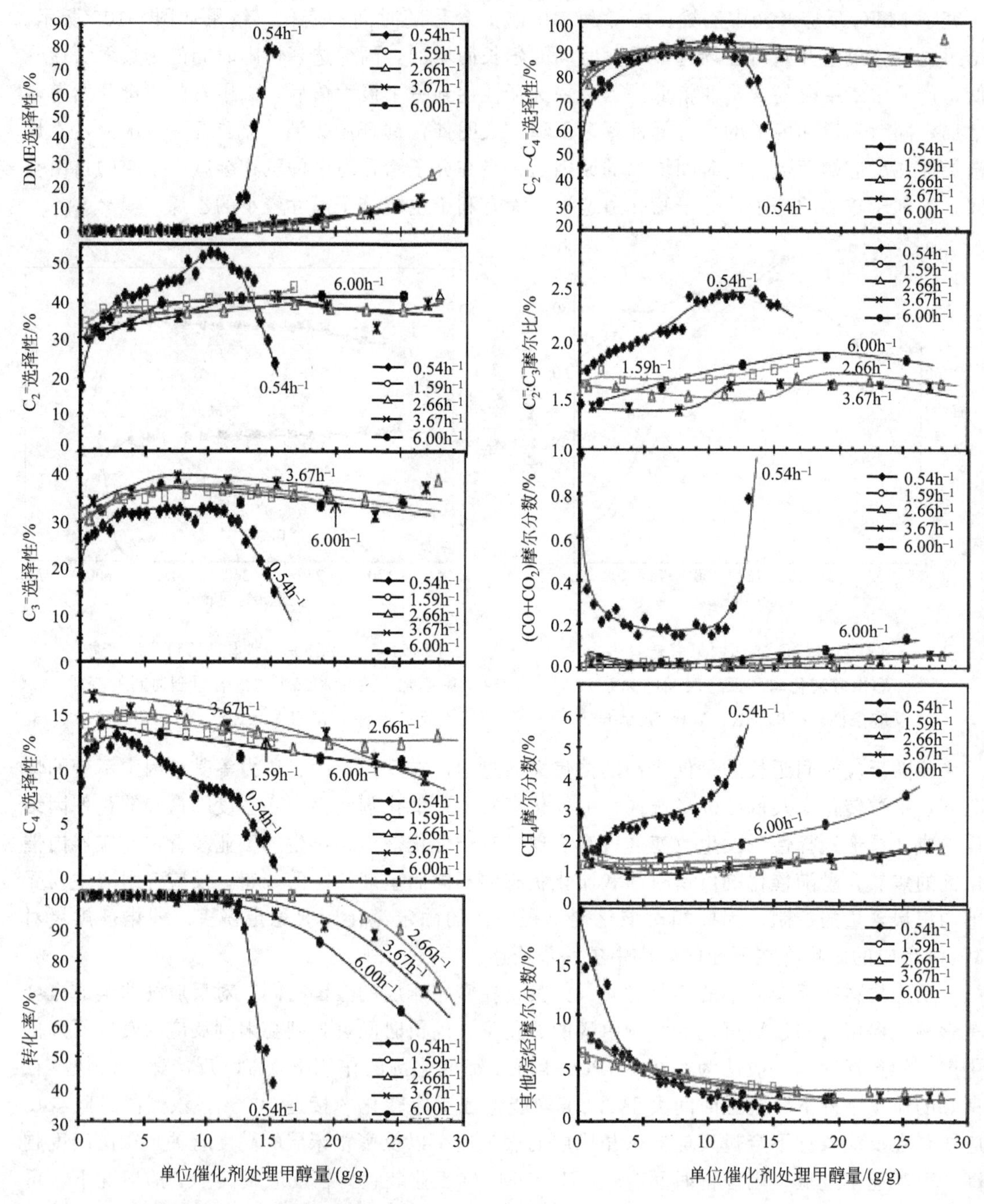

图 5-106 甲醇空速对反应转化率及产品组成的影响（400℃，进料 20%甲醇/80%水，摩尔分数）

产物选择性不利，从产品分布角度认为比较理想的空速范围是 1.6～3.6h^{-1}。Wu 的研究还显示，重时空速为 2.7h^{-1}时单位质量催化剂处理的甲醇量最多，但考虑到 MTO 工业装置的经济性，推荐的空速范围是 2.6～3.6h^{-1}。齐国祯[248]采用固定流化床研究操作变量对 MTO 反应的影响时指出如果以乙烯＋丙烯选择性和收率来确定甲醇重时空速的操作上限的话，应该选择 5～7h^{-1}。

Yan 等[279]利用固定床反应器研究了空速对催化剂失活（该研究将甲醇转化率低于 50％视为催化剂失活）、低碳烯烃选择性、乙烯/丙烯比的影响，结果如图 5-107 所示。结果显示，随着空速增加，催化剂寿命缩短，低碳烯烃的选择性提高，乙烯/丙烯比略有增加。空速变大使得同样反应时间内催化剂处理的甲醇量增加，这导致催化剂结焦速率增大，因此缩短了催化剂的寿命。结焦速率的增加同时也强化了分子筛的择形选择效应，使得反应更有利于小分子的乙烯和丙烯生成，而乙烯相对于丙烯的分子尺寸更小，因此乙烯/丙烯比增加。

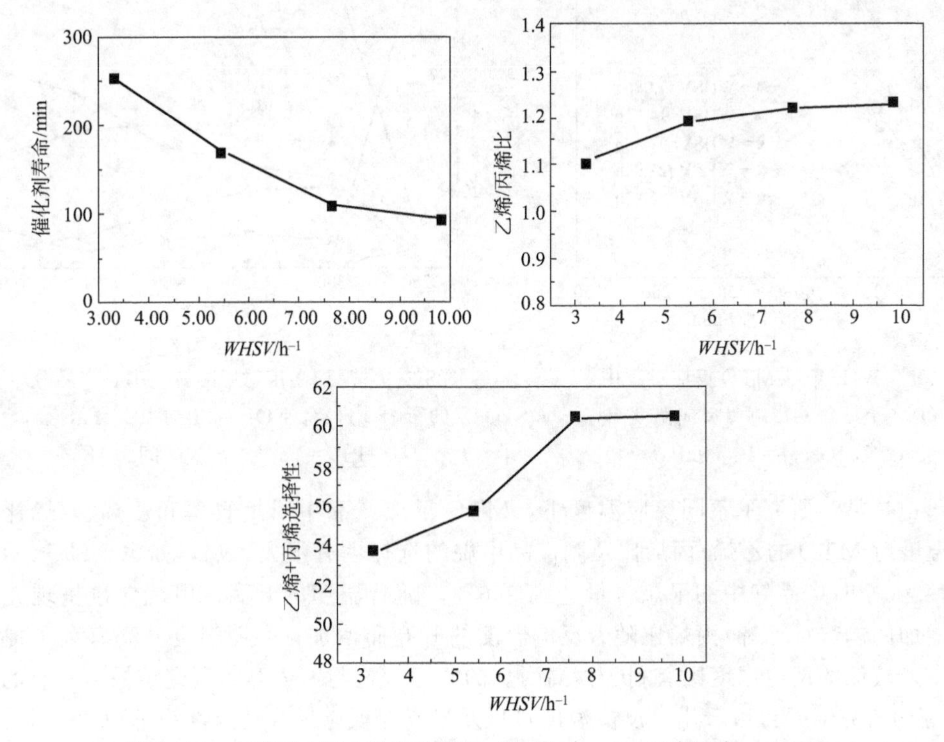

图 5-107　空速对 MTO 反应的影响（甲醇/水＝1；反应温度＝450℃）

Hu 等[39]的研究也可以证实上述空速改变对结焦速率的影响，他们利用 TGA 反应器研究了不同空速对催化剂结焦的影响，结果如图 5-108 所示。在同样的反应时间内空速越高，催化剂焦炭含量也越高。

工业装置的空速为甲醇进料量与反应器中催化剂藏量之比，甲醇进料量越高，催化剂藏量越低，则空速越大。神华包头 180 万吨甲醇/年 MTO 工业装置采用的空速介于 3～5h^{-1}之间。

3. 反应温度

反应温度是影响 MTO 甲醇转化率和低碳烯烃选择性的重要因素之一，同时也是工业 MTO 装置重要的操作参数。温度对 MTO 反应的影响体现在两个方面：一是温度的变化会改变各分反应的反应速率，由于各个反应的活化能不同，对反应速率改变的程度也不同，从而影响了最终产品的分布；另一方面温度的变化也改变了结焦反应的速率，由此进一步影响了分子筛的择形选择性并最终影响了产品的分布。

Lee 等[116]考察了不同温度下 MTO 反应的结果。如图 5-109 所示，当反应温度低于 300℃时，产品中有大量的二甲醚和甲醇，低碳烯烃的收率较低；当反应温度高于 300℃以后，基本可以保证甲醇的完全转化。温度对产品中各组分的影响是不同的：300℃以后，随着反应温度的升高，乙烯在产品中的含量增加；丙烯的含量先增加后降低；C_4 烯烃的含量则是递减的。反应温度为 450℃时，低碳烯烃（乙烯～丁烯）的总收率达到最高。可见，反应温度可以作为调节低碳烯烃各组分相对含量（尤其是乙烯/丙烯比）的重要手段。

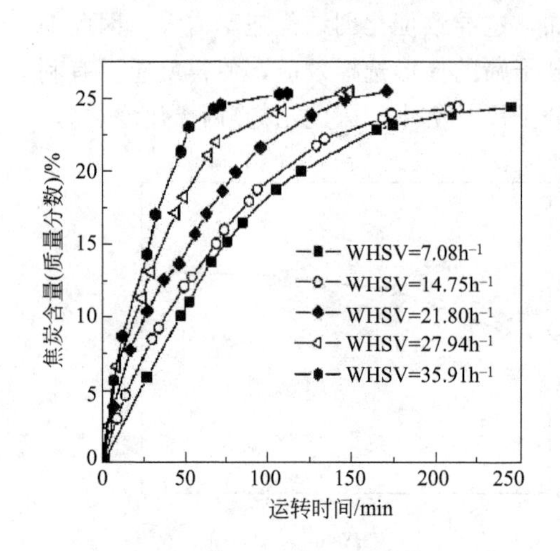

图 5-108 WHSV 对 MTO 反应过程中 SAPO-34 上结焦的影响（反应温度＝698.2K，p_{MeOH}＝18.50kPa）

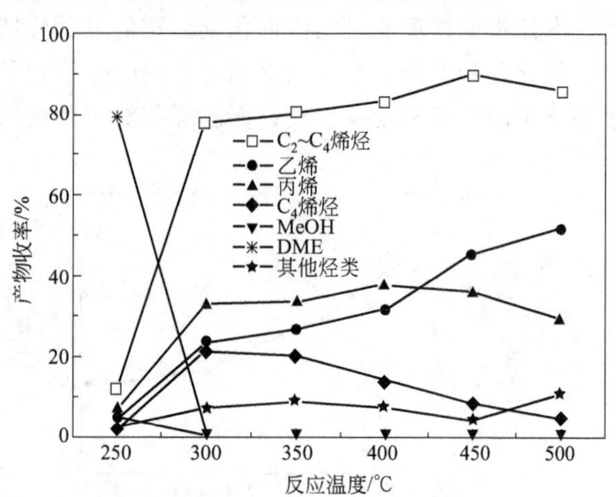

图 5-109 反应温度对甲醇转化率及产品分布的影响［进料 MeOH/He＝1/1（摩尔比）；WHSV＝$1h^{-1}$；反应时间为 1h］

Obrzut 等[168]研究了不同反应温度下，MTO 反应产品中甲烷收率和乙烯/丙烯比，发现反应温度对 MTO 的乙烯/丙烯比及副产品甲烷的选择性有很大影响，如表 5-89 所示。结果显示，300℃时产品气中的甲烷含量达到 9.6%，随着温度的升高，甲烷含量呈现先降低后迅速增加的趋势；乙烯/丙烯比随着反应温度的升高而增加，表明温度升高有利于提高乙烯的产率，较低的反应温度则有利于提高丙烯的收率，这与 Lee 等的研究结果是一致的。由 Obrzut 等的研究结果可以看出，反应温度过低及过高对低碳烯烃选择性均不利。

表 5-89 不同反应温度下 MTO 反应的甲烷产率及乙烯/丙烯比

项目 \ 反应温度/℃	300	350	400	450	500
甲烷(摩尔分数)/%	9.6	约 3	约 3	9	60.3
乙烯/丙烯比	0.85	0.9	1.31	2.78	6.42

齐国祯[248]采用固定流化床反应器研究了反应温度对 MTO 反应的影响，结果表明如果以多产丙烯为目的，建议将反应温度控制在 450～470℃之间，在保证高甲醇转化率和低碳烯烃选择性的前提下，乙烯/丙烯摩尔比可以稳定在 0.9～1.1 之间，甲烷、CO_x 的选择性低，丙烷选择性低于 4%；如果以多产乙烯为目的，建议将反应温度控制在 500℃，甲醇的转化率接近 100%，乙烯～丁烯的烃选择性达 90%，乙烯/丙烯摩尔比可以稳定在 1.5，甲烷选择性约 2%、CO_x 选择性约 1%，丙烷选择性小于 2.5%。刘红星等[278]研究了固定床反

应器内 SAPO-34 催化剂催化甲醇制烯烃过程中反应温度对烯烃选择性和乙烯/丙烯比的影响。在相同的进料组成下，随着反应温度的升高，催化剂寿命缩短。乙烯和丙烯的初始选择性在 450℃达到最大值，在 375～525℃范围内，乙烯/丙烯比随温度不断增加，其变化范围为 0.75～2.25。

反应温度也是影响催化剂结焦行为的主要因素之一。Aguayo 等[36]研究结果表明在较低的反应温度下催化剂上的积炭主要成分是脂肪烃，而在较高的反应温度下，则以芳香烃为主。Hu 等[39]利用 TGA 反应器研究了不同的反应温度对结焦的影响，如图 5-110 所示。结果显示，在 698.2K 以下的低温区，反应温度变化对生焦速率没有明显影响；反应温度在 698.2K 以上的高温区，反应温度对生焦速率的影响显著，温度越高催化剂上生焦速率越大。

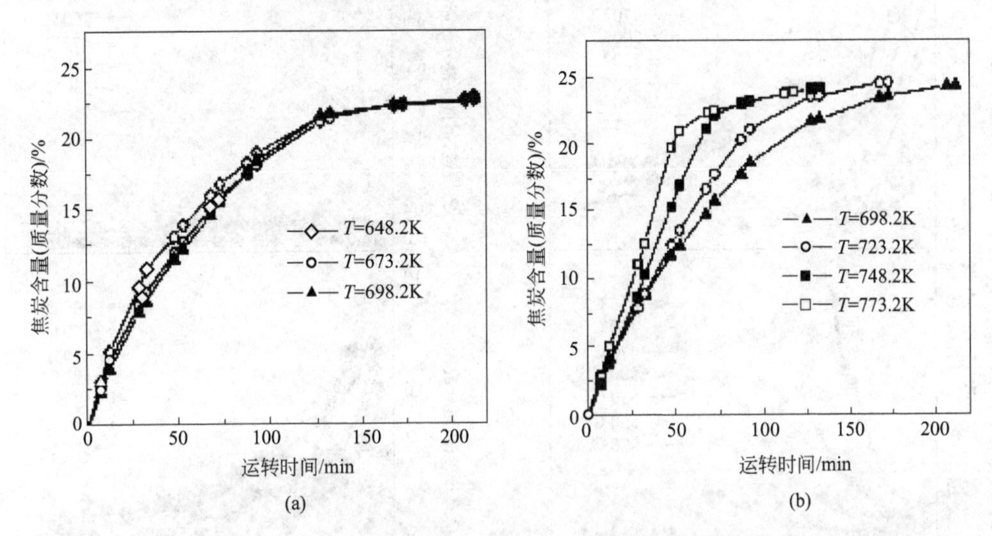

图 5-110　反应温度对 SAPO-34 分子筛催化剂结焦的影响

反应温度对乙烯/丙烯比的影响可以归因于催化剂结焦失活过程。反应温度的升高加大了催化剂生焦速率，催化剂上的焦炭含量的增加减少了分子筛孔道的自由空间，限制了丙烯分子的扩散，因此乙烯/丙烯比提高。反应温度对 MTO 反应副产物的选择性也有影响。齐国祯[45]等对甲醇制烯烃过程中反应温度对副产物选择性的影响也进行了研究，结果如图 5-111所示。结果显示，随着反应时间的增加，反应气中二甲醚选择性、CO_x 收率、甲烷选择性增加，并且温度越高，增长的速率越快。这可以通过热力学来解释。在第二节中对二甲醚转化为甲烷、一氧化碳及氢气分解反应的热力学计算表明，当温度接近 800K 时平衡常数迅速增加。另一方面，丙烷的选择性和 C_5 和 C_6 组分的选择性在相应的反应温度下随着反应时间的延长而降低，温度越高下降的速率越快。乙烷的选择性随着反应时间的增加几乎保持不变，维持在 1%左右，温度升高，乙烷的选择性略有增加。

甲醇制烯烃工业装置比小型实验装置要复杂得多，影响反应温度的因素包括甲醇进料温度、进料量、反应内取热器负荷、再生温度、催化剂循环量等。

甲醇进料量对 MTO 反应的放热量有显著影响，甲醇进料量增加，反应放热增加，反应温度升高。因此，随着甲醇进料量的变化，应相应调整反应器的取热负荷，以控制反应温度不出现大的波动。在甲醇进料量恒定条件下，甲醇进料温度也是微调反应温度的一个重要手段。当反应温度升高时，可以降低甲醇进料温度以增加甲醇升温需要的热量，实现降低反应温度的目的。此外，工业装置再生催化剂温度大大高于反应温度，其携带的热量通过催化剂

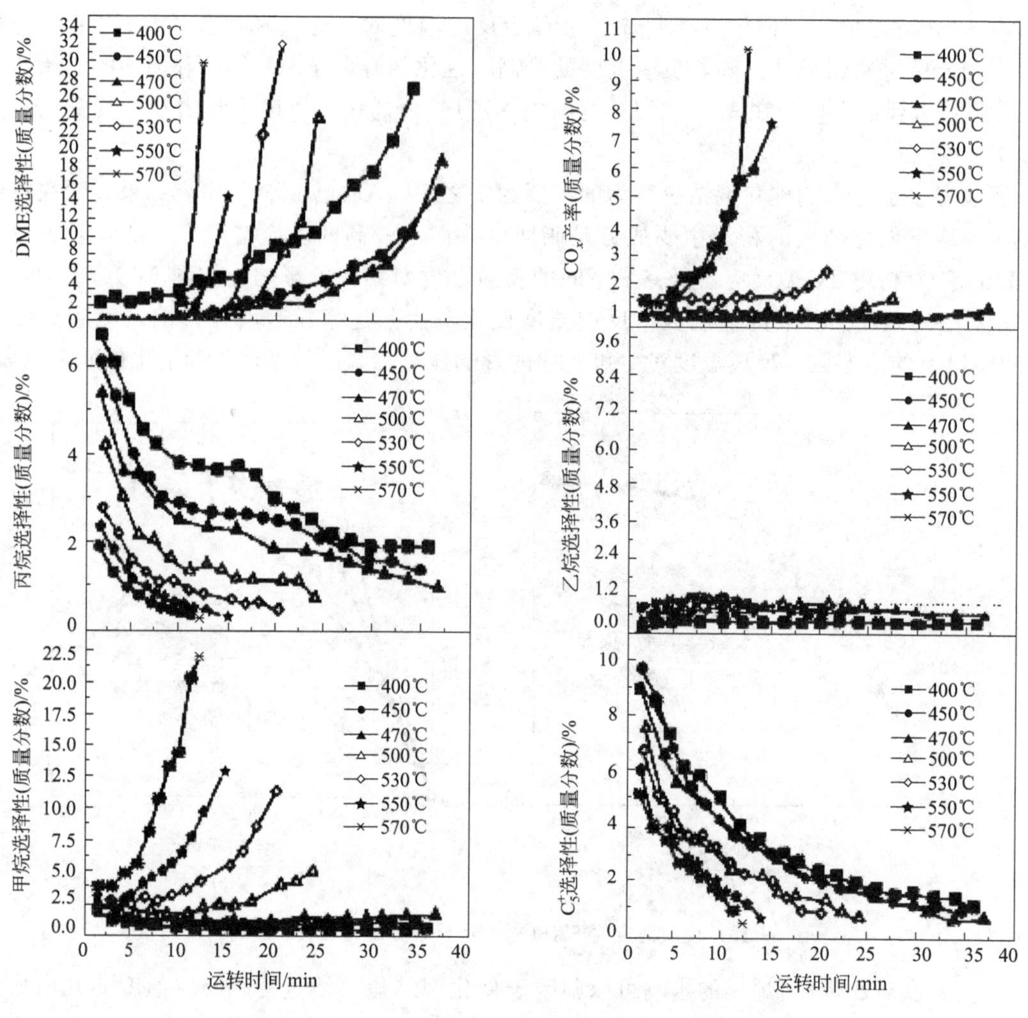

图 5-111 反应温度对 MTO 反应副产物选择性的影响

反应条件：WHSV6.33h^{-1}；甲醇浓度 80%（质量分数）

循环进入反应器也可以影响反应温度。催化剂再生温度越高，循环量越大，则反应温度越高。

神华包头 180 万吨甲醇/年 MTO 工业装置采用的反应温度介于 460～520℃之间。提高反应温度有利于乙烯的生成，因此改变反应温度可以在小范围内调节乙烯/丙烯比。正常生产时，反应温度一般通过调整反应器内取热负荷来控制。

4. 反应压力

反应压力（更确切地说是甲醇分压）也是影响 MTO 反应的关键因素之一。刘学武等[144]研究了甲醇分压对 MTO 反应的影响，如图 5-112 所示。结果显示，随着甲醇分压降低，催化剂维持活性的时间（即寿命）延长。当甲醇分压为 44kPa 时，催化剂的寿命最短。在反应初期，随甲醇分压的降低，烯烃选择性逐渐增大。这表明甲醇分压越低，越有利于延长催化剂的寿命和提高烯烃选择性。

甲醇分压也能够对催化剂结焦行为产生影响。Hu 等[39]利用 TGA 反应器研究了不同的甲醇分压对催化剂结焦的影响，如图 5-113 所示。结果显示，降低甲醇分压能够改变催化剂的生焦速率，使催化剂的失活速度变慢。

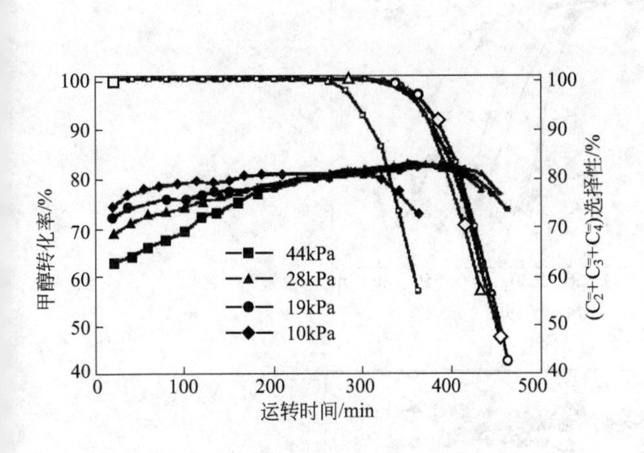

图 5-112　甲醇分压对 MTO 反应的影响
反应条件：反应温度 390℃；稀释气体氮气；
WHSV＝2h^{-1}

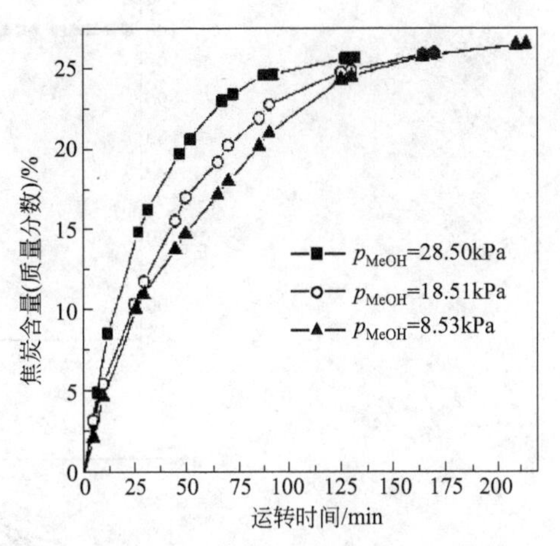

图 5-113　甲醇分压对生焦的影响
反应条件 698.2K；WHSV＝21.8h^{-1}

由以上研究结果可见，较低的反应压力有利于低碳烯烃选择性和甲醇转化率的提高，但在工业装置上维持低压操作会导致反应器体积过大，装置的处理能力也会受到很大的限制，因此，反应压力应该根据实际生产要求控制在一个合理的范围。

对于工业装置，确定反应压力需要考虑以下三个因素：一是有利于低碳烯烃的生成，减少大分子副产物及焦炭的产率；二是反应压力要与再生压力维持合适的压力差，以保证催化剂的正常循环；三是反应压力满足烯烃分离单元产品气压缩机入口压力要求。神华包头 180 万吨甲醇/年 MTO 工业装置正常生产时反应压力的控制范围为(0.12±0.02) MPa(表压)。

影响反应压力的因素包括：下游烯烃分离单元产品气压缩机转速、甲醇进料量、稀释蒸汽量等。产品气压缩机的转速越低、甲醇进料量越大、稀释蒸汽的加入量越大，则反应压力越高。MTO 工业装置正常生产时，反应压力一般通过调整产品气压缩机的转速来调节。

5. 水醇比（稀释蒸汽的量）

水醇比是研究 MTO 反应规律的重要操作参数，当反应总压力保持不变时，水醇比变化会改变甲醇分压，甲醇分压对 MTO 反应的影响在前一部分已经论述，此外，进料中含水能够抑制焦炭生成，延缓催化剂的失活速率。柯丽等[280]利用微型固定床反应器研究了水蒸气、氮气、合成气、一氧化碳和二氧化碳对使用 SAPO-34 催化剂的甲醇制烯烃反应的影响，不同的反应气氛对甲醇转化率、乙烯和丙烯选择性的影响如图 5-114 所示。图 5-114 表明，水蒸气对于改善 MTO 反应烯烃选择性和减少生焦效果最好，维持催化剂高活性时间最长。

Marchi 等[281]也发现用水作为稀释剂可以明显降低催化剂上的焦炭量，但当用氮气取代水作为稀释剂与甲醇共同进料时，催化剂的焦炭量并没有发生明显变化。因此，Marchi 认为水可以和焦炭前体在催化剂活性位上形成竞争吸附，降低强酸中心密度，减少芳构化、氢转移等反应的发生，从而抑制了积炭的生成。另外，水的加入可以减少床层催化剂颗粒上的热点，进而减少积炭的生成。

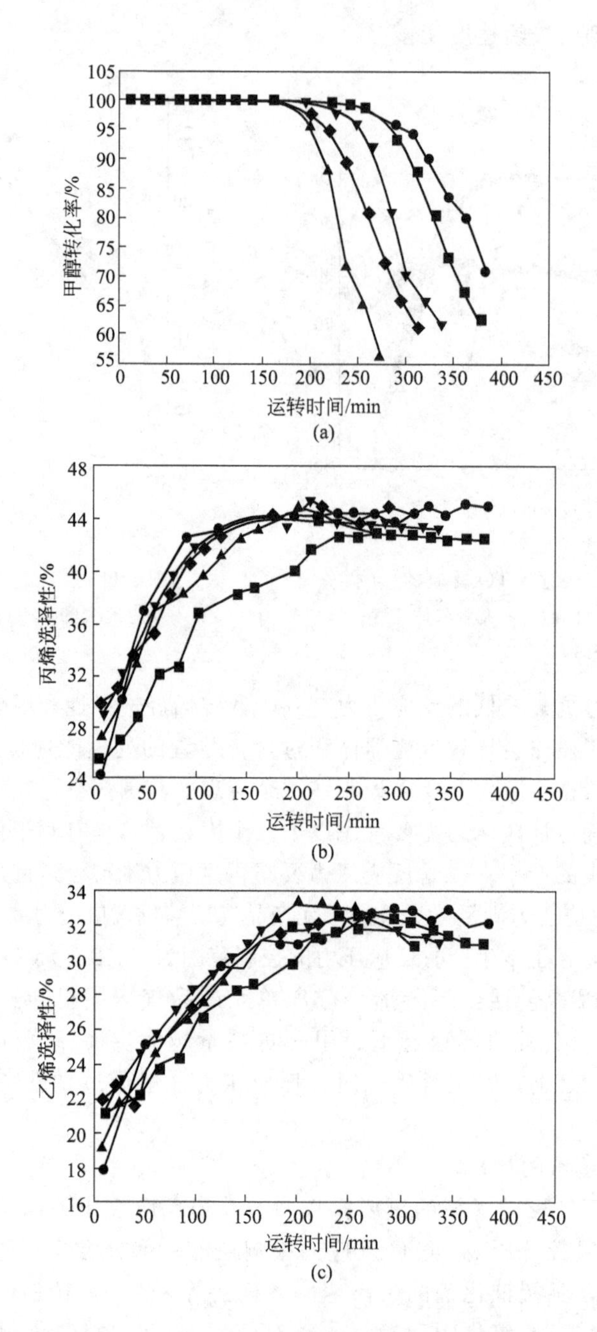

图 5-114　不同稀释气氛对 MTO 反应甲醇转化率、乙烯和丙烯选择性的影响

■N_2；●H_2O；▲CO_2；▼合成气；◆CO

反应条件：甲醇 WHSV＝2.0h^{-1}，进料中甲醇摩尔分数为 30％

因此，在 MTO 反应实验研究和工业装置中一般将水做为稀释剂。

水稀释甲醇对 MTO 反应产品选择性和催化剂寿命的影响如表 5-90 所示[223]，由表5-90 可以看出，450℃时随着进料甲醇中水含量的增加，低碳烯烃的选择性逐渐增加，催化剂的寿命延长。同时，随着水含量由 0 增加至 70％（质量分数），乙烯/丙烯比由 1.18 增加至 1.69。

表 5-90 水含量对甲醇转化的影响

项目 \ 进料组成(质量分数)		MeOH	70%MeOH	50%MeOH	30%MeOH
甲醇转化率(质量分数)/%		100	100	99.68	97.88
烯烃选择性(质量分数)/%	C_2H_4	42	43.17	52.69	56.1
	C_3H_6	35.53	37.55	39	33.21
	C_4H_8	9.4	8.6	3.15	6.09
	$C_2^= \sim C_3^=$	77.53	80.72	91.69	89.31
	$C_2^= \sim C_4^=$	86.93	88.6	94.84	95.4
寿命/min		60	75	90	90

注：反应条件：SAPO-34 催化剂，450℃，WHSV(MeOH)＝2.0h^{-1}，60min。

严登超等利用脉冲微反研究了 450℃时不同甲醇水溶液浓度对 SAPO-34 催化甲醇转化反应的影响，结果如表 5-91 所示[282]，随着水含量的增加，氢转移反应、聚合和芳构化反应受到抑制，同时也限制了甲烷的生成，低碳烯烃的选择性随着水含量的增加而不断增加。

表 5-91 不同甲醇水溶液浓度下甲醇转化产物分布（质量分数） 单位：%

烃组成 \ 甲醇浓度(质量分数)/%	100	75	50	25
C_1	2.09	2.45	1.57	0.93
C_2	0.64	0.67	0.35	0.45
$C_2^=$	24.74	28.76	30.26	43.77
C_3	13.44	12.57	9.6	7.59
$C_3^=$	34.6	33.78	35.71	27.85
i-C_4	0	0	0	0
n-C_4	2.12	1.73	2.57	1.39
$C_4^=$	15.54	14.92	14.49	13.76
i-C_5	0	0	0.89	0
n-C_5	0.26	0.2	0.25	1.29
$C_5^= + C_5^+$	6.58	4.91	4.32	2.98
$\Sigma C_2^= \sim C_4^=$	74.88	77.47	80.46	85.38
$m(C_3+C_4)/m(C_3^= + C_4^=)$	0.31	0.29	0.24	0.22
$m(C_5^= + C_5^+)/m(C_2^= + C_3^=)$	0.11	0.08	0.07	0.04

在反应温度为 400℃、空速为 1h^{-1}的条件下，研究甲醇水含量对 MTO 反应的影响，如表 5-92 所示[94]。由表 5-92 可以看出，甲醇原料中加入水后明显地延长催化剂的使用寿命，产品气中甲烷的含量也得到抑制。乙烯/丙烯比在甲醇中加入水后下降，表明水的加入有利于提高丙烯的收率。

表 5-92 水的加入对 SAPO-34 分子筛催化剂上 MTO 反应结果的影响

进料	酸量/(mmol/g)	MTO 寿命/h	甲醇处理量/(g 醇/g 剂)	$C_2^=$/$C_3^=$ 比	$C_2^= \sim C_4^=$ 选择性(质量分数)/%	CH_4(质量分数)%	焦炭含量(质量分数)/%
甲醇	0.46	16.4	15.9	1.01	90.6	1	16.6
甲醇/水①	0.46	51.5	45.8	0.79	89.7	0.5	19.8

①甲醇分压：21kPa。

对不同反应温度、稀释比下的乙烯、丙烯、丁烯的平衡组成进行计算，结果如表 5-93 所示[59]。由表 5-93 可以看出，一定温度下随着稀释剂摩尔分数的增加，乙烯和丙烯的平衡摩尔分数增加，丁烯的平衡摩尔分数降低。同时还可以看出，稀释蒸汽对乙烯/丙烯比的影响与反应温度也有关系：在较低反应温度下，有利于丙烯的生成，乙烯/丙烯比随稀释剂含量的增加而降低；在较高的反应温度下，有利于乙烯的生成，乙烯/丙烯比随稀释剂含量的增加而增大。

表 5-93 不同反应温度、稀释比下乙烯、丙烯、丁烯的平衡摩尔分数

y_1	y_i	573K	673K	723K	773K	823K	873K	973K
0	$y_{C_2H_4}$	0.062	0.126	0.183	0.273	0.361	0.457	0.628
	$y_{C_3H_6}$	0.543	0.651	0.654	0.614	0.561	0.49	0.348
	$y_{C_4H_8}$	0.396	0.223	0.162	0.114	0.078	0.053	0.024
0.1	$y_{C_2H_4}$	0.064	0.12	0.191	0.279	0.371	0.469	0.641
	$y_{C_3H_6}$	0.548	0.661	0.653	0.612	0.554	0.481	0.337
	$y_{C_4H_8}$	0.388	0.219	0.156	0.109	0.075	0.051	0.022
0.2	$y_{C_2H_4}$	0.066	0.131	0.208	0.29	0.381	0.481	0.651
	$y_{C_3H_6}$	0.554	0.66	0.644	0.606	0.549	0.472	0.329
	$y_{C_4H_8}$	0.379	0.21	0.149	0.104	0.07	0.047	0.02
0.3	$y_{C_2H_4}$	0.049	0.134	0.213	0.292	0.396	0.495	0.665
	$y_{C_3H_6}$	0.674	0.663	0.644	0.609	0.538	0.462	0.317
	$y_{C_4H_8}$	0.378	0.203	0.143	0.098	0.066	0.044	0.019
0.4	$y_{C_2H_4}$	0.041	0.146	0.214	0.31	0.412	0.512	0.678
	$y_{C_3H_6}$	0.588	0.662	0.65	0.599	0.527	0.448	0.306
	$y_{C_4H_8}$	0.371	0.193	0.136	0.092	0.061	0.04	0.016
0.5	$y_{C_2H_4}$	0.045	0.155	0.239	0.328	0.427	0.516	0.696
	$y_{C_3H_6}$	0.598	0.662	0.636	0.587	0.518	0.45	0.288
	$y_{C_4H_8}$	0.357	0.183	0.126	0.085	0.054	0.034	0.015
0.6	$y_{C_2H_4}$	0.075	0.177	0.272	0.331	0.448	0.531	0.719
	$y_{C_3H_6}$	0.6	0.64	0.601	0.6	0.504	0.441	0.269
	$y_{C_4H_8}$	0.326	0.184	0.128	0.069	0.048	0.029	0.012
0.7	$y_{C_2H_4}$	0.041	0.175	0.218	0.326	0.489	0.581	0.734
	$y_{C_3H_6}$	0.652	0.668	0.709	0.622	0.468	0.393	0.257
	$y_{C_4H_8}$	0.308	0.157	0.073	0.052	0.043	0.026	0.01

齐国祯等[38]在不同反应时间内考察水与甲醇的质量比（水醇比 x_w）对催化剂积炭量的影响，实验结果见图 5-115。结果显示，反应时间较短时，水醇比对催化剂积炭量的影响比较显著：随着水醇比的增加，催化剂积炭量明显降低。但随着反应时间的延长，积炭量随水醇比的增加而降低的趋势趋于平缓，当反应时间达到 60min 时，增加水醇比对催化剂积炭量基本没有影响，可以认为此时催化剂的积炭程度已经饱和。齐国祯[248]还发现在较高的反应温度（例如>475℃）下，水对催化剂活性的贡献也变得不明显。因此，齐国祯认为在流化床反应器内，水对 MTO 反应所起到的积极作用是有限的，甚至水对 MTO 反应还有一定的消极作用，期望最大量生产丙烯时不能选择太大的水/醇比。另一方面，如果 MTO 工业装置进料中含有太多水的话，也会大大降低反应器及其他设备的使用效率，并

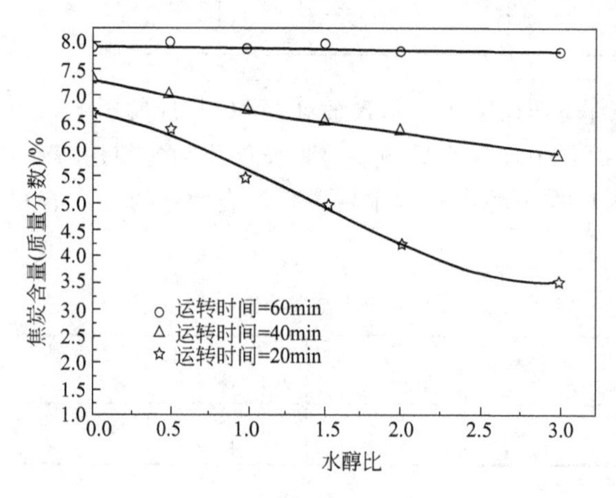

图 5-115 不同反应时间下水醇比对催化剂积炭量的影响

增加进料系统的热负荷。因此，甲醇中水的含量应该根据反应条件及生产的经济性来综合确定。

以上研究表明，水作为稀释剂对甲醇制烯烃反应的影响体现在两个方面：一是降低了甲醇的分压，更有利于小分子的乙烯和丙烯的生成；二是水分子与焦炭物种在催化剂活性位上竞争吸附，延缓了催化剂的失活过程。水作为稀释剂对于乙烯/丙烯比的影响随反应温度的变化而有所不同：在较低的反应温度下，乙烯/丙烯比随稀释剂含量的增加而降低；在较高的反应温度下，乙烯/丙烯比随稀释剂含量的增加而增加。尽管研究结果都表明甲醇进料含水对延长催化剂的使用寿命、提高目标产品（特别是乙烯）选择性等都是有利的，但在较高的温度下稀释剂含量的增加反而会降低丙烯的选择性。

神华包头 180 万吨甲醇/年 MTO 工业装置正常操作时，进料中总水蒸气的含量约 50t/h，水蒸气/甲醇比约为 0.24（详见本章第四节物料平衡计算部分）。

6. 催化剂炭含量

催化剂的炭含量对 MTO 反应的影响是比较复杂的。虽然积炭累积到一定的量必然导致分子筛催化能力的大幅下降并最终失活，但适度的积炭可能对 MTO 反应过程产生积极的影响。大量的研究显示焦炭主要成分之一的芳香烃类（尤其是带有多甲基的苯和萘）是甲醇转化为低碳烯烃的重要活性中间体。Song 等[25]的实验结果指出要使 SAPO-34 分子筛具有 MTO 催化活性，在其笼道中必须有多甲基苯，所以甲醇和 SAPO-34 分子筛催化剂接触反应生成低碳烯烃的过程中，前期必须经历生成多甲基苯的诱导期。Arstad 等[23]利用同位素标记和色谱技术研究了焦炭物种在甲醇制烃反应过程中的作用。Arstad 等指出多甲基苯是 MTO 反应的“催化引擎”，其中六甲基苯和五甲基苯的活性非常高。因此，MTO 反应中保持催化剂上适度的焦炭是很有必要的。

在 MTO 反应最初的一段时间，催化剂焦炭含量的增加不仅不会降低总转化率，反而能够强化分子筛的择形效应，使小分子烯烃（尤其是乙烯）的收率更高。当催化剂上的焦炭含量达到一定程度时，乙烯和丙烯总的选择性达到最高值，之后随着催化剂焦炭含量增加，甲醇转化率下降，同时产物中目的产物选择性降低，二甲醚的含量升高[236]。Qi 等[227]对 MTO 反应中焦炭对反应性能的影响进行了详细研究，产品气中各组分选择性随焦炭含量的变化如图 5-116 所示。随着催化剂中焦炭含量的增加，二甲醚的选择性先降低并在达到一个最低值之后迅速升高，而烯烃（乙烯和丙烯）的选择性变化规律则完全相反，乙、丙烯选择性的最高值恰好对应二甲醚选择性的最低值。随焦炭含量的增加，乙烯的选择性先增加后降低，在焦炭含量达到 5.7%时达到最高；丙烯选择性先基本不变而后下降；C_4 和 C_5^+ 烃类的选择性则递减。催化剂焦炭含量大于 6%以后，低碳烯烃的选择性迅速降低。此时，焦炭含量轻微增加即会造成烯烃收率的大幅下降以及副产物甲烷含量的大幅增加。

以上研究表明，催化剂焦炭对 MTO 反应的影响较为复杂。适度的焦炭可以从两方面对主反应起到积极的作用：一方面可以适当调整其孔道结构，限制较大产物分子的扩散，从而增强对主反应产物的选择性；另一方面，焦炭中的主要成分多甲基苯在 MTO 反应中起到活性中间体的作用。

小型固定流化床反应器不涉及催化剂的再生，因此催化剂在不同时间的焦炭含量是相对均一的。对于催化剂循环再生的 MTO 工业装置，将反应器内催化剂的平均焦炭量控制在一个较优的范围就显得十分重要。如 UOP 公司[265]和 ExxonMobil 公司[269]均采用部分催化剂

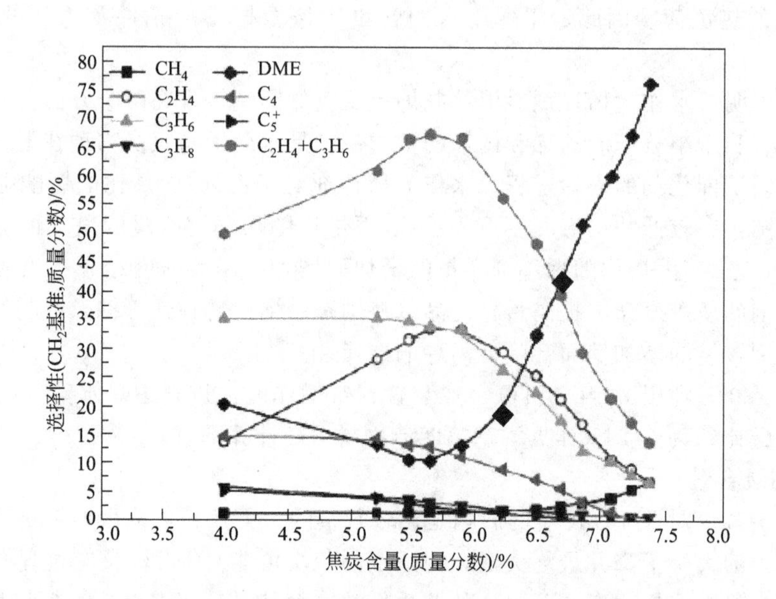

图 5-116 催化剂积炭对 MTO 反应性能的影响（反应温度 723K；纯甲醇进料；空速 $15h^{-1}$）

循环回反应器入口或密相段、部分催化剂再生的方式来控制反应器内催化剂平均焦炭含量在一个较优的水平。

神华包头 MTO 工业装置催化剂的再生采用不完全再生工艺，再生剂的定碳控制在 1%～3%（质量分数），这对 MTO 反应缩短诱导期，提高低碳烯烃的选择性是有利的。

对于 MTO 工业装置，在反应温度、反应压力以及再生剂定碳不变的情况下催化剂的平均炭含量主要受催化剂在反应器内的平均停留时间控制。平均停留时间等于反应器内催化剂藏量与两器之间催化剂循环量之比。平均停留时间越长，则反应器内催化剂平均炭含量越高。

7. 回炼

将 MTO 反应的副产物返回反应器进行回炼，可以提高主要反应产品的收率，降低单位烯烃的甲醇单耗。Pop 等[283]采用固定床反应器研究了不同操作参数对产品分布的影响，发现将未反应的二甲醚和甲醇回炼可以使转化率提高 1%。John[284]发现 MTO 装置副产的 C_4、C_5组分也可以返回反应器回炼，但要先对这些副产物进行加氢处理，将所含的醛、酮等含氧化合物转化为醇类或烃类物质，这样可以减少副产物回炼对催化剂性能的影响。

MTO 工业装置中，急冷/水洗塔的塔底水经过提浓可以转变为浓缩水。浓缩水中有机物主要有酮类（约 60%）、醛类（约 15%）等含氧化合物以及芳香烃类（约 15%）。浓缩水中有机物总含量约 4%（质量分数）。浓缩水回炼一方面可以提高 MTO 过程的经济性，另一方面也可以减轻下游水处理单元的压力。表 5-94 显示的是浓缩水回炼对 MTO 反应的影响，回炼对产品气组成的影响不明显。相比之下，回炼对生焦率的影响较大，将浓缩水切出反应器后，生焦率由 2.17%降低到了 1.99%。浓缩水的加入降低了甲醇的分压，按照之前关于稀释剂对 MTO 反应的论述，乙烯和丙烯的总选择性应该升高，生焦率应该降低。出现这样差别的原因可能正如 John 所认为的那样，浓缩水中的含氧化合物及芳香烃类促进了催化剂的结焦。

表 5-94 浓缩水回炼对 MTO 反应的影响

项目	产品组分	浓缩水回炼(摩尔分数)/%	浓缩水不回炼(摩尔分数)/%
反应气各组分含量(摩尔分数)/%	甲烷	4.18	4.17
	乙烯	47.61	47.97
	乙烷	1.15	1.00
	丙烯	31.03	31.77
	丙烷	2.46	2.38
	C_4	7.32	7.14
	C_5^+	1.68	1.84
	H_2	2.62	2.12
	N_2	1.75	1.45
	CO	0.16	0.11
	CO_2	0.02	0.02
	甲醇	0.04	0.02
	乙炔	0.00	0.00
	二甲醚	0.01	0.01
两烯选择性		78.64	79.74
C_2～C_4烯烃选择性		85.95	86.88
生焦率		2.17	1.99
转化率		99.97	99.99

（二）催化剂再生的主要操作变量

催化剂的再生条件对 MTO 反应有直接的影响。神华包头 180 万吨甲醇/年 MTO 工业装置催化剂采用流化烧焦不完全再生的方式，失活后的催化剂通过与压缩空气接触烧掉催化剂上的部分焦炭。影响催化剂再生的因素主要有：待生剂焦炭 H/C 比、再生温度、主风风量以及待生剂在再生器中的停留时间。

1. 焦炭的 H/C 比

待生催化剂焦炭的 H/C 比跟 MTO 反应过程有关系，同时也对催化剂的再生过程有重要影响。Aguayo 等[36]利用热重仪等研究了失活 SAPO-34 催化剂的再生过程，结果如表 5-95所示。Aguayo 发现反应条件对焦炭的性质有很大影响，影响最大的是反应温度，其次是空速、反应时间等。H/C 比随温度升高、反应时间的延长及空速的增大而减小，一般介于 1.22～2.12 之间。在 823K 温度下，用 He 对催化剂进行苛刻老化处理 1h 后，焦炭的 H/C 比降到了 0.5 左右。经苛刻老化处理的、不同 H/C 比焦炭燃烧活化能介于 127～151kJ/mol 之间，H/C 比越低，其焦炭燃烧的活化能越高。

表 5-95 不同反应条件、老化条件下焦炭燃烧的动力学参数

样品	反应条件				焦炭		动力学参数	
	T/K	X_{WO}	t/min	W/F_{MO}	H/C 比	C_c(质量分数)/%	A/(Pa/min)	E/(kJ/mol)
1	623	0	60	0.0521	1.93	10.2	6.00×10^{-1}	78.3
2	648	0	60	0.0521	1.84	7.7	3.26×10^{-1}	90.4
3	673	0	1	0.0521	1.77	4.33	1.61×10^{-1}	106
4	673	0	5	0.0521	1.63	5.12	7.37	98
5	673	0	20	0.0521	1.59	5.61	3.38×10	108
6	673	0	60	0.0521	1.57	6.96	1.62×10	104
7	698	0	60	0.026	1.49	6.73	3.03	97.1
8	698	0	60	0.0521	1.53	6.42	1.38×10^{2}	118
9	648	1	60	0.0931	1.33	6.33	2.16×10^{-1}	74.2
10	698	1	60	0.0465	1.5	6.1	8.74×10^{-1}	82.5

续表

样品	反应条件				焦炭		动力学参数	
	T/K	X_{WO}	t/min	W/F_{MO}	H/C 比	C_c(质量分数)/%	A/(Pa/min)	E/(kJ/mol)
11	698	1	60	0.0931	1.56	6.75	7.87	98.7
12	748	1	60	0.0931	1.22	6.26	2.65	90.8
13	648	3	60	0.0879	2.12	5.69	3.72×10^{-2}	66.7
14	648	3	60	0.1759	1.89	4.87	5.62×10^{-2}	63.7
15	698	3	60	0.0879	1.72	5.35	2.01	90
16	698	3	60	0.1759	1.7	5.3	1.00×10^{-1}	67.9
17	748	3	60	0.0879	1.62	5.18	1.00×10	98.8
18	748	3	60	0.1759	1.55	4.48	4.78×10^{-1}	79.6
19	648	7	60	0.1712	2.1	5.4	7.86×10^{-2}	67.1
20	648	7	60	0.3423	1.96	4.14	1.00×10^{-2}	53.3
21	673	7	60	0.1712	1.92	2.66	5.45×10^{-3}	50
22	673	7	60	0.3423	1.75	4.78	2.53×10^{-1}	75
23	698	7	60	0.3423	1.83	3.55	5.82×10^{-2}	67.9
24	748	7	60	0.3423	1.63	3.64	1.14×10^{-1}	71.7
25①	623	1	60	0.0931	0.86	2.42	1.13×10	100
26(13 老化)①	648	3	60	0.0879	0.64	2.71	1.25×10^{2}	110
27①	673	1	60	0.0931	0.63	3.5	2.43×10^{2}	121
28(7 老化)①	698	0	60	0.026	0.62	4.51	5.08×10^{3}	140
29②	623	1	60	0.0931	0.52	2.26	2.39×10^{2}	127
30(9 老化)②	648	1	60	0.0931	0.51	2.58	8.21×10^{2}	131
31②	673	1	60	0.0931	0.5	3.35	4.26×10^{3}	140
32(8 老化)②	798	0	60	0.0521	0.49	4.43	5.19×10^{4}	151

①中等老化处理：773K 下用 He 处理 30min。

②苛刻老化处理：823K 下用 He 处理 60min。

注：X_{WO}—原料中水/醇比；W/F_{MO}—催化剂质量/原料流量，g 催化剂·h/g 甲醇；C_c—催化剂上炭含量；A—频率因子；E—活化能。

Aguayo 等同时对催化剂烧焦再生过程进行了研究，发现 H/C 比更高（反应时间更短）的催化剂再生更为容易，如图 5-117 及图 5-118 所示。反应时间为 1h 的催化剂相比反应时间为 6h 的催化剂，再生过程更为迅速，催化剂的比表面积、孔体积都能更快地恢复。由图 5-118 也可以看出，反应时间更短的催化剂的积炭（氢碳比更高）也更容易烧去。另一方面，失活的催化剂经过约 25min 再生后大部分比表面积恢复，12min 再生后介孔就能恢复，但是微孔恢复需要 50min 左右，26min 再生后总酸度的 70%得到恢复。这些结果表明催化剂酸度的恢复慢于孔结构（表面积和孔体积）的恢复速度，因此 Aguayo 等认为存在焦炭选择性燃烧现象，不与酸性位相连的焦炭先燃烧，孔道结构的恢复在酸性位之前。

神华包头 180 万吨甲醇/年 MTO 工业装置正常生产时，待生剂再生之前经过汽提，其焦炭 H/C 原子比约为 0.7。

2. 再生温度

再生温度能够显著改变烧焦反应的速率，是影响催化剂再生过程的主要因素之一。顾海霞[223]研究了不同再生温度、不同再生时间对再生催化剂性能的影响，结果如表 5-96 所示。研究发现，在 550℃的再生温度下再生时间分别为 30min、60min 和 90min 得到的再生催化剂的寿命均低于新鲜催化剂。当再生温度为 600℃时，即使再生时间只有 30min，再生催化剂的性能也几乎与新鲜催化剂一样。当再生温度升高到 650℃时，再生催化剂的比表面积和孔体积又出现了下降，表明过高的再生温度也会对催化剂产生不利的影响。再生催化剂的

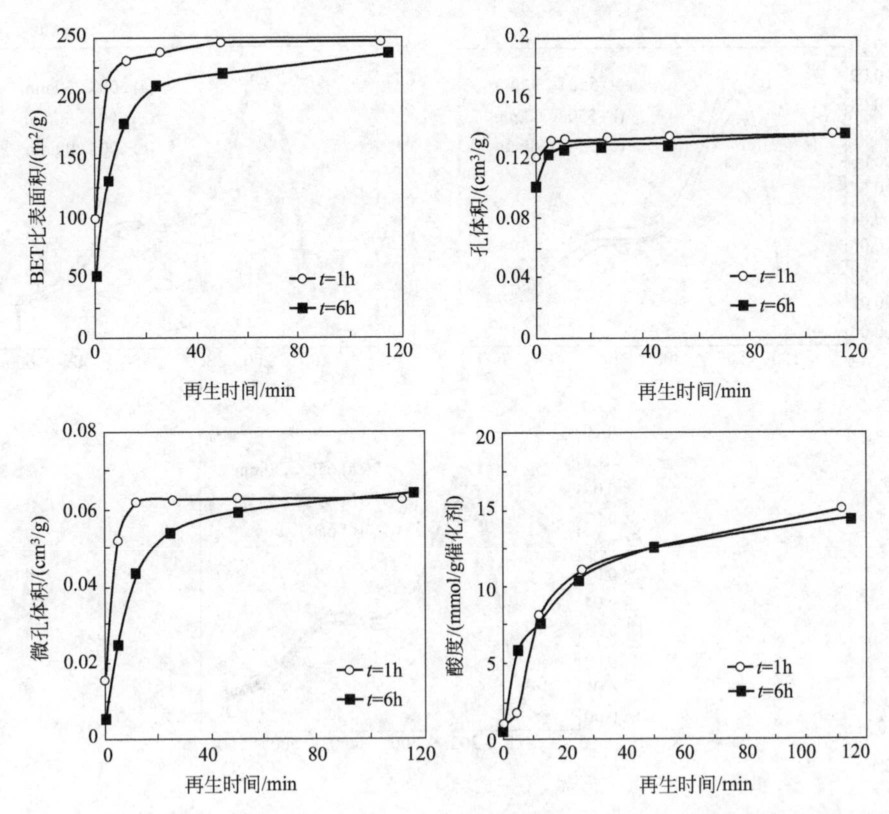

图 5-117 不同反应时间（1h 和 6h）得到的失活催化剂样品再生过程中物理性质及酸性的变化

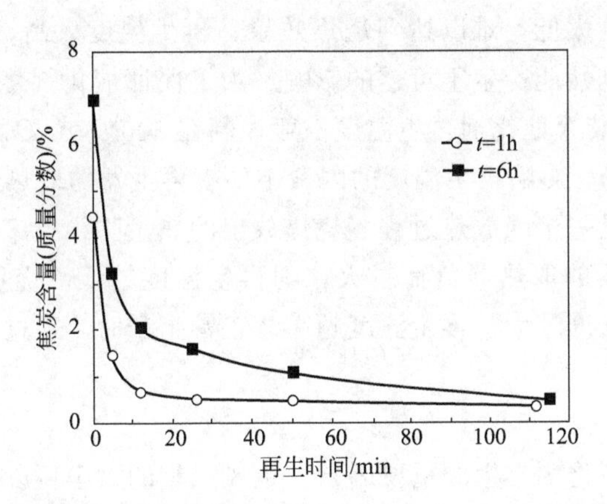

图 5-118 不同反应时间得到的失活催化剂样品再生过程中积炭含量的变化

NH_3-TPD 曲线分别如图 5-119 所示。由图 5-119 可以看出，在高温条件下随着再生时间的延长，再生催化剂的酸性也会受到损失。

表 5-96 再生催化剂的结构性质

项目 \ 再生温度/℃	550			600			650		
再生时间/min	30	60	90	30	60	90	30	60	90
BET 比表面积/(m^2/g)	295.5	298.8	308	323	327	334.7	325.2	314.4	295.1
总孔体积/(mL/g)	0.254	0.257	0.259	0.269	0.27	0.275	0.268	0.263	0.246
平均孔径/nm	3.5	3.5	3.4	3.4	3.3	3.3	3.3	3.4	3.4

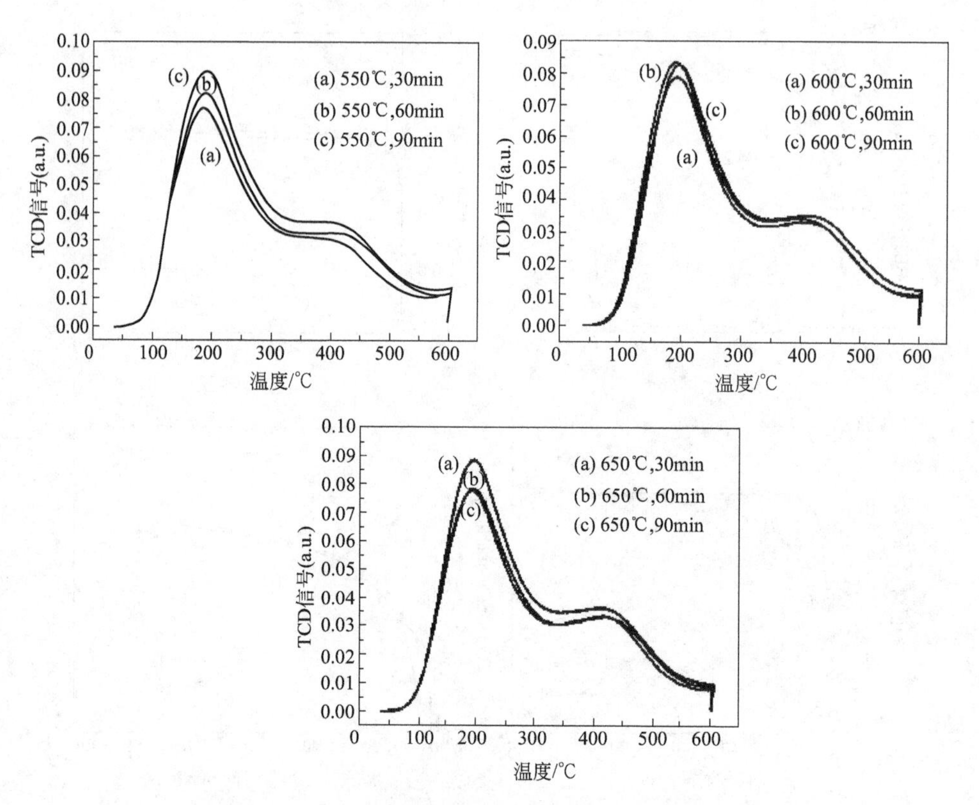

图 5-119 不同再生温度下催化剂的 NH_3-TPD 曲线

由此可见，再生温度太低，难以达到烧焦效果；再生温度太高，会破坏 SAPO-34 分子筛的晶格结构，对催化剂性能产生不可逆的影响。为了保证催化剂烧焦效果，神华包头 180 万吨甲醇/年 MTO 工业装置催化剂再生温度一般控制在 600～700℃之间。

对于 MTO 工业装置，影响再生温度的因素主要有再生器的取热器负荷、生焦量及主风风量等。催化剂的再生是一个强放热过程。烧焦放出的热量除维持床层温度外，多余的热量通过取热器取出，再生器的取热器负荷越大，则再生温度越低。烧焦量越大则再生温度越高。主风量越大则烧焦强度越大，再生温度越高。正常生产时，通过调整取热器的取热负荷来控制再生温度。

3. 主风风量

主风风量也是影响催化剂再生的重要因素。主风风量的大小可以控制再生器内氧气的分压，氧气分压越高，烧焦速率越大。催化剂的再生采用部分燃烧的方式，因此主风量的大小应当与反应的生焦量相匹配，这样才能保证催化剂的再生效果和再生温度的稳定。

神华包头 180 万吨甲醇/年 MTO 工业装置正常操作时，主风风量控制在 30000～36000m^3/h（标准状态）的范围内。

4. 催化剂停留时间

在再生温度、主风量确定的情况下，催化剂的停留时间是影响再生剂定碳的主要因素，停留时间越长则再生剂的炭含量越低。催化剂在再生器中的平均停留时间等于再生器中催化剂藏量与两器间催化剂循环量之比。藏量越高，循环量越低则催化剂的停留时间就越长。神华包头 180 万吨甲醇/年 MTO 工业装置正常生产时，催化剂在再生器的停留时间在 30min

左右。

二、急冷水洗汽提系统

急冷水洗汽提系统主要包括急冷塔、水洗塔和反应水汽提塔。急冷塔、水洗塔的主要作用是将反应再生系统来的反应气降温，并洗涤反应气中携带的催化剂细粉，同时将大部分水冷凝后送至下游烯烃分离单元作为再沸器的热源；在急冷水洗系统冷凝下来的水经反应水汽提塔汽提后回收其夹带的微量有机物返回反应器进行回炼，同时产出达到要求的净化水送出装置。

（一）急冷塔主要操作变量

1. 急冷塔温度

急冷塔底温度一般控制为急冷水的饱和温度，保证急冷塔底泵不抽空。急冷塔顶温度的控制原则是在该温度下保证有少量产品水冷凝，以确保进水洗塔反应气中的水蒸气为饱和状态。神华包头MTO工业装置急冷塔底温度的控制范围是100～115℃，塔顶温度的控制范围是95～110℃。急冷塔温度主要受两个方面的因素影响：一是进急冷塔反应气的流量和温度，反应气流量越大、温度越高，则急冷塔的塔温度就越高；二是返塔急冷水流量和温度，流量越大，温度越低，则急冷塔温度越低。

2. 急冷水流量

急冷水的流量一般不做大的调整，通过调整急冷水的冷后温度来满足反应气脱过热要求。神华包头MTO工业装置正常运行时，急冷水流量范围控制在400～600t/h。

（二）水洗塔主要操作变量

1. 水洗塔底温度

水洗水返塔的位置有两处：一处在水洗塔的中部，一处在水洗塔的上部。水洗塔底的温度主要由水洗水中部返塔流量和温度来控制。神华包头MTO工业装置水洗塔底部温度控制在85～95℃。正常生产时，一般通过调整水洗水中部返塔温度来控制水洗塔底温度。

2. 水洗塔顶温度

控制好水洗塔顶温度的目的是确保反应气中的重组分冷凝下来，避免带到烯烃分离单元的产品气压缩机，影响其操作。神华包头MTO工业装置水洗塔顶温度控制在45℃左右。正常生产时，一般通过调整水洗水顶部返塔温度来控制水洗塔顶温度。

3. 水洗塔顶压力

神华包头MTO工业装置水洗塔顶压力控制在0.08MPa（表压）左右。水洗塔顶压力主要受烯烃分离单元产品气压缩机转速的影响，产品气压缩机转速降低，则水洗塔顶压力升高。

4. 水洗水流量

水洗水的流量一般不做大的调整。神华包头MTO工业装置正常运行时，水洗水流量2500～3000t/h。

（三）反应水汽提塔主要操作变量

1. 反应水汽提塔底温度

反应水汽提塔底温度的变化将直接影响反应水汽提塔的操作压力和汽提效果。反应水汽提塔底温度主要受进料量、进料温度及塔底再沸器热负荷的影响。装置正常运行时，反应水汽提塔底温度通过调整塔底再沸器蒸汽量来控制。神华包头MTO工业装置反应水汽提塔底温度控制范围一般在130～150℃。

2. 反应水汽提塔顶压力

反应水汽提塔顶的压力也是影响反应水汽提效果的主要因素之一。反应水汽提塔顶的压力主要影响因素包括反应水进汽提塔的流量、温度及组成和汽提塔顶回流罐的压力。装置正常运行时，反应水汽提塔顶的压力主要由反应水汽提塔顶回流量和回流罐压力控制。神华包头MTO工业装置反应水汽提塔顶压力范围控制在0.2～0.3MPa（表压）。

三、再生烟气热量回收系统

热量回收系统主要包括再生器取热器、CO焚烧炉和余热锅炉，主要作用是回收再生烟气中的热量，焚烧再生烟气中的CO，同时使烟气排放符合环保要求。

（一）CO焚烧炉主要操作变量

1. CO焚烧炉膛温度

再生烟气中的CO在焚烧炉中燃烧，控制好炉膛温度是CO焚烧炉正常操作的关键。神华包头MTO工业装置CO焚烧炉膛温度范围控制在850～1250℃。当CO含量过低时，应根据炉膛温度考虑补燃，此时炉膛温度主要受燃料气补入量和补风量影响，一般通过调节燃料气量控制CO焚烧炉温度在目标范围内。当CO含量正常时，CO燃烧炉不需要补燃，炉膛温度主要受CO含量和补风量的影响，此时一般通过调节补风量来控制CO焚烧炉膛温度。

2. CO焚烧炉烟气氧含量

为了保证再生烟气中的CO充分燃烧，使烟气排放符合环保要求，需要控制CO焚烧炉烟气氧含量。CO焚烧炉正常操作时，其烟气氧含量通过补风量进行调节。神华包头MTO工业装置CO焚烧烟气氧含量范围控制在0.1%～2%。

（二）余热锅炉主要操作变量

1. 过热蒸汽温度

过热蒸汽的温度直接影响中压蒸汽管网蒸汽的品质，温度过低蒸汽容易部分冷凝，在输送的过程中可能发生水击。神华包头MTO工业装置过热蒸汽温度控制在420℃左右。当过热蒸汽温度高时，喷入适量减温水控制温度。再生器外取热器和余热锅炉蒸汽量的变化也会影响过热蒸汽的温度。

2. 排烟温度

烟气在余热锅炉发生中压蒸汽后排入烟囱。烟气排放温度影响能量回收效率，排烟温度过高，生产能耗就会相应增加。我国对于工业废气排放标准中没有规定废气排放温度，神华包头MTO工业装置排烟温度控制在150～300℃。

第九节 甲醇制烯烃工业装置主要设备

甲醇制烯烃（MTO）工业装置的主要设备包括反应器及辅助设备，再生器及辅助设备，以及用于冷却、洗涤反应产物的急冷塔、水洗塔和反应水汽提塔等。

一、反应器及辅助设备

（一）反应器

MTO反应是强放热反应，催化剂对低碳烯烃的择形选择性强，催化剂的结焦失活快，因此采用合适的反应器结构型式非常重要。Hereijger 等[11]固定床 MTO 反应结果表明当使用小晶粒（约 1μm）H-SAPO-34 分子筛时反应进料 3min 后甲醇转化率基本达到 100%，但是仅有约 3%的“笼”中含有多甲基苯，这说明催化剂床层只有很少一部分、甚至每个催化剂晶粒也只有很少一部分是对 MTO 反应有效的；当反应进料时间达到 25min，也只有 10%的“笼”中含有多甲基苯；即便是当反应进料时间达到 80min、催化剂几乎完全失活时，也只有 20%的“笼”中含有多甲基苯。因此，Hereijger 认为在该实验中催化剂床层中最多有 10%的 H-SAPO-34 分子筛“笼”对生产烯烃有贡献。所以，反应器设计和开发的核心是如何提高催化剂的利用效率，让原料和催化剂能够充分接触，最大限度地发挥催化剂的催化作用。

Keil[285]对固定床和流化床反应器进行了对比分析，认为流化床反应器的传质、传热效果好，温度分布均匀，催化剂可以连续再生，反应器单位产能大、投资低，适合于放热量大且催化剂需要频繁再生的甲醇制烯烃反应。因此，在 MTO 反应过程中更适宜采用流化床反应器。目前 MTO 反应器主要有密相流化床反应器和快速流化床反应器两类。

神华包头 180 万吨甲醇/年 MTO 工业装置反应器采用了上行式密相流化床反应器，其结构示意图如图 5-120 所示。预热后的原料经过进料分布器进入反应器，与反应器中的催化剂接触发生反应生成乙烯、丙烯等烃类产物。携带催化剂的反应气在反应器的稀相段经一、二级旋风分离器，实现反应气与催化剂颗粒分离。密相床反应器床层催化剂密度大，高度返混，催化剂在反应器中停留时间较长、平均焦炭含量相对较高，有利于提高乙烯、丙烯的选择性。神华包头 MTO 工业装置反应器采用大、小筒结构，体积较大。反应器衬里采用无龟甲网单层隔热耐磨衬里，主要内构件包括两级旋风分离器、进料分布管、内取热器等。反应器通过合理的稀、密相段直径及高度分配，保证旋风分离器的入口催化剂浓度在一定范围内，减少催化剂的跑损。甲醇原料进料分配采用新型分布管，气相甲醇分布均匀，无偏流，无短路，保证反应的平稳进行。

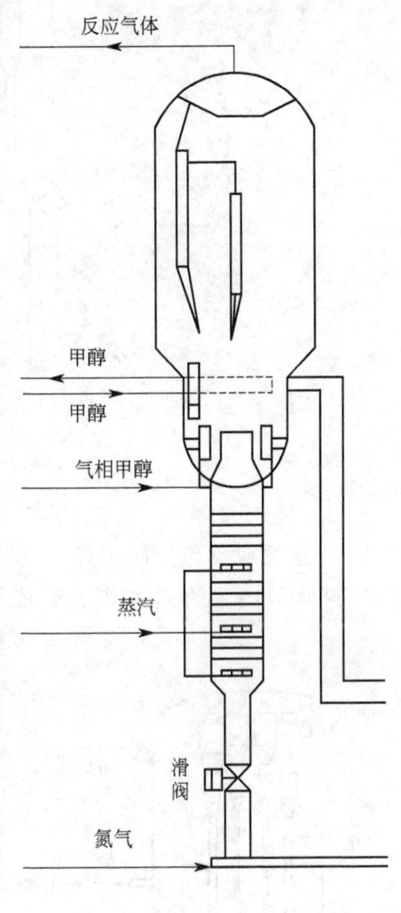

图 5-120 神华包头 MTO 反应器示意图

UOP 公司开发设计的 MTO 快速流化床反应器如图 5-121 所示[265]。该反应器包括三个区：最下方的是快速流化床，中间的是稀相管，最上方的是沉降区。MTO 反应主要在最下方的快速流化床中完成；沉降区的催化剂通过立管（用滑阀控制催化剂流量）返回到快速流化床中，用以控制快速流化床的催化剂密度；一部分待生催化剂从上方的沉降区去再生器烧焦再生；再生后的催化剂从再生器返回最下方的快速流化床。通过调节再生催化剂流量和待生催化剂返回快速流化床的流量来调节快速流化床中催化剂的平均炭含量，从而提高低碳烯烃的选择性。与传统的鼓泡流化床反应器相比，采用快速流化床反应器可以降低反应器的尺寸、减少催化剂的藏量。

美国 ExxonMobil 公司开发的提升管反应器（实际上属于快速流化床）如图 5-122 所

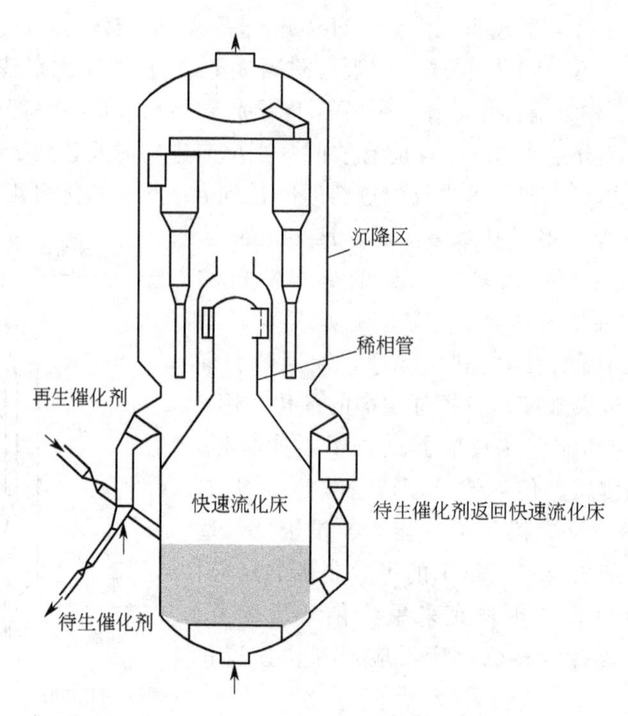

图 5-121 UOP 快速流化床反应器示意图

示[269]，该反应器包括两根伸入沉降器的提升管。沉降器内的含炭催化剂循环回提升管的入口，与再生器来的催化剂混合，依靠循环下来的催化剂的流量来调节提升管入口的催化剂上的平均炭含量，并以此控制催化剂的反应活性和选择性。

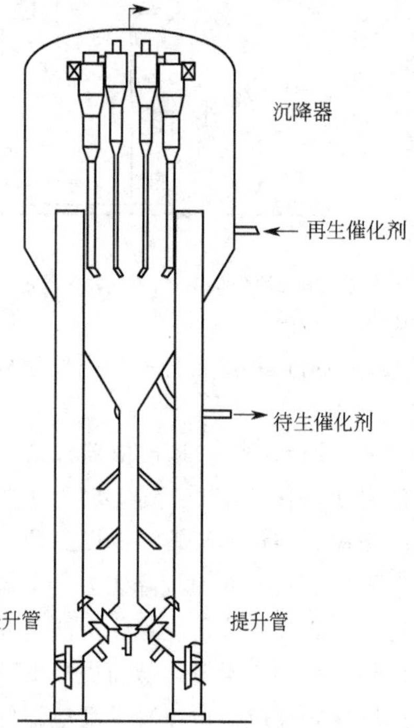

流化床反应器中气泡尺寸对气-固之间的接触效率有直接的影响。齐国祯[248]研究了鼓泡流化床中的气泡有效直径与 MTO 反应甲醇转化率的关系，如图 5-123 所示，结果表明气泡有效直径越大，达到相同甲醇转化率所需要的催化剂床层高度越高，因此减小气泡尺寸有利于缩小 MTO 反应器的体积。降低气泡尺寸的有效手段是在反应器床层内设置内构件。齐国祯指出 MTO 反应的流化床反应器设计要关注反应器内气固两相流动、固相催化剂的密度分布和温度分布。因此，需要选择合适的进料分布器，优化床层内构件设计，保证反应器内催化剂稳定流化。

（二）内取热器

MTO 反应的绝热温升约 250℃，如此高的温升对目标产物的选择性和催化剂活性都是不利的，为了控制床层温度和气相温度，反应器内部需要设置取热设施[254]。Stocker 的模拟结果证实 MTO 反应采用带内取热设施的流化床反应器是可行的[6]。Bos 等[246]的研究还同时表明甲醇制烯烃的反应热与液体甲醇升

图 5-122 ExxonMobil 公开的 MTO 反应器示意图

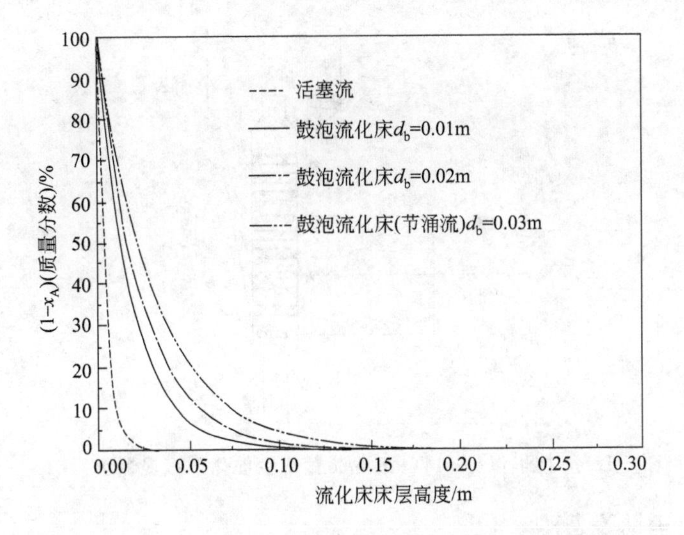

图 5-123　气泡有效直径（d_b）对 MTO 转化率影响

温、气化所需的热量相当，说明依靠加热和汽化 MTO 的甲醇进料即可控制 MTO 反应器的床层温度。

神华包头 180 万吨甲醇/年 MTO 工业装置为取走反应过剩热量，反应器密相床中设置内取热盘管，取热介质为甲醇或蒸汽，每组内取热盘管均可单独操作。反应器内取热器流程示意图如图 5-124 所示。

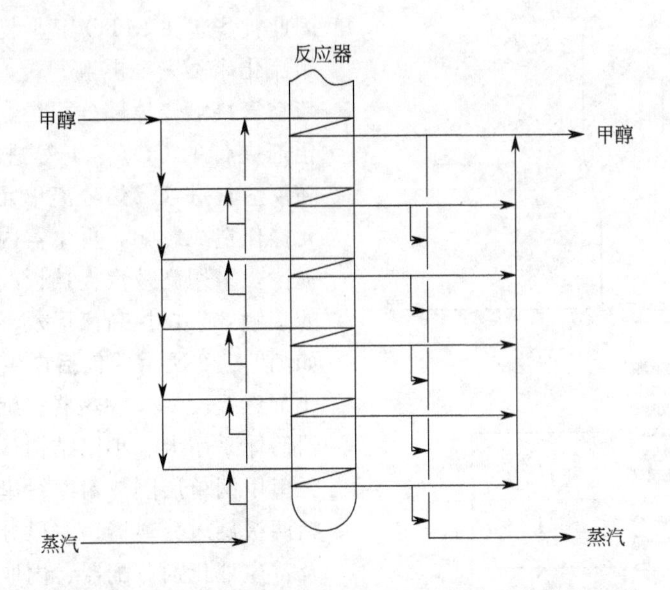

图 5-124　神华包头 MTO 工业装置反应器内取热器示意图

（三）反应器待生催化剂汽提器

使用氮气在反应温度下对失活后的催化剂吹扫 2h 后，催化剂上的焦炭量减少了 25%～27%，因此设置待生催化剂汽提器可以提高反应产物产量、降低再生器的烧焦负荷[29]。神华包头 MTO 工业装置待生催化剂汽提器如图 5-125 所示，采用过热蒸汽对待生催化剂进行汽提。

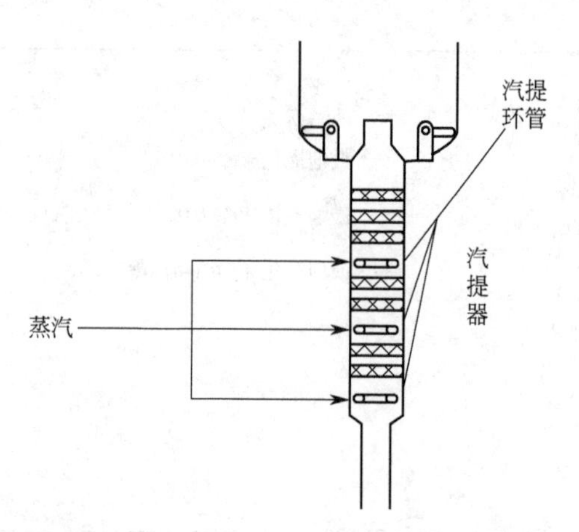

图 5-125　神华包头 MTO 工业装置待生催化剂汽提器示意图

二、再生器及辅助设备

（一）再生器

在实际生产中，MTO 催化剂在使用过程中很快失活，为了保证生产过程的连续性和催化剂活性的稳定性，需要连续地对催化剂进行再生。依据 MTO 反应机理，催化剂表面留有一定量的炭，可以缩短反应诱导期、改善低碳烯烃选择性，降低反应的焦炭产率，因此神华包头 MTO 工业装置催化剂再生采用流化床不完全再生方式，失活后的催化剂与空气接触烧掉部分积炭。为了防止再生催化剂夹带的 CO_x、O_2 等进入反应器一侧并随反应气进入烯烃分离单元，对烯烃分离单元操作造成影响，再生器内设置有再生剂汽提段，采用高效汽提挡板改善催化剂与蒸汽的接触效果，提高汽提效率。再生器示意图如图 5-126 所示，包括再生器筒体、再生催化剂汽提段、外取热器和旋风分离器。再生器筒体采用大、小筒结构，稀、密相段采用无龟甲网单层隔热耐磨衬里，主要内构件包括两级旋风分离器、主风分布管、补燃喷嘴及待生催化剂分配器、内取热器等。

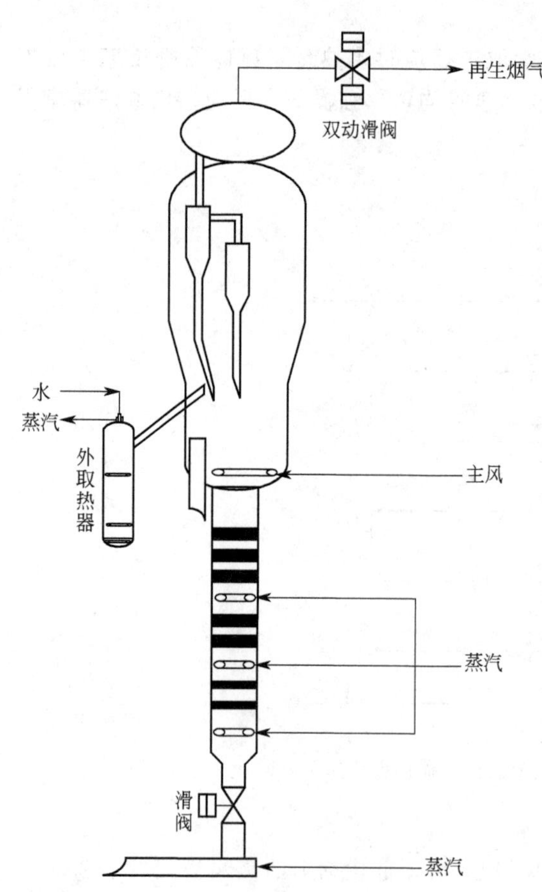

图 5-126　神华包头 MTO 工业装置再生器示意图

（二）外取热器

为了控制再生器的温度，再生器设置外取热器，神华包头 MTO 工业装置采用返混式外取热器如图 5-127 所示。外取热器内衬采用隔热耐磨衬里，外取热器与再生器之间只有一个接口，安装简单。以氮气或空气作为催化剂流化介质，依靠流态化原理实现热量交换，达到取热目的。同时取热器内催化剂移动速度低，催化剂磨损小；开停工方便，易于操作且调节范围较宽。

MTO 工业装置再生器外取热器有如下特点：

① 采用双气体分布器，实现多极调节，适应对取热负荷的调节要求；

② 采用特种气体分布器，减少气流对催化剂的磨损；

③ 采用Ⅲ型翅片管，提高催化剂侧供热能力；

④ 蒸发管材质采用高压锅炉管；

⑤ 开口接管、内件采用 304 不锈钢；

⑥ 催化剂入口管采用双层衬里，外取热器本体采用单层衬里。

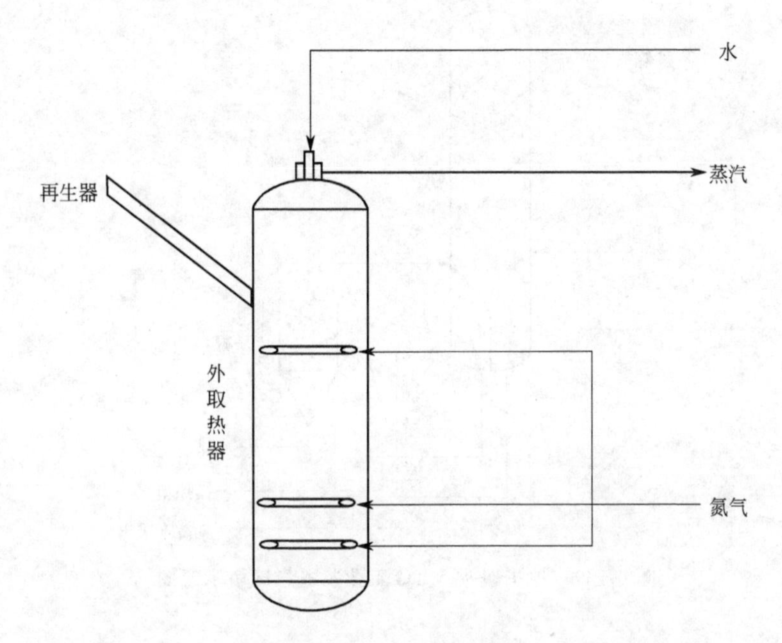

图 5-127　神华包头 MTO 工业装置再生器外取热器示意图

（三）辅助燃烧室

辅助燃烧室是 MTO 装置开工中的重要设备，所用燃料包括燃料油及燃料气。MTO 装置辅助燃烧室的主要作用是加热主风，满足衬里烘干、开工升温及加热催化剂的目的。辅助燃烧室主要由燃烧器、壳体、点火器、长明灯、火焰检测仪、仪表控制柜等组成，辅助燃烧室示意图如图 5-128 所示。

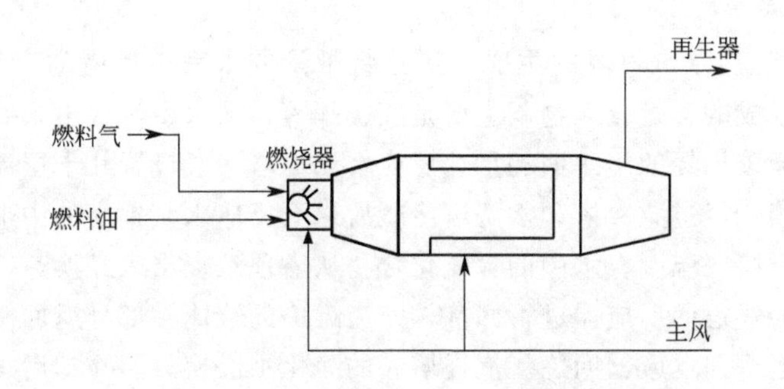

图 5-128　MTO 工业装置辅助燃烧室示意图

三、急冷塔

MTO工业装置产生的反应气与进料甲醇蒸气换热后进入急冷塔，急冷塔的作用是将反应气降温、洗涤携带的催化剂和微量有机酸。急冷塔一般设置多层挡板，反应气从塔底进入，与上部来的急冷水逆流接触，完成传质、传热过程。产品气经急冷塔顶部进入水洗塔底部。神华包头MTO工业装置急冷塔示意图如图5-129所示。

反应气中携带的微量催化剂细粉经洗涤后会在急冷水系统积累，影响换热效率。从急冷水中除去催化剂的方法有几种，可以采用板框过滤机，也可以采用水力旋流器等。

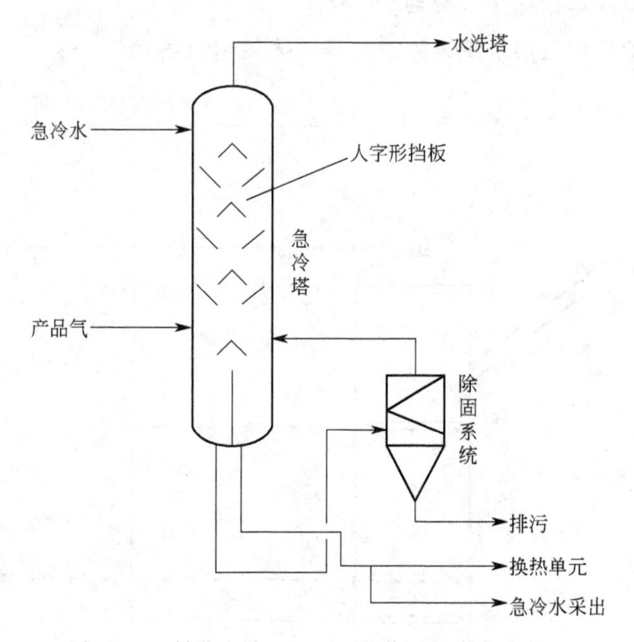

图5-129　神华包头MTO工业装置急冷塔示意图

四、水洗塔

水洗塔的作用是将反应气中的水蒸气冷凝，同时使反应气降温以满足烯烃分离单元压缩机入口温度的要求，水洗塔内设有浮阀塔盘，塔底设有隔油设施。

经急冷后的反应气进入水洗塔下部，与水洗水逆流接触，反应气在降温过程中大部分水蒸气冷凝成水。水洗塔内设置的隔油设施用于分离MTO反应过程中生成的微量芳烃以及进料甲醇中携带的微量蜡。神华包头MTO工业装置水洗塔示意图如图5-130所示。

五、反应水汽提塔

MTO工业装置反应水汽提塔的主要作用是将微量的未完全反应的含氧化合物（甲醇、二甲醚）以及反应生成的含氧化合物（主要是醛、酮等）从水中汽提出来并返回反应器进行回炼，以降低单位低碳烯烃的甲醇消耗量。反应水汽提塔一般设置几十层浮阀塔盘。

反应气中的水蒸气经过急冷塔和水洗塔冷凝后送至反应水汽提塔的中上部，反应水汽提塔底设有再沸器控制塔底温度。水中的含氧化合物从塔顶汽提出来经换热、冷却后进入塔顶回流罐，回流罐不凝气返回反应器进行回炼，回流罐中的液体一部分返回汽提塔用于控制塔顶温度，另一部分也返回反应器回炼。汽提塔底的净化水经换热、冷却后送到界区外处理和利用。反应水汽提塔示意图如图5-131所示。

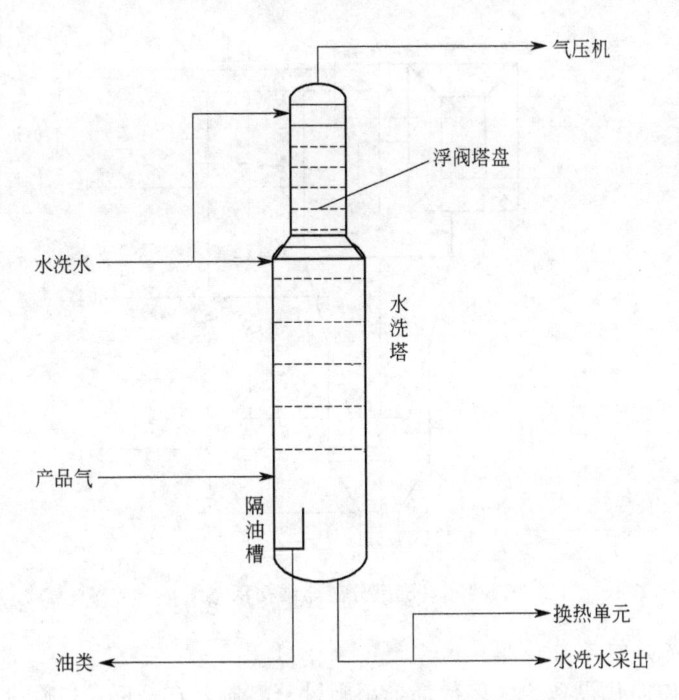

图 5-130 神华包头 MTO 工业装置水洗塔示意图

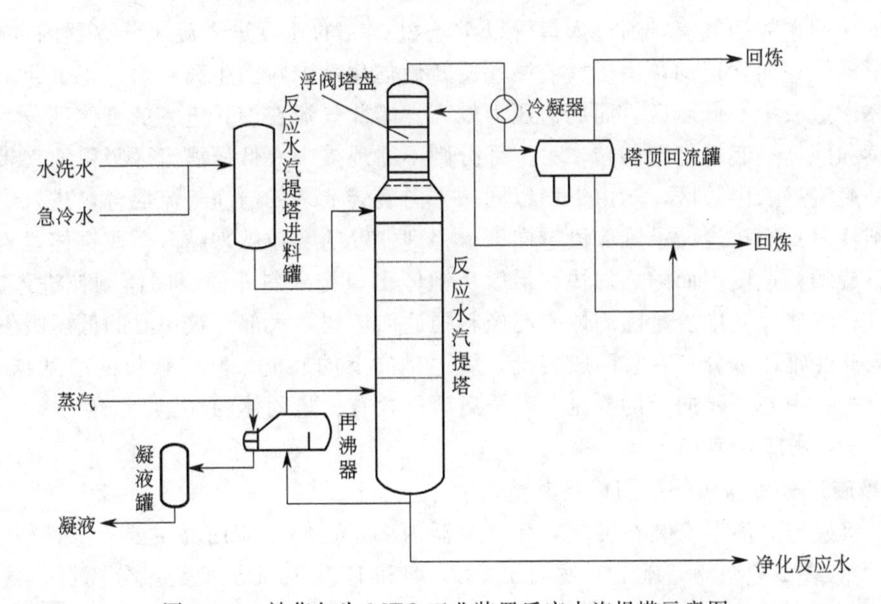

图 5-131 神华包头 MTO 工业装置反应水汽提塔示意图

六、旋风分离器

旋风分离器在 MTO 工业装置中是非常重要的设备，其分离效率的高低对 MTO 反应再生系统平稳运行至关重要，因此在此对旋风分离器单独进行介绍。MTO 工业装置设置旋风分离器的目的是为了回收反应气和再生烟气中携带的催化剂，避免反应气把大量的催化剂带入急冷塔和水洗塔、再生烟气把大量的催化剂带出，降低催化剂损耗并避免环境污染。旋风分离器的结构示意图如图 5-132 所示。

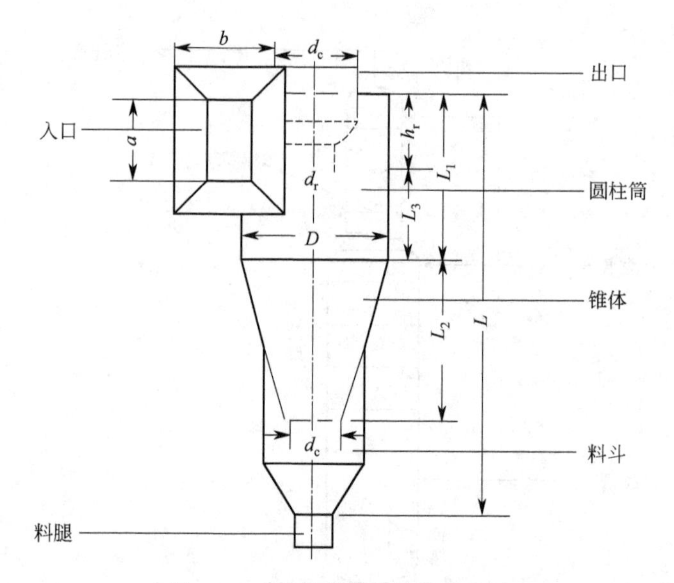

图 5-132 旋风分离器结构示意图

（一）旋风分离器的工作原理

工业上高温气体净化设备绝大多数都采用旋风分离器，它是依靠强旋流产生很强的离心效应把固体颗粒从气相中分离出来。

含有催化剂颗粒的气流，通过入口管以 18～23m/s 的速度进入旋风分离器的环形通道，并以螺旋形沿器壁向下运动，由于气流高速旋转使催化剂颗粒产生离心力，把催化剂甩向器壁，在锥体段造成中心低压区，而周边压力较高。因此气流在旋转进入的锥体部分后，一部分气体继续和固体一起沿外壁旋转，另一部分则不断地被中心低压涡流区吸引，夹带着少量细粉离开外旋流进入中心区，与由下面以同一方向旋转上来的洁净气流混合，进入中心出口管（即内圆柱筒）而排走。沿锥体段越向下，移到器壁的颗粒越来越多，而锥体段直径则逐渐缩小，下旋颗粒速度因而随之加快，最后从锥体出口排入料斗。当固体颗粒进入料斗时，还夹带着一些气体，其中少量随固体一起经料腿返回床层，大部分被中心的低压吸引重新返回锥体。因此在锥体部分存在着两股旋流，周边是向下的旋流，其中颗粒的浓度越来越大，气体越来越少；中心区是向上的旋流，是分离后仍含有少量固体的气体。

（二）旋风分离器型式

1. 二级旋风分离器系统的组成及其结构

一、二级旋风分离器安装在反应器和再生器内部，近些年应用的主要有 PV 型、GE 型和 Emtrol 型，在 PV 型的基础上又发展出 PLY 型和 BY 型。PV 型旋风分离器是我国研究开发的产品，有完整的计算、设计方法和近二十年的使用经验。其结构简单，制造方便，压降适中，效率较高，国内的催化裂化装置广泛使用。PV 型旋风分离器的结构特点：筒体入口采用 180°蜗壳，入口截面呈矩形，入口内侧板有一切进角，排气管插入合适深度，高径比适中，排料口直径大于内旋流直径，可以选择合适的截面系数和排料管直径等。一般 PV 型旋风分离器筒体直径不大于 1.5m，单台入口面积不大于 0.3m^2，入口流速 18～25m/s，压降小于 10kPa，效率大于 99.995%，一、二级旋风分离器料腿出口一般安装翼阀。

旋风分离器的种类虽有不同，但基本结构是一致的，由外圆柱筒和内圆柱筒以及与外筒下端联结的圆锥筒及料斗组成。料斗以下连接着料腿和翼阀等部分构成旋风分离系统。

2. 三级旋风分离器

MTO工业装置为了减少烟气中粉尘含量和急冷水中催化剂颗粒浓度，在再生器和反应器一、二级旋风分离器出口一般再设置三级旋风分离器。三级旋风分离器一般采用分离效率很高的多管式旋风分离器。

多管式旋风分离器在催化裂化装置中主要应用于烟气能量回收系统，为了回收高温烟气的压力能，大中型催化裂化装置通常设有烟气轮机。它和工业燃气轮机工作条件的主要差别是气流中含有一定浓度的固体颗粒，在高的气速下会对烟机的叶片及轮盘等部件造成磨蚀，从而影响其使用寿命和运行周期。因此，对烟气的含尘浓度及颗粒尺寸均提出严格的要求，即总量不大于200mg/m^3（标准状态），且其中直径10μm以上颗粒数量不大于5%。10μm颗粒的磨蚀程度比5μm颗粒大几十倍甚至上百倍。一般再生器烟气含催化剂在1g/m^3（标准状态）以上，其中大于10μm的颗粒占70%左右。这就需要采用处理气量很大且对细颗粒分离效率很高的多管式旋风分离器，习惯上称为第三级旋风分离器。由于MTO再生烟气量小，未设置烟气轮机，但由于MTO催化剂价格远高于催化裂化催化剂，因此仍设置三级旋风分离器以高效回收MTO催化剂细粉。

七、主风机

（一）设备概述

甲醇制烯烃装置主风机组采用离心压缩机技术，三重冗余容错CCS自控系统（压缩机组控制系统），驱动电动机一般采用异步电动机，主要作用是为再生器烧焦提供主风，其流程示意图如图5-133所示。主风机组包括MCL式离心式主风机、增速齿轮箱、三相异步电动机和联轴器。辅助设备主要包括润滑油站、高位油箱，主风机进、出口工艺管路设备及电器仪表检测控制系统。

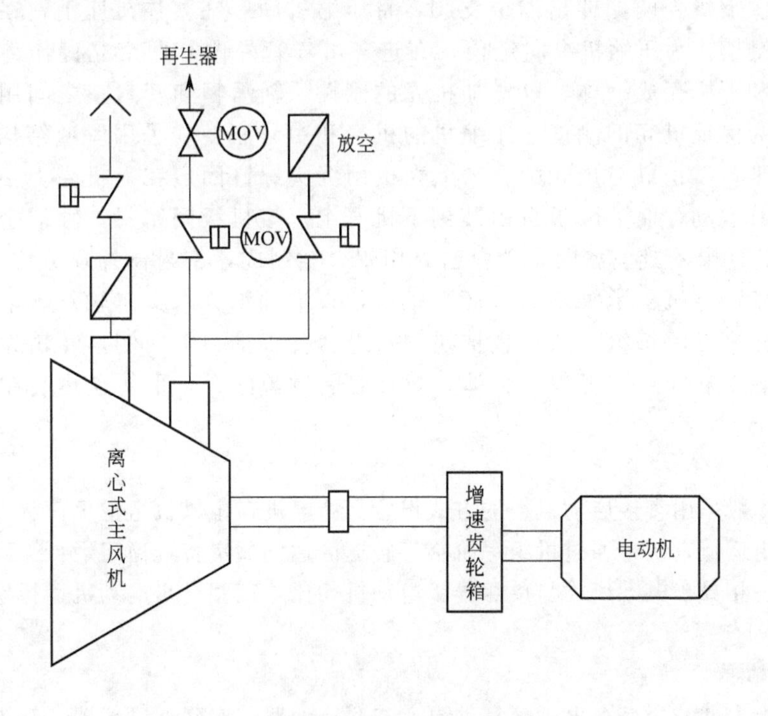

图5-133　主风机流程示意图

（二）机组配置及布置

机组采用离心式主风机、齿轮箱和异步电动机构成的“同轴式水平布置”的机组配置方案，电动机、主风机、齿轮箱共用一个钢结构基础平台。根据装置电网的情况、电机容量、主风机组采用直接启动方式设置。由电动机在主风机组空负荷状态下，直接启动驱动主风机组运行，快速通过机组一阶临界转速区达到额定转速稳定运行。

（三）工艺流程设备简介

1. 入口管道系统

入口管道系统包括空气过滤装置、文丘里管流量计、气缸调节蝶阀、消声器、管道波纹管补偿器及管道弹性支座等。消声器降噪效果预期达到 30dB。入口管道采用碳钢材料，按材料结构力学设计，防止管道热膨胀或安装产生的应力、力矩影响主风机。

2. 出口管道系统

出口管道系统包括消声器、单向阻尼阀、电动蝶阀、防喘振气动调节蝶阀、管道波纹管补偿器、管道弹性支座、文丘里管流量计等。出口管道采用碳钢材料，按材料结构力学设计，消声器预期降噪达到 30dB。气缸式单向阻尼阀、电动蝶阀、气动防喘振蝶阀参与防喘振控制和调节。

（四）工艺设备技术数据及结构特征

1. 离心式主风机

离心式主风机机体一般为水平剖分结构，压缩机主要由定子和转子部件组成。定子包括出入口法兰、上下机壳、隔板、轴承座、轴承、密封等，转子包括轴、叶轮、隔套、平衡盘、轴套、密封、膜片联轴器等。机壳采用上下两半中分结构先进焊接技术制造，中分面经过精密加工采用有一定锥度的锥面密封结构，螺栓将上下机壳紧固后可以有效密封防止泄漏。下机壳两侧伸出四个支脚，将压缩机固定在整体机座上，在机壳的两个支脚上有横向键槽作为压缩机纵向定位，在进、出气管外侧有两个立键作为机器的横向定位，轴承箱和下机壳成一体，以增加机壳的刚性，轴承箱和密封室之间用迷宫密封和油封隔离开。为保证机壳的刚度，压缩机的机壳和中分法兰均采用厚壁结构。级间隔板分为上、下两半，靠止口与机壳配合，上壳板用沉头螺钉固定在上机壳上不固定死，使之能绕中心稍有摆动，而下隔板自由装到下机壳上。该机级间密封，轴端密封均为迷宫密封，平衡盘上也装有迷宫密封，迷宫密封用铝合金制成，密封体外环分成上、下两半，密封齿为梳齿状。该机支承轴承为可倾瓦轴承，止推轴承为米契尔轴承，轴承体均分为上，下两半，止推轴承每组有八个止推块，两组分置于推力盘两侧。叶轮为闭式后向型叶轮，轮盘、轮盖和叶片三者焊成整体，与轴之间过盈配合，平衡盘热装在最后一级叶轮相邻的轴端上。

2. 电机

主风机组一般采用直接启动机组的方式设置。由电机在主风机组空负荷状态下，直接启动驱动主风机组运行，快速通过机组一阶临界转速区达到额定转速稳定运行。离心式主风机电动机一般为三相异步电动机，与单相异步电动机相比，三相异步电动机运行性能好，并可节省材料。

3. 润滑油站

润滑油站由主油箱，两台电动螺杆油泵，双联冷油器，双联油过滤器、管道管件、两台调节阀组，高位油箱和仪电控制系统等组成。

八、CO 焚烧炉及余热锅炉

(一) CO 焚烧炉

MTO 工业装置为了回收热量，同时满足环保要求，设置一台 CO 焚烧炉，主要由鼓风机、燃烧器、控制系统、燃烧室筒体和金属膨胀节等组成，主要作用是将再生烟气中的 CO 燃烧成 CO_2 送入余热锅炉发生蒸汽回收热量。CO 焚烧炉示意图如图 5-134 所示。

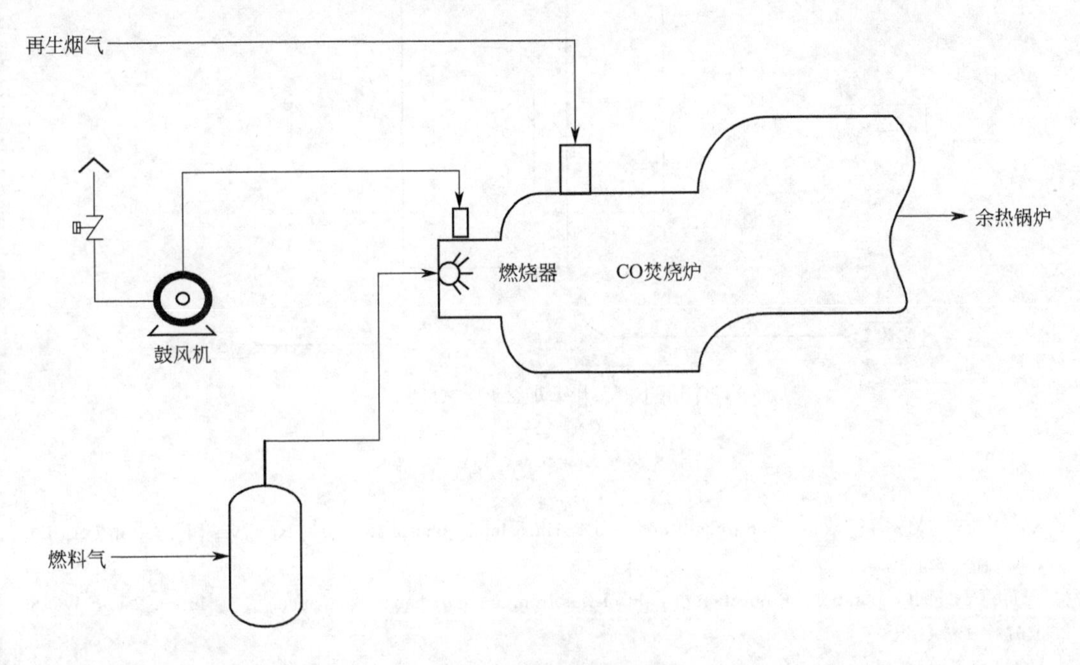

图 5-134　CO 焚烧炉示意图

(二) 余热锅炉

MTO 工业装置余热锅炉采用卧式烟道结构，包括前置蒸发段、二级蒸汽过热段、一级蒸汽过热段、蒸发段、二级省煤器、一级省煤器等。蒸发段和过热段采用立式管束，其余采用卧式管束。二级省煤器和一级省煤器采用翅片管（见图 5-135）。

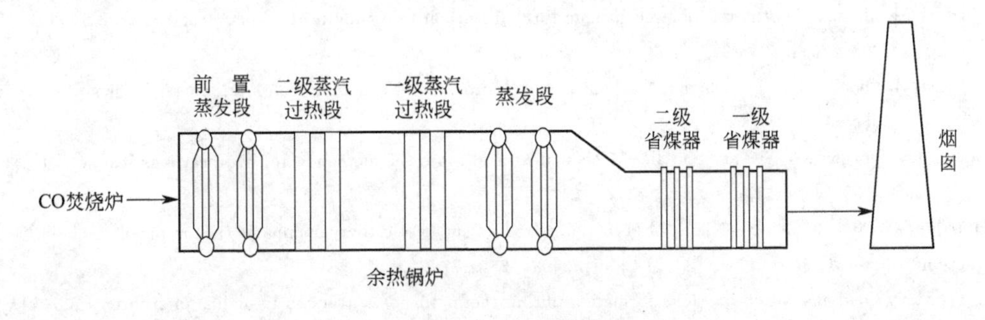

图 5-135　余热锅炉示意图

九、开工加热炉

MTO 工业装置开工加热炉是在开工时加热氮气和原料甲醇，为反应器升温和初始反应提供热量。开工加热炉主要由炉体、燃烧器、调节挡板、烟囱等构成，见图 5-136。

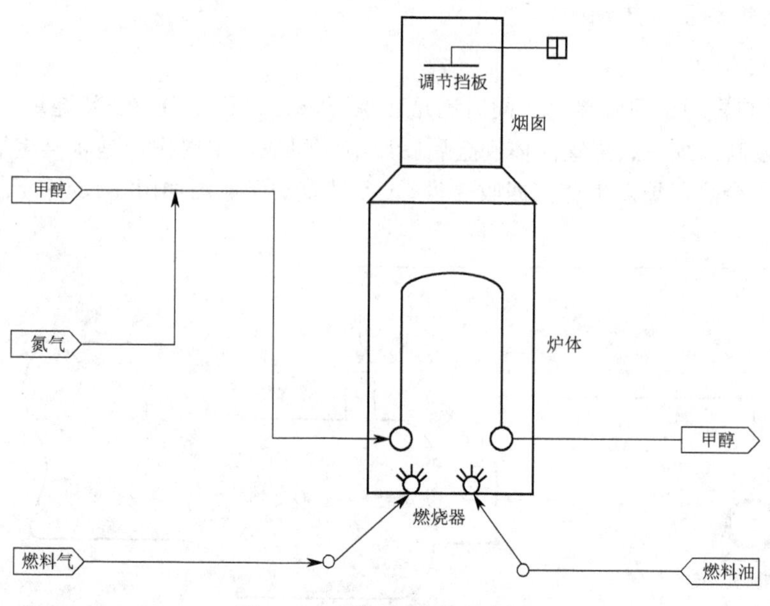

图 5-136 开工加热炉示意图

参 考 文 献

[1] Kaiser S W. Methanol conversion to light olefins over silicoaluminophosphate molecular sieves [J]. Arab J Sci Eng, 1985, 10: 361-366.

[2] Union Carbide Corporation. Production of light olefins from aliphatic hetero compounds [P]. Intern Patent WO 86/04577, 1986.

[3] Union Carbide Corporation. Production of light olefins from aliphatic hetero compounds [P]. USP 4677243, 1987.

[4] UOP. Chemical conversion process [P]. USP 4861938, 1989

[5] UOP. Chemical conversion process [P]. EP 359843 B1, 1992

[6] Stöecker M. Methanol-to-hydrocarbons: catalytic materials and their behavior [J]. Micro Meso Mater, 1999, 29: 3-48.

[7] Haw J F, Song W, Marcus D M. The mechanism of methanol to hydrocarbon catalysis [J]. Acc Chem Res, 2003, 36: 317-326.

[8] Dahl I M, Kolboe S. On the reaction-mechanism forhydrocarbon formation in the MTO reaction over SAPO-34 [J]. Catal Lett, 1993 (20): 329-336.

[9] Dahl I M, Kolboe S. On the Reaction Mechanism for Hydrocarbon Formation from Mechanism Studies [J]. J Catal, 1994, 149: 458-464.

[10] Olsbye U, Bjørgen M, Svelle S, et al. Mechanistic insight into the methanol -to -hydrocarbons reaction [J]. Catal Tod, 2005, 106: 108-111.

[11] Hereijgers B P C, Bleken F, Nilsen M H, et al. Product shape selectivity dominates the methanol-to-olefin (MTO) reaction over SAPO-34 catalysts [J]. J Catal, 2009, 264: 77-87.

[12] Li J, Xiong G, Feng Z, et al. Coke formation during the methanol conversion to olefins in zeolites studied by UV Raman spectroscopy [J]. Micro Meso Mater, 2000, 39: 275-280.

[13] Song W, Fu H, Haw F. Supramolecular origins of product selectivity for methanol-to-olefin catalysis on HSAPO-34 [J]. J Am Chem Soc, 2001, 123: 4749-4754.

[14] Bibby D M, Chang C D, et al. Methane Conversion [M]. Amsterdam: Elsevier, 1988: 127.

[15] Philippou A, Salehirad F, Luigi D P, et al. Investigation of surface methoxy groups on SAPO-34: a combined magic-angle turning NMR experimental approach with theoretical studies [J]. J Chem Soc Faraday Trans., 1998, 94:

2851-2856.

[16] Salehirad F, Anderson M W. Solid-State NMR studies of adsorption complexes and surface methoxy groups on methanol-sorbed microporous materials [J]. J Catal, 1998, 177: 189-207.

[17] Wang W, Seiler M, Hunger M. Role surface methoxy species in the conversion of methanol to dimethyl ether on acidic zeolites investigated by in situ stopped-flow MAS NMR spectroscopy [J]. J Phys Chem B, 2001, 105: 12553-12558.

[18] Wang W, Jiang Y, Hunfer M. Mechanistic investigations of methanol-to-olefine (MTO) process on acidic zeolite catalysts by in situ solid-state NMR spectroscopy [J]. Catal Tod, 2006, 113: 102-114.

[19] Jiang Y, Wang W, Marthala V R. Effect of organic impurities on the hydrocarbon formation via the decomposition of surface methoxy groups on acid zeolite catalysts [J]. J Catal, 2006, 238: 21-27.

[20] Haw J F, Marcus D M. Well-defined (supra) molecular structures in zeolite methonal-to-olefin catalysis [J]. Topics in Catalysis, 2005, 34: 41-48.

[21] Bjorgen M, Olsbye U, Kolboe S. Coke precursor formation and zeolite deactivation: Mechanistic insights from hexamethylbenzene conversion [J]. J Catal, 2003, 215 (5): 30-44.

[22] 严志敏．甲醇催化转化反应的固体核磁共振研究 [D]．大连：中国科学院大连化学物理研究所，2003.

[23] Arstad B, Kolboe S. The reactivity of molecules trapped within the SAPO-34 cavities in the methanol-to-hydrocarbons reaction [J]. J Am Chem Soc, 2001, 123: 8137-8138.

[24] Marcus D M, Song W, Ng L L. Aromatic hydrocarbon formation in HSAPO-18 catalysts: cage topology and acid site density [J]. Langmuir, 2002, 18: 8386-8391.

[25] Song W, Haw J F, Nicholas J B, et al, Methylbenzenes are the organic reaction centers for methano1-to-olefin catalysis on HSAPO-34 [J]. J Am Chem Soc, 2000, 122: 10726-10727.

[26] Song W, Fu H, Haw J F. Selective synthesis of methylnaphthalenes in HSAPO-34 cages and their function as reaction centers in methanol-to-olefin catalysis [J]. J Phys Chem B, 2001, 105: 12839-12843.

[27] Wilson S, Barger P. The characteristic of SAPO-34 which influence the conversion of methanol to light olefins [J]. Micro Meso Mater, 1999, 29: 117-126.

[28] Hunger M, Seiler M, Buchholz A. In situ MAS NMR spectroscopic investigation of the conversion of methanol to olefins on silicoaluminophosphates SAPO-34 and SAPO-18 under continuous flow conditions [J]. Catal Lett, 2001, 74: 61-68.

[29] Jiang Y, Huang J, Marthala V R R, et al. In situ MAS NMR - UV/Vis Investigation of H-SAPO-34 catalysts partially coke in the methanol-to-olefin conversion under continuous-flow conditions and of their regeneration [J]. Micro Meso Mater, 2007, 105: 132-139.

[30] Li Jinzhe, Wei YingXu, Chen JingRun, et al. Observation of heptamethylbenzeniumcation over SAPO-Type molecular sieve DNL-6 under real MTO conversion conditions [J]. J Am Chem Soc, 2012, 134: 836-839.

[31] Guisnet M, Luís C, Fernando R. Prevention of zeolite deactivation by coking [J]. J Mol Catal A: Chem, 2009, 305: 69-83.

[32] Lee K Y, Chae H-J, Jeong S-Y, et al, Effect of crystallite size of SAPO-34 on their induction period and deactivation in methanol-to-olefin reactions [J]. Appl Catal A: General, 2009, 369: 60-66.

[33] Chen D, Rebo H P, Moljord K, et al. Influence of coke deposition on selectivity in zeolite catalysis [J]. Ind Eng Chem Res, 1997, 36: 3473-3479.

[34] Chen D, Moljord K, Fuglerud T, et al. The effect of crystal size of SAPO-34 on the selectivity and deactivation of the MTO reaction [J]. Micro Meso Mater, 1999, 29: 191-203.

[35] Wolf E E, Alfani F. Catalysts deactivation by coking [J]. Catal Rec Sci Eng, 1982, 24: 329-371.

[36] Aguayo A T, Campo A E S, Gayubo A G, et al. Deactivation by coke of a catalyst based on a SAPO-34 in the transformation of methanol into olefins [J]. J Chem Tech Biotech, 1999, 74: 315-321.

[37] Campelo J M, Lafont F, Marinas J M, et al. Studies of catalyst deactivation in methanol conversion with high, medium and small pore silicoaluminophosphates [J]. Appl Catal A: General, 2000, 192: 85-96.

[38] 齐国祯，谢在库，刘红星等．甲醇制烯烃反应过程中 SAPO-34 分子筛催化剂的积炭行为研究 [J]．石油化工，

2006，35：29-32.

[39] Hu H，Cao F，Ying W，et al. Study of coke behavior of catalyst during methanol-to-olefins process based on a special TGA reactor [J]. Chem Eng J，2010，160：770-778.

[40] Wragg D S，Johnsen R E，Balasundaram M，et al. SAPO-34 methano -to-olefin catalysts under working conditions：A combined in suit power X-ray diffraction，mass spectrometry and Raman study [J]. J Catal，2009，268：290-296.

[41] Soundararajan S，Dalai A K，Berruti F. Modeling of methanol to olefin (MTO) process in a circulating fluidized bed reactor [J]. Fuel，2001，80：1187-1197.

[42] Dahl I M，Mostad H，Akporiaye D，et al. Structural and chemical influences on the MTO reaction：a comparison of chabazite and SAPO-34 as MTO catalysts [J]. Mirco Meso Mater，1999，29：185-190.

[43] Chen D，Robe H P，Gronvold A，et al. Methanol conversion to light olefins over SAPO-34：kinetic modeling of coke formation [J]. Micro Meso Mater，2000，35-36：121-135.

[44] Wu X，Abraha M G，Anthony R G. Methanol conversion on SAPO-34：reaction condition for fixed-bed reactor [J]. Appl Catal A：Gen，2004，260：63-69.

[45] 齐国祯，谢在库，钟思青等.甲醇制烯烃反应副产物的生产规律分析 [J]. 石油与天然气化工，2006，35 (1)：5-9.

[46] 杜爱萍，许磊，张大治等.SAPO-34 和 SAPO-44 分子筛上吸附甲醇的 TPSR-MS 研究 [J]. 催化学报，2004，25 (8)：619-623.

[47] Salehirad F，Anderson M W. Solid-state ^{13}C MAS NMR study of methanol-to-hydrocarbon chemistry over H-SAPO-34 [J]. J Catal，1996，164：301-314.

[48] Fougerit J M，Gnep N S，Guisnet M. Selective transformation of methanol into light olefins over a mordenite catalyst：reaction scheme and mechanism [J]. Micro Meso Mater，1999，29：79-89.

[49] Choudhary V R，Banerjee S，Panjala D. Influrence of temperature on the product selectivity and distribution of aromatics and C_8 aromatic isomers in the conversion of dilute ethene over H-galloaluminosilicate (ZSM-5 type) zeolite [J]. J Catal，2002，205：398-403.

[50] 靳力文，李春义，余长春等.SAPO-34 分子筛上 MTO 和烧焦反应的研究 [J]. 石油与天然气化工，2001，30 (1)：2-5.

[51] 高雷，魏飞，刁士刚等，SAPO-34 分子筛上二甲醚裂解制烯烃反应的研究 [J]. 石油与天然气化工，2006，35 (1)：1-4.

[52] 刘红星，谢在库，张成芳等.甲醇制烯烃 (MTO) 研究新进展 [J]. 天然气化工，2002，27 (3)：49-56.

[53] Van den Berg J P，Wolthuizen J P. Proceedings 5th International Zeolite Conference (Naples) [C]. London：Heyden，1980：649.

[54] 王仰东，王传明，刘红星等.HSAPO-34 分子筛上氧鎓叶立德机理的第一性原理研究 [J]. 催化学报，2010，31 (1)：33-37.

[55] Froment G F，Dehertog W J H，Marchi A J. Zeolite catalysis in the conversion of Mathanol into olefins//A review of chemical literature Catalysis [J]. RCS，1992，9：1-64.

[56] 谢子军，张同旺，侯拴弟.甲醇制烯烃反应机理研究进展 [J]. 化学工业与工程，2010，27 (5)：443-449.

[57] Ono Y，Mori T. Mechanism of methanol conversion into hydrocarbons over ZSM-5 zeolite [J]. J C S Faraday Trans Ⅰ，1981，77：2209-2221.

[58] Chang C D，Hellring S D，Pearson J A. On the existence and role of free radicals in methanol conversion to hydrocarbons over HZSM-5：Ⅰ. Inhibition by NO [J]. J Catal，1989，115：282-285.

[59] 齐国祯，谢在库，钟思青等，甲醇制低碳烯烃 (MTO) 反应热力学研究 [J]. 石油与天然气化工，2005，34 (5)：349-353.

[60] Poling B E，Prausnitz J M，O' Connell J P. The Properties of Gases and Liquids [M]. Fifth Edition. New York. McGRAW-HILL，2001：A1-A45.

[61] Speight J G，Lang' s Hand Book of Chemistry [M]. Sixteenth Edition. McGRAW-HILL，2005：2. 515-2. 560.

[62] Travalloni L，Gomes A C L，Gaspar A B，et al. Methanol conversion over acid solid catalysts [J]，Catal. Tod.，

2008，133-135：406-412.
[63] Kumita Y，Gascon J，Stavitski E，et al. Shape selective methanol to olefins over highly thermostable DDR catalysts [J]. Appl Catal A：Gen，2011，391：234-243.
[64] Aguayo A T，Gayubo A G，Vivanco R，et al. Role of acidity and microporous structure in alternative catalysts for the transformation of methanol into olefins [J]. Appl Catal A：General，2005，283：197-207.
[65] Union Carbide Corporation. Crystalline silicoaluminophosphates [P]. USP：4440871，1984.
[66] Lok B M，Messina C A，Patton R L，et al. Silicoaluminophosphate molecular sieves：another new class of microporous crystalline inorganic solids [J]. J Am Chem Soc，1984，106：6092-6093.
[67] 徐如人，庞文琴，屠昆岗等．沸石分子筛的结构与合成 [M]．长春：吉林大学出版社，1987.
[68] 张利雄，姚建峰，曾昌凤等．一种 SAPO-34 分子筛的制备方法 [P]．CN 1693202A，2005.
[69] 李建青，王晓梅，石梅等．气相晶化法合成 SAPO-34 分子筛 [J]. 石油化工，2007，36 (7)：664-669.
[70] 李建青，陈立宇，崔飞等．液相晶化法合成 SAPO-34 分子筛 [J]. 化学反应工程与工艺，2009，25 (6)：523-527.
[71] 石秀峰，李玉平，任蕾等．超浓体系下 SAPO-34 及其共晶分子筛的合成 [J]. 石油学报（石油加工），2008，增刊：230-233.
[72] 张璐璐，陈立宁，程慧婷等．液相晶化法合成 SAPO-34 分子筛及其催化甲醇制低碳烯烃反应 [J]. 石油化工，2009，38 (2)：124-127.
[73] 李建伟，宋勇．SAPO-34 分子筛的微波合成实验研究 [J]. 纳米加工工艺，2008，5 (5)：48-49.
[74] 魏廷贤，高丽娟，赵天生．Mg-SAPO-34 分子筛的微波合成及其对甲醇制烯烃反应的催化性能 [J]. 石油学报（石油加工），2009，25 (6)：841-845.
[75] Venna S R，Carreon M A. Microwave assisted phase transformation of silicoaluminophosphate zeolite crystals [J]. J Mater Chem，2009，19：3138-3140.
[76] Heyden H，Mintova S，Bein T. Nanosized SAPO-34 synthesized from colloidal solutions [J]. Chem Mater，2008，20：2956-2963.
[77] Jhung S H，Chang J，Hwang J S，et al. Selective formation of SAPO-5 and SAPO-34 molecular sieves with microwave and hydrothermal heating [J]. Mirco Meso Mater，2003，64：33-39.
[78] 田志坚，王磊，徐竹生等．一种 $AlPO_4$ 或 SAPO-34 分子筛的制备方法 [P]．CN 1850606A，2006.
[79] 刘红星，谢在库，张成芳等．SAPO-34 分子筛研究新进展．工业催化，2002，10 (4)：49-54.
[80] Liu G，Tian P，Li J et al. Synthesis，characterization and catalytic properties of SAPO-34 synthesized using diethylamine as a template [J]. Micro Meso Mater，2008，111：143-149.
[81] Zhu Z，Hartmann M，Kevan L. Catalytic conversion of methanol to olefins on SAPO-n (n=11，34 and 35)，CrAPSO-n，and Cr-SAPO-n molecular sieve [J]. Chem Mater，2000，12：2781-2787.
[82] Dumitriu E，Azzouz A，Hulea V，et al. Synthesis，Characterization and catalytic activity of SAPO-34 obtained with piperidine as templating agent [J]. Micro Mater，1997，10：1-12.
[83] Park J W，Lee J Y，Kim K S，et al. Effects of cage shape and size of 8-membered ring molecular sieves on their deactivation in methanol-to-olefin (MTO) reactions [J]. Appl Catal A：Gen，2008，339：36-44.
[84] Prakash A M，Unnlkrishnan S. Synthesis of SAPO-34：High silicon incorporation in the presence of morpholine as template [J]. J Chem Soc Faraday Trans，1994，90：2291-2296.
[85] Zubkov S A，Kustov L M，et al. Investigation of hydroxyl groups in crystalline silicoaluminophosphate SAPO-34 by diffuse reflectance infrared spectroscopy [J]. J Chem Soc Faraday Trans，1991，87 (6)：897-900.
[86] 李宏愿，梁娟，汪荣慧等．硅磷酸铝分子筛 SAPO-34 的合成 [J]，石油化工，1987，16：340-346.
[87] 须沁华．SAPO 分子筛 [J]. 石油化工，1988，17 (3)：186-192.
[88] 王劲松，王开岳．磷酸硅铝分子筛及其在甲醇制烯烃中的应用研究 [J]. 石油与天然气化工，1997，26 (1)：1-5.
[89] 赵毓章，景振华．甲醇制烯烃催化剂及工艺的新进展 [J]. 石油炼制与化工，1999，30 (2)：23-28.
[90] 何长青，刘中民，蔡光宇等．SAPO-34 分子筛表面酸性研究 [J]. 分子催化，1996，10 (1)：48-54.
[91] 张平，王乐夫．程序升温-漫反射光谱考察 SAPO-34 分子筛表面酸性 [J]. 分析测试学报，2004，23 (1)：39-41.
[92] 范闵光．SAPO-34 分子筛积炭问题的研究 [J]. 南宁职业大学学报，1999 (2)：25-27.

[93] Baek S-C, Lee Y-J, Jun, K-W. et al. Influence of catalytic functionalities of zeolites on product selectivities in methanol conversion [J]. Energy & Fuels, 2009, 23: 593-598.

[94] Niekerk M J V, Fletcher J C Q, O' Connor C T. Effect of catalyst modification on the conversion of methanol to light olefins over SAPO-34 [J]. Appl Catal, 1996, 138: 135-145.

[95] Nishiyama N, Kawaguchi M, Hirota Y, et al. Size control of SAPO-34 crystals and their catalyst life in the methanol-to-olefin reaction [J]. Appl Catal A: Gen, 2009, 362: 193-199.

[96] 刘红星，谢在库，张成芳等．用 TEAOH-C_4H_9O 复合模板剂合成 SAPO-34 分子筛的研究Ⅱ：SAPO-34 分子筛的表面酸性和催化性能 [J]. 催化学报，2004，25 (9)：707-710.

[97] Chen D, Rebo H P, Holmen A. Diffusion and deactivation during methanol conversion over SAPO-34: a percolation approach [J]. Chem Eng Sci, 1999, 54: 3465-3473.

[98] 刘红星，谢在库，张成芳等．小晶粒 SAPO-34 分子筛的合成Ⅰ：化学合成法 [J]. 华东理工大学学报，2003，29 (5)：527-530.

[99] Dahl I M, Wendelbo R, Andersen A, et al. The effect of crystallite size on the activity and selectivity of the reaction of ethanol and 2-propanol over SAPO-34 [J]. Micro Meso Mater, 1999, 29: 159-171.

[100] 埃克森美孚化学专利公司．硅铝磷酸盐分子筛的生产方法 [P]．CN 100400418C，2004.

[101] 埃克森美孚化学专利公司．分子筛的生产方法 [P]．CN 1596222，2005.

[102] 埃克森美孚化学专利公司．制备分子筛的方法 [P]．CN 1311757A，2001.

[103] 谭涓，刘中民，何长青等．SAPO-34 分子筛晶化机理的研究 [J]. 催化学报，1998，19 (5)：436-440.

[104] Briend M, Vomscheid R, Peltre M J. Influence of the choice of the template on the short-and long-term stability of SAPO-34 zeolite [J]. J Phys Chem, 1995, 99: 8270-8276.

[105] 谭涓，何长青，刘中民．SAPO-34 分子筛研究进展 [J]. 天然气化工，1999，24：47-52.

[106] 刘红星，谢在库，张成芳等. 不同模板剂合成 SAPO-34 分子筛的表征与热分解过程研究 [J]. 化学物理学报，2003，16 (6)：521-527.

[107] 韩敏．SAPO-34 分子筛的合成、改性及在 MTO 中的应用 [D]．大连：大连理工大学，2009.

[108] 中国科学院大连化学物理研究所．一种以三乙胺为模板剂的合成硅磷铝分子筛及其制备 [P]．CN 1088483，1994.

[109] 何长青，刘中民，杨立新等．三乙胺法合成磷硅铝分子筛 SAPO-34 的研究 [J]. 天然气化工，1993，18：14-18.

[110] 何长青，刘中民，杨立新等．双模板剂法控制 SAPO-34 分子筛的晶粒尺寸 [J]. 分子催化，1994，6：207-212.

[111] 中科院大连化学物理研究所．一种含碱土金属的硅磷铝分子筛及其合成 [P]．CN 1106715，1998.

[112] 何长青，刘中民，杨立新等. 模板剂对 SAPO-34 分子筛晶粒尺寸和性能的影响 [J]. 催化学报，1995，16 (1)：33-37.

[113] 何长青，刘中民，杨立新等．模板剂对 SAPO-34 分子筛性能的影响 [J]. 燃料化学学报，1995，23 (3)：306-311.

[114] 郑燕英，杨廷录，周小虹等．制备条件对 SAPO-34 分子筛结构及 MTO 活性的影响 [J]. 燃料化学学报，1999，27 (2)：139-144.

[115] 叶丽萍．甲醇制低碳烯烃分子筛催化剂的研究 [D]．上海：华东理工大学，2010.

[116] Lee Y-J, Beak S-C, Jun, K-W, Methanol conversion on SAPO-34 catalysts prepared by mixed template method [J]. Appl Catal A, Gen. 2007, 329: 130-136.

[117] 李建青，崔飞，张毅航等．水热合成法合成 SAPO-34 分子筛 [J]. 化学工程，2009，37 (3)：46-49.

[118] 李黎声，李军，张凤美．模板剂对 SAPO-34 的合成及催化性能的影响 [J]. 石油炼制与化工，2008，39 (4)：1-5.

[119] Pérez-Pariete J, Gómez-Hortigüela L, Arranz M. Fluorine-containing organic molecules: a new class of structure-directing agents for the synthesis of molecular sieves [J]. Chem Matter, 2004, 16: 3209-3211.

[120] EIF France, Guth F, Kessler, H. Process for the synthesis of precursors of molecular sieves of the silicoaluminophophate type, precursors obtaining the said molecular sieves [P]. US 5096684, 1992.

[121] ExxonMobil chemical patents inc, Cao G, Shah M J. Synthesis of aluminophospates and silicoaluminophosphates [P]. WO 03/106342, 2003.

[122] Vistad Ø B，Handen E W，Akporiaye D E，et al. Multinuclear NMR analysis of SAPO-34 gels in the presence and absence of HF：the initial gel [J]. J Phys Chem A，1999，103：2540-2552.

[123] Vistad Ø B，Akporiaye D E. Lillerud，Identification of a key precursor phase for synthesis of SAPO-34 and kinetics of formation investigated by in suit X-ray diffraction [J]. J Phys Chem B，2001，105：12437-12447.

[124] 刘红星，谢在库，张成芳等．用氟化氢-三乙胺复合模板剂合成 SAPO-34 分子筛 [J]. 催化学报，2003，24 (4)：279-283.

[125] 刘红星，谢在库，张成芳等．用氟化氢-三乙胺复合模板剂合成 SAPO-34 分子筛的晶化历程 [J]. 催化学报，2003，24 (11)：849-855.

[126] 刘红星，谢在库，张成芳等．用 TEAOH-C_4H_9NO 复合模板剂合成 SAPO-34 分子筛的研究Ⅰ：SAPO-34 分子筛的合成与表征 [J]. 催化学报，2004，25 (9)：702-706.

[127] 许磊，杜爱萍，魏迎旭等．骨架富含 Si (4Al) 结构的 SAPO-34 分子筛的合成及其对甲醇制烯烃反应的催化性能 [J]. 催化学报，2008，29 (8)：727-732.

[128] 中国科学院大连化学物理研究所．富含 Si (4Al) 配位结构的 SAPO 分子筛的制备方法 [P]. CN 101121528A，2008.

[129] 神华集团有限责任公司．一种 SAPO-34 分子筛的制备方法 [P] CN 101767800A，2010.

[130] 神华集团有限责任公司．一种 SAPO-34 分子筛的合成方法 [P] CN 101555020B，2011.

[131] 神华集团有限责任公司．一种硅铝磷酸盐分子筛 SAPO-34 及其制备方法 [P]，CN 101580248 B，2011.

[132] 陈璐，王润伟，丁双等．具有多级孔的 SAPO-34-H 分子筛的合成与表征 [J]. 高等学校化学学报，2010，31 (9)：1693-1696.

[133] 中国科学院大连化学物理研究所．具有微孔、中孔结构的 SAPO-34 分子筛及合成方法 [P] CN 101121533A，2008.

[134] 付晔，王乐夫，谭宇新等．晶化条件对 SAPO-34 结晶度及催化活性的影响 [J]. 华南理工大学学报（自然科学版），2001，29 (4)：30-32.

[135] Weyda H，Lechert H. Kinetic studies of the crystallization of aluminophosphate -and silicoaluminophosphate molecular sieves [J]. Stud Surf Sci Catal，1989，49：169-178.

[136] 肖天存，王海涛，陈方等．硅源及晶化时间对 SAPO-5 分子筛模板剂酸性及催化性能的影响 [J]. 催化学报，1998，19 (2)：144-148.

[137] 肖天存，王海涛，苏继新等．凝胶中硅含量对 SAPO-5 分子筛合成及其性能的影响 [J]. 分子催化，1998，12 (5)：367-374.

[138] 肖天存，王海涛，苏继新等．模板剂种类、浓度、硅源对 SAPO-5 分子筛结构性质的影响 [J]. 分子催化，1998，12 (4)：246-252.

[139] Xu L，Du A，Wei Y，et al. Synthesis of SAPO-34 with only Si (4Al) species：effect of Si contents on Si incorporation mechanism and Si coordination [J]. Micro Meso Mater，2008，115：332-337.

[140] 严爱珍，徐开俊，史波等．SAPO-5 分子筛中硅的取代及其性能研究 [J]. 无机化学学报，1989，5 (3)：9-16.

[141] 谭涓，刘中民，何长青等．SAPO-34 分子筛晶化过程中硅进入骨架的方式和机理 [J]. 催化学报，1999，20 (3)：227-232.

[142] Liu G，Tian P，Zhang Y，et al. Synthesis of SAPO-34 templated by diethyamine：crystallization process and Si distribution in the crystals [J]. Micro Mrso Mater，2008，114：416-423.

[143] 神华集团有限责任公司．一种用蒙脱土制备硅铝磷分子筛的方法通过该方法获得的产品及其应用 [P] CN 101891222 B，2012.

[144] 刘学武，柯丽，张明森. SAPO-34/SiO_2催化甲醇制烯烃 [J]. 石油化工，2007，36 (6)：547-552.

[145] 张大治．分子筛催化转化氯甲烷制取低碳烯烃及其反应机理的研究[D]. 北京：中国科学院研究生院，2007.

[146] Izadbakhsh A，Farhadi F，Khorasheh F，et al. Effect of SAPO-34’s composition on its physic-chemical properties and deactivation in MTO process [J]. Appl Catal A：General，2009，364：48-56.

[147] 李俊汾，樊卫斌，董梅等．SAPO-34 分子筛的合成及甲醇制烯烃催化性能 [J]，高等学校化学学报，2011，32：765-771.

[148] 刘红星，谢在库，张成芳等．硅源量和晶化时间对 SAPO-34 分子筛结构和性能的影响 [J]，无机化学学报，

2003, 19 (3): 240-246.

[149] 李宏愿，梁娟，刘子名等．硅磷酸铝分子筛 SAPO-11，SAPO-34 和 SAPO-20 的合成 [J]. 催化学报 1988, 9 (1): 87-91.

[150] Popova M, Minchev C, Kanazirv V. Methanol conversion to light alkenes over SAPO-34 molecular sieves synthesized using various sources of silicon and aluminum [J]. Appl Catal A: General, 1998, 169: 227-235.

[151] Song W, Haw J F. Improved methanol-to-olefin catalyst with nanocages functionalized through Ship-in-a-Bottle synthesis from PH_3 [J]. Angew Chem Int Ed, 2003, 42 (8): 892-893.

[152] 付晔，李雪辉，王乐夫等．晶化条件对 SAPO 分子筛合成及性能的影响 [J]. 环境工程，2001, 19 (1): 53-55.

[153] Izadbakhsh A, Farhadi F, Khorasheh F, et al. Key parameters in hydrothermal synthesis and characterization of low silicon content SAPO-34 molecular sieve [J]. Micro Meso Mater, 2009, 126: 1-7.

[154] 王利军，赵海涛，郝志显等．晶化温度对 SAPO-34 结构稳定性的影响 [J]. 化学学报，2008, 66 (11): 1317-1321.

[155] Inui T, Phatanaski S, Matsuda H. Highly selective synthesis of light olefins from methanol on the novel metal-containing silicoaluminophosphate [J]. Catalytic Science and Technology, 1991, 1: 85-90.

[156] UOP. Metal aluminophosphate catalyst for conversion methanol to light olefins [P]. US 5126308, 1992.

[157] 杨德兴，王鹏飞，徐华胜等．两步晶化法合成纳米 SAPO-34 分子筛及其催化性能 [J]. 高等学校化学学报，2011, 32 (4): 939-945.

[158] 田树勋，岳国，李艺等．晶种参与合成 SAPO-34 分子筛 [J]. 石油化工，2009, 38 (12): 1276-1280.

[159] Kang M, Um M Park J, Synthesis and catalytic performance on methanol conversion of NiAPSO-34 crystals (Ⅰ): effect of preparation factors on the gel formation [J]. J Mole Catal A: Chemical, 1999, 150: 195-203.

[160] 中国石油化工股份有限公司．SAPO 分子筛的制备方法 [P] CN 101284673A, 2008.

[161] 神华集团有限责任公司．一种 SAPO-34 分子筛的合成方法 [P] CN 101555024A, 2009.

[162] Inui T. High potential of novel zeolitic materials as catalysts for solving energy and environmental problems [J]. Stud Surf Sci Catal, 1997, 105: 1441-1467.

[163] Kang M. Methanol conversion on metal-incorporated SAPO-34s (MeAPSO-34s) [J]. J Mole Catal A: Chemical, 2000, 160 (2): 437-444.

[164] Dubois D R, Obrzut D L, Liu J, et al. Conversion of methanol to olefins over cobalt-, manganese-and nickel-incorporated SAPO-34 molecular sieves [J]. Fuel Processing Technology, 2003, 83: 203-218.

[165] 李红彬，吕金钊，王一婧等．碱土金属改性 SAPO-34 催化甲醇制烯烃 [J]. 催化学报，2009, 30 (6): 509-513.

[166] 神华集团有限责任公司．一种金属改性 SAPO-34 分子筛和含有该分子筛的催化剂的制备方法 [P] CN 101555022 B, 2011.

[167] 神华集团有限责任公司．一种由含氧化合物制备低碳烯烃方法 [P] CN 101580448 A, 2009.

[168] Obrzut D L, Adekkanattu P M, Thundimadathil J, et al. Reducing methane formation in methanol to olefins reaction on metal impregnated SAPO-34 molecular sieve [J]. React Kinet Catal Lett, 2003, 107 (14): 113-121.

[169] Inui T. Highly selective synthesis of light olefins from methanol using metal-incorporated silicoaluminophosphate catalysts [J]. ACS Symposium 2000: 115-127.

[170] 刘广宇，田鹏，刘中民．用于甲醇制烯烃反应的 SAPO-34 分子筛改性研究 [J]. 化学进展，2010, 22 (8): 1531-1537.

[171] Mees F D P, Voort P V D, Cool P, et al. Controlled reduction of the acid site density of SAPO-34 molecular sieve by means of silanation and disilanation [J]. J Phys Chem B, 2003, 107: 3161-3167.

[172] Exxon chemical patents Inc, Use of Alkaline Earth Metal Containing Small Pore Non-Zeolitic Molecular Sieve Catalysts in Oxygenate Conversion [P]. US 6040264, 2000.

[173] 中国科学院大连化学物理研究所．一种小孔磷硅铝分子筛的磷改性方法 [P] CN 101121531, 2008.

[174] UOP. SAPO catalysts and use thereof in methanol conversion processes [P]. US 5248647, 1991.

[175] UOP. Methanol Conversion Process Using SAPO Catalysts [P]. US 5095163, 1991.

[176] 中国石油化工股份有限公司．高性能 SAPO 分子筛的制备方法 [P]. CN 101284675A, 2008.

[177] 神华集团有限责任公司．一种 SAPO-34 分子筛的制备方法 [P]．中国，CN 101555023A, 2009.

[178] Venna S R, Carreon M A. Synthesis of SAPO-34 crystals in the presence of crystal growth inhibitors [J]. J Phys Chem B, 2008, 112 (51): 16261-1626.

[179] Zibrowius B, Löffler E, Hunger M. Multinuclear MAS NMR and IR spectroscopic study of silicon incorporation into SAPO-5, SAPO-31, and SAPO-34 molecular sieves [J]. Zeolites, 1992, 12 (2): 167-174.

[180] 王定一，李景林，范闽光．SAPO-34 分子筛的合成及用于乙醇脱水的研究 [J]. 催化学报，1992，13 (3)：234-236.

[181] Anderson M W, Sulikowski B, Barrie P J. In situ solid state NMR studies of the catalytic conversion of methanol on the molecular sieve SAPO-34 [J], J Phys Chem, 1990, 94: 2730-2734.

[182] Sunil A, Satyanarayana V V, Dipak K C. Small pore molecular sieves SAPO-34 and SAPO-44 with chabazite structure: A study of silicon incorporation [J]. J Phys Chem, 1994, 98: 4878-4883.

[183] Blackwell C S, Patton R L. Aluminum-27 and phosphorus-31 nuclear magnetic resonance studies of aluminophosphate molecular sieves [J]. J Phys Chem, 1984 , 88: 6135-6139.

[184] 张平，姚焱，王乐夫．原位漫反射红外光谱考察 SAPO-34 分子筛骨架 [J]，广州大学学报（自然科学版），2002，1 (6)：23-26.

[185] Liang J, Li H Y, Zhao S Q, et al. Characteristics and performance of SAPO-34 catalyst for methanol-to-olefin conversion [J]. Appl Catal, 1990, 64: 31-40.

[186] Campo A E S D, Gayubo A G, Aguayo A T, et al. Acidity, Surface species, and mechanism of methanol transformation into olefins on a SAPO-34 [J]. Ind Eng Chem Res, 1998, 37: 2336-2340.

[187] UOP. Attrition resistant catalyst for light olefin production [P]. WO 0205952, 2002.

[188] 中国石油化工股份公司．刘红星，谢在库，陆贤等．SAPO-34 分子筛的制备方法 [P]. CN 101284673A，2008.

[189] ExxonMobil Chemical Patent Inc. Molecular sieve catalyst composition, its making and use in conversion process [P]. US 7214844 B2, 2007.

[190] ExxonMobil Chemical Patent Inc. Spray drying molecular sieve catalyst [P]. WO, 2005056184, 2005.

[191] 中国科学院大连化学物理研究所．一种含分子筛的流化反应催化剂直接成型方法 [P]. CN 101121148，2008.

[192] ExxonMobil Chemical Patents Inc. Molecular sieve catalyst composition, its making and use in conversion process [P]. US 7271123, 2007.

[193] 邢爱华，岳国，朱伟平等．甲醇制烯烃典型技术最新研究进展（Ⅰ）：催化剂开发进展 [J]. 现代化工，2010，30 (9)：18-24.

[194] 神华集团有限责任公司．分子筛催化剂成型的前处理方法、成型方法及催化剂产品 [P]. CN 102430425 A，2012.

[195] 环球油品公司. 用于轻烯烃生产的耐磨耗催化剂 [P]. CN 1341584，2002.

[196] 田树勋，朱伟平，甲醇制烯烃催化剂研究进展 [J]. 天然气化工，2009，34 (6)：66-72.

[197] 埃克森美孚化学专利公司．制备耐磨催化剂的方法及其用于含氧化合物烯烃转化的用途 [P] .CN 1791463，2006.

[198] ExxonMobil Chemical Patent Inc. Methods for making catalysts [P]. US 6153552a, 2000.

[199] 中国化学工程集团公司，清华大学．一种用高岭土合成硅磷酸铝分子筛的方法 [P] CN 101176851A，2008.

[200] Zhu H, Wang Y, Wei F, et al. In suit synthesis of SAPO-34 crystals grown onto α-Al_2O_3 sphere supports as the catalyst for the fluidized bed conversion of dimethyl ether to olefins [J]. Appl Catal A: General, 2008, 341: 112-118.

[201] Chen Y, Zhou H, Zhu J, et al. Direct synthesis of a fluidizable SAPO-34 catalyst for a fluidized dimethyl ether-to-olefin process [J]. Catal Lett, 2008, 124: 297-303.

[202] 何长青，刘中民，蔡光宇等．SAPO-34 分子筛骨架稳定性的研究 [J]. 催化学报，1997，18 (4)：293-297.

[203] ExxonMobil Chemical Patent Inc. Method of making molecular sieve catalyst [P]. US 6710008 B2, 2004.

[204] UOP. Molecular sieve catalyst compositions, its making and use in conversion process [P]. US 7214844, 2007.

[205] 神华集团有限责任公司．一种利用 SAPO-34 分子筛的晶化残液制备 SAPO-34 分子筛的方法 [P]. CN 101555021，2009.

[206] Chen D, Gronvold A, Moljord K, et al. Methanol conversion to light olefins over SAPO-34: reaction network and

deactivation kinetics [J]. Ind Eng Chem Res, 2007, 46: 4116-4123.

[207] Marie-Hélène S G, Waldeck A, Denise B, et al. Contribution to the study of framework modification of SAPO-34 and SAPO-37 upon water adsorption by thermogravimetry [J]. Thermochimica Acta, 1999, 329: 77-82.

[208] Buchholz A, Wang W, Arnold A, et al. Successive steps of hydration and dehydration of silicoaluminophates H-SAPO-34 and H-SAPO-37 investigated by in situ CF MAS BNR spectroscopy [J]. Micro Meso Mater, 2003, 57: 157-168.

[209] 刘中民，黄兴云，何长青等. SAPO-34 分子筛的热稳定性及水热稳定性 [J]. 催化学报，1996，17 (6)：540-543.

[210] Geopper M, Guth F, Demotle L. Effect of template removal and rehydration on the structure of $AlPO_4$ and $AlPO_4$-based microporous crystalline solids [J]. Stud Surf Sci Catal, 1989, 49: 857-866.

[211] Mees F D P, Martens L R M, Janssen M J G, et al. Improvement of the hydrothermal stability of SAPO-34 [J]. Chem. Commun, 2003: 44-45.

[212] 埃克森美孚化学专利公司. 酸催化剂的稳定方法 [P]. CN 1617841A, 2005.

[213] 埃克森美孚化学专利公司. 保持 SAPO 分子筛中的酸催化剂部位 [P]. CN 1171678C, 2004.

[214] 埃克森美孚化学专利公司. 防止 SAPO 分子筛损失催化剂活性的方法 [P]. CN 1822902A, 2006.

[215] 埃克森美孚化学专利公司. 在水蒸气条件下保持分子筛催化活性 [P]. CN 1826178A, 2006.

[216] ExxonMobil Chemical Patent Inc. Protecting catalytic sites of activated porous molecular sieves [P]. US 0224032A1, 2006.

[217] Watanabe Y, Koiwai A, Takeuchi H, et al. Multinuclear lear NMR studies on the thermal stability of SAPO-34 [J]. J. Catal., 1993, 143: 430-436.

[218] 何长青，刘中民，黄兴云等. 硅磷酸铝分子筛 SAPO-34 稳定性的研究 [J]. 化学物理学报，1997，10 (2)：181-185.

[219] 欧阳颖，罗一斌，舒兴田. SAPO-34 分子筛在水热环境中的失活研究 [J]. 石油炼制与化工，2009，40 (4)：22-25.

[220] 刘红星. 复合模板剂合成 SAPO-34 分子筛的结构表征与 MTO 反应过程研究 [D]. 上海：华东理工大学，2003.

[221] Liang J, Li H, Zhao S, et al. Characteristics and performance of SAPO-34 catalyst for methanol-to-olefin conversion [J]. Appl Catal, 1990, 64: 31-40.

[222] 王开岳. SAPO-34 在 MTO 中的水热稳定性 [J]. 石油与天然气化工，1997，26 (2)：89.

[223] Cai G, Liu Z, Shi R, et al. Light alkenes from syngas via dimethyl ether [J]. Appl Catal A: General, 1995, 125: 29-38.

[224] Vora B V, Lentz R A, et al. 5th World Congress of Chem. Eng [M]. San Diego: CA, 1996; 230.

[225] Vora B V, Lentz R A, et al, World Petrochem. Conference [M]. CMAI, Houston, TX, Petrochem Review, Dewitt&Co, Houston, 1996, 2.

[226] 陈俊武，曹汉昌. 催化裂化工艺与工程 [M]. 北京：中国石化出版社，1995.

[227] Qi G, Xie Z, Yang W, et al. Behaviors of coke deposition on SAPO-34 catalyst during methanol conversion to light olefins [J]. Fuel Processing Technology, 2007, 88: 437-441.

[228] Wu X, Anthony R G. Effect of feed composition on methanol to light olefins over SAPO-34 [J]. Appl Catal A: Gen, 2001, 218: 241-250.

[229] Alwahabi S M, Froment G F. Single event kinetic modeling of the methanol-to-olefins process on SAPO-34 [J]. Ind Eng Chem Res, 2004, 43 (17): 5098-5111.

[230] 齐国祯，谢在库，杨为民等. 甲醇制烯烃反应过程中 SAPO-34 催化剂积炭动力学研究 [J]. 燃料化学学报，2006，34 (2)：205-208.

[231] Mores D, Stavitski E, Kox M H F, et al. Space-and time-resolved In-situ spectroscopy on the coke formation in molecular sieves: methanol-to-olefin conversion over H-ZSM-5 and H-SAPO-34 [J]. Chem Eur J, 2008, 14: 11320-11327.

[232] 顾海霞. 放大制备甲醇制低碳烯烃催化剂性能的研究 [D]. 上海：华东理工大学，2012.

[233] Chen D, Rebo H P, Moljord K, et al. Methanol conversion to light olefins over SAPO-34. Sorption, diffusion,

and catalytic reactions [J]. Ind Eng Chem Res，1999，38：4241-4249.

[234] 胡浩，叶丽萍，应为勇等．甲醇制烯烃反应机理和动力学研究进展 [J]. 工业催化，2008，16（3）：18-23.

[235] 胡浩，叶丽萍，应卫勇等. SAPO-34 分子筛催化剂上甲醇制烯烃反应的本征动力学 [J]. 华东理工大学学报（自然科学版），2009，35（5）：655-660.

[236] 吴秀章．世界首套甲醇制烯烃（MTO）工业装置及开工技术．中国工程院化工、冶金与材料工程学部第九届学术会议论文集．徐州，2012. 北京：中国矿业大学出版社，2012：34-42.

[237] 朱伟平，李飞，薛云鹏等．分子筛催化剂微粉再利用的方法及其获得的产品和应用 [P]. CN 10238934A，2011.

[238] ExxonMobil Chemical Patent Inc. Synthesis of molecular sieve catalysts [P]．US 6541415 B2，2003.

[239] 张海荣，张卿，李玉平等．以 SAPO-34 为原料直接合成小晶粒 PZSM-5 及其甲醇转化催化性能 [J]. 石油学报（石油加工），2010，26（3）：357-363.

[240] Chae H，Song Y，Jeong K，et al. Physicochemical characteristics of ZSM-5/SAPO-34 composite catalyst for MTO reaction [J]. Journal of Physics and Chemistry of Solids，2010，71：600-603.

[241] Marchese L，Frache A，Coluccia G，et al. Acid SAPO-34 catalysts for oxidative dehydrogenation of ethane [J]. J Catal，2002，208：479-484.

[242] 神华集团有限责任公司，甲醇制烯烃装置的水系统及其在线洗涤方法 [P]. CN 102659497A，2012.

[243] Mihail R. Kinetic model for methanol conversion to olefins [J] Ind Eng Chem Process Des Dev，1983，22：532-538.

[244] Park T Y，Froment G F. Kinetic model of the methanol to olefins process. 1. model formulation [J]. Ind Eng Chem Res，2001，40：4172-4186.

[245] Park T Y，Froment G F. Kinetic model of the methanol to olefins process. 2. experimental results，model discrimination，and parameter estimation [J]. Ind Eng Chem Res，2001，40：4187-4196.

[246] Bos A N，Tromp P J. Conversion of methanol to lower olefins. kinetic modeling，reactor simulation，and selection [J]. Ind Eng Chem Res，1995，34：3808-3816.

[247] Gayubo A G，Aguayu A T，Sanchez del Campo A E，et al. Kinetic modeling of methanol transformation into olefins on a SAPO-34 catalyst [J]. Ind Eng Chem Res，2000，39：292-300.

[248] 齐国祯．甲醇制烯烃（MTO）反应过程研究 [D]．上海：华东理工大学，2006.

[249] Wei J，Prater C D. A new approach to first-order chemical reaction systems [J]. AICHE J，1963，9（1）：77-81.

[250] Chang F W，Fitzgerald T J，Park J Y. A simple method for determining the reaction rate constants of monomolecular reaction systems from experimental data [J]. Ind Eng Process Des Rev，1977，16（1）：59-63.

[251] Aris R，Gavalas G R. On the theory of reactions in continuous mixtures [J]. Trans Roy Soc London（A260），1966：351-393.

[252] Wei J，Kuo J C. W. Lumping analysis in monomolecular reaction systems. analysis of the exactly lumpable system [J]. Ind Eng Chem Fundman，1969，8（1）：114-123.

[253] 郑康．甲醇制烯烃流化床反应器模拟与分析 [D]．杭州：浙江大学，2011.

[254] Alwahabi S M，Froment G F. Conceptual reactor design for the methanol-to-olefins process on SAPO-34 [J]. Ind Eng Chem Res，2004，43：5112-5122.

[255] Voorhies Jr A. Carbon formation in catalytic cracking [J] Ind Eng Chem，1945，37：318-322.

[256] Nace D M，Voltz S E，Weekman Jr V W. Application of a kinetic model for catalytic cracking. effects of charge stocks [J]. Ind Eng Chem Proc Des Dev，1971，10：530-538.

[257] Froment G B，Bischoff K B. Chemical Reactor Analysis and Design [M]. New York：John Wiley & Sons，1979.

[258] 李新生，徐杰，林励吾．催化新反应与新材料 [M]．郑州：河南科学技术出版社，1996.

[259] 中国科学院大连化学物理研究所．一种由甲醇或二甲醚制取乙烯、丙烯等低碳烯烃方法 [P]．CN 1166478A，1997.

[260] 陈香生．以煤基甲醇经 MTO 生产低碳烯烃工程技术和技术经济分析 [C]．天然气化工利用研讨会报告．重庆，2005.

[261] 中国科学院大连化学物理研究所．甲醇或二甲醚转化制丙烯的方法 [P]．CN 101177373A，2008.

[262] 尚勤杰．甲醇制烯烃催化剂 SAPO-34 分子筛的合成与改性研究 [D]．上海：华东理工大学，2012.

[263] UOP. Converting methanol to light olefins using small particles of elapo molecular sieve [P]. UP 0541915A1, 1993.

[264] Chen J Q, Bozzano A, Glover B, et al. Recent advancements in ethylene and propylene production using the UOP/Hydro MTO process [J]. Catal Tod, 2005, 106 (1-4): 103-107.

[265] UOP. Fast-Fluidized bed reactor for MTO Process [P]. US 6166282A, 2000.

[266] Frerich J K. Methanol-to-hydrocarbons: process technology [J]. Micro Meso Mater, 1999, 29: 49-66.

[267] Chen J Q, Bozzano A, Glover B, et al. Recent advancements in ethylene and propylene production using the UOP/Hydro MTO process. Catal ysis Tod, 2005, 106: 103-107.

[268] 埃克森化学专利公司. 用含要求碳质沉积的分子筛催化剂使含氧化合物转化成烯烃的方法 [P]. CN1261294A, 2000.

[269] ExxonMobil Chemical Company. Catalyst fludization in oxygenate to olefin reaction systems [P]. US 0124838A1, 2005.

[270] 神华集团有限责任公司. 一种甲醇转化为低碳烯烃的装置及方法 [P]. CN 102659498A, 2012.

[271] 金涌. 流态化工程原理 [M]. 北京: 清华大学出版社, 2001.

[272] Geldart D. Types of gas fluidization [J]. Powder Tech 1973 (7): 285-292.

[273] Yerushalmi J, Turner D H, Squires A M. The fast fluidized bed [J]. Ind Eng Chem Proc Des Dev, 1976, 15 (1): 47-53.

[274] 邢爱华, 蒋立翔, 朱伟平等. 甲醇制烯烃固定流化床反应器设计 [J]. 神华科技, 2010 (8): 89-92.

[275] 白丁荣, 金涌, 俞芷青. 循环流态化 (1) [J]. 化学反应工程与工艺, 1991, 7 (2): 202-213.

[276] Wei Yingxu, Zhang Dazhi, Chang Fuxiang, et al. Direct observation of induction period of MTO process with consecutive pulse reaction system [J]. Catalysis Communications, 2007, 8: 2248-2252.

[277] 唐君琴, 叶丽萍, 应卫勇等. 硅铝比对 SAPO-34 催化剂在甲醇制烯烃反应中催化性能的影响. 石油化工 [J]. 2010, 39 (1): 22-27.

[278] 刘红星, 谢在库, 张成芳等. MTO 反应中乙烯、丙烯比的变化规律 [J]. 石油化工, 2004, 33 (增刊): 1532-1533.

[279] Yan D, Shahda M, Weng H. Studies on catalyst deactivation rate and byproducts yiels during conversion of methanol to olefins [J]. China Petroleum processing and Petrochemical Technology, 2006, 3: 33-38.

[280] 柯丽, 冯静, 冯炎等. 反应气氛对甲醇制低碳烯烃反应的影响 [J]. 石油化工, 2006, 35 (6): 539-542.

[281] Marchi A J, Froment G F. Catalytic conversion of methanol to light alkenes on SAPO molecular sieves [J]. Appl Catal, 1991, 71: 139-152.

[282] 严登超, 哈尼卜, 翁惠新. 不同催化剂上甲醇制低碳烯烃反应研究 [J]. 天然气化工, 2007, 32 (1): 6-9.

[283] Pop G, Musca G, Ivanescu D, et al. SAPO-34 Catalyst selectivity for the MTO process [J]. Chemical Industries, 1992, 46: 443-452.

[284] Exxon chemical patents Inc, Method and reactor system for converting oxygenate contaminants in a MTO reactor system product effluent to hydrocarbons [P]. US 20040039239, 2004.

[285] Keil F J. Methanol-to-hydrocarbons: process technology [J]. Micro Meso Mater, 1999, 29: 49-66.

第六章　烯烃分离与纯化

第一节　烯烃分离技术概述

随着石油资源的持续短缺以及可持续发展战略的要求，采取以煤制烯烃路线作为石油制烯烃路线的补充具有重大战略意义和现实意义。建设煤化工项目有利于缓解轻质石化资源紧缺的局面，符合现代煤化工的发展方向。由甲醇制乙烯、丙烯等低碳烯烃的工艺路线，目前工艺技术的开发已日趋成熟。甲醇制烯烃（MTO）技术的工业化，开辟了由煤炭或天然气经气化生产基础有机化工原料的新工艺路线，有利于改变传统煤化工的产品格局，是实现煤化工向石油化工延伸发展的有效途径。煤化工产品有强劲的需求和竞争能力，是煤炭企业调整产品结构、有效拓展发展空间的必然选择，是保障能源安全的一项措施，符合我国资源结构特点。

目前，世界上的煤制烯烃项目中的烯烃分离技术主要有美国鲁姆斯公司（Lummus）、凯洛格布朗路特公司（KBR）、惠生工程（中国）有限公司（WISON）、中石化洛阳石化工程公司（Lpec）美国环球油品公司（UOP）等公司研发的专利技术。根据MTO装置生产的原料气特点和组成分布，从项目建设、生产操作和能耗等方面综合考虑，大多专利公司选择了前脱丙烷、后加氢和丙烷洗回收乙烯的技术。UOP开发了前脱乙烷、后加氢和变压吸附回收乙烯的技术。自MTO来的原料气经压缩机增压后进行分离，分别得到聚合级乙烯、聚合级丙烯、混合碳四、混合碳五、丙烷和燃料气等产品。丙烯制冷系统提供低温冷剂。

一、原料气压缩系统

原料气压缩系统包括原料气压缩和干燥系统。原料气压缩目的是通过压缩机对原料气压缩做功，以达到后分离系统所需要的压力；干燥的目的是脱除原料气中的水分，防止在低温系统凝结成冰或固态水合物，堵塞管道和设备，影响正常生产操作。

原料气在压缩过程中，一方面可以提高原料气的压力，从而提高分离系统的温度，能够节约低温能量和低温材料；另一方面原料气在升压后会使原料气中的部分水和重质烃冷凝，在压缩单元分离出部分水可以减少干燥器的负荷，分离出部分重质烃可以减少后分离系统的负荷。

为了控制压缩机排出温度，以减少聚合物的生成量，压缩机采用四段压缩，每段压缩升压后冷却，降低压缩机排出温度。四段压缩流程压缩比大于五段压缩，但是由于原料气中的二烯烃含量很少，同时使用注水技术和阻聚剂进一步降低温度和控制压缩机的聚合，所以聚合问题能够得到很好地控制。压缩机的段间排出温度一般在90℃以下。

二、原料气净化系统

自上游MTO装置来的原料气中含有少量甲醇、二甲醚、乙醇、丙醛和丙酮等含氧化合物和酸性气体二氧化碳，这些含氧化合物和二氧化碳必须脱除，否则带入后分离系统会进入乙烯、丙烯等产品中，影响产品质量。原料气的净化系统设置在压缩系统的二段和三段之间，包括水洗系统和碱洗系统。水洗塔用于脱除原料气中的含氧化合物；碱洗系统用于脱除原料气中的酸性气体。

水洗塔为填料塔，选择大通量、低压降、高效率的矩鞍环散装填料。原料气通过水洗塔在填料表面与洗涤水接触，将原料气中的含氧化合物脱除掉。含氧化合物溶解在洗涤水中，返回至MTO装置进行回炼。

碱洗系统设置在压力较低的压缩机二段和三段之间，属于低压碱洗，可以有效防止重组分冷凝。采用化学吸收法脱除二氧化碳，使用低浓度的氢氧化钠溶液与二氧化碳反应达到脱除的目的。

碱洗塔为板式塔，浮阀塔盘，分强、中、弱三段碱洗，每一个碱循环段都有一个碱循环回路，碱液从循环段底部泵送到循环段顶部。碱洗塔顶部设置水洗段有效脱除原料气中夹带的碱液。在碱液存在的条件下，原料气中的不饱和烃会发生聚合，产生黏稠的液体并聚集在系统内，与空气接触易变成黄色，通常称为“黄油”。“黄油”的生产会造成塔盘、管道和设备堵塞影响系统操作，采用控制碱洗系统操作温度、碱浓度和注入“黄油”抑制剂的方法来减少“黄油”的生成。

三、产品分离和精制系统

净化后的原料气中含有氢、甲烷、乙烷和乙烯、乙炔、丙烷和丙烯、混合碳四、碳五及以上重组分等。为满足下游加工产品的需要，要求对原料气进行分离、精制，以达到生产合格乙烯、丙烯、混合碳四和混合碳五等产品的目的。

分离系统设置多个精馏塔、利用精馏原理将原料气中的目标组分逐步分离。分离和精制系统包括前脱丙烷系统、脱甲烷系统、脱乙烷及乙炔加氢系统、乙烯精馏系统、丙烯精馏系统和脱丁烷系统。

（一）脱甲烷系统

经过四段压缩升压的原料气进入脱甲烷塔系统，由塔顶分离出甲烷、氢气等轻组分，塔釜分离出碳二、碳三等重组分。脱甲烷系统包括前冷（即系统进料预冷）、脱甲烷系统和丙烷洗系统三部分。

前冷的作用是使用丙烯冷剂将原料气逐级冷却到－37℃，在气液分离罐分出甲烷氢含量高的气相和甲烷氢含量低的液相两部分，分别作为脱甲烷塔的两股进料，汽相和凝液进到高压脱甲烷塔适当的位置，以降低脱甲烷塔的操作负荷。

脱甲烷塔利用原料气提供再沸热量。包含碳二和碳三组分的塔底物流分成两股物流，一股脱甲烷塔底物流送到脱乙烷塔作为上部进料，另一部分用于冷却原料气压缩机三段排出罐的气相物流并送往脱乙烷塔，作为脱乙烷塔下部进料。脱甲烷塔塔顶物流经尾气换热器加热后送到界外燃料气系统。

依据拉乌尔定律：理想溶液在一固定温度下，其中每一组分的蒸汽压与溶液中各组分的摩尔分数成正比，其比例系数等于各该组元在纯态下的蒸气压。将来自丙烯精馏塔底的丙烷洗物流，利用尾气及不同级别的丙烯冷剂过冷后，注入脱甲烷塔回流线上，利用丙烷作为冲洗介质，回收脱甲烷塔顶物料中的乙烯组分，减少了塔顶物流的乙烯损失。另外，由于原料气压缩机采用四段压缩，脱甲烷塔有足够高的压力，可以利用－40℃的丙烯冷剂作塔顶冷凝器的冷却介质，也能够同时降低塔顶物料中的乙烯损失。

当MTO装置反应器产出的原料气中乙烯与丙烯含量比值较高时，原料气提供的热量将不能满足脱甲烷再沸需要，另外设计有一台利用 40℃丙烯作为加热介质的辅助再沸器。

（二）脱乙烷及乙炔加氢系统

脱甲烷塔的塔底产品分成两股物流作为脱乙烷塔的进料。脱乙烷系统的作用是将原料气分离为两个馏分，塔顶为乙烯、乙烷和少量轻组分的馏分，塔釜为碳三及以上重组分。由于采用前脱丙烷工艺流程，已经脱除了碳四及以上重组分，故脱乙烷塔釜组分基本为丙烯、丙烷和微量重组分。

脱乙烷塔的回流是利用塔顶气相物料在－24℃的丙烯冷剂的部分冷凝下提供的。再沸器加热介质为 MTO 装置的水洗水，以回收反应热量达到节能目的。辅助再沸器利用脱过热的低低压蒸汽加热，在开工初期或水洗水事故情况下使用。

脱乙烷塔顶物料中的乙炔在单床乙炔加氢反应器中通过选择性加氢脱除。乙炔加氢反应器设置一台备用床，在催化剂需要再生时进行切换使用，保证装置的连续运行。脱乙烷塔塔顶的物料利用加氢反应器出口的物料进行预热，与一定比例的氢气混合，并进一步利用急冷水加热后通过加氢反应器床层。加氢反应器出口物料通过冷却水及加氢反应器入口物料进行冷却。

在加氢过程中，一小部分的乙炔会转化为混合的聚合物（绿油）。这种物质必须从乙烯精馏塔的进料中彻底清除，防止出现冻堵的问题。绿油是通过加氢反应器的出口物料与一股乙烯/乙烷的混合物流的充分接触来脱除的。乙烯/乙烷的混合物流来自乙烯精馏塔的侧线采出，在进入绿油缓冲罐之前与加氢反应器出口物料进行混合。含有绿油的液体返回到脱乙烷塔。脱除的绿油从脱乙烷塔釜送到丙烯精馏系统，最终随丙烷物料进入燃料气系统。绿油缓冲罐的气相物流通过乙烯干燥器干燥后进入乙烯精馏塔。乙烯干燥系统设计为单台分子筛干燥器。

绿油在设计上还可以直接送往高压脱丙烷塔。在装置开工初期或系统波动的时候，绿油的生成量有可能很大，不能满足工艺的需求，在这种情况下，需要将绿油送往高压脱丙烷塔。因为送往燃料气系统的丙烷产品要流经铜铝合金的板翅式尾气换热器，在绿油含量过高的情况下，有可能造成换热器结垢甚至堵塞。送往高压脱丙烷塔的绿油将随着碳四等重组分从高、低压脱丙烷塔釜送往脱丁烷塔釜，最终进入混合碳五产品。

加氢反应器中催化剂的再生是利用中压蒸汽与工业风的混合物来完成。为避免蒸汽冷凝，在蒸汽引入反应器床层前，利用来自再生系统的热氮气对催化剂进行升温。然后，引蒸汽入反应器床层，同时引工业风入催化剂床层，并逐渐提高催化剂中氧气的浓度。

（三）前脱丙烷系统

前脱丙烷系统设置在原料气压缩机三段和四段之间，作用是将原料气中的碳三及以下组分从塔顶分离、碳四及以上重组分从塔釜分离。

降低脱丙烷塔的操作压力可以降低系统操作温度，解决塔釜丁二烯聚合结垢堵塞设备的问题。但考虑到在低压力操作下，塔顶冷凝温度相应降低，冷剂量随之增加。综合考虑聚合问题和冷量使用问题，选择高低压塔脱丙烷工艺流程，既节省了冷剂用量又解决了丁二烯聚合问题。

为防止冻堵情况的发生，原料气经三段压缩后先进入气相、液相干燥器脱水，然后进入高压脱丙烷塔系统进行初步精馏，高压脱丙烷塔的塔顶气相通过塔顶冷凝器利用丙烯冷剂进行部分冷凝。当 MTO 装置反应器产出的原料气中的乙烯、丙烯含量比较高时，必须降低高压脱丙烷塔塔顶冷凝器丙烯冷剂的温度。丙烯制冷压缩机在设计上考虑到了这一调整方案。

高压脱丙烷塔塔顶气相冷凝后的凝液为高压脱丙烷塔提供一部分回流，未冷凝的含有大部分碳三组分的气相进入原料气压缩机四段。

高压脱丙烷塔底物流用冷却水冷却后送到低压脱丙烷塔再次精馏，低压脱丙烷塔的塔顶物流用丙烯冷剂全部冷凝，凝液作为高压和低压脱丙烷塔的回流。低压脱丙烷塔塔釜碳四及以上重组分送入脱丁烷塔系统。碳四及以上重组分从脱丙烷系统提前分离出来，可以减少压缩机四段的功耗，同时降低脱甲烷塔和脱乙烷塔的操作负荷。

（四）乙烯精馏系统

加氢反应器脱炔后的碳二物流进入乙烯精馏系统，在乙烯精馏塔顶部分离出合格的液相聚合级乙烯产品，塔釜获得乙烷组分。由于煤制烯烃项目中的烯烃分离装置没有裂解炉装置，所以将此股较低流量的乙烷并入燃料气管网。

在乙烯精馏塔中，精馏段顶部出现一个甲烷恒浓区，此区域内塔板对甲烷分离效果明显降低，所以塔顶设计巴氏精馏段以脱除轻组分，而在巴氏精馏段底部采取侧线采出乙烯产品，保证了乙烯产品的纯度。即便如此，也要严格控制乙烯精馏塔进料中的甲烷含量，一旦甲烷含量超出巴氏精馏段操作能力，甲烷将随侧线产品采出进入乙烯产品。

乙烯精馏塔精馏段回流比较大而提馏段回流比较小，为尽可能回收乙烯精馏塔内的冷量，设置乙烯精馏塔中间再沸器。中间再沸器用－24℃的丙烯汽相作再沸介质。主再沸器的热量由原料气提供，塔顶物流用－40℃的丙烯冷剂进行冷凝，冷凝后的液体进入塔顶回流罐。

（五）丙烯精馏系统

丙烯精馏系统接收脱乙烷塔釜物料，在丙烯精馏塔顶分离出合格的液相聚合级丙烯产品，塔釜获得丙烷组分。

由于丙烷和丙烯相对挥发度非常低，因此丙烯精馏塔理论板数较多、回流比较大。为降低塔高度，设置上、下双塔丙烯精馏工艺流程。来自脱乙烷塔塔釜的碳三馏分进入上塔，塔顶物流使用循环冷却水冷凝，一部分液相丙烯作为回流返回上塔，一部分作为丙烯产品送出装置。上塔再沸器的热量由 MTO 来的急冷水提供，塔釜物料送至下塔。下塔再沸器的热量由 MTO 来的水洗水提供，另设一台备用的蒸汽再沸器，利用脱过热的低压蒸汽提供热量。

下塔塔顶气相进入上塔精馏，塔釜抽出的丙烷被分成两股物流，一部分丙烷物流被冷却后送到脱甲烷塔作为丙烷冲洗液，在系统内循环利用，而剩余的丙烷在尾气换热器中换热后送到界区外的燃料气系统或者作为丙烷产品装车。

聚合级的丙烯产品冷却后经过丙烯产品保护床精制后送出界区。丙烯产品保护床系统设有两台床层，一台操作，一台备用，用于脱除丙烯产品中的甲醇和其他含氧化合物。丙烯产品中 MA、PD（丙炔、丙二烯）含量极低，在产品质量指标范围内，因此不需要设置加氢反应器进行脱除。

（六）脱丁烷系统

脱丁烷系统的作用是将脱丙烷塔釜送来的碳四及以上重组分进行分离，在塔顶分出碳四产品，塔釜分出混合碳五产品。由于原料气中碳五以上重组分相对较低，所以不再设置脱戊烷系统，重组分直接随碳五产品一起作为混合碳五产品。

脱丁烷塔塔顶物流采用冷却水作为冷却介质，塔底物流采用脱过热的低压蒸汽作为加热介质。根据脱丁烷塔进料组成特性，脱丁烷塔塔釜可以在较低温度下操作；又因进料中丁二烯组分含量低，所以塔釜再沸器结垢程度极轻，阻聚剂的注入可以根据实际操作情况灵活调整。

四、丙烯制冷系统

（一）制冷压缩机概述

制冷是从物体或流体中取出热量，并将热量排放到环境介质中去，以产生低于环境温度的过程。按照制冷所达的低温范围，可分为以下几个领域：120K 以上，普通制冷；120～20K，深度制冷；20～0.3K，低温制冷；0.3K 以下，超低温制冷。也将 120K 以下的制冷系统统称为低温制冷。

由于低温范围不同所使用的工质、机器设备、采取的制冷方式及其所依据的具体原理有很大差别。

制冷的方法很多，常见的有以下四种：液体汽化制冷、气体膨胀制冷、涡流管制冷和热电制冷。其中液体汽化制冷的应用最为广泛，它是利用液体汽化时的吸热效应实现制冷的。蒸汽压缩式、吸收式、蒸汽喷射式和吸附式制冷都属于液体汽化制冷。

液体汽化形成蒸汽，当液体处在密闭容器内时，若此容器内除了液体及液体本身的蒸汽外不存在任何其他气体，那么液体和蒸汽在某一压力下达到平衡，此时的气体称为饱和蒸汽，所具有的压力称为饱和压力，温度称为饱和温度。饱和压力随温度的升高而升高。如果将一部分饱和蒸汽从容器中抽走，液体中就必然要再汽化一部分蒸汽来维持平衡。液体汽化时，需要吸收热量，此热量称为汽化潜热，汽化潜热来自被冷却对象，它使被冷却对象变冷，或者使它维持在低于环境温度的某一低温。

为使上述过程连续进行，必须不断地从容器中抽走蒸汽，再不断地将液体补充进去。通过一定的方法把蒸汽抽走，并使它凝结成液体后再回到容器中，就能满足这一要求。从容器中抽出的蒸汽，如果直接凝结成液体，所需冷却介质的温度比液体的蒸发温度还要低，而希望蒸汽的冷凝过程在常温下实现，因此需要将蒸汽的压力提高到常温下的饱和压力。这样制冷工质将在低温、低压下蒸发，产生制冷效应，并在常温、高压下冷凝，向环境或冷却介质放出热量。因此，汽化制冷循环有工质汽化、蒸汽升压、高压蒸汽的液化和高压液体降压四个过程[1]。

在压缩式制冷系统中，各种类型的制冷压缩机是决定装置能力大小的关键设备，对装置的运行性能、操作弹性和使用寿命等有着直接的影响。制冷压缩机在装置中的作用是，抽吸来自蒸发器的制冷剂蒸汽，并提高其温度和压力后排至冷凝器。在冷凝器中，高压制冷剂过热蒸汽在冷凝温度下放热冷凝。然后通过节流元件降压，降压后的气液混合物流向蒸发器，制冷剂液体在蒸发温度下吸热沸腾，液相丙烯变为蒸汽后进入压缩机，从而实现制冷系统中冷剂的不断循环流动。

制冷压缩机根据其对制冷剂蒸气的压缩热力学原理可以分为容积型压缩机和速度型压缩机两大类。

在容积型压缩机中，一定容积的气体先被吸收到气缸里，继而在气缸中容积被强制压缩变小，压力升高，当达到一定压力时气体被强制从气缸排出。所以，容积型压缩机的吸排气过程是间歇进行，其流动不是连续稳定的。容积型压缩机按其压缩部件的特点可分为两种形式：往复活塞式和回转式。回转式又根据其压缩机的结构特点分为滚动转子式、滑片式、螺杆式、涡旋式等。

在速度型压缩机中，气体压力的增长是由气体的速度转化而来，即先使吸入的气流获得一定的高速，然后再使之缓慢下来，让其动量转化为气体的压力升高，然后排出。所以，速度型压缩机中的压缩流程可以连续地进行，其流动是稳定的。在制冷系统中应用的速度型压缩机一般都是离心式压缩机。

离心式压缩机在大冷量范围（大于1500kW）内有非常大的优势，主要是在大冷量范围内，离心式压缩机具有非常高的效率。与往复式压缩机相比离心式压缩机有以下特点：

① 相同制冷量，离心式压缩机外形尺寸小、质量轻、占地面积小；

② 由于运转时剩余惯性力小、振动小，故基础简单；

③ 磨损零件小，连续运转周期长，维修费用低，使用寿命长；

④ 易实现多级压缩和多种蒸发温度，在用中间抽气时压缩机能得到较好的中间冷却，减少功耗；

⑤ 在工作的制冷剂中可以与润滑油有效隔离；

⑥ 可以利用进口导叶自动进行制冷量的调节，调节范围和节能效果较好；

⑦ 使用汽轮机驱动，实现变转速调节，节能效果好；

⑧ 转速高，对轴端密封要求高，增加了制造困难和结构上的复杂性[2]。

（二）丙烯制冷工艺

丙烯制冷压缩机系统为压缩蒸汽制冷循环，它由压缩机、冷凝器、节流机构和蒸发器等组成，其中压缩机是整个系统的心脏，起着提升制冷剂压力和输送制冷剂的作用。压缩蒸汽制冷循环有两个显著的优点：一是饱和蒸汽等压吸热和放热过程都是同时等温的，因而它更接近于逆向卡诺循环，制冷系数较高；二是蒸汽的汽化热很大，因而单位质量工质的制冷量大。

根据烯烃分离装置大冷剂量需求的特点，选择汽轮机驱动离心式压缩机。烯烃分离系统所需的冷量由密闭式丙烯制冷系统提供。丙烯制冷压缩机介质为纯度99.6%的丙烯，分别提供−40℃、−24℃、7℃三个级别的丙烯冷剂。

由于自上游MTO装置来的混合烃中氢气、甲烷含量偏低，从经济上考虑不适宜分离出氢气，且脱甲烷系统采用了丙烷洗技术回收乙烯，故烯烃分离不设置乙烯制冷压缩机。丙烯制冷压缩机设计一个缸体，为三段离心式压缩机。全凝式蒸汽透平采用4.1MPa中压蒸汽驱动，设有润滑油系统、真空冷凝系统，压缩机密封系统采用干气密封。

−40℃的丙烯冷剂为以下工艺过程提供冷量：脱甲烷塔进料激冷器、脱甲烷塔冷凝器、脱甲烷塔中间冷却器和乙烯精馏塔冷凝器。这些换热器接收来自丙烯制冷压缩机二段吸入罐的液相丙烯。丙烯制冷压缩机一段吸入罐的压力通过设于一段吸入罐的压力调节器调节透平的转速来控制。

−24℃的丙烯冷剂用于脱甲烷塔进料激冷器、丙烷洗物料激冷器、脱乙烷塔冷凝器和尾气换热器。来自二段用户的气相丙烯进入丙烯制冷压缩机二段吸入罐。丙烯制冷压缩机二段吸入罐中的部分气相为乙烯精馏塔侧线再沸器提供热量并被冷凝。侧线再沸器配有一个液相丙烯收集罐。其余的气相丙烯进入丙烯制冷压缩机二段吸入。

7℃的丙烯冷剂用户是干燥器进料激冷器、高压脱丙烷塔冷凝器、低压脱丙烷塔冷凝器和脱甲烷塔进料激冷器。在这些换热器中汽化后的气相丙烯进入压缩机三段吸入罐。来自丙烯冷剂收集罐的液相丙烯在压缩机排出压力的控制下进入压缩机三段吸入罐，进入三段吸入罐的液相丙烯的量受丙烯冷剂收集罐液位的低液位超驰控制。三段吸入罐的气相丙烯进入压缩机三段吸入。

丙烯制冷压缩机设有防喘振保护措施。通过检测一段吸入的流量，控制从压缩机三段排出返回到一段吸入罐的最小返回气相量。这股防喘振回路返回的物流，必须利用丙烯液体进行激冷，以满足压缩机的机械要求。激冷用液体丙烯来自压缩机三段吸入罐。利用温度控制器，通过检测压缩机一段吸入的温度来调节压缩机一段的激冷。

丙烯制冷系统是一个封闭系统。然而，由于泄漏、压缩机跳车时的超压放空等其他损失，需要对系统进行丙烯冷剂补充。烯烃罐区的丙烯储罐分别设有一条液相线和一条气相线连到压缩机三段吸入罐，提供液相丙烯冷剂的补充。

第二节　工艺过程及主要技术指标

目前，世界上首套用于工业化生产的煤制烯烃项目烯烃分离装置位于中国内蒙古自治区包头市，由中国神华煤制油化工有限公司包头煤化工分公司建设和运营，采用的是美国LUMMUS公司的工艺专利技术。成功地应用于大型工业化生产，证明了该技术的可靠性，积累了丰富的实际生产经验，并且LUMMUS公司在此后的工艺设计方面进行了优化。在建的和筹备当中的煤制烯烃项目烯烃分离装置大部分选择LUMMUS公司的工艺专利技术，其他选择了KBR公司和惠生公司的工艺专利技术。

一、烯烃分离典型工艺流程

（一）LUMMUS工艺

LUMMUS公司工艺流程为前脱丙烷、后加氢和丙烷洗流程（见图6-1）。水洗塔和碱洗塔设在原料气压缩机二段排出，碱洗塔为三段碱洗和一段水洗。脱丙烷塔设在压缩机三段出口，分为高、低压脱丙烷，可降低系统结垢程度。进料分为气相、液相两股进料，分别经过气相、液相干燥器后进入脱丙烷系统。脱甲烷塔塔顶燃料气进入全厂燃料气管网。乙烯精馏塔采用侧线抽出，提高乙烯产品纯度。冲洗丙烷由丙烯精馏塔塔釜注入脱甲烷塔顶部，在系统内循环使用。丙烯产品经过保护床脱除氧化物，控制产品质量。

（二）KBR工艺

KBR公司工艺流程为前脱丙烷、后加氢和多股丙烷洗流程（见图6-2）。原料气压缩机一、二段之间设置凝液汽提塔。水洗塔和碱洗塔设在原料气压缩机三段排出，碱洗塔为三段碱洗和一段水洗。脱丙烷塔设在压缩机三段，干燥后的原料气进入脱丙烷塔。因为压缩机三段压力偏低，塔的操作温度偏低不易发生聚合，所以只设置单塔脱丙烷。脱甲烷塔塔顶燃料气进入全厂燃料气管网。乙烯精馏塔采用侧线抽出，提高乙烯产品纯度。冲洗丙烷有两股，一股来自丙烯精馏塔塔釜，注入脱甲烷塔顶冷凝器，在系统内循环使用。另一股来自脱乙烷塔塔釜富含丙烯和丙烷的碳三物料，这可以减少另一股冲洗丙烷使用量，避免大量丙烷在系统内循环，可以减少设备投资和运行成本。丙烯产品经过保护床脱除含氧化合物，控制产品质量。

（三）惠生工艺

惠生（WISON）公司工艺流程为前脱丙烷、后加氢、预切割和油吸收流程（见图6-3）。水洗塔和碱洗塔设在原料气压缩机二段排出，碱洗塔为三段碱洗和一段水洗。脱丙烷塔设在压缩机三段出口，分为高、低压脱丙烷，可降低系统结垢程度。进料分为气相、液相两股进料，分别经过气相、液相干燥器后进入脱丙烷系统。

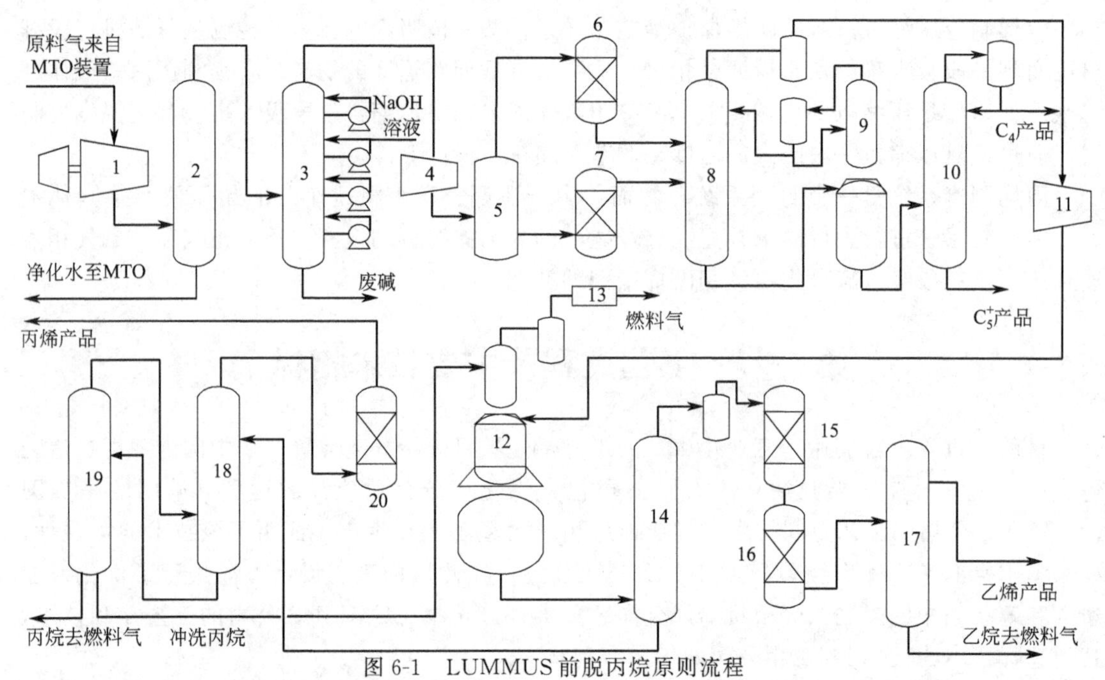

图 6-1 LUMMUS 前脱丙烷原则流程

1—原料气压缩机一、二段；2—水洗塔；3—碱洗塔；4—原料气压缩机三段；5—气液分离罐；6—原料气干燥器；7—液相干燥器；8—高压脱丙烷塔；9—低压脱丙烷塔；10—脱丁烷塔；11—原料气压缩机四段；12—脱甲烷塔；13—冷箱；14—脱乙烷塔；15—乙炔加氢反应器；16—乙烯干燥器；17—乙烯精馏塔；18—2# 丙烯精馏塔；19—1# 丙烯精馏塔；20—丙烯产品保护床

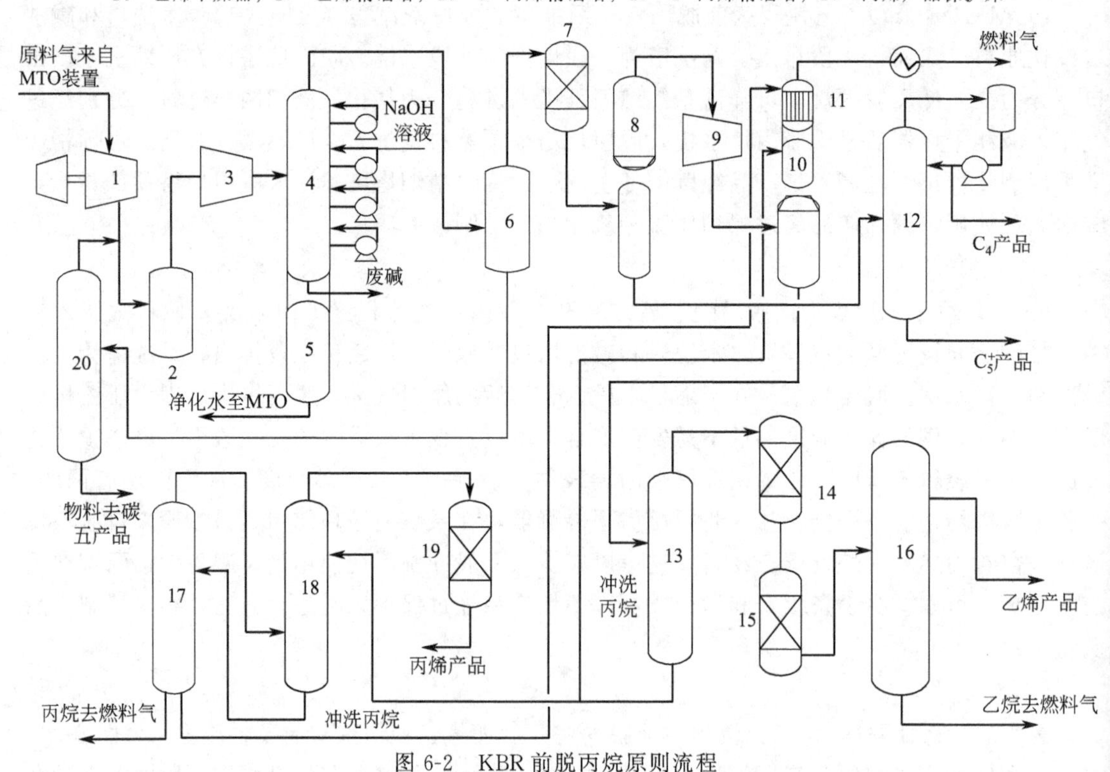

图 6-2 KBR 前脱丙烷原则流程

1—原料气压缩机一段；2—一段排出气液分离罐；3—原料气压缩机二，三段；4—碱洗塔；5—水洗塔；6—干燥器进料气液分离罐；7—气相干燥器；8—高压脱丙烷塔；9—原料气压缩机四段；10—脱甲烷塔；11—脱甲烷塔冷却器；12—脱丁烷塔；13—脱乙烷塔；14—乙炔加氢反应器；15—乙烯干燥器；16—乙烯精馏塔；17—1# 丙烯精馏塔；18—2# 丙烯精馏塔；19—丙烯产品保护床；20—凝液汽提塔

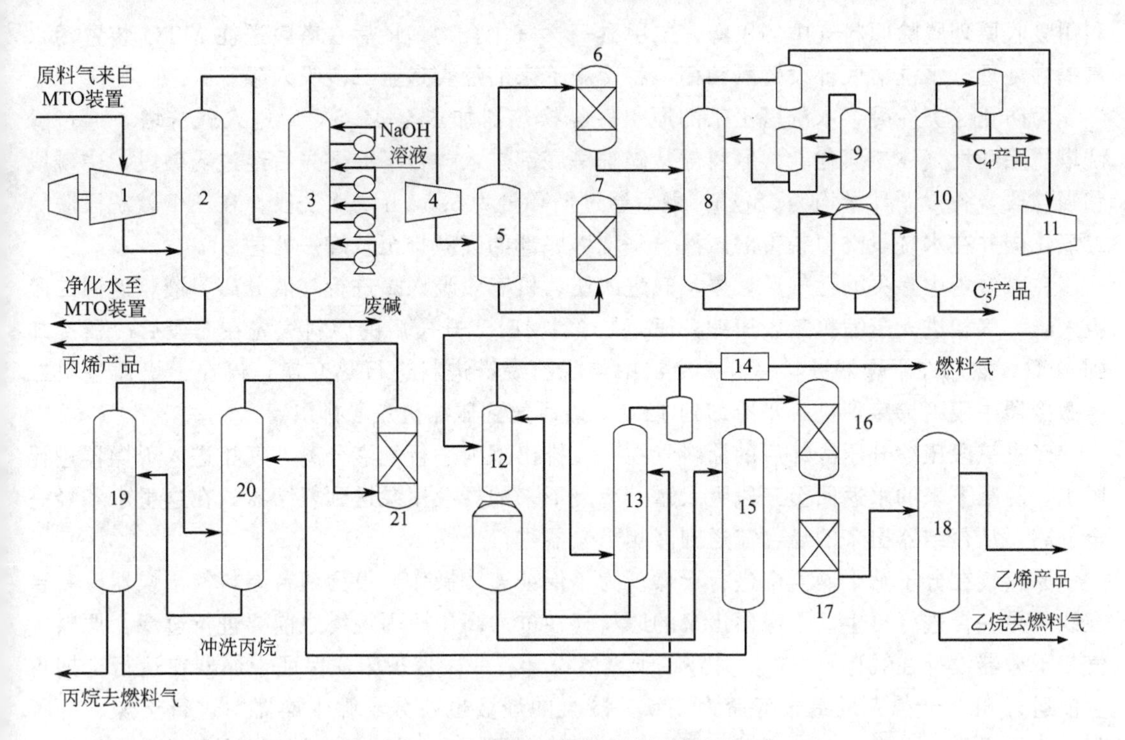

图 6-3　WISON 前脱丙烷原则流程

1—原料气压缩机一、二段；2—水洗塔；3—碱洗塔；4—原料气压缩机三段；5—气液分离罐；6—原料气干燥器；7—液相干燥器；8—高压脱丙烷塔；9—低压脱丙烷塔；10—脱丁烷塔；11—原料气压缩机四段；12—预切割塔；13—油吸收塔；14—冷箱；15—脱乙烷塔；16—乙炔加氢反应器；17—乙烯干燥器；18—乙烯精馏塔；19—2# 丙烯精馏塔；20—1# 丙烯精馏塔；21—丙烯产品保护床

脱甲烷系统由预切割塔和油吸收塔组成。预切割塔塔顶的气相包括部分碳二及以下更轻的组分，用丙烯冷剂部分冷凝后进入油吸收塔。预切割塔再沸器用反应混合气和丙烯冷剂分别加热，回收冷量，预切割塔釜物料是脱乙烷塔的进料。在油吸收塔中，用从丙烯精馏塔塔釜来的丙烷作吸收剂吸收气相中的乙烯、乙烷。油吸收塔塔底液相返回预切割塔塔顶，油吸收塔塔顶气相用丙烯冷剂部分冷凝后进入塔顶回流罐，回流罐的液相作为油吸收塔的回流返回塔顶，回流罐的气相为尾气。此尾气与乙烷汇成一股，回收冷量后作为燃料气进入燃料气管网。为有效控制吸收温度，及时移除吸收放热，油吸收塔设有一台中间冷却器。

乙烯精馏塔采用侧线抽出，提高乙烯产品纯度。冲洗丙烷由丙烯精馏塔塔釜注入油吸收塔顶部，在系统内循环使用。丙烯产品经过保护床脱除含氧化合物，控制产品质量。

二、压缩与净化过程

（一）压缩与净化工艺

自 MTO 装置来的原料气进入烯烃分离装置的四段离心式压缩机进行压缩。原料气经一段吸入缓冲罐后进入压缩机一段压缩升压至 0.259MPa，并使用一段冷却器冷却至 38℃，升压冷却后原料气中的部分水冷凝进入二段吸入罐，由泵送往 MTO 装置污水汽提塔。气相进入二段压缩升压至 0.814MPa，经冷却器冷却至 37.5℃。

经过两段压缩后的原料气从底部进入水洗塔脱除含氧化合物。来自 MTO 装置的净化水进入缓冲罐，来自压缩机表面冷凝器的凝液作为净化水备用水。流量为 60t/h 的净化水在进入水洗涤塔之前利用泵升压到需要的压力，并经循环冷却水冷却器冷却后注入水洗塔顶部，利用吸收原理脱除原料气中的甲醇、二甲醚等含氧化合物，最后在塔底送往 MTO 装置污水汽提塔处理。水洗塔底部设置隔油槽，将冷凝下来的烃类送至二段吸入罐。

为防止烃类冷凝，水洗塔出来的原料气经换热器加热至 42.5℃后进入碱洗塔，通过碱洗塔脱除酸性气体二氧化碳。原料气从碱洗塔底部进入，自下而上先后经过弱碱段、中碱段和强碱段，各段循环量均为 58t/h，最后通过循环量为 5.5t/h 的水洗段，在三个碱洗段脱除二氧化碳并在水洗段洗掉夹带的碱液。碱洗塔底部的废碱排至焚烧炉处理。

在碱洗塔中除去酸性气后，原料气进入压缩机三段吸入罐进行气液分离，液相返回二段吸入罐，气相进入压缩机三段压缩升压至 2.021MPa。升压后的原料气先在三段后冷器冷却到 40℃，然后在干燥器进料一号激冷器中与脱乙烷塔进料进行热交换，再在干燥器进料二号激冷器中用丙烯冷剂进一步冷却到 12℃，最后送到压缩机三段排出罐。

经过三段压缩升压冷却后的原料气在三段排出罐内进行气液分离。气相进入干燥器进行脱水，冷凝下来的水返回至三段吸入罐，冷凝下来的烃液用泵送到聚结器，在这里水和烃完全分离，从聚结器出来的烃物流送到液相干燥器进行干燥。

原料气在分子筛干燥器中进行干燥。为了保证连续操作，设置两台原料气干燥器，一台在线，另一台进行再生。干燥器出来的原料气在进入高压脱丙烷塔之前要进行过滤。原料气气相干燥器设计在线运行 36h。另外，干燥器设计有一段保护床，保证干燥器在运行末期再生前运行 6h。干燥剂的最长寿命为 5 年。冷凝的烃液也在分子筛干燥器中进行干燥。为了保证连续操作，设有两台液相干燥器，一台在线，另一台再生。冷凝的烃液在进入高压脱丙烷塔前进行过滤。液相干燥器设计在线运行 72h，干燥剂的最长寿命为 5 年。每台干燥器都设计有在线分析仪，用来检测床层的水含量。如果检测到干燥器床层出现饱和水，备用干燥器就需要投用，将原运行干燥器切换下来，并进行再生。

干燥器脱水后的原料气进入脱丙烷塔系统分离出碳四及重组分，碳三及轻组分进入压缩机四段压缩升压至 3.15MPa。四段压缩的原料气经激冷器逐步冷却至－37℃后进入脱甲烷系统[3]。

（二）压缩过程的离心式压缩机

离心式压缩机工作原理是气体沿轴向进入各级叶轮中心处，被旋转的叶轮做功，受离心力的作用，以很高的速度离开叶轮，进入扩压器。气体在扩压器内减速、增压。经扩压器减速、增压后气体进入弯道，使流向反转后进入回流器，经过回流器后又进入下一级叶轮。显然，弯道和回流器是沟通前一级叶轮和后一级叶轮的通道。如此，气体在多个叶轮中被增压数次，能以很高的压力能离开。

离心式压缩机由一个叶轮和扩压器组成一个级。在一个级中，气体首先由叶轮加速到一定速度，再由扩压器将其动能转变为压能。

1kg 气体通过叶轮获得的能量头 h_t 或称压头，即为叶轮对气体所做的功，其值取决于叶轮圆周速度：

$$h_t=\frac{1}{g}\varphi U^2 \quad (\text{kg}\cdot\text{m/kg})$$

式中 U——叶轮圆周速度，m/s；

φ——周速系数；

g——重力加速度，9.8m/s^2。

叶轮圆周速度受强度限制在 300m/s 以下。半开式叶轮圆周速度可以提高到 450m/s 左右。如果不计级中的各项损失，则气体由叶轮所得能量将全部转化为静压能。静压能的增值称为压缩功。

等温压缩功——级中气体状态按等温过程变化时，压缩功为：

$$h_{is}=RT_1\ln\frac{p_2}{p_1}$$

绝热压缩功——级中气体状态按绝热过程变化时，压缩功为：

$$h_{ad}=RT_1\frac{k}{k-1}\left[\left(\frac{p_2}{p_1}\right)^{\frac{k-1}{k}}-1\right]$$

多变压缩功——级中气体状态按多变过程变化时，压缩功为：

$$h_{pol}=RT_1\frac{n}{n-1}\left[\left(\frac{p_2}{p_1}\right)^{\frac{n-1}{n}}-1\right]$$

式中　R——气体常数；

T_1——吸入温度，K；

p_1——吸入压力，Pa；

p_2——排出压力，Pa；

k——绝热指数；

n——多变指数。

由于离心式压缩机流量大、流速高，一般情况下与绝热压缩过程较为接近。当压缩机内设置冷却设施时，实际过程是 $n<k$ 的多变过程[4]。

1. 级的总耗和效率

叶轮对气体所做的功一部分转化为静压能，称为有用功，另一部分则以不同的形式损失，称为无用功。通常用多变压缩功与总功耗之比衡量有用功部分，称为多变效率：

$$\eta_{pol}=\frac{h_{pol}}{h_{ta}}$$

有时也用绝热压缩功与总功耗之比衡量有用功部分，称为绝热效率：

$$\eta_{ad}=\frac{h_{ad}}{h_{ta}}$$

离心式压缩机中的能量损失主要是漏气损失、轮阻损失、流动损失、冲击损失等。考虑到叶轮与气体摩擦产生的轮阻损失，以及叶轮出口高压气体通过轮盖气封漏回叶轮进口低压端的漏气损失，可将总功耗表示为：

$$h_{ta}=(1+\beta_1+\beta_2)h_t$$

式中　β_1——漏气损失系数；

β_2——轮阻损失系数。

一般，$\beta_1+\beta_2$ 约为 0.02～0.10，高压小流量时此值较大，低压大流量时此值较小。将级的多变压缩功与叶轮对气体所做功之比称为流动效率：

$$\eta_{hy}=\frac{h_{pol}}{h_t}=(1+\beta_1+\beta_2)\eta_{pol}$$

由此可以看出，当级的流动效率相同时，随着轮阻损失和漏气损失的增加，级的多变效率将下降。同样，在相同轮阻损失和漏气损失下，多变效率将随流动效率的提高而提高。离心式压缩机的多变效率因制造厂不同而有较大差异。离心式压缩机各级内功率 N_{it} 为：

$$N_{it}=\frac{Gh_{ta}}{102}\eta_{pol}$$

式中 G——气体质量流量，kg/s。

压缩机内功率为各级内功率之和：

$$N_t=\sum_{1}^{n}N_{it}$$

压缩机轴功率 N 与机械效率的关系 η_m 为：

$$N=N_t\eta_m$$

2. 级的流通能

离心式压缩机通过级的气体质量流量 G 是恒定的，它和容积流量的关系为：

$$G=V_ik_{vi}\rho$$

以出口截面计算：

$$V_i=k_{v2}\tau_2u_2^3\varphi_2\ \frac{b_2}{D_2}\left(\frac{33.9}{n}\right)^2$$

式中 k_{v2}——比热容比；

u_2——圆周速度；

φ_2——流量系数；

τ_2——阻塞系数；

b_2，D_2——叶轮出口宽度和外径；

n——转速。

由此可见，当 u_2、$\frac{b_2}{D_2}$、φ_2 确定时，容积流量 V_i 与转速 n 的平方成反比。此时，随着容积流量的增大，所需转速将降低。也就是说，大容积流量的压缩机转速可以低于小容积流量压缩机的转速。对已设计制造的压缩机而言，由于$\frac{b_2}{D_2}$、D_2 均为确定值，而 u_2 与 n 成正比，因而在 φ_2、τ_2 不变的情况下容积流量将随着转速增加成正比。

当流过叶轮或叶片扩压器叶道最小流通截面积的气流达到声速时，通过级的流量将达到最大滞止值，此最大滞止流量为：

$$V_{max}=F_m\ \sqrt{kgRT_m}$$

式中 F_m——叶轮叶道喉部最小截面积；

k——绝热指数；

g——重力加速度；

R——气体常数；

T_m——温度。

叶轮中容积流量接近或达到最大滞止流量时，由于波阻损失而使级效率最大幅度下降。因此，离心式压缩机应避免在这种滞止工况下运转。

当级的流量减小到某一较小值时，气流进入叶轮时的速度与叶片进口角不一致。气流冲击叶片，在叶道中引起气流边界层的分离扩及整个通道，以致不能正常工作。此时，级的压力突然下降，而出口端有压力的气体就将倒流至级内。瞬间，倒流至级内的气体弥补了流量的不足，使压缩机恢复正常工作，重新将倒流的气体压出去。这样又造成级中流量减少，继而压力下降，出口端气体再次倒流至级中。如此循环，在压缩机级和出口端之间形成一种低频高振幅的压力脉动。由此引起叶轮应力增加，噪声严重，整机振动强烈，以致无法正常运转，这种工况称为喘振。

因此，离心式压缩机的流量必须按设计流量保持在一定范围，既要避免过高流量的滞止工况，又要避免低流量的喘振工况。通常，滞止点大约为设计流量的115%～125%之间，喘振点为设计流量的67%～75%范围内[4]。

3. 压缩比

离心式压缩机单级压缩比取决于圆周速度和气体的性质。对一定压缩介质而言，单级压缩比主要受圆周速度的限制，一般，单级压缩比均低于2，原料气压缩机采用半开式叶轮，单级压缩比可达1.6～1.8左右，而封闭式叶轮的单级压缩比一般均在1.4以下。

为了满足高压缩比的需要，应采用多级压缩，多级压缩机可在一个缸体装设多级叶轮，不同的设计，缸体的最大叶轮数也不同。从结构、强度等考虑，一个缸体的最大叶轮数为10。当需要更多级数时，则需增设缸体。

4. 离心式压缩机特性曲线

离心式压缩机的显著特性是其容积流量与气体通过压缩机所增加的能量头有确定的对应关系。当通过压缩机的容积流量低于设计值的70%左右时，压缩机将发生喘振。为了更确切地表达，通常把不同流量时能量头的变化、功率和效率的关系，用曲线形式表示出来。给出的曲线往往是单机叶轮的曲线，而整机的性能曲线是由单级特性曲线叠加而成的。这样的曲线称为压缩机的特性曲线（见图6-4、图6-5）。它是压缩机制造厂依据试验数据整理绘制的，是压缩机技术说明的一项重要内容。

在一定转速下，离心式压缩机的压缩比-流量、效率-流量、轴功率-流量等关系曲线称为级的特性曲线。由级的特性曲线可以看出，在一定流量范围内。多变压头和压缩比均随流量的增大而减小。在设计流量时，级的流动情况良好，具有较高的效率。随着流量的增大，由于流动损失和冲击损失增加，级效率将很快下降。而流量减少时，由于相对的漏气损失和轮阻损失增加，其效率也将随流量的减少而下降。级的特性曲线中给出的最小流量和最大流量分别对应于级的“喘振点”和“滞止点”。

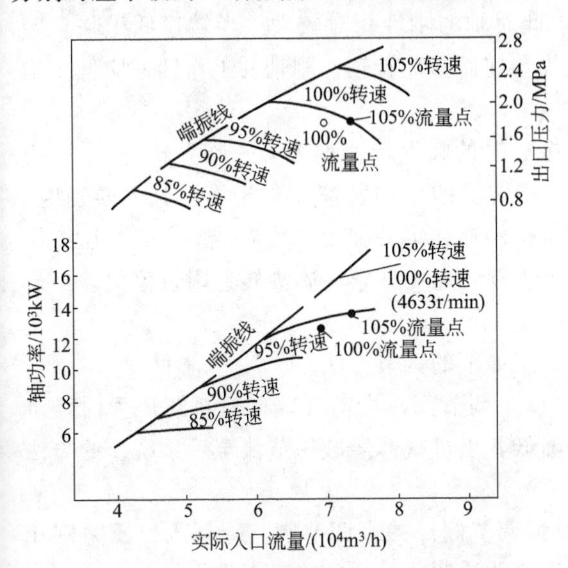

图6-4　离心式压缩机级的特性曲线

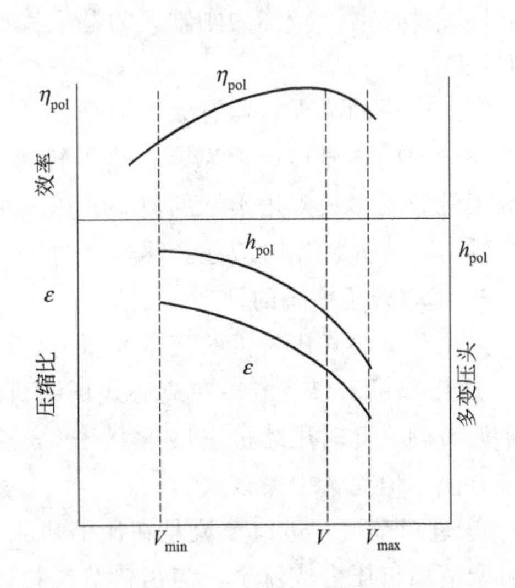

图6-5　离心式压缩机特性曲线

离心式压缩机通常采用蒸汽透平驱动，其转速可在一定范围内调节，一般调速范围为设计转速的85%～105%。从特性曲线可以看出，从整机操作特性看，当转速一定时，出口压力（压缩比）将随流量的增加而减少，而轴功率则随流量的增加而增加。降低转速，则压缩比和轴功率下降，喘振点也降低，流量减少。

在一定转速和一定入口压力下，对一定气体而言，离心式压缩机级内的压缩比随流量增加而减小，在恒定流量下，其压缩比是一定的。

尽管压缩机转子的加工都力求使转子达到尽量精确的平衡，但转子的中心实际仍不可能与几何轴线完全重合，轮盘中心 s 与轴线之间必然存在微小的偏差 e（见图 6-6）。当转子以角速度 ω 旋转时，由于离心力 P 使轴产生挠曲，使挠度为 y，则离心力为：$P=m(y+e)\omega^2$

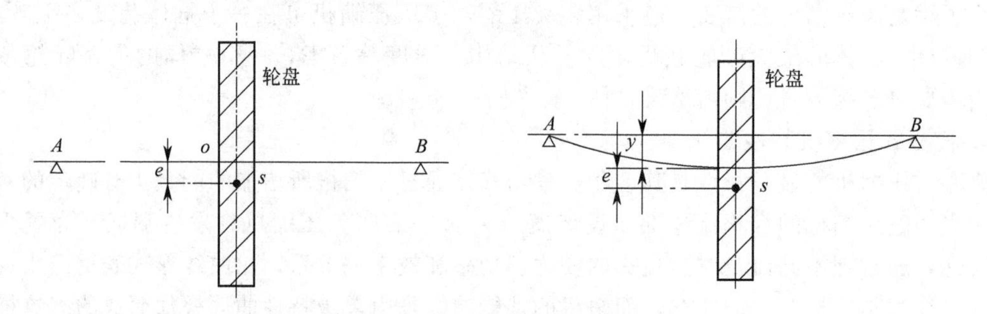

图 6-6 转子重心与轴线偏差

使轴产生 1cm 挠度所需外力称为刚度系数 c：$P=cy$

可得：

$$y=\frac{me\omega^2}{c-m\omega^2}$$

对于一定的转子，转子质量 m 和刚度系数 c 为确定值，因此，当 ω 达到某一数值使 $c-m\omega^2=0$ 时，则轴的挠度将达无穷大，由此必然造成转轴的损坏。使 $c-m\omega^2=0$ 的角速度相应的转速称为临界转速 n_k，其角速度称为临界角速度 ω_k。

当转速较低时，$\omega<\omega_k$，转轴的挠度不大，此时轴的刚性相对较大。当转速低于临界转速，即 $n<n_k$ 时，轴称为刚轴。为避免接近临界转速而损坏转轴，刚轴的工作转速应低于临界转速。

实际转子的临界转速有无穷多个，第一阶振动时的临界转速称为第一临界转速 n_{k1}，第二阶振动时的临界转速称为第二临界转速 n_{k2}。当转子的工作转速 n 高于第一临界转速时，称为柔轴。大多数采用柔轴的离心式压缩机的工作转速在第一和第二临界转速之间。压缩机为柔轴时，升速操作时应注意尽快越过第一临界转速，避免在第一临界转速附近停留。

5. 离心式压缩机的调节

为调节离心式压缩机的流量和压力，常常采用如下的调节方法。

① 压缩机出口节流　在离心式压缩机出口设置调节阀，当需要降低后系统压力时，可关小调节阀。此时压缩机出口压力上升，流量降低，出口气体经减压节流至后系统。此方法调节方便，但能量损失较大。

② 进口节流　进口节流是在压缩机入口设置调节阀。关小调节阀，降低入口压力则相应可调节出口压力或流量，与出口节流相比，进口节流调节方法的能量损失小一些。

③ 可转动进口导叶　在叶轮前装设可绕叶片轴线转动的导向叶片，当导向叶片转动时，

进入叶轮的气流产生正旋绕或负旋绕，从而改变压缩机的性能。在正旋绕时，压头减小，压比降低。负旋绕时，压头增大，压比增加。

进口导叶装置较为复杂，特别在多级压缩机中，如果每级设置导叶，其调节装置更为复杂。如果仅在第一级进口采用导叶，其调节效果又不显著。因此，进口导叶多在单级离心式压缩机采用。

④ 转速调节　由压缩机特性曲线可以看出，调节压缩机转速可在一定范围内改变压缩机的工况以适应工艺条件的变化。由于压头与转速的平方成正比，转速的变化将引起压头明显的变化，调节转速是调节离心式压缩机工况最经济的方法。离心式压缩机通常采用蒸汽透平驱动，转速调节成为调节压缩机工况的主要手段之一。

⑤ 段间返回　在需要保持一定压比而又需要大幅度调整压缩机流量时，一般采用段间返回的方法进行调整。尤其在压缩机启动阶段，段间返回更是防喘振不可缺少的措施。

制冷压缩机进行段间气体返回的同时，需进行液态冷剂的喷淋，用以保持段间及出口温度。

6. 离心式压缩机的防反转

压缩机停车后要严禁发生反转。当压缩机转子静止后，此时管路中尚存很大容量的工艺气体，并具有一定的压力，而此时压缩机转子停止转动，压缩机内压力低于管路压力。这时如果压缩机出口管路上没有安装逆止阀或者逆止阀门距压缩机出口较远，管路中的气体便会倒流，使压缩机发生反转，同时也带动汽轮机或电动机及齿轮变速器等转子反转。压缩机转子发生反转会破坏轴承的正常润滑，使止推轴承受力状况发生改变，甚至会造成止推轴承的损坏。为了避免压缩机发生反转，应当注意以下问题：

① 压缩机出口管路上一定要设置逆止阀门，并且尽可能安装在靠近出口法兰位置，使逆止阀门距离压缩机出口距离尽量减小，从而使这段管路中气体容量减到最小，不致于造成反转。

② 根据机组情况，安设放空阀、排气阀或再循环管线，在停机时要及时打开这些阀门，将压缩机出口高压气体排除，以减少管路中储存的气体容量。

③ 系统内的气体在压缩机停机时可能发生倒灌，高压、高温气体倒灌回压缩机，不仅会使压缩机反转，而且还会烧坏轴承和密封。由于气体倒灌造成事故较多，应当引起注意。

（三）净化过程的碱洗法脱除酸性气体

1. 碱洗原理

碱洗法是用 NaOH 溶液洗涤原料气，在洗涤过程中 NaOH 与原料气中的酸性气体发生化学反应，生成的碳酸盐溶于废碱液中。

$$NaOH + CO_2 \longrightarrow NaHCO_3$$

$$NaHCO_3 + NaOH \longrightarrow Na_2CO_3 + H_2O$$

上述反应的化学平衡常数很大，倾向于完全生成产物，在平衡产物中二氧化碳的分压几乎可以降低到零，因此可以使原料气中的二氧化碳的含量降至 $1\mu L/L$ 以下。但是，NaOH 吸收剂作为不可再生的吸收剂，只能利用一次。此外，为保证酸性气的深度净化，碱洗塔釜液中应保持游离碱，釜液中 NaOH 含量约 2%（质量分数）左右，因此，耗碱量较高。为提高碱液利用率，碱洗塔采用三段碱洗。

2. CO_2 在 NaOH 溶液中的吸收速率

当用 NaOH 溶液在板式洗涤塔中吸收 CO_2时，过程受 CO_2在液相中的扩散控制，气泡与液相之间的传递阻力可以忽略，CO_2与 NaOH 之间的化学反应可按快速拟一级反应处理。在操作条件下，当 c_{OH^-}/c_{CO_2} 的值很大时，CO_2的吸收速率方程为：

$$r_a = Spy\sqrt{Dkc_{OH^-}}$$

式中 p——操作压力，MPa；

y——CO_2的摩尔分数；

D——CO_2在溶液中的扩散系数，m^2/h；

r_a——单位时间单位面积吸收的量，kmol/（$m^2 \cdot h$）；

k——反应速率常数，m^3/（kmol·h）；

c_{OH^-}——OH^-离子浓度，$kmol/m^3$；

S——CO_2在 NaOH/ Na_2CO_3溶液中的物理溶解度，$kmol/m^3$。

从上式可以看出，影响CO_2吸收速率的因素很多，而这些因素之间又存在着一定的关系。OH^-浓度是碱液浓度和已经用过的碱量的函数，y 由进出洗涤塔的总压和对应的气相中 CO_2的浓度来决定，而 S、D、k 则要受洗涤温度、浓度以及溶液的组成的影响。

CO_2在 NaOH/Na_2CO_3水溶液中的物理溶解度，受溶液的温度和离子强度的影响，通常是随着溶液温度和离子强度的升高而下降。在给定温度下的物理溶解度常用下式计算：

$$\lg\frac{S}{S_0} = -k_s I$$

式中 S，S_0——CO_2在实际溶液和纯水中的溶解度，$kmol/m^3$。

k_s——常数，$m^3/kmol$；

I——总离子强度，$kmol/m^3$。

$$I = \frac{1}{2}\sum c_i Z_i^2$$

式中 c_i——溶液中 i 离子的浓度，$kmol/m^3$；

Z_i——i 离子的化合价。

CO_2的扩散系数 D 与溶液的温度和浓度有关。随着温度的升高而升高，随着溶液浓度升高而下降。在碱和碳酸盐溶液中 CO_2的扩散系数 D 可以从 Arnold 数据利用 Stokes-Einstein 方程估算：

$$\frac{D\mu}{T} = 常数$$

式中 D——CO_2的扩散系数，m^2/s；

μ——溶液黏度，Pa·s；

T——热力学温度，K。

反应速率常数 k 与溶液的温度、组成和离子强度有关。在给定温度下，反应速率常数 k 随着溶液的总离子强度变化，其关系如下式所示：

$$k = k_0 \times 10^a$$

式中 k，k_0——实际溶液和无限稀释溶液中的反应速率常数，$m^3/(kmol \cdot h)$；

a——常数。

综上所述，当吸收过程的温度、压力和溶液的组成确定以后，就可以用以上各式，对 NaOH 洗涤系统中的CO_2实际吸收速率进行估算[5]。

3. 影响碱液洗涤的主要因素

从吸收速率方程的讨论可知，影响吸收速率的因素很多，而且彼此有一定的联系，因此在确定碱洗塔操作条件时，必须对影响吸收速率的因素进行综合分析。

含有酸性气体的原料气，在通过各个塔板上的洗涤液以后，其CO_2含量从y_2下降到y_1，其下降量是可以计算的。为此对洗涤液总高度H的微分高度$\mathrm{d}H$（$=N\mathrm{d}h$），进行物料衡算：

$$-G\mathrm{d}y=r_aF_vA\mathrm{d}H$$

式中　G——原料气的摩尔流量，kmol/h；

$\mathrm{d}y$——通过微分高度$\mathrm{d}H$，CO_2含量的下降量（摩尔分数），%；

F_v——单位体积洗涤液的相界面积，m^2/m^3；

A——洗涤塔的横截面积，m^2。

结合CO_2吸收速率方程，可得：

$$-G\mathrm{d}y=Spy\sqrt{Dkc_{OH^-}}F_vAN\mathrm{d}H$$

式中，N为理论塔板数。由于原料气中的酸性气体含量很低，因此可假设流过洗涤塔任一截面的气体摩尔流速G保持恒定。另外，由于洗涤液的循环量与新鲜碱液的加入量相比要大得多，所以可以假设S、D、c_{OH^-}在洗涤塔内亦保持恒定。积分上式可得：

$$N=\frac{G}{F_vAH}\times\frac{\ln(y_2/y_1)}{pS\sqrt{Dkc_{OH^-}}}$$

由此可见，当洗涤塔的G、y_2、y_1、A确定以后，理论塔板数N由F_v、H、p、S、D、k等因素决定。而S、D、k都与温度有关，因此所需要的塔板数与操作温度存在着一定的依赖关系[5]。

由图6-7可见，随着洗涤操作温度的升高所需塔板数是下降的。升高洗涤塔操作温度虽然有利于降低塔高，但是温度不能过高，过高的温度将导致原料气中重烃的聚合，聚合物的生成会堵塞设备和管道，影响装置的正常操作。此外，高于50℃的热碱对设备有腐蚀性，一般碱洗塔的操作温度控制在40℃左右。

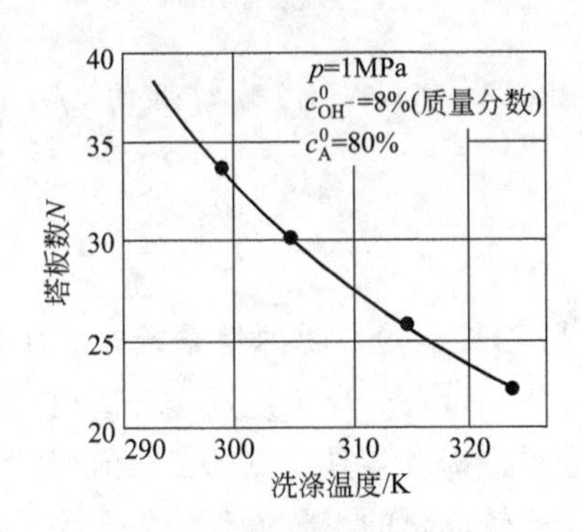

图6-7　塔板数与温度的关系

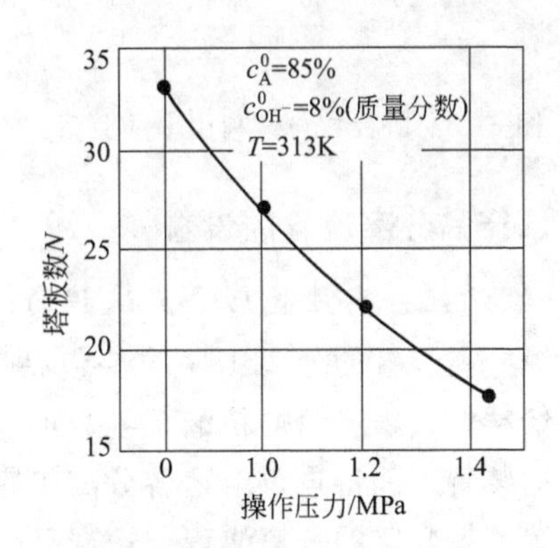

图6-8　塔板数与压力的关系

提高洗涤塔的操作压力有利于CO_2的吸收，故碱洗操作通常是在一定的压力下进行的。但是操作压力过高，会使原料气中的重烃的露点升高，导致重烃在洗涤塔中冷凝。因此，要选择适宜的操作压力。塔板数与压力的关系如图6-8所示。

塔板数直接与c_{OH^-}有关，而c_{OH^-}受碱浓度和已用掉的碱量的影响。除此以外，碱液浓度的大小还将影响D、k、S，因此碱液浓度对塔板数的影响是各因素共同作用的结果。

提高碱液浓度有利于吸收，提高碱液浓度可使新鲜碱液加入量及废碱液的排出量下降。但提高碱液浓度对于气液吸收过程来说，吸收速率直接受气液相接触面积的影响。当降低碱

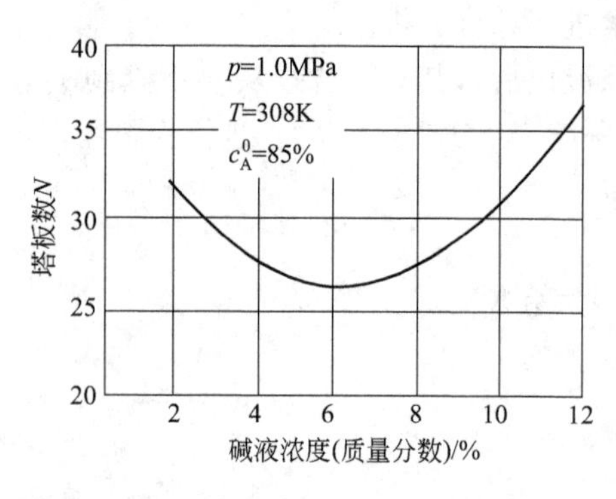

图 6-9 塔板数与碱液浓度的关系

用量时，为了不影响气液相的良好接触，必须提高洗涤液的循环次数，最终将增加操作费用。另外，碱液浓度的提高还受 Na_2CO_3 在洗涤液中的溶解度的限制。碱液浓度的提高会降低 Na_2CO_3 的溶解度，一旦 Na_2CO_3 析出就会影响吸收操作的正常进行。

因此，碱液浓度的选择应该即保证一定的吸收速率，又要使洗涤液的循环次数不多。碱液浓度通常控制在 5%～10%（见图 6-9）。

提高碱利用率会降低新鲜碱液的加入量，当洗涤液循环比不变时，为保持气液相的良好接触，必须增加塔板数（见图 6-10）。因此，随着碱利用率的提高，所需塔板数要增加，否则就要增大洗涤液的循环次数，从而增加操作费用[6]此外，溢流堰高度也是重要的影响因素（见图 6-11）。

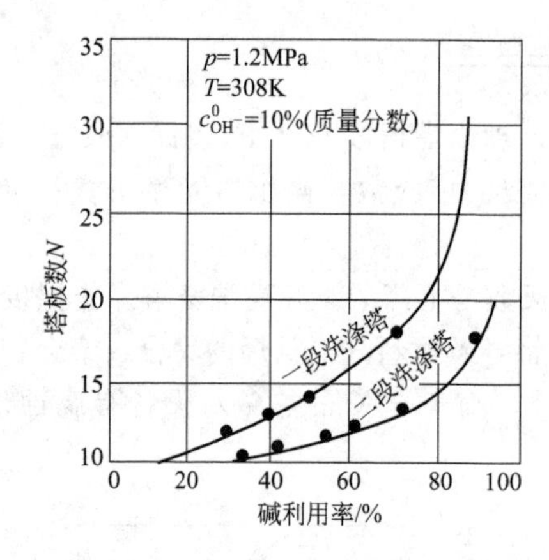

图 6-10 塔板数与碱利用率的关系

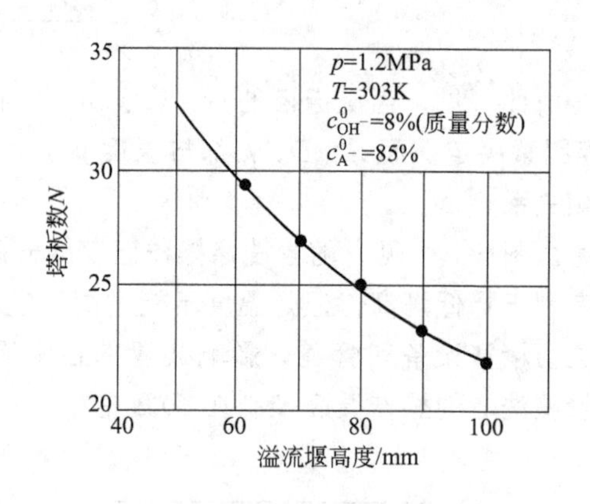

图 6-11 塔板数与溢流堰高度的关系

三、产品分离流程的设置

（一）烯烃分离装置后分离流程简述

烯烃分离装置的分离工序主要包括脱甲烷系统、脱乙烷系统、脱丙烷系统、脱丁烷系统、乙烯精馏系统、丙烯精馏系统、加氢系统等，原料气经过各分离系统逐步分离出目标组分。根据装置不同特点，上述各分离工序按不同顺序排布，构成各具特点的工艺流程。

传统乙烯装置的分离流程，按产品分离顺序不同，比较成熟的工艺流程分为顺序分离流程、前脱乙烷和前脱丙烷工艺流程，按加氢顺序不同可分为前加氢、后加氢工艺流程。

顺序分离流程是按碳原子的个数从低到高的顺序用精馏塔逐个分开的分离流程。经压缩机升压后的原料气依次经过脱甲烷塔、脱乙烷塔、脱丙烷塔、乙烯精馏塔、丙烯精馏塔以及脱丁烷塔等系统。

前脱乙烷流程是指原料气首先进入脱乙烷塔，塔底分离出的碳三及以上重组分进入脱丙烷塔，塔顶分离出的碳二及以下轻组分进入脱甲烷塔。碳三及以上重组分没有进入脱甲烷塔从而减轻了冷量消耗和操作负荷。

前脱丙烷流程是指原料气首先进入脱丙烷塔，塔底分离出的碳四及以上重组分进入脱丁烷塔，塔顶分离出的碳三轻组分进入脱甲烷塔。碳四及以上重组分直接进入脱丁烷系统，减轻了脱甲烷塔系统的冷量消耗以及脱乙烷塔的操作负荷。

（二）烯烃分离装置后分离流程设置

煤制烯烃项目中的烯烃分离装置根据原料气中碳二和碳三及以下轻组分含量高、碳四及以上重组分含量低的特点，选择前脱丙烷、后加氢的工艺流程。原料气首先进入脱丙烷塔系统，塔底分离出的碳四及以上重组分送往脱丁烷塔，塔顶碳三及以下轻组分经压缩机升压后送往脱甲烷塔。这样可以减少脱甲烷系统的冷量消耗，同时，可以降低原料气压缩机四段压缩负荷。

脱甲烷塔顶分离出的甲烷、一氧化碳、氢气、氮气等轻组分经冷箱回收冷量后进入燃料气系统，塔底分离出的碳二及碳三组分进入脱乙烷塔系统；脱乙烷塔顶分离出的乙烯和乙烷等碳二组分经加氢反应器脱除乙炔后进入乙烯精馏塔，塔底分离出的丙烯和丙烷等碳三组分进入丙烯精馏系统；乙烯精馏塔顶分离出合格的乙烯产品，塔底乙烷并入燃料气系统；丙烯精馏塔顶分离出的丙烯产品经丙烯保护床进入存储系统，塔底丙烷一部分作为脱甲烷塔冲洗液，另一部分并入燃料气系统或者作为丙烷产品；脱丙烷塔底组分进入脱丁烷塔，脱丁烷塔顶分离出混合碳四产品，塔底分离出混合碳五产品。

1. 脱甲烷系统

脱甲烷系统中，轻关键组分是甲烷，重关键组分是乙烯。脱甲烷塔顶分离出的甲烷氢馏分中的乙烯含量应尽可能低，以保证乙烯的回收率，减少乙烯损失。塔釜物料中应使甲烷含量尽可能低。

传统乙烯装置甲烷氢的分离采用低温深冷分离，需要在-90℃以下的低温条件下脱除，消耗大量的冷冻功耗。脱甲烷塔的操作温度和操作压力取决于原料气组成和乙烯回收率。当操作压力降低并同时要求提高乙烯回收率，则需要更低的塔顶操作温度。因此，为节省低温冷量，应避免采用过低操作温度，尽可能采取较高的操作压力。

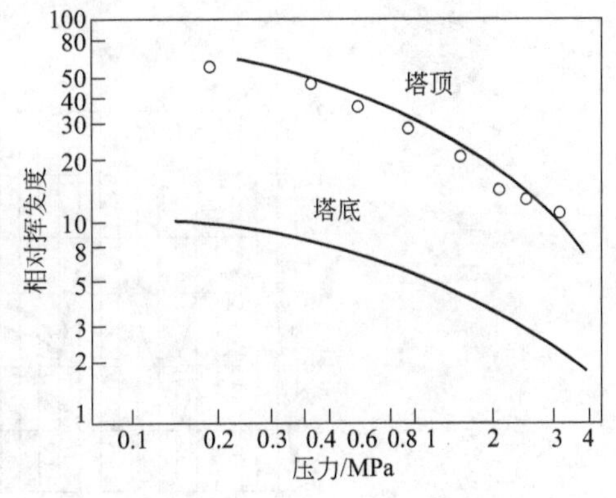

图 6-12　甲烷与乙烯挥发度与压力关系

另一方面，随着操作压力的提高，甲烷对乙烯的相对挥发度降低（见图 6-12）。当操作压力达到 4.4MPa 时，塔釜甲烷对乙烯的相对挥发度接近于 1，很难进行甲烷和乙烯的分离。因此脱甲烷塔操作压力必须低于此临界压力。

虽然降低操作压力需要降低塔顶回流温度，但由于相对挥发度的降低，在相同板数之下，所需回流比降低。相比之下，降低塔压有可能降低能量消耗。脱甲烷塔操作压力采用 3.0～3.2MPa 时，称为高压脱甲烷；脱甲烷塔操作压力采用 1.05～1.25MPa 时，称为中压脱甲烷；脱甲烷塔操作压力采用 0.6～0.7MPa 时，称为低压脱甲烷。

降低脱甲烷塔操作压力虽然可以达到节能的目的，但是由于操作温度较低、材质要求高、投资增大、操作复杂。因此一般采用高压脱甲烷[6]。

煤制烯烃项目中的烯烃分离装置，由于原料气中甲烷氢组分低，在脱甲烷系统中采用丙烷洗技术进行乙烯的回收，所以选择了吸收效果较好的填料塔，见图 6-13。

由图 6-14、图 6-15 所示脱甲烷塔填料床层和温度、液相组成曲线可以看出，此种丙烷洗回收乙烯的工艺，脱甲烷塔顶可以在较高的温度下操作，同时设置了中间冷凝器，节省了大量冷剂的消耗。并且塔底物料中的甲烷氢能够较好地脱除。实际操作经验证明，塔顶乙烯

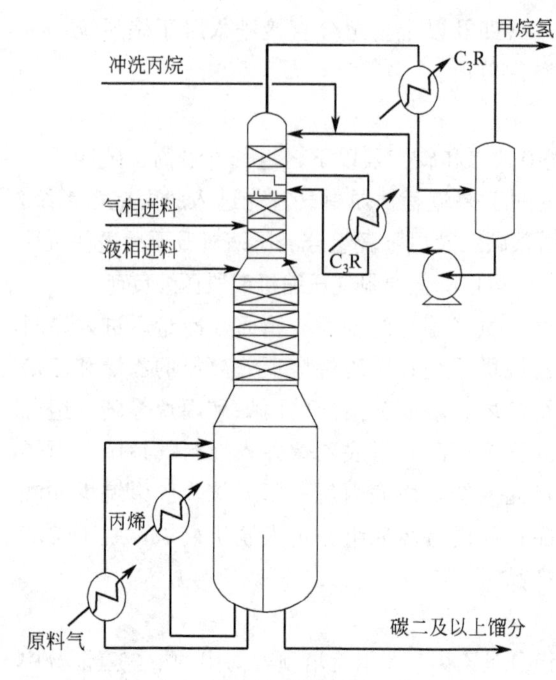

图 6-13 脱甲烷系统原则工艺流程

损失能够控制在设计值3.5%（摩尔分数）以下，由于塔顶排放的燃料气流量低，所以乙烯损失的绝对量还是较低的。

2. 脱乙烷系统

在不同的分离流程中，脱乙烷塔的进料组成不同，塔顶和塔釜切割获得的产品也有较大差异。

在顺序分离流程中，原料气经脱甲烷系统脱除甲烷氢等轻组分之后，由脱甲烷塔塔釜分离碳二及以上馏分送入脱乙烷塔。在脱乙烷塔内塔顶切割出碳二馏分，进一步精制并分离出乙烯产品，塔釜的碳三及以上馏分送至脱丙烷塔切割。在前脱乙烷流程中，脱乙烷塔进料为干燥后的原料气。此时，脱乙烷系统的作用是将原料气切割成两个馏分。塔顶为碳二及以下轻组分送往脱甲烷塔系统，塔釜为碳三及以上重组分送至脱丙烷系统。

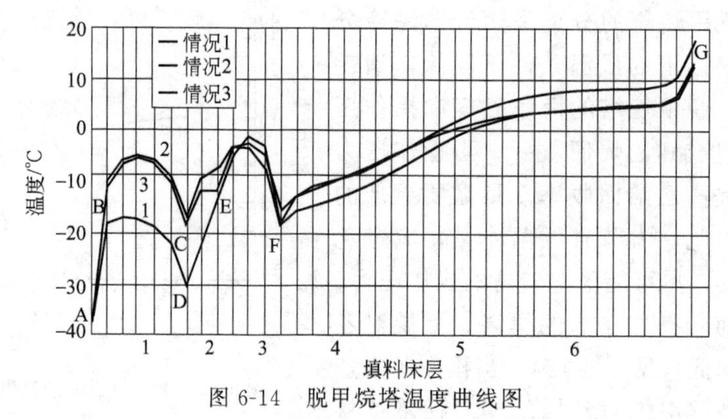

图 6-14 脱甲烷塔温度曲线图

A—冷凝器；B—冲洗丙烷、回流；C—排出中冷器；D—回流；E—第一股进料；F—第二股进料；G—再沸器

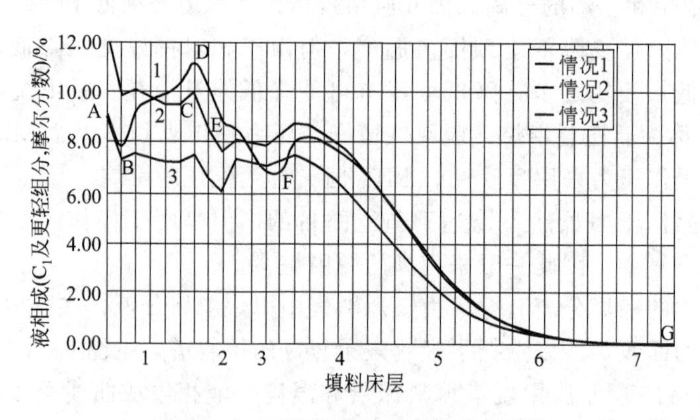

图 6-15 脱甲烷塔液相组成曲线图

A—冷凝器；B—冲洗丙烷、回流；C—排出中冷器；D—回流；E—第一股进料；F—第二股进料；G—再沸器

采用前脱丙烷工艺流程，脱乙烷塔进料为碳二和碳三馏分的混合物，甲烷氢和碳四及重组分已经脱除。此时，脱乙烷塔顶分离出碳二馏分，塔釜分离出碳三馏分。

脱乙烷塔操作压力越高，塔顶冷凝要求的冷剂温度也就越高，但是塔压升高导致相对挥发度降低。此外，塔釜温度随着塔压的升高而升高，而过高的塔釜温度可能造成再沸器和塔盘形成聚合物堵塞。为避免塔釜产生聚合物，通常将塔釜温度控制在80℃以下。为此，脱乙烷塔操作压力一般选择在2.0～2.8MPa之间。

降低脱乙烷塔操作压力需要相应降低塔顶冷凝温度，但是由于相对挥发度提高，所需回流比降低。而且塔釜温度的降低，可以使用MTO装置急冷水作为热媒进行加热，回收急冷水的热量，可以取得较好的节能效果。

从图6-16、图6-17可以看出，脱乙烷塔在一定塔板数的情况下，塔釜中碳二馏分含量和塔顶中丙烯含量均随回流比增大而下降。一般采用较小回流比和较多塔板数的设计，塔釜碳二馏分可以有效控制[8]。

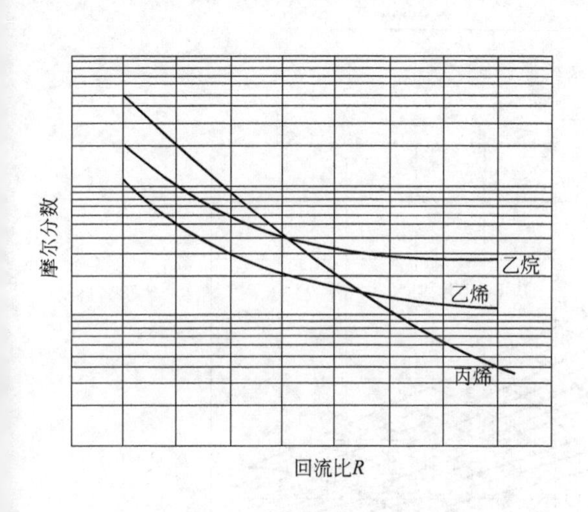

图6-16　脱乙烷塔不同回流比与塔顶丙烯含量和塔釜碳二馏分含量的关系

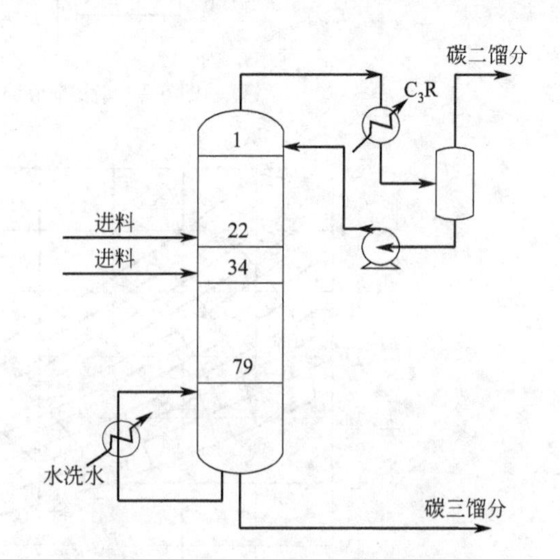

图6-17　脱乙烷系统原则工艺流程

3. 乙烯精馏系统

乙烯精馏的目的是以混合碳二馏分为原料，分离出合格的乙烯产品，并由塔釜获得乙烷组分（见图6-18）。在顺序分离流程和前脱丙烷流程中，脱乙烷塔顶组分作为乙烯精馏塔进料，进料前需要进行脱炔和干燥处理。乙烯精馏进料中主要是碳二馏分和微量甲烷氢组分，因此，乙烯精馏系统可以近似二元精馏系统。由图6-19可见，乙烯对乙烷的相对挥发度随压力的降低而升高。在相同压力下，乙烯对乙烷的相对挥发度将随温度的升高而升高，随乙烯浓度的增加而下降[8]。

由于乙烯对乙烷的相对挥发度随操作压力的下降而升高，因此，随操作压力的下降，在相同回流比之下所需理论塔板数降低，在相同塔板数之下所需回流比下降。乙烯精馏塔压力对回流比和理论塔板数的影响如图6-20所示。

在相同塔板数的情况下，随着操作压力的下降，所需回流比降低，但塔顶冷凝温度也随之下降。低压乙烯精馏过程虽然降低了回流比而节省了冷冻功耗，但由于压缩功耗的增加，其总功耗仍然比高压乙烯精馏过程的总功耗高。高压精馏与低压精馏的过程效率大致相等。

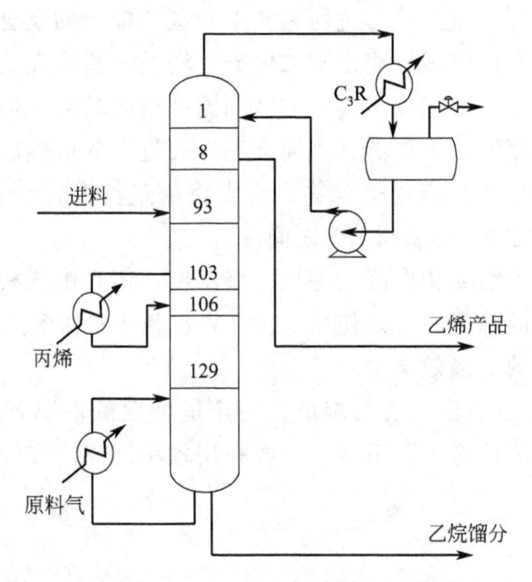

图 6-18 乙烯精馏系统原则工艺流程

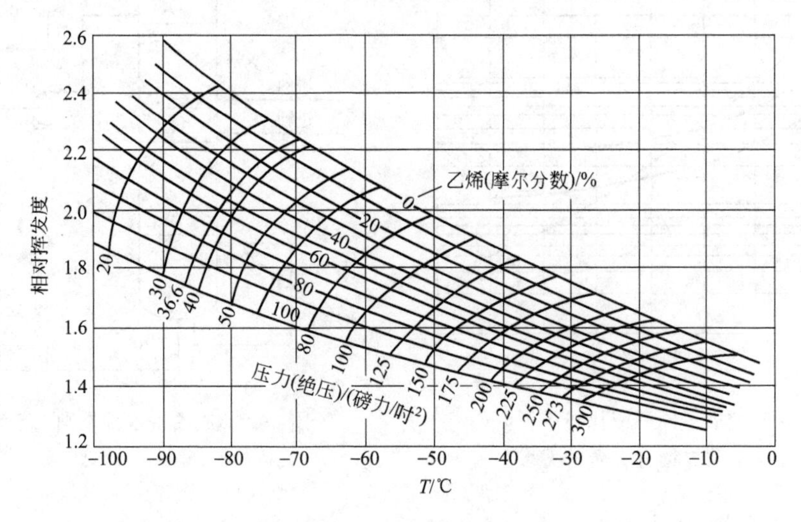

图 6-19 乙烯对乙烷相对挥发度

1 磅力/吋^2＝0.0069MPa

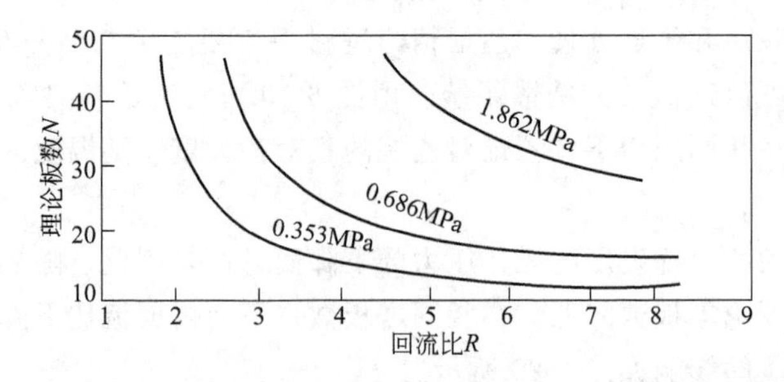

图 6-20 乙烯精馏塔压力对回流比和理论塔板数的影响

但是，高压乙烯精馏材质要求低，操作简便，总功耗低，因而通常采用高压乙烯精馏方案，压力约在 2.0MPa 左右。

图 6-21 所示为低压乙烯精馏塔和带中间再沸器高压乙烯精馏塔（侧线采出）的温度沿塔分布实例。其中，M 为提馏段塔板数；N 为精馏段塔板数；T 为塔板温度；L 为液相流量；V 为气相流量。由图可见，不论低压操作还是高压操作，精馏段的温度变化不大，而提馏段各塔板的温度变化较大。

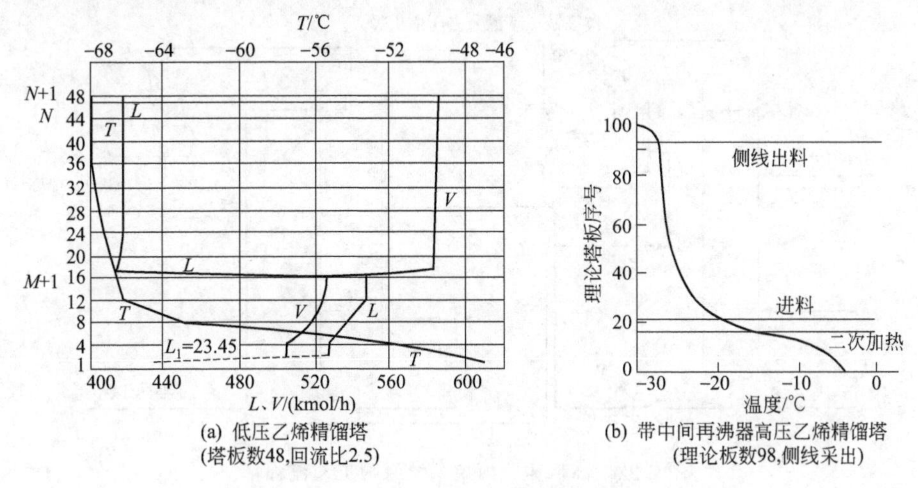

(a) 低压乙烯精馏塔
(塔板数48,回流比2.5)

(b) 带中间再沸器高压乙烯精馏塔
(理论板数98,侧线采出)

图 6-21 乙烯精馏塔温度沿塔分布实例

图 6-22 所示为侧线出料带中间再沸器的乙烯精馏塔组成分布的一个实例，其组成变化趋势与低压乙烯精馏相近[7]。

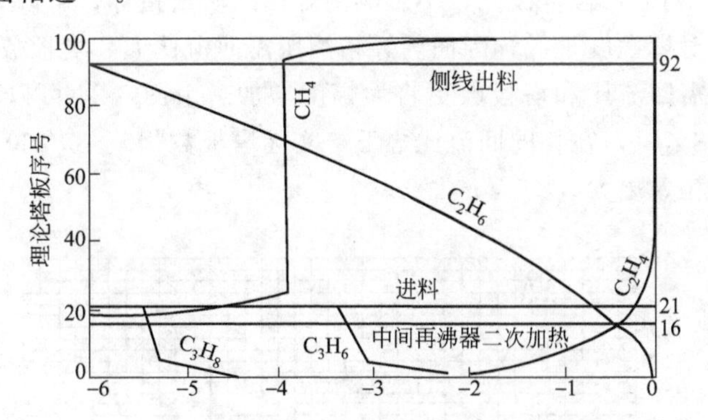

图 6-22 侧线出料带中间再沸器的乙烯精馏塔组成分布

在低压和高压精馏塔中，甲烷在精馏段出现一个恒浓区，说明此区域内塔板对甲烷几乎没有分离效果，只是在侧线采出后甲烷浓度才明显增加。因此，即使在侧线采出的乙烯精馏塔中，一旦进料中甲烷含量超过规定，乙烯产品中甲烷含量将随之升高。

乙烯精馏塔精馏段所需回流比较大，而提馏段所需回流比较小，加之精馏段温度变化较小。因此，在乙烯精馏塔采用中间再沸器回收冷量是非常适宜的，其节能效果十分明显。

4. 脱丙烷系统

采用前脱丙烷分离流程，脱丙烷系统的气相进料为碳三及以下轻组分。由于含大量轻组分，为在塔顶分离出碳三馏分所需冷凝温度大大降低，为防止冻结堵塞，原料气在干燥之后进入脱丙烷系统。

对于脱丙烷塔而言，轻关键组分为丙烷，重关键组分为丁二烯。塔顶分离出的碳三馏分中碳四含量控制在 1000μL/L 以下。过多碳四馏分进入塔顶，将使丙烯精馏塔塔釜温度过高，而过多碳三馏分带入塔釜，将造成脱丁烷塔系统压力升高。

脱丙烷塔液相进料中含有碳四及以上不饱和烃，在较高温度下易生产聚合物而使再沸器结垢，甚至造成塔板堵塞。为解决此问题，采用高低压脱丙烷双塔流程，可以降低塔压和塔釜操作温度，塔釜温度可降至 80℃以下，同时也减少了冷冻功耗，见图 6-23。

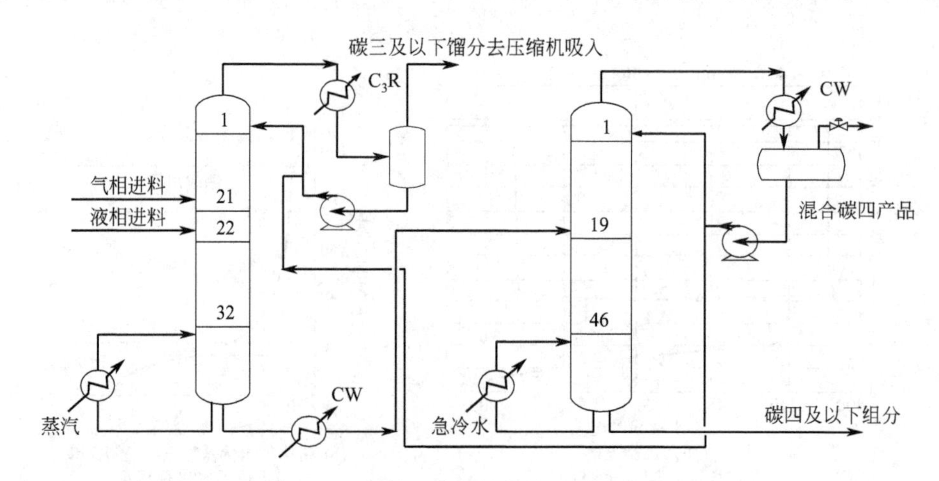

图 6-23 高低压脱丙烷系统原则工艺流程

5. 丙烯精馏系统

在前脱丙烷分离流程中，脱乙烷塔釜的碳三馏分直接送至丙烯精馏系统，因碳三馏分中的丙炔和丙二烯（MA/PD）含量极低，不影响丙烯产品质量指标，可以省略碳三加氢工艺。

丙烯对丙烷的相对挥发度很低，因而丙烯精馏所需回流比大，塔板数多。随着丙烯产品纯度要求的提高，所需回流比和塔板数更将大幅度增加。由图 6-24 可以看出，当丙烯纯度由 99.6%提高到 99.8%时，在相同回流比之下，实际塔板数相差 40～60 以上。随着回流比的减小，实际塔板数相差更大。

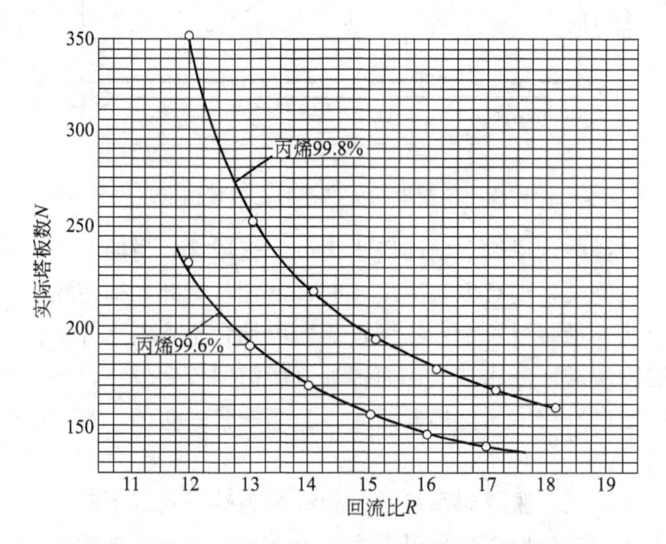

图 6-24 丙烯精馏塔的实际塔板数与回流比的关系（操作压力 1.6MPa）

丙烯精馏塔操作压力选择在 1.6MPa 以上时，塔顶冷凝温度可达 40℃以上。此时，塔顶冷凝器可采用冷却水冷却而不需要消耗冷冻量。相应地，塔釜温度约为 50℃，可用温度较低的水洗水或低低压蒸汽作为热媒加热。如果将丙烯精馏塔操作压力降至 1.1MPa，塔顶冷凝温度则降至 23℃左右，此时塔顶冷凝需要使用丙烯冷剂冷却，塔釜温度相应地降至 25℃，塔釜再沸器可使用急冷水、水洗水或者丙烯冷剂加热。塔釜采用急冷水作为热媒，既节省能耗，又简化了流程节省了投资[7]。

本项目由于采用丙烷洗工艺回收乙烯的技术，大部分丙烷在系统内循环，增大了丙烯精馏塔进料的丙烷含量，导致实际塔板数（239 块塔板）增多，相应增加了塔高。为降低单塔高度采用双塔丙烯精馏工艺流程，可在相对较小回流比之下获得较高纯度的丙烯产品。塔顶使用冷却水冷却，上塔塔釜热源使用温度较高的急冷水加热，下塔塔釜热源使用温度较低的水洗水加热，上塔塔釜液作为下塔回流，见图 6-25。

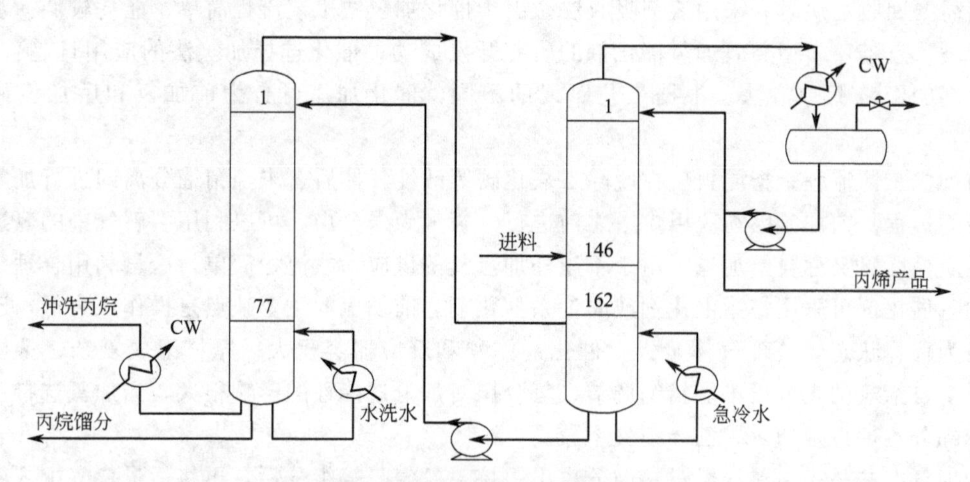

图 6-25　丙烯精馏塔系统原则工艺流程

6. 脱丁烷系统

脱丁烷塔将脱丙烷塔釜碳四及以上馏分进行分离，轻关键组分为丁烷，重关键组分为碳五（见图 6-26）。脱丁烷塔的操作压力受塔釜温度限制，为避免塔釜聚合物的生成，一般限制塔釜温度和操作压力。随着操作压力的下降，塔顶冷凝温度相应下降，当塔顶操作压力在 0.46MPa 左右时，塔顶冷凝温度可低于 38℃。为使塔顶冷凝器采用水冷却而避免使用丙烯冷剂，塔顶操作压力控制在 0.45MPa 以上。

脱丁烷塔精馏段丁烯和丁二烯含量变化不大，可近似看做恒浓区。在提馏段内，丁烯和丁二烯含量急剧下降，碳五组分含量急剧上升。在接近塔釜时，由于碳六及重组分浓缩，碳五馏分浓度呈下降趋势。

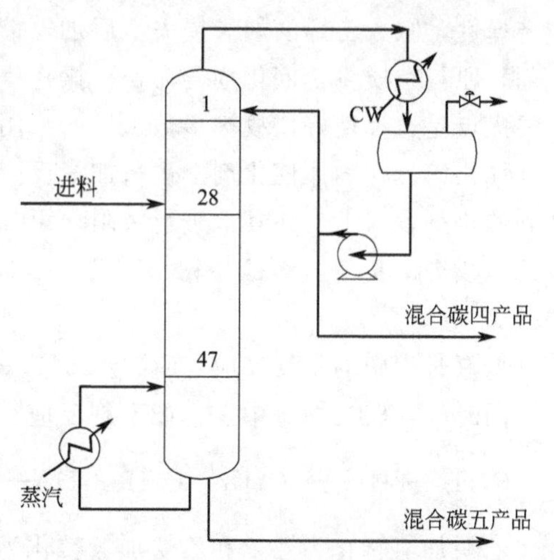

图 6-26　脱丁烷系统原则工艺流程

神华包头煤制烯烃项目脱丁烷塔操作压力选择 0.46MPa，塔顶冷凝使用冷却水，塔釜再沸器使用低级别蒸汽加热。为防止二烯烃聚合结垢，系统内注入阻聚剂，并且塔釜再沸器设置备用再沸器。

四、产品中杂质脱除工艺

(一) 乙烯产品中的乙炔脱除工艺

在大型乙烯工厂中，乙烯产品中乙炔的脱除主要采用溶剂吸收法和催化加氢法两种工艺。溶剂吸收法是使用二甲基甲酰胺（DMF）、丙酮和 *N*-甲基吡咯烷酮（NMP）等溶剂吸收乙炔以达到净化目的，同时也相应地回收乙炔。催化加氢法指的是在加氢催化剂存在下，在一定的工艺操作条件下，乙炔加氢生产乙烯和乙烷，从而达到脱除乙炔、净化产品的目的。

溶剂吸收法与催化加氢法各有优缺点，在不需要回收乙炔时，一般采用催化加氢脱除乙炔。当需要回收乙炔时，采用溶剂吸收法。由于催化加氢法工艺流程简单、能耗较低、没有环境污染，且随着新型高效加氢催化剂的研究开发成功，催化选择加氢法的应用日趋普遍，成为常用的经济简单方法。根据工艺路线的不同，催化加氢可分为前加氢和后加氢两种工艺。

前加氢工艺流程是指原料气在脱除二氧化碳等酸性气体后、未经精馏分离即进行加氢脱除炔烃的过程。前加氢因在脱甲烷塔之前进行，氢气尚未分出，可以利用裂解气中的氢进行加氢反应，所以又称自给加氢。由于不用外加氢气的供应，故流程简单，冷量利用合理。目前前加氢催化剂可采用钯系催化剂或非钯系催化剂。前加氢的主要缺点是操作压力低，乙炔处于极为稀释状态，处理气体量大，催化剂体积和反应器容积大；原料组成复杂、重质烃多；由于自给氢的氢分压不能精细调节，氢分压对加氢选择性的影响很大，当加氢选择性差时，少部分乙烯也被加氢，乙烯损失率较高。

后加氢工艺是指原料气经过精馏分离出甲烷、氢气等轻组分后，再将适量氢气配入到混合碳二组分当中。即乙炔加氢反应器位于脱甲烷塔之后，碳二馏分脱炔。后加氢因为是在脱甲烷塔之后进行，氢气已分走，所以要外界补充氢气。外部供氢可以精细调节氢气配入量，使氢炔比刚好满足乙炔加氢要求，氢还稍有过量[$H_2/C_2H_2=(2:1)\sim(3:1)$]，有利于提高选择性，减少乙烯的加氢损失。后加氢催化剂及其使用情况：后加氢催化剂主要是钯系催化剂，原料杂质少，催化剂寿命长，操作压力高，催化剂量少，反应设备容积小。后加氢的主要优点是选择性好，故被多数工厂所采用。

气相组分在固体催化剂上进行加氢反应主要经历三个步骤：第一步，乙炔、氢从气相扩散到催化剂表面上，在其上进行吸附；第二步，吸附的乙炔在催化剂上进行表面反应被加氢成乙烯或进一步加氢为乙烷；第三步，吸附的乙烯或乙烷从催化剂表面脱附，扩散到气相中去。

加氢过程中的主要反应：$C_2H_2+H_2 \longrightarrow C_2H_4$

同时，在碳二馏分中发生如下副反应：

$$C_2H_2+2H_2 \longrightarrow C_2H_6 \quad C_2H_4+H_2 \longrightarrow C_2H_6 \quad mC_2H_2+nC_2H_4 \longrightarrow \text{低聚物(绿油)}$$

乙炔加氢转化为乙烯和乙炔加氢转化为乙烷的反应热力学数据如表 6-1 所示。根据化学平衡常数可以看出，乙炔加氢转化为乙烷的反应比乙炔加氢转化为乙烯的反应更为可能。此外，试验表明，当乙炔加氢转化为乙烯和乙烯加氢转化为乙烷的反应各自单独进行时，乙烯加氢转化为乙烷的反应速率比乙炔加氢转化为乙烯的反应速率快 10～100 倍。因此，在乙炔催化加氢过程中，催化剂的选择性将是影响加氢脱炔效果的重要指标[8]。

表 6-1 乙炔加氢反应热效应和平衡数据

温度/K	反应热效应 ΔH/(kJ/mol)		化学平衡常数	
	$C_2H_2+H_2 \longrightarrow C_2H_4$	$C_2H_2+2H_2 \longrightarrow C_2H_6$	$C_2H_2+H_2 \xrightarrow{K_1} C_2H_4$ $K_1=\frac{[C_2H_4]}{[C_2H_2][H_2]}$	$C_2H_2+2H_2 \xrightarrow{K_2} C_2H_6$ $K_2=\frac{[C_2H_6]}{[C_2H_2][H_2]^2}$
300	−174.636	−311.711	3.37×10^{24}	1.19×10^{42}
400	−177.386	−316.325	7.63×10^{16}	2.65×10^{28}
500	−179.660	−320.227	1.65×10^{12}	1.31×10^{20}
600	−181.334	−323.267	1.19×10^{9}	3.31×10^{14}
700	−182.733	−325.595	6.5×10^{6}	3.10×10^{10}

催化剂的加氢选择性不但与活性组分的性质有关，还与催化剂孔容、催化剂制备方法、操作温度和压力等有关。因此，正确选择活性组分和载体，适当调整活性以及合理确定操作条件，可以提高选择性。具体措施如下：

一是使催化剂局部中毒。例如向 Pd 催化剂中加入适量的 Ag、Cu、Cr，向非钯催化剂中加入适量 Mo、Cr、Zn 等。也可以在气相中通入适量的 CO、H_2S 以及喹啉、乙酸铅或羰基硫等均可使催化剂局部中毒，例如 H_2S 对 Ni-Co-Cr 催化剂可提高其选择性，在氢气中混入少量的 CO 也可以提高催化剂的加氢选择性。

二是使用载体。选择大孔径的载体，使吸附乙烯易于脱附，Al_2O_3、SiO_2 作载体可提高选择性。现在工业上广泛采用 α-Al_2O_3 作载体。

三是选用适宜的反应条件。氢分压是操作条件中最重要的一个参数，因为乙炔在气相中的含量是已定的，故氢分压的大小，是由氢炔比的大小来决定的。为了充分脱除乙炔要使氢炔比大于 1。但使用时，为了提高加氢选择性，保证乙炔充分被加氢，同时还要保证乙烯在反应中不被多量加氢，一般氢炔比取 2 为宜。至于操作总压不宜过高，否则会增加扩散阻力，一般总压可控制在 20～35atm（1atm＝101325Pa）。

加氢反应器型式采用气固相固定床催化加氢反应器，绝热式反应器。

含少量乙炔的烯烃的选择性加氢是一个相当复杂的反应系统。在选择反应器型式和确定控制方案时必须考虑到以下几个因素：一是系统内存在一些相互竞争的放热反应，各个反应的热效应是很大的。特别是在催化剂选择性下降时，反应放热量更大。二是乙烯损失率要尽可能低，对乙炔的脱除率要求尽可能高。近年来成品乙烯中乙炔的含量要求不得超过 1～5ppm。近年来聚合级丙烯中甲基乙炔和丙二烯的含量不得超过 5ppm。三是系统对操作参数变化的敏感性大，尤其是对温度的敏感性更为突出。例如，某一定型式的反应器在最佳进料温度附近，温度上升 1%，乙烯损失率增加 20%；温度下降 1%，乙炔脱除率下降，乙炔在反应器出口处浓度增加 700%[7]。

操作条件对催化加氢反应的影响：

① 反应温度　反应温度是影响催化剂活性和选择性的重要因素。催化剂活性随反应温度升高而增加，而选择性则随之下降。碳二馏分加氢催化剂存在一个适宜的温度范围，在此反应温度内，乙炔可以合格而副反应少。新型催化剂的最佳活性和选择性区处于低温范围，随着活性下降，此温度范围逐步升高。当乙烯损失和聚合物生成量增大，而残余乙炔量升高，则催化剂需要进行再生。

② 氢炔比和氢分压　碳二馏分加氢脱炔反应是按化学当量所需氢气定量供氢。为保证

乙炔脱除率达到要求，通常均适当提高一些氢炔比，因而反应器出口残存一定的过量氢。一般，反应器出口氢气大约维持在 10ppm 以下为宜。

在进料炔烃含量较高时，按要求的氢炔比供氢，此时氢分压较高，乙炔较易脱除。当进料炔烃含量很低时，即使按较大氢炔比供氢，其氢分压仍较低，此时乙炔加氢仍可能达不到合格的程度。因此，为保证乙炔的脱除，应保证一定的氢分压。但是，在同氢炔比之下，选择性随氢分压的增加而降低。在较低氢分压时，选择性随氢炔比的增大而明显下降。随着氢分压的提高，选择性随氢炔比增大而下降的趋势大为缓和。

③ 空速和线速　空速加大，单位体积催化剂生产能力随之增加，但由于空速提高接触时间缩短，为保证乙炔的脱除，相应需要提高反应温度。对不同催化剂而言，空速的影响也有所差别。

气相加氢催化剂允许线速在 0.1～0.6m/s 之间，实际设计多选为 0.15～0.25m/s。线速过低将影响气流分布和催化剂性能。

④ 一氧化碳　一氧化碳是乙炔选择加氢的重要缓和剂。由于钯系催化剂对乙炔的吸附强于一氧化碳，而对一氧化碳的吸附强于乙烯。因此，当催化剂表面未被乙炔覆盖满时，就优先吸附一氧化碳，而将乙烯排斥在活性位置之外，从而提高了催化剂的选择性。但是，随着一氧化碳含量增加，为保证乙炔合格，需要适当提高反应温度。

⑤ 聚合物的生成对催化剂活性的影响　碳二馏分加氢脱除乙炔过程中同时生成聚合物。反应中生成的聚合物，相当部分滞留在催化剂上，由此将孔堵塞而使比表面积下降，因而催化剂活性下降，再生周期缩短。轻聚合物为 C_4～C_6 烯烃、双烯烃和烷烃，主要是碳四烃。由吸附乙烯基的自由基与吸附乙炔分子作用生成。生成的聚合物中主要是液态低聚物绿油。提高反应温度，绿油生成量增多，其中 α-烯烃在烯烃中的含量亦提高。提高氢炔比，低聚合物生成量均明显降低。

⑥ 加氢催化剂的活化和再生　当碳二加氢催化剂活性降低时，可采用活化处理而恢复催化剂活性。再生处理主要是彻底清除覆盖在催化剂表面的聚合物，并清除催化剂微孔内的结炭，从而恢复催化剂的活性和选择性。活化处理可用干燥的富氢或氮气，按一定空速通入反应器，升温至目标温度（见图 6-27）。

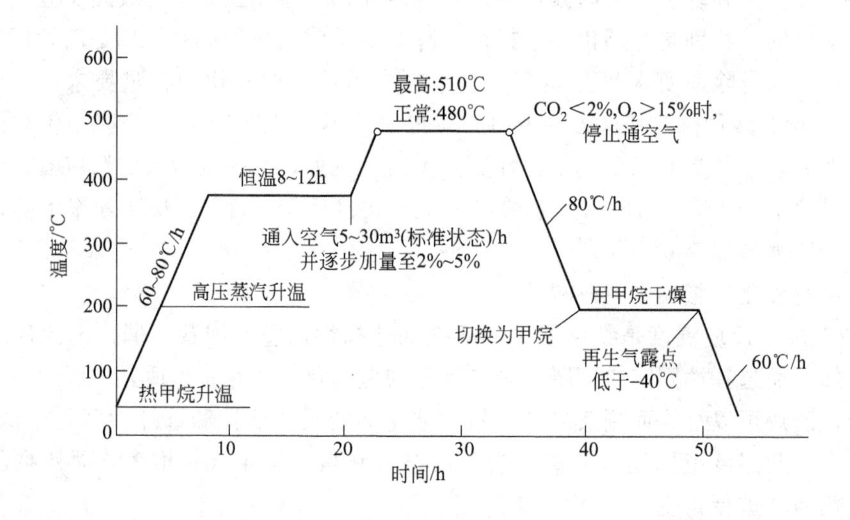

图 6-27　碳二加氢催化剂典型再生曲线

加氢反应器的控制系统不但要能迅速、准确和可靠地反映出系统参数的变化，而且还能及时地把受到外界干扰影响而偏离正常状态的参数，自动地回复到规定的数值范围内，保证反应器出口乙炔的浓度符合要求，不出现失控。

随着计算机技术的广泛使用，乙炔加氢装置的控制有了飞跃发展。提高乙烯回收率、减少氢消耗和提高乙炔脱除率的最优或精密控制方案已有不少。概括起来大体可分为两种类型，其一，是根据反应器出口组成（或温度）和进料组成，控制进料温度和反应器的进出口温差，使反应器出口乙炔组成达到要求，其二，是根据反应器出口组成和温度，控制进料分子比和进料温度，使出口乙炔符合规定值要求。其中以控制进料温度和进出口温差的方法最为简便，应用最多。

根据乙烯、乙烷混合碳二物流组成和低含量乙炔的特点，神华包头煤制烯烃项目烯烃分离装置选择后加氢工艺流程。在乙烯精馏塔之前设置乙炔加氢反应器，乙炔加氢反应器的作用是在催化剂的作用下，通过配入一定量的氢气与乙炔反应，脱除乙烯产品中的乙炔组分，为下游用户提供合格的乙烯产品。

含有少量乙炔的乙烷、乙烯混合物料在乙炔加氢反应器中，在催化剂的作用下和氢气反应，通过选择性加氢脱除。乙炔加氢反应器设置一台备用床，在催化剂需要再生时进行切换使用，保证装置的连续运行。脱乙烷塔塔顶的物料利用加氢反应器出口的物料进行预热，与一定比例的氢气混合，并进一步利用急冷水加热后通过加氢反应器床层。加氢反应器出口物料通过冷却水及加氢反应器入口物料进行冷却[8]。

（二）丙烯产品含氧化合物脱除工艺

丙烯产品中含有少量甲醇等含氧化合物，为保证丙烯产品质量需要进行脱除。在丙烯精馏塔产品馏出口设置丙烯产品保护床。含有少量含氧化合物的丙烯产品通过保护床，保护床中的精制剂吸收甲醇等含氧化合物，同时也可以吸收丙烯产品中的微量水分。

由于丙烯产品中含氧化合物杂质的特殊性，会对精制吸附剂的活性和功能产生不利影响，对精制吸附剂的生产和制造工艺有较高的要求。不适合的精制吸附剂不仅能导致丙烯产品不合格，也可能引发潜在的危险和负面的影响。比如吸附时过度放热造成系统超温、发生副反应生产副产物和高温聚合等。

UOP公司生产的精制吸附剂产品具有吸附甲醇、乙醇、乙醛、酮类、过氧化物的性能，此外还可以吸附氨、胺类、腈类、羰基硫、硫化氢、硫化物等。根据物料特点及运行工况，烯烃分离装置选择使用UOP公司生产的AZ-300精制吸附剂，精制吸附效果和性能良好。

AZ-300吸附剂使用改良活性氧化铝吸附杂质，具有高选择性、低反应活性和高的分子筛极性分子的能力，同时具有沸石和活性氧化铝的性能特点和优点。AZ-300对于极性分子和酸性气体具有较高的吸附能力。尽管AZ-300吸附剂含有沸石，它在处理不饱和烃时并不需要预负荷步骤。在避免预负荷步骤的同时能够保证极性化合物的有效去除。AZ-300吸附剂的独特性能使此单一产品可以用来处理含有不同种类和范围杂质的物料（图6-28、图6-29）。

AZ-300在吸附过程中会释放一定量的吸附热，放出的吸附热被介质吸收会导致压力轻微升高，同时AZ-300的稳定性保证避免了聚合反应发生。AZ-300吸附剂在250℃以下吸附过程较为平稳，普通吸附剂在100℃左右时放热就较为剧烈了，放出的大量吸附热又会导致聚合反应的发生。如果发生了聚合反应会导致系统压力降低，图6-30所示试验数据曲线清楚地表明了这一特点。

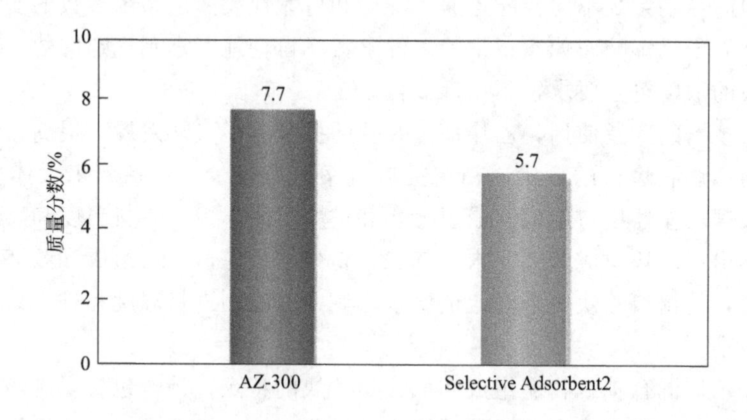

图 6-28　AZ-300 与普通吸附剂 Selective Adsorbent2 的甲醇吸附能力对比

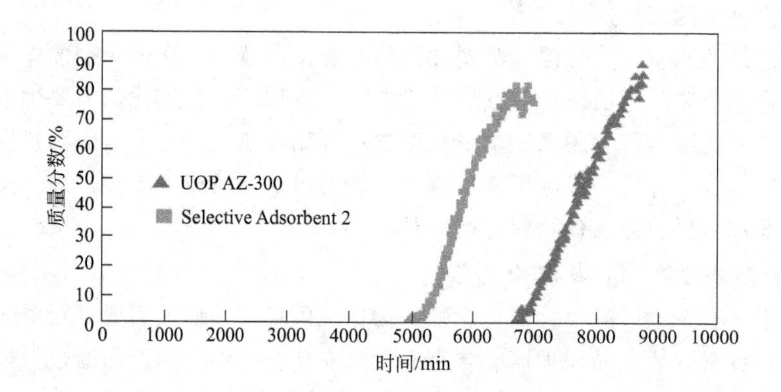

图 6-29　AZ-300 与普通吸附剂的甲醇吸附性能曲线对比

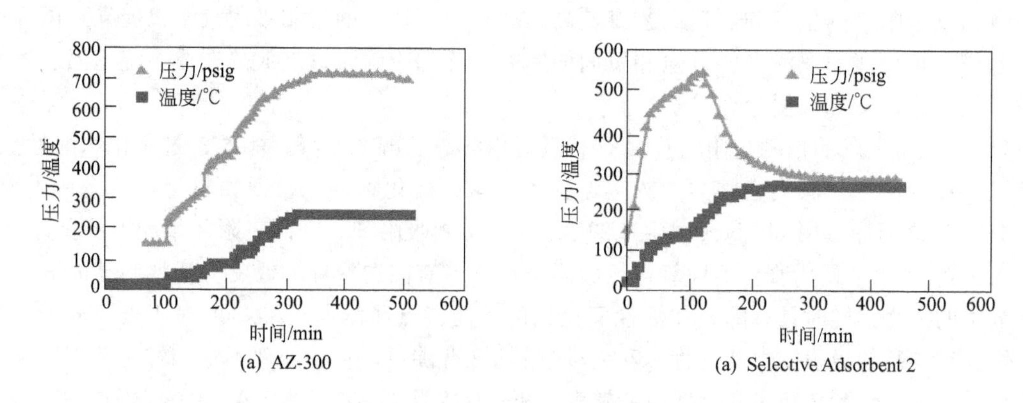

图 6-30　AZ-300 与普通吸附剂的吸附热及压力变化对比

1psig＝6894.76Pa（表压）

（三）原料气中的水脱除工艺

原料气在压缩过程中，随着压力的升高，可在段间冷凝过程中分离出部分水分，但是在压缩机排出端进入低温分离系统的原料气含有一定量的饱和水。在生产过程中，为避免水分在低温分离系统中结冰或形成水合物，堵塞管道和设备，需要对原料气、乙烯和丙烯进行脱水处理，以保证乙烯生产装置的稳定运行，并保证产品乙烯和丙烯中水分达到规定值。为避免低温系统冻堵，通常要求将含水量脱除至 1ppm 以下，相应地，进入低温系统的原料气露点在－70℃以下。露点温度换算图如图 6-31 所示[8]。

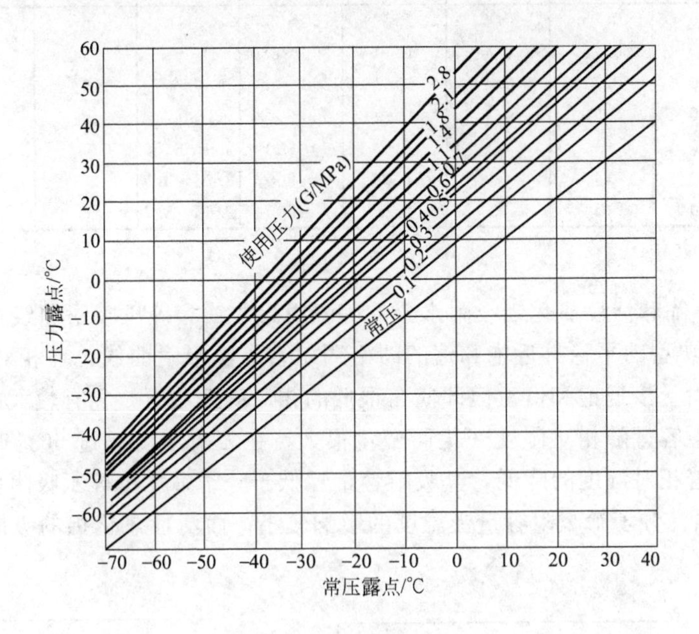

图 6-31　露点温度换算图

水分除了在低温下结冰之外，在加压和低温条件下还可与烃类生成白色结晶状态的水合物，如：$CH_4 \cdot 6H_2O$、$C_2H_6 \cdot 7H_2O$、$C_3H_8 \cdot 8H_2O$ 等。这些水合物也会在设备和管道内积累而造成堵塞现象。通过化合物和烃类生成水合物的温度和压条件图可以看出，在加压条件下，水与烃类生成水合物的温度比水分结冰的温度高得多（见图 6-32、图 6-33）。

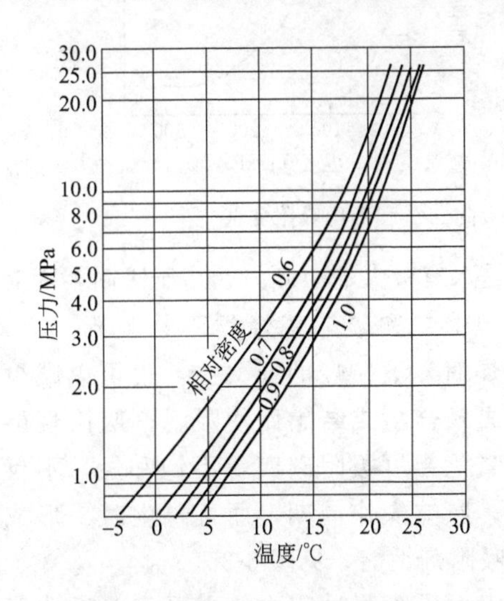

图 6-32　化合物生成水合物温度和压力

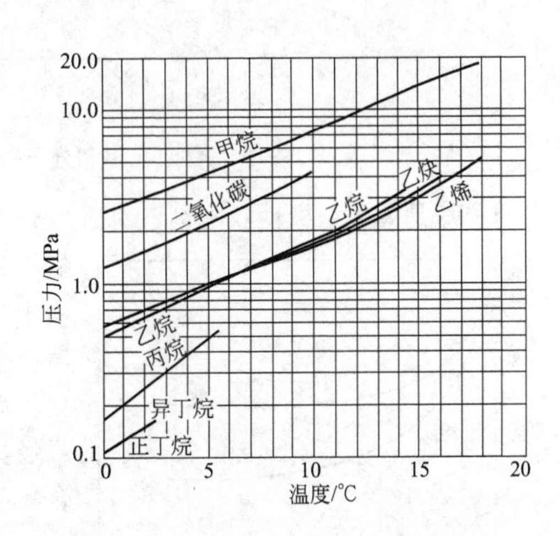

图 6-33　烃类混合物生成水合物温度和压力

烯烃分离装置使用吸附法进行干燥脱水，一般采用 3A 分子筛或活性氧化铝为吸附剂，吸附剂性能如表 6-2 所示。

表 6-2 干燥吸附剂性能

干燥剂	表观密度/(g/m³)	气孔率	空隙率	平均孔径/mm	比表面积/(m²/g)	强度/(kgf/m²)	吸附容量/%		
							相对湿度20%	相对湿度50%	相对湿度90%
活性氧化铝 C	910	0.55	0.4	8.0	150～230	90	6	9	34
活性氧化铝 DL	490	0.76	0.4	12.0	290～380	75	9	16	76
活性氧化铝 D	560	0.71	0.4	10.0	260～330	85	9	13	64
活性氧化铝 P	600	0.70	0.4	10.0	250～330	80	9	13	64
3A 分子筛	750	—	—	0.3	～800	2.9～6.56		20	
4A 分子筛	720	61	32	0.4	～800	2.76～9.5		22	
5A 分子筛	720	61	32	0.5	～800	2.63～5.7		21.5	

注：1kgf/m² = 9.80665Pa。

根据 3A 分子筛和活性氧化铝吸附水分的等温吸附曲线和等压吸附曲线可以看出（见图 6-34），分子筛是典型的平稳接近饱和值的朗格缪尔型等温吸附曲线，在相对湿度达 20%以上时，其平衡吸附量接近饱和值。但即使在很低的相对湿度之下，仍有较大的吸附能力。而活性氧化铝的吸附容量随相对湿度变化而变化很大，在相对湿度超过 60%时，其吸附容量高于分子筛。随着相对湿度的降低，其吸附容量远低于分子筛。由等压吸附曲线可见，在低于 100℃的范围内，分子筛吸附容量受温度的影响较小，而活性氧化铝的吸附量受温度的影响较大[7]。

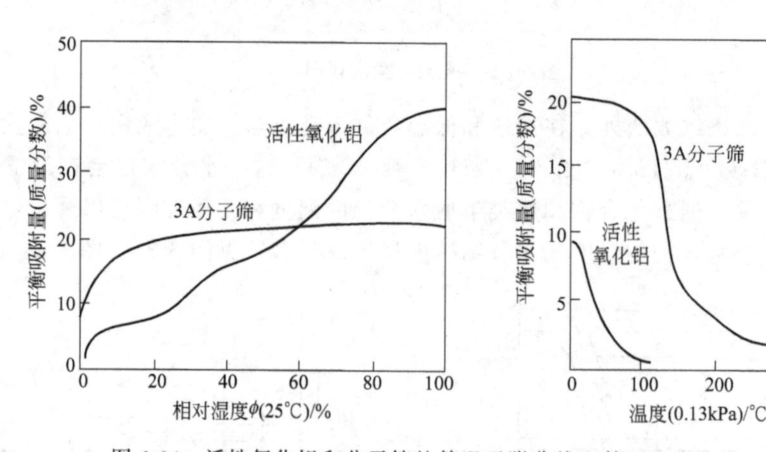

图 6-34 活性氧化铝和分子筛的等温吸附曲线和等压吸附曲线

分子筛是离子型极性吸附剂，对极性分子特别是水有极大的亲和力，易于吸附，而对于氢气、甲烷、碳二和碳三等烃类不易吸附。因而，用于烃类干燥时，不仅烃的损失少，也可以减少高温再生时形成聚合物或结焦而使吸附剂吸附性能劣化。而活性氧化铝可吸附碳四等不饱和烃，不仅造成烃类损失，影响操作周期，而且再生时易形成聚合物而降低吸附剂性能，见图 6-35。

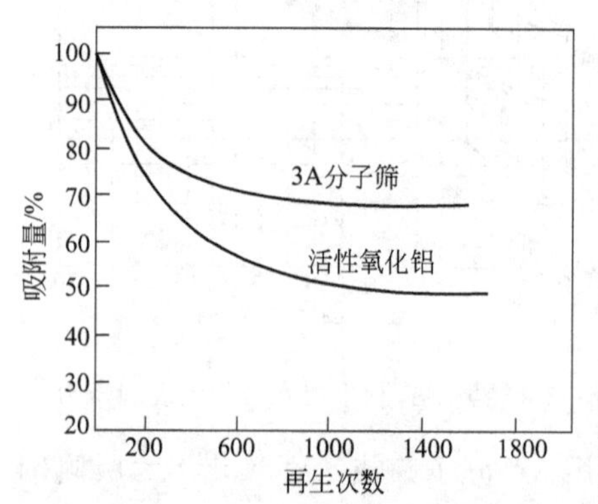

图 6-35 干燥剂吸附性能变化曲线

在固定床干燥吸附过程中，当平衡关系曲线对浓度坐标为凸型曲线时，将初始含水量为 C_0 的物料通入吸附床后，物料中的水分从床层上方开始依次被吸附，在流动方向上形成一个浓度梯度。当系统处于稳定吸附平衡状态时，浓度梯度的分布形状和长度基本不变，称为吸附带。吸附带以一定的速度在固定床中移动，前面是已经完成吸附的部分，后边是未进行吸附的部分。当吸附带达到固定床底部时，流出物中水分浓度开始急剧上升的位置，就是穿透点（见图 6-36）。此时必须停止吸附操作进行再生。从开始加入流体至达到穿透点所用的时间称为穿透时间[7]。

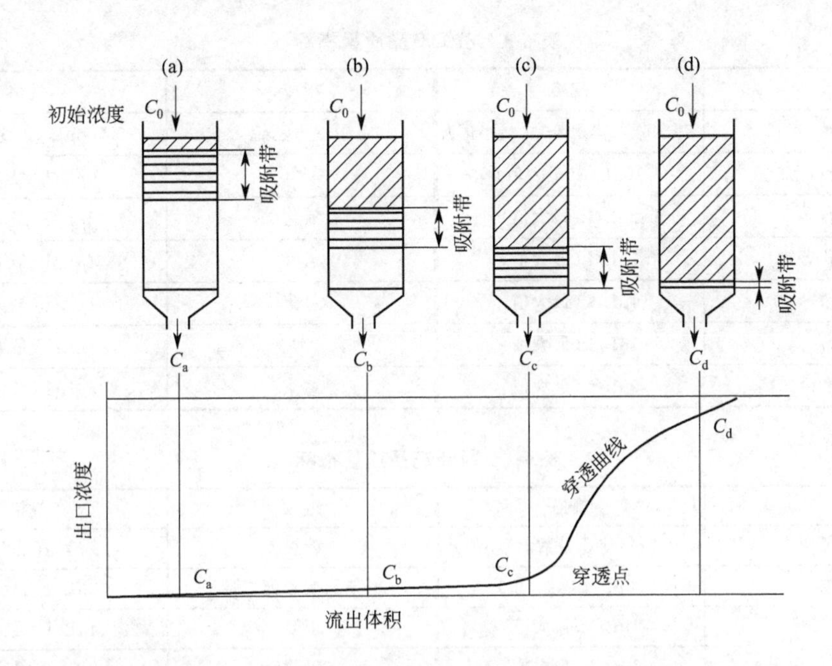

图 6-36　固定床吸附曲线

原料气液相中的平衡水分吸附量与水的溶解度相关，其等温吸附线可用相对溶解度与吸附量相关联。与气相干燥相比，液相干燥时流速要慢得多，液相中流体与吸附剂颗粒的接触时间有时可达气相吸附的 10～1000 倍。一般液相干燥时的空塔流速为 1～5mm/s。而气相干燥时的空塔流速一般可达 100～400mm/s[7]。

在低压下进行气相吸附干燥时，吸附热将使吸附床温度明显上升。但在 1.0MPa 以上进行气相吸附脱水时，由于热容量提高，吸附热产生的温升很小，可忽略不计。在液相吸附干燥时，吸附热的影响更加小。因此，在乙烯装置中的烃类干燥脱水过程中，可以忽略吸附热的影响。

再生部分包括干燥器再生气进出料换热器、再生气加热器、再生气冷却器以及干燥器再生气缓冲罐。来自界区外的氮气用于周期性地再生下列设备：原料气气相干燥器、液相干燥器、乙烯干燥器、乙炔加氢反应器、丙烯产品保护床。再生气在送到用户之前用热的再生气和中压蒸汽进行加热。从用户来的再生气用再生器进出料换热器和再生气冷却器进行冷却，冷却后的再生气送到再生气缓冲罐脱除水，然后送到火炬系统，从再生气缓冲罐来的凝结水送到界外。

五、烯烃分离主要技术指标

（一）原料消耗和生产能力

烯烃分离装置设计加工处理来自 MTO 装置的原料气进料 98.8t/h、聚丙烯装置返回循环气0.045t/h、富丙烷排放液0.177t/h。在原料气中乙烯、丙烯含量比例为1∶1的工况下，生产能力为乙烯产量37.2t/h、丙烯产量36.9t/h。年生产能力为乙烯30万吨、丙烯30万吨、混合碳四9.9万吨、混合碳五2.6万吨和燃料气4.9万吨。

（二）产品指标

乙烯、丙烯、混合碳四和混合碳五产品质量应满足要求，如表6-3～表6-6所示。

表6-3　乙烯产品质量指标

组成	规格	组成	规格
乙烯	99.95%(体积分数,最小值)	甲烷＋乙烷	500μL/L(最大值)
丙烯及以上	10μL/L(最大值)	氢气	5μL/L(最大值)
一氧化碳	2μL/L(最大值)	二氧化碳	2μL/L(最大值)
总羰基化合物	1μL/L(最大值)	氧气	1μL/L(最大值)
乙炔	4μL/L(最大值)	总硫	1μL/L(最大值)
甲醇	1μL/L(最大值)	水	1μL/L(最大值)
甲基乙炔和丙二烯	5μL/L(最大值)	总氮	5μL/L(最大值)

表6-4　丙烯产品质量指标

组成	规格	组成	规格
丙烯	99.6%(体积分数,最小值)	丙烷	0.4%(最大值)
乙烯	20μL/L(最大值)	甲基乙炔和丙二烯	5μL/L(最大值)
1,3-丁二烯	1μL/L(最大值)	丁烯	1μL/L(最大值)
氧气	1μL/L(最大值)	一氧化碳	2μL/L(最大值)
二氧化碳	5μL/L(最大值)	氢气	5μL/L(最大值)
总硫	1μg/g(最大值)	水	5μg/g(最大值)
甲醇	1μg/g(最大值)	乙炔	2μg/g(最大值)
乙烷	200μg/g(最大值)	含氧化合物	1μg/g(最大值)

表6-5　碳四产品质量指标

组成	规格
碳三及以下	0.5%(质量分数,最大值)
碳五及以上	0.5%(质量分数,最大值)

表6-6　碳五及以上产品质量指标

组成	规格
碳四及以下	0.5%(质量分数,最大值)

（三）乙烯损失率、丙烯回收率

脱甲烷塔顶乙烯损失率不大于3.5%（摩尔分数）。

系统内丙烯回收率不小于99.3%（摩尔分数）。

（四）公用工程物料消耗

公用工程物料消耗见表6-7。

表 6-7　公用工程物料消耗

序号	名称	数量	备注
1	电/kW	831.5	
2	锅炉给水/(t/h)	6	
3	中压蒸汽/(t/h)	83.6	
4	低压蒸汽/(t/h)	2.4	
5	低低压蒸汽/(t/h)	11.4	
6	急冷水/(t/h)	638	
7	水洗水/(t/h)	2874	
8	工艺汽提水/(t/h)	60	
9	蒸汽凝液/(t/h)	14.8	产出
10	透平凝液/(t/h)	82.4	产出
11	工厂风(标准状态)/(m^3/h)	600	
12	仪表风(标准状态)/(m^3/h)	700	
13	氮气(标准状态)/(m^3/h)	9400	
14	循环冷却水/(t/h)	14310	
15	工业水/(t/h)	1	间断
16	生活水/(t/h)	1	间断

（五）辅助材料、催化剂和化学品消耗

辅助材料、催化剂和化学品消耗见表 6-8。

表 6-8　辅助材料、催化剂和化学品消耗

序号	名称	数量	备注
1	原料气干燥器干燥剂/m^3	44	预计寿命 3～5 年
2	液体凝液干燥器干燥剂/m^3	86	预计寿命 3～5 年
3	乙烯产品干燥器干燥剂/m^3	4	预计寿命 3～5 年
4	丙烯产品保护床精制剂/m^3	80	预计寿命 3～5 年
5	乙炔转化器催化剂/m^3	13.5	预计寿命 5 年
6	甲醇/(kg/h)	6000	按需,最大量
7	32%碱液/(kg/h)	1002	
8	碱洗塔黄油阻聚剂/(kg/h)	27	最大量
9	原料气压缩机阻聚剂/(kg/h)	11	最大量
10	原料气压缩机除氧剂/(kg/h)	10	最大量
11	脱丙烷塔阻聚剂/(kg/h)	8	最大量
12	C_4产品抗氧化剂/(kg/h)	2	最大量
13	脱丁烷塔阻聚剂/(kg/h)	1	最大量

第三节　原料气、产品及物料平衡

一、烯烃分离原料气及特性

由 MTO 装置生产的原料气是甲醇在反应器内通过催化剂作用反应生产的，含有氢气、甲烷、乙烷和乙烯、丙烷和丙烯、混合碳四、混合碳五及以上微量重组分，同时含有氮气、

一氧化碳、二氧化碳、炔烃、甲醇、二甲醚、丙酮等杂质。具有低碳烯烃含量高、不饱和烯烃含量少、酸性气体含量少、含氧化合物含量多等特点。另外，聚丙烯装置富含丙烯和丙烷的两股物料也返回烯烃分离装置，作为原料进入原料气压缩机。

自MTO装置来的原料气中的乙烯/丙烯（E/P比）比例可调，通过调整MTO装置反应器的反应温度来实现。原料气中的E/P比的范围是0.8～1.2（见表6-9）。

Case1：额定工况，E/P＝0.8

Case 2：设计工况，E/P＝1.0

Case 3：额定工况，E/P＝1.2

表6-9 烯烃分离原料气组成

组　　分	分子式	Case1（质量分数）/%	Case2（质量分数）/%	Case3（质量分数）/%	含量范围（质量分数）/%
水	H_2O	2.98	3.14	3.25	2.7～3.4
氢气	H_2	0.11	0.17	0.37	0.1～0.5
氮气	N_2	0.19	0.19	0.19	0.1～0.4
二氧化碳	CO_2	0.15	0.08	0.13	0.06～0.16
一氧化碳	CO	0.11	0.23	0.37	0.1～0.4
氧气	O_2	0.00095	0.00095	0.00094	0.001～0.016
甲烷	C_1	0.58	1.75	1.81	0.5～2.3
乙烷	C_2	1.33	0.78	1.47	0.7～1.5
乙烯	$C_2^=$	32.91	39.12	41.82	32～42
乙炔	C_2H_2	0.005	0.002	0.005	0.002～0.04
丙烷	C_3	4.66	2.57	3.15	2.3～5.0
丙烯	$C_3^=$	41.88	38.06	34.18	34～43
甲基乙炔	C_3H_4	0.0005	0.00023	0.0005	0.0002～0.002
丙二烯	C_3H_4	0.0005	0.00023	0.0005	0.0002～0.002
环丙烷	C_3H_6	0.009	0.004	0.009	0.003～0.01
丁烷	n-C_4	0.92	0.43	0.36	0.3～1.0
异丁烷	i-C_4	0.02	0.02	0.02	
1-丁烯	n-$C_4^=$	0.37	0.38	0.58	9.0～12
异丁烯	i-$C_4^=$	0.03	2.69	2.38	
顺-2-丁烯	c-$C_4^=$	3.95	2.89	2.62	
反-2-丁烯	t-$C_4^=$	5.58	3.97	3.61	
1,3-丁二烯	C_4H_6	0	0.22	0.15	
丁炔	C_4H_6	0.02	0.02	0.02	
戊烷	n-C_5	0.06	0.06	0.06	2.9～4.5
异戊烷	i-C_5	0.03	0.03	0.03	
碳六及以上	n-C_6	2.83	2.88	3.19	
甲醇	CH_3OH	0.004	0.1	0.09	0.01～0.2
二甲醚	CH_3OCH_3	1.16	0.08	0.01	0.01～1.17
乙醇	C_2H_5OH	0.02	0.02	0.02	0.01～0.03
丙醛	C_2H_5CHO	0.02	0.02	0.02	0.02～0.04
丙酮	C_3H_6O	0.03	0.03	0.03	0.03～0.05
丁酮	C_4H_8O	0.02	0.02	0.02	0.02～0.04
乙酸	$C_2H_4O_2$	0.001	0.001	0.001	0.001～0.002
苯	C_6H_6	0.02	0.02	0.02	0.02～0.03

石油乙烯裂解气组成见表6-10，煤制烯烃、石油乙烯原料气组成对比见表6-11。

表 6-10　石油乙烯裂解气组成

组　　分	轻石脑油裂解(质量分数)/%	重石脑油裂解(质量分数)/%	轻柴油裂解(质量分数)/%
氢	0.95	0.8	0.65
甲烷	16	13.2	9.95
二氧化碳	0.1	0.15	0.12
乙炔	0.8	0.3	0.2
乙烯	28.1	19.9	20
乙烷	3.85	2.8	3.9
丙烯	15	12	13.1
丙烷	0.25	0.1	0.35
碳四	9	8.1	8.95
碳五	3.25	1.45	1.85
碳五以上	22.5	40.36	40.4

表 6-11　煤制烯烃、石油乙烯原料气组成对比

对 比 项 目	煤制烯烃	石油乙烯
氮气	少量	无
甲烷氢	含量低	含量高
乙炔	极低	相对较高
丙炔、丙二烯	痕量	少量
丁二烯、戊二烯	微量	较高
重组分	碳五、碳六	汽油
含氧有机物	少量醇、酮、醛、醚等	无

在传统石油乙烯装置中，氢气和甲烷含量较高，需要分离并回收利用，因而需要深冷分离系统。所以传统乙烯工艺中设置乙烯制冷压缩机，以提供－100℃左右的冷剂。

煤制烯烃项目中的原料气中甲烷、氢气含量较低，分离需要的流程长、能耗大，从经济上考虑不适宜设置分离工艺。并且煤制烯烃工厂烯烃分离装置脱甲烷塔系统采用丙烷洗工艺，同样能够达到控制乙烯损失的目标。因此不需要设置乙烯制冷系统，节省了乙烯制冷压缩机的投资和运行费用。由于原料气中的甲烷氢含量较低，不足够用于干燥剂的再生，烯烃分离装置使用氮气作为再生介质。

由于上游 MTO 装置反应器催化剂对甲醇原料中硫含量有比较严格的要求，所以反应生产的原料气中不含有硫化氢等硫化物，酸性气体仅有二氧化碳。设计含量为 800μL/L，实际仅含有 200μL/L 左右。煤制烯烃工厂混合烯烃中酸性气的含量远低于乙烯工厂石油裂解气中酸性气含量，所以在酸性气去除系统中可以考虑适当降低碱洗塔处理能力或碱液浓度，以节约生产成本。采用氢氧化钠洗涤的方法去除混合烯烃中的酸性气。

原料气中含有甲醇、乙醇、乙醛、丙酮、二甲醚等含氧化合物，这些含氧化合物在后系统中会生成聚合物堵塞设备和管道，进入到乙烯、丙烯产品中会污染产品，必须在烯烃分离装置中脱除。所以在压缩机二段排出增加水洗塔，使用来自甲醇制烯烃装置的净化水作为洗涤水，洗去原料气中的含氧化合物，之后将富含氧化合物的净化水返回甲醇制烯烃装置回炼。

痕量的含氧化合物的存在会影响聚丙烯装置聚合反应的顺利进行，因此烯烃分离装置设置了丙烯产品保护床，用于进一步脱除丙烯产品中的痕量有机含氧化合物，达到聚合级丙烯产品的要求。同时，含氧化合物的存在会加大碱洗系统中黄油的生成，增大压缩机组缸体中垢物的生成概率，还会增加碳四产品发生爆炸的可能性，所以煤制烯烃工厂在上述部位注入除氧剂，用以抑制系统中的含氧化合物的缩合。

原料气混合物中丁二烯含量在0.15%（质量分数）左右，远远低于石化乙烯装置裂解气中丁二烯的含量，这对于机组长期稳定运行以及脱丙烷塔、脱丁烷塔的操作极为有利，可以降低丁二烯聚合结垢的程度。当煤制烯烃工厂平稳运行之后，对药剂注入量进行评估成为降低成本的一项措施，在保证装置平稳运行的前提下寻找药剂的最佳注入量。

原料气中的丙炔和丙二烯（MA/PD）含量极低，工艺流程设计时可以省去碳三加氢反应器。

二、烯烃分离产品及特性

煤制烯烃工厂中混合烯烃经过烯烃分离装置分离和纯化后，可以得到聚合级乙烯、聚合级丙烯、混合碳四、混合碳五和燃料气等产品。乙烯、丙烯产品指标的制定以满足下游装置的生产需求为准。

（一）乙烯

烯烃分离乙烯产品以液体形态在压力下储存于球罐内，储存压力1.9～2.1MPa(G)，储存温度约－30℃。乙烯产品的规格取决于下游聚乙烯装置加工产品及工艺技术的要求。由于聚烯烃高效催化剂对杂质含量的要求越来越高，目前对乙烯产品中杂质的限制也越来越严格（见表6-3)。

乙烯是由两个碳原子和四个氢原子组成的化合物。两个碳原子之间以双键连接。乙烯有4个氢原子的约束，碳原子之间以双键连接。所有6个原子组成的乙烯是共面。H—C—C角是121.3°；H—C—H角是117.4°，接近120°，为理想sp 2混成轨域。这种分子也比较僵硬：旋转C—C键是一个高吸热过程，需要打破π键，而保留σ键之间的碳原子。VSEPR模型为平面矩形，立体结构也是平面矩形。双键是一个电子云密度较高的地区，因而大部分反应发生在这个位置。

乙烯分子里的C═C双键的键长是1.33×10^{-10}m，乙烯分子里的2个碳原子和4个氢原子都处在同一个平面上。它们彼此之间的键角约为120°。乙烯双键的键能是615kJ/mol，实验测得乙烷C—C单键的键长是1.54×10^{-10} m，键能348kJ/mol。这表明C═C双键的键能并不是C—C单键键能的两倍，而是比两倍略少。因此，只需要较少的能量，就能使双键里的一个键断裂。这是乙烯的性质活泼，容易发生加成反应等的原因。

在一定条件下，乙烯分子中不饱和的C═C双键中的一个键会断裂，分子里的碳原子能互相形成很长的键且相对分子质量很大（几万到几十万）的化合物，叫做聚乙烯，它是高分子化合物。

这种由相对分子质量较小的化合物（单体）相互结合成相对分子质量很大的化合物的反应，叫做聚合反应。这种聚合反应是由一种或多种不饱和化合物（单体）通过不饱和键相互加成而聚合成高分子化合物的反应，所以又属于加成反应，简称加聚反应。

通常情况下，乙烯是一种无色稍有气味的气体，密度为1.25g/L，比空气的密度略小，不溶于水，微溶于乙醇、酮、苯，溶于醚，溶于四氯化碳等有机溶剂。

理化特性：熔点－169.4℃；沸点－103.9℃；凝固点－169.4℃；折射率1.363；气态相对密度0.00126；液态相对密度（水=1）0.61；相对蒸气密度（空气=1）0.98；饱和蒸气压4083.40kPa（0℃）；临界温度9.2℃；临界压力5.04MPa；引燃温度425℃；爆炸上限（体积分数）36.0%；爆炸下限（体积分数）2.7%。

烯烃分离装置可生产出纯度为99.95%（质量分数）的聚合级乙烯产品。乙烯是重要的有机化工基本原料，是合成纤维、合成橡胶、合成塑料、合成乙醇（酒精）的基本化工原料，也用于制造氯乙烯、苯乙烯、环氧乙烷、乙酸、乙醛、乙醇和炸药等，尚可用作水果和蔬菜的催熟剂，是一种已证实的植物激素。经卤化，可制氯代乙烯、氯代乙烷、溴代乙烷；经低聚可制α-烯烃，进而生产高级醇、烷基苯等。还可用于脐橙、蜜橘、香蕉等水果的环保催熟气体、石化企业分析仪器的标准气、医药合成、高新材料合成等[8]。

（二）丙烯

丙烯产品根据下游加工产品和加工技术的要求，可分为聚合级丙烯产品和化学级丙烯产品，其间的差别是丙烯纯度不同，但微量杂质的含量规格相差不大。烯烃分离生产聚合级丙烯产品，以液态形式在压力下储存于丙烯球罐内，储存压力小于2.0MPa。

丙烯常温下为无色、无臭、稍带有甜味的气体，不溶于水，溶于有机溶剂，是一种低毒类物质。丙烯是三大合成材料的基本原料，主要用于生产丙烯腈、聚丙烯、丙酮和环氧丙烷等。

理化特性：熔点－191.2℃；沸点－47.72℃；液态相对密度（水＝1）0.5；相对蒸气密度（空气＝1）1.48；饱和蒸气压602.88kPa（0℃）；燃烧热2049kJ/mol；临界温度364.75K；临界压力4.550MPa；闪点－108℃；引燃温度455℃；爆炸上限（体积分数）11.7%；爆炸下限（体积分数）2.0%。

丙烯除了在烯键上起反应外，还可在甲基上起反应。丙烯在酸性催化剂（硫酸、无水氢氟酸等）存在下聚合，生成二聚体、三聚体和四聚体的混合物，可用作高辛烷值燃料。在齐格勒催化剂存在下丙烯聚合生成聚丙烯。丙烯与乙烯共聚生成乙丙橡胶。丙烯与硫酸起加成反应，生成异丙基硫酸，后者水解生成异丙醇；丙烯与氯和水起加成反应，生成1-氯-2-丙醇，后者与碱反应生成环氧丙烷，加水生成丙二醇；丙烯在酸性催化剂存在下与苯反应，生成异丙苯，它是合成苯酚和丙酮的原料。丙烯在酸性催化剂（硫酸、氢氟酸等）存在下，可与异丁烷发生烃基化反应，生成的支链烷烃可用作高辛烷值燃料。丙烯在催化剂存在下与氨和空气中的氧起氨氧化反应，生成丙烯腈，它是合成塑料、橡胶、纤维等高聚物的原料。丙烯在高温下氯化，生成烯丙基氯，是合成甘油的原料[8]。

（三）混合碳四

烯烃分离装置生产的混合碳四产品具有烷烃、炔烃、二烯烃含量低和烯烃含量高（可达85%以上）的特点（见表6-12）。

表6-12　混合碳四产品组成（质量分数）　单位：%

组　成	含　量	组　成	含　量
丙烷	0.001	2-甲基-1-丁烯	0.102
丙烯	0.001	2-甲基-2-丁烯	0.006
异丁烷	0.151	3-甲基-1-丁烯	0.121
正丁烷	4.887	异戊烷	0.044
反丁烯	31.891	1-戊烯	0.084
正丁烯	28.130	正戊烷	0.004
异丁烯	3.927	反-2-戊烯	0.015
顺丁烯	28.517	顺-2-戊烯	0.006
1,3-丁二烯	2.110		

混合碳四可作为液化气使用，由于其热值高、无烟尘、无炭渣，操作使用方便，已广泛地进入人们的生活领域。此外，还可用于切割金属，用于农产品的烘烤和工业窑炉的焙烧

等。为进一步提高企业的经济效益，可对混合碳四产品进行深加工综合利用。

1-丁烯技术路线：根据混合碳四烯烃含量高的特点，可将其中的2-丁烯异构化转为1-丁烯产品。首先混合碳四经过选择性加氢技术脱除二烯烃和炔烃，再利用异构化、分离方法脱除异丁烯和异丁烷，最后将2-丁烯异构化为1-丁烯后经分离抽提得到1-丁烯产品。此方案技术成熟先进、生产成本低、三废量少、流程相对简单、产品附加值高。该技术具有反应条件温和、工艺流程简短、设备台数少、材质要求不高、能耗指标先进、催化剂寿命长、较低的建设投资和生产成本等优点。

MTBE/1-丁烯技术路线：利用混合碳四中的异丁烯成分与甲醇醚化反应技术生产MTBE产品，再利用加氢催化技术脱除少量炔烃和二烯烃，最后利用精馏分离方法提纯1-丁烯产品。此工艺流程简单、异丁烯转化率高、1-丁烯纯度高，但分离1-丁烯精馏塔板数目多、回流比大、能耗较高。由于混合碳四中异丁烯含量较低，MTBE产品产量低，此方案适用于自产自用1-丁烯的工厂。

2-丙基庚醇技术路线：充分利用混合碳四中的高含量丁烯组分，将混合丁烯在液相催化剂的作用下与一氧化碳、氢气发生羰基合成反应生产戊醛，戊醛与液相催化剂分离后，在碱性条件下缩合生成PBA（2-丙基-3-丁基-丙烯醛），PBA催化加氢并精馏后产出2-PH（2-丙基庚醇）产品。该技术具有反应条件缓和、正/异比高、无腐蚀、催化剂活性高、消耗低、操作平稳、维修量小等优点。

2-PH属C_{10}醇，目前主要的应用领域在于生产DPHP（邻苯二甲酸二癸酯）。DPHP为传统增塑剂DOP（邻苯二甲酸二辛酯）的一种新型的替代品。随着人类社会发展，环保问题逐渐被重视，生产化工产品上游材料逐渐向绿色材料转变，各国也在陆续出台相关政策保护人体安全以及环境安全。由于传统增塑剂DOP存在潜在的致癌危险，国际上已开始采取相应的措施，部分发达国家开始逐渐限制DOP的使用范围，从而促使以DPHP等新型的增塑剂市场快速增长。

（四）混合碳五

烯烃分离装置混合碳五产品具有烯烃含量高的特点（见表6-13），可作为裂解汽油经一段加氢成高辛烷值汽油组分，也可进行全部加氢，加氢后分为碳五和以上重组分馏分。物料主要是C_5～C_6馏分，其中可醚化异戊烯含量约为31.77%，碳六馏分中也有少量叔己烯，是良好的醚化原料。与甲醇醚化后其产物组成为TAME（甲基叔戊基醚）含量38.40%、剩余碳五为60.96%、残留甲醇为0.60%，其辛烷值高达100，是极好的成品汽油的调和原料，与市场上现有的辛烷值调和剂MTBE相比，具有更低的饱和蒸气压与更高的燃烧热值。

表6-13 混合碳五产品组成（质量分数） 单位：%

组 成	含 量	组 成	含 量
碳四	0.64	异戊二烯	0.57
3-甲基-1-丁烯	1.11	反-2-戊烯	14.26
异戊烷	0.73	顺-2-戊烯	7.70
1,4-戊二烯	0.05	2-甲基-2-丁烯	22.02
1-戊烯	4.74	反戊二烯	1.66
2-甲基-1-丁烯	9.75	2,2-二甲基丁烷	0.93
正戊烷	1.23	C_6^+	34.61

（五）燃料气

混合烯烃中分离出的燃料气含有氢气、甲烷、乙烷、丙烷等组分，具有高热值，进入全厂燃料气管网，为全厂的生活、生产提供燃料（见表6-14）。

表6-14　燃料气组成（质量分数）　　单位：%

序　号	物料项目	Case1	Case2	Case3
1	甲烷	15.58	50.13	49.08
2	乙烷	16.04	12.27	18.10
3	丙烷	68.38	37.60	32.82
4	合计	100	100	100
5	低位热值(LHV)/kW	100812	79895	106445

三、烯烃分离过程物料平衡

烯烃分离装置物料进料包括MTO生产的原料气、聚丙烯返回的循环气和丙烷液、氢气等，分离出的产品包括乙烯、丙烯、混合碳四、混合碳五、燃料气以及部分液相水（见表6-15、图6-37）。

表6-15　物料平衡

出　料			
序　号	物料项目	数量/(kg/h)	数量/(万吨/年)
1	聚合级乙烯	38491	30.8
2	聚合级丙烯	37655	30.1
3	混合 C_4	10459	8.4
4	C_5以上产品	3267	2.6
5	燃料气	6125	4.9
6	水	3031	2.4
	合计	99028	79.2
进　料			
序　号	物料项目	数量/(kg/h)	数量/(万吨/年)
1	原料气	98805	79.04
2	PP循环气	45	0.036
3	富丙烷排放液	177	0.14
4	氢气	1	0.0008
	合计	99028	79.2

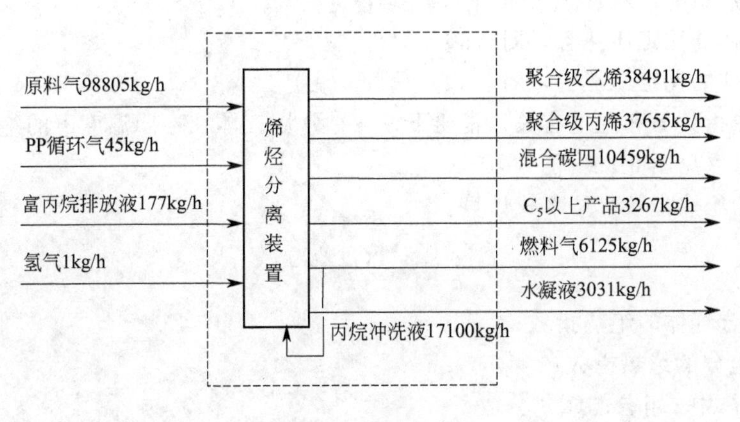

图6-37　物料平衡图

第四节 烯烃分离过程能耗分析

衡量烯烃分离装置的先进性，除了考虑可靠性、投资、环保等因素外，还应考虑另一重要因素，即装置的燃料、动力综合能耗。装置的能耗在很大程度上影响着产品的成本和企业的经济效益，降低能耗是企业挖潜增效、降低成本的首选之路。

煤制烯烃项目烯烃分离装置与石油化工乙烯装置组成不同，差别在于煤制烯烃项目烯烃分离装置仅含原料气压缩系统和分离精制系统，而不包括裂解炉和急冷系统，所以装置能量的消耗没有燃料消耗，仅有动力消耗。

烯烃分离装置消耗最大的是原料气压缩机和丙烯制冷压缩机驱动汽轮机的中压蒸汽消耗，约占整个装置能源消耗的66%～68%，循环水消耗约占11%～13%，低低压蒸汽消耗约占6%～8%。因此如何降低两台压缩机组的功率消耗对装置的节能降耗具有重要意义。

一、烯烃分离过程能耗分析

（一）压缩过程的热力学计算和能耗分析

1. 理想气体的等温压缩

理想气体在等温压缩过程中，温度始终保持不变，此时：$p_1V_1=p_2V_2=$常数

所消耗的理论功率为：

$$N=1.634p_1V_1\ln\varepsilon$$

式中 N——功率，kW；

p_1——吸入压力，Pa；

V_1——吸入状态下的体积流量，m^3/min；

ε——压缩比，$\varepsilon=p_2/p_1$；

p_2——压缩机排气压力，Pa。

气体在等温压缩中功率消耗最小。但等温压缩实际上并不存在，可以作为一种有用的辅助分析方法[9]。

2. 理想气体的绝热压缩

理想气体在绝热压缩过程中，气体同外界没有热量交换，此时：

$$p_1V_1^k=p_2V_2^k=\text{常数}$$

式中 k——绝热指数，对理想气体 $k=C_p/C_v$；

C_p——气体的比定压热容，kJ/(kg·℃)；

C_v——气体的比定压热容，kJ/(kg·℃)；

气体的绝热指数 k 和温度有关，常压下，各种常用气体在不同温度下的绝热指数 k 可由绝热指数表查得（见图 6-38～图 6-41）[9]。

混合气体的绝热指数可按下式计算：

$$\frac{1}{k-1}=\sum\frac{y_i}{k_i-1}$$

式中 k——混合气体的绝热指数；

k_i——i 组分的绝热指数；

y_i——气体中 i 组分的摩尔分数。

绝热压缩时，压缩终温：

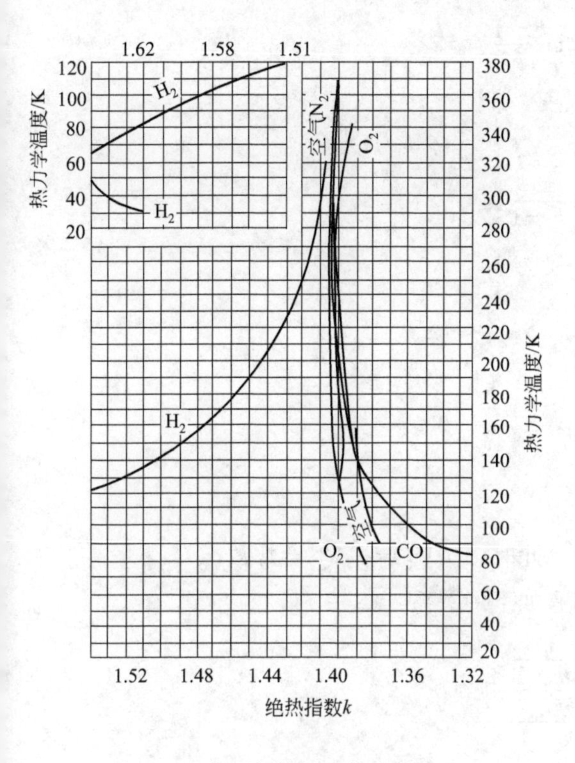

图 6-38 常用气体的绝热指数表一

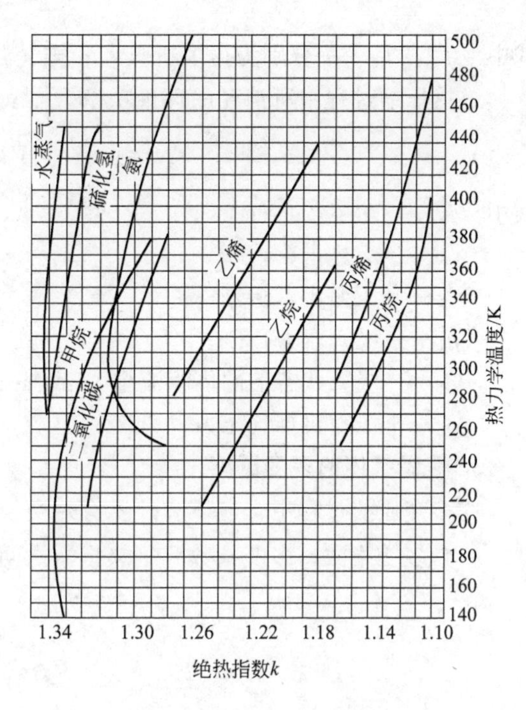

图 6-39 常用气体的绝热指数表二

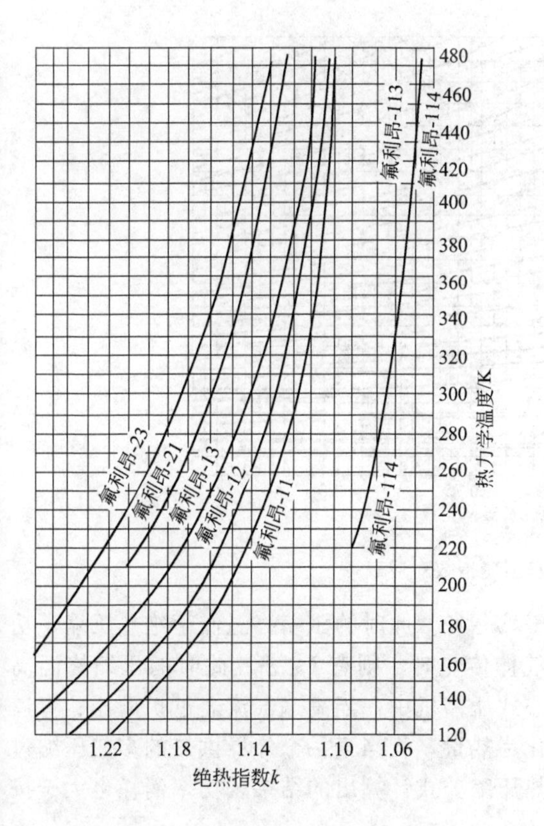

图 6-40 常用气体的绝热指数表三

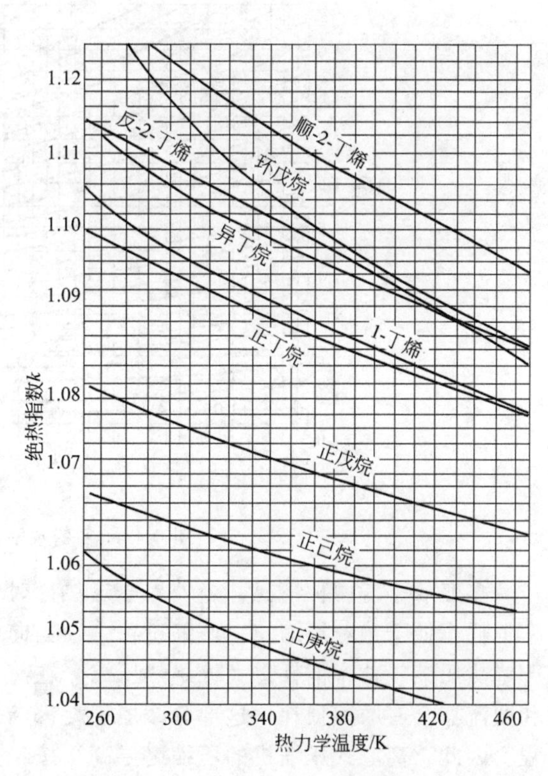

图 6-41 常用气体的绝热指数表四

$$T_2=T_1\varepsilon\frac{k-1}{k}$$

式中 T_1，T_2——分别为压缩机吸入和排气温度，K。

绝热压缩过程中所消耗的理论功率为[5]：

$$N=1.634p_1V_1\frac{k}{k-1}(\varepsilon^{\frac{k-1}{k}}-1)$$

式中 N——功率，kW；

k——绝热指数；

ε——压缩比，$\varepsilon=p_2/p_1$；

p_1——吸入压力，Pa；

V_1——吸入状态下的体积流量，m^3/min；

p_2——压缩机排气压力，Pa。

3. 等温气体的多变压缩

在多变压缩过程中，气体和外界有热交换，此时：$p_1V_1^m=p_2V_2^m=$常数。

m 为多变指数，多变指数和绝热指数之间有如下的关系

$$\eta_p=\frac{\dfrac{m}{m-1}}{\dfrac{k}{k-1}}$$

η_p称为多变效率，可由多变效率和多变指数对应表查得多变效率 η_p（见图 6-42）。

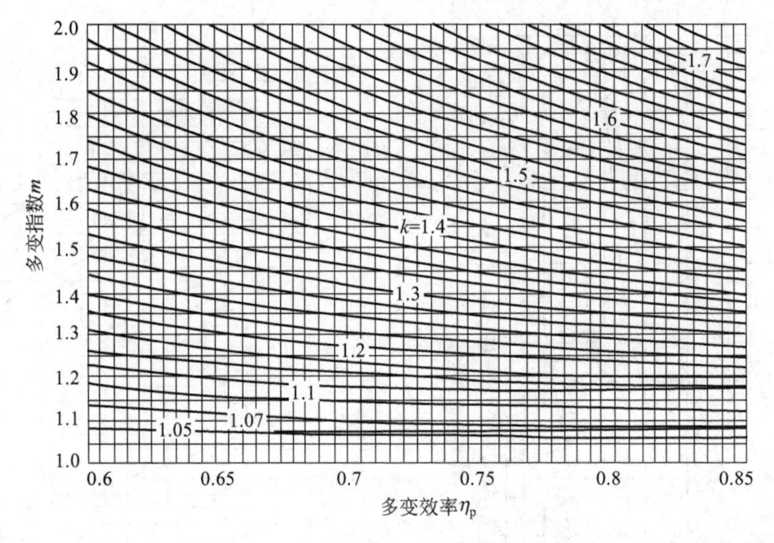

图 6-42 多变效率和多变指数对应表

多变效率有两种情况，当外界取走热量时 $1<m<k$。此时的压缩终温低于绝热压缩，功率消耗也低于绝热压缩。在压缩过程中，当向气体传热时，则有 $k<m$。此时的压缩终温高于绝热压缩，功率消耗也大于绝热压缩。在离心式压缩机中，当高速气流通过扩压器、弯道和回流器会有摩擦损耗，这部分摩擦损耗都转化为热量，相当于一个外界供热的多变压缩过程。因此，离心式压缩机的压缩终温高于按绝热压缩公式计算出的结果，功率消耗也大于按绝热压缩公式计算出的结果。

多变压缩的压缩终温按下式计算：

$$T_2=T_1\varepsilon^{\frac{m-1}{m}}$$

多变压缩的理论功率消耗可按下式计算：

$$N=\frac{1.634p_1V_1\dfrac{m}{m-1}(\varepsilon^{\frac{m-1}{m}}-1)}{\eta_p}$$

从以上几种功率消耗公式可以看出，压缩机一段吸入压力也对压缩功耗有重大影响，而出口压力对其影响较小。吸入压力越低，压缩机功耗越大。适当提高压缩机一段吸入压力，可节省大量压缩功耗。从节能方面来看，希望提高MTO装置反应器的出口压力，并减少反应器出口到原料气压缩机一段入口的压力降。但是受反应器操作压力条件的制约，压力过高将产生负面影响，需要全面考虑、上下游同时兼顾，选择最佳的吸入压力。

降低压缩机出口温度也有利于节省压缩机功耗。由于原料气中含有丁二烯、戊二烯等容易发生聚合反应的二烯烃，在一定条件下聚合生产的聚合物附着在压缩机转子、叶轮、隔板、密封和流道内，这些聚合物具有沥青的黏稠度，易堵塞密封和流道，同时造成段间压缩比增大，增加压缩机能耗。经验证明，压缩机出口温度高于90℃时，聚合反应程度急剧增加，所以控制压缩机出口温度，减少聚合结垢的发生尤为重要。

压缩机段间一般采用循环冷却水进行冷却，冷却后的原料气温度在40℃以下，为保证出口原料气温度在90℃以下，一般各段压缩比限制在2.2以下。采用向压缩机缸体内注水的技术可以降低出口温度。一定压力下的除氧水通过注水喷嘴雾化后进入压缩机缸体，与原料气直接接触进行热量和质量传递。由于液体蒸发要吸收大量的热，故气体在被压缩的同时又被冷却，使压缩过程接近于等温压缩。此时压缩机出口气体温度低于绝热压缩时的温度，压缩机耗功低于绝热压缩耗功。

一般采用连续注水方式，冷却作用主要来自水的蒸发潜热。在压缩机叶轮出口后的弯道内注入的水要使其迅速汽化，需要从周围的气体吸收大量的热，这就降低了下一级叶轮进口的气体温度，从而达到降低下一级叶轮出口温度的目的。从热力学分析来看，注水降低了每段的出口温度。

4. 压缩机的中间冷却

当工艺要求压缩机的压缩比较大时，需要进行中间冷却，前一段压缩后的气体经过冷却后再进入下一段压缩，这样可以降低气体出口温度，减少功率消耗。对于离心式压缩机，随着各级进口温度的升高，将会引起气体中的二烯烃聚合，并使各级压缩比下降。因此，一般在压缩比较大时，都采用中间冷却的设置。

采用多段压缩后，当压缩机的各段入口温度相同、各段压缩比相同时，压缩机的理论消耗功率为：

$$N=1.634FBp_1V_1\frac{k}{k-1}(\varepsilon^{\frac{k-1}{Bk}}-1)$$

式中　F——中间冷却器压力损失校正系数；

B——压缩段数；

k——绝热指数；

ε——总压缩比。

采用中间冷却使压缩机分段压缩，可以节省功率。机器的总压缩比越大，采用中间冷却所节省的功率也就越多。随着压缩段数的增加，节省的功率也增加。但当压缩段数增加到一定程度后，再增加段数，对功率的影响就很小了（见图 6-43）。段数增加得过多，会造成压缩机的结构复杂、体积庞大和制造上的困难。因此，不能过多地增加压缩段数。

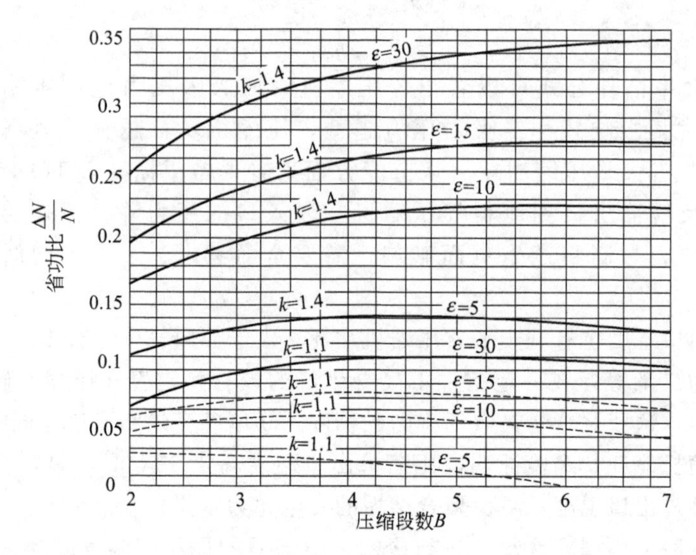

图 6-43 多段压缩的省功比

在相同的压缩比下，随着被压缩气体的绝热指数增加，采用中间冷却后，节省的功率也显著增加。这说明压缩段数的决定和被压缩气体的性质有关，应根据具体情况决定中间冷却次数。

当气体的绝热指数相同时，随着多变效率减少，多变指数增加，在压缩比和中间冷却次数相同的情况下，节省的功率也要增加。中间冷却次数的决定还和压缩机的单机容量有关，单机容量越大，功率消耗越多，采用中间冷却的节能效果也就越明显。

通常情况下，压缩机前三段压缩占压缩系统大部分能耗，因此降低段间压降是非常重要的，采用低压力降水冷器可使压降减少 70%以上，节省能耗 6%左右。低压降、高效率换热器具有传热效率高、压力降小、抗污垢能力强、防振性能好和表面温度均匀等特点。有部分工艺技术专利商选择把压缩机段间换热器与吸入罐合二为一的方法，即把段间换热器置入吸入罐中以减少管线压力降的方法，达到降低压缩机段间冷却压力降的目的。

5. 真实气体的压缩

气体液化的温度和压力有关。对每一种气体都有一个特定的温度，高于此温度，不论加多大的压力，也不能使气体液化，这个温度就是临界温度。在临界温度下，使气体液化所需要的最小压力叫做临界压力。

常用气体的临界常数可查表获得，对于气体混合物，通常采用假临界常数值。

假临界温度： $T_{mc}=\sum y_i T_{ci}$

假临界压力： $p_{mc}=\sum y_i p_{ci}$

式中 y_i——i 组分的摩尔分数；

T_{ci}——i 组分的临界温度，K；

p_{ci}——i 组分的临界压力，Pa。

为了衡量气体的状态和临界状态接近的程度，引入对比温度和对比压力。

对比温度：　$T_t = T/T_c$

对比压力：　$p_t = p/p_c$

真实气体当压力较高、温度接近或低于临界温度时，气体的性质和理想气体相差较远，此时的气体状态方程应用下式表示：$PV=ZRT$

式中，Z 称为压缩系数。压缩系数的数值反映了实际气体和理想气体之间的差别。当 $Z=1$ 时即为理想气体。Z 值和 1 之间的偏差越大，气体的状态与理想气体的状态也就相差越大。图 6-44～图 6-47 所示为压缩系数通用计算图，包括了不同的对比温度和对比压力范围，根据各种气体的对比温度 T_t 和对比压力 p_t，可以由此查得压缩系数 Z[7]。

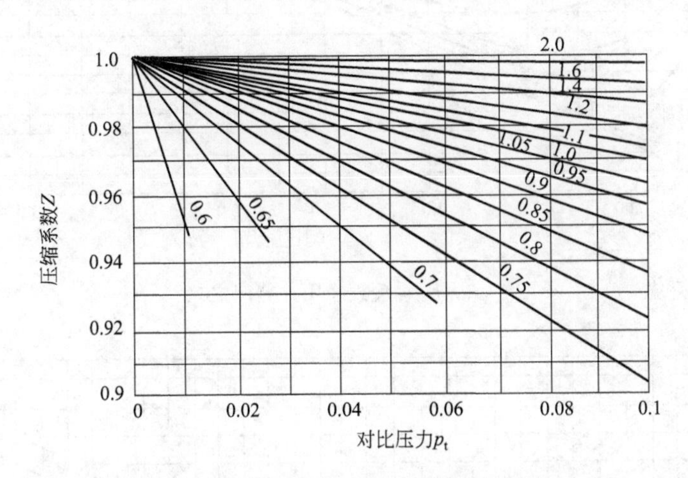

图 6-44　压缩系数通用计算图之一

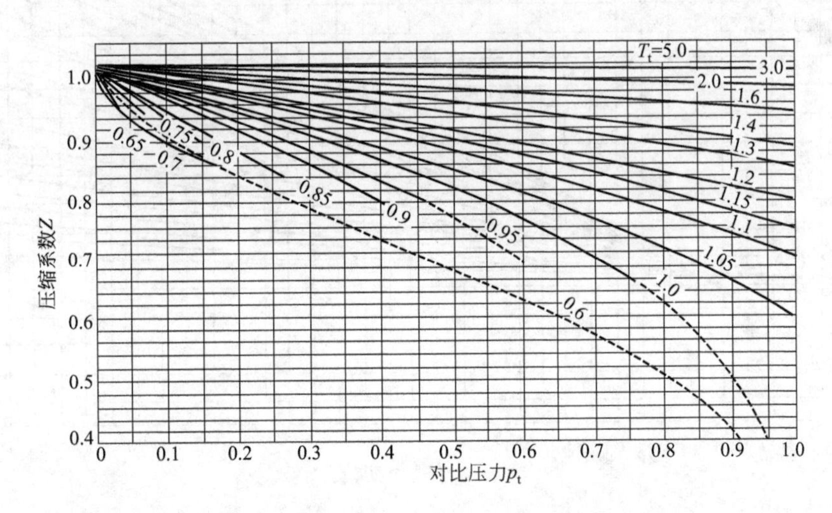

图 6-45　压缩系数通用计算图之二

真实气体的压缩计算：

真实气体的绝热指数 $k \neq C_p/C_v$。压缩符合以下关系：

$$T_2 = T_1 \varepsilon^{\frac{k_T - 1}{k_T}}$$

$$p_1 V_1^{k_V} = p_2 V_2^{k_V} = \text{常数}$$

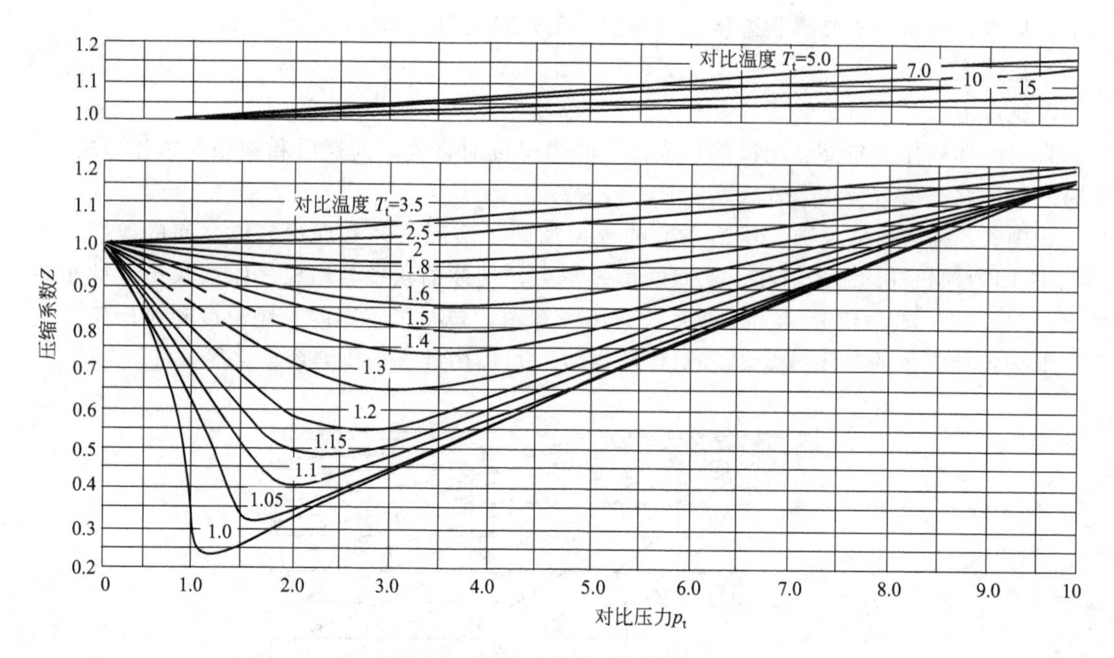

图 6-46 压缩系数通用计算图之三

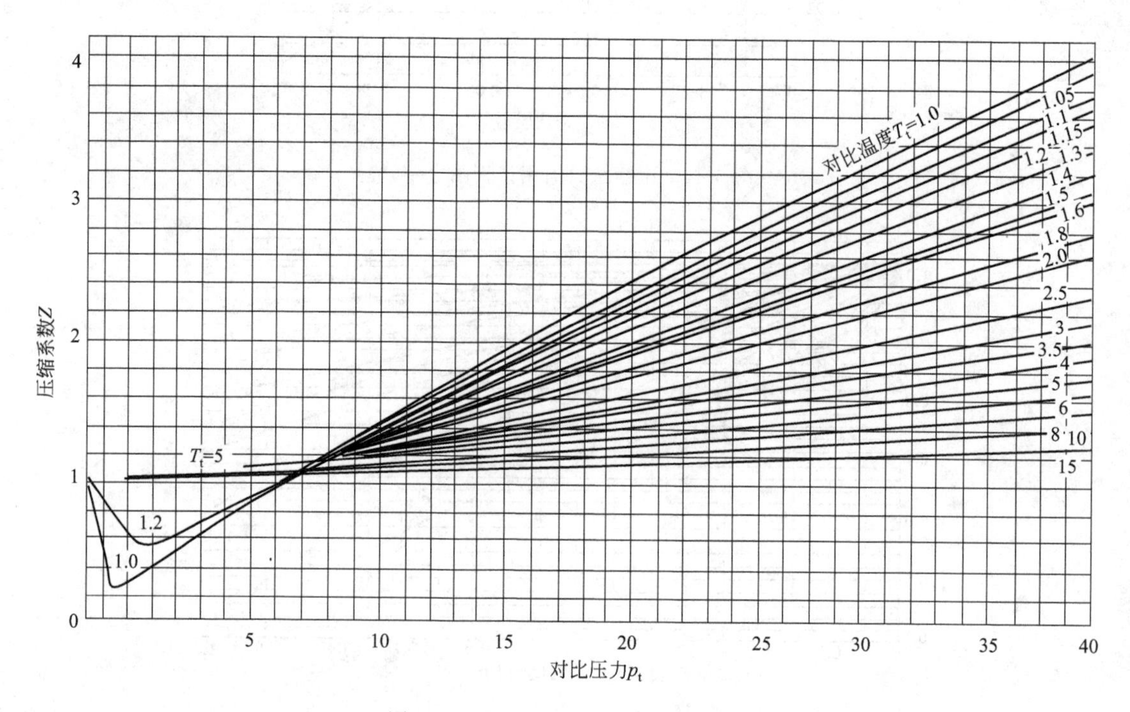

图 6-47 压缩系数通用计算图之四

式中 k_T，k_V——温度绝热指数、容积绝热指数；

p_1，p_2——压缩机入口、出口压力，atm；

V_1，V_2——压缩机入口、排出状态下的流量，m^3/min。

温度绝热指数可根据常压下的绝热指数 k 及对比温度、对比压力对比图查得。k_V、k_T 和 k 的关系可由关系图查得（见图 6-48、图 6-49）。

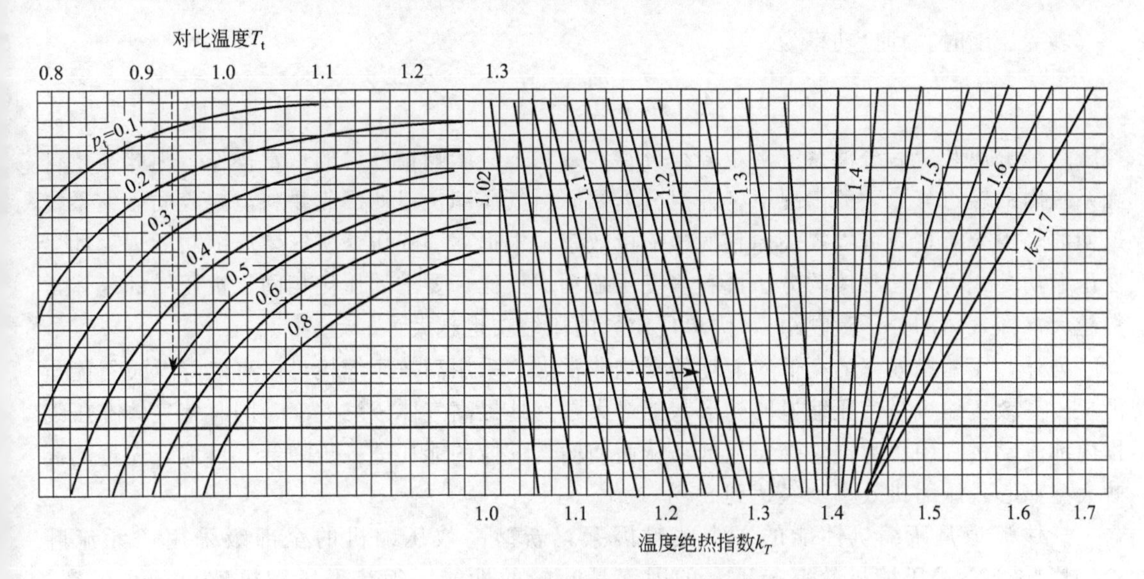

图 6-48　绝热指数 k 及对比温度、对比压力对比

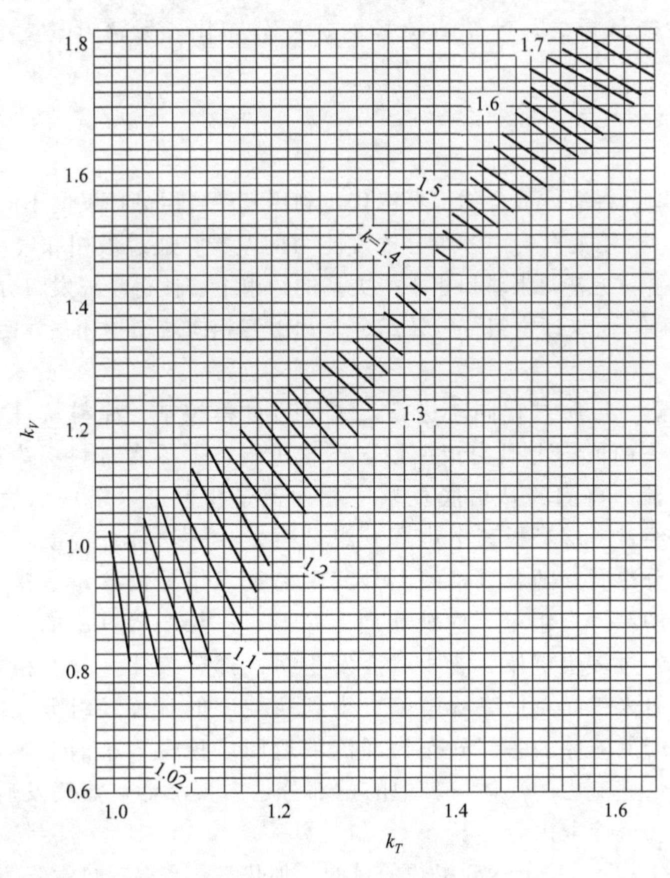

图 6-49　k_V、k_T和 k 的关系

绝热压缩时，理论功率为：

$$N=1.634p_1V_1\frac{k_T}{k_T-1}(\varepsilon^{\frac{k_T-1}{k_T}}-1)\frac{Z_1+Z_2}{2Z_1}$$

多变压缩时，理论功率为：

$$N=1.634p_1V_1\frac{k_T}{k_T-1}(\varepsilon^{\frac{k_T-1}{k_T\eta_p}}-1)\frac{Z_1+Z_2}{2Z_1}$$

烯烃分离装置后分离系统由于轻组分存在累积，会影响精馏塔的正常操作，因此需要排除系统内的轻组分。一般情况下，轻组分返回原料气压缩机以便回收物料，减少向压缩系统返回的轻组分流量，可以提高原料气压缩机效率。根据离心式压缩机气体压缩功的理论和多变压缩功公式可知，气体的分子量和多变压缩功成反比，要求的压比相同，被压缩的气体常数越大（即气体的分子量越小），则单位质量的压缩功也越大[7]。

另外，压缩机效率的高低对能耗的影响非常大，采用高效压缩机可以有效降低装置能量消耗。高效压缩机是使压缩机叶轮形状能最大限度地提高气体压缩效率，同时使气体在压缩机内部流动过程中压力损失降至最低，从而使输送气体的能耗进一步降低。目前，先进的高效大型离心式压缩机效率已经达到85％。

气体流道是压缩机性能的一个关键因素，新型高效压缩机的全部级采用三元流叶轮，影响离心式压缩机效率最重要的因素是叶轮的性能。为获得压缩机整机的高效率，新开发的三元流叶轮已经取代传统的二元流叶轮。三元流叶轮的制造技术使叶轮内流动光滑准确，减少能量损失，叶轮内流场的速度分布比二元流叶轮更加均匀，提高了压缩机的效率。

（二）分离过程的计算和能耗分析

1. 精馏原理

精馏的基本原理是将液体混合物部分汽化，利用其中各组分挥发度不同的特性，实现分离目的的单元操作。利用混合物中各组分挥发能力的差异，通过液相和气相的回流，使气、液两相逆向多级接触，在热能驱动和相平衡关系的约束下，使得易挥发组分（轻组分）不断从液相往气相中转移，而难挥发组分（重组分）却由气相向液相中迁移，使混合物得到不断分离。

该过程中，传热、传质过程同时进行，属传质过程控制。原料从塔中部适当位置进入精馏塔，将塔分为两段，上段为精馏段，不含进料，下段含进料板为提馏段，冷凝器从塔顶提供液相回流，再沸器从塔底提供气相回流。物料进入塔内以后经加热变为汽、液相。汽相向上每经过一层塔板其中难挥发组分就发生一次部分冷凝，经过多块塔板后就发生了多次的部分冷凝，随着汽相的上升其中易挥发组分的含量越来越高，最终在塔顶可以得到高纯度的易挥发组分。而液相向下每经过一层塔板其中的易挥发组分就会发生一次部分汽化，经过多块塔板后液相就会发生多次部分汽化，故液相在其下降的过程中难挥发组分含量越来越高，最终从塔釜可得到高纯度的难挥发组分。由塔顶上升的蒸气进入冷凝器，冷凝的液体的一部分作为回流液返回塔顶进入精馏塔中，其余的部分则作为馏出液取出。塔底流出的液体，其中的一部分送入再沸器，热蒸发后蒸气返回塔中，另一部分液体作为釜残液取出[10]。

精馏操作是通过汽化、冷凝达到提浓的目的。加热汽化需要耗热，气相冷凝则需要提供冷量。因此，加热和冷却费用是精馏过程的主要操作费用。如何以最少的加热量和冷却量获得最大程度的提纯是精馏过程研究的重要课题。

此外，对于同样的加热量和冷却量，所需费用还与加热温度和冷却温度有关。气相冷凝温度如低于常温，则不能用一般的冷却水，而须使用其他冷冻剂，费用将大大增加。加热温度超出一般水蒸气加热的范围，就要用高温载热体加热，加热费用也将增加。

精馏过程中的液体沸腾温度和蒸汽冷凝温度均与操作压力有关，工业精馏的操作压力应进行适当的选择。加压精馏可以使冷凝温度提高以避免使用冷冻剂；减压精馏可使沸点降低以避免使用高温载热体。另外，当组分在高温下容易发生分解聚合等变质现象时，必须采用减压精馏以降低温度；相反，当混合物在通常条件下为气体，则首先必须通过加压与冷冻将其液化后才能进行精馏。

选择前脱丙烷工艺流程有助于降低装置能耗。脱丙烷塔的作用是将原料气中的碳四及重组分分离出来，前脱丙烷流程是指脱丙烷塔位于脱甲烷塔之前，先将碳三及轻组分与碳四及重组分进行分离，碳四及重组分不进入四段压缩和脱甲烷系统。这样就减少了压缩机四段压缩的负荷，减少了压缩机的动力消耗；同时，又避免了碳四及重组分进入脱甲烷塔从而增加冷量消耗。另一方面，采用高低压双丙烷塔的设计，还可以降低系统的操作压力和温度，减轻二烯烃在塔釜的聚合结垢造成的堵塞问题。

2. 精馏塔的物料衡算

精馏塔是进行精馏的一种塔式汽液接触装置。有板式塔与填料塔两种主要类型。

如图 6-50 所示，原料液自塔的中部适当位置连续进入塔内，塔顶设有冷凝器将塔顶蒸气冷凝为液体。冷凝液的一部分回入塔顶，成为回流液，其余作为塔顶产品（馏出液）连续采出。在塔顶上半部（加料位以上）上升蒸气和回流液体之间进行着逆流接触和物质传递。塔底部再沸器（蒸馏釜）以加热液体产生蒸气，蒸气沿塔上升，与下降的液体逆流接触并进行物质传递，塔底连续排出部分液体作为塔底产品。

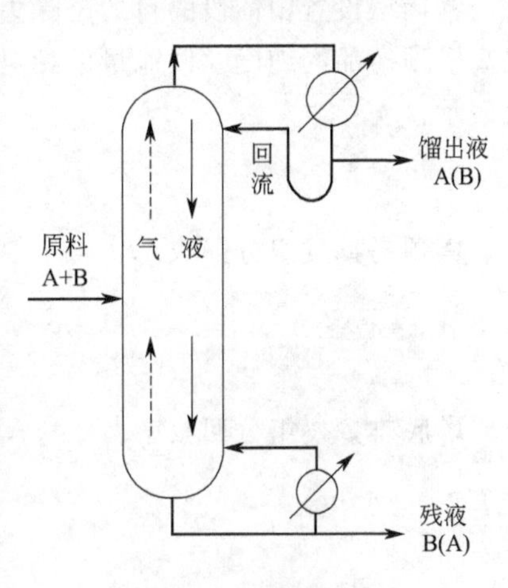

图 6-50 连续精馏过程

在塔的加料位置以上，上升蒸气中所含的重组分向液相传递，而回流液中的轻组分向气相传递。如此物质交换的结果，使上升蒸气中轻组分的浓度逐渐升高。只要有足够的相际接触表面和足够的液体回流量，到达塔顶的蒸气将成为高纯度的轻组分。塔的上半部完成了上升蒸气的精馏，即除去其中的重组分，因而称为精馏段。

在塔的加料位置以下，下降液体（包括回流液和加料中的液体）中的轻组分向气相传递。上升蒸气中的重组分向液相传递。这样，只要两相接触面和上升蒸气量足够，到达塔底的液体中所含的轻组分可降至很低，从而获得高纯度的重组分。塔的下半部完成了下降液体中重组分的提浓，即提出了轻组分，因而称为提馏段[11]。

连续精馏过程的塔顶和塔底产物的流率和组成与加料的流率和组成有关，无论塔内气液两相的接触情况如何，这些流率与组成之间的关系均受全塔物料衡算的约束。

对于定态的连续精馏过程，总物料衡算式为：$F=D+W$

轻组分物料衡算式为：

$$Fx_F=Dx_D+Wx_W$$

可以求得：

$$\frac{D}{F}=\frac{x_F-x_W}{x_D-x_W}$$

$$\frac{W}{F}=1-\frac{D}{F}$$

进料组成通常是给定的，当塔顶、塔底产品组成即产品质量已规定，产品的采出率亦随之确定而不能再自由选择。在规定分离要求时，塔顶产出率不能取得过大，即使精馏塔有足够的分离能力，塔顶仍不可能获得高纯度的产品，其组成必须满足：

$$x_D \leqslant \frac{F x_F}{D}$$

式中 F——进料流量，kg/h；

D——塔顶馏出液流量，kg/h；

W——塔底液流量，kg/h；

x_F——进料中轻组分含量；

x_D——塔顶馏出液轻组分含量；

x_W——塔釜馏出液轻组分含量。

精馏塔设置精馏段的目的是除去重组分，回流液量与上升蒸气量的相对比值大，有利于提高塔顶产品的纯度。回流量的相对大小通常以回流比即塔顶回流量 L 与塔顶产品量 D 之比表示：

$$R=L/D$$

塔顶易挥发组分回收率：

$$\eta=\frac{D x_D}{F x_F}$$

塔底难挥发组分回收率：

$$\eta=\frac{W(1-x_W)}{F(1-x_F)}$$

在塔的处理量已定的条件下，若规定了塔顶及塔底产品的组成，根据全塔物料衡算，塔顶和塔底产品的量也已确定。因此，增加回流比并不意味着产品流率的减少，而意味着上升蒸气量的增加。增大回流比的措施是增大塔底的加热速率和塔顶的冷凝量，增加回流比的代价是能耗的增大。

设置提馏段的目的是脱除液体中的轻组分，提馏段内的上升蒸气量与下降液量的相对比值大，有利于塔底产品的提纯。加大回流比就是靠增大塔底加热速率达到的，因此加大回流比即增加精馏段的液、气比，也增加了提馏段的气、液比，对提高两组分的分离程度都起积极作用[11]。

3. 精馏过程的数学描述

在精馏塔中，气相借压差穿过塔板上的小孔与板上液体接触，两相进行传热、传质交换（见图 6-51）。气相离开液层后升入上一块塔板，液相则自上而下逐板下降，两相经多级逆流传质后，气相中的轻组分浓度逐板升高，液相在下降过程中轻组分浓度逐板降低。整个精馏塔由若干块塔板组成，每块塔板是一个气液接触单元。

用于精馏过程的精馏塔中，每层（n 层）板上都装有溢流管，由下一层（$n+1$ 层）的蒸气通过板上的小孔上升，而上一层（$n-1$ 层）来的液体通过溢流管流到第 n 板上，在第 n

板上气液两相密切接触，进行热和质的交换。进、出第 n 板的物流有四种，见图 6-52。

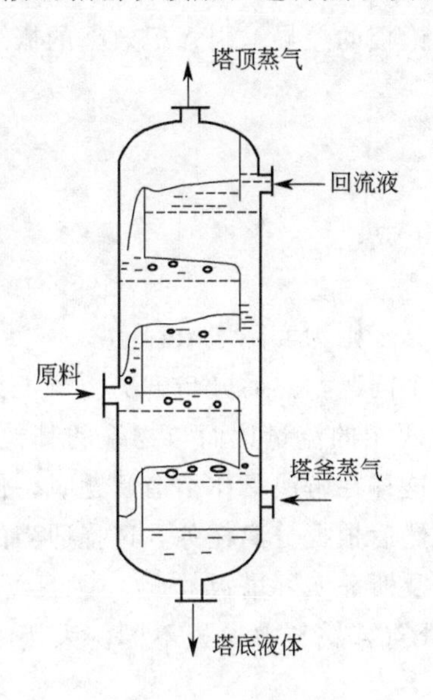

图 6-51　板式精馏塔

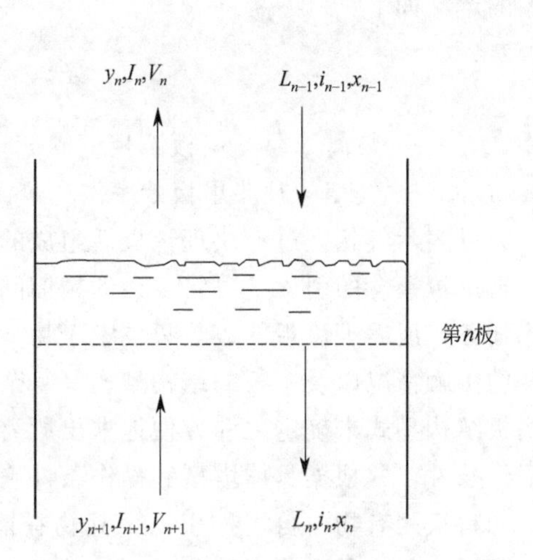

图 6-52　塔板热量和物料衡算

① 由第 n 板上升的蒸气量为 V_n，组成为 y_n；

② 从第 n 板溢流下去的液体量为 L_n，组成为 x_n；

③ 由第 $n+1$ 板上升的蒸汽量为 V_{n+1}，组成为 y_{n+1}；

④ 由第 $n-1$ 板溢流下来的液体量为 L_{n-1}，其组成为 x_{n-1}。

总物料衡算式：

$$V_{n+1}+L_{n-1}=V_n+L_n$$

轻组分衡算式：

$$V_{n+1}y_{n+1}+L_{n-1}x_{n-1}=V_n y_n+L_n x_n$$

当组成为 x_{n-1} 的液体及组成为 y_{n+1} 的蒸气同时进入第 n 板，由于存在温度差和浓度差，气液两相在第 n 板上密切接触进行传质和传热的结果会使离开第 n 板的气液两相平衡（如果为理论板，则离开第 n 板的气液两相成平衡），若气液两相在板上的接触时间长，接触比较充分，那么离开该板的气液两相相互平衡，通常称这种板为理论板（y_n，x_n 成平衡）。精馏塔中每层板上都进行着与上述相似的过程，其结果是上升蒸气中易挥发组分浓度逐渐增高，而下降的液体中难挥发组分越来越浓，只要塔内有足够多的塔板数，就可使混合物达到所要求的分离纯度[12]。

4. 塔板传质过程的简化——理论板和板效率

对精馏塔板上所发生的两相传递过程进行完整的数学描述，除必须进行物料衡算和热量衡算之外，还必须写出表征过程特征的传质速率方程与传热速率方程。但是，塔板上所发生的传递过程是十分复杂的，它涉及进入塔板的气、液两相的流量、组成、两相接触面积及混合情况等许多因素。塔板上两相的传质与传热速率不仅取决于物系的性质、塔板上的操作条件，而且与塔板的结构有关，很难用简单的方程加以表示。

为此，引入了理论板的概念，所谓理论板是一个气、液两相皆充分混合而且传质与传热过程的阻力皆为零的理想化塔板。因此，不论进入理论塔板的气、液两相组成如何，在塔板上充分混合并进行传质与传热的最终结果总是使离开塔板的气、液两相在传质与传热两个方面都达到平衡状态。

理论板并不等同于实际塔板，为表达实际塔板与理论板的差异，引入板效率的概念。板效率的定义如下：

$$E_{mV}=\frac{y_n-y_{n+1}}{y_n^*-y_{n+1}}$$

式中 y_n^*——与离开第 n 块板液相组成 x_n 平衡的气相组成；

E_{mV}——气相的默弗里板效率。

分母表示气相经过一块理论板后组成的增浓程度，分子则为实际增浓程度。

理论板概念的引入，可将复杂的精馏问题分解为两个问题，然后分步解决。对于具体的分离任务，所需理论板的数目只决定于物系的相平衡及两相的流量比而与物系的其他性质、两相的接触情况以及塔板的结构型式等复杂因素无关。这样在解决具体精馏问题时，便可以在塔板结构型式未确定之前方便地求出所需理论板数。然后根据分离任务，选择适当的塔型和操作条件，并根据具体塔型和操作条件确定塔板效率及所需实际塔板数。

加料板因有物料自塔外引入，其物料衡算式和热量衡算式与普通板不同。采用上述方法，可对加料板导出相应的公式。

组成一定的原料液可在常温下加入塔内，也可预热至一定温度，甚至在部分或全部汽化的状态下进入塔内。原料入塔时的温度或状态称为加料的热状态。加料的方式多种多样。当原料的状态为气液混合物时，原料的气液两相与加料板上的气液两相可作不同方式的混合与接触，混合与接触的方式不同，离开加料板的两相流量与组成也不同。理论加料板可以将进料板的复杂情况加以简化，不论进入加料板各物流的组成、热状态及接触方式如何，离开加料板的气液两相温度相等，组成互为平衡[12]。

5. 最少理论板数计算（Fenske 全回流公式）

当一个蒸馏塔在全回流时，塔顶及塔釜均不出料、不进料，塔顶冷凝器出来的物料全部回流到塔中，同时进入再沸器的物料亦全部蒸发。公式如下：

$$\alpha_{l\text{-}h}=\frac{y_l/x_l}{y_h/x_h}=\frac{k_l}{k_h}$$

或

$$\left(\frac{y_l}{y_h}\right)_1=\alpha_{l\text{-}h}\left(\frac{x_l}{x_h}\right)_1$$

式中 α——相对挥发度；

χ——液相组成；

y——气相组成；

下标 l——轻关键组分；

下标 h——重关键组成。

式中，1 为塔内最低的一块塔板，或部分蒸发的再沸器，对于 l 组分和 h 组分，物料平衡为：

$$L_2x_{2,l}=V_1y_{1,l}+Bx_{1,l}$$

$$L_2x_{2,h}=V_1y_{1,h}+Bx_{1,h}$$

式中，B 为塔釜流出的液体流量；V 为上升气量。在全回流时，$B=0$、$L_2=V_1$，因此 $x_{2,l}=y_{1,l}$、$x_{2,h}=y_{1,h}$，所以 $\left(\frac{x_l}{x_h}\right)_2=\alpha_1\left(\frac{x_l}{x_h}\right)_1$

用同样的方法计算第2块塔板与第3块塔板之间的关系式，可得

$$\left(\frac{y_l}{y_h}\right)_2=\alpha_2\left(\frac{x_l}{x_h}\right)_2=\alpha_2\alpha_1\left(\frac{x_l}{x_h}\right)_1$$

由于 $x_{3,l}=y_{2,l}$、$x_{3,h}=y_{2,h}$，所以 $\left(\frac{x_l}{x_h}\right)_3=\alpha_2\alpha_1\left(\frac{x_l}{x_h}\right)_1$

按此计算进行至塔顶第 $N+1$ 块塔板为止，则第2块塔板与第 $N+1$ 块塔板之间的液相组成的关系为：

$$\left(\frac{x_l}{x_h}\right)_{N+1}=\alpha_N\alpha_{N-1}\cdots\alpha_2\alpha_1\left(\frac{x_l}{x_h}\right)_1$$

等式左边为冷凝器回流到第 N 块塔板的液相中的 l、h 组分的组成比，第 $N+1$ 块塔板为塔顶，用符号 D 表示。当使用全冷凝器时，$\left(\frac{x_l}{x_h}\right)_D=\left(\frac{y_l}{y_h}\right)_N$，所以

$$\left(\frac{x_l}{x_h}\right)_D=\alpha_N\alpha_{N-1}\cdots\alpha_2\alpha_1\left(\frac{x_l}{x_h}\right)_1$$

当使用部分冷凝器时，即冷凝器的作用相当于另加一块塔板（第 $N+1$ 块塔板），则

$$\left(\frac{y_l}{y_h}\right)_D=\alpha_{N+1}\alpha_N\alpha_{N-1}\cdots\alpha_2\alpha_1\left(\frac{x_l}{x_h}\right)_1$$

用 α_a 代表 α_{N+1} 或 α_N 至 α_1 的平均值，则

$$\left(\frac{x_l}{x_h}\right)_D=\alpha_a^N\left(\frac{x_l}{x_h}\right)_1$$

$$\left(\frac{y_l}{y_h}\right)_D=\alpha_a^{N+1}\left(\frac{x_l}{x_h}\right)_1$$

在全回流条件下，一定的塔板数具有最大的分离能力，因此在指定塔顶和塔釜组成为 $x_{0,l}=x_{0,h}$ 和 $x_{1,l}=x_{1,h}$ 时，所需最少理论板数可用下式表示：

$$N=\frac{\lg\left(\frac{x_l}{x_h}\right)_D\left(\frac{x_h}{x_l}\right)_1}{\lg\alpha_a}$$

使用部分冷凝器时：

$$N+1=\frac{\lg\left(\frac{y_l}{y_h}\right)_D\left(\frac{x_h}{x_l}\right)_1}{\lg\alpha_a}$$

上述理论板数公式中的 N 包括部分蒸发的再沸器，但不包括部分冷凝器。平均值 α_a 可以采用塔顶、进料和塔釜三处 α 值得几何平均值：

$$\alpha_a=(\alpha_{塔顶}\alpha_{进料}\alpha_{塔釜})^{\frac{1}{3}}$$

也可以为塔顶、塔釜两处 α 值的几何平均值：

$$\alpha_a=(\alpha_{塔顶}\alpha_{塔釜})^{\frac{1}{2}}$$

也可以分成精馏、提馏两段计算最少理论塔板数：

$$N_1=\frac{\lg\left(\frac{x_l}{x_h}\right)_D\left(\frac{x_h}{x_l}\right)_F}{\lg\alpha_{a1}}$$

$$N_2=\frac{\lg\left(\frac{x_l}{x_h}\right)_F\left(\frac{x_h}{x_l}\right)_1}{\lg\alpha_{a2}}$$

$$N=N_1+N_2$$

其中
$$\alpha_{a1}=\sqrt{\alpha_{塔顶}\alpha_{进料}}$$

$$\alpha_{a2}=\sqrt{\alpha_{进料}\alpha_{塔釜}}$$

式中 $(x_h/x_l)_F$——进料塔板上液体中的重、轻关键组分的组成比率；

N——最少理论塔板数。

使用部分冷凝器时，理论板数 N_2 不变，N_1 为：

$$N_1=\frac{\lg\left(\frac{y_l}{y_h}\right)_D\left(\frac{x_h}{x_l}\right)_F}{\lg\alpha_1}-1$$

塔顶、塔釜的物料分配计算：

应用上述的部分计算式可以计算出塔顶（D 处）、塔釜（B 处）某一个组分 i 的物料分配。当塔板数 N 为已知数时，α_a^N 是恒定的，因此，可导出 i 组分的分配：

$$\frac{i\text{ 组分在 }D\text{ 处的物质的量 }d_i}{i\text{ 组分在 }B\text{ 处的物质的量 }b_i}=\alpha_a{}^N\frac{r\text{ 组分在 }D\text{ 处的物质的量 }d_r}{r\text{ 组分在 }B\text{ 处的物质的量 }b_r}$$

或

$$\frac{i\text{ 组分在 }D\text{ 处的质量}}{i\text{ 组分在 }B\text{ 处的质量}}=\alpha_a{}^N\frac{r\text{ 组分在 }D\text{ 处的质量}}{r\text{ 组分在 }B\text{ 处的质量}}$$

式中，r 为某一对比组分（轻、重组分）；α_a 为对比于 r 组分的 i 组分的相对挥发度（平均值）[13]。

6. 最小回流比的计算

当两个组分的分离度为已定时，在指定的进料情况下（泡点进料或气液混合进料等），用无穷多的塔板数达到上述规定的所需的最小 L_{N+1}/D 比，成为该操作条件下的最小回流比 R_m，L_{N+1}、D 分别为塔顶回流量和塔顶产品量。

（1）恩德伍德（Underwood）法求最小回流比

根据公式 $\sum_{i=1}^{c}\frac{\alpha_i x_{F,i}}{\alpha_i-\theta}=1-q$ 求出 θ 值，其中 $x_{F,i}$ 为进料中包括气液两相中 i 组分的摩尔分数，q 为进料状态参数。

进料状态可分为饱和液相（泡点进料）、过冷液相、气液混合物、饱和气相和过热气相等。对于饱和液体、气液混合物及饱和蒸气三种进料状况，q 值等于进料中的液体分数。

$$q=\frac{\text{每摩尔进料变为饱和蒸气所需的热量}}{\text{每摩尔进料的汽化潜热}}$$

对于 c 个组分，θ 应有 c 个根，在 $\theta=0$ 与 $\theta=\alpha_c$（α_c 为最重组分 c 的相对挥发度）有一个根，其余的根均在相邻组分的 α 值之间，直至 θ 值在 α_1 和 α_2 之间位置（α_1、α_2 分别为最轻与次轻组分的相对挥发度）。正确的 θ 值应选取在轻、重两个关键组分的 α 之间的根，即 $\alpha_1>\theta>\alpha_2$。

α 为对比于某一个指定组分 r 的各组分的相对挥发度，指定组分可以选取重关键组分 h，所得的 α 为 $\alpha_{i,h}$，也可以选取最重组分 c，如 $\alpha_{i,c}$ 等。

求得 θ 值后，按下式求出最小回流比 R_m：

$$R_{\mathrm{m}}=\sum_{i=1}^{c}\frac{\alpha_i x_{D,i}}{\alpha_i-\theta}-1$$

当塔顶产品为气相出料时，式中 $x_{D,i}$ 要用 $y_{D,i}$ 代替。$x_{D,i}$ 和 $y_{D,i}$ 分别为塔顶产品中 i 组分的液相和气相摩尔分数。

(2) 柯尔本（Colburn）法求最小回流比

用下式算出一个初步近似的最小回流比 R'_{m}：

$$R'_{\mathrm{m}}=\frac{1}{\alpha_{l\text{-}h}-1}\left[\left(\frac{x_{D,l}}{x_{n,l}}-\alpha_{l\text{-}n}\frac{x_{D,h}}{x_{n,h}}\right)\right]$$

式中，$x_{D,l}$、$x_{D,h}$ 为塔顶产品液相中轻、重关键组分的摩尔分数；$\alpha_{l\text{-}h}$ 为进料温度下轻关键组分对重组分的相对挥发度；$x_{n,l}$、$x_{n,h}$ 为轻、重关键组分在精馏段中的恒定浓度（摩尔分数），由下式估算：

$$x_{n,l}\approx\frac{r_F}{(1+r_F)(1+\sum\alpha_{H\text{-}h}x_{F,H})}$$

$$x_{n,h}\approx x_{n,l}/r_F$$

式中　r_F——进料板上轻重关键组分的摩尔分数之比，在泡点进料下，$r_F=x_{F,l}x_{F,h}$；在其他进料状况下，r_F 为平衡后液相中轻重关键组分的摩尔分数之比；

$\alpha_{H\text{-}h}$——进料中比重关键组分重的各组分对重关键组分的相对挥发度；

$x_{F,H}$——进料中比重关键组分重的各组分的摩尔分数；

下标 H——比重关键组分重的各组分。

计算出 R'_{m} 以后，再计算精馏段恒浓区中各轻组分 i（包括轻关键组分）的恒定浓度 $x_{n,i}$：

$$x_{n,i}=\frac{x_{D,i}}{(\alpha_{i\text{-}h})R'_{\mathrm{m}}+\alpha_{i\text{-}h}\left(\dfrac{x_{D,h}}{x_{n,h}}\right)}$$

$$x_{n,h}=1-\sum x_{n\text{-}i}$$

式中　$x_{D,i}$——塔顶产品液相中 i 组分的摩尔分数；

$\alpha_{i\text{-}h}$——i 组分对重关键组分的相对挥发度。

提馏段恒浓区各重组分 j（包括重关键组分）的恒定浓度：

$$x_{m,j}=\frac{\alpha_{l\text{-}h}x_{B,j}}{\left(\alpha_{h\text{-}l}\dfrac{L'}{B}\right)+\alpha_{j\text{-}h}\left(\dfrac{x_{B,l}}{x_{m,l}}\right)}$$

式中　$x_{B,j}$——塔釜出料液相中 j 组分的摩尔分数；

$\alpha_{j\text{-}h}$——j 组分对重关键组分的相对挥发度；

L'——提馏段的液相流量（$L'=R'_{\mathrm{m}}D+qF$）；

$x_{m,l}$——轻关键组分在提馏段中的恒定浓度，摩尔分数。

$\alpha_{j\text{-}h}\left(\dfrac{x_{B,l}}{x_{m,l}}\right)$一项计算时一般可忽略。

$$x_{m,l}=1-\sum x_{m,j}$$

上述式中所用的 α 值，均为在精馏段恒浓区的温度 t_n 下、在提馏段恒浓区的温度 t_m 下的相对挥发度。设 t_D 为塔顶温度，t_B 为塔釜温度。则温度可按下式计算：

$$t_n = t_D + \frac{1}{3}(t_B - t_D)$$

$$t_m = t_D + \frac{2}{3}(t_B - t_D)$$

计算 ψ 值：

$$\psi = (1 - \sum b_m \alpha_{m\text{-}h} x_m)(1 - \sum b_n x_n)$$

式中 x_m，$\alpha_{m\text{-}h}$——提馏段恒浓区中比重关键组分重的各组分浓度及其对重关键组分的相对挥发度；

x_n——精馏段恒浓区中比轻关键组分轻的各组分浓度；

b_n，b_m——经验系数，由图表查得（见图 6-53）。

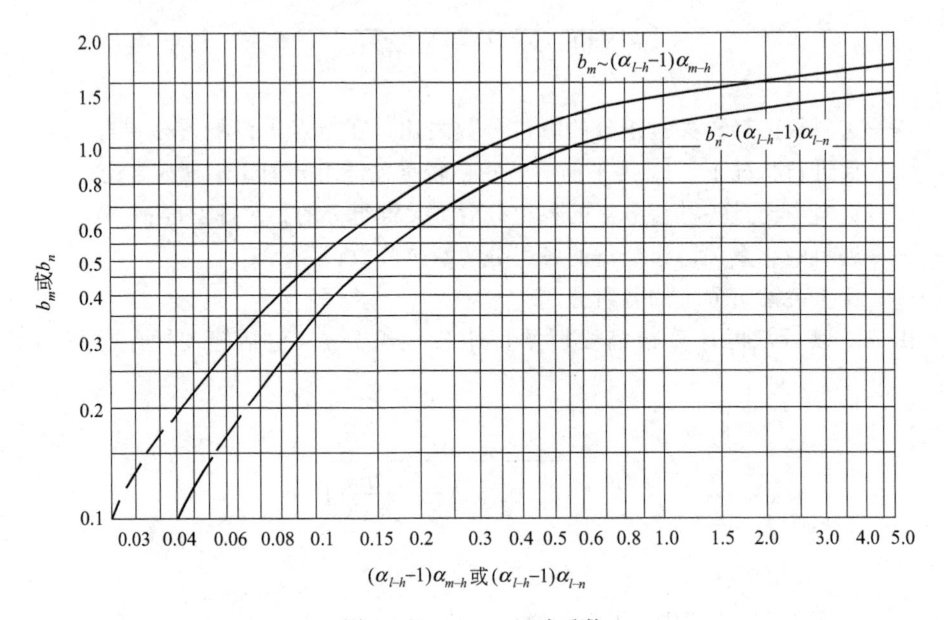

图 6-53 b_n、b_m 经验系数

比较 ψ 值是否符合下式：

$$\psi = \frac{x_{n,b}}{x_{n,h}} \times \frac{x_{m,b}}{x_{m,l}}$$

式中 $x_{n,b}$——组分 b 在精馏段中的恒定浓度，摩尔分数；

$x_{m,b}$——组分 b 在提馏段中的恒定浓度，摩尔分数；

$x_{n,h}$——重关键组分在精馏段中的恒定浓度，摩尔分数；

$x_{m,l}$——轻关键组分在提馏段中的恒定浓度，摩尔分数。

等式右项由精馏段和提馏段计算公式求得，如果由 ψ 值计算公式所得的 ψ 值等于或者接近于上式计算的 ψ 值，则所设的 R'_m 值即为最小回流比。如果 ψ 值大于上式计算值，则假设的 R'_m 值偏大，应另设 R'_m 值重新计算；反之，如果 ψ 值小于上式计算值，则假设的 R'_m 值偏小，均应重新估算直至符合为止[8]。

通过计算公式可以看出，增加精馏塔的回流比，即加大了精馏段的液气比，也加大了提馏段的气液比，有利于精馏过程中的传质。但是，增大回流比是以增加能耗为代价的。因此，回流比的选择是一个经济问题，应在操作费用和设备投资费用之间作出权衡，选择合适的回流比。

从回流比的定义式来看，回流比可以在零至无穷大之间变化，前者对应于无回流，后者对应于全回流，但实际上对指定的分离要求，回流比不能小于某一下限，否则即使有无穷多个理论板也达不到设计要求。回流比的这一下限称为最小回流比，这是技术上对回流比选择的限制。

精馏过程所需热量一般与回流比有关，最小热量取决于最小回流比，回流比是评价分离过程能耗的重要参数。为节约能量，精馏系统采用增加塔板数、降低回流比的方法，节能潜力可达到5%～20%。

最佳回流比 R 与最小回流比 R_m 的关系一般采用 $R/R_m=1.1\sim1.2$，低温精馏系统由于冷剂费用高所以取值略低，$R/R_m=1.05\sim1.1$。最佳回流比与最小回流比的取值还必须考虑回流比与分离度的关系，即塔板效率问题；同时考虑由于低回流比会造成塔内液量降低，难于维持塔板效率的稳定，且难于控制和操作。

二、烯烃分离能耗计算及指标

（一）烯烃分离能耗计算

煤制烯烃项目烯烃分离装置的能耗计算范围包括整个装置的各个级别蒸汽、循环水、除氧水、电、氮气、仪表风、工厂风等公用工程物料的消耗，而物料消耗不包括在内。

煤制烯烃项目烯烃分离装置的能耗计算，执行2007年建设部为统一石油化工建设项目设计能耗计算方法而发布的《石油化工设计能耗计算标准》（GB/T 50441—2007），标准中给出了各工质能耗的折算指标。

能耗体系的能耗按下式计算：$E_p=\sum(G_iC_i)+\sum Q_j$

式中　E_p——耗能体系的能耗，kg/h；

G_i——燃料、电及能耗工质 i 消耗量，t/h、kW、m^3/h；

C_i——燃料、电及能耗工质 i 的能源折算值，kg/t、kg/(kW·h)、kg/m^3；

Q_j——能耗与外界交换热量所折成的一次能源量，kg/h，输入时计为正直，输出时计为负值。

单位能耗按下式计算：

$$e_p=E_p/G_p$$

式中　e_p——单位能耗，kg/t；

G_p——能耗体系的进料量或合格产品量，t/h。

烯烃分离装置的单位能耗按照单位乙烯、丙烯双烯烃合格产品量计算。在能耗计算时应注意：

避免能耗重复计算；

电伴热、照明等耗电不计入能耗计算；

蒸汽伴热、催化剂再生等公用物料的消耗不计入能耗计算；

能耗单位采用千克标准油；原料消耗不计入能耗计算；

单位能耗以单位和合格产品为基准计算[14]。

燃料、电及耗能工质的统一能源折算值见表6-16。

表 6-16 燃料、电及耗能工质的统一能源折算值

序号	类 别	能量折算值/MJ	能源折算值/kg 标准油
1	电/kW·h	10.89	0.26
2	标准油/t	41868	1000
3	标准煤/t	29308	700
4	汽油/t	43124	1030
5	煤油/t	43124	1030
6	柴油/t	42705	1020
7	催化焦炭/t	39775	950
8	工业焦炭/t	33494	800
9	甲醇/t	19678	470
10	氢/t	125604	3000
11	10.0MPa 级蒸汽/t	3852	92
12	5.0MPa 级蒸汽/t	3768	90
13	3.5MPa 级蒸汽/t	3684	88
14	2.5MPa 级蒸汽/t	3559	85
15	1.5MPa 级蒸汽/t	3349	80
16	1.0MPa 级蒸汽/t	3182	76
17	0.7MPa 级蒸汽/t	3014	72
18	0.3MPa 级蒸汽/t	2763	66
19	<0.3MPa 级蒸汽/t	2303	55
20	10~16℃冷量/MJ	0.42	0.010
21	5℃冷量/MJ	0.67	0.016
22	0℃冷量/MJ	0.75	0.018
23	−5℃冷量/MJ	0.80	0.019
24	−10℃冷量/MJ	0.88	0.021
25	−15℃冷量/MJ	1.00	0.024
26	−20℃冷量/MJ	1.17	0.028
27	−25℃冷量/MJ	1.42	0.034
28	−30℃冷量/MJ	1.76	0.042
29	−35℃冷量/MJ	2.00	0.048
30	−40℃冷量/MJ	2.26	0.054
31	−45℃冷量/MJ	2.55	0.061
32	−50℃冷量/MJ	2.93	0.070
33	新鲜水/t	6.28	0.15
34	循环水/t	4.19	0.10
35	软化水/t	10.47	0.25
36	除盐水/t	96.30	2.30
37	除氧水/t	385.19	9.20
38	凝汽机凝结水/t	152.81	3.65
39	加热设备凝结水/t	320.29	7.65
40	污水/t	46.05	1.10
41	净化压缩空气/m^3	1.59	0.038
42	非净化压缩空气/m^3	1.17	0.028
43	氧气/m^3	6.28	0.15
44	氮气/m^3	6.28	0.15
45	二氧化碳(气)/m^3	6.28	0.15

注：1. 燃料应按其低发热量折算成标准油；

2. 蒸汽压力指表压；

3. 作为能耗工质的污水，指生产过程排出的需耗能才能处理合格排放的污水；

4. 气体为 0℃和 0.101325MPa(G) 状态下的体积[15]。

(二) 烯烃分离能耗指标

表6-17是美国LUMMUS公司为世界首套煤制烯烃项目神华包头煤化工公司设计的烯烃分离装置的综合能耗。

表 6-17　烯烃分离装置综合能耗

序号	名　称	单位消耗	能耗指标	综合能耗/(MJ/t产品)
1	锅炉给水	0.08t/t	385.19MJ/t	30.82
2	中压蒸汽	1.11t/t	3684MJ/t	4089.24
3	低压蒸汽	0.032t/t	3182MJ/t	101.83
4	低低压蒸汽	0.152t/t	2763MJ/t	419.98
5	循环冷却水	190.64t/t	4.19MJ/t	798.78
6	装置空气	$8m^3/t$	$1.17MJ/m^3$	9.36
7	仪表空气	$9.3m^3/t$	$1.59MJ/m^3$	14.79
8	氮气	$125.3m^3/t$	$6.28MJ/m^3$	786.88
9	蒸汽凝液	0.2t/t	320.3MJ/t	−64.06
10	透平凝液	1.1t/t	152.8MJ/t	−168.08
11	电	11.09kW·h/t	11.84MJ/(kW·h)	131.3
	总计			6150.84

注：产品以60万吨烯烃计。气体为标准状态下的体积。

截至2012年底，世界上煤制烯烃项目仅有神华包头煤化工分公司一家公司开工投产(2010年8月)，其他煤制烯烃项目均处于在建或筹建之中，项目进展最快的2013年开工投产。

神华包头烯烃分离装置已成功投料运行，积累了大量的实际生产操作经验和原始数据，并且进行了多项技改技措项目，对日后新建的煤制烯烃项目来说具有重大参考价值，可以从工艺设计阶段就开始优化工艺流程，以达到优化装置设计、降低能耗的目的。

第五节　烯烃分离过程操作参数及操作技术

一、主要操作参数

(一) 丙烯制冷系统

丙烯制冷系统主要操作参数见表6-18。

表 6-18　丙烯制冷系统主要操作参数

系统	操作条件	操作参数	系统	操作条件	操作参数
丙烯制冷系统	一段吸入压力	0.03MPa(G)	丙烯制冷系统	三段吸入压力	0.60MPa(G)
	一段吸入温度	−40℃		三段吸入温度	7℃
	二段吸入压力	0.16MPa(G)		三段排出压力	1.63MPa(G)
	二段吸入温度	−24℃		三段排出温度	40℃

(二) 压缩及净化系统

压缩及净化系统主要操作参数见表6-19。

表 6-19 压缩及净化系统主要操作参数

系统	操作条件	操作参数	系统	操作条件	操作参数
原料气压缩机系统	一段吸入压力	0.034MPa(G)	原料气压缩机系统	四段吸入压力	1.8MPa(G)
	一段吸入温度	42℃		四段吸入温度	10℃
	二段吸入压力	0.24MPa(G)		四段排出压力	3.15MPa(G)
	二段吸入温度	38℃		四段排出温度	47℃
	三段吸入压力	0.68MPa(G)	碱洗系统	压力	0.69MPa(G)
	三段吸入温度	40℃		顶温	42.5℃
	三段排出压力	1.92MPa(G)		釜温	42.5℃
	三段排出温度	12℃			

（三）分离系统

分离系统主要操作参数见表 6-20。

表 6-20 分离系统主要操作参数

系统	操作条件	操作参数	系统	操作条件	操作参数
高压脱丙烷系统	压力	1.84MPa(G)	乙烯精馏系统	压力	1.63MPa(G)
	顶温	16℃		顶温	−34℃
	釜温	80℃		釜温	−12℃
低压脱丙烷系统	压力	0.76MPa(G)	1#丙烯精馏系统	压力	1.93MPa(G)
	顶温	15℃		顶温	51.6℃
	釜温	82℃		釜温	59℃
脱甲烷系统	压力	2.64MPa(G)	2#丙烯精馏系统	压力	1.8MPa(G)
	顶温	−10℃		顶温	46℃
	釜温	11℃		釜温	52℃
脱乙烷系统	压力	2.4MPa(G)	脱丁烷系统	压力	0.35MPa(G)
	顶温	−20℃		顶温	46℃
	釜温	63℃		釜温	132℃
加氢反应器	反应器入口温度	59℃			
	反应器出口温度	60℃			

二、原料气压缩系统主要操作变量及其操作技术

（一）原料气压缩系统

原料气压缩系统的操作变量，最主要的是对透平和压缩机转速的控制。利用仪表的先进控制系统，通过调整透平的转速维持压缩机吸入压力的稳定。其他的操作变量，如原料气密度和分子量、原料气温度、冷凝的烃和水的量及其他因素，是不受压缩系统控制的。

对于原料气压缩机而言，吸入压力低，排出压力也会相应低。然而，吸入压力低，会降低压缩机的处理量，限制压缩机的能力。较低的排出压力可以降低压缩机功率消耗，但会增加下游系统对冷剂量的消耗。原料气压缩机设计为四段压缩，带有三个后冷器。前三段在每一段都注入锅炉给水的情况下，排出温度约为 90℃。注入锅炉给水的目的是保证排出温度在 90℃以下。原料气压缩机多段设计的另外一个目的是，可以在压缩机段间相对较前的部分提前将部分冷凝的重组分脱除掉，从而减少后几段压缩的负荷，降低压缩机的功率消耗。保持压缩机排出温度在 90℃以下的目的是，尽可能减小原料气中的不饱和烃在压缩机内件聚合和结垢的趋势。

为了更有效地避免原料气压缩机系统的结垢和聚合，在原料气压缩机组增设了除氧剂和阻聚剂注入系统。

除氧剂注入点为：

原料气压缩机一段锅炉给水注入线

原料气压缩机二段锅炉给水注入线

原料气压缩机三段锅炉给水注入线

阻聚剂注入点为：

原料气压缩机一段吸入管线

原料气压缩机二段吸入管线

原料气压缩机三段吸入管线

防止压缩机系统结垢和聚合的另一措施是设计了备用洗油注入点，这个系统的主要设备是洗油罐和洗油注入泵。洗油注入原料气压缩机前三段的吸入管线，也可以注入压缩机每一级叶轮上。

洗油是轻质循环油或类似的物质。洗油将以雾状的形式流过压缩机。这种连续流动的雾状物减少了金属表面生成聚合物的概率，同时可以溶解带走一些易溶的物质。为了保证洗油的清洗效果，必须连续注入。如果间歇性注入，重新开始注入的时候，由于洗油对转子上的聚合物的不均匀清洗导致转子的不平衡。只要润滑油系统长期稳定运行，由于储运造成的洗油的损失及系统洗油的不断补充，不会对油品的性质造成影响。洗油可能脱除不掉压缩机内表面已经变成坚固附着物的聚合物，这样的聚合物会成为新的聚合物产生的基础，所以洗油一旦停止注入，就要立即进行恢复。

压缩机在正常运行时，返回量是很小的。吸入量降低到一定程度时，需要进行循环以保证压缩机有一个最小的进料量。如果需要降低排出压力，或提高吸入压力，在调节返回量之前可以降低压缩机转速。

原料气压缩机有三套防喘振控制系统。第一套防喘振系统是部分原料气从压缩机二段排出，即水洗涤塔气相返回到压缩机一段吸入罐进料线（二返一）。第二套防喘振系统是部分原料气从压缩机三段排出冷却器后返回到压缩机三段吸入，即在碱洗塔进料加热器、碱洗塔之前。第三套防喘振系统是部分原料气从压缩机四段排出返回到压缩机四段吸入，即高压脱丙烷塔上部进料之前。防喘振控制的依据是每一段的流量、温度和压力。防喘振控制系统在压缩机运行的过程中必须随时完好可用。

为了保持压缩机每一段达到希望的最低吸入温度，压缩机段间冷却系统根据原料气的变化情况进行调整。确保压缩机段间罐有足够液位，能够防止原料气通过段间罐的凝液线由高压罐回流到低压罐。

原料气压缩机一段吸入罐顶部设有压力控制阀，在压力过高时将多余的物料放火炬。这个压力控制阀是按压缩机一段吸入流量的50%进行设计的。原料气压缩机三段吸入罐顶部设有压力控制阀，在三段吸入压力过高时，通过压力控制阀将多余的物料排放到热火炬。三段排出压力过高时通过压缩机三段排出管线上的压力控制阀放火炬。四段排出压力过高时通过四段排出管线上的压力控制阀放火炬。

为保护压缩机组的设备安全，设置了仪表安全联锁保护系统。压缩机组停车的工艺及设备联锁：

原料气压缩机三个吸入罐中，任何一个罐的液位高高；

高压脱丙烷塔回流罐液位高高（相当于四段吸入罐）；

压缩机任何一段排出温度高高；

表面冷凝器的压力高高；

透平和压缩机润滑油压力低低；

透平和压缩机位移高高；

干气密封排放气与火炬压差高高；

透平超速跳闸；

紧急停车按钮（现场和控制室）。

（二）原料气净化系统

水洗涤塔能够脱除原料气中的含氧化合物（甲醇、二甲醚、乙醇、丙醛和丙酮）。通过原料气和洗涤水的接触，原料气中的含氧化合物被脱除掉，含氧化合物溶解在洗涤水中，从水洗涤塔的底部送到界区。

水洗涤塔脱除掉原料气中的含氧化合物。如果含氧化合物被带到下游，那么氧化物对后系统的操作或最终产品的指标都会产生危害。水洗系统的首要控制因素是洗涤水的流量。充足的洗涤水可以保证原料气与洗涤水在塔内件上进行充分的接触。洗涤水的流量可以根据操作经验和含氧化合物的脱除效果进行调整。

碱洗塔脱除原料气中的酸性气体二氧化碳。碱洗塔位于原料气压缩机二段和三段之间，为防止较重组分在碱洗塔内冷凝，原料气先经水洗水预热后进入碱洗塔，以脱除在MTO反应器中产生的酸性气体。

原料气由下到上经过碱洗塔弱碱段及中碱段的洗涤后，进入碱洗塔的强碱段用10%（质量分数）的循环碱溶液进行冲洗，使原料气中二氧化碳含量达到乙烯产品规格要求。最后，原料气进入碱洗塔顶部水洗段进行冲洗，水洗段装有三层高效率的泡罩塔盘。原料气在水洗段进行水洗的目的是为了防止碱被带到下游设备中。碱洗塔顶部出来的原料气进入原料气压缩机三段吸入罐。在碱洗塔顶部出口管线上设有一个在线分析仪，用来监控原料气中的二氧化碳含量。

从界外来的32%（质量分数）的新鲜碱被稀释到20%（质量分数）后，通过泵从碱罐送到强碱循环泵的入口管线，保持强碱泵的循环碱浓度在10%（质量分数）左右。碱洗塔水洗段的一部分水按照一定比率进入强碱循环泵的入口管线，以补充强碱液对原料气进行碱洗的水损失。

在碱洗塔内会产生少量的聚合物，尤其是在碱浓度过高、操作温度过高的情况下。对碱洗塔的进料进行预热以减少烃的浓度，这也可以有效控制碱洗塔内的结垢聚合问题。在大多数情况下，碱洗塔内会生成一些黄油。为了不使这些油在碱洗循环过程积累和结垢，有必要将其从碱洗塔塔釜中除去。黄油和废碱被一起送到界区外。

为了进一步减少碱洗系统发生结垢和聚合问题，在碱洗系统中增设阻聚剂注入系统。除了使用阻聚剂注入系统之外，还设置了一个抗氧剂注入系统。抗氧剂通过强碱循环泵的出口管线注入系统。阻聚剂通过以下途径注入碱洗系统：弱碱循环泵出口管线；中碱循环泵出口管线；强碱循环泵出口管线。

原料气中的二氧化碳脱除不彻底，会危害到后系统的操作和最终产品的质量。碱洗塔各循环碱段保持足够的循环量才能确保碱液与原料气进行充分有效的接触，循环量的大小取决于原料气的流量。

新鲜碱的补充量依据各段循环碱的浓度进行调节。如果新鲜碱液补充不及时会造成各段循环碱的浓度过低，碱洗后产品中的酸性气体会超标。增大各段循环碱的循环量不能弥补碱浓度过低造成的影响。过多地补入新鲜碱，会造成碱消耗量过大，废碱排放量过高。过高的碱浓度会引起仪表堵塞等其他操作问题。新鲜碱的补充量应该根据需要和碱洗塔每段碱浓度定期取样分析结果进行调节。

在碱洗处理系统中，原料气中的酸性气体二氧化碳和碱反应生成碳酸钠，被脱除掉。碱洗塔能够脱除原料气中所有的酸性气体，碱洗塔出口原料气中酸性气体含量要小于1ppm。为了达到这个目的，原料气在碱洗系统要和碱液充分接触。为此将碱洗塔设计为三个碱洗循环段。碱洗塔上部是强碱段，脱除原料气中微量的酸性气体以达到乙烯产品对二氧化碳的质量要求。另外，碱洗塔顶部设计有三层泡罩塔盘的水洗段，以洗掉原料气中携带的碱液。在水洗段使用泡罩塔盘可以保证气液充分、有效地接触。

碱洗塔的各碱循环段的循环量以及水洗段的循环量，都是为了保证碱洗塔的每块塔盘上都有足够的液体。原料气的量波动的情况下，这些流量不需要进行调整。每一段的碱循环量都进行检测和调整。

碱洗塔水洗段的水按一定比例的流量进入到强碱循环泵吸入管线，作为强碱循环段的补充水。水洗段在低液位的情况下，由液位进行超驰控制，以保证水洗段液位的稳定。强碱段补水的目的是维持强碱循环段的碱浓度在10%（质量分数），并补充原料气与强碱液在接触过程中带走的部分水。如果由水洗段补充到强碱段的水流量不足，可以向强碱段补充冷却后的锅炉给水。碱洗塔水洗段循环泵的循环量由流量进行控制，并保持设计值，才能保证水洗段泡罩塔盘上有足够的水。

如果碱洗塔的操作温度高于55℃，将会发生明显的碱腐蚀。所以要严格控制碱洗塔的操作温度，锅炉给水在进入碱洗塔之前一定要充分冷却。

（三）原料气干燥系统

原料气干燥器的作用是脱除原料气中的水分。为了满足产品的规格要求，防止在下游激冷换热器、尾气换热器和脱甲烷塔等低温设备中结冰和形成烃水合物，必须脱除原料气中的水分。干燥系统分为气相干燥器和液相干燥器。

原料气压缩机三段排出的原料气依次经过冷却水、脱乙烷塔进料、7℃的丙烯冷剂冷却后，温度达到12℃。冷却后的原料气进入压缩机三段排出罐，冷凝的烃和水从原料气中分离出来。气相原料气从罐顶进入原料气干燥器，液相进入液相干燥器，干燥后的原料气进入高压脱丙烷塔。

气相干燥器包含两个干燥床层。在主干燥床层（运行周期为36h）下面设有一个湿度分析仪，以指示原料气的湿度。在主干燥床层下面设有一个保护床层（运行周期为6h），以防止水分从干燥器中带出。如果前面的湿度分析仪显示主床层干燥剂已经达到饱和状态，干燥器必须马上停用。与干燥器的运行、再生有关的阀门的操作都是由自动程序进行控制的。

液相干燥器采用分子筛作干燥剂，液体自下向上流动。干燥器设置两台，一台在线运行，另一台再生或备用，以保证生产操作的连续性。液相干燥器中装填的干燥剂与原料气干燥器中装填的干燥剂相同。每台干燥器床层的干燥剂在再生之前设计运行周期为72h。在干燥剂床层中间和干燥器出口都设有分析仪表。床层中间的分析仪表用来确定干燥器何时需要进行再生。

干燥器的再生过程是利用再生气（氮气）通过干燥剂床层来实现的。再生气首先经过再生器进出料换热器，用干燥器（原料气干燥器、液相干燥器、乙烯干燥器、丙烯产品保护床或乙炔加氢反应器）出口的高温再生气加热。然后再生气进入再生气加热器，用中压蒸汽加热到大约232℃。经过干燥器床层的（包括本装置的其他用户）再生气，进入再生器进出料换热器，通过加热进入干燥器的再生气而被冷却，然后再进入再生器冷却器用循环水进行冷却后，进入再生气缓冲罐。进入再生气缓冲罐的再生气最终排往火炬。缓冲罐中的冷凝液在液位控制下排到界外的急冷水塔。

干燥器的干燥剂是合成的沸石分子筛。沸石的主要成分是硅酸盐，对水有很好的吸附性。合成的沸石是在严格的控制条件下生产制造的，具有一致的精确的晶体外形。分子筛理想的外形是内部中空而外部带有小孔的结晶体。分子筛的孔非常的小，只允许水、空气和其他少数小分子气体才能通过并进入到分子筛内部，所以称为分子筛。利用3A分子筛吸收水分，而烃类物质被排除在外。更大规格的分子筛（4A、5A等），可以吸收除水以外的一些大分子。纯的晶体被加工成粉末状，并掺和一定比例的黏土制作成干燥剂。

吸收水分的分子筛床层会达到饱和状态，这时就需要对干燥剂进行再生。如果聚合物堵塞分子筛的小孔，会造成分子筛的孔隙数量减少，从而降低干燥剂吸附水的容量（标准是1kgH_2O/100kg干燥剂）。干燥剂每经过一次再生，吸附水的能力会略有下降。干燥器床层在升温之前必须进行冷吹，以脱除床层中残余的烃类物质。

（四）前脱丙烷系统

前脱丙烷系统设有高压脱丙烷和低压脱丙烷两个塔。高压脱丙烷塔的操作压力是1.835MPa(G)，低压脱丙烷塔的操作压力是0.762MPa(G)。这样的设置相对于单塔操作能有效改善系统结垢的问题。

高压脱丙烷塔设有32层塔盘。1～30层（自上而下）是浮阀塔盘，31～32层是筛板塔盘。1～20层是单溢流塔盘，21～32层是双溢流塔盘。从原料气干燥器来的原料气进料到高压脱丙烷塔的第21层塔盘。液相干燥器来的烃液进料到高压脱丙烷塔的第22层塔盘。

高压脱丙烷塔顶馏出物通过塔顶冷凝器，利用7℃的丙烯冷剂部分冷凝。当MTO反应器的馏出物中乙烯/丙烯的值高时，有必要降低高压脱丙烷塔塔顶冷凝器的冷剂温度。丙烯制冷系统在设计上可以进行这样的调整。高压脱丙烷塔塔顶的冷凝液通过高压脱丙烷塔回流泵离开高压脱丙烷塔回流罐，在流量控制下返回到高压脱丙烷塔顶部塔盘作为高压脱丙烷塔回流。包含碳三及更轻组分的原料气从高压脱丙烷塔回流罐顶部进入原料气压缩机四段进行压缩。

高压脱丙烷塔塔釜允许有碳三及轻组分（大约46%，质量分数，下同），这样可以降低塔釜的温度。塔釜温度过高会导致二烯烃组分在塔盘上和再沸器里聚合和结垢。高压脱丙烷塔再沸器用减温减压的低压蒸汽作加热介质。一台备用的再沸器可以保证再沸器定期清理。

脱丙烷系统的主要控制目标是塔顶的碳四及重组分含量（0.05%～0.06%），为防止高、低压脱丙烷塔釜结垢，控制塔釜温度不能超过80℃，用7℃的丙烯冷剂保持适当的温度，控制低压脱丙烷塔塔顶物料的冷凝。

高压脱丙烷塔的目的是控制塔顶物料中的C_4组分含量，达到允许最终的丙烷产品循环到燃料气系统的规格要求。高压脱丙烷塔的压力取决于原料气压缩机三段排出经过工艺设备产生压力降后的压力（原料气压缩机三段排出后冷器、分离罐、干燥器等）。低压脱丙烷塔的操作压力是由低压脱丙烷塔顶物料被冷凝需要的适当的温度和7℃的丙烯冷剂决定的。两个塔的塔釜温度都要低于82℃。较低的温度可以降低塔盘和再沸器中的结垢程度。

高压脱丙烷塔塔釜物料经过高压脱丙烷塔塔底冷却器用冷却水进行冷却，然后在高压脱丙烷塔塔釜液位控制下进料到低压脱丙烷塔第19层塔盘。低压脱丙烷塔设有46层塔盘。第

1～35层（自上而下）是浮阀塔盘，36～46层是筛板塔盘。低压脱丙烷塔所有的塔盘都是单溢流方式。

低压脱丙烷塔控制目标是塔顶的碳四及重组分含量（0.55%～0.7%）和塔釜碳三及轻组分含量（最大为0.2%）。

低压脱丙烷塔塔顶馏出物经过低压脱丙烷塔塔顶冷凝器，利用7℃的丙烯冷剂全部被冷凝。低压脱丙烷塔回流罐中的液体通过低压脱丙烷塔回流泵抽出，分别为高压脱丙烷塔和低压脱丙烷塔提供回流。一部分液体在流量控制下送到低压脱丙烷顶部塔盘作回流；剩余的液体通过低压脱丙烷塔回流罐的液位与液体自身流量串级控制的方式送到高压脱丙烷塔顶部塔盘作为回流。

低压脱丙烷塔再沸器用急冷水作为加热介质。设有一台备用的再沸器可以保证再沸器定期清理。另外，低压脱丙烷塔增设一台用减温减压的低压蒸汽作加热介质的再沸器，以防止在开工时没有稳定的急冷水热源。塔的操作压力被降低以后，塔釜温度随之降低，因此再沸器的结垢程度被减小。低压脱丙烷塔塔釜含有碳四及更重的组分的物料，在塔釜液位的控制下进料到脱丁烷塔。

为了进一步解决脱丙烷系统的聚合和结垢问题，在脱丙烷系统增设一个阻聚剂注入系统。阻聚剂的注入点如下：

高压脱丙烷塔的进料线；

高压脱丙烷塔再沸器进料线；

低压脱丙烷塔进料线；

低压脱丙烷塔再沸器进料线。

低压脱丙烷塔塔釜碳三及轻组分的含量是通过控制低压脱丙烷塔第37块塔盘的温度（灵敏板温度）来实现的，从而保证混合碳四产品中轻组分的含量最大为0.5%。灵敏板温度串级控制低压脱丙烷塔再沸器中急冷水的流量。低压脱丙烷塔还另外增设一台利用脱过热的低压蒸汽作加热介质的开工再沸器，以确保在开工期间加热介质急冷水不能稳定供应的情况下，低压脱丙烷塔能够正常运行。低压脱丙烷塔塔釜产品在液位控制下进入脱丁烷塔。在塔釜采出线上设有一个在线分析仪表，以监控碳三及轻组分的含量。

为防止高、低压脱丙烷塔系统超压，设置仪表安全联锁系统。在高压脱丙烷塔压力高高报警、紧急停车按钮启动、停水、停电的情况下，联系系统都会触发高压脱丙烷塔紧急停车，关闭高压脱丙烷塔底再沸器低压蒸汽的进出口阀门。在低压脱丙烷塔压力高高报警、紧急停车按钮启动、停水、停电的情况下，联锁系统也会触发低压脱丙烷塔紧急停车，关闭低压脱丙烷塔再沸器的加热介质急冷水进出口阀门，同时关闭低压脱丙烷塔再沸器的蒸汽进出口阀门。

三、精馏系统主要操作变量及其操作技术

（一）脱甲烷系统

从高压脱丙烷塔塔顶出来的物流经原料气压缩机四段压缩到3.15MPa(G)。压缩后的物流依次经过脱甲烷塔再沸器和乙烯精馏塔再沸器，通过提供工艺热量而自身被逐渐冷却。冷却后的原料气物流进一步用−37℃的丙烯冷剂进行冷却。部分冷凝的物流在脱甲烷塔进料罐中进行气液分离。

脱甲烷塔进料罐中的气相和液相分别进入脱甲烷塔的适宜塔盘上。从1＃丙烯精馏塔引

来的一股丙烷物料，先经过尾气和各种温度等级的丙烯冷剂过冷后，并入脱甲烷塔回流线上作为丙烷洗料。脱甲烷塔塔顶物料被送到脱甲烷塔塔顶冷凝器。通过采用丙烷洗物料作为塔的补充回流，而且塔的进料是原料气压缩机四段排出的压缩后物料，可以保证脱甲烷塔有足够高的操作压力，实现塔顶物流在－40℃丙烯冷剂的作用下充分冷凝，从而尽可能降低脱甲烷塔顶物流中乙烯的损失。

脱甲烷塔塔底含有碳二和碳三组分的烃类产品被分成两股，一股进入脱乙烷塔作为脱乙烷塔的上部进料，另一股作为原料气压缩机三段排出物料的冷剂，换热后进料到脱乙烷塔较低的进料位置。脱甲烷塔塔顶物流经过尾气换热器加热后进入界外的燃料气系统。

当 MTO 反应器生成的原料气中的乙烯/丙烯值高时，脱甲烷塔塔釜需要比原料气能够提供的更多的热量。这时脱甲烷塔可以用 40℃的丙烯作为再沸的补充。

脱甲烷塔再沸器和乙烯精馏塔再沸器的加热介质原料气线都设有旁路线，用以控制各自塔的温度。在乙烯精馏塔再沸器原料气出口线设有一个温度控制器，以维持再沸器的适宜温度。温度控制器设定值为－7℃，改变乙烯精馏塔上游的脱甲烷塔 1＃进料激冷器的冷剂液位。

脱甲烷塔进料罐的温度是通过调节上游脱甲烷塔 3＃进料激冷器的冷剂液位来控制的，冷剂侧液位设有高液位超驰调节。脱甲烷塔进料罐中的液相在液位控制下进入脱甲烷塔。深冷分离的压力通过设于脱甲烷塔进料罐顶的压力调节器进行控制。

脱甲烷塔塔顶冷凝温度是通过脱甲烷塔塔顶冷凝器中－40℃的丙烯冷剂、脱甲烷塔回流罐顶设置的压力控制器以及丙烷洗物料共同控制的。丙烷洗物料来自 1＃丙烯精馏塔塔釜，采用流量控制。丙烷洗物料在混入脱甲烷塔回流线之前，通过尾气及各种温度等级的丙烯冷剂进行过冷。脱甲烷塔回流罐的液位是通过调整脱甲烷塔塔顶冷凝器的冷剂液位路调节的，回流罐的液位对塔顶冷凝器的液位进行高液位超驰控制。控制塔的总回流量（脱甲烷塔回流罐来的液相量与丙烷洗物料的和，两者都采用流量控制），目的是限制脱甲烷塔塔顶气相的乙烯损失量。然而，当 MTO 反应器生成的原料气中的乙烯/丙烯值高时，回流量和丙烷洗物料量必须保证塔内的最小液相量。在这种情况下，乙烯损失可控制在 3.2%（摩尔分数）以下。

脱甲烷塔塔釜甲烷的含量是通过调节塔下部液体再分布器与塔釜之间填料层的温度来控制的。这个温度串级调节脱甲烷塔再沸器原料气旁路的流量。当 MTO 反应器生成的原料气中的乙烯/丙烯值高时，必须通过脱甲烷塔再沸器补充再沸量，加热介质是 40℃的丙烯冷剂，丙烯冷剂的量采用流量控制。脱甲烷塔塔底产品采用流量比值调节，在塔底液位的串级控制下分成两股作为脱乙烷塔的进料。为保证最终乙烯产品的质量，控制塔釜物流中的甲烷含量［最大为 100ppm（摩尔比）］。

尾气换热器的作用是加热冷的甲烷、乙烷、丙烷产品到环境温度，以满足做燃料气的需要。换热器的作用是通过冷却丙烷洗物料和丙烯冷剂来实现的。在混合燃料气送入界区之前的管线上设有一个压力控制阀，当混合燃料气的压力高时，将多余的燃料气排向火炬。

尾气换热器设有很多温度调节器，以控制尾气换热器内部的温度。尾气换热器丙烷洗物料出口设有一个温度调节器，调节丙烷洗物料旁路的量，控制尾气换热器丙烷洗物料出口的温度在 6℃。第二个温度调节器用于调节 7℃的丙烯冷剂补偿阀，以保持 7℃补偿丙烯冷剂的出口温度为－30℃。这两个调节器的作用是防止高温物流与低温物流之间有过大的温差导致换热器产生过大的应力。第三个温度调节器用于调整 40℃的丙烯补偿阀，以维持丙烷出口温度为32℃。最后一个温度调节器只是在MTO反应器生成的原料气中的乙烯/丙烯比值低，有更多的丙烷进入燃料气系统时进行操作的。

在原料气干燥器或液相干燥器出现故障的时候，可能会有痕量的水进入脱甲烷塔，在塔内形成烃水合物。这种现象可以通过塔每段填料床层的压差不断增大而表现出来。脱甲烷塔设有甲醇注入点，用来处理塔内出现的烃水合物，并使填料床层压差恢复正常[16]。

（二）脱乙烷和加氢系统

脱乙烷塔的进料有两股，也就是脱甲烷塔塔底物料被分成两股，这两股物料组分相同，但是下部进料的温度稍高一些。最佳的进料比例是上部与下部的进料的比例是7∶3。将进料分成两股，并在设计上相对提高上部进料的量，可以稍稍降低塔的回流量，但是在很大程度上会由于热量转换的降低而增加冷剂系统的能量消耗。

脱乙烷塔的主要控制目标是：利用－24℃的丙烯冷剂，维持适宜的塔顶温度，以控制塔顶物料的冷凝，同时限制塔顶产品中碳三组分的含量不超过0.5%（质量分数）；控制塔釜产品中的乙烯和乙烷组分的含量摩尔浓度分别为乙烯20ppm、乙烷200ppm。

塔釜物料中碳二组分超标，会造成目的产品的损失，同时会影响丙烯产品质量。而塔顶物流中的碳三组分过高，则会造成乙炔加氢反应器和乙烯精馏塔运行效率下降。

脱乙烷塔正常情况下用水洗水作为传热介质，水洗水采用流量控制。脱乙烷塔第49块塔盘上设有一个温度控制器，串级控制进入脱乙烷塔再沸器的水洗水的流量，以维持第49块塔盘温度的稳定。可以通过提高塔釜的温度来减少塔釜产品中的碳二组分的含量。塔釜再沸量过高，会导致塔顶冷凝器对冷剂的需求量的增加。在塔釜物流排出线上设有一个在线分析仪表，以检测塔釜物流中碳二组分的含量，根据分析仪表的测量数据以确定最小的灵敏板的温度设定（建立在塔底产品中），并随时调节再沸器加热介质的流量。

脱乙烷塔顶物料线上设有两个压力控制器。主压力控制器串级控制回流罐顶物料的流量以控制塔顶压力；另外一个压力控制器是在脱乙烷塔压力过高时，控制脱乙烷塔回流罐顶气相物料排到冷火炬。这样控制的作用是在装置的进料量发生改变时，通过塔压对塔顶物料流量的串级控制，来控制脱乙烷塔塔顶物料流量的变化。为了防止由于进料变化对塔压造成影响，从主压力控制器输出的压力信号送到塔顶流量控制器，在出现塔压波动之前作出有效的调整。

在压力控制系统中设有一个压力高高联锁逻辑。在运行过程中的任何时候，如果出现塔压力高高报警、停电或停水事故，再沸器的加热介质入口阀门会自动被关闭。

脱乙烷塔塔顶馏出物包含少量的乙炔，乙炔会对乙烯产品造成污染。因此，脱乙烷塔塔顶馏出物中的乙炔必须通过加氢转化成乙烯或乙烷而脱除掉。乙炔加氢反应器的主要控制目标是，在反应器中通过选择性加氢将乙炔含量减少到1ppm以下。

乙炔的转化反应包括两个主要过程：乙炔转化成乙烯和乙炔转化成乙烷。前一过程是需要的反应，后一过程主要受两个因素影响，即操作温度和氢气的过量程度。高的反应温度会提高催化剂的活性，但是会降低催化剂的选择性。所以，较低的反应温度是比较理想的。新鲜催化剂在运行初期（SOR）的起始反应温度大概是54℃。随着运行时间的增加，在加氢过程中形成的聚合物会在催化剂表面结垢而降低催化剂的活性。催化剂在运行末期（EOR），需要将床层入口温度提高到76℃以提高催化剂的活性。然而，较高的操作温度会增大乙烷的转化率从而降低了催化剂的选择性。

第二个影响催化剂选择性的因素是加氢反应器进料中的氢气的比率。过多的氢气会造成乙烯过量加氢，生成乙烷的量增大，这不仅会对乙炔转化成乙烯的主反应造成影响，还会增加反应过程生成的热量。这会降低催化剂的运行周期。反应器中馏出物中氢气量过高还会影响乙烯产品的纯度。氢气采用流量比值控制，加入到乙炔加氢反应器进料加热器上游入口线。

当催化剂活性已经降低到运行末期时，备用反应器必须投用。当备用反应器投用后，切换下来的反应器中的失效催化剂可以开始进行再生。

另外一个关键控制参数是温度。在每一台反应器床层设有9个温度测量点，在反应器出口冷却器前另外设有一个温度测量点。这些温度都设有高温报警和高高温停车联锁。温度高高报警会导致反应器联锁停车，关闭反应器的进、出料阀门，同时设在反应器进/出料换热器后下游的反应器出料上的程序阀会将反应器中的物料排放冷火炬，进行系统卸压。这9个温度测量点分布在床层的三个不同高度上，这样，床层各个位置的温度以及任何一个可能的温度过热点都会被检测到。床层上的温度分布可以有效指示发生反应区域的温度情况。在理想操作条件下，温度是随着床层深度的变化而线性升高的。如果温度不是线性升高，则说明床层中某些区域反应过于强烈或反应较弱。如果床层没有温升，则只发生了很少的反应。另外，如果出现较高的温差，则说明反应深度过大，有过多的乙烯转化成乙烷。针对这种情况，有效的办法是降低反应温度以提高催化剂选择性，并检测反应器出口乙炔的含量。检测和控制参数之间的关系是非常重要的，正确地理解二者之间的关系对于正确操作和控制加氢系统是必要的。

乙炔加氢转化反应是放热反应。在氢气过量的情况下，乙烯加氢生成乙烷（也是放热反应）的反应会导致温度升高。在高温条件下，额外的乙烯反应会很剧烈，并可能失控。温度高的第一个指示就是报警。在这个时候，有效的调整措施是降低氢气的流量或降低反应器入口温度，或者同时进行以上操作以保证反应的可控。必须要时刻监控反应器出口的乙炔含量。

然而，如果乙烯发生二次反应，例如聚合或分解都会造成高温，只减少氢气进料量不能控制住温度的上升。高温可能会破坏反应器的壳体。如果温度持续升高，反应器就会停车，氢气进料被切断，反应器进出料阀门被关闭。反应器物料放火炬降压。通过排放脱乙烷塔塔顶的物料到火炬系统，可以控制脱乙烷塔的压力。触动中心控制室的紧急停车按钮也可以实现系统全面停车。

（三）乙烯精馏系统

乙烯精馏塔对乙烯和乙烷进行高效分离。干燥的碳二组分进入精馏塔的第90层塔盘。塔顶气相经过用－40℃的丙烯作冷剂的塔顶冷却器冷却后部分冷凝，然后进入乙烯精馏塔回流罐。回流罐的液相通过回流泵送到乙烯精馏塔塔顶。回流罐的气相返回到原料气压缩机三段吸入罐。

乙烯产品从乙烯精馏塔第7块塔盘（自上而下）液相侧线抽出。第7块塔盘以上的部分称为巴氏精馏段，巴氏精馏段可以将氢气、甲烷等不凝气进行提浓并从乙烯产品中脱除掉。乙烯产品被送往烯烃储罐。

乙烯精馏塔侧线再沸器为精馏塔提供侧线再沸。热量来自－24℃的丙烯冷剂。侧线再沸器的液相进料来自第103块塔盘。侧线再沸器出工艺侧物料返回到乙烯精馏塔第106层塔盘。

乙烯精馏塔再沸器用部分冷凝的原料气作为加热介质。乙烯精馏塔塔釜的循环乙烷送到尾气换热器中加热汽化后，并与其他的经尾气换热器加热后的气体混合后一起进入界区外的燃料气系统。

乙烯精馏塔的主要控制目标是：用－40℃的丙烯冷剂维持乙烯精馏塔塔顶的冷凝；控制乙烯产品的纯度（乙烯摩尔分数99.95%）；乙烯精馏塔塔釜循环C_2中乙烯含量最小化（乙烯摩尔分数最大为0.5%）

乙烯精馏塔设有129层浮阀塔盘，进料的组成包括乙烯、乙烷、氢气、甲烷和碳三及重组分，其中氢气和甲烷气相循环返回原料气压缩机系统。乙烯产品从侧线抽出，乙烷产品由塔底采出。

乙烯精馏塔的主要作用是生产合格的乙烯产品。主要的控制指标是侧线抽出乙烯中的乙烷含量。乙烯产品的侧线抽出采用流量比值调节。通过流量控制器保持侧线乙烯产品与回流量的比值不变，防止侧线抽出乙烯产品不合格。回流罐的液位控制器串级回流量，同时也就控制了产品的采出量。

乙烯精馏塔塔釜的循环乙烷在流量控制下送到尾气换热器。乙烯精馏塔塔釜液位串级控制循环乙烷的流量。塔釜乙烯的含量通过再沸器进行调整，再沸器的加热介质的量通过分析仪表控制器进行控制。分析仪表控制器设在第117块塔盘处，用来监控离开该块塔盘液体中乙烯的浓度，同时调整乙烯精馏塔再沸器的加热介质原料气的旁通量。再沸器的跨线控制原料气进入再沸器的流量。在循环乙烷外送管线也设置一个分析仪表，作为辅助的监控手段。

乙烯精馏塔设置一个侧线再沸器，提供65%的再沸量。乙烯精馏塔侧线再沸器采用－24℃的丙烯气相作加热介质。液体从第103块塔盘位置进入侧线再沸器，再沸器馏出物返回到塔的第106块塔盘。侧线再沸器的工艺侧流量既受乙烯精馏塔侧线再沸器工艺侧液位的高液位超驰控制，同时也受乙烯精馏塔塔顶冷凝器丙烯冷剂的高液位超驰控制。

乙烯精馏塔塔顶设有两个压力控制器。第一压力控制器串级控制乙烯精馏塔塔顶冷凝器壳层丙烯冷剂的液位。当第一个压力控制器不能阻止塔压持续上升的时候，第二压力控制器会打开乙烯精馏塔回流罐顶的放空阀将物料排放到冷火炬。

乙烯精馏塔塔顶回流罐中的气相在流量控制下返回到原料气压缩机三段吸入罐。这股气相流量设定值为15kg/h，使轻组分和不凝气（氢气、甲烷、氮气等）从系统中脱除，目的是为了控制甲烷和氢气在乙烯产品中的含量。乙烯精馏塔进料中的所有甲烷都会去塔顶，大部分在气相之中，部分进入乙烯产品，因此必须控制脱甲烷塔塔釜物料中甲烷的含量，达到预先期望的值。

在乙烯精馏塔侧线乙烯产品抽出管线上设有分析仪表，用以检测乙烯产品中的氢气、甲烷、乙炔、乙烷和二氧化碳的含量。如果乙烯产品不合格，轻组分含量过高，则需要调整塔顶气相排放的量。如果塔顶气相排放量调整后乙烯产品中轻组分含量还是过高，则有可能是上游设备出现了问题。增大乙烯精馏塔的回流量并不会对乙烯产品中甲烷的含量有多大的影响，因此必须调整上游设备的操作。乙烯产品中甲烷含量过高往往是由于脱甲烷塔操作不好造成的。另外，乙炔加氢反应器使用的外供氢气质量不合格，也会增加乙烯产品中甲烷和氢气的含量。同样，如果乙烯产品中乙炔含量过高，也是乙炔加氢反应器的问题。

如果乙烯产品中的重组分含量不合格而循环乙烷中的乙烯含量合格，则必须调整乙烯精馏塔的回流量。如果循环乙烷中的乙烯不合格，则在调整回流量之前必须要调整乙烯精馏塔的再沸量。

乙烯精馏塔设有一个流量比值调节器控制乙烯精馏塔侧线乙烯产品的采出流量。这样可以保持乙烯产品侧线采出流量与乙烯精馏塔回流量的比值稳定不变，防止采出不合格乙烯产品。乙烯精馏塔回流罐的液位串级控制乙烯精馏塔回流量，间接地控制了乙烯产品的采出量。

乙烯精馏塔压力高高报警、紧急停车按钮动作、停水或停电，SIS系统（安全联锁系统）都会导致乙烯精馏塔紧急停车。联锁设置的目的是为了防止乙烯精馏塔超压。

（四）丙烯精馏系统

设置有两个丙烯精馏塔，即1＃丙烯精馏塔和2＃丙烯精馏塔，两个塔串联操作。1＃丙烯精馏塔相当于丙烯精馏塔的塔釜部分。设置有77层四溢流浮阀塔盘。1＃丙烯精馏塔的第一再沸器用水洗水作为加热介质。1＃丙烯精馏塔的第二再沸器采用脱过热的低低压蒸汽作为加热介质，在装置开工期间或水洗水不能正常供给时，为丙烯塔提供再沸。

丙烯精馏塔塔釜物料分两股。第一股物料通过丙烷洗输送泵，在流量控制下作为丙烷洗物料从塔釜采出。这股物料先通过丙烷洗冷却器，用冷却水进行冷却，然后再进入尾气换热器进一步冷却。塔釜的第二股物料在流量控制下作为循环丙烷产品采出，然后进入尾气换热器进行加热，并与其他的尾气混合后并入燃料气管网。循环丙烷的流量受塔釜液位的串级控制。

2＃丙烯精馏塔的塔釜物料通过1＃丙烯精馏塔回流泵，在流量控制下送到1＃丙烯精馏塔塔顶，作为1＃丙烯精馏塔的回流。回流量受2＃丙烯精馏塔的塔釜液位的串级控制。1＃丙烯精馏塔的塔顶气相进入2＃丙烯精馏塔塔釜。

2＃丙烯精馏塔设有162层四溢流浮阀塔盘。2＃丙烯精馏塔再沸器采用急冷水作为加热介质。来自脱乙烷塔塔釜的进料进入到2＃丙烯精馏塔的第146层塔盘。2＃丙烯精馏塔塔顶冷凝器采用冷却水作为冷却介质。冷凝器的出料进入丙烯塔回流罐。回流罐中的部分液相在流量控制下通过回流泵打回2＃丙烯精馏塔。聚合级丙烯产品在流量控制下通过丙烯产品采出泵采出，丙烯产品的采出量受回流罐液位的串级控制。采出的丙烯产品经丙烯产品冷却器用冷却水冷却，经丙烯产品保护床精制后送出装置。

丙烯精馏系统的主要控制目标是：

利用适当温度的冷却水维持塔顶的冷凝；控制丙烯产品的纯度（丙烯摩尔分数99.6%）；控制1＃丙烯精馏塔塔釜和2＃丙烯精馏塔塔釜的丙烯含量（1＃丙烯精馏塔釜丙烯摩尔分数小于5%）。

通过控制2＃丙烯精馏塔塔顶的压力，保证塔顶气相在适当的温度下被冷却水介质冷凝。丙烯精馏塔的压力由两个压力调节器进行控制。第一个压力调节器通过分程调节丙烯精馏塔塔顶冷凝器冷却水的量和气相旁路的量来控制塔的压力。如果第一个压力调节器不能阻止塔压持续上升，则第二个压力调节器将2＃丙烯精馏塔回流罐中的气相物料排放到原料气压缩机三段吸入罐。

丙烯产品采出量受2＃丙烯精馏塔塔顶回流罐液位的串级控制。回流量采用流量控制，并根据精馏塔的运行情况不断进行调整，保证丙烯产品中的丙烷和乙烷的含量符合质量要求，要求丙烷的含量小于0.4%（体积分数），乙烷的含量小于200ppm（体积比）。如果丙烯产品中的丙烷含量过高，则应该增大回流量或减少再沸量。在聚合级丙烯产品采出线上设有在线分析仪表以监测丙烯产品中甲醇、乙烯、乙烷、丙烷和DME的含量。丙烯产品通过泵采出，在送往下游装置之前先经过丙烯产品冷却器进行冷却。

回流罐的气相丙烯可以手动排放到火炬。这个排放阀通常不用，但是可以在需要的时候排放不凝气。来自脱乙烷塔釜的物料在流量控制下进料到2＃丙烯精馏塔的第146层塔盘，丙烯精馏塔的进料受脱乙烷塔釜液位的串级控制。进料到丙烯精馏塔中的所有乙烷都会进入塔顶丙烯产品中，所以脱乙烷塔塔釜物料中的乙烷的含量必须控制在如前所述指标内。

1＃丙烯精馏塔的再沸器采用水洗水作为加热介质。进入1＃丙烯精馏塔再沸器的水洗水的量采用流量控制，水洗水的流量受设于第63块塔盘上的分析仪表的串级控制。分析仪表的作用是监测1＃丙烯精馏塔第63块塔盘丙烯的组成。根据组成的变化来控制丙烯精馏塔的再沸量要比根据温度的变化来控制更有效。因为在丙烯精馏塔中，较大的组成变化只能引起较小的温度的变化。1＃丙烯精馏塔的蒸汽再沸器设计用于开工工况，这个再沸器的加热介质是脱过热的低低压蒸汽，加热蒸汽的量采用流量控制。1＃丙烯精馏塔塔釜的丙烷洗物料在流量控制下进入脱甲烷塔。1＃丙烯精馏塔塔釜的循环丙烷的流量受塔釜液位的串级控制。塔釜循环丙烷的外送线上设有分析仪表，用以检测丙烯、DME的含量。

2＃丙烯精馏塔再沸器采用急冷水作为加热介质。2＃丙烯精馏塔再沸器提供的热量占整个丙烯精馏系统全部热负荷的30％。2＃丙烯精馏塔塔釜液相在流量控制下用泵打到1＃丙烯精馏塔塔顶，作为1＃丙烯精馏塔塔顶的回流。回流量受2＃丙烯精馏塔塔釜液位的串级控制。

1＃丙烯精馏塔或2＃丙烯精馏塔塔顶压力高高报警、紧急停车按钮动作、停水和停电，SIS系统都将引起1＃丙烯精馏塔和2＃丙烯精馏塔停车。设置联锁的目的是为了防止1＃丙烯精馏塔和2＃丙烯精馏塔超压。

（五）脱丁烷系统

脱丁烷塔从碳五及更重的组分中分离出碳四及轻组分。脱丁烷塔顶采出混合碳四产品送往烯烃罐区。塔釜采出混合碳五产品送往烯烃罐区。

脱丁烷系统的主要控制目标是：用适当温度的冷却水控制脱丁烷塔塔顶气相的冷凝，保证塔顶气相物流中碳五及更重的组分含量不大于0.5％（质量分数）；控制塔釜物流中碳四及更轻的组分含量不大于0.5％（质量分数）。

通过调整脱丁烷塔塔顶的压力，来实现冷却水的温度与脱丁烷塔塔顶气相的冷凝温度达到一个适当的温差。脱丁烷塔的压力通过两个压力调节器进行控制。第一个压力调节器通过分程控制去脱丁烷塔塔顶冷凝器冷却水的量和热旁通量来控制塔压。当第一个压力调节器不能阻止塔压持续上升时，则第二个压力调节器将打开脱丁烷塔回流罐顶部的压力调节阀将物料排放到火炬系统。

碳四产品中的碳五组分含量通过调整总回流量来控制。在碳四产品采出线上设有分析仪表，以监控碳三和碳五组分的含量。

脱丁烷塔再沸器的加热介质是脱过热的低压蒸汽，低压蒸汽的流量受脱丁烷塔灵敏板温度的串级控制。控制脱丁烷塔的灵敏板温度是为了控制塔釜碳四组分的含量。在塔釜采出线上设有一台在线分析仪表，以检测塔釜产品中的碳四组分的含量。脱丁烷塔釜产品采出的流量受塔釜液位的串级控制。

为了进一步地防止脱丁烷系统的结垢和聚合，在脱丁烷系统中增设了一套阻聚剂注入系统和抗氧化剂注入系统。阻聚剂注入脱丁烷塔进料，抗氧化剂注入碳四产品采出线。

脱丁烷塔塔顶压力高高报警、紧急停车按钮动作、停水和停电都会导致脱丁烷塔紧急停车，关闭进入脱丁烷塔再沸器的低压蒸汽入口阀。设置联锁的目的是为了防止脱丁烷塔超压。

四、丙烯制冷系统主要操作变量及其操作技术

丙烯制冷系统中−40℃的丙烯冷剂为4个工艺过程提供冷量：脱甲烷塔进料3＃激冷器、脱甲烷塔冷凝器、脱甲烷塔中间冷却器和乙烯精馏塔冷凝器。这些换热器接收来自丙烯制冷压缩机二段吸入罐的液相丙烯。

来自压缩机二段吸入罐的过冷丙烯冷剂在脱甲烷塔进料温度的控制下进入脱甲烷塔进料3＃激冷器。脱甲烷塔进料3＃激冷器的冷剂侧液位高液位超驰控制进入激冷器的丙烯冷剂的量，防止过量的丙烯液体进入丙烯制冷压缩机一段吸入罐。来自压缩机二段吸入罐的过冷丙烯冷剂在脱甲烷塔回流罐的液位控制下进入脱甲烷塔冷凝器。脱甲烷塔冷凝器的冷剂侧液位高液位超驰控制进入冷凝器的丙烯冷剂的量，防止过量的丙烯液体进入丙烯制冷压缩机一段吸入罐。进入脱甲烷塔中间冷却器的丙烯冷剂的量受脱甲烷塔中间冷却器丙烯冷剂侧液位的控制。

来自乙烯精馏塔中间再沸器的丙烯冷剂收集罐的液相丙烯冷剂受丙烯冷剂收集罐的液位控制。来自丙烯制冷压缩机二段吸入罐的丙烯冷剂受乙烯精馏塔塔顶冷凝器丙烯冷剂侧液位的控制，塔顶冷凝器丙烯冷剂侧液位受乙烯精馏塔的塔压串级控制。乙烯精馏塔塔顶冷凝器丙烯冷剂侧液位高液位超驰控制乙烯精馏塔侧线再沸器工艺侧碳二组分的量，通过减少来自乙烯精馏塔中间再沸器的丙烯冷剂收集罐的丙烯冷剂的量，来防止过量的丙烯冷剂液体进入丙烯制冷压缩机一段吸入罐。

丙烯制冷压缩机一段吸入罐的压力通过设于一段吸入罐的压力调节器调节透平的转速来控制。压缩机一段吸入罐中正常没有液位。一段吸入罐设有高液位报警和高高液位报警压缩机透平自动停车联锁系统。如果罐里出现液位，可以打开控制压缩机三段出口气相丙烯去设于一段吸入罐里的喷头的控制阀，使高温的丙烯气相进入压缩机一段吸入罐，将一段吸入罐里的丙烯液体汽化。或者可以通过启动丙烯冷剂抽出泵将罐里的液相丙烯输送到压缩机三段吸入罐或烯烃罐区。

−24℃的丙烯冷剂用于脱甲烷塔进料2＃激冷器、丙烷洗物料激冷器、脱乙烷塔冷凝器和尾气换热器。这3个换热器是釜式换热器。进入脱乙烷塔冷凝器的冷剂的流量由脱乙烷塔回流罐液位控制，同时，这个流量还受脱乙烷塔冷凝器冷剂侧液位的高液位超驰控制。脱甲烷塔进料2＃激冷器和丙烷洗物料激冷器的冷剂量受换热器冷剂侧的液位控制。通过尾气换热器的液相丙烯冷剂的量采用温度控制。

来自二段用户的气相丙烯进入丙烯制冷压缩机二段吸入罐。丙烯制冷压缩机二段吸入罐中的部分气相为乙烯精馏塔侧线再沸器提供热量并被冷凝。侧线再沸器配有一个液相丙烯收集罐。其余的气相丙烯进入丙烯制冷压缩机二段吸入罐。

二段吸入罐接收的来自三段吸入罐的丙烯液体已经过乙烯产品1＃汽化器过冷，同时受二段吸入罐的液位控制。二段吸入罐收集的丙烯液体进入工艺用户闪蒸后，为用户提供−40℃的冷剂。二段吸入罐设有高液位报警和高高液位压缩机停车联锁系统。二段不设压力控制，但是二段的压力会随着压缩机一段压力、压缩机转速和流量的变化而变化。

7℃的丙烯冷剂用户是干燥器进料2＃激冷器、高压脱丙烷塔冷凝器、低压脱丙烷塔冷凝器和脱甲烷塔进料1＃激冷器。来自丙烯冷剂收集罐中的冷剂在经过乙烯产品2＃汽化器过冷之后进入这些换热器并被冷凝。当MTO反应器的产品气中乙烯/丙烯的值较小时，丙烯冷剂为尾气换热器提供热量，同时自身被过冷。当MTO反应器的产品气中乙烯/丙烯的值较大时，丙烯冷剂为脱甲烷塔辅助再沸器提供热量，同时自身被过冷。进入干燥器进料

2＃激冷器和脱甲烷塔进料1＃激冷器的冷剂的量由工艺侧物流的温度进行控制。干燥器进料2＃激冷器和脱甲烷塔进料1＃激冷器冷剂侧液位设有高液位超驰控制。低压脱丙烷塔冷凝器冷剂侧的液位受塔压的控制，同时设有高液位超驰控制。高压脱丙烷塔冷凝器冷剂侧的液位受塔顶回流罐液位的串级控制，冷凝器冷剂侧的液位同时设有高液位超驰控制。这些用户都是釜式换热器。在这些换热器中汽化后的气相丙烯进入压缩机三段吸入罐。来自丙烯冷剂收集罐的液相丙烯在压缩机排出压力的控制下进入压缩机三段吸入罐，进入三段吸入罐的液相丙烯的量受丙烯冷剂收集罐液位的低液位超驰控制。三段吸入罐的气相丙烯进入压缩机三段吸入。

注：当MTO反应器产生的产品气中乙烯/丙烯的值较大时，有必要将提供给高压脱丙烷塔冷凝器的冷剂的温度控制在7℃以下，方法是将高压脱丙烷塔冷凝器的丙烯冷剂改进压缩机二段吸入罐。由于二段吸入罐的冷剂量增加了，压缩机一段的压力也应该相应降低到0.0156MPa(G)，这样做能够控制二段的压力并防止二段丙烯冷剂（−24℃）的温度过高。

压缩机三段吸入罐设有液位警报和高高液位停车联锁系统。三段吸入罐不设液位控制，罐的液位是直接通过压缩机排出压力调节器控制来自丙烯冷剂收集罐的过冷液体的量而得到控制的。如果三段吸入罐的液位低了，补充的丙烯可以通过开工线引入罐中。来自三段吸入罐的丙烯液体通过乙烯产品1＃汽化器进行过冷。过冷后的丙烯液体进入二段冷剂冷户，并在液位控制下进入压缩机二段吸入罐。三段吸入罐不设压力控制，但能够通过压缩机的排出压力、压缩机转速和流量得到控制。

压缩机三段吸入罐的气相丙烯进入压缩机三段进行压缩后，然后经过冷却水冷凝器进行冷凝。丙烯在冷凝器的壳层中冷凝后被收集在丙烯冷剂收集罐中。丙烯冷剂收集罐中的液相丙烯经乙烯产品2＃汽化器过冷，当MTO反应器产生的产品气中乙烯/丙烯的值不同时，丙烯冷剂可以分别通过尾气换热器和脱甲烷塔辅助再沸器进行工艺物料的冷量回收。混合后的液相丙烯被分成两股，一股为7℃的丙烯用户提供冷剂，剩余的丙烯在丙烯制冷压缩机三段排出的压力控制下进入三段吸入罐。三段排出压力调节器通过调整离开丙烯冷剂收集罐的丙烯液体的流量来控制压缩机的排出压力。丙烯冷剂收集罐设有一个低液位超驰控制器，防止收集罐液位低时，气相串入压缩机三段吸入罐。

丙烯制冷压缩机设有以下防喘振保护措施。通过检测一段吸入的流量，控制从压缩机三段排出返回到一段吸入罐的最小返回气相量。这股防喘振回路返回的物流，必须利用丙烯液体进行激冷，以满足压缩机的机械要求（注：温度控制太低也会导致液体丙烯进入压缩机一段吸入罐）。激冷用液体丙烯来自压缩机三段吸入罐。利用温度控制器，通过检测压缩机一段吸入的温度来调节压缩机一段的激冷。

激冷液注入热的压缩机排出气相管线中。压缩机跳车的时候，激冷液将会自动被切断，防止液相丙烯进入低压罐中。

压缩机一段吸入的流量和二段吸入的流量之和，控制二段吸入罐的防喘振回路。类似于一段防喘振回路，二段吸入罐的激冷液来自三段吸入罐，利用温度控制器，通过检测压缩机二段吸入的温度来调节压缩机二段的激冷。压缩机跳车的时候，激冷液将会自动被切断，防止罐液位过高。

为防止压缩机二段流量过大，通过测量一段和二段的流量之差，一个流量控制器可以控制二段吸入罐的气相丙烯通过旁路阀进入一段吸入罐。这股气相物料对一段来说温度过高，所以要同一段的防喘振气相一样进行激冷。

通过测量压缩机三段排出进入丙烯冷剂冷凝器的气相丙烯的流量，以控制进入压缩机三段吸入罐的最小返回量。利用防喘振控制系统，在开工期间、紧急状态和某些应急状态下，可以对丙烯制冷压缩机进行全循环操作。

五、烯烃分离装置主要控制回路

（一）压缩机组的控制回路

压缩机的喘振又称为飞动，是离心式压缩机的一种特殊现象，是由于气体的可压缩性而造成的离心式压缩机固有的特性。任何一台离心式压缩机在某一固定的转速下都有一个最高的工作压力，在此压力下有一个相应的最低流量，当低于这个流量时，压缩机就将发生喘振。当喘振发生时，由于出口压力降低导致管网中被压缩的气体倒流回压缩机，引起压缩机负荷的波动，造成驱动汽轮机也处于不稳定的工作状态，止逆阀忽开忽关产生撞击，气体压力和流量发生周期性变化，频率低而振动大，使压缩机发出间断的吼声，机体及相连的管线产生强烈的振动。喘振是一种危险现象，轻则会导致压缩机内件磨损，重则可产生轴向串动，甚至打碎转子叶轮，烧毁轴瓦，使压缩机遭受严重破坏。因此，压缩机控制的首要任务就是防止喘振发生。

为了避免压缩机喘振的发生，可使压缩机出口的部分气体回流至入口。回流量至少应为喘振极限流量 Q_L 与压缩机入口流量 Q_S 之差，即回流量 $Q_B = Q_L - Q_S$，这就使压缩机所输送的流量总是比喘振极限要大，从而防止喘振发生。但是从出口经旁路返回入口，要消耗一部分额外功率。因此回流量要适量，使之既能防止喘振发生，又能节省能耗，这也是压缩机防喘振控制的核心问题。

将不同转速下压缩机的多变压头（H_p）与进气流量（Q）特性曲线上的喘振起始点连成线，就是压缩机的喘振边界线，又称喘振线（SL）。离心压缩机的理论证明它是一条抛物线，抛物线的顶点就在坐标原点上，如图 6-54 所示。对于多段压缩机，喘振边界线更复杂一些，但仍可按抛物线来处理[17]。

此抛物线的方程式可表达为　$H_p = K_1 Q^2$、$Q = K_2 N$

可得

$$H_p = K_3 N^2$$

式中　H_p——多变压头；

Q——进气体积流量；

N——转速；

K_1，K_2，K_3——常数。

压缩机多变压头 H_p 与吸入状态的压力、温度及出口压力之间的关系，是按多变定律关系建立的，公式如下：

$$H_p = \frac{n}{n-1} ZRT\left[\left(\frac{p_d}{p_s}\right)^{\frac{n-1}{n}} - 1\right]$$

式中　n——多变指数；

Z——压缩比；

R——气体常数；

T——入口温度；

p_s——入口压力；

p_d——出口压力。

假设入口温度一定，有以下公式：

$$\left(\frac{p_d}{p_s}\right)^{\frac{n-1}{n}}-1=K_4N^2$$

式中　K_4——常数。

另一方面，压缩机一段喘振曲线如图 6-55 所示，这里有如下关系式：

$$\frac{p_d}{p_s}-1=K_5Q^2$$

式中　K_5——常数。

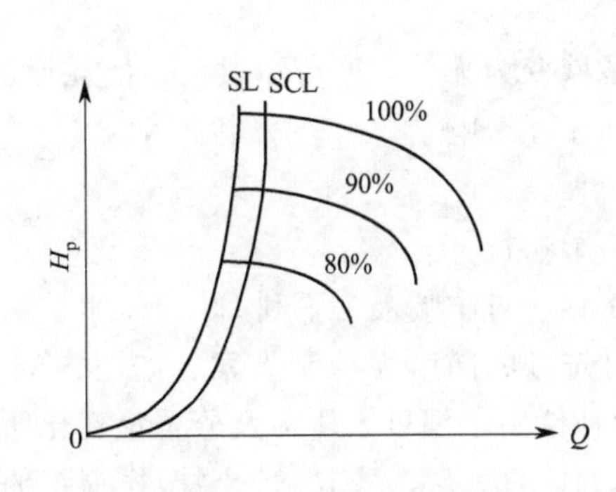

图 6-54　防喘振控制特性曲线（一）

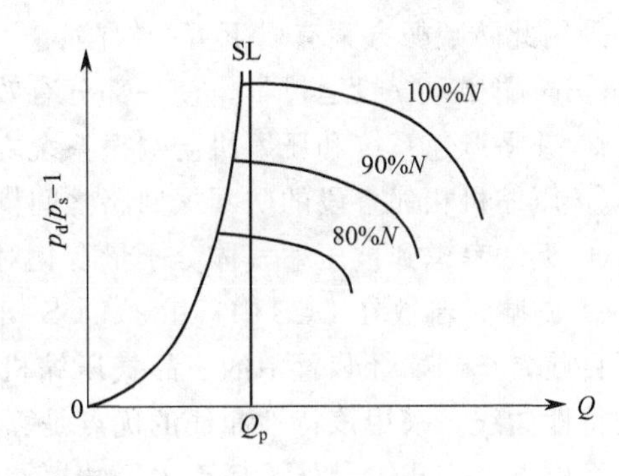

图 6-55　防喘振控制特性曲线（二）

喘振点的 Q'/N' 值可以根据上述关系式求出。

因为

$$\left(\frac{p'_d}{p'_s}\right)^{\frac{n-1}{n}}-1=K_4N'^2 \text{和} \frac{p'_d}{p'_s}-1=K_5Q'^2$$

所以

$$\frac{Q'}{N'}=\sqrt{\frac{K_4}{K_5}\times\frac{\left(\frac{p'_d}{p'_s}\right)-1}{\left(\frac{p'_d}{p'_s}\right)^{\frac{n-1}{n}}-1}}$$

式中加撇的变量表示喘振点的值。

在正常状态时，p_d/p_s基本不变，右端部分基本上为常数，即在喘振点 Q'/N' 为一定值。另外，在实际运行中，p_d/p_s多少有变化，但是此变化对 Q'/N' 影响不大，这是因为 $p_d/p_s>1$。

对于喘振点（Q'/N'），因压缩机的特性曲线有误差、p_d/p_s有变化、仪表测量有误差，因而要留有一定量的安全系数来设定防喘振点 $(Q/N)_L$。当计算实际运转状态的 Q/N 时，使 $Q/N \geqslant (Q/N)_L$ 就能防止喘振；假设 $(Q/N)-(Q/N)_L=\varepsilon$，使 ε 足够小，就既能防喘振又能节省能量。

产品气压缩机通常采用四段或五段压缩机，以一台四段产品气压缩机为例，根据工艺技术及压缩机设计方案的不同，防喘振回路的设置也不尽相同，如可以设置成二返一、三返三、四返四三个防喘振回路，也可以设置成三返一、四返四两个防喘振回路。

离心式压缩机发生喘振，根本原因就是进气量减少并达到压缩机允许的最小值。理论和实践证明，能够使压缩机工作点落入喘振区的各种因素，都是发生喘振的原因：进气温度升高，气体密度减少；进气压力下降；系统管网压力提高排气不畅造成出口堵塞喘振；转速发生变化；控制信号被干扰也容易导致发生喘振；离心式压缩机出口工作压力值设定在喘振区边缘[17]。

通过对离心式压缩机引起喘振的因素的分析，可以根据引起喘振的不同原因，进行有效的防喘振控制。一般的离心式压缩机都设有防喘振控制措施，如防喘振阀、调速器等，离心式压缩机的防喘振控制就是当压缩机将要发生喘振时，通过对压缩机入口流量的调节，或对出口压力调节等措施使压缩机的工作点远离防喘振线，使压缩机工作在稳定的工况区。

传统的防喘振控制（FIC）方案一般采用固定极限流量控制方案，即将 FIC 中的 SP 设为一个定值 Q_p，特性曲线如图 6-55 所示，当实际流量小于极限流量 Q_p时，防喘回流阀就会打开，使一部分气体回流到压缩机入口，直到实际流量达到或超过 Q_p 为止。只要压缩机在某个转速下运行的任何时刻流量均大于 Q_p，则压缩机就不会喘振。

采用此防喘振方案有以下五个缺陷：

① 防喘振系统投运过早，使一部分有效的工作区域变为无效，回流量过大，能耗增加；

② 透平调速系统和压缩机防喘振系统之间耦合，相互影响；

③ 压缩机相邻各段的防喘振回路之间耦合；

④ 无法考虑到被压缩气体分子量变化对操作点的影响；

⑤ 防喘控制放在 DCS 中，由于 DCS 扫描周期为 1s，对防喘极为不利。

目前，煤制烯烃装置中的产品气压缩机组均采用先进的防喘振控制方案。如图 6-54 所示的特性曲线，采用该特性曲线的优点是算法可自动补偿由于温度、压力及分子量变化所引起的操作点的变化。另外，还引入了喘振控制线（SCL）的概念，采取贴近喘振线等距的喘振控制线实行防喘振控制，从而可以大大降低能耗[18]。

（二）精馏系统的控制回路

精馏系统的复杂控制回路系统主要包括：串级控制回路、均匀控制回路、比值控制回路、选择性控制回路、分程控制回路等。

1. 各种复杂控制回路原理介绍

（1）串级控制回路

① 串级控制系统　串级控制是指在对象滞后较大、干扰作用强烈而且频繁的主控制系统中，对局部参数（副参数）进行预先控制以提高系统总体控制水平的复合控制系统。

② 串级控制组成　串级控制系统通常包括：

- 主控制系统：系统目标参数控制系统。
- 副控制系统：为实现目标参数控制而设置的辅助参数控制系统。

③ 串级控制的特点

- 两个回路：主回路、副回路。
- 两个变量：主变量、副变量。
- 改善了对象的特性，有效地克服了滞后。
- 具有一定的自适应能力。可应用于负荷和操作条件变化较大的场合。

自适应：自动调整设定值，以保证系统整体具有较好的控制质量。

④ 串级控制系统中副回路的确定

主、副回路应有一定的内在联系；副回路应尽可能多地包含干扰因素；主要干扰应包含在副回路中，在可能条件下，使副回路包含较多的次要干扰。

注意主、副回路的时间匹配，防止“共振”，尽量使副回路包含较少的滞后时间。

⑤ 控制规律与正反作用

a. 控制规律

• 主回路：无余差——PI、PID 控制。

• 副回路：快速反应——纯 P 控制。

b. 正反作用

• 主回路 ：根据主、副变量的关系确定正反作用。

• 副回路 ：根据系统安全性确定正反作用。

如考虑运行中切除副回路，则副控制器应选用反作用。

设定值加大相当于输入信号减小 。

(2) 均匀控制回路

当系统中具有两个相互关联的参数，其中任意一个参数的稳定必然导致另一个参数的大幅度变化，而工艺上需要两者兼顾时，可采用均匀控制。

① 均匀控制的目标：

• 两个参数都是变化的，且变化缓慢；

• 两个参数的变化范围都要尽可能小。

② 均匀控制方案：

• 简单均匀控制：采用简单控制系统 ，选择适宜的控制参数，降低单个参数的控制精度 。减小放大倍数，延长积分时间，不用微分控制。

• 串级均匀控制：通过两个参数的控制制约调和两个参数的矛盾 。串级均匀控制的主、副回路一般都采用低精度快反应的纯比例控制。要求高精度时可适当加入积分作用 。

(3) 比值控制回路

• 比值控制系统：实现两个或两个以上参数符合一定比例关系的控制系统。

• 比值控制方案：

开环比值控制系统：以一个参数的测定值控制另一个参数。

单闭环比值控制系统：以一个参数的测定值计算出另一个参数闭环控制的设定值。

双闭环比值控制系统：以一个单闭环参数的测定值计算另一个参数闭环控制的设定值。

变比值控制系统：以第三个参数的大小决定上述控制系统的比值。

(4) 选择性控制回路

• 两种系统保护措施：

硬保护：极限情况下，声光报警，转入人工控制或停车。

软保护：极限情况下，转入另一种控制模式，进行自动处理——选择性控制系统。

• 根据处理方法不同，选择性控制系统可以分为三类：

开关型选择性控制系统：由限位信号切断控制器输出。

连续型选择性控制系统：由限位信号切换为另一个控制器输出给执行器。

混合型选择性控制系统：采用两个限制信号，同时进行上述两种控制。

(5) 分程控制回路

• 分程控制系统：由一个控制器同时控制两个执行机构并使之次第执行的控制系统。

• 使用范围：扩大调节范围，提高调节精度；可用于两种不同的介质，以满足工艺要求；用作生产安全的防护措施。

2. 主要系统控制回路介绍

(1) 脱丙烷塔控制回路

• 脱丙烷塔塔釜液位与塔釜采出流量组成串级控制回路；

- 脱丙烷塔塔釜灵敏板温度与进再沸器的加热物料流量组成串级控制回路。

(2) 脱乙烷塔控制回路

- 脱乙烷塔塔釜液位与塔釜采出流量组成串级控制回路；
- 脱乙烷塔塔釜灵敏板温度与再沸器的加热物料流量组成串级控制回路；
- 脱乙烷塔回流罐液位与塔顶冷凝器液位组成超驰控制回路；
- 脱乙烷塔塔顶压力与塔顶采出量、放火炬流量组成分程控制回路。

(3) 乙烯精馏塔控制回路

- 乙烯精馏塔塔釜液位与乙烷采出流量组成串级控制回路；
- 再沸器液位与进中间再沸器的流量组成高液位超驰控制回路；
- 乙烯精馏塔塔顶冷凝器液位与塔顶压力组成超驰控制回路；
- 乙烯精馏塔回流罐液位与塔回流量组成串级控制回路。

(4) 丙烯精馏塔控制回路

- 丙烯精馏塔塔釜液位与丙烷采出流量组成串级控制回路；
- 丙烯精馏塔塔釜丙烯含量与进再沸器的加热物料流量组成串级控制回路；
- 丙烯精馏塔回流罐的液位与丙烯采出流量组成串级控制回路。

(5) 碳二加氢反应器控制回路

- 加氢反应器进料量与氢气量组成比值调节回路；
- 加氢反应器入口温度与反应器进料加热器加热物料流量、反应器进料加热器旁路流量组成分程控制回路。

六、烯烃分离装置主要联锁

(一) 压缩机组停车联锁

1. 产品气压缩机组停车的工艺联锁

- 压缩机一段吸入温度高高
- 压缩机吸入罐液位高高
- 表面冷凝器的液位高高
- 透平真空度低低
- 压缩机排出温度高高
- 紧急停车按钮（现场和控制室）

2. 丙烯制冷压缩机组停车的工艺联锁

- 压缩机吸入罐液位高高
- 表面冷凝器的液位高高
- 透平真空度低低
- 压缩机排出温度高高
- 压缩机排出压力高高
- 紧急停车按钮（现场和控制室）
- 停水

3. 压缩机组停车的机械联锁

- 透平或压缩机润滑油压力低低
- 透平调速油压力低低

- 干气密封系统密封气压力低低
- 断流阀（TTV）关闭（超速或轴振动）
- 压缩机轴位移高高
- 透平轴位移高高
- 压缩机轴振动高高
- 透平轴振动高高
- 超速

（二）脱丙烷塔停车联锁

- 脱丙烷塔压力高高联锁

联锁目的：防止脱丙烷塔超压。在脱丙烷塔压力高高报警、紧急停车按钮启动（位于控制室）、停水、停电的情况下，SIS系统都会触发脱丙烷塔紧急停车，关闭脱丙烷塔再沸器加热侧物料的进出口阀门。

（三）脱乙烷塔停车联锁

- 脱乙烷塔压力高高联锁

联锁目的：防止脱乙烷塔超压。在脱乙烷塔压力高高报警、紧急停车按钮启动（位于控制室）、停水、停电的情况下，SIS系统都会触发脱乙烷塔紧急停车，切断脱乙烷塔再沸器加热侧进料。

（四）乙烯精馏塔停车联锁

- 乙烯精馏塔压力高高联锁

联锁目的：防止乙烯精馏塔超压。在乙烯精馏塔压力高高报警、紧急停车按钮启动（位于控制室）、停水、停电的情况下，SIS系统都会触发乙烯精馏塔紧急停车，切断乙烯精馏塔底再沸器、中间再沸器加热侧进料。

（五）丙烯精馏塔停车联锁

- 丙烯精馏塔压力高高联锁

联锁目的：防止丙烯精馏塔超压。在丙烯精馏塔压力高高报警、紧急停车按钮启动（位于控制室）、停水、停电的情况下，SIS系统都会触发丙烯精馏塔紧急停车，切断丙烯精馏塔再沸器加热侧进料。

（六）脱丁烷塔停车联锁

- 脱丁烷塔压力高高联锁

联锁目的：防止脱丁烷塔超压。在脱丁烷塔压力高高报警、紧急停车按钮启动（位于控制室）、停水、停电的情况下，SIS系统都会触发脱丁烷塔紧急停车，切断脱丁烷塔再沸器加热侧进料。

（七）乙炔加氢反应器停车联锁

- 乙炔加氢反应器飞温联锁

联锁目的：保护催化剂。反应器设置自动停车联锁，当温度高-高报警（设置在床层内部及床层出口的热偶）或触动远程停车按钮时，停车程序便自动启动。

当温度高-高报警或触动停车按钮时，会引发以下动作使反应器停车：

① 切断乙炔加氢反应器的氢气和烃进料；

② 切断乙炔加氢反应器的出料；

③ 将乙炔加氢反应器内的物料排火炬；

④ 激活控制室内停车报警。

第六节 烯烃分离装置主要设备

一、离心式压缩机组

烯烃分离装置压缩机组包括原料气压缩机和丙烯制冷压缩机。

原料气压缩机的作用是将自 MTO 装置来的原料气压缩升压至后分离系统需要的压力。机组为全凝式蒸汽透平驱动离心式压缩机，两缸（低压缸、高压缸）、四段压缩机组。低压缸型号为 46M6I，高压缸为背靠背布置，型号 32M5/3I，透平型号为 2SRQV-5DF。

丙烯制冷压缩机的作用是为工艺系统操作提供不同温度级别的冷剂。机组为全凝式蒸汽透平驱动离心式压缩机，单缸三段压缩，压缩机型号为 56M10-8，透平型号为 2SNV-8。

两台机组动力蒸汽均为中压蒸汽，蒸汽等级 3.8MPa(G)、410℃。压缩机和透平均由埃利奥特透平公司（Elliott）设计制造。

（一）离心式压缩机

压缩机本体结构由转子及定子两大部分组成。转子是压缩机的关键组件，通过它高速旋转对气体介质作功，使气体获得压力能和速度能，以满足生产工艺要求。转子由主轴、叶轮、平衡盘、推力盘以及定距轴套组成。转子是高速旋转组件，因此，要求装配在主轴上的叶轮、平衡盘、推力盘等元件，必须有防止松动的技术措施，以免运行中产生位移，造成摩擦、振动等故障。转子组装时要进行严格的动平衡试验，以消除由于不平衡带来的严重后果。定子包括气缸、定位于缸体上的各种隔板、支撑轴承、推力、轴端密封等零部件。在转子轴端、转子与定子之间需要密封气体处还设有密封元件。

压缩机的缸，是指把转子、定子组装在一起可以压缩气体的一个单元。一台离心式压缩机可以由一个缸组成，也可以由两缸、多缸组成。原料气压缩机组由两个缸组成，丙烯制冷压缩机组由一个缸组成。

压缩机的级，从压缩机的结构来看，可以分为中间级和末级两种形式。中间级的构造，是由叶轮、扩压器、弯道和回流器组成。气体经过一个中间级正好经过一级压缩、扩压的过程，然后流入下一级继续压缩。末级的构造，是由叶轮、扩压器和蜗壳组成，气体经过叶轮增压后，由蜗室将气体收集起来并排出机体外。

压缩机的段，是由若干个中间级和一个末级组成。气体由吸入室进入机内，经过若干级压缩后，为减少压缩机的功耗将气体排出机外送到冷却器进行冷却，完成一段压缩[19]。

隔板：形成固定元件的气体通道，根据在压缩机中所处的位置，隔板分为进气隔板、中间隔板、段间隔板和排气隔板。进气隔板和气缸形成进气室，将气体导流至第一级叶轮入口；中间隔板用于形成扩压器、弯道和回流器；段间隔板是指在分段叶轮对置的压缩机中分隔两段的排气口；排气隔板除了与末级叶轮前的隔板形成扩压器外，还与气缸形成排气室。

叶轮：叶轮又称工作轮，是压缩机中最重要的部件。它随轴高速旋转，气体在叶轮中受旋转离心力和扩压流动的作用，由叶轮出来后，压力和速度都得到提高。从能量转换观点来看，压缩机中叶轮是将机械能传给气体、以提高气体能量的唯一元件。

扩压器：气体从叶轮流出时，具有很高的流动速度，为了将这部分动能充分地转变为势能，以提高气体的压力，紧接叶轮设置了扩压器。一般扩压器有无叶扩压器和叶片扩压器，无叶扩压器是由前、后隔板组成的通道，而叶片扩压器则在前、后隔板之间设置叶片。无论何种扩压器随着直径的增大，通流面积都随之增加，使气流速度逐渐减慢，压力得到提高。

弯道与回流器：由叶轮抛出的气体介质，经扩压器减速增压后进入弯道，气体经过弯道使流动方向反转，接着进入回流器，为保证气体介质沿轴向进入下一级叶轮，回流器内设有一定数量的叶片，以改善气体流动状况，引导气体进入下一级叶轮，所以弯道和回流器是沟通前一级叶轮和后一级叶轮的通道，是实现气体介质连续升压的条件。

进气室：也叫吸气室，它由进气通道、螺旋通道和环形收敛通道3部分组成，其作用是将气体从进气管引至叶轮入口。进气室在压缩机工作过程中起到重要作用，它避免了气体流速不均匀和分离现象，降低流动损失，保证气流在叶轮入口有较均匀的速度场和压力场。

排气室：排气室的外形近似蜗牛壳，所以也叫排气蜗壳。蜗壳的主要作用是把从扩压器或从叶轮（在没有扩压器时）出来的气体汇集起来，并引出机外。在大多数的情况下，由于蜗壳外径逐渐增大，通流面积也增大，因此还可以起到一定的扩压作用。

平衡盘：高速运行的转子，始终作用着由高压端指向低压端的轴向力，转子在轴向力的作用下，将沿轴向力的方向产生轴向位移。转子的轴向位移，将使轴颈与轴瓦产生相对滑动，因此，有可能将轴颈和轴瓦拉伤，更严重的后果是，将导致转子元件与定子元件发生摩擦和碰撞，乃至损坏机器，所以，必须采取相应的技术措施平衡轴向力，以提高机组运行的可靠性。平衡盘是压缩机常用的轴向力平衡装置，平衡盘装于高压侧，外缘与气缸间设有迷宫密封，从而使高压侧与压缩机入口联接的低压侧保持一定的压差，该压差产生的轴向力，其方向与叶轮产生轴向力的方向相反，得以平衡[20]。

原料气压缩机为蒸汽透平驱动、全凝式离心压缩机，包括低压缸和高压缸两个缸体，共四段压缩，低压缸包含一、二段压缩，高压缸包含三、四段压缩（见图6-56、图6-57）。压

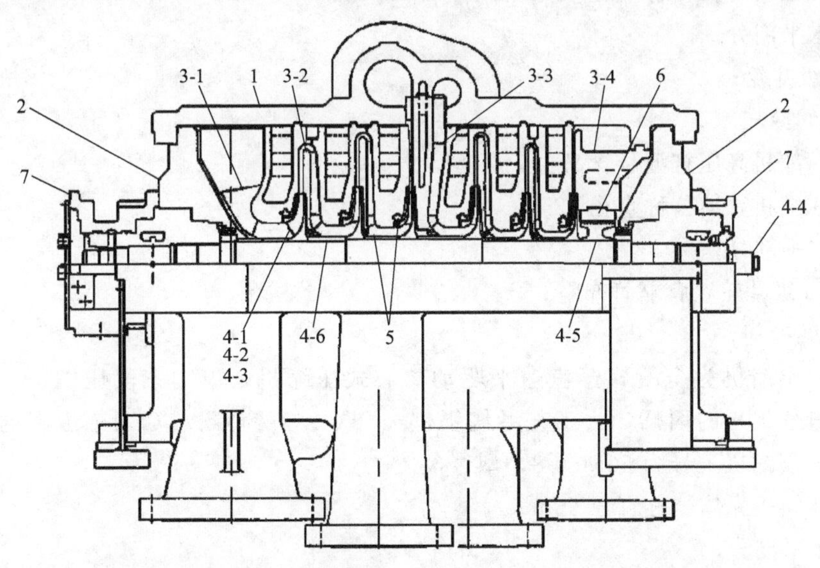

图6-56　原料气压缩机低压缸结构简图

1—壳体；2—端壁；3-1——段进气室；3-2—弯道和回流器；3-3—二段进气室；3-4—扩压器；4-1—叶轮轮毂；4-2—涡轮盖；4-3—叶片；4-4—轴；4-5—平衡活塞；4-6—轴套；5—级间迷宫密封；6—平衡活塞密封；7—轴承箱

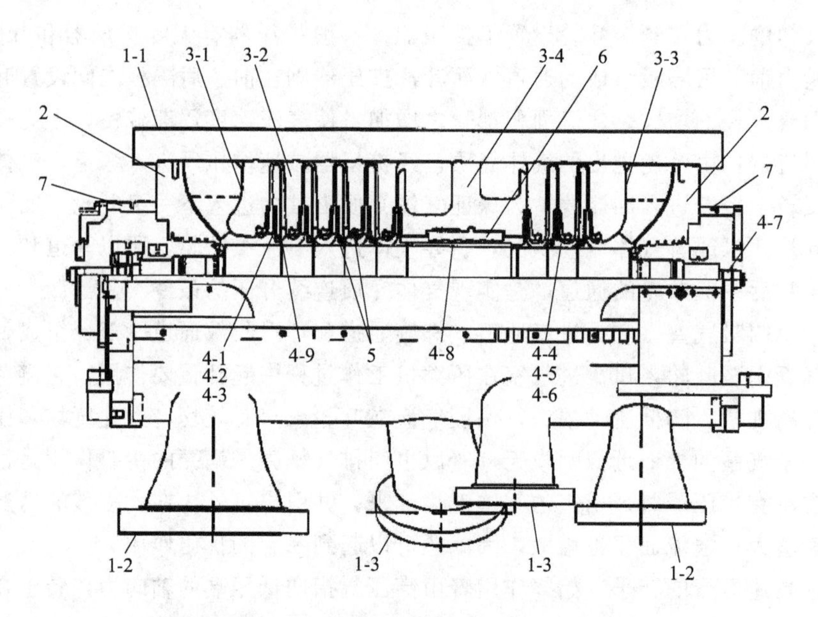

图 6-57 原料气压缩机高压缸结构简图

1-1—壳体；1-2—工艺气入口；1-3—工艺气出口；2—端壁；3-1—三段进气室；3-2—隔板、弯道和回流器；3-3—四段进气室；3-4—扩压器；4-1/4-4—叶轮轮毂；4-2/4-5—涡轮盖；4-3/4-6—叶片；4-7—轴；4-8—中间密封；4-9—轴套；5—级间迷宫密封；6—中间迷宫密封；7—轴承箱

缩机位号 160C401；低压缸型号 46M6I；高压缸型号 32M5/3I。

原料气压缩机低压缸型号含义：

46——压缩机壳体公称直径 46in（1in＝0.0254m）；

M——水平剖分；

6——6 级叶轮；

I——级间冷却。

原料气压缩机高压缸型号含义：

32——压缩机壳体公称直径 32in；

M——水平剖分；

5/3——8 级叶轮，背靠背布置；

I——级间冷却。

丙烯制冷压缩机为全凝式蒸汽透平驱动离心式压缩机，单缸三段压缩，介质为纯度 99.6%（质量分数）的丙烯，为工艺系统提供－40℃、－24℃、7℃三个级别的丙烯冷剂（见图 6-58）。压缩机型号为 56M10-8，型号含义：

56——压缩机壳体公称直径 56in；

M——水平剖分；

10——可装叶轮数为 10；

8——8 级叶轮。

（二）蒸汽透平

汽轮机是一种以蒸汽为工质，并将蒸汽的热能转换为机械功的旋转机械，是现代火力发

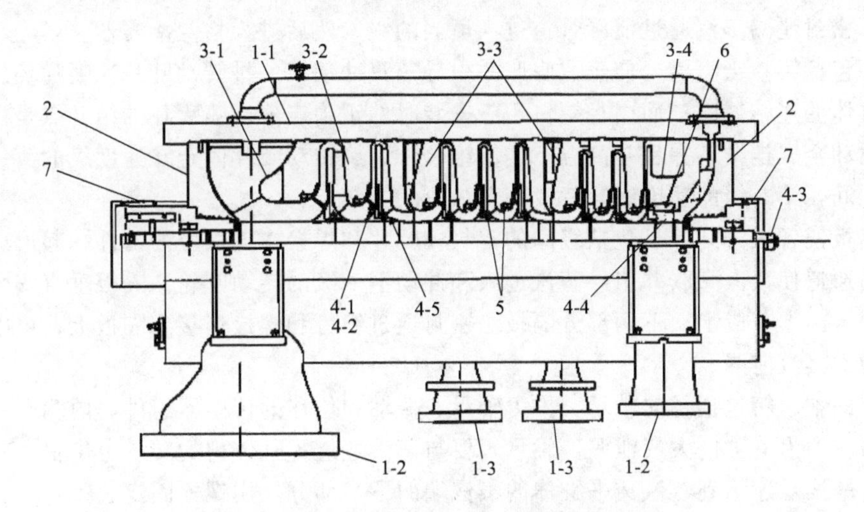

图 6-58　丙烯制冷压缩机结构简图

1-1—壳体；1-2—工艺气入、出口；1-3—段间工艺气管口；2—端壁；3-1—进气室；3-2—级间隔板；3-3—段间进气室；3-4—扩压器；4-1—叶轮轮毂；4-2—涡轮盖；4-3—转子；4-4—平衡活塞；4-5—轴套；5—级间迷宫密封；6—平衡活塞密封；7—轴承箱

电厂中应用最广的原动机。具有单机功率大、效率高、运转平稳和使用寿命长等优点。无论是在常规的火电厂还是在核电站中，都采用以汽轮机为原动机的汽轮发电机组。由于汽轮机能够变速运行，所以可用作直接驱动各种泵、风机、鼓风机、压缩机等。汽轮机的排汽和中间抽汽可用以满足生产和生活上供热的需要，这种既能供电又能供热的供热式汽轮机，具有较高的热经济性。在工业生产过程中有余能和余热的地方，还广泛地应用着不同类型的各种工业汽轮机，以充分发挥热能多次梯级利用的优点，提高了生产的综合效益。目前为止，汽轮机无论在生产电能还是供应热能以及驱动设备应用方面，都发挥着极其重要的作用。

透平是通过降低经过透平机械的工作流体的压头和能头使工作流体对外做功的机械，它和耗功机械压缩机相连，为耗功机械提供驱动力。所谓抽汽冷凝式透平，是主蒸汽进入透平后一部分在末级通过表面冷凝器冷凝，另一部分通过透平中间级的抽汽管道抽走。全凝式透平是蒸汽进入透平做功后全部进入表面冷凝器冷凝。蒸汽透平作为一个复杂的驱动系统，包括以下几个部分：透平主体、速度调节（即调速器）、透平的真空复水系统。

透平缸体包括蒸汽端和排出端两个部分。透平沿着通过轴的水平面剖分为上下两部分，用螺栓将上下连接成一体。机壳可以支撑级间隔板和喷嘴阀箱，机壳的两端装有迷宫密封，它的作用是防止蒸汽外泄到机外[21]。

进气阀装置组件的阀瓣室安装在透平壳体法兰连接面上。排气壳有一个向下的开孔，通过这个孔将透平壳体内的蒸汽排出机外。蒸汽端缸体包括蒸汽进汽室、喷嘴环、高压密封组件。透平带有进汽阀门。从第一级叶轮算做一级开始，依次编号到排出端。第一级是一个速度级，包括一个喷嘴环、一排旋转叶片、一个叶轮带动两排叶片旋转。其他级是非速度型，每一个叶轮有一排叶片。原料气压缩机透平最后一级有两个流道，流体从前一级叶轮分开，分别去向两个相反的方向进入两个相反的叶轮，两个叶轮相同尺寸。

蒸汽室在透平壳体蒸汽端的上半部分，蒸汽室包括文丘里形式的阀座。在蒸汽的后盖有一种杠杆启动形式的阀，通过连接的伺服马达启动。在透平的一侧安装有液压伺服马达器，通过来自限速器给安装在马达上的执行机构一个信号来控制蒸汽通道引导蒸汽流从蒸汽室进入喷嘴环。密封泄漏蒸汽通过泄漏管道进入适当的级，然后进入格兰冷凝器。

喷嘴环包括第一级喷嘴，使蒸汽膨胀并引导蒸汽冲动第一排转动叶片。喷嘴环的外径保护蒸汽端缸体的连结缝隙，而内径螺钉用于安装时的正确定位。喷嘴环的结合点是由缸体和隔板的金属和金属连结，并且是高温下连结组合件。旋转动叶片固定在速度级的第一和第二级叶片的中间，第二级的速度级叶片改变蒸汽流动方向。

固定隔板使各级分开并且包括级间的密封。叶片和焊接在隔板上的部件一起形成了喷嘴通道。喷嘴通道使蒸汽膨胀并引导蒸汽进入和冲动下一级的转动叶轮。隔板垂直安装在缸体内，在水平方向上分成上、下两部分隔板。密封通过销钉和螺栓连接到隔板上，可以减小沿着叶轮外径的蒸汽泄漏。

蒸汽端的轴承箱包括径向轴承、推力轴承、振动和位移的传感器组件。内侧有一个油的迷宫密封防止油沿着轴向大气泄漏。轴承箱要与蒸汽端透平缸体内的转子定位中心对正，通过一个垂直的法兰连结到蒸汽透平缸体的蒸汽端的下半部分，用螺栓固定。

一个测速探头被安装在蒸汽端轴承箱上的测速齿轮箱上，检测了测速齿轮的速度并把这个信号发送给电子测速器，测速器控制着蒸汽进汽阀的开度。排出端的轴承箱用螺栓固定到透平排出端的缸体上，它包括排出端的径向轴承，润滑油迷宫密封防止油沿着轴向大气泄漏。

径向轴承沿着水平方向上下分开，沿着径向位置安装在转子上。在轴承基础环和轴承固定架圈之间有一个反转销和定位螺钉，使轴承定位并防止相对轴转动。径向轴承采用倾斜的球形轴瓦支座型和强制性润滑。这种倾斜形式的轴承安装时各个部位要保持一致，也就是说，圆柱形的基础环要和倾斜的轴瓦保持一致，由轴瓦和支座组成。基础环水平分开，并用轴承固定架安装。巴氏合金轴瓦以72°角度分开。基础环还包括巴氏合金刮油环，巴氏合金刮油环间隙要比倾斜轴瓦的间隙大，确保轴瓦的径向不接触刮油环。与此同时，刮油环帮助控制油流过轴承，并确保淹没轴承。润滑油通过在轴承上开的孔道进入径向轴承，实现润滑和冷却。

推力轴承安装在蒸汽端轴承箱内，是自身平衡、双作用型式的轴承。推力轴承保持适当的轴向转子间隙并抵消转子的推力。油通过在推力轴承上开的孔道进入推力轴承，实现润滑和冷却，这些孔道开在轴承箱的推力轴承部件上。在轴承箱的底部有一个排放线，使润滑油返回油箱。

轴密封沿着轴的方向安装在缸体两端和各级之间。在轴和缸体、蒸汽端、排出端之间的各点上，缸体的密封使泄漏降至最低。蒸汽端和排出端分布迷宫结构，中间级的轴密封是分段的圆形迷宫密封，可以减少各级间之间和包括在中间级的隔板之间的泄漏。

盘车器的最主要目的是减少短暂的转子热弯曲。盘车器装置安装了一个自动机械啮合、分离联轴器，它驱动透平转子在大约15r/min速度下运行。当电机和静止透平转子啮合在一起时，联动器会自动啮合。如果蒸汽进入使透平和转子速度超过盘车器速度，联轴器会自动分离，使盘车器驱动装置自由运转。旋转齿轮传动装置的功能是在停转后保持转子转动直到转子均匀地冷却，开工前也要用来使转子转动；旋转装置的润滑是通过透平和压缩机的润滑油系统提供的[22]。

调速系统的调速器型号为Triconex TS-3000，旋转方向为面对调速器的一侧看顺时针转动。调速器通过来自于安装在透平转子上的一个测速齿轮的磁性脉冲识别透平轴的转速，将透平转速和预先设定的值相比较，然后调速器向安装在伺服马达上的执行机构发出一个输出信号，从而伺服马达给调速阀设定一个位置。

原料气压缩机透平位号 160CT401，型号 2SRQV-5DF，额定功率 12739kW，转子质量 2.13t，透平总质量 20t，见图 6-59。动力蒸汽为中压蒸汽，蒸汽压力等级 3.8MPa(G)、温度 410℃，透平排汽压力 13.7kPa（绝压），正常工况下耗汽量为 41.7t/h，额定耗汽量 56t/h。

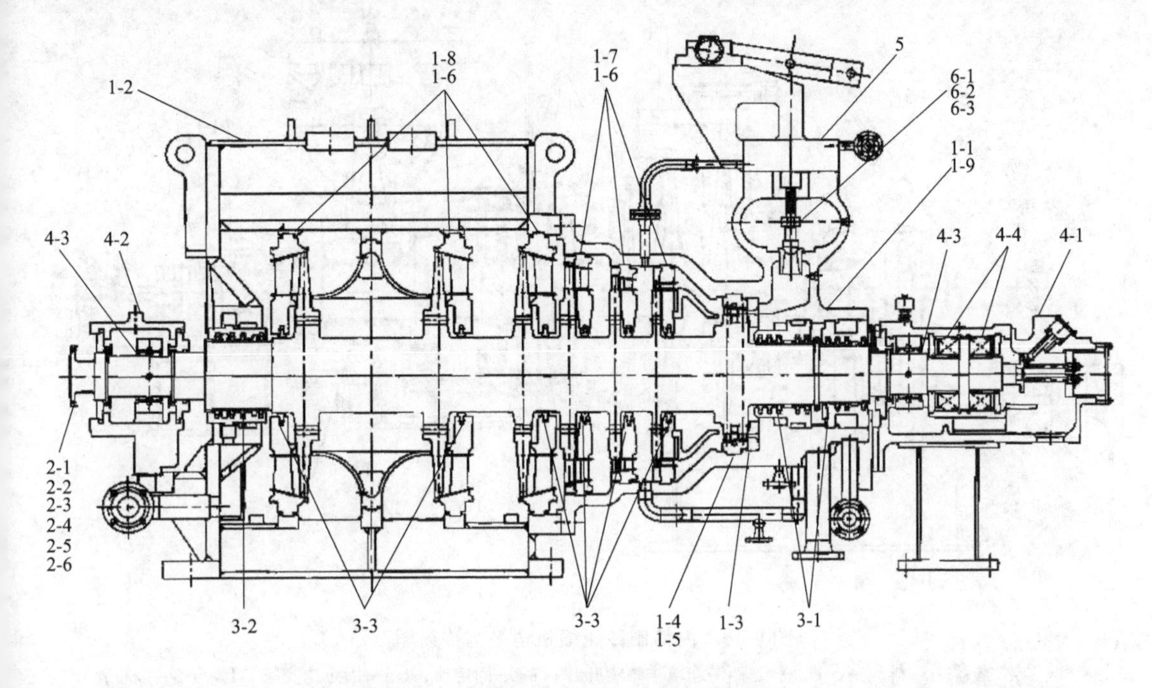

图 6-59　原料气压缩机透平结构简图

1-1—蒸汽室；1-2—排汽室；1-3—喷嘴环；1-4—固定槽；1-5—固定槽支撑；1-6—隔板；1-7/1-8—隔板喷嘴；1-9—壳体螺栓；2-1—转子；2-2/2-3/2-4/2-5—叶轮；2-6—护罩；3-1—高压端轴封；3-2—低压端轴封；3-3—级间密封；4-1—高压端轴承；4-2—低压端轴承；4-3—径向轴承；4-4—止推轴承；5—速关阀；6-1—调速阀；6-2—密封；6-3—提升杆

原料气压缩机蒸汽透平型号含义：

2——双列速度级汽轮机（复速级汽轮机）；

S——整体锻造转子；

RQ——透平壳体公称直径 18in；

V——升降杆多级调速阀；

5——5 级叶轮；

DF——双流道。

丙烯制冷压缩机透平位号 160CT701，型号 2SNV-8，额定功率 13006kW，转子质量 3.8t，透平总质量 36t（见图 6-60)。动力蒸汽为中压蒸汽，蒸汽压力等级 3.8MPa（G)、温度 410℃，透平排汽压力 13.7kPa（绝压），正常工况下耗汽量为 43.2t/h。额定耗汽量 57t/h。

丙烯制冷压缩机蒸汽透平型号含义：

2——双列速度级汽轮机（复速级汽轮机）；

S——整体锻造转子；

N——透平壳体公称直径 25in；

V——升降杆多级调速阀；

8——8 级叶轮。

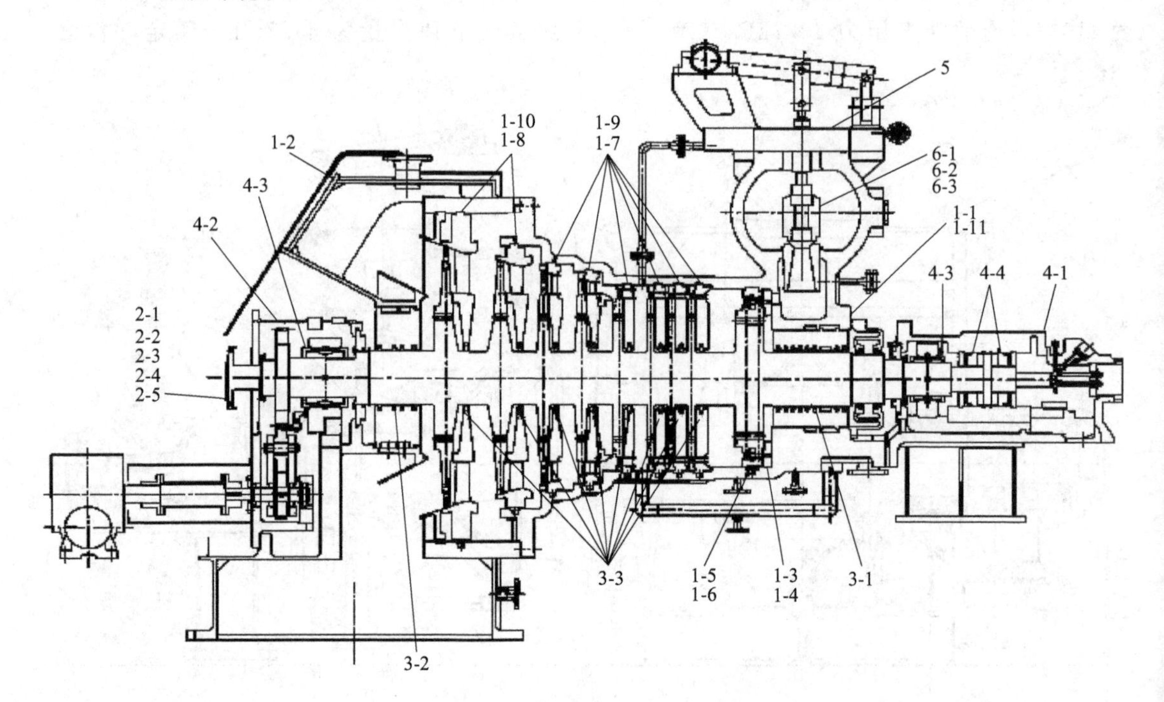

图 6-60 丙烯制冷压缩机透平结构简图

1-1—蒸汽室；1-2—排汽室；1-3—喷嘴环；1-4—喷嘴叶片；1-5—固定槽；1-6—固定槽支撑；1-7/1-8—隔板；1-9/1-10—隔板喷嘴；1-11—壳体螺栓；2-1—转子；2-2/2-3—叶轮；2-4—护罩；2-5—人字销；3-1—高压端轴封；3-2—低压端轴封；3-3—级间密封；4-1—高压端轴承；4-2—低压端轴承；4-3—径向轴承；4-4—止推轴承；5—速关阀；6-1—调速阀；6-2—密封；6-3—提升杆

（三）临界转速

压缩机转子在运转中会发生振动，转子的振幅随转速的增大而增大，到某一转速时振幅达到最大值（也就是平常所说的共振），超过这一转速后振幅随转速增大逐渐减小，且稳定于某一范围内，这一转子振幅最大的转速称为转子的一阶临界转速。这个转速等于转子的固有频率，当转速继续增大，接近两倍固有频率时振幅又会增大，当转速等于两倍固有频率时称为二阶临界转速。

转子的临界转速决定于转子的横向刚度系数和圆盘的质量，而与偏心距无关。一般情况，临界转速还与转子所受到的轴向力的大小有关。当轴力为拉力时，临界转速提高，而当轴力为压力时，临界转速则降低。临界转速是指数值等于转子固有频率时的转速。转子如果在临界转速下运行，会出现剧烈的振动，而且转子的弯曲度明显增大，长时间运行还会造成轴的严重弯曲变形，甚至折断。

装在转子上的叶轮及其他零、部件共同构成离心式压缩机的转子。离心式压缩机的转子虽然经过了严格的平衡，但仍不可避免地存在着极其微小的偏心。另外，转子由于自重的原因，在轴承之间也总要产生一定的挠度。上述两方面的原因，使转子的重心不可能与转子的旋转轴线完全吻合，从而在旋转时就会产生一种周期变化的离心力，这个力的变化频率无疑是与转子的转速相一致的。当周期变化的离心力的变化频率和转子的固有频率相等时，压缩机将发生强烈的振动，称为“共振”。所以，转子的临界转速也可以说是压缩机在运行中发生转子共振时所对应的转速。

了解临界转速的目的在于设法让压缩机的工作转速避开临界转速，以免发生共振。通常，离心式压缩机轴的额定工作转速或者低于转子的一阶临界转速，或者介于一阶临界转速与二阶临界转速之间。前者称作刚性轴，后者称作柔性轴。

通常情况下，离心式压缩机的运转是平稳的，不会发生共振问题。但如果设计有误，或者在技术改造中随意提高转速，则机器投入运转时就有可能产生共振。另外，对于柔性轴来说，在启动或停车过程中，必然要通过一阶临界转速，其时振动肯定要加剧，但只要迅速通过此转速，由于轴系阻尼作用的存在，是不会造成破坏的。

不正常的振动将造成设备事故。如在调速器侧振动过大，可能使危急保安器发生误动作而导致停车。对于高压离心压缩机组，振动过大，可能使密封等不能维持正常工作，甚至可能造成严重事故。因此，在这些设备上，装有振动监视器，以免发生意外事故。

损坏机组零件。对于高速旋转的设备，由于转子的振动，将使轴瓦、轴承座紧固螺栓以及与设备相连接的管道等产生交变载荷，导致设备零件部分或整个损坏。这些零件的损坏将使设备被迫停车或使受害范围扩大。

使动静部分急速磨损。如转子的振动会使汽轮机气封加速磨损，机壳的振动，会使滑销磨损，使设备零件松动，甚至破坏建筑物。设备的振动易使轴承座松动，使基座底板与基础的联结松动，使安装在基座底板的混凝土破坏，使基础产生裂缝等，严重地影响它们的机械强度和耐久性。有时周围的建筑物可能与设备发生共振，也可能遭到损害[23]。

原料气压缩机和丙烯制冷压缩机转子和透平转子的工作转速均介于一阶临界转速与二阶临界转速之间，属于柔性轴，应严格按照升速曲线操作（见图 6-61、图 6-62），升速操作时应注意尽快越过第一临界转速，避免在第一临界转速附近停留，防止设备损坏。

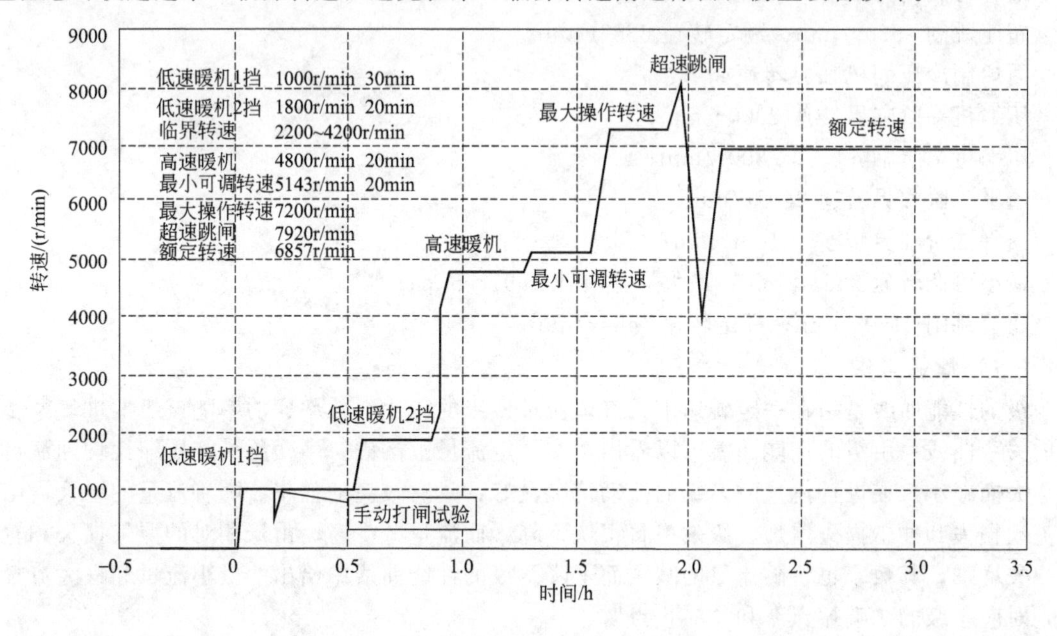

图 6-61　原料气压缩机组升速曲线

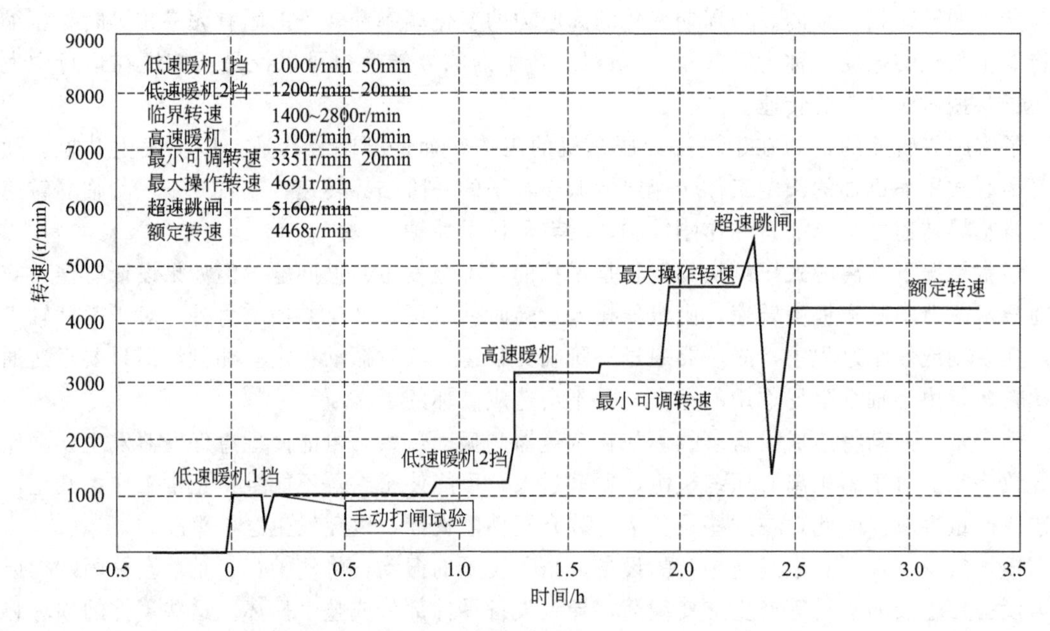

图 6-62 丙烯制冷压缩机组升速曲线

原料气压缩机组临界转速如下：

低压缸一阶临界转速 2800r/min；

低压缸二阶临界转速 10800r/min；

高压缸一阶临界转速 3600r/min；

高压缸二阶临界转速 12400r/min；

透平一阶临界转速 2900～3000r/min；

透平二阶临界转速 11800r/min；

最小可调转速 5143r/min；最大操作转速 7200r/min；

超速跳闸 7920r/min；额定转速 6857r/min。

丙烯制冷压缩机临界转速如下：

压缩机一阶临界转速 2000r/min；

压缩机二阶临界转速 7800r/min；

透平一阶临界转速 2400r/min；

透平二阶临界转速 10100r/min；

最小可调转速 3351r/min；最大操作转速 4691r/min；

超速跳闸 5160r/min；额定转速 4468r/min。

（四）性能曲线

级的性能曲线是指在一定转速下，气体流过该级的压比、效率、功率随该级的进气量变化的关系曲线。由级的性能曲线可以看出，在一定流量范围内，多变压头和压缩比均随流量的增大而减小。在设计流量时，级的流动情况良好，具有较高的效率。随着流量的增大，由于流动损失和冲击损失增加，级效率将很快下降。而流量减少时，由于相对的漏气损失和轮阻损失增加，其效率也将随流量的减少而下降。级的性能曲线中给出的最小流量和最大流量分别对应于级的“喘振点”和“滞止点”。

离心式压缩机的性能曲线与级的性能曲线类似，指整机的压比、效率及功率随进口气体流量而变化的关系曲线。离心式压缩机通常采用蒸汽透平驱动，其转速可在一定范围内调节，一般调速范围为设计转速的85%～105%。从整机操作特性看，当转速一定时，出口压力（压缩比）将随流量的增加而减小，而轴功率则随流量的增加而增加。降低转速，则压比和轴功率下降，喘振点也降低，流量减小。在一定转速和一定入口压力下，对一定气体而言，离心式压缩机级内的压缩比随流量增加而减小，在恒定流量下，其压缩比是一定的。

原料气压缩机低压缸包括一、二段压缩，每段分别包括三级压缩；高压缸包括三、四段压缩，三段包括五级压缩，四段包括三级压缩。各段性能曲线如图6-63～图6-66所示。

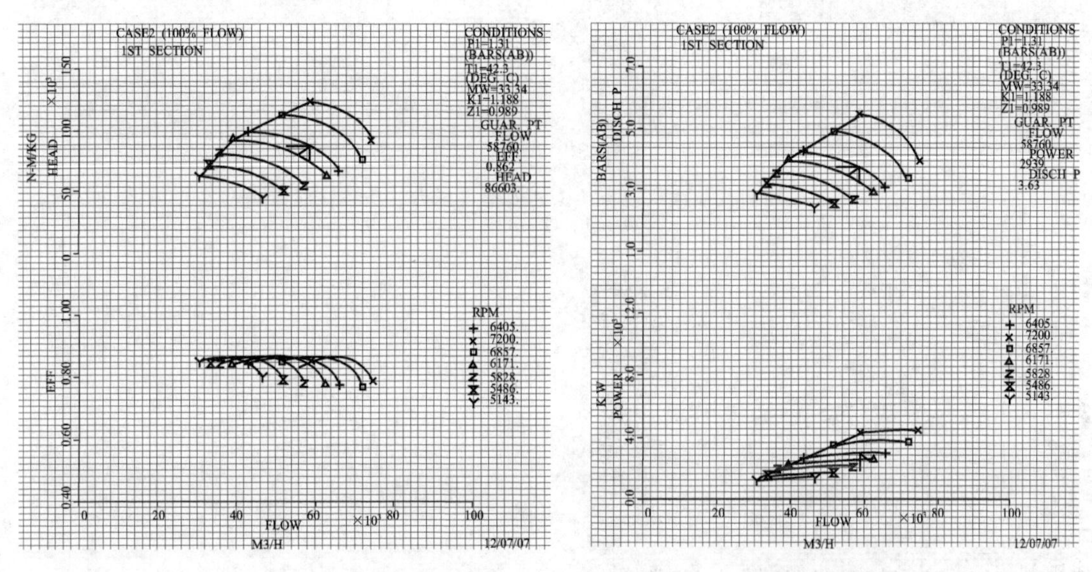

图6-63　原料气压缩机一段压头、效率、压力、功率性能曲线

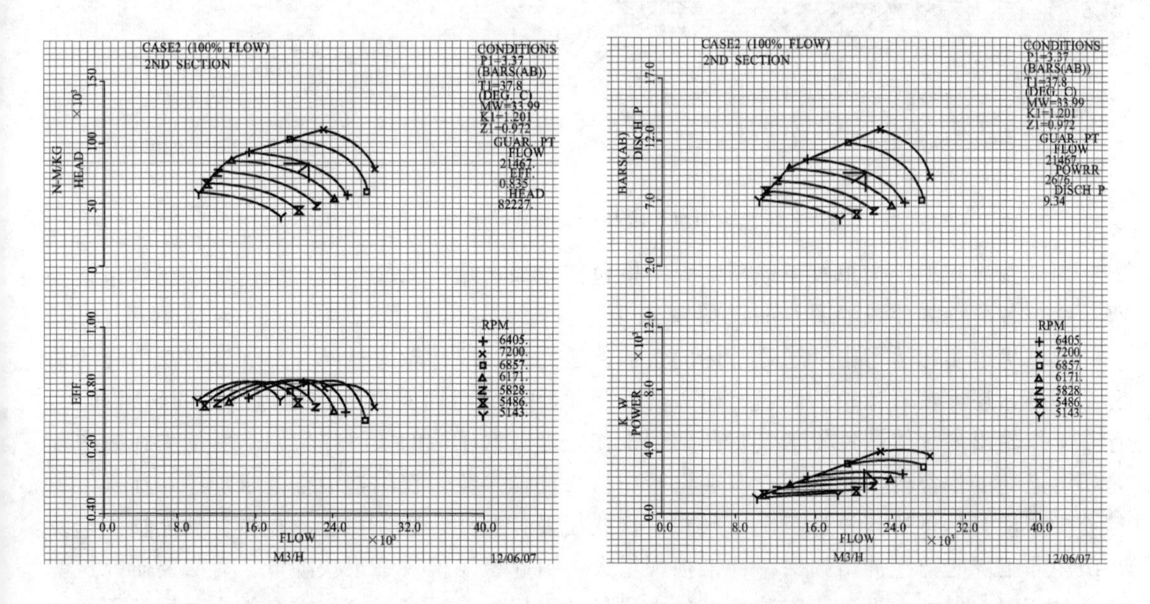

图6-64　原料气压缩机二段压头、效率、压力、功率性能曲线

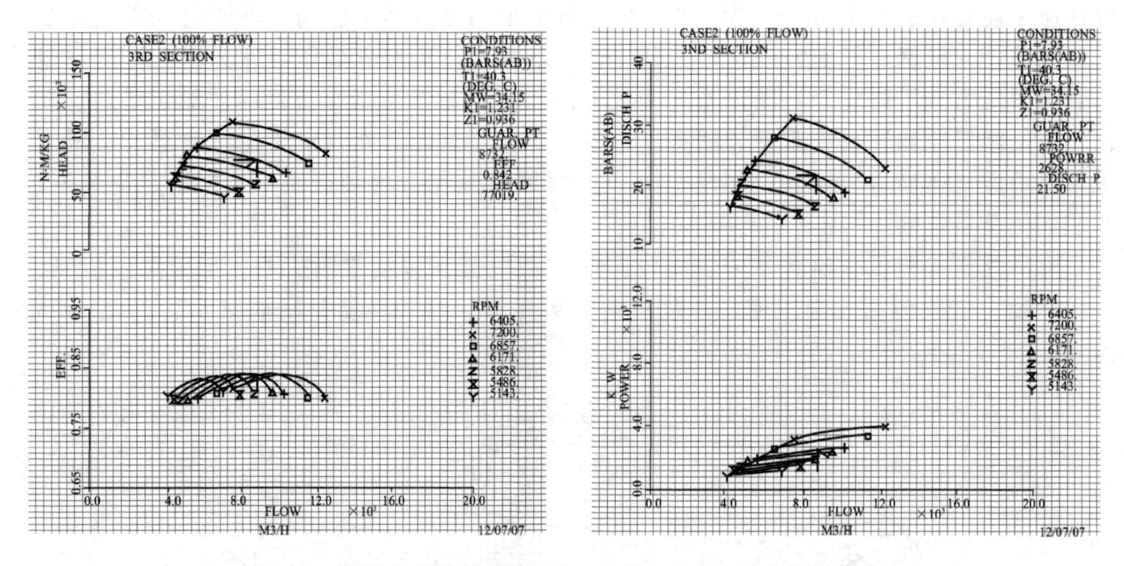

图 6-65 原料气压缩机三段压头、效率、压力、功率性能曲线

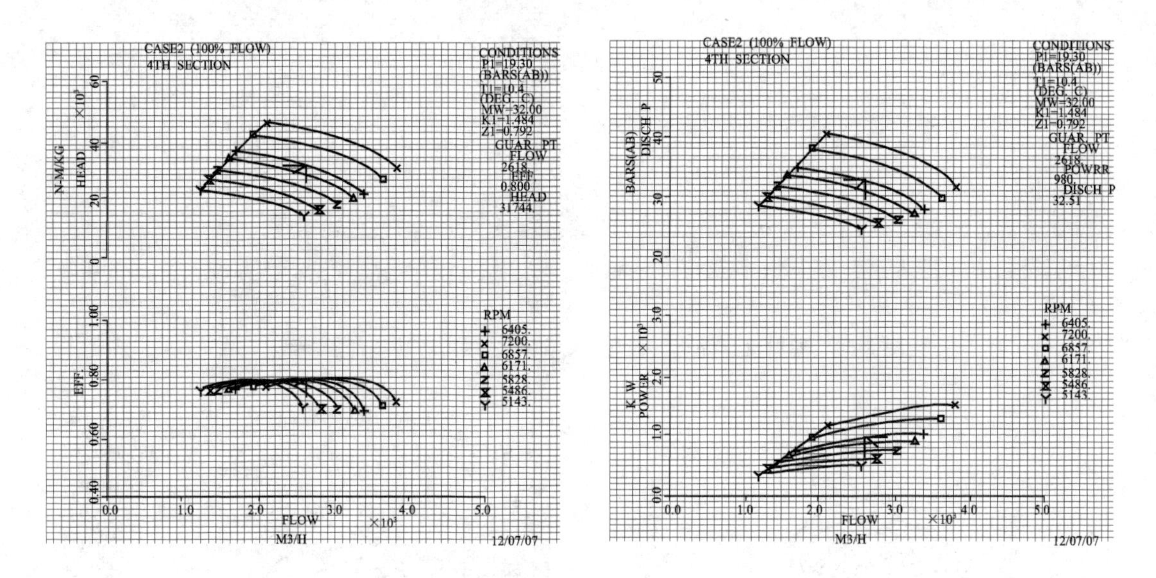

图 6-66 原料气压缩机四段压头、效率、压力、功率性能曲线

丙烯制冷压缩机为单缸三段压缩，一段包括二级压缩；二段包括三级压缩，三段包括三级压缩。各段性能曲线如图 6-67～图 6-69 所示。

压缩机组实际运行中，通过叶轮向气体传递能量，即叶轮通过叶片对气体做功消耗的功和功率外，还存在着叶轮的轮盘、轮盖的外侧面及轮缘与周围气体的摩擦产生的轮阻损失，存在工作轮出口气体通过轮盖气封漏回到工作轮进口低压端的漏气损失。这些损失在级内都是不可避免的，都要消耗功。只有在设计中精心选择参数，在制造中按要求加工，在操作中精心操作使其尽量达到设计工况，来减少这些损失。另外，还存在流动损失、动能损失以及在级内非工况时产生冲击损失。冲击损失增大将引起压缩机效率很快降低。有必要研究这些损失的原因，以便在设计、安装、操作中尽量减少损失，维持压缩机在高效率区域运行，节省能耗。

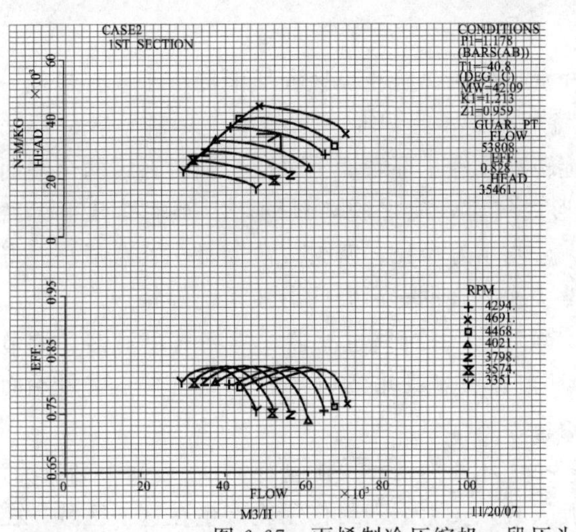

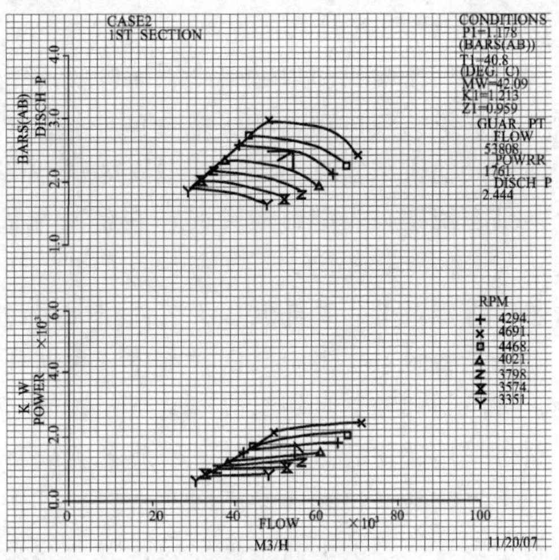

图 6-67　丙烯制冷压缩机一段压头、效率、压力、功率性能曲线

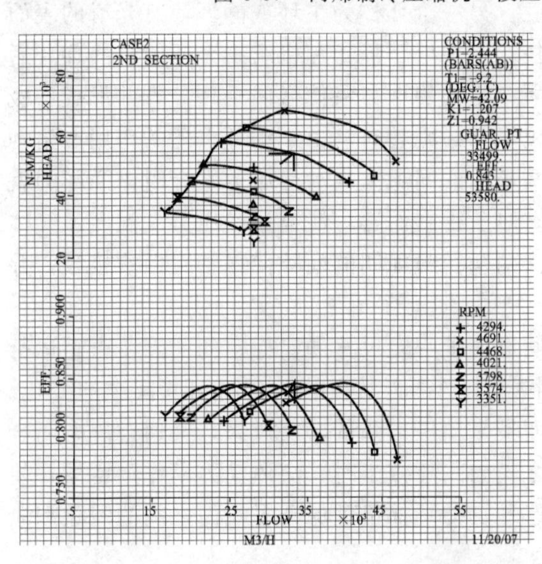

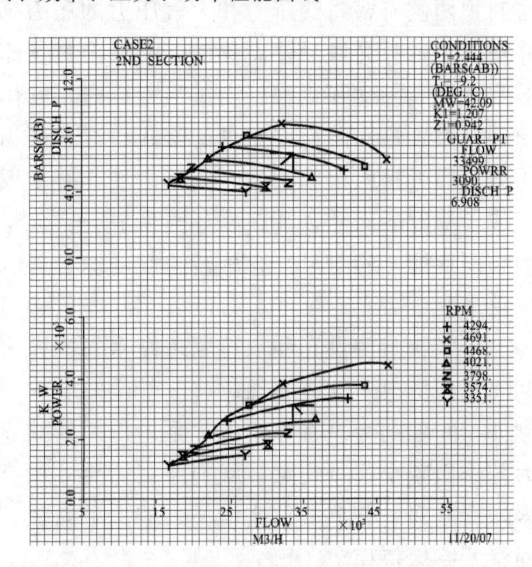

图 6-68　丙烯制冷压缩机二段压头、效率、压力、功率性能曲线

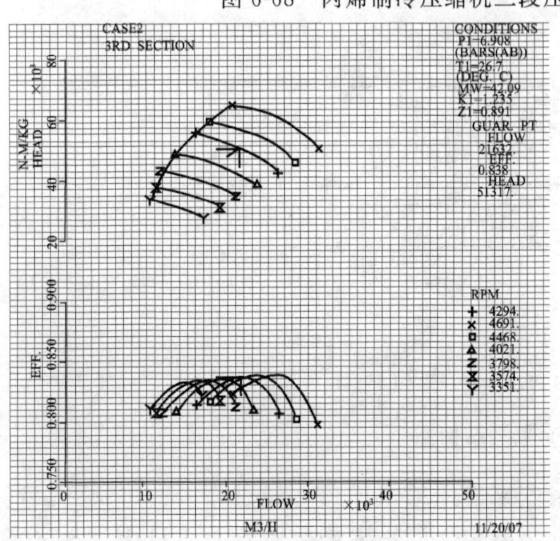

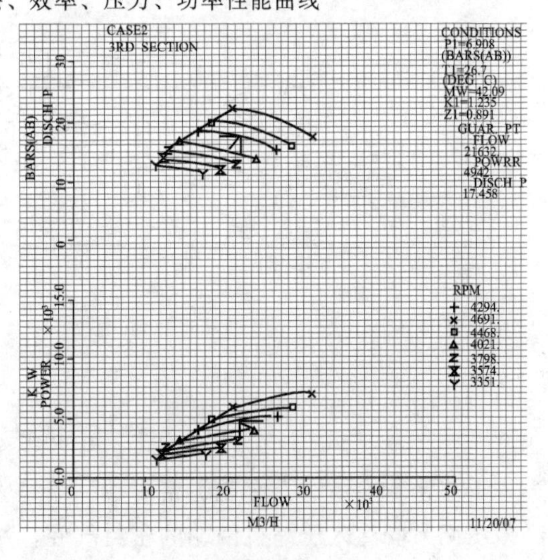

图 6-69　丙烯制冷压缩机三段压头、效率、压力、功率性能曲线

（五）干气密封

原料气压缩机和丙烯制冷压缩机使用干气密封技术，防止工艺介质泄漏。干气密封是一种气膜润滑的流体动、静压结合型非接触式机械密封。最早是由螺旋槽气体轴承转化而来的，和其他机械密封相比，其主要区别是在旋转环或静止环端面上（或者同时在这两个端面上）刻有浅槽，当密封运转时，在密封端面形成气膜，使之脱离接触，因而端面几乎无磨损。与其他密封相比，干气密封具有可靠性高、使用寿命长、密封气泄漏量小、磨损小、寿命长、维修量低、功耗低、工艺回路无油污染、工艺气也不污染润滑油系统等特点。

干气密封主要由干气密封本体（含动环、静环）、密封气过滤器、隔离气过滤器、调节阀、减压阀和控制盘等组成（见图 6-70）。静环由弹簧加载并靠 O 形圈辅助密封，密封端面材料可采用碳化硅、氮化硅、硬质合金或石墨。

干气密封非接触式端面由两个环组成，第一个环称为动环（配合环），在表面上刻有槽，随转子旋转。槽的下面是被称为密封坝的光滑区域。实际上密封作用就产生在这一区域，在密封坝两侧有密封气压力和大气压力的压力梯度。另一个环称为主环或静环，有光滑的表面并被固定，只允许沿轴向移动，静环由弹簧压住。在轴处于静止和机组未升压时，静环背后的弹簧使其与动环接触。当机组升压时，气体所产生的静压力将使得两个环分开并形成一极薄的气膜。这间隙允许少量的密封气泄漏。当机组开始旋转时，由于动环上槽的作用产生动压力。靠近槽的根部产生一高压区域，并扩大两环间的间隙。当动静压力平衡时，两环间就形成了稳定的间隙，并在两环间形成一定流量。对于密封而言，泄漏量受压力、温度、气体的物理性能、密封尺寸、旋转速度的综合影响。两个密封面间的间隙使得密封面非接触，并保持平衡运行。

干气密封的设计和运行原理在密封端面之间形成了一定尺寸的自稳定的间隙。密封运行期间，任何由于气体或轴位移所产生的变化，将产生平衡力的变化，这将引起间隙的变化。例如，间隙的增大将导致由于泵送作用的减弱而带来动压力降低，反过来，又通过静态闭合力的作用减小这一间隙，回到原来的尺寸。反之，当间隙减小时，流体动力学作用增加，使得端面之间的分离力迅速增加，扩大了间隙。这种自动平衡机理保证了端面之间的间隙和泄漏量始终保持稳定。

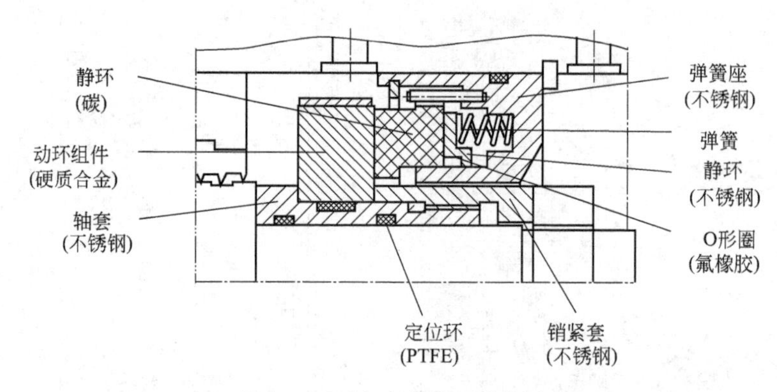

图 6-70　干气密封典型结构图

干气密封在结构上有三级密封，一级是密封气来自压缩机出口，经过除尘、过滤后，再经差压调节阀注入压缩机两端的密封气腔，用动、静环之间形成的气膜将介质封住（非接触式）。二级密封气为氮气，与一级密封后泄漏的少量一级密封气混合后排至火炬管网。隔离气压力略高于大气压，在轴封与轴承箱之间充氮气隔离，起到隔离润滑油的作用，隔离气另一端与二级密封后的少量泄漏气混合后排至大气。干气密封控制系统使用并联过滤器对密封气过滤，一开一备；主密封过滤器、二级进气和隔离密封气过滤器的过滤精度均为1μm。

原料气压缩机和丙烯制冷压缩机工艺介质不允许泄漏到大气中并且缓冲气体不允许泄漏到工艺介质中，所以干气密封型式选择单端面串联式密封结构，串联结构的两级密封间设置迷宫密封。干气密封工作时，工艺气体的压力通过介质侧密封被降低，泄漏的工艺气体排到火炬，大气侧密封被缓冲气体加压，缓冲气体的压力保证有连续的气流通过迷宫进入火炬(见图6-71)。

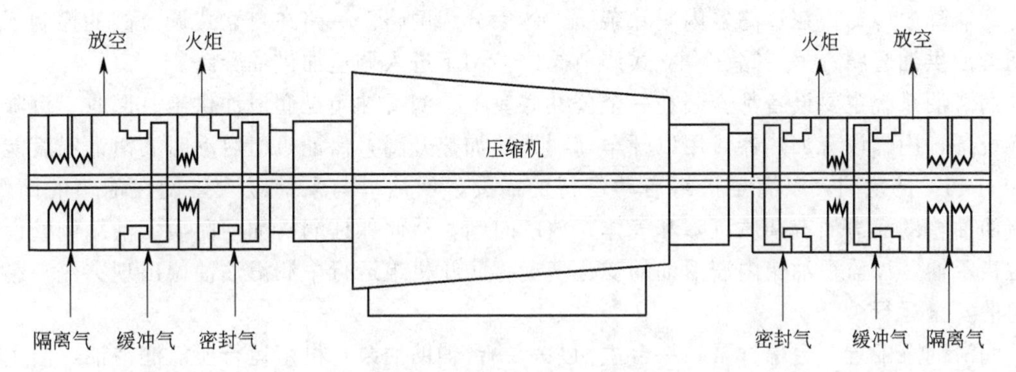

图6-71　单端面干气密封气路

干气密封元件加工精度高，因此要求密封气体是清洁的，防止密封面上带油或其他液体。机组运转过程中保证密封气的持续供给，密封气的中断会导致密封面干磨，短时间内密封就可能烧坏。杜绝机组倒转，根据螺旋槽的设计方向，气体只有沿设计方向进入螺旋槽，密封面之间才能形成气膜，脱离接触；如果机组倒转，则会导致动静环直接接触发生干摩擦，密封可能烧毁。在停机时后停隔离气，开机先投隔离气，防止润滑油进入密封腔。

影响干气密封性能的主要参数分为密封端面结构参数和密封操作参数。端面结构参数对密封的稳定性影响较大，操作参数对密封的泄漏量影响较大。

密封端面结构参数对气膜刚度的影响：

• 干气密封动压槽形状：从流体动力学角度来讲，在干气密封端面开任何形状的沟槽，都能产生动压效应。理论研究表明，螺旋槽产生的流体动压效应最强，用其作为干气密封动压槽而形成的气膜刚度最大，即干气密封的稳定性最好。

• 干气密封动压槽深度：干气密封流体动压槽与气膜厚度为同一量级时，密封的气膜刚度最大。实际应用中，干气密封的动压槽深度一般在3～10μm。在其余参数确定的情况下，动压槽深度有一最佳值。

• 干气密封动压槽数量、动压槽宽度和动压槽长度：干气密封动压槽数量趋于无限时，动压效应最强。不过在实际应用中，当动压槽达到一定数量后，再增加槽数时，对干气密封性能影响已经很小。此外，干气密封动压槽宽度、动压槽长度对密封性能都有一定的影响。

操作参数对密封泄漏量的影响：

• 密封直径、转速对泄漏量的影响：密封直径越大、转速越高，密封环线速度越大，干气密封的泄漏量就越大。

• 密封介质压力对泄漏量的影响：在密封工作间隙一定的情况下，密封气压力越高，气体泄漏量越大。

• 介质温度、介质黏度对泄漏量的影响：介质温度对密封泄漏量的影响是由于温度对介质黏度有影响而造成的。介质黏度增加，动压效应增强，气膜厚度增加，但同时流经密封端面间隙的阻力增加。因此，其对密封泄漏量的影响不是很大[24]。

（六）润滑油系统

压缩机组油路系统的作用是为压缩机组提供用以润滑、调速、冷却、密封的介质。油路系统由润滑油箱、主油泵、辅助油泵、油冷却器、油过滤器、高位油箱、阀门以及管路等部分组成。压缩机和透平共用一套润滑油系统，透平用的调速油，也是由这个系统提供的。原料气压缩机组和丙烯制冷压缩机组分别设置油路系统，各设独立油站。润滑油经泵升压后进入冷却器降温冷却，在过滤器内脱除杂质，然后分为两路。一路在自立式调节阀的控制下进入润滑油供油管路；另一路在自立式调节阀的控制下进入调速油供油管路。

润滑油系统主要设备都安装在一个公共底座上。润滑油箱是润滑油供给、回收、沉降和储存设备，内部设有加热器，用以开车前润滑油加热升温，保证机组启动时润滑油温度能升至 35～45℃的范围，以满足机组启动运行的需要；回油口与泵的吸入口设在油箱的两侧，使流回油箱的润滑油有杂质沉降和气体释放的时间，从而保证润滑油的品质。油箱侧壁设有液位指示器，以监视油箱内润滑油的变化情况，防止机组运行中润滑油油位出现突变，影响机组的安全运行。

润滑油泵配置两台螺杆泵，一台主油泵，一台辅助油泵，机组运行所需润滑油，由主油泵供给；辅助油泵系主油泵发生故障或油系统出现故障，系统油压降低时自动启动投入运行，为机组各润滑点提供适量的润滑油。主油泵是由蒸汽透平驱动，备用油泵使用交流电机驱动。润滑油泵有安全卸压阀用于超压保护，入口安装过滤器和切断阀，泵出口连接一个压力控制返回阀，保持油冷器和过滤器出口压力。

润滑油冷却器用于对出油泵后润滑油的冷却，以控制进入轴承内的油温。油冷却器配置两台，一台使用，另一台备用（特殊情况下可两台同时使用）。当投入使用的冷却器的冷却效果不能满足生产要求时，切换至备用冷却器维持生产运行，并对停用冷却器进行检查。润滑油冷却器设有一个双联手动切换阀，壳侧和管侧都有放空阀、排凝阀和排气阀。冷却器出口安装自立式温度控制阀，用于微调润滑油油温。

润滑油过滤器装于冷却器的下游，用于对进入压缩机和透平的润滑油进行过滤，是保证润滑油质量的有效措施。为了确保机组的安全运行，过滤器均配置两台，运行一台，备用一台。双联过滤器能够保证足够的润滑油过滤并且能够切换。

高位油箱的作用是为了避免润滑油泵故障停止后油路系统失去压力，从而造成机械设备的损坏。油箱内的润滑油依靠重力的作用在一定时间内保持油路系统的持续供油，防止机组在惰走时间内磨损轴承。高位油箱通过上油管线旁路快速充满，并且可以通孔板实现润滑油连续流动。高位油箱的接口在靠近压缩机的油总管的位置上，它的溢流油液靠重力流回压缩机的回油总管后返回油箱。

（七）复水真空系统

复水真空系统包括蒸汽冷凝器、复水泵、主真空喷射器（主抽）、辅助真空喷射器（辅抽）、中后冷凝器等；其中主抽、辅抽的作用是建立复水器的真空度，中后冷凝器的作用是冷凝由主抽抽出的蒸汽，蒸汽冷凝器的作用是冷凝由透平排出的蒸汽，复水泵的作用是将复水器中的冷凝液排出。

表面冷凝器又称复水器，分为水冷凝汽器和空冷凝汽器两种。复水器除将汽轮机的排汽冷凝成水循环使用外，还能在汽轮机排汽处建立真空和维持真空。

按蒸汽凝结方式的不同凝汽器可分为表面式（也称间壁式）和混合式（也称接触式）两类。在表面式凝汽器中，与冷却介质隔开的蒸汽在冷却壁面上（通常为金属管子）被冷凝成液体。冷却介质可以是水或空气。水冷表面式凝汽器按冷却水的流动方式分为单管程和双管程两种，见图 6-72、图 6-73。在混合式凝汽器中，蒸汽是在与冷却介质混合的情况下被冷凝成液体的。被冷凝的蒸汽既可是水蒸气，也可是其他物质的蒸气。

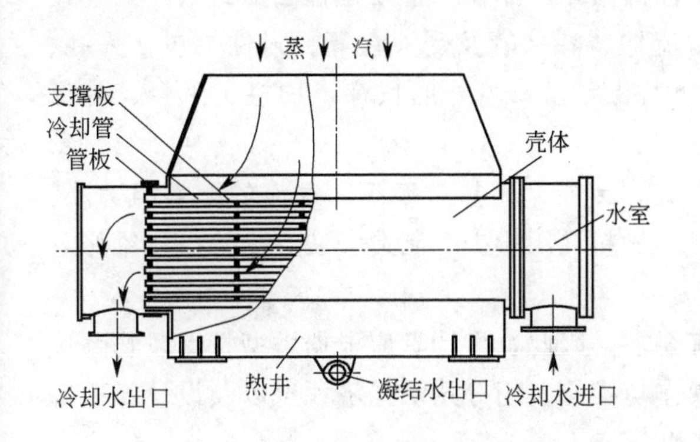

图 6-72　单管程表面凝汽器

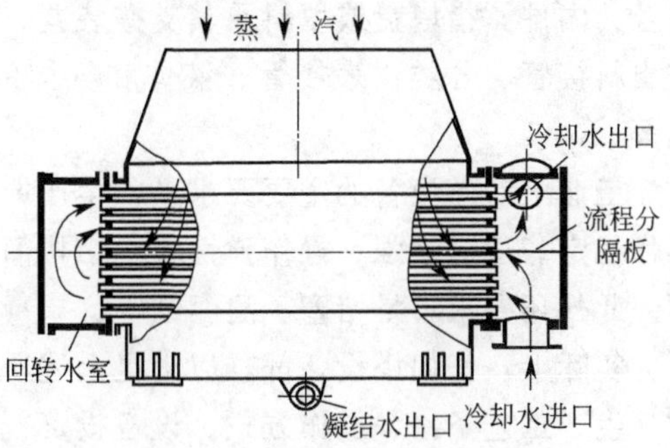

图 6-73　双管程表面凝汽器

水冷表面式凝汽器主要由壳体、管束、热井、水室等部分组成。汽轮机的排汽通过喉部进入壳体，在冷却管束上冷凝成水并汇集于热井，由凝结水泵抽出。冷却水从进口水室进入冷却管束并从出口水室排出。为保证蒸汽凝结时在凝汽器内维持高度真空和良好的传热效果，还配有抽气设备，不断将漏入凝汽器中的空气和不凝气体抽出。

空冷表面式凝汽器空气借助风机在管束外侧横向通过或自然通风，而蒸汽在管束内流动被冷凝成水。为提高管外传热，这种凝汽器均采用外肋片管。它的背压比水冷凝器高得多。

混合式凝汽器有喷雾式和平面射流式两种。在喷雾式凝汽器中，冷却水被雾化成滴状；而在平面射流式中，冷却水以膜状与汽轮机的排汽接触。一般多采用平面射流式结构，因它具有更高的真空，能把不凝结气体全部排出。

原料气压缩机组和丙烯制冷压缩机组均采用水冷式表面冷凝器。冷凝水通过复水泵加压后，一部分外送，另一部分作为中后冷却器的冷却介质。中后冷却器的作用是冷却一、二级真空喷射器的蒸汽。真空喷射器从复水器中抽出不冷凝气体，保持复水器有一定的负压，以保证透平驱动蒸汽的有效做功。复水器通过与循环水进行热交换，使凝汽器保持较高的真空度。凝汽器真空度过低会严重影响机组的安全经济运行。

设计汽轮机凝汽器时，应根据汽轮机排汽量、排汽面积、年或月平均水温和供水方式，对背压、冷却水倍率（指冷却水量与被冷凝蒸汽量的质量比）和冷却水管内流速等进行技术经济比较，确定最佳方案。凝汽器在结构上应有合理的管束排列，以提高总的传热系数和降低汽侧阻力；合理布置空气冷却区和抽气口，防止形成空气死区；配备有效的抽气设备，以保证良好的热交换；喉部要有良好的空气动力特性，以保证排汽较均匀地进入冷却管束，不致形成汽流旋涡而浪费部分冷却面积；整个外壳要有良好的气密性和足够的刚度，以利于提高真空严密性和防止外壳变形；要使汽流良好地加热凝结水，并达到一定的除氧效果；根据管子振动计算选择合理的中间支撑板跨距，避免运行时引起管束共振而使管束遭到破坏[26]。

二、精馏塔

精馏是分离液体混合物最常用的一种单元操作，在化工、炼油、石油化工、煤化工等工业得到广泛应用。精馏过程中气、液两相多次直接接触和分离，利用液相混合物中各组分挥发度的不同，使挥发组分由液相向气相转移，难挥发组分由气相向液相转移，实现原料混合物中各组成分离，该过程是同时进行传质传热的过程。精馏塔是进行精馏过程的一种塔式汽液接触装置。主要包括以下几个部分：塔体，包括筒体、端盖（主要是椭圆形封头）及连接法兰。内件，指塔盘或填料及其支撑装置、溢流堰、降液管及受液盘等。附件，包括人孔、进出料接管、各类仪表接管、液体和气体的分配装置以及塔外的扶梯、护栏、平台、外保温等。

工业上对塔设备的主要要求是：生产能力大，传质、传热效率高，气流的摩擦阻力小，操作稳定、适应性强、操作弹性大，结构简单、材料耗用量少，制造安装容易，操作维修方便。此外还要求不易堵塞、耐腐蚀等。

实际上，任何塔设备都难以满足上述所有要求，因此，设计者应根据塔型特点、物系性质、生产工艺条件、操作方式、设备投资、操作与维修费用等技术经济评价以及设计经验等因素，依矛盾的主次综合考虑，选择适宜的塔型。

（一）塔器的分类

精馏塔按结构分主要有板式塔与填料塔两种类型。塔板的主要特征为气液两相在板面上以气体鼓泡和喷射液体状态完成气液接触，传热和传质有明显的级式过程。而填料中的气液两相接触主要发生在填料表面，使传热传质过程以微分式连续进行。一般而论，板式塔的空塔速度较高，因而生产能力较大，塔板效率稳定，操作弹性大，且造价低，检修、清洗方便，故工业上应用较为广泛。

板式塔的主要构件是塔板，在塔内沿塔高装有若干层塔板，液体靠重力的作用由塔顶逐板流向塔底，并在各层塔板上形成流动的液层。气体则靠压力差的推动由塔底向上依次穿过各塔板上的液层而升至塔顶。板式塔根据塔盘型式的不同，分为泡罩型、浮阀型、喷射型、筛板型、斜孔型、立体型、并流行、复合型和高速型等；填料塔分为散装型和规整型。

常用的有以下几种型式：

① 浮阀型塔板　浮阀型塔板在开孔处设有可升可降的阀片，具有较高的处理能力和操作弹性，保持了较高的效率而且结构比较简单，所以在工业化生产中得到广泛的应用。因阀的形状不同又分为条形阀和圆阀。为适应大直径、大液流量，减小液面落差和消除塔板上的液体滞止区等要求，导向浮阀及组合导向浮阀塔板具有较大优势。

② 泡罩型塔板　泡罩型塔板的显著结构特征是塔板上有升气管，升气管上有一泡罩。由于升气管有一定高度，并与溢流堰相配合使板面上保持一定的液层。这种结构特征保证了塔板基本上无泄漏，具有较大的操作弹性。但由于结构复杂、造价高和压降大，目前多数已被筛板型和浮阀型塔板取代，但在要求塔板无泄漏或液相负荷很小时仍有选用。

③ 筛板型塔板　从板式塔的结构来讲，筛板型塔板最为简单。合理设计的筛板不仅造价低，而且操作负荷较大，在一定的操作弹性范围内，其效率和稳定性较高。在充分研究液体在筛板上流速分布的基础上，提出了加设相应的导向孔，并在液体进口区设置导向台，从而促进了在液体进口区的气液接触，并推动液体均匀地流向降液管，在板面上形成较均匀的气液分布。为解决大直径塔板和大液体负荷下的稳定操作，又开发了多降液管筛板，改善了

液面落差，以适应较大的液相负荷。

④ 斜孔型塔板　斜孔型塔板的结构特征是板面上开有不同形状的斜孔，塔板上不设溢流堰或设低溢流堰。操作时，高速气流使液体分散成滴状，形成喷射工况。该类型塔板的主要形式有舌型、网孔型和斜孔型等，具有较高的处理能力。

⑤ 散装型填料　散装型填料包括从原始的砾石到近代的高开孔率、复杂表面的金属、塑料、陶瓷和玻璃制的填充物。目的是提高气液接触面积、减小压力降和降低成本。至于材质，主要根据介质的要求而定。该类型的填料有代表性的是鲍尔环、阶梯环和矩鞍环等。

⑥ 规整型填料　规整型填料是近年来发展最迅速的传质元件。最初仅是木格、钢架组成的填料，结构笨重、效率极低。虽已有细金属丝编织网形成的丝网规整填料，压降小、传质效率高，但因其造价较高，应用面较窄。后期采用金属薄板压制、组装而成的规整填料，其性能比散装填料具有更低的阻力、更高的处理能力和较小的放大效应。规整填料具有较大的比表面积，提高了传质效率，从而在减压和常压操作系统中得到广泛应用。但因其通道曲折、不易清洗，故不适用于脏的或含固体的物料。该类型填料较有代表性的有金属波纹填料、网状波纹填料和格栅填料等。

（二）板式塔概述

化工生产中，较早应用的塔设备是泡罩塔和筛板塔。早期，泡罩塔在工业蒸馏中占绝大多数，是汽液传质设备应用最早的塔板形式之一，具有操作弹性大、塔板效率高、不易堵塞、适用于多种介质、操作稳定可靠等优点。但通量不够大，并且存在结构复杂、造价高、安装维修较困难等缺点。筛板塔是一种结构简单、性能良好、造价低的板型，但操作不稳定，不能适应负荷变化较大的工况，并且气速较高时，垂直向上的气流以喷溅或拽带的方式把液沫带至上一层塔板，雾沫夹带激增，由雾沫夹带产生的级间返混增大，影响了板效率。

随着工业发展，对物质的分离提出了更高的要求，原有的泡罩塔和筛板塔已不能适应全部需求。新型塔的开发成为一种必然的趋势，在此背景下，浮阀塔被开发应用。浮阀塔在气体负荷较大范围变化时，能够保持气体速度几乎不变，可以获得相近的气液接触状况和分离效率。增大塔板的开孔率可以增大塔的处理能力。为了降低液面梯度，减少雾沫夹带，以改善气液分布状况，提高板效率，则减少液相返混，尽量使气流以水平方向吹扫液层，并避免气相间的相互对冲。

浮阀塔板按阀片的形状分，主要类型有：

- 圆盘形浮阀塔板：基本结构为在开有圆形阀孔的塔板上，覆以可随气量大小而自由升降的圆盘形浮阀所组成（见图 6-74）。圆盘形浮阀塔板为了适应气体负荷的变化，设有能上下浮动的阀片，以自动地调节气体流通面积，保持稳定操作，因此操作范围较广。同时，圆盘形浮阀塔板的自由截面积较普通泡罩塔大，且相应的雾沫夹带要小，处理能力较大。

- 条形浮阀塔板：基本结构为塔板上开有条形阀孔，与之配合的是可随气量大小而上下浮动的条形浮阀（见图 6-75）。条形浮阀塔板主要包括阀盖、阀翼、前阀腿、后阀腿、阀脚、阀孔、塔板以及气体导流孔。条形浮阀上设置了限位片，此限位片确保了浮阀在任何情况下都会提供一个浮阀开启高度，不会出现普通浮阀由于“卡死”而导致整个浮阀塔无法正常运行的现象。它将普通条形浮阀与固阀塔板有机地结合在一起，既具有固阀塔板的高耐堵塞性，又具有普通条形浮阀塔板的气液导流、均匀分布的功能。

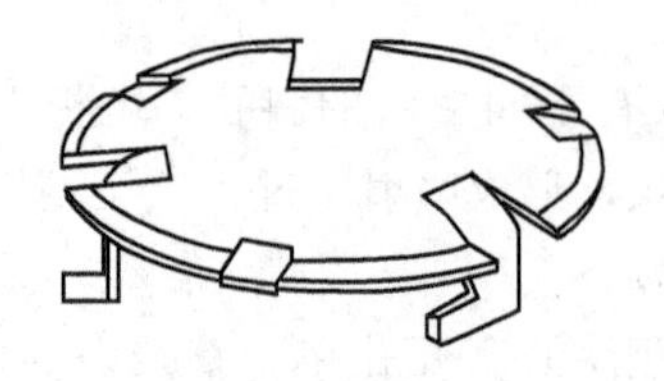

图 6-74 圆盘形浮阀

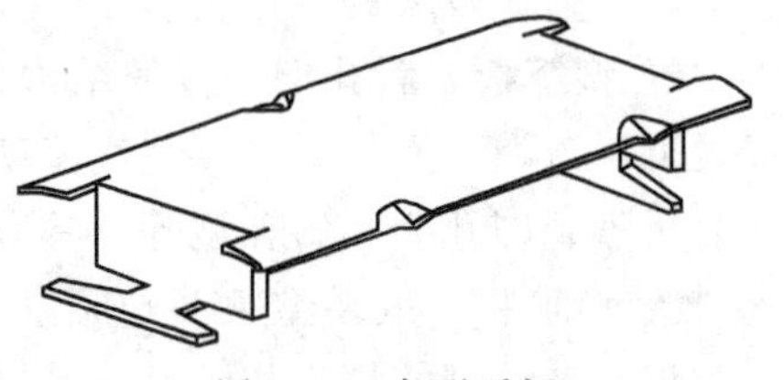

图 6-75 条形浮阀

• 船型浮阀塔板：基本结构具有下凹半圆形并在两侧均匀流线化的长条形阀体，气体自阀体两侧均匀地吹入液层，气体流道通畅，气流的收缩、膨胀、方向改变较均匀，阻力损失小（见图 6-76）。气体通过阀体穿过液层时，与液体呈交错流动，从而强化了板面上的横向流动，在液流方向因无反向气流而减少了液流逆向混合，塔板的传质效率有所提高。

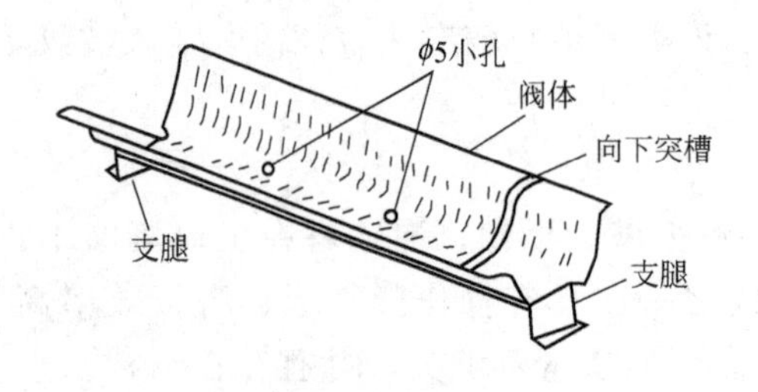

图 6-76 船型浮阀

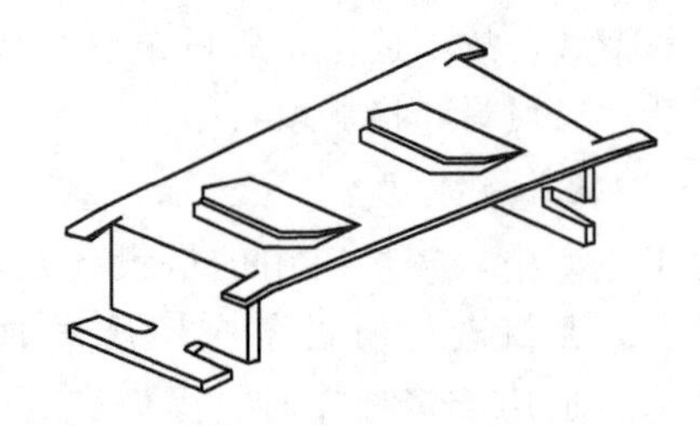

图 6-77 导向浮阀

• 导向浮阀塔板：基本结构为塔板上配有导向浮阀，浮阀上有导向孔，导向孔的开口方向与塔板上的液流方向一致（见图 6-77）。操作中，从导向孔喷出的少量气体推动塔板上的液体流动，从而可明显减少甚至完全消除塔板上的液面梯度。导向浮阀两端设有阀腿，在操作中气体从浮阀的两侧流出，气体流出的方向垂直于踏板上的液体流动方向。因此，导向浮阀塔板上的液体返混很小。塔板上导向浮阀具有两个导向孔，导向浮阀适当排布在塔板两侧的弓形区内，以加速该区域的液体流动，从而可消除塔板上的液体滞止区。由于导向浮阀在操作中不转动，浮阀无磨损，不脱落。

板式塔塔内安装一层层相隔一定距离的塔盘，塔内液体依靠重力作用，由上层塔板的降液管流到下层塔板的受液盘，然后横向流过塔板，从另一侧的降液管流至下一层塔板（见图 6-78、图 6-79）。溢流堰的作用是使塔板上保持一定厚度的液层。气体则在压力差的推动下，自下而上穿过各层塔板的气体通道（泡罩、筛孔或浮阀等），分散成小股气流，鼓泡通过各层塔板的液层。在塔板上，气液两相密切接触，进行热量和质量的交换。在板式塔中，气液两相逐级接触，两相的组成沿塔高呈阶梯式变化，在正常操作下，液相为连续相，气相为分散相。气、液两相在塔盘上互相接触，进行热和质的传递[26]。

塔板上气液两相的接触状态是决定板上两相流流体力学及传质和传热规律的重要因素。当液体流量一定时，随着气速的增加，可以出现四种不同的接触状态：

① 鼓泡接触状态：当气速较低时，气体以鼓泡形式通过液层，由于气泡的数量不多，形成的气液混合物基本上以液体为主，气液两相接触的表面积不大，传质效率很低。

② 蜂窝状接触状态：随着气速的增加，气泡的数量不断增加。当气泡的形成速度大于

气泡的浮升速度时，气泡在液层中累积。气泡之间相互碰撞，形成各种多面体的大气泡，板上为以气体为主的气液混合物。由于气泡不易破裂，表面得不到更新，所以此种状态不利于传热和传质。

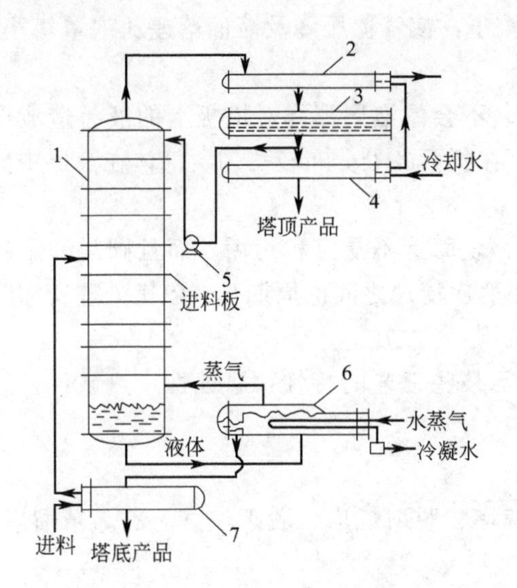

图 6-78　板式塔简单流程

1—塔体；2—塔顶冷凝器；3—回流罐；4—塔顶产品冷却器；5—回流泵；6—再沸器；7—塔底产品冷凝器

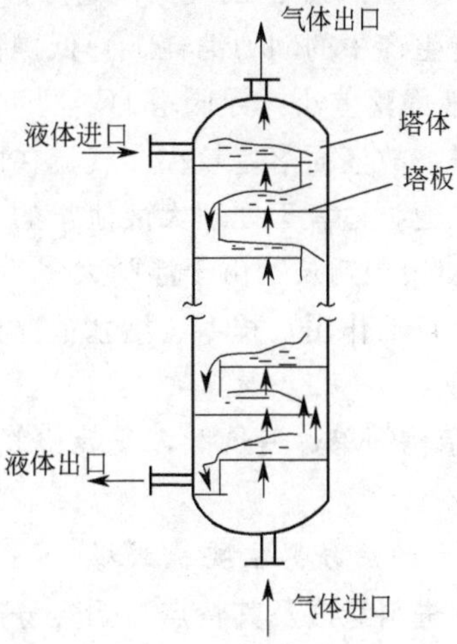

图 6-79　板式塔气液流动状况

③ 泡沫接触状态：当气速继续增加，气泡数量急剧增加，气泡不断发生碰撞和破裂，此时板上液体大部分以液膜的形式存在于气泡之间，形成一些直径较小，扰动十分剧烈的动态泡沫，在板上只能看到较薄的一层液体。由于泡沫接触状态的表面积大，并不断更新，为两相传热与传质提供了良好的条件，是一种较好的接触状态。

④ 喷射接触状态：当气速继续增加，由于气体动能很大，把板上的液体向上喷成大小不等的液滴，直径较大的液滴受重力作用又落回到板上，直径较小的液滴被气体带走，形成液沫夹带。此时塔板上的气体为连续相，液体为分散相，两相传质的面积是液滴的外表面。由于液滴回到塔板上又被分散，这种液滴的反复形成和聚集，使传质面积大大增加，而且表面不断更新，有利于传质与传热进行，也是一种较好的接触状态。

如上所述，泡沫接触状态和喷射状态均是优良的塔板接触状态。因喷射接触状态的气速高于泡沫接触状态，故喷射接触状态有较大的生产能力，但喷射状态液沫夹带较多，若控制不好，会破坏传质过程，所以多数塔均控制在泡沫接触状态下工作[27]。

浮阀塔优点：

① 流体阻力小：流体通过塔设备时阻力降小，可以节省动力费用，在减压操作时，易于达到所要求的真空度。

② 生产能力大：由于塔板上浮阀安排比较紧凑，其开孔面积大于泡罩塔板，生产能力比泡罩塔板大 20%～40%，与筛板塔接近。

③ 操作弹性大：由于阀片可以自由升降以适应气量的变化，因此维持正常操作而允许的负荷波动范围比筛板塔、泡罩塔都大。当气液相流率有一定波动时，两相均能维持正常的

流动，而且不会使效率发生较大的变化。

④ 塔板效率高：由于上升气体从水平方向吹入液层，故气液接触时间较长，气液两相在塔内保持充分的密切接触，而雾沫夹带量小，塔板效率高。

⑤ 气体压降小：因气液流过浮阀塔板时阻力较小，使气体压降及液面落差比泡罩塔小。大大节省生产中的动力消耗，降低操作费用。

⑥ 液面落差小：浮阀塔的浮阀可以自由浮动，不会像泡罩那样对塔板上的液流造成严重的阻碍，故液面落差较小，气流在两板间的压降在板面各处分布较均匀，气体在液层中能均匀地鼓泡，适宜于处理大液流量的系统。

⑦ 使用周期长：由于浮阀大多为不锈钢制造，表面上不易沉积污垢，而且阀片的不断浮动也有自洁作用，积垢、堵塞情况比泡罩塔轻，两次清理之间的周期长，停工处理所需时间也较短。

⑧ 结构简单，造价低，安装检修方便。能满足某些工艺的特性：腐蚀性，热敏性，起泡性等[28]。

（三）烯烃分离主要板式塔

根据进料组成及其特点，烯烃分离装置脱乙烷塔、脱丙烷塔、脱丁烷塔、乙烯精馏塔、丙烯精馏塔、碱洗塔等选择板式浮阀精馏塔。

塔盘选用苏尔寿公司开发的BDH^{TM}浮阀塔盘（见图6-80），BDH^{TM}浮阀塔盘不同于传统的浮阀塔板，其阀与液流方向平行，使液流无障碍地通过塔板，并降低漏液，经与传统的浮阀比较，不仅可以提高分离效率，而且增加了处理能力。具有以下特点：

图6-80 苏尔寿BDH^{TM}浮阀塔盘

① 可用的阀门升程和重量范围可以实现最佳设计；

② 平行于液体流动方向的阀门，阀门下无液体流动；

③ 宽浮阀支脚和阀位方向的固定，减少了安装和操作中的损害；

④ 由于气液向两侧释放，使液流无障碍地通过塔板；可最大程度降低泄漏风险。

1. 碱洗塔

碱洗塔的作用是利用NaOH溶液除去原料气中的酸性气体二氧化碳，将碱洗塔出口原料气中二氧化碳含量降至1μL/L以下。碱洗塔位置在原料气压缩机二段和三段之间、水洗塔之后。

碱洗塔顶部设有一个水洗循环段，中部、下部设有三段碱循环。水洗段使用锅炉给水以除掉原料气中夹带的碱液，塔顶设计有除沫器，防止有碱液夹带进入下游设备。锅炉给水从水洗段顶部注入塔内，经过3层单溢流泡罩塔盘后，在水洗段集液槽累积溢流后由降液管落至强碱段。水洗段循环泵入口从集液槽抽出分为两股，一股经泵返回至水洗段顶部循环冲洗，另一股进入强碱段。

新鲜碱液从强碱循环段注入塔内，自水洗段来的液体进入强碱段与新鲜碱液混合后将碱液稀释，稀释后的碱液自上而下流经15层单溢流浮阀塔盘，脱除大部分酸性气体后落入底部集液槽，集液槽内的液体一股进入强碱段循环泵循环至顶部，一股自降液管溢流至中碱段。中碱段、弱碱段的设置与强碱段相同，均为15层单溢流浮阀塔盘，每一段都设有一个碱循环回路。

原料气自塔底进入碱洗塔，自下而上脱除酸性气体和夹带的碱液后由塔顶排出。含有碳酸钠、碳酸氢钠和少量氢氧化钠的废碱液由塔底排出。塔釜设置隔板，一侧为弱碱循环液，液层顶部废碱液和产生的黄油、冷凝的重烃溢流进入隔板另一侧的废碱侧；废碱液另外设置隔油槽，液体分层后底部的废碱液自塔釜抽出，黄油及烃类自液层顶部溢流至隔油槽后排出。

碱洗塔直径3000mm，塔高52000mm（见图6-81）。操作压力在0.686～0.749MPa(G)，设计压力1.6MPa(G)，操作温度为42.5℃，设计温度为130℃，腐蚀裕度4.5mm，总质量119t。碱洗塔的介质为NaOH溶液，设计考虑碱对设备材质的腐蚀，国内采用设计标准为GB 150和JB/T 4710。塔筒体的主要材质为Q345R。塔盘规格见表6-21。

表6-21 碱洗塔塔盘规格

塔段	塔内径/mm	塔盘类型	塔盘间距/mm	塔盘厚度/mm	段高度/m（浮阀厚度/mm）	泡罩尺寸/mm（浮阀高度/mm）	泡罩或浮阀密度/(1/m^2)	开孔率/%
＃01～03	3000	单溢流泡罩	900	2	2.7	152.4	22.7	18.40
＃04～48	3000	单溢流BDH	750	2	2	11.1	94.7	10.54

碱洗塔所有受压元件间的焊接接头都必须是全焊透型式，单面施焊的焊缝采用弧焊打底的单面焊双面成形的焊接工艺。法兰与接管、补强圈与接管的接头按相应法兰、补强圈标准。角接接头的焊脚尺寸等于两相焊件中较薄者厚度。接管与壳体内壁齐平。壁厚大于10mm的接管符合GB 9948—2006的规定。裙座筒体与下封头的焊缝采用全焊透结构，且与下封头外壁圆滑过渡，并进行100%磁粉检测，按JB/T 4730.4—2005 Ⅰ级合格。设备吊耳与塔体之间的焊接接头做磁粉检测，热处理后再进行100%磁粉检测。碱洗塔分段运输，现场拼接焊缝需做100%射线检测，按JB/T 4730.4—2005 Ⅲ级合格，再进行100%磁粉检测，水压试验后，对现场组焊的A、B类焊接接头进行≥20%的局部磁粉检测，按JB/T 4730.4—2005 Ⅰ级合格。

2. 乙烯精馏塔

乙烯精馏塔的作用是分离进料中的乙烯和乙烷，从而获得高纯度的乙烯产品。乙烯精馏塔位于脱乙烷塔和加氢反应器之后。

乙烯精馏塔选择双溢流板式浮阀塔盘，共129层塔盘。碳二组分混合物自第90层塔盘进入乙烯精馏塔。为节省冷剂用量，设置中间再沸器，中间再沸器入口液体自第103层塔盘抽出，经与气相丙烯换热后，气相碳二组分由第106层塔盘返回进入精馏塔。

在精馏塔顶部，轻组分等杂质在这里向上下两个方向流动，液体内的高沸点组分随液体向塔底浓缩，低沸点组分则在气相中向塔顶挥发提浓。这一现象被德国微生物学家巴斯德揭示后，将精馏塔的这一区段称为“巴氏净化区”或“巴氏精馏段”。为保证乙烯产品纯度，塔顶部设置7层“巴氏精馏段”，把甲烷和氢气通过“巴氏精馏段”脱除，乙烯产品采用侧线抽出，以满足下游对乙烯产品的需求。

表 6-22　乙烯精馏塔塔盘规格

塔段	塔内径/mm	塔盘类型	塔盘间距/mm	塔盘厚度/mm	浮阀厚度/mm	浮阀高度/mm	浮阀密度/(1/m²)	开孔率/%
#01～06	3200	双溢流 BDH	600	2	2	12.7	96.4	12.49
#07～89	3200	双溢流 BDH	450	2	2	12.7	104.5	13.53
#90～92	3200	双溢流 BDH	450	2	2	12.7	78	10.10
#93～102	3200	双溢流 BDH	450	2	2	12.7	78	10.10
#103～105	3200	双溢流 BDH	600	2	2	12.7	78	10.10
#106～129	3200	双溢流 BDH	450	2	2	9.5	77.3	7.18

乙烯精馏塔直径 3200mm，塔高 68100mm（见图 6-82）。操作压力 1.625～1.701MPa(G)，设计压力 1.95MPa(G)，塔顶操作温度－34.3℃，塔釜操作温度－12℃，设计温度为－45～100℃，腐蚀裕度 1.5mm。乙烯精馏塔的筒体采用低温容器用钢 SA516Gr60＋5S，正火状态供货，设备应按 JB 4708 进行焊接工艺评定，并按台制备焊接试板，试板做低温夏比（V 形缺口）冲击试验。塔盘规格见表 6-22。

3. 丙烯精馏塔

丙烯精馏塔的作用是分离进料中的丙烯和丙烷，以获得合格的丙烯产品，丙烯精馏塔位于脱乙烷塔之后。由于丙烯和丙烷相对挥发度极低，需要的理论塔盘数较多，为降低塔高度和制造难度，设计双塔流程，分为第一精馏塔和第二精馏塔。采用四溢流浮阀塔盘，结构紧凑，生产能力大，气体以水平方向吹入液层，阻力小，气液接触时间长且接触状况良好，故雾沫夹带少，塔板效率高，浮阀可根据气量大小上下浮动，操作弹性大，浮阀结构简单，安装容易，造价较低。

第一丙烯精馏塔直径 6500mm，塔高 49500mm（见图 6-83）。操作压力 1.923～1.972MPa(G)，设计压力 2.31MPa(G)，塔顶操作温度 51.6℃，塔釜操作温度 58.7℃，设计温度为 90℃，腐蚀裕度 1.5mm。塔盘规格见表 6-23。

表 6-23　第一丙烯精馏塔塔盘规格

塔段	塔内径/mm	塔盘类型	塔盘间距/mm	塔盘厚度/mm	浮阀厚度/mm	浮阀高度/mm	浮阀密度/(1/m²)	开孔率/%
#01～77	6500	四溢流 BDH	550	3.5	2	11.1	113.1	10.64

第二丙烯精馏塔直径 7600mm，塔高 88500mm（见图 6-84）。操作压力 1.791～1.925MPa(G)，设计压力 2.15MPa(G)，塔顶操作温度 45.8℃，塔釜操作温度 51.4℃，设计温度为 90℃，腐蚀裕度 1.5mm。塔盘规格见表 6-24。

表 6-24　第二丙烯精馏塔塔盘规格

塔段	塔内径/mm	塔盘类型	塔盘间距/mm	塔盘厚度/mm	浮阀厚度/mm	浮阀高度/mm	浮阀密度/(1/m²)	开孔率/%
#01～145	7600	四溢流 BDH	475	3.5	2	11.1	107.8	10.14
#146～162	7600	四溢流 BDH	600	3.5	2	11.1	107.8	10.14

两个精馏塔的塔盘和筒体材质采用碳钢，浮阀的材质采用不锈钢。由于设备重量和体积较大，在制造、吊装上有较大难度，安装过程中丙烯精馏塔分段运至现场，在现场进行组焊。

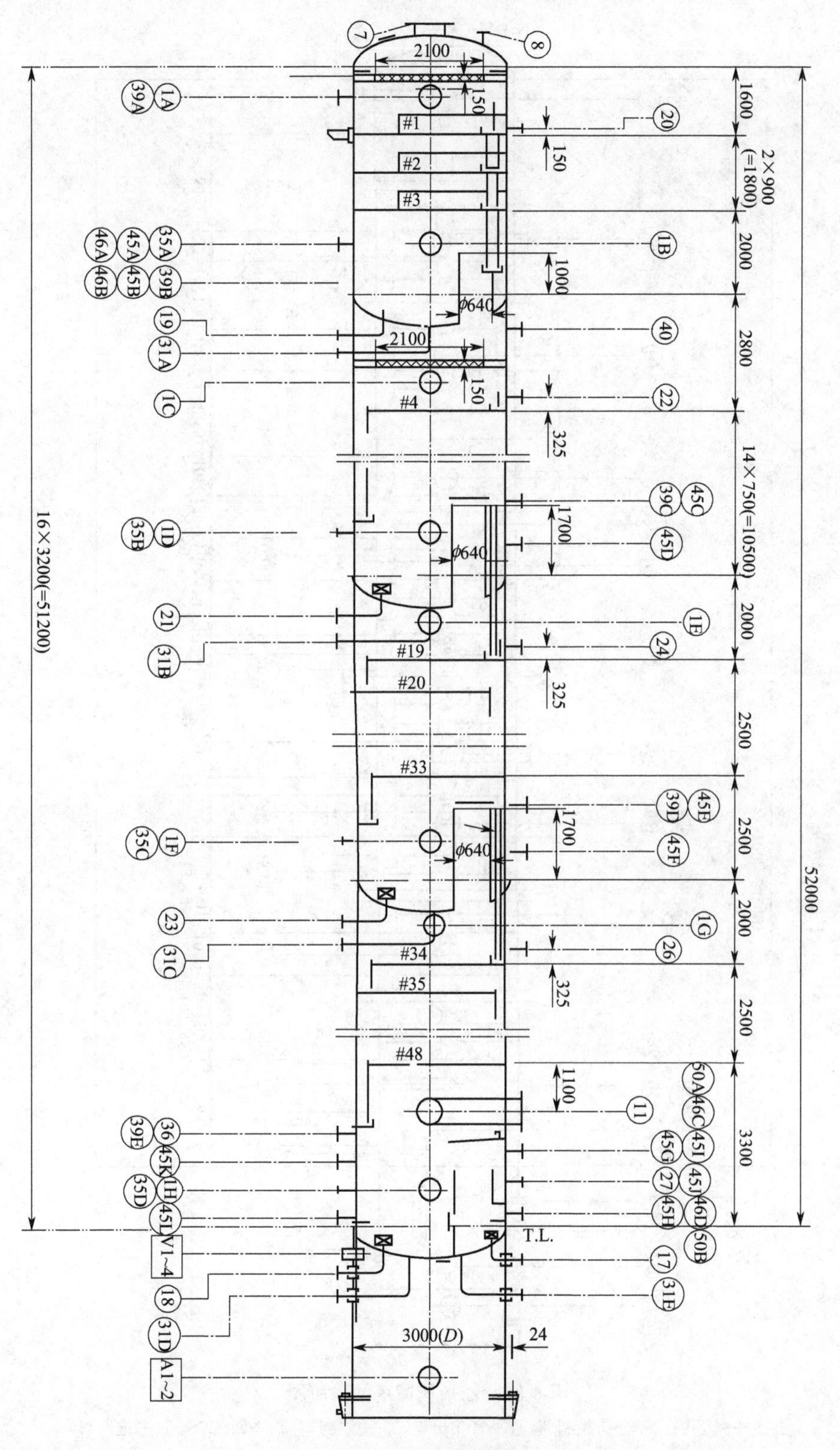

图 6-81　碱洗塔结构简图

1A～H—人孔；7—气相出口；8—放空口；11—进料口；17—废碱排放；18—弱碱抽出；19—洗水抽出；20—补水口；21—强碱抽出；22—强碱返回；23—中碱抽出；24—中碱返回；26—弱碱返回；27—黄油排放；31A～E—排净口；35A～D—公用工程口；36—压力测量；39A～E—压差测量；40—温度计口；45A～L—液面计；46A～D—液位控制器；50A～B—界位控制器

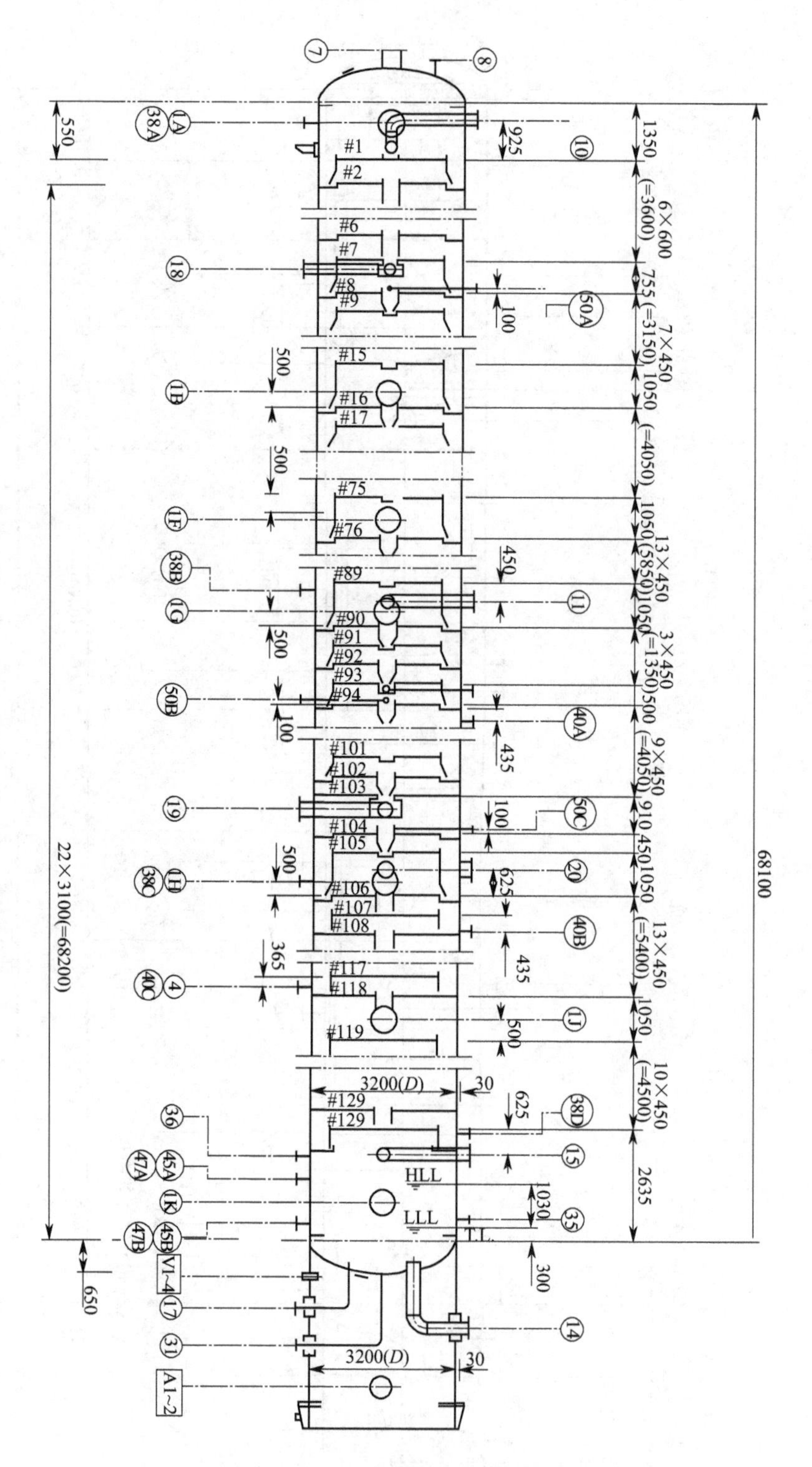

图 6-82 乙烯精馏塔结构简图

1A～J—人孔；4—分析控制器；7—气相出口；8—放空口；10—回流口；11—进料口；14/19—去再沸器；15/20—再沸器返回；17—乙烷去冷箱；18—乙烯产品；31—排净口；35—公用工程口；36—压力计口；38A～D—压力变送器；40A～C—温度计；45A～B—就地液面计；47A～B—液位控制器；50A～C—甲醇注入口

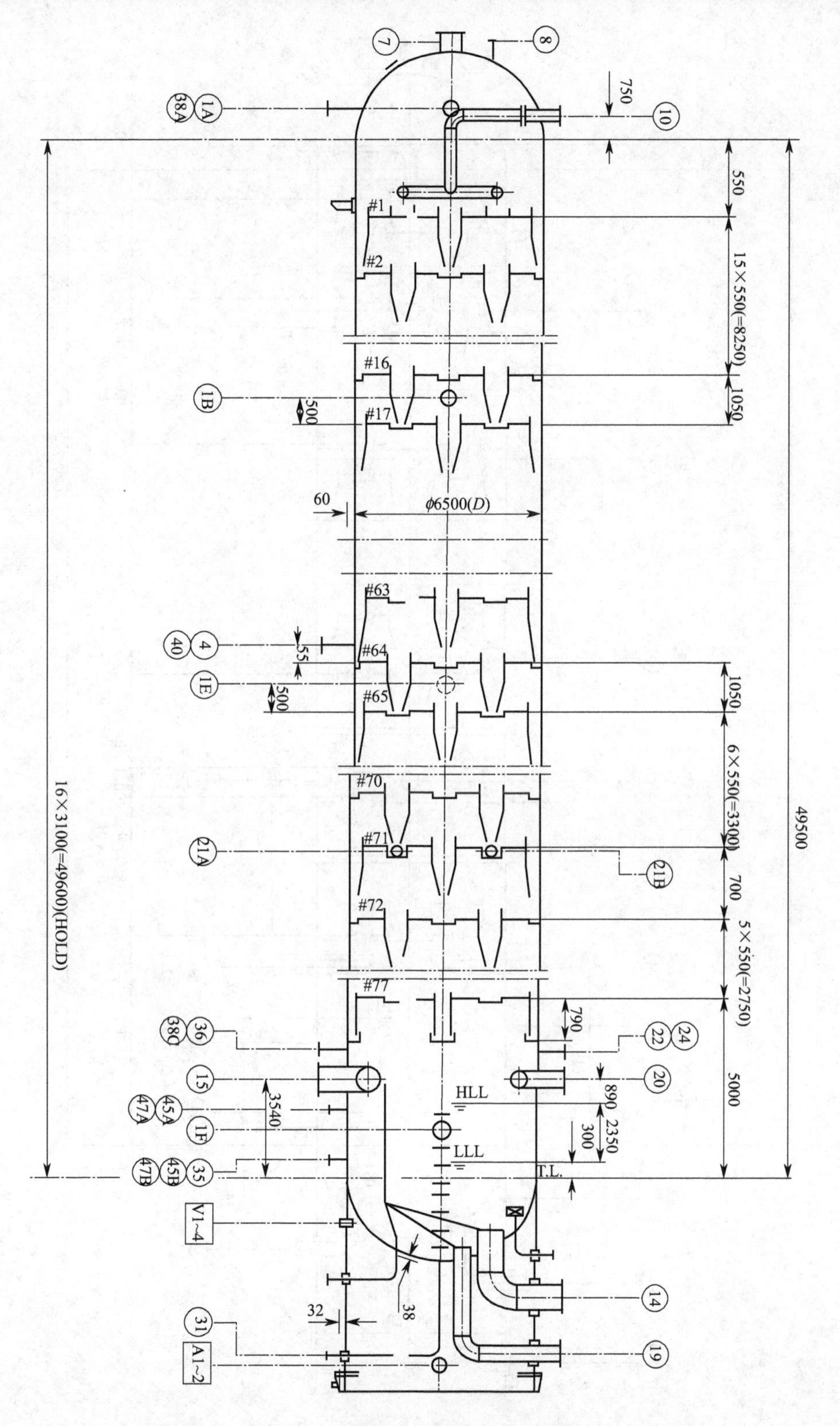

图 6-83 第一丙烯精馏塔结构简图

1A～F—人孔；4—分析控制器；7—气相出口；8—放空口；10—回流口；14/19—去再沸器；15/20—再沸器返回；21A～B—丙烷去冷箱；22/24—泵返回；31—排净口；35—公用工程口；36—压力计口；38A～C—压力变送器；40—温度计；45A～B—就地液面计；47A～B—液位控制器

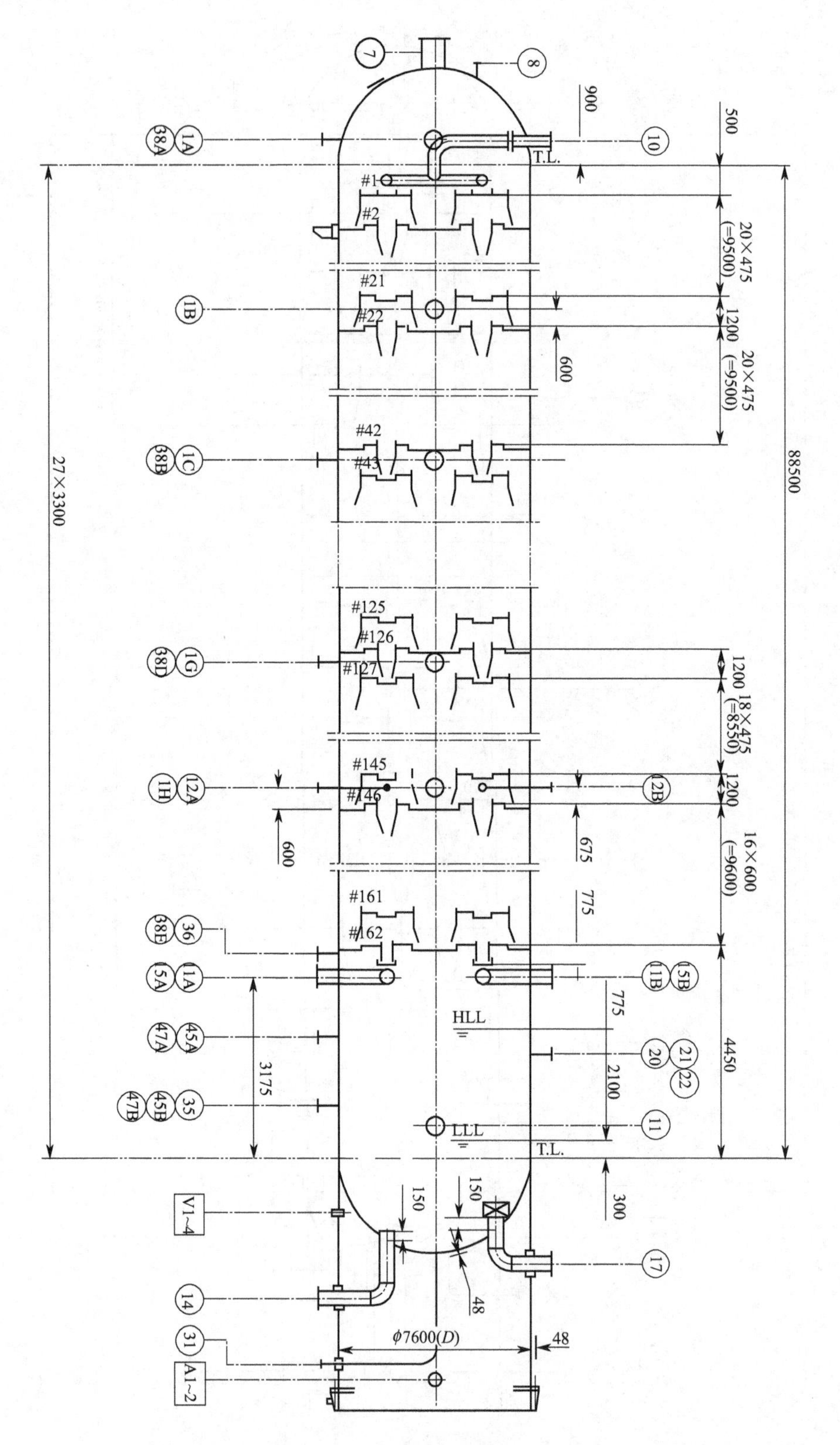

图 6-84 第二丙烯精馏塔结构简图

1A～I—人孔；7—气相出口；8—放空口；10—回流口；11/11A～B/12A～B—进料口；14—去再沸器；15A～B—再沸器返回；17—泵入口；20/21—泵返回；22—气相丙烯；31—排净口；35—公用工程口；36—压力计口；38A～E—压力变送器；45A～B—就地液面计；47A～B—液位控制器

(四) 填料塔概述

近年来，随着填料塔研究的发展，一些性能优良的新型填料和填料塔相继问世，特别是规整填料和新型塔内件的不断开发应用和基础理论研究的进一步深入，使填料塔技术取得了长足进展。与板式塔相比，填料塔具有通量大、效率高、压降低、持液量小等优点。填料塔应用范围越来越广，规模也越来越大，大型填料塔的实际工程应用，标志着填料塔技术已进入了一个崭新阶段。

从优化性能、减少材料消耗和降低产品成本等经济方面看，散装填料的发展较为迅速，其特点是具有低的单位理论的压降。散装填料在使用中经常遇到的难题是保证填料表面的最大湿润，要做到这一点，液体必须在进料处或在塔顶均匀地分布在整个塔截面上。此外，由于填料的堆放，特别是靠塔壁处的堆放，液体会趋于不良分布。由于散装填料床层内的流体力学性质的不可控和偶然性，其结果，在分离特定物性的混合物时，许多散装填料床中有沟流的可能。鉴于这些不良分布的可能性，在大直径的散装填料塔中可能出现低效率现象，因此，为了取得高通量和高效率，在某些情况，特殊塔板和规整填料比散装填料更为优越。

填料塔是连续接触式气液传质设备，主要由填料、塔内件及筒体构成。填料是填料塔内气液传质、传热的基础元件，决定了填料塔内气液流动及接触传递方式。一般将填料分为散装填料和规整填料两种基本类型。塔内件主要包括液体分布器、填料紧固装置、填料支撑、液体再分布器及进出料装置、气体进料及分布装置、除沫器等。

填料塔是以塔内的填料作为气液两相间接触构件的传质设备（图 6-85）。填料塔的塔身是一直立式圆筒，底部装有填料支撑板，填料以散装或规整的方式放置在支撑格栅上。填料的上方安装填料压板，以防被上升气流吹动。液体从塔顶经液体分布器喷淋到填料上，并沿填料表面流下。气体从塔底送入，经气体分布装置（小直径塔一般不设气体分布装置）分布后，与液体呈逆流连续通过填料层的空隙，在填料表面上，气液两相密切接触进行传质。填料塔属于连续接触式气液传质设备，两相组成沿塔高连续变化，在正常操作状态下，气相为连续相，液相为分散相。

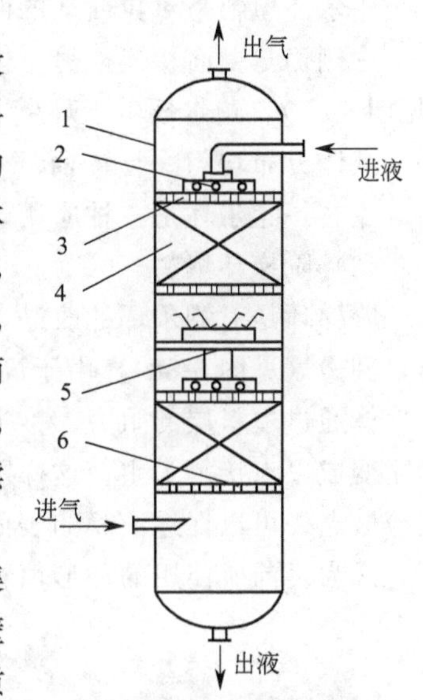

图 6-85　填料塔示意简图
1—塔壳体；2—液体分布器；
3—压紧格栅；4—填料；
5—气体分布器；6—支撑格栅

填料塔内，当液体沿填料层向下流动时，有逐渐向塔壁集中的趋势，使得塔壁附近的液流量逐渐增大，这种现象称为壁流。壁流效应造成气液两相在填料层中分布不均，从而使传质效率下降。因此，当填料层较高时，需要进行分段，中间设置再分布装置。液体再分布装置包括液体收集器和液体再分布器两部分，上层填料流下的液体经液体收集器收集后，送到液体再分布器，经重新分布后喷淋到下层填料上。

填料塔也有一些不足之处，如填料造价高；当液体负荷较小时不能有效地润湿填料表面，使传质效率降低；不能直接用于有悬浮物或容易聚合的物料；对侧线进料和出料等复杂精馏不太适合等[29]。

散装填料是一个个具有一定几何形状和尺寸的颗粒体，一般以随机的方式堆积在塔内，又称为乱堆填料或颗粒填料。填料的型式繁多，常见的有拉西环、鲍尔环、波纹填料、矩鞍填料、丝网填料等。几种典型的散装填料介绍如下。

(1) 拉西环填料

拉西环填料是人工填料中最早出现的形状，于1914年由拉西发明（见图6-86）。最早的拉西环采用陶瓷材质，通过挤压成型、烧结而成，为外径与高度相等的圆环。拉西环填料阻力大、通量小，堆积时易形成空洞、架桥等现象，由此产生气液分布较差、传质效率低和严重的沟流、壁流问题，目前工业上已较少应用。

图6-86 拉西环填料

图6-87 鲍尔环填料

(2) 鲍尔环填料

鲍尔环填料是对拉西环的改进，在拉西环的侧壁上开出两排长方形的窗孔，被切开的环壁的一侧仍与壁面相连，另一侧向环内弯曲，形成内伸的舌叶，诸舌叶的侧边在环中心相搭（见图6-87）。鲍尔环由于环壁开孔，大大提高了环内空间及环内表面的利用率，气流阻力小，液体分布均匀。与拉西环相比，鲍尔环的气体通量可增加50%以上，传质效率提高30%左右。鲍尔环是一种应用较广的填料[29]。

(3) 阶梯环填料

阶梯环是对鲍尔环的改进，与鲍尔环相比，阶梯环高度减少了一半并在一端增加了一个锥形翻边（见图6-88）。由于高径比减少，使得气体绕填料外壁的平均路径大为缩短，减少了气体通过填料层的阻力。锥形翻边不仅增加了填料的机械强度，而且使填料之间由线接触为主变成以点接触为主，这样不但增加了填料间的空隙，同时成为液体沿填料表面流动的汇集分散点，可以促进液膜的表面更新，有利于传质效率的提高。阶梯环的综合性能优于鲍尔环，成为目前所使用的环形填料中最为优良的一种[30]。

图6-88 阶梯环填料

图6-89 矩鞍填料

(4) 矩鞍填料

将弧鞍填料两端的弧形面改为矩形面，且两面大小不等，即成为矩鞍填料（见图6-89）。

平滑弧形侧面在填料床层内，增加了填料间接触的空隙，使之更有利于气体和液体在填料层中的流动和扩散，具有压降低、传质效率高等特点。矩鞍填料堆积时不会套叠，也不会相互掩蔽传质面，填充均匀、操作稳定，液体分布较均匀。

（5）环矩鞍填料

环矩鞍填料巧妙地综合了开孔环形填料和一般矩鞍形填料的结构特点，既有类似于开孔环形填料的圆环、环壁开孔和内伸的舌片，也有类似于矩鞍填料的圆弧形通道（见图6-90）。此外，鞍形两侧的翻边与两端下部的齿形结构共同增加了填料间的点接触，使填料间的空隙率得以增大，液体汇聚和分散点增多。

这种填料开敞的结构使得填料的通量增大，压降降低，也有利于液体在填料表面的分布和促进液体表面更新，从而有利于提高填料的传质性能。与同样尺寸的鲍尔环填料相比，无论是在流体力学性能，还是在传质性能，金属环矩鞍填料都是较优的。金属环矩鞍填料鞍形两侧的翻边结构增加了填料的机械强度与刚度，同时，由冲压制成的环形圈也对填料起了加强筋的作用，环矩鞍填料的鞍形整体结构，使之较矩鞍和鲍尔环填料有更高的强度，因为金属环矩鞍填料结构的断面系数大，所以可采用较薄的金属进行轧制。

图 6-90　环矩鞍填料

图 6-91　球形填料

（6）球形填料

球形填料特殊之处在于圆桶体两端与弧形杆相接，弧形杆与圆环相接，见图 6-91。球形填料的特点是球体为空心，可以允许气体、液体从其内部通过。由于球体结构的对称性，填料装填密度均匀，不易产生空穴和架桥，所以气液分散性能好。具有更好的抗压抗冲击性能，泛点压降大大降低，比表面积增大，空隙率大。球形填料一般只适用于某些特定的场合，工程上应用较少。

工业塔常用的散装填料主要有 DN16、DN25、DN38、DN50、DN76 等几种规格。同类填料，尺寸越小，分离效率越高，但阻力增加，通量减少，填料费用也增加很多。而大尺寸的填料应用于小直径塔中，又会产生液体分布不良及严重的壁流，使塔的分离效率降低。因此，对塔径与填料尺寸的比值要有一规定，一般塔径与填料公称直径的比值应大于 8[30]。

除上述几种较典型的散装填料外，近年来不断有构型独特的新型填料开发出来，如共轭环填料、海尔环填料、纳特环填料等。

规整填料是一种在塔内按均匀几何图形排布、整齐堆砌的填料。它规定了气液流路，改善了沟流、壁流和湿润性能，降低了阻力，同时提供更多的气液接触面积从而提高了传质、传热效果。由于具有比表面积大、压降小、流体分布均匀、传质传热效率高等优点，因此得到了广泛的应用。最早开发的是金属规整填料，以后相继开发的有塑料规整填料、陶瓷规整填料和碳纤维规整填料。规整填料根据其结构特点主要可以分为格栅填料、波纹填料和脉冲填料。几种典型的规整填料如下。

(1) 格栅填料

格栅填料是以条状单元体经一定规则组合而成的，具有多种结构形式（见图 6-92）。工业上应用最早的格栅填料为木格栅填料。目前应用较为普遍的有格里奇格栅填料、网孔格栅填料、蜂窝格栅填料等，其中以格里奇格栅填料最具代表性。格栅填料的比表面积较低，主要用于要求压降小、负荷大及防堵等场合。

图 6-92 格栅填料

图 6-93 波纹填料

(2) 波纹填料

目前工业上应用的规整填料绝大部分为波纹填料，它是由许多波纹薄板组成的圆盘状填料，波纹与塔轴的倾角有 30°和 45°两种，组装时相邻两波纹板反向靠叠（见图 6-93）。各盘填料垂直装于塔内，相邻的两盘填料间交错 90°排列[30]。

波纹填料按结构可分为网波纹填料和板波纹填料两大类，其材质又有金属、塑料和陶瓷等之分。金属丝网波纹填料是网波纹填料的主要形式，它是由金属丝网制成的。金属丝网波纹填料的压降低，分离效率很高，特别适用于精密精馏及真空精馏装置，为难分离物系、热敏性物系的精馏提供了有效的手段。尽管其造价高，但因其性能优良仍得到了广泛的应用。

(3) 脉冲填料

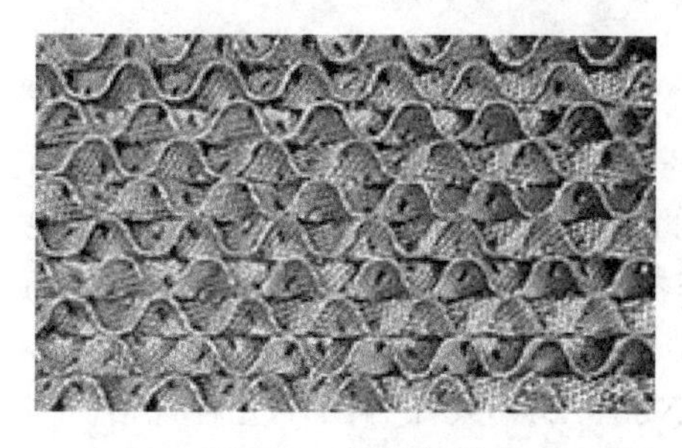

图 6-94 脉冲填料

脉冲填料是由带缩颈的中空棱柱形个体，按一定方式拼装而成的一种规整填料（见图 6-94）。脉冲填料组装后，会形成带缩颈的多孔棱形通道，其纵面流道交替收缩和扩大，气液两相通过时产生强烈的湍动。在缩颈段，气速最高，湍动剧烈，从而强化传质。在扩大段，气速减到最小，实现两相的分离。流道收缩、扩大的交替重复，实现了“脉冲”传质过程。

脉冲填料的特点是处理量大，压降小，是真空精馏的理想填料。因其优良的液体分布性能使放大效应减少，故特别适用于大塔径的场合。

工业上常用规整填料的型号和规格的表示方法很多，国内习惯用比表面积表示，主要有 $125m^2/m^3$、$150m^2/m^3$、$250m^2/m^3$、$350m^2/m^3$、$500m^2/m^3$、$700m^2/m^3$ 等几种规格，同种类型的规整填料，其比表面积越大，传质效率越高，但阻力增加，通量减少，填料费用也明显增加。选用时应从分离要求、通量要求、场地条件、物料性质及设备投资、操作费用等方面综合考虑，使所选填料既能满足技术要求，又具有经济合理性。

填料性能的优劣通常根据效率、通量及压降三要素衡量。在相同的操作条件下，填料的比表面积越大，气液分布越均匀，表面的润湿性能越好，则传质效率越高；填料的空隙率越大，结构越开敞，则通量越大，压降亦越低。

填料的选择包括确定填料的种类、规格及材质等。所选填料既要满足生产工艺的要求，又要使设备投资和操作费用最低。填料种类的选择要考虑分离工艺的要求，通常考虑以下几个方面：

① 填料层的压降要低；

② 传质效率要高，一般而言规整填料的传质效率高于散装填料；

③ 通量要大，在保证具有较高传质效率的前提下，应选择具有较高泛点气速或气相动能因子的填料；

④ 填料抗污堵性能强，拆装、检修方便。

应当指出，同一填料塔可以选用同种类型、同一规格的填料，也可选用同种类型、不同规格的填料；可以选用同种类型的填料，也可以选用不同类型的填料；有的塔段可选用规整填料，而有的塔段可选用散装填料。设计时应灵活掌握，根据技术经济统一的原则来选择填料的规格。

（五）烯烃分离主要填料塔

根据进料组成及其特点和操作目的不同，烯烃分离装置水洗塔和脱甲烷塔选择填料塔。两个填料塔均选择 I-Rings 填料，I-Rings 填料具有以下优点：

① 压降比鲍尔环降低 30%；

② 优化的设计比其他散堆填料处理能力和效率都有很大提高；

③ 优化的几何设计减小了持液量；

④ 具有更为广泛的应用；

⑤ 安装和卸料更为简便。

1. 水洗塔

水洗塔的作用是脱除原料气物流中的含氧化合物（甲醇、二甲醚、乙醇、丙醛和丙酮等），位于原料气压缩机二段和三段之间。

水洗塔采用填料塔，设计三段散装填料。自 MTO 装置来的净化水由顶部经进料分布器进入塔内，沿填料表面下降，顶部第一层填料床层高 6100mm，为型号 IR40、厚度 0.3mm 的不锈钢 I-Rings 填料。第一床层底部液体经液体收集器后进入液体再分布器，第二层填料床层高 6100mm，同为型号 IR40、厚度 0.3mm 的不锈钢 I-Rings 填料。第二床层底部液体经液体收集器、再分布器进入第三层填料床层，第三层填料床层高 6100mm，同为型号 IR40、厚度 0.3mm 的不锈钢 I-Rings 填料。三个床层的填料均散堆在支撑格栅上，填料顶部由压紧格栅固定。

原料气由塔的下部通过填料孔隙逆流而上，与净化水密切接触而相互作用，自上而下的净化水与洗涤下来的含氧化合物、冷凝下来的液态烃一并进入塔釜。塔底部设置垂直挡板和水平防喷溅挡板，防止液体喷溅并保持塔釜液层在平稳状态。挡板顶部设置弯型升气管，便于气化的烃类沿塔上升。水洗塔塔底设置隔油槽，原料气中在系统内冷凝下来的烃类凝液通过油侧返回至原料气压缩机段间回收利用。含氧化合物溶解在净化水中从水洗涤塔塔釜返回至 MTO 装置。

水洗塔直径 3000mm，塔高 29600mm，水洗塔的操作压力在 0.766～0.774MPa(G)，设计压力 1.6MPa(G)，操作温度为 37.5℃，设计温度 130℃，腐蚀裕度 4.5mm（见图 6-95）。设备的材质主

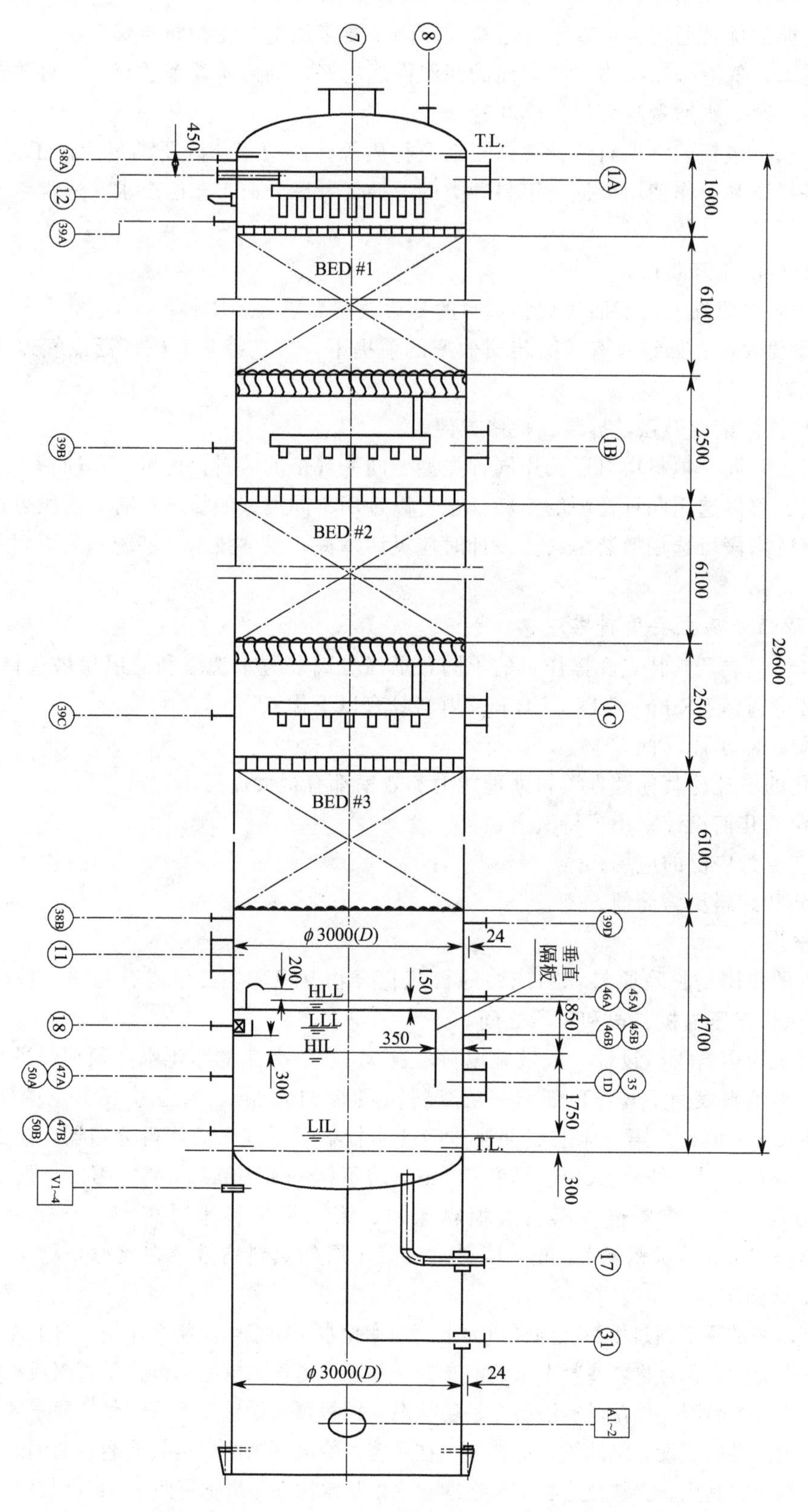

图 6-95 水洗塔结构简图

1A～D—人孔；7—气相出口；8—放空口；11/12—进料口；17—水出口；18—油出口；31—排净口；35—公用工程口；38A～B—压力计口；39A～D—压差计口；45A～B—就地液面计；46A～B—液位控制器；47A～B—界位控制器；50—界位计口

要为16MnR，总质量67t，国内采用设计标准为GB 150和JB/T 4710。塔设备液体收集器、再分布器等内件和填料材质为不锈钢。水洗塔填料规格及水力学概况见表6-25。

表6-25 水洗塔填料规格及水力学概况

塔段	塔内径/mm	填料类型	填料高度/mm	填料厚度/mm	床层压降/mbar	泛点率/%	持液量/%	液体载荷/[m³/(m²·h)]
1	3000	IR 40	6100	0.3	4.2	34	2.5	8.5
2	3000	IR 40	6100	0.3	4.2	34	2.5	8.5
3	3000	IR 40	6100	0.3	4.2	34	2.5	8.5

水洗塔所有的壳体对接接头、壳体与接管的连接接头均应全焊透。除注明外，角焊缝的焊脚尺寸按较薄者的厚度，且为连续焊。补强圈、法兰、人孔等标准件的焊接按相应标准中的规定。吊耳与塔体之间的焊接接头做100%磁粉检测，裙座筒体与下封头焊接接头做100%磁粉检测。壁厚大于10mm的接管符合GB 9948—2006的规定。

2. 脱甲烷塔

脱甲烷塔的作用是从碳二、碳三组分中分离出甲烷、氢气等轻组分，位于原料气压缩机四段排出，以保证能够获得足够高的操作压力。

脱甲烷塔采用散装填料塔，设置七层填料，精馏段三层、提馏段四层。自压缩机四段排出的高压原料气经过进料激冷器降温后分为气液两相，气相由第三段填料床层顶部进入，液相由第四段填料床层顶部进入。脱甲烷塔回流经第一段床层顶部液体分布器进入塔顶，沿填料表面下降，顶部第一层填料床层高4000mm，为型号IR25、厚度0.3mm的不锈钢I-Rings填料。床层底部液体进入液体集液槽，为节省冷剂用量，在精馏段第二层填料层设置中间冷凝器，冷凝介质从集液槽抽出至循环泵，经中间冷凝器冷却后返回第二层填料顶部。第二层填料床层高3050mm，为型号IR50、厚度0.3mm的不锈钢I-Rings填料。

第二层填料底部设置液体收集器、液体再分布器，液体沿再分布器进入第三层填料，然后自由下流依次经过第四、五、六、七层填料床层，第三层填料以下不再设置液体收集器、液体再分布器，液体依靠自流下降。塔底部设置挡板防止液体喷溅，并保持塔釜液层在平稳状态。挡板顶部设置升气孔，便于气化的烃类沿塔上升。塔釜含有少量甲烷、氢气的液体送入脱乙烷塔，顶部甲烷、氢气及少量碳二、碳三组分气体送入燃料气管网。

表6-26 脱甲烷塔填料规格及水力学概况

塔段	塔内径/mm	填料类型	填料高度/mm	填料厚度/mm	床层压降/mbar	泛点率/%	持液量/%	液体载荷/[m³/(m²·h)]
1	1200	IR 25	4000	0.3	1.05	37	6.7	37
2	1200	IR 50	3050	0.3	0.79	34	3.5	42
3	1200	IR 40	2750	0.3	1.00	41	5.6	55
4	2400	IR 40	5625	0.3	0.80	25	5.6	55
5	2400	IR 40	5625	0.3	2.40	43	6.1	70
6	2400	IR 50	6275	0.3	2.76	49	4.3	78
7	2400	IR 50	6275	0.3	3.23	54	4.4	82

脱甲烷塔精馏段直径1200mm、高16900mm，提馏段直径2400mm、高38400mm，操作压力在2.640～2.665MPa(G)，设计压力3.6MPa(G)，塔顶操作温度－10℃，塔釜操作温度13℃，设计温度－45～65℃，腐蚀裕度1.5mm，见图6-96。设备筒体材质采用低温容器用钢SA516Gr60＋5S，液体分布器、集液槽和填料等设备内件使用不锈钢材质，按JB 4708进行焊接工艺评定，并按台制备焊接试板，试板需做低温夏比（V形缺口）冲击试验。脱甲烷塔填料规格及水力学概况见表6-26。

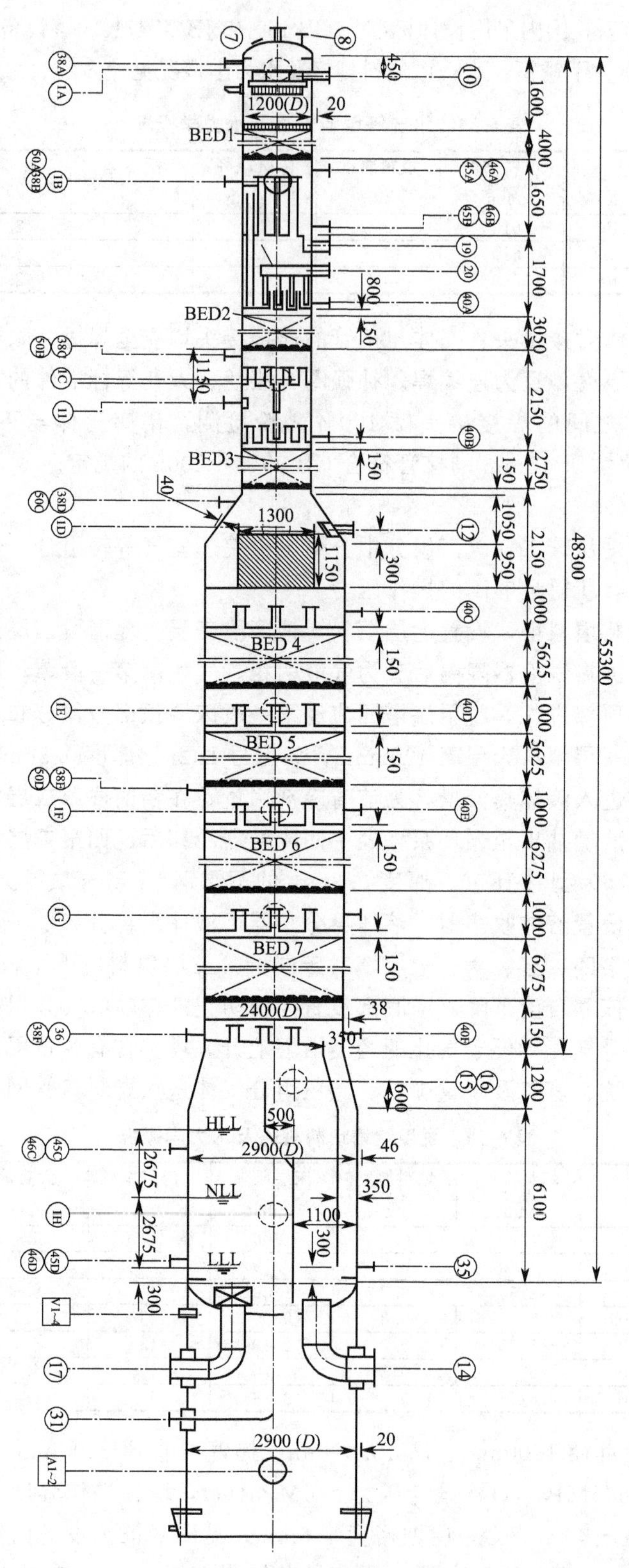

图 6-96 脱甲烷塔结构简图

1A～H—人孔；7—气相出口；8—放空口；10—回流口；11/12—进料口；14—去再沸器；15/16—再沸器返回；17—塔底物料出口；19—去中间冷却器；20—中间冷却器返回；31—排净口；35—公用工程口；36—压力计口；38A～F—压力变送器；40A～F—温度计口；45A～D—就地液面计；46A～D—液位控制器；50A～D—甲醇注入口

三、丙烯产品精制床

丙烯产品中含有少量甲醇等含氧化合物，为保证丙烯产品质量需要进行脱除。在丙烯精馏塔产品馏出口设置丙烯产品精制床。含有少量含氧化合物的丙烯产品通过精制床，精制床中的精制剂吸收甲醇等含氧化合物，将甲醇等含氧化合物的含量降至1mg/kg以下，同时也可以吸收丙烯产品中的微量水分。丙烯产品精制床系统设有两台，一台操作，一台再生或备用，运行周期为48h。精制床的再生使用高温、低压热氮气，除去精制剂吸附的甲醇等含氧化合物。

由于丙烯产品中含氧化合物杂质的特殊性，会对精致吸附剂的活性和功能产生不利影响，对精制吸附剂的生产和制造工艺有较高的要求。不合适的精制吸附剂不仅能导致丙烯产品不合格，也可能引发潜在危险和负面影响。比如吸附时过度放热造成系统超温、发生副反应生产副产物和高温聚合等。

丙烯产品精制床直径2600mm，精制床高9900mm，催化剂床层高度7600mm。操作压力为2.1MPa(G)，设计压力为3.3MPa(G)，操作温度为38℃，设计温度为350℃，腐蚀裕度1.5mm（见图6-97）。设备采用碳钢材质，精制床底部设置支撑格栅，以支撑整个床层的重量，格栅上敷设筛网和氧化铝惰性瓷球，防止精制剂从底部跑损。精制床顶部设置压紧格栅，敷设筛网和氧化铝惰性瓷球，避免精制剂床层在运行过程中受到冲击而紊乱或跑损。

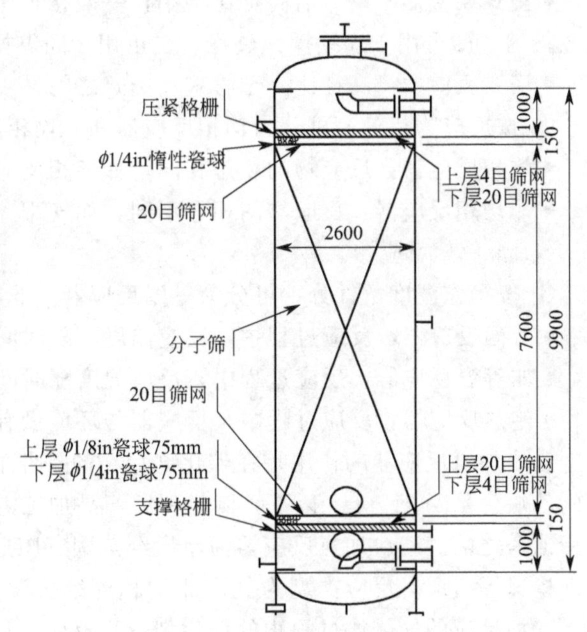

图6-97　丙烯产品精制床结构简图

丙烯产品精制床壳体对接接头、壳体与接管的连接接头都必须是全焊透形式。法兰与接管、接管与接管（壳体）的连接接头按相应的法兰标准。角接接头的焊脚尺寸等于两相焊件中较薄者厚度。所有对接焊缝打磨光滑，焊缝余高≤1mm。接管内壁端打磨成$R3\sim5$mm，光滑圆角凸出的焊肉打磨至表面齐平。承压焊缝如开口接管与壳体连接的焊缝、裙座的焊缝进行100%超声波检测。

丙烯产品精制床吸附甲醇含氧化合物等杂质的过程属于吸附放热过程，吸附剂在接触液相丙烯后，在吸附过程初期会释放一定的热量，根据介质流量和流速等的不同，释放的热量也不相同。一般情况下，释放的热量会导致床层升温20～30℃，属于正常范围，连续的液相丙烯进料会持续带走吸附热量，最终床层温度会恢复至正常值。

四、乙炔加氢反应器

反应器是一个化学反应发生的场所，是化学工业生产的关键设备。对反应器的研究应用了化工热力学、化学动力学、流体力学、传热、传质以及生产工艺和经济学等方面的理论和经验。在研究规定条件下化学反应在反应器中可能达到的最高转化率以及伴随的能量变化等问题需借助化学反应工程研究的对象不仅涉及化学反应的特性，而且还涉及化学反应装置的特性。

其任务是正确选择化学反应器的型式，合理设计反应器的结构尺寸，确定最适宜的反应温度、浓度和流动状态等操作条件，使一个工业化的化学反应达到最优化、获得良好的经济效果。

工业反应器分类：

① 按反应器的操作方式分，可分为间歇反应器、半间歇或半连续反应器和连续反应器。

• 间歇反应器：反应物料一次加入，在一定操作条件下，经过一定时间达到反应要求后，反应产物一次卸出，生产为间歇分批进行。由于分批操作，物料浓度及反应速率都是不断改变，是一个非定态过程。

• 半连续反应器：一种或几种反应物一次加入反应器，而另外一种或几种反应物则连续加入反应器。这是介于连续和间歇之间的一种操作方式，反应器内物料参数随时间而改变，也是一种非定态过程。

• 连续反应器：反应物和产物连续稳定地加入和引出反应器，反应器内物料参数仅是位置的函数而与时间无关。

② 按反应器的结构型式分，可分为管式反应器，釜式反应器和塔式反应器。

• 管式反应器：反应器的高径比很大，反应器中物料混合作用较小，一般用于连续操作过程。

• 釜式反应器：反应器高径比很小，一般接近于1，通常釜内装有搅拌装置，器内混合比较均匀，即可用于连续操作过程，也可用于间歇操作过程。

• 塔式反应器：高径比介于管式和釜式之间，一般用于连续操作过程。

③ 按反应物相分，可分为均相反应器和非均相反应器。

• 均相反应器：反应物的相态相同，如气相反应器、液相反应器。

• 非均相反应器：反应物的相态不同，如气-固相反应器、液-固相反应器、气-液相反应器、气-固-液相反应器。

④ 按操作温度条件分，可分为等温反应器、非等温反应器和绝热反应器。

• 等温反应器：反应过程中，反应温度不随时间而变的反应器。

• 非等温反应器：反应过程中，反应温度随时间而变的反应器。

• 绝热反应器：反应过程中，反应器与环境没有热量交换的反应器。

乙炔加氢反应器的作用是在催化剂存在的条件下，除去乙烯中的乙炔组分，将乙烯产品中的乙炔含量降至1ppm以下，满足下游产品加工需要，加氢反应器位于脱乙烷塔之后、乙烯精馏塔之前。乙炔加氢反应器为单层绝热固定床反应器，由壳体、内件、催化剂、筛网和惰性瓷球等组成，反应类型为气固非均相连续式反应。固定床反应器多用于大规模气相反应，参加反应的气体通过静止的催化剂进行反应。反应流体的组成沿流动方向而变化，在与流动垂直的方向上，组成也可能由于温度梯度而变化。

乙炔加氢反应器采用单层固定床式，结构简单、造价低廉、相对空间利用率较高。由于选用操作温度范围较宽的催化剂，故采用较为经济的绝热反应器。由于乙炔加氢反应器使用的催化剂需要定期再生，因此设计备用反应器交替操作，使生产处于连续运转状态。乙炔加氢反应器能适应在加氢和再生时温差变化较大的情况下工作。反应器设置两台，一台运行，一台再生或者备用，运行周期由催化剂性能和操作条件决定，通常情况下催化剂一年再生一次，使用寿命为3～5年[31]。

乙炔加氢反应器直径2400mm，反应器高5400mm，催化剂床层高度2150mm。操作压力1.83MPa(G)，设计压力2.87MPa(G)，设计温度为535℃，腐蚀裕度3.0mm，见图

6-98。设备采用不锈钢材质，反应器底部设置支撑格栅，以支撑整个床层的重量，格栅上敷设不锈钢筛网和氧化铝惰性瓷球，防止催化剂从底部跑损。顶部设置压紧格栅，敷设不锈钢筛网和氧化铝惰性瓷球，避免催化剂床层在运行过程中受到冲击而紊乱或跑损。

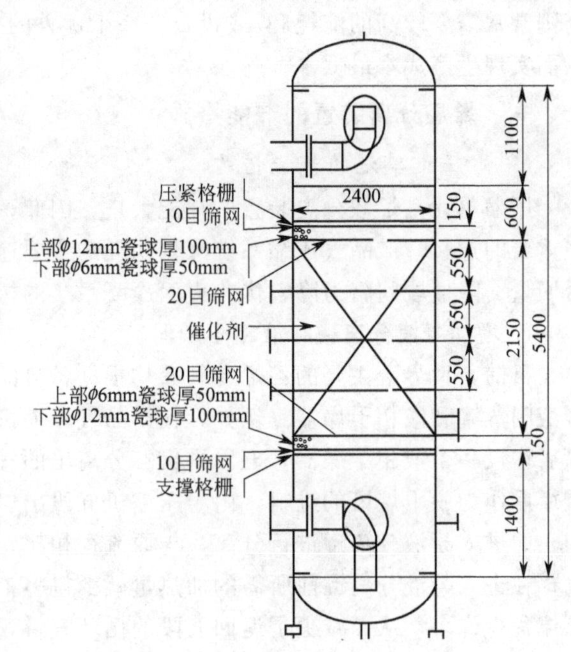

图 6-98　乙炔加氢反应器结构简图

乙炔加氢反应器壳体对接接头、壳体与接管的连接接头是全焊透形式，法兰与接管的连接接头按相应的法兰标准，角接接头的焊接尺寸等于两相焊件中较薄者厚度。对接焊缝余高应尽量少，角焊缝圆滑，不允许向外凸起，焊缝圆滑度差或形状不良者必须打磨，焊缝表面不得存在咬边。裙座和下封头的焊接接头采用全焊透结构，圆滑过渡，热处理后进行100％磁粉检测。设备吊耳与塔体之间焊接接头作磁粉检测，热处理后焊接接头进行二次表面检测。

乙炔加氢反应器由于采用加氢工艺，在设计中已考虑操作的安全性和可靠性。但是如果操作不当，尤其是温度控制不严时可能发生飞温，会降低催化剂的活性、选择性和寿命，危及设备安全，影响产品质量。乙炔加氢反应器使用过程中要在安全的前提下，达到工艺的要求，并且使其保持高的选择性，尽量延长运行周期。正常运行期间，加氢反应器要控制尽量低的入口温度和氢炔比，以减少绿油的生成，延长使用周期。

运行安全要求反应器在设计的压力和温度下进行，尤其要注意温度上升很快的情况，因为加氢反应是强放热反应，温升很快时，有可能形成局部热点而发生非接触式反应，失去控制，造成严重后果。反应器投用时，要注意当进料组分合格后方可进料，以防止毒物引起反应器催化剂中毒。同时要防止过多的碳三等重组分带入系统，避免过多的绿油产生。反应器进料时要缓慢充压，防止对设备的冲击。进料后方可缓慢通入氢气，防止氢气过量引起飞温。

乙炔加氢反应器设置床层温度高联锁停车和手动停车按钮，当触发联锁时，入口进料阀失电关闭以切断反应器的进料，反应器出料至绿油罐的切断阀失电关闭，反应器出口放火炬阀失电打开，释放出反应器内的工艺物料，防止反应器床层温度持续升高损坏设备和催化剂。

第七节　烯烃分离装置节能和低投资技术

MTO工业装置生产的烯烃混合物主要包括氢、甲烷、乙烯、乙烷、丙烯、丙烷、碳四、碳五及少量碳五以上重烃的混合物。烯烃混合物需要进一步加工，分离成乙烯、丙烯等产品。烯烃分离一般采用精馏和闪蒸。衡量分离方法优劣的指标是能耗、投资和产品回收率。尤其是主产品乙烯、丙烯的回收率，这三个指标往往是相互矛盾的：如要求产品回收率高则常常需要较高的能耗和/或投资。一个优秀的分离方法在于能同时兼顾三个方面的要求，从而实现生产成本最低。

一、烯烃分离装置的节能措施

（一）压缩单元的节能措施

压缩单元是烯烃分离装置的耗能大户，因此，如何降低产品气压缩系统的功率消耗具有很重要的意义。产品气压缩系统降低功耗的主要途径有提高压缩机多变效率、减少段间循环返回量、降低段间阻力降、优化表面冷凝系统的操作等。

1. 增加凝液分离罐和液相干燥器

目前，世界上主要的乙烯专利商均根据各自的流程特点，分别在压缩机的不同位置设置凝液闪蒸罐和液相干燥器。例如，在产品气压缩机五段出口增加一凝液分离罐，在五段排出罐后增设一个液相干燥器，五段排出罐分离出的气相去产品气干燥器，凝液则经液相干燥器干燥后作为脱甲烷塔的进料。由于压缩机五段出口的产品气经两级冷却后（原流程为三级冷却）即进入凝液分离罐进行分离，与原流程相比，在此被分离的液相组分较重、量较少。所以，在进入凝液分离罐前所需的加热量就少得多，在凝液分离罐产生的闪蒸气也就相应地比原流程少许多，从而减少了返回五段的循环气量，降低了产品气压缩机功率消耗。

综上所述，改造后的流程优点如下：节省了功率；减少了去后分离系统的气体量；降低了凝液汽提塔的负荷；减少了产品气压缩机四、五段的负荷；降低了产品气压缩机五段后冷却器和凝液加热器的热负荷。

存在的缺点是凝液汽提塔的釜温稍有增加。产品气压缩机四、五段系统改造前后流程对比如图 6-99 所示。

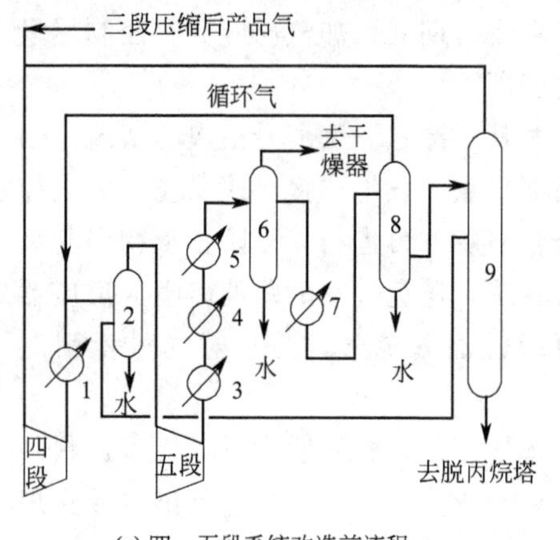

(a) 四、五段系统改造前流程

1—产品气压缩机四段后冷器；2—产品气压缩机五段吸入罐；3—产品气压缩机五段后冷器；4,5—冷凝器；6—凝液分离罐；7—凝液加热器；8—凝液闪蒸罐；9—凝液汽提塔

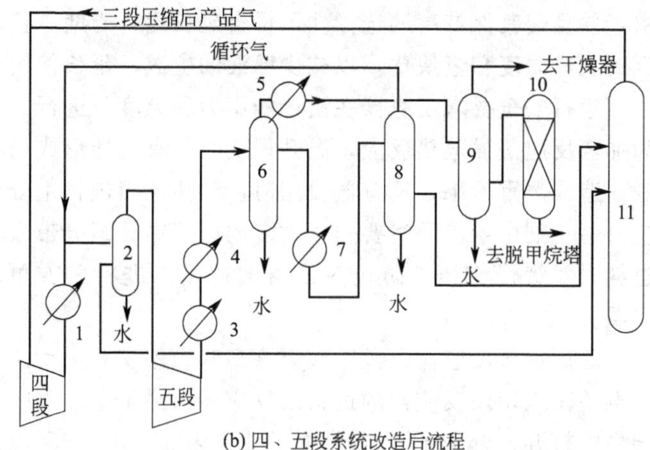

(b) 四、五段系统改造后流程

1—产品气压缩机四段热后冷器；2—产品气压缩机五段吸入罐；3—产品气压缩机五段后冷器；4,5—冷凝器；6—凝液分离罐；7—凝液加热器；8—凝液闪蒸罐；9—五段排出罐；10—液相干燥器；11—凝液汽提塔

图 6-99 产品气压缩机四、五段系统改造前后流程对比

2. 压缩机五段凝液二次闪蒸

某装置将产品气压缩机五段出口的冷凝液一次闪蒸改为二次闪蒸，将第一次闪蒸的气体返回压缩机五段出口，将第二次闪蒸的气体返回压缩机五段入口，这样可降低压缩机和凝液

汽提塔的负荷。

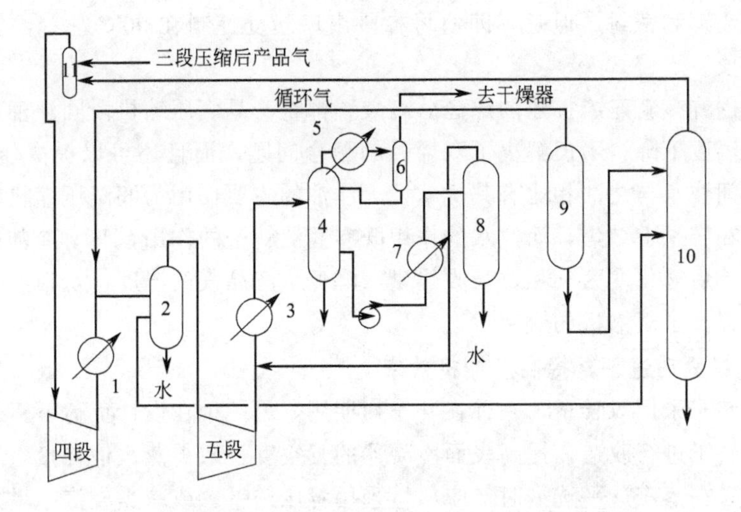

图 6-100　带苯洗塔的二次凝液闪蒸流程

1—产品气压缩机四段后冷器；2—产品气压缩机五段吸入罐；
3—产品气压缩机五段后冷器；4—苯洗塔；5—苯洗塔塔顶冷凝器；
6—凝液分离罐；7—凝液加热器；8,9—凝液闪蒸罐；
10—凝液汽提塔；11—产品气压缩机四段吸入罐

近年来设计的带有干燥器进料洗涤塔的五段出口流程，可使产品气中苯的含量低于2mg/kg，以防苯等重组分在低温下冻结。干燥器进料洗涤塔的釜液也采用二次凝液闪蒸流程，如图 6-100 所示。一次闪蒸的气体回到产品气压缩机五段出口，可降低压缩机的五段负荷，同样可以获得较好的节能效果[32]。

3. 选择适合的吸入压力

产品气压缩机的一段吸入压力对压缩机的功耗有重大影响，吸入压力越低，功耗越大。所以，适当提高产品气压缩机的吸入压力，可节省压缩功耗。不过，单从节能方面考虑，则希望尽量提高产品气压缩机上游的压力，并尽可能降低两者之间的阻力降。对于传统乙烯装置裂解炉而言，裂解炉的出口压力是受到裂解反应条件限制的，提高炉子的出口压力将不利于提高裂解选择性。对于甲醇制烯烃装置的 MTO 反应器而言，反应器的出口压力也有严格界定，出口压力过高，停留时间长，也对反应不利。因此，存在一个权衡利弊、选择最佳出口压力的问题。为了追求目的产品收率最大化，更多地选择较低的产品气压缩机的吸入压力，保证反应的选择性最佳化。

4. 降低产品气压缩机段间压力降

在正常情况下，产品气压缩机的前三段压缩能耗占压缩机总功耗的 60％以上，因此，从节能的角度看，降低段间压力降是很重要的。降低段间压力降不仅可以减少压缩机的功耗，而且可以在相同总压比之下降低每段的出口温度。在这方面，已开发了不少新工艺、新技术，并取得了良好的节能效果。若在压缩机段间采用折流杆高效换热器，不仅具有传热效率高、压力降小的特点，而且具有抗污垢能力强、防振性能好、表面温度均匀等优点[32]。

5. 降低压缩机出口温度

产品气压缩机段间冷却一般采用水冷，段间冷却后的产品气温度一般为 40℃左右。在此条件下，为保证各段出口产品气温度控制在 90℃左右，必须将各段压缩比限制在 2.2 以下。限制产品气压缩机各段出口温度的目的，主要是减少产品气中双烯烃的聚合，避免聚合物堵塞压缩机的流道和密封。但是，即使将各段出口温度控制在90℃左右，仍有一定量的双烯烃聚合物生成。

近年来，国内许多新建或扩建的烯烃分离装置都将产品气压缩机段间注油改为注水。改造后压缩机出口温度下降，不但解决了双烯烃的聚合问题，而且还可以提高压缩机的效率。产品气压缩机段间注水与注油相比有其优越性。注油的主要作用为润湿压缩机转子，防止产品气中的双烯烃在转子上结焦，而注水的作用既有润湿转子的作用，又有冷却的功能。由于水注入压缩机机体后雾化变为气相，吸收热量，降低了产品气的温度，从根本上防止了双烯烃的聚合结焦，提高了压缩机的效率[33]。

6. 改造压缩机驱动透平，提高压缩机效率

蒸汽透平的转子采用双转子，一种在开车初期用，另一种在设计负荷下运转。同时对蒸汽透平低压段的转子进行改造，提高表面冷凝器的真空度，减少蒸汽消耗量，从而大大降低压缩功耗。此外，在蒸汽透平选型时，应尽量采用背压透平，或减少凝汽、增加抽汽，由抽汽来平衡蒸汽，少用减温减压器，减少高能位蒸汽的消耗，不仅节省投资，而且有明显的节能效果。对产品气压缩机的转子也可以采用双转子，一种在设计负荷下运转，一种在50%～70%负荷下运转，以便减少"三返一"和"五返四"的循环量，提高压缩机的效率，达到节能降耗的目的。近年来，许多新建或进行技术改造的大型烯烃分离装置通过采用高效压缩机，使压缩机叶轮形状最大限度地提高气体压缩功率；同时使气体在压缩机内部流动的过程中，将压力损失降至最小限度，从而进一步降低压缩机的能耗[34]。

此外，优化复水系统的操作、合理选择压缩段数、将碱洗塔由浮阀塔改造成填料塔都有一定的节能效果。压缩机段数越多越接近于等温压缩过程，从而可降低功耗。实际上大多装置都采用五段压缩或四段压缩，以五段压缩居多。五段压缩比四段压缩具有功耗少、压缩比小、排气温度低的优点，可避免不饱和烃的聚合结焦，在相同功耗下一段吸入压力可低一些，有利于提高上游反应的选择性。将碱洗塔改造成填料塔，可降低阻力，节能效果也非常明显。

7. 透平驱动蒸汽维持额定的参数

蒸汽压力和温度不仅与透平的安全运行关系很大，而且也直接影响运行的经济性。蒸汽压力变化一般不超过额定值的±5%。蒸汽压力降低，装置的效率就会降低，通常机组压力每降低0.1MPa，热耗将平均增加0.5%～0.6%。蒸汽温度变动不应超过规定的范围。汽温降低，透平效率也会降低，一般机组的蒸汽温度每降低10℃，蒸汽量将增加1.3%～1.5%，能耗增加0.5%。为了实现经济运行，应监控蒸汽参数值，保证蒸汽参数不超过规定的波动范围[35]。

（二）分离单元的节能措施

分离单元降低能耗的主要措施是改进分离流程，改善工艺系统的热回收。此外，采用中间再沸器节省低温精馏塔的能耗，采用膨胀机改进制冷效果，尽可能多地回收能量，降低回流比节省能耗等，都是分离单元的重要节能措施。

在分离单元众多的节能措施中，选择最佳回流比、采用中间冷凝器和中间再沸器、多股进料和侧线采出、控制进料状态、热泵系统的应用和火炬气的回收等均可有效地控制有效能的损失，达到节能降耗的目的。

1. 热泵的应用

（1）热泵的概念和分类

逆向循环不仅可以用来制冷，还可以把热能释放给某物体或空间，使之温度升高。作为后一种用途的逆向循环系统称为热泵。制冷机与热泵在热力学上并无区别，因为它们的工作循环都是逆向循环，区别仅在于使用目的。逆向循环具有从低温热源吸热、向高温热源放热的特点。当使用目的是从低温热源吸收热量时，系统称为制冷机；当使用目的是向高温热源释放热量时，系统称为热泵。在许多使用场合，同一台机器在一些时候作制冷机用，在另一些时候作热泵用。还有些使用场合，同时需要某低温下的冷却效应和另一高温下的加热效应，那么，系统可以同时作制冷机和热泵使用[36]。

根据热力学第二定律，热量不能自动地从低温流向高温，除非自外界输入功，才能使热量从低温流向高温。热泵系统就是通过做功将热量从低温热源提供给高温热源的供热系统。

用于精馏塔的热泵可分为闭式热泵和开式热泵，开式热泵又分为开式A型热泵和开式B型热泵。如图6-101所示。

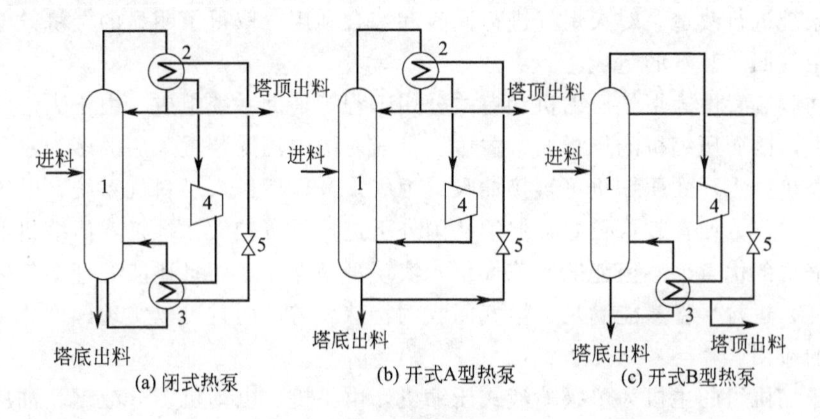

图6-101　热泵流程示意图

1—精馏塔；2—冷凝器；3—再沸器；4—压缩机；5—节流阀

（2）热泵的应用

尽管采用热泵系统可以节约能量，但并不是所有的系统都适宜应用热泵流程。适宜应用热泵流程的情况有：塔顶与塔底温差小的系统；塔的压力降较小的系统；被分离物系的组分因沸点相近而难以分离，须用较大回流比而消耗大量加热蒸汽的系统；低压精馏过程需要制冷设备的系统。

近年来新建的烯烃分离装置采用乙烯热泵的较多，而丙烯精馏塔一般不采用热泵。主要原因是：对于丙烯精馏塔来说，在有急冷水低温热源可利用的条件下，采用开式丙烯精馏热泵并没有什么优势；而乙烯精馏塔塔顶冷凝器是丙烯制冷系统的最大用户，其用量占丙烯制冷总功率的60%～70%，采用乙烯热泵流程不仅可节约大量的冷量，而且可省去低温设备的投资费用，因此乙烯热泵得到了更多的应用。

林德公司和联碳公司在热泵应用方面有较为丰富的经验。林德公司的前脱乙烷流程中，乙烯塔处于低压操作，为构成热泵系统提供了有利条件。有人曾对林德公司设计的乙烯塔的开式热泵系统和闭式热泵系统进行了对比研究，结果证明闭式热泵不如开式热泵好。对于开式热泵系统来讲，降低乙烯精馏塔塔压有利于提高乙烯对乙烷的相对挥发度，但乙烯塔的处理量将降低，同时压缩机的压缩比增大，使功耗增加。因此，提高塔压将有助于降低功耗。

斯通-韦伯斯特公司设计的前脱丙烷、ARS深冷分离流程中，采用的也是乙烯精馏塔与乙烯制冷压缩系统形成的开式热泵。

热泵系统固然有它的许多优点，但并非完美无缺。热泵系统的缺点有：增加了精馏操作的复杂性；开式热泵系统产品被污染的风险较大；增加了压缩机的功耗。

目前，各大专利公司都在不断地改进已有的热泵系统，将新的热泵系统、高通量换热器和新型的塔板相结合，即节省能量，又节省设备费用。尤其值得注意的是，采用高通量换热器使得热泵系统节能效益更为显著。随着热泵系统的不断改进与发展，应用将越来越广泛[37]。

2. 火炬气的回收

石油化工装置在正常生产和事故状态下均不可避免排放相当量的易燃易爆物料（一般统称火炬气），为了防止火灾及爆炸事故发生，保证设备及人身安全，减少对环境的污染，均须设置火炬系统处理这些排放出的易燃易爆物料，每年在火炬中被燃烧的烃类等可燃气体量非常可观。近年来，为了节约能源，降低产品成本，减轻环境污染，国内外烯烃分离装置均开始对火炬系统进行改造，对火炬气进行回收和综合利用，取得了明显的经济效益。

（1）火炬气回收装置的组成

火炬气回收装置由火炬气压缩机和有关公用工程等辅助系统组成。由于火炬气的流量和组成波动较大，因而压缩机的选择非常关键。目前，国内乙烯装置采用的多为水环式压缩机或螺杆式压缩机。水环式压缩机可直接抽吸火炬气，升压后送入燃料气系统，其工艺流程简单，占地少，操作方便，效益较好，但须从国外引进，投资较大。螺杆式压缩机兼有往复式和离心式压缩机的优点，不但能够调节气量，实现平稳操作，而且还能处理湿气体。这种压缩机适应性强、运行平稳、能满足火炬气回收的特殊要求、而且可以实现国产化，因此得到了较为广泛的应用。

螺杆式压缩机组的主机为单级喷液式压缩机，由主机、电动机、分液罐、油冷却器、水冷却器、油泵、油箱、气体管路、润滑油管路和冷却液管路组成。

（2）火炬气回收装置的安全和环保

火炬气一般来自不平衡物料的排放。乙烯装置的火炬气来源主要有：装置的试车、开停车中排放的烃类物料；装置因紧急事故而排放的烃类物料；装置内因设备切换泄压而排放的烃类物料；装置内部因超压、压力调节阀泄放或安全阀开启而排放出的烃类物料；因阀门内漏而排放的烃类物料等。

这些物料都是易燃、易爆的介质，因此，在处理时应特别注意安全和环保问题，做到既能回收火炬气，又能确保火炬系统的安全。火炬气回收系统采取的安全措施主要有以下几点：

分析控制氧含量。当火炬气中的氧含量达到一定值时可能会形成爆炸性混合气体；为了确保安全，在压缩机入口管线上设置了氧含量分析报警联锁设施。设置水封系统；在火炬前的火炬总管上设置水封罐，即可防止火炬回火，又可控制火炬气回收系统的压力，防止压缩机抽空。控制压力和温度；为防止压缩机抽空，在压缩机的入口管线上设有低压报警联锁和压缩机进出口压力调节设施。为保证燃料气管网的安全，还设置了压缩机出口压力超压联锁设施。为确保压缩机正常运行，在压缩机入口和出口管线上分别设置了低温报警联锁和高温报警联锁。另外，压缩机还设有油压、油温联锁等措施。

其他安全措施。为便于及时处理突发事故，保证整个系统的安全，在控制室设有停车按钮，现场设有开停车按钮。由于火炬气回收装置处理的是易燃易爆的烃类，因此，所有现场电控、自控设备均采用防爆型，现场还安装了可燃气体检测器，以便及时发现可燃气体泄漏。为防止火炬气泄漏和空气窜入压缩机，压缩机设置了油封、氮气气封等一系列的密封措施。在压缩机组的气液分离罐上还设置了安全阀，当压力超过安全阀的设定值时，安全阀便会起跳，使燃料气排到火炬气管道。

虽然火炬气回收装置不产生废气和废渣，但在回收火炬气的同时还会冷凝产生含油污水。这些含油污水应返回到装置的排污系统，也可设废油罐，以便使油水分离后，废油得到回收利用，废水进入污水系统。另外，压缩机产生的噪声不得超过作业场所环境保护标准的规定，以免操作人员受到噪声的危害。

3. 选择最佳回流比，合理控制产品质量

精馏塔的回流提供了全塔气液两相相互接触的必要条件，是精馏过程得以实现的关键因素之一。回流比的大小不但直接影响精馏效果的好坏，而且也是精馏过程中调节产品质量的重要手段。回流比是回流量与塔顶采出量的比值。回流量大，可以改善精馏效果；但回流量过大，不仅增大了塔盘的气相速度，容易造成雾沫夹带，对精馏不利，而且增加了产品在塔内的循环量，相应降低了塔的处理能力，同时还会产生不必要的质量“过剩”，增加能量消耗。回流量小，精馏效果下降，容易导致产品不合格。所以选择最佳回流比，合理控制产品质量，使产品既能满足用户的要求，又不致产生质量“过剩”，可最大限度地多出产品，达到节能降耗的目的。

4. 采用先进控制技术，减少产品损失率

近年来，许多装置通过与科研院所合作，对乙烯精馏系统和丙烯精馏系统的自动控制进行了技术攻关。乙烯精馏系统研究开发了塔顶乙烷浓度推断控制、塔釜乙烯浓度推断控制、塔釜乙烷专家系统控制和基于神经网络的软测量技术等先进控制技术；丙烯精馏系统研究开发了丙烯精馏塔塔顶丙烷浓度推断控制、丙烷精制塔塔釜丙烯浓度推断控制等先进技术。实践证明，实施先进控制技术，可以优化乙烯、丙烯精馏过程的操作，改进乙烯、丙烯精馏系统的操作弹性，减少塔釜再沸器和塔顶冷凝器的负荷，降低丙烯压缩机的负荷，提高乙烯、丙烯精馏系统的生产能力和操作稳定性，提高乙烯、丙烯的收率。例如，某装置投用先进控制系统后，乙烯精馏塔平均操作回流比由原来的4.34降为现在的4.20左右，降低了能量消耗。丙烯精馏系统塔釜丙烷中丙烯损失由10.25%减少到3%，大大降低了丙烯精馏系统的能耗和丙烯损失。

5. 乙烯精馏塔的节能

在低压和高压精馏塔中，甲烷在精馏段出现一个恒浓区，说明在此区域内塔板对甲烷几乎没有分离效果，只是在侧线采出后甲烷浓度才明显增加。因此，即使在侧线采出的乙烯精馏塔中，一旦进料中甲烷含量超过规定，乙烯产品甲烷含量将随之升高。

乙烯精馏塔精馏段所需回流比较大，而提馏段所需塔内液相流量比较小，加之精馏段温度变化较小，因此，在乙烯精馏塔采用中间再沸器回收冷量是非常适宜的。目前，在乙烯精馏塔设置中间再沸器已得到广泛应用。中间再沸器或用于预冷产品气，或用于冷凝丙烯冷剂（闭式热泵），或用于脱乙烷塔塔顶冷凝，或用于乙烯冷剂的冷凝，节能效果十分明显。

6. 煤制烯烃项目的烯烃分离装置已采用的节能技术

针对传统石脑油裂解工艺路线的乙烯装置，煤制烯烃工艺路线的烯烃分离装置已经优化并采用的节能技术如下：

脱甲烷系统取消了流程复杂、投资大的深冷系统，利用油吸收的技术来回收脱甲烷塔塔顶物料中的乙烯，提高乙烯产品回收率；取消乙烯制冷压缩机，只采用丙烯制冷压缩机提供低温冷剂，相对传统乙烯装置设备投资少，能耗低；碱洗塔塔顶出口设置一台缓冲罐，有效降低干燥器的负荷；只设一台产品气气相干燥器，有效降低设备投资；设备尽可能采用碳钢材料以降低投资。

此外，还可以在生产运行中不断总结和探索，通过扩大装置规模、组织原料优化、高负荷生产、操作优化、应用新技术等手段，深入挖掘装置潜能，逐步降低综合能耗。

二、烯烃分离装置节能技术应用前景分析

煤制烯烃工艺路线的烯烃分离装置拟采用的节能技术如下：压缩机组透平用表面冷凝器用空冷器取代，大大降低装置能耗；丙烯精馏塔塔顶冷凝器采用空冷器；丙烯制冷压缩机出口冷凝器采用空冷器。

国内乙烯装置所采用的分离技术基本上都来自国外的专利商，如 Lummus、KBR、SW 等，都是国外乙烯技术专利商，烯烃分离工艺包基本上属于国外技术垄断，神华包头煤制烯烃项目的烯烃分离装置即采用 Lummus 的前脱丙烷后加氢技术。

甲醇制烯烃反应产物与石油烃裂解产物分布有相似之处，但具有其特殊性，不能直接将乙烯分离流程用于甲醇制烯烃产物分离，必须充分研究甲醇制烯烃产物分布特点，开发满足其分离要求的分离工艺。

目前分离技术的开发已取得了显著进展。在进行分离技术的设计时不再直接将传统石脑油制乙烯分离流程用于甲醇制烯烃产物分离，而充分考虑了反应产物分布的特殊性，开发出流程简单、可靠、投资少、能耗低、对进料组成变化适应性强的分离技术。

1. 惠生烯烃分离技术（PROA）

（1）技术特点

惠生工程（中国）有限公司根据 MTO 产物分布特点，开发出了具有自主知识产权的 MTO 反应产物分离技术——PROA 工艺。惠生工程（中国）有限公司早在 2006 年就展开了甲醇制烯烃分离技术的研发工作，并被列入当年上海市企业技术中心能力建设项目，并于 2008 年 12 月通过技术验收。惠生甲醇制烯烃分离技术的诞生突破了该领域内技术和设备国产化率偏低的瓶颈，对于加强我国能源安全、提高煤化工产品的综合竞争力有着深远意义。

惠生工程（中国）有限公司分离技术采用了预切割＋油吸收分离技术取代传统深冷脱甲烷系统，采用非清晰切割的预切割塔把碳一及更轻组分与大部分碳二分开，预切割塔的塔顶出口气体进入油吸收塔，用吸收剂吸收碳二及更重组分达到碳一与碳二的完全分离，吸收塔底部出口的吸收剂送到预切割塔顶部进行再生，有效地脱除了氮气、氧气、CO 、NO_x 等轻质气体。

采用预切割-油吸收分离技术取代传统深冷脱甲烷系统，流程简单，无深冷分离单元，无乙烯制冷压缩机，相对传统乙烯装置设备投资少，能耗低，单位能量消耗不超过 4567.4kJ/kg（乙烯＋丙烯）。理论上乙烯的回收率也有所提升，乙烯回收率不低于 99.6%。

油吸收脱除相对含量较低的氢气、甲烷，能耗低。进入油吸收塔的碳二量少，吸收剂的用量少，能耗低；没有单独的解吸塔，吸收剂的再生在预切割塔中实现。

采用物理分离方法脱除氮气、氧气和一氧化碳等含氧轻质气体，流程简单、可靠，对原料中这些组分的变化适应能力强。

（2）业绩

2010 年 4 月，由惠生工程（中国）有限公司自主研发的烯烃分离技术，在陕西蒲城清洁能源化工有限公司 200 万吨煤制烯烃装置一期 68 万吨/年 DMTO-Ⅱ示范装置上得到应用，目前正处于工艺包设计阶段，现场土建施工已经开始，项目预计在 2013 年投产。这是国内煤制烯烃项目烯烃分离技术首次由自主研发替代进口，是国内企业自主开发的关键技术，是我国拥有自主知识产权的烯烃分离工艺技术的重大突破。

另外，惠生（南京）清洁能源化工股份有限公司将惠生工程（中国）有限公司自主研发的惠生烯烃分离技术应用于南京 30 万吨/年 MTO 项目，业主自主承担该技术的工艺包、基础设计和详细设计工作。该项目已于 2013 年投产。

2013 年 9 月 18 日，惠生工程（中国）有限公司与神华煤制油化工有限公司就神华新疆煤基新材料项目签署了烯烃分离技术许可合同和烯烃分离基础设计合同，该项目预计在 2016 年投产。

2. 中国石化工程建设公司（SEI）烯烃分离技术

(1) 技术特点

中国石化工程建设公司（SEI）开发了前脱乙烷后加氢工艺，该工艺为部分中冷分离技术，采用双塔脱甲烷，在第一脱甲烷塔利用丙烯中冷进行分离；在第二脱甲烷塔的塔顶利用一股压缩后的产品气进行节流膨胀制冷进一步回收乙烯，然后返回产品气压缩机。该方案同样只需要丙烯制冷压缩机，并且不需要或只需要少量的溶剂吸收。

(2) 业绩

目前该技术已被运用于中原 60 万吨/年甲醇制烯烃项目。

参 考 文 献

[1] 吴业正主编．致冷原理及设备［M］．西安：西安交通大学出版社，1997.

[2] 缪道平，吴业正．致冷压缩机［M］．北京：机械工业出版社，2004.

[3] 陈滨．乙烯工学［M］．北京：中国石化出版社，1997.

[4] 徐忠．离心式压缩机原理［M］．北京：机械工业出版社，1990.

[5] 王松汉，何细藕．乙烯工艺与技术［M］．北京：中国石化出版社，2000.

[6] 中国石化集团上海工程有限公司．化工工艺设计手册［M］．北京：化学工业出版社，2009.

[7] 王松汉．乙烯装置技术与运行［M］．北京：中国石化出版社，2009.

[8] 刘光启，马连湘，刘杰．化学化工物性数据手册［M］．北京：化学工业出版社，2002.

[9] 王修彦．工程热力学［M］．北京：机械工业出版社，2008.

[10] 陈敏恒，丛德滋，方图南，齐鸣斋．化工原理（上册）［M］．第 3 版．北京：化学工业出版社，2006.

[11] 张四方，李改先，康旭珍，郭生金．化工基础［M］．北京：中国石化出版社，2004.

[12] 李士豪．流体力学［M］．北京：高等教育出版社，1990.

[13] 陈敏恒，丛德滋，方图南，齐鸣斋．化工原理（下册）［M］．第 3 版．北京：化学工业出版社，2006.

[14] 王松汉，盛在行，张会军．乙烯装置能耗计算［J］．乙烯工业，2000.

[15] 中国石油化工集团公司．GB/T 50441—2007，石油化工设计能耗计算标准［S］．北京：中国计划出版社，2008.

[16] 何潮洪，窦梅，钱栋英．化工原理操作型问题的分析［M］．北京：化学工业出版社，1998.

[17] 魏龙，常新忠，腾文锐．离心式压缩机喘振分析及实例［J］．通用机械，2003.

[18] 张成宝．离心式压缩机的喘振分析与控制［J］．压缩机技术，2002，6：5-7.

[19] 机械工程师手册第二版编辑委员会．机械工程师手册［M］．北京：机械工业出版社，2000.

[20] 崔碧海．安装技术［M］．北京：机械工业出版社，2002.

[21] 翦天聪．汽轮机原理［M］．北京：水利电力出版社，1992.

[22] 甘肃省电力工业局．汽轮机设备运行技术［M］．北京：中国电力出版社，1995.

[23] 化工机械手册编辑委员会．化工机械手册［M］．天津：天津大学出版社，1991.
[24] 王树术．干气密封技术及在离心压缩机中的应用［J］．风机技术，2008（5）．
[25] 李善春，李宝彦，沈殿成，张继革．石油化工机器维护和检修技术［M］．北京：石油工业出版社，2000.
[26] 侯丽新．板式精馏塔［M］．北京：化学工业出版社，2005，1.
[27] 梁利君．塔设备技术问答［M］．北京：中国石化出版社，2005，9.
[28] 兰州石油机械研究所．现代塔器技术［M］．北京：中国石化出版社，2005，1.
[29] 毕力特．填料塔分析与设计［M］．北京：化学工业出版社，1993.
[30] 陈均志，李磊．化工原理实验及课程设计［M］．北京：化学工业出版社，2008.
[31] 中国石油化工集团公司职业技能鉴定指导中心．乙烯装置操作工［M］．北京：中国石化出版社，2006.
[32] 李作政．乙烯生产与管理［M］．北京：中国石化出版社，1992.
[33] 李元军，许普．乙烯装置能耗剖析及优化挖潜改造的节能措施［J］．乙烯工业，2004，16（4）：16-21.
[34] 黄钟岳，王晓放．透平式压缩机［M］．北京：化学工业出版社，2004.
[35] 刘玉东，宋爱文，王文红．乙烯装置降低能耗的技术措施及实施效果评估［J］．乙烯工业，2004，16（2）：30-33.
[36] 王松汉．石油化工设计手册［M］．北京：化学工业出版社，2001.
[37] 王红薇．浅析乙烯装置节能降耗的主要途径［J］．河南化工，2000（8）.

第七章 环境保护

包头煤制低碳烯烃示范项目是全世界第一个以煤为原料，通过煤气化、合成气净化、净化合成气制甲醇，甲醇催化转化制乙烯、丙烯，乙烯、丙烯聚合生产聚乙烯、聚丙烯合成树脂的工业规模的示范项目，特别是其中最核心的甲醇催化转化制烯烃以及烯烃分离装置是世界上首次工业化的生产装置，没有成熟的经验可以借鉴。除了工艺技术集成开发、示范之外，整个煤制烯烃项目及各单元装置的环境保护技术的开发也是煤制低碳烯烃成套工程化技术的重要组成部分。

神华集团高度重视环境保护工作，在项目立项之初就委托第三方完成了《神华煤制烯烃项目环境影响报告书》的编制，国家环境保护总局（现国家环境保护部）于2005年以《关于神华煤制烯烃项目环境影响报告书审查意见的复函》（国家环境保护总局 环审［2005］270号文）批准了本项目的环境影响报告书；项目厂址移位后，2007年又委托环评单位编制了《神华煤制烯烃项目场址位移环境影响评价补充报告》，2008年环境保护部又下发了《神华煤制烯烃项目场址位移环境影响评价补充报告书的批复》（环审［2008］215号）。

在项目建设过程中，神华集团及项目建设管理单位严格执行国家环境保护部对本项目的批复意见，各单元装置的环境保护措施与主体项目同时设计、同时施工、同时投用。

2010年5月包头煤制烯烃示范项目的环境保护措施与主体装置同时全部建成并陆续投用。示范工程于2010年8月一次投料成功、打通全厂总流程、生产出合格的聚烯烃产品后，项目转入试生产运行；2011年1月项目转入商业化运营。期间所有的环境保护措施全部投用，并为气体、废水、固废达标排放发挥了重要的作用。

2012年3月中国环境监测总站和内蒙古自治区环境监测中心站完成了包头煤制烯烃示范项目环境保护的检测报告，检测结果达到了国家环保部批复的环境保护要求[1]。2013年2月项目通过了国家环境保护部组织的环境保护措施验收。

第一节 工艺装置环境保护

包头煤制低碳烯烃示范项目的工艺装置包括水煤浆煤气化装置、合成气CO变换和净化装置、甲醇合成装置、甲醇催化制烯烃（MTO）装置、烯烃分离装置、聚乙烯（PE）装置、聚丙烯（PP）装置等，各工艺装置的规模、工艺流程、主要操作变量及影响详见第二章至第六章的有关章节。

包头煤制烯烃示范项目各个生产装置、生产单元都采用了多项环境保护措施来确保了废气、废水和废固的有效管理、综合利用和达标排放至下一工段进行进一步处理；通过采用低噪声设备和有效的降噪措施，将装置内噪声控制在合理水平，为操作人员创造了良好的工作环境。

一、煤气化装置

包头煤气化装置采用水煤浆加压气化工艺技术、气化压力6.5MPa（表压），是以原煤和氧气为原料，生产粗合成气的生产装置，粗合成气中有效气体（$CO+H_2$）为$53\times10^4m^3/h$（标准状态）。水煤浆气化装置包括水煤浆制备、煤浆给料、气化炉、渣水处理、临时渣场等单元。

（一）采取的环境保护措施

1. 废气治理措施

水煤浆气化装置对废气采取了如下治理措施：

① 在磨煤机煤仓顶部、缓冲煤仓、破碎间等地点安装布袋除尘器，对原料煤输送、破碎过程中产生的含尘废气进行过滤，布袋除尘器回收的煤粉回收利用，减少煤粉进入敞开空间对大气产生污染。

② 气化工段的大气污染源有气化炉开停车排放气、闪蒸单元酸性气等，其主要污染物是颗粒物、CO、CH_4、H_2S、COS、SO_2 等，开车时一旦条件合格就将合成气切换至下游装置。除氧器顶部排出的气体主要是蒸汽，不含有害气体，可以直接放空。

2. 废水治理措施

对废水实施“清污分流”的处理原则，清净下水和雨水直接排入工厂雨水管网，生产废水、生活污水和初期雨水汇集后送全厂污水处理场进行生化处理。

① 初期雨水：在煤气化装置内设有初期雨水收集池，将收集的初期雨水定期送往污水处理场。

② 灰水/渣水处理系统：生产废水主要是气化炉内激冷水和合成气洗涤过程中产生的废水，灰渣水先经二级真空闪蒸脱除酸性气、沉降分离，沉降下来的灰渣经压滤脱水后有其他用途，溢流的澄清水即灰水大部分循环利用，为了防止系统 Ca^{2+} 类盐和 Cl^- 的富集，需从气化装置抽出一股废水外排，虽然该股废水不含酚、焦油及重金属离子，但仍需经过一定的处理才能排放；一般采用生化处理，即基于活性污泥利用微生物来分解水中的有机物，经过处理的废水完全符合国家行业排放标准的要求。灰水/渣水处理系统的操作主要是控制好pH 值、选择适宜的絮凝剂和分散剂。

气化炉捞渣池分离出的黑水直接送往真空闪蒸罐闪蒸处理或者是送往沉降槽沉降分离。

③ 煤气化装置事故时通过研磨水池初次沉降分离后送入沉降槽，回收利用事故时产生的高含固量的水。

3. 废渣治理

煤气化装置产生的细灰含碳量高，一般为 25%左右，可以送燃煤锅炉作为燃料掺烧；粗渣一般作为生产建材或铺路的材料。不能利用的气化灰渣送本项目的渣场堆存。

4. 噪声治理

水煤浆制备单元的磨机内衬橡胶将噪声降到 85dB(A)；将高噪声的设备布置在隔声厂房内；部分设备加装隔声垫和消声器。

（二）水煤浆气化装置三废实际排放

煤气化装置排往污水处理场的灰水的监测结果如表 7-1 所示。

表 7-1 煤气化灰水监测分析结果

采样点及编号	分析项目	监测结果/(mg/L)		标准值①
		2011 年 11 月 25 日 三次采样平均	2011 年 11 月 26 日 三次采样平均	
气化灰水单元排口 1#	氰化物	0.02L	0.02L	0.5
	总铬	0.02L	0.02L	1.5

① 执行《污水综合排放标准》(GB 8978—1996)。

注：L—低于最低检出限。

二、合成气 CO 变换及净化装置

粗合成气 CO 变换的作用是将一部分粗合成气引至 CO 变换炉中，在耐硫变换催化剂的作用下，CO 与水蒸气发生反应生产 CO_2 和 H_2，从而将合成气的 H_2/CO 比调节为 2 左右，以满足甲醇合成的要求。

本装置包括 CO 变换、粗合成气净化（低温甲醇洗）和冷冻站三个单元。

（一）采取的环境保护措施

1. 废气治理措施

CO 变换及合成气净化装置对废气采取了如下治理措施：

① 合成气净化装置采用低温甲醇洗工艺来脱除粗合成气中的 CO_2 和 H_2S，被脱除的 H_2S 气体经浓缩后送硫黄回收装置处理；CO_2 经解吸塔顶排出、与 H_2S 浓缩塔尾气合并，经尾气洗涤塔用脱盐水洗涤后，采用 70m 的烟囱达标排放（2011 年将排放 CO_2 的烟囱加高至 108m）；

② 在装置开、停车期间，CO 变换及净化装置的合成气送全厂火炬焚烧，一旦条件合格就将合成气切换至下游装置。

2. 废水治理措施

合成气变换与净化装置废水按照“清污分流”原则，清净雨水直接排入工厂雨水管网，再排入厂外排洪沟。清净下水排入全厂中水回用系统，处理后作为循环水补水回用。生产废水、生活污水和初期雨水收集后送污水处理场进行生化处理，达到《污水综合排放标准》（GB 8978—1996）一级标准后，进入中水回用系统，进行深度处理后回用于生产，部分排入市政排水管网。

① 初期雨水：在 CO 变换和合成气净化装置内设有初期雨水收集池，将收集的初期雨水定期送往污水处理场。

② CO 变换冷凝液回收系统：CO 变换冷凝液含有 CO_2、NH_3、H_2S 等酸性气体，采用汽提方法除去酸性气，冷凝液送气化装置灰水单元作为补充水。塔顶含氨尾气送硫回收装置烧氨处理。

③ CO 变换和合成气净化装置事故时通过雨水收集池送全厂事故水池。

④ 开车阶段，变换不凝气去高压富氢火炬管网，每小时的排放量约 $3600m^3/h$（标准状态，下同），排放时间约 12h，其中，一氧化碳每小时排放量 $16.9m^3/h$；硫化氢每小时排放量 $22.3m^3/h$。从变换开车到硫回收装置将不凝气全部引入最短需要 12h，同时避免了此股气体直接排放大气将对环境造成严重污染。

⑤ 从低温甲醇洗单元二系列 CO_2 甩头处至远达气体公司界区处敷设一根 CO_2 管道约 3000m 为其供应 CO_2 产品，净化装置低温甲醇洗系统生产的 CO_2 纯度高达 99.23%，产量达 $70000m^3/h$ 左右，部分 CO_2 作为副产品利用和出售，既可以增加效益，又减少了碳的排放。

3. 废渣治理

每隔 2～3 年更换一次 CO 变换单元的催化剂，约 $130m^3$/次，催化剂含 MoO_3、CoO 等金属，送回催化剂生产厂家回收金属。

4. 噪声治理

将高噪声的设备布置在隔声厂房内；部分设备加装隔声垫和消声器，将装置区内的噪声控制在 85dB(A) 以下。

（二）CO变换及合成气净化装置三废实际排放

CO变换及合成气净化装置排往污水处理场灰水的监测结果如表7-2所示；该装置CO_2物流监测结果如表7-3所示。

表7-2 低温甲醇洗废水监测分析结果

采样点及编号	分析项目	监测结果/(mg/L)		标准值[1]
		2011年11月25日 三次采样平均	2011年11月26日 三次采样平均	
低温甲醇洗废水2#	氰化物	0.004L	0.004L	0.5
	总铬	0.02L	0.02L	1.5

① 执行《污水综合排放标准》(GB 8978—1996)。

表7-3 低温甲醇洗单元CO_2排放监测分析结果

监测点位	监测项目	2011年11月14日 三次采样平均	2011年11月15日 三次采样平均	标准限值	是否达标
二氧化碳排空11#	甲醇浓度(标准状态)/(mg/m³)	74.94	64.00	190	达标
	硫化氢浓度(标准状态)/(mg/m³)	0.682	0.888	—	—
	流量(标准状态)/(m³/h)	265000		—	—
	硫化氢排放量/(kg/h)	0.18	0.23	17.5	达标
执行标准		《大气污染物综合排放标准》(GB 16297—1996)二级 《恶臭污染物排放标准》(GB 14554—93)二级			

三、甲醇合成装置

甲醇合成装置是将合成气净化装置来的净化合成气催化转化为MTO级甲醇（甲醇纯度约95%）或精甲醇的生产装置，包括了甲醇合成、压缩、精馏、氢气回收、甲醇罐区等单元。

（一）采取的环境保护措施

1. 废气治理措施

甲醇合成装置对废气采取了如下治理措施：

① 稳定塔顶不凝气增设冷却器，在不凝气并入PSA单元的解吸气混合分离罐之前增加冷却器，被冷却的不凝气进入解吸气混合罐分离罐后分离液体甲醇，再进入尾气压缩机加压后进入气液分离罐，气相作为热电中心锅炉燃料气，液相甲醇回收利用；

② 精馏塔顶不凝气、PSA解吸气等可送本装置蒸汽过热炉作为燃料使用；

③ 蒸汽过热炉的烟气通过38m的烟囱高空排放；

④ 甲醇中间储罐及罐区的甲醇储罐均采用氮封保护，减少甲醇挥发；

⑤ 在装置开、停车期间，甲醇合成装置的排放气送全厂火炬系统焚烧。

2. 废水治理措施

对废水实施“清污分流”的处理原则，清净下水和雨水直接排入工厂雨水管网，生产废水、生活污水和初期雨水汇集后送全厂污水处理场进行生化处理。

① 初期雨水：在甲醇合成装置内设有初期雨水收集池，将收集的初期雨水定期送往污水处理场；

② 生产废水经工业污水管网送至全厂污水处理场；

③ 生活污水经生活污水管网送全厂污水处理场；

④ 甲醇合成装置和甲醇罐区事故时分别通过各自的雨水收集池送全厂事故水池。

3. 废渣治理

① 每2年更换1次的合成气精脱硫催化剂（约52m^3/次）和每4年更换1次的甲醇合成催化剂（约189m^3/次）均送回催化剂生产厂家回收金属；

② 每4年更换1次的废耐火球（约45.6m^3/次）送包头危险废物处置中心掩埋；

③ 每20更换1次的氢气回收单元的PSA吸附剂、分子筛（约73.8m^3/次）送包头危险废物处置中心掩埋。

4. 噪声治理

将高噪声的设备（合成气压缩机、氢气压缩机、氮气压缩机、泵等）布置在隔声厂房内；部分设备加装隔声垫和消声器，将装置区内的噪声控制在85dB(A)以下。

（二）甲醇合成装置三废实际排放

甲醇合成装置蒸汽过热炉烟囱排放的烟气监测结果如表7-4所示。

表7-4　甲醇合成装置蒸汽过热炉烟气排放监测结果

监测点位	监测项目	2011年9月25日三次采样平均	2011年9月26日三次采样平均	标准限值	是否达标
甲醇合成蒸汽过热炉2#	烟气量(标准状态)/(m^3/h)	18040	18397	—	—
	烟尘浓度(标准状态)/(mg/m^3)	18.0	19.0	200	达标
	烟尘排放量/(kg/h)	0.32	0.35	—	—
	SO_2浓度(标准状态)/(mg/m^3)	8	7	850	达标
	SO_2排放量/(kg/h)	0.15	0.12	—	—
	NO_x浓度(标准状态)/(mg/m^3)	70.4	77.2	—	—
	NO_x排放量/(kg/h)	1.27	1.42	—	—
执行标准		《工业窑炉大气污染排放标准》(GB 9078—1996)新污染源二级标准			

四、甲醇制烯烃装置

甲醇制烯烃（MTO）装置是包头煤制低碳烯烃示范工程的核心装置，也是全世界首次工业化的装置，其作用是将甲醇催化转化为以乙烯、丙烯、丁烯等低碳烯烃为目的产品的反应气体（即烯烃分离装置的进料），包括了反应-再生、开工加热炉、主风机、甲醇进料、急冷塔及水洗塔、反应水汽提塔、CO焚烧炉和余热锅炉等单元。

（一）采取的环境保护措施

1. 废气治理措施

甲醇制烯烃装置对废气采取了如下治理措施：

① 甲醇制烯烃装置再生烟气采用三级旋风分离器除去催化剂粉尘；

② 再生烟气通过CO焚烧炉将CO全部转化为CO_2，之后通过60m烟囱排放；

③ 在装置开、停车期间，甲醇制烯烃装置的排放气送全厂火炬系统焚烧。

2. 废水治理措施

对废水实施“清污分流”的处理原则，清净下水和雨水直接排入工厂雨水管网，生产废水、生活污水和初期雨水汇集后送全厂污水处理场进行生化处理。

① 初期雨水，在甲醇制烯烃装置内设有初期雨水收集池，将收集的初期雨水定期送往污水处理场；

② 正常操作条件下，甲醇转化率接近100%，产品中也无二甲醚存在，主要含有少量C_5^+烃类。油水分离后，废油装车外卖，废水中油含量为ppm（10^{-6}）级，经活性炭吸附处理达到5mg/L标准后，可排入下水；

③ 生活污水经生活污水管网送全厂污水处理场；

④ 甲醇制烯烃装置的反应生成水经汽提除去含氧有机化合物后送煤气化装置制备水煤浆或送污水处理场处理；含催化剂细粉的急冷水经沉降后送污水处理场；

⑤ 甲醇制烯烃装置事故时通过雨水收集池送全厂事故水池；

⑥ 通过二级旋液分离器扩能改造，增加了旋液系统的分离效率，使急冷水中固体颗粒含量减少，同时提高了底流浓缩倍数，外排污水量减少了约 3t/h。

3. 废渣治理

① 甲醇制烯烃装置从反应、再生三级旋风分离器回收的催化剂细粉送回催化剂生产厂家回收利用；

② 从急冷水中沉降得到的催化剂细粉送包头危险废物处置中心掩埋。

4. 噪声治理

设计中对噪声大的噪声源，采取了相应的治理措施；

① 主风机组选用低转速、低噪声风机；

② 各机泵的电机均选用低噪声增安型电机；

③ 合理选择调节阀，避免因压降过大而产生高频噪声；

④ 空冷器选用低转速风机；

⑤ 放空均设有消声器以尽可能降低噪声。

采用上述措施后，本装置的噪声指标，可以满足《石油化工企业环境保护设计规范》(SH 3024—95) 以及《工业企业设计卫生标准》要求，将装置区内的噪声控制在 85dB(A)以下。

（二）甲醇制烯烃装置三废实际排放

甲醇制烯烃装置再生烟气排放监测分析结果如表 7-5 所示。

表 7-5 甲醇制烯烃装置再生烟气排放监测分析结果

监测点位	监测项目	2011 年 9 月 25 日三次采样平均	2011 年 9 月 26 日三次采样平均	标准限值	是否达标
MTO 装置废气燃烧排放口 12#	烟气量(标准状态)/(m^3/h)	56514	57007	—	—
	烟尘浓度(标准状态)/(mg/m^3)	26.3	31.0	120	达标
	烟尘排放量/(kg/h)	1.49	1.77	85	达标
	SO_2浓度(标准状态)/(mg/m^3)	2	2	550	达标
	SO_2排放量/(kg/h)	0.11	0.13	55	达标
	NO_x 浓度(标准状态)/(mg/m^3)	7.3	10.4	240	达标
	NO_x 排放量/(kg/h)	0.45	0.59	16	达标
	非甲烷总烃浓度(标准状态)/(mg/m^3)	0.87	0.31	120	达标
	非甲烷总烃排放量/(kg/h)	0.05	0.02	150	达标
	苯浓度(标准状态)/(mg/m^3)	0.074	0.013	12	达标
	苯排放量/(kg/h)	0.004	0.001	8.4	达标
	苯乙烯浓度(标准状态)/(mg/m^3)	0.012	0.0002	—	—
	苯乙烯排放量/(kg/h)	0.0006	0.00012	—	—
	沥青烟浓度(标准状态)/(mg/m^3)	29.8	25.0	40	达标
	沥青烟排放量/(kg/h)	1.69	1.43	5.6	达标
执行标准		《大气污染物综合排放标准》(GB 16297—1996)二级			

五、烯烃分离装置

烯烃分离装置是将甲醇制烯烃装置生产的反应混合气体通过压缩、精制、精馏等手段对混合物进行分离，生产聚合级乙烯、聚合级丙烯等主要产品，以及混合碳四、混合碳五及燃料气等副产品，包括 MTO 反应气压缩和酸性气脱除、反应气和凝液的干燥、精馏等单元。

1. 废气治理措施

烯烃分离装置对废气采取了如下治理措施：

① 烯烃分离装置的废气主要是干燥器和乙炔加氢反应器排出的再生废氮气，排出气经冷却后、分液后，排到火炬系统。

② 乙炔加氢反应器催化剂的再生烟气不含污染物，直接排入大气。

③ 对于来自储罐排放的气体，为减少罐呼吸有机物的挥发，设计选择合理的罐体型式，以减少气体的排出。设备、管道上的安全阀、泄压阀、排放阀等在不正常操作（或事故）时的泄放及开停车时的泄放，可燃物料的排放送火炬系统。开停车时的烃类物质排放也收集送火炬系统处理，通过火炬气回收系统回收及焚烧减少无组织排放，减少烃类物质的污染。分离装置排放的废气经过回收利用、焚烧处理、高空排放后可达标排入大气。

2. 废水治理措施

对废水实施“清污分流”的处理原则，清净下水和雨水直接排入工厂雨水管网，生产废水、生活污水和初期雨水汇集后送全厂污水处理场进行生化处理。

① 初期雨水，在烯烃分离装置内设有初期雨水收集池，将收集的初期雨水定期送往污水处理场；

② 生产含油废水经工业污水管网送至全厂污水处理场；

③ 生活污水经生活污水管网送全厂污水处理场；

④ 烯烃分离装置反应气水洗水送甲醇制烯烃装置反应生成水汽提塔汽提处理；

⑤ 烯烃分离装置来自碱洗塔的废碱液根据不同的生产工况其排水量不等，连续排放，该污水经收集于废碱液收集池内，废碱和黄油一起排到界区外的焚烧炉；

⑥ 烯烃分离装置黄油阻聚剂系统排放的黄油收集于废油罐内，定期处理；

⑦ 烯烃分离装置事故时通过雨水收集池送全厂事故水池。

3. 废渣治理

① 烯烃分离装置的乙炔加氢催化剂每 5 年更换一次（约 $13.5m^3$/次），废催化剂送回催化剂生产厂家回收利用；

② 干燥用分子筛每 3～5 年更换一次（约 141.2t/次），废分子筛由包头危险废物处置中心掩埋。

4. 噪声治理

采用低转速、低噪声的压缩机组和电机，部分设备加装隔声垫和消声器，将装置区内的噪声控制在 95dB(A) 以下。

第二节　废碱液的处理

在烯烃分离过程中，目前普遍采用碱洗法脱除产品气中的 CO_2、H_2S 等酸性气体。在净化过程中，循环碱液中的有效碱（主要指 NaOH）浓度不断降低。为保持碱洗液的反应活性，需要不断在强碱段补充新鲜碱，同时从弱碱段排出废碱，这样就形成了碱洗废液。

乙烯工业烯烃分离装置的废碱液含有大量的硫化钠、碳酸钠和碳酸氢钠等污染物。对于废碱液的处理，许多国家的研究机构和生产单位都做了大量的工作，如：日本石油、德国林德和美国 USFilter/Zimpro 等公司相继开发了废碱液的湿式氧化处理技术，其实质是把废碱液中的硫化物氧化为硫酸盐和硫代硫酸盐，以达到脱臭或无害化的目的。我国也开发了许多处理工艺，如碳化工艺、酸化工艺等。这些工艺过程各有特点，但对于废碱液处理来说尚不完善。碳化工艺主要用于解决废碱液的中和问题，使废碱液中的 Na_2S 分解为 H_2S，然后排入大气或进行焚烧处理。酸化工艺重点着眼于废碱液中有价物质（如粗酚）的回收。抚顺石化研究院开发的“石油炼制工业油品精制废碱液处理方法”专利技术（中国专利申请号 98121081.3），用于处理乙烯废碱液、液态烃碱洗废碱液和催化汽油碱洗废碱液等，较好地解决了上述工艺遗留的问题，使废碱液的处理工艺更加完善。其总体技术水平与日本、德国、美国等公司相当。

一、废碱液湿式氧化处理技术

（一）湿式氧化处理原理

湿式氧化技术是在一定的温度（190℃左右）和压力（表压 3.0MPa 左右）下，利用空气或氧气（消耗较高量的氧）氧化废碱液中的硫化钠、有机物及无机还原物质。Na_2S 通过下述两步反应而被氧化：

$$2S^{2-}+2O_2+H_2O \longrightarrow S_2O_3^{2-}+2OH^- -472.8kJ/mol(Na_2S)$$

$$S_2O_3^{2-}+2OH^-+2O_2 \longrightarrow 2SO_4^{2-}+H_2O-475.7kJ/mol\ (Na_2S)$$

废碱液中的硫化物通过以上两步反应被氧化，反应的产物为硫酸钠及硫代硫酸钠。

（二）湿式氧化处理单元流程

乙烯废碱液湿式氧化处理单元按照其流程基本可以分为湿式氧化反应部分和脱臭废碱液循环冷却塔两部分（见图 7-1）。湿式氧化反应部分：将由废碱液储存罐区来的混合废碱液经进料泵升压后，从反应器顶部进料线进入反应器内外筒之间的空间，随反应器内循环流至反应器底

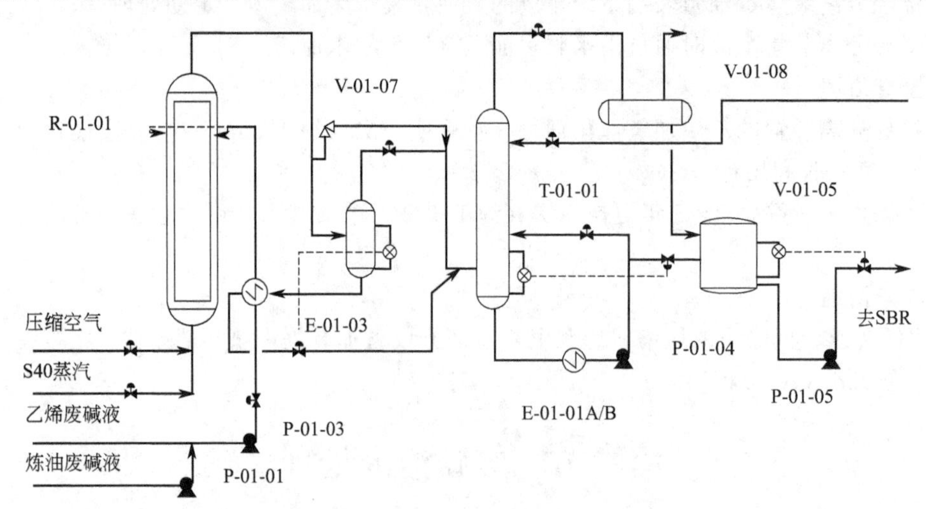

图 7-1　废碱湿式氧化处理单元流程简图

S40 蒸汽为 4MPa 等级的蒸汽；R-01-01—反应器；V-01-07—气液分离罐；E-01-03—换热器；P-01-01，P-01-03—废碱液泵；T-01-01—洗涤塔；E-01-01A/B—冷却器；V-01-08—分液罐；P-01-04，P-01-05—碱液泵；V-01-05—碱液罐

部与高压蒸汽、空气混合，然后由反应器内筒上升，发生氧化反应将其中的硫化物脱除。由反应器顶部排出的脱臭废碱液经压力控制排至脱臭废碱液循环冷却塔。脱臭废碱液循环冷却塔部分：脱臭处理后的废碱液进入洗涤塔底部，气相向塔顶部移动并与由第四层塔盘来的冷回流接触，气相混合物中的水蒸气及挥发性有机物被冷凝回到塔底，剩余气相物经与第一层塔盘来的新鲜水接触继续冷凝至35℃左右，最终由塔顶经压力控制做为尾气排放；洗涤塔底部液相经塔底循环冷却器冷却后，由塔底循环泵抽出，一部分作为洗涤塔四层塔盘的冷循环，另一部分送至脱臭废碱液储罐，再经液位控制排至SBR（间歇式生物污泥处理反应器）处理装置。

（三）湿式氧化处理单元进水水质

湿式氧化处理单元进水水质见表7-6。

表7-6　湿式氧化处理单元进水水质

废液种类	废碱液组成					废碱液流量/(t/h)
	硫化物/(mg/L)	COD/(mg/L)	酚/(mg/L)	石油类/(mg/L)	总碱度(NaOH)/%	
废碱液	7900	14400	55.6	无浮油	＞0.5	—

注：COD—化学需氧量。

（四）湿式氧化处理单元出水水质

湿式氧化处理单元出水水质见表7-7。

表7-7　湿式氧化处理单元出水水质

废液种类	废碱液组成					废碱液流量/(t/h)
	硫化物/(mg/L)	COD/(mg/L)	酚/(mg/L)	石油类/(mg/L)	pH	
脱臭后废	＜5	5000	50.9	无浮油	＞12	—
中和后废	＜5	5000	50.9	无浮油	6.5～8.5	—

（五）湿式氧化处理单元排放尾气组成

湿式氧化处理单元排放尾气组成见表7-8。

表7-8　湿式氧化单元排放尾气组成

尾气种类	尾气排放量(标准状态)		污染物浓度/(mg/m³)					
	/(m³/a)	/(m³/h)	硫	酚类	苯	甲苯	二甲苯	非甲烷总烃
尾气	—	—	《恶臭污染物排放标准》(GB 14554—93)二级标准和《大气污染物综合排放标准》(GB 16297—1996)二级标准					

二、废碱液焚烧处理技术

烯烃分离装置产生的废碱液也可以采用焚烧方式进行处理，采用装置自产的燃料气作为燃料，在把废液无害化处理的同时，回收烟气余热，产生饱和蒸汽，同时回收烟气中的固体无机盐，从而减少整体的运行费用。

焚烧法因其在处理危险废弃物的同时可以实现减量化、无害化以及资源化，被认为是最有效的处理危险废弃物的方法，也是我国危险废弃物集中处理中心主要采用的方法。焚烧法处理废弃物在欧美等发达国家已经得到广泛的应用，随着对危险废弃物无害化处理要求越来越高，焚烧法处理危险废弃物在未来将得到更多的应用。

（一）废碱液焚烧处理技术的难点

(1) 低熔点钠盐的处理难点

由于废液中含有大量的低熔点金属盐类（$NaCO_3$的熔点为851℃），在高温环境下这些低熔点金属盐类会同高温烟气形成气溶胶的形式被带到后面的余热回收系统中。随着余热被回收，烟气温度减低到盐类的熔点以下后，就会黏附在换热面上。因此在焚烧中如何除掉这些盐类，并设计合理的工艺流程和焚烧形式是该装置能否长期、稳定运行的根本，而保证良好的锅炉吹灰装置和受热面布置是流程得以长期、稳定运行的关键。

北京航天动力研究所自主研发的一体式焚烧炉，对含盐废液的高温焚烧及除盐，通过带膜式水冷壁冷却室及对流管束的水管锅炉进行高温烟气的余热回收，并配备先进的燃气冲击波除尘装置，解决了高含盐有机废液难以高温焚烧处理的问题。

(2) 焚烧低熔点盐类存在的问题及解决方法

高含盐有机废液焚烧普遍存在装置不能长期、稳定运行的问题，其主要体现在以下三个方面没有得到较好解决：燃烧过程中，如何保证良好的焚烧效率和环保无害化效率，并减少熔融态盐类对焚烧炉的影响；燃烧后如何保证盐类的顺利排出；燃烧后如何保证高温烟气余热的顺利回收，并保证锅炉能够长期、稳定运行。

(3) 焚烧低熔点盐类的关键控制

含盐废碱液焚烧在焚烧和环保效率上，有3个主要方面十分关键，即温度、雾化粒径和停留时间。

① 温度：采用一般喷射焚烧流程，如果要保证废液焚烧彻底、完全，就必须保证1000℃以上的高温，而根据各种含盐焚烧文献报道和相关实际工程运行经验表明，在这个温度下，废液燃烧后的盐将被烟气带走，并与烟气形成极不易除掉的、相互融合的气溶胶形式，导致盐灰大量进入后系统，从而失去处理的根本目的，并给后系统带来难以消除长期、稳定运行的技术问题；而如焚烧温度过低，甚至不超过700℃（印度造纸废液焚烧采用较多，国际上因环保问题不能推广应用），在此温度下，废液根本不可能焚烧完全。这种情况的出现，已经导致环保焚烧的意义完全失去了。这是因为采用传统焚烧工艺流程，其燃烧方式专业术语应该叫做喷射式悬浮焚烧。该焚烧方式特点突出，效果明显。然而该种方式在处理含盐废液焚烧时，就不适宜了。

② 雾化粒径：喷射式悬浮焚烧为了焚烧彻底，要求雾化程度较高，液滴粒径尽可能小为好，否则不能达到环保焚烧彻底处理的目的。然而较小的雾化粒径将导致焚烧后的烟气中携带了几乎全部的盐灰，形成极不易除掉的气溶胶形式，导致盐灰进入后系统，从而达不到处理的目的。

③ 停留时间：废液在高温区的停留时间直接决定了焚烧效果的好坏，然而一味地加长停留时间则会使炉膛过大，导致投资巨大，经济性太差。因此合理的停留时间十分关键。而不同的燃烧方式又对停留时间的要求各不相同。因此针对含盐废液焚烧，从停留时间问题考虑，必须从燃烧方式上进行变革和创新，既要保证完全燃烧，炉体也不可过于巨大。

(二) 烟气余热回收对锅炉受热面的影响

这个问题是含盐废液环保焚烧装置能否长期、稳定运行的关键问题，如不能及时、妥善地将夹杂在烟气中的盐灰除掉，这部分盐灰将会附着在锅炉换热面上，因为热量被吸收而温度降低到熔点以下，形成黏结性盐渣，产生堵灰和磨损，破坏锅炉受热面的换热效果，甚至导致“爆管”现象的出现。

该灰必须及时、定时清理，否则，因为清灰不及时，灰层外表面的温度很快升高以致结焦成一层硬壳，再清除就难了。

为避免出现上述问题，设计余热锅炉时必须考虑以下方面：

① 合理的烟气流速；

② 降低进入锅炉对流换热面的烟气中盐灰含量；

③ 采用合理烟气冲刷管束的方式和方向；

④ 合理组织烟气动力场，避免产生偏流或涡流所引起的局部磨损。

神华包头煤制低碳烯烃示范项目废碱液焚烧装置采用了北京航天石化技术装备工程公司的工艺技术，焚烧炉装置主要由废碱液储罐、废碱液进料泵、凝结水提升装置、助燃风机、焚烧炉、急冷罐、文丘里除尘器、盐水缓冲罐、水封罐、盐水输送泵、文丘里循环泵、污水输送泵和烟囱组成。使用工厂副产的燃料气（不含丙烷）作为燃料，助燃空气由助燃风机提供。通过燃料的燃烧处理烯烃分离装置产生的废碱液和2-PH（2-丙基庚醇）装置产生的醇醛废液，产生烟气处理达标后经由烟囱排放大气，产生的碳酸钠溶液（废液）送至污水处理装置进一步处理。该装置设计处理能力为1.2t/h。装置弹性为设计能力的60%～125%即0.72～1.5t/h。年操作时间为8000h。

烯烃分离装置废碱液及2-PH单元醇醛废液在焚烧单元界区外汇合，并进入到废液储罐内。然后通过废液进料泵分四路送至焚烧炉上的废液喷枪。废液以雾滴的形式均匀进入炉膛。废液在焚烧炉内进行高温焚烧，焚烧后产生的烟气组分中除含有可直接排放的N_2、O_2、CO_2、H_2O以外，还有固态和熔融态的Na_2CO_3。从焚烧炉出来的高温烟气（1100℃）经垂直的急冷罐下降管直接进入急冷罐中，烟气中的Na_2CO_3被急冷液溶解，急冷液中的部分水分被蒸发至烟气中水封罐，Na_2CO_3溶液从水封罐进一步溢流至盐水缓冲罐，最终送出界区，输出量恒定在2500kg/h左右。急冷罐的补水通过文丘里除尘器的回水来控制。急冷罐设有NaOH溶液（30%，质量分数）注入口，目的是在开车时通过加入碱液使急冷液的pH>7，从而起到保护急冷罐的目的。从急冷罐出来的烟气进入文丘里除尘器进行洗涤除尘，从而使烟气中的各组分满足国家标准排放。文丘里除尘器的喷淋液为工业水，通过文丘里循环泵循环使用。文丘里的补水通过工业水补充，喷淋液通过文丘里循环泵打出，补充回急冷罐，输出量恒定在8000kg/h左右，从而保证急冷罐的溢流量。在文丘里除尘器烟气出口设有除沫器，将烟气中夹带的水进一步分离，之后烟气经过烟囱排入大气。整个烟气流程为正压流程，系统压力靠助燃风机建立。

三、废碱液生化处理技术

高浓度污水生物处理技术（LTBR技术）是一项专门针对高浓度、难生化降解有机废水处理技术，它打破传统的好氧生化处理方式，将现代微生物培养技术应用于好氧污水处理系统中，通过生物强化技术将好氧系统中专一性强、活性高的优势微生物进行强化，以高于传统活性污泥法10倍以上的容积负荷，将传统的生物法难以处理的高浓度、毒性废水进行生化处理，极大地降低了高浓度有机废水的处理成本，可以产生良好的社会和经济效益。适用对象为液体焚烧废水、稀释处理的废水、化学法（高费用）处理的废水等。

目前，石化行业的碱渣废水处理方法主要有焚烧、湿式催化氧化等方法，焚烧和湿式催化氧化都是投资费用、运行费用非常高的处理技术。相比之下，采用LTBR技术进行处理，其投资、运行费用都只有湿式催化、焚烧法的几分之一或者几十分之一，运行管理简单，处理效果稳定，COD去除率达到90%以上，而且不产生废气和废渣等二次污染。

（一）原理

LTBR技术由LTBR生物反应器＋特效微生物＋营养液（BMM）组成。LTBR工艺是在对废水中的污染物成分进行全面分析和模拟废水环境条件的基础上，针对性地筛选适合降解特定污染物的微生物菌群，并配制和投加适合微生物生长繁殖的营养液（BMM），确保特效微生物菌群在废水生物处理过程中的优势地位和保持高活性，实现对废水中目标污染物的充分生物降解，从而提高了废水中污染物的可生物降解水平和废水处理系统的处理效率。

LTBR 工艺 COD 的处理负荷是普通生物处理工艺的 10 倍以上，可以处理普通生物法不能处理的有毒废水及高浓度废水，对废水中的污染物浓度、pH、含盐量等指标的变化有很强的适应能力。

LTBR 工艺系统相比传统生物处理系统的生物驯化时间大大缩短，同时可以改善污泥沉淀性能，抑制污泥膨胀，增强系统抗冲击负荷的能力，提高废水处理系统运行的稳定性。

（二）技术特点

LTBR 工艺与传统的焚烧法、湿式氧化法等废碱液处理工艺流程相比，流程短，降低了一次性投资及系统运行综合处理费用。

LTBR 工艺在常温、常压条件下实施，避免了焚烧法、湿式氧化法等存在的高温、高压运行方式，消除了潜在的危险因素。

LTBR 工艺不但在投资和运行费用上具有优势，而且是真正意义上的环境友好型工艺技术，没有转移污染物，不会带来二次污染。

LTBR 工艺区别于传统的高效生物菌种需要反复投加、成本昂贵等特点，它是在调试时一次性植入有针对性的特效微生物菌团，日常运行中无需重复投加，降低了废水处理成本。

LTBR 工艺的处理负荷是普通生物处理工艺的几十倍以上，可以处理普通生物法不能处理的高含毒废水及高浓度废水，对废碱液中的硫、酚等毒性污染物浓度、pH、含盐量等生物处理技术的重要指标变化有很强的适应能力。

LTBR 工艺比传统生物处理系统的调试时间大大缩短，利用快速启动剂，一般在 72h 激活菌种后马上可以实现满负荷正常运行，与传统生物驯化时间 1～2 个月相比，为企业的正常生产赢得了时间。

（三）工艺流程简图

废碱液在废碱液废水储罐中储存，并进行水质水量调节，然后经过隔油罐后进入 LTBR 反应器（见图 7-2）。

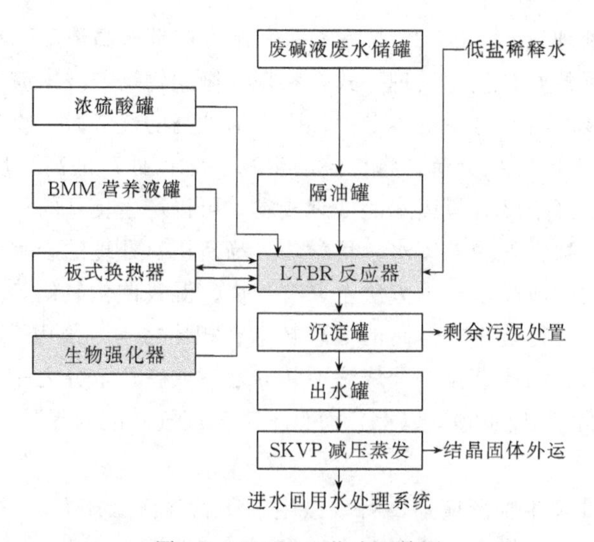

图 7-2 LTBR 工艺流程简图

废碱液废水为强碱性，废水中的小分子低聚物在碱性条件下会溶解在废水中，pH 值中性条件下，这些低聚物（俗称黄油）会从废水中析出，而且很难收集和处理，并可造成处理设备及管道的堵塞。为抑制废水中黄油的析出，本工艺采用的特效菌种，可以对废碱液废水不进行 pH 调节，直接进入 LTBR 反应器进行生物强化处理，即在 LTBR 反应器中同时完成有机污染物（含低聚物）的降解和酸碱中和过程。

废碱液废水在 LTBR 反应器内，在高效生物菌团的作用下，污染物被迅速降解，为了保持菌种长期的稳定性和高活性，需要添加少量使菌种长期保持高活性的 BMM 营养液。

生物强化器在调试期间可以快速启动菌种，在运行期间可以对生物处理单元起到强化处理作用，以使生物反应器能保持长期、高效、稳定运行，同时可以提高系统的抗冲击性。针对其他未知高浓废水，可以利用生物强化器作为现场试验设备提前进行现场试验，验证系统对未知废水处理的可行性，降低和避免对 LTBR 生物反应器的运行冲击风险。

由于 LTBR 反应器的处理负荷比较高，在快速生化过程进行中会放热导致生物反应器内温度升高。为了保证整个系统的处理效率，当曝气液运行温度超过 40°C 时，需要使用换热器对反应器内曝气液进行降温处理，换热器循环水来自配套设置的冷却塔（或厂区冷却循环水系统）。

LTBR 反应器的 TDS（总固体含量）设计要求＜40g/L。考虑到废碱液高含盐的特性，选用了高耐盐的特效菌种，但受菌种生物特性的约束，当盐度过高时仍会影响其生物活性及处理效率，同时对设备、管道腐蚀产生影响，这时需补充一定量的低盐稀释水（实际运行中将根据废碱液的 TDS 数据考虑是否需要添加），稀释水可以使用污水处理系统中的二沉池出水或者回用系统中 RO（反渗透）单元的浓水。

LTBR 反应器出水经沉淀罐沉淀后进入出水罐，然后泵送进入 SKVP 减压蒸发除盐设备进行除盐处理。

LTBR 反应器生化出水经集水池收集后，先进入 SKVP 设备单元中的预热器。在预热器中与高温的蒸馏液先进行热交换尽可能地提升温度，以降低在蒸发单元中的蒸发所需能源消耗。

预热后的高盐废液进入减压蒸发单元，其蒸馏液通过蒸馏液泵在预热器中进行热交换后收集到处理水罐后作为 LTBR 反应器的低盐稀释水或者去回用水处理系统。浓缩液经过离心分离机进行固液分离，结晶盐（含水率在 10%～15%左右）通过输送带输送至结晶盐收集池。

分离液收集到分离液罐后自流到三效蒸发器中进行循环处理。随着分离液的不断浓缩，有机物的累积有可能会导致热交换器管束的结垢和堵塞，影响热交换效率，因此必须根据分离液罐中的有机物浓度进行排放处理。通常设计情况下，分离液罐是一个月或更长时间一次将排放液作为高浓废水直接排放到 LTBR 反应器中进行处理。

（四）LTBR 工艺进水水质

LTBR 工艺进水水质见表 7-9。

表 7-9 LTBR 工艺进水水质

废液种类	废碱液组成					废碱液流量/(t/h)
	硫化物/(mg/L)	COD/(mg/L)	挥发酚/(mg/L)	石油类/(mg/L)	pH	
废碱液	≤1500	≤100000	≤1000	≤400	14	—

（五）LTBR 工艺出水水质

LTBR 工艺出水水质见表 7-10。

表 7-10 LTBR 工艺出水水质

废液种类	废碱液组成					废碱液流量/(t/h)
	硫化物/(mg/L)	COD/(mg/L)	挥发酚/(mg/L)	石油类/(mg/L)	pH	
废碱液	≤5	≤500	≤10	≤40	6～9	—

四、酸碱中和法

废碱液的 pH 值很高，不能直接排放，加入废酸将 pH 调到中性，中和释放出的 H_2S、CO_2气体被汽提出来后另行处理，是一条废碱液排放处理的有效途径。

（一）硫酸中和法

金山石化乙烯厂和扬子石化乙烯厂使用的是硫酸中和法。这种方法是先除去废碱液中的黄油，然后用 98%的浓硫酸将乙烯废碱液酸化到 pH＝2～4 左右，在中和罐内进行反应，硫化钠溶液转化为硫酸钠溶液，送到污水厂进行生化处理后排放，中和时产生的 H_2S、CO_2 气体被汽提出来后送到火炬燃烧。

中石油兰州石化乙烯装置废碱处理单元曾经采用盐酸中和-汽提技术，存在的主要问题有：盐酸消耗量大，产生的硫化氢造成二次污染，运行周期短。

我国 20 世纪 80 年代兴建的一批乙烯装置普遍采用这一方法治理废碱液。这种方法处理废碱液存在三个问题：一个是腐蚀问题，由于废碱液中的组成波动较大，给硫酸加入量的控制带来困难，这使得设备和管线常常处于酸碱的交替腐蚀之下，造成生产安全隐患；另一个是在酸化前必须彻底地去除废碱液中的黄油，否则汽提塔容易发生结焦和堵塞的现象；第三是 H_2S 燃烧后生成的 SO_2气体仍然是有害气体，处理不好容易造成二次污染。

（二）二氧化碳中和法

燕山石化公司利用内部乙二醇装置产生的 CO_2 废气处理乙烯废碱液，使废碱液中的 Na_2S、NaOH 等转化成 Na_2CO_3和 $NaHCO_3$，产生的 H_2S 气体进入焚烧炉后尾气综合处理，从而达到脱除硫化物和中和废碱的目的。乙烯废碱液经该法处理后，硫化物质量浓度可以降到 40mg/L 以下，油含量可以降到检不出。此外，该法处理后的废碱液中 Na_2CO_3 和 $NaHCO_3$的质量分数可以达到 20%左右。可以代替工业纯碱使用。

CO_2 中和法工艺流程短，设备简单，设备材质要求低，但工艺过程产生的 H_2S 需要单独处理，处理不好会造成二次污染，另外该工艺需要附近有廉价的 CO_2 废气。

五、氧化法

该法主要是通过各种氧化剂的氧化作用把废碱液中的硫化物转化为无害的硫酸盐、硫代硫酸盐、亚硫酸盐等。根据所使用的氧化剂处理工艺的不同分为以下几类。

（一）空气氧化法

空气氧化法又可分为普通空气氧化法和催化空气氧化法。

普通空气氧化法是向废碱液中同时注入空气和蒸汽，当反应温度为 90℃以上，接触时间为 3h 以上时，将近 90%的 S^{2-} 被转化成 $S_2O_3^{2-}$、SO_3^{2-} 和 SO_4^{2-}。注入蒸汽的目的是提高反应温度，加快反应速率。新疆独山子石化公司乙烯废碱液处理就是采用的普通空气氧化法。

催化空气氧化法是在向废碱液中鼓入空气的同时，投入催化剂，在催化剂的作用下，S^{2-}被转化成为$S_2O_3^{2-}$和SO_4^{2-}。美国专利曾报道了以Mn^{2+}作催化剂，用空气氧化废碱液的方法。在加入50～100mg/L $MnCl_2$催化剂的废碱液中，通入理论量3～10倍的空气，常温下反应1～15h，可使废碱液中硫化物含量降低90%以上。

（二）光氧化法

余政哲等采用化学沉淀法与光化学法共同处理乙烯废碱液。先用化学沉淀法将废碱液中的Na_2S再生为NaOH，使废碱液可以回用，然后采用光化学氧化法对废碱液中的有机物进行氧化，收到了较好的效果。实验用的沉淀剂为CaO，化学沉淀实验反应条件为：反应温度20℃，搅拌速率以烧杯底部不堆积固体沉淀为宜。沉淀反应时间30min，澄清时间30min，$n(CaO)/n(Na_2S)=1.45$。反应条件为：反应温度40℃，H_2O_2/COD为0.8。在上述实验条件下，乙烯废碱液经过处理后，废碱液的S^{2-}去除率可达98%以上，COD可降至731mg/L，COD总去除率可达87%。

光氧化法效果虽好但难以实现工业化，目前只停留在实验室阶段。

（三）中和后氧化

美国RMT公司的专利提出，先用酸性气体或无机酸先将废碱液部分中和至pH9.5～10.5，分出其中的有机相，以降低碱液的COD和BOD（生化需氧量）值，再通入氧气、臭氧或空气把S^{2-}氧化成为SO_4^{2-}，进入污水处理系统排放。

第三节　燃煤锅炉及自备电站环境保护

包头煤制低碳烯烃项目燃煤锅炉及自备电站承担着向全厂提供高压、中压蒸汽以及除盐水、除氧水的任务，同时利用锅炉富余的蒸汽发生部分电力供厂区使用。该项目包括了除盐水站（除盐水处理系统处理能力为1000t/h、工艺冷凝液处理能力为560t/h、透平冷凝液处理能力为300t/h、热电站凝结水精处理能力为610t/h），3台480t/h燃煤锅炉及烟气除尘、脱硫装置，2台50MW的发电机组等。

包头煤制烯烃示范项目锅炉和自备电站采用了多项环境保护措施来确保废气、废水和废固的有效管理、综合利用和达标排放；通过采用低噪声设备和有效的降噪措施，将装置内噪声控制在合理水平，为操作人员创造了良好的工作环境。

一、除盐水站

神华包头煤制烯烃示范项目除盐水站的主要生产功能一是利用新鲜水生产除盐水供全厂使用，二是对全厂的蒸汽凝结水进行处理，作为除盐水的补充。

除盐水生产采用了超滤-反渗透工艺，除盐水生产能力为1000t/h。蒸汽凝结水处理采用混床工艺进行处理，处理来自热电站汽轮机及空分装置返回的凝结水，处理能力为610t/h，生产的除盐水送合成气净化等用水装置使用。

除盐水站生产的工业废水主要是超滤反洗水和反渗透浓水（最大工况为559m^3/h，正常工况为350m^3/h）以及凝结水精处理排放的反洗水（间断排放，两天1次、每次约50t），这些清净水均送往公用工程中心污水回用装置进行处理（见图7-3）。

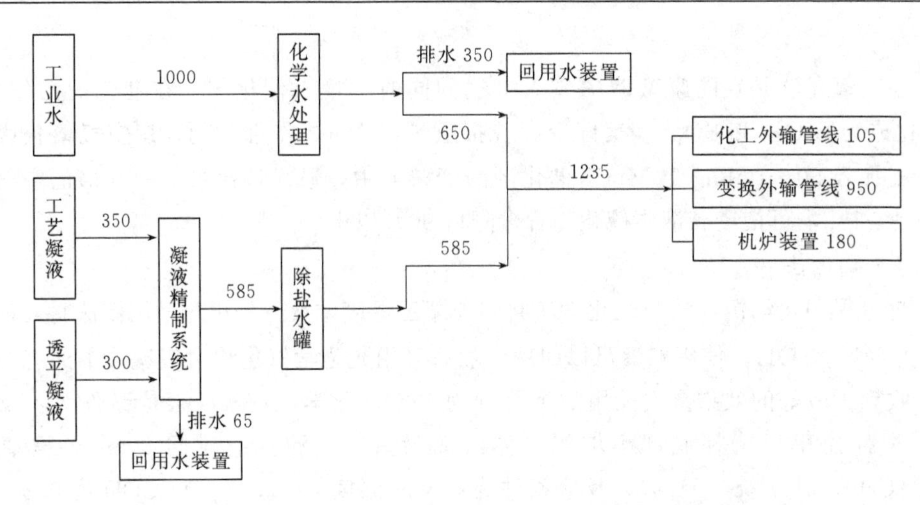

图 7-3 热电中心脱盐水平衡（单位：t/h）

除盐水站的含油污水汇入锅炉和自备电站的总工业废水排往全厂污水处理场。

二、锅炉烟气除尘

神华包头煤制烯烃示范项目的 4 台 480t/h 燃煤锅炉（原设计为 3 台，为了提高装置动力系统的可靠性，2013 年又增建了 1 台）出口的烟气管路上，都安装了双室四电场高效静电除尘器，加上静电除尘器后面的湿法脱硫的除尘效果，排到大气的锅炉烟气的烟尘浓度小于 $50mg/m^3$（标准状态）。

以 1＃燃煤锅炉为例，已经投产运行的 3 台锅炉的锅炉出口、静电除尘器出口以及湿法脱硫之后通过烟囱排入大气的烟尘浓度及烟尘排放量如表 7-11 所示，表中数据表明静电除尘器的效率可以达到 99.5%，通过烟囱排放的锅炉烟气的烟尘浓度远低于排放标准。

表 7-11 1＃燃煤锅炉烟气烟尘监测结果

监测点位	监测项目	2011 年 9 月 22 日三次采样平均	2011 年 9 月 23 日三次采样平均	标准限值	是否达标
1＃静电除尘器入口	烟气量(标准状态)/(m^3/h)	550957	559263	—	—
	烟尘浓度(标准状态)/(mg/m^3)	6309	6217	—	—
	烟尘排放量/(kg/h)	3476	3475	—	—
1＃静电除尘器出口	烟气量(标准状态)/(mg/m^3)	574430	567623	—	—
	烟尘浓度(标准状态)/(mg/m^3)	32.3	33.4	—	—
	烟尘排放量/(kg/h^3)	18.6	19.0	—	—
1＃-2＃燃煤锅炉湿法脱硫出口	烟气量(标准状态)/(m^3/h)	1142192	1143987	—	—
	烟尘浓度(标准状态)/(mg/m^3)	21.6	22.0	50	达标
	烟尘排放量/(kg/h)	24.67	25.13	—	达标
执行标准		《火电厂大气污染物排放标准》(GB 13223—2003)第 3 时段标准			

三、锅炉烟气脱硫

包头煤制烯烃示范项目锅炉单元设置了石灰石-石膏湿法脱硫装置，对全部锅炉烟气进行脱硫处理，每 2 台锅炉使用 1 套脱硫装置，以 1＃、2＃锅炉共用的脱硫装置为例，脱硫装置前后锅炉烟气监测结果如表 7-12 所示，数据表明湿法脱硫效果非常明显，脱硫后锅炉烟气的 SO_2 含量大大低于标准限值。

表 7-12　1#-2#燃煤锅炉烟气 SO_2 监测结果

监测点位	监测项目	2011 年 9 月 22 日三次采样平均	2011 年 9 月 23 日三次采样平均	标准限值	是否达标
1#-2#燃煤锅炉湿法脱硫入口	烟气量(标准状态)/(m^3/h)	1121886	1120146	—	—
	SO_2浓度(标准状态)/(mg/m^3)	887	901	—	—
	SO_2排放量/(kg/h)	990	1009	—	—
1#-2#燃煤锅炉湿法脱硫出口	烟气量(标准状态)/(kg/h)	1142192	1143987	—	—
	SO_2浓度(标准状态)/(mg/m^3)	50	51	400	达标
	SO_2排放量/(kg/h)	53	53	—	—
执行标准		《火电厂大气污染物排放标准》(GB 13223—2003)第 3 时段标准			

脱硫后的锅炉烟气通过 180m 的烟囱排入大气。

四、锅炉烟气脱硝

包头煤制烯烃示范项目锅炉和自备电站建设期间对烟气中的 NO_x 含量还没有明确要求，因此建设期间仅采用了低 NO_x 火嘴，以减少 NO_x 的生成，但每台锅炉均预留了建设脱硝设施的位置。

以 1#、2#燃煤锅炉共用的脱硫装置出口烟气为例，锅炉排放烟气的 NO_x 监测结果如表 7-13 所示，数据表明锅炉排放的烟气的 NO_x 含量满足达标限制。

表 7-13　1#-2#燃煤锅炉烟气 NO_x 监测结果

监测点位	监测项目	2011 年 9 月 22 日三次采样平均	2011 年 9 月 23 日三次采样平均	标准限值	是否达标
1#-2#燃煤锅炉湿法脱硫出口	烟气量(标准状态)/(m^3/h)	1142192	1143987	—	—
	NO_x 浓度(标准状态)/(mg/m^3)	443	443	450	达标
	NO_x 排放量/(kg/h)	454	454	—	—
执行标准		《火电厂大气污染物排放标准》(GB 13223—2003)第 3 时段标准			

根据《火电厂大气污染物排放标准》（GB 13223—2011）新标准规定，目前包头煤制烯烃示范燃煤锅炉烟气的 NO_x 含量不能满足于 2014 年 7 月 1 日开始执行的新的排放限值标准（折算成 NO_2要求小于 100mg/m^3）。2012 年增建 4#锅炉时配套建设了烟气脱硝装置，采用了 SCR 烟气脱硝技术，4#锅炉投运后，排放烟气的 NO_2浓度为＜100mg/m^3。2012 年 12 月编制完成了现有 3 台锅炉烟气的脱硝方案研究，2013 年采用 LNB＋SCR 技术对三套锅炉的烟气进行脱硝处理技术改造，将 NO_x 含量从目前的约 450mg/m^3降低到 100mg/m^3以下。

第四节　全厂性气体处理

神华包头煤制低碳烯烃示范项目在建设过程中对全厂的废气采取了严格的处理措施，各生产装置、单元均采取了有效措施确保各种气体达标排放。比较重要的措施一是对粗合成气净化装置产生的酸性气采用富氧克劳斯工艺和尾气加氢、溶液回收组合工艺进行深度处理，以最大限度地降低 SO_x 的排放；二是建设了全厂性火炬系统，将各单元、装置无组织排放的可燃性物质燃烧掉，以便将对环境的影响降至最小。

一、酸性气处理及硫黄回收

神华包头煤制烯烃示范工程的水煤浆气化装置使用中国神华能源股份有限公司神东煤炭集团上湾煤矿生产的煤炭，其含硫量为0.3%～0.5%（干基，质量分数），煤中的硫在气化和变换过程中基本上全部变成了 H_2S；在粗合成气净化装置的吸收塔内，合成气中的 H_2S 几乎全部溶解在低温甲醇中，在甲醇热再生塔中溶解在甲醇中的 H_2S 与 CO_2 脱附出来，该酸性气物流被送到硫黄回收装置处理，其原则流程如图7-4所示。

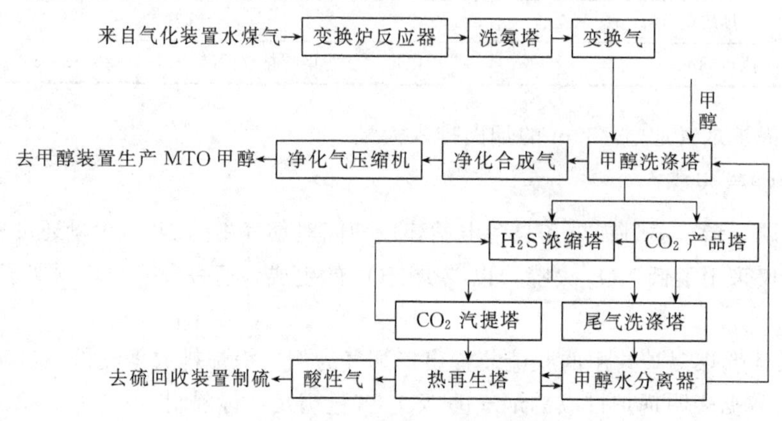

图7-4 酸性气处理工艺流程简图

硫黄回收装置属于环保型装置，主要是处理来自粗合成气净化装置的酸性气，硫黄回收装置由制硫部分、尾气处理和尾气焚烧、溶剂再生（胺液再生）、液硫脱气、液硫成型5部分组成。硫黄回收装置设计年回收硫黄19260t，固体硫黄的纯度≥99.9%。

1. 制硫部分

来自粗合成气净化装置的酸性气（H_2S 浓度约40%，体积分数）、煤气化装置灰水高压闪蒸气和CO变换单元的不凝气混合后进入制硫单元的燃烧炉火嘴，根据制硫反应需氧量，通过比值调节和 H_2S/SO_2 在线分析仪反馈数据严格控制进炉的空气量；在制硫燃烧炉内约25%（体积分数）的 H_2S 进行高温克劳斯反应转化为硫，余下的 H_2S 有1/3转化为 SO_2，H_2S 燃烧所需要的空气由鼓风机供给；制硫燃烧炉排出的高温气体（1000～1100℃），一小部分回到一级转化器入口来调节温度，其余大部分进入制硫余热锅炉，产生4.1MPa（G）的过热蒸汽；气体温度降低到300～400℃进入一级冷凝冷却器冷至150～160℃，冷凝下来的液体硫黄与其他物质分离，进入硫封罐。

一级冷凝冷却器分离出的过程气与1000～1100℃的高温过程气混合、温度达到210～230℃后进入一级转化器，在催化剂的作用下，过程气中的 H_2S 与 SO_2 反应转化为硫。反应后的气体温度为300～320℃，进入过程气换热器，再经二级冷凝冷却至150～160℃，冷凝下来的液硫进入硫封罐；分离出的过程气再返回过程气换热器，至220～240℃后进入二级转化器，在催化剂的作用下，过程气中剩余的 H_2S 和 SO_2 进一步反应转化为元素硫；反应后的过程气进入三级冷凝冷却器冷却至150～160℃，冷凝下来的液硫进入硫封罐，分离出的制硫尾气经尾气分液罐后进入尾气处理部分。

2. 尾气处理和尾气焚烧

由尾气分液罐出来的制硫尾气，经尾气加热器与尾气焚烧炉后的高温烟气换热、混氢后进入加氢反应器，在加氢催化剂的作用下 SO_2 及 COS 等被加氢水解还原为 H_2S；从加氢反应器出来的气流经蒸汽发生器发生低压饱和蒸汽回收热量后与灰水高压闪蒸气混合一起进入尾气急冷塔，与急冷水直接接触降温；塔底急冷水经升压、过滤、冷却后重新打入塔内循环使用。因尾气温度降低而凝析下来的、多余的急冷水送至变换装置汽提塔处理；急冷降温后的尾气自塔顶出来进入尾气吸收塔，用胺液 MDEA 溶液吸收其中的 H_2S，尾气吸收塔顶出来的净化气进入尾气焚烧炉燃烧。在尾气焚烧炉内，净化气中残余的微量 H_2S 被燃烧为 SO_2，烃类燃烧生成 CO_2 和 H_2O，高温烟气经蒸汽过热器和尾气加热器回收余热后由 100m 烟囱排放。

尾气吸收塔使用后的富液送返胺液再生部分进行溶剂再生。

3. 溶剂再生

富液经过贫富液换热器升温后进入溶剂再生塔再生，凝结水经凝结水回收器至全厂凝结水管网加以回收。溶剂再生塔顶的气体经过再生塔顶的空冷器冷凝冷却，再经回流罐进行气液分离，凝液作为塔顶回流，不凝气返回硫黄回收装置制硫；塔底贫液经冷却后进入溶剂储罐，经胺液过滤器过滤后至尾气吸收塔循环使用。

4. 液硫脱气和液硫成型

制硫部分生产的液体硫黄进入液硫池，通过往液硫中注入催化剂（液氨）并用液硫脱气泵将液硫循环喷洒，溶于液硫中的硫化氢逸出，用吹扫氮气及蒸汽喷射器将废气抽出送至尾气焚烧炉焚烧。脱气后的液体硫黄用液硫泵送至液硫成型机冷却固化为半圆形固体硫黄颗粒，经过传送带送入硫黄包装码垛机，自动称重，包装、码垛后运入硫黄库棚存放，产品外运出厂。

硫黄回收装置的工艺流程如图 7-5 所示。

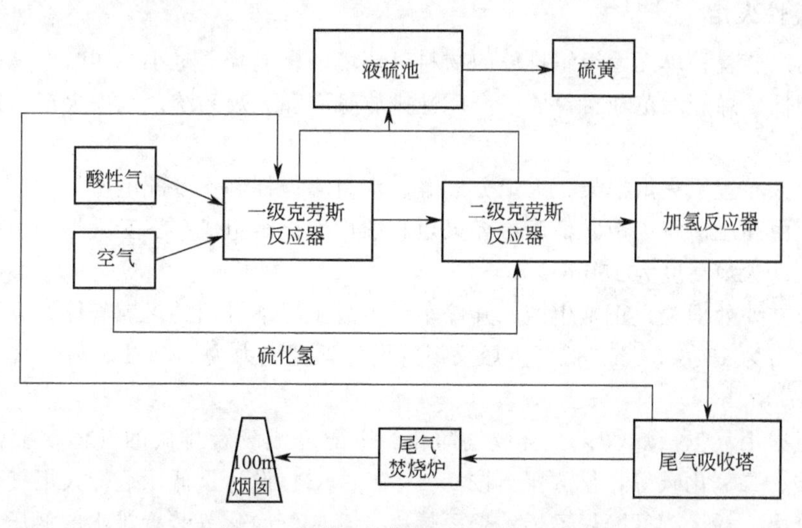

图 7-5　硫黄回收装置工艺流程示意图

硫黄回收装置排放的尾气的监测分析结果如表 7-14 所示，表中数据表明硫黄回收装置的硫回收率高达 99.85%，尾气排放的 SO_2 浓度满足要求。

表 7-14 硫黄回收装置排放尾气的监测分析结果

监测点位	监测项目	2011年9月23日三次采样平均	2011年9月24日三次采样平均	标准限值	是否达标
硫回收焚烧炉1#	烟气量(标准状态)/(m^3/h)	10406	10398	—	—
	烟尘浓度(标准状态)/(mg/m^3)	54.3	35.0	120	达标
	烟尘排放量/(kg/h)	0.38	0.37	141.67	达标
	SO_2浓度(标准状态)/(mg/m^3)	779	780	960	达标
	SO_2排放量/(kg/h)	8.11	8.11	170	达标
	NO_x 浓度(标准状态)/(mg/m^3)	24.9	23.1	240	达标
	NO_x 排放量/(kg/h)	0.26	0.24	52	达标
	硫回收率/%	99.85	99.85	99.8	达标
执行标准		《大气污染物综合排放标准》(GB 16297—1996)二级			

神华包头煤制烯烃示范项目的硫平衡如图 7-6 所示，图中数据表明排放到大气中的S主要是燃煤锅炉尾气中的硫。

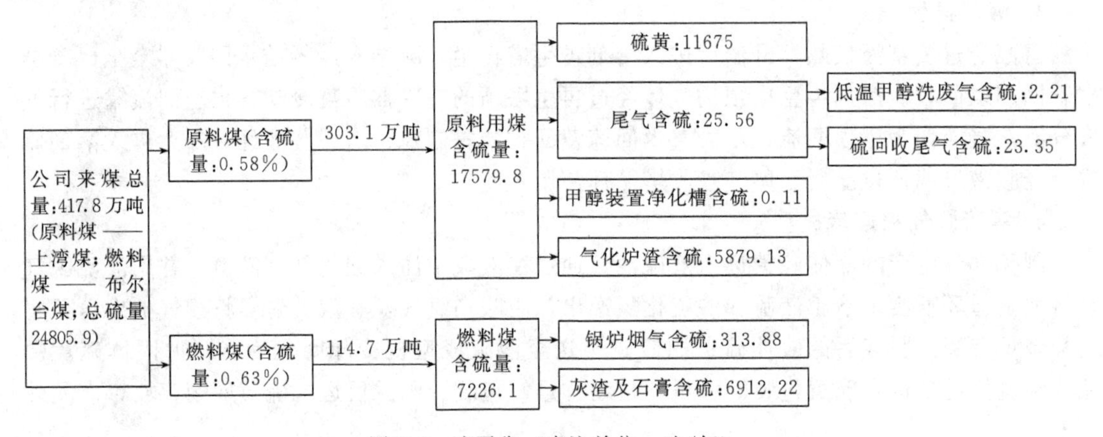

图 7-6 硫平衡（未注单位：吨/年）

二、全厂性火炬

为了将生产装置、单元无组织排放的物料对环境的影响降至最小，同时也是确保生产安全，包头煤制低碳烯烃示范项目设置了全厂性排放管网和火炬系统。全厂火炬布置在厂区的东南角。

全厂火炬区布置了火炬框架、火炬分液罐、水封罐、控制室及配电室等。

全厂火炬由高压富氢火炬、低压重烃火炬和酸性气火炬组成，三套火炬采用捆绑式布置在一个塔架上；火炬高度为 150m。

全厂火炬主要处理项目正常生产、开停车、事故工况下排出的可燃气体；高压富氢火炬的设计处理能力为 1378.8t/h、低压重烃火炬的设计处理能力为 887t/h、酸性气火炬的设计处理能力为 67.8t/h。

高压富氢火炬气包括煤气化、合成气净化、甲醇合成装置排放的气体，主要组分为氢气、一氧化碳、二氧化碳等，排放压力按 0.45MPa（G）设计；低压重烃火炬气包括甲醇制烯烃、烯烃分离、烯烃罐区、聚乙烯、聚丙烯以及合成气净化等装置排出的低压气体，主要组分为乙烯、丙烯、碳四等，排放压力按 0.03MPa（G）设计；酸性气火炬系统主要接受粗合成气净化装置、硫回收装置开停车及事故状态时排出的 H_2S 浓度约 40%（体积分数）的气体，排出压力按 0.08～0.10MPa（G）设计。

各生产装置、单元排放的气体在火炬头处充分燃烧生成没有污染性的气体。

在高压富氢气体、低压重烃火炬气、酸性气先进入分液罐，将夹带的液体分离出来打回工艺装置重新处理。高压富氢火炬气、低压重烃火炬气还设置了水封罐以确保安全。分液罐、水封罐间断排水送至污水处理场。

全厂火炬区的区域雨水和生活污水并入全厂雨水管网和生活污水管网。

（一）采取的环境保护措施

1. 废气治理措施

各生产装置排往火炬的废气经焚烧后，使气体中的污染物充分燃烧，主要分解为CO_2和水，燃烧尾气达标排放。

酸性火炬为常燃火炬，该火炬有两方面的功能：首先要保证排到酸性火炬的气体完全燃烧，其次要通过水封阀控制将高压富氢火炬、低压重烃火炬系统安全阀泄漏、开停车小流量火炬气体送到酸性火炬处理，确保高压富氢火炬和低压重烃火炬在焚烧事故气时，火炬头不发生焖烧情况，延长火炬使用寿命。

2. 废水处理措施

根据高压富氢火炬气、低压重烃火炬气以及酸性气火炬气排放工况，为确保火炬系统的安全，在高压富氢火炬排放系统设置了分液罐和水封罐，为了保证火炬总管坡向分液罐，采用双系列分液罐和水封罐以保证火炬气分液效果。

由于酸性气中含有40%左右的硫化氢，因此酸性气火炬气只设分液罐，不设水封。

为了防止火炬气在排放过程中出现冷凝液，阻塞管道影响火炬的正常排放，在装置区和火炬区分别设有火炬气分液罐，高压富氢火炬凝液中含有甲醇，低压重烃火炬凝液中含有烯烃等易燃、易爆介质，酸性火炬凝液中含有硫化氢等，考虑安全和环保问题，废液密闭收集，高压富氢火炬凝液和酸性火炬凝液正常生产情况下用泵送煤制烯烃项目净化装置进行回炼处理，开、停工状态时用泵送至污水处理场处理。低压重烃火炬凝液用泵送火炬区50m^3凝液收集罐中，并定期用泵装汽车外运。

火炬装置区域雨水并入全厂雨水管网。

3. 噪声处理措施

① 在满足工艺条件和安全要求的前提下，优先选择低噪声工艺及设备。

② 在靠近工程外敏感点的一侧厂界内外，种植一定量的绿化带，可减轻厂内噪声对外环境的影响。

（二）全厂性火炬三废实际排放

1. 全厂性火炬废气实际排放

火炬气主要来源于煤制烯烃各工艺生产装置，废气经火炬焚烧后，最终产物为CO_2和微量SO_2、NO_x和H_2O。

2. 全厂性火炬废水实际排放

各装置开停车、事故状态及系统超压安全阀泄放气，按照高低压和气体性质分别通过火炬气管线，收集进入各自的气液分离罐，然后经各自的水封罐（酸性气无水封罐），分别进入相应的火炬焚烧。高压富氢分液罐分离出的废液主要为水，含有少量的甲醇，与各水封罐溢流废水一起排入全厂污水处理装置处理。酸性气正常为干性气，无水，为防止凝液产出，设置了酸性气凝液收集罐，将收集凝液送硫回收装置处理。火炬气分离水共39～74m^3/h。废水排放情况见表7-15。

表 7-15 全厂火炬单元废水排放情况

污染物名称	排放量/(m^3/h)	组成及特性数据	排放规律	去 向
各水封排水	正常:2 最大:4	甲醇:50mg/L	间断	去污水处理场
高压富氢分液罐分离水	正常:27 最大:30	甲醇:50mg/L	间断	去污水处理场
合计	正常:29 最大:34	甲醇:37.2mg/L H_2S:0.95mg/L	间断	去污水处理场

3. 全厂性火炬废渣实际排放

火炬系统低压重烃分液罐分离的废液主要含 C_4～C_5 重组分，泵送火炬区 $50m^3$凝液收集罐中，间断排放，排放量为 $40m^3/h$，并定期用泵装汽车外运，作为燃料焚烧或回收利用。火炬系统无其他固体废物排放。

（三）全厂性火炬噪声实际产生

本装置噪声主要来自三个火炬头燃气排放产生的噪声。其噪声值均在 85～130dB(A)之间。

第五节 全厂性污水处理

神华包头煤制低碳烯烃示范项目全厂水系统包括了对原水净化处理的净水厂、为全厂各生产装置提供冷却水的循环水场、生产除盐水的除盐水站、处理全厂生产污水和生活污水的污水处理场以及回用水装置，全厂的水平衡如图 7-7 所示。

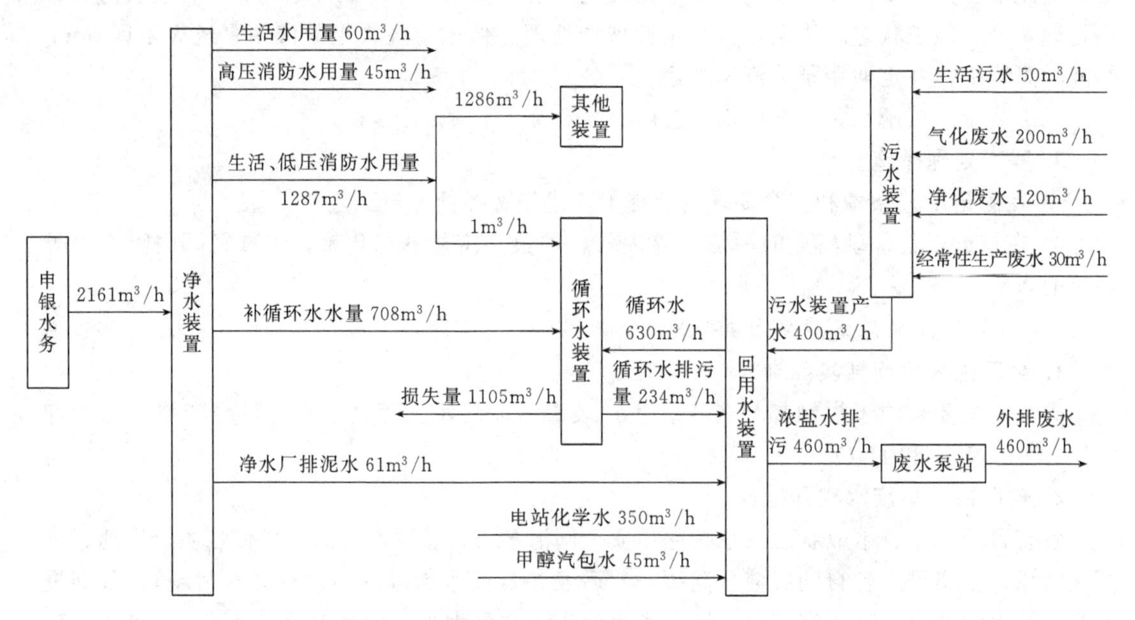

图 7-7 神华包头煤制低碳烯烃示范项目水平衡

一、清污分流

全厂排水以清污分流为原则，排水系统划分为生活污水排水系统、生产污水排水系统、废水排水系统、雨水排水系统，将高污染水和未污染或低污染水分开，分质处理，减少外排污染物量，降低水处理成本。为便于管理、满足排水流向及竖向要求，污水处理装置、雨水及废水排水泵站集中布置在全厂地势较低区域。

（一）高污染污水处理

高污染污水包括全厂生活污水和生产装置排出的生产污水。高污染污水进入污水处理装置处理，污水处理装置接纳的污水来源于气化、净化、甲醇制烯烃、烯烃分离、聚乙烯、硫回收、甲醇、火炬等装置生产污水，全厂区地面冲洗水、污染雨水、生活污水等。

全厂生活污水经过地下管网重力流进入污水处理装置集水池，在集水池设泵提升进入调节池；生产污水经装置区泵加压通过管网进入污水处理装置调节池，生产污水与生活污水混合均质后，进入生化系统处理，污水处理出水达到回用标准后送至回用水装置深度处理。污水处理能力为 $400m^3/h$。

污水处理装置脱水机上清液、曝气生物滤池反洗水等污染水回到集水池，重新进入污水处理系统进行处理。

（二）低污染污水处理

低污染污水包括循环水排污水、净水场排泥水、化学水装置浓盐水和污水处理装置处理合格的污水，低污染污水排至回用水装置进行深度处理后作为循环水装置补水回用于生产，节约水资源。回用水处理能力为 $1400m^3/h$。

回用水装置滤池反洗水、超滤反洗水等污染水回到回收水池，重新进入系统处理。回用水装置产生的浓盐水排至废水池。

二、紧急事故池

污水处理装置进水水质异常时，这部分水超越后续处理单元，排放至事故缓冲池；此外，厂区事故废水可通过雨水管网闸门切换进入事故缓冲池。待来水水量负荷低及水质好时将事故缓冲池中污水少量、均匀排至调节池。

（一）事故缓冲池概况

神华包头煤制低碳烯烃示范项目污水处理装置设有一座 $15000m^3$ 的事故缓冲池，有效水深 2.5m。事故缓冲池分为 2 格，污水来水水质波动时将来水切至事故缓冲池 A。保持事故缓冲池 B 低液位，以备接收厂区事故排水。事故缓冲池流程见图 7-8。

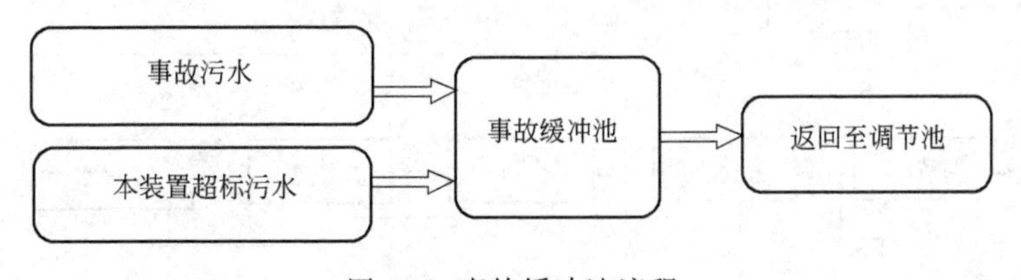

图 7-8　事故缓冲池流程

（二）生产排水水质波动

正常情况下，生产污水直接进入调节池，生产装置来水水质波动时，将生产污水超越至事故缓冲池 A，待来水水量负荷低及水质好时将事故池中污水少量、均匀排至调节池。

（三）事故废水

厂区发生火灾、物料泄漏等事故，使用消防水灭火或冲洗泄漏物料时，污染水会排至雨水管网，此时，需关闭雨水管网进入雨水池的闸门，打开雨水管网进入事故池的闸门，将污染雨水送入事故池内。神华包头煤制烯烃项目在净水场内设了一座独立的清水池，内分两格，总有效容积为 27000m^3，其中，消防储备水量为 12000m^3，清水池设有高低液位和消防储备水位报警及确保消防储水不被动用的设施。事故池有效容积 15000m^3，在事故情况下能储存厂区排出的消防冲洗水。

（四）事故缓冲池运行情况

事故缓冲池对于全厂的安全环保工作至关重要，事故缓冲池需有足够的容积接收事故排水，此外还要考虑污水系统受冲击或来水水质波动时，事故缓冲池有足够的缓冲能力。

神华包头煤制烯烃项目污水处理装置来水有机负荷和流量均超过设计值，且来水水量及水质波动较大，现有两座事故池均用于污水处理量的调节；事故缓冲池长期高液位运行，存在安全隐患，已经直接影响神华包头煤制烯烃示范工程的长周期、安全运行。在事故缓冲池液位高或污水系统受冲击时，生产装置需降低处理负荷。为增强对来水的缓冲能力，在来水水质、水量波动时，能暂时存储来水，防止对 A/O（厌氧/好氧）生化系统造成冲击，2011 年增加一座 15000m^3 的事故缓冲池，并在池底增加工业风管线起搅拌作用，防止来水中携带的污泥沉积。新事故缓冲池工业风投用后，向新事故缓冲池注泥后，在缺氧条件下，兼性菌通过生化作用能降解部分 COD，新事故池采取注水—注泥—闷曝—排水运行方式，不断降解 COD，缓解了老事故池压力，降低了风险。

三、污水处理装置

污水处理装置主要处理生产废水、生活废水及生产过程中排出的高浓度废液，原设计处理规模为 400m^3/h，2012 年新增一座 300m^3/h 的备用生化系统，改造后污水处理装置污水处理规模为 700m^3/h。

污水采用预处理＋A/O(前置反硝化)＋曝气生物滤池(BAF) 处理工艺。污水处理场由废水预处理、A/O 生化处理、曝气生物滤池（BAF)、污泥处理、曝气设施、加药等系统组成，污水处理装置出水达到回用标准，全部送至回用水装置深度处理。污水处理装置流程如图 7-9 所示。

污水中污染因子及处理设施如表 7-16 所示。

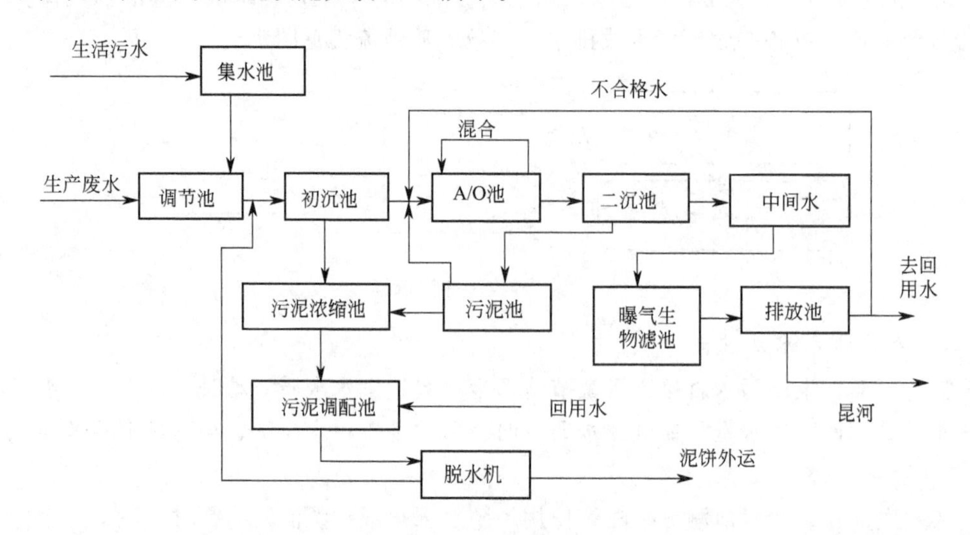

图 7-9　污水处理装置流程简图

表 7-16　污水中污染因子及处理设施

污染源	废水量/(m^3/h)	排放方式	处理方式	排放去向
煤气化装置污水	200	连续	生化处理	去回用水装置
净化装置污水	120	连续	生化处理	去回用水装置
经常性生产废水	30	间断	生化处理	去回用水装置
全厂生活污水	50	连续	生化处理	去回用水装置
清净雨水	—	间断		

2011 年对污水处理装置运行情况监测结果如表 7-17 所示。

表 7-17　污水处理装置进水、排水监测结果　单位：mg/L

项目	生化处理站入口		生化处理站出口		标准限值	是否达标
	2011 年 11 月 25 日平均	2011 年 11 月 26 日平均	2011 年 11 月 25 日平均	2011 年 11 月 26 日平均		
pH	8.70	8.65	6.84	7.39	6～9	达标
COD_{Cr}	432	423	51	53	100	达标
BOD_5	83	88	10	11	20	达标
硫化物	0.007	0.007	0.005(最低限)	0.005(最低限)	1.0	达标
挥发酚	0.350	0.255	0.004	0.007	0.5	达标
石油类	0.8	0.7	0.1	0.2	5	达标
氨氮	131.4	131.1	1.238	1.289	15	达标
氰化物	0.074	0.068	0.050	0.049	0.5	达标
氟化物	4.40	4.34	3.95	3.93	10	达标
总磷	3.54	4.17	1.68	1.83	0.5	达标
总铬	0.02(最低限)	0.02(最低限)	0.02(最低限)	0.02(最低限)	1.5	达标

注：COD_{Cr}—用重铬酸钾为氧化剂测出的化学需氧量；BOD_5—5 日生化需氧量。

四、中水回用

回用水装置采用"石灰软化＋絮凝沉淀＋过滤＋超滤＋反渗透"工艺，其中絮凝沉淀采用高效沉淀池；高效沉淀池污泥经污泥排放泵提升送至污水处理装置进行脱水。为保证系统的正常运行，系统设置了专门的石灰投加装置、混凝剂投加装置、助凝剂投加装置等。回用水装置进水水量为 1200m^3/h，主要来自污水处理场、循环水排污、脱盐水站排污和净水场排水及超滤反洗水等，设计规模为 1400m^3/h；回用水装置来水处理设施如表 7-18 所示。

回用水装置流程示意图如图 7-10 所示。

表 7-18　回用水装置来水处理设施

污染源	废水量/(m^3/h)	排放方式	处理方式	排放去向
污水处理场排水	约 510	连续	回用水装置	回用水去循环水场；460t/h 浓盐水排到市政管网
净水场排水	61	连续	回用水装置	
循环水场排水	234	连续	回用水装置	
热电站排水	350	连续	回用水装置	
甲醇装置污水	45	连续	回用水装置	

回用水装置进水、清净池监测结果如表 7-19 所示，表中数据表明回用水装置的出水大部分指标满足中石化系统《污水回用于循环冷却水系统作补充的水质指标》要求，仅全盐量一项偏高，但也远低于本项目黄河来的原水的含盐量，因此可以用于循环水场补水。回用水装置废水（高浓度盐水）水质监测数据如表 7-20 所示，表中数据表明其含盐量高达 3400mg/L。

表 7-19 回用水装置进水、清净池监测结果 单位：mg/L

项　目	回用水进水		清净池(回用水)	
	2012年2月26日平均	2012年2月27日平均	2012年2月26日平均	2012年2月27日平均
pH	7	7	8	8
SS	20	17	4	4
COD_{Cr}	24	24	11	24
TOC	9.86	7.52	1.79	3.28
总磷	0.70	0.57	0.10	0.05
氨氮	0.71	0.43	0.55	0.29
氯化物	229	189	129	130
硫化物	0.005L	0.005L	0.005L	0.005L
硫酸盐	258	202	169	145
全盐量	1371	1332	623	523
总硬度	630	635	209	148

注：SS—悬浮物。

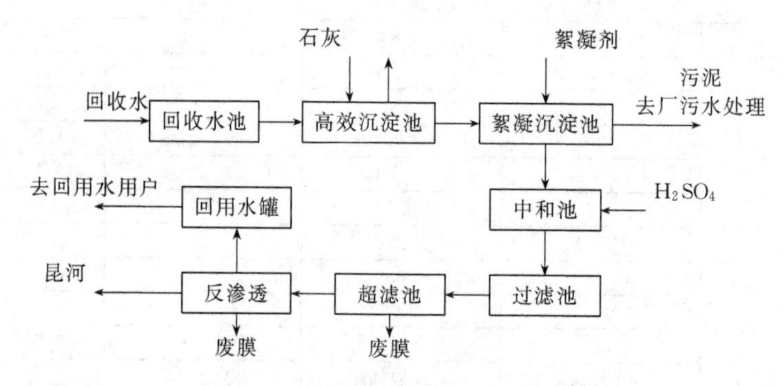

图 7-10 回用水装置流程示意图

表 7-20 回用水装置高浓度盐水监测结果 单位：mg/L

项目	回用水出口		项目	回用水出口	
	2012年2月26日平均	2012年2月27日平均		2012年2月26日平均	2012年2月27日平均
pH	6	6	氯化物	391	300
SS	7	5	硫化物	0.005L	0.005L
COD_{Cr}	27	19	硫酸盐	593	384
TOC	6.73	4.88	全盐量	3427	3462
总磷	0.34	0.15	总硬度	573	328
氨氮	0.93	0.78			

神华包头煤制低碳烯烃示范项目排往市政管网的生产废水的监测结果如表 7-21 所示，表中数据表明神华包头煤制低碳烯烃示范项目的生产废水全部达标排放。

表 7-21 神华包头煤制低碳烯烃示范项目生产废水总排放口监测结果 单位：mg/L

项目	总排放口		标准限值	是否达标
	2012年2月26日平均	2012年2月27日平均		
pH	7	7	6～9	达标
COD	20	16	100	达标
TOC	4.84	4.26	20	达标
总磷	0.31	0.35	0.5	达标
氨氮	1.15	0.93	15	达标
氯化物	214	328	—	—
硫化物	0.006L	0.005L	1.0L	达标
硫酸盐	319	544	—	—
全盐量	2094	2069	—	—
总硬度	458	520	—	—

第六节　全厂性固体处理

神华包头煤制低碳烯烃示范项目对项目生产过程中产生的固体废弃物都按照要求进行了规范处理。对于产量较大的煤气化、锅炉装置的灰渣尽可能地综合利用；含有贵重金属的催化剂等送回生产厂家回收利用；对于危险废物送到包头市危险废物处理处置中心处理；不能综合利用、无毒的固体废弃物送本项目配套建设的渣场堆埋。

渣场用于临时堆放煤气化装置的灰渣和热电站的灰渣等。渣场的设计执行《化工废渣填埋场设计规定》和《一般工业固体废弃物储存、处置场污染控制标准》(按Ⅱ类场设计)。渣场位于项目主厂区西侧约6.7km处，渣场占地55.2hm^2；渣场建设采用了相应的防渗措施，在投用期间采用了相应的防尘措施。

包头煤制低碳烯烃示范项目各装置产生的固体废弃物及其处置措施如表7-22所示。

表7-22　固体废弃物及其处置措施

分类	危险废物编号	来源	排放量/(t/a)	成分	环评处置方法	实际处置方法	备注
灰渣	—	煤气化	252800	碳渣	掩埋或综合利用	渣场堆存	—
灰渣	—	锅炉	142800	碳渣	掩埋或综合利用	包头市涌泉贸易公司综合利用	—
脱硫石膏	—	锅炉	27300	石膏	综合利用		—
空分分子筛/吸附剂	—	空分	368t/次(6～8年一次)	失活的分子筛	—	填埋	—
	—	硫回收催化剂	12.5m^3/次(5年1次)	钴钼催化剂	—	厂家回收	加氢催化剂
	—	普通制硫催化剂	24t/次(4年1次)	Al_2O_3	—		—
	—	抗漏氧保护催化剂	8 t/次(4年1次)	Al_2O_3	—		—
	HW37	MTO废催化剂粉末	20	Al_2O_3、P	送包头市危险废物处理处置中心掩埋	暂存放在公司，计划送回催化剂制造厂	环评为221t/a
	HW37	PP含硫催化剂	(3～5年1次)	Al_2O_3、S		送包头市危险废物处理处置中心掩埋	环评为8.3t/a
	HW22	PP含铜催化剂	(5年1次)	Cu			环评为0.3t/a
	HW22 HW23	甲醇含铜、锌催化剂	189t/次(4年1次)	Al_2O_3、CuO、ZnO	厂家回收	厂家回收	—
	HW08	铝的醇化物	1.62	铝的醇化物	送包头市危险废物处理处置中心焚烧	送包头市危险废物处理处置中心	
	HW13	脱水污泥	约900	污泥、水、重金属		送包头市危险废物处理处置中心	
	HW06	CO变换催化剂	189t/次(每2.5年1次)	钴、钼	厂家回收	厂家回收	
	—	废净化催化剂	52t/次(每2年1次)	铜、锌、铝	厂家回收	厂家回收	
	—	废PSA吸附剂	37.5t/次(每20年1次)	Al_2O_3	厂家回收	待定	
	HW08	废矿物油	33.76	润滑油	送包头市危险废物处理处置中心焚烧	送包头市危险废物处理处置中心焚烧	

第七节 环境监测结论与建议

根据国务院第253号令《建设项目环境保护管理条例》、国家环境保护总局第13号令《建设项目竣工环境保护验收管理办法》以及国家环保总局环发［2000］38号文《关于建设项目环境保护设施竣工验收监测管理有关问题的通知》等文件的要求和规定，中国环境监测总站组织内蒙古自治区环境监测站于2011年5月17日对神华包头煤制烯烃示范工程的生产工艺及其环保设施的配置、运行情况进行了现场勘察，并收集了有关资料。在现场勘察和有关资料分析的基础上，编制了项目竣工环保验收监测方案。根据监测方案内蒙古自治区环境监测站于2011年9月20日至9月26日、2011年11月14日、11月18日和2012年2月对工程污染物排放情况进行了监测，对环保设施进行了检查，根据环保检查和监测结果于2012年3月编制了《神华煤制烯烃项目竣工环境保护验收监测报告》。

《神华煤制烯烃项目竣工环境保护验收监测报告》中的验收监测结论与建议如下所述。

一、结论

（一）废气监测结果

验收监测期间：

(1) 有组织排放

硫回收焚烧炉：烟尘排放浓度最大值为38.4mg/m^3，烟尘排放速率最大值为0.40kg/h，SO_2排放浓度最大值为787mg/m^3，SO_2排放速率最大值为8.21kg/h，NO_x排放浓度最大值为26.4mg/m^3，NO_x排放速率最大值为0.27kg/h，均满足《大气污染物综合排放标准》(GB 16297—1996) 二级标准限值要求。硫回收率为99.85%。

甲醇合成装置蒸汽过热炉：烟尘排放浓度最大值为20.1mg/m^3，SO_2排放浓度最大值为9mg/m^3，NO_x排放浓度最大值为77.8mg/m^3，满足《工业炉窑大气污染物排放标准》(GB 9078—1996) 新污染源二级标准限值要求。

1#、2#锅炉共用一套烟气湿法脱硫系统，总出口烟尘、二氧化硫、氮氧化物的最大排放浓度分别为25.8mg/m^3、53mg/m^3、446mg/m^3，均符合《火电厂大气污染物排放标准》(GB 13223—2003) 第3时段标准。3#锅炉烟尘、二氧化硫、氮氧化物的最大排放浓度分别为28.5mg/m^3、49mg/m^3、428mg/m^3，均符合《火电厂大气污染物排放标准》(GB 13223—2003) 第3时段标准。1#锅炉静电除尘器的除尘效率为99.4%～99.5%，平均除尘效率为99.5%，2#锅炉静电除尘器的除尘效率为99.4%～99.5%，平均除尘效率为99.5%，3#锅炉静电除尘器的除尘效率为99.4%。1#、2#锅炉烟气湿法脱硫系统脱硫效率为94.6%～95.1%，平均脱硫效率为94.8%，3#锅炉烟气湿法脱硫系统脱硫效率为94.8%～95.1%，平均脱硫效率为95.0%。

合成气净化装置的二氧化碳排空甲醇排放浓度最大值为77.90mg/m^3，满足《大气污染物综合排放标准》(GB 16297—1996) 二级标准甲醇排放浓度190mg/m^{3}的限值要求；硫化氢排放浓度最大值为0.951mg/m^3，排放速率为0.25kg/h，满足《恶臭污染物排放标准》(GB 14554—93) 二级标准硫化氢排放量17.5 kg/h 的限值要求。

MTO装置废气燃烧排口烟尘最大排放浓度为33.0mg/m^3，烟尘最大排放速率为1.88kg/h，SO_2最大排放浓度为3mg/m^3，SO_2最大排放速率为0.17kg/h，NO_x最大排放浓度为11.2mg/m^3，NO_x最大排放速率为0.65g/h，非甲烷总烃最大排放浓度为1.13mg/m^3，非甲烷总烃最大排放速率为0.06kg/h，苯最大排放浓度为0.107mg/m^3，苯最大排放速率为0.006kg/h，沥青烟最大排放浓度为35.23mg/m^3，沥青烟最大排放速率为2.02kg/h，均满足《大气污染物综合排放标准》（GB 16297—1996）二级标准限值要求。苯乙烯最大排放浓度为0.0217mg/m^3，苯乙烯最大排放速率为0.001kg/h。

（2）无组织排放

厂界无组织监测颗粒物浓度最大值为0.93mg/m^3、甲醇未检出、非甲烷总烃浓度最大值为2.84mg/m^3，均满足《大气污染物综合排放标准》（GB 16297—1996）表2限值要求。厂界无组织监测氨气浓度最大值为0.134mg/m^3、硫化氢浓度最大值为0.008mg/m^3，满足《恶臭污染物排放标准》（GB 14554—93）二级要求。厂界无组织监测一氧化碳最大浓度为2.500mg/m^3。

（二）废水及地下水监测结果

（1）废水

煤气化灰水车间排口最大日均值氰化物0.021mg/L，满足《污水综合排放标准》（GB 8978—1996）一级标准限值要求，总铬未检出。

低温甲醇洗废水最大日均值氰化物未检出、总铬未检出，均满足《污水综合排放标准》（GB 8978—1996）的限值要求。

污水处理场生化处理站出口第一天pH值6.79～7.25、第二天pH值7.32～7.49，最大日均值COD_{Cr}53mg/L、BOD_5为11mg/L、硫化物未检出、挥发酚0.007mg/L、石油类0.2 mg/L、氨氮1.289mg/L、氰化物0.050mg/L、氟化物3.95mg/L，均满足《污水综合排放标准》（GB 8978—1996）一级标准限值要求，总铬未检出。SS 99mg/L、总磷1.83mg/L超出《污水综合排放标准》（GB 8978—1996）一级标准限值要求。此水回用不外排。

污水总排口pH值7，最大日均值BOD_5为19mg/L、COD18mg/L、硫化物未检出、挥发酚0.0003mg/L、石油类0.2mg/L、氨氮1.21mg/L、氰化物0.027mg/L、氟化物2.27mg/L、SS27mg/L、总磷0.35mg/L、总铬未检出，均满足《污水综合排放标准》（GB 8978—1996）一级标准要求。

脱硫废水出口最大日均值砷1.3×10^{-3}mg/L、汞0.09×10^{-3}mg/L，满足《污水综合排放标准》（GB 8978—1996）一类污染物标准限值要求。第一天pH值7.89～8.06、第二天pH值7.65～7.93，SS 71mg/L、挥发酚0.0003mg/L、氟化物1.08mg/L。监测期间未下雨，雨排口无出水。

（2）地下水

灰场地下水监测结果表明灰场上游地下水监测结果均达到《地下水质量标准》（GB/T 14848—1993）Ⅲ类限值要求。灰场下游地下水监测pH值范围7.43～7.81，污染物最大浓度值：总硬度331mg/L、挥发酚未检出、砷8.4×10^{-3}mg/L、汞0.12×10^{-3}mg/L、氰化物0.013mg/L、高锰酸盐指数2.6mg/L，满足《地下水质量标准》（GB/T 14848—1993）Ⅲ类限值要求。

（三）厂界噪声监测结果

验收监测期间：厂界噪声共布设 8 个监测点位，1＃～8＃点昼间最大值 60.8dB(A)，夜间最大值 53.1dB(A)，昼间噪声监测值和夜间噪声监测值均满足《工业企业厂界环境噪声排放标准》(GB 12348—2008) 3 类标准的限值要求。

（四）主要污染物排放总量

根据验收监测结果，核算出本工程主要污染物排放总量分别为：二氧化硫 695t/a、烟粉尘 338t/a、氮氧化物 5518t/a、COD46t/a、氨氮 2.9t/a，其中二氧化硫、烟粉尘排放总量低于内环字［2007］208 号批复的总控制指标。COD 达到国家环保部环审［2008］215 号《关于神华包头煤制烯烃项目厂址移位环境影响补充报告书的批复》147.2t/a 的要求。

（五）固体废物

该项目固体废物主要有一般固体废物和危险废物。一般固体废物包括：气化炉渣、锅炉灰渣、脱硫石膏、空分分子筛/吸附剂。气化炉渣及空分废分子筛暂存于灰渣场，锅炉灰渣及脱硫石膏由包头市涌泉贸易有限公司进行综合利用。灰渣场按《一般工业固体废物储存、处置场污染控制标准》中Ⅱ类场建造。危险废物包括：MTO 含 P 废催化剂、PP 含硫催化剂、PP 含铜废催化剂、甲醇合成废催化剂、废合成净化催化剂、废 PSA 吸附剂、变换废催化剂、废矿物油、铝的醇化物、硫回收钴钼催化剂、含铝催化剂、活性污泥。聚丙烯、聚乙烯装置废干燥剂等危险废弃物拟送包头市危险废物处理处置中心填埋或焚烧。含矿物油废液储存于危废临时储存库，危废临时储存库地面进行防渗漏处理、水泥硬化，顶层采用彩钢板架设。生活垃圾由当地环卫部门处理。

（六）公众意见调查

78%的被调查者对工程环保工作满意，22%的被调查者对工程环保工作基本满意。

二、建议

① 加强废水排放管理，防止对水体造成污染；

② 进一步完善环境风险应急预案，落实防控措施并加强演练；

③ 定期对在线监测装置进行数据校核，并与当地环保部门联网；

④ 积极寻找气化灰渣综合利用途径，进一步提高灰渣的综合利用率；

⑤ 按危废管理要求加强危废的储存及处理处置，防止二次污染；

⑥ 加强环保设施的运行管理和日常维护，完善环保设施运行台账，确保各项污染物长期稳定达标排放。

第八节　二氧化碳排放

神华包头煤制烯烃示范工程在生产聚烯烃产品的同时，也排放一定量的二氧化碳。二氧化碳的排放源主要是合成气净化装置的 CO_2 物流和燃煤锅炉。

对包头煤制烯烃示范项目的物料平衡、碳平衡及二氧化碳排放情况进行了分析[2]。

一、煤制烯烃工业示范工程物料平衡

神华包头煤制烯烃工业示范项目的物料平衡如表 7-23 所示，表中数据表明该项目每年消耗原料煤 309 万吨、燃料煤 116 万吨；生产聚乙烯 30 万吨、聚丙烯 30 万吨、混合碳四

9.89万吨、混合碳五2.62万吨，副产硫黄1.52万吨。

表7-23　60万吨/年煤制烯烃工厂物料平衡

入方/(万吨/年)		出方/(万吨/年)	
原料煤	309	聚乙烯	30
燃料煤	116	聚丙烯	30
氧气	229	混合碳四	9.89
水	1683	混合碳五	2.62
		硫黄	1.52
		煤气化粗渣	56.64
		煤气化细渣	17.76
		热电锅炉灰渣	18.56
		合成气净化CO_2	293.6
		硫回收烟气	15.44
		蒸汽过热炉烟气	17.76
		热电锅炉烟气	304
		MTO再生烟气	35.28
		外排水	600
		循环水损耗	904
合计	2337	合计	2337

二、煤制烯烃工业示范工程碳平衡

神华包头煤制烯烃示范项目的碳平衡如表7-24所示。表中数据表明，进入到煤制聚烯烃工厂的碳有26.0%进入到产品中、有5.5%没有转化留在了灰渣中、有68.5%以CO_2形式排放到了大气中。

表7-24　60万吨/年煤制烯烃工厂碳平衡

碳入方/(万吨/年)		碳出方/(万吨/年)	
原料煤	183.34	聚乙烯	25.71
燃料煤	56.12	聚丙烯	25.71
		混合碳四	8.48
		混合碳五	2.24
		煤气化粗渣	8.50
		煤气化细渣	4.44
		热电锅炉灰渣	0.19
		燃料气	3.38
		MTO烟气	3.32
		合成气净化CO_2	99.19
		硫回收烟气	1.64
		蒸汽过热炉烟气	0.73
		热电锅炉烟气	55.94
合计	239.46	合计	239.46

三、煤制烯烃工业示范工程CO_2排放分析

神华包头60万吨/年煤制烯烃示范工程的二氧化碳排放情况如表7-25所示。表中数据表明，每生产1t聚烯烃产品工厂排放的CO_2为10.04t，其中工艺排放为6.41t。

表 7-25 60 万吨/年煤制烯烃工厂二氧化碳排放情况

CO_2排放源	排放量/(万吨/年)	CO_2浓度/%	占总量比例/%
低温甲醇洗单元	363.7	88.1	60.4
MTO 再生烟气	12.2	约 21	2.0
硫黄回收烟气	6.0	28.1	1.0
蒸汽过热炉烟气	2.7	9.5	0.4
锅炉烟气	217.5	6	36.2
合计	602.1		100.0

考虑到神华包头 60 万吨/年煤制烯烃工厂的用电消耗实际，目前每吨聚烯烃产品消耗电力 1800kW·h（其中自备电站发电 1267kW·h，净外购电 533kW·h），每生产一吨聚烯烃的净外购电引起的CO_2排放量约为 0.48t。因此该煤制低碳烯烃示范项目的CO_2工厂排放因子为 10.52，亦即每生产 1t 聚烯烃产品，工厂内排放的CO_2数量以及为聚烯烃生产而提供电力的发电厂排放的CO_2数量之和为 10.52t。

从表 7-25 中可以看到，包头煤制烯烃示范项目排放的二氧化碳中有接近 60%是从合成气净化装置以高浓度CO_2排出的，根据神华集团在鄂尔多斯煤制油项目实施的 10 万吨/年二氧化碳捕集与地质封存（CCS）示范项目的运行情况，高浓度CO_2物流的捕集成本比较低。

参考文献

[1] 中国环境监测总站．神华煤制烯烃项目加工环境保护验收监测报告［R］．北京：中国环境监测总站，2012.

[2] 吴秀章．典型煤炭清洁转化过程的二氧化碳排放//中国工程院，国家能源局．中国工程院/国家能源局第二届能源论坛论文集［M］．北京：煤炭工业出版社，2012：430-437.